Springer-Lehrbuch

Springer
Berlin
Heidelberg
New York
Barcelona
Hongkong
London
Mailand
Paris
Singapur
Tokio

Wilke

Hermann Haken Hans Christoph Wolf

Atom- und Quantenphysik

Einführung in die experimentellen und theoretischen Grundlagen

Siebte, aktualisierte und erweiterte Auflage

Mit 287 Abbildungen, 29 Tabellen, 173 Aufgaben und vollständigen Lösungen

Springer

Professor Dr. Dr. h.c. Hermann Haken
Institut für Theoretische Physik
Universität Stuttgart
Pfaffenwaldring 57
70550 Stuttgart
Deutschland

Professor Dr. Hans Christoph Wolf
Physikalisches Institut
Universität Stuttgart
Pfaffenwaldring 57
70550 Stuttgart
Deutschland

Die Deutsche Bibliothek – CIP-Einheitsaufnahme
Haken, Hermann: Atom- und Quantenphysik : Einführung in die experimentellen und theoretischen Grundlagen / Hermann Haken ; Hans Christoph Wolf. - 7. Aufl.. -
Berlin ; Heidelberg ; New York ; Barcelona ; Hongkong ; London ; Mailand ; Paris ; Singapur ; Tokio :
Springer, 2000
(Springer-Lehrbuch)
ISBN 3-540-67453-5

2. Nachdruck 2002

ISBN 3-540-67453-5 7. Auflage Springer-Verlag Berlin Heidelberg New York

ISBN 3-540-61237-0 6. Auflage Springer-Verlag Berlin Heidelberg New York

Springer-Verlag Berlin Heidelberg New York
ein Unternehmen der BertelsmannSpringer Science+Business Media GmbH

Satz: K + V Fotosatz, Beerfelden
Einbandgestaltung: *design & production* GmbH, Heidelberg

Gedruckt auf säurefreiem Papier
SPIN: 10899885 56/3111 - 5 4 3 2 1

Ein grundlegendes Experiment zur Quantenphysik: *Welle-Teilchen Dualismus der Materie*

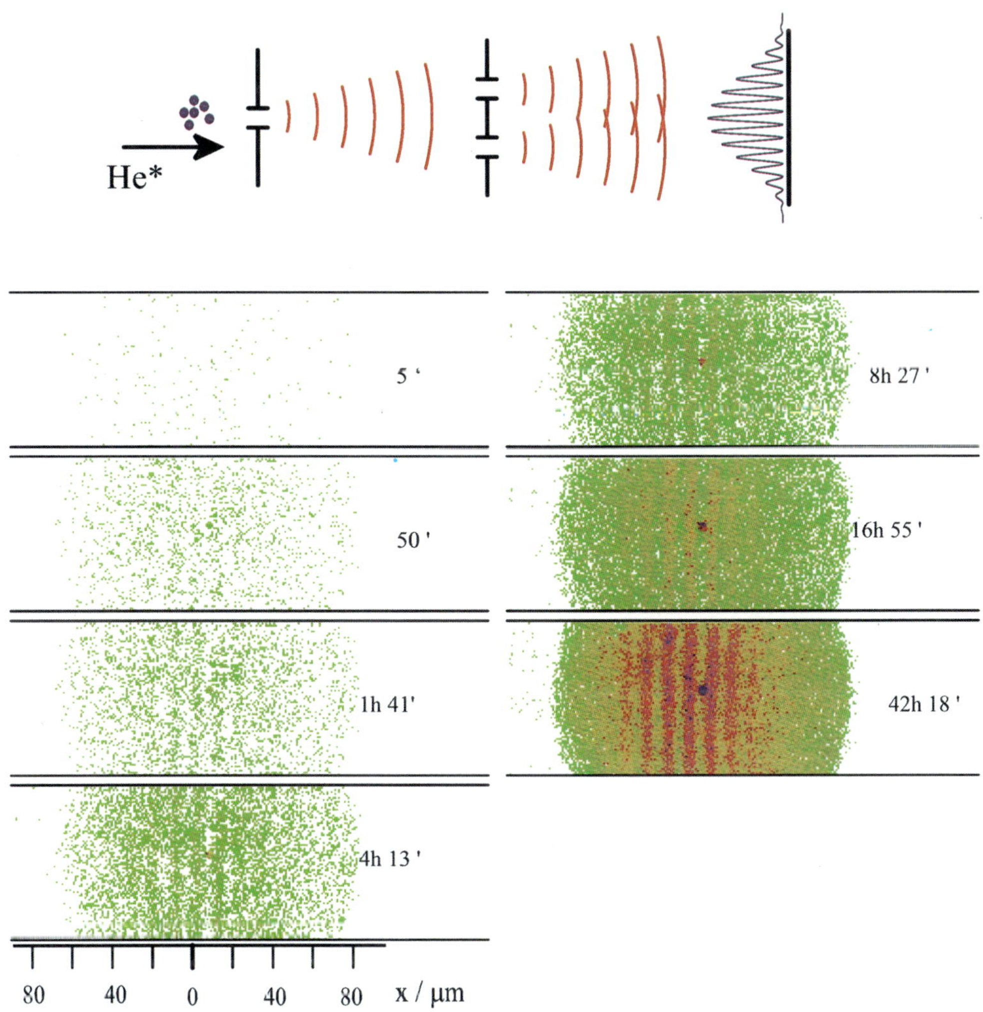

Schickt man Helium-Atome gleicher Richtung und Geschwindigkeit durch einen Doppelspalt, so erzeugt jedes Atom auf einem Schirm dahinter einen streng lokalisierten Auftreff*punkt*; das Helium-Atom erscheint hierbei seinem Wesen nach als ein Teilchen. Werden die Auftreffpunkte bei einem länger laufenden Experiment häufiger, so tritt ein Interferenzmuster in Analogie zum Youngschen Doppelspalt-Experiment auf. Die sieben Teilbilder wurden im Abstand von 5′ bis 42h 18′ nach Beginn des Experiments aufgenommen. Die Helium-Atome verhalten sich hier als Welle. Dieses Experiment stellt den Welle-Teilchen Dualismus der Materie in eindrucksvoller Weise dar. Wie es der Quantentheorie gelingt, den Widerspruch: punktförmiges Teilchen einerseits, ausgedehnte Welle andererseits zu überbrücken, wird in diesem Buch dargestellt. Diese Experimente mit Helium-Atomen wurden durchgeführt von Carnal, O., Mlynek, J.: Phys. Rev. Lett. *66*, 2689 (1991) und Kurtsiefer, Ch., Pfau, T., Mlynek, J.: Nature *386*, 150 (1997). Mehr dazu in Abschn. 6.6.

Vorwort zur siebten Auflage

Die notwendig gewordene neue Auflage unseres Buches haben wir wiederum zum Anlass genommen, um neueste und wichtige Entwicklungen in der Atom- und Quantenphysik zu berücksichtigen. Diese Gebiete bringen immer wieder neue faszinierende experimentelle und theoretische Ergebnisse, die von fundamentaler Bedeutung und auch für den Studierenden äußerst interessant sind. Durch neue experimentelle Techniken und theoretische Ansätze ist es zugleich möglich geworden, schon lange bekannte Probleme einer Lösung zuzuführen. Hierzu haben wir ein ganzes Kapitel neu aufgenommen, das der Verschränkung von Wellenfunktionen, dem Einstein-Podolsky-Rosen Paradoxon, den Bellschen Ungleichungen, dem Paradoxon der Schrödingerschen Katze und dem Konzept der Dekohärenz gewidmet ist. Ferner behandeln wir die neuartigen Ideen zum Quantencomputer mit seinen vielfältigen quantenphysikalischen Realisierungsmöglichkeiten. Diese neuen Konzepte stehen beispielhaft für das sich rapide entwickelnde Gebiet der Quanteninformation.

Schließlich haben wir in diesem Kapitel noch die experimentellen Entdeckungen der Bose-Einstein Kondensation und des Atomlasers, der wichtige neue Anwendungen verspricht, aufgenommen.

Dem Kapitel über moderne Methoden der optischen Spektroskopie haben wir einen Abschnitt über die zerstörungsfreie Messung eines Photons zugefügt, als Beispiel für die effizienten Methoden der Untersuchung der Wechselwirkung zwischen Atomen und Photonen in Hohlraumresonatoren. Im Hinblick auf die Aktualität dieser Gebiete verweisen wir verstärkt auf die Originalliteratur. Diese findet der Leser im Literaturverzeichnis.

Bei all diesen Darstellungen haben wir uns weiterhin um einen verständlichen Stil bemüht, wie er der Tradition dieses Buches entspricht.

Unser Dank gilt wiederum Studenten, Kollegen und anderen Lesern des Buches, die uns eine Reihe von Verbesserungsvorschlägen machten. Besonderen Dank schulden wir unseren Kollegen Th. Hänsch, J. Mlynek und T. Pfau für die farbigen Abbildungen ihrer neuesten Experimente. Frau Irmgard Möller danken wir für die rasche und sorgfältige Erstellung der neuen Manuskriptteile. Ferner bedanken wir uns bei den Mitarbeitern des Springer-Verlags, besonders Herrn Dr. H.J. Kölsch und Herrn C.-D. Bachem für die wie immer hervorragende Zusammenarbeit.

Stuttgart, Januar 2000 *H. Haken H.C. Wolf*

Vorwort zur fünften Auflage

Auch die 4. Auflage dieses Buches hat bei Professoren und Studenten wieder eine sehr positive Aufnahme gefunden. Seit dem Erscheinen der 1. Auflage haben wir uns bemüht, das Buch durch Aufnahme wichtiger neuer Forschungsergebnisse auf dem aktuellsten Stand zu halten. Dabei haben wir auch Aufgaben und deren Lösungen mit aufgenommen. Zusätzlich zum Stoff der 4. Auflage wurden jetzt neue Entwicklungen zur direkten Beobachtung einzelner freier Atome in elektromagnetischen Fallen (Paul-Fallen) sowie von Atomen in Molekülen an Festkörperoberflächen mit dem Rastertunnelmikroskop aufgenommen. Des weiteren wurden neue Experimente zur Atominterferometrie berücksichtigt, die durch die moderne Mikrostrukturtechnik möglich geworden sind. Schließlich bekommt die Möglichkeit, Atome im Laserstrahl zu kühlen, immer größere Bedeutung. Deshalb wird auf sie eingegangen.

Am Schluß dieses Buches befindet sich eine Einführung in die quantentheoretische Behandlung der chemischen Bindung. Diese findet ihre Fortsetzung in dem Lehrbuch „Molekülphysik und Quantenchemie“ von den gleichen Autoren. Wir weisen auch deshalb darauf hin, weil sich in dem neuen Buch eine intensive Diskussion der Gruppentheorie befindet, wie sie auf Atome und Moleküle angewendet wird, sowie eine eingehende Darstellung der Wechselwirkung zwischen Atomen und Molekülen mit dem Lichtfeld.

Unser Dank gilt auch diesmal zahlreichen Kollegen und Studenten, die uns auf Druckfehler aufmerksam gemacht haben, sowie den Mitarbeitern des Springer-Verlags, insbesondere den Herren Dr. H. Lotsch und Dr. H. J. Kölsch, für die traditionell gute Zusammenarbeit.

Stuttgart, April 1993 *H. Haken H. C. Wolf*

Vorwort zur ersten Auflage

In jedem modernen Lehrplan des Studiums der Physik, aber auch benachbarter Fächer, wie etwa der Chemie, nimmt der Kurs über Atome und Quanten eine Schlüsselstellung ein. Dies beruht vornehmlich auf zwei Gründen. Historisch gesehen brachte die Atom- und Quantenphysik eine Wende im physikalischen Denken gegenüber den Vorstellungen der klassischen Physik. Sie führte zu völlig neuen physikalischen Denkweisen, die in revolutionärer Weise über die der klassischen Physik hinausgingen. Damit beruht unser heutiges physikalisches Weltbild ganz wesentlich auf der Atom- und Quantenphysik. Zum anderen bildet die Physik der Atome und Quanten die Grundlage für viele moderne Gebiete der Physik und der Chemie. Erwähnt seien die Molekülphysik sowie besonders die Festkörperphysik mit ihren ungezählten wichtigen Anwendungen in der Nachrichten- und Computertechnik. Die Erkenntnisse der Atom- und Quantenphysik bilden die Grundlage der Kernphysik und dienen sogar als Vorbild für die modernen Vorstellungen der Elementarteilchenphysik.

Die in der Atom- und Quantenphysik entwickelten Arbeitsmethoden und Denkweisen haben zu vielen physikalisch-technischen Anwendungen geführt, von denen der Laser, jene berühmte neuartige Lichtquelle, nur ein besonders bekanntes Beispiel ist. Die moderne Chemie wäre ohne die grundsätzlichen Erkenntnisse der Atom- und Quantenphysik über die Natur der chemischen Bindung undenkbar. Die Atom- und Quantenphysik ist ein besonders schönes Beispiel für die enge Verzahnung von experimentellen Befunden und theoretischer Durchdringung.

Es ist in der Tat faszinierend zu sehen, wie die experimentellen Befunde die Physiker zwangen, immer kühnere Vorstellungen und Gedankengebäude zu errichten, die wiederum zu ganz neuartigen experimentellen Untersuchungen und technischen Anwendungen führten. Wir hoffen, daß es uns in diesem Lehrbuch gelungen ist, diese Wechselwirkung von Experiment und Theorie herauszuarbeiten.

Bei der Abfassung dieses Lehrbuchs kam uns zustatten, daß wir an der Universität Stuttgart seit vielen Jahren Vorlesungen über Atom- und Quantenphysik abhalten konnten, wobei wir die Vorlesungen, die von einem Experimentalphysiker und einem Theoretiker gehalten wurden, aufeinander abstimmten. Wie sich immer deutlicher zeigt, genügt es in der Physik nicht, dem Studenten nur eine Anhäufung von Tatsachenmaterial zu vermitteln. Vielmehr muß der Student lernen, dieses nach einheitlichen Gesichtspunkten zu ordnen und theoretisch zu durchdringen. Auch insofern stellt dieses vorliegende Lehrbuch ein Novum dar, als es auf eine eingehende theoretische Durchdringung des Stoffes Wert legt. Wesentlicher Gesichtspunkt bei der Abfassung dieses Lehrbuchs war es, die wichtigen Grundtatsachen herauszuschälen und allen überflüssigen Ballast beiseite zu lassen. Ferner legten wir großen Wert darauf, den Leser sorgfältig an die Darlegung der theoretischen Methoden und deren Grundbegriffe heranzuführen, wobei ihm die Möglichkeit geboten wird, auch in die theoretische Problematik tiefer einzudringen. Wir bemühten uns, mit möglichst geringen Voraussetzungen auszukommen. Daher wendet sich dieses Lehrbuch an Studierende der Fächer Physik, Chemie und Mathematik ab 3. Semester. Wir hoffen, daß die Lektüre dieses Buches den Studenten das gleiche Vergnügen bereitet, wie wir es bei den Hörern unserer Vorlesungen erfahren konnten.

Zur Lektüre dieses Buches geben wir noch einige erläuternde Hinweise.

Sowohl bei der Darlegung des theoretischen als auch experimentellen Teils haben wir uns in groben Zügen an die historischen Entwicklungslinien angelehnt, da wir glauben, daß der Stoff so am verständlichsten dargebracht werden kann. Natürlich haben wir dies nicht völlig starr durchgeführt, sondern uns dabei auch nach pädagogischen Gesichtspunkten gerichtet. Bei den theoretisch orientierten Kapiteln haben wir mit Absicht auch anspruchsvollere Abschnitte aufgenommen, damit der Leser, der in die Tiefe dringen will, einen abgerundeten Lehrstoff vorfindet. Derartige Kapitel haben wir mit einem Stern bezeichnet. Sie können, ohne daß das Verständnis des gesamten Buches darunter leidet, bei einer ersten Lektüre auch überschlagen werden. Im Anschluß an die allgemeine Entwicklung haben wir im gesamten Buch einheitlich das praktische Maßsystem verwendet. Damit wird auch den Studenten der Anschluß an ihre in den Grundvorlesungen erworbenen Kenntnisse erleichtert.

Bei der kritischen Durchsicht des Manuskriptes war die konstruktive Hilfe der Herren Prof. *Dankward Schmid*, Dr. *Jost U. von Schütz*, Dipl.-Phys. *Karl Zeile* und Dr. *Helmut Auweter* sehr wertvoll.

Die Zeichnungen wurden von Frl. *S. Schmiech* und Herrn Dipl.-Phys. *H. Ohno* angefertigt. Die umfangreichen Schreibarbeiten führten überwiegend Frau *U. Funke* und Frl. *H. Dohmen* aus. Ihnen allen sei für ihre wertvolle Hilfe sehr herzlich gedankt.

Dem Springer-Verlag, insbesondere den Herren Dr. *H. Lotsch* und *K. Koch* danken wir für die stets ausgezeichnete Zusammenarbeit.

Stuttgart, im Mai 1980 *H. Haken H. C. Wolf*

Inhaltsverzeichnis

Liste der wichtigsten verwendeten Symbole

Die Nummern der Gleichungen, in denen die Symbole definiert werden, stehen in runden Klammern; Verweise auf Kapitelabschnitte erfolgen in eckigen Klammern. Die griechischen Symbole stehen am Schluß der Liste.

$\boldsymbol{A}$	Vektorpotential
A	Amplitude oder Konstante
A	Massenzahl (2.2) oder Fläche
a	Intervallfaktor oder Konstante der Feinstruktur- (12.28) und der Hyperfeinstruktur-Aufspaltung (20.10)
a_0	Bohrscher Radius des H-Atoms im Grundzustand (8.8)
$\boldsymbol{B}$	Magnetische Induktion
b^+, b	Erzeugungs- bzw. Vernichtungsoperator des harmonischen Oszillators
b	Konstante
C	Konstante
c	Lichtgeschwindigkeit, Entwicklungs-Koeffizient
$\boldsymbol{D}$	Dipolmoment
$\boldsymbol{D}$	Drehmoment (12.2)
d	Konstante
dV	Volumenelement, infinitesimal
$\boldsymbol{E}$	Elektrische Feldstärke
E	Energie, Gesamtenergie, Energie-Eigenwerte
E_{kin}	Kinetische Energie
E_{pot}	Potentielle Energie
E_{Ges}	Gesamtenergie
e	Ladung des Protons
$-e$	Ladung des Elektrons
e	Exponentialfunktion
$\boldsymbol{F}$	Elektrische Feldstärke
$\boldsymbol{F}, F$	Gesamtdrehimpuls des Atoms einschließlich Kerndrehimpuls (20.6), und zugehörige Quantenzahl
F	Amplitude der magnetischen Induktion [14.4, 14.5]
$F_{l,m}(\vartheta, \phi)$	Kugelflächenfunktion (10.10)
f	Federkonstante
g	g-Faktor nach Landé (12.16, 12.21, 13.18, 20.13)
H	Hamiltonfunktion, Hamiltonoperator
h	Plancksches Wirkungsquantum
$\hbar$	$= h/(2\pi)$
$\boldsymbol{I}, I$	Kerndrehimpuls, und zugehörige Quantenzahl (20.1)
I	Abkürzung für Integrale [16.1.3], oder Intensität
i	Imaginäre Einheit
$\boldsymbol{J}, J$	Gesamtdrehimpuls der Elektronenhülle, und zugehörige Quantenzahl (17.5)
$\boldsymbol{j}, j$	Gesamtdrehimpuls eines Elektrons, und zugehörige Quantenzahl [12.7]
$\hat{\boldsymbol{j}}$	Operator des Gesamtdrehimpulses
k	Boltzmann-Konstante, Kraftkonstante
$\boldsymbol{k}$	Wellenvektor
k. k.	Konjugiert komplex
$\boldsymbol{L}, L$	Resultierender Bahndrehimpuls, und zugehörige Quantenzahl (17.3)
L_n	Laguerresches Polynom (10.81)
$\boldsymbol{l}, l$	Bahndrehimpuls eines Elektrons, und zugehörige Quantenzahl
$\hat{\boldsymbol{l}}$	Drehimpulsoperator
m, m_0	Masse
m	magnetische Quantenzahl
m_l	– des Drehimpulses

m_s – des Spins
m_j – des Gesamtimpulses
m_0 Ruhemasse, besonders des Elektrons
N, n Teilchenzahl, oder Teilchenzahldichte
N Normierungsfaktor
n Hauptquantenzahl, oder Zahl von Photonen, oder ganze Zahl
P Spektrale Strahlungsflußdichte (5.2) oder Wahrscheinlichkeit
P_l^0 Kugelfunktion
P_l^m ($m \neq 0$) Zugeordnete Kugelfunktion
$p, \bar{p}$ Impuls, Erwartungswert des Impulses
Q Kern-Quadrupolmoment (20.20)
q Ladung
$R(r)$ Radialanteil der Wellenfunktion beim Wasserstoff
$\boldsymbol{r}$ Ortskoordinate (dreidimensionaler Vektor)
r Abstand
$\boldsymbol{S}$ Resultierender Spin (17.4)
S Symbol für Bahndrehimpuls $L=0$
$\boldsymbol{s}, s$ Elektronenspin und zugehörige Quantenzahl (12.15)
$\hat{\boldsymbol{s}}$ Spin-Operator $=(\hat{s}_x, \hat{s}_y, \hat{s}_z)$
T Absolute Temperatur
T_1 Longitudinale Relaxationszeit
T_2 Transversale Relaxationszeit
t Zeit
U Spannung
u Spektrale Energiedichte (5.2), atomare Masseneinheit [2.2]
V Volumen, Potential
$\bar{V}$ Erwartungswert der potentiellen Energie
$\boldsymbol{v}$ Geschwindigkeit, Teilchengeschwindigkeit
x Teilchenkoordinate (eindimensional)
$\bar{x}$ Erwartungswert des Orts
Z Kernladungszahl
α Feinstrukturkonstante [8.10] oder Absorptionskoeffizient (2.22)
β Konstante
Γ Abklingkonstante
γ Abklingkonstante oder Linienbreite, gyromagnetisches Verhältnis
Δ Laplace-Operator $=\partial^2/\partial x^2 + \partial^2/\partial y^2 + \partial^2/\partial z^2$
ΔE Energieunschärfe
Δk Wellenzahlunschärfe
Δp Impulsunschärfe
Δt Zeitunschärfe (=endliche Meßzeit)
ΔV Volumenelement, endlich
$\Delta\omega$ Kreisfrequenz-Unschärfe
Δx Ortsunschärfe
$\delta(x)$ Diracsche δ-Funktion (vergl. math. Anhang)
$\delta_{\mu\nu}$ Kronecker-Symbol, $\delta_{\mu\nu}=1$ für $\mu=\nu$, $\delta_{\mu\nu}=0$ für $\mu \neq \nu$
ε Dimensionslose Energie (9.83)
$\varepsilon^{(n)}$ Energiebeiträge zur Störungstheorie
ε_0 Dielektrizitätskonstante im Vakuum
ϑ Winkelkoordinate (10.2), Dipolmoment
κ Definiert in (10.54)
λ Wellenlänge (8.1) (Ausnahme: Entwicklungsparameter in [15.2.2 und 15.2.3] Mittlere freie Weglänge [2.4.3]
$\boldsymbol{\mu}, \mu$ Magnetisches Moment (12.1)
μ Reduzierte Masse (8.15)
μ_B Bohrsches Magneton (12.8)
μ_k Kern-Magneton (20.3)
ν Frequenz [8.1]
$\bar{\nu}$ Wellenzahl [8.1]
ξ Dimensionslose Koordinate (9.83)
ϱ Ladungsdichte, Zustandsdichte, Dichte; oder dimensionsloser Abstand
σ Streukoeffizient, Wirkungsquerschnitt (2.16)
Φ Phase
ϕ Phasenwinkel, Winkelkoordinate
$\phi(x)$ Wellenfunktion von Teilchen
$\phi_\uparrow, \phi_\downarrow, \phi$ Spin-Wellenfunktionen
ψ Wellenfunktion
Ψ Wellenfunktion von mehreren Elektronen
$\hat{\Omega}$ Allgemeiner quantenmechanischer Operator
Ω Frequenz [14.4, 14.5, 15.3]
ω Kreisfrequenz $2\pi\nu$, oder Eigenwert (9.3.6)

1. Einleitung

1.1 Klassische Physik und Quantenphysik

Die Atom- und Quantenphysik, in die dieses Buch einführt, ist im wesentlichen ein Kind des ersten Drittels dieses Jahrhunderts. Die Einteilung der klassischen Physik in Gebiete wie Mechanik, Akustik, Wärmelehre, Elektrizität, Optik mußte erweitert werden, als bei fortschreitender Kenntnis vom *Aufbau der Materie* Atome und Quanten Gegenstand der physikalischen Forschung wurden. Zur klassischen Physik kommt deshalb im 20. Jahrhundert die Physik der Atome und der Licht- oder Energie-Quanten hinzu. Ziel der Atomphysik ist das Verständnis des Aufbaus der Atome, ihrer Struktur und ihrer Wechselwirkungen untereinander und mit elektrischen und magnetischen Feldern. Die Atome sind aus dem positiv geladenen Kern und den negativ geladenen Elektronen aufgebaut. Die zwischen diesen Teilchen wirkenden elektromagnetischen Kräfte sind aus der klassischen Physik wohlbekannt.

Die Physik der *Atomkerne* laßt sich allein mit diesen Kräften nicht mehr verstehen. Neue Kräfte – die Kernkräfte – sind hier bestimmend, und die typischen Bindungsenergien sind um Größenordnungen höher. Die Untersuchung der Kerne, der Elementarteilchen und die gesamte Hochenergiephysik bilden deshalb ein eigenes Teilgebiet der Physik. Es wird hier nicht behandelt.

1.2 Kurzer historischer Überblick

Das Wort *Atom* kommt aus dem Griechischen und bedeutet *das Unzerschneidbare*, den kleinsten Baustein der Materie, den man nicht weiter teilen kann. Dieser Begriff wurde im 5. und 4. vorchristlichen Jahrhundert von griechischen Naturphilosophen geprägt. Die ersten atomistischen Theorien über den Aufbau der Materie stammen von *Demokrit* (460–370), *Platon* (429–348) und *Aristoteles* (384–322). Es dauerte noch mehr als 2 Jahrtausende, bis aus dieser spekulativen Atomistik eine im heutigen Sinne exakte Atomphysik wurde.

Die Bedeutung des Wortes Atom wird weniger mißverständlich, wenn man es in das Lateinische übersetzt: ein *Individuum* ist die kleinste Einheit einer größeren Menge, die noch alle für diese Menge wesentlichen Eigenschaften besitzt. In diesem Sinne ist ein Atom wirklich *unzerschneidbar*. Man kann ein Atom Wasserstoff zwar weiter spalten in Proton und Elektron, aber der Wasserstoff ist durch diese Teilung zerstört. Beispielsweise kann man in seinem optischen Spektrum nicht mehr die für das Wasserstoff-Atom typischen Spektrallinien beobachten.

Die Atomistik im Sinne unserer modernen Naturwissenschaft wurde zuerst für die *Materie*, dann für die *Elektrizität* und schließlich für die *Energie* entdeckt.

Die *Atomistik der Materie*, die Erkenntnis vom Aufbau aller chemischen Elemente aus Atomen, folgte aus chemischen Untersuchungen. Die etwa 1799 von *J. L. Proust* und

1803 von *Dalton* formulierten *Gesetz der konstanten und multiplen Proportionen* lassen sich sehr einfach durch die Atomhypothese deuten:

Die Reaktionsgleichungen

14 g Stickstoff + 16 g Sauerstoff ergeben 30 g NO

14 g Stickstoff + 32 g Sauerstoff ergeben 46 g NO_2

bedeuten: die Atomgewichte von N und O verhalten sich wie 14:16. Es können nur „ganze“ Atome untereinander reagieren. Das erste *Atommodell von W. Prout* (1815) nimmt an, daß die Atome aller Elemente aus H-Atomen zusammengesetzt sind. Als heuristisches Prinzip führt diese Hypothese schließlich bis zu einem auf den chemischen Eigenschaften beruhenden Ordnungsschema für die chemischen Elemente, dem *Periodischen System* von *L. Meyer* und *D. I. Mendelejeff* (1869). Mehr hierüber findet man in den einführenden Lehrbüchern der Chemie.

Etwa gleichzeitig (1808) wurde von *Gay-Lussac* gefunden, daß außer den Gewichten auch die *Volumina* gasförmiger Reaktionspartner sich wie kleine ganze Zahlen verhalten. Im obigen Beispiel:

1 Volumen N_2 + 1 Volumen O_2 ergeben 2 Volumina NO

1 Volumen N_2 + 2 Volumina O_2 ergeben 2 Volumina NO_2.

Derartige Beobachtungen führten zur *Avogadroschen Hypothese* (1811): Gleiche Volumina verschiedener Gase enthalten (bei gleicher Temperatur und gleichem Druck) gleich viele Moleküle.

Die weitere Untersuchung von Gasen führte im Laufe des 19. Jahrhunderts zur *Atomistik der Wärme*, das heißt zur Erklärung der Wärme allgemein und der thermodynamischen Gasgesetze im besonderen als Folge atomarer Bewegungen und Stöße. Etwa im Jahre 1870 fand die erste einen größeren Teil der Physik umfassende Theorie, die *kinetische Gastheorie*, ihren Abschluß durch die Physiker *Clausius* und *Boltzmann*.

Die *Atomistik der Elektrizität* wurde im Jahre 1833 durch den englischen Naturwissenschaftler *Faraday* entdeckt. Aufgrund quantitativer Auswertung überaus sorgfältiger Messungen der Elektrolyse von Flüssigkeiten formulierte er seine berühmten Gesetze:

Die abgeschiedene Menge eines Elementes ist der dabei transportierten Ladungsmenge proportional

und

verschiedene Elemente werden von der gleichen Elektrizitätsmenge in äquivalenten Gewichten abgeschieden.

Daraus folgerte *Faraday*:

Es gibt „Atome“ der Elektrizität – erst mehr als 70 Jahre später gelingt es, ihre Masse und Ladung zu bestimmen –

und

diese „Atome“ der Elektrizität – die Elektronen – sind mit Atomen der Materie verkoppelt.

Die Entdeckung der *Atomistik der Energie* läßt sich genau datieren: am 14. 12. 1900 trug *Planck* der Physikalischen Gesellschaft in Berlin die Ableitung seines Strahlungsgesetzes für die Hohlraumstrahlung vor. Bei der Herleitung dieses Gesetzes nahm *Planck* an, daß die Energie harmonischer Oszillatoren nur diskrete Werte annehmen kann – ganz im Gegensatz zur klassischen Vorstellung, wo diese Werte ein Kontinuum bilden. Diesen Tag kann man als Geburtstag der Quantentheorie bezeichnen. Die weitere Entwicklung der Atom- und Quantenphysik ist Gegenstand dieses Buches.

Unsere Kenntnis von der Struktur und vom Aufbau der Atome wurde entscheidend durch die Untersuchung der optischen Spektren vermittelt. Nachdem *Kirchhoff* und *Bunsen* um 1860 gezeigt hatten, daß die optischen Spektren charakteristisch für die chemischen Elemente sind, die das Licht emittieren oder absorbieren, wurde eine erste gesetzmäßige Ordnung in die Spektren der Atome durch *Balmer* (1885) mit der nach ihm benannten Formel für die von Wasserstoff-Atomen emittierten Spektrallinien gebracht. Aufgrund des von *Rutherford* 1911 aufgestellten Atommodells konnte *Bohr* 1913 die Grundlagen für die Quantisierung der Elektronenbahnen im Atom formulieren. Diese Quantisierungsvorschriften wurden von *Sommerfeld* wesentlich verfeinert. Parallel dazu entwickelte *De Broglie* seine Vorstellungen über Materiewellen. Der eigentliche Durchbruch gelang *Born*, *Heisenberg*, *Schrödinger*, *Pauli*, *Dirac* und anderen Forschern im Jahrzehnt zwischen 1920 und 1930.

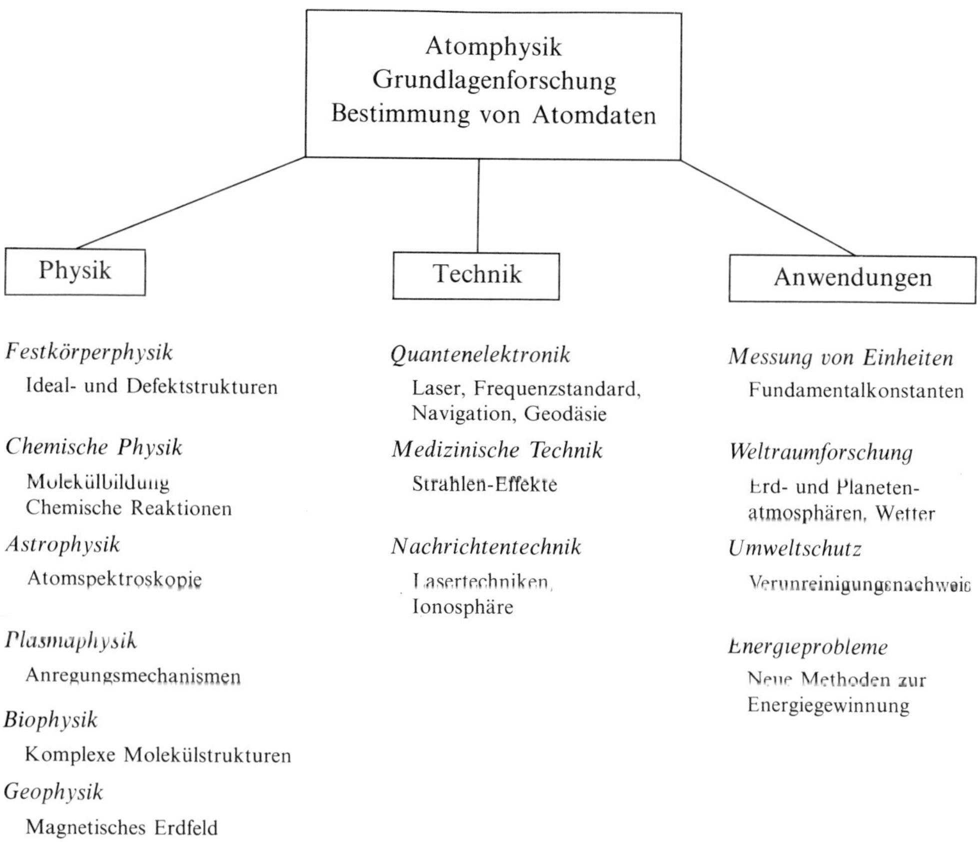

Abb. 1.1. Zur Bedeutung der Atomphysik für andere Disziplinen der Wissenschaft und Technik

Die gegenwärtig in der Forschung aktuellen Probleme der Atomphysik sind

- eine immer detailliertere Aufklärung der Struktur der Atomhülle und ihrer Anregungszustände,
- die Wechselwirkung von Atomen mit Strahlungsfeldern, zum Beispiel im Hinblick auf das Optische Pumpen (Kap. 21) und die Anwendungen in der Laser-Physik (Kap. 22),
- die Wechselwirkung der Atome untereinander bei Zusammenstößen in Gasen und bei der Bildung von Molekülen,
- die Gesetzmäßigkeiten, die zum Aufbau fester Körper aus Atomen und zu deren Eigenschaften führen.

Auf der Grundlage der Atomphysik bauen somit Molekül- und Festkörperphysik auf – wie auch die Chemie immer wieder auf die Erkenntnisse und Gesetze der Atomphysik zurückgreift.

Die Atomphysik ist weiterhin Grundlagenwissenschaft für viele andere Disziplinen der Forschung, der Technik und der Anwendung. Einige wichtige Beispiele sind in Abb. 1.1 dargestellt.

Die folgenden Kapitel bringen keine historische oder chronologische Darstellung; sie zeigen aber die Entwicklungslinien auf. Dabei wird vielfach induktiv vorgegangen. Es hat wenig Sinn, sich in der Physik mit der Erwerbung von Tatsachen-Wissen zu begnügen. Ein Physiker muß lernen, experimentelle Befunde zu deuten, zu analysieren und das Wesentliche herauszuschälen. Er entwickelt so Modelle von der Natur. Dabei ist es wichtig, daß er Beziehungen zu anderen experimentellen Ergebnissen herstellt und den Ausgang neuer Experimente voraussagen kann. Diese Voraussagen sind dann durch Experimente zu prüfen. Auf diese Weise ist die Physik keine tote, abgeschlossene Wissenschaft, sondern sie entwickelt sich immer weiter, da durch neuartige Experimente neue Gebiete der Physik erschlossen werden und andererseits unsere physikalischen Begriffsbildungen zu immer neuen Experimenten anregen.

2. Masse und Größe des Atoms

2.1 Was ist ein Atom?

Ein Atom ist der kleinste unveränderliche Bestandteil eines chemischen Elementes. Unveränderlich heißt dabei: mit chemischen Mitteln, z.B. durch Reaktionen mit Säuren oder Laugen oder durch mäßige Temperaturen lassen sich Atome nur geringfügig – nämlich in ihrem Ionisationsgrad – verändern. Als mäßig gelten hier Temperaturen, wenn ihr Energieaequivalent kT (k ist die Boltzmannkonstante, T die Temperatur in K) nicht größer ist als einige Elektronenvolt [eV] (s. dazu Tabelle 8.1).

2.2 Bestimmung der Masse

Ausgehend vom Dalton-Gesetz der konstanten und multiplen Proportionen und der Avogadro-Hypothese, wonach gleiche Gas-Volumina die gleiche Anzahl von Molekülen oder Atomen enthalten, werden *relative Atommassen*, A_{rel}, sog. Atomgewichte, eingeführt. Man hat zunächst mit den Methoden der Chemie festgestellt, daß diese Atomgewichte ungefähr ganzzahlige Vielfache der Atommasse des Wasserstoff-Atoms sind. Die relativen Atommassen von Stickstoff und Sauerstoff sind dann $A_{rel}(N) \simeq 14$, $A_{rel}(O) \simeq 16$.

Man hat deshalb eine atomare Masseneinheit eingeführt, 1 u (Abkürzung für unit, früher auch als ME oder amu bezeichnet), die ungefähr gleich der Masse eines Wasserstoff-Atoms ist. Seit 1961 wird sie allerdings auf das Kohlenstoff-Atom ^{12}C mit $A_{rel} = 12{,}00000$ u bezogen und stimmt deshalb mit der Masse des H-Atoms nicht mehr exakt überein. Der Bezug auf C hat sich für die experimentelle Präzisionsbestimmung von Atommassen mit den Methoden der Chemie als zweckmäßig erwiesen.
Es gilt die Definition

$$1\,\text{u} = 1/12 \text{ der Masse eines neutralen Kohlenstoff-Atoms mit der Kernladungszahl 6 und der Massenzahl 12, also } {}^{12}_{6}C. \tag{2.1}$$

Ältere Skalen waren etwas anders definiert: Die alte „chemische" Skala war auf Sauerstoff im natürlichen Isotopenverhältnis bezogen:

$$1\,\text{ME}_{\text{Chem}} = 1/16 \text{ (mittlere Masse von O-Atomen im natürlichen Isotopen-Verhältnis)},$$

und die alte „physikalische" Skala auf das Sauerstoff-Isotop ^{16}O:

$$1\,\text{ME}_{^{16}O} = 1/16 \text{ (Masse eines } {}^{16}O\text{-Atoms)}.$$

Es gelten folgende Umrechnungen:

$$ME_{chem} : ME_{^{16}O} : u_{^{12}C} = 0{,}99996 : 0{,}99968 : 1{,}00000 \tag{2.2}$$

und

$$A_{rel,\,chem} : A_{rel,\,^{16}O} : A_{rel,\,^{12}C} = 1{,}00004 : 1{,}00032 : 1{,}00000\,. \tag{2.3}$$

Aus den relativen Atommassen erhält man die absoluten Atommassen über den Begriff des Mols.

1 Mol eines Stoffes ist nach *Avogadro* so viel Gramm wie das relative Atomgewicht (bei Molekülen das entsprechend definierte relative Molekülgewicht) angibt. 1 Mol Kohlenstoff des Isotops $^{12}_{6}C$ sind also 12 Gramm. 1 Mol einer Substanz enthält jeweils die gleiche Anzahl (N_A) von Atomen (Molekülen).

Die so definierte Zahl N_A heißt Avogadro-Konstante. Besonders in der deutschsprachigen Literatur wird dafür auch der Ausdruck Loschmidt-Zahl, N_L, verwendet, nach dem österreichischen Physiker *Loschmidt*, der sie 1856 aus Messungen an Gasen bestimmte. Meßmethoden werden im folgenden Abschnitt behandelt.

Die absolute Atommasse m (Atom) erhält man demnach durch Bestimmung der Loschmidt-Zahl. Es gilt

$$\text{Masse eines Atoms} = \frac{\text{Masse von 1 Mol der Substanz}}{N_L}\,. \tag{2.4}$$

Die Bestimmung von Atom-Massen ist damit auf die Bestimmung der Loschmidt-Zahl zurückgeführt; deren Größe hängt offenbar von der Wahl der Bezugssubstanz für das Mol ab. N_L ist heute definiert als die Zahl der Kohlenstoffatome in 12,000 g isotopenreinem $^{12}_{6}C$.

Der beste Wert für N_L lautet heute

$$N_L = (6{,}022045 \pm 0{,}000005) \cdot 10^{23}\ \text{Mol}^{-1}\,.$$

Damit können wir (2.4) auch so schreiben:

$$m_{\text{Atom}} = \frac{A_{\text{rel},^{12}\text{C}}}{N_L}\,[\text{Gramm}]. \tag{2.5}$$

Für die Umrechnung der Masseneinheit u in andere Einheiten gilt

$$1\,u = (1{,}660565 \pm 0{,}000005) \cdot 10^{-27}\,\text{kg} = 931{,}478\,\frac{\text{MeV}}{c^2}\,. \tag{2.6}$$

Diese Umrechnung ergibt sich aus der Energie-Masse Äquivalenz $E = mc^2$. MeV ist ein Energiemaß, s. Tabelle 8.1, c ist die Lichtgeschwindigkeit, Zahlenwerte für Massen m, relative Atommassen A_{rel} und Massenzahl A einiger Atome gibt Tabelle 2.1.

Die Massenzahl A eines Atoms ist diejenige ganze Zahl, die seiner relativen Atommasse A_{rel} am nächsten liegt. In der Kernphysik wird gezeigt, daß A gleich der Anzahl der Nukleonen (Protonen und Neutronen) im Kern ist.

Tabelle 2.1. Massenzahl, Masse und relative Atommasse für einige Atome

	Massenzahl A	Masse m [kg]	A_{rel}
H-Atom	1	$1{,}67342 \cdot 10^{-27}$	1,007825
C-Atom	12	$19{,}92516 \cdot 10^{-27}$	12,000000
O-Atom	16	$26{,}5584 \cdot 10^{-27}$	15,99491

2.3 Methoden zur Bestimmung der Loschmidt-Zahl

2.3.1 Elektrolyse

Bei der elektrolytischen Abscheidung von Salzen aus der Lösung ist die abgeschiedene Stoffmenge der durch den Elektrolyten geflossenen Ladung proportional. Für 1 Mol einer einwertigen Substanz benötigt man 96485 As (Ampère-Sekunden). Dies ist die Faraday-Zahl F. Es gilt dann, da jedes Ion eine Elementarladung e trägt, $N_L = F/e$. Unter der Elementarladung e versteht man den Betrag der Ladung eines Elektrons, siehe dazu Abschn. 6.3. Zum Beispiel benötigt man zur Abscheidung von 1 Mol oder 63,5 g Kupfer aus einer Lösung von $CuSO_4$ in Wasser 2 N_L Elektronen, weil das Kupfer-Ion in $CuSO_4$ zweifach positiv geladen ist. Aus der Wägung der abgeschiedenen Masse und der Messung von Stromstärke und Zeit erhält man also die Loschmidt-Zahl N_L.

2.3.2 Gas- und Boltzmann-Konstante

Die allgemeine Gaskonstante R und die Boltzmann-Konstante k sind verbunden durch die Gleichung $k = R/N_L$.

Die Gaskonstante bestimmt man mit Hilfe der Zustandsgleichung $pV = RT$ für ideale Gase, die Boltzmann-Konstante z.B. aus dem Sedimentationsgleichgewicht (*Perrin*, 1908). Dabei ist die Dichteverteilung in einer Suspension kleiner Schwebeteilchen unter

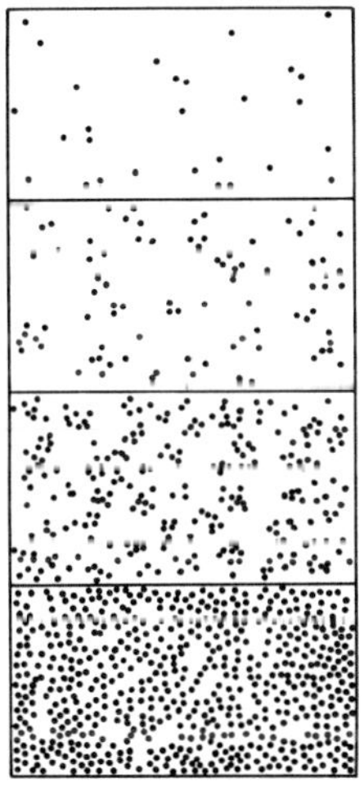

Abb. 2.1. Sedimentationsgleichgewicht: Verteilung von suspendierten Mastixkugeln mit 0,6 μm Durchmesser in 4 verschiedenen Höhen des Gesichtsfeldes eines Mikroskops (nach *Perrin*)

gleichzeitiger Wirkung von Schwere und Brownscher Molekularbewegung durch die Gleichung

$$n_h = n_0\, e^{-mgh/kT} \tag{2.7}$$

gegeben, wobei n_h die Anzahl der Teilchen in einem Einheits-Volumen in der Höhe h, n_0 die Anzahl der Teilchen in einem Einheits-Volumen in der Höhe 0, m die Masse der Teilchen, g die Erdbeschleunigung, k die Boltzmann-Konstante, T die absolute Temperatur bedeuten. Einen Modellversuch zur Sedimentation zeigt Abb. 2.1. Die Formel (2.7) ist ein Spezialfall der berühmten Boltzmann-Verteilung. Da wir diese Verteilung in diesem Buch mehrfach verwenden werden, geben wir diese hier explizit an. Ihre nähere Begründung findet sie in der Statistischen Physik. Nach der Boltzmann-Verteilung ist die Zahl von Teilchen mit einer Energie im Intervall $E \ldots E + dE$ im thermischen Gleichgewicht gegeben durch

$$n_E dE = N Z(T) e^{-E/kT} g(E) dE \tag{2.8}$$

wobei in Erweiterung von (2.7) die folgenden Größen auftreten: N ist die Gesamtzahl der Teilchen, $Z(T)$ ist die sogenannte Zustandssumme. Sie sorgt dafür, daß sich bei Integration über den gesamten Energiebereich die Gesamtzahl N ergibt, d.h. $\int n_E dE = N$. Sie ist daher durch $Z(T)^{-1} = \int e^{-E/kT} g(E) dE$ gegeben. $g(E)$ schließlich ist die sogenannte Zustandsdichte. Sie kommt dadurch zustande, daß Teilchen mit bestimmter Energie sich z. B. noch in verschiedenen Richtungen bewegen können.

Eine völlig befriedigende Definition von $g(E)$ wird erst durch die Quantenmechanik möglich. Mit Hilfe von Quantenzahlen, von denen wir später eine Reihe von Beispielen kennenlernen werden, kann man die Zahl der „Zustände" im Intervall $E \ldots E + dE$ abzählen.

2.3.3 Röntgenbeugung an Kristallen

Mit Röntgenlicht bekannter Wellenlänge kann man die Gitterkonstante bzw. das Volumen V eines Atoms oder Moleküls im Kristall messen. Das Volumen eines Mols V_{Mol} ist dann das N_L-fache des Atom-Volumens. Für ein Mol gilt also

$$N_L \cdot V_{\mathrm{Atom}} = V_{\mathrm{Mol}} = \frac{M}{\varrho}, \tag{2.9}$$

wenn mit M die Molmasse und mit ϱ die Massendichte bezeichnet werden.

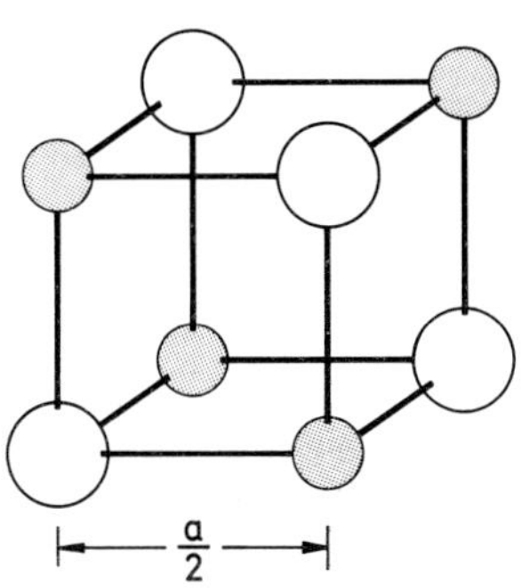

Abb. 2.2. Ausschnitt aus einem NaCl-Gitter. Die Elementarzelle des kubisch-flächenzentrierten Gitters ist ein Würfel mit der Kantenlänge a. Er enthält je eine flächenzentrierte kubische Elementarzelle aus Na^+- bzw. Cl^--Ionen

Zur Erläuterung zeigt Abb. 2.2 einen Ausschnitt aus dem NaCl-Gitter. NaCl kristallisiert kubisch-flächenzentriert. Das NaCl-Gitter kann zusammengesetzt werden aus zwei ineinander gestellten flächenzentrierten Gittern von Na^+- bzw. Cl^--Ionen. Diese Ionen besetzen die Ecken eines Würfels der Kantenlänge $a/2$, wenn a die Kantenlänge der Na^+- bzw. Cl^--Elementarzelle ist. Als Elementarzelle bezeichnet man die kleinste Einheit eines Kristalls in dem Sinne, daß durch Aneinanderreihen von Elementarzellen in den 3 Raumrichtungen der ganze Kristall aufgebaut werden kann.

Die Größe von a kann durch Röntgeninterferenzen gemessen werden, wenn die Röntgenwellenlänge bekannt ist (vgl. 2.4.5). Im Würfel mit dem Volumen $(a/2)^3$ befinden sich $4/8=(1/2)$ NaCl-Moleküle, weil jedes Ion jeweils 8 Würfeln angehört. Die Zahl der Moleküle je Volumeneinheit ist damit

$$n=\frac{1}{2}\left(\frac{2}{a}\right)^3 . \tag{2.10}$$

Dies setzen wir gleich dem Quotienten $N_L/V_{Mol}=N_L\cdot\varrho/M$ und erhalten für

$$N_L=\frac{4M}{a^3\varrho}=\frac{4\cdot 58{,}4}{(5{,}63)^3\cdot 10^{-24}\cdot 2{,}16}=6{,}05\cdot 10^{23} . \tag{2.11}$$

Die Genauigkeit, mit der man N_L so messen kann, beträgt $5\cdot 10^{-6}$ (relative Unsicherheit). Genauer kann man bisher die Dichte ϱ nicht messen. Die Gitterkonstante a wurde dagegen mit einem sogenannten Röntgen-Interferometer an Si-Einkristallen viel genauer, nämlich mit einem relativen Fehler von $6\cdot 10^{-8}$ bestimmt. Die hier beschriebene Methode zur Messung von N_L wird zu einer Absolutmethode, wenn die Messung der Röntgenwellenlänge durch ein mechanisch geteiltes Strichgitter erfolgt und damit an das Meter direkt angeschlossen wird. Das war mit der Methode der streifenden Inzidenz möglich, da bei senkrechter Inzidenz der Röntgenstrahlen mechanisch hergestellte Gitterstriche zu breit im Vergleich zur Wellenlänge sind.

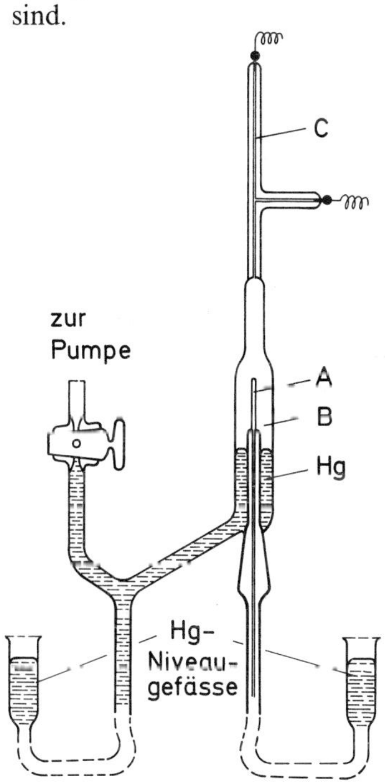

Abb. 2.3. Versuchsanordnung von *Rutherford* und *Royds*: Phil. Mag. *17*, 281 (1909). Die dünnwandige Glasröhre A enthält das α-aktive Gas Radon, $^{222}_{86}Rn$. Die nach einigen Tagen im evakuierten Raum B angesammelten Helium-Atome werden in die oben anschließende Kapillare C komprimiert und im Spektrum einer Gasentladung nachgewiesen. Quecksilber-Niveaugefäße dienen zur Kompression der Gase

2.3.4 Messung mit Hilfe des radioaktiven Zerfalls

Von den vielen anderen Methoden, mit denen N_L gemessen wurde, soll hier nur noch diejenige von *Rutherford* und *Royds* aus dem Jahre 1909 erwähnt werden.

In der in Abb. 2.3 gezeigten Versuchsanordnung befindet sich ein Radium-Präparat im Inneren des Glasröhrchens A. Die von diesem Präparat ausgesandten α-Teilchen können durch das dünne Glas des Präparat-Röhrchens A hindurchtreten. In dem zweiten, dickwandigen Glasrohr B sammelt sich Helium-Gas. α-Teilchen sind nämlich zweifach positiv geladene Kerne des Helium-Atoms. Durch Ionisationsprozesse im Präparat, im Glas und in der Gasfüllung freigewordene Elektronen können von den α-Teilchen eingefangen werden und diese zu Heliumatomen ergänzen. Durch Zünden einer Gasentladung im Entladungsrohr C regt man dieses Gas zum Leuchten an. Die Spektralanalyse zeigt, daß es sich tatsächlich um Helium handelt.

So wurde nachgewiesen, daß α-Teilchen Helium-Kerne sind. Wenn man die in einer bestimmten Zeit gebildete Gasmenge mißt und die Zahl der Zerfälle pro Zeiteinheit kennt (z.B. durch Abzählen mit Hilfe eines Szintillations- oder eines Geigerzählers), dann läßt sich so ebenfalls die Zahl der Atome in der Volumeinheit oder N_L bestimmen.

2.4 Bestimmung der Größe des Atoms

2.4.1 Anwendung der kinetischen Gastheorie

Die kinetische Gastheorie beschreibt die makroskopischen Zustandsgrößen von Gasen wie Druck und Temperatur atomistisch. Ihre Anwendung zur Erklärung makroskopischer Meßgrößen von Gasen führt auch zu einer Messung der Größe von Atomen.

Dazu müssen wir zunächst daran erinnern, wodurch die kinetische Gastheorie unser Vertrauen gewonnen hat:
Die ideale Gasgleichung lautet

$$pV = nRT, \tag{2.12}$$

wobei p der Druck, V das Volumen, n die Molzahl, R die allgemeine Gaskonstante und T die Temperatur sind.

Bei konstanter Temperatur ist dies das Boyle-Mariottesche Gesetz. Gleichung (2.12) kann auch kinetisch abgeleitet werden. Man berechnet dazu die Zahl der Teilchen im Gasraum, die in der Zeiteinheit auf eine Flächeneinheit auftreffen und dort Impuls übertragen (das sind die im sogenannten Maxwellschen Stoßzylinder der Länge v enthaltenen Teilchen). Der Druck, den das Gas auf eine Fläche ausübt, ergibt sich zu

$$p = 1/3\, Nm\overline{v^2}, \tag{2.13}$$

wobei m die Masse der Teilchen, $\overline{v^2}$ das mittlere Quadrat der Geschwindigkeit und N die Zahl der Teilchen in der Volumeneinheit sind.

Da die mittlere kinetische Energie $m\overline{v^2}/2$ eines freien Teilchens im thermischen Gleichgewicht gleich $3/2 \cdot kT$ ist, wird aus (2.13) die Gl. $p = N \cdot k \cdot T$. Diese Gleichung ist identisch mit der idealen Gasgleichung, wie man durch Multiplikation mit dem Molvolumen V_M sofort sieht:

$$pV_M = NV_M kT = N_L kT = RT, \tag{2.14}$$

M ist die Molmasse.

Der Nachweis, daß die kinetische Gastheorie eine gute Beschreibung des physikalischen Verhaltens von Gasen liefert, erfolgt durch experimentelle Prüfung von Voraussagen der Gastheorie. Beispielsweise wurde die aus der kinetischen Gastheorie abgeleitete Geschwindigkeitsverteilung der Moleküle in einem Gas (Maxwell-Verteilung) sehr genau experimentell bestätigt. Diese Verteilung ist wieder ein Spezialfall der Boltzmann-Verteilung [vgl. (2.8)]. Hier ist die Energie eines Teilchens $E = mv^2/2$. Gesucht ist die Anzahl der Teilchen, $n(v)dv$, deren *Absolut*geschwindigkeit unabhängig von der Richtung, im Intervall $v \dots v+dv$ liegt. Daher haben wir die Dichtefunktion $g(E)$ auf eine neue Dichtefunktion $\tilde{g}(v)$ umzurechnen, wobei zu beachten ist, daß

$$g(E)dE = \tilde{g}(v)dv$$

gilt. Da die Nebenrechnungen keine physikalischen Einblicke liefern, geben wir lediglich das Endresultat an:

Maxwellsche Geschwindigkeitsverteilung:

$$n(v)dv = n_0 v^2 \sqrt{\frac{2}{\pi}} \left(\frac{m}{kT}\right)^{3/2} e^{-mv^2/(2kT)} dv \tag{2.15}$$

mit $n(v)dv$ als Zahl der Teilchen mit einer Geschwindigkeit im Intervall $v \dots v+dv$ und n_0 als Gesamtzahl der Teilchen.

Bei der experimentellen Prüfung der Geschwindigkeitsverteilung wird die Häufigkeit von Gasatomen mit einer vorgegebenen Geschwindigkeit v gemessen.

2.4.2 Der Wirkungsquerschnitt

Die Größe eines Atoms in Gasen läßt sich aus dem *Wirkungsquerschnitt* messen, mit dem das Atom andere Atome stößt. Zur Ableitung des Begriffs Wirkungsquerschnitt dient Abb. 2.4. Ein Strahl aus Atomen 1 (Bündelfläche A, Teilchenradius r_1, Teilchenzahl-Dichte N_0) treffe auf eine Schicht mit Atomen 2 (Schichtdicke Δx, Teilchenradius r_2, Teilchenzahl-Dichte n). Es wird danach gefragt, wie viele Atome der Sorte 1 mit solchen der Sorte 2 zusammenstoßen, aus ihrer Richtung abgelenkt werden und deshalb die Schicht nicht ungestört durchdringen. Deshalb wird dieser Wirkungsquerschnitt in der Physik häufig auch als Streuquerschnitt bezeichnet.

Das Problem entspricht etwa folgendem makroskopischen Problem: Man steht vor einem Stück Wald und schießt eine Kugel aus einem Gewehr ab. Die Wahrscheinlichkeit, daß diese Kugel durch den Wald hindurch gelangt, ist um so größer, je geringer die Dicke und die Dichte der Bäume sind. Wiederholt man den Schuß sehr oft und zählt das Verhältnis der unabgelenkt durchfliegenden Kugeln zur Gesamtzahl der abgeschossenen, so kann man daraus die Dicke der Bäume (das heißt ihren Wirkungsquerschnitt) bestimmen. Man muß dazu die Dichte der Bäume kennen. Diese Methode wird man bei einem Wald natürlich nicht anwenden. In der Atomphysik ist sie jedoch notwendig, da man kein Metermaß an ein Atom anlegen kann. Das gleiche Problem taucht an vielen Stellen in der Physik auf. So wird bei einem Stoß zwischen zwei Teilchen in der Kernphysik der Wirkungsquerschnitt von Teilchen oder Kernreaktionen bestimmt. In der Atomphysik werden wir sehen, daß man dort vom Wirkungsquerschnitt für die Wechselwirkung eines Lichtquants mit einem Atom spricht. Wegen seiner weitreichenden Anwendung in allen Gebieten der Physik soll der Begriff Wirkungsquerschnitt hier ausführlich behandelt werden.

Ein Zusammenstoß zwischen Atomen mit Radien r_1 und r_2 führt zum Ausscheiden der Atome aus ihrer Anfangsrichtung, wenn die Begegnung innerhalb einer Fläche $\sigma=(r_1+r_2)^2\pi$ erfolgt, Abb. 2.4. Wir können also die Ausdehnung beider Stoßpartner in einen gemeinsamen Querschnitt zusammenfassen. Die Wahrscheinlichkeit, daß ein Stoß erfolgt, ist dann gegeben als Quotient der Anzahl der günstigen zur Anzahl der möglichen Fälle:

$$W=\frac{\begin{array}{c}\text{Fläche aller Wirkungsquerschnitte}\\ \text{im durchschossenen Volumen}\end{array}}{\text{Gesamtfläche } A}\,.$$

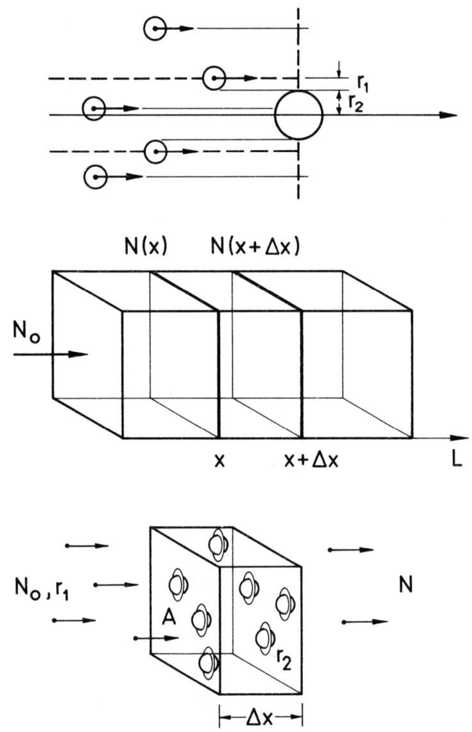

Abb. 2.4. Zur Definition und Messung von Wirkungsquerschnitten. *Oberes Teilbild:* Der Wirkungsquerschnitt von Teilchen mit Radius r_1 und solchen mit Radius r_2 ergibt sich zu $(r_1+r_2)^2\cdot\pi$. *Mittleres Teilbild:* Von N_0 Teilchen, die von links auf das Volumenelement der Dicke Δx auftreffen, fliegen N Teilchen unabgelenkt hindurch. So läßt sich der Wirkungsquerschnitt experimentell bestimmen. *Unteres Teilbild:* Zur Ableitung der Gl. (2.20). Die Radien der Teilchen 1 und 2 sind im Radius r_1+r_2 zusammengefaßt

Dies gilt nur unter der Voraussetzung, daß sich die Flächen πr^2 verschiedener hintereinander liegender Stoßteilchen nicht überdecken. Dies ist erfüllt bei genügend kleiner Schichtdicke. Um die Zahl der abgelenkten Atome bei einer endlichen Schichtdicke L zu berechnen, zerlegen wir zuerst die gesamte Schicht in kleine Schichten der Dicke Δx. Treten an der Stelle x (vgl. Abb. 2.4) N Atome in die Schicht ein, so scheiden beim Durchfliegen der Strecke Δx insgesamt ΔN aus:

$$\Delta N=-WN=-\frac{\text{Gesamtzahl der Atome im Volumen}\cdot\sigma}{\text{Gesamtfläche}}\cdot N\,. \tag{2.16}$$

Da die Gesamtzahl der Atome im betrachteten Volumen durch Teilchenzahl-Dichte n mal Fläche A mal Schichtdicke Δx gegeben ist, ergibt sich aus (2.16)

$$\Delta N = -\frac{nA\Delta x\,\sigma}{A}N\,. \tag{2.17}$$

Ersetzen wir die Differenzen durch infinitesimale Größen, so erhalten wir

$$\frac{dN}{N} = -n\sigma dx\,. \tag{2.18}$$

Um die Zahl der insgesamt auf der Länge x nicht abgelenkten und die Zahl der abgelenkten Atome zu erhalten, integrieren wir (2.18)

$$\ln N = -n\sigma x + \ln N_0\,. \tag{2.19}$$

Darin ist $\ln N_0$ eine Integrationskonstante, wobei N_0 die Anzahl der bei $x=0$ eingeschossenen Teilchen ist. Aus dieser Beziehung ergibt sich sofort $N=N_0\,\mathrm{e}^{-n\sigma x}$ als Zahl der nach der Länge x noch vorhandenen Teilchen, oder nach Durchlaufen der Gesamtlänge L

$$N = N_0\,\mathrm{e}^{-n\sigma L}\,. \tag{2.20}$$

Dementsprechend ist die Zahl der abgelenkten Atome

$$N_{\text{gestr.}} = N_0(1-\mathrm{e}^{-n\sigma L})\,. \tag{2.21}$$

Man bezeichnet das Produkt $n\sigma \equiv \alpha$ auch als den (makroskopischen) Streukoeffizienten und σ als den (mikroskopischen) totalen Wirkungsquerschnitt.
Aus einer Messung von σ folgt nach $\sigma=(r_1+r_2)^2\pi$ die Größe (r_1+r_2). Bei gleichen Atomen mit $r_1=r_2$ läßt sich daraus r und damit die *Größe* des Atoms bestimmen.

Wir werden in den weiteren Teilen des Buches dem hier definierten Begriff Wirkungsquerschnitt noch häufig begegnen. Abbildung 2.5 zeigt die durch (2.20)

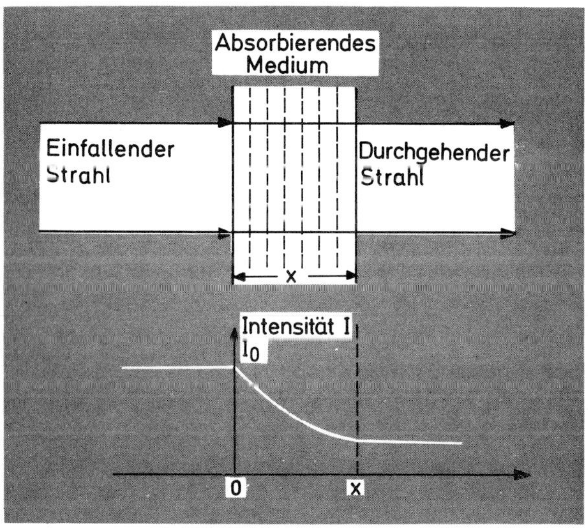

Abb. 2.5. Schwächung eines Lichtstrahles beim Durchgang durch ein absorbierendes Medium

beschriebene Abhängigkeit der Teilchenzahldichte N oder auch der Intensität eines Lichtbündels von der Dicke der durchlaufenen Schicht eines absorbierenden Mediums. Für die Absorption von *Licht* durch Atome oder Moleküle gilt das Beersche Gesetz:

$$I = I_0 \mathrm{e}^{-n \cdot \alpha \cdot x}, \tag{2.22}$$

worin I die durchgehende Intensität, I_0 die einfallende Intensität und α die auf das Einzelteilchen bezogene Absorptionskonstante sind. n ist wieder die Anzahldichte der Atome oder Moleküle im durchstrahlten Volumen.

Die Analogie zwischen (2.22) und (2.20) ist evident.

2.4.3 Experimentelle Bestimmung von Wirkungsquerschnitten

Man kann Wirkungsquerschnitte direkt durch Stoßversuche eines Atomstrahls mit Atomen in einem Gasvolumen messen. Eine derartige Meßanordnung zeigt die Abb. 2.6.

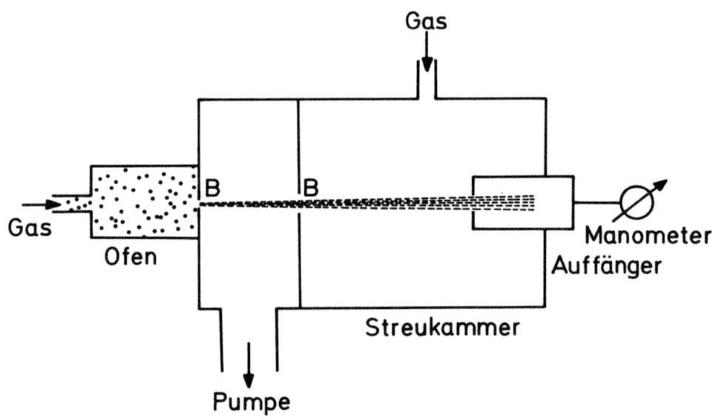

Abb. 2.6. Anordnung zur Messung von Streuquerschnitten von Atomen an Atomen. Ein Strahl von Gasatomen tritt durch die Blenden B in die Streukammer. Die Streuung an dort befindlichen Gasatomen führt zu einer Schwächung des im Auffänger ankommenden Strahles

Häufig bestimmt man jedoch Wirkungsquerschnitte bzw. Atomgrößen in Gasen indirekt. Man mißt z.B. die mittlere freie Weglänge λ, die wir mit Hilfe von (2.20) definieren. λ ist derjenige Weg L oder x, auf dem die Anfangszahl N_0 auf ihren e-ten Teil abgeklungen ist. Daraus ergibt sich mit (2.20) $\lambda = 1/n\sigma$, wobei n wieder die Teilchenzahldichte ist. Für $r_1 = r_2 = r$ wird dann

$$\lambda = \frac{1}{4\pi r^2 n} = \frac{1}{\sigma n}. \tag{2.23}$$

Bisher leiteten wir (2.23) unter der Annahme ab, daß die gestoßenen Atome in Ruhe sind. Bewegen sich die gestoßenen Atome selbst auch, so ist der Ausdruck für λ noch etwas zu modifizieren. Das Ergebnis sei hier ohne Ableitung angegeben:

$$\lambda = \frac{1}{4\pi \sqrt{2} r^2 n}. \tag{2.24}$$

Die so definierte mittlere freie Weglänge geht auch in makroskopisch meßbare Eigenschaften ein, zum Beispiel die Zähigkeit η. Die Zähigkeit ist ja ein Maß für die Impulsübertragung zwischen Atomen oder Molekülen in Gasen oder Flüssigkeiten und hängt deshalb ebenfalls von der Häufigkeit der Stöße zwischen den Teilchen ab. Man kann deshalb die mittlere freie Weglänge auch makroskopisch messen. Im einzelnen gilt (ohne Ableitung)

$$\eta = \frac{1}{3} \varrho \lambda \bar{v} , \tag{2.25}$$

worin η die Zähigkeit, ϱ die Dichte, λ die mittlere freie Weglänge und $\bar{v}$ die mittlere Geschwindigkeit der Teilchen sind.
Man mißt η z.B. aus der Strömungsgeschwindigkeit durch Kapillaren.

Ein anderer Weg zur Messung von λ ergibt sich aus der Wärmeleitung in Gasen. Auch diese hängt von der Häufigkeit der Stöße zwischen den Teilchen und der dadurch ermöglichten Energieübertragung ab. Hier gilt – ebenfalls ohne Ableitung – für den Wärmefluß dQ/dt infolge eines Temperaturgradienten dT/dx

$$\frac{dQ}{dt} = -\lambda_{\mathrm{WL}} \cdot A \cdot \frac{dT}{dx} \tag{2.26}$$

worin dQ die differentielle Wärmemenge, λ_{WL} die Wärmeleitzahl und A die durchströmte Fläche bedeuten.

Die Wärmeleitzahl λ_{WL} hängt mit der freien Weglänge λ zusammen nach der Beziehung

$$\lambda_{\mathrm{WL}} = \frac{n}{2} \cdot k \cdot \bar{v} \lambda . \tag{2.27}$$

Angaben über Atomradien enthält Tabelle 2.2.

Im übrigen sei wegen weiterer Einzelheiten und der hier fehlenden Ableitungen auf die einschlägigen Lehrbücher der Experimentalphysik verwiesen.

2.4.4 Bestimmung der Größe von Atomen aus dem Kovolumen

Die Van der Waals-Gleichung für ein Mol eines realen Gases lautet

$$\left(p + \frac{a}{V^2}\right)(V - b) - RT . \tag{2.28}$$

Dabei bedeutet der Ausdruck a/V^2 den wegen der Kräfte zwischen den Teilchen zum äußeren Druck p hinzukommenden Binnendruck. Das freie Volumen V des Gases ist um das Eigenvolumen (das sogenannte Kovolumen) der Teilchen vermindert. Die experimentell durch Messung des pV-Diagramms der Zustandsgleichung bestimmbare Größe b ist gleich dem vierfachen Eigenvolumen der Atome. Es gilt

$$b = 4 \cdot \frac{4\pi}{3} \cdot r^3 \cdot N_{\mathrm{L}} . \tag{2.29}$$

2.4.5 Größe von Atomen aus Messungen der Röntgenbeugung an Kristallen

Der berühmte Versuch von *v. Laue*, *Friedrich* und *Knipping* aus dem Jahre 1912 über die Beugung von Röntgenstrahlen an Kristallen ergab:
- den endgültigen Beweis dafür, daß Kristalle aus Atomen aufgebaut sind,
- die Wellenlänge der Röntgenstrahlen, und
- die Gitterkonstante in Kristallen – und damit eine Aussage über die Größe von Atomen.

Abbildung 2.7 zeigt schematisch die Versuchsanordnung. Zur genauen Ableitung der Interferenzbedingungen müssen die Raumgitter-Interferenzen behandelt werden. Hier soll nur an Hand des vereinfachten Verfahrens von *Bragg* (1913) gezeigt werden, wie man Gitterkonstanten bestimmen kann.

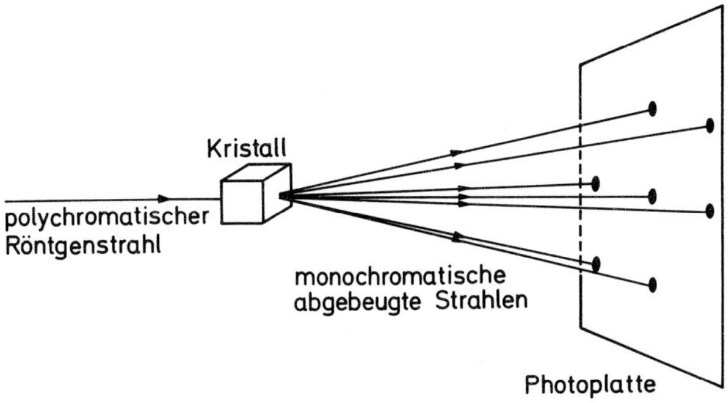

Abb. 2.7. Röntgenbeugung am Einkristall nach *v. Laue*. Schema der Versuchsanordnung. Röntgenlicht mit kontinuierlicher Verteilung der Wellenlängen (polychromatisches oder weisses Röntgenlicht) wird am Einkristall gebeugt. Die Bedingungen für Raumgitter-Interferenz ergeben konstruktive Interferenz für einzelne Raumrichtungen und Wellenlängen. Man beobachtet deshalb Interferenzmaxima, die zu jeweils diskreten Wellenlängen gehören (monochromatisches Röntgenlicht)

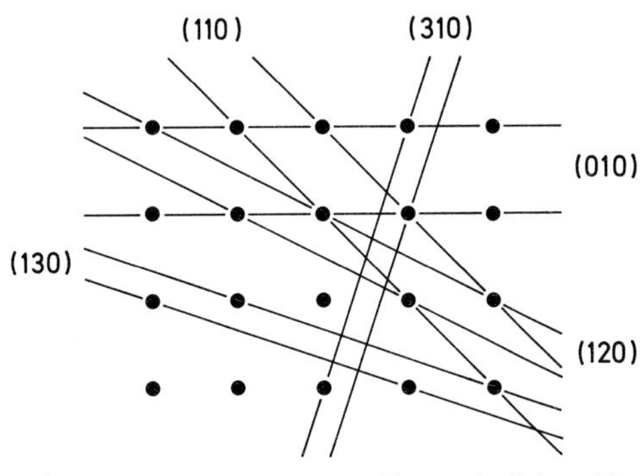

Abb. 2.8. Einfaches kubisches Gitter mit einigen Netzebenen. Diese sind durch die sogenannten Millerschen Indizes charakterisiert. Der Abstand zwischen zwei parallelen Netzebenen nimmt mit größer werdenden Miller-Indizes ab.

Man kann Röntgeninterferenzen als eine Reflexion der Röntgenstrahlen an den sogenannten Netzebenen bei bestimmten "Glanzwinkeln" auffassen. Unter einer Netzebene versteht man eine mit Atomen besetzte Ebene im Kristall. Im Kristall gibt es eine sehr große Zahl von parallelen und aequidistanten Netzebenenscharen. Sie unterscheiden sich durch ihren Abstand, die Besetzungsdichte mit Atomen und die Orientierung im Kristallgitter, s. Abb. 2.8. Nach dem Huygensschen Prinzip wirkt jedes Atom, das von den einfallenden Röntgenstrahlen getroffen wird, als Erregungszentrum einer neuen Elementarwelle (Abb. 2.9a). Diese Elementarwellen gelangen unter bestimmten Winkeln zur konstruktiven Interferenz. Die Reflexionsbedingung wird folgendermaßen abgeleitet: Verstärkung tritt dann auf, wenn der Gangunterschied Δ zweier benachbarter Strahlen ein ganzzahliges Vielfaches der Wellenlänge, $n \cdot \lambda$, ist.

Es gilt nach Abb. 2.9b für den Gangunterschied

$$\begin{aligned} \Delta &= \mathrm{AB} + \mathrm{BC} - \mathrm{AE} = 2\mathrm{AB} - \mathrm{AE} \\ &= 2\frac{d}{\sin\vartheta} - 2\,\mathrm{AD}\cos\vartheta \end{aligned} \tag{2.30}$$

Mit der Beziehung $\mathrm{AD} = d/\tan\vartheta$ erhält man daraus

$$\Delta = 2\frac{d}{\sin\vartheta}\left(1 - \cos^2\vartheta\right),$$

oder schließlich die Bedingung für konstruktive Interferenz

$$\Delta = 2d\sin\vartheta = n\lambda\,. \tag{2.31}$$

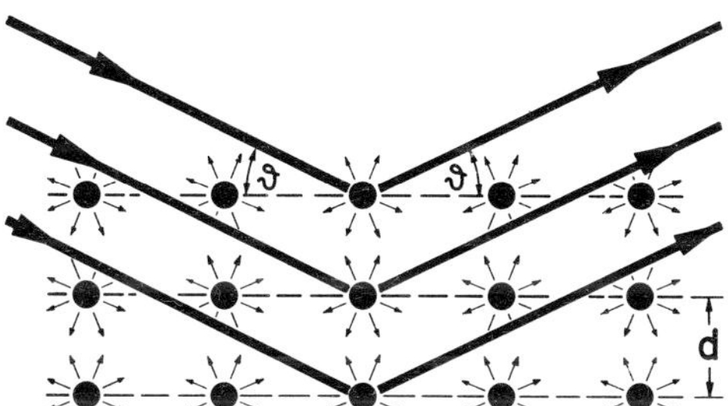

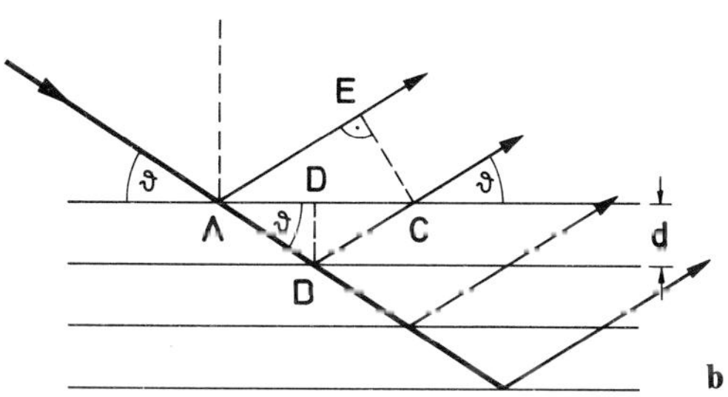

Abb. 2.9. Zur Ableitung des Braggschen Reflexions-Gesetzes. Die horizontalen Linien symbolisieren Netzebenen, an denen das unter dem Winkel ϑ einfallende Röntgenlicht gestreut wird. **a)** Jedes Atom einer Netzebene wirkt als Streuzentrum. **b)** Zur Ableitung der Bragg-Bedingung für die Reflexion von Röntgenlicht an einer Netzebene

Die verschiedenen praktisch verwendeten Verfahren der Röntgenbeugung an Kristallen unterscheiden sich in folgender Weise:

- Beim Laue-Verfahren verwendet man einen Einkristall, einen festen Einfallswinkel und Röntgenlicht mit kontinuierlicher Spektralverteilung ("polychromatisches" Röntgenlicht). Die Bedingung für konstruktive Interferenz ist für einzelne *Punkte* in der Beobachtungsebene für jeweils eine bestimmte Wellenlänge erfüllt.

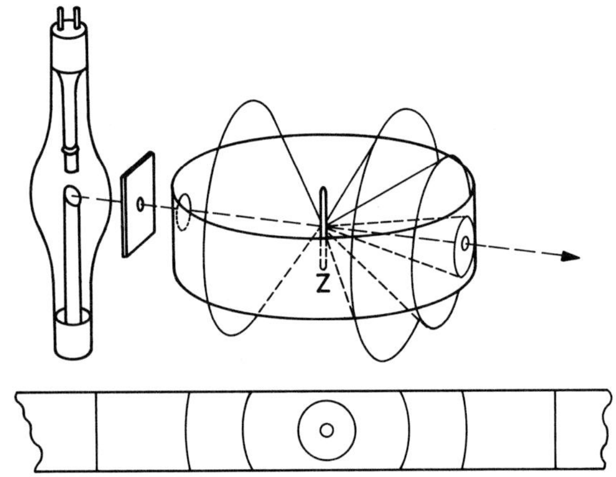

Abb. 2.10. Debye-Scherrer-Verfahren: Röntgenbeugung von monochromatischem Röntgenlicht an einem Polykristall Z. Auf dem Film erscheinen die Schnittlinien der Beugungskegel an den verschiedenen Netzebenenscharen. Zur Erzeugung von monochromatischem Röntgenlicht verwendet man entweder die charakteristische Röntgenstrahlung nach Abb. 18.3, oder man muß einen Einkristall als Monochromator nach (2.31) verwenden

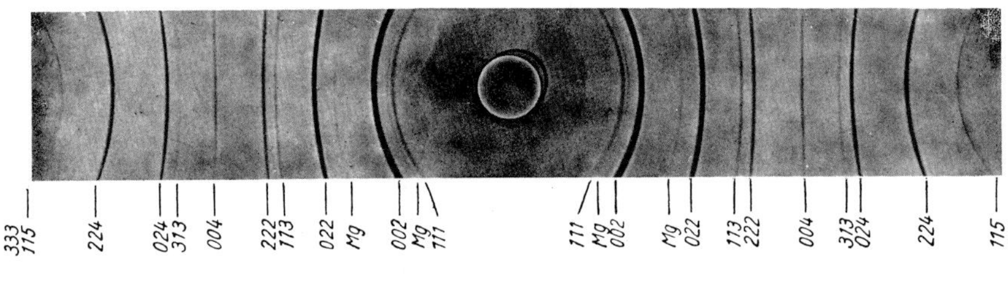

Abb. 2.11. Debye-Scherrer-Diagramm von MgO aus Gerthsen, Kneser, Vogel: *Physik*, 13. Aufl. (Springer, Berlin, Heidelberg, New York 1978) Abb. 12.37

- Beim Braggschen Drehkristall-Verfahren verwendet man ebenfalls einen Einkristall, jedoch monochromatisches Röntgenlicht. Der Kristall wird gedreht, so daß der Einfallswinkel einen kontinuierlichen Bereich überdeckt. Dabei wird nacheinander die Interferenzbedingung für verschiedene Netzebenenscharen erfüllt.
- Beim Debye-Scherrer-Verfahren (Abb. 2.10 und 2.11) ist die Probe polykristallin oder pulverförmig. Das Röntgenlicht ist monochromatisch. Da jede Netzebenenschar in allen möglichen Orientierungen zum einfallenden Strahl vorkommt, erhält man Interferenzkegel und als deren Schnitt mit der Beobachtungsebene Interferenzringe.

Durch (2.31) werden die Wellenlänge der Röntgenstrahlen und die Gitterkonstante oder der Netzebenen-Abstand im Kristall miteinander verknüpft. Die Röntgen-Wellenlänge kann auch auf andere Weise als mittels Kristall-Interferenzen gemessen werden. Ihre Messung wird direkt an das Meter angeschlossen, indem man Röntgeninterferenzen am Strichgitter bei streifendem Einfall mißt. Da man Strichgitter mit einer Gitterkonstante von der Größenordnung der Röntgenwellenlänge mechanisch nicht herstellen kann, läßt man das Röntgenlicht streifend unter einem Winkel von weniger als 1° auf ein Gitter einfallen, z.B. mit 50 Strichen je mm. Da der Brechungsindex von Röntgenlicht n etwas kleiner als 1 ist, tritt bei hinreichend kleinem Einfallswinkel Totalreflexion auf. Als Gitterkonstante wirkt dann die Projektion des Strichabstandes unter dem Einfallswinkel. Diese ist klein genug, um Röntgenwellenlängen zu messen.

Hierzu noch zwei zusätzliche Bemerkungen:

- In Wirklichkeit ist die Röntgenbeugung viel komplizierter. Man muß die genaue Intensitäts-Verteilung im Beugungsbild messen, und man muß die Tatsache berücksichtigen, daß es nicht Punkte sind, die streuen, sondern ausgedehnte Elektronenhüllen. Man kommt mit einer vollständigen quantitativen Analyse solcher Röntgenbeugungs-Diagramme schließlich zu genauen Bestimmungen der Elektronen-Dichte-Verteilungen in Kristallen. Daraus folgt nicht nur der Abstand der Atome, sondern auch ihre Größe und sogar ihre Form im Gitter. Die Abb. 2.12 und 2.13 zeigen experimentell bestimmte Elektronen-Dichte-Verteilungen in Kristallen. Ein solches Höhenlinien-Diagramm führt zu der Frage:

  „Wo hört das Atom auf“

  und führt damit zugleich zu der Frage:

  „Was heißt eigentlich Größe des Atoms?“

- Bei festen Kugeln ist eine Größe eindeutig zu definieren. Bei Atomen kann der Begriff „Größe“ nicht unabhängig von der Meßmethode definiert werden. Verschiedene Verfahren messen unterschiedliche Eigenschaften des Atoms, die mit dem Begriff „Größe des Atoms“ in unterschiedlicher Weise zusammenhängen.

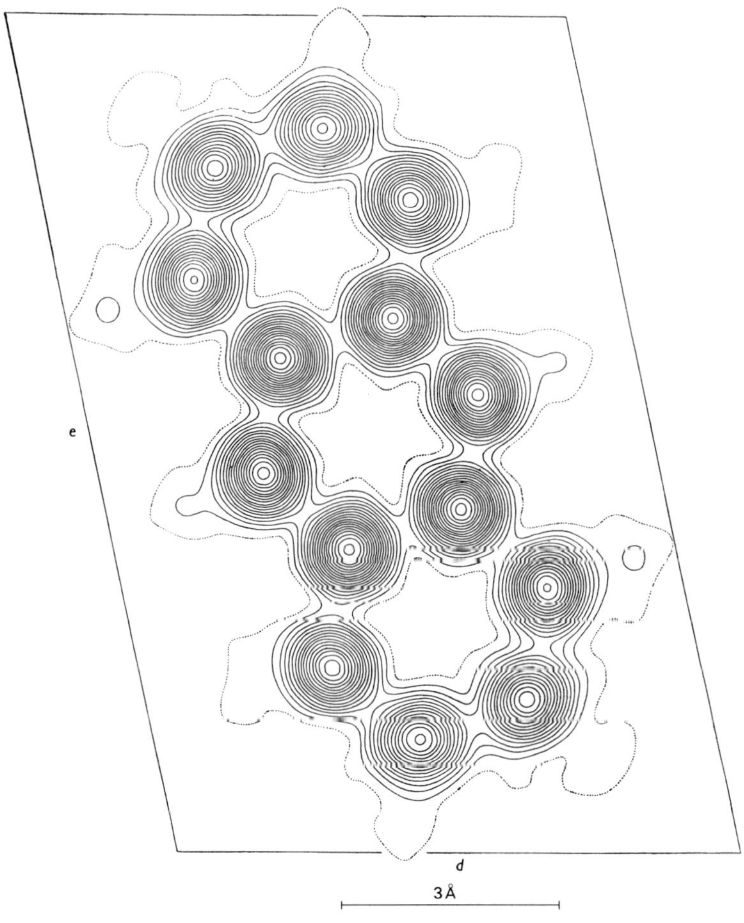

Abb. 2.12. Elektronen-Dichte-Verteilung im Anthracen-Molekül nach V. L. Sinclair, J. M. Robertson, A. McL. Mathieson: Acta Cryst. *3*, 254 (1950). Aufgetragen sind die Linien gleicher Elektronendichte

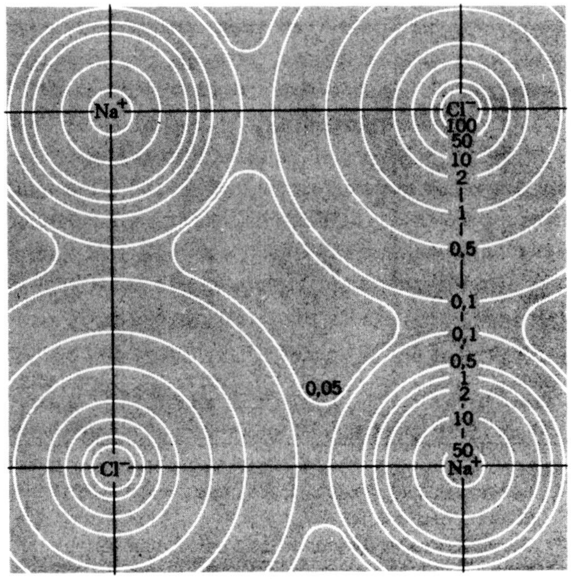

Abb. 2.13. Verteilung der Elektronendichte in der Grundfläche von NaCl nach Röntgenanalysen von Schoknecht: Z. Naturforsch. *12a*, 983 (1957). Die eingezeichneten Linien sind Linien gleicher Elektronendichte

Betrachten wir die oben beschriebenen Untersuchungsmethoden nochmals im Lichte dieser Bemerkungen:

Aus der Zähigkeit η erhält man ein Maß für den Abstand bei thermischer Bewegung der Atome. Wegen der Deformierbarkeit der Atome wird der so bestimmte Radius jedoch eine Funktion der Geschwindigkeit sein. Außerdem hängen die Ergebnisse auch von der Form des Atoms ab. Die räumliche Ausdehnung der Elektronenhülle von Atomen und Molekülen weicht im allgemeinen mehr oder weniger stark von der Gestalt einer Kugel ab.

Das Kovolumen b der realen Gasgleichung wird abgeleitet unter der Annahme elastischer Kugeln für die Atome. Der Netzebenenabstand d mißt einen Gleichgewichtsabstand der Teilchen im Gitter.

Es kann deshalb nicht erstaunen, daß die mit unterschiedlichen Methoden gemessenen Werte der Atomradien sich etwas voneinander unterscheiden – die Größenordnung ist jedoch immer die gleiche: einige Å. Vergleichende Zahlenwerte zeigt Tabelle 2.2.

Tabelle 2.2. Atomradien in Å, gemessen mit verschiedenen Methoden (1 Å = 0,1 nm)

	aus η	aus d	aus b
Neon	1,18	1,60	1,2
Argon	1,44	1,90	1,48
Krypton	1,58	1,97	1,58
Xenon	1,75	2,20	1,72

2.4.6 Kann man einzelne Atome sehen?

Das Auflösungsvermögen eines Mikroskops ist als der kleinste Abstand zweier Strukturen im Objekt definiert, der noch getrennt abgebildet werden kann.

Nach der Abbéschen Theorie der Abbildung ist das Auflösungsvermögen durch die Beugung an der Öffnung der abbildenden Linse begrenzt.

In den Lehrbüchern der Optik wird aus der Bedingung, daß zu einer Abbildung außer der nullten mindestens eine weitere Ordnung nötig ist, die Gleichung für das Auflösungsvermögen hergeleitet:

$$d = \frac{\lambda}{n \cdot \sin \alpha}, \tag{2.32}$$

wobei d das Auflösungsvermögen, λ die Wellenlänge, n der Brechungsindex und α der Öffnungswinkel sind.
Für sichtbares Licht ergibt sich dadurch eine Auflösung von ca. 5000 Å oder 500 nm.

Für andere Arten elektromagnetischer Strahlung wird das theoretische Auflösungsvermögen nicht erreicht. Für Röntgenstrahlen kann man keine geeigneten Linsen bauen, da der Brechungsindex aller Substanzen für Röntgenlicht etwa gleich 1 ist. Elektronen können durch elektrische und magnetische Felder abgelenkt werden. Man kann so Linsen für Elektronenstrahlen bauen und damit Elektronen zur Abbildung verwenden. Wegen der unvermeidlichen „Linsenfehler" kann man in Elektronenmikroskopen jedoch nur mit Bündeln sehr geringer Öffnung arbeiten.

Im einzelnen gilt für die verschiedenen Abbildungs-Methoden die Übersicht in Tabelle 2.3.

Tabelle 2.3. Auflösungsvermögen für verschiedene Wellenlängen (1 Å = 0,1 nm)

	Auflösungsvermögen [Å]		Bemerkungen
	theoretisch	praktisch	
Licht	ca. 5000	ca. 5000	
Dunkelfeld	ca. 500	ca. 500	Keine Abbildung, nur Beugungsscheibchen
Röntgenlicht $\lambda = 1$ Å	1	einige 100	Keine Linsen
Elektronen 100000 Volt = 0,037 Å	0,04	0,7	Linsenfehler!

Beim Versuch, Atome abzubilden, hat man mit speziellen Elektronenmikroskopen große Fortschritte erzielt: mit dem *Feldemissionsmikroskop* gelang es, einzelne Atome oder große Moleküle auf dünnen Metallspitzen sichtbar zu machen (Abb. 2.14), mit dem sogenannten *Raster-Elektronenmikroskop* gelang es, Moleküle und Atome abzubilden. Die erreichbare Auflösung beträgt hier ebenfalls ca. 5 Å oder 0,5 nm.

Mit dem *Hochspannungs-Elektronenmikroskop* erreicht man jetzt eine Auflösung von 0,15 nm. Damit ist die Abbildung einzelner Atome in Molekülen und Kristallen möglich. Ein Beispiel zeigt Abb. 2.15.

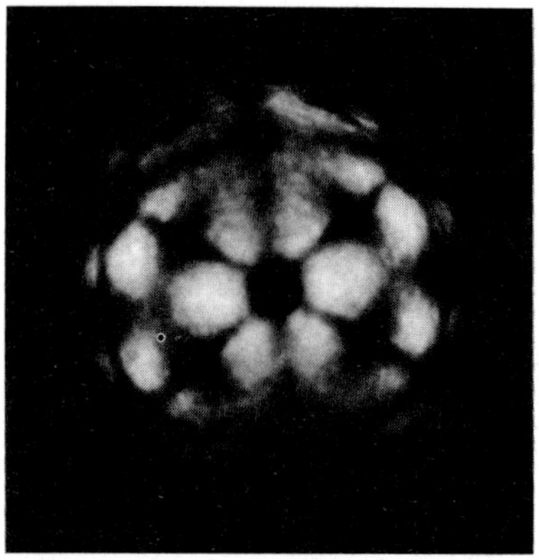

Abb. 2.14. Abbildung der Spitze einer Wolfram-Nadel im Feldemissionsmikroskop nach *E. W. Müller*. Die Aufnahme wurde von der Fa. Leybold-Heraeus, Köln, zur Verfügung gestellt. Das Bild läßt sich leicht im Vorlesungsversuch vorführen. Die verschiedenen auf der Nadelspitze angeschnittenen Netzebenen des Wolfram-Kristalls haben unterschiedliche Emissions-Wahrscheinlichkeiten für Elektronen im elektrischen Feld. Dadurch entsteht das geometrische Muster aus hellen und dunklen Bereichen. Dieses Muster ist ein Abbild der Kristallgitter-Geometrie. – Auf die Wolfram-Spitze wurden Barium-Atome aufgedampft. Dort, wo sie auf dem Wolfram liegen, ist die Emissionswahrscheinlichkeit erhöht. Sie erscheinen auf dem Bild als einzelne helle Punkte. Während des Aufdampfens kann man beobachten, wie sie ähnlich wie Schneeflocken auf der Wolfram-Spitze liegen bleiben. Man kann zeigen, daß so einzelne Atome sichtbar werden

Schließlich gelingt es mit dem *Raster-Tunnelmikroskop*, die atomare oder molekulare Struktur von Oberflächen tatsächlich aufzulösen und einzelne Bausteine sichtbar zu machen. Bei diesem Gerät, das von *Binnig* und *Rohrer* entwickelt wurde, wird eine extrem dünne Metallspitze im Abstand von weniger als 1 nm über die zu beobachtende Fläche bewegt. Der Tunnelstrom zwischen Unterlage und Spitze ist ein Maß für den Abstand, für die Ladungsdichte und für die elektrische Austrittsarbeit für Ladungsträger aus der Unterlage. Diese Größen ändern sich von Ort zu Ort in atomaren Dimensionen. So kann man ein Bild der Unterlage gewinnen. In Abb. 2.16 wird die atomare Struktur einzelner Moleküle von Kupfer-Phthalocyanin sichtbar. Die Abbildung und die Manipulation einzelner Atome oder Moleküle auf Festkörperoberflächen ist mit diesem Gerät möglich geworden. Mehr dazu in Haken/Wolf, Molekülphysik und Quantenchemie, Abschn. 2.1.

Einzelne Atome können also tatsächlich sichtbar gemacht werden. Noch länger sind experimentelle Möglichkeiten zur Beobachtung von Prozessen bekannt, an denen nur einzelne Atome beteiligt sind.

Einzelne Atomprozesse (Zerfälle) wurden bereits in den ersten Jahren der Forschung über radioaktiven Zerfall sichtbar gemacht mit dem „Spinthariskop“ (Abb. 2.17). Dies ist nichts anderes als ein Leuchtschirm, der unter dem Beschuß von zerfallendem radioaktivem Material aufleuchtet und mit einer Lupe beobachtet wird. Damit wurden im

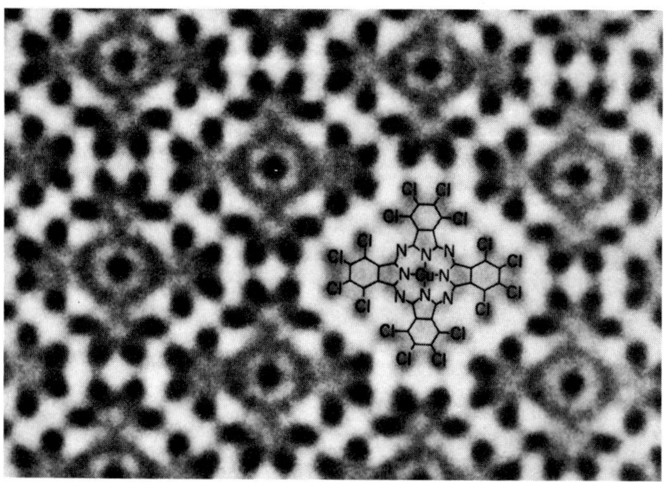

Abb. 2.15. Elektronenmikroskopisches Bild von Hexadekachlor-Kupfer-Phthalocyanin-Molekülen. Die Moleküle wurden als eine ca. 10 Monolagen dicke kristalline Aufwachs-Schicht auf einem Alkalihalogenid-Kristall als Träger hergestellt. Die Aufnahme und Bildverarbeitung erfolgte mit einem 500 kV-Elektronenmikroskop höchster Auflösung und mit spezieller Auswerte-Technik. Man erkennt besonders deutlich das zentrale Kupfer-Atom und die 16 peripheren Chlor-Atome. (Die Aufnahme wurden von Prof. *N. Uyeda*, Kyoto University, freundlicherweise zur Verfügung gestellt)

Abb. 2.16. Mit dem Raster-Tunnelmikroskop hergestelltes Bild von Kupfer-Phthalocyanin-Molekülen auf einer Kupfer-Oberfläche. Aus P. H. Lippel, R. J. Wilson et al., Phys. Rev. Lett. *62*, 171, (1989). Rechts unten ist eine gerechnete Ladungsdichte 2 Å oberhalb der Molekülebene dargestellt

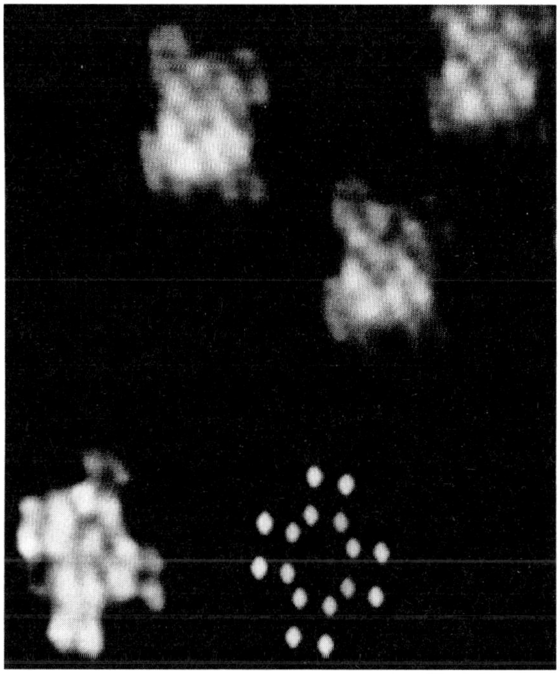

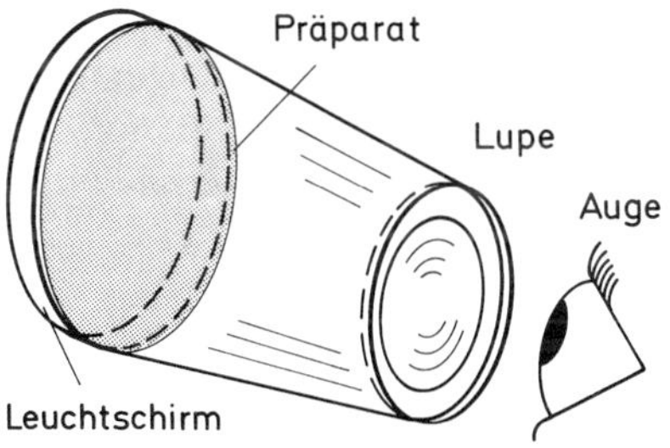

Abb. 2.17. Spinthariskop, schematisch. Der Leuchtschirm szintilliert wegen der Bestrahlung durch das radioaktive Präparat. Die Szintillationsprozesse werden durch die Lupe beobachtet

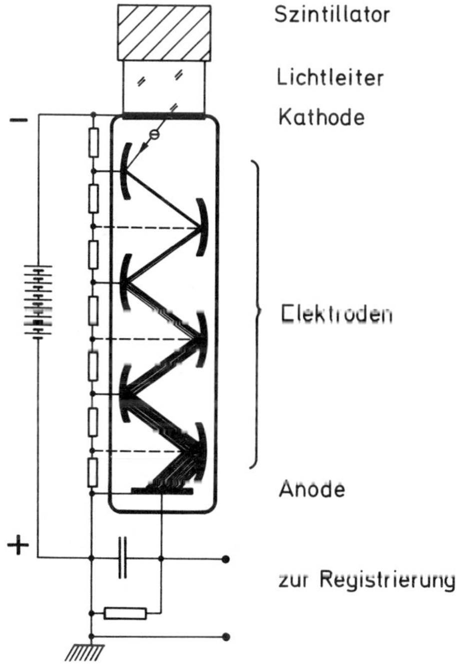

Abb. 2.18. Szintillationszähler, schematisch. Die im Szintillator durch einfallende Strahlung erzeugten Lichtblitze gelangen auf die Kathode eines Sekundär-Elektronen-Vervielfachers. Die dort freigesetzten Elektronen werden in mehreren Stufen verstärkt und an der Anode als Strom registriert

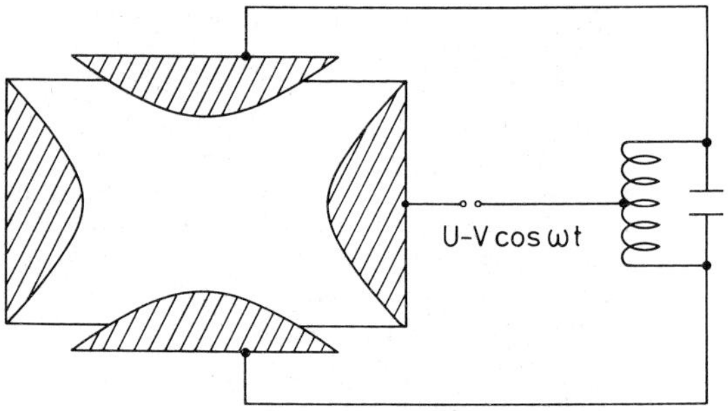

Abb. 2.19. Schema einer elektrodynamischen Ionenfalle (Paul-Falle). Sie besteht aus einem hyperbolisch geformten Ring und zwei hyperboloiden Schalen. Ein elektrisches Hochfrequenzfeld hält die Ionen auf kleinen Kreisbahnen. Im Mittelpunkt verschwindet das Feld. Nach P. E. Toschek, The Art of Measurement, VCH Weinheim 1988. Mehr dazu auch in F. Diedrich, H. Walther: Phys. Rev. Letters *58*, 203, 1987. Siehe dazu auch den Nobelpreis-Vortrag von W. Paul, Angew. Chem. *102*, 780 (1990)

*Rutherford*schen Laboratorium zu Anfang dieses Jahrhunderts einzelne atomare Ereignisse (Zerfälle) gezählt. Heute verwendet man statt dessen Szintillationszähler oder Halbleiter-Zähler.

Ein Szintillationszähler arbeitet folgendermaßen: Trifft bei einem Zerfall radioaktive Strahlung auf einen NaJ-Kristall, so sendet dieser Lichtblitze aus, die in einem Sekundär-Elektronen-Vervielfacher (SEV) (Abb. 2.18) verstärkt werden. Damit lassen sich einzelne Ereignisse bequem messen. Dazu ein Zahlenbeispiel: 1 Elektron mit einer Energie von 10000 eV erzeugt etwa 200 Lichtquanten im Szintillator. (Man braucht im Mittel etwa 50 eV pro Lichtquant.) Jedes Lichtquant erzeugt am Eingang des SEV ein Photoelektron. Bei 10^5facher Verstärkung im SEV gibt das am Ausgang $2 \cdot 10^7$ Elektronen. Das ergibt für jedes einfallende Elektron oder β-Teilchen eine Ladung von $3 \cdot 10^{-12}$ C, die sich unschwer messen läßt.

Einzelne Ionen kann man in einer elektromagnetischen *Ionenfalle* einfangen, speichern und als isolierte Teilchen spektroskopisch untersuchen. Eine solche Ionenfalle zeigt Abb. 2.19. Sie lokalisiert das Teilchen durch inhomogene elektromagnetische Felder geeigneter Geometrie (Quadrupolfeld). Das lokalisierte Ion kann mit schmalbandigem Laserlicht zur Lumineszenz angeregt werden. Abb. 2.20 zeigt ein Beispiel. So läßt sich die Wechselwirkung zwischen Strahlungsfeld und einzelnen Ionen untersuchen.

Solche Untersuchungen sind auch das Ziel bei der Entwicklung eines Ein-Atom-Masers, wie er von *H. Walther* beschrieben wurde (z.B. H. Walther: Europhys. News *19*, 105, 1988). Dabei ist es möglich, den Energieaustausch zwischen einem einzelnen Atom und dem elektromagnetischen Feld in einem Hohlraum-Resonator zu beobachten.

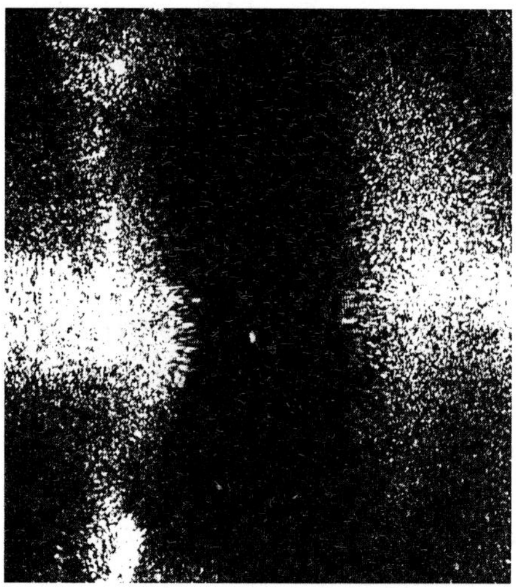

Abb. 2.20. Abbildung einzelner Ionen. Im Zentrum einer Ionenfalle befindet sich ein Barium-Ion, das mit Laserlicht zur Resonanzfluoreszenz angeregt wird und als leuchtender Fleck sichtbar wird. Aus P. E. Toschek, W. Neuhauser: Atomic Physics 7; D. Kleppner, F. M. Pipkin (eds): (Plenum New York 1981)

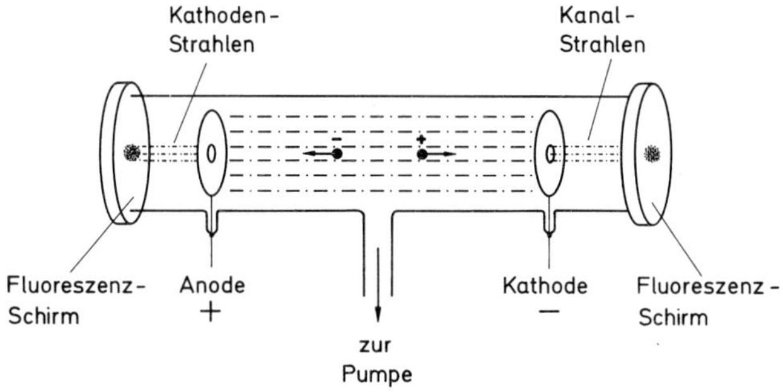

Abb. 2.21. Gasentladungsröhre zur Erzeugung von Kathoden- und Kanalstrahlen. Zwischen Anode und Kathode liegt eine Spannung von einigen 1000 Volt. Die im Rohr auftretenden Leuchterscheinungen und die Ausbildung von Kathoden- und Kanalstrahl hängen stark vom Druck ab. Im feldfreien Raum zwischen Kathode und Fluoreszenzschirm sieht man den Kanalstrahl, der aus positiven Ionen besteht. In dieser Weise erzeugte Kanal- und Kathodenstrahlen waren in der Frühzeit der Atomphysik von besonderer Bedeutung für die Untersuchung von Ladung, Masse und Streuquerschnitt von Elektronen und Ionen

Eine Anordnung, die besonders in der Frühzeit der modernen Atomphysik eine wichtige Rolle gespielt hat und auch heute noch zur Anregung von Atomen und zur Herstellung von Teilchenstrahlen dient, ist das Gasentladungsrohr, Abb. 2.21. Es wird sowohl zur Anregung der Lichtemission von Atomen des Füllgases wie auch zur Herstellung von Kathoden- und Kanalstrahlen verwendet. *Plücker* beschrieb zuerst 1859 die Kathodenstrahlen. Sie heißen so, weil man sie hinter der mit einem Loch versehenen Anode beobachten kann und sie von der Kathode auszugehen schienen. In Wahrheit entstehen sie jedoch im Gasvolumen. – Die auf dem Fluoreszenzschirm hinter der durchbohrten Kathode auftreffenden Strahlen, die Kanalstrahlen, wurden 1886 von *Goldstein* entdeckt. 1897 zeigte *Thomson*, daß die Kathodenstrahlen aus negativ geladenen Teilchen – den Elektronen – bestehen. *Wien* wies 1900 nach, daß es sich bei den Kanalstrahlteilchen um elektrisch geladene Atome, also Ionen handelt. Auch sie entstehen im Raum der Gasentladung durch Stossprozesse zwischen den im Felde beschleunigten Teilchen.

Atome als Bausteine der Materie sind also im Laufe dieses Jahrhunderts theoretisch und experimentell nachgewiesen und anschaulich sichtbar gemacht worden.

Aufgaben

2.1 a) Kolloidteilchen werden in einer Flüssigkeit dispergiert. Zeigen Sie, daß im Gleichgewicht die Zahl der Teilchen je cm^3 durch eine Boltzmann-Verteilung beschrieben wird

$$n(h) = n_0 \exp - \left[\frac{N_L}{RT} V(\varrho - \varrho')gh \right]$$

(N_L = Loschmidt-Zahl, R = Gaskonstante, T = absolute Temperatur, V = Volumen der Teilchen, ϱ = Dichte der Teilchen, ϱ' = Dichte der Flüssigkeit, g = Fallbeschleunigung, h = Höhe, n_0 = Zahl der Teilchen in der Höhe $h = 0$).

b) Bestimmen Sie mit Hilfe dieser Beziehung die Loschmidt-Zahl, wenn folgende experimentelle Daten vorliegen:

$n_0 = 134$ Teilchen/cm^3, $n(h = 0{,}0030\,cm) = 67$ Teilchen/cm^3, $\varrho = 1{,}23\,g/cm^3$, $\varrho' = 1{,}00\,g/cm^3$, $T = 293\,K$, Durchmesser der Teilchen $4{,}24 \cdot 10^{-5}\,cm$.

Hinweis: Benützen Sie für die Herleitung von $n(h)$ den Ansatz der barometrischen Höhenformel: $dp = -\varrho(h)g\,dh$. Betrachten Sie die Teilchen als nicht miteinander wechselwirkende schwere Moleküle eines idealen Gases und entnehmen Sie der Gasgleichung $pV = RT$ die noch fehlende Beziehung zwischen dp und $d\varrho$ bzw. dn.

2.2 Flüssiges Helium (Atomgewicht 4,003) hat die Dichte $\varrho = 0{,}13\,\mathrm{g/cm^3}$. Schätzen Sie den Radius eines He-Atoms ab unter der Annahme, daß die Atome sich in einer dichtesten Kugelpackung befinden (Raumerfüllung 74%).

2.3 In einem Gasentladungsrohr werden Kanalstrahlen, d. h. Strahlen positiver Ionen erzeugt. Wie oft stößt ein Ion ($r = 0{,}05\,\mathrm{nm}$) mit einem Atom des idealen Füllgases ($r = 0{,}1\,\mathrm{nm}$) zusammen, wenn es im Entladungsrohr eine gerade Strecke von 1 m zurücklegt und wenn der Druck im Rohr 1, 10^{-2}, 10^{-4} mbar und die Temperatur $T = 300\,\mathrm{K}$ beträgt? (1 mbar $\triangleq 10^2$ Pa)

Hinweis: Die Ionen haben keine Maxwell-Geschwindigkeits-Verteilung. Alle Teilchen werden als gleich schnell angenommen.

2.4 Aus Messung von Druck/Volumen-Diagrammen wurde das Ko-Volumen von Helium-Gas zu $b = 0{,}0237$ (Quecksilber: 0,01696) Liter/Mol bestimmt. Welche Atomgröße ergibt sich daraus für beide Gase?

2.5 a) Warum benützt man für das Debye-Scherrer-Verfahren monochromatisches Röntgenlicht und wie stellt man dieses her? Repräsentiert der Beugungs-Kegel mit dem kleinsten Öffnungswinkel den kleinsten oder größten Netzebenenabstand? Wie groß ist dieser, wenn in erster Ordnung ein Winkel α zwischen Kegelmantel und unabgelenktem Strahl von 5° gemessen wurde (die Quantenenergie der Röntgenstrahlen sei 50 keV).

b) Der Glanzwinkel der ersten Ordnung von Röntgenstrahlen der Wellenlänge $\lambda = 2{,}1\,\text{Å}$ wird bei Reflexion an einer Spaltfläche von NaCl zu $\vartheta = 22°\,10'$ gemessen. Berechnen Sie die Gitterkonstante des NaCl-Kristalls. Ermitteln Sie mit dem Ergebnis die Loschmidtsche Zahl. NaCl hat die Dichte $\varrho = 2{,}163\,\mathrm{g/cm^3}$.

2.6 Monochromatische Röntgenstrahlen ($\lambda = 0{,}5\,\text{Å}$) fallen auf eine Probe von KCl-Pulver. Eine ebene photographische Platte wird in einer Entfernung von 1 m vom Pulver senkrecht zum einfallenden Strahl angeordnet. Berechnen Sie die Radien der Schnitte der Braggschen Beugungs-Kegel (vgl. Abb. 2.10) für die erste und die zweite Beugungsordnung bei einem Abstand der Gitterebenen von 3,14 Å.

2.7 Ein enges Bündel langsamer Neutronen ($E = 2\,\mathrm{eV}$), das von einem Kernreaktor erzeugt wird, fällt auf einen Kristall mit dem Gitterabstand $d = 1{,}60\,\text{Å}$. Bestimmen Sie den Bragg-Winkel für Beugung in erster Ordnung.

Hinweis: Benützen Sie für die Wellenlänge der Neutronen die Gl. (7.1).

2.8 Unbekannte Atome werden auf einer ideal eben angenommenen Kristalloberfläche deponiert und sollen mit dem Rastertunnelmikroskop untersucht werden. Das Mikroskop arbeitet mit einer Wolfram-Spitze. Wie groß müssen die unbekannten Atome (r_x) mindestens sein und wie weit müssen sie auseinander liegen, damit man sie unterscheiden kann (nehmen sie als Beispiel das Kriterium: minimal meßbare Höhendifferenz $\Delta h = 30\%$ des W-Atomdurchmessers)? Hinweis: verwenden sie ein geometrisches Kugelmodell, bei dem der Radius des W-Atoms an der Spitze 0,16 nm beträgt.

3. Die Isotopie

3.1 Das Periodische System der Elemente

Eine der frühen großen Leistungen der Atomphysik im vorigen Jahrhundert – oder besser der Chemiker in Zusammenarbeit mit den Physikern – war es, das Periodische System der chemischen Elemente aus dem Atombau zu erklären.

Dieses System (Tabelle 3.1) wurde zuerst 1869 von *Mendelejew* und unabhängig davon von *Lothar Meyer* aufgestellt. Es entsteht durch Anordnung der Atome nach wachsender Kernladungszahl Z. Dabei werden chemische Eigenschaften der Elemente berücksichtigt, so daß chemisch ähnliche Atome untereinander stehen. Bei diesem Verfahren ergeben sich acht vertikale Gruppen mit Nebengruppen und sieben horizontale Perioden. Jeder Platz ist durch ein Atom besetzt, das wegen seines chemischen Verhaltens dorthin gehört. Allerdings müssen bei dieser Anordnung alle vierzehn Seltene Erden auf den gleichen Platz, nämlich bei $Z=57$, und alle Actiniden auf den Platz mit $Z=89$ gesetzt werden. Sowohl die Periodizität wie die erwähnten Abweichungen werden gegen Ende dieses Buches in Kap. 19 aus dem elektronischen Aufbau der Atome erklärt werden können.

Mit Hilfe von Schwerionenbeschleunigungen, insbesondere in Darmstadt, wurden seit ca. 1980 weitere Transurane hergestellt. Bis 1996 ist man bis zur Ordnungszahl 112 gelangt. Diese Atome sind instabil und zum Teil so kurzlebig, daß nur wenig über ihre Eigenschaften bekannt ist. Auch die Namengebung ist noch nicht abgeschlossen.

Das Periodische System ist eine Ordnung der Elemente nach periodisch wiederkehrenden chemischen sowie auch physikalischen Eigenschaften. Als Beispiele für letztere seien hier die Atomvolumina als Funktion der Ordnungszahl Z und die Ionisierungsenergien als Funktion von Z (Abb. 3.1) gezeigt. Chemische Eigenschaften, die sich periodisch wiederholen, sind beispielsweise die Einwertigkeit der Alkali-Atome oder die Reaktionsträgheit der Edelgase. Diese empirischen Gesetzmäßigkeiten deuten auf Gesetzmäßigkeiten im Atombau hin.

Ein erster Deutungsversuch war die Hypothese von *Prout* (1815): alle Atome sind aus Wasserstoff-Atomen aufgebaut. Dieses Bild wurde modifiziert und verfeinert, als man weitere Elementarteilchen fand, zuerst das Elektron, dann das Proton. Erst seit 1932 weiß man, daß der Kern des Atoms aus Protonen und Neutronen besteht. Die Anzahl der Elektronen eines Atoms ist kleiner als die Massenzahl, weil der Kern ebenso viele Protonen enthält wie die Hülle Elektronen, außerdem aber noch Neutronen.

Die relativen Atommassen A_{rel} konnten ursprünglich nur mit den Methoden der Chemiker gemessen werden. Hierbei stellte man jedoch fest, daß die Addition von Wasserstoff-Atomen alleine nicht die beobachteten „Atomgewichte" widerspruchsfrei erklärt. Wenn das Modell von *Prout* zutrifft, dann müssen die „Atomgewichte" ganzzahlig sein. Meistens sind sie das auch wenigstens annähernd, A und A_{rel} liegen nahe beieinander. Aber es gibt Gegenbeispiele. So beträgt zum Beispiel die relative Atommasse, das Atomgewicht, von Chlor im natürlichen Vorkommen $A_{rel}=35{,}5$. Weiterhin stellte man fest, daß Blei aus verschiedenen Lagerstätten ein unterschiedliches Atomgewicht hat. Heute weiß man, daß das von der Abstammung aus unterschiedlichen radioaktiven Zerfallsreihen herrührt.

Tabelle 3.1. Periodensystem der Elemente

	Fe 26	
	55,85	
3d	6	
4s	2	
4p	—	

Element und Ordnungszahl
Atommasse in *u*; für einige instabile Elemente in Klammern: Massenzahl des stabilsten Isotops
Elektronenkonfiguration; die vollen Schalen der vorhergehenden Perioden sind mitzurechnen; z. B. vollständige Elektronenkonfiguration des Fe: $1s^2 2s^2 2p^6 3s^2 3p^6 3d^6 4s^2$

Schale	1	2	3	4	5	6	7	8	9	10	11	12	13	14	15	16	17	18	Schale
1s	**H** 1 1,008 1																	**He** 2 4,0026 2	1s
2s 2p	**Li** 3 6,939 1 —	**Be** 4 9,012 2 —											**B** 5 10,81 2 1	**C** 6 12,01 2 2	**N** 7 14,01 2 3	**O** 8 16,00 2 4	**F** 9 19,00 2 5	**Ne** 10 20,18 2 6	2s 2p
3s 3p	**Na** 11 23,00 1 —	**Mg** 12 24,31 2 —											**Al** 13 26,98 2 1	**Si** 14 28,09 2 2	**P** 15 30,97 2 3	**S** 16 32,06 2 4	**Cl** 17 35,45 2 5	**Ar** 18 39,95 2 6	3s 3p
3d 4s 4p	**K** 19 39,10 — 1 —	**Ca** 20 40,08 — 2 —	**Sc** 21 44,96 1 2 —	**Ti** 22 47,90 2 2 —	**V** 23 50,94 3 2 —	**Cr** 24 52,00 5 1 —	**Mn** 25 54,94 5 2 —	**Fe** 26 55,85 6 2 —	**Co** 27 58,93 7 2 —	**Ni** 28 58,71 8 2 —	**Cu** 29 63,55 10 1 —	**Zn** 30 65,38 10 2 —	**Ga** 31 69,72 10 2 1	**Ge** 32 72,59 10 2 2	**As** 33 74,92 10 2 3	**Se** 34 78,96 10 2 4	**Br** 35 79,90 10 2 5	**Kr** 36 83,80 10 2 6	3d 4s 4p
4d 5s 5p	**Rb** 37 85,47 — 1 —	**Sr** 38 87,62 — 2 —	**Y** 39 88,91 1 2 —	**Zr** 40 91,22 2 2 —	**Nb** 41 92,91 4 1 —	**Mo** 42 95,94 5 1 —	**Tc** 43 98,91 6 1 —	**Ru** 44 101,07 7 1 —	**Rh** 45 102,9 8 1 —	**Pd** 46 106,4 10 — —	**Ag** 47 107,9 10 1 —	**Cd** 48 112,4 10 2 —	**In** 49 114,8 10 2 1	**Sn** 50 118,7 10 2 2	**Sb** 51 121,8 10 2 3	**Te** 52 127,6 10 2 4	**I** 53 126,9 10 2 5	**Xe** 54 131,3 10 2 6	4d 5s 5p
5d 6s 6p	**Cs** 55 132,9 — 1 —	**Ba** 56 137,3 — 2 —	**La** 57 138,9 1 2 —	**Hf** 72 178,5 2 2 —	**Ta** 73 181,0 3 2 —	**W** 74 183,9 4 2 —	**Re** 75 186,2 5 2 —	**Os** 76 190,2 6 2 —	**Ir** 77 192,2 7 2 —	**Pt** 78 195,1 9 1 —	**Au** 79 197,0 10 1 —	**Hg** 80 200,6 10 2 —	**Tl** 81 204,4 10 2 1	**Pb** 82 207,2 10 2 2	**Bi** 83 209,0 10 2 3	**Po** 84 (210) 10 2 4	**At** 85 (210) 10 2 5	**Rn** 86 (222) 10 2 6	5d 6s 6p
6d 7s 7p	**Fr** 87 (223) — 1 —	**Ra** 88 (226) — 2 —	**Ac** 89 (227) 1 2 —	**Ku** 104 (258) 2? 2? —	**Ha** 105 (260) 3? 2? —														

Schale															Schale
4f 5d 6s	**Ce** 58 140,1 2 — 2	**Pr** 59 140,9 3 — 2	**Nd** 60 144,2 4 — 2	**Pm** 61 (145) 5 — 2	**Sm** 62 150,4 6 — 2	**Eu** 63 152,0 7 — 2	**Gd** 64 157,3 7 1 2	**Tb** 65 158,9 8 1 2	**Dy** 66 162,5 10 — 2	**Ho** 67 164,9 11 — 2	**Er** 68 167,3 12 — 2	**Tm** 69 168,9 13 — 2	**Yb** 70 173,0 14 — 2	**Lu** 71 175,0 14 1 2	4f 5d 6s
5f 6d 7s	**Th** 90 232,0 — 2 2	**Pa** 91 231,0 2 1 2	**U** 92 238,0 3 1 2	**Np** 93 237,0 5 — 2	**Pu** 94 239,1 6 — 2	**Am** 95 (243) 7 — 2	**Cm** 96 (247) 7 1 2	**Bk** 97 (247) 9 — 2	**Cf** 98 (251) 10 — 2	**Es** 99 (252) 11 — 2	**Fm** 100 (257) 12 — 2	**Md** 101 (258) 13 — 2	**No** 102 (259) 14 — 2	**Lr** 103 (260) 14 1 2	5f 6d 7s

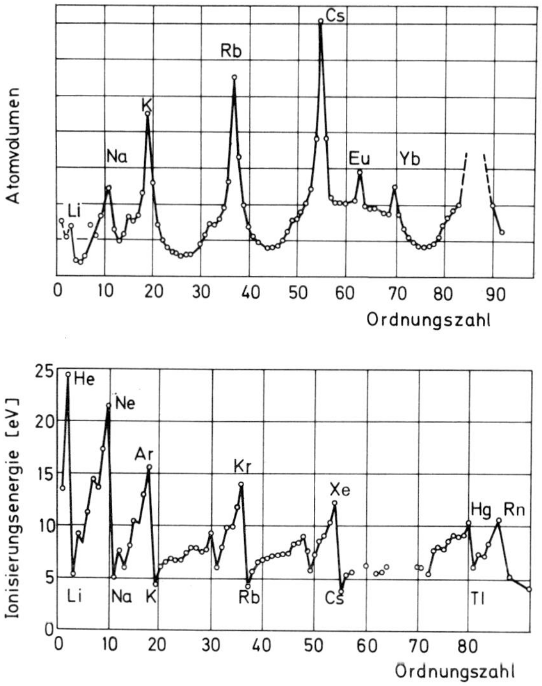

Abb. 3.1. Atomvolumina und Ionisierungsenergien als Funktion der Ordnungszahl im Periodischen System der Elemente. Besonders auffallend sind die (relativ) großen Atomvolumina der Alkali-Atome und die hohen Ionisierungsenergien der Edelgas-Atome

Diese Beobachtungen waren Ausgangspunkt für Untersuchungen, die zur Entdeckung der Isotopie führten. Darunter versteht man die Tatsache, daß zum gleichen Platz im Periodischen System der Elemente, d.h. zu einer Kernladungszahl Z, Atome mit unterschiedlicher Massenzahl gehören können. Der Platz im Periodischen System ist durch die Anzahl der Protonen im Kern bestimmt. Die unterschiedliche Massenzahl rührt von der unterschiedlichen Zahl der Neutronen im Kern her. Der Begriff der Isotopie soll im folgenden behandelt werden. Die Isotopie wurde mit der sogenannten Massenspektroskopie gefunden und eingehend untersucht.

3.2 Massenspektroskopie

3.2.1 Parabelmethode

Die physikalischen Verfahren zur genauen Messung von Atom-Massen und zur Trennung von Atomen unterschiedlicher Masse sind meistens Methoden zur Bestimmung des Verhältnisses e/m, d.h. Ladung geteilt durch Masse. Man benutzt dazu die Ablenkung von ionisierten Atomen bei ihrer Bewegung in elektrischen Feldern $\boldsymbol{E}$ und magnetischen Feldern $\boldsymbol{B}$.

Die älteste und übersichtlichste Methode ist die Parabelmethode von *Thomson* (1913). Dabei durchläuft ein Ionenstrahl aus einer Gasentladung das elektrische Feld eines Kondensators und das parallel dazu orientierte Magnetfeld $\boldsymbol{B}$ (Abb. 3.2). Man erhält in der Beobachtungsebene für Teilchen gleicher Ladung und Masse, aber unterschiedlicher Geschwindigkeit v eine Parabel, deren Ursprung im Durchstoßpunkt des unabgelenkten Strahles liegt. Dies läßt sich wie folgt zeigen:

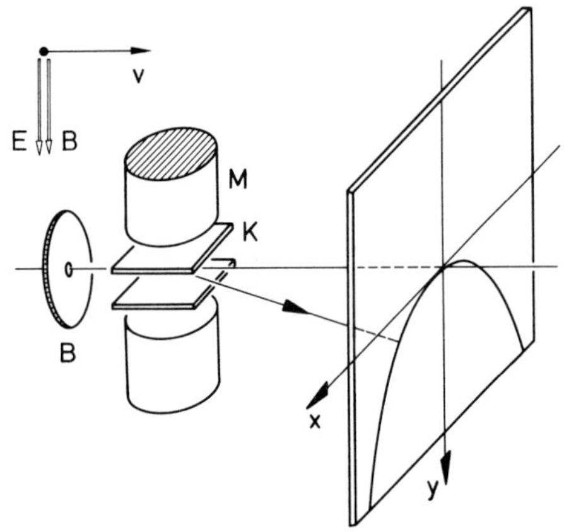

Abb. 3.2. Parabelmethode, schematische Darstellung. Der durch die Blende B kollimierte Ionenstrahl wird durch den Magneten M und den Kondensator K in x- und y-Richtung abgelenkt. Gl. (3.5) gibt die Teilchenspur auf einem Auffänger-Schirm unmittelbar am Ende des Kondensators und des Magneten. Bei größerer Entfernung zum Schirm werden die Parabeln durch die Projektion entsprechend verzerrt. Beide Äste der Parabel gelten, wenn das $\boldsymbol{B}$-Feld umgepolt wird

Das in y-Richtung angelegte homogene $\boldsymbol{E}$-Feld erzeugt eine Ablenkung in dieser Richtung. Die Teilchenkoordinate $y(t)$ ändert sich nach der Beschleunigungsgleichung

$$\ddot{y} = \frac{e}{m} \cdot E. \tag{3.1}$$

Daraus folgt für die y-Koordinate des abgelenkten Teilchens

$$y = \frac{1}{2} \cdot \frac{eE}{m} t^2 = \frac{e}{2m} E \cdot \frac{l^2}{v^2}, \tag{3.2}$$

wenn man die Verweilzeit im elektrischen Feld t durch Geschwindigkeit v des Teilchens und Länge l des Kondensators ausdrückt. Dies ist erlaubt wenn das Magnetfeld B hinreichend klein und damit der Radius r hinreichend groß ist. Da die Ablenkung des Teilchens in y-Richtung der kinetischen Energie $mv^2/2$ umgekehrt proportional ist, bezeichnet man den ablenkenden Kondensator auch als Energiefilter.

Das ebenfalls in y-Richtung angelegte homogene $\boldsymbol{B}$-Feld bewirkt eine Ablenkung in x-Richtung. Diese Ablenkung wird folgendermaßen berechnet:
Das in das homogene $\boldsymbol{B}$-Feld eintretende Teilchen wird auf eine kreisförmige Bahn gezwungen, deren Ebene senkrecht zur Feldrichtung (y-Achse) liegt. Da das $\boldsymbol{B}$-Feld jedoch räumlich begrenzt ist (vgl. Abb. 3.2), durchläuft das Teilchen im Endeffekt nur ein Segment dieser Kreisbahn und fliegt dann geradlining weiter. Die sich damit ergebende Ablenkung in x-Richtung leiten wir folgendermaßen ab: Den Krümmungsradius des genannten Kreises erhalten wir durch Gleichsetzen des Betrages der Lorentzkraft $\boldsymbol{F} = e(\boldsymbol{v} \times \boldsymbol{B})$ und der Zentrifugalkraft $F_Z = mv^2/r$ zu

$$r = \frac{mv}{eB}. \tag{3.3}$$

Der Index Z steht hier für Zentrifugal.

Für die Zentrifugalbeschleunigung $a_Z = v^2/r$ erhalten wir durch Ersetzen des Radius r gemäß (3.3)

$$a_Z = \frac{eBv}{m}.$$

Da das Teilchen nur ein verhältnismäßig kurzes Segment des Kreises durchläuft, dürfen wir seine Beschleunigung in x-Richtung durch die Zentrifugalbeschleunigung ersetzen. Die gesamte Ablenkung in der Zeit t ist durch

$$x=\tfrac{1}{2}a_Z t^2$$

gegeben.

Wir ersetzen a_Z durch eBv/m und die Flugzeit t durch den Quotienten l/v, wobei l die im Felde durchlaufene Strecke ist. Wir erhalten dann für die Ablenkung in x-Richtung

$$x=\frac{eBl^2}{2mv}. \tag{3.4}$$

Die x-Ablenkung ist dem Impuls der Teilchen umgekehrt proportional. Man nennt den ablenkenden Magneten deshalb auch Impulsfilter. Aus den Ausdrücken für x und y läßt sich v eliminieren. So erhält man als Bahngleichung für die Ablenkung der Teilchen

$$y=\frac{2E}{l^2B^2}\cdot\frac{m}{e}x^2. \tag{3.5}$$

Das ist die Gleichung einer Parabel $x^2=2py$ mit dem Parameter $el^2B^2/4mE$. Dieser Parameter hat den gleichen Wert für Ionen mit gleichem Verhältnis m/e, aber unterschiedlicher Geschwindigkeit v. Meßbeispiele zeigt Abb. 3.3.

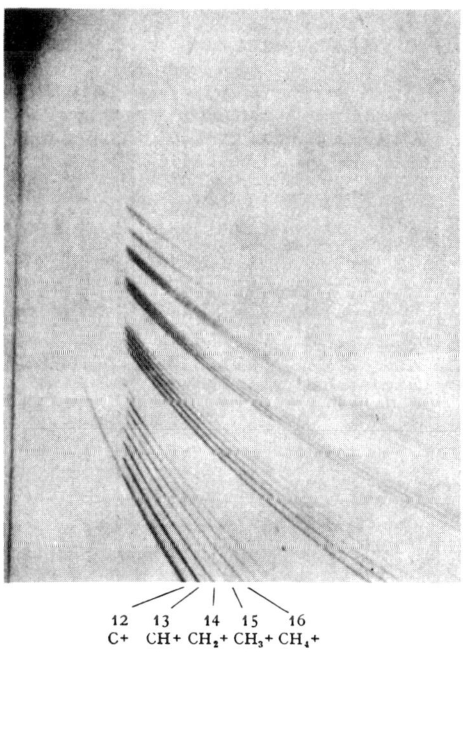

Abb. 3.3. Zerlegung eines Gemisches von Kohlenwasserstoff-Ionen mit der Thomsonschen Parabelmethode. Zur Eichung benutzt man Ionen bekannter Masse. Die Intensität der einzelnen Parabelstücke entspricht der relativen Häufigkeit der betreffenden Ionen des Gemisches. Aufnahme nach *Conrad* aus W. Finkelnburg: Einführung in die Atomphysik, 11./12. Aufl. (Springer, Berlin, Heidelberg, New York 1976) Abb. 12

Die Gesamtintensität des auf eine Parabel entfallenden Teilstrahles ist dabei ein Maß für die Häufigkeit des betreffenden Ions oder Isotopes. Da die Ionen aufgrund ihrer Erzeugung in einem Ofen oder einer Gasentladung im allgemeinen unterschiedliche Geschwindigkeiten haben, sind die Auftreffpunkte der Ionen mit gleichem Verhältnis m/e über ein ganzes Parabelstück verteilt.

Aston hat mit dieser Methode 1920 z.B. schon die Zusammensetzung des natürlich vorkommenden Neons aus 3 Atomsorten mit den Massenzahlen 20, 21 und 22 untersuchen können; dies war der erste exakte Nachweis der Isotopie mit der Massenspektroskopie (s. Tabelle 3.2).

Tabelle 3.2. Isotopenzusammensetzung von Neon (die angegebenen Werte A_{rel} sind nicht mit der Parabelmethode, sondern mit doppelt fokussierenden Massenspektrometern mit der angegebenen Genauigkeit bestimmt worden)

${}^{20}_{10}Ne$	90,92%	$A_{rel} = 19{,}99244$
${}^{21}_{10}Ne$	0,26%	$A_{rel} = 20{,}99385$
${}^{22}_{10}Ne$	8,82%	$A_{rel} = 21{,}99138$

Im übrigen aber ist das wichtigste Ergebnis der Messungen mit der Parabelmethode: Es gibt von vielen Elementen mehrere *Isotope*, d.h. Atome mit gleicher Kernladungszahl Z und unterschiedlicher Massenzahl A. Kerne mit einheitlichen Werten von A und Z bezeichnet man als *Nuklide*.

3.2.2 Verbesserte Massenspektrometer

Die erste wesentliche Verbesserung des Thomsonschen Massenspektrographen erfolgte 1919 durch *Aston*, nämlich die Einführung der *Geschwindigkeitsfokussierung*. Er verwendete nicht – wie in der Parabelmethode – parallele, sondern gekreuzte Felder $\boldsymbol{E}$ und $\boldsymbol{B}$. Das $\boldsymbol{E}$-Feld spaltet den ankommenden Teilchenstrahl bezüglich m/e, aber auch hinsichtlich uneinheitlicher Geschwindigkeiten auf. Durch geschickte Dimensionierung der Felder läßt sich jedoch erreichen, daß das $\boldsymbol{B}$-Feld die Teilchen mit verschiedener

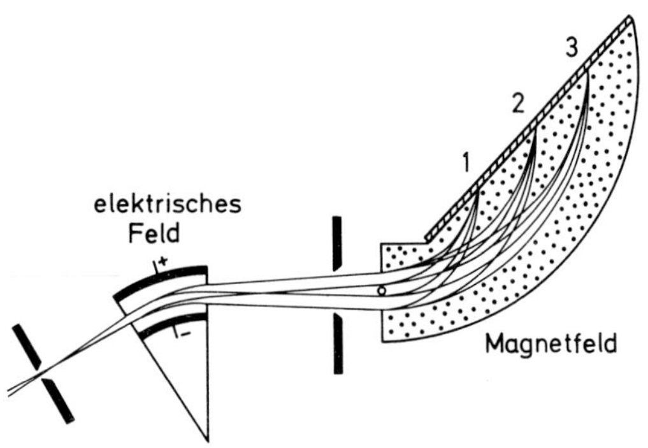

Abb. 3.4. Fokussierender Massenspektrograph nach Aston. Mit 1, 2 und 3 sind die Auftreffpunkte von drei Teilchensorten mit unterschiedlichem Verhältnis e/m gekennzeichnet

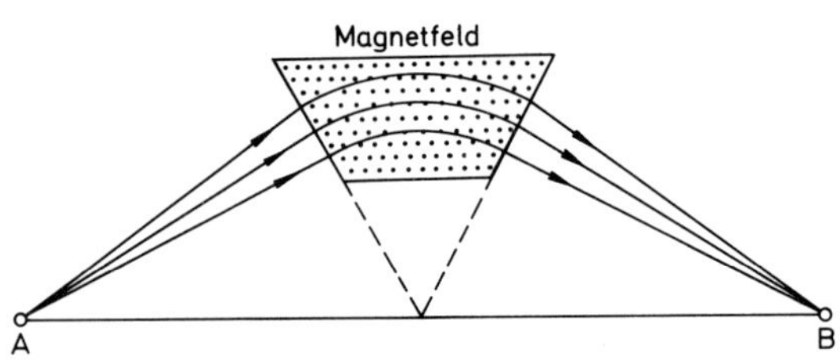

Abb. 3.5. Richtungsfokussierung im magnetischen Sektorfeld, schematisch. Teilchen, die einen langen Weg im Bereich des Magnetfeldes zurücklegen, werden stärker abgelenkt

Geschwindigkeit an einer bestimmten Stelle im Raume wieder vereinigt, daß Teilchenstrahlen mit verschiedenem Verhältnis m/e jedoch getrennt bleiben. Teilchen mit einheitlichem Verhältnis m/e werden in einem Punkt des Auffängers und nicht auf einem Parabelstück wie bei der Parabelmethode vereinigt (Abb. 3.4).

Ein Gerät mit Geschwindigkeitsfokussierung ist deshalb „lichtstärker" als ein Spektrograph, der mit der einfachen Parabelmethode arbeitet, d.h. man kann damit kleinere Mengen von Ionen nachweisen und so durch Verringerung der Spaltbreiten zu größerem Auflösungsvermögen gelangen. Das von *Aston* (1919) erreichte Auflösungsvermögen betrug ca. 130 für das Verhältnis $m/\Delta m$, d.h. Masse, geteilt durch noch trennbare Massendifferenz Δm.

Die zweite wesentliche Verbesserung war die Erzielung einer *Richtungsfokussierung* (erstmals von *Dempster* 1918). Durch geeignet dimensionierte Sektorfelder (s. Abb. 3.5) kann erreicht werden, daß Ionen, die gleiches Verhältnis e/m, aber etwas unterschiedliche Einschußrichtung haben und deshalb unterschiedlich abgelenkt werden, wieder gesammelt werden.

In modernen hochauflösenden Massenspektrographen verwendet man schließlich beides, Geschwindigkeits- und Richtungsfokussierung – die sogenannte Doppelfokussierung.

Die heute erreichbare Meßgenauigkeit für relative Atommassen A_r beträgt bis zu 10^{-7} u. Dabei gilt das Gleiche wie bei optischen Spektrographen: durch enge Spalte erreicht man zwar hohe Auflösung, doch geht dies auf Kosten der „Lichtstärke", d.h. der erreichbaren Strahlintensität. Darin liegt das Hauptproblem für den Experimentator. Das hohe Auflösungsvermögen benötigt man hauptsächlich für kernphysikalische Probleme, z.B. zur Messung des sog. Massendefektes, aber auch für Probleme der Analytik und der Strukturaufklärung in der Chemie, s. dazu Abschn. 3.2.4. Das heute erreichbare Auflösungsvermögen $m/\Delta m$, das heißt die Möglichkeit, zwei Massen mit den Werten m und $m+\Delta m$ noch voneinander zu trennen, beträgt mehr als 100000. Ein Meßbeispiel zeigt Abb. 3.6.

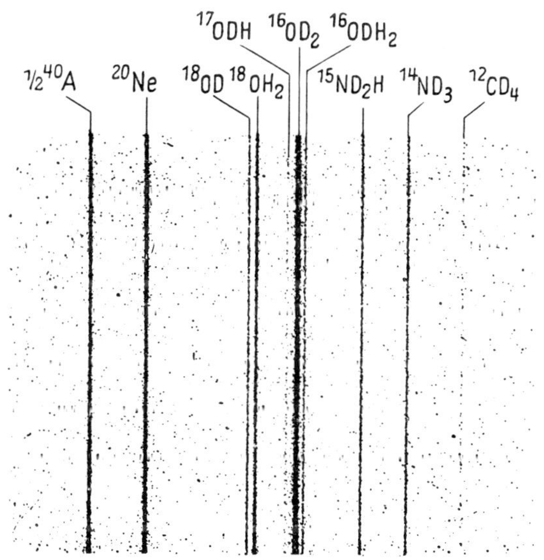

Abb. 3.6. Beispiel für hochauflösende Massenspektroskopie: Trennung von 10 verschiedenen Ionen der Massenzahl 20, deren Atom- bzw. Molekulargewicht zwischen 19,9878 und 20,0628 liegen. Aufnahme mit einem doppelfokussierenden Massenspektrometer von *Mattauch* u. Mitarb., aus W. Finkelnburg: Einführung in die Atomphysik, 11./12. Aufl. (Springer, Berlin, Heidelberg, New York 1976) Abb. 15

3.2.3 Ergebnisse der Massenspektroskopie

In der Atomphysik interessieren Massenspektrometer in erster Linie als Geräte zur Analyse der Isotopen-Zusammensetzung chemischer Elemente.

Ein Element hat häufig mehrere Isotope, so z. B. das Chlor: Ein Isotop mit der Massenzahl 35 kommt mit einer Häufigkeit von 75,4 % vor, das andere stabile Isotop mit $A = 37$ hat eine Häufigkeit von 24,6 %. Daraus ergibt sich als relative Atommasse des Isotopengemisches $A_{\mathrm{rel}} = 35{,}457$. Es gibt Elemente mit nur einem stabilen Isotop, nämlich

$${}^{9}_{4}\mathrm{Be},\ {}^{27}_{13}\mathrm{Al},\ {}^{127}_{53}\mathrm{J},$$

ferner solche mit zwei stabilen Isotopen, z. B.

$$\begin{array}{ll} {}^{1}_{1}\mathrm{H} & {}^{2}_{1}\mathrm{H} \\ 99{,}986\,\% & 0{,}014\,\%, \end{array}$$

und schließlich Elemente mit vielen stabilen Isotopen. Zum Beispiel hat Quecksilber, ${}_{80}\mathrm{Hg}$, 7 stabile Isotope mit A zwischen 196 und 204.

Einige weitere Zahlenbeispiele enthält Tabelle 3.3.

Tabelle 3.3. Einige Beispiele für Isotope

	Massenzahl	Rel. Atomgewicht	Abs. Atomgewicht $\cdot 10^{-27}$ kg
^{1}H	1	1,007825	1,67342
^{2}H	2	2,014102	3,34427
^{12}C	12	12,000000	19,9251
^{16}O	16	15,99415	26,5584
^{35}Cl	35	34,96851	58,0628
^{37}Cl	37	36,965898	61,37929

3.2.4 Moderne Anwendungen der Massenspektrometer

Außer zu Präzisionsmessungen in der Atom- und Kernphysik benutzt man Massenspektrometer mit geringerem Auflösungsvermögen heute an vielen Stellen in Wissenschaft und Technik.

In der Chemie dienen vereinfachte doppelfokussierende Geräte zur Analytik. Man identifiziert im Massenspektrometer die Bruchstücke, in die ein Molekül durch Elektronen- oder Ionenbeschuß zerlegt wird und erhält aus der Verteilung der Bruchstücke eine Möglichkeit, das ursprüngliche Molekül zu bestimmen.

In Physik, Chemie und Technik verwendet man einfache, handliche Geräte zur Restgas-Analyse in Vakuum-Systemen. Hierfür reicht ein Auflösungsvermögen von $m/\Delta m = 100$ meist aus.

Darüber hinaus werden diese einfachen Geräte zur Herstellung einheitlicher Atom- oder Molekülstrahlen verwendet. Neuerdings benutzt man dazu häufig Hochfrequenz-Massenspektrometer. In diesen sogenannten Laufzeit-Massenspektrometern werden geladene Teilchen in hochfrequenten elektromagnetischen Wechselfeldern je nach ihrer spezifischen Ladung verschieden stark beschleunigt und durchfliegen das Spektrometer verschieden schnell. Die unterschiedlichen Laufzeiten sind ein Maß für das Verhältnis e/m.

Im Quadrupol-Massenfilter ergibt eine Überlagerung von Gleich- und Wechselspannung an den über Kreuz verbundenen 4 parabelförmigen Elektroden ein inhomogenes Hochfrequenzfeld im Innern. Diesem wird ein Gleichfeld überlagert. Nur Teilchen bestimmter Masse und Energie gelangen bei gegebener Geometrie und Frequenz durch das Filter hindurch (Abb. 3.7).

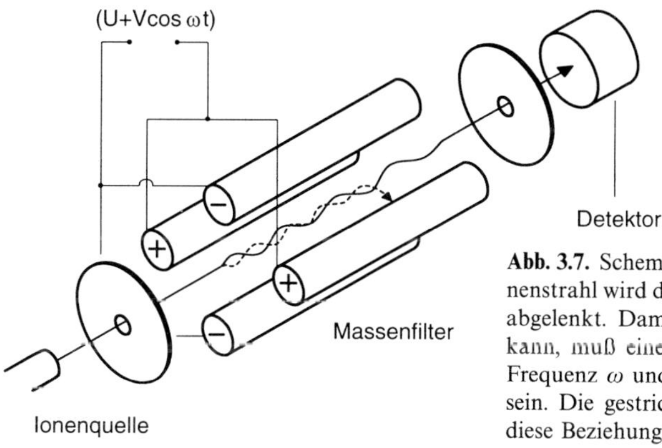

Abb. 3.7. Schema eines Quadrupol-Massenfilters. Der Ionenstrahl wird durch eine hochfrequente Wechselspannung abgelenkt. Damit er das Filter unabgelenkt durchlaufen kann, muß eine bestimmte Beziehung zwischen e/m, der Frequenz ω und den Ablenkspannungen U und V erfüllt sein. Die gestrichelte Flugbahn gilt für ein Ion, bei dem diese Beziehung nicht erfüllt ist.

3.2.5 Isotopentrennung

Die Isotopentrennung ist mehr ein Problem der Technik und der Kernphysik als der hier zu behandelnden Atomphysik. Dieser Problemkreis soll deshalb hier nur kurz behandelt werden.

Im Prinzip ist zur Isotopentrennung jede Methode anwendbar, die physikalische, von der Masse abhängige Eigenschaften zur Unterscheidung von Teilchen verwendet. Welche man im Einzelfalle anwendet, hängt auch von Fragen wie Wirtschaftlichkeit und technischer Beherrschbarkeit ab.

Die Anforderungen sind recht verschieden:
Die Trennung der beiden Wasserstoff-Isotope ${}^1_1H$ von ${}^2_1H$ bei einem Massenunterschied von 100% geht vergleichsweise leicht, während dagegen die Trennung der Uran-Isotope ${}^{235}_{92}U$ und ${}^{238}_{92}U$ sehr viel schwerer ist. Hier unterscheiden sich die Massen nur um 1,25%. Im folgenden werden die wichtigsten Methoden kurz aufgezählt.

Die *elektromagnetische Trennung* mit Massenspektrographen ist meist teuer und langsam. Erzielbare Abscheidungen bewegen sich bei Strömen von 10^{-4} A im Bereich von ca. 1 Milligramm je Stunde. Dazu ein Zahlenbeispiel: 35 g Cl entsprechen bei einfacher Ionenladung 96500 As Ladungstransport. Bei einer Stromstärke von 10^{-4} A werden 35 g Cl in einer Zeit von

$$\frac{9{,}65 \cdot 10^4 \text{ As}}{10^{-4} \text{ A}} = 9{,}65 \cdot 10^8 \text{ s} = 30 \text{ Jahren}$$

abgeschieden. Trotzdem wird z. B. bei der Uran-Trennung dieses Verfahren auch großtechnisch angewendet, zuerst bei der Herstellung der Uran-Bomben. Der dazu nötige Aufwand an Technik und Energie ist gewaltig.

Die Massentrennung mittels *Diffusion* von Atomen oder Molekülen durch poröse Wände beruht darauf, daß in Gasen Teilchen verschiedener Masse m_1 und m_2 bei einheitlicher Temperatur unterschiedliche Geschwindigkeiten v_1 und v_2 haben.

Es gilt:

$$\frac{v_1}{v_2} = \sqrt{\frac{m_2}{m_1}}, \quad \text{da} \quad m_1 v_1^2 = m_2 v_2^2,$$

das heißt, daß die mittlere kinetische Energie für beide Sorten gleich groß ist.

Leichte Atome sind deshalb im Mittel schneller und diffundieren rascher. Zur wirksamen Isotopentrennung schaltet man viele Diffusionsstufen hintereinander. Dieses Verfahren war ursprünglich das technisch wichtigste zur Uran-Trennung: Man benutzt die gasförmige Verbindung UF_6 zur Anreicherung des Uran-Isotops $^{235}_{92}U$ relativ zu $^{238}_{92}U$.

Die *Gaszentrifuge* wird ebenfalls für die Uran-Anreicherung großtechnisch verwendet. Hier erfährt das schwerere Isotop eine stärkere Zentrifugalkraft. Das leichtere Isotop reichert sich deshalb im Achsenbereich der Zentrifuge an. Zur Trennung müssen viele Stufen hintereinandergeschaltet werden. Das schwierigste technische Problem ist dabei die Zerreißfestigkeit des Materials bei den notwendigen hohen Beschleunigungen.

Das *Trennrohr* verwendet die Thermodiffusion: Es beruht auf dem Prinzip, daß ein Temperaturgefälle in einem Gasgemisch zu einer Entmischung führt. Der Effekt wird verstärkt durch Konvektion. In der Achse eines langen Rohres befindet sich ein Heizdraht. Das leichtere Isotop wird durch Thermodiffusion in der Mitte und durch Konvektion oben, das schwerere am Rande und unten angereichert.

Die *fraktionierte Destillation* in vielen Stufen nützt aus, daß das schwere Isotop im allgemeinen den höheren Siedepunkt hat. So liegt beispielsweise der Siedepunkt von schwerem Wasser (D_2O) 1,42° über dem von H_2O.

Bei der *Elektrolyse* werden Moleküle mit dem schwereren Isotop weniger leicht zersetzt als solche mit dem leichteren Isotop. Dieses Verfahren wird großtechnisch für die Trennung von schwerem und leichtem Wasserstoff eingesetzt.

Es gibt auch *chemische Reaktionen*, bei denen Moleküle mit unterschiedlicher Isotopen-Zusammensetzung unterschiedlich reagieren. In solchen Fällen kann man Isotopentrennung durch chemische Reaktionen erreichen. Seitdem in den Farbstoff-Lasern sehr schmalbandige abstimmbare Lichtquellen zur Verfügung stehen (vgl. Kap. 21), kann man auch die *Laser-Photochemie* zur Isotopentrennung verwenden. Mit dieser Methode kann man in Gemischen von geeigneten Molekülen mit unterschiedlicher Isotopen-Zusammensetzung selektiv nur bestimmte isotope Moleküle optisch anregen und zu photochemischer Reaktion veranlassen. Auf diesem Prinzip beruhen interessante neue Entwicklungen zur Isotopentrennung in den letzten Jahren.

Aufgaben

3.1 Zeigen Sie, daß ein transversales homogenes Magnetfeld als Analysator für geladene Teilchen bezüglich ihres Impulses und für monoenergetische Teilchen bezüglich ihrer Massen dienen kann! Alle Teilchen sollen die gleiche Ladung besitzen.

3.2 Ein Ionenstrahl, der $^1H^+$, $^2H^+$ und $^3H^+$ enthält, und eine Beschleunigungsspannung von 1000 V durchlaufen hat, wird senkrecht zu den Feldlinien eines Magnetfelds von 0,05 Tesla eingeschossen. Wie weit sind die Teilstrahlen voneinander getrennt, wenn eine Strecke von 5 cm im homogenen Magnetfeld durchlaufen wurde und die Messung im Abstand von 25 cm vom Beginn des Magnetfelds erfolgt?

3.3 Ein Strahl positiver Ionen durchsetzt auf einer Länge $l = 4$ cm ein elektrisches Feld $E = 5000$ V/m und ein dazu paralleles magnetisches Feld $B = 0{,}01$ Tesla senkrecht zu den Feldrichtungen (Parabelmethode). Er trifft nach dem Durchlaufen eines feldfreien Raumes $l' = 18$ cm auf einen ebenen Leuchtschirm. Parabeln mit welchen Parametern erhält man auf dem Schirm, wenn der Strahl im wesentlichen aus einfach geladenen Wasserstoffionen und Wasserstoffmolekülen besteht, deren Geschwindigkeit einer durchlaufenen Spannung U zwischen 1000 V und 4000 V entspricht? Wie sieht das Schirmbild aus, wenn sowohl positiv wie negativ geladene Teilchen eingeschossen werden?

3.4 Die Isotopenhäufigkeit von ^{235}U und ^{238}U im natürlich vorkommenden Uran beträgt 0,72% bzw. 99,28%. Trennt man die Isotope durch Diffusion, so enthält das Isotopengemisch nach einem Trennungsschritt 0,754% ^{235}U. Wie viele Trennungen sind nötig, um eine Anreicherung von ^{235}U auf 50% bzw. 99% zu erreichen?

Hinweis: Der Trennungskoeffizient q = Gemisch-Zusammensetzung p vor der Trennung/p nach der Trennung sei unabhängig von der Zusammensetzung des Isotopengemisches.

4. Kernstruktur des Atoms

4.1 Durchgang von Elektronen durch Materie

Bereits in den neunziger Jahren des vorigen Jahrhunderts untersuchte *Lenard* die Schwächung von Elektronenstrahlen beim Durchgang durch Materie. Die Abschwächung eines Elektronenbündels beim Durchgang durch Materie kann zwei Ursachen haben: die Elektronen können ihre Energie verlieren, indem sie Atome anregen oder ionisieren, oder aber sie können elastisch gestreut werden und dadurch eine Richtungsablenkung erfahren, so daß sie aus dem Bündel ausscheiden. *Lenard* erzeugte den Strahl mit Hilfe eines Kathodenstrahl-Rohres. Heute würde man dazu Glüh-Elektronen nehmen.

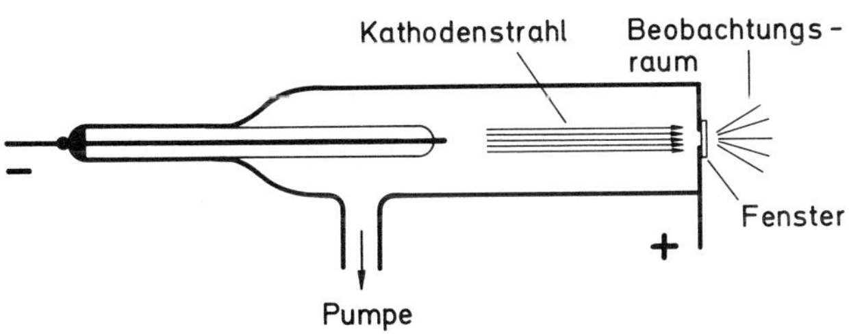

Abb. 4.1. *Lenards* Kathodenstrahl-Rohr, schematisch. Die Kathodenstrahlen gelangen durch eine dünne Folie, das Lenard-Fenster, in die umgebende Luft und regen diese zum Leuchten an

Ein wichtiges Ergebnis liefert bereits das in Abb. 4.1 gezeigte qualitative Experiment: schließt man ein Gasentladungs-Rohr zur Erzeugung von Kathodenstrahlen mit einer extrem dünnen Aluminium-Folie ab, so beobachtet man, daß Elektronen aus dem Kathodenstrahl die Folie durchdringen. Sie regen auf einigen cm Länge die Luft außerhalb des Versuchsrohrs zu einem blauroten Leuchten an und können noch in einigen cm Entfernung vom Rohrende mit einem Szintillationsschirm nachgewiesen werden. Eine solche Aluminium-Folie von ca. $5 \cdot 10^{-4}$ cm Dicke heißt *Lenard*-Fenster. Der Versuch zeigt augenfällig, daß Elektronen ca. 10000 Atomschichten durchdringen können, außerdem noch einige cm Normalluft. Unter der Annahme, daß Atome für Elektronen undurchdringlich wären, müßte eine Streuung der Elektronen in Luft im Bereich der gaskinetischen freien Weglänge erfolgen, das heißt im Bereich von etwa 10^{-5} cm.

Aus solchen qualitativen Versuchen folgt: Der Wirkungsquerschnitt eines Atoms für den Stoß mit einem Elektron aus der Gasentladung ist klein, verglichen mit dem Wirkungsquerschnitt für den Stoß mit einem anderen Atom.

Zur quantitativen Messung des Wirkungsquerschnitts σ für den Stoß zwischen Elektron und Atom benützt man eine Anordnung analog zu Abb. 4.1, wobei jedoch der Kathodenstrahl nach Durchlaufen des Lenard-Fensters in eine Meßkammer gelangt. Darin muß man den Elektronenstrom nach Durchlaufen einer Gas-Atmosphäre mit bekannter Zusammensetzung und Dichte messen. Man kann den Stoß der Elektronen sowohl mit den Atomen in der Folie wie auch mit den Atomen im Gasraum untersuchen. Dazu muß man die Versuchsparameter Foliendicke, Folienmaterial, Druck und Zusammensetzung des Gases sowie Abstand zwischen Folie und Empfänger variieren.

Der Wirkungsquerschnitt ergibt sich aus der Messung des Verhältnisses von einfallender (I_0) und durchgelassener (I) Elektronen-Intensität mit Hilfe der früher abgeleiteten Gl. (2.22)

$$I(x) = I_0 e^{-\alpha x}, \tag{4.1}$$

wobei x die Schichtdicke bedeutet.

Man stellt fest:

- Der *Absorptions-* oder *Streukoeffizient* α ist dem Druck des Gases in der Meßkammer proportional. Dies erwartet man auch, wenn sich der Wirkungsquerschnitt als Summe der Querschnitte der einzelnen Atome darstellt. $\alpha = \sum_{i=1}^{n} \sigma_i$ oder, bei gleichen Teilchen, $\alpha = \sigma n$ ist danach die Summe aller im Einheitsvolumen enthaltenen Wirkungsquerschnitte, wobei n die Zahl der Teilchen je Volumeneinheit ist.
- In Folien und Gasen gilt bei konstanter Elektronengeschwindigkeit *unabhängig von Aggregatzustand und individuellen Eigenschaften* der durchschossenen Materie $\alpha/\varrho = \text{const}$, d.h. der Wirkungsquerschnitt ist der Dichte ϱ der durchlaufenen Materie proportional.
- Mit wachsender Elektronengeschwindigkeit nimmt das Verhältnis α/ϱ stark ab (Abb. 4.2).

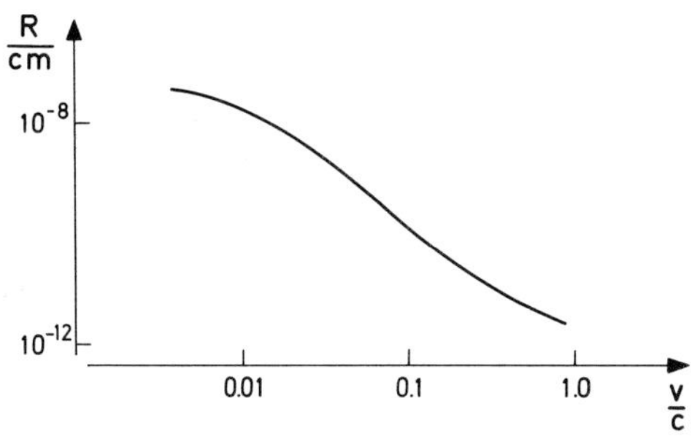

Abb. 4.2. Schematische Darstellung des Wirkungsquerschnitts von Gasatomen und Elektronen als Funktion der Geschwindigkeit der Elektronen. Aufgetragen ist ein aus dem Querschnitt berechneter Stoßradius R (vgl. Kap. 2.4.2) gegen das Verhältnis v/c der Elektronengeschwindigkeit zur Lichtgeschwindigkeit

In Abb. 4.2 sind die aus den gemessenen Wirkungsquerschnitten α berechneten Stoßradien als Funktion der Geschwindigkeit der Elektronen aufgetragen. Für sehr schnelle Elektronen sind Atome also 10^8 mal durchlässiger als für langsame Elektronen. Diese Experimente erlauben folgenden Schluß: Nur ein kleiner Bruchteil des Atomvolumens ist auch für schnelle Elektronen undurchlässig, oder anders – nach *Lenard* – ausgedrückt: Das Innere des Atoms ist so leer wie das Weltall.

Zunächst konnte daraus nur gefolgert werden, daß Masse und Ladung im Atom „körnig", nicht gleichmäßig verteilt ist. *Lenard* sprach von Kernen und Kraftfeldern. Die Analogie zu einem Planetensystem lag nahe. Heute wissen wir, daß langsame Elektronen an der Elektronenhülle gestreut werden, schnelle dagegen am Kern.

Die Erkenntnis, daß es *einen* kleinen Kern gibt, der die gesamte positive Ladung und fast die gesamte Masse des Atoms enthält, verdanken wir den Versuchen von *Rutherford* über die Streuung von α-Teilchen in Materie.

4.2 Durchgang von α-Teilchen durch Materie (Rutherford-Streuung)

4.2.1 Einige Eigenschaften von α-Teilchen

α-Teilchen werden von radioaktiven Kernen ausgesandt. Es handelt sich dabei um doppelt ionisierte Helium-Kerne $^4_2He^{++}$ mit hoher kinetischer Energie (einige MeV). Sie können z.B. durch ihre Ionisationsfähigkeit mit Hilfe der Nebelkammer nachgewiesen werden. α-Teilchen mit einer Energie von 5 MeV haben in Normalluft eine Reichweite von ca. 3,5 cm. Auf dieser Wegstrecke verlieren sie ihre kinetische Energie an die Moleküle der Luft durch Anregungs- und Ionisationsprozesse. Da die freie Weglänge von Gasatomen, wie man sie aus der kinetischen Gastheorie kennt, 10^{-5} cm beträgt, heißt das:

α-Teilchen können Tausende von Atomen durchdringen ($3{,}5/10^{-5}$ cm $= 3{,}5 \cdot 10^5$ Atome), ohne merklich abgelenkt zu werden. Nebelkammer-Aufnahmen zeigen, daß die Bahnen geradlinig sind. Erst ganz am Ende der Bahn, wenn die α-Teilchen schon stark verlangsamt sind, gibt es manchmal etwas größere Knicke, Abb. 4.3. Eine weitere Möglichkeit zum Nachweis von α-Teilchen bietet der Szintillationszähler bzw. das Spinthariskop, Abb. 2.16 und 2.17. Damit wurde z. B. die α-Streuung in Materie durch *Geiger* und *Marsden* untersucht, die wir jetzt behandeln.

Abb. 4.3. Nebelkammeraufnahme der Spur eines α-Teilchens, von *Wilson*. Das Teilchen durchläuft mehrere cm Luft ohne merkliche Ablenkung. Am Ende seiner Bahn erkennt man zwei Ablenkungen. Bei der zweiten Ablenkung sieht man auch die kurze, nach rechts gerichtete Spur des getroffenen und beschleunigten Kernes. Aus W. Finkelnburg, Einführung in die Atomphysik, 11./12. Aufl. (Springer, Berlin, Heidelberg, New York 1976) Abb. 3

4.2.2 Streuung von α-Teilchen in einer Folie

Zur quantitativen Untersuchung des Wirkungsquerschnittes beim Stoß zwischen α-Teilchen und Atomen benutzten *Rutherford* und seine Mitarbeiter folgende Versuchsanordnung (Abb. 4.4):

Die von einem natürlich radioaktiven Material R ausgesandten α-Teilchen fallen durch eine Blende auf eine dünne Metallfolie F. Mit Hilfe eines Szintillationsschirmes S wird die durchgelassene α-Intensität gemessen. Dazu dient die Lupe L. Im Gegensatz zu den bisher besprochenen Messungen von Wirkungsquerschnitten wird hier jedoch nicht in erster Linie die unabgelenkt durchgelassene Intensität bestimmt, sondern vielmehr die Abhängigkeit der gestreuten Intensität vom Ablenkungswinkel ϑ. ϑ ist der Winkel zwischen der Richtung des abgelenkten und des einfallenden Strahls (Abb. 4.7). Derartige Streuversuche sind zu einem der wichtigsten Hilfsmittel der Kernphysiker geworden. Ein typisches Experiment gibt das in Abb. 4.5 gezeigte Ergebnis:

Die Streuintensität nimmt mit zunehmendem Ablenkwinkel stark ab. Die Winkelabhängigkeit läßt sich mit der inversen vierten Potenz des Sinus des halben Ablenkwinkels gut beschreiben. Bei großen Streuwinkeln treten Abweichungen auf. Auf diese sogenannte anomale Rutherford-Streuung gehen wir in Abschn. 4.2.4 ein.

Weiterhin beobachtete man, daß auch sehr große Streuwinkel vorkommen. Man kann ausschließen, daß es sich dabei um Mehrfachstreuprozesse handelt. Beim Stoß von

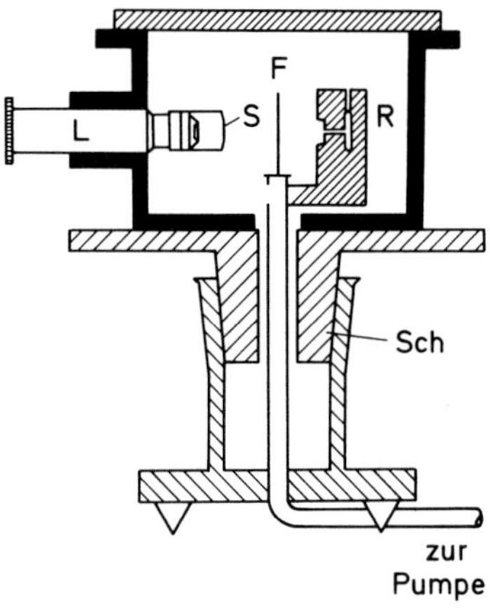

Abb. 4.4. Meßanordnung zur Untersuchung der Rutherford-Streuung: α-Teilchen aus dem Präparat R werden an der Folie F gestreut. Die auf dem Szintillationsschirm S erzeugten Lichtblitze werden mit der Lupe L beobachtet. Die Anordnung ist evakuierbar und mittels des Schliffes Sch läßt sich die Beobachtungslupe L um die Folienachse drehen

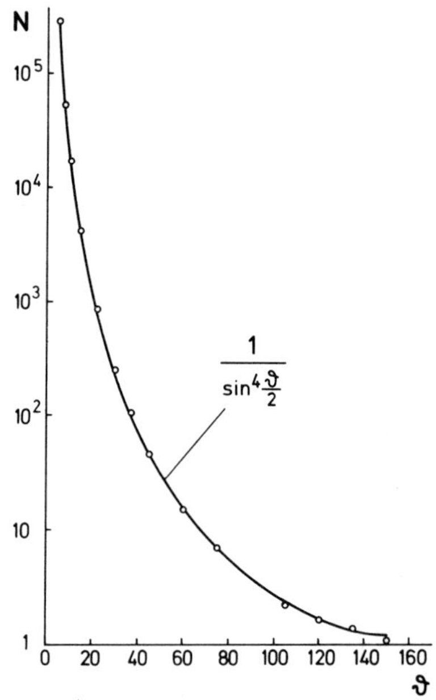

Abb. 4.5. Graphische Darstellung der Meßergebnisse von *Geiger* und *Marsden* für die Rutherford-Streuung von α-Teilchen an einer Goldfolie. Aufgetragen ist die Streurate N als Funktion des Streuwinkels ϑ. Die ausgezogene Kurve stellt den theoretischen Verlauf für Coulomb-Streuung dar

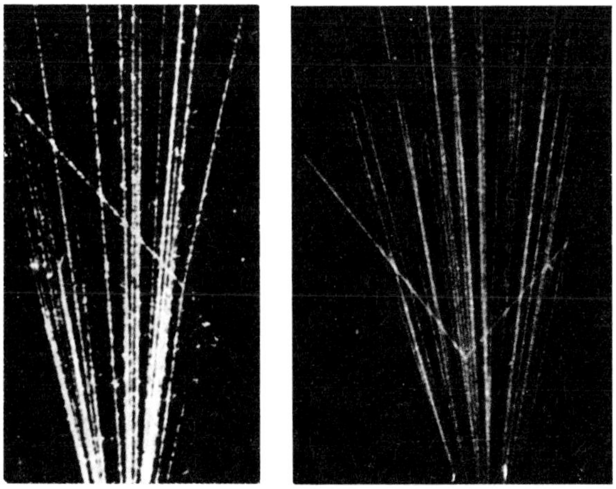

Abb. 4.6. Nebelkammer-Aufnahme von α-Teilchen. Man sieht Stoßprozesse mit dem Füllgas, links mit Wasserstoff, rechts mit Helium. Im Wasserstoff erleidet das treffende α-Teilchen nur eine geringe Ablenkung, bei Helium dagegen ist der Winkel zwischen den Bahnen von Streuteilchen und gestoßenem Atom ein rechter, weil beide Teilchen gleiche Masse haben. [Aus K. H. Hellwege: *Einführung in die Physik der Atome*, Heidelberger Taschenbücher, Bd. 2, 4. Aufl. (Springer, Berlin, Heidelberg, New York 1974) Abb. 4]

α-Teilchen mit Helium-Atomen in der Nebelkammer kann man große Ablenkungswinkel – nämlich 90 Grad – direkt sehen. Ein Beispiel dafür zeigt die Nebelkammeraufnahme in Abb. 4.6.

Eine quantitative Deutung dieser Ergebnisse gelingt mit dem Rutherfordschen Atommodell (1911). Es besagt:

- Das Atom hat einen Kern mit einem Radius R von ungefähr 10^{-12} cm. Dieser enthält praktisch die ganze Masse des Atoms. Die Begegnung von α-Teilchen mit den leichten Elektronen führt zu keiner merklichen Winkel-Ablenkung der α-Teilchen.
- Der Kern hat die positive Ladung Ze, wenn Z die Ordnungszahl im periodischen System ist.
- Um den positiv geladenen Kern gibt es ein Coulomb-Feld im Abstand r

$$\boldsymbol{E} = \frac{1}{4\pi\varepsilon_0}\frac{Ze}{r^3}\boldsymbol{r}\,. \tag{4.2}$$

4.2.3 Ableitung der Rutherfordschen Streuformel

Dieses Modell führt zur Rutherfordschen Streuformel (4.20), wenn man ausschließlich die Coulomb-Abstoßung zwischen der Kernladung und der Ladung der α-Teilchen berücksichtigt. Wir berechnen nun mit diesem Modell die Abhängigkeit der Streuwahrscheinlichkeit vom Ablenkwinkel in zwei Schritten: zunächst bestimmen wir für ein einzelnes Teilchen die Abhängigkeit des Ablenkwinkels vom Stoßparameter p, d.h. vom kleinsten Abstand, in dem das Teilchen am Kern vorbeifliegen würde, wenn keine Ablenkung stattfindet (vgl. Abb. 4.7) Wir werden sehen, daß es eine eindeutige Beziehung zwischen Stoßparameter p und Ablenkwinkel ϑ gibt. Dann mitteln wir über alle möglichen Stoßparameter, weil wir ein einzelnes α-Teilchen nicht auf seinem Weg durch die Folie verfolgen können, sondern viele α-Teilchen beobachten. Mehrfachstreuung wird nicht berücksichtigt. Für das Experiment bedeutet das, daß die Folie hinreichend dünn sein muß.

Zur Berechnung der Bahn des Teilchens erinnern wir uns an die Bewegung von Planeten unter der Wirkung eines anziehenden Gravitationsfeldes. Die wirkende Kraft ist proportional zu $1/r^2$, wenn r der Abstand Sonne-Planet ist. Die hier auftretenden Bahnkurven sind bekanntlich Ellipsen, Hyperbeln oder Parabeln.

Da die Coulombkraft die gleiche Abhängigkeit vom Abstands-Vektor $\boldsymbol{r}$ hat, können die Bahnberechnungen der Mechanik formal sofort übertragen werden. Allerdings bleiben wegen der abstoßenden Coulombkraft (bei Ladungen mit gleichem Vorzeichen) nur Hyperbeln als mögliche Bahnkurven übrig.

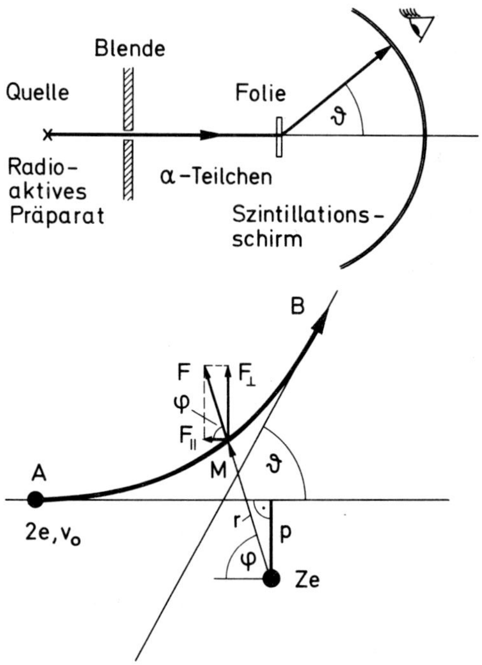

Abb. 4.7. Rutherford-Streuung. Oben schematische Darstellung der Meßanordnung, unten Skizze für die Modellrechnung. Das α-Teilchen wird durch Streuung am Kern $Z \cdot e$ von A nach B abgelenkt. Weitere Erklärung im Text

Wir bestimmen nun den Zusammenhang zwischen Streuwinkel ϑ und Stoßparameter p (Abb. 4.7). Das Teilchen kommt im Punkt A, der noch weit vom Kern entfernt ist, mit der Geschwindigkeit v_0 an. Wenn es nicht abgelenkt würde, würde es im Abstand p am Kern vorbeifliegen.

Zwischen α-Teilchen und Kern wirkt die abstoßende Coulombkraft F

$$\boldsymbol{F} = \frac{2Ze^2}{4\pi\varepsilon_0 r^2} \frac{\boldsymbol{r}}{r} \tag{4.2a}$$

mit der Kernladung Ze, der Elementarladung e, der absoluten Dielektrizitätskonstanten ε_0 und dem Abstand r zwischen Kern und α-Teilchen.

Wir nehmen an, daß das Teilchen auf seiner Bahn den Punkt M erreicht hat und zerlegen die dort wirkende Kraft F in zwei Komponenten

$$F_\perp = F \sin\varphi \text{ senkrecht zur ursprünglichen Richtung} \tag{4.3}$$

und

$$F_{||} = F \cos\varphi \text{ parallel zur ursprünglichen Richtung.} \tag{4.4}$$

φ ist der Winkel zwischen der Horizontalen (d.h. der Einschußrichtung des Teilchens) und dem Radiusvektor $\boldsymbol{r}$ zu seinem jeweiligen Ort.

Wir benutzen nun den Drehimpulssatz, wobei der Ursprung des Koordinaten-Systems im Atomkern liegen soll. Da die hier vorliegende Radialkraft (4.2a) kein Drehmoment ergibt, ist der Drehimpuls konstant, d.h. insbesondere sind der Drehimpuls im Punkt A und der Drehimpuls im Punkt M gleich, oder in Formeln

$$(mv_0 p)_\mathrm{A} = (mr^2 \dot{\varphi})_\mathrm{M}, \tag{4.5}$$

wobei wir Polarkoordinaten (r, φ) verwendet haben. Die Auflösung nach $1/r^2$ ergibt

$$\frac{1}{r^2} = \frac{\dot{\varphi}}{v_0 p}. \tag{4.6}$$

Die Newtonsche Bewegungsgleichung lautet, wenn man nur die Bewegung senkrecht zur ursprünglichen Flugrichtung betrachtet,

$$m\frac{dv_\perp}{dt} = F_\perp = \frac{2Ze^2}{4\pi\varepsilon_0}\,\frac{1}{r^2}\sin\varphi. \tag{4.7}$$

Drücken wir hierin $1/r^2$ durch die rechte Seite von (4.6) aus und integrieren über die Zeit, so erhalten wir mit der Abkürzung $2Ze^2/4\pi\varepsilon_0 = k$

$$\int\limits_{t_\mathrm{A}}^{t_\mathrm{B}} \frac{dv_\perp}{dt}\,dt = \frac{k}{mv_0 p}\int\limits_{\mathrm{A}}^{\mathrm{B}} \sin\varphi\,\frac{d\varphi}{dt}\,dt. \tag{4.8}$$

Zur Bestimmung der Grenzen des Integrals denken wir uns den Punkt A ins Unendliche gerückt. Da hier noch keine Coulombkraft wirksam ist, ist $v_\perp = 0$. Ferner ist der Winkel $\varphi = 0$.

Um den Streuwinkel ϑ zwischen Einfallrichtung und Richtung des Teilchens nach der Streuung zu bestimmen, lassen wir den Punkt B (vgl. Abb. 4.7) ins Unendliche rücken. Dabei wird der Winkel φ schließlich mit ϑ durch die Beziehung $\varphi = 180° - \vartheta$ verbunden. Wegen des Energiesatzes ist die Endgeschwindigkeit im Punkte B gleich der Anfangsgeschwindigkeit v_0 im Punkte A, da bei genügend großem Abstand die potentielle Energie verschwindet. Die Komponente $v_\perp$ hat dann wegen $\varphi = 180° - \vartheta$ den Wert $v_\perp = v_0 \sin\vartheta$.
Damit lautet die Integralbeziehung (4.8), wobei wir

$$\frac{dv_\perp}{dt}\,dt = dv_\perp \quad \text{und} \quad \frac{d\varphi}{dt}\,dt = d\varphi$$

benützen,

$$\int\limits_0^{v_0 \sin\vartheta} dv_\perp = \frac{k}{mv_0 p}\int\limits_0^{\pi - \vartheta} \sin\varphi\,d\varphi. \tag{4.9}$$

Ausintegriert ergibt sich

$$v_0 \sin\vartheta = \frac{k}{mv_0 p}(1 + \cos\vartheta). \tag{4.10}$$

Mit der trigonometrischen Umformung

$$\frac{1+\cos\vartheta}{\sin\vartheta}=\cot\vartheta/2 \tag{4.11}$$

erhält man die gesuchte Beziehung zwischen dem Stoßparameter p und dem Ablenkwinkel

$$p=\frac{k}{mv_0^2}\cot\vartheta/2\,. \tag{4.12}$$

Bei dem tatsächlichen Experiment mißt man nun nicht die Zahl der unter einem festen Streuwinkel ϑ ankommenden Teilchen, sondern man muß die Teilchen in einem endlichen Winkelbereich zwischen ϑ und $\vartheta+d\vartheta$ betrachten. Diese gehören zu Stoßparametern, die zwischen p und $p+dp$ liegen. Dabei ergibt sich der Zusammenhang zwischen dp und $d\vartheta$ durch Differentiation von (4.12) zu

$$dp=-\frac{k}{2mv_0^2}\frac{1}{\sin^2\vartheta/2}d\vartheta\,. \tag{4.13}$$

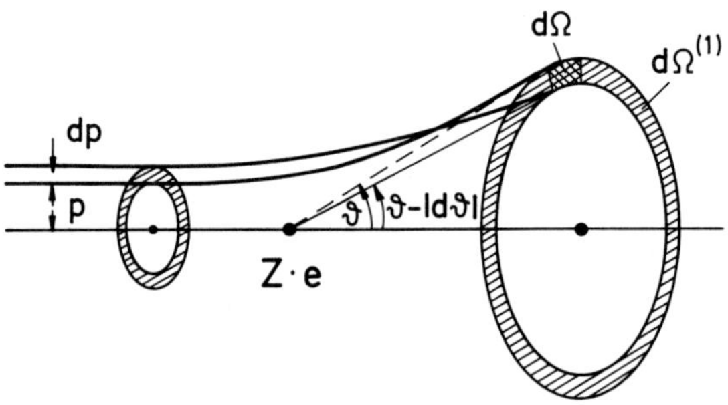

Abb. 4.8. Zur Rutherford-Streuung. Erklärung im Text. Die mit einem Stoßabstand p bis $p+dp$ ankommenden α-Teilchen werden in den Winkelbereich $\vartheta-|d\vartheta|$ bis ϑ abgelenkt

Schließlich müssen wir noch berücksichtigen, daß das ganze Problem rotationssymmetrisch um eine Achse durch den Atomkern parallel zur Einschußrichtung ist (Abb. 4.8). Wir müssen daher einen ganzen Kreisring mit den Radien $r_1=p$ und $r_2=p+dp$ betrachten, durch den die α-Teilchen eintreten, um in den Bereich von $\vartheta-|d\vartheta|$ bis ϑ gestreut zu werden (man beachte, daß mit wachsendem „Stoßparameter" p der Winkel ϑ kleiner wird). Damit können wir eine für diesen Winkelbereich aktive Fläche, den *differentiellen Wirkungsquerschnitt da*

$$da=2\pi p dp \tag{4.14}$$

definieren.

Schießt man α-Teilchen auf eine dünne Folie der Dicke D und der Fläche A, die N Atome/cm^3 enthält, so ist die „aktive Fläche" aller Atome

$$dA=2\pi p\,dp\,N\,D\,A\,, \tag{4.15}$$

vorausgesetzt, die „aktiven Flächen“ der Atome überlappen sich nicht, was in sehr dünnen Folien (bis 10000 Atomlagen) angenommen werden kann.

Die Wahrscheinlichkeit dafür, daß das eingeschossene α-Teilchen die „aktiven Flächen“ der Folienatome trifft, ist (vgl. S. 12) gegeben durch

$$W = \frac{\text{„aktive Fläche“}}{\text{Gesamtfläche}} = \frac{dA}{A} = 2\pi N D p\, dp\,. \tag{4.16}$$

Bei insgesamt n α-Teilchen ist dann die Zahl dn' der α-Teilchen, die durch die „aktive Fläche“ fliegen, und damit in einen Winkelbereich zwischen $\vartheta - |d\vartheta|$ und ϑ abgelenkt werden,

$$dn' = n \cdot 2\pi N D p\, dp\,. \tag{4.17}$$

Diese Teilchen durchsetzen die Einheitskugel um die Streufolie auf einem Ring der Fläche $d\Omega^{(1)} = 2\pi \sin\vartheta |d\vartheta|$. Für das Folgende ist es günstig, zum halben Winkel, d. h. $\vartheta/2$, überzugehen.

Damit ergibt sich

$$d\Omega^{(1)} = 4\pi \sin\vartheta/2\, \cos\vartheta/2\, |d\vartheta|\,. \tag{4.18}$$

Der zur Messung benützte Zähler schneidet aus der Kreisringfläche $d\Omega^{(1)}$ ein Segment $d\Omega$ heraus. Dieses Flächensegment auf der Einheitskugel wird auch als Raumwinkel bezeichnet. Die tatsächlich gemessene Zahl der Teilchen dn ist daher um das Verhältnis der Flächen $d\Omega/d\Omega^{(1)}$ gegenüber dn' verkleinert. Beträgt die Fläche des zur Beobachtung dienenden Meßapparates auf der Einheitskugel $d\Omega$, so werden unter einem Winkel ϑ

$$dn = dn' \cdot d\Omega/d\Omega^{(1)} \tag{4.19}$$

α-Teilchen registriert.

Setzt man p und dp aus (4.12) und (4.13) in (4.19) ein, so erhält man die vollständige *Rutherfordsche Streuformel*

$$\frac{dn(\vartheta, d\Omega)}{n} = \frac{Z^2 e^4 D N}{(4\pi\varepsilon_0)^2 m^2 v_0^4 \sin^4\vartheta/2}\, d\Omega \tag{4.20}$$

mit der Zahl n der eingeschossenen Teilchen, der Zahl dn der unter einem Winkel ϑ in den Raumwinkel $d\Omega$ gestreuten Teilchen, der Kernladungszahl Z, der Elementarladung e, der Dicke D der Streufolie, der Anzahl N der Folienatome/cm^3, dem Raumwinkel $d\Omega$ der Zählerfläche, der absoluten Dielektrizitätskonstanten ε_0, der Masse m des gestreuten Teilchens, der Anfangsgeschwindigkeit v_0 des gestreuten Teilchens und dem Ablenkwinkel ϑ.

Diese Formel gibt an, wieviele Teilchen dn von der Gesamtzahl n unter einem bestimmten Winkel ϑ in einen bestimmten Raumwinkel $d\Omega$ gestreut werden, wenn Folienmaterial und Anfangsgeschwindigkeit bekannt sind.

Entsprechend zu (4.20) ergibt sich für den differentiellen Wirkungsquerschnitt (4.14)

$$da = \frac{Z^2 e^4}{(4\pi\varepsilon_0)^2 m^2 v_0^4 \sin^4\vartheta/2}\, d\Omega^{(1)}\,. \tag{4.21}$$

Des weiteren definiert man den *makroskopischen (differentiellen) Wirkungsquerschnitt* Nda, der gleichbedeutend der „aktiven Fläche“ dA pro Volumen ist. Durch Integration von (4.21) über $\Omega^{(1)}$ erhält man den *totalen Wirkungsquerschnitt a.* Dieser divergiert jedoch im vorliegenden Fall eines reinen (nicht abgeschirmten) Coulombfeldes, da (4.21) für $\vartheta \to 0$ divergiert.

Bei der Rutherfordschen Streuformel (4.20) für eine Folie ist der Grenzfall $\vartheta \to 0$ von vornherein nicht sinnvoll. Das liegt am Modell, denn $\vartheta = 0$ würde $p = \infty$ bedeuten. Das ist bei der vorausgesetzten dichten Packung der Atome unsinnig. Der größte mögliche Stoßparameter ist der halbe gegenseitige Abstand der Atome in der Folie. Für $\vartheta = \pi$ wird dn/n minimal. Dies entspricht $p = 0$. Bei sehr kleinen Stoßparametern treten Abweichungen zwischen dem Ergebnis der Berechnung nach der Streuformel (4.20) und dem Experiment auf. Dies beruht darauf, daß die Modellvorstellung einer Ablenkung des α-Teilchens alleine im Coulombfeld des Kerns nicht mehr genügt. Aus den Stoßabständen p, bei denen diese Abweichungen auftreten, können wir die Größe des Kernradius entnehmen. Das wird im folgenden besprochen.

4.2.4 Experimentelle Ergebnisse

Die Rutherford-Formel ist experimentell sehr sorgfältig geprüft worden. Bei festgehaltenem Raumwinkel $d\Omega$ gibt die Zählrate hervorragend das Gesetz $1/\sin^4(\vartheta/2)$ wieder (s. Abb. 4.5). Selbst bei α-Teilchen von 5 MeV und Streuwinkeln von 150° sind noch keine Abweichungen von der Rutherford-Streuformel festzustellen. Als Stoßparameter ergibt sich dabei $6 \cdot 10^{-15}$ m. In diesem Bereich hat nur das Coulomb-Potential des Kerns einen meßbaren Einfluß auf die α-Teilchen.

Die experimentelle Prüfung der Streuformel nach *Rutherford* kann in folgender Weise zusammengefaßt werden:

Das Coulomb-Gesetz ist noch bei sehr kleinen Stoßparametern gut erfüllt, da die Rutherfordsche Streuung gültig ist. Daraus folgt für den Kernradius

$$R_{\text{Kern}} < 6 \cdot 10^{-15}\,\text{m}\,.$$

Aus den Experimenten mit verschiedenen Folienmaterialien kann man die Kernladungszahl Z bestimmen. Nach *Chadwick* (1920) ergab sich die Bestätigung dafür, daß Z gleich der Ordnungszahl im Periodischen System ist.

Den Aufbau des Kerns stellte man sich danach zunächst aus A Protonen und $(A-Z)$ Elektronen vor. Seit 1932 weiß man, daß diese Vorstellung nicht gültig ist. $(A-Z)$ ist vielmehr die Anzahl der Neutronen, Z die Anzahl der Protonen, A die in (2.2) definierte Massenzahl.

Wir kommen nun zur sogenannten *anomalen* Rutherford-Streuung. Bei der Ablenkung sehr schneller α-Teilchen ($E > 6$ MeV) um große Winkel ϑ, d.h. bei kleinen Stoßparametern p oder annähernd zentralem Stoß, beobachtet man deutliche *Abweichungen* vom Rutherford-Gesetz. Hier ist offenbar das Coulomb-Gesetz nicht mehr erfüllt. Kern und α-Teilchen kommen sich so nahe, daß kurzreichweitige neue Wechselwirkungskräfte wirksam werden: die Kernkräfte. Aus den Wertepaaren (p, ϑ), bei denen Abweichungen vom Coulomb-Gesetz beginnen, ergibt sich, daß der Kernradius die Größe von ca. 10^{-15} m hat. Das bedeutet, daß die Dichte des Kerns etwa 10^{15} mal größer ist als die Dichte des Atoms. Diese Abweichungen vom nach der Rutherford-Formel zu erwartenden Streuverhalten nennt man *anomale Rutherford-Streuung*.

Dies gestattet es, das Rutherfordsche Atommodell zu entwickeln. Negative Elektronen umkreisen den positiv geladenen Kern mit der Kernladungszahl Z. Es handelt sich dabei um ein dynamisches Gleichgewicht. Ohne Bewegung wäre keine Stabilität möglich. Wenn Ablenkungen um große Winkel möglich sind, ohne daß die α-Teilchen einen merklichen Energieverlust erleiden, dann bedeutet das, daß die Masse des Stoßpartners groß gegen die Masse des α-Teilchens ist. Andererseits beobachtet man in Nebelkammer-Aufnahmen mit Heliumfüllung, wobei also die Stoßpartner, d.h. ein α-Teilchen und ein He-Atom, praktisch gleiche Masse haben, Ablenkungen um 90°. Aus solchen Experimenten läßt sich herleiten, daß der Kern tatsächlich fast die ganze Masse des Atoms enthält.

Dagegen kann nach dem Impulssatz beim Stoß zwischen α-Teilchen und Elektronen wegen der kleinen Elektronenmasse nur sehr wenig Impuls übertragen werden. Bei diesem Massenverhältnis können Ablenkungen der α-Teilchen nicht größer als 28″ sein.

Bei sehr großen Stoßparametern (kleinen Ablenkwinkeln) ist die Rutherford-Formel ebenfalls nicht mehr exakt erfüllt. Das Coulombsche Potential des Kerns wird durch die Atomelektronen gestört. Solche Effekte treten bei $p \geqq 10^{-10}$ cm auf (Ablenkwinkel wenige Winkel-Sekunden) und sind sehr schwer meßbar. Ganz analoge Streuformeln und Streuprobleme gibt es auch beim Stoß zwischen Protonen und Kernen. Die Winkelabhängigkeit der Streuprozesse ist mit dem Streu-Potential korreliert. So kann dieses experimentell bestimmt werden. Streuprozesse spielen auch in der Kern- und Elementarteilchenphysik eine wichtige Rolle bei der Untersuchung der inneren Struktur von Kernen und von gewissen Elementarteilchen. So erhielt z. B. *Hofstadter* 1961 den Nobelpreis für seine Streuversuche von schnellen Elektronen (10^9 eV) an Protonen und Neutronen. Aus der Winkelabhängigkeit der Streuintensität erhielt er Kenntnis von einer internen Struktur von Proton und Neutron.

4.2.5 Was heißt Kernradius?

Unsere obigen Betrachtungen können wir wie folgt zusammenfassen: Ein α-Teilchen, das sich von außen dem Kern nähert, spürt zunächst nur das abstoßende Coulomb-Potential. Wenn es dem Kern hinreichend nahe kommt, spürt es darüber hinaus das anziehende Kernkraft-Potential. Den Kernradius R definiert man als den Abstand, bei dem die Wirkung des Kernkraft-Potentials mit der des Coulombpotentials vergleichbar wird (Abb. 4.9). Hierbei benutzt man α-Teilchen sehr hoher kinetischer Energie, so daß sie nahe an den Kern herankommen können.

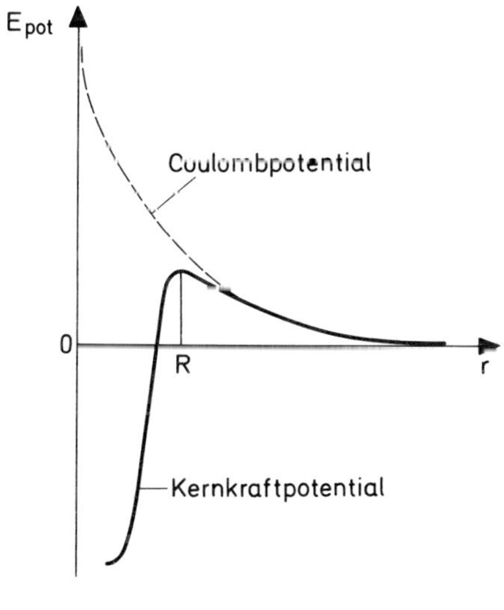

Abb. 4.9. Kernkraft- und Coulombpotential, zur Definition des Kernradius R

Als empirisches Ergebnis solcher Messungen an Kernen mit der jeweiligen Massenzahl A erhält man

$$R=(1{,}3\pm 0{,}1)\,A^{1/3}\cdot 10^{-15}\,\mathrm{m}\,.$$

Zahlenbeispiele für $A=12$ bzw. $A=208$ sind:

$$R(^{12}_{6}\mathrm{C})=2{,}7\cdot 10^{-15}\,\mathrm{m}$$
$$R(^{208}_{82}\mathrm{Pb})=7{,}1\cdot 10^{-15}\,\mathrm{m}\,.$$

Dieser Zusammenhang zwischen Massezahl und Kernradius bedeutet, daß die Dichte der Kernmaterie unabhängig von der Größe des Kerns konstant ist. Dies ist eine der experimentellen Grundlagen des Kern-Tröpfenmodells.

Aufgaben

4.1 Eine Aluminiumfolie streut pro Sekunde 10^3 α-Teilchen in eine bestimmte Richtung und einen bestimmten Raumwinkel. Wie viele α-Teilchen werden pro Sekunde in dieselbe Richtung und den gleichen Raumwinkel gestreut, wenn die Aluminiumfolie durch eine Goldfolie gleicher Dicke ersetzt wird?

4.2 Die Zahl der von einer Folie in einen Zähler gestreuten α-Teilchen beträgt 10^6 pro Sekunde bei einem Streuwinkel von 10°. Berechnen Sie von 10° zu 10° bis 180° die Anzahl der in diesen auf einem Kreis mitgeführten Zähler gestreuten α-Teilchen. Stellen Sie Ihre Ergebnisse für $N(\vartheta)$ graphisch dar.

4.3 Bestimmen Sie den Abstand der größten Annäherung für Protonen der kinetischen Energie (a) 1 MeV, (b) 10 MeV, die frontal gegen einen Goldkern fliegen, und vergleichen Sie das Resultat mit dem Kernradius. In welchem Fall würde das Proton den Kern „berühren"? Bestimmen Sie die kinetische Energie des Protons, wenn es den Kern „berührt".

4.4 Um welchen Winkel wird ein 4-MeV α-Teilchen gestreut, wenn es sich einem Goldkern mit einem Stoßparameter von $2{,}6\cdot 10^{-13}$ m genähert hat?

4.5 Wie groß ist der Stoßparameter eines α-Teilchens der kinetischen Energie 4 MeV, das bei der Streuung an einem Goldkern ($Z=79$) um den Winkel $\vartheta=15°$ abgelenkt wird?

4.6 Ein Strahl von α-Teilchen der kinetischen Energie 12,75 MeV wird an einer dünnen Aluminiumfolie ($Z=13$) gestreut. Man stellt fest, daß die Zahl der Teilchen, die in eine bestimmte Richtung gestreut werden, beim Ablenkwinkel $\vartheta=54°$ von dem bei reiner Coulombstreuung berechneten Wert abzuweichen beginnt. Wie groß ist demnach der Radius des Al-Kerns, wenn man annimmt, daß die α-Teilchen einen Radius $R_\alpha=2\cdot 10^{-15}$ m haben?

Hinweis: Man berechne die Bahn nach (4.8) und (4.9) bis $\varphi_0=(180°-\vartheta)/2$, der Stelle des kleinsten Abstandes und ermittle $r(\varphi_0)$.

4.7 Ein schmales Bündel Protonen einheitlicher Energie treffe senkrecht auf eine 4 μm dicke Goldfolie. Der Bruchteil $\eta = 1{,}35 \cdot 10^{-3}$ der auftreffenden Protonen werde dabei um den Winkel $\vartheta = 60°$ in das Winkelintervall $d\vartheta$ gestreut.

a) Welche kinetische Energie besitzen die einfallenden Protonen?
b) Berechnen Sie den zugehörigen differentiellen Wirkungsquerschnitt $da(\vartheta)/d\Omega$ des Goldkerns.
c) Wie groß ist der Stoßparameter p?

Hinweis: Benützen Sie (4.20) und die Beziehung

$$\frac{\Delta n/n}{d\Omega} = ND\frac{da(\vartheta)}{d\Omega}.$$

4.8 Warum schießt man beim Rutherford-Versuch α-Teilchen auf Goldfolien und nimmt keine Elektronen? Was für einen Vorteil/Nachteil hätten Neutronen als Geschosse?

5. Das Photon

5.1 Licht als Welle

Daß Licht eine Wellenerscheinung ist, wurde im 17. und 18. Jahrhundert durch die Interferenz-Versuche des holländischen Physikers *Huygens* und des englischen Arztes *Young* experimentell nachgewiesen. Im 19. Jahrhundert wurde die physikalische Natur dieser Wellen aufgeklärt. Es handelt sich um elektromagnetische Wellen, die durch die Maxwellschen Gleichungen beschrieben werden. Sie sind durch die Feldvektoren $\boldsymbol{E}$ und $\boldsymbol{B}$ des elektrischen und magnetischen Feldes charakterisiert und ändern sich periodisch mit der Frequenz ω.

Im Jahre 1885 fand die Theorie der elektromagnetischen Erscheinungen mit der Formulierung der Maxwellschen Gleichungen ihren Abschluß. Zwei Jahre später (1887) gelang durch *Hertz* der Nachweis, daß man solche Wellen als Ausstrahlung eines oszillierenden Dipols auch im Laboratorium erzeugen kann. Nach *Maxwell* breitet sich um eine beschleunigte Ladung ein elektrisches und ein magnetisches Feld mit Lichtgeschwindigkeit aus. Die beschleunigte Ladung strahlt Energie ab. Die Emission von Licht beruht im Modell des Oszillators darauf, daß ein geladenes Teilchen eine Oszillation hoher Frequenz ausführt. Bei der Absorption und bei der Streuung von Licht bewirkt die einfallende elektromagnetische Strahlung eine Anregung des Oszillators zu erzwungenen Schwingungen. Diese klassische Maxwellsche Theorie erlaubt eine präzise Berechnung der elektromagnetischen Wellen, die von Rundfunk- und Radar-Antennen emittiert werden. Sie beschreibt ferner vollständig alle Welleneigenschaften der Strahlung, zum Beispiel Interferenz und Beugung.

Elektromagnetische Wellen lassen sich in einem sehr weiten Frequenzbereich erzeugen (s. Abb. 8.1), wobei ganz verschiedene Erzeugungsprozesse verwendet werden.

Weitere Beispiele hierzu sind:

- die Ausstrahlung von Licht durch elektrisch geladene Teilchen in Teilchen-Beschleunigern. Hier ist die *Synchrotron-Strahlung* besonders bemerkenswert. Die in einem kreisförmigen Beschleuniger für Elektronen umlaufenden Teilchen senden eine Strahlung mit kontinuierlicher Spektralverteilung aus. Diese wird zum Beispiel am Deutschen Elektronen-Synchrotron (DESY) in Hamburg als intensive polarisierte kontinuierliche Lichtquelle für Spektroskopie im nahen, mittleren und fernen Ultraviolett verwendet. Abbildung 5.1 zeigt schematisch die Beschleuniger-Anordnung in Hamburg, Abb. 5.2 die Spektralverteilung der sogenannten Synchrotronstrahlung. Bei relativistischen Teilchenenergien, d.h. wenn die Teilchengeschwindigkeit nicht mehr klein ist gegen die Lichtgeschwindigkeit, ist die abgestrahlte Energie ein erheblicher Bruchteil der für den Beschleuniger aufgewendeten Gesamtenergie.

  Ursprünglich wurden Elektronen-Synchrotrons als Teilchenbeschleuniger für die Hochenergiephysik gebaut, und die Synchrotron-Strahlung war nur ein Nebenprodukt. Heute werden spezielle Synchrotrons nur als Lichtquellen gebaut, mit denen man Photonenstrahlen hoher Intensität bis hin zu sehr großen Photonenenergien herstellen kann. Hier ist besonders die Europäische Synchrotron-Strahlungsquelle in Grenoble zu nennen.

- Eine ähnlich entstehende und auch als Synchrotron-Strahlung bezeichnete Emission elektromagnetischer Wellen kommt zustande, wenn geladene Teilchen im magnetischen Feld der Erde eingefangen sind. Sie entsteht ferner in weit entfernten Himmelskörpern, z. B. den berühmten Krebs-Nebeln. Von solchen Himmelskörpern kennt man Strahlungen im Frequenzbereich vom fernen Ultraviolett bis hin zu den Radiofrequenzen.
- Eine negative Beschleunigung von Elektronen – z. B. eine Abbremsung im Felde von Atomkernen – führt zur Emission von Röntgenstrahlung, der sogenannten Bremsstrahlung.
- Die Temperaturstrahlung der Sonne ist die Energiequelle für das Leben auf der Erde.

Während der Wellencharakter des Lichts besonders durch Beugungs- und Interferenz-Experimente als experimentell und theoretisch gesicherte Tatsache gelten muß, gibt es andererseits Experimente, in denen sich Licht wie Teilchen verhält, das sind die sogenannten Lichtquanten oder Photonen.

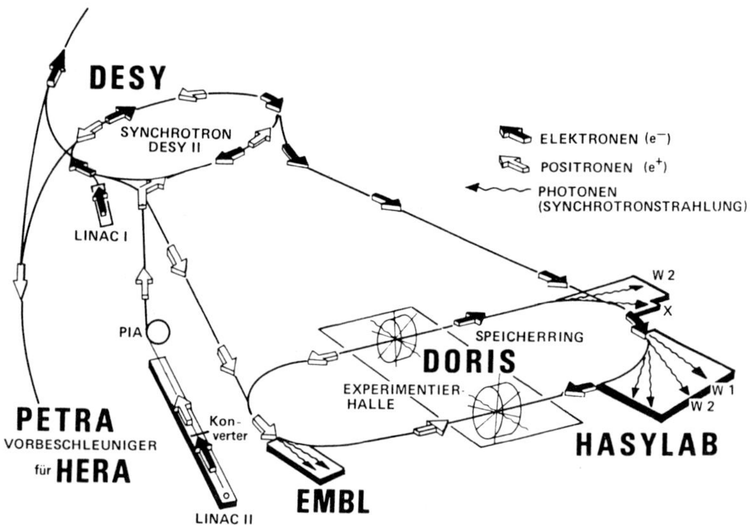

Abb. 5.1. Schematische Darstellung des Elektronensynchrotrons DESY und des Speicherrings DORIS in Hamburg. Elektronen werden von Linearbeschleunigern vorbeschleunigt, die Positronen werden in einem Konvertertarget erzeugt und in einem Akkumulatorspeicherring PIA gesammelt. Danach werden beide Teilchensorten im Synchrotron DESY II weiter beschleunigt und in den Speicherring DORIS eingeschossen und dort über mehrere Stunden gespeichert. Alternativ können die Teilchen in dem ehemaligen Speicherring PETRA weiter beschleunigt werden, um dann in dem Elektron-Proton Speicherring HERA (im Bild nicht gezeigt) für Experimente der Elementarteilchenphysik verwendet zu werden. Neben den Experimenten der Elementarteilchenphysik dient der Speicherring DORIS in großem Maßstab als Quelle für Experimente mit Synchrotronstrahlung. Im Hamburger Synchrotronstrahlungslabor HASYLAB und im Europäischen Labor für Molekularbiologie EMBL sind insgesamt ca. 30 Meßplätze dafür eingerichtet. (Von *C. Kunz*, Univ. Hamburg, zur Verfügung gestellt.)

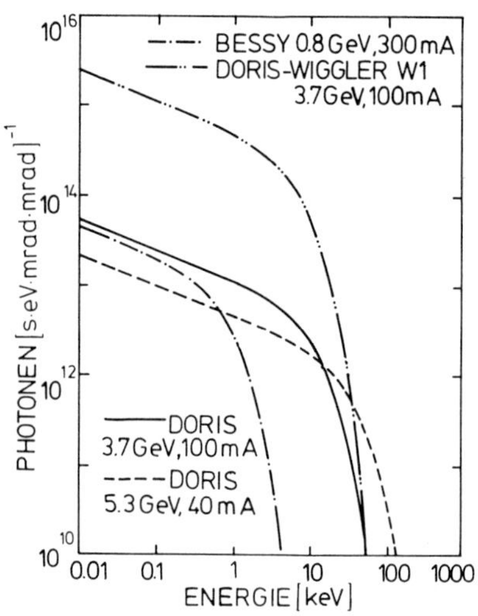

Abb. 5.2. Spektrale Intensitätsverteilung der Synchrotronstrahlung verschiedener Elektronen-Synchrotrons bzw. Speicherringe [in Photonen/$s \cdot eV \cdot (mrad)^2$]. Man erhält ein Strahlungskontinuum vom Sichtbaren bis ins Gebiet der Röntgenstrahlen. Für den Spektralbereich des fernen Ultraviolett und der weichen Röntgenstrahlung stellt ein Speicherring für Elektronen oder Positronen heute die beste Strahlungsquelle für physikalische Untersuchungen dar. Neben den Spektren der aus Ablenkmagneten von BESSY (in Berlin) und HASYLAB (in Hamburg) emittierten Strahlung ist auch der wesentlich höhere Photonenfluß des 32-poligen Wigglers W1 im HASYLAB angegeben. (Von *C. Kunz*, Univ. Hamburg, zur Verfügung gestellt.)

Bevor wir die Experimente besprechen, die den Teilchencharakter des Lichts aufzeigen, stellen wir die wichtigsten physikalischen Eigenschaften der Photonen zusammen.

Photon

Energie	$h\nu$
Geschwindigkeit	c
Ruhemasse	$m_0=0$
Impuls	$p=\frac{h\nu}{c}=\frac{h}{\lambda}$
Eigendrehimpuls (Spin)	$\frac{h}{2\pi}$.

Für die Umrechnung von Quantenenergie $E=h\nu$ des Photons, die häufig in eV angegeben wird, in die Wellenlänge λ_{Vac} des Lichtes im Vakuum gilt

$$E\,[\text{eV}]=\frac{12398}{\lambda\,[\text{Å}]}. \tag{5.1}$$

Im folgenden werden drei Experimente beschrieben, zu deren Verständnis die Annahme der Existenz von Photonen notwendig ist.

5.2 Die Temperaturstrahlung

5.2.1 Spektrale Verteilung der Hohlraumstrahlung

Die Quantelung der Energie bei der Wechselwirkung von Licht und Materie wurde zum ersten Male von *Planck* im Jahre 1900 bei der theoretischen Analyse der experimentell ermittelten spektralen Verteilung des von einem schwarzen Strahler (Definition s. u.) ausgesandten Lichtes, der sogenannten Temperatur- oder Wärmestrahlung, postuliert.

Heiße Körper senden aufgrund ihrer Temperatur eine Lichtstrahlung aus. Dies ist eine Erfahrung unseres täglichen Lebens. Es ist gut bekannt, daß sich die unserem Auge erscheinende Farbe eines Temperaturstrahlers (z.B. eines Ofens) von dunkel- über hellrot und gelb zu weiß ändert, wenn sich die Temperatur des Ofens erhöht. Technisch verwendet man in der Pyrometrie die Messung der Farbe im Inneren eines Ofens als Maß für die dort herrschende Temperatur.

Bei Temperaturen unter einigen 100 K handelt es sich bei der emittierten Strahlung überwiegend um infrarotes Licht. Man spricht auch von Wärmestrahlung. Diese ultrarote Strahlung ist verantwortlich für den Temperaturausgleich eines thermisch isolierten Gegenstandes mit seiner Umgebung. Wenn man bei sehr tiefen Temperaturen (z.B. 4,2 K und tiefer) experimentieren will, muß deshalb der Experimentierraum durch gekühlte Wärmeschilde vor der Wärmestrahlung des auf Raumtemperatur befindlichen Laboratoriums abgeschirmt werden.

Die Gesetze für die spektrale Intensitätsverteilung der Temperaturstrahlung erhält man aus der experimentellen Analyse des *schwarzen Strahlers*. Das ist ein Hohlraum, bei dem sich die emittierte Strahlung in thermischem Gleichgewicht mit seinen Wänden befindet, die die Temperaturstrahlung absorbieren und emittieren.

Experimentell verwirklicht man den schwarzen Strahler am einfachsten als kleines Loch in einem Hohlraum, dessen Wände auf einer konstanten Temperatur gehalten werden. Das Loch ist so klein, daß weder die von außen durch das Loch in den Hohlraum eindringende noch die austretende Strahlung das Wärmegleichgewicht ändert (Abb. 5.3). Man bestimmt die im Innern des Hohlraumes herrschende Energiedichte des Strahlungsfeldes $u(\nu, T)$, indem man mit einem Spektrometer die aus dem Loch austretende Strahlungsleistung $P(\nu, T)$ mißt. Dabei ist die spektrale Energiedichte $u(\nu, T)$ definiert durch

$$u(\nu, T)\,d\nu = \frac{\text{Strahlungsenergie im Frequenzbereich } \nu \ldots \nu + d\nu}{\text{Volumen}}$$

und die spektrale Strahlungsflußdichte $2P(\nu, T)$ durch

$$2P(\nu, T)d\nu = \frac{\text{Strahlungsleistung im Frequenzbereich } \nu \ldots \nu + d\nu}{\text{Raumwinkel} \cdot \text{Fläche}}.$$

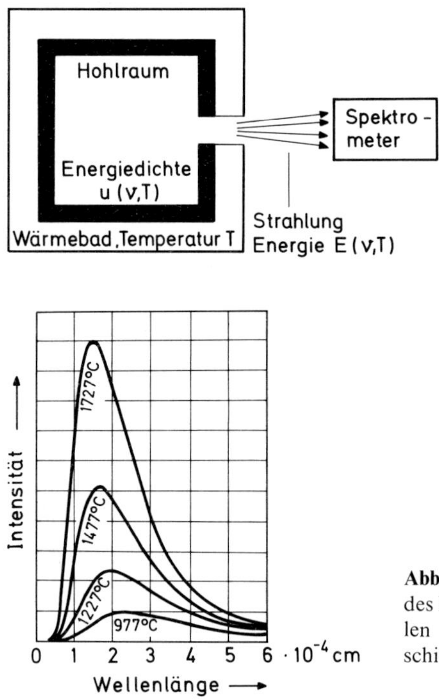

Abb. 5.3. Temperaturstrahlung. *Oben:* schematische Darstellung des Hohlraum-Strahlers. *Unten:* typische Meßkurve der spektralen Intensitätsverteilung in der Hohlraumstrahlung bei verschiedenen Temperaturen

$2P(\nu, T)d\nu$ ist die Energiemenge innerhalb des Frequenzintervalls $\nu \ldots \nu + d\nu$, die pro Zeiteinheit durch die Flächeneinheit hindurchgeht und sich im Raumwinkel 1 Sterad in Richtung der Flächennormalen ausbreitet. Der Faktor 2 in der Definition rührt davon her, daß die Strahlung in zwei Anteile mit zueinander senkrechten Polarisationsrichtungen zerlegt werden kann. $P(\nu, T)d\nu$ für einen einzelnen Anteil, d. h. für linear polarisiertes Licht, ist beim schwarzen Strahler unabhängig von der Polarisationsrichtung.

Für die von einer Fläche A unter dem Winkel ϑ gegen die Flächennormale in den Raumwinkel $\Delta\Omega$ unpolarisiert abgestrahlte Energie gilt (im Zeitintervall Δt und im Frequenzintervall $v \ldots v + dv$):

$$E = u(v, T) dv \cdot c \cdot \Delta t \cdot \frac{\Delta\Omega}{4\pi} A \cos\vartheta . \tag{5.2}$$

Typische Meßkurven zeigt Abb. 5.3. Die Strahlung hat ein kontinuierliches Spektrum mit einem deutlich ausgeprägten Maximum, das bei Zimmertemperatur im Infraroten liegt. Wichtig sind folgende Teilergebnisse:

- Für eine feste Temperatur ist die Energieverteilung dieselbe, unabhängig von Form und Material des Hohlraumes.
  In (5.2) ist die Abstrahlung in einem Frequenzintervall v bis $v + dv$ unter einem Winkel ϑ berechnet. Die Strahlungsleistung pro Polarisationsrichtung des Flächenelementes in den gesamten Halbraum findet man durch Integration

$$P(v, T)_{\mathrm{ges}} = \frac{c}{8\pi} u(v, T) \int_0^{2\pi} d\varphi \int_0^{\pi/2} \cos\vartheta \sin\vartheta \, d\vartheta = \frac{c}{8} u(v, T) . \tag{5.2a}$$

  Dabei beinhalten die Integrationsgrenzen, daß die Fläche nur nach außen strahlt (Halbkugel), s. Abb. 5.3. Daraus erhält man die gesamte Abstrahlung bei der Temperatur T durch Integration über alle Frequenzen und Polarisationsrichtungen und (5.6)

$$S = 2 \int_0^\infty P(v, T)_{\mathrm{ges}} dv = \sigma \cdot T^4 \tag{5.3}$$

  das sogenannte Stefan-Boltzmannsche Gesetz, mit

$$\sigma = (5.67032 \pm 0.00012) \cdot 10^{-8}\,\mathrm{Wm}^{-2}\,\mathrm{K}^{-4} .$$

- Es gilt das Wiensche Verschiebungsgesetz für die Wellenlänge maximaler Intensität im emittierten Spektrum λ_{Max} als Funktion der Temperatur T

$$\lambda_{\mathrm{Max}} \cdot T = \mathrm{const} = 0{,}29\,\mathrm{cm\,K} . \tag{5.4}$$

  Als Beispiel kann das Sonnenlicht dienen. Die Oberflächentemperatur der Sonne beträgt $T = 6000\,\mathrm{K}$, die Wellenlänge maximaler Intensität ist $\lambda_{\mathrm{Max}} = 480\,\mathrm{nm}$.
- Das von *Rayleigh* und *Jeans* aus der klassischen Elektrodynamik abgeleitete Gesetz

$$P = \frac{v^2}{c^2} kT \tag{5.5}$$

  beschreibt die Strahlungsflußdichte je Polarisationsrichtung bei *kleinen* Frequenzen gut. Jedoch kann bei *hohen* Frequenzen diese Verteilung nicht stimmen. Würde man über alle Frequenzen integrieren, so ergäbe sich eine unendlich hohe Energiedichte, es kommt zur sogenannten Ultraviolett-Katastrophe. Im Rahmen der klassischen Elektrodynamik und Thermodynamik war es nicht möglich, einen mit dem Experiment übereinstimmenden Ausdruck für P bei hohen Frequenzen zu finden. Dies ist erst durch die Plancksche Formel gelungen.

5.2.2 Die Plancksche Strahlungsformel

Nach *Planck* wird die experimentell ermittelte spektrale Energiedichte der Strahlung pro Volumeneinheit im Frequenzbereich ν bis $\nu + d\nu$ dargestellt durch die Gleichung

$$u(\nu, T)d\nu = \frac{8\pi h\nu^3}{c^3} \frac{1}{e^{h\nu/kT} - 1} d\nu . \tag{5.6}$$

Daraus erhält man für die Strahlungsflußdichte je Polarisationsrichtung und Raumwinkel

$$P(\nu, T)d\nu = \frac{h\nu^3}{c^2(e^{h\nu/kT} - 1)} d\nu .$$

Diese Strahlungsformel läßt sich mit den folgenden Annahmen herleiten:

1) Die Atome in den Wänden des Hohlraumes verhalten sich wie kleine elektromagnetische Oszillatoren, von denen jeder eine charakteristische Schwingungsfrequenz ν hat. Sie strahlen elektromagnetische Wellen aus und absorbieren Strahlung aus dem Hohlraum. Dabei herrscht thermisches Gleichgewicht zwischen Strahlung und Hohlraum. Die Anregung der Oszillatoren hängt von der Temperatur ab.
2) Die Oszillatoren können nicht – wie ein klassischer Oszillator – kontinuierliche Energiewerte annehmen, sondern nur diskrete Werte der Form

   $$E_n = n \cdot h \cdot \nu \tag{5.7}$$

   mit der ganzen Zahl $n = 0, 1, 2, 3 \ldots$ und dem Planckschen Wirkungsquantum $h = 6{,}626176 \cdot 10^{-34}\,\mathrm{Js} \mathrel{\hat{=}} 4{,}14 \cdot 10^{-15}\,\mathrm{eVs}$.
   Heute wissen wir, daß die Oszillatorquantelung richtiger durch die Gleichung

   $$E_n = (n + 1/2)\, h\nu \tag{5.8}$$

   beschrieben wird. Die Größe $h\nu/2$ ist die sogenannte Nullpunktenergie des Oszillators. Die Formel (5.8) werden wir im Rahmen einer quantentheoretischen Behandlung in Kap. 9 herleiten.
3) Solange der Oszillator keine Energie abstrahlt oder aufnimmt, bleibt er in seinem quantisierten Zustand, der durch die Quantenzahl n charakterisiert ist.
4) Die Anzahl der möglichen Oszillationszustände des elektromagnetischen Feldes im Hohlraum mit dem Volumen V zwischen ν und $\nu + d\nu$ beträgt für 2 Polarisationsrichtungen

   $$dZ = \frac{8\pi V\nu^2}{c^3} d\nu , \tag{5.9}$$

   wie in der klassischen Elektrodynamik hergeleitet werden kann.

Die Existenz diskreter Energiewerte steht im Widerspruch zur Erfahrung der klassischen Physik. Dort scheint die Energie kontinuierlich aufzutreten. Der Grund dafür, daß in der klassischen Physik die gequantelten Energiestufen nicht beobachtet werden, ist die Kleinheit der Planckschen Konstanten h. Das wird durch ein Zahlenbeispiel verdeutlicht.

Ein Federpendel mit der Masse $m=1\,\mathrm{kg}$ und der Federkonstanten $D=20\,\mathrm{Nm}^{-1}$ schwinge mit der Amplitude $x_0=10^{-2}\,\mathrm{m}$. Seine Eigenfrequenz beträgt dann

$$\nu=\frac{1}{2\pi}\sqrt{\frac{D}{m}}=0{,}71\,\mathrm{s}^{-1}$$

Die Energie des Pendels beträgt

$$E=\frac{1}{2}Dx_0^2=1{,}0\cdot 10^{-3}\,\mathrm{J}\,.$$

Dieser Energie entsprechen n Energiequanten der Frequenz ν:

$$n=\frac{E}{h\nu}=\frac{10^{-3}\,\mathrm{J}}{6{,}6\cdot 10^{-34}\,\mathrm{Js}\cdot 0{,}7\,\mathrm{s}^{-1}}=2{,}1\cdot 10^{30}\,.$$

Ändert sich n um 1, dann bedeutet das eine relative Energieänderung von

$$\frac{\Delta E}{E}=\frac{h\nu}{n\cdot h\nu}\sim 10^{-30}\,.$$

Die relative Änderung ist also außerordentlich klein.

Daraus folgern wir: bei makroskopischen Systemen im Bereich der klassischen Physik kann eine Energiequantisierung wegen der hohen Quantenzahlen im allgemeinen nicht bemerkt werden.

5.2.3 Ableitung der Planckschen Formel nach Einstein

Die Ableitung der Planckschen Strahlungsformel von *Einstein* (1917) ist ein interessantes Beispiel für die Verbindung von Optik, Thermodynamik und Statistik. *Einstein* nahm an, daß das Licht aus Teilchen besteht, den sogenannten Lichtquanten oder Photonen. Dabei wird jeder Lichtwelle mit der Frequenz ν eine Zahl von Photonen zugeordnet. Ferner wird in dieser Theorie bereits die Existenz diskreter atomarer Energieniveaus verwendet. Ihre Begründung im Bohrschen Atommodell behandeln wir erst in Kap. 8 und 9. Wir greifen hier also etwas vor.

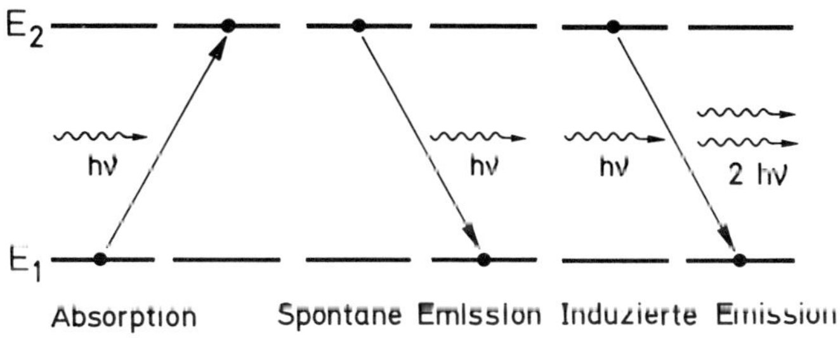

Abb. 5.4. Absorption, spontane und induzierte Emission von Strahlung der Quantenenergie $h\nu$ zwischen zwei Energieniveaus E_1 und E_2

Ein Atom mit 2 Energiezuständen E_1, E_2 kann nach *Einstein* auf drei verschiedene Arten mit elektromagnetischer Strahlung in Wechselwirkung treten:

- *Absorption* eines Lichtquants bringt das Atom aus dem tieferen Zustand E_1 in den energetisch höheren Zustand E_2. Dabei verschwindet ein Lichtquant der Energie $E=E_2-E_1=h\nu$ aus dem Strahlungsfeld.

- *Emission* erfolgt aus dem Zustand E_2 spontan mit einer Zeitkonstanten, die man als natürliche Lebensdauer dieses Zustandes bezeichnet. Dabei wird ein Lichtquant der Energie ΔE an das Strahlungsfeld abgegeben.
- Ebenso wie Lichtquanten absorbiert werden können, können Lichtquanten aus dem Strahlungsfeld auch Emission erzwingen, wenn das Atom sich im höheren Zustand E_2 befindet. Für diese erzwungene oder *induzierte Emission* sind also primär Lichtquanten erforderlich. Zu den vorher vorhandenen Photonen tritt beim Emissionsakt noch ein weiteres hinzu.

Schematisch ist das in Abb. 5.4 dargestellt.

Zur Ableitung der Planckschen Gleichung betrachten wir nach *Einstein* ein System von N Atomen. Die Anzahl der Atome in dem Zustand E_1 bzw. E_2 sei N_1 bzw. N_2.

Das System sei im thermischen Gleichgewicht mit der Umgebung. Wechselwirkung mit dem Strahlungsfeld sei nur in Form von Absorption oder Emission der Strahlung in diskreten Energiequanten $h\nu = E_2 - E_1$ möglich.

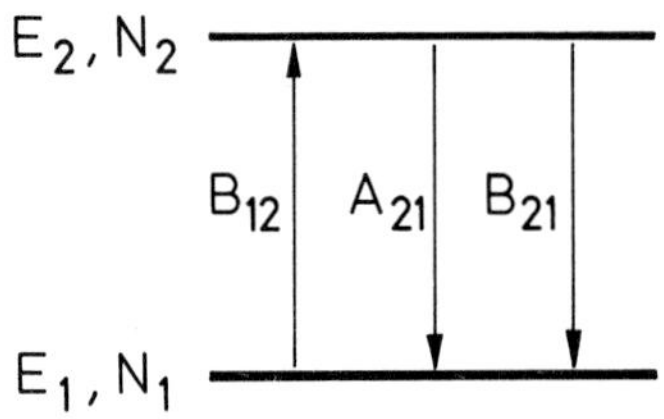

Abb. 5.5. Zur Ableitung der Planckschen Gleichung: Zwei Energie-Niveaus E_1 und E_2 mit den Besetzungszahlen N_1 und N_2 sind durch Übergänge mit den Wahrscheinlichkeiten B_{12}, B_{21} und A_{21} verbunden

Das Strahlungsfeld habe die Strahlungsdichte $u(\nu, T)$, die wir im folgenden einfach als $u(\nu)$ schreiben. Es bewirkt dann je Zeiteinheit folgende Übergänge (Abb. 5.5):
Absorption von 1 nach 2. Die Zahl der Prozesse je Zeiteinheit ist der Besetzungszahl N_1 und der Strahlungsdichte $u(\nu)$ proportional.

$$dN_{12} = B_{12} \cdot u(\nu) \cdot N_1 \cdot dt\,. \tag{5.10}$$

Der Proportionalitätsfaktor B_{12} heißt Einstein-Koeffizient und mißt die Wahrscheinlichkeit eines Überganges je Zeit- und Strahlungsdichte-Einheit.
Der Übergang von 2 nach 1 setzt sich nach Abb. 5.5 aus 2 Prozessen zusammen: *Aus der Spontan-Emission von 2 nach 1.* Die Zahl dieser Prozesse je Zeiteinheit ist der Besetzungszahl N_2 proportional. Es gilt:

$$dN'_{21} = A_{21} \cdot N_2 \cdot dt\,; \tag{5.11}$$

A_{21} ist ebenfalls ein Einstein-Koeffizient und mißt die Wahrscheinlichkeit eines Überganges je Zeiteinheit.

Ferner aus der *induzierten Emission von 2 nach 1.* Sie ist in Analogie zu (5.10) ebenfalls der Besetzungszahl N_2 und der Strahlungsdichte $u(\nu)$ proportional. Es gilt:

$$dN''_{21} = B_{21} \cdot u(\nu) \cdot N_2 \cdot dt\,; \tag{5.12}$$

B_{21} ist als Einstein-Koeffizient analog zu B_{12} in (5.10) definiert.
Im Gleichgewicht erfolgen gleich viele Übergänge in beiden Richtungen. Es muß daher sein

$$dN_{12} = dN'_{21} + dN''_{21}\,. \tag{5.13}$$

Gleichsetzen von (5.10) und (5.11, 12) führt zu folgendem Verhältnis der Besetzungszahlen:

$$\frac{N_2}{N_1} = \frac{B_{12}u(\nu)}{A_{21}+B_{21}u(\nu)}. \tag{5.14}$$

Da thermisches Gleichgewicht besteht, kann das Verhältnis der Besetzungszahlen der Energiestufen aber gemäß der Boltzmann-Verteilung berechnet werden.
Es muß dann sein

$$\frac{N_2}{N_1} = \frac{e^{-E_2/kT}}{e^{-E_1/kT}}. \tag{5.15}$$

Daraus folgt:

$$\frac{B_{12}u(\nu)}{A_{21}+B_{21}u(\nu)} = \frac{e^{-E_2/kT}}{e^{-E_1/kT}} \tag{5.16}$$

und

$$u(\nu) = \frac{A_{21}}{B_{12}e^{h\nu/kT} - B_{21}} \tag{5.17}$$

mit der Abkürzung $E_2 - E_1 = h\nu$.

Zur Bestimmung der Koeffizienten A und B benützt man die Grenzbedingung, daß für $T \to \infty$ $u(\nu)$ gegen ∞ gehen muß, d.h. der Nenner in (5.17) muß gegen Null gehen. Also wird

$$B_{12} = B_{21}. \tag{5.18}$$

Daraus folgt dann

$$u(\nu) = \frac{A_{21}}{B_{12}(e^{h\nu/kT} - 1)}. \tag{5.19}$$

Außerdem muß für $h\nu \ll kT$, das heißt für kleine Frequenzen, das experimentell bestätigte Rayleigh-Jeans-Gesetz gelten, s. (5.5),

$$u(\nu) = \frac{8\pi\nu^2}{c^3} kT. \tag{5.20}$$

Mit der Reihenentwicklung $\exp(h\nu/kT) = 1 + h\nu/kT + \ldots$ folgt aus (5.19)

$$u(\nu) = \frac{A_{21}}{B_{12}} \frac{kT}{h\nu}, \tag{5.21}$$

was durch Vergleich mit dem Rayleigh-Jeans-Gesetz zu

$$\frac{A_{21}}{B_{12}} = \frac{8\pi h\nu^3}{c^3} \tag{5.22}$$

führt.

Damit wird schließlich

$$u(\nu) = \frac{8\pi h\nu^3}{c^3} \cdot \frac{1}{e^{h\nu/kT} - 1}. \tag{5.23}$$

Gleichung (5.23) ist die Plancksche Formel.

Zwischen den Einstein-Koeffizienten für die Übergänge zwischen 1 und 2 gilt die Beziehung nach (5.22) und (5.18)

$$A_{21} = \frac{8\pi h\nu^3}{c^3} B_{12}. \tag{5.24}$$

Das entspricht dem Kirchhoffschen Gesetz, wonach die Wahrscheinlichkeit für spontane Emission und Absorption einander proportional sind.

Ferner ist (5.18) der Ausdruck dafür, daß das Strahlungsfeld Strahlung in gleicher Weise abgibt wie aufnimmt. Absorption und erzwungene Emission sind physikalisch völlig komplementär.

Die Einsteinsche Herleitung der Planckschen Strahlungsformel ist ein starker Hinweis darauf, daß Lichtquanten der Energie $h\nu$ existieren. Aus der Gleichung $E = h\nu$ folgt wegen der Äquivalenz von Masse und Energie, $E = mc^2$, daß dem Photon auch eine Masse zuzuordnen ist. Sie hat die Größe $m_{\text{ph}} = h\nu/c^2$. Die Ruhemasse des Photons jedoch ist Null.

5.3 Photoeffekt (Lichtelektrischer Effekt)

Im Jahre 1888 fand *Hallwachs* anschließend an erste Beobachtungen von *H. Hertz* erstmals die Gesetzmäßigkeiten der Befreiung von Elektronen durch Licht aus Metallen, des sogenannten Photoeffektes. 1905 wurden die Ergebnisse dieser Versuche von *Einstein* mit der Lichtquantenhypothese gedeutet.

Der Photoeffekt läßt sich einfach demonstrieren, zunächst qualitativ nach Abb. 5.6. Wird eine isoliert aufgestellte und negativ aufgeladene mit Quecksilber eingeriebene Zink-Platte mit ultraviolettem Licht beleuchtet, so entlädt sie sich. Eine mit positiver Aufladung versehene isoliert aufgestellte Platte wird durch Licht nicht entladen.

Aus diesem Versuch wird geschlossen: Licht setzt Elektronen aus der Platte frei. Diese können von der negativ geladenen Platte in die umgebende Luft abgegeben werden. Bei positiv geladener Platte können sie diese nicht verlassen. Den Versuch kann man zu einem quantitativen machen, indem man das Elektrometer durch ein sogenanntes Tropf-Elektrometer ersetzt. Man kann so die Menge der abgegebenen Ladung als Funktion von Intensität und Energie des eingestrahlten Lichtes messen.

Will man darüber hinaus auch die kinetische Energie der emittierten Elektronen messen, so arbeitet man mit einer Gegenfeld-Methode: man mißt, gegen welche maximale Spannung U_{Max} die Elektronen gerade noch anlaufen können. Dazu verwendet man eine Anordnung wie im unteren Teil von Abb. 5.6, wobei jedoch die belichtete Elektrode am positiven Pol der Spannungsquelle liegt.

Man erhält folgende Ergebnisse (Abb. 5.7): Der Strom I als Funktion der Frequenz ν des eingestrahlten Lichtes setzt bei einer für das Elektrodenmaterial charakteristischen Grenzfrequenz ν_{Gr} ein (Abb. 5.7a). Die maximale kinetische Energie der Elektronen folgt aus der Strom-Spannungscharakteristik der Meßanordnung (Abb. 5.7b). Wenn die Gegenspannung – das Bremspotential – einen bestimmten, von der Frequenz des

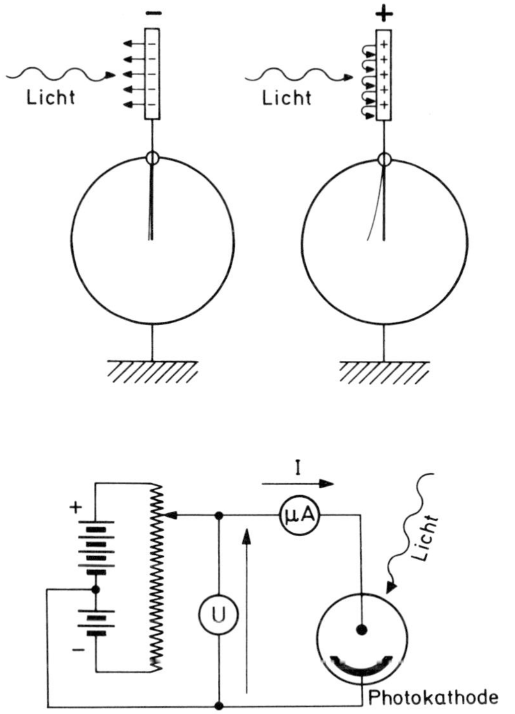

Abb. 5.6. Der Photoeffekt. *Oben*: ein negativ aufgeladenes Elektrometer wird bei Belichtung der Elektrode entladen, ein positiv aufgeladenes nicht. *Unten*: Anordnung zur quantitativen Messung des Photoeffektes (Spannung U, Strom A)

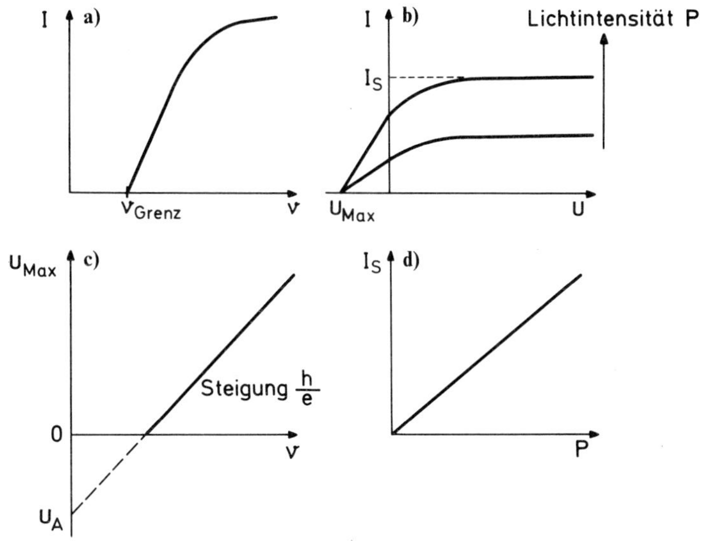

Abb. 5.7. Zum Photoeffekt: **a**) Links oben: Photostrom I als Funktion der Frequenz ν des Lichtes. Unterhalb der Grenzfrequenz ν_{Grenz} gibt es keinen Photostrom. **b**) Rechts oben: Photostrom I als Funktion der angelegten Spannung U. Positive Werte der Spannung U bedeuten hier, daß die belichtete Elektrode die Kathode ist. Die größte negative Spannung, gegen die die Photoelektronen noch anlaufen können, wenn die belichtete Elektrode Anode ist, ist U_{Max}. Der Sättigungsstrom I_s ist eine Funktion der Lichtintensität P. **c**) Links unten: Maximale Bremsspannung U_{Max} als Funktion der Lichtfrequenz ν, Messung des Verhältnisses h/e und der Austrittsarbeit U_A als Steigung und Achsenabschnitt der Geraden nach Gl. (5.28). Übrigens sind bei der Gegenfeld-Methode beide Austrittsarbeiten, von Kathode und von Anode, zu berücksichtigen. **d**) Rechts unten: Sättigungsstrom I_s als Funktion der Lichtintensität P. Die Stromstärke steigt mit der Lichtintensität

eingestrahlten Lichtes abhängigen Wert U_{Max} überschreitet, fließt kein Photostrom mehr. Die emittierten Elektronen haben nicht mehr die genügende Energie, um gegen die Bremsspannung anzulaufen. Es gilt $e \cdot U_{\mathrm{Max}} = mv^2/2$ für die Geschwindigkeit der Photoelektronen. Wird dieses maximale Bremspotential U_{Max} gegen die Frequenz des eingestrahlten Lichtes aufgetragen, so ergibt sich eine Gerade (Abb. 5.7c).

Zum Verständnis dieser Experimente braucht man die *Lichtquanten*-Hypothese. Klassisch würde man erwarten, daß das elektrische Feld $\boldsymbol{E}$, das seinerseits der Wurzel aus der Strahlungsintensität proportional ist, für die Beschleunigung und Ablösung der Elektronen verantwortlich ist. Die Energie der Photoelektronen sollte mit zunehmender Strahlungsleistung zunehmen. Man findet jedoch, daß die Energie der Photoelektronen nicht von der Lichtintensität (und damit der Strahlungsleistung) abhängt, sondern nur von der Frequenz des Lichtes.

Die Anzahl N der emittierten Photoelektronen ist dagegen der Lichtintensität P proportional (Abb. 5.7d).

Photoelektronen werden nur emittiert, wenn die Frequenz des Lichtes größer ist als eine für das Elektrodenmaterial charakteristische Grenzfrequenz ν_{Gr}. Es muß gelten

$$h\nu \geqq h\nu_{\mathrm{Gr}} = e \cdot U_A . \tag{5.25}$$

Offensichtlich wird die Energie $h\nu$ des Lichtquants zum Teil verwendet, um ein Elektron aus dem Festkörper zu befreien. Dazu ist ein Energiebetrag eU_A, die sogenannte Austrittsarbeit, nötig. Diese Austrittsarbeit ist Material-spezifisch. Der Rest der Lichtquantenenergie steht als kinetische Energie für das Photoelektron zur Verfügung. Insgesamt wird die Energie des Lichtquants also in einem Elementarakt vollständig auf ein Metall-Elektron übertragen. Die Energiebilanz lautet

$$\tfrac{1}{2}mv^2 = h\nu - eU_A \tag{5.26}$$

kinetische Energie der Photoelektronen = Quantenenergie des Lichts − Austrittsarbeit des Photoelektrons

Die kinetische Energie der Photoelektronen ist gleich der Energie eU_{Max}, wir können deshalb (5.26) auch in der Form schreiben

$$eU_{\mathrm{Max}} = h\nu - eU_A \tag{5.27}$$

oder

$$U_{\mathrm{Max}} = \frac{h}{e}\nu - U_A . \tag{5.28}$$

Die Steigung der Geraden, die man beim Auftragen von U_{Max} gegen die Frequenz ν des Anregungslichtes erhält (Abb. 5.7c), kann zur Präzisions-Messung des Verhältnisses h/e verwendet werden. Es gilt für den Steigungswinkel α

$$\tan\alpha \propto \frac{h}{e} . \tag{5.29}$$

Tabelle 5.1 gibt Beispiele für Austrittsarbeiten von Metallen. Die Alkalimetalle zeichnen sich durch besonders kleine Austrittsarbeiten aus.

Tabelle 5.1. Austrittsarbeiten U_A und Grenzwellenlängen λ_{Gr} einiger Metalle

Metall	U_A [eV]	λ_{Gr} [nm]
Li	2,46	504
Na	2,28	543
K	2,25	551
Rb	2,13	582
Cs	1,94	639
Cu	4,48	277
Pt	5,36	231

Eine Anordnung, in der durch Licht ausgelöste Elektronen einen ohne Licht geöffneten Stromkreis zwischen Photo- und Gegenelektrode schließen, heißt Photozelle. Photozellen werden heute in vielfacher Weise in der Meß- und Steuerungstechnik verwendet.

Außer dem hier besprochenen sogenannten äußeren Photoeffekt begegnet uns die gleiche Erscheinung an vielen anderen Stellen in der Physik wieder. Als inneren Photoeffekt bezeichnet man in der Festkörperphysik die Freisetzung von gebundenen

Ladungsträgern durch Licht. Man beobachtet dabei eine Zunahme der elektrischen Leitfähigkeit in Halbleitern oder Isolatoren. Als Kern-Photoeffekt bezeichnet man in der Kernphysik Prozesse bei der Absorption sehr kurzwelliger elektromagnetischer Strahlung (Röntgen- oder γ-Strahlung). Harte γ-Strahlen können Atomkerne zur Emission von Nukleonen, also Kernbausteinen, anregen.

5.4 Der Comptoneffekt

5.4.1 Experimente

Unter dem Comptoneffekt versteht man die Streuung von Licht an freien oder schwach gebundenen Elektronen. Dieser Effekt ist im Spektralbereich der Röntgenstrahlung besonders ausgeprägt. Die einfallende Lichtwelle (Röntgenstrahlung) regt Elektronen in den Atomen zu erzwungenen Schwingungen an. Die Elektronen im Felde der positiven Kerne werden als klassische Oszillatoren behandelt, die ihrerseits Strahlung mit der Frequenz aussenden, mit der sie zur Schwingung angeregt worden sind. Diese Strahlung bezeichnet man als Rayleighsche Streustrahlung. Die Theorie der Rayleigh-Streuung wurde zunächst für das sichtbare Licht entwickelt. Mit ihr konnte man die blaue Farbe des Himmels erklären. Kurzwelliges Licht (blau) wird stärker gestreut als langwelliges Licht (rot). Die Streustrahlung hat die gleiche Frequenz wie die Primärstrahlung. Sie ist polarisiert. Bereits 1909 zeigte *Barkla*, daß diese Art der Streuung auch für Röntgenstrahlung gilt.

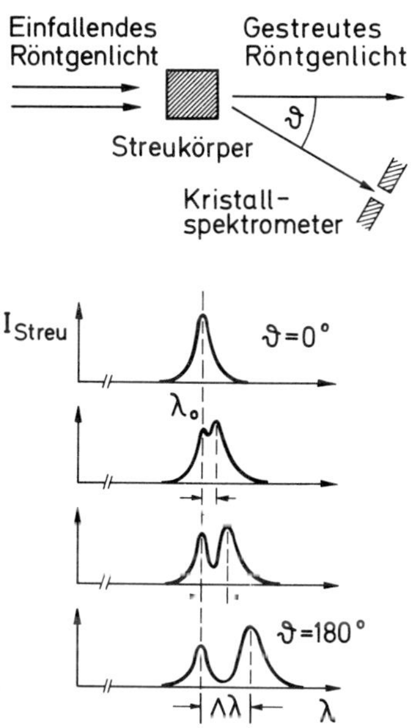

Abb. 5.8. Zum Comptoneffekt: *Oben*: Schema der Meßanordnung. Das am Streukörper (z. B. Graphit) gestreute Röntgenlicht wird als Funktion des Streuwinkels ϑ gemessen. *Unten*: gemessene Streustrahlung für verschiedene Streuwinkel ϑ, nimmt von oben (0°) nach unten (180°) zu. Man sieht die unverschobene Rayleigh- und die spektral verschobene Compton-Streustrahlung

1921 beobachtete *Compton*, daß zusätzlich zu der spektral unverschobenen Streustrahlung noch eine spektral verschobene Komponente auftritt (Abb. 5.8). Für die Wellenlängenverschiebung $\Delta\lambda$ besteht ein einfacher Zusammenhang mit dem Streuwinkel ϑ:

Unabhängig vom Streumaterial gilt

$$\Delta\lambda = \lambda_c (1 - \cos\vartheta) \tag{5.30}$$

mit der sogenannten Comptonwellenlänge $\lambda_c = 0{,}024$ Å. Die Wellenlängenverschiebung $\Delta\lambda$ ist auch völlig unabhängig von der Primär-Wellenlänge. Vom Streumaterial hängt nur die Intensität der Compton-Streuung ab. Für leichte Materialien z ist sie besonders groß wegen der geringeren Absorption; vgl. (18.5).

Zur Veranschaulichung mögen zwei Zahlen dienen: die Wellenlängenverschiebung ist maximal bei $\vartheta = 180°$. Bei den Werten $E_0 = 1000$ eV bzw. $E_0 = 1$ MeV für die Energie der Lichtquanten vor dem Stoß beträgt die Energie der um 180° gestreuten Lichtquanten $E_{180°} = 996$ eV bzw. $E_{180°} = 200$ keV. Im ersten Falle ist die Energie um 4 eV oder 4‰ vermindert, im zweiten um 800 keV oder um 80%.

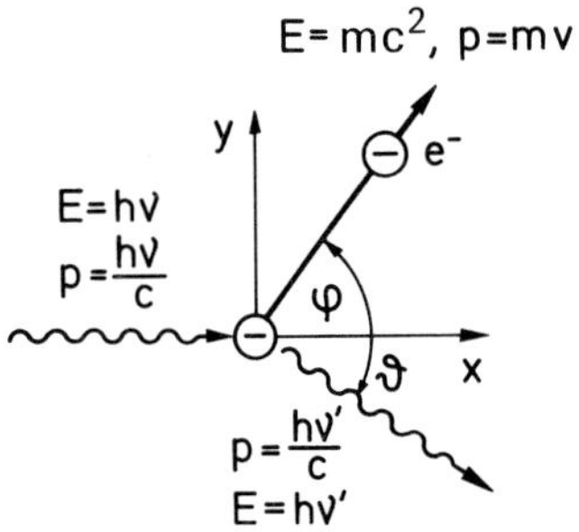

Abb. 5.9. Zur Erklärung des Compton-Effektes: Das ankommende Röntgenquant mit der Energie $E = h\nu$ und dem Impuls $p = h\nu/c$ stößt mit einem Elektron zusammen. Dabei überträgt es auf dieses Energie und Impuls. Das gestreute Röntgenquant hat deshalb verminderte Energie $h\nu'$ und verminderten Impuls $h\nu'/c$

Die Erklärung dieses Experimentes war im Wellenbild für das Licht nicht möglich. Mit der Lichtquantenhypothese wird das Experiment als Zusammenstoß zwischen zwei Teilchen beschrieben, dem Photon und dem Elektron (Abb. 5.9). Dabei wird Impuls und Energie übertragen.

Genauer gesagt handelt es sich um einen elastischen Stoß zwischen Lichtquanten und in äußeren Schalen von Atomen schwach gebundenen Elektronen mit der Anfangsgeschwindigkeit $v_0 = 0$. Die Bindungsenergie der Elektronen wird bei der folgenden Ableitung als so klein vorausgesetzt, daß sie gegenüber der Photonenenergie zu vernachlässigen ist.

5.4.2 Ableitung der Comptonverschiebung

Wir betrachten den Comptoneffekt wie einen elastischen Stoß zwischen Photon und Elektron. Energie- und Impulssatz müssen beide erfüllt sein. Impuls und kinetische Energie des Elektrons vor dem Stoß sind praktisch gleich Null. Wir rechnen relativistisch. Das führt zu folgenden Gleichungen, vgl. Abb. 5.9:
Es gilt der Energiesatz vor und nach dem Stoß, also

$$h\nu + m_0 c^2 = h\nu' + mc^2 . \tag{5.31}$$

Dabei ist m_0 die Ruhemasse und m die Masse des Elektrons nach dem Stoß, ν und ν' sind die Frequenzen des Lichtes vor bzw. nach dem Stoß.

Für den Impuls in y-Richtung vor und nach dem Stoß gilt

$$0=\frac{h\nu'}{c}\sin\vartheta-mv\sin\varphi \tag{5.32}$$

und für den Impuls in x-Richtung

$$\frac{h\nu}{c}=\frac{h\nu'}{c}\cos\vartheta+mv\cos\varphi\,. \tag{5.33}$$

In (5.31) bringen wir $h\nu'$ auf die linke Seite und kürzen ab: $\Delta\nu=\nu-\nu'$. Sodann drücken wir die bewegte Masse m durch die Ruhemasse m_0 aus: $m=m_0\,(1-v^2/c^2)^{-1/2}$. Quadrieren wir sodann (5.31) und formen noch etwas um, so erhalten wir

$$h^2(\Delta\nu)^2+2m_0c^2h\Delta\nu=m_0^2c^4\frac{v^2}{c^2-v^2}\,. \tag{5.34}$$

Um aus (5.32) und (5.33) den Winkel φ zu eliminieren, lösen wir diese Gleichungen nach $\sin\varphi$ bzw. $\cos\varphi$ auf und wenden sodann die Beziehung $\sin^2\varphi+\cos^2\varphi=1$ an. Setzen wir für $\sin\varphi$ und $\cos\varphi$ die sich aus (5.32) und (5.33) ergebenden Ausdrücke ein, so ergibt sich nach kurzer Umformung:

$$h^2[(\Delta\nu)^2+2\nu(\nu-\Delta\nu)(1-\cos\vartheta)]=m_0^2c^4\frac{v^2}{c^2-v^2}\,. \tag{5.35}$$

Da die rechten Seiten von (5.34) und (5.35) übereinstimmen, dürfen wir auch die entsprechenden linken Seiten einander gleichsetzen:

$$m_0c^2h\Delta\nu=h^2\nu(\nu-\Delta\nu)(1-\cos\vartheta)\,. \tag{5.36}$$

Es gilt für die Umrechnung in Wellenlängen

$$|\Delta\lambda|=\left|\frac{c}{\nu}-\frac{c}{\nu-\Delta\nu}\right|=\frac{c\Delta\nu}{\nu(\nu-\Delta\nu)}\,. \tag{5.37}$$

Also folgt aus (5.36) und (5.37)

$$|\Delta\lambda|=\frac{h}{m_0c}(1-\cos\vartheta)=\lambda_c(1-\cos\vartheta)\,, \tag{5.38}$$

wobei wir die Abkürzung $\lambda_c=h(m_0c)^{-1}$ („Comptonwellenlänge“) benutzen.

Übrigens ist die Quantenenergie einer Strahlung mit der Compton-Wellenlänge λ_c gerade gleich der Ruheenergie des Elektrons

$$\frac{hc}{\lambda_c}=h\nu=m_0c^2=511\,\text{keV}\,. \tag{5.39}$$

Energie und Impuls der Rückstoß-Elektronen können mit diesen Gleichungen ebenfalls berechnet werden. Die Energieaufnahme der Elektronen ist zwar verhältnismäßig gering, ihre Bahnen können in der Nebelkammer jedoch beobachtet und gemessen werden. Dies wurde bereits 1925 von *Compton* und *Simon* gezeigt.

Ein anderer Versuch von *Bothe* und *Geiger* aus dem Jahre 1925 zeigt, daß Elektron und Photon beim Comptoneffekt tatsächlich gleichzeitig „ausgesandt" werden (Abb. 5.10). Ein Streukörper ist genau symmetrisch zwischen einem nur auf Elektronen und einem nur auf Photonen ansprechenden Zählrohr aufgebaut. Man mißt mit einer Koinzidenz-Schaltung die Zahl gleichzeitiger Meßereignisse in beiden Zählern und stellt fest: Die Zahl der Koinzidenzen ist weit größer als man es bei zeitlich nicht korrelierter Emission erwarten würde.

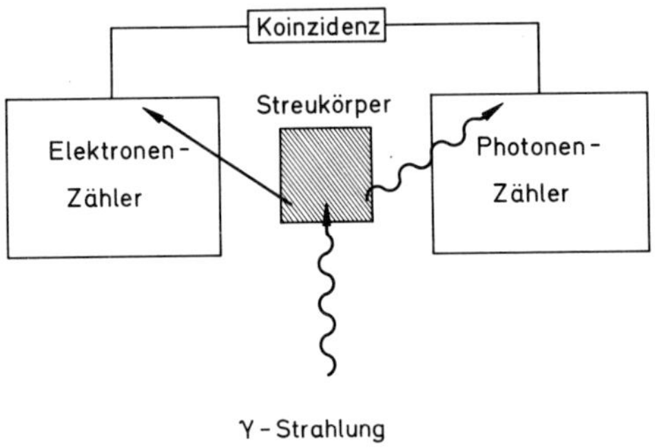

Abb. 5.10. Meßanordnung, mit der die Koinzidenz von gestreutem Röntgenquant und gestoßenem Elektron beim Compton-Effekt nachgewiesen wurde, schematisch

Zum besseren Verständnis des Compton-Effektes mögen noch die folgenden Bemerkungen dienen:

- Die Comptonstreuung ist verhältnismäßig schwach bei stark gebundenen Elektronen, das heißt in schweren Atomen. Wenn die Bindungsenergie der Elektronen groß gegen die Quantenenergie $h\nu$ der Photonen ist, dann ist kein Impulsübertrag möglich.
- Der Comptoneffekt ist in bestimmten Energiebereichen, und zwar für mittelharte Röntgenstrahlen, der für die Streuung und Abschwächung von Röntgenstrahlen in Materie wichtigste physikalische Vorgang.
- Bei der Compton-Streuung mit $h\nu' \neq h\nu$ sind einfallende und gestreute Strahlung zueinander inkohärent.

Wie wir sehen, können der Photoeffekt und der Comptoneffekt nur so verstanden werden, daß das Licht aus einzelnen Teilchen mit einem Impuls p besteht. Andererseits wissen wir aus Interferenz- und Beugungsexperimenten, daß sich Licht wie eine Welle verhält, die durch eine Wellenlänge λ und eine Frequenz ν charakterisiert ist. Die zu Beginn dieses Kapitels bereits zusammengestellten Teilcheneigenschaften des Lichtes haben durch Photo- und Comptoneffekt ihre Begründung gefunden.

Wie sind nun Wellen- und Teilchencharakter miteinander zu vereinbaren? Zur Klärung dieser Frage stellen wir uns in Gedanken folgendes Experiment vor (Abb. 7.5): Durch eine Blende mit einem sehr kleinen Loch lassen wir einen Lichtstrahl auf einen Schirm fallen. Auf diesem Schirm beobachtet man nach der Wellenoptik eine Beugungsfigur. Entsprechend könnte man das Licht hinter dem Schirm durch den Comptoneffekt oder durch den Photoeffekt nachweisen. Macht man nun die Intensität des Lichtes immer kleiner und kleiner, so stellt man anhand etwa des Photoeffektes fest, daß ganz lokal, an irgendeiner Stelle, jeweils ein Photo-Elektron vom Licht losgeschlagen wird. Es offenbart sich hier also der Teilchencharakter. Wiederholt man nun dieses Experiment sehr oft und registriert die Häufigkeit, mit der der Photoeffekt an den einzelnen Stellen vorkommt, so ergibt sich eine Häufigkeitskurve, die genau mit dem Beugungsbild übereinstimmt.

Dieses Gedankenexperiment, das man durch tatsächliche Experimente ausführen könnte, liefert den Schlüssel zur Deutung der Natur des Lichts. Das Licht trägt, sozusagen virtuell, beide Eigenschaften – Welle und Korpuskel – in sich. Je nach dem durchgeführten Experiment zeigt es die eine oder die andere Natur. Um beide, zunächst widersprüchlichen Aspekte zu vereinen, muß eine statistische Betrachtungsweise angewandt werden. Im vorliegenden Fall also, wenn wir ein Experiment machen, das die Beugungsfigur nachweisen soll, dann aber doch nach dem Korpuskelcharakter fragen, können wir nicht mehr mit Sicherheit den Auftreffpunkt des Lichtteilchens voraussagen. Wir können vielmehr nur die Wahrscheinlichkeit dafür angeben, daß es an einem bestimmten Punkt auftrifft. Diese Wahrscheinlichkeitsverteilung ist dann identisch mit der nach der klassischen Physik berechneten Beugungsfigur. Diese statistische Betrachtungsweise ist, wie wir immer wieder sehen werden, grundlegend für eine quantentheoretische Deutung der Phänomene (s. Kap. 7.2).

Aufgaben

5.1 Man drücke die relativistische Masse eines Photons durch h, λ und c aus.

5.2 Wie groß ist der Impuls eines Photons von 1 eV Energie? Man gebe die entsprechende Wellenlänge in Angström an. Wie groß ist Impuls und De Broglie-Wellenlänge eines Elektrons der gleichen kinetischen Energie?

5.3 Wieviel Masse verliert eine 100-W-Glühbirne innerhalb eines Jahres infolge der Lichtausstrahlung?

5.4 Ein Photon von 2 MeV Energie wird in ein Positron-Elektron-Paar umgewandelt. Wie groß ist die kinetische Energie von Positron und Elektron, wenn sich die Energie auf beide Teilchen gleich verteilt und die elektrostatische Wechselwirkung zwischen beiden vernachlässigt wird ($m_{e^-} = m_{e^+} \mathrel{\hat{=}} 0{,}511$ MeV)? Wie groß ist ihre Geschwindigkeit?

5.5 In der oberen Atmosphäre wird molekularer Sauerstoff durch Photonen aus der Sonne in zwei Sauerstoffatome gespalten. Die größte Photonenwellenlänge, die diesen Prozeß hervorruft, ist $1{,}75 \cdot 10^{-7}$ m. Wie groß ist die Bindungsenergie von O_2?

5.6 Der Mensch kann mit bloßem Auge gelbes Licht wahrnehmen, wenn die Netzhaut eine Lichtleistung von $1{,}8 \cdot 10^{-18}$ W empfängt. Die Wellenlänge des gelben Lichts beträgt ca. 6000 Å. Wie viele Photonen treffen je Sekunde auf die Netzhaut?

5.7 Ein monochromatischer Strahl elektromagnetischer Strahlung habe eine Intensität I von 1 W/m². Wie groß ist die mittlere Anzahl N der Photonen pro m² und s für (a) 1-kHz-Radiowellen und (b) 10-MeV-Gammastrahlen?

5.8 Berechnen Sie den Lichtdruck der Sonnenstrahlung, wenn die einfallende Energie/s m^2 $=1{,}4\cdot 10^3\,\mathrm{W/m^2}$ beträgt und die Strahlung vollständig absorbiert wird. Vergleichen Sie den Wert mit dem Atmosphärendruck. Welche Kraft wird auf eine Fläche von 1 m^2 ausgeübt? Wie sieht das Ergebnis aus, wenn das Licht vollständig reflektiert wird?

Hinweis: Der Lichtdruck ist der pro Zeit- und Flächeneinheit übertragene Impuls.

5.9 Ein Photon, das von einem Atom ausgesandt wird, überträgt auf dieses einen Rückstoßimpuls.

a) Wie groß ist die kinetische Energie, die dabei an das Atom abgegeben wird, wenn ν die Frequenz des Photons und M die Masse des Atoms ist?
b) Wie groß ist die Rückstoßenergie, die bei der Aussendung der Quecksilberspektrallinie $\lambda=2537\,\text{Å}$ auf das Hg-Atom übertragen wird? ($M_{\mathrm{Hg}}=200{,}6\,\mathrm{u}$).
c) Wie groß ist die entsprechende Rückstoßenergie bei der Aussendung von γ-Quanten der Energie 1,33 MeV durch ^{60}Ni? ($M_{\mathrm{Ni}}=58{,}7\,\mathrm{u}$).

Vergleichen Sie diese Werte mit der Energieunschärfe aufgrund der Lebensdauer nach (7.29) ($\tau_{\mathrm{Hg}}\approx 10^{-8}\,\mathrm{s}$, $\tau_{\mathrm{Ni}}\approx 10^{-14}\,\mathrm{s}$).

5.10 Welche Temperatur hat eine schwarze Kugel von 10 cm Durchmesser, die insgesamt 100 W thermisch abstrahlt? Wie groß ist der jährliche Masseverlust durch Abstrahlung?

Hinweis: Benützen Sie die Zahlenwerte der (5.3).

5.11 Berechnen Sie die Temperatur der Sonne und die Energiedichte der Strahlung im Innern unter der Annahme, daß die Sonne ein sphärischer schwarzer Körper mit dem Radius $R=7\cdot 10^8$ m ist. Die Intensität der Sonnenstrahlung an der Erdoberfläche (die $r=1{,}5\cdot 10^{11}$ m von der Sonne entfernt ist) beträgt $S_{\mathrm{E}}=1.4\cdot 10^3\,\mathrm{W/m^2}$. Nehmen Sie an, daß die Energiedichte im Innern der Sonne homogen ist. Ist dies realistisch?

5.12 Welche Wellenlänge entspricht dem Maximum des Spektrums der Strahlung eines schwarzen Körpers bei 300 K (Zimmertemperatur)? Bestimmen Sie die monochromatische Energiedichte bei dieser Frequenz.

5.13 Ein Photon setzt aus einem Metall, dessen Austrittsarbeit 2 eV beträgt, ein Photoelektron der Energie 2 eV frei. Wie groß muß die Energie dieses Photons mindestens sein?

5.14 Die Austrittsarbeit für den Photoeffekt am Kalium beträgt 2,25 eV. Bestimmen Sie für den Fall, daß Licht mit der Wellenlänge $3{,}6\cdot 10^{-7}$ m auf das Kalium fällt, (a) das Brems-Potential U_{Max} der Photoelektronen, (b) die kinetische Energie und die Geschwindigkeit der schnellsten emittierten Elektronen.

5.15 Ein homogener monochromatischer Lichtstrahl mit der Wellenlänge $4{,}0\cdot 10^{-7}$ m fällt senkrecht auf Materie mit der Austrittsarbeit 2,0 eV. Der Strahl hat eine Intensität von $3{,}0\cdot 10^{-9}\,\mathrm{W/m^2}$. Bestimmen Sie (a) die Anzahl der pro m^2 und pro s emittierten Elektronen, (b) die pro m^2 und pro s absorbierte Energie und (c) die kinetische Energie der Photoelektronen.

5.16 Eine Metalloberfläche wird mit Licht verschiedener Wellenlängen λ bestrahlt. Dabei werden die in der Tabelle angegebenen Brems-Potentiale U der Photoelektronen gemessen.

λ [10^{-7} m]	U [V]	λ [10^{-7} m]	U [V]
3.66	1.48	4.92	0.62
4.05	1.15	5.46	0.36
4.36	0.93	5.79	0.24

Tragen Sie das Brems-Potential als Ordinate gegen die Frequenz des Lichtes als Abszisse auf. Berechnen Sie aus der Kurve (a) die Grenzfrequenz, (b) die photoelektrische Austrittsarbeit des Metalls, (c) den Quotienten h/e.

5.17 Die gelben Natrium-D-Linien treten auf, wenn Natriumdampf mit Elektronen beschossen wird, die durch eine Potentialdifferenz von 2,11 V beschleunigt wurden. Berechnen Sie den Wert von h/e.

5.18 Ein Photon unbekannter Energie wird an einem Elektron durch Compton-Effekt gestreut. Der Streuwinkel φ des Elektrons beträgt 60°. Das Rückstoßelektron durchläuft nach dem Stoß eine Kreisbahn vom Radius $R=1{,}5$ cm in einem Magnetfeld $B=0{,}02\ \text{Vs/m}^2$, das senkrecht zur Bahnebene des Elektrons angelegt ist. Welche Energie und welche Wellenlänge hatte das einfallende Lichtquant?

Hinweis: Benützen Sie (6.7) mit $|E|=0$ zur Berechnung der Bahn des Elektrons.

5.19 Ein Photon mit der Energie 10^4 eV stößt mit einem freien, ruhenden Elektron zusammen und wird um einen Winkel von 60° gestreut. Bestimmen Sie (a) die Änderung von Energie, Frequenz und Wellenlänge des Photons, (b) die kinetische Energie, den Impuls und die Richtung des Rückstoßelektrons.

5.20 Röntgenstrahlen der Wellenlänge 1 Å werden an Graphit gestreut. Die Streustrahlung wird senkrecht zur Einfallsrichtung der Röntgenstrahlen beobachtet.

a) Wie groß ist die Compton-Verschiebung $\Delta\lambda$?
b) Wie groß ist die kinetische Energie des gestoßenen Elektrons?
c) Welchen Bruchteil seiner ursprünglichen Energie verliert das Photon?
d) Wie groß ist der entsprechende Bruchteil, den ein Photon der Wellenlänge $\lambda=0{,}1$ Å verliert, wenn es bei der Compton-Streuung um 90° abgelenkt wird?

Das Elektron wird vor dem Stoß als ruhend angesehen, die Bindungsenergie soll vernachlässigt werden.

5.21 Ein mit 20 Hz Repetitionsrate gepulster Laser liefert Lichtblitze von 30 ps (Piko-Sekunden) Dauer. Laseraktives Medium ist Nd:YAG, die Wellenlänge beträgt 1064 nm. Das Licht wird auf einen Frequenzverdreifacher geleitet (Effizienz 10%, d.h. nur 1/10 der eingestrahlten Energie steht am Ausgang des Verdreifachers zur Verfügung). Am Ausgang will man 1 mJ Pulsenergie der zu berechnenden Wellenlänge λ erhalten.

a) Wie viele Photonen n sind am Ausgang in einem Puls?
b) Wie groß ist die Puls-Spitzenleistung P des Lasersystems am Ausgang des Verdreifachers?
c) Wie groß ist die mittlere Lichtleistung I des gepulsten Lasers vor dem Verdreifacher, wenn nur 0,1% der elektrischen Leistung in diese Lichtleistung umgewandelt wird?

6. Das Elektron

6.1 Erzeugung freier Elektronen

Das Elektron erhielt seinen Namen, der von dem griechischen Wort für Bernstein abgeleitet ist, im Jahre 1894 durch den englischen Physiker *Stoney*.

Während in der Frühzeit der Atomphysik freie Elektronen meist mit Hilfe von Gasentladungen als Kathodenstrahlen erzeugt wurden, benützt man als Quelle für Elektronen heute überwiegend die Glühemission aus Drähten. Dieses Verfahren hat den Vorteil, daß die Elektronen leicht fokussiert und beschleunigt werden können. Im übrigen stehen freie Elektronen durch Ausnutzung des Photoeffektes (s. Kap. 5) oder in Form von β-Strahlen radioaktiver Kerne zur Verfügung.

6.2 Größe des Elektrons

Das Elektron ist ebensowenig sichtbar wie das Atom. Als Bestandteil des Atoms muß es kleiner als dieses sein. Man definiert zunächst willkürlich eine Größe, die man den klassischen Elektronenradius nennt, mit folgenden Annahmen:

- Das Elektron sei eine Kugel mit dem Radius r_{el} und der Oberflächenladung $-e$.
- Seine Ruheenergie $E=m_0c^2$ sei gleich seiner potentiellen elektrostatischen Energie, die sich aus der Oberflächenladung ergibt.

Zur Berechnung der elektrostatischen Energie gehen wir von Formeln der klassischen Elektrostatik aus. Die Kapazität einer Kugelfläche mit dem Radius r ist

$$C=4\pi\varepsilon_0 r\,. \tag{6.1}$$

Die Arbeit zum Aufladen eines Kondensators der Kapazität C mit der Ladung Q beträgt

$$W=\frac{1}{2}\frac{Q^2}{C}\,. \tag{6.2}$$

Also beträgt die potentielle Energie eines Kugel-Kondensators, das ist die Energie seines elektrischen Feldes,

$$E_{pot}=\frac{e^2}{8\pi\varepsilon_0 r}\,. \tag{6.3}$$

Die Bedingung $E_{pot}=m_0c^2$ (m_0: Ruhemasse des Elektrons, c: Lichtgeschwindigkeit) legt den Radius $r=r_{el}$ fest:

$$r_{el}=\frac{e^2}{2\cdot 4\pi\varepsilon_0 m_0 c^2}\,. \tag{6.4}$$

Andere Annahmen über die Ladungsverteilung (z.B. kontinuierliche Verteilung der Ladung über das Volumen statt Oberflächenladung) führen zu etwas anderen Zahlenfaktoren. Man definiert als „klassischen" Elektronenradius die folgende Größe:

$$r_{\mathrm{el}} = \frac{e^2}{4\pi\varepsilon_0 m_0 c^2} = 2,8 \cdot 10^{-15}\,\mathrm{m}. \tag{6.5}$$

Aus der Ableitung folgt, daß es sich hierbei um eine reine Rechengröße handelt. Kann man den Elektronenradius messen? Die Antwort lautet: im Prinzip ja. Man kann z.B. den Wirkungsquerschnitt für die Streuung von Röntgenstrahlen mit Elektronen bestimmen – genau so, wie das im Kap. 4 bei der Behandlung des Wirkungsquerschnitts von Gasatomen besprochen wurde. Das Ergebnis solcher Experimente ist ein Wirkungsquerschnitt $\sigma = \pi r^2_{\mathrm{el}}$, bei dem die Größe r_{el} die gleiche Größenordnung hat wie der oben definierte klassische Elektronenradius.

Experimente, bei denen Elektronen an Elektronen gestreut werden, ergeben keine Abweichung vom Coulomb-Gesetz auch bei sehr kleinen Stoßabständen. Danach ist das Elektron als strukturloses, punktförmiges Teilchen anzusehen. Der oben eingeführte „klassische" Elektronenradius erscheint danach als reine Rechengröße.

6.3 Die Ladung des Elektrons

Bereits früher wurde erwähnt, daß man die Ladung des Elektrons $-e$ aus der Faraday-Zahl F bestimmen kann nach der Gleichung

$$e = \frac{F}{N_{\mathrm{L}}}. \tag{6.6}$$

Da wir diese Messung jedoch zur Bestimmung der Loschmidt-Zahl N_{L} verwenden wollten, benötigen wir eine unabhängige Methode zur Messung der Elementarladung e.

Dazu dient der Versuch von *Millikan* (1911), bei dem die Ladung von kleinen Öltröpfchen aus der Bewegung im elektrischen Feld eines Kondensators bestimmt wird. Das ist auch heute noch die beste Methode zur Messung von e.

Das Prinzip dieser Meßmethode ist in Abb. 6.1 dargestellt, die gesamte Versuchsanordnung in Abb. 6.2. Die Steig- oder Fallgeschwindigkeit eines geladenen Öltröpfchens im homogenen elektrischen Feld eines Kondensators ergibt sich aus der Resultierenden der wirkenden Kräfte: Elektrostatische Kraft, Schwerkraft, Auftrieb, Reibung mit der Luft. Auf Einzelheiten der Messung soll hier nicht eingegangen werden. Der Kuriosität halber sei nur erwähnt, daß lange Jahre hindurch für die Größe e ein ungenauer Wert angegeben wurde wegen eines Fehlers bei der Bestimmung der inneren Reibung der Luft. Diese benötigt man zur Berücksichtigung der auf das sinkende oder steigende Teilchen wirkenden Reibungskraft. Der beste Meßwert für die Elementarladung lautet heute $e = (1{,}6021917 \pm 0{,}0000070) \cdot 10^{-19}\,\mathrm{C}$.

Immer wieder taucht die Frage auf, ob es auch kleinere Ladungsmengen gibt als e, die sogenannte Elementarladung.

Zur Erklärung des Aufbaues von Elementarteilchen wurde die Existenz von grundlegenden Elementarteilchen, den sogenannten „*Quarks*" vorgeschlagen, die die Ladung

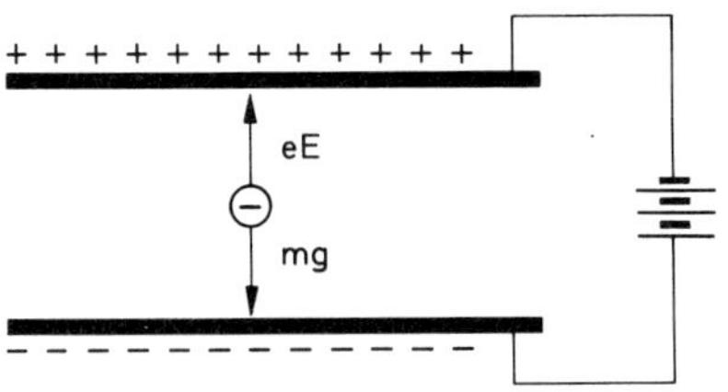

Abb. 6.1. Prinzip des Millikanschen Öltröpfchen-Versuches zur Messung der Ladung des Elektrons. Das negativ geladene Öltröpfchen erfährt im Feld die Kraft $n \cdot e \cdot E$, wenn n die Anzahl der auf ihm sitzenden Elementarladungen ist. Außerdem wirkt die Schwerkraft mg.

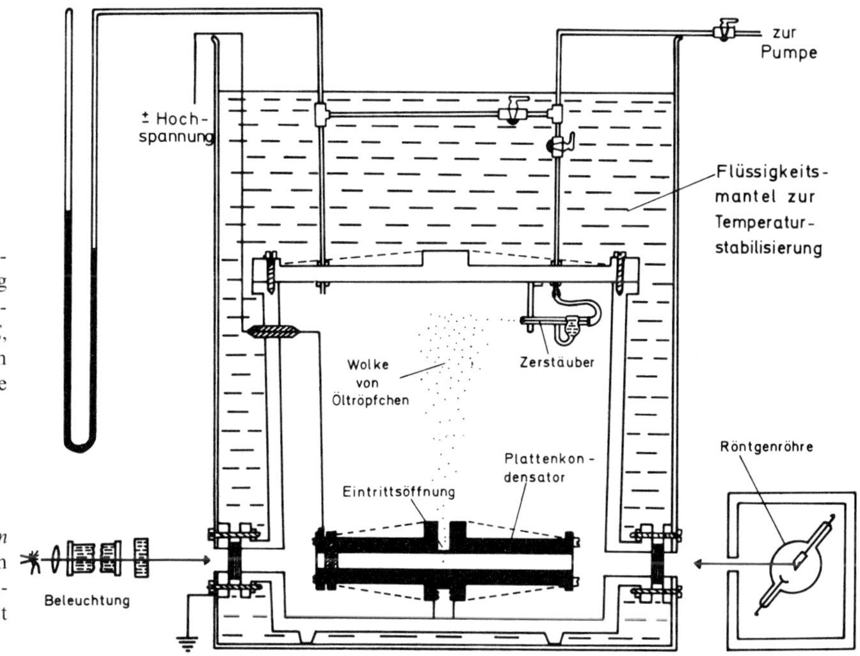

Abb. 6.2. Versuchsanordnung von *Millikan* nach: Phys. Rev. *2*, 109 (1913). Die durch den Zerstäuber erzeugten Öltröpfchen können durch Bestrahlung mit Röntgenlicht aufgeladen oder umgeladen werden

$e/3$ oder $2e/3$ haben sollen. Eine Vielzahl von Experimenten der Hochenergiephysik lassen sich in der Tat durch die Annahme der Existenz derartiger Teilchen verstehen, wobei sie bzw. deren sogenannte Antiteilchen aneinander gebunden sind. Ein überzeugender Nachweis der Existenz einzelner freier Quarks ist hingegen bisher nicht gelungen, und die Theoretiker haben sogar eine Theorie des „confinement" entwickelt, nach der die Kräfte zwischen den Quarks so groß werden, daß diese nie als einzelne Teilchen auftreten können.

6.4 Die spezifische Ladung e/m des Elektrons

Zur Bestimmung der Masse des Elektrons mißt man das Verhältnis von Ladung und Masse e/m durch Ablenkung in elektrischen und magnetischen Feldern, d.h. durch Anwendung der allgemeinen Bewegungsgleichung

$$\boldsymbol{F} = m \cdot \frac{d\boldsymbol{v}}{dt} = -e(\boldsymbol{E} + [\boldsymbol{v} \times \boldsymbol{B}]) . \tag{6.7}$$

Nach der ersten e/m-Messung durch *J. J. Thomson* (1897) wurden in den folgenden 50 Jahren zahlreiche Methoden entwickelt, die aber im Grunde alle nur Variationen des gleichen Prinzipes sind, das wir bei der Parabelmethode und der Massenspektroskopie bereits kennengelernt haben.

Eine besonders übersichtliche Methode ist die von *Classen* (1907) (Abb. 6.3).

Das $\boldsymbol{E}$-Feld zwischen Kathode und Filmträger erteilt den Elektronen eine einheitliche und bekannte Geschwindigkeit.

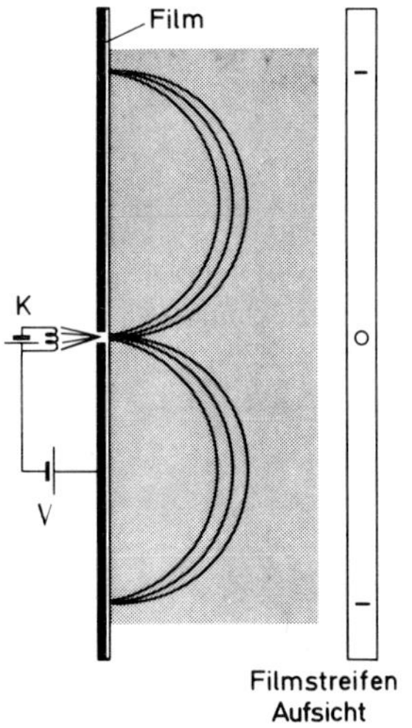

Abb. 6.3. Versuchsanordnung zur Messung der spezifischen Masse m/e des Elektrons. Die von der Kathode K erzeugten und durch die Spannung V beschleunigten Elektronen werden von einem senkrecht zur Zeichenebene gerichteten Magnetfeld auf Kreisbahnen abgelenkt und auf einem Film registriert. Durch Umpolen des Magnetfeldes wird die Ablenkungsrichtung umgekehrt

Aus dem Energiesatz in nichtrelativistischer Näherung

$$\frac{m_0}{2} v^2 = eU , \tag{6.8}$$

wobei U die beschleunigende Spannung ist, ergibt sich

$$v = \sqrt{\frac{2eU}{m_0}} . \tag{6.9}$$

Das $\boldsymbol{B}$-Feld lenkt sie auf eine Kreisbahn mit dem Radius r ab, der sich durch Gleichsetzen von Lorentz- und Zentrifugalkraft ergibt zu

$$\frac{m_0 v^2}{r} = evB . \tag{6.10}$$

Aus (6.9) und (6.10) folgt für das gesuchte Verhältnis von Ladung und Masse

$$\frac{e}{m_0} = \frac{2U}{r^2 B^2} . \tag{6.11}$$

Aus einer Messung einer Spannung, einer Magnetfeldstärke und eines Abstandes erhält man also das Verhältnis e/m. Im Laufe der Jahre wurden verschiedene andere Verfahren zur Messung der spezifischen Masse m/e verwendet. Sie unterscheiden sich hauptsächlich durch die relative Anordnung von elektrischem und magnetischem Feld. Eine weitere Messanordnung zeigt Abb. 6.4. Sie entspricht dem Prinzip des Astonschen Massenspektrographen.

Mit diesen Versuchen konnte bereits sehr früh die Abhängigkeit der Masse von der Geschwindigkeit untersucht werden. Gemessene Werte für e/m enthält Tabelle 6.1.

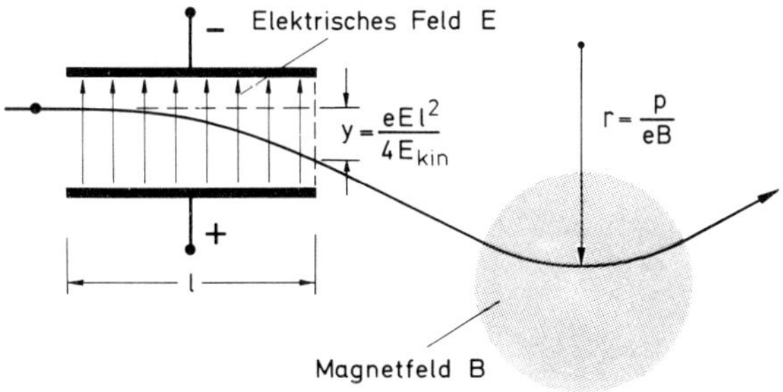

Abb. 6.4. Zur Messung des Verhältnisses e/m von Elektronen: in dieser Anordnung werden die Elektronen nacheinander im elektrischen und im magnetischen Feld abgelenkt

Tabelle 6.1. Spezifische Masse des Elektrons bei verschiedenen Beschleunigungs-Spannungen

Beschleunigungs-spannung U [kV]	0	500	1000	1500
Gemessene spezifische Masse e/m $[10^{11}$ C/kg]	1,76	0,88	0,56	0,44

Für e/m bei verschwindender kinetischer Energie des Elektrons ergab sich $e/m_0 = 1{,}7588 \cdot 10^{11}$ C/kg. Über den Wert der Elementarladung e erhält man die Ruhemasse $m_0 = 9{,}1091 \cdot 10^{-31}$ kg oder $(5{,}485930 \pm 0{,}000034) \cdot 10^{-4}$ u. 1 u ist also $= 1822{,}84\, m_0$.

Erstmals wurde die Abhängigkeit des Verhältnisses e/m von der Teilchengeschwindigkeit bereits 1901 (also 4 Jahre vor der Einsteinschen Relativitätstheorie) von *Kaufmann* experimentell gefunden. *Kaufmann* verwendete die gleiche Methode, die in der Massenspektroskopie als Thomsonsche Parabelmethode bekannt ist (vgl. Abb. 3.2). Die Teilchen werden im transversalen $\boldsymbol{E}$ und $\boldsymbol{B}$-Feld abgelenkt (vgl. Abb. 3.3). Die dabei von *Kaufmann* untersuchten Elektronen waren β-Teilchen aus radioaktiven Präparaten. Seine Versuche sollten der Aufklärung der physikalischen Natur von β-Strahlen dienen. Er erhielt bei der photographischen Aufzeichnung der abgelenkten Teilchen nicht die Parabel-Äste, wie man sie bei einheitlichem Verhältnis e/m der Teilchen, aber unterschiedlicher Geschwindigkeit erwartet.

Man kann die von ihm beobachteten Kurven jedoch in folgender Weise verstehen: Bei einheitlichem Verhältnis e/m entspricht jeder Punkt der Parabel einem bestimmten Wert der Geschwindigkeit v. Aus der Tatsache, daß bei kleinen Geschwindigkeiten der Teilchen, d.h. großer Ablenkung tatsächlich ein Parabel-Teilstück beobachtet wird, kann geschlossen werden, daß die langsameren β-Teilchen eine kontinuierliche Geschwindigkeitsverteilung bei gleicher Masse besitzen. Bei großen Geschwindigkeiten v nimmt die Masse jedoch offenbar ständig zu. Es werden deshalb eine kontinuierliche Folge von Nachbarparabeln, die zu größeren Massen m gehören, an jeweils einem Punkt durchfahren.

Die Messungen brachten den ersten Beweis für eine Geschwindigkeitsabhängigkeit der Masse. Sie ließen sich verstehen mit der Lorentzschen Gleichung

$$m = m_0 \frac{1}{\sqrt{1 - v^2/c^2}}. \tag{6.12}$$

Später wurde gezeigt, daß diese Gleichung auch aus der Relativitätstheorie folgt, wenn man die Gültigkeit und Lorentzinvarianz des Energiesatzes fordert. Sie ist gleichwertig mit dem Äquivalenzprinzip $E = mc^2$. Abbildung 6.5 enthält Meßwerte über die Geschwindigkeitsabhängigkeit der Masse.

Qualitativ versuchte man, die Massenänderung bei Bewegung so zu verstehen: Beim Beschleunigen des Elektrons wird ein Teil der aufgewendeten Energie zum Aufbau des

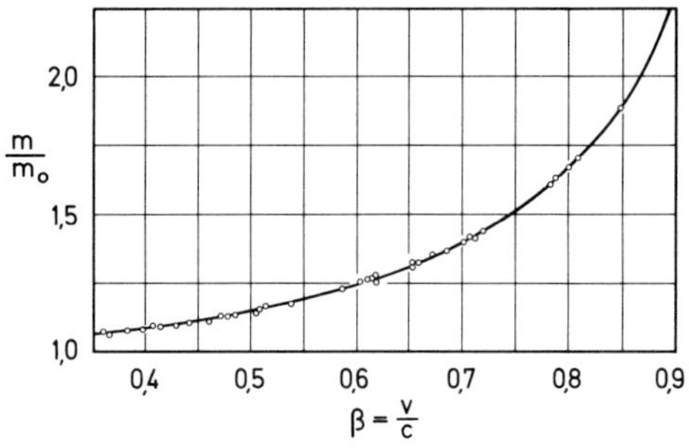

Abb. 6.5. Experimentelle Werte zur Abhängigkeit der Masse des Elektrons von seiner Geschwindigkeit (Prüfung der Lorentzformel). Aufgetragen ist die Masse m in Einheiten der Ruhemasse m_0 in Abhängigkeit von der Geschwindigkeit v in Einheiten der Lichtgeschwindigkeit c

Magnetfeldes des fliegenden Elektrons – das als solches ja einen Strom darstellt – gebraucht. Zur trägen Masse kommt also noch eine elektromagnetische Masse hinzu. Diese Vorstellung ist jedoch unzulänglich. Die Massenzunahme bei Bewegung gilt nämlich auch für neutrale Teilchen, z. B. Neutronen.

Zur Prüfung der Lorentz-Formel wurden im Laufe der Jahre viele Präzisionsmessungen ausgeführt. Es war möglich, diese Formel für Elektronenenergien unterhalb 1 MeV auf besser als 1,5% zu bestätigen. In den modernen Elektronenbeschleunigern gelingt inzwischen eine noch bei weitem bessere Bestätigung. Insgesamt gehört die Lorentz-Beziehung heute zum gesicherten Bestand der Physik, wie Abb. 6.5 zeigt.

Es ist nützlich, sich klar zu machen, welchen Fehler man bei Vernachlässigung der relativistischen Massenveränderlichkeit macht. Aus dem Energiesatz und (6.12) ergibt sich bei der kinetischen Energie $E_{\mathrm{kin}}=1$ keV $v/c=0{,}063$ und bei 1 MeV $v/c=0{,}942$. Die relativistische Massenzunahme $m-m_0$ ist dann nach (6.12) bei 1 keV das $4\cdot 10^{-3}$-fache, bei 1 MeV schon das 2-fache der Ruhemasse m_0.

6.5 Elektronen und andere Teilchen als Wellen

Die Bewegung von Elektronen in elektrischen und magnetischen Feldern ist zunächst als eine Bewegung von Teilchen zu verstehen. So wurden die bisher besprochenen Experimente erklärt. Es gibt jedoch auch eine große Anzahl sehr verschiedenartiger Versuche, bei denen Elektronen und andere Teilchen Interferenz- und Beugungserscheinungen zeigen, also Welleneigenschaften besitzen. Diese experimentellen Gründe für die Existenz von Materiewellen wollen wir in diesem Kapitel kennenlernen.

Experiment 1: Der Ramsauer-Effekt (1921)

Die Messung des Wirkungsquerschnitts beim Stoß sehr langsamer Elektronen mit Gasatomen ergab extrem kleine Werte, klein gegen die gaskinetischen Werte, und sehr viel größere Werte bei etwas höheren Energien (vgl. Abb. 6.6). Solche Minima in der Geschwindigkeitsabhängigkeit des Wirkungsquerschnitts ließen sich als Effekt einer Beugung an Teilchen erklären, deren Größe vergleichbar ist mit der Wellenlänge der Elektronen.

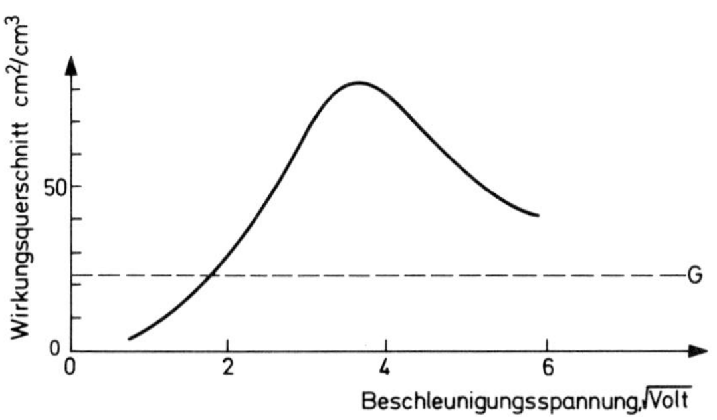

Abb. 6.6. Streukoeffizient $\alpha = n\sigma$ von Gasatomen bei verschiedenen Geschwindigkeiten (Ramsauer-Effekt), schematisch. Die gestrichelte Linie stellt den gaskinetischen Querschnitt G der Gasatome dar. Zum Zusammenhang zwischen Streukoeffizient und Wirkungsquerschnitt vgl. (2.21)

Experiment 2: Versuch von Davisson und Germer (1919), *Erklärung* (1927)

Bei der Reflexion langsamer Elektronen an Kristallen beobachteten *Davisson* und *Germer* Interferenzen, d. h. Maxima und Minima in der Intensität der reflektierten Elektronen, die eindeutig durch Geschwindigkeit der Elektronen, Kristallorientierung und Beobachtungswinkel bestimmt waren. Versuchsanordnung und Ergebnisse sind schematisch in Abb. 6.7 dargestellt. Sie entstehen ähnlich wie die Röntgeninterferenzen bei der Reflexion an Netzebenen nach *Bragg* (s. Kap. 2.4.5). Das Auftreten von Interferenzen bedeutet, daß die Bewegung der Elektronen mit einem Wellenvorgang verknüpft sein muß. In der Tat hatte *De Broglie* gefordert, daß ebenso wie das Licht Teilchencharakter hat, umgekehrt Elektronen auch Wellencharakter haben müssen, wobei er wieder die fundamentale Beziehung $p = h/\lambda$ zwischen Impuls und Wellenlänge zugrunde legte.

Drücken wir den Impuls p durch Masse und Geschwindigkeit aus, $p = m_0 v$, und setzen für nicht-relativistische Geschwindigkeiten $v = \sqrt{2E_{\text{kin}}/m_0}$, so ergibt sich

$$\lambda = h/\sqrt{2m_0 E_{\text{kin}}}\,, \tag{6.13}$$

daraus folgt für Elektronen, die die Beschleunigungsspannung U Volt durchlaufen haben,

$$\lambda = \frac{12{,}3}{\sqrt{U}}\,\text{Å}\,.$$

Dabei wird die Wellenlänge in Ångström gemessen und die kinetische Energie in eV umgerechnet, da die Elektronen ihre kinetische Energie nach Durchlaufen einer

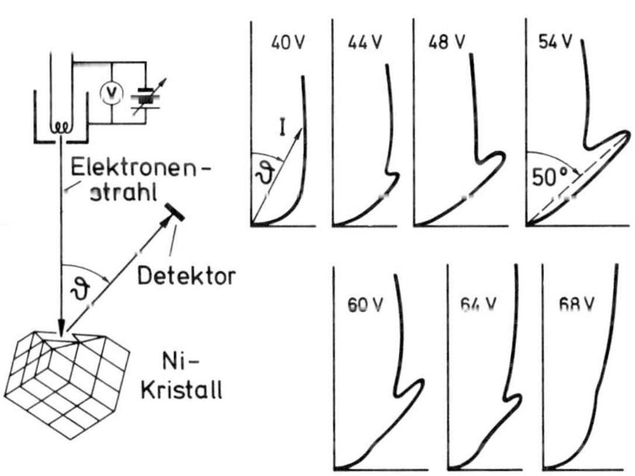

Abb. 6.7. Elektrointerferenz-Experiment von *Davisson* und *Germer*. *Links:* Versuchsanordnung. Die durch die Spannung V beschleunigten Elektronen werden an bestimmten Flächen eines Nickel-Einkristalls reflektiert und als Funktion des Reflexionswinkels σ gemessen. *Rechts:* Winkelverteilung der reflektierten Elektronen bei verschiedenen Beschleunigungsspannungen. Die hier gezeichneten Polardiagramme sind so zu verstehen, daß der jeweilige Abstand zwischen Nullpunkt und Meßkurve die Intensität der Reflexion unter dem entsprechenden Winkel darstellt. Bei einem Streu- oder Reflexionswinkel von etwa 50° befindet sich ein durch Interferenz erzeugtes Maximum

Beschleunigungs-Spannung U erhalten. Bei einer Beschleunigungs-Spannung von 54 Volt erhalten wir zum Beispiel $\lambda = 1{,}67$ Å.

Die Hypothese von *De Broglie* gilt für alle Teilchen, nicht nur für Elektronen. Die in Tabelle 6.2 angegebenen Zahlen gelten für Elektronen.

Tabelle 6.2. Wellenlänge der Elektronen nach *De Broglie* in Å bei verschiedenen Energien [eV]

E_{kin}	[eV]	10	100	10^3	10^4	10^5	10^6	10^7	10^8
λ	[Å]	3,9	1,2	0,39	0,12	$3{,}7 \cdot 10^{-2}$	$8{,}7 \cdot 10^{-3}$	$1{,}2 \cdot 10^{-3}$	$1{,}2 \cdot 10^{-4}$

Viele weitere Experimente wurden nun verständlich und möglich:

Experiment 3: Fresnel-Beugung an einer Kante, Boersch (1956)

Eines der fundamentalen Beugungsexperimente der Optik ist die Beugung an einer Halbebene. Analog zur Beugung von Licht an einer scharfen Kante erhält man auch eine Beugung von Elektronen an einer Kante. Dies ist hier der Rand einer extrem dünnen Folie aus Al_2O_3 (vgl. Abb. 6.8).

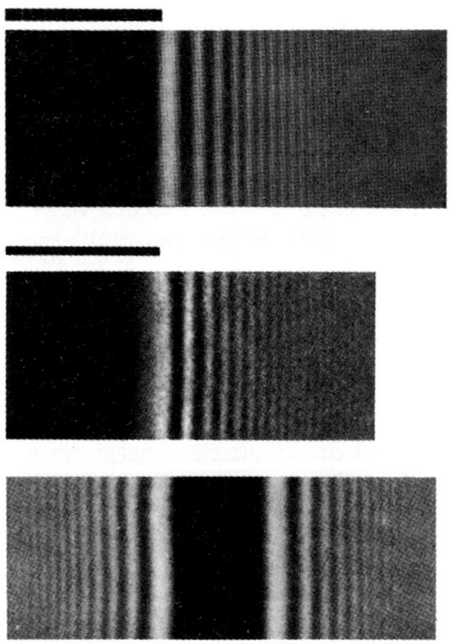

Abb. 6.8. *Oben*: Beugungsstreifen von Rotfilterlicht an der geometrischen Schattengrenze einer Halbebene. *Mitte*: Beugung von Elektronen an einer Halbebene (Al_2O_3-Folienkante). $\lambda = 5 \cdot 10^{-12}$ m entsprechend einer Elektronenenergie von $3{,}4 \cdot 10^4$ eV. *Unten*: Beugung von Elektronen an einem 2 µm dicken vergoldeten Draht. Elektronenenergie $19{,}4 \cdot 10^3$ eV. Alle Aufnahmen aus R. W. Pohl: Optik und Atomphysik, 11./12. Aufl. (Springer, Berlin, Heidelberg, New York) Abb. 202, 522, 523

Experiment 4: Beugung am Fresnel-Biprisma, Möllenstedt (1956)

Das aus der klassischen Optik bekannte Fresnelsche Biprisma-Experiment wurde auf Elektronen übertragen. Dabei wird ein Quarzfaden elektrisch aufgeladen. Das elektrostatische Feld um ihn wirkt wie ein Biprisma für Elektronen. Durch Ausmessung der Interferenzstreifen in der Bildebene, die von den beiden virtuellen Elektronenquellen (Abb. 6.9) herrühren, konnte die De Broglie-Beziehung auf 5‰ genau bestätigt werden (Abb. 6.10).

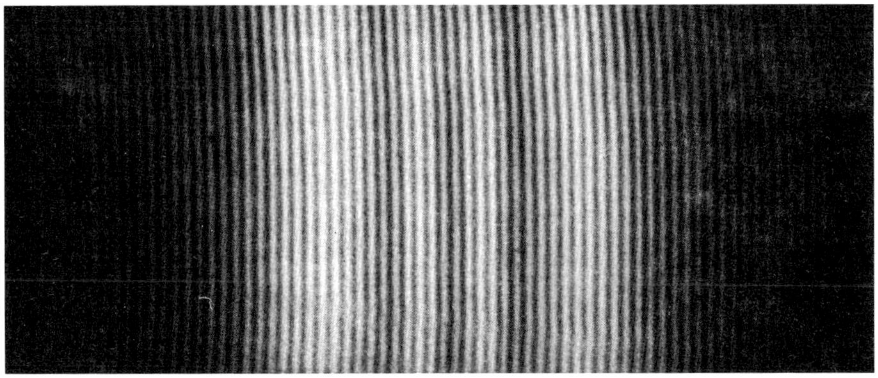

Abb. 6.10. Elektroneninterferenzen mit dem elektrostatischen Biprisma nach *Möllenstedt* und *Düker*, gemessene Intensitätsverteilung auf dem Film in Abb. 6.9, aus Gerthsen, Kneser, Vogel: Physik, 13. Aufl. (Springer, Berlin, Heidelberg, New York 1977)

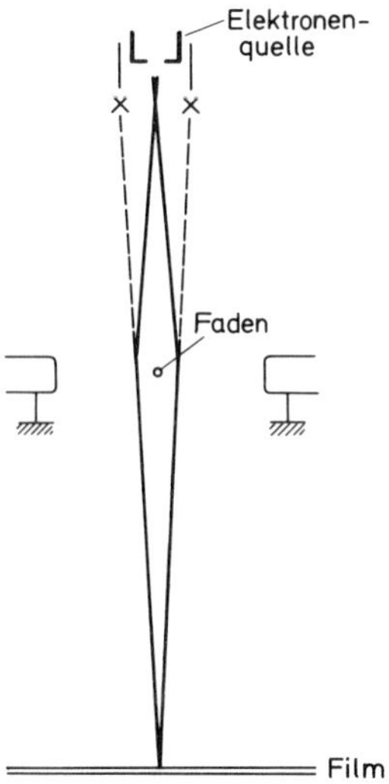

Abb. 6.9. Elektroneninterferenzen mit dem elektrostatischen Biprisma nach *Möllenstedt* und *Düker*. Versuchsanordnung. Zwischen dem Faden und den Gegenelektroden liegt eine elektrische Spannung. Durch das entstehende inhomogene elektrische Feld werden die Elektronen wie eingezeichnet abgelenkt. Nach Gerthsen, Kneser, Vogel: Physik, 13. Aufl. (Springer, Berlin, Heidelberg, New York) Abb. 10.68

Experiment 5: Atome als Wellen (1931)

Die Wellennatur von anderen Teilchen als Elektronen wurde ebenfalls durch Interferenz-Experimente nachgewiesen. So beobachteten *Stern*, *Frisch* und *Estermann* (1931) die Reflexion von Helium-Atomstrahlen an der Oberfläche eines LiF-Kristalls. Aus der Temperatur der He-Atomstrahlen $T=400\,\mathrm{K}$ und der mittleren kinetischen Energie $\bar{E}=3\,kT/2$ der Helium-Atomstrahlen ergibt sich als Wellenlänge im Å-Bereich

$$\lambda_{\mathrm{He}}=h/\sqrt{2mE}=h/\sqrt{3m_{\mathrm{He}}kT}\,.$$

Auch diese Beziehung konnte experimentell bestätigt werden.

Interferenz- und Beugungsexperimente mit Teilchenstrahlen gehören heute zu den selbstverständlichen Arbeitsmethoden des Physikers. Mit Elektronen kann man die gleichen Interferenzexperimente machen wie mit Röntgenstrahlen.

Interferenzen von Neutronen an Kristallen sind zu einer wichtigen Untersuchungsmethode der Festkörperphysik geworden. Sie gehören heute zu den wichtigsten Hilfsmitteln bei der Aufklärung von Kristallstrukturen, bei der Analyse von magnetisch geordneten Systemen (wegen der Existenz eines magnetischen Momentes des Neutrons) sowie zur Ausmessung von Spektren der Gitterschwingungen in Kristallen.

Abbildung 6.11 zeigt schematisch eine Anordnung zur Messung von Neutroneninterferenzen an Einkristallen nach dem Laue-Verfahren. Sie ist völlig analog zur Röntgen-Anordnung (Abb. 2.7). Neutronenstrahlen hoher Intensität erhält man am günstigsten in einem Kernreaktor. Sie werden dort bei der Kernspaltung als Teilchen mit – in gewissen Grenzen – kontinuierlicher Geschwindigkeits-Verteilung freigesetzt. Wenn man mit Teilchen einheitlicher Wellenlänge oder nach *De Broglie* einheitlicher Geschwindigkeit arbeiten will, dann muß man den Neutronenstrahl monochromatisieren.

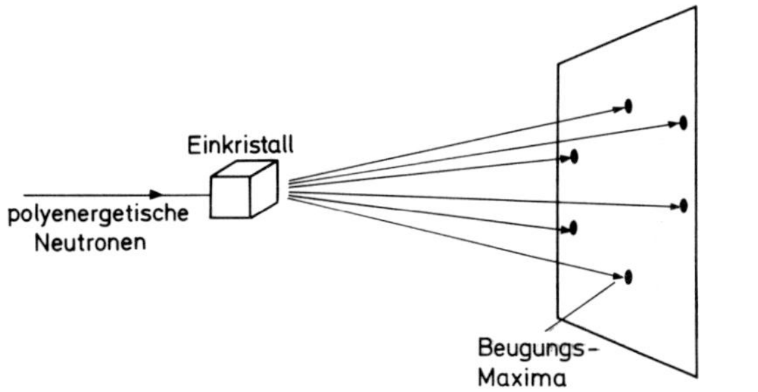

Abb. 6.11. Neutronenbeugung am Einkristall, Laue-Anordnung. Mit polyenergetischen Neutronen erhält man durch Streuung am Einkristall Laue-Diagramme

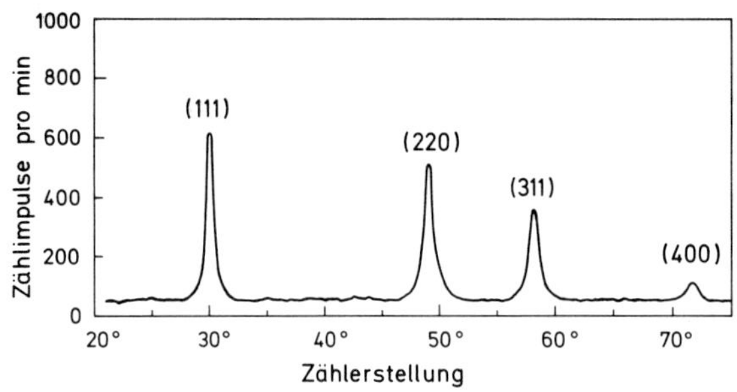

Abb. 6.13. Neutronenbeugung an Diamantpulver (nach *G. Bacon*). Man erkennt Beugungsmaxima an vier Netzebenenscharen, die mit den kristallographischen Indizes (111), (220), (311) und (400) bezeichnet sind

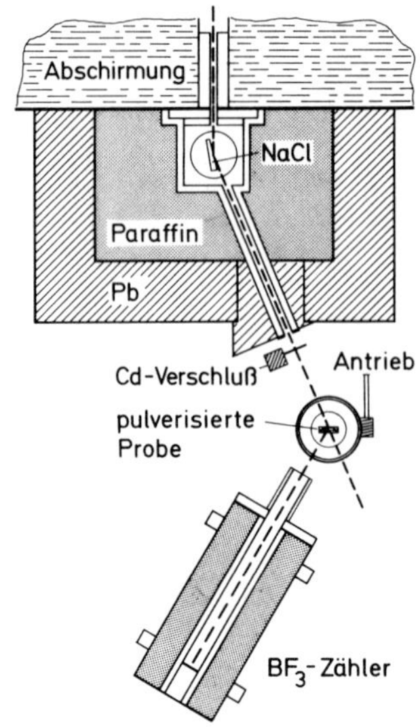

Abb. 6.12. Neutronenspektrometer (nach E. V. Wollan, C. G. Shull: Phys. Rev. *73*, 830, 1948). Die Neutronen werden durch Reflexion an einem NaCl-Kristall monochromatisiert und erzeugen durch Beugung an einer polykristallinen Probe Interferenzringe nach *Debye-Scherrer*. Die Abmessung erfolgt mit einem BF_3-Zähler

Dies kann z.B., wie in Abb. 6.12 gezeigt, durch Reflexion an einem Einkristall (hier NaCl) erfolgen. Läßt man diese monochromatischen Neutronen auf eine polykristalline oder pulverförmige Probe fallen, so erhält man die gleichen Interferenz-Diagramme wie bei dem Debye-Scherrer-Verfahren mit Röntgenstrahlen (Abb. 2.10). Eine so erhaltene Meßkurve der Beugung von Neutronenstrahlen an Diamantpulver zeigt Abb. 6.13.

6.6 Atominterferometrie

Die Wellennatur von Teilchen kann dazu benutzt werden, um mit Atomstrahlen Interferometer oder auf Interferenz beruhende Abbildungssysteme zu realisieren, wie sie aus der Lichtoptik bekannt sind.

Die dabei auftretenden Probleme können am quantenmechanischen Analogon der aus der klassischen Optik bekannten Doppelspalt-Anordnung nach *Young* aufgezeigt werden, Abb. 6.14. Ein Helium-Atomstrahl wird durch Elektronenbeschuß in die metastabilen Anregungszustände $2\,^1S_0$ bzw. $2\,^3S_1$ angeregt (zur Bedeutung dieser Symbole s. Abschn. 17.1). Die zugehörige De Broglie Wellenlänge der He-Atome ergibt sich aus der Geschwindigkeit der Atome nach (6.13) zu $\lambda = 0{,}56$ Å bei 300 K und $\lambda = 1{,}03$ Å bei 77 K. – Die angeregten Atome fliegen durch einen Spalt A der Breite 2 µm und gelangen zum Doppelspalt B. Dieser besteht aus zwei 1 µm breiten Einzelspalten im Abstand von 8 µm. Die durch diese beiden Spalten hindurchtretenden Atome bzw. De Broglie-Wellen interferieren im Bereich hinter B. Das Interferenzmuster wird in der Ebene C von einem Photoelek-

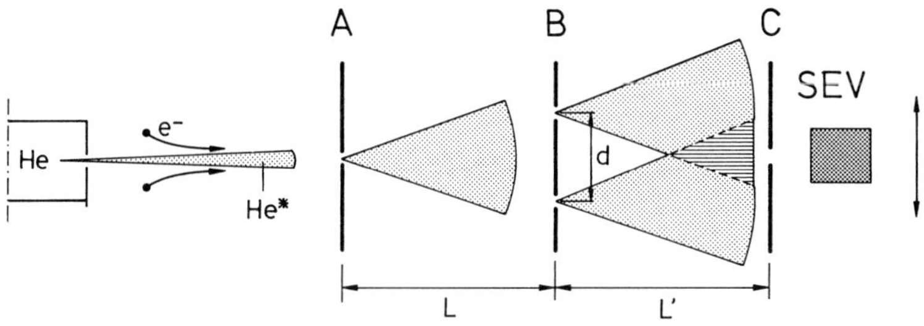

Abb. 6.14. Versuchsanordnung zur Realisierung der Doppelspalt-Interferenzanordnung von *Young* (nach O. Carnal u. J. Mlynek, Phys. Rev. Letters *66*, 2689, 1991). Ein Strahl von Helium-Atomen wird durch Elektronenbeschuß angeregt und gelangt durch einen Spalt (Breite 2 μm) in der Ebene A auf die beiden Spalte (Breite 1 μm, Abstand $d = 8$ μm) in der Ebene B. Das dahinter entstehende Interferenzmuster wird über einen dritten Spalt in der Ebene C mit dem Sekundärelektronenvervielfacher SEV beobachtet

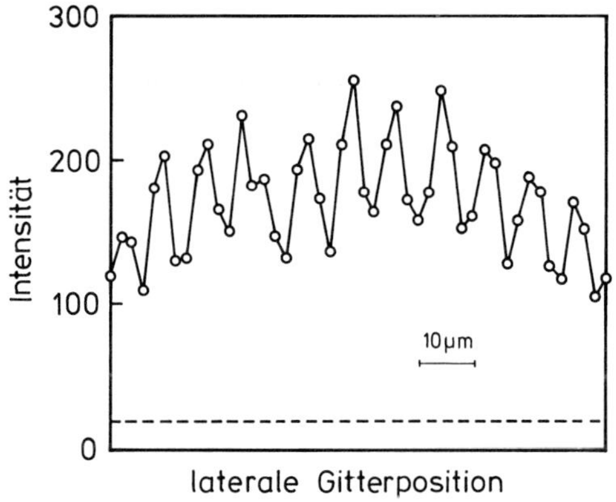

Abb. 6.15. Zum Doppelspalt-Versuch in der Atominterferometrie mit der Versuchsanordnung nach Abb. 6.14. Intensitätsverteilung in der Ebene C. Zur Erhöhung der erreichbaren Auflösung erfolgt die Messung über ein in C verschiebbares mechanisches Gitter mit dem „richtigen" Gitterabstand. Wenn die Spalte im Gitter mit den Interferenzmaxima zusammenfallen, ist die am SEV gemessene Intensität maximal, bei einer Verschiebung um eine halbe Gitterperiode minimal. Die Gitterkonstante betrug hier 8 μm

tronen-Vervielfacher aufgenommen. Er mißt die Licht-Emission der metastabilen Helium-Atome. Ein Meßresultat zeigt Abb. 6.15. Man beobachtet ein System äquidistanter Interferenzmaxima mit einem Abstand, der dem entspricht, was man aus den geometrischen Daten und der De Broglie Wellenlänge errechnet. Damit ist die Wellennatur der Atome und die Gültigkeit von (6.13) eindrucksvoll bewiesen.

Auch das Biprisma-Experiment, bei dem ein elektrisch geladener Draht als Interferometer dient (vgl. Abb. 6.9), wurde mit Atomen realisiert und zur Messung deren De Broglie-Wellenlänge benutzt (S. Nowak, N. Stuhler, T. Pfau, J. Mlynek: Phys. Rev. Lett. *81*, 5792, 1998).

In der beschriebenen Weise kann man die Beugung von Atomen an mikromechanischen Strukturen zum Bau optischer Elemente wie Spiegel, Linsen, Strahlteiler für Materiewellen benutzen und so eine Optik mit Atomen erreichen. So wurde bereits die Abbildung mit Hilfe einer Fresnelschen Zonenplatte realisiert. (O. Carnal und J. Mlynek et al., Phys. Rev. Lett. *67*, 3231, 1991). Damit öffnet sich der Weg zum Bau atomarer Mikrosonden, mit denen man beispielsweise Oberflächen schonend und mit hoher Ortsauflösung, nämlich der De Broglie-Wellenlänge der Atome, untersuchen kann. Da die Energie der Atome sehr klein sein kann, – weniger als 10 meV – erzeugt man mit den Sonden wenig Strahlenschädigung auf den untersuchten Oberflächen. Die hohe Ortsauflösung wird durch die kleine Wellenlänge möglich. Hier, in der Atomlithographie, liegt sicher ein interessantes Gebiet zukünftiger Forschung.

Aufgaben

6.1 Zur Bestimmung der Elementarladung nach Millikan wird an die im Abstand $d = 1$ cm befindlichen Kondensatorplatten eine Spannung $U = 50$ V angelegt. Welchen Durchmesser hat das Öltröpfchen, wenn es bei Aufladung mit einer Elementarladung in der Schwebe gehalten wird? Wie groß ist die Fallgeschwindigkeit des Tröpfchens, wenn man das elektrische Feld umkehrt? Der Koeffizient der inneren Luftreibung beträgt $\eta = 1{,}83 \cdot 10^{-4}$ Poise, die Dichte des Öles $\varrho = 0{,}9\,\text{g/cm}^3$.

Hinweis: Die Reibungskraft F_R ist nach dem Stoke'schen Gesetz durch $F_R = 6\pi\eta r v$ gegeben. (1 poise $= 10^{-1}\,\text{Ns/m}^2$)

6.2 Ein einfach geladenes Teilchen mit der kinetischen Energie 0,12 MeV fliegt durch ein transversales homogenes Magnetfeld der Feldstärke $B = 10^{-2}$ T. Berechnen Sie die Masse des Teilchens, wenn die Ablenkung von der ursprünglichen Bewegungsrichtung auf einem 10 cm langen Weg 3 mm beträgt.

6.3 Zur Messung ihrer spezifischen Ladung werden Elektronen durch eine Spannung U beschleunigt. Anschließend fliegen sie durch die transversalen Felder zweier kleiner Plattenkondensatoren, die im Abstand l voreinander angeordnet sind. Beide Kondensatoren sind an denselben Frequenzgenerator der Frequenz ν angeschlossen. Bei geeignet eingestellter Frequenz verlassen die Elektronen den zweiten Kondensator wieder auf der Einschußachse.

a) Skizzieren Sie die Apparatur.
b) Unter welchen Bedingungen ist dies möglich? Leiten Sie eine Beziehung zwischen e/m und den Versuchsdaten her!
c) Welche Frequenz muß der Generator mindestens liefern, wenn $U = 500$ V und $l = 10$ cm ist?

6.4 Ein Elektron habe eine kinetische Energie, die seiner Ruhemasse entspricht. Wie groß ist die Geschwindigkeit des Teilchens?

6.5 Die Ruheenergie des Elektrons beträgt 0,511 MeV. Man gebe das Verhältnis von träger Masse zu Ruhemasse als Funktion der kinetischen Energie an. Wie groß ist das Verhältnis für $E_{\text{kin}} = 1$ MeV?

6.6 Man berechne die De Broglie-Wellenlänge eines Elektrons der Geschwindigkeit $v = 0{,}8c$. Man rechne dabei relativistisch.

6.7 Berechnen Sie die De Broglie-Wellenlänge eines Elektrons, wenn seine kinetische Energie 1 eV, 100 eV, 1000 eV, 100 keV beträgt. Welche Wellenlängen werden in 1. Ordnung merklich in einem Nickelkristall gebeugt, in dem der Atomabstand 2,15 Å beträgt? Berechnen Sie die kinetische Energie derjenigen Elektronen, die unter einem Winkel von 30° gestreut werden.

6.8 Wie groß ist die mittlere kinetische Energie und die ihr entsprechende De Broglie-Wellenlänge thermischer Neutronen, d. h. von Neutronen, die im thermischen Gleichgewicht mit Materie bei 25 °C sind? Bei welchem Einfallswinkel tritt nach Bragg das erste Interferenzmaximum auf, wenn diese Neutronen an einem NaCl-Kristall reflektiert werden, bei dem der Netzebenenabstand $d = 2{,}82$ Å beträgt? Die Masse des Neutrons ist $1{,}675 \cdot 10^{-27}$ kg.

6.9 Ein Elektron befinde sich anfänglich weit entfernt von einem Proton in Ruhe. Es wird vom Proton angezogen. Berechnen Sie die Größe der Wellenlänge des Elektrons, wenn es sich dem Proton auf (a) 1 m, (b) $0{,}5 \cdot 10^{-10}$ m genähert hat. (Diese Entfernung ist von der Größenordnung des Bahnradius eines Elektrons im Grundzustand des Wasserstoffatoms.)

7. Einige Grundeigenschaften der Materiewellen

7.1 Wellenpakete

In den beiden vorhergehenden Kap. 5 und 6 wurde gezeigt, daß Licht, Elektronen und andere Elementarteilchen sowohl Wellen- als auch Teilchencharakter haben können. In diesem Kapitel untersuchen wir genauer, wie die Welleneigenschaften der Materie verstanden und mathematisch beschrieben werden können.

Sowohl für das Licht als auch für Elektronen und für die anderen Teilchen der Materie bestehen grundlegende Beziehungen zwischen Energie und Frequenz sowie zwischen Impuls und Wellenlänge, die sich in den folgenden Formeln widerspiegeln:

Licht	Materie	
$E=h\nu$	$E=h\nu=\hbar\omega$	(7.1)
$p=\dfrac{h\nu}{c}$	$p=\dfrac{h}{\lambda}=\hbar k\,.$	

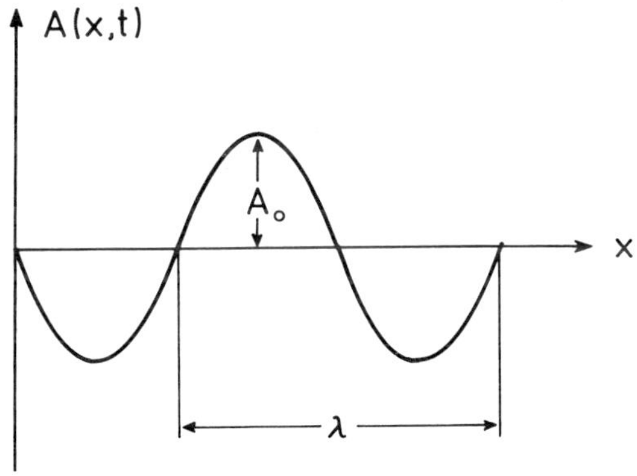

Abb. 7.1. Momentaufnahme einer Welle mit der Amplitude A_0 und der Wellenlänge λ

Wir wollen diesen Zusammenhang nun zu einer genaueren Theorie ausbauen. Vom Licht her ist uns geläufig, wie wir eine Wellenbewegung beschreiben können. Betrachten wir (vgl. Abb. 7.1) eine ebene monochromatische Welle, die in x-Richtung läuft, so ist die Wellenamplitude A zur Zeit t am Ort x beschrieben durch $A(x,t)=A_0\cos(kx-\omega t)$. Die Wellenzahl k ist mit der Wellenlänge λ durch $k=2\pi/\lambda$ verknüpft. Die Kreisfrequenz ω hängt mit der Frequenz ν durch $\omega=2\pi\nu$ zusammen. Für viele Fälle ist es zweckmäßiger, zu einer komplexen Darstellung überzugehen, indem wir den Cosinus durch Exponentialfunktionen ausdrücken, was nach der Formel

$$\cos\alpha=\tfrac{1}{2}(e^{i\alpha}+e^{-i\alpha}) \qquad (7.2)$$

geschieht.

Dementsprechend zerlegen wir $A(x, t)$:

$$A(x,t)=A_0\tfrac{1}{2}[\exp(\mathrm{i}kx-\mathrm{i}\omega t)+\exp(-\mathrm{i}kx+\mathrm{i}\omega t)]\,. \tag{7.3}$$

Aufgrund der Beziehungen (7.1) erhalten wir

$$\exp(\mathrm{i}kx-\mathrm{i}\omega t)=\exp\left[\frac{\mathrm{i}}{\hbar}(px-Et)\right]. \tag{7.4}$$

Die durch (7.4) dargestellte Welle ist unendlich ausgedehnt.

Da wir andererseits mit Teilchen („Massenpunkten") die Vorstellung verbinden, daß diese lokalisiert sind, überlegen wir uns, ob wir nicht durch eine geeignete Überlagerung von Wellen eine Art räumlich konzentrierter „Wellen" erhalten können. Es liegt der Versuch nahe, aus Wellen sogenannte „Wellenpakete" zu bilden, bei denen die Amplitude nur in einem bestimmten Raumbereich lokalisiert ist. Um eine Vorstellung vom Aufbau solcher Wellenpakete zu erhalten, denken wir uns zunächst zwei Wellen mit etwas verschiedenen Wellenzahlen und Frequenzen überlagert. Wir erhalten dann aus den beiden Wellenamplituden $A_1(x, t)$ und $A_2(x, t)$ eine neue, $A(x, t)$ gemäß

$$A(x,t)=A_1(x,t)+A_2(x,t) \tag{7.5}$$

oder, wenn wir für A_1 und A_2 wieder Cosinus-Wellen gleicher Amplitude verwenden,

$$A(x,t)=A_0[\cos(k_1x-\omega_1t)+\cos(k_2x-\omega_2t)]\,. \tag{7.6}$$

Wie aus der Schulmathematik bekannt ist, läßt sich die rechte Seite umformen in

$$2A_0\cos(kx-\omega t)\cos(\Delta k\cdot x-\Delta\omega\cdot t)\,, \tag{7.7}$$

wobei

$$k=\tfrac{1}{2}(k_1+k_2)$$
$$\omega=\tfrac{1}{2}(\omega_1+\omega_2)$$

und

$$\Delta k=\tfrac{1}{2}(k_1-k_2)$$
$$\Delta\omega=\tfrac{1}{2}(\omega_1-\omega_2)\,.$$

Die entstehende Welle ist in Abb. 7.2 skizziert. Die Welle ist offensichtlich in bestimmten Raumbereichen verstärkt, in anderen abgeschwächt. Dies legt den Gedanken nahe, ob es nicht möglich ist, durch Überlagerung von immer neuen Cosinus-Wellen eine immer stärkere Lokalisierung zu erzielen. Dies ist in der Tat möglich. Dazu bedienen wir uns der komplexen Darstellung. Wir überlagern Wellen der Form (7.4) für verschiedene Wellenzahlen k und nehmen an, daß diese Wellenzahlen kontinuierlich aufeinander folgen. Wir bilden daher das Integral

$$\int_{k_0-\Delta k}^{k_0+\Delta k} a\mathrm{e}^{\mathrm{i}(kx-\omega t)}dk=\psi(x,t)\,, \tag{7.8}$$

wobei a eine konstante Amplitude sein soll.

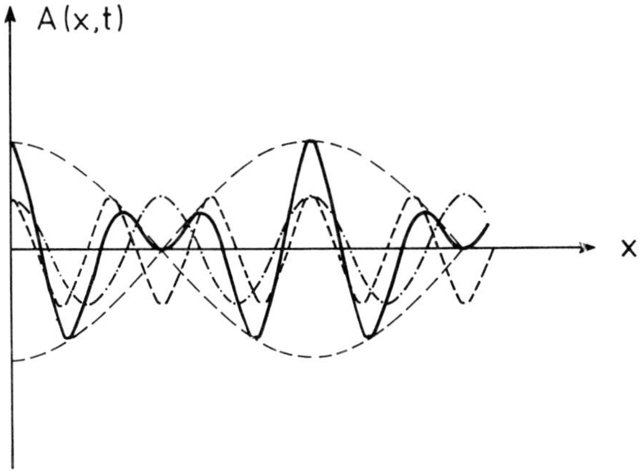

Abb. 7.2. Überlagerung zweier Wellen gleicher Amplitude. Grundwelle 1: strichpunktiert. Grundwelle 2: gestrichelt, gleiche Amplitude wie Grundwelle 1. Gesamtwelle A: ausgezogen. Einhüllende $\cos(\Delta kx-\Delta\omega t)$, t fest, wieder gestrichelt

Dabei beachten wir, daß ω und k miteinander verknüpft sind, da ja nach wie vor kinetische Energie und Impuls eines Elektrons durch die Beziehung $E=p^2/(2m_0)$ miteinander zusammenhängen und diese Beziehung eine Relation zwischen ω und k gemäß (7.1) zur Folge hat. Zur Auswertung des Integrals setzen wir

$$k=k_0+(k-k_0) \tag{7.9}$$

und entwickeln überdies ω an der Stelle k_0 in eine Taylorreihe nach $(k-k_0)$, die wir nach dem 2. Glied abbrechen

$$\omega=\omega_0+\left(\frac{d\omega}{dk}\right)(k-k_0)+\,\ldots\,. \tag{7.10}$$

Im folgenden kürzen wir $d\omega/dk$ durch ω' ab. Setzen wir (7.9) und (7.10) in (7.8) ein, so erhalten wir

$$\psi(x,t)=a\mathrm{e}^{-\mathrm{i}(\omega_0 t-k_0 x)}\int_{-\Delta k}^{\Delta k}\mathrm{e}^{-\mathrm{i}\left[\left(\frac{d\omega}{dk}\right)t-x\right]\xi}d\xi\,, \tag{7.11}$$

wobei wir $k-k_0=\xi$ gesetzt haben.

Das verbleibende Integral läßt sich elementar auswerten und (7.11) nimmt schließlich die Gestalt

$$\psi(x,t)=a\exp(-\mathrm{i}\omega_0 t+\mathrm{i}k_0 x)\cdot 2\,\frac{\sin[(\omega' t-x)\Delta k]}{\omega' t-x} \tag{7.12}$$

an. Der Realteil von ψ ist in Abb. 7.3 dargestellt.

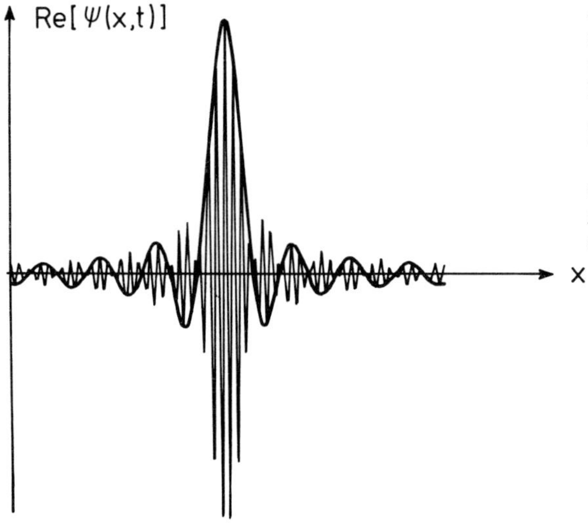

Abb. 7.3. Der Realteil von $\psi(x, t)$ als Funktion des Orts x. Die rasche Oszillation wird durch $\cos(k_0 x - \omega_0 t)$, t fest, beschrieben, die Einhüllende durch

$$\frac{\sin[(\omega' t - x)\Delta k]}{\omega' t - x},$$

t fest. Man beachte, daß der Maßstab der x-Achse gegenüber Abb. 7.2 stark verkleinert wurde

Wir ziehen aus (7.12) zwei wichtige Folgerungen:

1) Das Wellenpaket ist im Bereich der Stelle $x = \omega' t$ lokalisiert. Das Maximum bewegt sich mit einer Geschwindigkeit $\omega' \equiv d\omega/dk$. Mit Hilfe von (7.1) können wir ω und k durch E bzw. p ausdrücken und erhalten so $\omega' = \partial E/\partial p$ oder, wenn wir die übliche Beziehung $E = p^2/(2m_0)$ verwenden, schließlich $\omega' = p/m_0 = v_{\text{Teilchen}}$. Um dieses Resultat zu deuten, erinnern wir an die Begriffe Phasengeschwindigkeit und Gruppengeschwindigkeit.

Lassen wir bei der Wellenfunktion $\cos(kx - \omega t)$ die Zeit wachsen, so bewegt sich der Ort x_{max}, an dem das Wellenmaximum jeweils liegt, nach dem Gesetz $kx_{\text{max}} - \omega t = 0$, d.h. $x_{\text{max}} = (\omega/k)t$. Der Ort x_{max} ändert sich also mit der *Phasengeschwindigkeit* $v_{\text{Phase}} = \omega/k$.

Ersetzen wir ω durch E und k durch p gemäß (7.1), so stellen wir sofort fest, daß dieses v *nicht* mit der Teilchengeschwindigkeit übereinstimmt. Andererseits haben wir soeben gesehen, daß das Maximum eines *Wellenpaketes* sich mit der Geschwindigkeit $v_G = d\omega/dk$ verschiebt. Diese Geschwindigkeit der Wellengruppe (Wellenpaket) heißt *Gruppengeschwindigkeit*. Danach ist die Gruppengeschwindigkeit der de Broglie-Wellen (Materiewellen) mit der Teilchengeschwindigkeit identisch. Es würde somit naheliegen,

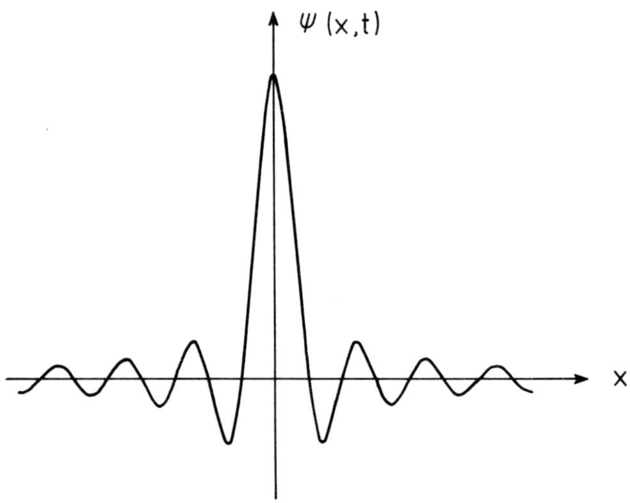

Abb. 7.4. Die Einhüllende des Realteils des Wellenpakets (7.12). Vgl. hierzu auch Abb. 7.3. Die erste Nullstelle liegt bei $x_0 = \pi/\Delta k$

das Wellen- und Teilchenbild dadurch miteinander in Einklang zu bringen, daß man die Bewegung von Teilchen durch Wellenpakete beschreibt. Dies ist leider nicht möglich, da i. allg. Wellenpakete ihre Form ändern und auseinanderfließen. Wir werden daher, wie wir sogleich sehen werden, zu einer wesentlich anderen Betrachtungsweise gezwungen.

2) Als zweite Folgerung aus dem Ergebnis (7.12) stellen wir folgendes fest. Als Ausdehnung eines Wellenpaketes können wir etwa den Abstand zwischen den beiden ersten Nullstellen links und rechts vom Maximum ansehen (s. Abb. 7.4). Da die erste Nullstelle bei $x_0 = \pi/\Delta k$ liegt, wäre die Breite des Wellenpaketes $\Delta x = 2\pi/\Delta k$. Je stärker wir das Wellenpaket also konzentrieren wollen, je kleiner wir also Δx machen wollen, um so größer muß der k-Bereich sein, d.h. um so größer Δk. Um die Beziehung zwischen dem Teilchen- und dem Wellenbild näher zu erläutern, betrachten wir, wie schon beim Licht, das im folgenden Abschn. 7.2 beschriebene Experiment.

7.2 Wahrscheinlichkeitsdeutung

Wir wollen veranschaulichen, wie man zu einer Vereinheitlichung von Wellen- und Teilchenbild kommt und erläutern dies am Beispiel von Elektronen. Um den Ort eines Elektrons in der x-Richtung (Abb. 7.5) zu messen, lassen wir einen Elektronenstrahl durch eine Blende von der Breite Δx gehen. Auf diese Weise wissen wir, daß das von links kommende Elektron, wenn es durch die Blende geflogen ist, an diesem Ort gewesen sein muß. Nun kommt aber der Wellencharakter ins Spiel. Nach der Wellennatur wird das Elektron, nun als Welle betrachtet, an der Lochblende gebeugt. Auf dem Schirm S ergibt sich eine Beugungsfigur (Abb. 7.5). Nach der Wellentheorie ist die Intensität der Beugungsfigur proportional zum Amplitudenquadrat. Wenn wir die Wellennatur des Elektrons ernst nehmen und ψ als die zugehörige Wellenamplitude ansehen, so ergibt sich zur Zeit t an einer Stelle x auf dem Beobachtungsschirm die Intensität $I = |\psi(x,t)|^2$. Sowohl aus mathematischen als auch aus physikalischen Gründen ist es besser, nicht von einer Intensität an einem *Raumpunkt* zu sprechen. Vielmehr beobachten wir die Intensität in einer Umgebung dx, dy, dz des Punktes x, y, z (im Dreidimensionalen).

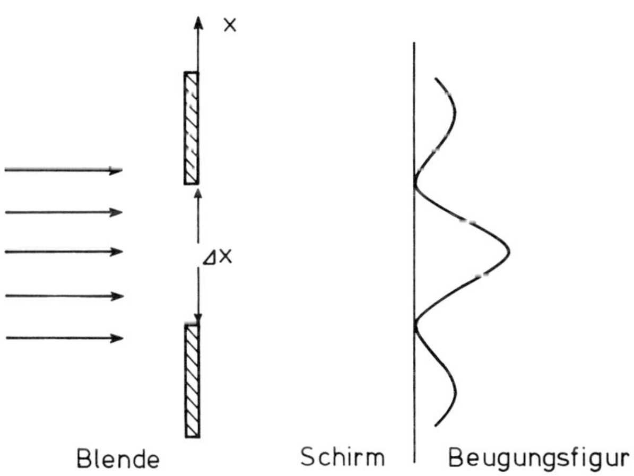

Abb. 7.5. Ein Elektronenstrahl (linke Pfeile) tritt durch eine Blende und erzeugt auf einem Schirm eine Beugungsfigur. Die Intensitätsverteilung auf dem Schirm ist rechts schematisch aufgetragen

Demgemäß betrachten wir im folgenden lieber die Intensität in einem Volumenelement $dV = dx\,dy\,dz$

$$I\,dx\,dy\,dz = |\psi(x, y, z, t)|^2\,dx\,dy\,dz\,. \tag{7.13}$$

(Vergleiche hierzu das eindimensionale Beispiel von Abb. 7.6.)

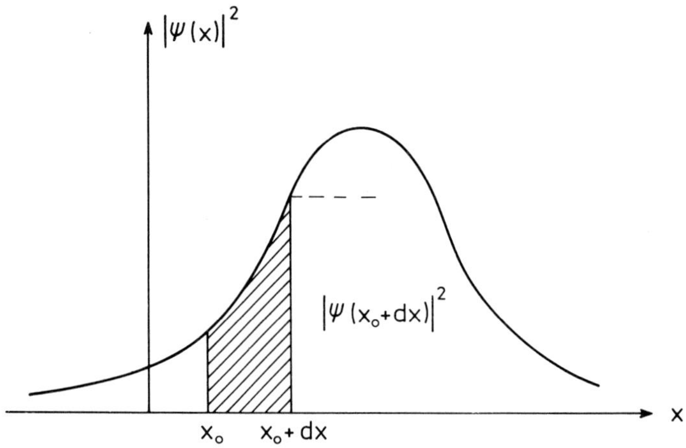

Abb. 7.6. $|\psi(x)|^2$ als Funktion von x zu einem festen Zeitpunkt t. Die schraffierte Fläche ist die Aufenthaltswahrscheinlichkeit des Elektrons im Interval x bis $x+dx$

Nun kommt aber der springende Punkt. Den Schirm können wir auch als eine Meßvorrichtung auffassen, die das Elektron einzeln als Teilchen nachweist. Ein Leuchtschirm blitzt jedesmal beim Auftreffen eines Elektrons an dessen Auftreffpunkt auf, wobei also das Elektron streng lokalisiert in Erscheinung tritt. Es ergibt sich damit keineswegs das obenerwähnte Beugungsbild. Wiederholen wir das Experiment, so beobachten wir immer neue Lichtblitze, und zwar i. allg. an verschiedenen Orten des Schirms. Erst wenn wir sehr viele Experimente machen (oder sehr viele Elektronen abbeugen) und in jedem Ortsgebiet die Trefferhäufigkeit registrieren, erhalten wir ein Beugungsbild mit dem durch (7.13) beschriebenen Verlauf. Damit haben wir aber den Schlüssel zur Erklärung des Phänomens „Dualismus Welle-Korpuskel" in der Hand. Einerseits ist die Intensität des Beugungsbilds in einem Raumgebiet ΔV proportional zum Absolutquadrat der Amplitude, also proportional zu

$$|\psi|^2 \Delta V\,, \tag{7.14}$$

andererseits ist diese proportional zur Häufigkeit, das Elektron in ΔV zu finden. $|\psi|^2 \Delta V$ ist also selbst proportional zur Häufigkeit des Antreffens vom Elektron in ΔV.

$|\psi(x, y, z, t)|^2\,dx\,dy\,dz$ muß daher als die Wahrscheinlichkeit angesehen werden, mit der das Elektron in einem Volumenelement dV am Orte x, y, z angetroffen wird. Da uns die statistische Deutung der Quantenmechanik immer wieder begegnen wird und für deren Verständnis unbedingt nötig ist, verweilen wir noch etwas bei dem Begriff der Wahrscheinlichkeit. Hierzu vergleichen wir die Durchführung eines Experiments in der

Quantenmechanik mit einem Würfelspiel. Da ein Würfel sechs verschiedene Augenzahlen hat, gibt es gewissermaßen sechs verschiedene Meßwerte. Wir können jedoch von vornherein nicht sagen, welche Augenzahl, d.h. welchen Meßwert, wir bei einem Wurf erhalten. Wir können nur die Wahrscheinlichkeit P_n angeben, mit der die Augenzahl n gewürfelt wird. Im Falle des Würfelspiels können wir P_n sehr einfach bestimmen. Nach einem Grundpostulat der Wahrscheinlichkeitsrechnung muß die Summe aller Wahrscheinlichkeiten P_n Eins ergeben:

$$\sum_n P_n = 1 . \tag{7.15}$$

Da aber alle Augenzahlen $n=1, 2, \ldots, 6$ gleichberechtigt sind, sind die P_n's untereinander gleich, und es ergibt sich $P_n = 1/6$. Ganz so einfach läßt sich $|\psi|^2 dx dy dz$ nicht bestimmen. Wir entnehmen aber dem Gesagten, daß für $|\psi|^2 dx dy dz$ eine Normierungsbedingung gelten muß. Summieren (integrieren) wir über alle Raumpunkte, so muß das Teilchen ja irgendwo gefunden werden, die Gesamtwahrscheinlichkeit muß daher $=1$ sein. Wir erhalten damit die grundlegende Normierungsbedingung

$$\int |\psi(x, y, z)|^2 dx dy dz = 1 . \tag{7.16}$$

Wir erläutern die Handhabung dieser Normierungsbedingung an zwei Beispielen:

1) Wir nehmen an, daß das Elektron in einem Kasten mit dem Volumen V eingeschlossen sei. Das Integral (7.16) ist dann nur über dieses Volumen zu erstrecken. Verwenden wir überdies für ψ die Wellenfunktion

$$A = A_0 \exp(\mathrm{i}\boldsymbol{kx} - \mathrm{i}\omega t) \tag{7.17}$$

(wobei $\boldsymbol{kx} = k_x x + k_y y + k_z z$), so ergibt sich A_0 zu

$$A_0 = V^{-1/2} . \tag{7.18}$$

2) Im unendlich ausgedehnten Raum ergibt sich eine Schwierigkeit, da hier $A_0 = 0$ würde, wenn wir in (7.18) einfach $V \to \infty$ gehen ließen. Wie man zeigen kann, läßt sich trotzdem eine verallgemeinerte Normierungsbedingung herleiten, und es gilt:
Die normierte Wellenfunktion ist im Eindimensionalen

$$\psi_k(x, t) = (1/\sqrt{2\pi})\, \mathrm{e}^{\mathrm{i}kx - \mathrm{i}\omega t} \tag{7.19}$$

und die Normierungsbedingung lautet:

$$\int \psi_k^*(x, t) \psi_{k'}(x, t) dx = \delta(k - k') . \tag{7.20}$$

Hierbei ist $\delta(k-k')$ die Diracsche δ-Funktion (vgl. Anhang).

Die Wahrscheinlichkeitsinterpretation der Wellenfunktion ist auch aus folgendem Grund notwendig: Würde beim Auftreffen eines Elektrons auf dem Schirm dieser an verschiedenen Stellen aufleuchten, so hieße das, daß das Elektron sich geteilt haben müßte. Alle Experimente zeigen aber, daß das Elektron *nicht* teilbar ist. Die Angabe von $|\psi|^2 dV$ erlaubt uns lediglich vorauszusagen, mit welcher Wahrscheinlichkeit das Elektron angetroffen wird. Haben wir es an einem Ort gefunden („lokalisiert"), so sind wir sicher, daß es nicht auch noch woanders sein kann (ja – nein). Betrachten wir z. B. in diesem Sinne die Reflexion von Elektronen und stellen fest, daß 5 % reflektiert werden, so heißt dies: Machen wir sehr viele Versuche, so werden 5 % aller Elektronen als solche reflektiert. Es wäre hingegen völlig falsch zu sagen, daß 5 % eines einzelnen Elektrons reflektiert werden.

7.3 Die Heisenbergsche Unschärferelation

Wir ziehen nun Folgerungen aus der Tatsache, daß das Elektron einmal als Teilchen, zum anderen als Welle erscheint. Hierzu betrachten wir konkret in einer Dimension die Verteilung des Wellenpaketes

$$\psi(x) \sim \frac{\sin(x\Delta k)}{x}, \tag{7.21}$$

die wir schon oben berechneten. Fassen wir die Lage der ersten Nullstelle als ein Maß für die Ortsunschärfe auf, so erhalten wir aus (7.21) (vgl. Abb. 7.4) die Relation

$$\frac{\Delta x}{2} = \frac{\pi}{\Delta k}. \tag{7.22}$$

Ersichtlich ist die Ortsunschärfe Δx mit einer Unschärfe in den k-Zahlen verknüpft. Nun ist aber die Wellenzahl k mit dem Impuls p durch die Relation

$$p = \hbar k \tag{7.23}$$

verbunden. Setzen wir dies in (7.22) ein, so erhalten wir die grundlegende Heisenbergsche Unschärferelation

$$\Delta x \Delta p \geqq h\,. \tag{7.24}$$

(Eine mathematisch präzise Formulierung und Herleitung findet sich im Anhang C). Diese besagt, daß es unmöglich ist, den Ort eines Elektrons und seinen Impuls gleichzeitig scharf zu messen, wobei eine untere Grenze für die gleichzeitige Meßbarkeit durch (7.24) gegeben ist. In der Tat, wollte man Δx nach 0 gehen lassen, so müßte Δp gegen ∞ gehen und umgekehrt. Daß wir im täglichen Leben von dieser Unschärferelation nichts merken, liegt an der Kleinheit der Planckschen Konstanten h. Gehen wir hingegen in den Mikrokosmos, so können wir die experimentellen Befunde nur dadurch deuten, daß wir die endliche Größe des Wirkungsquants h berücksichtigen. Die Bedeutung von (7.24) sei an einem Experiment erläutert.

Ein Elektron fliege in horizontaler Richtung (y). Wir wollen nun seine Koordinate in der dazu senkrechten x-Richtung bestimmen. Dazu stellen wir senkrecht zur Flugrichtung des Elektrons eine Lochblende mit dem Durchmesser $d = \Delta x$ auf. Trifft das Elektron auf diese Blende, so wissen wir, daß es an diesem Ort mit der Ortsunschärfe Δx war. Nun müssen wir aber berücksichtigen, daß das Elektron zugleich auch Welle ist.

Von der Beugungstheorie her wissen wir, daß eine Welle auf dem Beobachtungsschirm eine Beugungsfigur erzeugt (vgl. Abb. 7.7). Der Winkel φ, unter dem das 1. Beugungsminimum erreicht wird, ist nach der Beugungstheorie gegeben durch

$$\sin\varphi = \frac{\lambda}{d}. \tag{7.25}$$

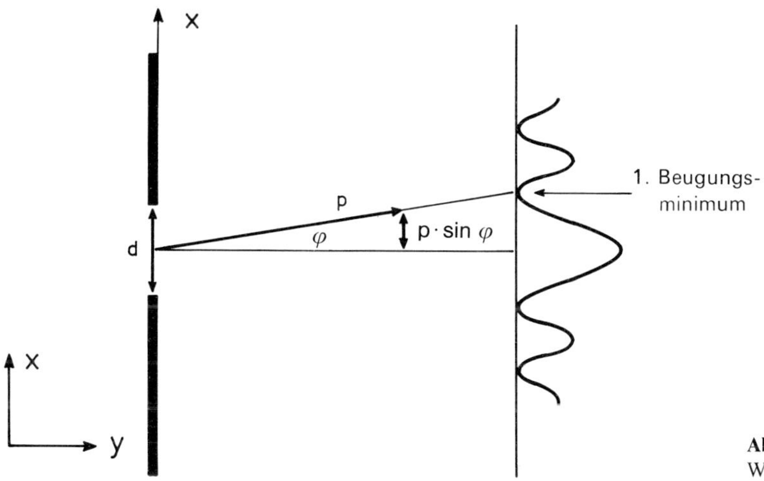

Abb. 7.7. Beugung einer Welle am Spalt (vgl. Text)

Bezeichnen wir den Gesamtimpuls des Elektrons mit $\boldsymbol{p}$, so ist $p\sin\varphi$ die Projektion von $\boldsymbol{p}$ auf die x-Achse.

$$\Delta p_x = p\sin\varphi \tag{7.26}$$

gibt uns daher ein Maß für die Impulsunschärfe an. Verwenden wir nochmals die Relation

$$p = \frac{h}{\lambda} \tag{7.27}$$

und setzen (7.26) und (7.27) in (7.25) ein, so erhalten wir wiederum die Heisenbergsche Unschärferelation (7.24).

An diesem Beispiel wird deutlich, daß die Messung einer Größe, hier des Ortes, zugleich eine Störung der dazu komplementären Größe, nämlich des Impulses, bedeutet. Bevor wir den Schirm mit der Blende aufstellten, hätten wir etwa eine Messung des Impulses machen können. Diese hätte uns dann zur Antwort gegeben, daß das Elektron genau in y-Richtung fliegt, d.h. daß seine Impulskomponente in x-Richtung exakt gleich 0 ist. Wir haben im obigen Experiment den Ort in einer bestimmten Genauigkeit festlegen können, mußten aber nun in Kauf nehmen, daß der Impuls in der x-Richtung unscharf geworden ist. Eine zu (7.24) analoge Relation gibt es auch zwischen Energie und Zeit.

7.4 Die Energie-Zeit-Unschärferelation

In der Wellenfunktion $\sim\exp(\mathrm{i}kx-\mathrm{i}\omega t)$, von der wir zu Beginn dieses Kapitels ausgegangen waren, treten der Ort x und die Zeit t symmetrisch auf. Ebenso wie wir Wellenpakete bildeten, die eine gewisse Konzentration bezüglich des Ortes ergaben, können wir auch Wellenpakete aufbauen, die eine Konzentration zu einer Zeit t mit einer Zeitunschärfe Δt beschreiben. Anstelle der Relation $\Delta x\Delta k\geqq 2\pi$ tritt dann

$$\Delta t\Delta\omega\geqq 2\pi\,. \tag{7.28}$$

Unter Verwendung von $\hbar\omega=E$ hat dies die Beziehung

$$\Delta t\Delta E\geqq h \tag{7.29}$$

zur Folge. Diese Relation, die wir später näher diskutieren werden, besagt unter anderem, daß man genügend lange Zeit messen muß, um in der Quantentheorie eine Energie hinreichend genau zu messen.

7.5 Einige Konsequenzen aus der Unschärferelation für gebundene Zustände

In den vorangegangenen Abschnitten dieses Kapitels hatten wir explizit *freie* Elektronen betrachtet. In den nächsten Kapiteln werden wir uns mit den experimentellen und theoretischen Fragen befassen, denen wir bei gebundenen Elektronen, etwa im Wasserstoff-Atom, begegnen. In diesem Abschnitt greifen wir der weiteren Darstellung in diesem Buche also etwas vor. Der Leser wird aber an diesem Abschnitt bereits erkennen, daß die „Wellenmechanik“ bei der theoretischen Behandlung auch von gebundenen Zuständen eine grundlegende Rolle spielen wird.

Wir betrachten als einfachsten Fall gebundener Zustände das Wasserstoff-Atom. Dazu nehmen wir an, daß das Elektron um den Kern wie ein Planet um die Sonne kreist. Die Frage, warum die Elektronenhülle des Atoms eine endliche Ausdehnung hat – oder anders ausgedrückt – warum es eine kleinste Elektronenbahn gibt, war in der klassischen Physik unlösbar.

Die Energie eines Elektrons ist gleich der Summe aus der kinetischen und der potentiellen Energie

$$E_{\mathrm{klass}}=E_{\mathrm{kin}}+E_{\mathrm{pot}}\,. \tag{7.30}$$

In der kinetischen Energie eines Teilchens $E_{\mathrm{kin}}=(m_0/2)v^2$ drücken wir die Geschwindigkeit v durch den Impuls p aus. Setzen wir ferner für E_{pot} das Coulomb-Potential $-e^2/(4\pi\varepsilon_0 r)$ ein, so lautet der Ausdruck für E explizit

$$E=\frac{p^2}{2m_0}-\frac{e^2}{4\pi\varepsilon_0 r}\,. \tag{7.31}$$

Hierin ist r der Abstand des Elektrons vom Kern.

Wie man in der klassischen Mechanik zeigt, ist $E_{\text{klass}} = -e^2/(2 \cdot 4\pi\varepsilon_0 r)$.

Lassen wir r gegen Null gehen, so geht die Energie natürlich gegen $-\infty$. Die Energie wird also immer mehr abgesenkt und es gibt keinen kleinsten Bahnradius. Betrachten wir den Ausdruck (7.31) nun von einer „naiven" Quantenmechanik aus. Dann würde „Bahn" bedeuten, daß wir das Elektron auf eine Distanz von der Größe r konzentriert haben. Die Ortsunschärfe wäre also von der Größenordnung r. Damit ist jedoch eine Impulsunschärfe p von der Größe h/r gegeben. Da derartige Impulse vorkommen müssen, wird die kinetische Energie durch diese Größenordnung von p festgelegt (vgl. Abb. 7.8). Setzen wir daher

$$p \approx \frac{h}{r} \tag{7.32}$$

in (7.31) ein, so erkennen wir, daß das Minimum des Energieausdrucks

$$E = \frac{1}{2m_0}\frac{h^2}{r^2} - \frac{e^2}{4\pi\varepsilon_0 r} = \text{Min!} \tag{7.33}$$

keineswegs mehr bei $r=0$ liegt. Ließen wir nämlich r gegen Null gehen, so würde die kinetische Energie sehr stark ansteigen. Wir überlassen die Bestimmung des Minimums von (7.33) als eine einfache Rechenaufgabe der Differentialrechnung dem Leser und geben sofort das Resultat an. Der Radius lautet

$$r = \frac{h^2 \cdot 4\pi\varepsilon_0}{m_0 e^2}\,. \tag{7.34}$$

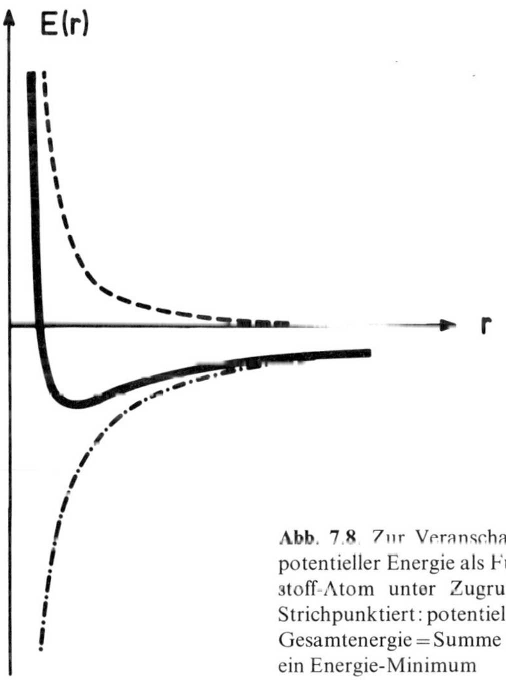

Abb. 7.8. Zur Veranschaulichung der Konkurrenz zwischen kinetischer und potentieller Energie als Funktion des Abstands $r \leftrightarrow$ Ortsunschärfe beim Wasserstoff-Atom unter Zugrundelegung der Heisenbergschen Unschärferelation. Strichpunktiert: potentielle Energie, gestrichelt: kinetische Energie, ausgezogen: Gesamtenergie = Summe aus potentieller und kinetischer Energie. Es entsteht ein Energie-Minimum

Setzen wir dieses r in (7.33) ein, so bestimmt sich die zugehörige Energie zu

$$E = -\frac{1}{2} \frac{e^4 m_0}{(4\pi\varepsilon_0)^2 h^2}. \tag{7.35}$$

Setzen wir in diese Beziehung die bekannten Zahlenwerte für die Plancksche Konstante und die Masse und Ladung des Elektrons ein, so ergibt sich ein Radius von ca. 10^{-8} cm, der schon die richtige Größenordnung für das Wasserstoff-Atom darstellt. Wie wir später sehen werden, gibt die exakte quantenmechanische Rechnung den Energiewert

$$E = -\frac{1}{2} \frac{e^4 m_0}{(4\pi\varepsilon_0)^2 \hbar^2}. \tag{7.36}$$

Der einzige Unterschied zwischen (7.35) und (7.36) liegt in dem Faktor $\hbar^2 \equiv (h/2\pi)^2$ anstelle von h^2.

Die Heisenbergsche Unschärferelation gestattet uns des weiteren, die sogenannte *Nullpunktsenergie des harmonischen Oszillators* zu berechnen. Hier betrachten wir die Bewegung eines elastisch an eine Feder gebundenen Teilchens mit einer Federkonstanten f. Da die elastische Energie quadratisch mit der Auslenkung x ansteigt und die kinetische Energie wieder die Form $p^2/2m_0$ hat, lautet die Gesamtenergie

$$E = \frac{p^2}{2m_0} + \frac{f}{2} x^2. \tag{7.37}$$

In der klassischen Physik wird diese Energie zu einem Minimum, wenn wir sowohl den Impuls als auch den Ort gleich Null wählen, das Teilchen also in seiner Ruhelage ist. Da nach der Heisenbergschen Unschärferelation ein exakter Ort einen unendlich hohen Impuls zur Folge haben müßte, lassen wir jetzt eine Ortsunschärfe von der Größenordnung der Schwingungsamplitude x_0 zu und haben damit verknüpft eine Impulsunschärfe

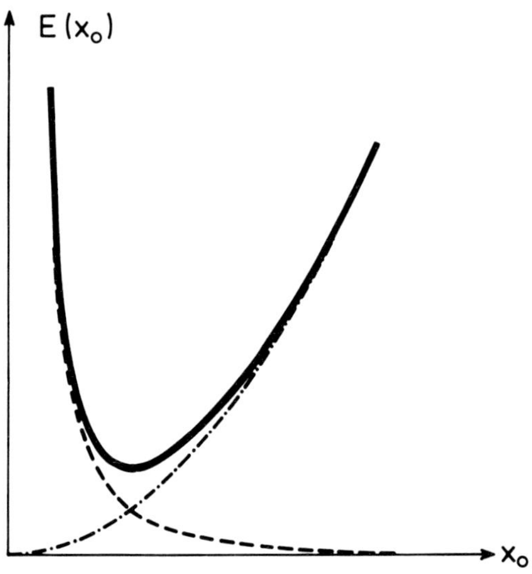

Abb. 7.9. Zur Veranschaulichung der Konkurrenz zwischen kinetischer und potentieller Energie als Funktion der Auslenkung ↔ Ortsunschärfe bei harmonischen Oszillatoren. Strichpunktiert: potentielle Energie, gestrichelt: kinetische Energie, ausgezogen: Gesamtenergie. Das klassische Energieminimum bei $x_0 = 0$ ist zu einem endlichen Wert verschoben

nach der Regel (7.24), wobei jetzt x_0 die Rolle von r spielt (vgl. hierzu Abb. 7.9). Wir fordern wieder, daß die Gesamtenergie durch geeignete Wahl von x_0 ein Minimum wird

$$E = \frac{\hbar^2}{2m_0 x_0^2} + \frac{f}{2} x_0^2 = \text{Min!} \tag{7.38}$$

Dies liefert uns nach elementarer Rechnung als Schwingungsamplitude des harmonischen Oszillators

$$x_0 = \sqrt[4]{\frac{\hbar^2}{m_0 f}} . \tag{7.39}$$

Die zugehörige Energie erhalten wir in der Form

$$E = \hbar\omega . \tag{7.40}$$

Wie wir später sehen werden, ergibt eine exakte quantenmechanische Rechnung die Werte

$$E = \tfrac{1}{2}\hbar\omega \tag{7.41}$$

und

$$x_0 = \sqrt{\frac{\hbar}{2m_0\omega}} . \tag{7.42}$$

Aus diesen Betrachtungen folgt, daß atomare elastisch gebundene Teilchen sich grundsätzlich nicht in Ruhe befinden können. Nun liegen z. B. in Kristallgittern derartige elastisch miteinander verknüpfte Teilchen, nämlich die Kristallbausteine, vor. Aufgrund der Quantentheorie führen diese Atome ständig Nullpunktsschwingungen durch.

Aufgaben

7.1 Man normiere das Wellenpaket

$$\psi(x,t) = N \int\limits_{-\infty}^{+\infty} \exp\left[-\frac{k^2}{2(\Delta k)^2} \right] e^{i[kx-\omega(k)t]} dk$$

für $t=0$. Man berechne $\psi(x,t)$ für ein freies Teilchen der Masse m für $t>0$. Bleibt die Normierung für $t>0$ erhalten? Man untersuche an Hand der Aufenthaltswahrscheinlichkeit, ob das Wellenpaket auseinanderfließt. Welche Bedeutung hat $\exp[-k^2/2(\Delta k)^2]$?

Hinweis: Man verwende die Relation

$$\int\limits_{-\infty}^{+\infty} e^{-a\xi^2 - b\xi} d\xi = e^{b^2/(4a)} \int\limits_{-\infty}^{+\infty} e^{-a(\xi + b/(2a))^2} d\xi$$

(quadratische Ergänzung!).

Das 2. Integral kann durch Koordinaten-Verschiebung auf das Gauß-Integral zurückgeführt werden.

7.2 Durch geeignete Wahl von Δk in Aufgabe 7.1 bestimme man das Wellenpaket so, daß seine Aufenthaltswahrscheinlichkeit auf $\Delta x = 10^{-8}$ cm begrenzt ist. Nach welcher Zeit erreicht Δx die Größe des Abstandes Erde-Sonne? (≈ 150 Millionen km?).

Hinweis: Wähle Δx so, daß $\psi(\Delta x, 0) = 1/\mathrm{e}$ [$\mathrm{e} \equiv \exp(1)$!].

7.3 Man behandle die Aufgaben 7.1 und 7.2 in drei Dimensionen.

8. Das Bohrsche Modell des Wasserstoff-Atoms

8.1 Spektroskopische Vorbemerkungen

In den folgenden Kapiteln werden wir uns sehr eingehend mit der Analyse der Spektren von Atomen in allen Wellenlängenbereichen befassen. Spektren im sichtbaren, infraroten und ultravioletten Spektralbereich, im Gebiet der Röntgenwellenlängen, der Mikrowellen und der Radiofrequenzen sind die wichtigsten Informationsquellen über elektronische Struktur und Aufbau der Atome. Abbildung 8.1 gibt eine Übersicht über die Spektralbereiche.

Bei den optischen Spektren unterscheidet man weiter Linienspektren, Bandenspektren und kontinuierliche Spektren. Kontinuierliche Spektren werden von leuchtenden Festkörpern oder Gasen hoher Dichte ausgesandt. Bandenspektren bestehen aus Gruppen sehr vieler eng beieinanderliegender Spektrallinien. Sie gehören im allgemeinen

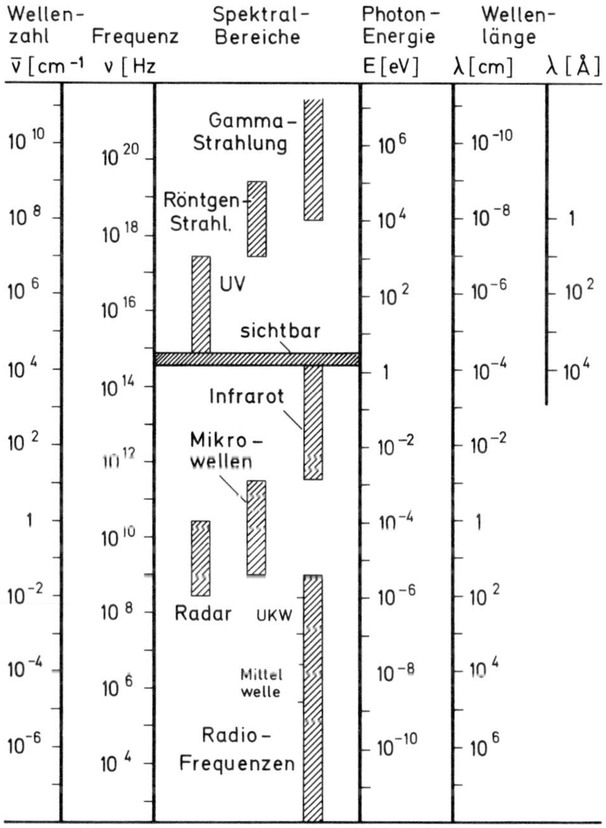

Abb. 8.1. Das elektromagnetische Spektrum. Bereiche und Einheiten

zu Molekülen. Linienspektren dagegen sind typisch für Atome. Sie bestehen aus einzelnen Linien, die zu charakteristischen Serien zusammengefaßt werden können.

Optische Spektren können sowohl in Absorption wie auch in Emission beobachtet werden. Letzteres setzt voraus, daß man die zu untersuchende Substanz zum Leuchten angeregt hat. Dies kann in verschiedener Weise geschehen: durch Licht, durch Elektronenstoß, durch Röntgenanregung oder durch Energieübertragung an das Atom auf anderen Wegen. Wenn eine Substanz das gleiche Licht emittiert, das sie absorbiert, spricht man von Resonanz-Fluoreszenz. Das bestbekannte Beispiel dafür ist die Resonanz-Fluoreszenz des Natrium-Dampfes (Abb. 8.2).

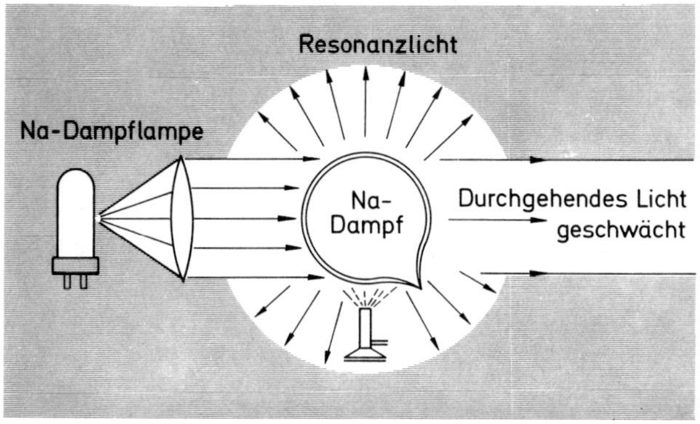

Abb. 8.2. Resonanzfluoreszenz von Natrium-Dampf. Natrium-Metall wird in einer evakuierten Glaskugel erwärmt. Der entstehende Natrium-Dampf absorbiert das Licht einer Natrium-Dampflampe und emittiert das gleiche Licht als Resonanzfluoreszenz in alle Richtungen

Auf apparative Einzelheiten und Besonderheiten wird im folgenden jeweils im Zusammenhang mit den untersuchten Problemen eingegangen.

Aus Tradition, wegen apparativer Gegebenheiten oder aus praktischen Gründen werden Spektren in verschiedenen Einheiten gemessen:

- In *Wellenlängen*einheiten. Diese können absolut mit Hilfe eines Beugungs-Gitters gemessen werden. Meist benutzt man jedoch ein geeichtes Vergleichsspektrum. Damit werden höhere Genauigkeiten erzielt.
  Ein Wellenlängen-Normal ist die gelbe ^{86}Kr-Linie, d. h. eine gelbe Linie im Spektrum des Atoms ^{86}Kr. Für sie gilt

$$\lambda_{\mathrm{vac}} = 6057{,}80211\ \text{Å} \mathrel{\hat{=}} 16507{,}6373\ \mathrm{cm}^{-1}, \qquad \text{(s. u.)}.$$

Generell werden die Wellenlängenangaben auf das Vakuum bezogen. In Luft ist die entsprechende Wellenlänge etwas kleiner, da der Brechungsindex von Luft etwas größer als 1, die Lichtgeschwindigkeit etwas kleiner als im Vakuum ist. Für die Umrechnung der in Luft („Normalluft", 15 °C, 760 Torr) gemessenen Wellenlängen gilt

$$\lambda_{\mathrm{Luft}} = \lambda_{\mathrm{vac}}/n\,.$$

Die Brechzahl der Luft ist eine Funktion der Wellenlänge. Bei 6000 Å ist $n = 1{,}0002762$.

Für die gelbe Linie von ^{86}Kr gilt in Normalluft

$$\lambda_{\mathrm{Luft}} = 6056{,}12941\ \text{Å}\,.$$

- Eindeutiger ist die Angabe der *Frequenz*, da diese vom Medium unabhängig ist. Es gilt

$$\nu = c/\lambda_{\text{vac}} = c/(n \cdot \lambda_{\text{Luft}})\ [\text{Hz}]\,.$$

- Sehr gebräuchlich ist die Angabe der *Wellenzahl*:

$$\bar{\nu} = \nu/c = 1/\lambda_{\text{vac}} = 1/(n \cdot \lambda_{\text{Luft}})\ [\text{cm}^{-1}]\,.$$

Die Wellenzahl ist wie die Frequenz eine der Energie proportionale Einheit; die Umrechnung erfolgt nach der Gleichung

$$E = \bar{\nu} \cdot h \cdot c\,.$$

- Schließlich benutzt man als Energiemaß noch häufig die Einheit *Elektronenvolt* (eV).

Einige wichtige und für Rechnungen in der Atomphysik praktische Einheiten und Umrechnungsfaktoren sind in Tabelle 8.1 und in Abb. 8.1 zusammengestellt.

Tabelle 8.1. Häufig verwendete Einheiten und Umrechnungsfaktoren

Größe	Einheit und Umrechnung
Wellenlänge λ	$1\,\text{Å} = 10^{-10}\,\text{m} = 0{,}1\,\text{nm}$
Wellenzahl $\bar{\nu}$	$1\,\text{cm}^{-1}$ (= 1 Kayser)
$\bar{\nu} = \frac{1}{\lambda}$	$\bar{\nu} = 8066\,\frac{E}{\text{eV}}\,\text{cm}^{-1}$
	$1\,\text{cm}^{-1} \mathrel{\hat{=}} 29{,}979\,\text{GHz}$
Energie E	1 Elektronenvolt $= 1{,}602 \cdot 10^{-19}\,\text{J} = 1{,}96 \cdot 10^{-6}\,m_o c^2$
	$E = h\nu = \frac{hc}{\lambda} = hc\bar{\nu}$
	$1\,\text{eV} \mathrel{\hat{=}} 2{,}418 \cdot 10^{14}\,\text{Hz} \mathrel{\hat{=}} 8066\,\text{cm}^{-1}$
	$E = 1{,}24 \cdot 10^{-4}\,\frac{\bar{\nu}}{\text{cm}}\,\text{eV}$
Masse m_0	1 Elektronenmasse $= 9{,}11 \cdot 10^{-31}\,\text{kg}$ $= 511\,\frac{\text{keV}}{c^2}$
Ladung e	1 Elementarladung $= 1{,}6 \cdot 10^{-19}\,\text{C}$
Wirkung h	$h = 4{,}14 \cdot 10^{-15}\,\text{eVs}$
	$\hbar = \frac{h}{2\pi} = 6{,}58 \cdot 10^{-16}\,\text{eVs}$

8.2 Das optische Spektrum des Wasserstoff-Atoms

Kirchhoff und *Bunsen*, die Begründer der Spektralanalyse, stellten als erste bereits in der Mitte des vorigen Jahrhunderts fest, daß jedes Element ein für dieses Element charakteristisches Spektrum besitzt. Wasserstoff ist das leichteste Element, und das Wasserstoff-Atom ist das einfachste Atom. Es besteht aus einem Proton und einem Elektron. Während der letzten 90 Jahre haben in allen Spektralbereichen die Spektren des H-Atoms immer wieder eine fundamentale Rolle bei der Entwicklung unseres Verständnisses von den Gesetzmäßigkeiten des Aufbaus der Atome und von der Struktur der Materie gespielt.

Zum Emissionsspektrum des atomaren Wasserstoffs gehören im sichtbaren Gebiet immer drei charakteristische Linien bei 6563, 4861 und 4340 Å ($H_{\alpha,\beta,\gamma}$). Die stärkste dieser Linien wurde bereits 1853 von *Ångström* entdeckt. Sie heißt heute H_α-Linie.

Diesen drei Linien folgt im nahen Ultravioletten eine ganze Serie von weiteren Linien. Sie rücken gesetzmäßig nach einer kurzwelligen Grenze (H_∞) hin zusammen (Abb. 8.3).

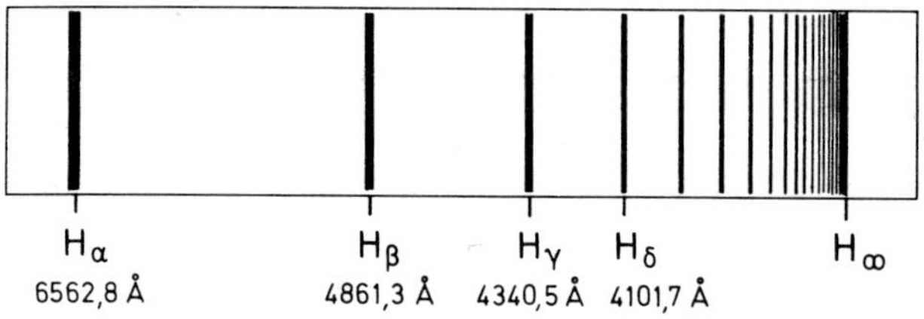

Abb. 8.3. Balmer-Serie von Wasserstoff in Emission. Man sieht die Konvergenz der Linien bei der Seriengrenze H_∞

Balmer fand 1885, daß die Wellenlängen der Linien dieser Serie ausgezeichnet wiedergegeben werden durch eine Formel der Form

$$\lambda = \frac{n_1^2}{n_1^2 - 4} \cdot G . \tag{8.1}$$

Dabei ist n_1 eine ganze Zahl $n_1 = 3, 4 \ldots$ und G ein empirischer Zahlenwert. Heute schreiben wir die *Balmer-Formel* etwas anders. Für die Wellenzahlen der Linien gilt

$$\bar{\nu} = \frac{1}{\lambda} = R_H \left(\frac{1}{2^2} - \frac{1}{n^2} \right), \quad n > 2, \quad \text{ganzzahlig}. \tag{8.2}$$

Die Größe $R_H (= 4/G)$ heißt *Rydberg-Konstante* und hat den Zahlenwert

$$R_H = 109\,677{,}5810 \, \mathrm{cm}^{-1} .$$

Die Seriengrenze ergibt sich für $n \to \infty$ zu

$$\bar{\nu}_\infty = R_H \cdot \frac{1}{4} .$$

Bei der weiteren Untersuchung des Wasserstoff-Spektrums spielten astrophysikalische Beobachtungen eine wichtige Rolle. In den photographisch aufgenommenen Spektren von Sternen fand *Huggins* bereits 1881 eine größere Anzahl von Linien aus dem Wasserstoff-Spektrum. Bei modernen radio-astronomischen Untersuchungen konnten auch Übergänge zwischen Zuständen mit sehr großen n-Werten gefunden werden. Niveaus mit n zwischen 90 und 350 konnten identifiziert werden (vgl. Abschn. 8.12).

Der Grund dafür, daß viele Linien zuerst durch astrophysikalische Beobachtungen und nicht durch Experimente auf der Erde entdeckt wurden, liegt in der Schwierigkeit, atomaren Wasserstoff im Laboratorium rein herzustellen. Gasentladungen, in denen man H_2-Gas in atomaren Wasserstoff zerlegt und zum Leuchten anregt, enthalten

	n	λ_{Luft} [Å]	$\bar{\nu}_{\text{Vac}}$ [cm^{-1}]	$R_H\left(\frac{1}{2^2}-\frac{1}{n^2}\right)$
H_α	3	6562,79	15233,21	15233,00
H_β	4	4861,33	20564,77	20564,55
H_γ	5	4340,46	23032,54	23032,29
H_δ	6	4101,73	24373,07	24372,80
H_ε	7	3970,07	25181,33	25181,08
H_ζ	8	3889,06	25705,84	25705,68
H_η	9	3835,40	26065,53	26065,35
H_ϑ	10	3797,91	26322,80	26322,62
H_ι	11	3770,63	26513,21	26512,97
H_κ	12	3750,15	26658,01	26657,75
H_λ	13	3734,37	26770,65	26770,42
H_μ	14	3721,95	26860,01	26859,82
H_ν	15	3711,98	26932,14	26931,94
H_ξ	16	3703,86	26991,18	26990,97
H_o	17	3697,15	27040,17	27039,89
H_π	18	3691,55	27081,18	27080,88
H_ϱ	19	3686,83	27115,85	27115,58
H_σ	20	3682,82	27145,37	27145,20

Tabelle 8.2. Die ersten 20 Linien der Balmer-Serie von Wasserstoff. Angegeben sind die Wellenlängen in Luft, die Wellenzahlen im Vakuum und der aus der Balmerformel errechnete Wert

immer auch leuchtende Wasserstoff-Moleküle. Deren Spektrum überlagert sich dem des atomaren Wasserstoffs.

Über die Seriengrenze hinaus erstreckt sich das sogenannte Seriengrenz-Kontinuum, ein Bereich, in dem das Spektrum keine Linien mehr aufweist, sondern kontinuierlich ist. Vergleich der nach der obigen Gleichung berechneten Spektrallinien mit den beobachteten (Tabelle 8.2) zeigt, daß es sich nicht etwa nur um eine Näherungsformel handelt. Die Serie wird mit großer Genauigkeit beschrieben. Das gesamte Spektrum des H-Atoms besteht aus mehreren solcher Serien. Sie werden dargestellt durch Gleichungen der Form

$$\bar{\nu} = R_H\left(\frac{1}{n'^2}-\frac{1}{n^2}\right) \quad \text{mit} \quad n' < n, \quad \text{ganzzahlig}. \tag{8.3}$$

Tabelle 8.3. Die Wellenlängen einiger Linien der verschiedenen Spektralserien im Wasserstoffatom. Die Serie mit $n' = 5$ wurde 1924 von *Pfund* beobachtet. Sie beginnt mit einer Linie mit $\lambda = 74000$ Å. Sie ist in der Tabelle nicht mehr enthalten

n \ n'	1 *Lyman*	2 *Balmer*	3 *Paschen*	4 *Brackett*
2	1216 Å ≙ 82257 cm^{-1}			
3	1026 Å ≙ 97466 cm^{-1}	6563 Å ≙ 15233 cm^{-1}		
4	973 Å ≙ 102807 cm^{-1}	4861 Å ≙ 20565 cm^{-1}	18751 Å ≙ 5333 cm^{-1}	
5	950 Å ≙ 105263 cm^{-1}	4340 Å ≙ 23033 cm^{-1}	12818 Å ≙ 7801 cm^{-1}	40500 Å ≙ 2467 cm^{-1}
Entdeckungsjahr	1906	1885	1908	1922

Die Zahlen n und n' heißen Hauptquantenzahlen. Tabelle 8.3 enthält einige Linien der ersten vier Serien. Die Beziehung (8.3) wurde zuerst von *Rydberg* im Jahre 1889 formuliert. Er stellte bereits „zu seiner Freude“ fest, daß die Balmer-Formel (8.1) ein Spezialfall der Rydberg-Formel (8.3) ist.

Die Tabelle 8.3 demonstriert zugleich das bereits 1898 empirisch gefundene Ritzsche Kombinationsprinzip. Es lautet:

Die Differenz der Frequenzen zweier Linien einer Serie ist gleich der Frequenz einer Linie, die im gleichen Atom in einer anderen Serie tatsächlich auftritt. So ist z. B. die Frequenzdifferenz der beiden ersten Glieder der Lyman-Serie gleich der Frequenz der ersten Linie der Balmer-Serie. Das ist aus Tabelle 8.3 ersichtlich.

Wir können aus diesen Beobachtungen und Überlegungen schließen, daß alle Frequenzen bzw. Wellenzahlen von Spektrallinien als Differenzen von je zwei *Termen* der Form R/n^2 darstellbar sind. Wie wir im folgenden sehen werden, sind das gerade die Energieniveaus des Elektrons im H-Atom. Die Spektrallinien des Wasserstoff-Atoms können wir als Übergänge zwischen den Energietermen übersichtlich graphisch darstellen und kommen so zu einem spektralen *Energietermschema* (Abb. 8.4).

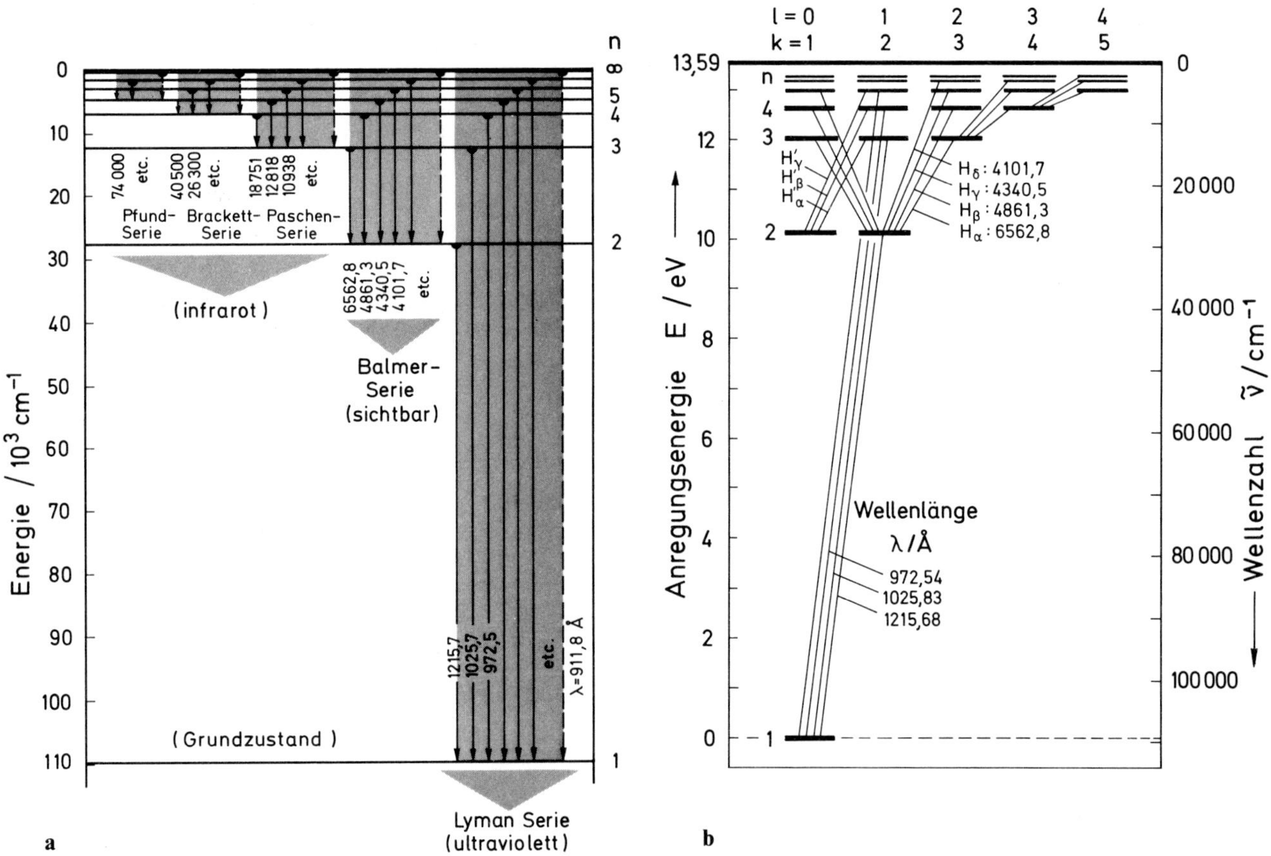

Abb. 8.4. **a**) Termschema für die Linien des Wasserstoff-Spektrums und Serieneinteilung. Die Wellenlängen der Übergänge sind in Å angegeben. Die Energien können entweder als (negative) Bindungsenergien angegeben werden. Dann ist die Ionisierungsgrenze der Nullpunkt. Oder man gibt, beginnend mit dem Grundzustand, die Energien als Anregungsenergien an. Dann ist die Energie des Terms n_∞ gleich der Ionisierungsenergie. **b**) ist eine Darstellung der Linien des Wasserstoff-Spektrums in der Termdarstellung nach *Grotrian* (Struktur der Materie VII, Springer Berlin 1928). Die am oberen Bildrand verwendeten Symbole l und k werden erst später (8.9) erklärt

8.3 Die Bohrschen Postulate

Um den Zusammenhang zwischen dem Atombau und den Frequenzen der Spektrallinien zu erklären, wurden in den ersten Jahren dieses Jahrhunderts verschiedene Modellansätze vorgeschlagen. Der entscheidende Ansatz stammt von *Bohr* (1913). Er nimmt entsprechend dem Rutherfordschen Atommodell an, daß sich die Elektronen um den Kern ähnlich wie die Planeten um die Sonne auf Kreisbahnen mit dem Radius r und der Geschwindigkeit v bewegen. Dabei herrscht dynamisches Gleichgewicht zwischen Coulombkraft und Zentrifugalkraft. Es gilt also für das Wasserstoff-Atom

$$\frac{e^2}{4\pi\varepsilon_0 r^2} = m_0 r\omega^2 . \tag{8.4}$$

Die zugehörige Energie ergibt sich als Summe aus kinetischer und potentieller Energie

$$E = E_{\text{kin}} + E_{\text{pot}} .$$

Die kinetische Energie ist wie üblich durch $m_0 v^2/2$ oder $m_0 r^2 \omega^2/2$ gegeben. Die potentielle Energie ist durch die Arbeit gegeben, die man gewinnt, wenn man das Elektron aus dem Unendlichen unter der Einwirkung der Coulombkraft zum Abstand r vom Kern bringt. Da die Arbeit durch Kraft und Weg definiert ist, sich aber die Coulombkraft mit dem Abstand ständig ändert, müssen wir über die Arbeitsbeiträge auf den Wegstücken dr aufintegrieren. Somit gilt

$$E_{\text{pot}} = \int_{\infty}^{r} \frac{e^2}{4\pi\varepsilon_0 r'^2} dr' = -\frac{e^2}{4\pi\varepsilon_0 r} . \tag{8.5}$$

E_{pot} ist ersichtlich als Bindungsenergie negativ, wobei der Nullpunkt der Zustand völliger Ionisierung ist. Die gesamte Energie ergibt sich also zu

$$E = \frac{1}{2} m_0 r^2 \omega^2 - \frac{e^2}{4\pi\varepsilon_0 r} . \tag{8.6}$$

Insoweit entspricht das Modell dem von *Rutherford*.

Unter Verwendung von (8.4) läßt sich (8.6) noch umformen:

$$E = -\frac{e^2}{2 \cdot 4\pi\varepsilon_0 r} = -\frac{1}{2(4\pi\varepsilon_0)^{2/3}} (e^4 m_0 \omega^2)^{1/3} . \tag{8.7}$$

Versucht man jedoch, bei einem solchen Modell die Emission und Absorption von Licht mit den bekannten Gesetzen der klassischen Elektrodynamik zu verstehen, so stößt man auf grundlegende Schwierigkeiten. *Klassisch* sollten Bahnen mit beliebigem Radius und damit eine *kontinuierliche* Folge von Energiewerten für das Elektron im Feld des Kerns möglich sein. Würde man die in den Spektralserien in Erscheinung tretenden Energieniveaus jedoch als Werte für die Energie des Elektrons ansehen, so müßte man annehmen, daß nur *diskrete* Energiewerte möglich sind. Weiterhin sind Elektronen auf Kreisbahnen ja beschleunigte Ladungen und sollten als solche wie ein Hertzscher Oszillator elektromagnetische Strahlung ihrer Umlauffrequenz $\nu = \omega/2\pi$ abstrahlen. Sie müßten dadurch Energie verlieren, d. h. ihre Bahnen sind instabil, und sie müßten sich auf Spiralbahnen zum Kern bewegen. Ihre Umlauffrequenz müßte sich dabei kontinuierlich ändern. Dementsprechend müßte die ausgesandte Strahlung auch einen kontinuierlichen Bereich von Frequenzen überdecken.

Um diese Diskrepanz zu den Gesetzen der klassischen Physik zu vermeiden, stellte *Bohr* in Form von drei *Postulaten* Forderungen für von den Gesetzen der klassischen Physik abweichendes Verhalten der Elektronen im Atom auf. Diese Postulate erwiesen sich als ein äußerst wichtiger Schritt zur Quantenmechanik. Sie lauten:

- Die klassischen Bewegungsgleichungen sollen für Elektronen in Atomen zwar gelten. Es sollen aber nur ganz bestimmte, *diskrete* Bahnen mit den Energien E_n erlaubt sein. Dies sind die Energieterme des Atoms.
- Die Bewegung der Elektronen auf diesen gequantelten Bahnen erfolgt *strahlungslos*. Ein Elektron kann von einer Bahn mit geringerer (negativer) Bindungsenergie E_n (also größerem r) unter Emission von Strahlung auf eine Bahn mit größerer (negativer) Bindungsenergie $E_{n'}$ (kleinerem r) übergehen. Die Frequenz der dabei emittierten Strahlung ergibt sich aus

$$E_n - E_{n'} = h\nu \, . \tag{8.8}$$

  Bei Absorption von Licht erfolgt der umgekehrte Prozeß.
  Durch Vergleich von (8.8) mit (8.3) identifizierte Bohr die Energieterme $E_{n'}$, E_n mit

$$E_n = -\frac{Rhc}{n^2}, \quad E_{n'} = -\frac{Rhc}{n'^2}, \tag{8.9}$$

  wobei das Minuszeichen wieder andeutet, daß es sich um Bindungsenergien handelt.
- Zur Berechnung der Rydberg-Konstanten R in (8.9) aus atomaren Größen benutzte Bohr schließlich den Vergleich der Umlauffrequenz der Elektronen auf den Bahnen mit der Frequenz der emittierten oder absorbierten Strahlung. In der klassischen Physik müßten diese Frequenzen ja, wie oben erwähnt, gleich sein. Aus (8.4) errechnet man jedoch leicht, daß dies beim Wasserstoff-Atom für kleine Bahnradien r überhaupt nicht zutrifft.

Der entscheidende Gedanke von Bohr war nun, daß mit wachsendem Bahnradius r die Gesetze der quantisierten Atomphysik in diejenigen der klassischen Physik übergehen sollten. Die Anwendung dieses „*Korrespondenzprinzips*" auf das Wasserstoff-Atom ermöglicht die Bestimmung der diskreten stabilen Bahnen.

Wir betrachten dazu die Lichtausstrahlung eines Elektrons nach den beiden ersten Postulaten bei einem Übergang zwischen benachbarten Bahnen, d. h. $(n-n')=1$, bei großem n. Aus (8.3) ergibt sich für die Frequenz ν mit $(n-n')=\tau$

$$\begin{aligned} \nu &= Rc\left(\frac{1}{n'^2} - \frac{1}{n^2}\right) = Rc\left(\frac{1}{(n-\tau)^2} - \frac{1}{n^2}\right) \\ &= Rc\frac{1}{n^2}\left(\frac{1}{(1-\tau/n)^2} - 1\right) \approx Rc\frac{2\tau}{n^3}, \end{aligned} \tag{8.10}$$

im Grenzfall großer n, oder mit $\tau = 1$:

$$\nu = \frac{2Rc}{n^3} \, . \tag{8.11}$$

Diese Frequenz setzt man nun mit der klassischen Umlauffrequenz $\frac{\omega}{2\pi}$ in (8.7) gleich und erhält so durch Gleichsetzen von (8.7) und (8.9) und Einsetzen von (8.11) eine Gleichung, aus der man R berechnen kann:

$$\frac{Rhc}{n^2} = \frac{1}{2}\frac{1}{(4\pi\varepsilon_0)^{2/3}}\left[e^4 m_0\left(\frac{2\pi 2Rc}{n^3}\right)^2\right]^{1/3}$$

$$R = \frac{m_0 e^4}{8\varepsilon_0^2 h^3 c}. \tag{8.12}$$

Aus (8.12) ergibt sich für die Rydbergkonstante R (die wir aus weiter unten ersichtlichen Gründen mit R_∞ bezeichnen) der Zahlenwert

$$R_\infty = (109\,737.318 \pm 0.012)\,\mathrm{cm}^{-1}. \tag{8.13}$$

Diesen können wir nun mit dem empirischen Wert in (8.3) vergleichen. Im Bohrschen Modell ist R gerade die Ionisierungsenergie für den Grundzustand des Atoms, $n=1$.

Aus (8.12) ergibt sich mit (8.9) und (8.7) der Radius r_n der $n$ten Bahn zu

$$r_n = \frac{n^2 \hbar^2 4\pi\varepsilon_0}{e^2 m_0}. \tag{8.14}$$

Die hier auftretende Quantenzahl n heißt Hauptquantenzahl.

Ferner ergibt sich aus (8.11) und (8.14) für den *Bahn-Drehimpuls* $\boldsymbol{l} = \boldsymbol{r} \times \boldsymbol{p}$ des mit der Geschwindigkeit v_n und der Kreisfrequenz ω_n auf der Bahn mit dem Radius r_n umlaufenden Elektrons die Quantenbedingung

$$|\boldsymbol{l}| = m_0 v_n r_n = m_0 r_n^2 \omega_n = n\hbar, \qquad n = 1, 2, 3, \ldots. \tag{8.15}$$

Diese Quantenbedingung wird häufig (aber zu Unrecht) als eines der Bohrschen Postulate bezeichnet.

Wesentliches gemeinsames Charakteristikum der Bohr-Postulate ist: Man macht nicht Aussagen über Vorgänge, sondern über Zustände. Der klassische Bahnbegriff wird aufgegeben. Es wird nicht nach dem zeitlichen Verlauf gefragt, sondern nach dem stationären Anfangs- und Endzustand. Abbildung 8.5 veranschaulicht das Modell.

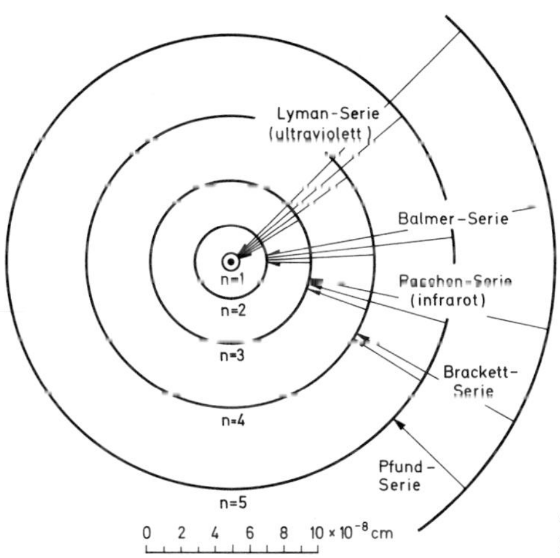

Abb. 8.5. Bohrsches Modell des Wasserstoff-Atoms, schematisch, mit den ersten fünf Spektralserien

Ob Linien zugleich in Absorption und Emission beobachtbar sind, ist eine Frage der Besetzung der Energieterme (auch Energiezustände genannt). Absorption aus einem Energiezustand setzt voraus, daß dieser Zustand mit einem Elektron besetzt ist. Bei Emissions-Übergängen fällt ein Elektron von einem höheren Zustand in einen unbesetzten tieferen. Das Elektron muß vorher durch einen Anregungsprozeß, also durch Energiezufuhr, in den höheren Zustand gehoben worden sein. Bei normalen Temperaturen ist vom H-Atom nur die Lyman-Serie in Absorption beobachtbar, da dann nur der tiefste Energieterm besetzt ist ($n=1$ in Abb. 8.4). Wenn man im Spektrum von Sternen die Balmer-Linien als Fraunhofer-Linien beobachtet (d. h., diese Linien fehlen im kontinuierlichen Spektrum wegen Absorption auf dem Wege des Lichtes durch die Sternatmosphäre), dann heißt das: In Sternatmosphären herrschen so hohe Temperaturen, daß auch der erste angeregte Zustand des H-Atoms ($n=2$) besetzt ist. Das ist die Grundlage der spektroskopischen Temperaturbestimmung mit Hilfe der Boltzmann-Verteilung, vgl. (2.8). Zum Beispiel ist bei der Sonne mit 6000 K Oberflächentemperatur nur der 10^{-8}-te Teil der H-Atome im Zustand $n=2$.

8.4 Einige quantitative Folgerungen

Wir behandeln nun das Bohr-Modell bei beliebiger Kernladungszahl für *Wasserstoffähnliche* Systeme wie He^+, Li^{++} usw. quantitativ. Der Kern mit der Ladungszahl Z wird von einem Elektron auf einer Kreisbahn n im Abstand r_n mit der Geschwindigkeit v_n umlaufen. Es herrscht Gleichgewicht zwischen Coulombkraft und Zentrifugalkraft:

$$\frac{Ze^2}{4\pi\varepsilon_0 r_n^2} = \frac{m_0 v_n^2}{r_n} = m_0 r_n \omega_n^2 , \tag{8.16}$$

wobei $\omega_n = v_n/r_n$ die Kreisfrequenz des Elektrons auf der Bahn n und m_0 seine Masse ist.

Für die möglichen Bahnradien gilt

$$r_n = \frac{n^2\hbar^2 4\pi\varepsilon_0}{Ze^2 m_0} . \tag{8.17}$$

Mit $Z=1$, $n=1$ ergibt sich für den kleinsten Bahnradius r_1 des H-Atoms $r_1(\mathrm{H}) = 0{,}529$ Å, also die richtige Größenordnung für die Ausdehnung des neutralen H-Atoms. $r_1(\mathrm{H})$ wird auch als Bohrscher Radius des Wasserstoff-Atoms im Grundzustand bezeichnet und mit a_0 abgekürzt.

Für die möglichen Kreisfrequenzen der Elektronenbewegung erhält man

$$\omega_n = \frac{1}{(4\pi\varepsilon_0)^2} \frac{Z^2 e^4 m_0}{\hbar^3 \cdot n^3} . \tag{8.18}$$

Für $Z=1$, $n=1$ folgt als die größte mögliche Kreisfrequenz

$$\omega_1(\mathrm{H}) \approx 10^{16}\,\mathrm{s}^{-1} ;$$

ω_n wäre die „klassische" Frequenz des ausgestrahlten Lichtes, wenn sich das Elektron im Atom wie ein klassischer Dipol verhielte. Dies ist aber, wie bereits in Abschn. 8.3 ausgeführt, nicht der Fall. Die abgestrahlte Frequenz entspricht dem Unterschied der Energiezustände zweier Bahnen mit n und n' nach (8.9). Die Gesamtenergie E_n ist nach (8.6) gegeben durch

$$E_n = \frac{1}{2} m_0 v_n^2 - \frac{Ze^2}{4\pi\varepsilon_0 r_n}. \tag{8.19}$$

Einsetzen von r_n (8.17) und v_n – das aus (8.15) zu gewinnen ist – ergibt für die möglichen Energiezustände

$$E_n = -\frac{Z^2 e^4 m_0}{32\pi^2 \varepsilon_0^2 \hbar^2} \cdot \frac{1}{n^2}. \tag{8.20}$$

Für $Z=1$, $n=1$ ergibt sich als tiefster Energiezustand des H-Atoms

$$E_1(\mathrm{H}) = -13{,}59\,\mathrm{eV}.$$

Dies ist die Ionisierungsenergie des H-Atoms.

Für beliebiges Z, $n=1$ erhält man

$$E_1(Z) = -Z^2 \cdot 13{,}59\,\mathrm{eV}.$$

Für die Wellenzahlen der Spektrallinien ergibt sich gemäß (8.3) und (8.9)

$$\bar{\nu} = \frac{1}{hc}(E_n - E_{n'}) = \frac{e^4 m_0 Z^2}{64\pi^3 \varepsilon_0^2 \hbar^3 c}\left(\frac{1}{n'^2} - \frac{1}{n^2}\right). \tag{8.21}$$

Der Vergleich dieses Ergebnisses mit der empirisch gefundenen Balmer-Formel (vgl. Kap. 8.2) zeigt völlige Übereinstimmung bezüglich n und n'. Die von *Bohr* eingeführte Quantenzahl n ist daher mit der Laufzahl n von *Balmer* identisch.

8.5 Mitbewegung des Kerns

Die spektral gemessene Größe R_H (vgl. Kap. 8.2) stimmt nicht exakt mit der theoretischen Größe R_∞ (vgl. 8.13) überein. Der Unterschied beträgt etwa $60\,\mathrm{cm}^{-1}$. Grund dafür ist die Mitbewegung des Kerns beim Umlauf des Elektrons, die in der obigen Modellrechnung vernachlässigt wurde. Dieser Rechnung liegt die Annahme eines unendlich schweren Kerns zugrunde. Wir berücksichtigen nun die endliche Masse des Kernes. In der Mechanik wird gezeigt, daß die Bewegung von zwei Teilchen mit den Massen m_1 und m_2 und dem Abstand r um einen gemeinsamen Schwerpunkt erfolgt. Ist dieser Schwerpunkt in Ruhe, so ist die Gesamtenergie der beiden Teilchen gleich der eines einzigen, fiktiven Teilchens, das im Abstand r um den Schwerpunkt umläuft und dessen Masse, die sog. reduzierte Masse, gegeben ist durch

$$\mu = \frac{m_1 m_2}{m_1 + m_2}. \tag{8.22}$$

Wir müssen also in allen Rechnungen in Abschn. 8.4 die Masse des umlaufenden Elektrons m_0 durch die reduzierte Masse μ ersetzen und erhalten damit in Übereinstimmung mit der Erfahrung

$$R = R_\infty \frac{1}{1+\frac{m_0}{M}} . \tag{8.23}$$

Dabei ist $m_0 \equiv m_1$ die Masse des umlaufenden Elektrons und $M \equiv m_2$ die Kernmasse. Die Energie-Korrekturen aufgrund der Kern-Mitbewegung nehmen mit wachsender Kernmasse rasch ab (s. Tabelle 8.4).

Tabelle 8.4. Energiekorrektur wegen Mitbewegung des Kernes für die Rydberg-Zahl einiger Einelektronen-Atome

Atom	H (^{1}H)	D (^{2}H)	T (^{3}H)	He^+	Li^{2+}
A	1	2	3	4	7
$-\frac{\Delta E}{E} \cdot 10^4$	5,45	2,75	1,82	1,36	0,78
$-\frac{\Delta E}{E}$ %	0,0545	0,0275	0.0182	0,0136	0,0078

Auf diese Weise ist eine spektroskopische Bestimmung des Massenverhältnisses M/m_0 möglich, z. B.

$$M_{\text{Proton}}/m_{\text{Elektron}} = 1836{,}15 .$$

Wegen der Mitbewegung des Kernes haben verschiedene Isotope des gleichen Elementes etwas unterschiedliche Spektrallinien. Diese sogenannte Isotopieverschiebung führte zur Entdeckung des schweren Wasserstoffs mit der Massenzahl $A = 2$, des sogenannten Deuteriums. Man fand nämlich zu jeder Linie im Spektrum des Wasserstoffs einen Begleiter. Seine Intensität war dem jeweiligen Gehalt an schwerem Wasserstoff proportional. Abbildung 8.6 zeigt die H_β-Linie mit dem Begleiter D_β im Abstand von etwa 1 Å im 1 : 1-Gemisch der beiden Gase. Der Kern des schweren Wasserstoffs enthält zusätzlich zum Proton noch ein Neutron. Für die entsprechenden Linien der

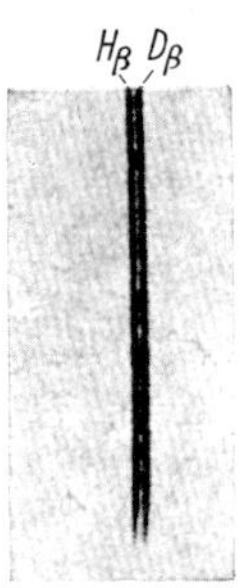

Abb. 8.6. β-Linie der Balmer-Serie in einem Gemisch von gleichen Teilen Wasserstoff (^{1}H) und Deuterium (^{2}H). Man erkennt den Isotopieeffekt, der durch die Mitbewegung des Kernes erklärt wird. Die Linien mit einem Abstand von etwa 1 Å sind hier gleich intensiv, da die beiden Kernsorten gleich häufig sind. [Aus K. H. Hellwege: *Einführung in die Physik der Atome*, Heidelberger Taschenbücher, Bd. 2, 4. Aufl. (Springer, Berlin, Heidelberg 1974) Abb. 40a]

Lyman-Serie von H und D ergeben sich leicht meßbare Unterschiede. Es gilt nämlich

$$R_H = R_\infty \cdot \frac{1}{1+\frac{m_0}{M_H}} = 109\,677{,}584\,\mathrm{cm}^{-1}, \tag{8.24}$$

$$R_D = R_\infty \frac{1}{1+\frac{m_0}{M_D}} = 109\,707{,}419\,\mathrm{cm}^{-1}. \tag{8.25}$$

Die Wellenlängendifferenz $\Delta\lambda$ für entsprechende Linien im Spektrum des leichten und des schweren Wasserstoffs beträgt:

$$\Delta\lambda = \lambda_H - \lambda_D = \lambda_H\left(1-\frac{\lambda_D}{\lambda_H}\right) = \lambda_H\left(1-\frac{R_H}{R_D}\right). \tag{8.26}$$

Meßwerte zeigt Tabelle 8.5. Die Übereinstimmung zwischen Rechnung und Messung ist ausgezeichnet.

Hierzu noch eine historische Bemerkung: Bei der Atom- bzw. Molekulargewichtsbestimmung hatte sich eine Differenz von etwa 0,02% zwischen dem chemischen und dem massenspektroskopisch ermittelten Molekulargewicht von Wasserstoff ergeben, weil D im natürlichen Isotopengemisch des Wasserstoffs bei den chemischen Methoden mitgemessen wird, nicht jedoch im Massenspektrometer.

Urey fand jedoch 1931 nach Eindampfen von 3 l flüssigem Wasserstoff auf 1 cm^3 in einer Gasentladung neben den Linien des H-Atoms Spektrallinien, die entsprechend der Rydberg-Zahl zu D gehören, (s. Abb. 8.6).

Tabelle 8.5. Vergleich der Wellenlängen entsprechender Spektrallinien beim Wasserstoff und beim Deuterium, Linien der Lyman-Serie

λ_D/Å	λ_H/Å
1215,31	1215,66
1025,42	1025,72
972,25	972,53

8.6 Wasserstoff-ähnliche Spektren

Nach *Bohr* sollten die Spektren aller Atome bzw. Ionen mit nur einem Elektron (Ein-Elektronsysteme) gleich sein bis auf den Faktor Z^2 und die Rydberg-Zahl. Das Spektrum des atomaren Wasserstoffs sollte also zugleich auch die Spektren der Ionen He^+, Li^{++}, Be^{+++} oder allgemein aller Ionen erklären, die nur noch ein Elektron besitzen. Dies wird im Experiment voll bestätigt (vgl. Tabelle 8.6 und das Termschema in Abb. 8.7).

Tabelle 8.6. Wellenlängen λ_{12} der ersten Lyman-Linien, d. h. der Spektrallinien mit $n'=1$, $n=2$, von Wasserstoff und von Wasserstoff-ähnlichen Atomionen. Aus der Massenkorrektur (erste Spalte) berechnet man die Rydbergzahl (zweite Spalte) und damit λ_{12} (dritte Spalte). Der berechnete Wert stimmt mit dem gemessenen λ_{12} (vierte Spalte) gut überein

	$1+\dfrac{m_0}{M_{\text{Kern}}}$	R_{Kern} [cm^{-1}]	λ_{12} (berechnet) [Å]	λ_{12} (gemessen) [Å]
^{1}H	1,00054447	109677,6	1215,66	1215,66
^{2}H	1,00027148	109707,4	1215,33	1215,33
$^{4}He^{+}$	1,00013704	109722,3	303,8	303,6
$^{7}Li^{++}$	1,00007817	109728,7	135,0	135,0
$^{9}Be^{3+}$	1,00006086	109730,6	75,9	75,9
$^{10}B^{4+}$	1,00005477	109731,3	48,6	48,6
$^{11}B^{4+}$	1,00004982	109731,8		
$^{12}C^{5+}$	1,00004571	109732,3	33,7	33,7

Für He^{+} fanden Astronomen die Fowler-Serie

$$\bar{\nu}_F = 4 \cdot R_{He}\left(\frac{1}{3^2} - \frac{1}{n^2}\right) \tag{8.27}$$

und die Pickering-Serie

$$\bar{\nu}_P = 4 \cdot R_{He}\left(\frac{1}{4^2} - \frac{1}{n^2}\right). \tag{8.28}$$

Sie ist auch darstellbar als

$$\bar{\nu}_P = R_{He}\left(\frac{1}{2^2} - \frac{1}{(n/2)^2}\right) \qquad n=5,6\,\ldots. \tag{8.29}$$

Jede zweite Linie der Pickering-Serie fällt also fast mit einer Balmer-Linie von H zusammen. Dies ist in Tabelle 8.7 gezeigt.

Später wurden noch weitere He^{+}-Serien gefunden, so die

1. Lyman-Serie $\bar{\nu}_{L1} = 4R_{He}\left(\frac{1}{1^2} - \frac{1}{n^2}\right)$ (8.30)

2. Lyman-Serie $\bar{\nu}_{L2} = 4R_{He}\left(\frac{1}{2^2} - \frac{1}{n^2}\right).$ (8.31)

Auch für Li^{++}, Be^{+++} und noch schwerere hochionisierte Atome wurden Spektrallinien beobachtet, die sich aus den Linien des H-Atoms durch Multiplikation der Frequenz mit dem Faktor Z^2 und Einsetzen der zugehörigen Rydberg-Zahl ergeben. Mit zunehmender Kernladungszahl Z erreicht man bald das Gebiet der Röntgenwellenlängen.

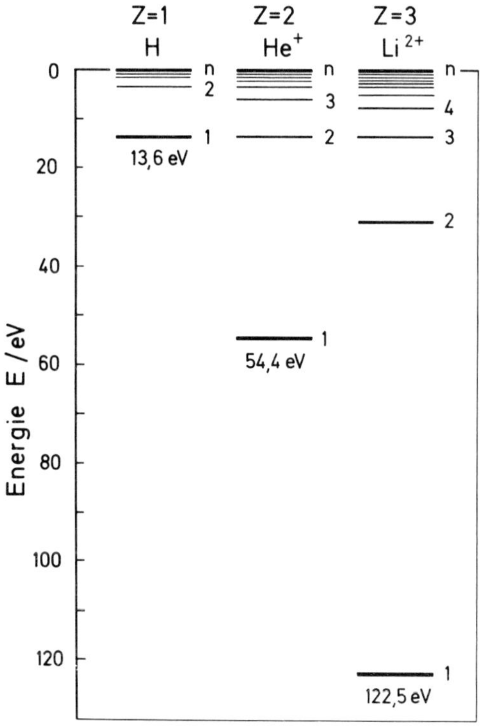

Abb. 8.7. Einige Energieniveaus der Atome H, He^+ und Li^{++}

Tabelle 8.7. Vergleich der Spektrallinien der Balmer-Serie beim Wasserstoff-Atom und der Pickering-Serie beim Helium-Ion, in Å

He^+	H
6 560,1	6 562,8 (H_α)
5 411,6	
4 859,3	4 861,3 (H_β)
4 561,6	
4 338,7	4 340,5 (H_γ)
4 199,9	
4 100,0	4 101,7 (H_δ)

Bereits im Jahre 1916 wurden die spektroskopischen Erfahrungen über die Wasserstoff-Ähnlichkeit von Spektren verallgemeinert zu dem Verschiebungssatz von *Sommerfeld* und *Kossel*. Er besagt:

Das Spektrum eines beliebigen Atoms ist sehr ähnlich dem Spektrum des einfach positiv geladenen Atoms, das im Periodischen System folgt.

Wasserstoffähnliche schwere Atome, das heißt schwere Ionen, denen alle Elektronen bis auf eines fehlen, kann man durch hohe Beschleunigung der einfach geladenen Ionen herstellen, die dann durch dünne Folien geschossen werden. Dabei können den Ionen die Elektronen „abgestreift“ werden. Um zum Beispiel dem Uran-Atom alle Elektronen abzustreifen zur Herstellung von U^{92+} braucht man Beschleunigungsenergien größer als 10 GeV. Läßt man U^{92+} wieder ein Elektron einfangen, erhält man das wasserstoffähnliche Ion U^{91+}. Beim Übergang des Elektrons von Bahnen mit größerem n zu den niederen Bahnen werden die entsprechenden Spektrallinien ausgesandt. Für U^{91+} konnten so die Lyman-Serie im Spektralbereich um 100 keV und die Balmer-Serie im Spektralbereich zwischen 15 und 35 keV beobachtet werden. (Th. Stöhlker, Phys. Bl. 52, 42 (1996)).

8.7 Myonen-Atome

Mit dem einfachen Bohrschen Modell lassen sich auch die erst 1952 gefundenen Myonenatome erklären. Sie enthalten anstatt eines Elektrons das 207mal schwerere μ-Meson oder Myon und sind anders als die Rydberg-Atome extrem klein, nämlich im Extremfall nicht wesentlich größer als typische Kerndimensionen.

Zu ihrer Herstellung beschießt man Materie mit energiereichen Protonen (z.B. 440 MeV) und erzeugt so andere Teilchen, die sogenannten Pionen, nach folgendem

Schema:

$$p+n \rightarrow n+n+\pi^{+}$$

oder

$$p+n \rightarrow p+p+\pi^{-}$$

Dabei bedeuten die Symbole p Proton, n Neutron und π Pion.

Pionen haben die Ladung $+e$ oder $-e$ und die Masse $m_{\pi}=273\,m_0$. Pionen zerfallen in Elementarteilchen, die sogenannten Myonen μ, nach den Schemen:

$$\pi^{+} \rightarrow \mu^{+}+\nu_{\mu}$$

oder

$$\pi^{-} \rightarrow \mu^{-}+\bar{\nu}_{\mu}.$$

Dabei bedeuten die Symbole ν bzw. $\bar{\nu}$ ein Neutrino bzw. ein Antineutrino, der Index μ bedeutet Myonen-Neutrino. Elektronen-Neutrinos tragen zur Unterscheidung den Index e. Die Neutrinos sind hier nur der Vollständigkeit wegen aufgeführt.

Für diesen Zerfall beträgt die Halbwertszeit $T_{1/2}=2.5 \cdot 10^{-8}$ s. Myonen gehören zu den Leptonen und verhalten sich wie schwere Elektronen. Sie haben die Ladung e, die Masse $206{,}8\,m_0$ und die Lebensdauer $T_{1/2}=2{,}2 \cdot 10^{-6}$ s.

Myonen zerfallen in Elektronen (e^{-}) bzw. Positronen (e^{+}) nach den Gleichungen

$$\mu^{+} \rightarrow e^{+}+\nu_{e}+\bar{\nu}_{\mu};$$

$$\mu^{-} \rightarrow e^{-}+\bar{\nu}_{e}+\nu_{\mu}.$$

Vor ihrem Zerfall können sie von Kernen auf äußere Bahnen wie Elektronen im Atom eingefangen werden und sich dort anstelle von Elektronen aufhalten. Beim Übergang von äußeren auf innere Bahnen strahlen die Myonen-Atome Licht der atomaren Übergangsfrequenz aus. Das ist dann Licht im Spektralbereich des Röntgenlichts. Da Myonen sich wie schwere Elektronen verhalten, kann man versuchsweise die Rechnungen des Bohrschen Modells einfach übertragen.

Für die Bahnradien gilt [vgl. (8.17)]

$$r_n=\frac{4\pi\varepsilon_0\hbar^2}{Ze^2 m_{\mu}}\cdot n^2. \tag{8.32}$$

r_n ist also um das Verhältnis der Massen kleiner als der entsprechende Radius einer mit einem Elektron besetzten Bahn.

Dazu ein Beispiel: für das Magnesiumatom ^{12}Mg gilt

$$\text{Elektron:} \quad r_1(\mathrm{e}^{-})=\frac{0{,}53}{12}\,\text{Å}=4{,}5\cdot 10^{-12}\ \mathrm{m}$$

$$\text{Myon:} \quad r_1(\mu^{-})=\frac{r_1(e^{-})}{207}=2{,}2\cdot 10^{-14}\ \mathrm{m}.$$

Das Myon ist also sehr viel dichter am Kern als das Elektron. Für die Strahlung beim Übergang zwischen den Niveaus mit den Hauptquantenzahlen 1 und 2 gilt

$$h\nu=\frac{Z^2 e^4 m_{\mu}}{32\pi^2\varepsilon_0^2\hbar^2}\left(\frac{1}{1^2}-\frac{1}{2^2}\right), \tag{8.33}$$

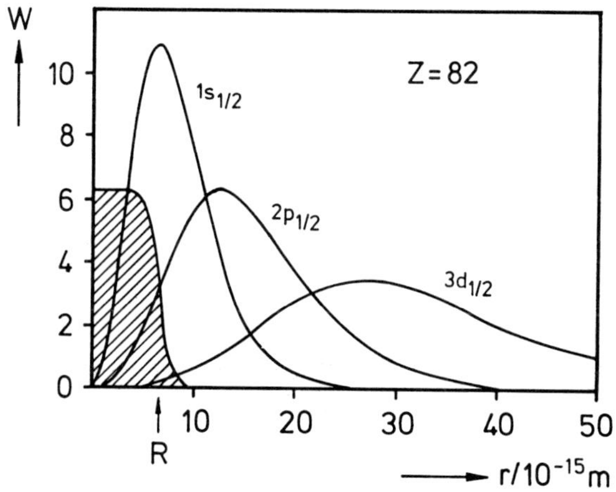

Abb. 8.8. Wahrscheinlichkeit W, ein Myon im Abstand r vom Kernzentrum eines Myonenatoms anzutreffen, in willkürlichen Einheiten, für verschiedene Schalen, und Verteilung der Kernladung (*schraffiert*), für den Kern von Blei, $Z=82$, Kernradius $R=6{,}687\cdot 10^{-15}$ m. Die Symbolik zur Bezeichnung der Schalen wird erst später erklärt. (Nach E. Boric and G. A. Rinker, Rev. Mod. Phys. *54*, 68, 1982)

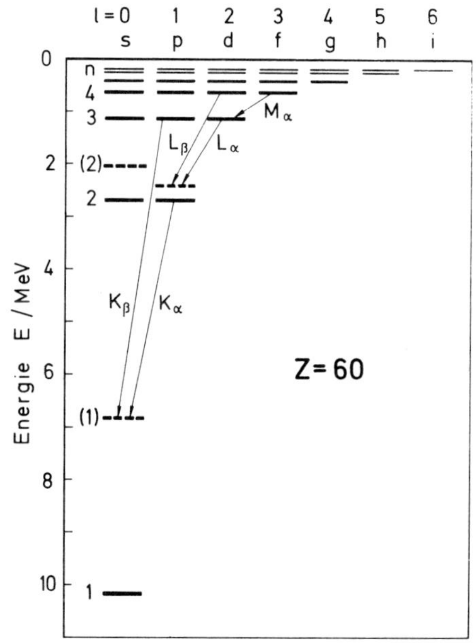

Abb. 8.9. Myonische Terme für ein Atom mit $Z=60$. Die ausgezogenen Terme entsprechen der Annahme eines punktförmigen Kerns. Die gestrichelten Terme berücksichtigen die endliche Kernausdehnung. Die Bezeichnung der Übergänge entspricht derjenigen für Röntgenlinien, siehe Kapitel 18. Man beachte den Energie-Maßstab

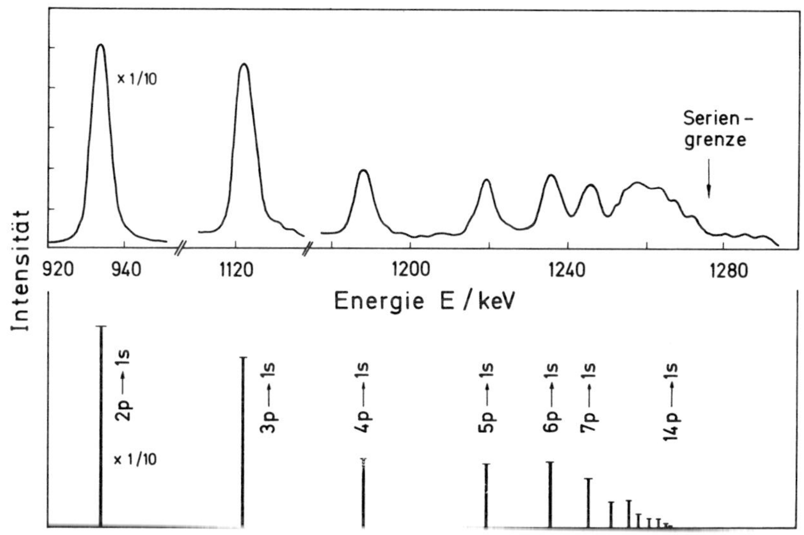

Abb. 8.10. Lyman-Serie ($np\to 1s$) der myonischen Übergänge im Titan-Atom. Man beachte den Energie-Maßstab

das heißt, die Quantenenergie ist um das Massenverhältnis größer als diejenige des entsprechenden Überganges im Elektronenatom. Schließlich zerfällt das Myon wie oben erläutert, oder aber es fällt in den Kern, der dann eventuell zerplatzt.

Die Myonen-Atome werden hauptsächlich mit Hilfe der von ihnen ausgesandten γ-Strahlung beobachtet. Sie liegt im Röntgengebiet und klingt mit der für die Lebensdauer von Myonen charakteristischen Halbwertszeit $T_{1/2}$ ab. Myonenatome sind interessante Untersuchungsobjekte der Kernphysik. Weil die Myonen dem Kern sehr nahe kommen, sehr viel näher als die Atom-Elektronen, kann man mit ihrer Hilfe Details der Ladungsdichte-Verteilung im Kern studieren.

Abbildung 8.8 zeigt die räumliche Verteilung des Myons auf einigen Schalen für ein Blei-Atom. Man sieht, daß sich Myonen auf diesen Schalen zu einem erheblichen Teil im Bereich des Kerns und in seiner unmittelbaren Nähe aufhalten. Da die Myonen der Kernladung $Z \cdot e$ sehr nahe kommen, werden die Bindungs- und Anregungsenergien sehr groß.

Abbildung 8.9 zeigt ein Termschema der Myonen-Atom-Niveaus für die Kernladungszahl $Z = 60$. Die Analogie zum Wasserstoff-Atom ist evident, jedoch liegen die Übergänge jetzt im Bereich von MeV, das heißt im Bereich von harten Röntgen- und Gammastrahlen. Für die Untersuchung solcher Myonenatome braucht man deshalb auch die experimentellen Hilfsmittel der Kernphysik. Der Nachweis erfolgt mit Szintillations- oder Festkörperzählern. Als Meßbeispiel zeigt schließlich Abb. 8.10 die Lyman-Serie im myonischen Spektrum von Titan. Die Bezeichnungen *s*, *p*, *d* etc. in den Abb. 8.8 bis 8.10 beziehen sich auf den Bahndrehimpuls des Elektrons. Sie werden in Abschn. 8.9 erläutert.

8.8 Anregung von Quantensprüngen durch Stoß

Lenard hatte bereits 1902 die Ionisierung von Atomen durch Elektronenstoß untersucht. Dazu verwendete er eine Anordnung nach dem Prinzip der in Abb. 8.11 gezeigten Meßmethode. Die durch Glühemission erzeugten freien Elektronen werden durch die positive Gitterspannung U_G beschleunigt und gelangen durch das weitmaschige Gitter G in den Versuchsraum. Zwischen Gitter und der als dritte Elektrode dienenden Auffänger-Platte A rechts in der Zeichnung liegt eine Spannung U_A. Dabei ist die Platte A negativ gegenüber dem Gitter aufgeladen. Die Elektronen können bei den gewählten Spannungen gegen die Spannung U_A nicht anlaufen. Sie fallen zurück auf das Gitter G.

Wenn die Elektronen vorher jedoch ein Atom des Füllgases ionisiert haben, so wird das positive Ion zur Platte A hin beschleunigt. Ionisations-Ereignisse werden also als Strom am Auffänger gemessen.

Der Strom als Funktion der Gitterspannung U_G ist in Abb. 8.11 unten dargestellt. Erst wenn die Elektronen eine Mindestenergie eU_i besitzen, setzt ein Strom ein. Das zugehörige Beschleunigungspotential U_i ist das Ionisationspotential der Gas-Atome.

Franck und *Hertz* zeigten erstmals 1913, daß man mit Elektronenstoß-Versuchen auch die Existenz diskreter Energieniveaus im Atom unabhängig von der optischen Spektroskopie nachweisen kann. Bei unelastischen Zusammenstößen können Elektronen diskrete Energiebeträge auf die Atome übertragen, die kleiner als die Ionisierungsenergie sind und zur Anregung der Atome verwendet werden.

Die Versuchsanordnung zeigt Abb. 8.12. Elektronen aus einer Glühkathode werden durch eine variable Gitterspannung U_G beschleunigt. Sie durchqueren nach Durchlaufen des Gitters G einen mit Hg-Dampf gefüllten Gasraum und werden von einem Auffänger A aufgefangen. Zwischen Auffänger A und Gitter G liegt eine kleine Bremsspannung U_B von beispielsweise 0,5 Volt. Elektronen, die ihre Energie im Gasraum durch unelastische Stöße verloren haben, können gegen diese Bremsspannung nicht anlaufen. Sie kehren an das Gitter zurück. Am Auffänger wird der Strom I als Funktion der Beschleunigungsspannung U_G bei fester Bremsspannung U_B gemessen.

Das Ergebnis zeigt Abb. 8.12 unten. Sobald $U_G > U_B$ ist, steigt der Strom zunächst mit wachsender Spannung U an (Raumladungsgesetz). Bei einem Wert von $U_G \simeq 5$ V (in

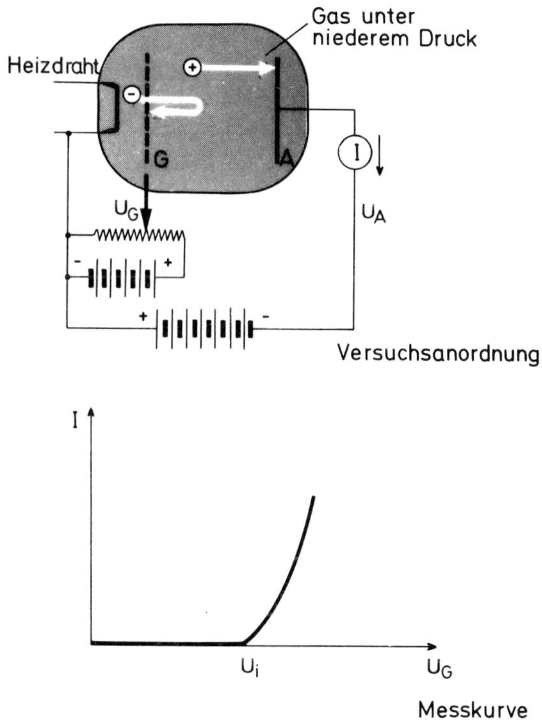

Abb. 8.11. Versuchsanordnung zur Messung von Ionisierungsprozessen in Gasen. Nur positive Ionen, die durch Stoß mit Elektronen ionisiert wurden, können die Anode erreichen. Im unteren Teilbild ist der Anodenstrom als Funktion der Gitterspannung U_G aufgetragen. U_i ist diejenige Spannung, mit der Elektronen beschleunigt werden müssen, damit sie die Gasatome ionisieren können

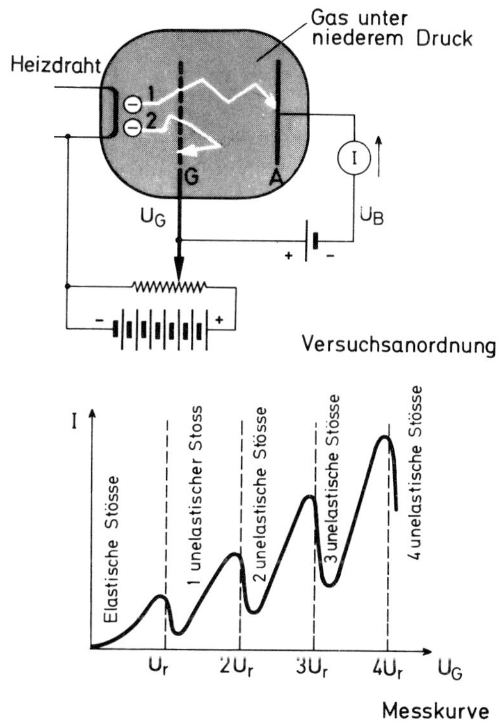

Abb. 8.12. Versuchsanordnung nach *Franck* und *Hertz* zur Messung des unelastischen Stoßes zwischen Elektronen und Atomen. Elektronen können bei ihrem Weg zwischen Gitter und Anode ihre kinetische Energie teilweise (Teilchen 1) oder ganz (Teilchen 2) auf Gasatome übertragen. Der Anodenstrom als Funktion der Gitterspannung ist im unteren Teilbild aufgetragen. Bei höherer Gitterspannung U_G können nacheinander mehrere Energieübertragungs-Prozesse stattfinden

Quecksilber-Dampf) sinkt I jedoch stark ab, steigt dann wieder an bis $U_G \simeq 2 \times 5$ V, dann wiederholt sich diese Oszillation. Die Deutung dieser Beobachtung gelingt mit folgenden Annahmen: Wenn die Elektronen eine Energie von etwa 5 eV erreicht haben, können sie ihre kinetische Energie an ein diskretes Anregungsniveau der Quecksilber-Atome abgeben. Sie haben dann ihre Energie verloren und können nicht mehr gegen die Bremsspannung anlaufen. Beträgt ihre Energie 10 eV, dann kann diese Energieabgabe zweimal erfolgen, und so weiter. Tatsächlich findet man im optischen Spektrum des Hg-Atoms eine intensive Linie in Emission und Absorption bei $E = 4{,}85$ eV, das entspricht einer Wellenlänge von 2537 Å. Diese Linie konnte von *Franck* und *Hertz* auch in der optischen Emission des Quecksilber-Dampfes bei Elektronenstoß-Anregung beobachtet werden. Die Anregungs- oder Resonanzspannungen sind in Abb. 8.12 und 8.13 als U_r bezeichnet.

Das Auflösungsvermögen für den Energie-Verlust der Elektronen läßt sich durch Verwendung einer indirekt geheizten Kathode und eines feldfreien Stoßraumes verbessern. Man erreicht so eine größere Homogenität der Energien der beteiligten Elektronen. Mit verfeinerter Meßanordnung (Abb. 8.13) zeigen sich in der Stromspannungskurve eine Vielzahl von Strukturen. Diese entsprechen weiteren Anregungsstufen des Atoms.

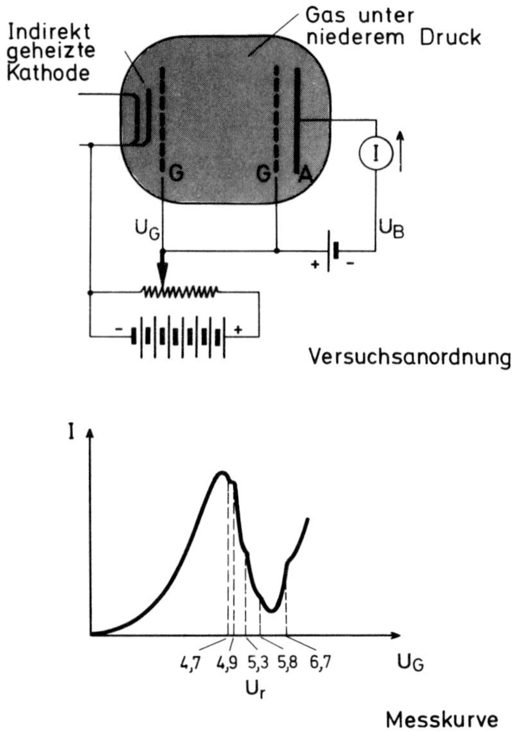

Abb. 8.13. Verfeinerte Anordnung zur Messung der Anregungsenergien von Atomen durch Stoß. Der Stoß erfolgt im feldfreien Raum zwischen den beiden Gittern G. So wird ein höheres Auflösungsvermögen erreicht. Im unteren Teilbild ist eine Meßkurve an Quecksilber-Dampf teilweise schematisch dargestellt

Die Stufe bei 6,73 eV entspricht z.B. einer weiteren sehr intensiven Linie des Hg-Spektrums: 6,73 eV $\hat{=}$ 1850 Å.

Nicht alle Maxima in der Stromspannungskurve lassen sich beobachteten Spektrallinien zuordnen. Zur Erklärung hierfür muß angenommen werden, daß optisch „verbotene" Übergänge in manchen Fällen durch Stoß anregbar sind. Wir werden später sehen, daß es für optische Übergänge zwischen Energietermen der Atome Auswahlregeln gibt, nach denen solche Übergänge nicht zwischen allen Kombinationen von Termen möglich – man sagt erlaubt – sind. Die Auswahlregeln für Stoß-Anregung von Atomen sind offensichtlich nicht identisch mit denjenigen für optische Anregung.

In diesem Zusammenhang ist noch der folgende Versuch interessant: Na-Dampf unter niederem Druck kann durch Einstrahlen der gelben Na-Linie (Quantenenergie: 2,11 eV) zum Leuchten angeregt werden. Die Anregung erfolgt nur, wenn das eingestrahlte Licht exakt die Quantenenergie 2,11 eV besitzt. Sowohl kleinere als auch größere Quantenenergien im sichtbaren Spektrum bleiben für die Anregung unwirksam.

Anders jedoch bei Anregung durch Elektronenstoß: Bei dieser Anregung wird gelbes Na-Licht emittiert, wenn die Energie der Elektronen gleich oder größer ist als 2,11 eV. Die Erklärung hierfür lautet: Kinetische Energie freier Elektronen ist nicht gequantelt. Nach der Anregung eines diskreten Atomniveaus durch Elektronenstoß kann deshalb ein beliebiger Betrag an kinetischer Energie dem anregenden Elektron übrig bleiben. Dieser Betrag kann, wenn er groß genug ist, auch noch zur Anregung eines weiteren Atoms im Gasgefäß dienen.

Insgesamt beweisen diese Elektronenstoß-Versuche die Existenz diskreter Anregungszustände in Atomen und sind damit eine ausgezeichnete Bestätigung der Grundannahmen der Bohrschen Theorie. In der modernen Atomphysik stellen Energie-Verlust-spektren von Elektronen ein wichtiges Hilfsmittel zur Untersuchung möglicher Anregungsstufen von Atomen dar.

8.9 Sommerfelds Erweiterung des Bohrschen Modells und experimentelle Begründung einer zweiten Quantenzahl

Die heile Welt des Bohrschen Modells wurde durch die Beobachtung gestört, daß die Linien der Balmer-Serie des Wasserstoffs bei höherer spektraler Auflösung nicht einfache Linien sind. Jede von ihnen besteht vielmehr aus mehreren Komponenten, wobei es an der spektralen Auflösung der Meßapparatur liegt, wie viele davon man auflösen kann.

Die H_α-Linie von Wasserstoff mit $\bar{\nu}=15233\,\mathrm{cm}^{-1}$ erscheint z.B. als ein Multiplett mit einem Wellenzahlabstand von $\Delta\bar{\nu}=0{,}33\,\mathrm{cm}^{-1}$ zwischen den stärksten Komponenten (Abb. 8.14). Man benötigt zur Beobachtung dieser Struktur ein spektrales Auflösungsvermögen $\bar{\nu}/\Delta\bar{\nu}$ von nahezu 100000. Beim Spektrum des Einelektronen-Ions He^+ sind diese Multiplett-Linien stärker getrennt. Die Aufspaltung ist deshalb leichter zu beobachten. Es wird sich zeigen (Abschn. 12.8), daß die Größe der Aufspaltung mit der 4. Potenz der Kernladungszahl zunimmt.

Aus derartigen Beobachtungen leitete *Sommerfeld* eine Erweiterung des Bohrschen Modells ab. Aus der Mechanik ist bekannt, daß nach den Kepler-Gesetzen neben Kreis-auch Ellipsenbahnen mit gleicher Energie möglich sind.

Daraus zog *Sommerfeld* den Schluß, daß dies auch für Atome gilt. Um die Ellipsenbahnen von den Kreisbahnen zu unterscheiden, braucht man eine neue, zweite Quantenzahl. Da die Sommerfeldschen Überlegungen zur Einführung weiterer Quantenzahlen zwar historisch sehr wichtig, durch die spätere quantentheoretische Behandlung jedoch in gewisser Hinsicht überholt sind, werden sie hier nur summarisch wiedergegeben.

Die Hauptquantenzahl n bleibt gültig. Sie bestimmt weiterhin die Gesamtenergie eines Terms gemäß (8.20), d. h.

$$E_n = -\frac{RhcZ^2}{n^2}\,. \tag{8.34}$$

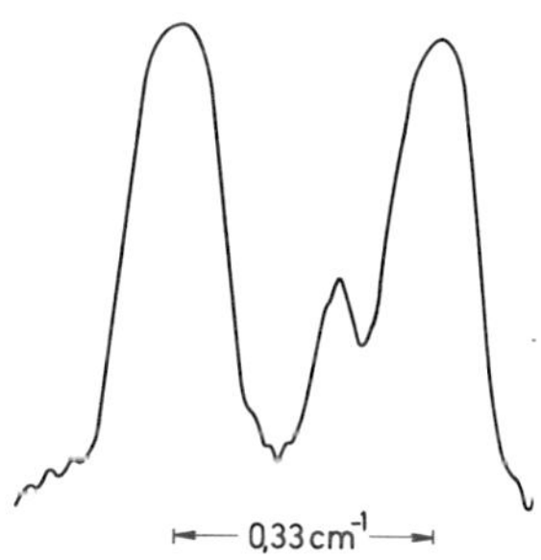

Abb. 8.14. H_α-Linie der Balmer-Serie bei höherer spektraler Auflösung. Man erkennt drei Komponenten. Noch höhere Auflösung wird in Abb. 12.24 gezeigt. Die hier erreichte Auflösung ist durch Dopplerverbreiterung begrenzt

Nach *Sommerfeld* bestimmt n zugleich die große Hauptachse der Ellipse. Die kleine Hauptachse wird durch die zweite Quantenbedingung so festgelegt, daß der Betrag des Drehimpulses ein ganzzahliges Vielfaches k des Drehimpulses $\hbar$ sein soll, mit $k \leqq n$. Auf die Gesamtenergie hat die Größe der Nebenachse, das heißt die Exzentrizität der Ellipse, zunächst keinen Einfluß. Zu jeder Quantenzahl n gehören eine große Halbachse a_n, aber verschiedene Bahnformen, charakterisiert durch die kleine Halbachse $b_{n,k}$. Man sagt, der Energieterm E_n ist n-fach entartet und meint damit, daß zu ein und demselben Energiewert verschiedene Bahnformen gehören mit zwei Quantenzahlen n und k.

Es sei schon hier angemerkt, daß aus der Sommerfeldschen Nebenquantenzahl k in der Quantentheorie die Bahndrehimpulsquantenzahl l wurde ($l=k-1$). Für den Bahndrehimpuls des Elektrons gilt, wie wir in Kap. 10 zeigen werden

$$|\boldsymbol{l}| = \sqrt{l(l+1)}\,\hbar \quad \text{mit} \quad l=0,1,2\ldots n-1\,. \tag{8.35}$$

Um den Bahndrehimpuls $\boldsymbol{l}$ und seine Quantenzahl l voneinander zu unterscheiden, werden wir den Betrag von $\boldsymbol{l}$ stets mit dem Symbol $|\boldsymbol{l}|$ bezeichnen.

Für die verschiedenen Zahlenwerte der Drehimpulsquantenzahl haben sich Buchstabenbezeichnungen s, p, d, f usw. fest eingebürgert, die in der folgenden Übersicht erläutert werden:

Quantenzahl	$l=0$	1	2	3	4	5
Drehimpuls	$\|\boldsymbol{l}\|=0$	$\sqrt{2}\hbar$	$\sqrt{6}\hbar$	$\sqrt{12}\hbar$	$\sqrt{20}\hbar$	$\sqrt{30}\hbar$
Name	s	p	d	f	g	h-Elektron oder -Zustand.

Was dies für die räumliche Erstreckung des Elektrons bedeutet, wird später bei der Lösung der Schrödinger-Gleichung erläutert (Abschn. 10.4).

8.10 Aufhebung der Bahnentartung durch relativistische Massenveränderung

Bisher haben wir noch keine Erklärung für die eingangs erwähnte Dublett- oder Multiplett-Struktur der Linien der Balmer-Serie gefunden. Wir wissen jetzt zwar, daß jedes Niveau n-fach entartet ist. So bezeichnet man die Tatsache, daß zu einem Energieniveau verschiedene Möglichkeiten der räumlichen Verteilung des Elektrons gehören. Die Zahl der Niveaus mit verschiedener Energie und damit auch die Zahl der beobachtbaren Linien ist jedoch noch gleich geblieben.

Die Aufhebung der Entartung erfolgt nach *Sommerfeld* (1916) durch den bisher vernachlässigten Effekt der relativistischen Massenänderung $m=m(v)$. Qualitativ läßt sich das folgendermaßen verstehen: Wie bei den Kepler-Gesetzen für die Planeten werden die Elektronen in Kernnähe beschleunigt – wegen des Flächensatzes, wonach der Fahrstrahl Kern-Elektron in gleichen Zeiten gleiche Flächen überstreicht. In Kernnähe sind die Elektronen deshalb schneller und nach der Relativitätstheorie deshalb auch schwerer. Das führt zu einer Energie-Absenkung: vergrößerte Masse bedeutet nach *Bohr* kleineren Radius, das wiederum größere (negative) Bindungsenergie, d.h. Energieabsenkung. – Je kleiner die kleine Achse einer Ellipse ist, um so größer müssen solche relativistischen Korrekturen werden.

Die Sommerfeldsche Durchrechnung soll hier nicht wiederholt werden. Wir geben nur das Ergebnis an. Die relativistische Massenänderung führt zu einer Periheldrehung, es ergibt sich im anschaulichen Bild eine „Rosettenbewegung" des Elektrons um den Kern (Abb. 8.15).

Bei diesen Rechnungen spielt die „Sommerfeldsche Feinstrukturkonstante" eine Rolle:

$$\alpha = \frac{\text{Geschwindigkeit des Elektrons auf der 1. Bohrschen Bahn}}{\text{Lichtgeschwindigkeit}}$$

$$= \frac{e^2}{2\varepsilon_0 hc} = \frac{1}{137} \quad \text{(dimensionslos)}.$$

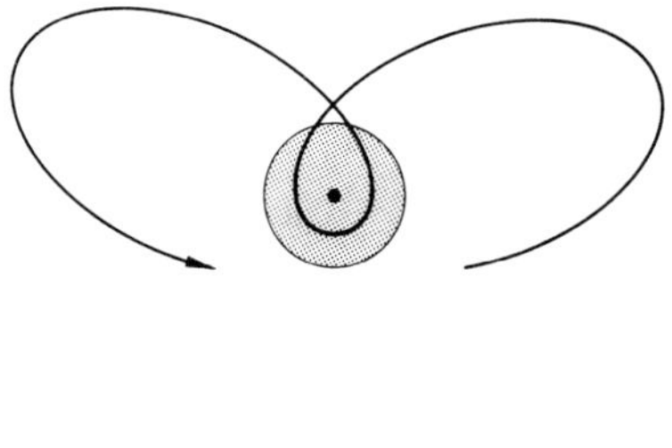

Abb. 8.15. Periheldrehung bei der Bewegung des Elektrons um den Kern, in einem Mehrelektronenatom, nach *Sommerfeld*. Der schraffierte Bereich ist der Elektronenrumpf. Das Leuchtelektron beschreibt bei seiner Perihelbewegung eine sogenannte Tauchbahn, d.h. es taucht in den Elektronenrumpf ein. In diesem Modell wird die Aufhebung der Bahnentartung durch relativistische Massenänderung (Abschn. 8.10) und durch Abschirmung der Kernladung (siehe dazu Abschn. 11.2) veranschaulicht.

Für eine Elektronenbahn mit den Quantenzahlen n und k lautet das Ergebnis der relativistischen Rechnung *Sommerfelds*

$$E_{n,k} = -Rhc\frac{Z^2}{n^2}\left[1+\frac{\alpha^2 Z^2}{n^2}\left(\frac{n}{k}-\frac{3}{4}\right)+\text{höhere Korrekturglieder}\right]. \tag{8.36}$$

Die relativistische Energieänderung ist danach von der Größenordnung $\alpha^2 = 10^{-5}$, d.h. klein, aber beobachtbar (s. Abb. 8.14). Mit den von *Sommerfeld* entwickelten Modellen lassen sich also die bisher behandelten Strukturen des Wasserstoff-Spektrums qualitativ und quantitativ beschreiben. Weitere Experimente, wie wir sie in Kap. 12 behandeln werden, haben jedoch die Grenzen dieser Modelle aufgezeigt. Die adequate Behandlung der relativistischen Bewegung gelingt quantenmechanisch mit Hilfe der Dirac-Gleichung, vgl. dazu Abschn. 14.6.

8.11 Grenzen der Bohr-Sommerfeld-Theorie. Bedeutung des Korrespondenzprinzips

Die Bohr-Sommerfeld-Theorie ist theoretisch unbefriedigend: einerseits wird die klassische Mechanik außer Kraft gesetzt, indem nur ganz bestimmte Bahnen zugelassen sind, andererseits wird die klassische Physik aber zur Bestimmung dieser Bahnen herangezogen (Abschn. 8.3). Es ist, „als würde man montags, mittwochs und freitags die klassischen Gesetze, dienstags, donnerstags und samstags die Gesetze der Quantenphysik anwenden" *(Bragg)*. Ferner macht man nur Aussagen über Frequenzen, nicht über Intensitäten des emittierten oder absorbierten Lichtes und keine Aussagen über den zeitlichen Verlauf der Emission.

Die hier klaffende Lücke zwischen der klassischen Physik und der (vorläufigen) Quantentheorie versuchte *Bohr* durch sein *Korrespondenzprinzip* zu überbrücken.

Dies besagt, daß sich bei hohen Quantenzahlen die klassische der Quantentheorie nähert, oder: das Verhalten eines Atoms nähert sich um so mehr den Gesetzen der klassischen makroskopischen Physik, je größer seine Energie gegenüber der im untersuchten Prozeß auftretenden Energieänderung ist, d. h. um so besser, je höher das Niveau und je kleiner der Niveau-Abstand ist.

Von derartigen Überlegungen ausgehend kommt man zur folgenden allgemeinen Formulierung des Korrespondenzprinzips:

Jede nicht-klassische Theorie muß im Grenzfall hoher Energien und kleiner Energieänderungen in die klassische Theorie übergehen.

Nach den Gesetzen der klassischen Physik kann man Intensitäten, Polarisation und Auswahlregeln für die Spektrallinien berechnen. Das Korrespondenzprinzip gestattet es nun in gewissem Umfang, diese Resultate mit Hilfe einer Quantisierungsvorschrift in die Quantentheorie zu übersetzen.

Trotz einer Reihe von wichtigen Erfolgen traten bei der Anwendung der Bohr-Sommerfeld-Theorie jedoch grundsätzliche Schwierigkeiten auf. Bereits bei Atomen mit zwei Elektronen waren die Resultate unrichtig. Die magnetischen Eigenschaften der Atome werden unzutreffend beschrieben. Die Behebung dieser Schwierigkeiten erfolgte durch die Quantentheorie. In Kap. 10 werden wir das Wasserstoffproblem exakt quantenmechanisch behandeln. Es wird sich herausstellen, daß einige Ergebnisse der Bohr-Sommerfeldschen Theorie richtig bleiben. Andere müssen modifiziert werden.

8.12 Rydberg-Atome

Atome, bei denen ein Elektron in ein außergewöhnlich hohes Energieniveau angeregt ist, veranschaulichen die gedankliche Kontinuität zwischen der Welt der klassischen Physik und der Quantenmechanik.

Solche sog. Rydberg-Atome haben *ungewöhnliche* Eigenschaften. Sie sind riesengroß: Es sind Rydberg-Atome bekannt, deren Durchmesser 10^{-2} mm erreicht, das entspricht dem 100000fachen Durchmesser eines Atoms im Grundzustand. Ferner leben diese Anregungszustände *extrem lang*. Während typische Lebensdauern niederer Anregungszustände von Atomen bei 10^{-8} s liegen, kennt man Rydberg-Atome, die 1 s lang leben. Der energetische Abstand zwischen zwei benachbarten Zuständen n, n' wird bei großen n sehr klein. Die lange Lebensdauer ist unter anderem darin begründet, daß die Wahrscheinlichkeit für einen spontanen Übergang zwischen zwei Zuständen n, n' nach Einstein proportional zu ν^3 ist (Abschn. 5.2.3). Schließlich können Rydberg-Atome von verhältnismäßig schwachen elektrischen Feldern *stark polarisiert* oder sogar gänzlich ionisiert werden.

Wenn das äußerste Elektron eines Atoms in ein sehr hohes Energieniveau angeregt wird, gelangt es in eine sehr ausgedehnte Bahn – ein sog. Orbital –, das sich weit außerhalb der Orbitale aller anderen Elektronen befindet. Das Elektron sieht dann einen Atomrumpf, der aus dem Kern und allen inneren Elektronen besteht und die wirksame Ladung e hat, also gerade die Ladung des Wasserstoff-Kerns. Solange das angeregte Elektron dem Rumpf nicht zu nahe kommt, verhält es sich also so, als würde es zu einem *Wasserstoff-Atom* gehören. Die Rydberg-Atome verhalten sich deshalb in vielen Eigenschaften wie hochangeregte Wasserstoff-Atome.

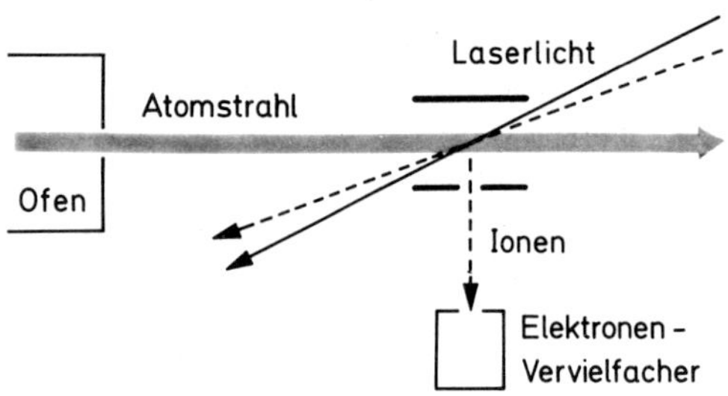

Abb. 8.16. Zum Nachweis von Rydberg-Atomen. Ein Atomstrahl wird von mehreren (hier 2) Laserstrahlen gekreuzt. Dabei werden Atome in Rydberg-Zustände angeregt, wenn die Summe der Quantenenergien der Laserstrahlen einer Anregungsenergie in einen Rydberg-Zustand entspricht. Im elektrischen Feld eines Kondensators werden die Rydberg-Atome ionisiert. Die Ionen dienen zum Nachweis ▲

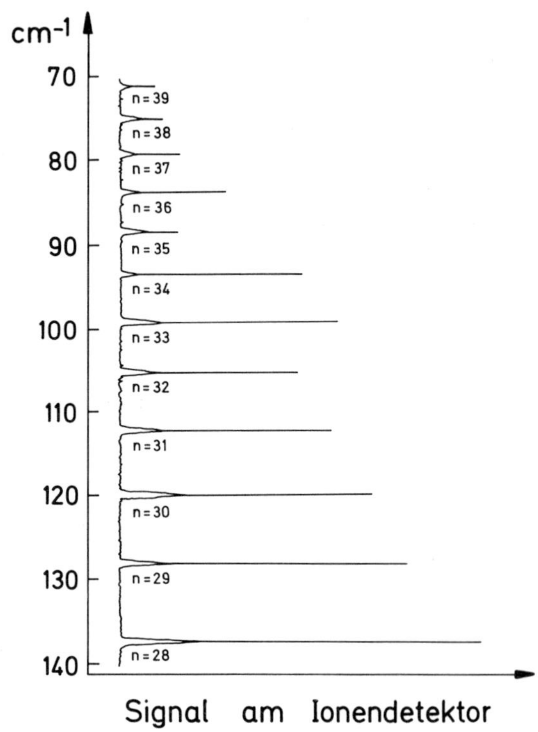

Abb. 8.17. Meßbeispiel für Rydberg-Zustände des Lithium-Atoms mit $n = 28$ bis 39, gemessen mit einer Anordnung ähnlich Abb. 8.16. Auf der Ordinate ist der Abstand zur Seriengrenze aufgetragen ▶

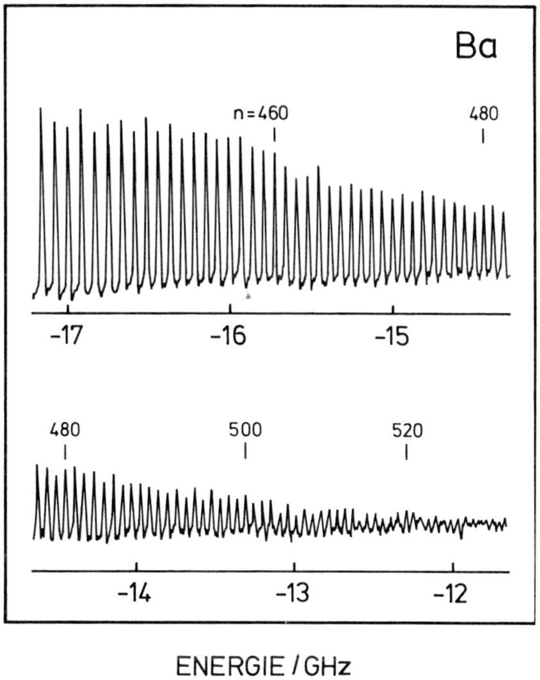

Abb. 8.18. Rydberg-Anregungszustände des Barium-Atoms mit der Hauptquantenzahl n, aufgenommen mit Doppler-freier Spektroskopie. Auf der Abszisse ist der Abstand zur Seriengrenze in der Einheit GHz angegeben. Nach J. Neukammer et al., Phys. Rev. Lett. *59*, 2947 (1987)

Der Bahnradius eines Elektrons im Atom ist proportional zu n^2, s. (8.17). Der Abstand benachbarter Energieniveaus nimmt ungefähr mit n^{-3} ab. Daraus, daß sich diese Potenzen bei großen n besonders stark auswirken, ergeben sich die besonderen Eigenschaften der Rydberg-Atome.

Rydberg-Atome werden erzeugt, indem ein Atomstrahl mit Laserlicht angeregt wird. Zum Nachweis der hochangeregten Atome wird ein elektrisches Feld zwischen die beiden Platten eines Kondensators angelegt, durch den der Atomstrahl fliegt. Durch Feldionisation können die Atome bereits mit kleinen Feldern von einigen Hundert Vcm^{-1} in Ionen umgewandelt werden. Diese lassen sich z. B. mit einem Elektronenvervielfacher durch ihre Ladung nachweisen. Ein Beispiel für eine Versuchsanordnung zeigt Abb. 8.16, ein Meßbeispiel Abb. 8.17. In Abb. 8.17 sieht man das Resultat der Anregung von Lithium-Atomen mit 3 Laserstrahlen. Zwei davon regen das Atom in Zwischenniveaus an (z. B. hier $n=3$, $l=0$), der dritte ist in einem kleinen Energiebereich kontinuierlich durchstimmbar und addiert den letzten noch nötigen Energiebetrag, um das Atom in einen Rydberg-Zustand zu versetzen. Wenn man die Frequenz dieses dritten Lasers kontinuierlich ändert, erreicht man nacheinander die aufeinanderfolgenden Rydberg-Zustände des Atoms, im Bild die Zustände mit $n=28$ bis $n=39$. So kann man einen bestimmten Rydberg-Zustand selektiv anregen und seine physikalischen Eigenschaften untersuchen.

Wenn ein Rydberg-Atom durch Lichtaussendung seine Hauptquantenzahl um 1 vermindert, dann wird dabei Licht im Gebiet des fernen Infrarot oder der Mikrowellen ausgestrahlt. Mit dieser Strahlung wurden isolierte Rydberg-Atome erstmals 1965 im interstellaren Raum entdeckt. Dort ist die Dichte der Atome so gering, daß es nur selten zu Zusammenstößen kommt.

Im Weltraum gibt es Atome, bei denen sich ein einzelnes Elektron in einem Zustand mit der Hauptquantenzahl n bis zu 350 befindet. Das haben radioastronomische Beobachtungen gezeigt. Im Labor beobachtet man Rydberg-Atome mit Hauptquantenzahlen n zwischen 10 und 290 [Phys. Rev. Lett. 55, 382 (1985)]. Ein neueres Beispiel für noch wesentlich höhere Werte von n zeigt Abb. 8.18.

Rydberg-Atome wurden im Labor untersuchbar, seitdem es schmalbandig durchstimmbare Laser (besonders die Farbstofflaser) gibt (s. Kap. 21). Man konnte damit Energieniveaus, Lebensdauern, Ausdehnung der Wellenfunktionen und Beeinflussung durch elektrische und magnetische Felder für Quantenzahlen studieren, die vorher nur berechenbar waren. Die Voraussagen der Theorie wurden voll bestätigt. Tabelle 8.8 enthält eine Übersicht über die Eigenschaften der Rydberg-Atome.

Tabelle 8.8. Einige Eigenschaften von Rydberg-Atomen, gültig für ungestörte Einelektronenzustände.

	Allgemein	Rydberg-Atome, $n=30$
Größe	$d=a_0n^2$	10^3 Å
Bindungsenergie	$-E_n=\frac{R_\infty}{n^2}$	10^{-2} eV
Übergangsenergie $\Delta n=1$	$\Delta E\simeq\frac{2R}{n^3}$	$10^{-3}\,\mathrm{eV}\mathrel{\hat{=}}10\,\mathrm{cm}^{-1}$
Lebensdauer	$\tau\propto n^3$	$30\cdot10^{-6}$ s

8.13 Positronium, Myonium, Antiwasserstoff

Man kann künstliche Atome herstellen, bei denen einer von beiden oder beide Bausteine des H-Atoms, Proton und Elektron, durch ihre Antiteilchen ersetzt sind. Antiteilchen des Protons ist das Antiproton, $\bar{p}$, zum Elektron gehört als Antiteilchen das Positron, e^+. Antiteilchen unterscheiden sich von den zugehörigen Teilchen nach unserem gegenwärtigen Kenntnisstand nur durch Vorzeichen von elektrischer Ladung und magnetischem Moment, siehe dazu auch Abschn. 14.6, und deshalb lassen sich die Folgerungen aus dem Bohrschen Modell über Bahnradien, Energiezustände und Übergangsfrequenzen aus Abschn. 8.4 und 8.5 auch auf diese Atome übertragen. Wir wollen hier nur kurz auf das Positronium, das Myonium und den Antiwasserstoff eingehen.

Das *Positronium* als Atom aus einem Elektron, e^-, und einem Positron, e^+, wurde bereits 1949 von *M. Deutsch* entdeckt. Es entsteht, wenn Positronen mit Elektronen einen kurzlebigen) gebundenen Zustand (e^+e^-) bilden, bevor sie durch Annihilation in zwei γ-Quanten zerfallen. Wenn die Teilchen vor ihrer Annihilation keine kinetische Energie besitzen, hat jedes der γ-Quanten die Energie $m_0c^2=511$ keV, wobei m_0 die Elektronenmasse bedeutet. Die Lebensdauer für das sogenannte Parapositronium mit Gesamtspin $S=0$ (siehe dazu Abschn. 17.3) beträgt $1{,}25\cdot10^{-10}$ s. Mit geringerer Wahrscheinlichkeit entsteht das Orthopositronium mit $S=1$, seine Lebensdauer beträgt $1{,}4\cdot10^{-7}$ s. Es zerfällt in 3 oder mehr γ-Quanten.

Positronen kann man aus dem radioaktiven Zerfall von Kernen, z.B. von ^{22}Na, erhalten, sie sind deshalb relativ leicht verfügbar. Die Bildung von Positronium-Atomen erfolgt beim

Durchgang der Positronen durch Gase oder beim Auftreffen auf Festkörperoberflächen, indem das Positron ein Elektron einfängt. Während der kurzen Lebensdauer der Atome konnten Bindungsenergien und Anregungsniveaus gemessen und die nach dem Bohrschen Modell erwarteten Ergebnisse bestätigt werden.

Nach (8.20) und (8.22) sollten die Energieniveaus der reduzierten Masse proportional sein, sie müßten also gegenüber dem Wasserstoff-Atom halbiert sein. Die Bahnradien und die Wellenlänge der emittierten Strahlung sollten doppelt so groß sein wie beim Wasserstoff. Beides wird auch so beobachtet, siehe Tabelle 8.9.

In der Physik der kondensierten Materie und in der modernen Medizin werden Positronium-Atome als Sonden für Strukturen und Fehlordnungen eingesetzt, weil ihre Zerstrahlung und damit ihre Lebensdauer materialabhängig sind. In der Medizin verwendet man die sogenannte Positron-Emissions-Tomographie, zum Beispiel zur Abbildung krankhafter Strukturen im Gehirn.

Myonium ($\mu^+ e^-$), gewissermaßen das leichteste Myonenatom (vgl. Abschn. 8.7), entsteht ähnlich wie Positronium, wenn Myonen μ^+ in Gasen oder an einer Festkörperoberfläche einen gebundenen Zustand mit einem Elektron eingehen. Wie das negative μ^- ist auch das μ^+ instabil (s. Abschn. 8.7), entsprechend beträgt die Lebensdauer des Myoniums nur $2{,}2 \cdot 10^{-6}$ s. Die Bindungsenergie beträgt nach (8.20) und (8.22) wegen der gegenüber dem Wasserstoff-Atom nur geringfügig geänderten reduzierten Masse 13,5 eV, die Bahnradien erhält man nach (8.17) und die niederste optische Anregung vom Zustand mit $n=1$ ($1\,S$) zum Zustand mit $n=2$ ($2\,S$) nach (8.21) zu 10,15 eV, siehe auch Tabelle 8.9. Auch an diesem Atom wurden zahlreiche weitere spektroskopische Untersuchungen durchgeführt, auf die hier nicht näher eingegangen werden soll. Sie beziehen sich insbesondere auf Verfeinerungen des Bohrschen Modells durch die relativistische Quantenmechanik nach Dirac, die wir erst in Kap. 12 besprechen werden.

Tabelle 8.9. Reduzierte Masse m_r in Einheiten der Elektronenmasse, Bindungsenergie E_B, Energieabstand zwischen den Niveaus $n=1$ und $n=2$ sowie Radius a_0 der ersten Bohrschen Bahn für Positronium und Myonium im Vergleich mit dem H-Atom

		m_r/m_0	E_B	E_2-E_1	a_0
Wasserstoff	$p^+ e^-$	≈ 1	13,6 eV	10,2 eV	0,53 Å
Positronium	$e^+ e^-$	0,5	6,8 eV	5,1 eV	1,06 Å
Myonium	$\mu^+ e^-$	≈ 1	13,6 eV	10,2 eV	0,53 Å

Von besonderem Interesse ist das *Antiwasserstoff-Atom*, ($\bar{p}e^+$), das aus einem negativ geladenen Antiproton $\bar{p}$ und einem Positron besteht. Antimaterie sollte sich nach den Vorstellungen der relativistischen Quantenmechanik genau so verhalten wie die entsprechende Materie. Ein experimenteller Test steht noch aus, da Antimaterie bisher nicht zur Verfügung stand. Im Jahre 1995 wurde erstmalig über die erfolgreiche Herstellung von Anti-Wasserstoff berichtet. Dieses geschah folgendermaßen:

Antiprotonen lassen sich mit Beschleunigern hinreichender Energie zum Beispiel bei CERN in Genf erzeugen. Beim Flug dieser Teilchen durch das Coulombfeld eines Kernes (es wurde Xenon-Gas verwendet) wird ein Teil der kinetischen Energie der Antiprotonen über Photonen in e^+/e^--Paare umgewandelt. Mit einer geringen Wahrscheinlichkeit kann das hinreichend verlangsamte Antiproton $\bar{p}$ ein Positron e^+ einfangen. Dabei entsteht ein Antiwasserstoff-Atom ($\bar{p}e^+$). Dieses ist elektrisch neutral und verläßt den Beschleuniger-Ring deshalb tangential.

Der Nachweis des Atoms kann bisher nur über seinen Zerfall erfolgen: In einem Halbleiter-Zähler aus Si wird das e^+ des Antiwasserstoffs abgestreift. Dieses Positron kann durch Vereinigung mit einem e^- vernichtet werden. Die dabei entstehenden Annihilations-Photonen werden in einem NaJ-Szintillationszähler nachgewiesen und gemessen. Das verbleibende $\bar{p}$ wird hinsichtlich seiner Masse, Ladung und Geschwindigkeit mit weiteren Zählern analysiert. Im ersten Bericht (in Phys. Letters B, 1996, Arbeitsgruppe W. Oelert) wird über 8 beobachtete Antiwasserstoff-Atome berichtet, die während einer Strahlzeit von 15 h aus 10^{10} Antiprotonen entstanden. Ihre Lebensdauer lag bei 40 ns.

Ein Ziel solcher Bemühungen ist die spektroskopische Untersuchung der Antiwasserstoff-Atome, um so die Symmetrie und die Wechselwirkung zwischen Materie und Antimaterie zu überprüfen. Hierzu, zum Beispiel zur Beobachtung der Balmer-Serie des Antiwasserstoffs, reichen die wenigen erzeugten Atome, die überdies noch eine hohe kinetische Energie und eine sehr kurze Lebensdauer besitzen, natürlich noch nicht aus.

Ein anderer Versuch zur Herstellung von Antiwasserstoff will solche Atome ruhend, ohne kinetische Energie, herstellen, indem in einer kombinierten Ionenfalle für positive schwere und negative leichte Teilchen (s. Abschn. 2.4.6) gleichzeitig Antiprotonen und Positronen eingefangen werden. Über den Einfang von positiven und negativen Teilchen in einer solchen gemeinsamen Falle hat die Gruppe von *Th. Hänsch* bereits berichtet (Phys. Rev. Lett. *75*, 3257 (1995)). Eine Verbindung der Teilchen zu Antiwasserstoff konnte allerdings noch nicht beobachtet werden.

Aufgaben

8.1 Bestimmen Sie die Rückstoßenergie und die Rückstoßgeschwindigkeit eines Wasserstoffatoms bei einem Übergang vom Zustand $n=4$ zum Zustand $n=1$ unter Emission eines Photons.

8.2 Fünf Linien in der Balmer-Serie von Wasserstoff haben die Wellenlängen 3669,42 Å, 3770,06 Å, 3835,40 Å, 3970,07 Å und 4340,47 Å. Tragen Sie für die Balmer-Serie $\bar{\nu}$ als Funktion von n auf. Bestimmen Sie daraus den Wert von n für das obere Niveau zu jeder der fünf angegebenen Wellenlängen.

8.3 Das Absorptionsspektrum des Wasserstoffs erhält man, wenn man weißes Licht durch Wasserstoffgas treten läßt, das sich im Grundzustand befindet und atomaren Wasserstoff (nicht nur H_2) enthält. Welche Photonenenergien kommen im Absorptionsspektrum des Wasserstoffs vor? Man gebe die Wellenlängen dieser „Fraunhofer'schen Linien" an.

8.4 a) Das Emissionsspektrum des Wasserstoffatoms wird mit einem Beugungsgitter (Gitterkonstante $d=2\,\mu\mathrm{m}$) aufgenommen. Eine Linie der Balmer-Serie wird in der zweiten Ordnung unter einem Winkel $\vartheta=29°5'$ beobachtet. Welche Quantenzahl hat der angeregte Zustand, von dem der Übergang ausgeht?

b) Welche Strichzahl muß ein Beugungsgitter mindestens haben, wenn die ersten 30 Spektrallinien der Balmer-Serie des Wasserstoffatoms im Beugungsspektrum erster Ordnung aufgelöst werden sollen?

Hinweis: In diesem Fall entspricht die Strichzahl der geforderten Auflösung $\lambda/\Delta\lambda$.

8.5 Stimmt es, daß in einer Bohrschen Kreisbahn der Betrag der potentiellen Energie gleich der kinetischen Energie ist? Wenn nicht, wo steckt die Differenzenergie, wenn wir annehmen, daß anfänglich das Elektron und der Kern ∞ weit voneinander entfernt sind und in Ruhe sind. Wie groß ist E_{pot} im Vergleich zur E_{kin} auf den verschiedenen Bohrschen Bahnen?

8.6 Die anziehende Kraft zwischen einem Neutron (Masse M) und einem Elektron (Masse m) ist bekanntlich durch $F = GMm/r^2$ gegeben. Betrachten wir nun die kleinste Bahn, die nach der Bohr'schen Theorie für das Elektron möglich ist, wenn es das Neutron umkreist.

a) Man schreibe eine Formel für die Zentripetalkraft auf, die m, r und v enthält; r ist der Radius der Bohr'schen Bahn; v ist die Elektronengeschwindigkeit auf der Bohr'schen Bahn.
b) Man drücke die kinetische Energie durch G, M, m und r aus.
c) Man drücke die potentielle Energie durch G, M, m und r aus.
d) Man drücke die Gesamtenergie durch G, M, m und r aus.
e) Man stelle eine Gleichung auf, die dem Bohr'schen Postulat von der Quantisierung der Bahnen entspricht.
f) Wie groß ist der Radius r für die Bahn mit $n = 1$? Man drücke r durch $\hbar$, G, M und m aus; man gebe den Zahlenwert von r an.

8.7 Bestimmen Sie im Bohrschen Atommodell den elektrischen Strom und das magnetische Dipolmoment des Elektrons in den drei ersten Bahnen ($n = 1, 2, 3$).

Hinweis: Zur Berechnung des magnetischen Dipolmomentes benutze man (12.1–7).

8.8 Unter Positronium versteht man ein gebundenes Elektron-Positron-Paar. Das Positron ist das Antiteilchen zum Elektron mit der Ladung $+e$ und derselben Ruhemasse wie das Elektron. Mit der Vorstellung, daß e^- und e^+ – analog wie beim H-Atom – um den gemeinsamen Schwerpunkt kreisen, berechne man die Umlauffrequenz $\omega/2\pi$, den Radius r und die Bindungsenergie des Systems im Grundzustand.

8.9 Ein Myon-Atom besteht aus einem Atomkern der Kernladungszahl Z mit einem eingefangenen Myon, das sich im Grundzustand befindet. Das Myon ist ein Teilchen, dessen Masse 207mal so groß ist wie die des Elektrons; seine Ladung ist der Elektronenladung gleich.

a) Wie groß ist die Bindungsenergie eines Myons, das von einem Proton eingefangen worden ist?
b) Wie groß ist der Radius der entsprechenden Bohr'schen Bahn mit $n = 1$?
c) Man gebe die Energie des Photons an, das ausgestrahlt wird, wenn das Myon vom Zustand $n = 2$ in den Grundzustand springt.

8.10 Schätzen Sie ab, wieviel Umläufe N ein Elektron bei einer mittleren Lebensdauer eines angeregten Zustandes im Wasserstoff der Größenordnung 10^{-8} s macht, wenn es sich (a) im Zustand $n = 2$ und (b) im Zustand $n = 15$ befindet, bevor es in den Zustand $n = 1$ übergeht. (c) Vergleichen Sie diese Zahlen mit der Anzahl der Umläufe, welche die Erde in den $4{,}5 \cdot 10^9$ Jahren ihres Bestehens um die Sonne zurücklegte.

8.11 Natürliches Helium enthält neben dem Isotop ^{4}He in geringem Maße auch das Isotop ^{3}He. Bestimmen Sie die durch die unterschiedlichen Massen der beiden Isotope bedingten Differenzen der Wellenzahlen und Energien für die erste und dritte Linie der Pickeringserie. Die relativen Isotopenmassen betragen:

$$^3\text{He} := 3{,}01603\,\text{u}\,, \qquad ^4\text{He} := 4{,}00260\,\text{u}\,.$$

8.12 Welche der Linien des Wasserstoffspektrums fallen in das sichtbare Gebiet des Spektrums (zwischen 4000 Å und 7000 Å)? Welche Linien von He^+ fallen in denselben Bereich? Wie könnte man erkennen, ob Wasserstoff einer Heliumprobe zugemischt ist?

8.13 Schätzen Sie die relative relativistische Korrektur $\Delta E_{n,k}/E_n$ für die $n=2$ Niveaus im Wasserstoffatom ab.

Hinweis: Vergleiche (8.36).

8.14 Zur Anregung des Wasserstoff-Atoms in seine Rydberg-Zustände benützt man die additive Absorption des Lichtes von zwei Lasern. Der erste sei ein Laser mit der (festen) Photonenenergie $E=11{,}5\,\mathrm{eV}$. Welche Wellenlängen sind für den zweiten Laser erforderlich, um den Zustand mit $n=20$, 30, 40, 50 zu erreichen? Wie groß sind die Radien und die Bindungsenergien für diese Zustände? Welche Linienbreite müssen beide Laser unterschreiten, um jeweils nur einen n-Zustand anzuregen?

8.15 a) Berechnen Sie für ein Niveau, das der Quantenzahl n entspricht, die Frequenz der Kreisbewegung eines Elektrons in einem Wasserstoffatom.

b) Berechnen Sie die Frequenz der beim Übergang vom Zustand n in den Zustand $n-1$ emittierten Strahlung.

c) Zeigen Sie, daß die Ergebnisse von (a) und (b) übereinstimmen, wenn n sehr groß ist.

8.16 Schätzen Sie für die Energie der stationären Zustände der leichtesten Atome, d. h. ^1H, ^2H, ^3H, He^+ und Li^{2+}, die Größe des Korrekturtermes ab, der von der Bewegung des Kernes herrührt.

8.17 Angenommen man führt den Franck-Hertz-Versuch an atomarem Wasserstoff aus, welche Linien im Wasserstoffspektrum würde man beobachten, wenn die Maximalenergie der Elektronen 12,5 eV beträgt?

8.18 Vier Linien in der Balmer-Serie von Helium^+ haben die Wellenlängen 164,05 nm, 121,52 nm, 108,45 nm und 102,53 nm. Tragen Sie für die Balmer-Serie die Wellenzahlen $\bar{\nu}$ als Funktion von n auf. Gibt es eine praktischere Auftragung? Bestimmen Sie daraus den Wert von n für das obere Niveau zu jeder der angegebenen Wellenlängen. Hinweis: was bedeutet Balmer-Serie? He^+ ist analog zu H.

8.19 Ein Wannier-Exciton ist ein gebundener Zustand von Elektron und Loch im Festkörper. Man übertrage das Bohr'sche Atommodell auf solch ein Elektron-Loch Paar, wobei effektive Massen und die Dielektrizitätskonstante des Halbleiters (= umgebendes Medium) berücksichtigt werden müssen. (a) Welche Energien haben die Anregungszustände $2\le n\le 5$? (b) Wie sieht ein Absorptionsspektrum solcher Excitonen aus? Hinweis: Ein Loch ist ein fehlendes Elektron, das im Idealfall bis auf die positive Ladung alle Elektroneneigenschaften hat. Als Beispiel verwende man Cu_2O, $\varepsilon_r\approx 10$, Reduzierte Masse $\mu\approx 0{,}7\,m_e$. Literatur: Ch. Kittel, *Einführung in die Festkörperphysik*.

9. Das mathematische Gerüst der Quantentheorie

Wie wir im vorigen Kapitel sahen, genügte die klassische Physik nicht mehr, um den Bau selbst des einfachsten Atoms, des Wasserstoffs, befriedigend zu erklären. Dies ist erst durch die Quantentheorie gelungen. Wir befassen uns daher jetzt mit dieser genauer, wobei wir an unsere Überlegungen von Kap. 7 anknüpfen. Hierbei richten wir unser Augenmerk insbesondere (aber nicht ausschließlich) auf gebundene Zustände. Das einfachste Beispiel hierfür ist

9.1 Das im Kasten eingesperrte Teilchen

Um mit dem Formalismus der Quantentheorie näher vertraut zu werden, der uns dann auch zu quantitativen Aussagen führen wird, betrachten wir die eindimensionale Bewegung eines eingesperrten Teilchens. Eingesperrt soll heißen, daß es sich nur in einem „Kasten" der Länge a bewegen kann. Außerhalb des Kastens soll seine Aufenthaltswahrscheinlichkeit Null sein (vgl. Abb. 9.1). Wir versuchen nun, die zugehörige Wellenfunktion zu konstruieren. Dazu fordern wir

$$\begin{aligned} \psi&=0 \quad \text{für} \quad x<0\,, \\ \psi&=0 \quad \text{für} \quad x>a\,, \end{aligned} \tag{9.1}$$

da das Teilchen ja nicht außerhalb des Kastens sein kann. Ferner postulieren wir, daß die Wellenfunktion $\psi(x)$ sich im Inneren stetig an ihre Werte im Äußeren anschließt, d. h. es soll gelten

$$\psi(0)=0\,, \qquad \psi(a)=0\,. \tag{9.2}$$

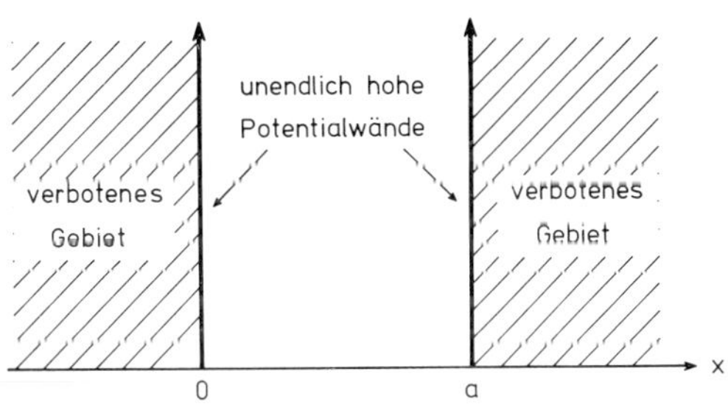

Abb. 9.1. Potentialwände bei einem im Kasten eingesperrten Teilchen

Wir suchen Wellenfunktionen, die ein Teilchen in diesem Kasten beschreiben und gleichzeitig garantieren, daß das Teilchen eine bestimmte feste Energie hat. Dazu erinnern wir uns an die de Broglie-Wellen

$$A\mathrm{e}^{\mathrm{i}kx-\mathrm{i}\omega t}\,. \tag{9.3}$$

Nach den Grundgesetzen der Quantentheorie sind die Wellenzahl k und Frequenz ω mit den Teilcheneigenschaften Energie und Impuls durch die Relationen

$$E=\hbar\omega \tag{9.4}$$

und

$$p=\hbar k \tag{9.5}$$

verknüpft.

Aus den oben beschriebenen Experimenten wissen wir, daß wir für die kinetische Energie die aus der klassischen Physik bekannte Beziehung

$$E=\frac{p^2}{2m_0} \tag{9.6}$$

benutzen dürfen. Drücken wir hierin p durch k aus und lösen nach k auf, so erhalten wir für k zwei mögliche Werte

$$k_{1,2}=\pm\frac{1}{\hbar}\sqrt{2m_0E}\,, \tag{9.7}$$

die zur gleichen Gesamtenergie gehören.

Neben der Wellenfunktion (9.3) gehört also auch die Wellenfunktion

$$A\,\mathrm{e}^{-\mathrm{i}kx-\mathrm{i}\omega t} \tag{9.8}$$

zur gleichen Energie. Dies wird uns sogleich aus einer Schwierigkeit heraushelfen. Wie man sich durch Einsetzen von $x=0$ und $x=a$ in (9.3) sofort überzeugt, genügt die Wellenfunktion (9.3) gar nicht den Randbedingungen (9.2). Ein Ausweg bietet sich wie folgt: Da Elektronenwellen Beugung und Interferenz zeigen, liegt es nahe zu vermuten, daß wir auch in der Quantenmechanik Wellen superponieren dürfen, wie wir das schon beim Wellenpaket von Abschn. 7.1 taten. Wir bilden daher eine neue Wellenfunktion durch Überlagerung von (9.3) und (9.8):

$$\psi(x,t)=(C_1\,\mathrm{e}^{\mathrm{i}kx}+C_2\,\mathrm{e}^{-\mathrm{i}kx})\,\mathrm{e}^{-\mathrm{i}\omega t}\,, \tag{9.9}$$

wobei die Konstanten C_1 und C_2 noch unbekannt sind.

Zur Abkürzung schreiben wir (9.9) in der Form

$$\psi(x,t)=\varphi(x)\,\mathrm{e}^{-\mathrm{i}\omega t}\,, \tag{9.9a}$$

wobei also

$$\varphi(x)=C_1\,\mathrm{e}^{\mathrm{i}kx}+C_2\,\mathrm{e}^{-\mathrm{i}kx}$$

ist.

Um die Konstanten C_1, C_2 festzulegen, setzen wir (9.9) in die erste Gl. (9.2) ein und erhalten

$$\varphi(0)=0: \quad C_1+C_2=0. \tag{9.10}$$

Damit können wir C_2 durch C_1 ausdrücken. (9.9) nimmt dann die Form

$$\varphi(x)=C_1(\mathrm{e}^{ikx}-\mathrm{e}^{-ikx})=2\mathrm{i}\,C_1 \sin kx \tag{9.11}$$

an, wobei wir die Definition des Sinus benutzt haben. Um die zweite der Bedingungen (9.2) zu erfüllen, gehen wir mit (9.11) in (9.2) ein und erhalten

$$\text{wegen} \quad \varphi(a)=0 \quad \text{die Bedingung} \quad \sin ka=0. \tag{9.12}$$

Da der Sinus nur dann verschwindet, wenn sein Argument ein ganzzahliges Vielfaches von π ist, können wir (9.12) nur durch die Wahl

$$k=\frac{n\pi}{a}, \qquad n=1,2,3,4,\ldots \tag{9.13}$$

erfüllen. Dieses Resultat besagt, daß nur solche Wellen in den Kasten hineinpassen, bei denen die Kastenlänge a ein ganzzahliges Vielfaches der halben Wellenlänge ist (Abb. 9.2). Setzen wir (9.13) in den Ausdruck für die kinetische Energie (9.6) ein, so erhalten wir für die Energie des Teilchens

$$E=\frac{\hbar^2}{2m_0}\left(\frac{n\pi}{a}\right)^2. \tag{9.14}$$

wobei $n \geqq 1$ eine ganze Zahl sein muß. Die Größe n darf nicht $=0$ sein, da sonst die Wellenfunktion identisch verschwindet, also gar kein Teilchen vorhanden wäre.

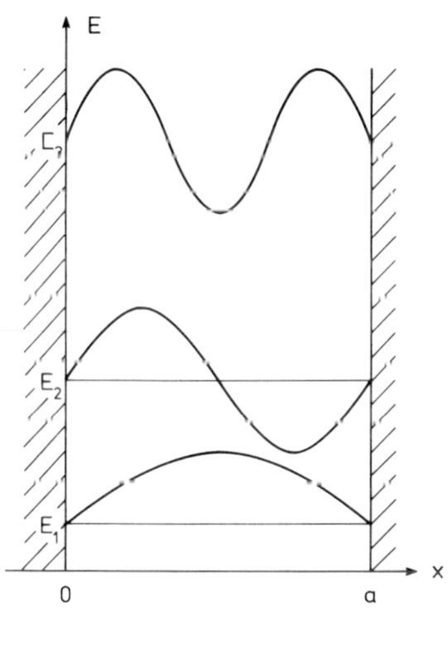

Abb. 9.2. Potentialwände, Energien und Wellenfunktionen des im Kasten eingesperrten Teilchens. Im gleichen Bild sind *zwei verschiedene* Größen aufgetragen. 1) Längs der E(= Energie)-Achse sind die Energien E_1, E_2, E_3 der ersten 3 Zustände eingetragen. (Es schließt sich eine unendliche Folge weiterer Energien nach oben hin an.) 2) Von jedem der E-Werte ausgehend ist jeweils die x-Achse nach rechts aufgetragen und über dieser *jeweils* die zugehörige Wellenfunktion. Man beachte, daß die Zahl der Nulldurchgänge der Wellenfunktion im Innern des Kastens sich mit wachsender Energie jeweils um einen erhöht

Das Resultat (9.14) ist für die Quantentheorie typisch. Die Energien sind nicht mehr kontinuierlich wie in der klassischen Physik, sondern quantisiert. Um die noch offen gebliebene Konstante C_1 in (9.11) zu bestimmen, erinnern wir uns daran, daß die Wellenfunktion normiert sein muß. Wir haben so die Bedingung $\int \psi^* \psi dx = 1$ zu erfüllen. Setzen wir hierin (9.11) ein, so erhalten wir zunächst

$$\int_0^a |\varphi(x)|^2 dx = |C_1|^2 \int_0^a \left(2 - e^{i\frac{2\pi n}{a}x} - e^{-i\frac{2\pi n}{a}x}\right) dx\,. \tag{9.15}$$

Das Integral ist elementar auswertbar und es ergibt sich schließlich

$$\int_0^a |\varphi(x)|^2 dx = |C_1|^2 \cdot 2a\,. \tag{9.16}$$

Da das Integral (9.15) wegen der Normierungsbedingung Eins sein muß, ist die Normierungskonstante C_1 in der Form

$$C_1 = \frac{1}{\sqrt{2a}} \tag{9.17}$$

festgelegt. Hierbei ist zu beachten, daß C_1 nur bis auf einen konstanten Phasenfaktor $e^{i\alpha}$ festgelegt werden kann. Wie wir später sehen werden, hat ein derartiger Phasenfaktor keine physikalische Bedeutung, da er bei der Bildung von Erwartungswerten (siehe weiter unten) herausfällt. Unser endgültiges Resultat hat daher die Gestalt

$$\varphi(x) = \frac{1}{\sqrt{2}} \cdot \frac{1}{\sqrt{a}} e^{ix n\pi/a} - \frac{1}{\sqrt{2}} \frac{1}{\sqrt{a}} e^{-ix n\pi/a} \tag{9.18}$$

oder in anderer Schreibweise

$$\varphi(x) = \sqrt{\frac{2}{a}} \cdot i \sin(x \cdot n\pi/a)\,. \tag{9.19}$$

Wie wir sahen, ist die Wellenfunktion (9.18) mit einer *festen Energie* verknüpft. Gilt das auch für den Impuls? Das ist offensichtlich nicht der Fall, da in ihr sowohl eine Welle mit $k = n\pi/a$ als auch eine Welle mit $k = -n\pi/a$ vorkommen. Bei einer Impulsmessung würden wir daher die Werte $p = \hbar k$ und $p = -\hbar k$ mit gleicher Häufigkeit finden. Um die Wahrscheinlichkeit für das Auftreten eines bestimmten Impulses aus der Wellenfunktion herzuleiten, betrachten wir zunächst die Wellenfunktion

$$\frac{1}{\sqrt{a}} e^{ix n\pi/a}\,, \tag{9.20}$$

die ganz offensichtlich in dem Bereich von 0 bis a normiert ist

$$\int_0^a \left| \frac{1}{\sqrt{a}} e^{i\frac{n\pi}{a}x} \right|^2 dx = \frac{1}{a} \int_0^a dx = 1\,. \tag{9.21}$$

Wenn wir eine Impulsmessung machen, so heißt das, daß wir eine bestimmte k-Zahl feststellen, also einen der beiden Bestandteile in (9.18) herausgreifen. Ein solcher

Bestandteil hat, verglichen mit der Wellenfunktion (9.20), den Vorfaktor $1/\sqrt{2}$. Andererseits erwarten wir, daß aus Symmetriegründen beide Bestandteile mit der gleichen Wahrscheinlichkeit, d. h. 1/2 vorkommen. Von $1/\sqrt{2}$ zu 1/2 gelangen wir natürlich, indem wir $1/\sqrt{2}$ quadrieren. Diese Erkenntnis können wir aber verallgemeinern: Die Wahrscheinlichkeit, einen bestimmten Impuls k zu messen, erhalten wir durch das Absolutquadrat des Koeffizienten, der vor der normierten ebenen Welle steht.

Wir überlassen es dem Leser als Übungsaufgabe, die Wellenfunktion (9.18) zusammen mit dem Impuls (9.5) mit Hilfe der Heisenbergschen Unschärferelation zu deuten.

9.2 Die Schrödinger-Gleichung

Wie wir am vorstehenden Beispiel sahen, gibt es für ein spezielles Problem, im vorliegenden Falle ein Teilchen im Kasten, unendlich viele verschiedene Lösungen mit entsprechenden Energiestufen [vgl. (9.14)] Im vorliegenden Fall gelang es, diese in relativ einfacher Weise zu bestimmen, was bei anderen Aufgaben der Quantenmechanik keineswegs der Fall ist. In der Physik ist es in einem solchen Falle oft zweckmäßig, zunächst nach einer Bestimmungsgleichung für ψ zu suchen. Diese finden wir für das *kräftefreie* Elektron wie folgt. Wir fragen: Gibt es eine Gleichung für ψ derart, daß ihre Lösungen automatisch die Relation

$$\hbar\omega = \frac{\hbar^2 k^2}{2m_0} \tag{9.22}$$

erfüllen? Da die Größen k und ω in der de Broglie-Welle $\exp(\mathrm{i}kx - \mathrm{i}\omega t)$ vorkommen, können wir diese Frage auch folgendermaßen formulieren: Was muß man tun, um $\hbar^2k^2/2m_0$ aus $\exp(\mathrm{i}kx)$ und $\hbar\omega$ aus $\exp(-\mathrm{i}\omega t)$ zu erhalten, so daß die Beziehung

$$\frac{\hbar^2 k^2}{2m_0} = \hbar\omega \tag{9.23}$$

gilt? Differenzieren wir $\exp(\mathrm{i}kx)$ zweimal nach x und multiplizieren mit $-\hbar^2/2m_0$, so erhalten wir tatsächlich als Faktor die linke Seite von (9.23). Entsprechend ergibt sich die rechte Seite von (9.23), indem wir $\exp(-\mathrm{i}\omega t)$ nach der Zeit differenzieren und mit $\mathrm{i}\hbar$ multiplizieren. Damit haben wir schon die grundlegende Schrödinger-Gleichung des kräftefreien Teilchens

$$-\frac{\hbar^2}{2m_0}\frac{d^2}{dx^2}\psi = \mathrm{i}\hbar\dot{\psi} \tag{9.24}$$

erhalten. Es muß schon an dieser Stelle gesagt werden, daß es i. allg. nicht möglich ist, derartige Grundgleichungen der Physik von noch fundamentaleren Prinzipien herzuleiten. Man muß vielmehr versuchen, durch heuristische Gedankengänge den Sachverhalt zu erfassen, eine Gleichung anzugeben, und dann die Lösungsmannigfaltigkeiten mit experimentell nachprüfbaren Fakten zu vergleichen. Auf diese Weise hat sich herausgestellt, daß in der *nichtrelativistischen* Quantenmechanik die Schrödinger-Gleichung voll gültig ist. Wir verallgemeinern (9.24) auf 3 Dimensionen, indem wir die kinetische Energie in der Form

$$E=\frac{1}{2m_0}(p_x^2+p_y^2+p_z^2) \tag{9.25}$$

schreiben. Es liegt nahe, die Wellenfunktion zu

$$e^{ik_x x+ik_y y+ik_z z}\,e^{-i\omega t} \tag{9.26}$$

zu verallgemeinern. Anstelle von (9.23) tritt nun die Relation

$$\frac{1}{2m_0}\hbar^2(k_x^2+k_y^2+k_z^2)=\hbar\omega\,. \tag{9.27}$$

Wir erhalten deren linke Seite aus (9.26), indem wir die zweiten Ableitungen von (9.26) nach den Ortskoordinaten x, y, z bilden, diese addieren und das Resultat mit $-\hbar^2/2m_0$ multiplizieren. Die entsprechende rechte Seite von (9.27) ergibt sich durch Differentiation von (9.26) nach der Zeit und Multiplikation mit $i\hbar$. Wir gelangen somit zu der Gleichung

$$-\frac{\hbar^2}{2m_0}\left(\frac{\partial^2}{\partial x^2}+\frac{\partial^2}{\partial y^2}+\frac{\partial^2}{\partial z^2}\right)\psi=i\hbar\frac{\partial}{\partial t}\psi\,. \tag{9.28}$$

Kürzen wir noch die linke Seite durch den „Laplace"-Operator

$$\Delta=\frac{\partial^2}{\partial x^2}+\frac{\partial^2}{\partial y^2}+\frac{\partial^2}{\partial z^2} \tag{9.29}$$

ab, so erhalten wir die übliche Form der Schrödinger-Gleichung des kräftefreien Teilchens in drei Dimensionen

$$-\frac{\hbar^2}{2m_0}\Delta\psi=i\hbar\frac{\partial}{\partial t}\psi\,. \tag{9.30}$$

Nun möchten wir natürlich nicht nur die kräftefreie Bewegung, sondern diejenige in einem Kraftfeld untersuchen. Mit (9.30) haben wir aber schon einen Zipfel der Wahrheit in der Hand. Wir sehen, daß die linke Seite aus dem Ausdruck $p^2/2m_0$ für die kinetische Energie entstanden ist, indem dieser durch eine Differentiationsvorschrift $-(\hbar^2/2m_0)\Delta$ ersetzt wurde. Diese Differentiationsvorschrift wirkt auf ψ und wird als Operator der kinetischen Energie bezeichnet. Bei Anwesenheit eines Potentialfeldes ist nach der klassischen Mechanik die Gesamtenergie als Summe aus kinetischer und potentieller Energie gegeben:

$$\frac{1}{2m_0}\boldsymbol{p}^2+V(\boldsymbol{r})=E\,. \tag{9.31}$$

Den *Operator* für die *Gesamtenergie* in der quantentheoretischen Behandlung gewinnen wir nun heuristisch, indem wir zu dem Operator für die kinetische Energie einfach V addieren. Damit erhalten wir die *zeitabhängige Schrödinger-Gleichung bei Anwesenheit eines Potentialfeldes*

$$\left(-\frac{\hbar^2}{2m_0}\Delta+V(\boldsymbol{r})\right)\psi(\boldsymbol{r},t)=\mathrm{i}\hbar\frac{\partial}{\partial t}\psi(\boldsymbol{r},t)\,. \tag{9.32}$$

Der Ausdruck

$$H=-\frac{\hbar^2}{2m_0}\Delta+V(\boldsymbol{r}) \tag{9.33}$$

wird als Hamiltonoperator bezeichnet.

Der Umgang mit Operatoren mag für den Anfänger noch etwas ungewohnt sein. Man gewöhnt sich aber schnell daran, wenn man sich nur vorstellt, daß es sich hier nur um eine bequeme Abkürzung handelt. Man hat immer daran zu denken, daß ein derartiger Operator schließlich einmal auf eine Funktion anzuwenden ist.

Sofern das Potentialfeld auf der linken Seite in (9.32) nicht von der Zeit abhängt, können wir von der zeitabhängigen Schrödinger-Gleichung zu der sogenannten zeitunabhängigen Schrödinger-Gleichung übergehen. Dazu spalten wir, ebenso wie schon früher in (9.9a), von $\psi(\boldsymbol{r},t)$ einen Zeitfaktor $\exp(-\mathrm{i}\omega t)$ ab. In der Quantenmechanik ist es üblich, $E/\hbar$ statt ω zu schreiben, so daß wir den Ansatz

$$\psi(\boldsymbol{r},t)=\mathrm{e}^{-\mathrm{i}Et/\hbar}\varphi(\boldsymbol{r}) \tag{9.34}$$

machen. Da die Zeitdifferentiation nur auf der rechten Seite von (9.32) auf ψ wirkt, brauchen wir hier nur die Exponentialfunktion nach der Zeit zu differenzieren, wobei wir den Faktor E erhalten. Dividieren wir sodann beide Seiten der entsprechenden Gleichung durch die Exponentialfunktion, so erhalten wir als Endresultat die *zeitunabhängige Schrödinger-Gleichung*

$$\left(-\frac{\hbar^2}{2m_0}\Delta+V(\boldsymbol{r})\right)\varphi(\boldsymbol{r})=E\varphi(\boldsymbol{r})\,. \tag{9.35}$$

Wie wir am vorstehenden Beispiel sahen, muß die Wellenfunktion i. allg. noch bestimmten Randbedingungen [vgl. Gl. (9.2)] unterworfen werden. Falls wir nichts weiteres vereinbaren, setzen wir die sogenannten natürlichen Randbedingungen voraus. Dabei verschwindet ψ im Unendlichen, so daß die Wellenfunktion normierbar wird, d. h.

$$\int|\psi|^2dV=1\,. \tag{9.36}$$

Bevor wir an die Lösung der Schrödinger-Gleichung gehen, beschäftigen wir uns nochmals ausführlich mit der Frage von Messungen, Meßwerten und Operatoren.

9.3 Das begriffliche Gerüst der Quantentheorie

9.3.1 Messungen, Meßwerte und Operatoren

Ortsmessung und Ortswahrscheinlichkeit

In den vorangegangenen Abschnitten hatten wir gesehen, daß die Erklärung der Vorgänge im Mikrokosmos neue Denkansätze erfordert, die sich von den Vorstellungen der klassischen Physik grundsätzlich unterscheiden. In der klassischen Mechanik ist die Bewegung eines Körpers, etwa das Fallen eines Steines, der Flug einer Rakete usw., mit Hilfe der Bewegungsgesetze eindeutig vorhersagbar. Aufgrund dieser lassen sich Ort und Impuls eines Körpers genau berechnen, umgekehrt können wir nach Auffassung der klassischen Physik diese beliebig genau bestimmen.

Der zentrale neue Begriff in der Quantenphysik ist die Wellenfunktion. Als Lösung der zeitabhängigen Schrödinger-Gleichung beschreibt sie den Zeitablauf physikalischer Vorgänge im Mikrokosmos. In diesem Abschnitt untersuchen wir die Frage, welche Informationen in der Wellenfunktion stecken, oder, mit anderen Worten, welche experimentellen Ergebnisse der theoretische Physiker dem Experimentalphysiker voraussagen kann. Das (gedanklich) wohl einfachste Experiment wäre, den Ort des Teilchens zu messen. Wie wir bereits wissen, kann die Wellenfunktion ψ nur eine Wahrscheinlichkeitsaussage machen: Der Ausdruck

$$|\psi(x,y,z)|^2 dxdydz \tag{9.37}$$

gibt die Wahrscheinlichkeit dafür an, das Teilchen in einem Volumenelement $dxdydz$ an der Stelle x, y, z zu finden. Wir legen uns nun die Frage vor, ob die Wellenfunktion auch Voraussagen über das Ergebnis von Messungen des Impulses zuläßt.

9.3.2 Impulsmessung und Impulswahrscheinlichkeit

Betrachten wir zunächst als Beispiel die Wellenfunktion des im Kasten eingesperrten Teilchens (vgl. Abschn. 9.1)

$$\varphi(x) = \frac{1}{\sqrt{2}} \underbrace{\frac{1}{\sqrt{a}} \mathrm{e}^{\mathrm{i}kx}}_{u_1(x)} - \frac{1}{\sqrt{2}} \underbrace{\frac{1}{\sqrt{a}} \mathrm{e}^{-\mathrm{i}kx}}_{u_2(x)}. \tag{9.38}$$

Die beiden unterstrichenen Wellenfunktionen genügen dabei jeweils der Normierungsbedingung (9.36). Nach den Grundregeln der Quantenmechanik ist der Impuls, der mit der Wellenfunktion $u_1(x)$ verknüpft ist, durch $\hbar k$ gegeben, während der zur zweiten Wellenfunktion $u_2(x)$ gehörige Impuls gleich $\hbar(-k) = -\hbar k$ ist.

In der Wellenfunktion (9.38) sind daher diese beiden Impulse vertreten. Messen wir den Impuls eines Teilchens im Kasten, das durch die Wellenfunktion (9.38) beschrieben wird, so werden wir erwarten, daß wir entweder den Impuls $+\hbar k$ oder $-\hbar k$ messen. Jedoch können wir nicht voraussagen, welcher der beiden Impulse gemessen wird. Stellen wir uns vor, daß das Teilchen im Kasten hin und herfliegt, so ist es anschaulich klar, daß wir die Impulse $\hbar k$ und $-\hbar k$ je mit der Wahrscheinlichkeit 1/2 antreffen werden. Wie wir bereits in Abschn. 9.1 sahen, liefern uns die Absolutquadrate der

Koeffizienten C_1 und C_2 gerade die Wahrscheinlichkeit, den entsprechenden Impuls vorzufinden. Wir verallgemeinern diese Erkenntnis auf die Bestimmung der Wahrscheinlichkeitsverteilung der Impulse bei einem allgemeinen Wellenpaket. Dabei ist das Teilchen nicht mehr in einen Kasten eingesperrt. Ein derartiges Wellenpaket hat die allgemeine Gestalt

$$\psi(x) = \int_{-\infty}^{+\infty} a_k e^{ikx} dk . \tag{9.39}$$

Um die Koeffizienten a_k mit einer Wahrscheinlichkeitsdeutung in Verbindung zu bringen, müssen wir dafür sorgen, daß die Wellenfunktionen $\exp(ikx)$ im unendlich ausgedehnten Raum normiert sind. Die Beantwortung dieser etwas schwierigen Frage stellen wir im Moment zurück (vgl. Anhang) und geben lediglich das Resultat an. Führen wir statt der Integrationsvariablen k die Impulsvariable p ein und benutzen gleichzeitig die richtige Normierung der Wellenfunktion in einer Dimension, so ergibt sich

$$\psi(x) = \int_{-\infty}^{+\infty} c(p) \underline{\frac{1}{\sqrt{2\pi\hbar}} e^{ipx/\hbar}} dp . \tag{9.40}$$

Darin ist die unterstrichene Wellenfunktion normiert. In Verallgemeinerung unserer obigen Betrachtungen sehen wir $|c(p)|^2 dp$ als die Wahrscheinlichkeit dafür an, den Impuls p im Intervall dp zu messen. Dieses Resultat läßt sich sofort auf drei Dimensionen ausdehnen: Stellen wir eine Wellenfunktion $\psi(x, y, z)$ als Überlagerung ebener, normierter Wellen dar:

$$\psi(x, y, z) = \iiint_{-\infty}^{+\infty} c(p_x, p_y, p_z)(2\pi\hbar)^{-3/2} e^{i\boldsymbol{pr}/\hbar} d^3p , \quad \text{mit} \tag{9.41}$$

$$\boldsymbol{pr} = p_x x + p_y y + p_z z ,$$

so gibt

$$|c(p_x, p_y, p_z)|^2 dp_x dp_y dp_z$$

die Wahrscheinlichkeit dafür an, für den Impuls des Teilchens den Messwert $\boldsymbol{p}$ im Intervall dp_x, dp_y, dp_z zu finden.

9.3.3 Mittelwerte, Erwartungswerte

Zur Erklärung dieser Begriffe denken wir wieder an das Beispiel des Würfels. Die einzelnen, möglichen „Meßwerte" sind die Augenzahlen $1, 2, \ldots, 6$. Bei einem einzelnen Wurf können wir nicht voraussagen, welche dieser Augenzahlen wir erhalten. Voraussagen lassen sich erst machen, wenn wir sehr oft würfeln. Dabei bestimmen wir die Häufigkeit H_n, mit der die Augenzahl n $(n = 1, \ldots, 6)$ gewürfelt wird. Die im Mittel gewürfelte Augenzahl $\bar{n}$ ist dann durch

$$\bar{n} = \frac{\sum_{n=1}^{6} n\, H_n}{\sum_{n=1}^{6} H_n} \tag{9.42}$$

gegeben. Nach Aussage der Wahrscheinlichkeitsrechnung läßt sich dieser Mittelwert (im Grenzfall unendlich vieler Experimente) direkt vorhersagen. Hierzu dient der Begriff der Wahrscheinlichkeit. Sie ist das Verhältnis der Zahl der günstigen Ausgänge zur Zahl der Versuche insgesamt. Wir bezeichnen die Wahrscheinlichkeit, n Augen zu würfeln („günstiger Ausgang bezüglich n") mit P_n. Da alle Augenzahlen gleich wahrscheinlich sind, gilt $P_1 = P_2 \ldots = P_n$. Da ferner $\sum_n P_n = 1$ sein muß, erhalten wir sofort aus Symmetriegründen

$$P_n = 1/6, \qquad n = 1, 2, \ldots, 6. \tag{9.43}$$

(Wir schließen gezinkte Würfel aus). Nach der Wahrscheinlichkeitsrechnung ist $\bar{n}$ durch P_n wie folgt ausgedrückt

$$\bar{n} = \sum_{n=1}^{6} nP_n = 1 \cdot \tfrac{1}{6} + 2 \cdot \tfrac{1}{6} + \ldots 6 \cdot \tfrac{1}{6}. \tag{9.44}$$

Diese sehr simplen Sachverhalte lassen sich sofort auf die Definition des Ortsmittelwertes und des Impulsmittelwertes der Quantentheorie anwenden. Im allgemeinen können wir ja keine Aussagen machen, welcher Ort oder welcher Impuls gemessen wird, sondern nur Wahrscheinlichkeitsaussagen. Messen wir dagegen den Ort oder Impuls sehr oft und bilden dann den Mittelwert, so läßt sich dieser ganz analog wie beim Würfel bilden. Der Theoretiker kann, wie wir am Würfelspiel sahen, dem Experimentalphysiker diesen Mittelwert voraussagen. Dieser Mittelwert heißt deshalb auch *Erwartungswert:* Er ist folgendermaßen definiert: *Erwartungswert = Summe über die einzelnen Meßwerte mal der Wahrscheinlichkeit, daß dieser betreffende Meßwert gefunden wird.*

Wenden wir dies auf Beispiele an.

a) Ortsmittelwert (eindimensionales Beispiel), Abb. 9.3

Eine einzelne Messung ergibt, daß das Teilchen im Intervall $x \ldots x + dx$ angetroffen wird. Die Wahrscheinlichkeit hierfür ist $|\psi(x)|^2 dx$. Da der Ort x kontinuierlich variiert, während die Augenzahl n eine diskrete Variable war, gehen wir von der Summe (9.44) zum Integral über. Also ist der Ortsmittelwert definiert durch

$$\bar{x} = \int_{-\infty}^{+\infty} x |\psi(x)|^2 dx. \tag{9.45}$$

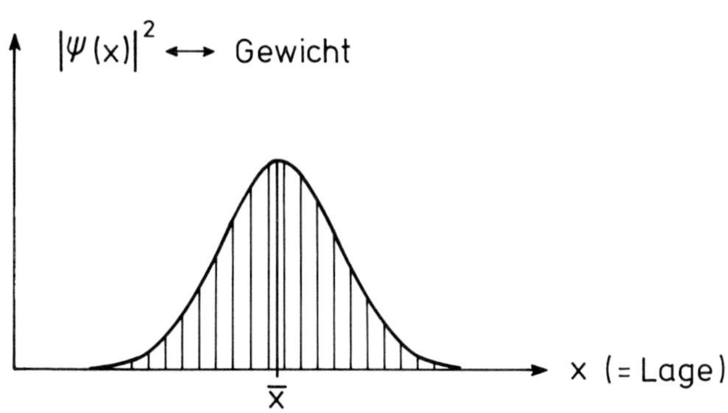

Abb. 9.3. Zur Veranschaulichung des Ortsmittelwerts. Die Lage eines senkrechten Striches zeigt einen einzelnen Meßwert der Ortskoordinate x an, die Länge des Striches, die relative Häufigkeit (= Wahrscheinlichkeit). Deuten wir die letztere als Gewicht, so entspricht die Berechnung von $\bar{x}$ der Berechnung der Lage des Schwerpunkts $\bar{x}$ eines Körpers

Dabei wird hier und im folgenden stets die Normierung der Wellenfunktion vorausgesetzt, d. h.

$$\int_{-\infty}^{+\infty} |\psi(x)|^2 dx = 1 . \tag{9.46}$$

Ganz entsprechend können wir auch die n-te Potenz x^n bilden und somit dann in Verallgemeinerung der Definition (9.45) den Mittelwert der n-ten Potenz definieren

$$\overline{x^n} = \int x^n |\psi(x)|^2 dx . \tag{9.47}$$

Ersetzen wir die Funktion x^n ganz allgemein durch die Funktion $V(x)$ der potentiellen Energie, so erhalten wir die Definition des Mittelwertes der potentiellen Energie

$$\bar{V} = \int_{-\infty}^{+\infty} V(x) |\psi(x)|^2 dx \tag{9.48}$$

b) Impulsmittelwert (eindimensionales Beispiel), Abb. 9.4

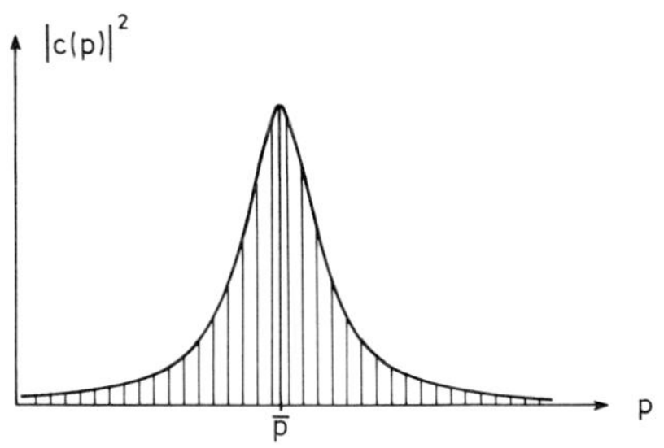

Abb. 9.4. Zur Veranschaulichung des Impulsmittelwerts. Vgl. den Text zu Abb. 9.3

In diesem Fall sei uns zunächst die Wellenfunktion $\psi(x)$ als Zerlegung nach ebenen Wellen gegeben

$$\psi(x) = \int_{-\infty}^{+\infty} c(p) \frac{1}{\sqrt{h}} e^{ipx/\hbar} dp . \tag{9.49}$$

Messen wir nun den Impuls, so ist die Wahrscheinlichkeit, ihn im Intervall $p \dots p + dp$ zu finden, durch $|c(p)|^2 dp$ gegeben. In völliger Analogie zum Ortsmittelwert bekommen wir daher die Definition des Impulsmittelwertes durch

$$\bar{p} = \int_{-\infty}^{+\infty} p |c(p)|^2 dp , \tag{9.50}$$

oder für die n-te Potenz durch

$$\overline{p^n} = \int_{-\infty}^{+\infty} p^n |c(p)|^2 dp . \tag{9.51}$$

Normalerweise sind, wie wir später noch sehen werden, Wellenfunktionen als Funktion des Ortes, d. h. in der Form $\psi(x)$ gegeben. Daher ist es mühsam, zur Bestimmung des Impulsmittelwertes die Zerlegung (9.49) vorzunehmen, weil hierzu ja erst die Koeffizienten $c(p)$ berechnet werden müßten. Wir zeigen nun, daß es eine sehr einfache Rechenvorschrift gibt, durch die wir den Umweg über (9.49) vermeiden und trotzdem den Impulsmittelwert berechnen können. Wir behaupten, daß der Impulsmittelwert durch die grundlegende Formel

$$\bar{p}=\int_{-\infty}^{+\infty}\psi^*(x)\left(\frac{\hbar}{\mathrm{i}}\frac{d}{dx}\right)\psi(x)dx \tag{9.52}$$

gegeben ist. Die Schreibweise $[(\hbar/\mathrm{i})(d/dx)]\psi(x)$ ist dem Leser vielleicht noch nicht geläufig, in der Quantenmechanik aber sehr gebräuchlich. Sie besagt, daß $\psi(x)$ nach x zu differenzieren ist, also zu bilden ist

$$\frac{\hbar}{\mathrm{i}}\frac{d\psi}{dx}. \tag{9.53}$$

Man sagt auch zu der Schreibweise (9.52), daß der „Impulsoperator" $(\hbar/\mathrm{i})d/dx$ auf $\psi(x)$ angewendet wird. Der Beweis, daß (9.52) gleich (9.50) ist, ist zwar einfach, erfordert aber einige mathematische Grundkenntnisse. Hierzu setzen wir (9.49) in (9.52) ein und erhalten nach Ausführung der Differentiation nach x und einer Vertauschung in der Integrationsreihenfolge bezüglich x und p bzw. p'

$$\bar{p}=\int_{-\infty}^{+\infty}dp\int_{-\infty}^{+\infty}dp'p'c^*(p)c(p')\underline{\frac{1}{h}\int_{-\infty}^{+\infty}\mathrm{e}^{-\mathrm{i}px/\hbar}\mathrm{e}^{\mathrm{i}p'x/\hbar}dx}. \tag{9.54}$$

Der unterstrichene Ausdruck ist jedoch einfach die Dirac'sche δ-Funktion $\delta(p-p')$ (vgl. mathematischen Anhang). Aufgrund der Definition der δ-Funktion fällt die Integration über p' weg, wobei überall $p'=p$ zu setzen ist, und wir erhalten direkt als Endresultat

$$\bar{p}=\int_{-\infty}^{+\infty}dp\,p|c(p)|^2. \tag{9.55}$$

Verfolgen wir die Rechnung nochmals im einzelnen, so erkennen wir, daß wir den Faktor p in (9.50) durch den Differentationsoperator $(\hbar/\mathrm{i})d/dx$ ersetzt haben. Um auf (9.51) zu kommen, hätten wir entsprechend n-mal diesen Operator auf die dahinterstehende Wellenfunktion $\psi(x)$ anwenden müssen.

c) Energiemittelwerte

Unsere bisherigen Ergebnisse setzen uns in die Lage, auch Energiemittelwerte zu berechnen. Die kinetische Energie eines Teilchens ist gegeben durch $p^2/2m_0$. Die Wahrscheinlichkeit, den zugehörigen Impuls p im Intervall $p\ldots p+dp$ zu messen, ist durch $|c(p)|^2dp$ gegeben.

Daher ist der Mittelwert der kinetischen Energie durch

$$\bar{E}_{\mathrm{kin}}=\int_{-\infty}^{+\infty}|c(p)|^2\frac{p^2}{2m_0}dp \tag{9.56}$$

bestimmt. Benutzen wir jedoch die eben besprochene Rechenvorschrift für Impulsmittelwerte, so erhalten wir unmittelbar

$$\bar{E}_{\mathrm{kin}}=\int_{-\infty}^{+\infty}\psi^*\left(-\frac{\hbar^2}{2m_0}\Delta\psi\right)dx\,dy\,dz, \tag{9.57}$$

wobei wir die Abkürzung

$$\Delta = \frac{\partial^2}{\partial x^2} + \frac{\partial^2}{\partial y^2} + \frac{\partial^2}{\partial z^2} \tag{9.58}$$

benutzt und das Resultat auf drei Dimensionen verallgemeinert haben. Ebenso läßt sich (9.48) auf drei Dimensionen erweitern. Wir erhalten somit als Erwartungswert für die potentielle Energie

$$\bar{E}_{\text{pot}} = \int_{-\infty}^{+\infty} \psi^* V(\boldsymbol{r}) \psi dx\, dy\, dz\,. \tag{9.59}$$

Da die gesamte Energie gleich der Summe aus kinetischer und potentieller Energie ist, ergibt sich schließlich als Erwartungswert für die gesamte Energie

$$\bar{E}_{\text{Ges}} = \int \psi^* \left[-\frac{\hbar^2}{2m_0} \Delta + V(\boldsymbol{r}) \right] \psi dx\, dy\, dz\,. \tag{9.60}$$

9.3.4 Operatoren und Erwartungswerte

Mit Hilfe unserer bisherigen Resultate können wir nunmehr das begriffliche Gerüst und die Rechenregeln der Quantentheorie erläutern. In der klassischen Physik haben wir bestimmte mechanische Meßgrößen, wie z. B. den Ort $x(t)$, den Impuls $p(t)$, die Energie usw. In der Quantentheorie werden diesen klassischen Größen bestimmte Erwartungswerte zugeordnet, vgl. etwa (9.45, 52, 60). Diese quantenmechanischen Erwartungswerte können durch eine sehr einfache Übersetzungsvorschrift aus der klassischen Physik gewonnen werden und zwar durch folgendes „Rezept“. Den klassischen Größen werden Operatoren zugeordnet, die nichts anderes sind als eine Multiplikations- oder Differentiationsvorschrift, die auf die dahinter stehende Wellenfunktion wirken. So wird dem Ort $x(t)$ der Ortsoperator x zugeordnet, der einfach besagt, daß man die Wellenfunktion $\psi(x)$ mit ihm multipliziert. Es erscheint hierbei zunächst verwunderlich, daß der zeitabhängigen Größe $x(t)$ ein zeitunabhängiger Operator x zugeordnet wird. Wie wir unten aus dem Schema sehen werden, kommt aber die Zeitabhängigkeit bei der Mittelwertbildung wieder herein, wenn nämlich die Wellenfunktionen selbst von der Zeit abhängig sind. Dem Impuls wird eine Differentiationsvorschrift zugeordnet, $-\mathrm{i}\hbar(d/dx)$, nach der die dahinter stehende Wellenfunktion zu differenzieren ist. Hat man die entsprechende Operatorenmultiplikation oder -differentiation ausgeführt, so multipliziert man das Resultat mit ψ^* und integriert über den gesamten Raum, um den quantentheoretischen Erwartungswert zu erhalten.

Mit Hilfe dieser Vorschriften lassen sich noch weitere Operatoren bestimmen, die uns noch nicht begegnet sind. Eine wichtige Größe ist der Drehimpuls $\boldsymbol{l}$, der die Komponenten l_x, l_y, l_z besitzt. In der klassischen Physik ist z. B. l_z durch $xp_y - yp_x$ definiert. In der Quantentheorie gewinnen wir den dazu gehörigen Operator, indem wir p_x und p_y durch $(\hbar/\mathrm{i})\partial/\partial x$ bzw. $(\hbar/\mathrm{i})\partial/\partial y$ ersetzen. Die z-Komponente des Drehimpuls*operators* lautet also:

$$\hat{l}_z = \frac{\hbar}{\mathrm{i}} \left(x \frac{\partial}{\partial y} - y \frac{\partial}{\partial x} \right). \tag{9.61}$$

Damit keine Verwechslungen zwischen dem klassischen Drehimpuls und dem Drehimpuls-*Operator* auftreten können, versehen wir hier und auch stets im folgenden den Drehimpuls-Operator mit dem Zeichen $\wedge$ (lies „Dach").

Fassen wir das Gesagte zusammen, so erhalten wir das folgende Schema:

Klassisch	Operator	Quantentheor. Erwartungswert
Ort $\rightarrow x(t)$	x	$\bar{x}=\int \psi^*(x,t)x\psi(x,t)dx$
Impuls $\rightarrow p(t)$	$\frac{\hbar}{\mathrm{i}}\frac{d}{dx}$ (Jordansche Regel)	$\bar{p}=\int \psi^*(x,t)\left(\frac{\hbar}{\mathrm{i}}\frac{d}{dx}\right)\psi(x,t)dx$
Energie $E=H(x(t),p(t))$	$-\frac{\hbar^2}{2m_0}\frac{d^2}{dx^2}+V(x)$	$\bar{E}=\int \psi^*(x,t)\left[-\frac{\hbar^2}{2m_0}\frac{d^2}{dx^2}+V(x)\right]\psi(x,t)dx$
Drehimpuls $\boldsymbol{l}=[\boldsymbol{r}\times\boldsymbol{p}]$	$\left[\boldsymbol{r}\times\frac{\hbar}{\mathrm{i}}\,\mathrm{grad}\right]$	$\bar{\boldsymbol{l}}=\int \psi^*\left[\boldsymbol{r}\times\frac{\hbar}{\mathrm{i}}\,\mathrm{grad}\right]\psi dx$

Bei den vorstehenden Überlegungen haben wir uns gar nicht weiter über die Wellenfunktion ψ ausgelassen. Diese ist sozusagen vom Himmel gefallen. Wir müssen uns noch überlegen, nach welchen Prinzipien wir die Wellenfunktion bestimmen können, sofern dies nicht durch die Schrödinger-Gleichung geschieht.

9.3.5 Bestimmungsgleichungen für die Wellenfunktion

Im Vorangegangenen sind uns schon mehrfach Bestimmungsgleichungen für ψ explizit oder implizit begegnet. Nehmen wir als einfachstes Beispiel die ebene Welle her, $\psi \sim \exp(\mathrm{i}kx)$. Wie wir bereits wissen, bestimmt diese Welle die Fortpflanzung eines Teilchens mit dem Impuls $\hbar k$. Können wir diese ebene Welle als Lösung einer Bestimmungsgleichung, die sich direkt auf den Impuls bezieht, auffassen? Das ist in der Tat der Fall. Differenzieren wir nämlich die ebene Welle nach x und multiplizieren mit $\hbar/\mathrm{i}$, so erhalten wir gerade die Relation

$$\frac{\hbar}{\mathrm{i}}\frac{d}{dx}\mathrm{e}^{\mathrm{i}kx}=\hbar k\,\mathrm{e}^{\mathrm{i}kx}\equiv p\,\mathrm{e}^{\mathrm{i}kx}. \tag{9.62}$$

Die ebene Welle genügt also einer Gleichung von der folgenden Struktur: Der Impulsoperator $(\hbar/\mathrm{i})d/dx$ angewendet auf die ebene Welle ergibt einen Zahlenwert $p\equiv\hbar k$ mal der ebenen Welle.

Betrachten wir als zweites Beispiel die zeitunabhängige Schrödinger-Gleichung. Die Anwendung des Hamiltonoperators auf die Wellenfunktion ergibt einen Energiewert E mal der Wellenfunktion. Wie ein Blick auf das obige Schema zeigt, ist der Hamiltonoperator aber nichts anderes als derjenige quantenmechanische Operator, der dem klassischen Energieausdruck $E_{\mathrm{kin}}+E_{\mathrm{pot}}$ zugeordnet wird.

Wenn wir das Gemeinsame dieser Beispiele herausschälen, so erhalten wir folgendes Schema: Die Wellenfunktion in den obigen Beispielen sind sogenannte Eigenfunktionen, die der folgenden Gleichung genügen:

Operator · Eigenfunktion = Eigenwert · Eigenfunktion.

Bezeichnen wir den Operator mit Ω, die Eigenfunktion mit φ und den Eigenwert mit ω, so läßt sich diese Beziehung schreiben als

$$\Omega\varphi = \omega\varphi\,. \tag{9.63}$$

Der hier wie auch im nachfolgenden Abschn. 9.3.6 mit ω bezeichnete Eigenwert ist hierbei nicht mit einer Frequenz zu verwechseln. Er kann vielmehr ganz andere physikalische Bedeutungen haben, wie z. B. Impuls.
Im Beispiel (9.62) hatten wir

$$\Omega = \frac{\hbar}{\mathrm{i}}\frac{d}{dx}\,, \qquad \varphi = \mathrm{e}^{\mathrm{i}kx}\,, \qquad \omega = \hbar k\,.$$

Wir müssen nun einige Grundtatsachen der mathematischen Behandlung derartiger Eigenfunktionsgleichungen verwenden, ohne sie hier ableiten zu können. Wie die Mathematik zeigt, sind Eigenfunktionen und Eigenwerte durch (9.63) festgelegt, sofern noch passende Randbedingungen für die Wellenfunktion (Eigenfunktion) bestimmt sind. Ein Beispiel für eine solche Randbedingung ist uns bei dem im Kasten eingesperrten Teilchen bereits begegnet. Sind keine expliziten Randbedingungen gegeben, so müssen wir fordern, daß die Wellenfunktion normierbar ist, was beinhaltet, daß die Wellenfunktion im Unendlichen genügend schnell verschwindet.

Wenn der Operator Ω in (9.63) und Randbedingungen vorgegeben sind, gibt es eine ganz bestimmte Folge von Eigenwerten, z. B. diskrete Energiewerte wie beim Teilchen im Kasten etc. Die Bestimmung dieser Eigenwerte und zugehörigen Eigenfunktionen ist also Aufgabe der Mathematik oder der theoretischen Physik. Um sie mit Experimenten in Verbindung zu bringen, bedient man sich des *Grundpostulats der Quantentheorie: Die Eigenwerte sind identisch mit den Meßwerten.* Dieses Grundpostulat hat eine ungeheure Tragweite, und wir können es deshalb akzeptieren, weil es in ungezählten Messungen immer wieder bestätigt worden ist. Messen wir z. B. die Energie des Elektrons im Wasserstoffatom, so muß diese mit den quantenmechanisch berechneten Eigenwerten E_n übereinstimmen. Treten Diskrepanzen auf, so führt man dies nicht auf ein grundsätzliches Versagen der Quantentheorie zurück, sondern man sucht nach Wechselwirkungseffekten, die noch nicht berücksichtigt wurden. Auf diese Weise hat sich bisher eine ganz hervorragende Übereinstimmung ergeben.

An unserem Beispiel (9.62) sehen wir, daß die Schrödinger-Gleichung nur eine unter vielen anderen Möglichkeiten bietet, die Wellenfunktion zu bestimmen. Es handelt sich hier immer um die physikalische Fragestellung. So werden wir, wenn wir die Schrödinger-Gleichung benutzen, immer annehmen, daß wir Messungen im Auge haben, die die Energie exakt messen. Wenn wir dann die Energie gemessen haben, haben wir gleichzeitig die zugehörigen Eigenfunktionen als Lösung der Schrödinger-Gleichung identifiziert. Nun können wir natürlich noch etwa den Impuls messen wollen. Da die Wellenfunktion vorgegeben ist und diese, wie man sich durch die Fourierzerlegung leicht überzeugen kann, mehrere Impulseigenfunktionen enthält, können wir nun keineswegs mehr den Impuls des Teilchens exakt voraussagen, sondern nur noch den Erwartungswert berechnen. Das einfachste Beispiel hierfür ist wieder das Teilchen im Kasten.

9.3.6 Gleichzeitige Meßbarkeit und Vertauschungsrelationen

Wie wir bereits oben sahen, gilt in der Quantentheorie eine sehr innige Verbindung von Wellenfunktion und Eigenwerten einerseits und einzelnen Meßwerten andererseits.

Wenn eine Wellenfunktion Eigenfunktion zu einem bestimmten Operator ist, d. h. einer Gleichung der Gestalt (9.63) genügt, dann wissen wir, daß eine Messung den zugehörigen Eigenwert als Meßwert ergibt. Wiederholen wir diese Messung, so finden wir genau den gleichen Eigenwert. Daraus folgt:

Ist ψ_λ Eigenfunktion zu einem bestimmten Operator Ω, so stimmt der Meßwert ω_λ mit dem Erwartungswert $\bar{\Omega}$ überein. In der Tat, kennen wir den Operator Ω und den zugehörigen Eigenwert ω_λ, so erhalten wir wegen

$$\Omega\psi_\lambda = \omega_\lambda\psi_\lambda:\ \bar{\Omega} = \int \psi_\lambda^* \Omega\psi_\lambda dx = \int \psi_\lambda^* \omega_\lambda \psi_\lambda dx = \omega_\lambda \int \psi_\lambda^* \psi_\lambda dx = \omega_\lambda\,.$$

Was passiert aber nun, wenn wir bei der zweiten Messung eine andere Meßgröße bestimmen wollen? Ein Beispiel hierfür hatten wir in Abschn. 7.3 genauer untersucht, wo wir erst den Impuls und dann den Ort des Teilchens messen wollten. Hier zerstörte die Ortsmessung die Ergebnisse der vorangegangenen Impulsmessung. Andererseits können wir bei einem Teilchen erst den Impuls und dann die kinetische Energie messen. Bei der ersten Messung erhalten wir einen bestimmten Meßwert p. Damit haben wir das Teilchen zugleich in einem Zustand „präpariert“, der Eigenfunktion zum Impulsoperator ist. Die Wellenfunktion nach der Messung lautet also (bis auf den Normierungsfaktor) $\exp(\mathrm{i}px/\hbar)$. Messen wir nunmehr die kinetische Energie, so entspricht diese Messung mathematisch der Anwendung des Meßoperators der kinetischen Energie, $-(\hbar^2/2m_0)d^2/dx^2$. Hierbei ergibt die schon so „präparierte“ ebene Welle den Eigenwert $E = p^2/2m_0$, wobei die ebene Welle als Wellenfunktion erhalten bleibt. In diesem Falle macht die nachfolgende Messung also nicht das Meßergebnis der ersten Messung zunichte. Es gibt offensichtlich bestimmte Messungen, die sich gegenseitig nicht stören oder, mit anderen Worten, die gleichzeitig mit beliebiger Exaktheit durchgeführt werden können.

Wir leiten nun ein notwendiges Kriterium für die Erfüllung der gleichzeitigen Meßbarkeit her. Dazu betrachten wir Operatoren $\Omega^{(1)}$ und $\Omega^{(2)}$, die zum Beispiel Operatoren für den Impuls bzw. kinetische Energie sein können. Wir verlangen nun, daß die Wellenfunktion ψ gleichzeitig Eigenfunktion zu den beiden zugehörigen Gleichungen

$$\Omega^{(1)}\psi = \omega^{(1)}\psi \tag{9.64}$$

und

$$\Omega^{(2)}\psi = \omega^{(2)}\psi \tag{9.65}$$

ist. Lassen wir auf die erste Gleichung von links her den Operator $\Omega^{(2)}$ wirken, auf die 2. Gleichung den Operator $\Omega^{(1)}$ und ziehen beide Gleichungen voneinander ab, so ergibt sich nach kurzer Umformung und, wenn wir nochmals (9.64) und (9.65) verwenden, die Beziehung

$$(\Omega^{(1)}\Omega^{(2)} - \Omega^{(2)}\Omega^{(1)})\psi = (\omega^{(1)}\omega^{(2)} - \omega^{(2)}\omega^{(1)})\psi = 0 \tag{9.66}$$

Nun soll die gleichzeitige Meßbarkeit garantiert sein für alle Wellenfunktionen, die (9.64) und (9.65) gleichzeitig erfüllen, d. h. nicht nur für eine spezielle Wellenfunktion. Daher läßt man in der Quantentheorie in Gleichung (9.66) ψ weg und schreibt

$$\Omega^{(1)}\Omega^{(2)} - \Omega^{(2)}\Omega^{(1)} = 0\,. \tag{9.67}$$

Dies ist aber nur als Abkürzung aufzufassen. Begegnet man einer solchen Gleichung, so hat man sich stets vorzustellen, daß hinter den Operatoren eine beliebige Wellenfunktion ψ steht, d.h. eben (9.66) gelten soll. Wie mathematisch gezeigt wird, gilt auch die Umkehrung vom eben Bewiesenen: Erfüllen zwei Operatoren $\Omega^{(1)}$ und $\Omega^{(2)}$ die Vertauschungsrelation (9.67), so können die Eigenfunktionen von $\Omega^{(1)}$ stets so bestimmt werden, daß sie gleichzeitig auch Eigenfunktion zu $\Omega^{(2)}$ sind, d.h. (9.64) und (9.65) erfüllen. Gehört nämlich zu einem Eigenwert $\omega^{(1)}$ von $\Omega^{(1)}$ nur eine einzige Eigenfunktion, so ist diese bereits auch Eigenfunktion zu $\Omega^{(2)}$. Gehören hingegen zu einem Eigenwert $\omega^{(1)}$ von $\Omega^{(1)}$ mehrere Eigenfunktionen, so lassen sich aus diesen stets Linearkombinationen aufbauen, so daß diese dann Eigenfunktionen zu $\Omega^{(2)}$ sind.

Betrachten wir einige Beispiele. Identifizieren wir $\Omega^{(1)}$ mit dem Impulsoperator $(\hbar/\mathrm{i})d/dx$ und den Operator $\Omega^{(2)}$ mit dem der kinetischen Energie: $(-\hbar^2/2m_0)d^2/dx^2$, so sind diese Operatoren miteinander vertauschbar. Ob man eine Wellenfunktion erst zweimal nach x und dann einmal nach x oder erst einmal nach x und dann zweimal nach x differenziert, ergibt natürlich das gleiche Resultat

$$\left(-\frac{\hbar^2}{2m_0}\right)\cdot\frac{\hbar}{\mathrm{i}}\left(\frac{d}{dx}\cdot\frac{d^2}{dx^2}-\frac{d^2}{dx^2}\cdot\frac{d}{dx}\right)\psi=0\,. \tag{9.68}$$

Ebenso stellt man fest, daß die x-Komponente des Impulses und die y-Komponente des Ortes miteinander vertauschbar sind.

Nun nehmen wir als zweites Beispiel die x-Koordinate des Impulses und die Koordinate x selbst. Wir bilden also mit $\Omega^{(1)}=(\hbar/\mathrm{i})d/dx$, $\Omega^{(2)}=x$

$$(\Omega^{(1)}\Omega^{(2)}-\Omega^{(2)}\Omega^{(1)})\psi\equiv\left(\frac{\hbar}{\mathrm{i}}\frac{d}{dx}\cdot x-x\cdot\frac{\hbar}{\mathrm{i}}\frac{d}{dx}\right)\psi\,. \tag{9.69}$$

Wir berechnen nun diesen Ausdruck, indem wir als erstes die Klammer ausmultiplizieren:

$$=\frac{\hbar}{\mathrm{i}}\frac{d}{dx}x\psi-x\frac{\hbar}{\mathrm{i}}\frac{d}{dx}\psi\,. \tag{9.70}$$

d/dx bedeutet natürlich, daß alles zu differenzieren ist, was hinter diesem Operator steht, also insbesondere:

$$\frac{d}{dx}(x\psi)=\frac{dx}{dx}\cdot\psi+x\frac{d\psi}{dx}\,. \tag{9.71}$$

Setzen wir dieses in (9.70) ein, so ergibt sich

$$\frac{\hbar}{\mathrm{i}}\psi\,. \tag{9.72}$$

Schreiben wir nochmals die rechte Seite von (9.69) aus, so erhalten wir die Beziehung:

$$\left(\frac{\hbar}{\mathrm{i}}\frac{d}{dx}\cdot x-x\frac{\hbar}{\mathrm{i}}\frac{d}{dx}\right)\psi=\frac{\hbar}{\mathrm{i}}\psi\,. \tag{9.73}$$

Da diese Relation für jede beliebige Funktion ψ gilt, schreibt man sie auch in der abgekürzten Form

$$\frac{\hbar}{\mathrm{i}}\frac{d}{dx}\cdot x - x\cdot\frac{\hbar}{\mathrm{i}}\frac{d}{dx} = \frac{\hbar}{\mathrm{i}}. \tag{9.74}$$

Dies ist die berühmte Heisenbergsche Vertauschungsrelation zwischen Impulsoperator und Ortsoperator. Sie besagt, daß der Impuls- und der Ortsoperator nicht miteinander vertauschbar sind, d. h. daß Ort und Impuls nicht gleichzeitig scharf meßbar sind.

Zur kürzeren Schreibweise von Vertauschungsrelationen zwischen zwei Operatoren $\Omega^{(1)}$ und $\Omega^{(2)}$ wird oft die folgende Schreibweise verwendet:

$$[\Omega^{(1)}, \Omega^{(2)}] \equiv \Omega^{(1)}\Omega^{(2)} - \Omega^{(2)}\Omega^{(1)}. \tag{9.75}$$

In ihr lautet die Heisenbergsche Vertauschungsrelation

$$\left[\frac{\hbar}{\mathrm{i}}\frac{d}{dx}, x\right] = \frac{\hbar}{\mathrm{i}}. \tag{9.76}$$

Wir überlassen es dem Leser, die folgenden Relationen herzuleiten

$$\left[\frac{\hbar}{\mathrm{i}}\frac{d}{dx}, V\right] = \frac{\hbar}{\mathrm{i}}\frac{dV}{dx}.$$

Für die Komponenten des Drehimpulses (vgl. Definition in Gl. (9.61)) gilt

$$[\hat{l}_x, \hat{l}_y] = \mathrm{i}\hbar\hat{l}_z, \tag{9.77}$$

$$[\hat{l}_y, \hat{l}_z] = \mathrm{i}\hbar\hat{l}_x, \tag{9.78}$$

$$[\hat{l}_z, \hat{l}_x] = \mathrm{i}\hbar\hat{l}_y, \tag{9.79}$$

$$[\hat{l}^2, \hat{l}_j] = 0, \quad j = x, y, z. \tag{9.80}$$

Diese Relationen besagen, daß die Komponenten des Drehimpulses nicht gleichzeitig meßbar sind, jedoch ist gleichzeitig meßbar eine Komponente und das Drehimpulsquadrat.

9.4 Der quantenmechanische Oszillator

Neben dem Teilchen im Kasten ist der harmonische Oszillator eines der einfachsten Beispiele der Quantentheorie. Obwohl dieses Beispiel nicht für die Elektronenbewegung im Atom selbst in Frage kommt, da hier ein anderes Kraftgesetz gilt, so hat doch der harmonische Oszillator ungezählte Anwendungsbeispiele in allen Gebieten der Quantenphysik, worauf wir immer wieder zurückkommen werden. In der klassischen Physik ist die Bewegungsgleichung des harmonischen Oszillators durch $m_0\ddot{x} = -kx$ gegeben (Abb. 9.5). Hierzu gehören die kinetische Energie $(m_0/2)\dot{x}^2$ und die potentielle Energie $(k/2)x^2$. Um zur Quantenmechanik zu kommen, drücken wir die Geschwindigkeit $\dot{x}$ durch den Impuls aus: $m_0\dot{x} = p$. Ferner benutzen wir die klassische Beziehung zwischen Schwingungsfrequenz ω, Masse und Kraftkonstante, $\omega^2 = k/m_0$. Somit erhalten wir als Ausdruck für die Gesamtenergie (oder mathematisch ausgedrückt: für die Hamilton-Funktion)

$$H = \frac{p^2}{2m_0} + \frac{m_0}{2}\omega^2 x^2 . \tag{9.81}$$

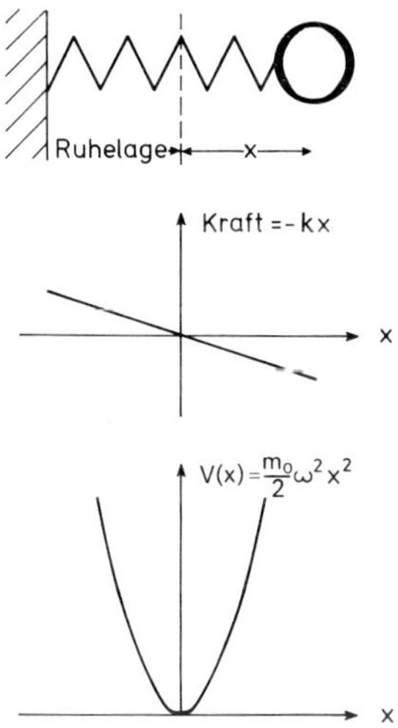

Abb. 9.5. Der harmonische Oszillator. *Oben:* als Beispiel Massenpunkt an Feder. *Mitte:* Kraft als Funktion der Auslenkung x. *Unten:* potentielle Energie als Funktion der Auslenkung x

Die zugehörige Schrödinger-Gleichung lautet

$$\left(-\frac{\hbar^2}{2m_0}\frac{d^2}{dx^2} + \frac{m_0}{2}\omega^2 x^2\right)\psi(x) = E\psi(x) . \tag{9.82}$$

Wie man sich leicht überzeugen kann, kann die Energie E nur positive Werte annehmen. Dazu multiplizieren wir beide Seiten von (9.82) mit $\psi^*(x)$ und integrieren von $x = -\infty$ bis $x = +\infty$. Das dann auf der rechten Seite von (9.82) stehende Integral $\int_{-\infty}^{+\infty} \psi^*\psi dx$ ist positiv, da ja $\psi^*\psi = |\psi|^2 \geq 0$ ist. Das gleiche gilt für das x^2 enthaltende Glied $\int_{-\infty}^{+\infty} (m_0/2)\omega^2 x^2 |\psi|^2 dx$ auf der linken Seite von (9.82). Das restliche Integral $\int_{-\infty}^{+\infty} [-(\hbar^2/2m_0)\psi^* \cdot d^2\psi/dx^2] dx$ formen wir durch partielle Integration um und erhalten

$$-\frac{\hbar^2}{2m_0}\psi^*\frac{d\psi}{dx}\bigg|_{x=-\infty}^{x=+\infty} + \frac{\hbar^2}{2m_0}\int_{-\infty}^{+\infty}\frac{d\psi}{dx}\cdot\frac{d\psi^*}{dx}dx . \tag{9.82a}$$

Setzen wir beim ersten Glied die Integrationsgrenzen ein, so verschwindet dieses, da wir verlangen, daß $\psi \to 0$ geht für $x \to \pm\infty$. (Andernfalls würde das Normierungsintegral $\int_{-\infty}^{+\infty} |\psi|^2 dx = 1$ nicht existieren!) Das Integral in (9.82a) ist positiv. Damit ist die gesamte linke Seite der (9.82) entsprechenden Beziehung positiv. Es folgt nun sofort, daß $E \geqq 0$ sein muß. Da die Schrödinger-Gleichung mehrere Konstanten enthält, führen wir zunächst eine Transformation zu einer neuen, dimensionslosen Koordinate ξ und einer neuen Energie durch, indem wir setzen

$$x = \sqrt{\frac{\hbar}{m_0\omega}}\,\xi\,; \qquad \varepsilon = \frac{E}{\hbar\omega}\,, \tag{9.83}$$

$$\psi(x) = \varphi(\xi)\,. \tag{9.84}$$

Damit geht (9.82) in

$$\tilde{H}\varphi \equiv \frac{1}{2}\left(-\frac{d^2}{d\xi^2} + \xi^2\right)\varphi(\xi) = \varepsilon\varphi(\xi) \tag{9.85}$$

über. Wäre der Differentiationsoperator $d/d\xi$ eine gewöhnliche Zahl, so könnten wir die Regel $-a^2 + b^2 = (-a+b)(a+b)$ anwenden. Obgleich dies natürlich bei Operatoren nicht möglich ist, nehmen wir sie als heuristisches Hilfsmittel und bilden dementsprechend, sozusagen nur versuchsweise

$$\underbrace{\frac{1}{\sqrt{2}}\left(-\frac{d}{d\xi} + \xi\right)}_{b^+}\underbrace{\frac{1}{\sqrt{2}}\left(\frac{d}{d\xi} + \xi\right)}_{b}\varphi(\xi)\,. \tag{9.86}$$

Hierbei ist streng auf die Reihenfolge der Differentiationsvorschriften zu achten, d. h. Operatoren, die rechts stehen, müssen erst angewendet werden, bevor Operatoren, die weiter links stehen, angewendet werden. „Multiplizieren" wir nun die Klammern unter strenger Berücksichtigung der Reihenfolge aus, so erhalten wir

$$\frac{1}{2}\left(-\frac{d^2}{d\xi^2} + \xi^2\right)\varphi(\xi) + \frac{1}{2}\left(-\frac{d}{d\xi}\xi + \xi\frac{d}{d\xi}\right)\varphi(\xi)\,, \tag{9.87}$$

also die linke Seite von (9.85), jedoch mit einem Zusatzglied. Ganz ähnlich, wie wir dies bei der Heisenbergschen Vertauschungsrelation (9.69) getan haben, können wir im Zusatzglied die Differentiationen auf die Wellenfunktion ausüben und erhalten $-\varphi(\xi)/2$ für den zweiten Ausdruck in (9.87). (9.86) unterscheidet sich daher von dem in der Mitte stehenden Ausdruck von (9.85) nur um $-\varphi/2$. Beachten wir dies und führen, wie in (9.86) angegeben, die Abkürzungen b und b^+ ein, so läßt sich die ursprüngliche Schrödinger-Gleichung (9.82) in der Gestalt

$$b^+ b\varphi \equiv (\tilde{H} - \tfrac{1}{2})\varphi = (\varepsilon - \tfrac{1}{2})\varphi \tag{9.88}$$

wiedergeben. Für das Folgende wird es wichtig sein, sich stets vor Augen zu halten, daß b und b^+ nichts anderes als bestimmte Abkürzungen für Operatoren, die in (9.86) definiert sind, darstellen. Setzen wir noch $\varepsilon - 1/2 = n$ und versehen die Wellenfunktion φ und dieses n mit einem Index λ, dessen tiefere Begründung wir gleich geben werden, so erhalten wir schließlich als Schrödinger-Gleichung

$$b^+ b\varphi_\lambda = n_\lambda \varphi_\lambda . \tag{9.89}$$

Die Operatoren b und b^+ genügen der Vertauschungsrelation

$$bb^+ - b^+ b = 1 . \tag{9.90}$$

Wir überlassen die Prüfung der Richtigkeit (9.90) dem Leser als Übungsaufgabe. Er muß hierfür nur die Definition von b^+ und b einsetzen und dann wie oben bei der Heisenbergschen Vertauschungsregel verfahren.

Da, wie wir oben bemerkten, die Energie E positiv ist, muß n nach unten hin beschränkt sein. Es muß also eine tiefste Zahl n_0 und eine zugehörige Wellenfunktion φ_0 zu (9.89) geben. Wir betrachten nun zunächst die Gl. (9.89) allgemein und multiplizieren sie von links her mit b, d. h. wir wenden den Operator b links und rechts auf (9.89) an. Wir erhalten dann natürlich

$$bb^+ b\varphi_\lambda = n_\lambda b\varphi_\lambda . \tag{9.91}$$

Nach der Vertauschungsrelation (9.90) dürfen wir aber bb^+ durch $1 + b^+ b$ ersetzen. Wenn wir dies mit den ersten beiden Faktoren auf der linken Seite von (9.91) machen, erhalten wir

$$b^+ b(b\varphi_\lambda) + b\varphi_\lambda = n_\lambda b\varphi_\lambda \tag{9.92}$$

oder, indem wir das zweite Glied von der linken Seite nach rechts hinüberbringen

$$b^+ b(b\varphi_\lambda) = (n_\lambda - 1) b\varphi_\lambda . \tag{9.93}$$

Wie wir sehen, erhalten wir durch Anwendung von b auf die Wellenfunktion φ_λ wiederum eine Wellenfunktion $\varphi = b\varphi_\lambda$, die der Gl. (9.89) genügt, allerdings mit einem Eigenwert, der um 1 niedriger ist: $n_\lambda \to n_\lambda - 1$. Der Operator b senkt also die Zahl n um 1. Wir bezeichnen ihn als *Vernichtungsoperator*. Wenden wir nun diesen Formalismus auf den tiefsten Eigenzustand mit $\lambda = 0$ an, so würde ein Widerspruch folgen. Wir hätten eine Wellenfunktion zu einem noch niedrigeren Eigenwert gefunden, entgegen der Annahme, daß φ_0 bereits der tiefste Eigenzustand ist. Der Widerspruch löst sich nur, wenn $b\varphi_0$ identisch verschwindet. Dann ist nämlich (9.89) trivialerweise für jeden Wert n zu erfüllen. Es handelt sich dann aber eben um keinen echten Eigenwert mehr. Für den tiefsten Zustand haben wir somit die Bedingung

$$b\varphi_0 = 0 \tag{9.94}$$

gefunden. Setzen wir für b den Operator nach (9.86) ein, so ist (9.94) äquivalent mit

$$\left(\frac{d}{d\xi} + \xi \right) \varphi_0 = 0 . \tag{9.95}$$

Diese Differentialgleichung 1. Ordnung können wir auch in der Form

$$\frac{d\varphi_0}{\varphi_0} = -\xi d\xi \tag{9.96}$$

schreiben und erhalten durch direkte Aufintegration

$$\ln \varphi_0 = -\tfrac{1}{2}\xi^2 + C' \tag{9.97}$$

oder, wenn wir den Logarithmus auflösen,

$$\varphi_0 = C \exp(-\tfrac{1}{2}\xi^2). \tag{9.98}$$

Die Konstante C ist dabei durch die Normierungsbedingung festzulegen.

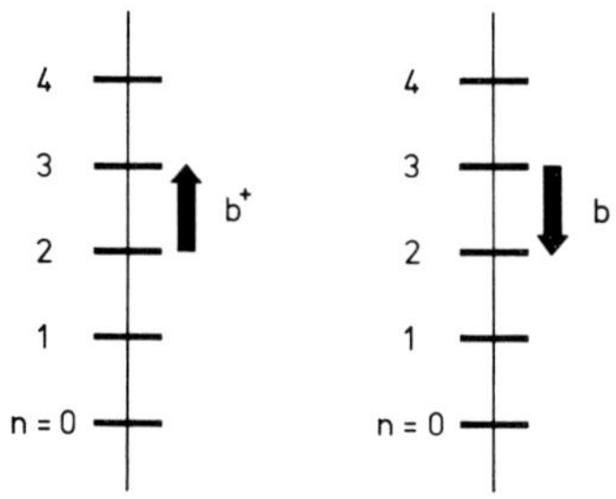

Abb. 9.6. Veranschaulichung der Wirkungsweise von Erzeugungs- und Vernichtungsoperator. *Links:* Anwendung von b^+ bedeutet Hinaufklettern auf der „Leiter" der Zustände $n=0, 1, \ldots$ um eine Sprosse, b Hinunterklettern

Wir untersuchen nun, was passiert, wenn wir nicht den Vernichtungsoperator b, sondern den Operator b^+ auf beide Seiten von (9.89) anwenden. In Analogie zu den Umformungen (9.91–9.93) erhalten wir unter Verwendung von (9.90) die Relation

$$b^+ b(b^+ \varphi_\lambda) = (n_\lambda + 1) b^+ \varphi_\lambda , \tag{9.99}$$

d. h. durch Anwendung von b^+ auf φ_λ erhöhen wir den Eigenwert um 1. b^+ wird daher als *Erzeugungsoperator* bezeichnet (Abb. 9.6). Wählen wir für φ_λ den Grundzustand φ_0, so erhalten wir die durch das Zeichen $\propto$ ausgedrückte Proportionalität

$$\varphi_1 \propto b^+ \varphi_0 ,$$

durch nochmalige Anwendung von b^+ sodann

$$\varphi_2 \propto b^+ \varphi_1 \propto (b^+)^2 \varphi_0$$

usw. Dabei haben wir das Proportionalitätszeichen und nicht das Gleichheitszeichen verwendet, da wir noch nicht wissen, ob die Funktionen $b^+ \varphi_0$, $(b^+)^2 \varphi_0$ usw. normiert sind. Allgemein erhalten wir

$$\varphi_\lambda = C_\lambda (b^+)^\lambda \varphi_0 , \tag{9.100}$$

wobei der konstante Faktor C_λ zur Normierung dienen soll.

Da n bei Anwendung von b^+ sich immer um eine ganze Zahl erhöht und der niedrigste Eigenwert $n_0=0$ ist, können wir den Index λ mit n identifizieren. Geben wir noch den Normierungsfaktor an (den wir nicht herleiten wollen): $C_n=1/\sqrt{n!}$, so lauten die normierten Wellenfunktionen φ_n

$$\varphi_n=\frac{1}{\sqrt{n!}}(b^+)^n\varphi_0\,. \tag{9.101}$$

Die Relation (9.101) sieht noch furchtbar abstrakt aus. Wir zeigen daher anhand einiger Beispiele, wie man aus ihr explizite Wellenfunktionen gewinnen kann. Hierbei lassen wir den Normierungsfaktor außer acht. Für $n=0$ erhielten wir bereits $\varphi_0\propto\exp(-\xi^2/2)$. Nach (9.88), (9.83) ergibt sich als unterster Energiewert $E_0=\hbar\omega/2$, also die Nullpunktsenergie, die wir bereits in Abschn. 7.5 diskutiert hatten. Für $n=1$ erhalten wir

$$\varphi_1\propto b^+\varphi_0$$

oder, indem wir für b^+ und φ_0 die expliziten Ausdrücke verwenden

$$\varphi_1\propto\left(-\frac{d}{d\xi}+\xi\right)\cdot\exp\left(-\frac{1}{2}\xi^2\right).$$

Nach der Ausführung der Differentiation erhalten wir

$$\varphi_1\propto\xi\exp(-\tfrac{1}{2}\xi^2)\,.$$

Die zugehörige Energie lautet

$$E=\tfrac{3}{2}\hbar\omega\,.$$

Für $n=2$ erhalten wir

$$\varphi_2\propto b^+\varphi_1\propto\left(-\frac{d}{d\xi}+\xi\right)\cdot\xi\exp\left(-\frac{1}{2}\xi^2\right),$$

oder, nach Ausführung der Differentiation,

$$\varphi_2\propto(2\xi^2-1)\exp(-\tfrac{1}{2}\xi^2)\,.$$

Für die Energie ergibt sich

$$E=\tfrac{5}{2}\hbar\omega\,.$$

Fahren wir mit diesem Verfahren fort, so ergeben sich durch Multiplikation mit ξ bzw. Differentiation nach ξ Polynome. Ganz allgemein erhalten wir für die n-te Wellenfunktion einen Ausdruck der Gestalt

$$\varphi_n=\mathrm{e}^{-\xi^2/2}\mathrm{H}_n(\xi)\,, \tag{9.102}$$

wobei H_n ein Polynom ist, das in der mathematischen Literatur als Hermitesches Polynom bekannt ist. Die zugehörige Energie ist durch

$$E_n = (n + \tfrac{1}{2})\hbar\omega , \qquad n = 0, 1, 2, \ldots \tag{9.103}$$

gegeben (Abb. 9.7). Der Vollständigkeit halber geben wir eine Vorschrift zur Gewinnung des hermiteschen Polynoms an. Sie lautet

$$\mathrm{H}_n(\xi) = \frac{(-1)^n}{\sqrt{2^n}} \mathrm{e}^{\xi^2} \frac{d^n \mathrm{e}^{-\xi^2}}{d\xi^n} \frac{1}{\sqrt{n!\sqrt{\pi}}} . \tag{9.104}$$

Kehren wir von der Koordinate ξ zur ursprünglichen Koordinate x zurück, so lauten die richtig normierten „Eigenfunktionen" der Schrödinger-Gleichung des harmonischen Oszillators

$$\psi_n(x) = \sqrt[4]{\frac{m_0\omega}{\hbar}} \exp\left(-\frac{1}{2} x^2 m_0\omega/\hbar\right) \cdot \mathrm{H}_n(x\sqrt{m_0\omega/\hbar}) . \tag{9.105}$$

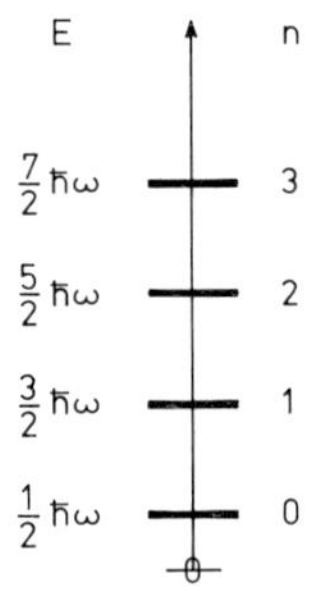

Abb. 9.7. Die Energiestufen des harmonischen Oszillators

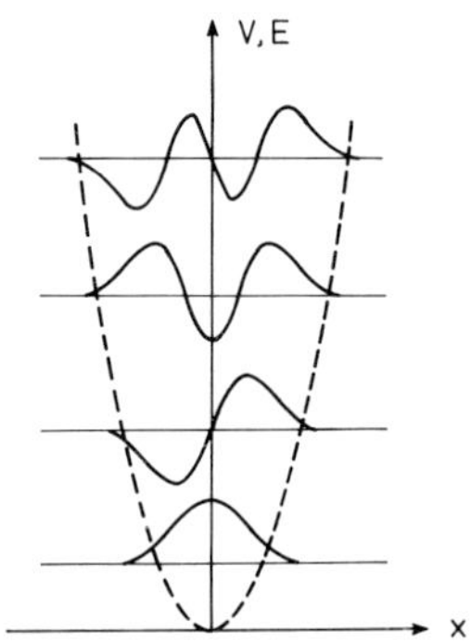

Abb. 9.8. Eine häufig zu findende Darstellung zum quantenmechanischen harmonischen Oszillator. Diese Abbildung enthält drei Abbildungen in einer. 1) Die Ordinate bedeutet Gesamtenergie E. Die senkrechten Striche (oberhalb der x-Achse) geben die quantisierten Energie-Stufen an. 2) Die Ordinate bedeutet Größe des Potentials $V(x)$. Die gestrichelte Kurve gibt den Verlauf des Potentials in Abhängigkeit vom Ort x. 3) Jede der horizontalen Linien dient jeweils als x-Achse, über der jeweils der Verlauf der Wellenfunktion der entsprechenden Energie aufgetragen ist

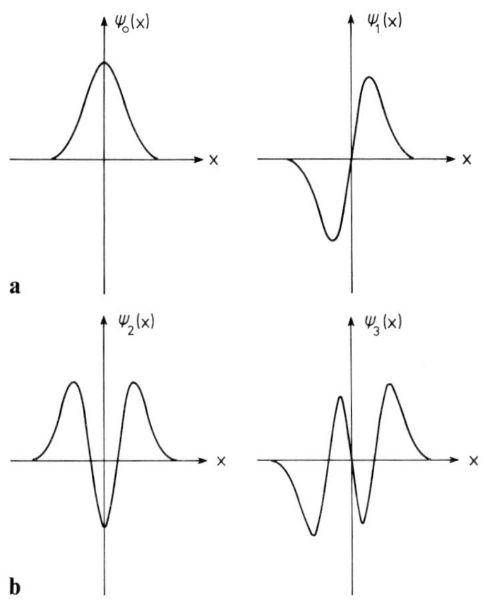

◄ **Abb. 9.9. a**) Die Wellenfunktionen des harmonischen Oszillators für $n = 0, 1$. **b**) Die Wellenfunktionen des harmonischen Oszillators für $n = 2,3$

In Abb. 9.8 haben wir das Potential $V(x)$ aufgetragen. Ferner sind auf der Ordinate die Energiestufen $(n+1/2)\hbar\omega$ angegeben und schließlich die Wellenfunktionen selbst. Die in der Energieskala vier ersten Wellenfunktionen sind in den Abb. 9.9a, b nochmals genauer dargestellt. Während wir im wesentlichen in diesem Buch die sogenannte Ortsdarstellung der Wellenfunktion $\psi(x)$ verwenden werden, sind die Erzeugungs- und Vernichtungsoperatoren b^+, b in vielen Gebieten der modernen Quantentheorie unentbehrlich.

Aufgaben

9.1 Man überzeuge sich durch Einsetzen des Wellenpakets mit $\omega = \hbar k^2/(2m_0)$ von Aufgabe 7.1, daß es die Schrödinger-Gleichung für ein kräftefreies Teilchen löst.

9.2 Die Wellenfunktionen φ_1 und φ_2 sollen die Schrödinger-Gleichung (9.35) mit den Energiewerten E_1 bzw. E_2 lösen. Man zeige, daß

$$\psi(r,t) = c_1 \exp(-\mathrm{i}E_1 t/\hbar)\varphi_1(r) + c_2 \exp(-\mathrm{i}E_2 t/\hbar)\varphi_2(r)$$

die Schrödinger-Gleichung (9.32) löst. Welcher Bedingung müssen c_1 und c_2 genügen, damit $\psi(r,t)$ normiert ist? Man verallgemeinere diese Untersuchung auf das Wellenpaket

$$\psi(\boldsymbol{r},t) = \sum_j c_j \exp(-\mathrm{i}E_j t/\hbar)\varphi_j(\boldsymbol{r}) .$$

Hinweis:

$$\int \varphi_j^*(\boldsymbol{r})\varphi_k(\boldsymbol{r})dv = \delta_{jk} \begin{cases} =0 & \text{für} \quad j \neq k \\ =1 & \text{für} \quad j = k . \end{cases}$$

9.3 Das Potential $V(\boldsymbol{r})$ werde in einer Dimension durch $-\beta\delta(x)$ dargestellt, wobei $\delta(x)$ die Diracsche δ-Funktion ist (vgl. den mathem. Anhang). Man löse die Schrödinger-Gleichung für gebundene Zustände (d. h. $E<0$).

Hinweis: Man löse die Schrödinger-Gleichung für $x<0$ und $x>0$, wo also jeweils $\delta(x)=0$ ist.

An der Stelle $x=0$ müssen die für $x<0$ und $x>0$ gefundenen Lösungen ψ_- bzw. ψ_+ stetig ineinander übergehen.

Ferner leite man eine zweite Anschlußbedingung („Sprungbedingung") für ψ'_- und ψ'_+ her, indem man die Schrödinger-Gleichung über $-\varepsilon < x < \varepsilon$, $\varepsilon \to 0$ integriert. Man bestimme die Wellenfunktion so, daß sie normierbar ist und bestimme die Normierungskonstante sowie die Energie.

9.4 Man bestimme die gebundenen Zustände eines Teilchens bei eindimensionaler Bewegung in einem Kastenpotential, für das gilt:

$$V(x)=0 \text{ für } x<-L \qquad V(x) = -V_0 \text{ für } -L \leqq x \leqq L \qquad V(x)=0 \text{ für } x>L .$$

Hinweis: Man löse die Schrödinger-Gleichung in den drei Teilbereichen. Man fordere: $\psi(x) \to 0$ für $x \to \pm\infty$, $\psi(x)$ und $\psi'(x)$ seien stetig für $x = \pm L$. Man stelle das Eigenwert-Spektrum für $E<0$ auf und diskutiere seine Abhängigkeit von L und V_0.

9.5 Man bestimme die zu $E \geqq 0$ gehörigen „Streuzustände" für ein Teilchen, das sich in dem δ-Potential von Aufgabe 9.3 bewegt.

Hinweis: Man setze an: $\psi(x) = \exp(ikx) + a\exp(-ikx)$ für $x \leqq 0$ und $\psi = b\exp(ikx)$ für $x \geqq 0$ und bestimme a und b. Was bedeutet dieser Ansatz im Sinne der Wellenoptik? Eine Normierung braucht nicht durchgeführt zu werden.

Wie ändern sich a und b, wenn β das Vorzeichen ändert, d. h. das Potential abstoßend wird?

9.6 Ein sonst freies Teilchen pralle gegen eine unendlich hohe Potentialwand. Wie lautet (ohne Normierung) seine Wellenfunktion?

9.7 Man berechne für das eindimensionale Wellenpaket von Aufgabe 7.1 die Erwartungswerte von Ort x, Impuls p, kinetischer Energie und von x^2. Warum ist der Erwartungswert von x^2 aufschlußreicher als der von x?

9.8 Man drücke den Energie-Erwartungswert der Wellenpakete von Aufgabe 7.2 durch die Energie-Werte E_j aus.

9.9 Man beweise die Drehimpuls-Vertauschungsrelationen (9.77–80).

Hinweis: Man verwende die quantenmechanische Definition des Drehimpulsoperators und die Vertauschungsrelationen zwischen Ort und Impuls in drei Dimensionen.

9.10 Man stelle die Vertauschungsrelationen zwischen $\hat{l}_x$ und Δ sowie $\hat{l}_x$ und $V(r)$ (Zentralpotential), das nur von $r = |\boldsymbol{r}|$ abhängt, auf.

9.11 Die beiden Funktionen ψ_1 und ψ_2 sollen im Unendlichen verschwinden.
Man zeige

$$\int_{-\infty}^{+\infty} \psi_1^* x \psi_2 dx = \left(\int_{-\infty}^{+\infty} \psi_2^* x \psi_1 dx \right)^*$$

$$\int_{-\infty}^{+\infty} \psi_1^* \frac{\hbar}{\mathrm{i}} \frac{d}{dx} \psi_2 dx = \left(\int_{-\infty}^{\infty} \psi_2^* \frac{\hbar}{\mathrm{i}} \frac{d}{dx} \psi_1 \right)^*$$

$$\int_{-\infty}^{+\infty} \psi_1^* H \psi_2 dx = \left(\int_{-\infty}^{\infty} \psi_2^* H \psi_1 dx \right)^* .$$

Die hier zu beweisenden Eigenschaften der Operatoren x, $p = (\hbar/\mathrm{i})(d/dx)$, $H = (\hbar^2/2m_0)(d^2/dx^2) + V(x)$ besagen, daß diese Operatoren hermitesch sind.

Hinweis: Man führe bei d/dx und d^2/dx^2 partielle Integrationen aus.

9.12 Man beweise das Ehrenfestsche Theorem

$$m_0 \frac{d}{dt} \bar{x} = \bar{p} , \quad \frac{d}{dt} \bar{p} = -\overline{\left(\frac{dV}{dx} \right)}$$

für die eindimensionale quantenmechanische Bewegung eines Teilchens.

Hinweis: Man benutze die Definition des Erwartungswertes der Operatoren x, p, dV/dx sowie, daß ψ (und ψ^*) einer Schrödinger-Gleichung mit dem Potential $V(x)$ genügt. Ferner benutze man das Resultat von Aufgabe 9.11.

Wie lautet dieses Theorem in drei Dimensionen?

9.13 Man berechne die Wellenfunktionen und Energiewerte eines Teilchens, das einer Kraft $K = -kx + k_0$ ausgesetzt ist ($k = m_0\omega^2$).

Hinweis: Man stelle $V(x)$ auf und führe die neue Schrödinger-Gleichung durch eine Koordinatenverschiebung auf die „alte“ des harmonischen Oszillators zurück.

9.14 Man beweise für die Operatoren b, b^+ des harmonischen Oszillators die Vertauschungsrelation (9.90),

$$bb^+ - b^+b = 1\,.$$

Hinweis: Man verwende die Definition von b^+, b (9.86) und die Vertauschungsrelation zwischen x und $(\hbar/\mathrm{i})(d/dx)$ (9.74).

9.15 Man baue aus den ersten beiden Zuständen des harmonischen Oszillators das Wellenpaket

$$\psi = \psi_0 \exp\left(-\mathrm{i}\frac{\omega}{2}t\right) + \psi_1 \exp\left(-\mathrm{i}\frac{3\omega}{2}t\right)$$

auf und untersuche die zeitliche Veränderung von $|\psi|^2$ durch graphische Darstellung.

9.16 Die Schrödinger-Gleichung des harmonischen Oszillators lautet

$$b^+b\varphi_n = n\varphi_n \quad (n = 0, 1, 2, \ldots), \quad \text{wobei}$$

$$b^+ = (1/\sqrt{2})\left(-\frac{d}{d\xi} + \xi\right), \qquad b = (1/\sqrt{2})\left(\frac{d}{d\xi} + \xi\right), \qquad \varphi = \varphi(\xi)\,.$$

Für b, b^+ gilt die Vertauschungsrelation: $[b, b^+] = 1$.

Man beweise die folgenden Beziehungen, wobei sich die Integrale von $-\infty$ bis $+\infty$ erstrecken:

a) $\int [b^+\varphi(\xi)]^*\psi(\xi)d\xi = \int \varphi^*(\xi)b\psi(\xi)d\xi$,
$\int [b\psi(\zeta)]^*\psi(\zeta)d\zeta - \int \psi(\zeta)^*b^+\psi(\zeta)d\zeta$.
b) $\int (b^+\varphi_n)^*(b^+\varphi_n)d\xi = (n+1)\int \varphi_n^*\varphi_n d\xi$.
c) Ist φ_n normiert, dann ist $\varphi_{n+1} = 1/\sqrt{n+1}\,b^+\varphi_n$ ebenfalls normiert.
d) Die normierten Funktionen φ_n können dargestellt werden durch $\varphi_n = 1/\sqrt{n!}(b^+)^n\varphi_0$, $b\varphi_0 = 0$.
e) $b^+\varphi_n = \sqrt{n+1}\,\varphi_{n+1}$, $b\varphi_n = \sqrt{n}\,\varphi_{n-1}$.
f) $b(b^+)^n - (b^+)^n b = n(b^+)^{n-1}$,
$b^+(b)^n - (b)^n b^+ = -n(b)^{n-1} = -(\partial b^n/\partial b)$.

Hinweise:
a) Man benutze die explizite Darstellung von b^+, b durch $\xi, (d/d\xi)$ und partielle Integration.
b) Man benutze (a), die Vertauschungsrelation sowie die Schrödinger-Gleichung.
c) Folgt aus (a).
d) Vollständige Induktion.
e) Folgt aus (d) und der Vertauschungsrelation.
f) Durch vollständige Induktion [schreibe $b(b^+)^n - (b^+)^n b$ als $b(b^+)^n - (b^+)^{n-1} b^+ b$].

9.17 Man berechne den Erwartungswert des Impulses, der kinetischen und der potentiellen Energie für den n-ten Anregungszustand des harmonischen Oszillators.

Hinweis: Man gehe gemäß (9.83), (9.84) von x zu ξ über, transformiere $\xi, d/d\xi$ in b^+, b und verwende

$$\int \varphi_n^*(\xi)\varphi_m(\xi)d\xi = \delta_{mn} = \begin{cases} 0 & \text{für} \quad m \neq n \\ 1 & \text{für} \quad m = n, \end{cases}$$

$n, m = 0, 1, 2, \ldots$.

9.18 Man beweise für die Wellenfunktionen des harmonischen Oszillators, $\varphi_n(\xi)$:

$$\int \varphi_m^*(\xi)\varphi_n(\xi)d\xi = \delta_{mn}.$$

Hinweis: Man benutze, daß

$$\varphi_n = \frac{1}{\sqrt{n!}}(b^+)^n \varphi_0,$$
$$b\varphi_0 = 0,$$

sowie das Resultat (a) von Aufgabe 9.16. Dabei gehe man durch Induktion vor.

9.19 *Die bra- und ket-Schreibweise*

Von dem englischen Physiker Dirac wurde eine sehr konzise Schreibweise insbesondere für Erwartungswerte und Wellenfunktionen eingeführt, die wir am Beispiel des harmonischen Oszillators erläutern.

Statt φ_n schreibt man $|n\rangle$. Das Integral $\int \varphi_n^*(\xi)\varphi_n(\xi)d\xi$ wird als $\langle n|n\rangle$ dargestellt, der Erwartungswert $\int \varphi_n^*(\xi) b \varphi_n(\xi)d\xi$ als $\langle n|b|n\rangle$. Da $\langle\ \rangle$ eine „bracket" ist, wird $\langle n|$ als „bra" und $|n\rangle$ als „ket" bezeichnet. Unter Verwendung der Aufgaben 9.16 und 9.18 zeige man:

a) $b^+|n\rangle = \sqrt{n+1}|n+1\rangle$, $b|n\rangle = \sqrt{n}|n-1\rangle$.
b) $\langle n|m\rangle = \delta_{n,m}$.
c) $\langle n|bn\rangle = 0$, $\langle n|b^+ n\rangle = 0$.
d) Man berechne $\langle n|(b^+ + b)^2|n\rangle$ und $\langle n|(b^+ - b)^2|n\rangle$.

Was bedeuten diese Erwartungswerte physikalisch?

10. Quantenmechanik des Wasserstoff-Atoms

10.1 Die Bewegung im Zentralfeld

In diesem Kapitel werden wir die Schrödinger-Gleichung des Wasserstoff-Atoms lösen. Unseren Betrachtungen legen wir zunächst nicht nur speziell das Coulomb-Potential eines Elektrons im Feld der Kernladung Z, $V(r) = -Ze^2/(4\pi\varepsilon_0 r)$ zugrunde, sondern ein allgemeineres Potential $V(r)$, das zentralsymmetrisch ist. Wie der Leser aus der klassischen Physik weiß, gilt bei einem zentralsymmetrischen Potentialfeld der Drehimpuls-Erhaltungssatz, der uns schon als Flächensatz des zweiten Keplerschen Gesetzes der Planetenbewegung bekannt ist. Mit anderen Worten, wir wissen, daß in der klassischen Physik der Drehimpuls bei einem zentralsymmetrischen Potential zeitlich konstant ist. Dies legt es nahe, in der Quantentheorie danach zu fragen, ob der Drehimpuls mit der Gesamtenergie gleichzeitig meßbar ist. Dafür haben wir als Kriterium an der Hand, daß die Drehimpulsoperatoren mit dem Hamilton-Operator vertauschbar sein müssen. Wie wir bereits bemerkt haben, sind die Komponenten l_x, l_y, l_z des Drehimpulses $\boldsymbol{l}$ nicht gleichzeitig meßbar. Dagegen sind z.B. l_z und $\boldsymbol{l}^2$ gleichzeitig meßbar. Eine längere, aber simple Rechnung zeigt nun, daß diese beiden Operatoren auch mit dem Hamilton-Operator vertauschbar sind. Da diese Rechnung uns keine neuen physikalischen Erkenntnisse liefert, führen wir sie hier nicht aus.

Auch in der Quantenmechanik können wir also die Gesamtenergie, die z-Komponente des Drehimpulses sowie das Quadrat des Drehimpulses gleichzeitig scharf messen. Wir suchen daher im folgenden die simultanen Eigenfunktionen zu $\hat{\boldsymbol{l}}^2$, $\hat{l}_z$ und H. Wir erinnern den Leser daran, daß wir die Drehimpuls*operatoren* mit $\wedge$ (lies „Dach") versehen, um sie von den klassischen Größen $\boldsymbol{l}$ zu unterscheiden. Da es sich um ein kugelsymmetrisches Problem handelt, liegt es nahe, von den kartesischen Koordinaten zu neuen Koordinaten überzugehen, die der Symmetrie des Problems besonders Rechnung tragen. Dies sind natürlich sphärische Polarkoordinaten. Greifen wir hierzu einen beliebigen Punkt x, y, z in kartesischen Koordinaten heraus, so müssen wir dessen Lage durch die folgenden Koordinaten beschreiben (vgl. Abb. 10.1):

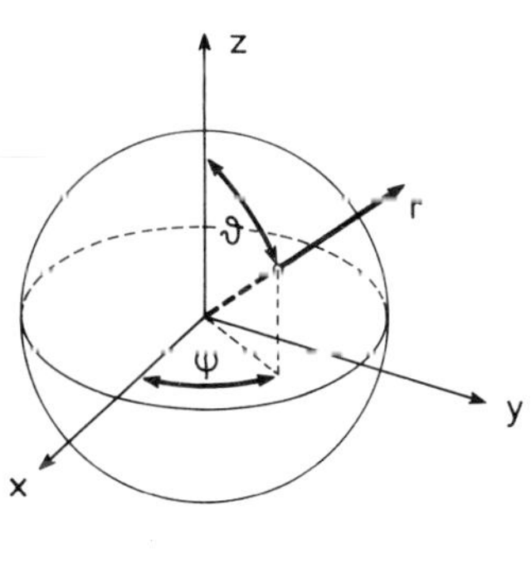

Abb. 10.1. Veranschaulichung sphärischer Polarkoordinaten

1) seinen Abstand vom Ursprung, r,
2) den Winkel ϑ zwischen der z-Achse und dem Vektor $\boldsymbol{r}$,
3) den Winkel φ zwischen der x-Achse und der Schnittgeraden zwischen der x-y-Ebene und der Ebene E. Die Ebene E wird durch die z-Achse und denjenigen Großkreis aufgespannt, der durch den Aufpunkt $\boldsymbol{r}$ geht.

Die Umrechnung des Laplace-Operators $\Delta=\partial^2/\partial x^2+\partial^2/\partial y^2+\partial^2/\partial z^2$ in Polarkoordinaten ist eine längere mathematische Rechnung, die jedoch zum Verständnis der Quantentheorie nichts beiträgt. Wir schreiben daher den Operator der kinetischen Energie gleich in Polarkoordinaten an. Er lautet

$$-\frac{\hbar^2}{2m_0}\Delta=-\frac{\hbar^2}{2m_0}\frac{1}{r^2}\frac{\partial}{\partial r}\left(r^2\frac{\partial}{\partial r}\right)+\frac{1}{2m_0r^2}\hat{\boldsymbol{l}}^2 \tag{10.1}$$

mit

$$\hat{\boldsymbol{l}}^2=-\hbar^2\left[\frac{1}{\sin\vartheta}\frac{\partial}{\partial\vartheta}\left(\sin\vartheta\frac{\partial}{\partial\vartheta}\right)+\frac{1}{\sin^2\vartheta}\frac{\partial^2}{\partial\varphi^2}\right]. \tag{10.2}$$

Wir beachten, daß der Operator $\hat{\boldsymbol{l}}^2$, der nichts anderes ist als der Drehimpulsoperator zum Quadrat, nur Differentiationen nach den Winkeln enthält. Um zu einer Lösung der Schrödinger-Gleichung zu kommen, machen wir nun den folgenden Separationsansatz

$$\psi(r,\vartheta,\varphi)=R(r)\,F(\vartheta,\varphi)\,, \tag{10.3}$$

d.h. wir schreiben die Wellenfunktion als ein Produkt aus einer Funktion, die nur vom Radius abhängt, und einer zweiten Funktion, die nur von den Winkeln abhängt.
Setzen wir (10.3) in die Schrödinger-Gleichung

$$\left[-\frac{\hbar^2}{2m_0}\Delta+V(r)\right]\psi=E\psi \tag{10.4}$$

ein, so erhalten wir

$$H\psi=F(\vartheta,\varphi)\left[-\frac{\hbar^2}{2m_0}\frac{1}{r^2}\frac{\partial}{\partial r}\left(r^2\frac{\partial}{\partial r}\right)+V(r)\right]R(r)+\frac{R(r)}{2m_0r^2}\hat{\boldsymbol{l}}^2F(\vartheta,\varphi)=ERF\,. \tag{10.5}$$

Wir machen nun von unserer obigen Feststellung Gebrauch, daß die Wellenfunktion (10.3) gleichzeitig als Eigenfunktion zu $\hat{\boldsymbol{l}}^2$ und $\hat{l}_z$ gewählt werden kann. Wir schreiben die zugehörigen Eigenwerte in der (willkürlichen) Form $\hbar^2\omega$ bzw. $\hbar m$. Diese neuen zusätzlichen Gleichungen lauten dann[1]

$$\hat{\boldsymbol{l}}^2F(\vartheta,\varphi)=\hbar^2\omega F(\vartheta,\varphi)\qquad\text{und} \tag{10.6}$$

$$\hat{l}_zF(\vartheta,\varphi)=\hbar mF(\vartheta,\varphi)\,. \tag{10.7}$$

1 In der Literatur wird statt F oft der Buchstabe Y verwendet.

Indem wir vorwegnehmen, daß (10.6) schon gelöst ist, können wir das Glied $R(r)/(2m_0r^2)\hat{\boldsymbol{l}}^2F(\vartheta,\varphi)$ in (10.5) in einfacher Weise durch den Eigenwert $\hbar^2\omega$ ausdrücken. Da nun auf der linken Seite von (10.5) keine Differentiationen nach ϑ oder φ mehr auftreten, können wir beide Seiten von (10.5) durch $F(\vartheta,\varphi)$ dividieren. Wir erhalten somit eine Gleichung für den Radialteil $R(r)$ allein

$$\left[-\frac{\hbar^2}{2m_0}\frac{1}{r^2}\frac{\partial}{\partial r}\left(r^2\frac{\partial}{\partial r}\right)+V(r)+\frac{\hbar^2\omega}{2m_0r^2}\right]R(r)=ER(r)\,. \tag{10.8}$$

Damit haben wir die Aufgabe, die dreidimensionale Schrödinger-Gleichung (10.4) zu lösen, auf die Lösung der, wie wir sehen werden, einfacheren Gln. (10.6), (10.7), (10.8) zurückgeführt.

Da in (10.8) die Größe $\hbar^2\omega$ ein noch unbekannter Parameter ist, der als Eigenwert in (10.6) auftritt, ergibt sich als erstes die Aufgabe, diesen Eigenwert zu bestimmen. Wir wenden uns daher zunächst der Aufgabe zu, die Gleichungen (10.6) und (10.7) zu lösen.

10.2 Drehimpuls-Eigenfunktionen

Der erste Teil dieses Paragraphen ist etwas abstrakter. Für den eiligen Leser stellen wir daher erst die Hauptresultate zusammen:

Die Eigenwerte des Drehimpulsquadrats $\hat{\boldsymbol{l}}^2$ lauten

$$\hbar^2 l(l+1)\,, \tag{10.9}$$

wobei l eine ganze Zahl ist,

$$l=0,1,2,\ldots$$

Die Eigenwerte der z-Komponente des Drehimpulses lauten nach (10.7)

$$\hbar m\,.$$

m heißt magnetische Quantenzahl. m ist eine ganze Zahl mit

$$-l\leqq m\leqq l\,.$$

Die Wellenfunktionen $F(\vartheta,\varphi)$ hängen natürlich von den Quantenzahlen l und m ab und haben die Gestalt:

$$F_{l,m}(\vartheta,\varphi)=e^{im\varphi}P_l^m(\cos\vartheta)\,. \tag{10.10}$$

Veranschaulichungen dieser Funktionen findet der Leser in Abb. 10.2. $P_l^{(0)}$ heißt Kugelfunktion oder auch Legendresches Polynom, $P_l^m, m\neq 0$, heißt zugeordnete Kugelfunktion.

Wir wenden uns als erstes der Aufgabe zu, die Eigenfunktionen F als Lösungen der Gln. (10.6) und (10.7) zu finden. Wir schreiben die Gl. (10.6) nochmals mit Hilfe der Komponentenzerlegung von $\hat{\boldsymbol{l}}$ nieder

$$(\hat{l}_x^2+\hat{l}_y^2+\hat{l}_z^2)F_{l,m}=\hbar^2\omega_l F_{l,m}\,. \tag{10.11}$$

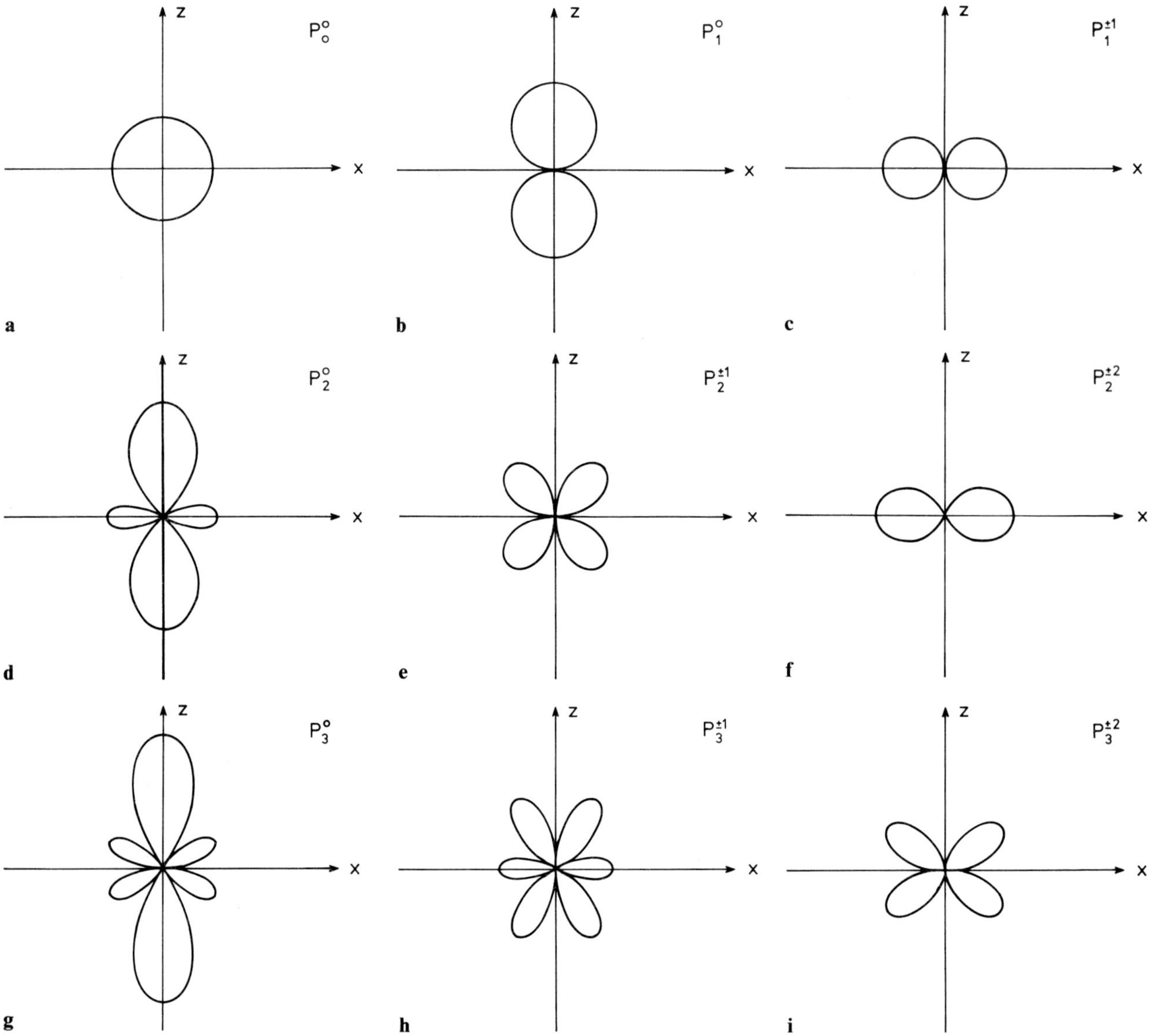

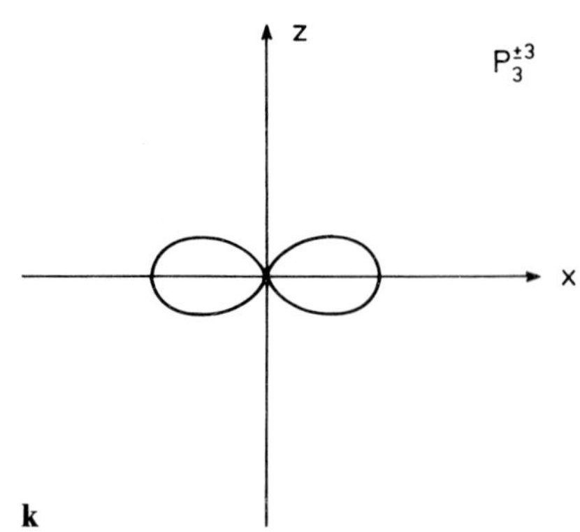

Abb. 10.2a–k. Kugelfunktionen (**a**, **d**, **g**) und zugeordnete Kugelfunktionen. Zur Veranschaulichung der Funktionen $P_l^m(\cos\vartheta)$ ist in der Richtung des Radiusvektors, der mit der z-Achse den Winkel ϑ einschließt, der jeweilige Betrag von $P_l^m(\cos\vartheta)$ abgetragen. Die Figuren hat man sich rotationssymmetrisch um die z-Achse vorzustellen

Ferner leiten wir von (10.7) eine neue Gleichung her, indem wir auf beiden Seiten von dieser den Operator $\hat{l}_z$ anwenden und dann nochmals (10.7) verwenden. Dies liefert uns

$$\hat{l}_z^2 F_{l,m} = \hbar^2 m^2 F_{l,m} . \tag{10.12}$$

Subtrahieren wir (10.12) von (10.11), so erhalten wir

$$(\hat{l}_x^2 + \hat{l}_y^2) F_{l,m} = \hbar^2 (\omega_l - m^2) F_{l,m} . \tag{10.13}$$

Multiplizieren wir beide Seiten dieser Gleichungen von links mit F_{lm}^* und integrieren über die Koordinaten ϑ und φ, so läßt sich ähnlich wie beim harmonischen Oszillator zeigen, daß

$$\omega_l - m^2 \geqq 0 . \tag{10.13a}$$

Ganz in Analogie zum harmonischen Oszillator liegt es auch hier wieder nahe, $\hat{l}_x^2 + \hat{l}_y^2$ als Produkt zweier Faktoren $\hat{l}_+ = \hat{l}_x + \mathrm{i}\hat{l}_y$, $\hat{l}_- = \hat{l}_x - \mathrm{i}\hat{l}_y$ zu schreiben. Wir vermuten, daß diese neuen Linearkombinationen ähnlich zu den Operatoren b^+ und b beim harmonischen Oszillator eine Art Erzeugungs- und Vernichtungsoperatoren darstellen. Wie bereits in (9.77–80) angegeben, bestehen zwischen den Drehimpulsoperatoren folgende Vertauschungsrelationen

$$\begin{aligned}
&[\hat{\boldsymbol{l}}^2, \hat{l}_j] = 0 , \quad j = x, y, z \\
&[\hat{l}_x, \hat{l}_y] = \mathrm{i}\hbar l_z , \\
&[\hat{l}_y, \hat{l}_z] = \mathrm{i}\hbar l_x , \\
&[\hat{l}_z, \hat{l}_x] = \mathrm{i}\hbar \hat{l}_y .
\end{aligned} \tag{10.14}$$

Hieraus lassen sich weitere Vertauschungsrelationen durch einfache algebraische Umformungen herleiten

$$[\hat{\boldsymbol{l}}^2, \hat{l}_\pm] = 0 , \tag{10.15}$$ [2]

$$[\hat{l}_z, \hat{l}_\pm] = \pm \hbar \hat{l}_\pm , \tag{10.16}$$ [2]

$$[\hat{l}_\pm, \hat{l}_z] = \mp \hbar \hat{l}_\pm . \tag{10.17}$$ [2]

Um nachzuweisen, daß $\hat{l}_+$ eine Art Erzeugungsoperator ist und $\hat{l}_-$ ein entsprechender Vernichtungsoperator, betrachten wir

$$\hat{l}_+ F_{l,m} . \tag{10.18}$$

Um eine Gleichung für diese Größe herzuleiten, multiplizieren wir (10.6) auf beiden Seiten von links her mit $\hat{l}_\pm$ und erhalten dann wegen der Vertauschbarkeit mit $\hat{\boldsymbol{l}}^2$ die Gleichung

$$\hat{\boldsymbol{l}}^2 (\hat{l}_+ F_{l,m}) = \hbar^2 \omega_l (\hat{l}_\pm F_{l,m}) , \tag{10.19}$$

2 $\hat{l}_\pm$ soll bedeuten, daß (10.15) sowohl für $\hat{l}_+$ als auch für $\hat{l}_-$ gilt. Entsprechend sind (10.16) und (10.17) zu verstehen, wobei jeweils die oberen bzw. unteren Vorzeichen zusammengehören.

d.h., ist $F_{l,m}$ eine Eigenfunktion zu (10.6), so ist es auch die Funktion (10.18). Wir multiplizieren nun Gl. (10.7) auf beiden Seiten von links mit $\hat{l}_\pm$ und erhalten dann wegen der Vertauschungsrelation (10.17) nach kurzer Umformung

$$\hat{l}_z(\hat{l}_\pm F_{l,m}) = \hbar(m \pm 1)(l_\pm F_{l,m}). \tag{10.20}$$

$\hat{l}_\pm$ erhöht (erniedrigt) daher den Eigenwert m um 1. Bis auf einen Normierungsfaktor können wir daher schreiben

$$\hat{l}_\pm F_{l,m} = F_{l,m\pm 1} \cdot \begin{Bmatrix}\text{Zahlenfaktor} \\ \text{wegen Normierung}\end{Bmatrix}. \tag{10.21}$$

Nun gilt aber die Relation (10.13a), die verlangt, daß m^2 nicht größer als ω_l werden kann. Daher muß für ein maximales $m = m_{\max}$ sowie bei einem negativen minimalen $m = m_{\min}$ die Folge der neuen Eigenfunktionen $l_\pm F_{l,m}$ abbrechen. Genau wie beim harmonischen Oszillator haben wir daher zu fordern

$$\hat{l}_+ F_{l,m_{\max}} = 0, \tag{10.22}$$

$$\hat{l}_- F_{l,m_{\min}} = 0. \tag{10.23}$$

Multiplizieren wir (10.22) von links mit $\hat{l}_-$ bzw. $\hat{l}_+$, benutzen die Relationen

$$\begin{aligned}\hat{l}_\mp \hat{l}_\pm &= \hat{l}_x^2 + \hat{l}_y^2 \mp \hat{l}_z \hbar \\ &= \hat{\boldsymbol{l}}^2 - \hat{l}_z(\hat{l}_z \pm \hbar)\end{aligned} \tag{10.24}$$

und die Tatsache, daß $F_{l,m}$ Eigenfunktion zu $\hat{\boldsymbol{l}}^2$ und zu $\hat{l}_z$ ist, so erhalten wir die grundlegende Beziehung

$$\hat{l}_- \hat{l}_+ F_{l,m_{\max}} = \hbar^2(\omega_l - m_{\max}^2 - m_{\max}) F_{l,m_{\max}} = 0. \tag{10.25}$$

In entsprechender Weise erhalten wir durch Multiplikation von (10.23) mit $\hat{l}_+$

$$\hat{l}_+ \hat{l}_- F_{l,m_{\min}} = \hbar^2(\omega_l - m_{\min}^2 + m_{\min}) F_{l,m_{\min}} = 0. \tag{10.26}$$

Da die Eigenfunktionen $F_{l,m}$ nicht verschwinden, muß der Vorfaktor verschwinden. Also muß gelten

$$m_{\max}(m_{\max} + 1) = m_{\min}(m_{\min} - 1) = \omega_l. \tag{10.27}$$

Dies läßt sich zu

$$(m_{\max} + m_{\min})(m_{\max} - m_{\min} + 1) = 0 \tag{10.28}$$

umformen. Da $m_{\max} \geqq m_{\min}$ ist, folgt, daß der zweite Faktor in (10.28) von Null verschieden ist. Aus dem dann notwendigen Verschwinden des ersten Faktors folgt sofort

$$m_{\max} = -m_{\min}. \tag{10.29}$$

Wie wir gesehen haben, erhöht sich bei einer jeweiligen Anwendung von l_+ auf $F_{l,m}$ der Eigenwert m um 1. Daher muß die Differenz $m_{\max}-m_{\min}$ eine ganze Zahl sein. Wegen (10.29) folgt daraus

$$m_{\max}=\frac{\text{ganze Zahl}}{2}\geqq 0\,. \tag{10.30}$$

Bisher haben wir nur benutzt, daß $F_{l,m}$ den Gln. (10.6) und (10.7) genügt, und daß die Vertauschungsrelationen (10.14) gelten. Wie wir weiter unten sehen werden, müssen wir bei der hier untersuchten *Bahnbewegung* des Elektrons verlangen, daß alle m, also insbesondere $m_{\max}$, ganzzahlig sind. Interessanterweise besitzen das Elektron und auch einige andere Elementarteilchen einen eigenen, von der Bahnbewegung unabhängigen Drehimpuls, wobei gerade $m_{\max}=1/2$ ist. Dieser Eigendrehimpuls wird als Spin bezeichnet. Wir werden auf ihn ausführlich in Abschn. 14.2.1 zurückkommen.

Setzen wir $m_{\max}=l$, so gibt es $2l+1$ ganze Zahlen m zwischen $+l$ und $-l$, die der Bedingung

$$-l\leqq m\leqq l \tag{10.31}$$

genügen. Aus der Relation (10.27) entnehmen wir ferner die Größe ω_l, die in (10.6) auftritt,

$$\omega_l=l(l+1)\,. \tag{10.32}$$

Der Eigenwert zum Operator des Drehimpulsquadrats lautet daher

$$m_{\max}(m_{\max}+1)\hbar^2=l(l+1)\hbar^2\,. \tag{10.33}$$

Mit diesen Resultaten können wir die ursprünglichen Gln. (10.6) und (10.7) mit ihren genauen Eigenwerten angeben

$$\hat{l}^2F_{l,m}=\hbar^2 l(l+1)F_{l,m}\,, \tag{10.34}$$

$$\hat{l}_zF_{l,m}=\hbar mF_{l,m}\,. \tag{10.35}$$

Die Anwendung von $\hat{l}_+$ auf $F_{l,m}$ führt zu einer neuen Funktion $F_{l,m+1}$, wobei der Normierungsfaktor N noch offen bleiben muß:

$$F_{l,m+1}=N\hat{l}_+F_{l,m}\,. \tag{10.36}$$

Wie sich zeigen läßt, lautet dieser

$$N=\frac{1}{\hbar}\,\frac{1}{\sqrt{(l-m)(l+m+1)}}\,. \tag{10.37}$$

Unser weiteres Vorgehen geschieht wiederum analog zum harmonischen Oszillator. Dort konstruierten wir die Eigenfunktionen im Ortsraum, indem wir die Operatoren b und b^+ nacheinander auf den Grundzustand anwandten. Wir tun hier genau das

Gleiche. Zunächst kann man die Drehimpulsoperatoren, die nach (9.61) in kartesischen Koordinaten gegeben waren, durch Winkelkoordinaten ausdrücken. Wie in der Mathematik gezeigt wird, ergibt sich

$$\hat{l}_z = \frac{\hbar}{\mathrm{i}} \frac{\partial}{\partial \varphi}, \tag{10.38}$$

$$\hat{l}_x = -\frac{\hbar}{\mathrm{i}} \left(\sin\varphi \frac{\partial}{\partial \vartheta} + \cot\vartheta \cos\varphi \frac{\partial}{\partial \varphi} \right), \tag{10.39}$$

$$\hat{l}_y = \frac{\hbar}{\mathrm{i}} \left(\cos\varphi \frac{\partial}{\partial \vartheta} - \cot\vartheta \sin\varphi \frac{\partial}{\partial \varphi} \right). \tag{10.40}$$

$$F_{lm} = \mathrm{e}^{\mathrm{i}m\varphi} f_{l,m}(\vartheta), \tag{10.41}$$

wo wir im Hinblick auf später den zweiten Faktor in der Form

$$P_l^m(\cos\vartheta) \tag{10.42}$$

schreiben. Lassen wir φ um 2π wachsen, so müssen wir natürlich eine eindeutige Funktion $F_{l,m}$ erhalten. Dies ist nur gesichert, wenn m ganzzahlig ist. Damit werden die halbzahligen Werte nach (10.30) ausgeschlossen. Die Funktionen P_l^m heißen für $m=0$ Kugelfunktionen oder auch Legendresche Polynome. Für allgemeines m heißen sie zugeordnete Kugelfunktionen. Die gesamte Funktion (10.41) heißt Kugelflächenfunktion.

Wir bestimmen nun $F_{l,m}$ für $m=-l$ aus der Bedingung (10.23). Setzen wir hierin (10.39) und (10.40) ein, so ergibt sich in elementarer Weise

$$(\hat{l}_x - \mathrm{i}\hat{l}_y) F_{l,-l} = -\hbar \mathrm{e}^{-\mathrm{i}\varphi} \mathrm{e}^{-\mathrm{i}l\varphi} \left[\frac{\partial}{\partial \vartheta} - l \cot\vartheta \right] f_{l,-l}(\vartheta) = 0. \tag{10.43}$$

Die zweite dieser Gleichungen geht nach Wegkürzen der Exponentialfunktionen über in

$$\frac{\partial f(\vartheta)}{\partial \vartheta} = l \cot\vartheta \, f(\vartheta). \tag{10.44}$$

Die Lösung dieser Differentialgleichung lautet

$$f_{l,-l}(\vartheta) = C \cdot (\sin\vartheta)^l, \tag{10.45}$$

wie man sich durch Einsetzen sofort überzeugen kann. Hierin ist C durch die Normierung zu bestimmen. Wir fordern hierzu die Normierungsbedingung

$$\int_0^{2\pi} \int_0^{\pi} |F|^2 \sin\vartheta \, d\vartheta \, d\varphi = 1, \tag{10.46}$$

woraus sich nach Ausführung der Integrale der Koeffizient C zu

$$C=\frac{1}{\sqrt{4\pi}}\frac{\sqrt{(2l+1)!}}{l!2^l}$$

ergibt.

Wenden wir nun $\hat{l}_+$ auf $F_{l,m}$ konsekutiv in der Form

$$\hat{l}_+F_{l,m}=\hbar\,\mathrm{e}^{\mathrm{i}\varphi}\left[\frac{\partial}{\partial\vartheta}-m\cot\vartheta\right]F_{l,m} \tag{10.47}$$

an, so können wir alle Drehimpulseigenfunktionen konstruieren.

Im folgenden geben wir die so erhaltenen Ausdrücke für $l=0, 1, 2, 3$ an. Die Funktionen $F_{l,m}$ sind gemäß (10.46) normiert. Sie sind sowohl als Funktion der Winkelkoordinaten ϑ und φ als auch der kartesischen Koordinaten x, y, z (mit $r=\sqrt{x^2+y^2+z^2}$) angegeben.

$l=0$

$$F_{0,0}=\frac{1}{\sqrt{4\pi}} \tag{10.48}$$

$l=1$

$$\left.\begin{aligned}F_{1,0}&=\sqrt{\frac{3}{4\pi}}\cdot\cos\vartheta=\sqrt{\frac{3}{4\pi}}\cdot\frac{z}{r}\\F_{1,\pm1}&=\mp\sqrt{\frac{3}{8\pi}}\cdot\sin\vartheta\cdot\mathrm{e}^{\pm\mathrm{i}\varphi}=\mp\sqrt{\frac{3}{8\pi}}\cdot\frac{x\pm\mathrm{i}y}{r}\end{aligned}\right\} \tag{10.49}$$

$l=2$

$$\left.\begin{aligned}F_{2,0}&=\sqrt{\frac{5}{4\pi}}\cdot\left(\frac{3}{2}\cos^2\vartheta-\frac{1}{2}\right)=\frac{1}{2}\sqrt{\frac{5}{4\pi}}\frac{2z^2-x^2-y^2}{r^2}\\F_{2,\pm1}&=\mp\frac{1}{2}\sqrt{\frac{15}{2\pi}}\sin\vartheta\cdot\cos\vartheta\,\mathrm{e}^{\pm\mathrm{i}\varphi}=\mp\frac{1}{2}\sqrt{\frac{15}{2\pi}}\frac{(x\pm\mathrm{i}y)\cdot z}{r^2}\\F_{2,\pm2}&=\frac{1}{4}\sqrt{\frac{15}{2\pi}}\sin^2\vartheta\cdot\mathrm{e}^{\pm2\mathrm{i}\varphi}=\frac{1}{4}\sqrt{\frac{15}{2\pi}}\left(\frac{x\pm\mathrm{i}y}{r}\right)^2.\end{aligned}\right\} \tag{10.50}$$

10.3 Der Radialteil der Wellenfunktion beim Zentralfeld*

Bevor wir uns dem Wasserstoffproblem zuwenden, betrachten wir den allgemeinen Fall, daß das Elektron sich in einem zentralsymmetrischen Potentialfeld $V(r)$ bewegt, von dem wir nur annehmen, daß es im Unendlichen verschwindet. Ausgangspunkt ist dann unsere frühere Gl. (10.8), die wir hier nochmals anschreiben

$$\left[-\frac{\hbar^2}{2m_0}\underbrace{\frac{1}{r^2}\frac{d}{dr}\left(r^2\frac{d}{dr}\right)}+\frac{\hbar^2 l(l+1)}{2m_0 r^2}+V(r)\right]R(r)=ER(r). \tag{10.51}$$

Formen wir den unterstrichenen Differentialausdruck zu

$$\frac{d^2}{dr^2}+\frac{2}{r}\frac{d}{dr} \tag{10.52}$$

um und multiplizieren die Gleichung noch mit $-2m_0/\hbar^2$, so erhalten wir

$$\frac{d^2R}{dr^2}+\frac{2}{r}\frac{dR}{dr}+\left[A-\tilde{V}(r)-\frac{l(l+1)}{r^2}\right]R=0, \tag{10.53}$$

wobei wir die Abkürzungen

$$A=\frac{2m_0}{\hbar^2}E=\begin{cases}-\kappa^2 & \text{für} \quad E<0\\ k^2 & \text{für} \quad E>0\end{cases}$$

$$\tilde{V}=\frac{2m_0}{\hbar^2}V(r), \tag{10.54}$$

verwendet haben. Wir untersuchen nun, wie sich die Lösung $R(r)$ verhält, wenn wir r sehr groß werden lassen. Dazu machen wir den Ansatz

$$R=\frac{u(r)}{r}. \tag{10.55}$$

Setzen wir diesen in (10.53) ein, so erhalten wir

$$\frac{d^2}{dr^2}u(r)+\left[A-\tilde{V}(r)-\frac{l(l+1)}{r^2}\right]u(r)=0. \tag{10.56}$$

Da sowohl $\tilde{V}$ als auch $1/r^2$ im Unendlichen gegen Null gehen, vernachlässigen wir diese beiden Größen gegenüber A. Die dann verbleibende Gleichung erlaubt zwei verschiedene Lösungstypen:

1) $E>0$, d.h. $A>0$.

In diesem Falle lautet die allgemeine Lösung von (10.56)

$$u=c_1\,e^{ikr}+c_2\,e^{-ikr} \tag{10.57}$$

und damit die ursprüngliche Lösung $R(r)$ nach (10.55)

$$R=\frac{1}{r}(c_1\,e^{ikr}+c_2\,e^{-ikr}). \tag{10.58}$$

Um die Bedeutung dieser Lösung zu illustrieren, denken wir sie uns mit dem Zeitfaktor $\exp(-\mathrm{i}\omega t)$, der bei der Lösung der zeitabhängigen Schrödinger-Gleichung auftreten würde, multipliziert. Wir erkennen dann, daß $r^{-1}\exp(ikr)\exp(-\mathrm{i}\omega t)$ eine auslaufende Kugelwelle darstellt, während $r^{-1}\exp(-ikr)\exp(-\mathrm{i}\omega t)$ eine einlaufende Kugelwelle darstellt. Diese aus dem Unendlichen einlaufende und wieder auslaufende Kugelwellen entsprechen den Hyperbelbahnen beim klassischen Keplerproblem.

Untersuchen wir nun den Fall

2) $E<0$, d.h. $A<0$,

so lautet die Lösung von (10.56)

$$u=c_1\,\mathrm{e}^{\kappa r}+c_2\,\mathrm{e}^{-\kappa r}. \tag{10.59}$$

Da die Lösung natürlich im Unendlichen nicht beliebig anwachsen darf, wie das die Exponentialfunktion $\exp(\kappa r)$ täte, müssen wir fordern, daß der Koeffizient $c_1=0$ ist. Damit erhalten wir gemäß (10.55) den Lösungstyp

$$R=\frac{c}{r}\,\mathrm{e}^{-\kappa r}. \tag{10.60}$$

Da das Absolutquadrat von R die Aufenthaltswahrscheinlichkeit darstellt und diese exponentiell nach außen abfällt, erkennen wir, daß das Elektron auf einen bestimmten Raumbereich begrenzt ist. Dies ist das quantenmechanische Analogon zu den geschlossenen Ellipsenbahnen der klassischen Physik (vgl. Abschn. 8.9).

10.4 Der Radialteil der Wellenfunktion beim Wasserstoffproblem

Wir gehen nun daran, (10.51) für den Fall des Coulombpotentials

$$V=-\frac{Ze^2}{4\pi\varepsilon_0 r} \tag{10.61}$$

exakt zu lösen. Hierzu ist es günstig, zu neuen dimensionslosen Größen überzugehen. Wir führen daher eine neue Abstandsvariable

$$\varrho=2\kappa r \tag{10.62}$$

ein, wobei κ durch (10.54) definiert ist. Entsprechend führen wir eine neue Funktion $\tilde{R}(\varrho)$ ein, die mit $R(r)$ gemäß $R(r)=\tilde{R}(2\kappa r)\equiv\tilde{R}(\varrho)$ verknüpft ist.

Wir multiplizieren (10.53) mit $1/(4\kappa^2)$ und erhalten

$$\tilde{R}''+\frac{2}{\varrho}\tilde{R}'+\left(-\frac{1}{4}+\frac{B}{\kappa\varrho}-\frac{l(l+1)}{\varrho^2}\right)\tilde{R}=0, \tag{10.63}$$

wobei wir die Abkürzung

$$B=\frac{m_0 Ze^2}{\hbar^2 4\pi\varepsilon_0} \tag{10.64}$$

benutzt haben. Die Striche an $\tilde{R}$ bezeichnen Ableitungen nach ϱ.

Nachdem wir vorhin gesehen haben, daß die Wellenfunktion im Unendlichen exponentiell abklingt, liegt es nahe, einen Exponentialansatz zu machen, und zwar setzen wir, wie sich später als nützlich erweisen wird, an

$$\tilde{R}=\mathrm{e}^{-\varrho/2}v(\varrho)\,. \tag{10.65}$$

Setzen wir dieses in (10.63) ein und führen die Differentiation in der Exponentialfunktion und der Funktion $v(\varrho)$ durch, so erhalten wir

$$v''+\left(\frac{2}{\varrho}-1\right)v'+\left[\left(\frac{B}{\kappa}-1\right)\frac{1}{\varrho}-\frac{l(l+1)}{\varrho^2}\right]v=0\,. \tag{10.66}$$

Wie in der Mathematik gezeigt wird, kann man zu deren Lösung einen Ansatz in Form einer Potenzreihe machen, und zwar am zweckmäßigsten in der Gestalt

$$v=\varrho^\mu\sum_{\nu=0}^{\infty}a_\nu\varrho^\nu\equiv\sum_{\nu=0}^{\infty}a_\nu\varrho^{(\nu+\mu)}, \tag{10.67}$$

wobei $a_0 \neq 0$ sein soll.

Hierin sind der Exponent μ und die Koeffizienten a_ν noch zu bestimmen. Wir setzen den Ansatz (10.67) in (10.66) ein, ordnen nach Potenzen von ϱ und verlangen, daß der Koeffizient jeder einzelnen Potenz von ϱ für sich verschwindet. Die niedrigste auftretende Potenz ist $\varrho^{\mu-2}$. Der zugehörige Koeffizient ergibt sich zu

$$a_0\mu(\mu-1)+a_0 2\mu-a_0 l(l+1)=0\,. \tag{10.68}$$

Da wir annehmen, daß a_0 von Null verschieden ist, muß der gemeinsame Faktor von a_0 verschwinden, was die Beziehung

$$\mu(\mu+1)=l(l+1) \tag{10.69}$$

liefert. Von den beiden möglichen Lösungen $\mu=l$ und $\mu=-l-1$ ist für uns nur die Lösung $\mu=l$ brauchbar, da die andere Lösung zu einem v in (10.65) führt, das am Ursprung divergiert, wir aber immer verlangen müssen, daß die Lösungen der Schrödinger-Gleichung im ganzen Gebiet regulär sind.

Wir untersuchen nun die Koeffizienten der höheren Potenzen von ϱ ($\nu \neq 0$). Für $\varrho^{\nu+l-2}$ ergibt sich

$$a_\nu(\nu+l)(\nu+l-1)+a_\nu 2(\nu+l)-a_\nu l(l+1)-a_{\nu-1}(\nu+l-1)+(n-1)a_{\nu-1}=0\,, \tag{10.70}$$

wobei wir die Abkürzung

$$\frac{B}{\kappa}=n \tag{10.71}$$

verwendet haben. Durch die Relation (10.70) wird der Koeffizient a_ν mit dem vorhergehenden Koeffizienten $a_{\nu-1}$ verknüpft. Wir erhalten daher aus (10.70) nach einer elementaren Umformung die Rekursionsformel

$$a_\nu = \frac{\nu + l - n}{\nu(\nu + 2l + 1)} a_{\nu-1} \,. \tag{10.72}$$

Diese Rekursionsformel läßt nun zwei ganz verschiedene Lösungstypen zu, je nachdem, ob die Kette zwischen den a_ν's abbricht oder nicht. Bricht die Kette nicht ab, so läßt sich mathematisch zeigen, daß dann $v(\varrho)$ praktisch wieder eine Exponentialfunktion wird, die im Unendlichen divergiert. Wir müssen uns daher auf den Fall beschränken, daß die Folge der a_ν's abbricht. Das ist in der Tat möglich, wenn n eine ganze Zahl ist. Dann erhalten wir nämlich ein Abbrechen bei $\nu = \nu_0$, wenn

$$\nu_0 + l = n \tag{10.73}$$

erfüllt ist. Da $\nu_0 \geqq 1$ sein muß, ergibt sich daraus als Bedingung für l

$$l \leqq n - 1 \,. \tag{10.74}$$

Wir bezeichnen n im folgenden als die *Hauptquantenzahl* und l als *Drehimpulsquantenzahl*. Gemäß (10.74) darf die Drehimpulsquantenzahl nicht größer als $n-1$ werden.

Wir berechnen nun den Energiewert, der, wie sich sofort herausstellt, schon durch unsere Annahmen im Prinzip bestimmt ist. Hierzu drücken wir gemäß (10.54) E durch κ aus. κ ist aber durch Gl. (10.71) festgelegt.

In ihr ist, wie wir eben sahen, $n = 1, 2, \ldots$, d.h. eine ganze Zahl; ferner ist B in (10.64) definiert. Wir erhalten somit für E

$$E = -\frac{m_0 Z^2 e^4}{2\hbar^2 (4\pi\varepsilon_0)^2} \cdot \frac{1}{n^2} \,. \tag{10.75}$$

Durchdenken wir die ganze Herleitung, so sehen wir, daß die Energiewerte E durch die Forderung zustandegekommen sind, daß die Folge (10.72) abbrach oder, um auf die eigentliche Wurzel zu kommen, daß die Wellenfunktion im Unendlichen verschwindet. n darf in (10.75) die ganzen Zahlen 1, 2, 3,… durchlaufen, so daß sich das Energieschema von Abb. 8.4 ergibt. Die gleichen Energiewerte haben wir bereits in Kap. 8 aus den Bohrschen Postulaten abgeleitet.

Für $E > 0$, d.h. für die nichtgebundenen Zustände, folgen die Energien kontinuierlich aufeinander. Die zugehörigen Wellenfunktionen geben wir hier nicht an.

Da die Reihe (10.67) abbricht, ist $v(\varrho)$ ein Polynom. Erinnern wir uns an den Ansatz für den Radialteil $\tilde{R}(\varrho)$ und die Abkürzung für ϱ, (10.62),

$$\tilde{R}(\varrho) = \mathrm{e}^{-\varrho/2} v(\varrho) \,, \tag{10.76}$$

so erhalten wir schließlich für das ursprüngliche R einen Ausdruck der Gestalt

$$R_{n,l}(r) = N_{n,l} \exp(-\kappa_n r)\, r^l\, L_{n+l}^{2l+1}(2\kappa_n r) \,. \tag{10.77}$$

Die einzelnen Größen haben die folgende Bedeutung:

$N_{n,l}$ ist der Normierungsfaktor, der durch die Bedingung

$$\int_0^\infty R_{n,l}^2(r)\, r^2\, dr = 1 \tag{10.78}$$

festgelegt ist. (Der Faktor r^2 im Integranden rührt von der Verwendung sphärischer Polarkoordinaten her.)

κ_n hat die Bedeutung eines inversen Radius und ist explizit – vgl. (10.71 und 64) – durch

$$\kappa_n = \frac{1}{n} \cdot \frac{m_0 Z e^2}{\hbar^2 4\pi\varepsilon_0} \tag{10.79}$$

gegeben.

L_{n+1}^{2l+1} ist eine der Mathematik angepaßte Bezeichnungsweise für das in (10.77) auftretende Polynom, dessen Koeffizienten durch die Rekursionsformel (10.72) festgelegt werden. Es läßt sich zeigen, daß sich L_{n+1}^{2l+1} durch $(2l+1)$malige Differentiation aus dem sogenannten Laguerreschen Polynom L_{n+l} gewinnen läßt:

$$L_{n+l}^{2l+1} = d^{2l+1} L_{n+l} / d\varrho^{2l+1} \,. \tag{10.80}$$

Das Laguerresche Polynom ist aus der Vorschrift

$$L_{n+l}(\varrho) = \mathrm{e}^{\varrho} d^{n+l} (\mathrm{e}^{-\varrho} \varrho^{n+l}) / d\varrho^{n+l} \tag{10.81}$$

zu erhalten. Eine Reihe von expliziten Beispielen für (10.77) für verschiedene Quantenzahlen ist in Abb. 10.3 dargestellt. In dem Teil a dieser Abbildung ist der Radialteil der Wellenfunktion (10.77) als Funktion des dimensionslosen Radius ϱ (vgl. 10.62) aufgetragen. Die Klammern $(1,0)$, $(2,0)$ usw. fassen die Quantenzahlen n und l zusammen, (n, l). Im Teil b dieser Abbildung ist $4\pi\varrho^2 \tilde{R}^2(\varrho)$ für verschiedene Werte von n und l aufgetragen. $\tilde{R}^2(\varrho) d\varrho$ gibt die Wahrscheinlichkeit an, das Teilchen in einer jeweils bestimmten Raumrichtung im Intervall $\varrho \ldots \varrho + d\varrho$ anzutreffen. Wenn wir hingegen die Wahrscheinlichkeit wissen wollen, das Teilchen im Abstand ϱ im Bereich $\varrho \ldots \varrho + d\varrho$ anzutreffen, aber unabhängig von der Richtung, so müssen wir über eine Kugelschale aufintegrieren. Da das Volumen der Kugelschale gerade $4\pi\varrho^2 d\varrho$ ist, werden wir zu der oben angeschriebenen Größe, $4\pi\varrho^2 \tilde{R}^2(\varrho)$, geführt. Ersichtlich verschiebt sich das jeweilige Maximum dieser Kurven mit wachsender Quantenzahl n immer mehr nach außen, so daß hier die klassischen Bahnen zumindest angedeutet wieder erscheinen.

Fassen wir unser Ergebnis zusammen. Die Wellenfunktion des Wasserstoffproblems läßt sich in der Form

$$\psi_{n,l,m}(r, \vartheta, \varphi) = \mathrm{e}^{\mathrm{i} m \varphi} P_l^m(\cos\vartheta)\, R_{nl}(r) \tag{10.82}$$

schreiben. Hierin ist n die Hauptquantenzahl, l die Drehimpulsquantenzahl und m die sogenannte magnetische Quantenzahl oder Richtungsquantenzahl. Diese können im einzelnen die folgenden Zahlenwerte annehmen

$$\begin{aligned} &n = 1, 2, \ldots, \\ &0 \leqq l \leqq n-1, \\ &-l \leqq m \leqq +l. \end{aligned} \tag{10.83}$$

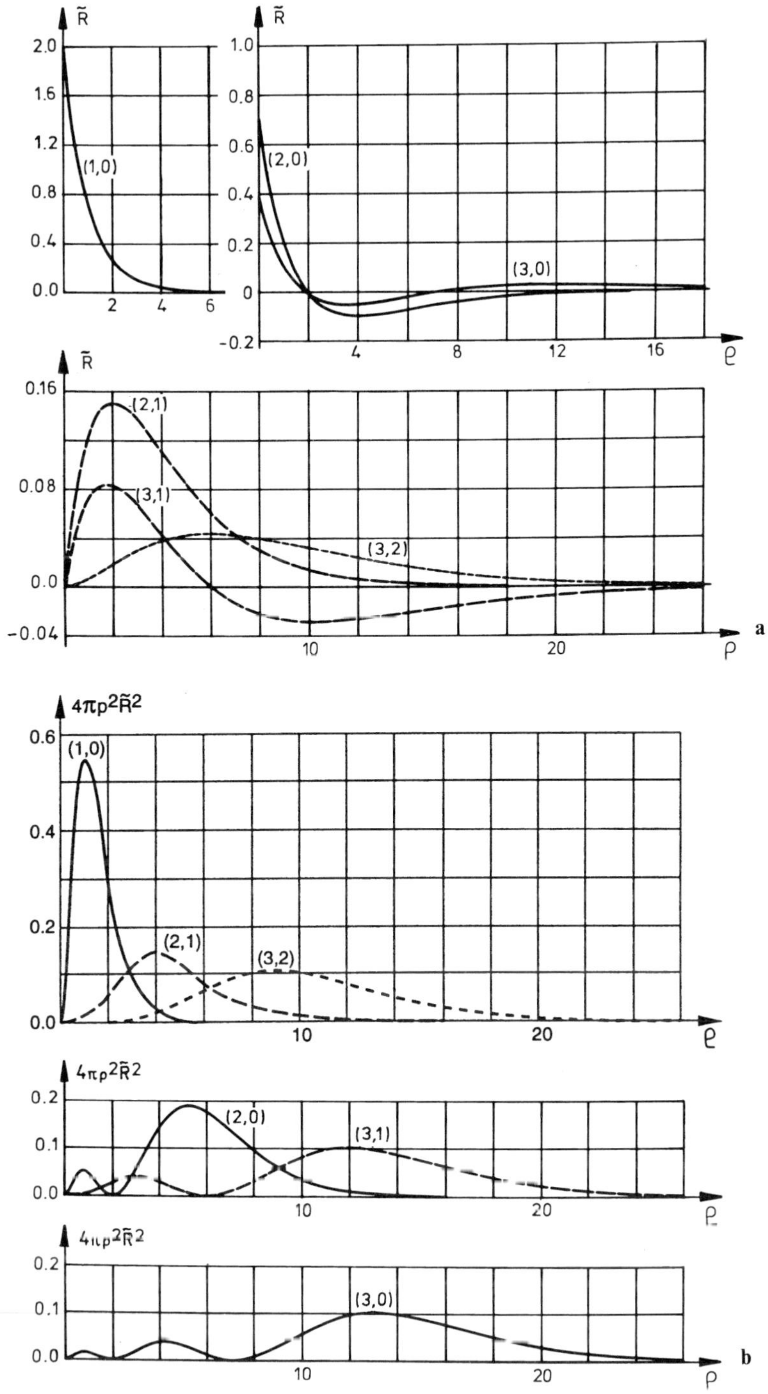

Abb. 10.3. a) Die Wellenfunktion des Radialteils $\tilde{R}(\varrho) \equiv R(r)$ (10.77) des H-Atoms ist gegenüber der dimensionslosen Koordinate ϱ aufgetragen. Die an den Kurven angegebenen Indizes (1, 0), (2, 1), ..., usw. entsprechen (n, l), wobei n die Hauptquantenzahl und l die Drehimpulsquantenzahl ist. **b)** Die entsprechenden Aufenthaltswahrscheinlichkeiten in radialer Richtung, d.h. $4\pi\varrho^2(\tilde{R}(\varrho))^2$, sind gegenüber der dimensionslosen Koordinate ϱ aufgetragen, (vgl. Text)

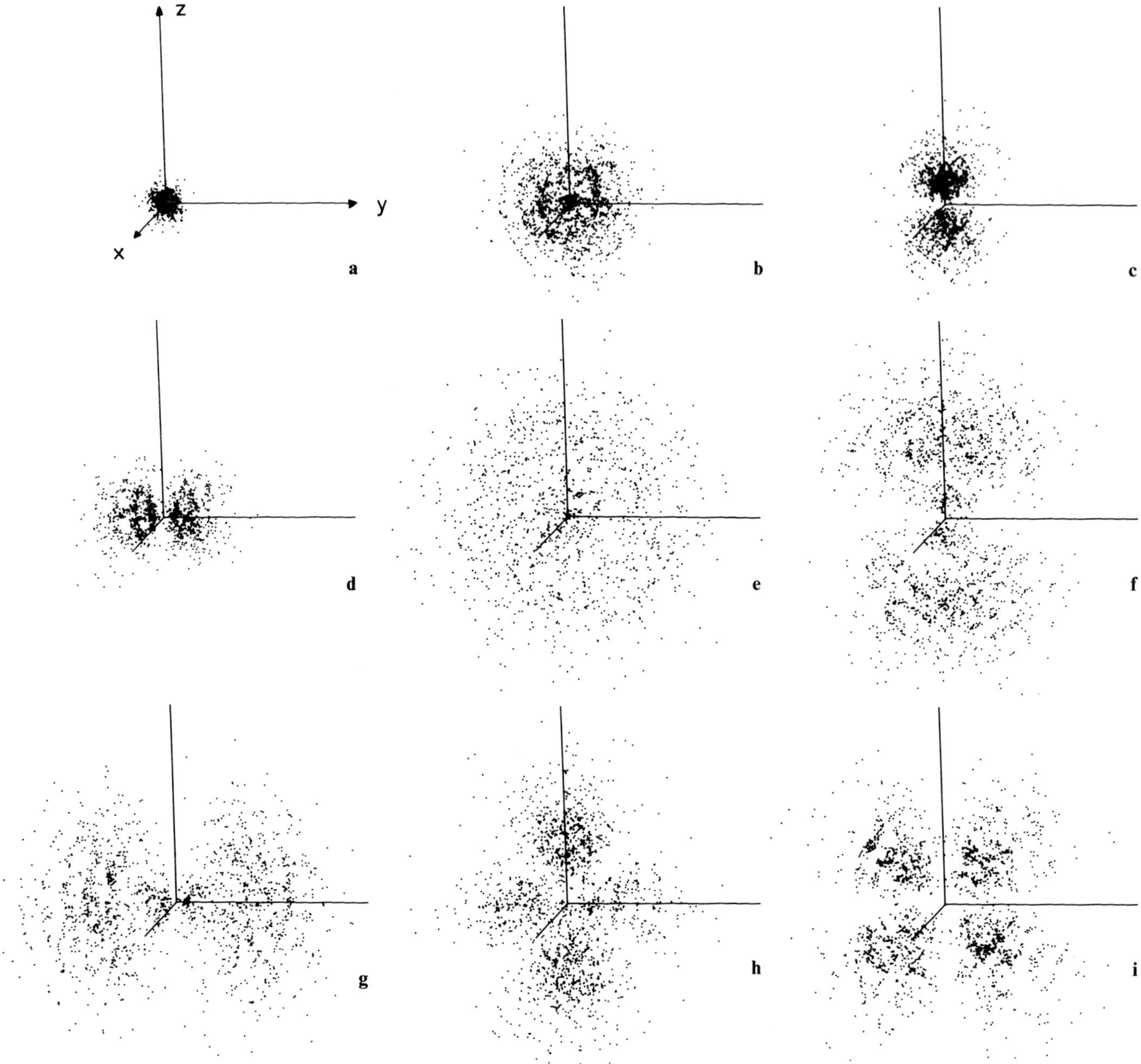

Abb. 10.4a–i. Die Dichteverteilung (= Aufenthaltswahrscheinlichkeitsdichte $|\psi|^2$) des Elektrons im H-Atom, dargestellt durch verschieden starke Punktierung (nach *H. Ohno*). Hierbei liegen die folgenden Wellenfunktionen zugrunde:

a) (10.82), $n=1$, $l=0$, $m=0$

b) (10.82), $n=2$, $l=0$, $m=0$

c) (10.82), $n=2$, $l=1$, $m=0$

d) die Linearkombination $(\psi_{2,1,1}+\psi_{2,1,-1})\dfrac{i}{\sqrt{2}}$

e) (10.82), $n=3$, $l=0$, $m=0$

f) $\psi_{3,1,0}$

g) die Linearkombination $(\psi_{3,1,1}+\psi_{3,1,-1})\dfrac{i}{\sqrt{2}}$

h) $\psi_{3,2,0}$

i) die Linearkombination $(\psi_{3,2,1}+\psi_{3,2,-1})\dfrac{i}{\sqrt{2}}$

Die genannten Linearkombinationen sind ebenfalls Lösungen der Schrödinger-Gleichung des Wasserstoffproblems mit den Energien E_n, sie sind jedoch nicht mehr Eigenfunktionen zu l_z

Einige Beispiele für die Dichteverteilung des Elektrons (= Wahrscheinlichkeitsverteilung $|\psi_{n,l,m}(r,\vartheta,\varphi)|^2$) sind in den Abb. 10.4 wiedergegeben.

Die hier mit einem Computer berechnete Dichte der Punkte entspricht der Aufenthaltswahrscheinlichkeitsdichte des Elektrons. Da die Wasserstoff-Funktionen zum Teil komplex sind, wurden durch Kombination von Funktionen, die zu $+m$ und $-m$ gehören, reelle Funktionen konstruiert. Diese Linearkombinationen sind ebenfalls Lösungen der Schrödinger-Gleichung des Wasserstoffproblems. Sie besitzen nach wie vor die Quantenzahlen n und l, jedoch sind sie nicht mehr Eigenfunktionen zur z-Komponente des Drehimpulses, so daß diese Quantenzahl nun entfällt. Die Teilbilder a, b und e gehören zu $l=0$. Es handelt sich hier um kugelsymmetrische Verteilungen. Die Teilabbildungen c, d, f und g beziehen sich auf $l=1$. Auffällig ist hier die hantelförmige Verteilung in der jeweils einen Achsenrichtung. Nicht gezeigt ist in diesen Abbildungen jeweils eine weitere Linearkombination, bei der die Hantel längs der dritten Koordinatenrichtung liegen würde. Die Teilbilder h und i gehören zu $l=2$, wobei in h $m=0$ ist und j eine Linearkombination aus $m=\pm 1$ wiedergibt. Nicht dargestellt sind in Abb. 10.4 die Wellenfunktionen, die zu $l=2$, $m=\pm 2$ gehören.

Die zu (10.82) gehörige Energie ist durch (10.75) gegeben. Ersichtlich hängt E nur von der Hauptquantenzahl n ab. Da zu jeder Energiestufe E_n (mit Ausnahme von $n=1$) *mehrere* verschiedene Wellenfunktionen gehören, heißen diese Stufen entartet. Diese Entartung ist ein Charakteristikum des Wasserstoffproblems mit dem Coulombpotential.

Die Entartung bezüglich l wird aufgehoben, d.h. die Energiestufen werden nun auch l-abhängig, wenn das Potential zwar noch kugelsymmetrisch ist, aber nicht mehr die Form $-\text{const}/r$ hat (vgl. dazu Abschn. 11.2). Auf effektive Abweichungen vom Coulombpotential werden wir bei allen Atomen mit mehreren Elektronen geführt werden (s.w.u.). Die l-Entartung wird ebenfalls aufgehoben, falls wir das Wasserstoffproblem relativistisch behandeln, was bei einer exakten Behandlung der Spektren notwendig wird (vgl. Abschn. 12.11). Die m-Entartung läßt sich nur dann aufheben, wenn dem Potential eine *nicht*-kugelsymmetrische Störung überlagert wird, d.h. ein elektrisches oder magnetisches Feld (vgl. Kap. 13 und 14).

Aufgaben

10.1 Man berechne die Erwartungswerte der kinetischen Energie und der potentiellen Energie

a) für den Grundzustand des Wasserstoff-Atoms, $n=1$, $l=m=0$,
b) für die Wellenfunktionen $n=2$, $l=0$, $m=0$ und $n=2$, $l=1$, $m=\pm 1, 0$.

Hinweis: Man verwende sphärische Polarkoordinaten, wobei für das Volumenelement dV gilt: $dV=\sin\vartheta\, d\vartheta\, d\varphi\, r^2 dr$.

10.2 Wie wir in Abschn. 15.2.3 sehen werden, werden in der Quantenmechanik Dipolmatrixelemente zwischen zwei Zuständen mit den Wellenfunktionen ψ_1 und ψ_2 definiert durch

$$\boldsymbol{D}=\int \psi_1^* e\boldsymbol{r}\,\psi_2\, dx\, dy\, dz\,.$$

Warum ist $\boldsymbol{D}$ ein Vektor? Man berechne die Komponenten von $\boldsymbol{D}$ falls

a) $\psi_1 = \psi_2 = \psi_{1,0,0}$,
b) $\psi_1 = \psi_{1,0,0}$; $\psi_2 = \psi_{2,0,0}$
oder $\psi_2 = \psi_{2,1,0}$
oder $\psi_2 = \psi_{2,1,\pm 1}$.

Darin ist $\psi_{n,l,m}$ die Wellenfunktion des Wasserstoff-Atoms mit den Quantenzahlen n, l, m.

10.3 Man berechne κ_n (10.79) und E_n (10.75) numerisch für die ersten drei n-Werte beim Wasserstoff-Atom.

10.4 Am Beispiel des Wasserstoff-Grundzustandes erläutern wir das *Variationsprinzip* der Quantenmechanik. Dieses besagt allgemein: Die Wellenfunktion ψ des Grundzustandes einer Schrödinger-Gleichung $H\psi = E\psi$ kann man (neben der direkten Lösung der Schrödinger-Gleichung) dadurch finden, daß man den Erwartungswert der Energie durch geeignete Wahl von ψ zum Minimum macht: $\bar{E} = \int \psi^* H\psi \, dx \, dy \, dz = \text{Min!}$ Dabei muß ψ der Nebenbedingung $\int \psi^* \psi \, dx \, dy \, dz = 1$ genügen.

Dieses Prinzip kann auch dazu benutzt werden, um Wellenfunktionen und insbesondere Energien näherungsweise zu bestimmen.

Aufgabe: a) Man mache den Ansatz $\psi = N \exp(-r^2/r_0^2)$. Man bestimme den Normierungsfaktor N. Alsdann berechne man $\bar{E}$ als Funktion von r_0 und mache $\bar{E}$ durch geeignete Wahl von r_0 zum Minimum. Man vergleiche $\bar{E}_{\min}$ mit dem exakten Energiewert.

b) Man führe dasselbe durch für $\psi = N \exp(-r/r_0)$.

10.5 Man löse die eindimensionale Schrödinger-Gleichung

$$-\frac{\hbar^2}{2m_0} \frac{d^2\psi(x)}{dx^2} + \left(-\frac{c_1}{x} + \frac{c_2}{x^2}\right)\psi(x) = E\psi$$

für $x \geqq 0$, $c_1 > 0$, $c_2 > 0$, $E < 0$ mit den Randbedingungen $\psi(0) = \psi(\infty) = 0$.

Hinweis: Man untersuche zuerst den Grenzfall $x \to \infty$ und bestimme die asymptotische Form von $\psi(x)$. Sodann versuche man den Ansatz $\psi(x) = x^\sigma \exp(-x\sqrt{\varepsilon}) g(x)$, wobei $\sigma = \frac{1}{2} + \sqrt{\frac{1}{4} + \tilde{c}_2}$ mit $\tilde{c}_2 = 2m_0 c_2/\hbar^2$ und $\varepsilon = -2m_0 E/\hbar^2$. Man berechne $g(x)$ mit Hilfe eines Potenzreihenansatzes, der abbrechen muß (warum?).

11. Aufhebung der l-Entartung in den Spektren der Alkali-Atome

11.1 Schalenstruktur

Die nächst einfachen Spektren nach den Spektren der Atome mit nur einem Elektron sind die der Alkali-Atome.

Die Alkali-Atome besitzen ein schwach gebundenes äußeres Elektron, das sogenannte Valenzelektron, und im übrigen nur abgeschlossene Schalen von $(Z-1)$ inneren Elektronen. Was eine abgeschlossene Schale atomphysikalisch bedeutet, werden wir erst später verstehen können. Hier nur so viel vorweg: Auch wenn mehrere Elektronen an einen Kern gebunden sind, kann man die zugehörigen Einelektronenzustände durch die drei Quantenzahlen n, l, m charakterisieren, die zugehörigen Energien sind jedoch durch die Wechselwirkung der Elektronen untereinander gegenüber den Energien des Einteilchenproblems stark modifiziert. Das Pauli-Prinzip (Kap. 17.2) besagt, daß ein Zustand, der durch ein Tripel n, l, m festgelegt ist, mit maximal zwei Elektronen besetzt werden darf. Im Grundzustand eines Atoms sind natürlich die energetisch niedrigsten Terme mit Elektronen besetzt. Einen derartigen bestimmten Besetzungszustand der Energieniveaus oder Terme eines Atoms mit Elektronen nennt man die *Elektronen-Konfiguration* für das Atom in dem betreffenden Zustand – hier im Grundzustand. Eine abgeschlossene Schale oder Edelgaskonfiguration liegt immer dann vor, wenn das nächste einzubauende Elektron den s-Zustand der nächst höheren Hauptquantenzahl besetzen würde, dabei müssen noch nicht alle Zustände, die zu tieferen Hauptquantenzahlen gehören, besetzt sein; näheres dazu in Kap. 20. Die Elektronen in abgeschlossenen Schalen liegen in der Regel näher am Kern als das Valenzelektron und sind stärker gebunden. Abgeschlossene Schalen haben verschwindenden Drehimpuls, sind kugelsymmetrisch und besonders stabil.

Woher weiß man das? Zunächst aus der Chemie: die Alkali-Atome sind alle einwertig. Die vor ihnen im Perioden-System stehenden Edelgase haben jeweils ein Elektron weniger und besitzen eine besonders stabile Elektronen-Konfiguration, eben eine abgeschlossene Schale. Sie sind chemisch inaktiv. Ihr Ionisationspotential ist im Vergleich zu denen ihrer Nachbarn im Perioden-System groß. Die Nachbarn mit einer um eins höheren Kernladungszahl, die Alkali-Atome, haben ein sehr geringes Ionisationspotential.

So beträgt zum Beispiel die Ionisierungsenergie des Edelgases Helium 24,46 eV. Das im Periodischen System folgende Element, das Alkali-Atom Lithium, hat dagegen eine Ionisierungsenergie von nur 5,40 eV. Noch geringer sind die Ionisierungsenergien der schwereren Alkali-Atome. Tabelle 11.1 enthält einige weitere Zahlenwerte. Sie zeigt darüber hinaus, daß die Ionisierungsenergie für das Abspalten des zweiten Elektrons bei Alkali-Atomen besonders groß ist, da die Elektronenkonfiguration des einfach positiv geladenen Ions eine abgeschlossene Schale ist. In Abb. 11.1 werden die vereinfachten Termschemata der Alkali-Atome mit dem des H-Atoms verglichen.

Tabelle 11.1. Ionisierungsarbeiten für die Elemente mit $Z=1$ bis $Z=20$ im neutralen sowie im einfach bis dreifach ionisierten Zustand. Die Ionisierungsenergie ist immer dann besonders groß, wenn eine Edelgaskonfiguration (abgeschlossene Schale) der Elektronen erreicht ist. Sie ist besonders klein, wenn ein Elektron mehr vorhanden ist als einer Edelgaskonfiguration entspricht

Element	Ionisierungsarbeit in eVolt für den Übergang			
	vom neutralen Atom zum einfach	vom einfach zum zweifach	vom zweifach zum dreifach	vom dreifach zum vierfach
	geladenen positiven Ion			
$_1$H	13,59	–	–	–
$_2$He	**24,5**	54,1	–	–
$_3$Li	5,4	**75**	122	–
$_4$Be	9,3	18,2	**154**	217
$_5$B	8,3	25,1	38	**259**
$_6$C	11,3	24,5	48	64,5
$_7$N	14,6	29,6	47	77,4
$_8$O	13,6	35,2	55	77,4
$_9$F	17,4	34,9	62,7	87,3
$_{10}$Ne	**21,6**	41,0	63,9	96,4
$_{11}$Na	5,14	**47,3**	71,7	98,9
$_{12}$Mg	7,64	15,0	**80,2**	109,3
$_{13}$Al	5,97	18,8	28,5	**120**
$_{14}$Si	8,15	16,4	33,5	44,9
$_{15}$P	10,9	19,7	30,2	51,4
$_{16}$S	10,4	23,4	35,1	47,1
$_{17}$Cl	12,9	23,7	39,9	53,5
$_{18}$Ar	**15,8**	27,5	40,7	ca. 61
$_{19}$K	4,3	**31,7**	45,5	60,6
$_{20}$Ca	6,1	11,9	**51**	67

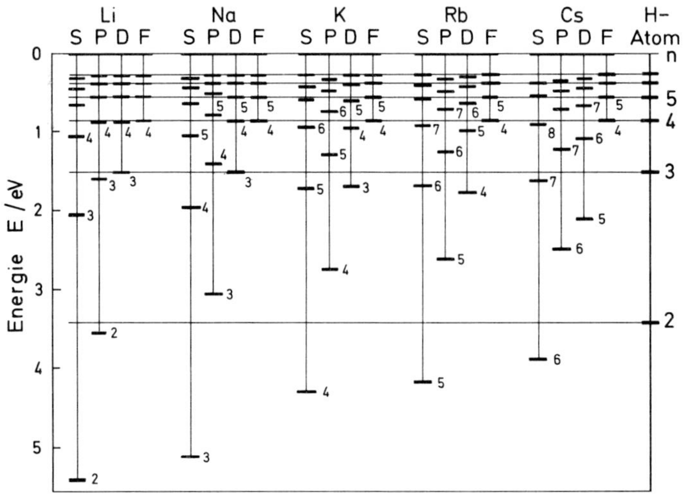

Abb. 11.1. Vereinfachte Termschemata der Alkali-Atome, empirische Lage der wichtigsten Energieterme. Die Hauptquantenzahl n ist durch Zahlen, die Nebenquantenzahl l durch Buchstaben S, P, D, F angegeben. Zum Vergleich rechts die Terme des H-Atoms

Der Vergleich zeigt, daß bei den Alkali-Atomen die l-Entartung aufgehoben ist. Zustände mit gleicher Hauptquantenzahl n und verschiedener Bahndrehimpuls-Quantenzahl l haben verschiedene Energie. Gegenüber den Termen des H-Atoms liegen diejenigen der Alkali-Atome tiefer (das bedeutet größere negative Bindungsenergie), um so tiefer je kleiner l ist. Für höhere Hauptquantenzahlen n, d. h. größere Bahnradien, unterscheiden sich die Terme nur wenig von denen des Wasserstoff-Atoms. Elektronen mit kleinem l sind jedoch auch hier stärker gebunden, die Terme liegen tiefer. Dieser Effekt wird mit wachsendem Z größer. Dies wollen wir jetzt wenigstens qualitativ verstehen.

11.2 Abschirmung

Wir machen uns zum Verständnis der Termschemata der Alkali-Atome das folgende Modell (Abb. 11.2):

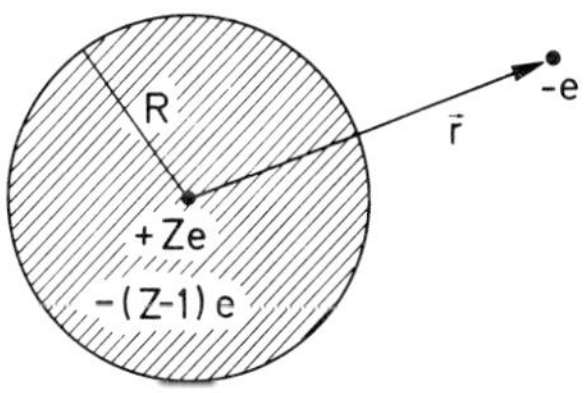

Abb. 11.2. Modell für ein Alkali-Atom. Das Leuchtelektron wird von der Kernladung $+Ze$ durch $(Z-1)$ innere Elektronen abgeschirmt

Ein „Leuchtelektron" befindet sich in relativ großem Abstand r vom Kern. Es bewegt sich im elektrischen Feld der Kernladung $+Z \cdot e$, die durch die $(Z-1)$ inneren Elektronen weitgehend abgeschirmt ist. Wir beschreiben die abschirmende Wirkung der $(Z-1)$ inneren Elektronen gemeinsam mit dem Kernpotential durch ein effektives Potential $V(r)$ für das Leuchtelektron. Damit reduzieren wir das ursprüngliche Mehrelektronenproblem auf ein Einteilchensystem, und wir können die Energiestufen der Alkali-Atome als Terme eines Einelektronen-Atoms behandeln.

Der Verlauf des effektiven Potentials $V(r)$ ist in Abb. 11.3 schematisch dargestellt. Bewegt sich das Leuchtelektron in großer Entfernung r vom Kern, so beträgt seine potentielle Energie $V = -e^2(4\pi\varepsilon_0 r)^{-1}$.

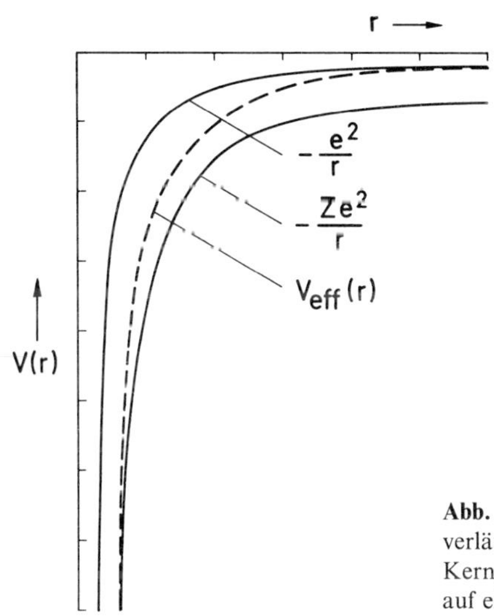

Abb. 11.3. Effektives Potential $V_{eff}(r)$ für ein Alkali-Atom. V_{eff} verläuft bei kleinem Kernabstand ähnlich wie das unabgeschirmte Kernpotential, für große Abstände vom Kern ist die Kernladung bis auf eine Ladungseinheit abgeschirmt

Dann ist nämlich die auf das Leuchtelektron wirkende Kernladung $+Z \cdot e$ bis auf eine Ladungseinheit durch die inneren Elektronen kompensiert. Je näher jedoch das Elektron an den Kern gelangt, um so mehr unterliegt es der unabgeschirmten Wirkung der Kernladung. Die potentielle Energie geht gegen $V = -Ze^2(4\pi\varepsilon_0 r)^{-1}$. Für das effektive Potential $V(r)$ gilt nicht mehr die Proportionalität zu r^{-1}. Diese Proportionalität war ja für die l-Entartung verantwortlich (Kap. 10).

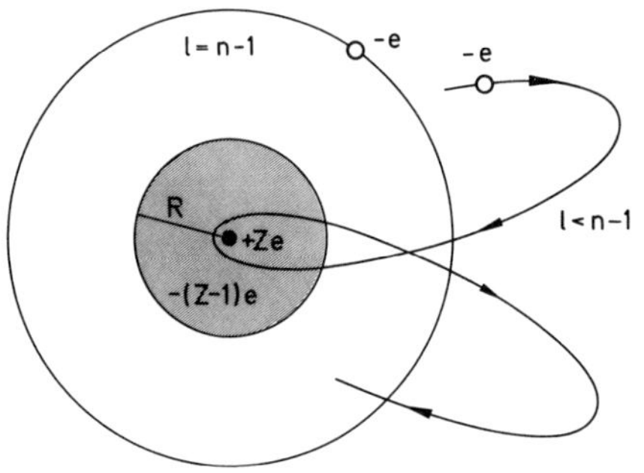

Abb. 11.4. Zur unterschiedlichen Abschirmung bei Elektronen mit unterschiedlicher radialer Wahrscheinlichkeitsdichte. Im Sommerfeldschen Modell wird anschaulich, daß ein Elektron mit einer „Tauchbahn" dem Kern nahekommt und teilweise dem unabgeschirmten Kernpotential unterliegt. Man muß sich allerdings vor Augen halten, daß man in der modernen Quantentheorie nicht mehr von Elektronenbahnen sprechen darf, sondern daß der Begriff der Ladungswolke im Vordergrund steht

Im Sommerfeldschen Bild der sogenannten Tauchbahnen wird besonders anschaulich, daß Elektronen mit unterschiedlichem Bahndrehimpuls, d.h. unterschiedlicher Bahnform, unterschiedliche Abschirmung erfahren. Dies ist in Abb. 11.4 anschaulich dargestellt. Quantenmechanisch bleibt dieses Bild weitgehend gültig. In Kap. 10 wurde gezeigt, daß die Aufenthaltswahrscheinlichkeit des Elektrons im Kern-nahen Bereich in der Reihenfolge $l = 0, 1, 2 \ldots$ abnimmt. Die s-Elektronen sind dem nicht abgeschirmten Feld des Kernes deshalb am stärksten ausgesetzt. Bei gleicher Hauptquantenzahl n sind die Energieterme für s-Elektronen deshalb am weitesten nach negativen Werten gegenüber dem H-Atom verschoben; vgl. Abb. 11.1.

11.3 Das Termschema

Für die Alkali-Atome erhalten wir demnach ein Termschema, wie es Abb. 11.5 für das Lithium-Atom zeigt. Dieses Termschema erlaubt eine Einordnung der im Spektrum der Alkali-Atome beobachteten Linien in Serien, wenn man als Auswahlregel für optische Übergänge noch die Vorschrift $\Delta l = \pm 1$ hinzunimmt, d.h. bei einem optischen Übergang muß sich die Quantenzahl l um 1 ändern. Derartige Auswahlregeln werden in Kap. 16 näher besprochen.

Die Serien in den Emissionsspektren der neutralen Alkali-Atome werden durch Serienformeln erfaßt, die der Balmer-Serienformel ähnlich sind. Für die durch die beiden Quantenzahlen n und l bestimmten Energieterme $E_{n,l}$ läßt sich eine effektive Hauptquantenzahl n_{eff} angeben, so daß z. B. für Natrium gilt

$$E_{n,l} = -R_{\mathrm{Na}} hc \frac{1}{n_{\mathrm{eff}}^2} = -R_{\mathrm{Na}} hc \frac{1}{(n - \Delta(n,l))^2} .$$

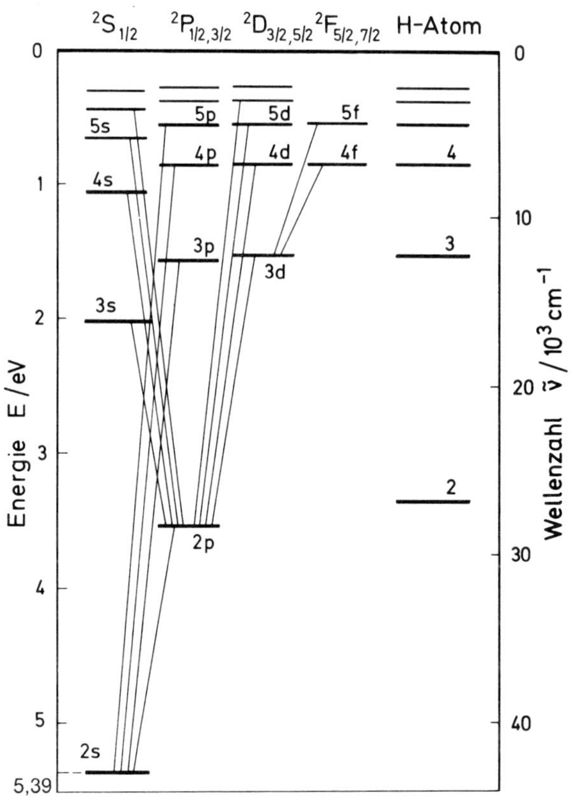

Abb. 11.5. Termschema des Lithium-Atoms mit den wichtigsten Übergängen. Sogenanntes Grotrian-Diagramm. Die am oberen Bildrand angegebenen Termsymbole werden vollständig erst in Kap. 12 und 17 erklärt. Zum Vergleich rechts die Terme des H-Atoms

Hierbei ist die Multiplikation mit dem Faktor hc erforderlich, wenn wie üblich die Rydbergzahl R_{Na} in cm^{-1} gemessen wird. Dabei ist $n_{eff} = n - \Delta(n,l)$ eine im allgemeinen nicht ganzzahlige Hauptquantenzahl, n die dem H-Atom entsprechende ganzzahlige Hauptquantenzahl, und $\Delta(n,l) = n - n_{eff}$ der zu den Quantenzahlen n und l gehörende sogenannte Quantendefekt. Die empirisch bestimmten Zahlenwerte für Quantendefekte (s. Tabelle 11.2) sind für s-Elektronen am größten, nehmen mit steigender Bahndrehimpulsquantenzahl l ab und sind weitgehend unabhängig von der Hauptquantenzahl n. Sie nehmen in der Reihe der Alkaliatome von Lithium bis Caesium, also mit steigender Kernladungszahl Z, zu. Diese Quantendefekte erfassen empirisch die unterschiedliche Abschirmung, die die $s, p, d\ldots$-Elektronen durch die Elektronen der inneren Schalen erfahren.

Tabelle 11.2. Quantendefekte $\Delta(n,l)$ für die Spektren des Na-Atoms (aus Richtmeyer and Kennard, Introduction to Modern Physics). Es handelt sich hierbei um empirische Zahlenwerte

	Term	$n=3$	4	5	6	7	8
$l=0$	s	1,373	1,357	1,352	1,349	1,348	1,351
1	p	0,883	0,867	0,862	0,859	0,858	0,857
2	d	0,010	0,011	0,013	0,011	0,009	0,013
3	f	–	0,000	−0,001	−0,008	−0,012	−0,015

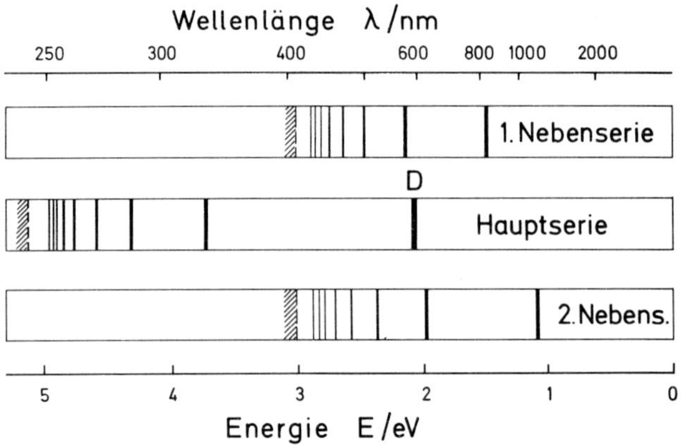

Abb. 11.6. Die drei kürzestwelligen Spektralserien des Natrium-Atoms. Die Seriengrenzen sind gestrichelt eingezeichnet. Das Emissionsspektrum ist eine Überlagerung dieser Serien. In Absorption beobachtet man normalerweise nur die Hauptserie, da im Grundzustand des Na-Atoms der höchste besetzte Term der $3s$-Term ist. – Die gelbe Farbe von Natriumlampen wird durch die längstwellige Resonanzlinie der Hauptserie, Übergang $3s \leftrightarrow 3p$, hervorgerufen. Das ist die aus historischen Gründen sogenannte Natrium-D-Linie

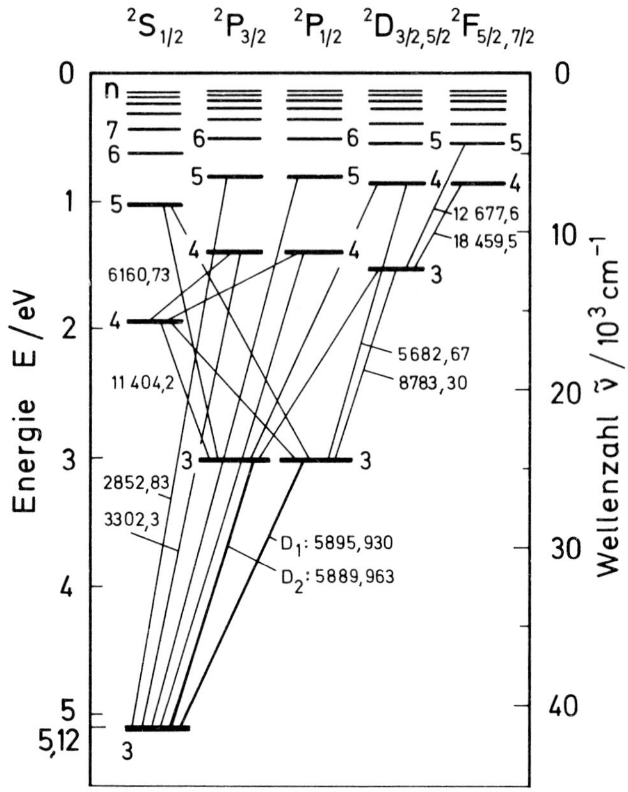

Abb. 11.7. Termschema des Natrium-Atoms, sogenanntes Grotrian-Diagramm. Einige der kürzestwelligen Übergänge aus der Hauptserie, den beiden Nebenserien und der Bergmannserie sind eingezeichnet. Die Zahlen im Diagramm bedeuten Wellenlängen der betreffenden Übergänge in Å. Die am oberen Bildrand eingetragenen Termsymbole enthalten bereits die Quantenzahlen für die Multiplizität und den Gesamtdrehimpuls. Diese werden in Kap. 12 und 17 erklärt

Für das Natrium-Atom ist die Zerlegung des Gesamtspektrums in Serien in Abb. 11.6 dargestellt. Abbildung 11.7 zeigt in Form eines sogenannten Grotrian-Diagrammes die Übergänge in der Termschema-Darstellung. Die wichtigsten Serien sind die Hauptserie (*p*rincipal-Serie) mit Übergängen von p zu s-Elektronentermen:

$$\bar{\nu}_{\mathrm{p}} = R_{\mathrm{Na}}\left(\frac{1}{[n_0 - \Delta(n_0,0)]^2} - \frac{1}{[n - \Delta(n,1)]^2}\right), \quad n \geqq n_0, n_0 = 3$$

die scharfe (*s*harp) oder 2. Nebenserie mit Übergängen von s zu p-Elektronentermen

$$\bar{\nu}_{\mathrm{s}} = R_{\mathrm{Na}}\left(\frac{1}{[n_0 - \Delta(n_0,1)]^2} - \frac{1}{[n - \Delta(n,0)]^2}\right), \quad n \geqq n_0 + 1$$

die *d*iffuse oder 1. Nebenserie mit Übergängen von d zu p-Elektronentermen

$$\bar{\nu}_{\mathrm{d}} = R_{\mathrm{Na}}\left(\frac{1}{[n_0 - \Delta(n_0,1)]^2} - \frac{1}{[n - \Delta(n,2)]^2}\right), \quad n \geqq n_0$$

die Bergmann (*f*undamental)-Serie mit Übergängen von *f* zu *d*-Elektronentermen

$$\bar{\nu}_f = R_{Na}\left(\frac{1}{[n_0 - \Delta(n_0, 2)]^2} - \frac{1}{[n - \Delta(n, 3)]^2}\right), \quad n \geqq n_0 + 1 .$$

R_{Na} ist hierbei wieder die Rydbergzahl des Natrium-Atoms. n_0 bedeutet die ganzzahlige Hauptquantenzahl des tiefsten Zustandes. Das ist 2 für Li, 3 für Na, 4 für K, 5 für Rb und 6 für Cs. Wir nehmen hierbei die Erkenntnis vorweg, daß das Leuchtelektron der Alkali-Atome jeweils eine neue Schale beginnt. Die Hauptquantenzahl des Grundzustandes nimmt deshalb bei jedem der im Periodischen System hintereinander angeordneten Alkali-Atome um jeweils eins zu.

Die Bezeichnungen für die Serien und die daraus hervorgegangenen Buchstabenbezeichnungen für Elektronen mit dem Bahndrehimpuls 0, 1, 2, 3, 4... als *s*, *p*, *d*, *f*, *g*... sind historisch. *p* ist die Abkürzung für principal, *s* steht für scharf, *d* für diffus und *f* für fundamental.

In Absorption wird natürlich unter Normalbedingungen nur die Hauptserie beobachtet, weil außer bei extrem hohen Temperaturen nur der Grundzustand des Atoms stationär so stark besetzt ist, daß eine Absorption in höhere Zustände beobachtbar wird. Die Linien der Hauptserie sind also Resonanzlinien. Die bekannteste ist die D-Linie des Natrium-Atoms, das ist der Übergang 3*s*–3*p*. Man bezeichnet die Gesamtheit der *s*-Terme auch mit *S*, die der *p*-Terme mit *P*, und kommt damit zu folgender Schreibweise für die Serien (für Na):

Hauptserie	$3\,S \leftrightarrow nP$	
Nebenserien	$3\,P \leftrightarrow nS$	
	$3\,P \leftrightarrow nD$	mit $n \geqq 3$.

Große Buchstaben werden für Terme dann verwendet, wenn mehrere Elektronen des Atoms erfaßt sind, kleine Buchstaben gelten für Terme einzelner Elektronen. Bei den Alkali-Atomen mit nur einem Leuchtelektron sind die beiden Bezeichnungsweisen äquivalent.

Den Abschirmungs-Effekt der inneren Elektronen kann man quantitativ berechnen, wenn man ihre Ladungsverteilung gut genug kennt. Qualitativ wollen wir noch zur Veranschaulichung den Einfluß der Kernladung auf ein einzelnes 3*d* oder 4*s*-Elektron in den Atomen $H(Z=1)$ und $K(Z=19)$ betrachten.

Im H-Atom ist die Ladungswolke eines 3*d*-Elektrons im Mittel näher am Kern als die eines 4*s*-Elektrons (s. Abb. 11.8). Deshalb ist im H-Atom das 3*d*-Elektron starker

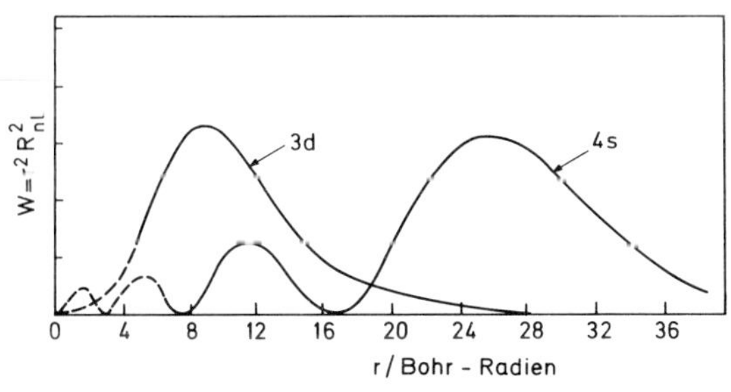

Abb. 11.8. Radiale Aufenthaltswahrscheinlichkeit für ein 4*s*- und für ein 3*d*-Elektron im H-Atom. Das 4*s*-Elektron befindet sich zwar insgesamt in größerer Entfernung vom Kern. Seine Aufenthaltswahrscheinlichkeit in Kernnähe ist jedoch größer als die des 3*d*-Elektrons

gebunden. Anders jedoch im K-Atom. Die Konfiguration der Elektronen des Rumpfes, d.h. die Edelgaskonfiguration des Ar, besteht aus zwei s-Elektronen mit $n=1$ (Symbol $1s^2$), zwei s-Elektronen mit $n=2$ (Symbol $2s^2$), sechs p-Elektronen mit $n=2$ (Symbol $2p^6$), zwei s-Elektronen mit $n=3$ (Symbol $3s^2$) und sechs p-Elektronen mit $n=3$ (Symbol $3p^6$), also

$$1s^2 \quad 2s^2 \quad 2p^6 \quad 3s^2 \quad 3p^6 - \text{oder kurz [Ar] für Argon} .$$

Nun wird gefragt: hat K mit einem zusätzlichen Elektron die Konfiguration [Ar] $4s^1$ oder hat [Ar] $3d^1$ die größere Bindungsenergie, wird das 19. Elektron also als $4s$ oder als $3d$-Elektron eingebaut?

Aufgrund unserer Überlegungen beim H-Atom würden wir annehmen, daß die Konfiguration [Ar] $3d^1$ stabiler ist. Jedoch muß nun untersucht werden, wie sich die Abschirmung für die Elektronen $3d$ und $4s$ unterscheidet. Weil das $4s$-Elektron eine höhere Wahrscheinlichkeit sehr nahe am Kern – also ganz unabgeschirmt – hat, ergibt sich, daß das Niveau $4s$ energetisch deutlich tiefer liegt als $3d$. Auch das darauf folgende Elektron ist ein s-Elektron; siehe dazu Tabelle 3.1. Das im Periodischen System auf Kalium

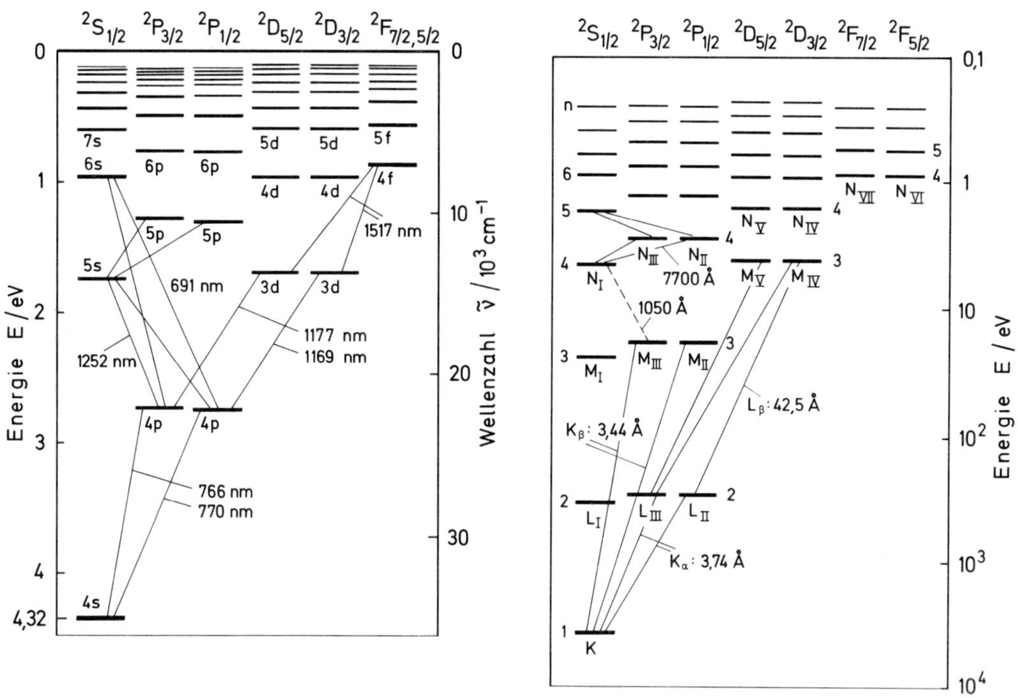

Abb. 11.9. *Linkes Teilbild:* Grotrian-Diagramm für das neutrale Kalium-Atom im sichtbaren und infraroten Spektralbereich. Die Wellenlängen für einige Übergänge (in nm) sind eingetragen. Die Termsymbole im oberen Bildrand werden erst in Abschn. 12.8 und Kap. 17 vollständig erklärt.
Rechtes Teilbild: Gemeinsames Termschema des Kalium-Atoms für infrarotes, sichtbares, ultraviolettes und Röntgenlicht. Die in diesem Diagramm verwendete Termsymbolik wird erst in Kap. 13 und 17 erklärt. – Man beachte den unterschiedlichen Energie-Maßstab der beiden Teilbilder. Das Röntgenspektrum umfaßt auch Terme mit kleinerer Hauptquantenzahl als das optische Spektrum. Für die Terme mit $n=1, 2, 3 \ldots$ sagt man im Röntgengebiet $K, L, M \ldots$-Schale (siehe dazu Kap. 18)

folgende Ca hat die Konfiguration [Ar] $4s^2$. Damit wird deutlich, wie entscheidend die von der Bahndrehimpuls-Quantenzahl l abhängige Abschirmung für die Bindungsenergie der äußeren Elektronen ist.

11.4 Tiefere Schalen

Bisher haben wir lediglich die optischen Spektren der neutralen Alkali-Atome behandelt. Das Leuchtelektron konnte dabei nur die Hauptquantenzahlen $n \geqq 2$ für Li, $\geqq 3$ für Na, $\geqq 4$ für K usw. annehmen. Die Zustände mit kleinerer Hauptquantenzahl waren bei allen diskutierten Übergängen voll besetzt. Übergänge, an denen diese tieferen Elektronen beteiligt sind, wurden hier nicht besprochen. Sie sind jedoch ebenfalls möglich. Da die inneren Elektronen stärker gebunden sind, liegen derartige Übergänge jedoch bei höheren Energiewerten. Wir werden solche Übergänge später bei der Diskussion der Röntgenspektren im einzelnen kennenlernen (Kap. 18).

Abbildung 11.9 zeigt neben dem optischen Termschema für das Leuchtelektron des K-Atoms auch ein vollständiges Termschema. Dieses enthält auch die im Spektralbereich der Röntgenstrahlen liegenden Übergänge, bei denen ein Elektron aus einer abgeschlossenen inneren Elektronenschale entfernt wurde und durch weiter außen befindliche Elektronen wieder ersetzt wird.

Aufgaben

11.1 Die Energieniveaus des Valenzelektrons in einem Alkali-Atom lassen sich in guter Näherung durch den Ausdruck

$$E_n = -Rhc \cdot 1/[n - \Delta(n,l)]^2$$

wiedergeben. Dabei ist $\Delta(n,l)$ der Quantendefekt (der von den Werten von n und l des betreffenden Valenzelektrons abhängt). Für Lithium und Natrium wurden $\Delta(n,l)$ gemessen:

	s	p	d
Li ($Z=3$)	0,40	0,04	0,00
Na ($Z=11$)	1,37	0,88	0,01

Bestimmen Sie die Energie des Grundzustandes und der ersten beiden angeregten Zustände des Valenzelektrons in Lithium und Natrium.

11.2 Die Ionisierungsenergie des Li-Atoms beträgt 5,3913 eV, die Resonanzlinie ($2s \leftrightarrow 2p$) wird bei 6710 Å beobachtet. Li-Dampf wird selektiv angeregt, so daß bei der Anregung nur das $3p$-Niveau besetzt wird. Welche Spektrallinien werden von diesem Dampf ausgesandt, und wie groß sind ihre Wellenlängen?

Hinweis: Gehen Sie davon aus, daß der Quantendefekt unabhängig von n, der Hauptquantenzahl ist.

11.3 Erklären Sie die Symbole für den $3\,^2D \rightarrow 3\,^2P$-Übergang in Natrium. Wieviel Linien sind im Spektrum zu erwarten?

12. Bahn- und Spin-Magnetismus, Feinstruktur

12.1 Einleitung und Übersicht

In den vorangegangenen Kapiteln wurden die magnetischen Eigenschaften der Atome noch nicht besprochen. Es wird sich zeigen, daß deren Studium einen tieferen Einblick in die Struktur der Elektronenhüllen von Atomen vermittelt.

Anlaß zur Untersuchung der magnetischen Eigenschaften gaben einige grundlegende Experimente, die wir in diesem Kapitel besprechen werden. Die wichtigsten sind

- Messungen der makroskopischen Magnetisierung und des gyromagnetischen Verhältnisses von festen Körpern, bekannt als Einstein-de Haas-Effekt.
- Messungen der Richtungsquantelung und des magnetischen Moments von Atomen in Atomstrahlen nach *Stern* und *Gerlach*.
- Beobachtung der sogenannten Feinstruktur in den optischen Spektren von Atomen.

Wir beginnen mit dem dritten Punkt. Viele Linien der Alkali-Atomspektren sind Doppel-Linien, sogenannte Dubletts. Diese Dubletts kommen dadurch zustande, daß alle Energieterme $E_{n,l}$ von Atomen mit nur einem Valenz-Elektron in zwei Terme aufgespalten sind – ausgenommen die *s*-Terme, also die Energieniveaus ohne Bahndrehimpuls. Diese Aufspaltung ist im Rahmen der bisher behandelten Theorie nicht verständlich. Sie unterscheidet sich grundsätzlich von der im vorigen Kapitel besprochenen Aufhebung der Bahnentartung. Wenn die Bahnentartung bereits aufgehoben ist, muß es sich um einen neuen, bisher nicht berücksichtigten Effekt handeln. Als Beispiel wählen wir hier die sogenannte D-Linie im Spektrum des Natrium-Atoms, d. h. den Übergang $3P \leftrightarrow 3S$ (vgl. Abb. 11.7 und 12.1). Hier beobachtet man bei hinreichender

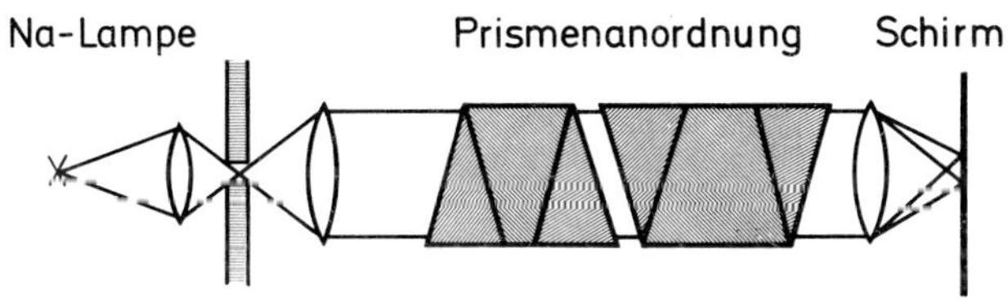

Abb. 12.1. Anordnung zur spektralen Trennung der beiden Komponenten D_1 und D_2 der Natrium-D-Linie. Mit dieser Anordnung läßt sich die Aufspaltung im Hörsaal leicht vorführen, indem man den Schirm durch eine Fernsehkamera ersetzt. Man benötigt zwei handelsübliche Geradsichtprismen, um die Linien deutlich voneinander zu trennen

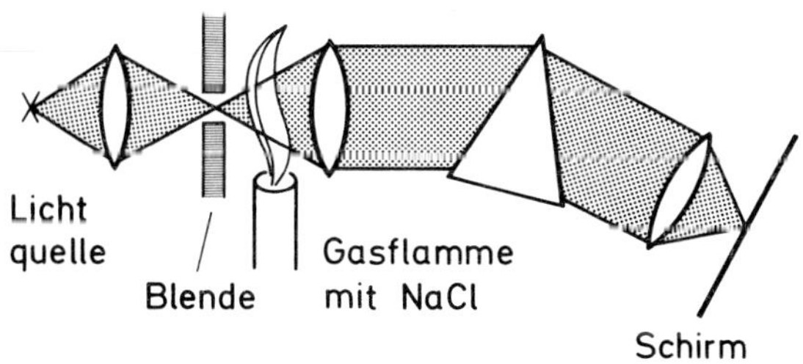

Abb. 12.2. Anordnung zur Beobachtung der Natrium-D-Linie in Absorption (als sogenannte Fraunhofer Linie). Das kontinuierliche Licht einer Bogenlampe oder Xenon-Hochdrucklampe wird durch ein Prisma spektral zerlegt. Eine mit NaCl gelb gefärbte Gasflamme absorbiert aus dem Kontinuum das Licht der D-Linie. Im Kontinuum auf dem Schirm erscheint im Gelben eine schwarze Linie. Noch besser läßt sich die Absorption sichtbar machen, wenn man ein Stückchen Natrium-Metall im Strahlengang zum Verdampfen erhitzt

spektraler Auflösung zwei Linien: $D_1 = 589{,}59\ \text{nm} \mathrel{\hat{=}} 16956\ \text{cm}^{-1}$, $D_2 = 588{,}96\ \text{nm} \mathrel{\hat{=}} 16973\ \text{cm}^{-1}$. Dieses Linienpaar soll im folgenden noch öfters als Beispiel zur Erläuterung und experimentellen Vorführung spektroskopischer Ergebnisse dienen. Neben der Balmer-Serie des H-Atoms sind die Natrium-D-Linien besonders gut geeignet, um grundlegende Konzepte der Atomspektroskopie experimentell vorzuführen und theoretisch zu erläutern. Sie sind gewissermaßen die „Weißen Mäuse" der Atomspektroskopie.

Zur Erläuterung der Dublett-Struktur braucht man drei Erweiterungen unseres bisherigen Bildes:

- Zum Bahndrehimpuls $\boldsymbol{l}$ des Elektrons gehört ein *magnetisches Moment* $\boldsymbol{\mu}_l$.
- Das Elektron hat außerdem einen *Eigendrehimpuls (Spin)* $\boldsymbol{s}$. Auch zu ihm gehört ein magnetisches Moment. Es heißt $\boldsymbol{\mu}_s$.
- Die beiden magnetischen Momente $\boldsymbol{\mu}_l$ und $\boldsymbol{\mu}_s$ treten miteinander in Wechselwirkung. Sie können zueinander parallel oder antiparallel stehen. Diese beiden Konfigurationen haben etwas unterschiedliche Bindungsenergie. Das gibt Anlaß zur sogenannten *Feinstruktur*.

Einige Demonstrationsexperimente mit den gelben Natrium-Linien werden in den Abb. 12.1 und 2 erläutert, weitere Experimente folgen in Kap. 13.

12.2 Magnetisches Moment der Bahnbewegung

Ein Elektron, das auf einer Bahn umläuft, ist einem elektrischen Kreisstrom äquivalent. Aus der Elektrodynamik wissen wir, daß ein elektrischer Kreisstrom ein magnetisches Dipolfeld erzeugt. Dies erwarten wir auch vom umlaufenden Elektron. In der Tat besitzt dieses ein magnetisches Dipolmoment. Dieses wollen wir jetzt berechnen.

Das magnetische Dipolmoment einer Leiterschleife ist definiert als

$$\boldsymbol{\mu} = I \cdot \boldsymbol{A} \qquad [\text{Am}^2]. \tag{12.1}$$

I ist dabei die Stromstärke, $\boldsymbol{A}$ ein Vektor, der senkrecht auf der von der Leiterschleife aufgespannten Fläche steht und dessen Betrag gleich dieser Fläche ist. Damit steht auch der Vektor $\boldsymbol{\mu}$ senkrecht auf der Schleifenebene.

Bringen wir diesen magnetischen Dipol in ein homogenes Magnetfeld der Flußdichte $\boldsymbol{B}$, so übt dieses ein Drehmoment $\boldsymbol{D}$ auf den Dipol aus. Es ist gegeben durch

$$\boldsymbol{D} = \boldsymbol{\mu} \times \boldsymbol{B}\,. \tag{12.2}$$

Vergleiche dazu Abb. 12.3.

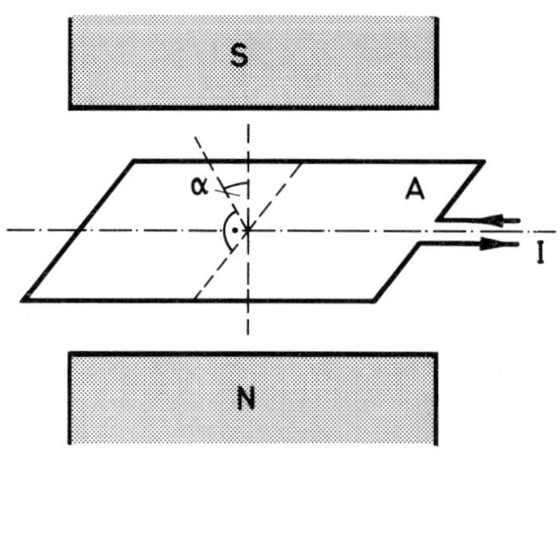

Abb. 12.3. Zur Berechnung der potentiellen Energie einer Leiterschleife im Magnetfeld. Das magnetische Moment ergibt sich als Produkt von Stromstärke I und Fläche A. Die potentielle Energie hängt vom Winkel α zwischen Flächennormale der Stromschleife und Richtung des Magnetfeldes ab

Die potentielle magnetische Energie des Dipols beträgt

$$V_{\text{mag}} = -\boldsymbol{\mu} \cdot \boldsymbol{B} = \int_{\pi/2}^{\alpha} D\,d\alpha = -\mu B \cos\alpha\,, \tag{12.3}$$

α ist der Winkel zwischen $\boldsymbol{\mu}$ und $\boldsymbol{B}$.

Die Definition des magnetischen Moments kann sowohl über das Drehmoment im Felde (12.2) wie über die potentielle Energie (12.3) erfolgen.

In der Atom- und Kernphysik wird häufig das magnetische Moment als Drehmoment im Felde der Einheit der Feldstärke H (also nicht der Induktion B) definiert. Dementsprechend gilt

$$\boldsymbol{D} = \boldsymbol{\mu}' \times \boldsymbol{H}, \qquad \boldsymbol{\mu}' = \mu_0 I \boldsymbol{A}\,, \tag{12.4}$$

wenn wir magnetische Momente, die auf H bezogen sind, mit $\boldsymbol{\mu}'$ bezeichnen. Wegen der Beziehung $\boldsymbol{B} = \mu_0 \boldsymbol{H}$ tritt in (12.4) die Induktionskonstante $\mu_0 = 1{,}258 \cdot 10^{-6}$ Vs/Am auf.

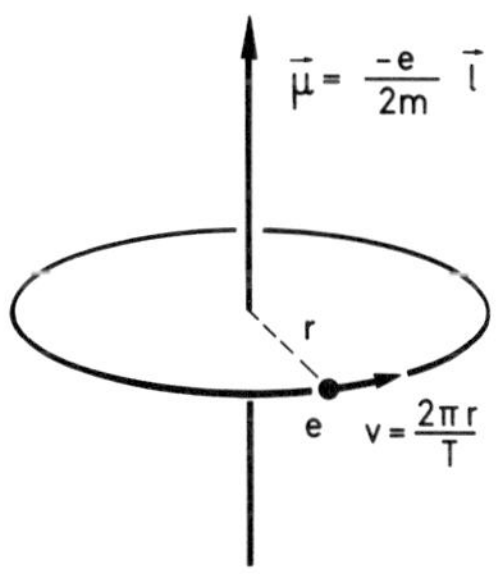

Abb. 12.4. Zur Berechnung des Bahnmomentes. Das umlaufende Elektron besitzt einen Drehimpuls $\boldsymbol{l}$ und ein magnetisches Dipolmoment $\boldsymbol{\mu}_l$. Bei negativer Ladung sind die Vektoren $\boldsymbol{l}$ und $\boldsymbol{\mu}_l$ einander entgegengesetzt gerichtet

Wir wollen nun die Definition des magnetischen Dipolmoments auf Atome übertragen und berechnen das magnetische Moment eines Elektrons der Ladung $q = -e$, das auf einer Kreisbahn mit der Geschwindigkeit v umläuft (Abb. 12.4). Bei einer Umlaufzeit $T = 2\pi/\omega$ fließt ein Strom

$$I = \frac{q}{T} = -\frac{e\omega}{2\pi}\,. \tag{12.5}$$

Wir haben hier mit e die Elementarladung (ohne Vorzeichen) bezeichnet. Das negative Vorzeichen gilt hier und im folgenden für das Elektron.

Das magnetische Moment μ dieses Kreisstroms ist dann nach (12.1)

$$\mu = IA = -\tfrac{1}{2} e\omega r^2\,. \tag{12.6}$$

Wenn wir den Bahndrehimpuls $|\boldsymbol{l}| = mvr = m\omega r^2$ einführen[1], dann können wir (12.6) auch umschreiben in eine Beziehung zwischen magnetischem Moment und Bahndrehimpuls:

$$\boldsymbol{\mu} = -\frac{e}{2m_0}\boldsymbol{l}\,. \tag{12.7}$$

1 Der Bahndrehimpuls wird mit $\boldsymbol{l}$, sein Betrag mit $|\boldsymbol{l}|$ bezeichnet. Damit soll eine Verwechslung mit der Quantenzahl l des Bahndrehimpulses vermieden werden, s. a. (8.28).

Bei positiver Ladung q sind die Vektoren $\boldsymbol{\mu}$ und $\boldsymbol{l}$ einander gleich gerichtet, bei negativer Ladung – also beim Elektron – sind sie einander entgegen gerichtet. So gilt (12.7). Wir haben hier das Symbol m_0 eingeführt um deutlich zu machen, daß die Ruhemasse gemeint ist.

Die Proportionalität von Drehimpuls und magnetischem Moment bezeichnet man auch als magnetomechanischen Parallelismus. Daß sie auch im atomaren Bereich gilt, ist keineswegs selbstverständlich und folgt erst aus den weiter unten zu besprechenden experimentellen Beobachtungen.

Als Einheit des magnetischen Moments im atomaren Bereich wird dasjenige Moment definiert, das einem Elektron mit dem Drehimpuls $|\boldsymbol{l}| = h/2\pi$ entspricht. Dies ist der Bahndrehimpuls auf der ersten Bohrschen Bahn des Wasserstoff-Atoms in der alten Bohrschen Theorie. Für ein Elektron mit $|\boldsymbol{l}| = h/2\pi$ oder kurz $\hbar$ ergibt sich als magnetisches Moment das *Bohrsche Magneton*

$$\mu_{\mathrm{B}} = \frac{e}{2m_0}\hbar = 9{,}274078 \cdot 10^{-24}\,\mathrm{Am}^2\,. \tag{12.8}$$

Es ist ein unvermeidlicher – weil allgemein üblicher – Schönheitsfehler, daß das Symbol μ sowohl für die magnetischen Momente μ und μ_{B}, wie auch für die Induktionskonstante μ_0 verwendet wird.

Magnetische Momente von Elektronen mißt man häufig in Einheiten von μ_{B}. Für den Betrag des magnetischen Bahnmoments eines Zustandes mit der Bahndrehimpuls-Quantenzahl l gilt

$$\mu_l = \mu_{\mathrm{B}}\sqrt{l(l+1)} = \frac{e}{2m_0}\hbar\sqrt{l(l+1)}\,. \tag{12.9}$$

Man schreibt dies auch, wenn wir wieder zu den Vektoren übergehen, in der Form

$$\boldsymbol{\mu}_l = -g_l\mu_{\mathrm{B}}\frac{\boldsymbol{l}}{\hbar} \tag{12.10}$$

und definiert damit den sogenannten *g-Faktor*, der uns im folgenden noch mehrfach begegnen wird. Er ist dimensionslos und hat hier den Zahlenwert $g_l = 1$, und mißt das Verhältnis von magnetischem Moment (in Bohrschen Magnetonen) zum Drehimpuls (in der Einheit $\hbar$). Er wurde erstmals von *Landé* bei vorhandener Spin-Bahn-Kopplung (s. Abschn. 12.7 und 8) eingeführt, um das Verhältnis von magnetischem Moment (in Bohrschen Magnetonen) zum Gesamtdrehimpuls (in der Einheit $\hbar$) zu charakterisieren.

Als „Drehimpuls" bezeichnet man häufig kurz aber ungenau die Quantenzahl l, also den Maximalwert der z-Komponente $l_z/\hbar$. Die maximale Komponente von μ in z-Richtung ist dann gegeben durch $(\mu_z)_{\mathrm{Max}} = g_l l \mu_{\mathrm{B}}$. g-Faktoren für andere Drehimpulse werden wir später kennenlernen. Sie sind immer definiert als Verhältnis von magnetischem Moment (in Bohrschen Magnetonen) zum Drehimpuls (in der Einheit $\hbar$).

12.3 Präzession und Orientierung im Magnetfeld

Auf die magnetischen Momente der Bahnbewegung $\boldsymbol{\mu}_l$ wirkt ein äußeres Magnetfeld der magnetischen Flußdichte $\boldsymbol{B}_0$ in der Weise, daß es versucht, die Richtungen der Vektoren $\boldsymbol{\mu}_l$

und $\boldsymbol{B}_0$ parallel zu richten, da in dieser Einstellung die potentielle Energie ihr Minimum hat (12.3). Die auf ihren Bahnen umlaufenden Elektronen verhalten sich mechanisch wie Kreisel und führen dementsprechend eine Präzessionsbewegung um die Feldrichtung aus. Die Präzessionsfrequenz ω_p eines Kreisels unter Einwirkung des Drehmomentes $\boldsymbol{D}$ beträgt

$$\omega_\mathrm{p} = \frac{|\boldsymbol{D}|}{|\boldsymbol{l}| \cdot \sin\alpha}, \tag{12.11}$$

wenn $\boldsymbol{D}$ das Drehmoment, $\boldsymbol{l}$ den Drehimpuls des Kreisels und α den Winkel zwischen der Richtung von $\boldsymbol{l}$ und $\boldsymbol{B}_0$ bezeichnen (Abb. 12.5).

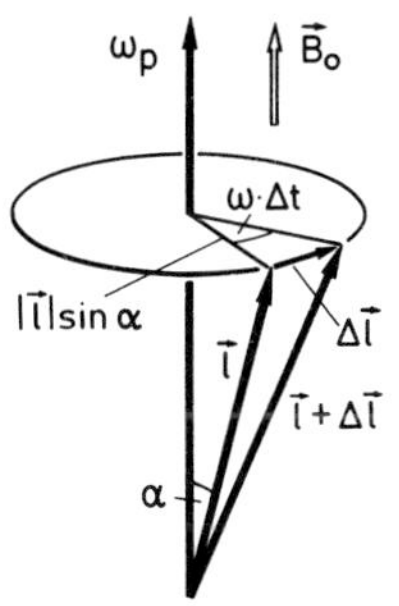

Abb. 12.5. Vektordiagramm zur Berechnung der Präzessionsfrequenz $\boldsymbol{\omega}_\mathrm{p}$ eines Kreisels mit dem Bahndrehimpuls $\boldsymbol{l}$ und dem magnetischen Dipolmoment $\boldsymbol{\mu}$. Die Richtung zwischen dem Feld $\boldsymbol{B}_0$ und der (übereinstimmenden) Achse von $\boldsymbol{l}$ und $\boldsymbol{\mu}$ wird durch den Winkel α gemessen, die Vektoren $\Delta\boldsymbol{l}$ und $\boldsymbol{D}$ stehen senkrecht auf $\boldsymbol{l}$ und $\boldsymbol{B}_0$

Auf den atomaren Kreisel können diese Überlegungen direkt übertragen werden. Für die Präzessionsfrequenz der Elektronenbahn, die sogenannte Larmorfrequenz, ergibt sich aus (12.10) und (12.11)

$$\omega_\mathrm{L} = \frac{|\boldsymbol{D}|}{|\boldsymbol{l}|\sin\alpha} = \frac{\mu_l B\sin\alpha}{|\boldsymbol{l}|\sin\alpha} = \frac{g_l\mu_\mathrm{B}}{\hbar} B = \gamma B\,. \tag{12.12}$$

Die hier neu eingeführte Größe γ heißt das *gyromagnetische Verhältnis*. Sie gibt die Präzessionsfrequenz im Felde der magnetischen Flußdichte $1\,\mathrm{Vs/m^2} = 1$ Tesla an. Für die Vorzeichen und Richtungen der Vektoren sei auf Abb. 12.6 verwiesen. Wie aus (12.12) ersichtlich, ist die Larmorfrequenz ω_L unabhängig vom Winkel α.

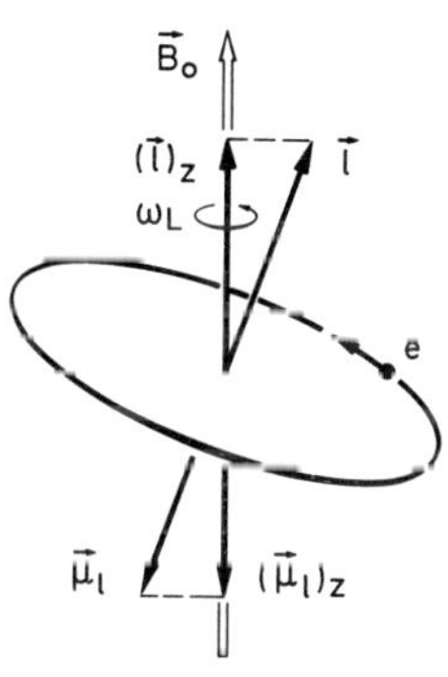

Abb. 12.6. Richtungsquantelung: Von den Vektoren $\boldsymbol{l}$ und $\boldsymbol{\mu}_l$ sind nur die Projektionen auf eine Vorzugsrichtung z (hier die Richtung von $\boldsymbol{B}_0$) beobachtbar

Wir haben bereits gesehen, daß die Orientierung des Vektors $\boldsymbol{l}$ im Raume nicht beliebig ist. Bei der Lösung der Schrödingergleichung (Kap. 10.4) hatte sich ergeben, daß bei Vorgabe einer Vorzugsrichtung eine Komponente des Drehimpulses gequantelt ist.

Diese Vorzugsrichtung ist z.B. durch das Magnetfeld $\boldsymbol{B}$ gegeben. Für den Winkel α zwischen $\boldsymbol{B}$ und $\boldsymbol{l}$ bzw. $\boldsymbol{\mu}_l$ sind deshalb nur einzelne diskrete Werte zulässig.

Für die Komponenten des Drehimpulses in z-Richtung gilt nach Abschn. 10.2

$$l_z = m_l \hbar \quad \text{mit} \quad m_l = 0, \pm 1 \ldots \pm l\,, \tag{12.13}$$

wobei wir nunmehr m_l anstelle von m in Abschn. 10.2 schreiben. Damit soll hervorgehoben werden, daß $m(\equiv m_l)$ mit dem *Bahn*drehimpuls verknüpft ist. m_l ist die *magnetische Quantenzahl.* Sie kann $2l+1$ verschiedene Werte annehmen. l ist hier wieder die Drehimpuls-Quantenzahl, $|\boldsymbol{l}| = \sqrt{l(l+1)}\hbar$. Die maximal mögliche Komponente von $\boldsymbol{l}$ in Richtung z hat also den Wert $l \cdot \hbar$.

Das mit dem Bahndrehimpuls verbundene magnetische Moment $\boldsymbol{\mu}_l$ ist entsprechend quantisiert. Für seine Komponenten in z-Richtung gilt die Quantisierungsvorschrift

$$\mu_{l,z} = -\frac{e}{2m_0} l_z = -m_l \mu_{\mathrm{B}}\,. \tag{12.14}$$

Der Maximalwert in z-Richtung beträgt $l \cdot \mu_{\mathrm{B}}$. Man sagt auch vereinfachend und ungenau: der Zustand hat das magnetische Moment $l \cdot \mu_{\mathrm{B}}$.

Da $\boldsymbol{\mu}$ um die Richtung von $\boldsymbol{B}$ präzediert, wird anschaulich klar, daß sich bei einer Messung der Wechselwirkungsenergie zwischen magnetischem Moment und Magnetfeld die x- und y-Komponenten von $\boldsymbol{\mu}$ zeitlich ausmitteln. Meßbar ist hingegen die z-Komponente.

Der experimentelle Nachweis für die Existenz einer *Richtungsquantelung* wurde mit dem Versuch von *Stern* und *Gerlach* geführt (dazu vgl. Abschn. 12.6).

12.4 Spin und magnetisches Moment des Elektrons

s-Zustände mit dem Bahndrehimpuls $\boldsymbol{l}=0$ haben kein magnetisches Bahnmoment. Deshalb sollten alle Ein-Elektron-Atome im Grundzustand diamagnetisch sein, wenn sie ein Leuchtelektron in der äußeren und alle übrigen Elektronen in abgeschlossenen Schalen haben. Tatsächlich sind diese Atome jedoch paramagnetisch.

Der Grund dafür ist die Existenz eines Eigendrehimpulses (Spin) und damit verbunden eines magnetischen Moments des Elektrons. Zur Erklärung spektroskopischer Beobachtungen wurde der Elektronenspin 1925 von *Uhlenbeck* und *Goudsmit* in die Atomphysik eingeführt.

Die Aufspaltung zahlreicher Spektrallinien im Magnetfeld, die später besprochen werden soll (anomaler Zeemaneffekt), kann nur erklärt werden, wenn dem Elektron ein Eigendrehimpuls $\boldsymbol{s}$

$$|\boldsymbol{s}| = \sqrt{s(s+1)}\hbar \tag{12.15}$$

und damit verbunden ein magnetisches Moment

$$\boldsymbol{\mu}_s = -g_s \frac{e}{2m_0} \boldsymbol{s} \tag{12.16}$$

(e ist hier wieder die Ladung des Elektrons ohne Vorzeichen) zugeordnet wird. Dabei ist $s=1/2$ eine neue Quantenzahl, die *Spinquantenzahl*. Die Ähnlichkeit von (12.16) und (12.10) ist auffällig. Sie unterscheiden sich nur durch den in (12.16) neu eingeführten Faktor g_s, den sogenannten g-Faktor des Elektrons. Während die klassische Vorstellung für diesen Proportionalitätsfaktor zwischen magnetischem Moment und Eigendrehimpuls den Wert 1 erwarten läßt, ergibt sich empirisch $g_s=2{,}0023$. Abbildung 12.7 stellt Spin und magnetisches Moment des Elektrons schematisch dar.

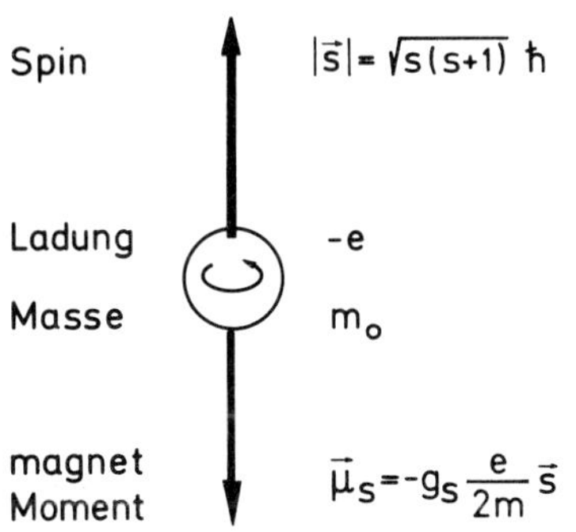

Abb. 12.7. Spin und magnetisches Moment des Elektrons, schematisch

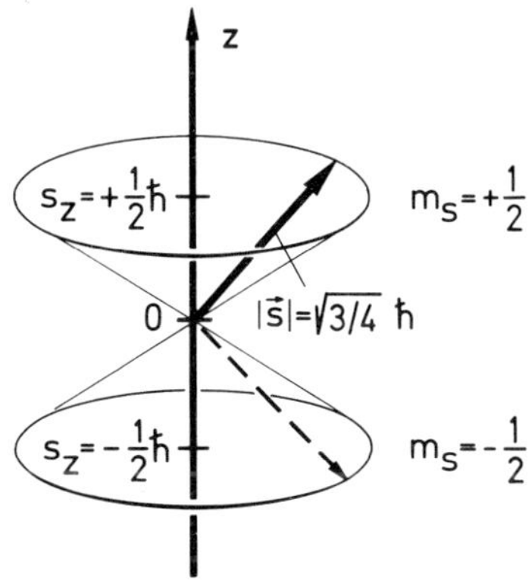

Abb. 12.8. Der Elektronenspin hat zwei Einstell-Möglichkeiten in einem Magnetfeld der Richtung z. Sie sind durch die Quantenzahl $m_s = \pm 1/2$ charakterisiert

Dirac zeigte 1928, daß der Spin des Elektrons eine notwendige Folge einer relativistischen Quantentheorie ist (die Schrödinger-Theorie rechnete nicht-relativistisch). Auch der g-Faktor $g_s=2$ ließ sich so herleiten. Die geringe Abweichung des g_s-Faktors vom Zahlenwert 2 wurde erst verständlich, als man in der Quantenelektrodynamik auch die Wechselwirkung des Elektrons mit seinem eigenen Strahlungsfeld berücksichtigte.

Wie zuerst durch den Versuch von *Stern* und *Gerlach* (Abschn. 12.6) gezeigt wurde, kann der Spin in einem äußeren magnetischen Feld $\boldsymbol{B}$ (bzw. bei Vorhandensein einer Vorzugsrichtung z) nur zwei diskrete Orientierungen einnehmen, nämlich „parallel" oder „antiparallel" zum Feld (vgl. Abb. 12.8). Seine Komponenten in dieser Vorzugsrichtung z lauten

$$s_z = m_s\hbar \quad \text{mit} \quad m_s = \pm 1/2\,; \tag{12.17}$$

m_s ist die magnetische Quantenzahl des Spins.

Aus der Orientierung der Drehimpulse folgt auch eine Orientierung der magnetischen Momente. Hier gilt für die z-Komponente

$$\mu_{s,z} = -g_s m_s \mu_B \tag{12.18}$$

oder in Zahlen

$$\mu_{s,z} = \pm 1{,}00116\,\mu_B \tag{12.19}$$

Anschaulich gesprochen, präzedieren der Spin und das magnetische Moment um die Feldrichtung, wobei die z-Komponente konstant bleibt (vgl. Abschn. 12.3).

Das bereits oben in (12.12) als Verhältnis vom magnetischem Moment und Drehimpuls definierte gyromagnetische Verhältnis

$$\gamma = \frac{|\boldsymbol{\mu}|}{|\boldsymbol{l}|} \quad \text{bzw.} \quad \gamma = \frac{|\boldsymbol{\mu}|}{|\boldsymbol{s}|} \tag{12.20}$$

unterscheidet sich nach (12.10) und (12.16) also für Bahn- und Spin-Magnetismus. Bei reinem Bahnmagnetismus ist

$$\gamma_l = \frac{1}{2}\frac{e}{m_0},$$

bei reinem Spin-Magnetismus

$$\gamma_s = 1{,}00116\frac{e}{m_0}.$$

Anstelle des gyromagnetischen Verhältnisses γ verwendet man auch den bereits eingeführten g-Faktor. Er ergibt sich aus γ durch Multiplikation mit $\hbar$ und wird definiert für reinen Bahnmagnetismus durch

$$\gamma_l\hbar = \frac{1}{2}\frac{e}{m_0}\hbar = g_l\mu_B \tag{12.21}$$

und für reinen Spinmagnetismus durch

$$\gamma_s\hbar = 1{,}00116\frac{e}{m_0}\hbar = g_s\mu_B = 2{,}0023\,\mu_B\,. \tag{12.22}$$

Im folgenden wird sich zeigen, daß die magnetischen Eigenschaften von Atomen häufig aus Messungen der Verhältnisse γ oder g am einfachsten und eindeutigsten abgeleitet werden können.

12.5 Messung des gyromagnetischen Verhältnisses nach Einstein und de Haas

Das gyromagnetische Verhältnis makroskopischer Proben kann in der in Abb. 12.9 gezeigten Anordnung gemessen werden. Eine Eisennadel wird mit Hilfe einer Spule magnetisiert. Ändert man die Magnetisierung der Probe – und das heißt die Ausrichtung der atomaren magnetischen Momente in der Probe – so ändert man auch die Richtung der atomaren Drehimpulse, und dies muß sich als Drehimpuls der gesamten Probe bemerkbar machen nach dem Drehimpuls-Erhaltungssatz. Bei einer Änderung der Magnetisierung um 180° durch Umpolen der Spule sollte auch der Drehimpuls-Vektor um 180° geändert werden. Quantitativ muß gelten: Die Änderung der Magnetisierung der Nadel gemessen mit Hilfsspule und ballistischem Galvanometer, $\Delta\mu_{\text{Nadel}}$, läßt sich

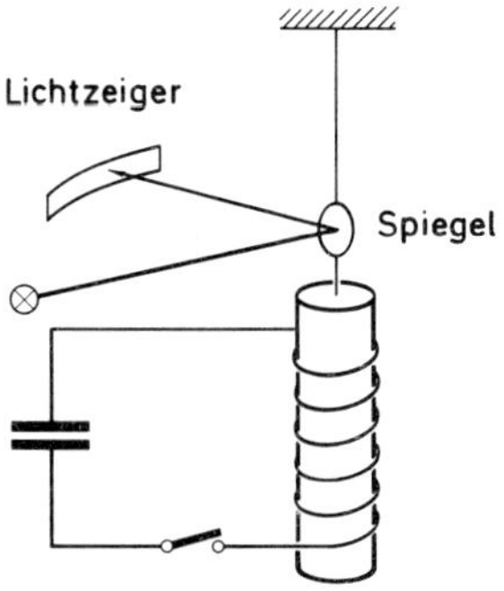

Abb. 12.9. Versuch von *Einstein-De Haas*. Beim Umpolen des Stromes in der Spule dreht sich der darin hängende magnetisierbare Stab. Die Torsion des Aufhänge-Fadens wird mit Spiegel und Lichtzeiger gemessen

darstellen als Summe der Änderungen für die einzelnen Elektronen, also

$$\sum_1^n \Delta\mu_z = n \cdot 2\mu_z$$

wenn n Elektronen in ihrer Richtung umgekehrt werden.

Entsprechend gilt für die makroskopische Änderung des Drehimpulses der Nadel, gemessen mit Torsionsfaden, ΔL_{Nadel}, daß sie als Summe der Änderungen der atomaren Drehimpulse

$$\sum_1^n \Delta l_z = n \cdot 2l_z$$

zu schreiben ist.

Für die makroskopische Probe wurde gemessen

$$\frac{\Delta\mu}{\Delta L} = \frac{\mu_z}{l_z} = \frac{e}{m_0}.$$

Also ist hier nach der Definition von (12.20)

$$\gamma = \frac{e}{m_0} \quad \text{oder} \quad g = 2.$$

Aus diesem Versuch folgt, daß es einen mit den Elementarmagneten verbundenen Drehimpuls gibt, und daß dieser wie abgeleitet berechnet werden kann.

Allgemein kann man aus solchen, zuerst von *Einstein* und *De Haas* 1915 beschriebenen Messungen des gyromagnetischen Verhältnisses Auskunft darüber gewinnen, wie weit in einer untersuchten Probe der Magnetismus auf Spin- und wie weit er auf Bahndrehimpuls zurückzuführen ist. Ein quantitatives Verständnis derartiger Messungen setzt jedoch ein tieferes Eindringen in die Festkörperphysik voraus. Dort wird gezeigt, daß im Festkörper der Bahnmagnetismus häufig gelöscht ist.

12.6 Nachweis der Richtungsquantelung durch Stern und Gerlach

Durch Ablenkung von Atomstrahlen in inhomogenen Magnetfeldern gelang 1921
– der experimentelle Nachweis der *Richtungsquantelung*,
– die direkte *Messung des magnetischen Momentes* von Atomen.

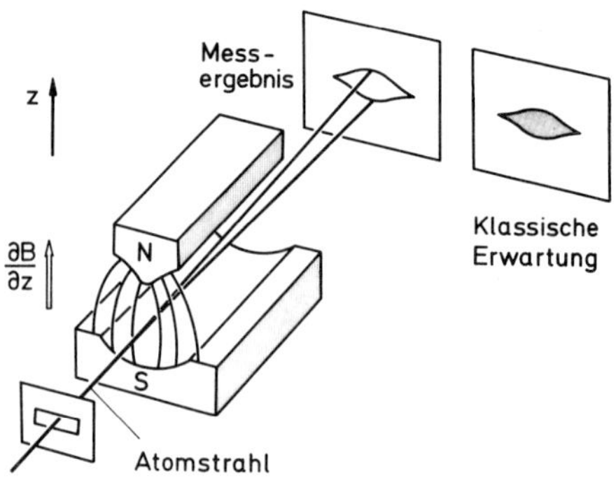

Abb. 12.10. *Stern-Gerlach*-Versuch schematisch. Der Atomstrahl durchfliegt ein inhomogenes Magnetfeld. Man beobachtet eine Aufspaltung des Strahles in zwei Komponenten

Im Versuch (Abb. 12.10) erzeugt man zunächst einen Strahl von Atomen. In den ersten Versuchen von *Stern* und *Gerlach* war das ein Strahl von Silber-Atomen, die in einem Atomstrahl-Ofen erzeugt und durch ein Blendensystem kollimiert wurden. Später wurden auch Wasserstoff-Atome aus einer Gasentladung verwendet. Der kollimierte Strahl durchfliegt ein stark inhomogenes Magnetfeld. Die Flugrichtung ist dabei senkrecht zur Richtung des Feldes und des Gradienten. Die Richtungen von Feld und Gradient stimmen überein. Ohne Feld sind die Vektoren von magnetischem Moment und Drehimpuls der Atome beliebig im Raum orientiert. Im homogenen Magnetfeld führen diese Vektoren eine Präzession um die Feldrichtung z aus.

Ein inhomogenes magnetisches Feld übt zusätzlich eine Kraft auf die magnetischen Momente aus, deren Richtung und Größe von der relativen Orientierung zwischen dem Magnetfeld und dem magnetischen Dipol abhängen. Ein magnetischer Dipol, der parallel zum Magnetfeld orientiert ist, bewegt sich zum Beispiel in die Richtung wachsender Feldstärke, bei antiparalleler Orientierung in Richtung abnehmender Feldstärke, und bei senkrechter Orientierung wird er nicht abgelenkt.

Die ablenkende Kraft ergibt sich aus der potentiellen Energie im Magnetfeld $V_{\text{mag}} = -\boldsymbol{\mu B}$ zu

$$F_z = \mu_z \frac{dB}{dz} = \mu \frac{dB}{dz} \cos\alpha , \tag{12.23}$$

wobei α der Winkel zwischen magnetischem Moment und Richtung des Feldgradienten ist.

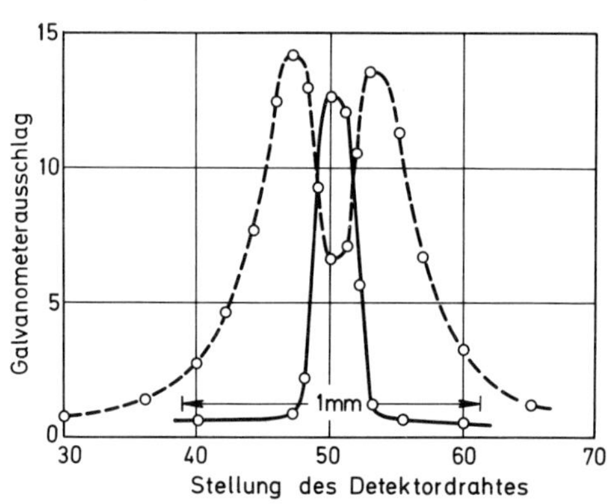

Abb. 12.11. *Stern-Gerlach*-Versuch, gemessene Intensitätsverteilung eines Atomstrahls mit und ohne magnetisches Feld, $^2S_{1/2}$-Zustand. [Aus H. Kopfermann: *Kernmomente*, 2. Aufl. (Akademische Verlagsgesellschaft, Frankfurt 1956)]

Klassisch ist jede Einstellung α der atomaren Magnete zum Feld erlaubt. Atome, bei denen Feldgradient und magnetisches Moment senkrecht aufeinander stehen, erfahren keine Ablenkung. Solche, bei denen die Vektoren einander parallel sind, werden maximal abgelenkt. Dazwischen kommen sämtliche Zwischenwerte vor. Man erwartet also klassisch ein Kontinuum möglicher Ablenkungen. Beobachtet werden dagegen bei H- und bei Ag-Atomen zwei ziemlich scharfe Ablenkungen mit dem Abstand 2δ auf dem Detektor (s. Abb. 12.11).

Dieses Experiment und gleichartige Messungen an anderen Atomen erlauben folgende Schlüsse:

- Es gibt eine *Richtungsquantelung*. Die Atome haben nur diskrete Möglichkeiten zur Einstellung relativ zu einem Felde $\boldsymbol{B}_0$, in unserem Falle zwei Möglichkeiten, parallel und antiparallel.
- Man erhält bei einer quantitativen Auswertung der beobachteten Ablenkung δ im obigen Beispiel den Meßwert $\mu_z = \pm\mu_B$. Allgemein erhält man mit dieser Methode *Meßwerte für atomare magnetische Momente*, wenn die Größe des Feldgradienten bekannt ist.
- Man erhält für alle Atome, die als äußerstes ein s-Elektron haben, den gleichen Wert für die ablenkende Kraft – daraus folgt: die *mechanischen und magnetischen Momente aller inneren Elektronen heben sich gegenseitig auf*, man mißt nur den Effekt des äußersten s-Elektrons.
  Das *s-Elektron* hat den *Bahndrehimpuls* $\boldsymbol{l} = 0$ und das Bahnmoment 0, man mißt nur den Spinmagnetismus.
- Ganz analog zu einem Kreisel behalten die Atome Größe und Richtung ihres Drehimpulses bei ihrer Bewegung im Raume bei.

Mit diesem Versuch sind die in den Abschn. 12.2 und 12.3 zusammengestellten Kenntnisse über Drehimpulse und magnetische Momente von Atomen begründet.

12.7 Feinstruktur und Spin-Bahn-Kopplung, Übersicht

Im einleitenden Abschn. 12.1 haben wir bereits erwähnt, daß alle Energieterme mit Ausnahme der s-Zustände von Einelektronen-Atomen in zwei Unterzustände aufgespalten sind. Daraus resultiert eine Dublett- oder Multiplett-Struktur der Spektrallinien, die man mit dem Oberbegriff *Feinstruktur* bezeichnet.

Die Feinstruktur läßt sich nicht mit der Coulomb-Wechselwirkung zwischen Kern und Elektron erklären. Sie beruht vielmehr auf einer magnetischen Wechselwirkung zwischen Bahnmoment und Eigenmoment des Elektrons, der sogenannten Spin-Bahn-Kopplung. Je nachdem, ob sich die beiden magnetischen Momente parallel oder antiparallel zueinander einstellen, ergeben sich etwas unterschiedliche Energieterme.

Die magnetische Kopplungsenergie zwischen Bahnmoment und magnetischem Eigenmoment wird in Abschn. 12.8 berechnet. Die Kopplung der magnetischen Momente führt auch zu einer Addition der zugehörigen Drehimpulse zu einem Gesamtdrehimpuls.

Dabei gilt (vgl. Abb. 12.12)

- $\boldsymbol{l}$ und $\boldsymbol{s}$ setzen sich zusammen zu einem Gesamtdrehimpuls $\boldsymbol{j}$
- $\boldsymbol{j}$ hat den Betrag $\sqrt{j(j+1)}\,\hbar$ mit $j = |l \pm s|$, also $j = |l \pm 1/2|$ für den hier behandelten Fall eines Einelektronen-Systems mit $s = 1/2$. j ist eine neue Quantenzahl, die Quantenzahl des Gesamtdrehimpulses. Wir werden in Abschn. 14.3 mit einer quantenmechanischen Rechnung zeigen, daß $\boldsymbol{j}$ den angegebenen Betrag hat.

- Für ein p-Elektron mit $l=1$, $s=1/2$ gibt es die Möglichkeiten

$$j=\frac{3}{2}, \quad |\boldsymbol{j}|=\frac{\sqrt{15}}{2}\hbar, \quad \text{und}$$

$$j=\frac{1}{2}, \quad |\boldsymbol{j}|=\frac{\sqrt{3}}{2}\hbar$$

- für $l=0$ wird $j=s$, es gibt keine Dublettaufspaltung
- für $\boldsymbol{j}$ gibt es ebenso wie für $\boldsymbol{l}$ eine Richtungsquantelung. Die z-Komponenten müssen der Bedingungsgleichung genügen

$$j_z=m_j\hbar, m_j=j, j-1 \ldots -j \quad (2j+1 \text{ Möglichkeiten}).$$

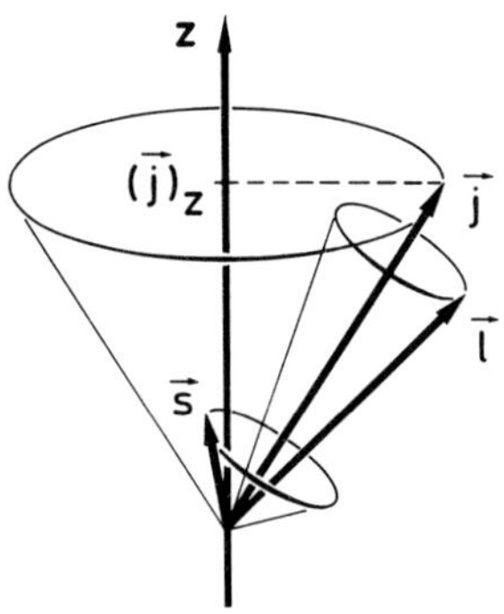

Abb. 12.12. Kopplung der Vektoren von Spin $\boldsymbol{s}$ und Bahndrehimpuls $\boldsymbol{l}$ zum Gesamtdrehimpuls $\boldsymbol{j}$ im Vektormodell. Die Vektoren $\boldsymbol{s}$ und $\boldsymbol{l}$ präzedieren um den von ihnen aufgespannten Vektor $\boldsymbol{j}$. In einem äußeren Magnetfeld der Richtung z präzediert $\boldsymbol{j}$ um die Richtung z. Dabei wird die Öffnung des Präzessionskegels durch die magnetische Quantenzahl m_j bestimmt. Die Abbildung gilt für $s=1/2$, $l=2$, $j=5/2$

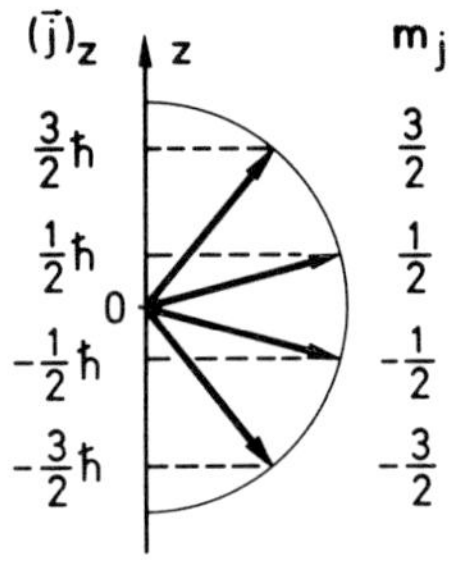

Abb. 12.13. Richtungsquantelung: Für die z-Komponente des Drehimpulses $\boldsymbol{j}$ sind nur diskrete Werte erlaubt. Sie werden durch die magnetische Quantenzahl m_j bezeichnet. Für $\boldsymbol{j}=\frac{3}{2}$ ist $|\boldsymbol{j}|=\sqrt{\frac{3}{2}\cdot\frac{5}{2}}\hbar$. Es sind 4 Orientierungen möglich: $m_j=\frac{3}{2}, \frac{1}{2}, -\frac{1}{2}, -\frac{3}{2}$

Zum Beispiel ist ein Zustand mit $j=3/2$ also 4fach entartet (Abb. 12.13)

- zu $\boldsymbol{j}$ gehört ein magnetisches Moment $\boldsymbol{\mu}_j$. Das wird in Abschn. 13.3.5 berechnet.
- Für optische Übergänge gilt die Auswahlregel $\Delta j=0$ oder ± 1, wobei der Übergang von $j=0$ zu $j=0$ jedoch immer verboten ist. Diese Auswahlregel steht hier als aus den Spektren abgeleitetes empirisches Ergebnis. Sie wird erst später einsichtig (vgl. Kap. 16).

12.8 Berechnung der Spin-Bahn-Aufspaltung im Bohrschen Atommodell

In diesem Abschnitt soll der Energie-Unterschied zwischen paralleler und antiparalleler Einstellung von Bahndrehimpuls und Spin berechnet werden. Dabei wird vom einfachen Bohrschen Atommodell ausgegangen. Auf eine quantentheoretische Behandlung werden wir in Abschn. 14.3 eingehen.

Bei dem Umlauf des Elektrons um den Kern entsteht am Ort des Elektrons ein Magnetfeld $\boldsymbol{B}_l$, mit dem das magnetische Moment des Elektrons in Wechselwirkung tritt. Um die Größe dieses Magnetfeldes zu bestimmen, machen wir eine Anleihe bei der Relativitätstheorie und nehmen an, daß das Elektron ruht und sich stattdessen der Kern um das Elektron bewegt, vgl. Abb. 12.14. Wir ersetzen damit den Vektor $\boldsymbol{r}$ für den Ort des umlaufenden Elektrons durch den Vektor $-\boldsymbol{r}$.

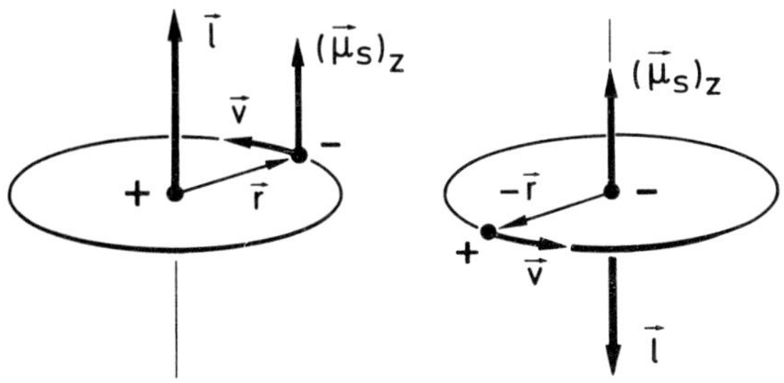

Abb. 12.14. Zur Berechnung der Spin-Bahn-Kopplung. Vom System mit ruhendem Kern (links) wird transformiert auf das System mit ruhendem Elektron (rechts). Dabei wird der Vektor $\boldsymbol{r}$ durch sein Negatives ersetzt

Das Magnetfeld der bewegten Ladung $+Ze$ ergibt sich dann nach dem Biot-Savartschen Gesetz zu

$$\boldsymbol{B}_l = +\frac{Ze\mu_0}{4\pi r^3}[\boldsymbol{v}\times(-\boldsymbol{r})] \tag{12.24}$$

oder

$$\boldsymbol{B}_l = -\frac{Ze\mu_0}{4\pi r^3}[\boldsymbol{v}\times\boldsymbol{r}]\,. \tag{12.25}$$

Der Drehimpuls ist definiert als $\boldsymbol{l}=[\boldsymbol{r}\times m_0\boldsymbol{v}]$ oder $-\boldsymbol{l}=[m_0\boldsymbol{v}\times\boldsymbol{r}]$. Also wird

$$\boldsymbol{B}_l = \frac{Ze\mu_0}{4\pi r^3 m_0}\boldsymbol{l}\,, \tag{12.26}$$

wenn m_0 die Masse des Elektrons ist.

Das durch Relativbewegung zwischen Kern und Elektron erzeugte Magnetfeld ist also proportional und parallel zum Bahndrehimpuls des Elektrons. Nun fehlt noch die Rücktransformation auf das Schwerpunktsystem des Atoms, bei dem also der Kern im Wesentlichen ruht und vom Elektron umlaufen wird. Bei dieser Rücktransformation tritt ein Faktor 1/2 auf, der sogenannte Thomas-Faktor, der nur mit einer eingehenden relativistischen Rechnung begründet werden kann. Das auf der Bahn umlaufende Teilchen ist beschleunigt, und aus der Sicht des Protons dreht sich das Ruhe-System des Elektrons bei jedem Umlauf zusätzlich einmal um seine eigene Achse. Deshalb ist die Rücktransformation etwas aufwendig und wird hier nicht durchgerechnet.

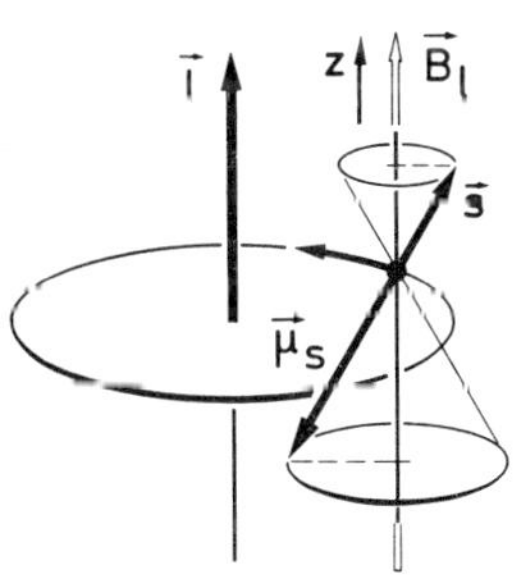

Abb. 12.15. Präzession des Spins um das zum Bahndrehimpuls gehörende Magnetfeld $\boldsymbol{B}_l$ mit der gequantelten Komponente s_z bzw. $\mu_{s,z}$

Um das so entstehende Magnetfeld $\boldsymbol{B}_l$ präzediert das magnetische Moment und damit gekoppelt der Spin des Elektrons mit den Komponenten μ_{sz} bzw. s_z, siehe Abb. 12.15.

Die Wechselwirkungsenergie zwischen Spin und Bahn ergibt sich somit zu

$$V_{l,s} = -\boldsymbol{\mu}_s \boldsymbol{B}_l .$$

Durch Einsetzen – siehe (12.16), $g_s = 2$ – ergibt sich

$$V_{l,s} = 2\frac{e}{2m_0}(\boldsymbol{s}\cdot\boldsymbol{B}_l), \quad \text{und mit (12.26):}$$

$$= \frac{Ze^2\mu_0}{8\pi m_0^2 r^3}(\boldsymbol{s}\cdot\boldsymbol{l}) . \tag{12.27}$$

Hierbei ist die hier nicht abgeleitete Thomas-Korrektur berücksichtigt. Das ergibt im Nenner den Faktor 8 (statt 4).

Um ein Gefühl für die Größenordnung zu bekommen, setzen wir $Z = 1$ und $r = 1$ Å und erhalten $V_{l,s} \simeq 10^{-4}$ eV. Für die von der Bahnbewegung erzeugte Feldstärke B_l am Ort des Elektrons ergibt sich ungefähr ein Tesla $= 10^4$ Gauss. Die mit dem Bahndrehimpuls verknüpften Felder sind also bei kleinem Z von einer Größenordnung, wie sie mit Laboratoriumsmagneten noch leicht herstellbar sind.

Gleichung (12.27) kann man auch in der Form

$$V_{l,s} = \frac{a}{\hbar^2}|\boldsymbol{l}|\cdot|\boldsymbol{s}|\cdot\cos(\boldsymbol{l},\boldsymbol{s}) \tag{12.28}$$

schreiben mit $a = Ze^2\mu_0\hbar^2/(8\pi m_0^2 r^3)$.

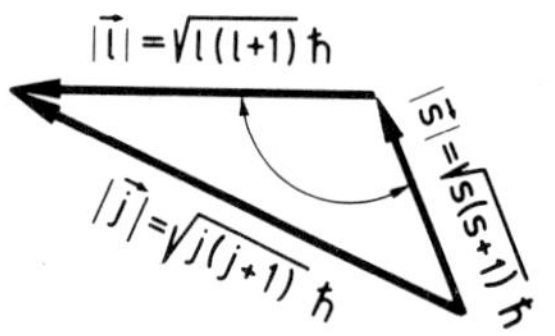

Abb. 12.16. Vektorielle Addition der Drehimpulse zum Gesamtdrehimpuls $\boldsymbol{j}$, zur Erläuterung von Gl. (12.29)

Das Skalarprodukt $\boldsymbol{l}\cdot\boldsymbol{s}$ kann man mit Hilfe des Cosinussatzes gemäß Abb. 12.16 durch die Quantenzahlen l, s und j ausdrücken, wobei daran zu erinnern ist, daß $\boldsymbol{l}^2$ durch $l(l+1)\hbar^2$ zu ersetzen ist. Wir erhalten dann für die Spin-Bahn-Kopplungsenergie

$$V_{l,s} = \frac{a}{2\hbar^2}[|\boldsymbol{j}|^2 - |\boldsymbol{l}|^2 - |\boldsymbol{s}|^2]$$

$$= \frac{a}{2}[j\cdot(j+1) - l\cdot(l+1) - s\cdot(s+1)] . \tag{12.29}$$

Die Spin-Bahnkopplungsenergie wird damit durch die Quantenzahlen l, s und j sowie durch eine Meßgröße a ausgedrückt, die sogenannte Spin-Bahn-Kopplungskonstante. Diese ist durch Ausmessung der Dublettstruktur in den optischen Spektren direkt meßbar.

Ein Vergleich mit (12.27) zeigt, daß in diese Kopplungskonstante a der Bahnradius r des Elektrons eingeht. Hier müssen wir uns jedoch daran erinnern, daß es in der quantentheoretischen Beschreibung der Atome keine festen Bahnen gibt. Deshalb ist es hier notwendig, r^{-3} durch den entsprechenden quantentheoretischen Mittelwert $\overline{1/r^3} = \int |\psi|^2/r^3\, dV$ zu ersetzen, wobei ψ die entsprechende Wellenfunktion des Elektrons und dV das Volumen der räumlichen Erstreckung des Elektrons ist.

Benutzen wir in grober Näherung für r den Radius r_n der n-ten Bohrschen Bahn

$$r_n = \frac{4\pi\varepsilon_0 \hbar^2 n^2}{Ze^2 m_0}, \tag{12.30}$$

so ergibt sich

$$a \sim \frac{Z^4}{n^6}.$$

Verwenden wir stattdessen den oben definierten Mittelwert $\overline{r^{-3}}$, so erhalten wir (für H-ähnliche Atome)

$$a \sim \frac{Z^4}{n^3 l(l+1/2)(l+1)}, \tag{12.31}$$

was hier nicht abgeleitet werden soll.

Fassen wir nochmals zusammen, was wir jetzt über die Feinstruktur von Einelektronen-Zuständen wissen:

- Durch Wechselwirkung des Elektrons mit dem Bahndrehimpuls bzw. dem Bahnmoment spaltet jedes Niveau in zwei Niveaus auf, man erhält Dublett-Niveaus, beim oberen Zustand der Natrium-D-Linien wird z.B. aus $3P$ $3P_{1/2}$ und $3P_{3/2}$ (Abb. 12.17).

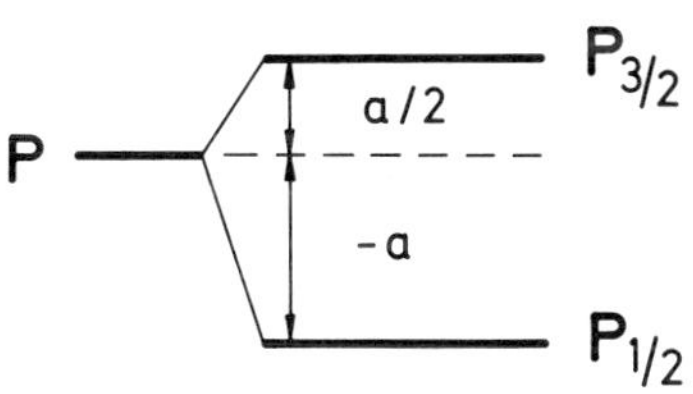

Abb. 12.17. Feinstrukturaufspaltung des P-Zustandes im Einelektronensystem in die beiden Zustände $P_{3/2}$ und $P_{1/2}$. Die Größe der Aufspaltung ergibt sich aus Gl. (12.29). Da nur ein Elektron beteiligt ist, kann man auch kleine Buchstaben p verwenden

- Für s-Terme gibt es keine Aufspaltung, weil kein Magnetfeld da ist, relativ zu dem sich der Spin einstellen könnte.
  Niveaus mit größerer Quantenzahl j liegen energetisch höher vgl. (12.29).
- Die Feinstruktur-Aufspaltung $V_{l,s}$ ist proportional zur 4. Potenz der Kernladungszahl.
  Beim H-Atom ist die Feinstruktur deshalb schwer beobachtbar. Sie beträgt für die Linien H_α, H_β und H_γ der Balmer-Serie (6562,79, 4861,33 und 4340,46 Å) 0,14, 0,08 bzw. 0,07 Å. Das entspricht bei der Linie H_α in Wellenzahlen einer Aufspaltung von 0,33 cm^{-1}. Diese Aufspaltung liegt – wenn man sie direkt beobachten will – im Bereich der Mikrowellenspektroskopie. Eine direkte Beobachtung der Aufspaltung der optischen Spektrallinien in zwei nahe benachbarte Komponenten scheitert bei konventioneller spektroskopischer Beobachtung an der Doppler-Verbreiterung. Beim Li-Atom beträgt die Aufspaltung der ersten Resonanzlinie ebenfalls nur 0,337 cm^{-1}. Dagegen lauten die Meßwerte für ein Linienpaar der 1. Hauptserie, d.h. für die ersten

Resonanzlinien von Caesium ($Z=55$, $n=6$) $\lambda=8943$ Å und 8521 Å. Die Aufspaltung beträgt hier also $\Delta\lambda=422$ Å oder in Wellenzahlen 554 cm^{-1}. Sie ist so groß, daß die beiden Linien kaum als zusammengehörig erkennbar sind. Das Na-Atom ($Z=11$, $n=3$) liegt dazwischen: bei den gelben D-Linien D_1 und D_2 beträgt die Differenz $\Delta\lambda=6$ Å, das entspricht 17,2 cm^{-1}.

– Die Aufspaltung ist am größten bei den kleinsten Hauptquantenzahlen n, vgl. (12.31).

Die zur Kennzeichnung der Energieterme von Atomen nötige Symbolik können wir jetzt erweitern. Man bezeichnet die Terme im allgemeinen durch große Buchstaben S, P, D, F etc. zur Kennzeichnung des Bahndrehimpulses. Die Hauptquantenzahl n schreibt man davor, die Quantenzahl des Gesamtdrehimpulses j als Index. Schließlich kennzeichnet man die Multiplizität $2s+1$ durch eine Zahl links oben am Bahndrehimpuls-Buchstaben. Bei einem Einelektronensystem sind die Terme Dublett-Terme, weil der Spin des einen Elektrons zwei Einstellmöglichkeiten zum Bahndrehimpuls hat.

Die S-Terme spalten nicht auf. Trotzdem schreibt man bei einem Einelektronensystem auch für S-Terme die Multiplizität 2.

Man erhält damit folgende Symbole

$2^2S_{1/2}$ für einen Zustand, bei dem das Leuchtelektron die Quantenzahlen $n=2$, $l=0$, $j=1/2$ hat.

$\left.\begin{matrix} 2^2P_{1/2} \\ 2^2P_{3/2} \end{matrix}\right\}$ für einen Zustand, bei dem das Leuchtelektron die Quantenzahlen $n=2$, $l=1$, $j=1/2$ bzw. $3/2$ hat,

oder allgemein die Symbolik $n^{2S+1}L_J$. Die großen Buchstaben S (Spin-Quantenzahl), L (Bahndrehimpuls-Quantenzahl) und J (Gesamtdrehimpuls-Quantenzahl) gelten dabei für Mehrelektronen-Atome, die kleinen Symbole für einzelne Elektronen.

12.9 Niveauschema der Alkali-Atome

Für ein Atom mit einem Elektron in der nicht abgeschlossenen äußersten Schale erhalten wir mit den Ergebnissen von Abschn. 12.7 das in Abb. 12.18 dargestellte Termschema. Abbildung 12.18 soll verdeutlichen, daß sowohl die Aufhebung der Bahnentartung (d.h. der Energieunterschied zwischen Termen mit gleichem n, aber verschiedenem l) wie die Spin-Bahn-Aufspaltung mit wachsenden Quantenzahlen n und l kleiner werden.

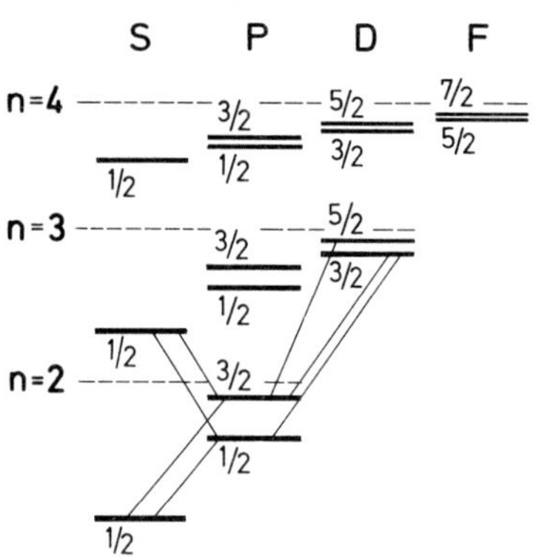

Abb. 12.18. Termschema für Alkali-Atome, d.h. Einelektronen-Zustände mit Einschluß der Spin-Bahn-Wechselwirkung, schematisch und nicht maßstäblich. Einige erlaubte Übergänge sind eingezeichnet. Die Terme sind gegenüber denen des H-Atoms ($n=2$, 3, 4 links im Bild, gestrichelt) verschoben, am stärksten die s-Terme. Die Feinstrukturaufspaltung nimmt mit zunehmendem n und l ab

Die optischen Übergänge im Termschema ergeben sich bei Berücksichtigung der Auswahlregeln $\Delta l=\pm 1$, $\Delta j=\pm 1$ oder 0. Optische Übergänge sind also nur erlaubt, wenn sich dabei der Bahndrehimpuls ändert. Der Gesamtdrehimpuls j kann dagegen erhalten bleiben. Das bedeutet, daß sich Bahndrehimpuls und Spin gegensinnig ändern.

Die 1. Hauptserie der Alkaliatome entspricht dann Übergängen zwischen dem tiefsten $^2S_{1/2}$-Term (d.h. $n=2$, 3, 4, 5, 6 für Li, Na, K, Rb, Cs) und den P-Termen $^2P_{1/2}$ und $^2P_{3/2}$. Da die S-Terme einfach sind, erhält man Paare von jeweils zwei Linien. Das gleiche gilt für die scharfe Nebenserie. Sie besteht aus Übergängen zwischen den beiden tiefsten P-Termen $n\,^2P_{1/2}$, $n\,^2P_{3/2}$ ($n=2$, 3, 4, 5, 6 für Li, Na, K, Rb, Cs) und allen höheren $^2S_{1/2}$-Termen. Die Linien der diffusen Nebenserie sind dagegen Tripel (s. Abb. 12.19), weil sowohl die P-Terme wie auch die D-Terme doppelt sind.

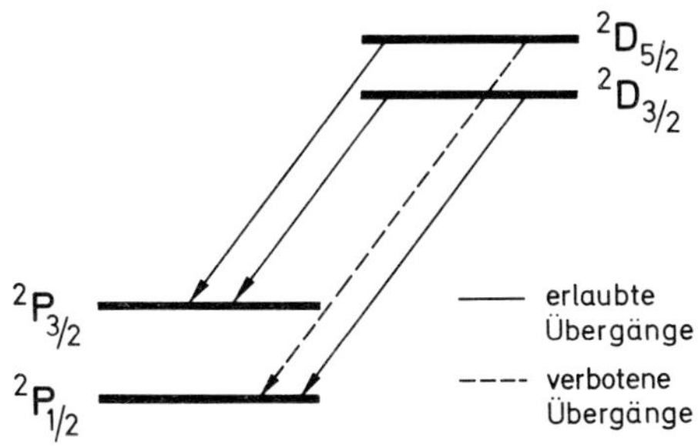

Abb. 12.19. Erlaubte und verbotene Übergänge zwischen P- und D-Zuständen des Alkali-Atoms, hier ein Linientripel der diffusen Nebenserie, Ausschnitt aus Abb. 12.18

12.10 Feinstruktur beim Wasserstoff-Atom

Da beim H-Atom die Wellenfunktionen explizit bekannt sind (vgl. Kap. 10), kann man hier die Feinstruktur sehr genau berechnen. Ausgangspunkt ist der oben in (12.27) gewonnene Ausdruck für die Spin-Bahn-Kopplungsenergie

$$V_{l,s}=\frac{e^2\mu_0}{8\pi m_0^2}\cdot\frac{1}{r^3}(\boldsymbol{s}\cdot\boldsymbol{l})\,. \tag{12.32}$$

Wir gehen von der Lösung der nicht-relativistischen Schrödinger-Gleichung für das H-Atom aus. Damit erhält man Energiezustände $E_{n,l}$ (s. Abschn. 10.4). Da beim H-Atom sowohl die Relativitätskorrektur (s. o.) wie auch die Feinstruktur-Wechselwirkung klein sind im Vergleich zu den Energien $E_{n,l}$, aber beide von vergleichbarer Größenordnung, kann man diese beiden Korrekturen getrennt berechnen und schreiben:

$$E_{n,l,j}=E_{n,l}+E_{\mathrm{rel}}+E_{l,s}\,.$$

Die beiden Korrekturterme, nämlich die Berücksichtigung der relativistischen Massenänderung E_{rel} und der Spin-Bahn-Kopplung $E_{l,s}$ zusammen ergeben die Feinstruktur-Korrektur, E_{FS}. Im einzelnen sollen diese Terme hier nicht berechnet werden. Die vollständige Rechnung wurde von *Dirac* durchgeführt.

Als Ergebnis erhält man

$$E_{\mathrm{FS}}=-\frac{E_n\alpha^2}{n}\left(\frac{1}{j+1/2}-\frac{3}{4n}\right)\cdot Z^2\,, \tag{12.33}$$

wobei

$$\alpha = \frac{e^2}{4\pi\varepsilon_0 \hbar c} \left(\text{oder } \frac{\mu_0 c}{4\pi\hbar} e^2 \right)$$

die in Abschn. 8.10 eingeführte Sommerfeldsche Feinstrukturkonstante ist.

Man erhält jetzt also mit Einschluß der Spin-Bahn-Kopplung das gleiche Ergebnis wie früher (Abschn. 8.10) bei der Berechnung der relativistischen Korrektur. Es ist lediglich l durch j ersetzt. Die Energieverschiebung gegenüber den früher berechneten Energietermen $E_{n,l}$ ist von der Größenordnung α^2, d. h. $(1/137)^2$, also schwer meßbar.

Wichtigstes Resultat von (12.33) ist die Tatsache, daß beim H-Atom die Feinstuktur-Energie nur von j, nicht von l abhängt. Das heißt Terme mit verschiedener Quantenzahl l (bei gleichem n), aber gleicher Quantenzahl j haben die gleiche Energie, sind miteinander entartet. Siehe dazu Abb. 12.20.

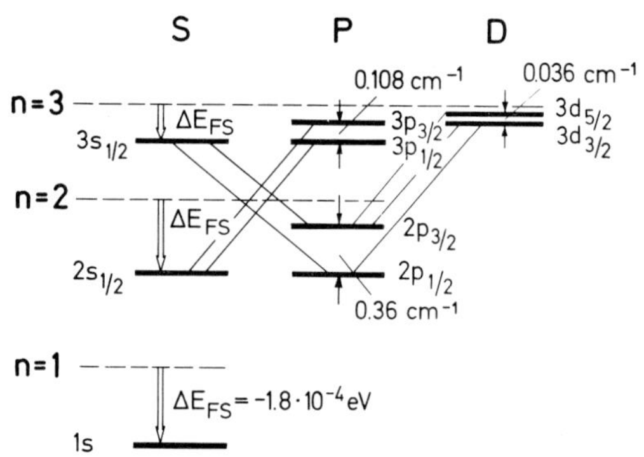

Abb. 12.20. Feinstrukturaufspaltung der Zustände mit $n = 1, 2, 3$ (ganz links ohne Feinstruktur, gestrichelt) beim H-Atom, nach *Dirac*, nicht maßstäblich. Die Feinstrukturverschiebung ist durch die offenen Pfeile gekennzeichnet. Zustände mit gleichem l sind ohne Feinstruktur-Wechselwirkung entartet, Zustände mit gleichem j sind bei Berücksichtigung der Feinstruktur energiegleich

Die Feinstruktur der Wasserstoff-Linien wird damit quantitativ erklärt. Bei schweren Atomen werden die Feinstruktur-Energien größer und damit leichter beobachtbar. Ihre Berechnung wird jedoch viel schwerer, da für Atome mit mehr als einem Elektron die genaue Berechnung der Wellenfunktionen wesentlich schwieriger ist.

12.11 Die Lamb-Verschiebung

In den Jahren 1947–1952 konnten *Lamb* und *Retherford* zeigen, daß auch die relativistische Dirac-Theorie das H-Atom noch nicht vollständig beschreibt. Um sehr kleine Energieverschiebungen bzw. Aufspaltungen im Spektrum von atomarem Wasserstoff zu messen, verwendeten sie die Methode der Hochfrequenz- und Mikrowellenspektroskopie. Sie untersuchten also die Absorption der von Hochfrequenzsendern oder Klystrons erzeugten elektromagnetischen Strahlung durch H-Atome. Sie beobachteten dabei eine Energiedifferenz zwischen Termen mit gleichem j, nämlich $0{,}03\,\text{cm}^{-1}$ – das entspricht einer Frequenz von 900 MHz – zwischen den Termen $2\,^2S_{1/2}$ und $2\,^2P_{1/2}$.

Ihre Meßgenauigkeit betrug dabei 0,2 MHz. Das entsprechende Energie-Diagramm zeigt Abb. 12.21.

Wie die Feinstruktur war diese kleine Energieverschiebung mit den Mitteln der optischen Spektroskopie damals nicht direkt als Aufspaltung der H_α-Linie von Wasserstoff beobachtbar, weil die Dopplerverbreiterung der Spektrallinien durch die Bewegung der H-Atome die Größe der Aufspaltung übertrifft.

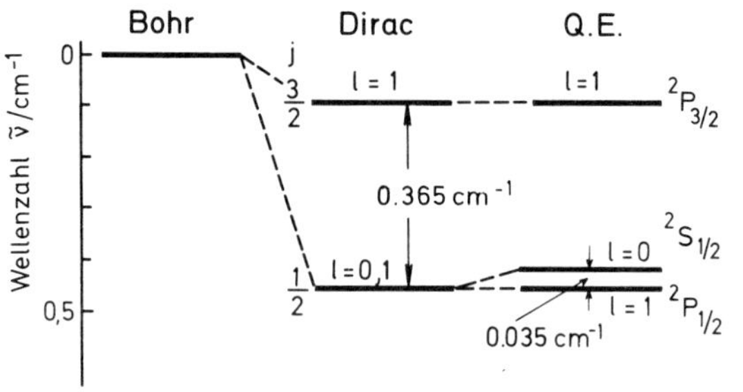

Abb. 12.21. Zur Lamb-Verschiebung: Feinstruktur des $n=2$-Niveaus beim H-Atom nach *Bohr*, nach *Dirac* und quantenelektrodynamisch unter Berücksichtigung der Lamb-Verschiebung. Die j-Entartung ist aufgehoben

Allgemein lautet das Ergebnis von *Lamb* und *Retherford*: die Niveaus mit gleichen Quantenzahlen n und j, aber verschiedenem l fallen nicht exakt zusammen. Vielmehr liegen alle $S_{1/2}$-Terme um ca. 10% der Energiedifferenz $(P_{3/2}-P_{1/2})$ höher als die zugehörigen $P_{1/2}$-Terme, die $P_{3/2}$-Terme etwa um 2‰ von $(D_{5/2}-D_{3/2})$ höher als die $D_{3/2}$-Terme.

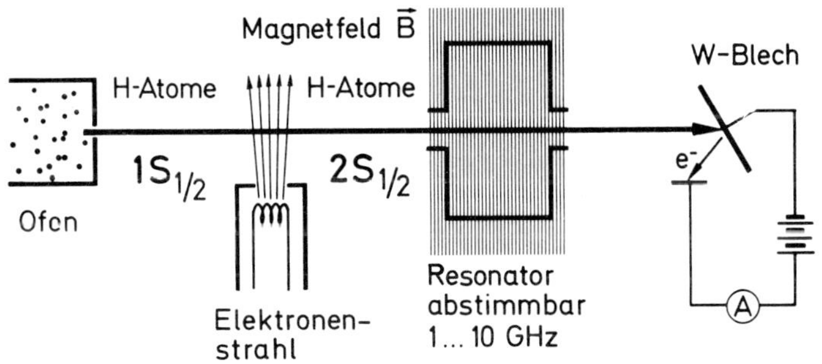

Abb. 12.22. Zur Messung der Lamb-Verschiebung: ein Atomstrahl aus H-Atomen wird durch Elektronenbeschuß in den metastabilen $2S_{1/2}$-Zustand angeregt und durchfliegt so einen Resonator. Wenn dort elektromagnetische Übergänge induziert werden, vermindert sich die Anzahl der im angeregten Zustand auf das als Empfänger dienende Wolfram-Blech treffenden H-Atome und damit der gemessene Elektronenstrom. Das Magnetfeld $\vec{B}$ dient zu einer zusätzlichen energetischen Trennung der Zustände $S_{1/2}$ und $P_{1/2}$. Damit wird eine Mischung dieser Zustände und damit ein unmittelbarer Zerfall über den Zustand $2\,P_{1/2}$ behindert

Das Experiment von *Lamb* und *Retherford* ist in Abb. 12.22 dargestellt. Ein Wasserstoff-Atomstrahl wird durch thermische Dissoziation bei 2500 °C aus H_2-Molekülen erzeugt. Durch Beschuß mit Elektronen wird ein kleiner Teil dieser Atome in den metastabilen Zustand $2\,^2S_{1/2}$ angeregt. Optische Übergänge zwischen diesem Zustand und dem Grundzustand $1\,^2S_{1/2}$ sind verboten. Die Atome gelangen dann durch einen abstimmbaren Resonator für Hochfrequenz- bzw. Mikrowellenstrahlung auf ein Wolframblech. Dort können die metastabilen Atome ihre Anregungsenergie abgeben. Sie lösen dabei in der Metalloberfläche Elektronen aus. Man mißt den Elektronenstrom und erhält dadurch ein Maß für die je Zeiteinheit ankommenden Atome im Zustand $2\,^2S_{1/2}$. – Diejenigen Atome, die im Resonator durch Absorption von Mikrowellenstrahlung im Bereich von 10000 MHz in den Zustand $2\,^2P_{3/2}$ gehoben werden (vgl. Termschema Abb. 12.21) gehen durch Aussenden der H_α-Linie (oder genauer von einer Komponente dieser Linie) in den Grundzustand über. Gleichzeitig nimmt der Elektronenstrom am Wolframblech ab, wenn eine solche Absorption erfolgt. *Lamb* und *Retherford* fanden 1947, daß der gleiche Effekt, nämlich eine Abnahme des Elektronenstroms, auch bei Absorption oder induzierter Emission von Strahlung einer Frequenz von ca. 1000 MHz im Resonator erfolgte. Dabei handelt es sich um den Übergang aus dem Zustand $2\,^2S_{1/2}$ in den Zustand $2\,^2P_{1/2}$.

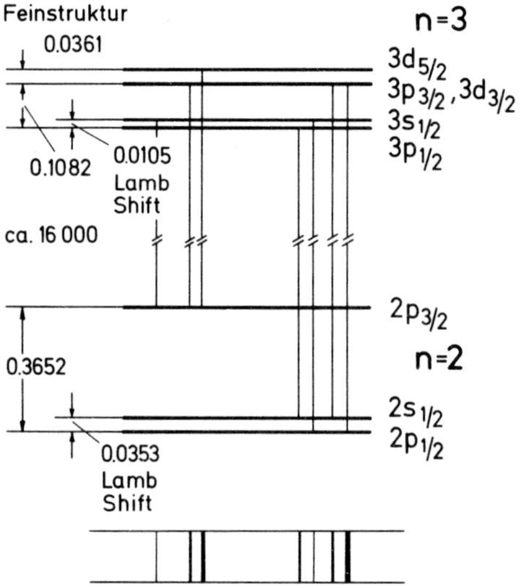

Abb. 12.23. Struktur der H_α-Linie des Wasserstoffs und Termschema unter Einschluß der Feinstruktur. Das zu erwartende optische Spektrum ist unten (ohne Berücksichtigung der Linienbreite) dargestellt, größere Strichstärke bedeutet größere Intensität. Wellenzahlen in cm^{-1}

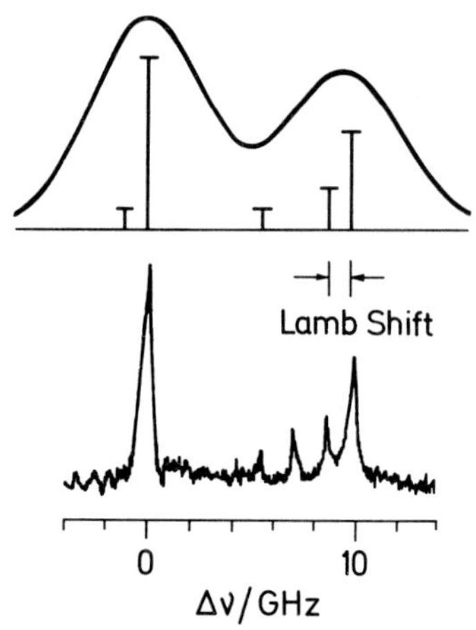

Abb. 12.24. Oben: Struktur der H_α-Linie des Wasserstoff-Atoms bei Zimmertemperatur. Die Linienbreite und damit die spektrale Auflösung ist durch die Dopplerbreite bestimmt. Unten: Mit der Methode der Dopplerfreien Spektroskopie (gesättigte Absorption mit Hilfe eines Farbstoff-Lasers, siehe Kap. 22.3) erhält man die einzelnen Komponenten der H_α-Linie aufgelöst. Nach *Hänsch* et al.) Zwei der in Abb. 12.23 eingezeichneten Übergänge sind sehr schwach und deshalb in Abb. 12.24 nicht berücksichtigt

Aus diesem Zustand sind strahlende Übergänge in den Grundzustand ebenfalls erlaubt. Damit war gezeigt, daß auch Zustände mit gleichem Gesamtdrehimpuls j energetisch verschieden sind.

Auch für die optischen Übergänge ist das Termschema eines Atoms entsprechend zu verfeinern. Abbildung 12.23 zeigt das vollständige Termschema für die H_α-Linie des Wasserstoff-Atoms. Diese Linie besteht danach aus 7 Komponenten unterschiedlicher Intensität in einem Energiebereich von rund $0{,}4\,cm^{-1}$. Abbildung 12.24 zeigt im oberen Teilbild die Struktur der H_α-Linie, wie sie ohne Ausschluß der Dopplerverbreiterung beobachtbar ist. Im unteren Teilbild ist eine Meßkurve gezeigt, die mit der modernen Methode der Doppler-freien Spektroskopie (vgl. Abschn. 22.3) den Dopplereffekt

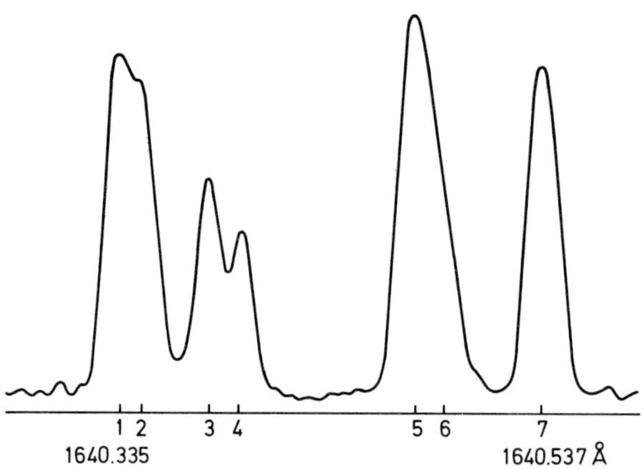

Abb. 12.25. Lamb-Verschiebung und Feinstruktur beim Helium-Atom: Feinstruktur der He^+-Linie bei 1640 Å. Man beobachtet 7 Komponenten. Die Linien 1, 2 und 3, 4 wären ohne Lamb-Verschiebung einfach. [Aus G. Herzberg: Trans. Roy. Soc. Can. 5 (1967) Fig. 5]

ausschließt. Damit wird die Lamb-Verschiebung auch im optischen Spektrum meßbar. Beim schwereren Helium-Atom ist die Feinstruktur-Aufspaltung und die Lamb-Verschiebung größer, eine direkte optische Beobachtung der Aufspaltung ist leichter möglich als beim H-Atom. Bereits ohne Ausschaltung der Doppler-Verbreiterung ist eine Auflösung der Feinstruktur möglich, wie Abb. 12.25 zeigt.

Die Lamb-Verschiebung war für die Entwicklung der Quantenelektrodynamik von größter Bedeutung. Zuvor hatte diese Theorie nur die Emission oder Absorption von Lichtquanten bei atomaren Übergängen behandelt. Zur Deutung der Lamb-Verschiebung mußte man einen Schritt weiter gehen. Man mußte annehmen, daß das Elektron im Atom ständig Lichtquanten emittiert und wieder absorbiert, wobei anscheinend der Energiesatz verletzt werden kann.

Diese „Energiesatzverletzung" darf allerdings nicht zu wörtlich genommen werden. Nach der Unschärferelation zwischen Energie und Zeit (7.29) ist die Energie nur bei Messungen über hinreichend lange Zeitdauern definiert. Damit ist vollkommen verträglich, daß ein Elektron kurzzeitig ein Quant emittieren kann, auch ohne die Energie zu besitzen, wenn das Quant nur schnell genug wieder absorbiert wird. Viel einschneidender für die theoretischen Physiker war jedoch die Erkenntnis, daß die durch diese „virtuellen" Prozesse bestimmten Energieverschiebungen der atomaren Niveaus unendlich groß (auf der negativen Energieskala) waren. Aber auch ein freies Elektron kann ständig virtuell Quanten emittieren und absorbieren. Dabei wird auch dessen Energie unendlich weit abgesenkt. Derartige Energieabsenkungen durch virtuelle Prozesse werden als Selbstenergie bezeichnet. Experimentell hat das freie Elektron, wie auch das Elektron im Atom, eine genau definierte *endliche* Energie. Die grundlegende Idee zur Lösung des „Unendlichkeitsproblems" der Energieverschiebung bestand darin, daß man erkannte, daß nur die Energiedifferenz zwischen dem gebundenen und dem freien Elektron von Interesse ist. Oder mit anderen Worten: Um die Energie-Verschiebung gebundener Elektronen zu berechnen, muß man von der Selbstenergie des gebundenen Elektrons in einem bestimmten Atomzustand die des freien Elektrons (cum grano salis) abziehen. Dieser Prozeß wird als Renormierung bezeichnet. Da auch die Massen durch virtuelle Prozesse unendlich werden, müssen auch diese „renormiert" werden. Natürlich erscheint es auf den ersten Blick abenteuerlich, zwei unendlich große Werte voneinander abzuziehen, um ein wohldefiniertes endliches Resultat zu erhalten. Im Rahmen der Quantenelektrodynamik ist es aber gelungen, wohldefinierte Rechenregeln in der Renormierungstheorie aufzustellen, und die Lamb-Verschiebung kann heute mit höchster Präzision berechnet werden. Dabei ist wichtig, daß die Gültigkeit der Quantenelektrodynamik in hervorragender Weise bestätigt wurde. Einen Einblick in die theoretische Behandlung geben wir in Abschn. 15.5.2. Zur Vorbereitung hierfür stellen wir in Abschn. 15.5.1 die Quantisierung des elektromagnetischen Feldes dar, die sich zwanglos im Anschluß an die Quantisierung des harmonischen Oszillators ergibt. Wie in einer Übungsaufgabe zu Abschn. 15.5.1 gezeigt wird, läßt die theoretische Behandlung der Lambverschiebung eine überraschend einfache physikalische Deutung zu: Die nach der Quantentheorie auftretenden Nullpunkts-Schwankungen des elektromagnetischen Feldes greifen statistisch am Elektron an und verursachen so eine Verschiebung seiner potentiellen Energie.

Aufgaben

12.1 Berechnen Sie die Präzessionsfrequenz von Elektronen und von Protonen [$I=1/2$, magnetisches Moment $=2{,}79\,\mu_B/1836$] im magnetischen Feld der Erde ($\approx 2\cdot 10^{-5}$ Tesla).

12.2 Die Richtung eines Strahls von Silberatomen im Grundzustand ($5\,^2S_{1/2}$) und diejenige eines starken inhomogenen Feldes beim Stern-Gerlach-Versuch sind senkrecht zueinander. Das Feld hat einen Gradienten von $dB/dz=10^3$ Tesla/m. In Richtung des Atomstrahls hat das Magnetfeld eine Ausdehnung von $l_1=4$ cm, der Auffangschirm steht im Abstand $l_2=10$ cm vom Magneten entfernt. Berechnen Sie die Komponente des magnetischen Moments in Richtung des Magnetfeldes, wenn die Aufspaltung des Strahls auf dem Schirm zu $d=2$ mm und die Geschwindigkeit der Atome zu $v=500$ m/s gemessen wurde. Die durchschnittliche Masse von Silberatomen beträgt $M=1{,}79\cdot 10^{-25}$ kg. Warum stört der Kernspin das Experiment nicht?

12.3 Wie groß ist das Magnetfeld, das das Elektron im Wasserstoff-Grundzustand am Ort des Protons erzeugen würde, wenn es nach dem Bohr'schen Modell auf der Bahn $n=1$ umlaufen würde?

12.4 Wie groß ist das magnetische Moment der Bahnbewegung in einem Müonen-Atom, bei dem das Elektron des Wasserstoff-Grundzustandes durch ein Müon ersetzt wird? Wie groß ist es beim Positronium (Elektron und Positron, d. h. Teilchen mit Masse des Elektrons und positiver Ladung, bewegen sich um den gemeinsamen Schwerpunkt)?

12.5 Berechnen Sie über $V_{l,s}=\frac{1}{\pi}[Ze^2\mu_0/8\pi m_0^2 r^3)]\,(\boldsymbol{s}\cdot\boldsymbol{l})$ unter Verwendung der Beziehung $r^{-3}=Z^3/[a_0^3 n^3 l(l+\frac{1}{2})(l+1)]$ die Spin-Bahn-Aufspaltung der Zustände des Wasserstoffatoms mit $n=2$ und $n=3$. Welche Werte haben für einen Rydberg-Zustand mit $n=30$ die größte ($l=1$) und die kleinste ($l=29$) Aufspaltung? a_0 ist der Radius der innersten Bohr'schen Bahn.

12.6 Die Spin-Bahn-Aufspaltung im Caesium-Atom zwischen den Zuständen $6\,P_{1/2}$ und $6\,P_{3/2}$ führt zu einer Wellenlängendifferenz von $\Delta\lambda=422$ Å für das erste Linienpaar der Hauptserie. Die kurzwellige Linie hat die Wellenlänge $\lambda=8521$ Å. Berechnen Sie daraus die Feinstrukturkonstante a und das Feld am Kernort $\boldsymbol{B}_l$. Verwenden Sie (12.27).

12.7 Zeichnen Sie unter Berücksichtigung der Feinstruktur das Energieschema des Wasserstoffatoms bis einschließlich $n=3$ mit den möglichen Übergängen. Wie viele verschiedene Linien treten auf?

12.8 Die Feinstruktur bei wasserstoffähnlichen Ionen (Ionen mit nur einem Elektron) wird durch die Gl. (12.33) beschrieben.

a) Zeigen Sie, daß der Korrekturterm für keinen möglichen Wert der Quantenzahlen n und j verschwindet, sondern stets zu einer Absenkung gegenüber dem unkorrigierten Energiewert führt.
b) In wie viele Energieniveaus spalten die Terme des einfach ionisierten Heliums, die zu den Hauptquantenzahlen $n=3$ und $n=4$ gehören, durch die Feinstruktur-Wechselwirkung auf?

c) Skizzieren Sie die Lage dieser Niveaus relativ zu den unverschobenen Termen und geben Sie den Betrag der Verschiebung an.
d) Bestimmen Sie mit Hilfe der Auswahlregeln $\Delta l = \pm 1$, $\Delta j = 0$ bzw. ± 1 die erlaubten Übergänge.

12.9 Geben Sie die relative Aufspaltung der verschiedenen Niveaus eines L-S-J-Multipletts infolge der Spin-Bahn-Wechselwirkung für die ^3F- und ^3D-Multipletts an. Zeichnen Sie die Energieniveaus dieser Multipletts und deuten Sie durch Pfeile die erlaubten $^3F \rightarrow {}^3D$-Übergänge an. Wiederholen Sie die obige Aufgabe für $^4D \rightarrow {}^4P$- und $^4P \rightarrow {}^4S$-Übergänge.

12.10 Die Wechselwirkungsenergie E zwischen zwei magnetischen Momenten $\boldsymbol{\mu}_1$ und $\boldsymbol{\mu}_2$ beträgt ($\boldsymbol{r}$ = Radiusvektor von $\boldsymbol{\mu}_1$ nach $\boldsymbol{\mu}_2$)

$$E = +\frac{\mu_0}{4\pi}\left(\frac{\boldsymbol{\mu}_1\boldsymbol{\mu}_2}{r^3} - 3\frac{(\boldsymbol{\mu}_1\boldsymbol{r})(\boldsymbol{\mu}_2\boldsymbol{r})}{r^5}\right).$$

a) Unter welchen Bedingungen ist bei gegebenem r $E = 0$?
b) Bei welcher Anordnung nimmt bei parallelstehenden Momenten E einen Extremwert an?
c) Berechnen Sie im Fall (b) mit $r = 2\,\text{Å}$ die Energie für Elektron-Elektron, Elektron-Proton und Proton-Proton-Wechselwirkung. Wie groß ist dabei jeweils das Magnetfeld am Ort von $\boldsymbol{\mu}_2$, das von $\boldsymbol{\mu}_1$ verursacht wird ($\mu_{\text{proton}} = 1{,}4 \cdot 10^{-26}\,\text{A}\,\text{m}^2$)?

13. Atome im Magnetfeld, Experimente und deren halbklassische Beschreibung

13.1 Richtungsquantelung im Magnetfeld

Wir haben in den vorangehenden Kapiteln bereits gesehen, daß es eine Richtungsquantelung gibt. Die Drehimpuls-Vektoren der Elektronen im Atom können sich relativ zu einer Vorzugsrichtung nur in diskreten Orientierungen einstellen. Die Richtungsquantelung wird durch die magnetische Quantenzahl m beschrieben. In einem äußeren Magnetfeld $\boldsymbol{B}_0$ führt die bereits berechnete Wechselwirkungsenergie zwischen dem Feld und dem magnetischen Moment der Elektronen im Atom zu einer Aufspaltung der Energieterme, die durch die verschiedenen möglichen Werte der magnetischen Quantenzahl m beschrieben wird. Mit der Messung dieser Energie-Aufspaltung befassen wir uns in diesem Kapitel.

Eine erste Anwendung der Aufspaltung von Zuständen im Magnetfeld zur Messung von magnetischen Momenten von Atomen haben wir im Stern-Gerlach-Experiment bereits kennengelernt. Im folgenden befassen wir uns mit *andersartigen* Experimenten.

13.2 Die Elektronenspin-Resonanz

Als Elektronenspin-Resonanz (ESR) bezeichnet man Übergänge zwischen den durch verschiedene Werte der magnetischen Quantenzahl m charakterisierten Energiezuständen von Elektronen. Die Entartung wird dabei im allgemeinen durch ein äußeres Magnetfeld aufgehoben, die Übergangsfrequenzen liegen bei den verwendeten Magnetfeldstärken meistens im Bereich der cm-Wellen (Mikrowellen). Während man mit Hilfe der ESR-Spektroskopie Übergänge zwischen Zuständen mit verschiedener magnetischer Quantenzahl m direkt beobachtet, werden bei der später zu besprechenden Zeeman-Spektroskopie Übergänge im optischen Spektralbereich und deren Beeinflussung durch Magnetfelder untersucht, d. h. Übergänge, bei denen sich nicht nur die magnetische Quantenzahl ändert.

Das Prinzip der ESR versteht man leicht, wenn man das vom Spin herrührende magnetische Moment eines freien Elektrons im Magnetfeld $\boldsymbol{B}_0$ betrachtet (Abb. 13.1).

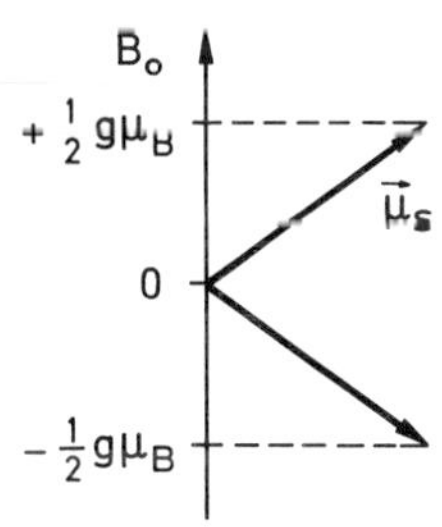

Abb. 13.1. Der Spin des Elektrons und damit das magnetische Moment haben zwei Einstellmöglichkeiten in einem äußeren Magnetfeld. Diesen entsprechen zwei Werte der potentiellen Energie

Ein Elektron hat das magnetische Moment

$$\mu_s = \sqrt{s(s+1)}\,\mu_B \cdot g_s \tag{13.1}$$

mit den möglichen Komponenten in der Vorzugsrichtung z von $\boldsymbol{B}_0$

$$(\boldsymbol{\mu}_s)_z = \pm \tfrac{1}{2} g_s \mu_B \,. \tag{13.2}$$

Die potentielle Energie für diese beiden Orientierungen unterscheidet sich um den Betrag

$$\Delta E = g_s \mu_B B_0 \,. \tag{13.3}$$

Strahlt man senkrecht zur Richtung von $\boldsymbol{B}_0$ ein magnetisches Wechselfeld $\boldsymbol{B}_1 = \tilde{\boldsymbol{B}}_1 \cdot \sin \omega t$ ein, dann induziert man Übergänge zwischen den beiden Zuständen, wenn für die Frequenz $\nu = \omega/2\pi$ die Bedingung erfüllt ist

$$\Delta E = h\nu = g_s \cdot \mu_B \cdot B_0 \tag{13.4}$$

oder in Zahlen

$$\nu = 2{,}8026 \cdot 10^{10} \cdot B_0 \frac{\text{Hz}}{\text{Tesla}} \,. \tag{13.5}$$

Die Übergänge mit $\Delta m = \pm 1$ sind erlaubte magnetische Dipolübergänge. Eine quantenmechanische Behandlung der ESR folgt in Kap. 14. Die zu verwendende Frequenz hängt nach (13.5) von der Wahl des äußeren Magnetfeldes $\boldsymbol{B}_0$ ab. Aus Gründen der Empfindlichkeit wählt man möglichst hohe Frequenzen, das bedingt möglichst hohe Magnetfelder. Die tatsächlich verwendeten Felder und Frequenzen sind natürlich auch durch die technische Realisierbarkeit bestimmt. Meistens wählt man Felder in der Größenordnung von 0,1 bis 1 T (T$\,\hat{=}\,$Tesla). Man kommt damit zu Frequenzen im GHz-Bereich, d.h. cm-Wellen.

Was hier für ein freies Elektron beschrieben wurde, gilt entsprechend auch für ein freies paramagnetisches Atom. Man hat in diesem Falle das gesamte von Spin und Bahnbewegung des Elektrons resultierende magnetische Moment $\boldsymbol{\mu}_j$ des Atoms einzusetzen.

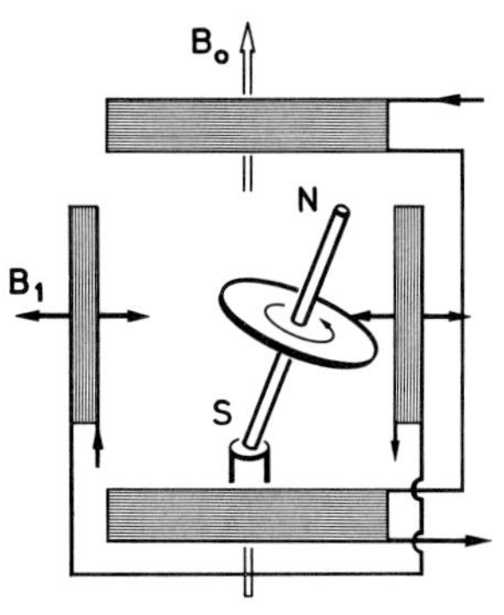

Abb. 13.2. Schauversuch zur Elektronenspinresonanz: Ein Kreisel, in dessen Achse ein Stabmagnet angebracht ist, präzediert im Felde $\boldsymbol{B}_0$ (sowie im Gravitationsfeld der Erde). Durch ein Wechselfeld $\boldsymbol{B}_1$ senkrecht zu $\boldsymbol{B}_0$ läßt sich die Neigung der Kreiselachse zur Richtung von $\boldsymbol{B}_0$ verändern, wenn die Frequenz von $\boldsymbol{B}_1$ mit der Präzessionsfrequenz des Kreisels übereinstimmt. Für einen Demonstrationsversuch baut man den Kreisel zweckmäßig so, daß der Antrieb über die Auflage S erfolgt, z.B. mit Preßluft nach dem Prinzip des Segnerschen Wasserrades

Die Grundidee der ESR wird durch ein mechanisches Modell illustriert (Abb. 13.2): ein Kreisel, in dessen Figurenachse ein Stabmagnet steckt, führt im Magnetfeld eine Präzessionsbewegung aus. Für die Winkelgeschwindigkeit gilt bei Vernachlässigung der Schwerkraft

$$\omega_{\mathrm{L}}=\frac{|\boldsymbol{\mu}|\cdot|\boldsymbol{B}_0|}{|\boldsymbol{L}|} \tag{13.6}$$

mit dem magnetischen Moment $\boldsymbol{\mu}$ des Stabmagneten und dem Drehimpuls $\boldsymbol{L}$ des Kreisels.

Die Winkelgeschwindigkeit ω_{L} ist beim Kreisel im Magnetfeld unabhängig vom Winkel α zwischen $\boldsymbol{\mu}$ und $\boldsymbol{B}_0$, da das vom Magnetfeld ausgeübte Drehmoment wie auch die zeitliche Änderung des Drehimpuls-Vektors in gleicher Weise dem Sinus des Winkels α proportional sind (vgl. (12.12)). Die Frequenz ω_{L} wird bei Vernachlässigung der Schwerkraft allein durch magnetisches Moment $\boldsymbol{\mu}$ und Drehimpuls $\boldsymbol{L}$ des Kreisels, sowie durch das von $\boldsymbol{B}_0$ verursachte Drehmoment bestimmt.

Wir lassen nun zusätzlich zu $\boldsymbol{B}_0$ ein magnetisches Wechselfeld $\boldsymbol{B}_1$ mit der Frequenz ω senkrecht zur Richtung von $\boldsymbol{B}_0$ einwirken. Stimmt ω mit der Präzessionsfrequenz ω_{L} überein, so kommt es ständig zu einer Vergrößerung bzw. zu einer Verkleinerung des Neigungswinkels α, je nachdem ob das Feld in Phase oder in Gegenphase mit der Präzessionsbewegung ist.

Dieses Modell läßt sich unmittelbar auf das Atom übertragen. Wir ersetzen das magnetische Moment des Stabmagneten durch das Moment des Atoms und erhalten als Bedingungsgleichung für die Kreisfrequenz der Elektronenspin-Resonanz

$$\omega_{\mathrm{L}}=\frac{|\boldsymbol{\mu}|\cdot|\boldsymbol{B}_0|}{|\boldsymbol{l}|}=\gamma B_0\,. \tag{13.7}$$

Dies ist die bereits in Abschn. 12.3 eingeführte Larmorfrequenz.

Im klassischen Kreisel-Modell bewegt sich die Spitze des Kreisels auf einer Spiralbahn aus einer stabilen in eine andere stabile Lage. Diese Vorstellung läßt sich weitgehend auf die Bewegung der Spins bzw. Bahndrehimpulse in Atomen übertragen. Daneben gibt es eine zweite Vorstellung, die davon Gebrauch macht, daß der Spin bzw. der Drehimpuls eines Atoms nur diskrete stationäre Einstellmöglichkeiten im zeitlich konstanten Magnetfeld $\boldsymbol{B}_0$ hat. In diesem Bild führt der Spin unter dem Einfluß des Wechselfeldes $\boldsymbol{B}_1$ Übergänge zwischen diesen diskreten Energieniveaus aus. Insbesondere bedeutet das für den Spin 1/2, daß er bei der Erfüllung der Resonanzbedingung (13.7) von der einen seiner Einstellrichtungen in die andere umklappt.

Die Spinresonanz von Elektronen wurde erstmalig 1944 von dem russischen Physiker *Zavoisky* beobachtet. Die analoge Spinresonanz paramagnetischer Atomkerne wird unter sonst gleichen Bedingungen wegen des rund 1000mal kleineren magnetischen Momentes der Kerne bei um 3 Zehnerpotenzen kleineren Frequenzen beobachtet, also im Bereich der Radiofrequenzen. Diese sogenannte *Kernspin-Resonanz* wurde in fester Phase erstmals 1946 von *Bloch* und *Purcell* beobachtet, nachdem sie bereits rund 10 Jahre früher von *Rabi* zur Messung des gyromagnetischen Verhältnisses von Kernen an Gasatomen benutzt worden war (Abschn. 20.6).

Das Schema einer ESR-Apparatur zeigt Abb. 13.3. ESR-Spektrometer gehören heute zu den notwendigen spektroskopischen Hilfsmitteln in Physik und Chemie. Aus experimentellen Gründen betreibt man hier meistens eine Spektroskopie mit fester Frequenz. Man variiert das Magnetfeld und erhält ESR-Übergänge in Absorption oder

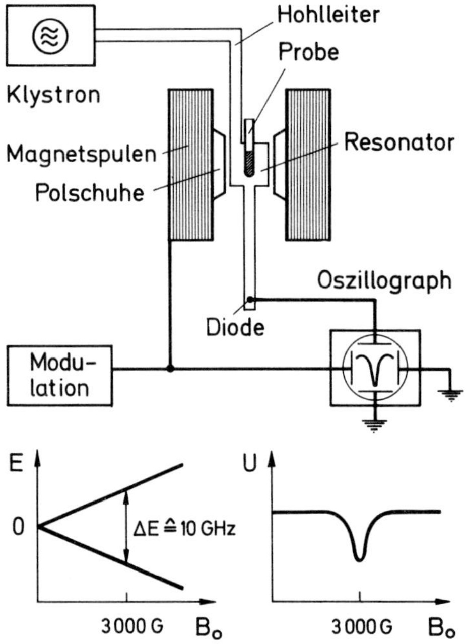

Abb. 13.3. Elektronenspinresonanz. Oben: Schematische Darstellung der Versuchsanordnung. Die Probe befindet sich in einem Hohlraumresonator zwischen den Polschuhen eines Magneten. Die Mikrowellen werden von einem Klystron erzeugt und mit einer Diode nachgewiesen. Zur Erhöhung der Empfindlichkeit wird das statische Feld B_0 moduliert. Unten links: Energiezustände eines freien Elektrons in Abhängigkeit vom Magnetfeld. Unten rechts: Signal U an der Diode in Abhängigkeit von B_0 im Resonanzfall

evtl. auch in Emission, wenn die Resonanzbedingung erfüllt ist. Die Probe befindet sich dabei im allgemeinen in einem Resonator für Mikrowellen. Als Mikrowellen verwendet man häufig Strahlung mit einer Wellenlänge von 3 cm (sogenanntes X-Band). Die Hochfrequenzstrahlung wird durch ein Klystron erzeugt und mit einer Hochfrequenz-Diode oder einem Bolometer nachgewiesen.

Die ESR wird angewandt

- zur Präzisionsbestimmung des gyromagnetischen Verhältnisses und des g-Faktors des Elektrons;
- zur Messung des g-Faktors von Atomen im Grundzustand und in Anregungszuständen zum Zwecke der Termanalyse;
- zur Untersuchung aller Arten von paramagnetischen Zuständen und Zentren in Festkörperphysik und Chemie: Radikal-Moleküle, Leitungselektronen, paramagnetische Ionen in Kristallen, Farbzentren.

Die volle Bedeutung der ESR wird erst nach Behandlung der Hyperfeinstruktur deutlich werden, d.h. wenn wir die Wechselwirkung des Elektronenspins mit den Spins der umgebenden Atomkerne besprechen. Mit Hilfe dieser Wechselwirkung, der sogenannten Hyperfeinstruktur (Kap. 20) kann man die räumliche Verteilung von Elektronen auf Molekülen und in Flüssigkeiten und Festkörpern bestimmen.

Mehr zur ESR und ihrer Bedeutung für die Physik von Atomen, Molekülen und Festkörpern in H. Haken, H.C. Wolf, Molekülphysik und Quantenchemie, Kap. 19.

13.3 Zeeman-Effekt

13.3.1 Experimente

Die Aufspaltung der Energieterme von Atomen im Magnetfeld kann man auch als Änderung bzw. Aufspaltung der Frequenzen von Übergängen im optischen Spektralbereich beobachten. Eine solche Aufspaltung von Spektrallinien im Magnetfeld beobachte-

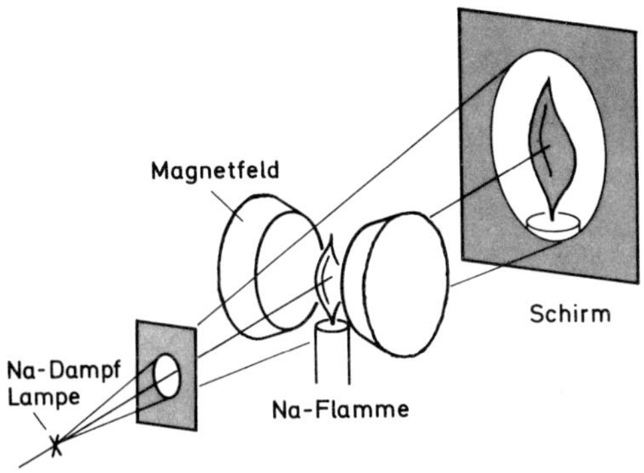

Abb. 13.4. Schauversuch zum Zeeman-Effekt. Eine mit Natrium oder NaCl gelb gefärbte Flamme erscheint bei Abbildung mit dem Licht einer Natrium-Dampflampe schwarz. Bei Einschaltung eines Magnetfeldes hellt sie sich auf, da die Resonanz zwischen dem Licht der Natriumdampflampe und dem Licht der Natrium-Flamme durch den Zeeman-Effekt zerstört ist. Die Wellenlänge des Lichtes der Flamme im Magnetfeld ist geringfügig geändert. Das genügt zur Aufhebung der Resonanz

te erstmals *Zeeman* 1896. Der Effekt ist klein, man braucht zu seiner Untersuchung Spektralapparate sehr hoher Auflösung. Das sind entweder Gitterspektrographen mit großer Brennweite und Gittern großer Strichzahl oder aber Interferenz-Spektroskope, hauptsächlich das Fabry-Perot-Interferometer. Im Kap. 22 werden wir darauf noch näher eingehen.

Es gibt aber dazu einen einfachen Schauversuch (Abb. 13.4), der die Verschiebung von Spektrallinien im Magnetfeld drastisch demonstriert: eine mit Natrium gelb gefärbte Flamme ist undurchsichtig für das gelbe Licht einer Natrium-Dampflampe, weil es sich um Resonanzlicht handelt, d.h. um Licht, bei dem die Wellenlängen für Absorption und Emission identisch sind. Bringt man jedoch die Flamme in ein Magnetfeld, so wird die Resonanz zwischen Lichtquelle (Na-Lampe) und Absorber (Na-Flamme) zerstört. Auf dem Beobachtungsschirm hellt sich die vorher „schwarze" Flamme auf, weil sie jetzt für das Licht der Dampflampe durchsichtig ist.

Mit einem Fabry-Perot-Interferometer oder auch mit einem Gitterspektrographen hinreichender Auflösung kann man die Aufspaltung von Spektrallinien in Magnetfeldern quantitativ messen. Man findet in nicht zu starken Feldern $\boldsymbol{B}_0$ das in Abb. 13.5 und 13.6 dargestellte Aufspaltungsverhalten. Die Aufspaltung der Cadmium-Linie in Abb. 13.5 heißt „normaler" Zeeman-Effekt: man findet bei transversaler Beobachtung (d.h. Beobachtung senkrecht zur Richtung der magnetischen Feldlinien,

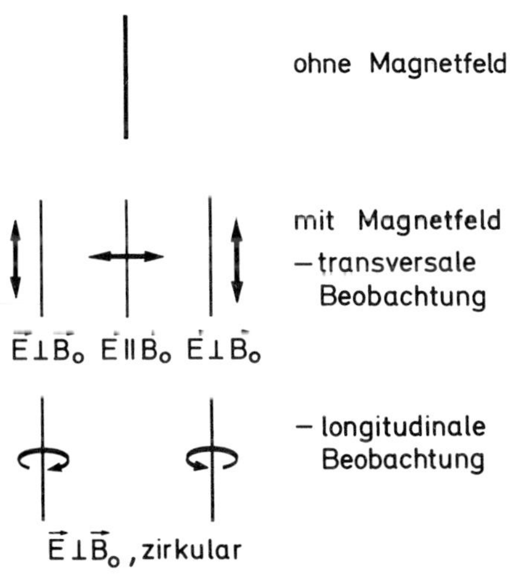

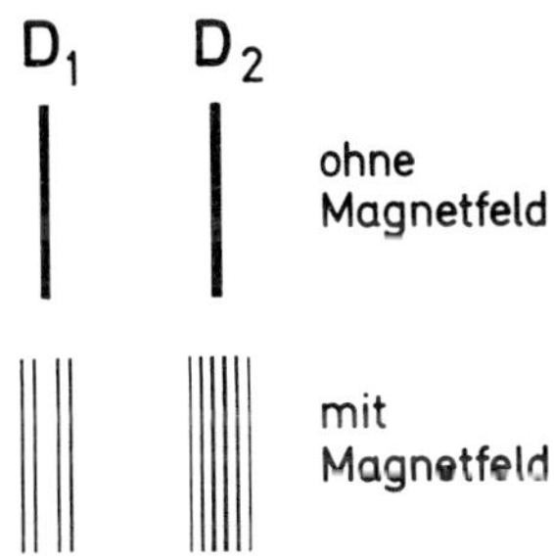

Abb. 13.6. Anomaler Zeeman-Effekt, hier der Natrium-D-Linien, schematisch. Die D_1-Linie spaltet im Magnetfeld in vier, die D_2-Linie in sechs Komponenten auf. Die Wellenlängen der Linien D_1 und D_2 sind 589,6 und 588,9 nm, nach rechts nimmt die Quantenenergie zu

◀ **Abb. 13.5.** Normaler Zeeman-Effekt, z. B. für die Linie $\lambda = 6438$ Å des Cadmium-Atoms. Bei transversaler Beobachtung beobachtet man die ursprüngliche Linie und symmetrisch dazu zwei Aufspaltungskomponenten. Bei longitudinaler Beobachtung sieht man nur die aufgespaltenen Linien. Die Polarisation des *E*-Vektors ist eingezeichnet. Nach rechts nimmt die Quantenenergie zu

Abb. 13.7) die unverschobene Linie sowie zwei symmetrisch dazu aufgespaltene Linien mit linearer Polarisation, bei longitudinaler Beobachtung (d.h. Beobachtung längs der Kraftlinien) sieht man nur die beiden verschobenen Komponenten. Sie erscheinen bei dieser Art der Beobachtung zirkular polarisiert.

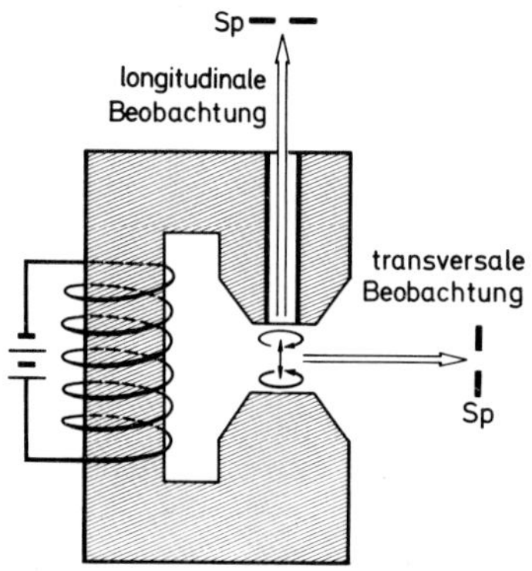

Abb. 13.7. Transversale und longitudinale Beobachtung der Aufspaltung von Spektrallinien im Magnetfeld. Die 3 Ersatzelektronen zur klassischen Beschreibung des Zeeman-Effektes sind eingezeichnet. Die Emission einer Lichtquelle im Magnetfeld wird entweder transversal oder mit Hilfe einer Bohrung im Polschuh longitudinal beobachtet. Sp ist der Eintrittspalt des Spektrographen

Das in Abb. 13.6 dargestellte Aufspaltungsverhalten der D-Linien des Natrium-Atoms ist typisch für den sogenannten anomalen Zeeman-Effekt. Die Anzahl der Aufspaltungskomponenten ist größer als beim normalen Zeeman-Effekt. Normaler und anomaler Zeeman-Effekt gehen in hinreichend großen äußeren Feldern $\boldsymbol{B}_0$ beide in den sogenannten Paschen-Back-Effekt über. Diese drei Effekte der Beeinflussung von Spektrallinien und Energietermen durch magnetische Felder wollen wir nun besprechen.

13.3.2 Erklärung des Zeeman-Effekts vom Standpunkt der klassischen Elektronentheorie

Der Zeeman-Effekt läßt sich, wie *Lorentz* kurz nach dessen Entdeckung gezeigt hat, weitgehend mit der klassischen Elektronentheorie verstehen. Wir beschränken uns dabei auf den normalen Zeeman-Effekt – das ist die Aufspaltung von Zuständen mit reinem Bahn-Magnetismus. Ist der resultierende Drehimpuls dagegen aus Spin- und Bahn-Anteilen zusammengesetzt, so spricht man vom anomalen Zeeman-Effekt. Der normale Zeeman-Effekt beschreibt Zustände, bei denen kein Spinmagnetismus vorhanden ist. Es müssen also wenigstens zwei Elektronen in der Weise beteiligt sein, daß sich ihre Spins zu Null addieren. Deshalb ist der normale Zeeman-Effekt nur bei Mehrelektronen-Zuständen realisiert, die in Kap. 17 behandelt werden.

Wir diskutieren die Emission von Licht durch ein Elektron, dessen Umlauf um den Kern wir als Oszillation auffassen, indem wir beispielsweise die Projektion auf eine Richtung betrachten. Wir fragen, welche Kraft das Magnetfeld auf ein strahlendes Elektron ausübt. Das strahlende Elektron betrachten wir dabei als einen linear schwingenden Oszillator mit beliebiger Orientierung relativ zu den magnetischen Feldlinien (Abb. 13.8).

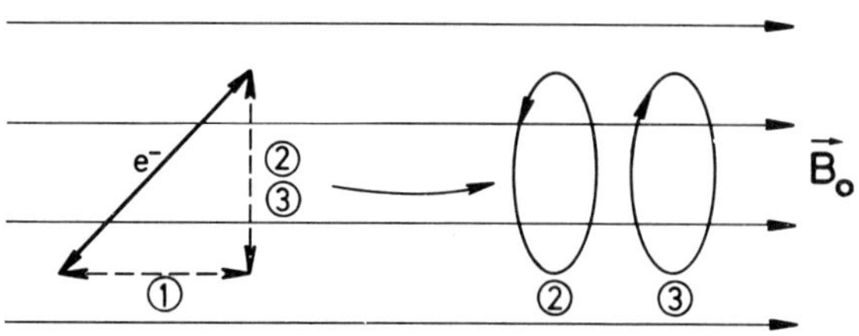

Abb. 13.8. Klassische Erklärung des Zeeman-Effektes. Ein oszillierendes Elektron wird in 3 Ersatzoszillatoren zerlegt. Weitere Erläuterung im Text

Wir ersetzen das Elektron im Modell durch drei Ersatz-Oszillatoren nach den Gesetzen der Vektor-Addition: Ersatz-Elektron 1 schwingt linear parallel zur Richtung von $\boldsymbol{B}_0$. Ersatz-Elektron 2 und 3 schwingen entgegengesetzt zirkular zueinander und senkrecht zur Richtung von $\boldsymbol{B}_0$. Diese Zerlegung ist erlaubt, da sich jede lineare Schwingung durch Addition zweier entgegengesetzt zirkularer ersetzen läßt. Ohne Feld $\boldsymbol{B}_0$ ist die Frequenz aller drei Ersatzelektronen gleich der des ursprünglichen Elektrons, nämlich ω_0.

Nun fragen wir nach der Kraft, die das Magnetfeld auf unsere drei Ersatz-Elektronen ausübt:

- Ersatzelektron 1, parallel zu $\boldsymbol{B}_0$, erfährt keine Kraft. Seine Frequenz bleibt unverändert, das emittierte Licht ist linear polarisiert mit dem $\boldsymbol{E}$-Vektor parallel zum Vektor $\boldsymbol{B}_0$.
- Die zirkular schwingenden Ersatz-Elektronen zwei und drei werden beim Einschalten des Feldes $\boldsymbol{B}_0$ durch den dabei auftretenden Induktionsstoß je nach Umlaufrichtung beschleunigt oder verzögert.

Ihre Kreisfrequenz wird dabei erhöht bzw. erniedrigt um den Betrag

$$\delta\omega = \frac{1}{2}\frac{e}{m_0}B_0 = \frac{\mu_\mathrm{B}}{\hbar}\cdot B_0 \,. \tag{13.8}$$

Dies ist fast der gleiche Ausdruck, den wir bereits als Larmorfrequenz kennengelernt hatten. Er unterscheidet sich nur um einen Faktor 2 von der bei der Elektronenspin-Resonanz abgeleiteten Larmorfrequenz, weil wir es im Gegensatz dazu jetzt mit Bahn-Momenten ($g=1$) zu tun haben.

Klassisch kann man die Frequenzverschiebung $\delta\omega$ für die Ersatzelektronen 2 und 3 folgendermaßen berechnen: Ohne äußeres Magnetfeld sei die Kreisfrequenz der Ersatzelektronen ω_0. Es herrscht Gleichgewicht zwischen Zentrifugalkraft und Coulombkraft, also gilt

$$m\omega_0^2\boldsymbol{r} = \frac{Ze^2}{4\pi\varepsilon_0 r^3}\boldsymbol{r} \,.$$

Im homogenen äußeren Feld $\boldsymbol{B}_0$ in z-Richtung kommt die Lorentzkraft hinzu. Die Bewegungsgleichungen lauten dann im kartesischen Koordinatensystem

$$m\ddot{x} + m\omega_0^2 x - e\dot{y}\boldsymbol{B}_0 = 0 \tag{13.9a}$$

$$m\ddot{y} + m\omega_0^2 y + e\dot{x}\boldsymbol{B}_0 = 0 \tag{13.9b}$$

$$m\ddot{z} + m\omega_0^2 z \qquad = 0 \tag{13.9c}$$

Aus (13.9c) folgt sofort die Lösung für Ersatzelektron 1, $z = z_0\exp(\mathrm{i}\omega_0 t)$, d. h. die Frequenz des in z-Richtung schwingenden Elektrons bleibt unverändert.

Zur Lösung der Gleichungen (13.9a und b) substituieren wir $u = x + \mathrm{i}y$ und $v = x - \mathrm{i}y$. Man überzeugt sich leicht, daß die Gleichungen unter der Voraussetzung $eB_0/2m \ll \omega_0$ gelöst werden durch die Ausdrücke

$$u = u_0\exp[\mathrm{i}(\omega_0 - eB_0/2m)t]$$

$$v = v_0\exp[\mathrm{i}(\omega_0 + eB_0/2m)t] \,.$$

Dies sind die Bewegungsgleichungen für eine links- und eine rechts-zirkulare Schwingung mit der Frequenz $\omega_0 \pm \delta\omega$, mit $\delta\omega = eB_0/2m$. Die Ersatzelektronen 2 und 3 emittieren bzw. absorbieren demnach zirkular polarisiertes Licht mit der Frequenz $\omega_0 \pm \delta\omega$.

Das Aufspaltungsbild des normalen Zeeman-Effektes wird im klassischen Modell also richtig wiedergegeben:
Die Frequenzänderung hat folgende Größe

$$\delta\nu = \frac{\delta\omega}{2\pi} = \frac{1}{4\pi}\frac{e}{m_0}B_0 . \tag{13.10}$$

Das ergibt für die magnetische Flußdichte $B_0 = 1$ T den Wert

$$\delta\nu = 1{,}4 \cdot 10^{10}\,\mathrm{s}^{-1} \mathrel{\hat{=}} 0{,}465\,\mathrm{cm}^{-1} . \tag{13.11}$$

Unabhängig von der Frequenz ν erhält man bei gegebenem Magnetfeld $\boldsymbol{B}_0$ für jede Spektrallinie also die gleiche Frequenzverschiebung $\delta\nu$. Theorie und Experiment stimmen hier völlig überein. Für die Polarisation der Zeeman-Komponenten ergeben sich folgende Voraussagen. Ersatzelektron 1 hat die Strahlungscharakteristik eines Hertzschen Dipols, der in Richtung von $\boldsymbol{B}_0$ schwingt. Insbesondere schwingt der $\boldsymbol{E}$-Vektor der emittierten Strahlung parallel zu $\boldsymbol{B}_0$, und es wird keine Ausstrahlung in $\boldsymbol{B}_0$-Richtung erwartet. Das entspricht genau dem experimentellen Befund bei der unverschobenen Zeeman-Komponente. Man nennt sie auch die π-Komponente (π für parallel). Beobachtet man die Ausstrahlung der Ersatzelektronen 2 und 3 in $\boldsymbol{B}_0$-Richtung, so ist diese zirkular polarisiert. Bei Beobachtung senkrecht zu B_0 erscheint sie linear polarisiert. Auch dies ist in Übereinstimmung mit den experimentellen Befunden. Diese Strahlung heißt σ^+ und σ^--Licht, wobei σ für senkrecht und die Vorzeichen für Erhöhung bzw. Erniedrigung der Frequenz stehen. σ^+-Licht ist rechts-zirkular polarisiert, σ^--Licht links-zirkular. Die Richtung wird dabei relativ zu den Kraftlinien des Magnetfeldes $\boldsymbol{B}_0$ definiert, *nicht* relativ zur Ausbreitungsrichtung des Lichtes.

Von der unterschiedlichen Polarisation der Zeeman-Komponenten macht man Gebrauch beim optischen Pumpen. Dabei kann man durch geeignete Polarisation des Anregungslichts selektiv einzelne Zeeman-Niveaus bevölkern und so eine Spin-Orientierung erzeugen. Mehr dazu folgt in Abschn. 13.5.

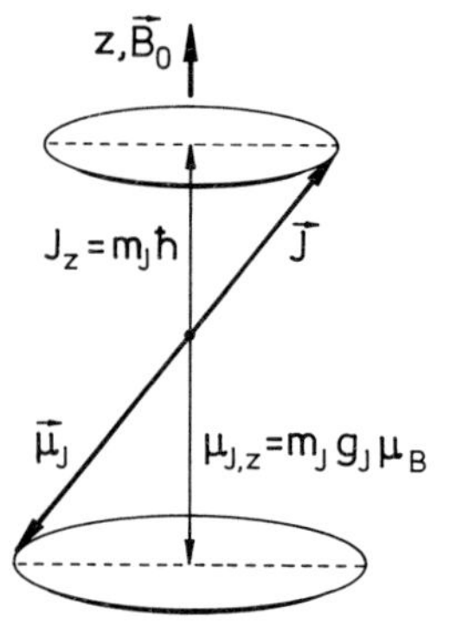

Abb. 13.9. Präzession von $\boldsymbol{J}$ und $\boldsymbol{\mu}_J$ um die Feldrichtung $\boldsymbol{B}_0$: Normaler Zeeman-Effekt, d.h. es gilt $\boldsymbol{J} = \boldsymbol{L}$

13.3.3 Beschreibung des normalen Zeeman-Effekts im Vektormodell

Während wir im vorigen Abschnitt eine rein klassische Behandlung des normalen Zeeman-Effekts gaben, tun wir nun einen ersten Schritt hin zu einer quantenmechanischen Beschreibung. Hierzu legen wir das bereits in Abschn. 12.2 eingeführte Vektormodell zugrunde (s. dazu Abb. 13.9 und 11). Eine vollständig quantentheoretische Beschreibung werden wir schließlich in Kap. 14 geben. Der Drehimpulsvektor $\boldsymbol{j}$ und damit gekoppelt das magnetische Moment $\boldsymbol{\mu}_j$ präzedieren gemeinsam um die Feldrichtung $\boldsymbol{B}_0$. Die Zusatzenergie des Atoms im Magnetfeld beträgt dann (vgl. Kap. 12, Abb. 13.9 und 11)

$$V_{m_j} = -(\bar{\mu}_j)_z \cdot B_0 = +m_j g_j \mu_B B_0 \quad \text{mit} \quad m_j = j, j-1, \ldots, -j . \tag{13.12}$$

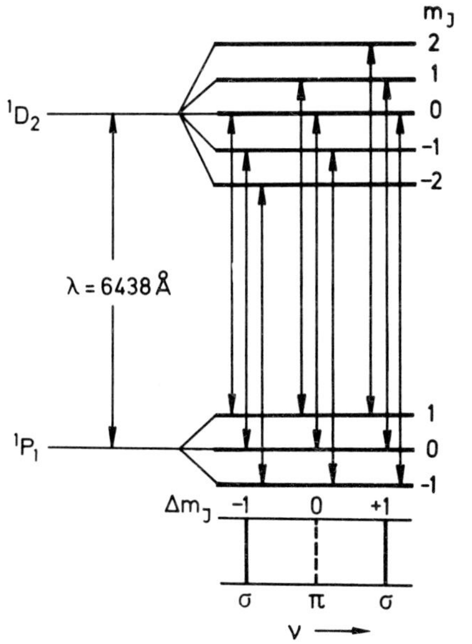

Abb. 13.10. Normaler Zeeman-Effekt. Aufspaltung der Linie $\lambda = 6438$ Å des neutralen Cd-Atoms, Übergang $^1P_1 - {}^1D_2$, im Magnetfeld in 3 Komponenten. Die Übergänge mit $\Delta m_J = 0$ heißen π-, die mit $\Delta m_J = \pm 1$ σ-Übergänge. Die Quantenzahl J ist hier groß geschrieben, weil es sich um ein Mehrelektronen-Atom handelt (siehe Kap. 17). Hier ist $S = 0$, $J = L$, es handelt sich also um reinen Bahnmagnetismus

Hier wurde der Faktor g_l aus (12.10) durch g_j ersetzt, weil der Gesamtdrehimpuls $\boldsymbol{j}$ berücksichtigt wird.

Die $(2j+1)$-fache Richtungsentartung ist also aufgehoben, der Term spaltet in $2j+1$ Komponenten auf. Diese sind energetisch äquidistant.

Der Abstand zweier Komponenten mit $\Delta m_j = 1$ beträgt dann

$$\Delta E = g_j \mu_B B_0 .$$

Sehen wir vom Spin ab und berücksichtigen nur den Bahnmagnetismus (das ist der „normale" Zeemaneffekt), so hat g_j den Zahlenwert 1 und wir erhalten

$$\delta\nu = \frac{1}{4\pi}\frac{e}{m_0} B_0 . \tag{13.13}$$

Die Größe der Aufspaltung ist somit die gleiche wie in der klassischen Theorie. Für die optischen Übergänge benötigt man noch die Auswahlregel

$$\Delta m_j = 0, \pm 1 .$$

Man erhält dann auch in der Quantentheorie unabhängig von der Anzahl der Termkomponenten stets drei Linien, das normale Zeeman-Triplett.

Als Beispiel zeigt Abb. 13.10 das Aufspaltungsbild für eine Cadmium-Linie. Hier müssen wir vorwegnehmen, daß der Bahndrehimpuls der Zustände beim Cd-Atom sich aus den Bahndrehimpulsen von zwei Elektronen zusammensetzt und deshalb durch eine große Quantenzahl L bezeichnet wird. Die Spins der beiden Elektronen sind antiparallel und kompensieren sich zu einem Gesamtspin $S = 0$. Für Mehrelektronen-Atome verwendet man die großen Quantenzahlen S, L, J anstelle von s, l, j (vgl. Abschn. 12.8), und da die Überlegungen hier allgemein gelten, verwenden wir jetzt schon die großen Symbole.

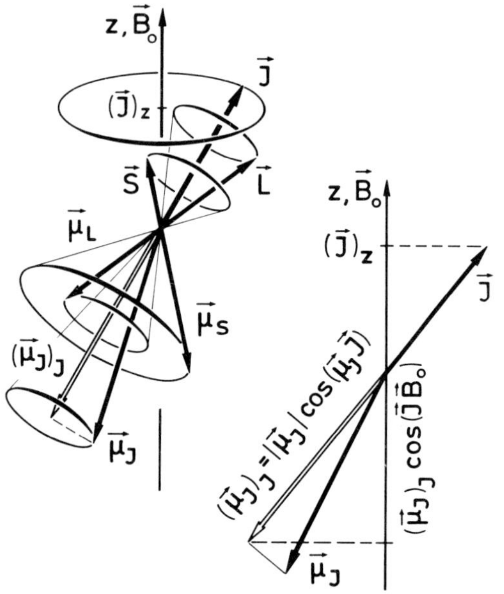

Abb. 13.11. *Linkes Teilbild:* Zur Erklärung des gesamten Drehimpulses $\boldsymbol{J}$, des magnetischen Moments $\boldsymbol{\mu}_J$, und deren Einstellung in einem Magnetfeld $\boldsymbol{B}_0$ bei starker Spin-Bahn-Kopplung. Die Drehimpulsvektoren $\boldsymbol{S}$ und $\boldsymbol{L}$ setzen sich zu $\boldsymbol{J}$ zusammen, ebenso die zugehörigen magnetischen Momente $\boldsymbol{\mu}_L$ und $\boldsymbol{\mu}_S$ zu $\boldsymbol{\mu}_J$. Wegen des unterschiedlichen gyromagnetischen Verhältnisses von Spin- und Bahn-Magnetismus fallen die Richtungen der Vektoren $\boldsymbol{J}$ und $\boldsymbol{\mu}_J$ nicht mehr zusammen. Beobachtbar ist die Projektion von $\boldsymbol{\mu}_J$ auf die Richtung von $\boldsymbol{J}$ als zeitlicher Mittelwert über viele Präzessionsumläufe, d.h. die Komponente $(\boldsymbol{\mu}_J)_J$, die man deshalb als $\boldsymbol{\mu}_J$ bezeichnet, siehe rechtes Teilbild. Im Einelektronensystem können für S, L und J kleine Buchstaben verwendet werden, so im Text. *Rechtes Teilbild:* Die Projektion von $\boldsymbol{\mu}_J$ auf dem Vektor $\boldsymbol{J}$ ist $(\boldsymbol{\mu}_J)_J$, vgl. auch Abb. 13.14. Deren Projektion auf die Richtung von $\boldsymbol{B}_0$ wird mit Hilfe des Landé-Faktors berechnet. Der Vektor $\boldsymbol{\mu}_J$ führt wegen der starken Kopplung zwischen den Drehimpulsen $\boldsymbol{S}$ und $\boldsymbol{L}$ eine rasche Präzession aus. Deshalb ist die Komponente von $\boldsymbol{\mu}_J$ in J-Richtung, $(\boldsymbol{\mu}_J)_J$ konstant. Sie präzediert wegen der schwächeren Kopplung langsam um die Richtung von $\boldsymbol{B}_0$. Die magnetische Zusatzenergie ergibt sich als Produkt der Feldstärke $\boldsymbol{B}_0$ mit der Komponente von $(\boldsymbol{\mu}_J)_J$ in Richtung von $\boldsymbol{B}_0$ zu $(\boldsymbol{\mu}_J)_{J,z} \cdot \boldsymbol{B}_0$. Man bezeichnet sie auch als $(\bar{\mu}_J)_z$. Auch hier können im Einelektronensystem die Buchstaben S, L, J durch s, l, j ersetzt werden.

Abbildung 13.11 erklärt den *anomalen Zeemaneffekt*, Abschn. 13.3.4. Für den einfacheren und spezielleren *normalen Zeemaneffekt* (Abschn. 13.3.3) ist $\boldsymbol{S}=0$ und deshalb $\boldsymbol{\mu}_J=\boldsymbol{\mu}_L$. Die Richtung des Vektors $\boldsymbol{\mu}_J$ ist dann der Richtung des Vektors $\boldsymbol{J}=\boldsymbol{L}$ entgegengesetzt. Beobachtbar ist die z-Komponente von $\boldsymbol{\mu}_J$. Siehe dazu Abb. 13.9

Übergänge zwischen den Komponenten verschiedener Terme (z.B. $^1P_1$ oder $^1D_2$ in Abb. 13.10) mit gleichem Δm_j fallen energetisch zusammen, weil die Aufspaltung gleich groß ist, da es sich in beiden Fällen um reinen Bahnmagnetismus handelt. Siehe dazu die Diskussion des Landéschen g-Faktors in Abschn. 13.3.5, insbesondere (13.18). Die unverschobene Linie entspricht Übergängen $\Delta m=0$, die verschobenen Linien sind die Übergänge $\Delta m=\pm 1$. Sie sind zirkular polarisiert.

Polarisation und Aufspaltungsbild des normalen Zeeman-Effekts sind ein schönes Beispiel für das Korrespondenzprinzip (vgl. Abschn. 8.11). Legen wir den Erhaltungssatz für den Gesamtdrehimpuls des Systems Elektron und Lichtquanten zugrunde, so folgt übrigens aus dem Polarisationsverhalten beim Zeeman-Effekt, daß Lichtquanten den Drehimpuls $1 \cdot \hbar$ haben.

13.3.4 Der anomale Zeeman-Effekt

Vom anomalen Zeeman-Effekt spricht man dann, wenn Drehimpuls und magnetisches Moment der beiden Terme, zwischen denen der optische Übergang stattfindet, nicht alleine durch eine der beiden Quantenzahlen s oder l (bzw. S und L), sondern durch beide zu beschreiben sind, s. dazu auch Abb. 13.11. Dies ist der allgemeine Fall, daß nämlich der atomare Magnetismus eine Überlagerung von Spin- und Bahn-Magnetismus ist. Die Bezeichnung „anomaler“ Zeeman-Effekt hat historische Gründe und ist eigentlich sinnlos, weil dies der Normalfall ist.

Im Falle des anomalen Zeeman-Effektes besitzen die beiden am optischen Übergang beteiligten Terme wegen des unterschiedlichen Anteils von Spin- und Bahn-Magnetismus unterschiedliche g-Faktoren. Sie sind durch den Gesamtdrehimpuls $\boldsymbol{j}$ bestimmt und heißen deshalb g_j-Faktoren. Die Aufspaltung der Terme im Grund- und Anregungszustand sind deshalb im Gegensatz zum normalen Zeeman-Effekt unterschiedlich groß. Das führt zu einer größeren Zahl von Linien im Spektrum. Die Berechnung der g_j-Faktoren erfolgt in Abschn. 13.3.5.

Den anomalen Zeeman-Effekt wollen wir am Beispiel der Na-D-Linien erläutern (Abb. 13.12).

Für die drei Terme, zwischen denen die Übergänge der D-Linien des Natrium-Atoms erfolgen, nämlich $^2S_{1/2}$, $^2P_{1/2}$ und $^2P_{3/2}$ betragen die magnetischen Momente in Feldrichtung

$$(\boldsymbol{\mu}_j)_{j,z} = -m_j g_j \mu_B \tag{13.14}$$

und die magnetische Zusatzenergie beträgt

$$V_{m_j} = -(\boldsymbol{\mu}_j)_{j,z} B_0 \,. \tag{13.15}$$

Die Anzahl der Aufspaltungskomponenten im Felde ist durch m_j gegeben und beträgt wieder $2j+1$. Der Abstand zwischen den Komponenten mit unterschiedlichem m_j – den sogenannten Zeeman-Komponenten – ist jedoch nicht mehr bei allen Termen gleich groß. Er ist abhängig von den Quantenzahlen l, s, und j und beträgt

$$\Delta E_{m_j, m_j - 1} = g_j \mu_B B_0 \,. \tag{13.16}$$

Experimentell ergibt sich $g_j = 2$ für den Grundzustand $^2S_{1/2}$, $g_j = 2/3$ für den Zustand $^2P_{1/2}$ und 4/3 für den Zustand $^2P_{3/2}$. Diese g_j-Faktoren werden wir im nächsten Abschnitt erklären. Für optische Übergänge lautet die Auswahlregel wieder $\Delta m_j = 0, \pm 1$. Damit erhält man die in Abb. 13.12 eingezeichneten 10 Linien. Das tatsächlich beobachtete Spektrum zeigt schematisch Abb. 13.13.

Die Bedeutung des Zeeman-Effektes liegt hauptsächlich in der empirischen Termanalyse. Die Termaufspaltungen hängen in eindeutiger Weise von den Quantenzahlen l, s, und j bzw. bei Mehrelektronenatomen (s. Kap. 17) von L, S und J ab. Diese können deshalb aus Messungen des Zeeman-Effektes empirisch ermittelt werden.

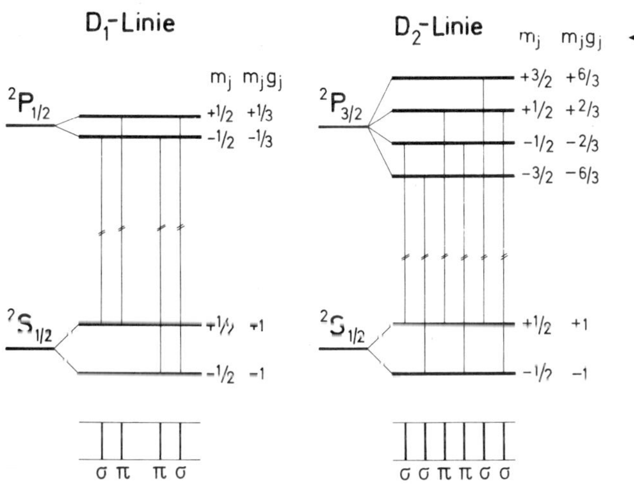

Abb. 13.12. Anomaler Zeeman-Effekt. Aufspaltung der Linien D_1 und D_2 des neutralen Na-Atoms, Übergänge $^2S_{1/2}-^2P_{1/2}$ und $^2S_{1/2}-^2P_{3/2}$, im Magnetfeld in 4 bzw. 6 Komponenten. Der Zustand $^2P_{3/2}$ liegt energetisch höher als der Zustand $^2P_{1/2}$. Das ist hier nicht dargestellt. Siehe dazu Abb. 12.18

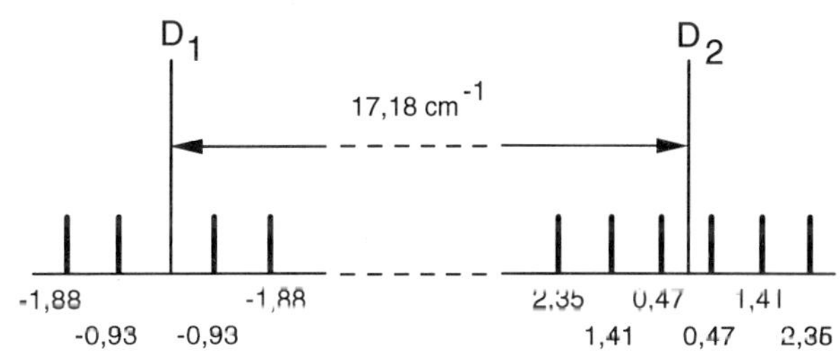

Abb. 13.13. Aufspaltung (in cm^{-1}) der D_1- und D_2-Linie in einem Magnetfeld von 3 T (Zeeman-Effekt)

13.3.5 Magnetisches Moment bei Spin-Bahn-Kopplung

Beim anomalen Zeeman-Effekt zeigt es sich, daß g_j-Faktoren auch mit anderen Werten als $g = 1$ (Bahn-Magnetismus) und $g = 2$ (Spin-Magnetismus) auftreten. Wir können dies unter Verwendung des Vektormodells quantitativ verstehen.

Der g_j-Faktor verknüpft die Größe des magnetischen Moments eines Atoms mit seinem Gesamtdrehimpuls. Das magnetische Moment setzt sich vektoriell zusammen aus dem magnetischen Bahnmoment und dem magnetischen Spinmoment.

Es gilt natürlich

$$\boldsymbol{\mu}_j = \boldsymbol{\mu}_s + \boldsymbol{\mu}_l \,.$$

Dabei sind die Richtungen der Vektoren $\boldsymbol{\mu}_l$ und $\boldsymbol{l}$ einander antiparallel, ebenso die Richtungen der Vektoren $\boldsymbol{\mu}_s$ und $\boldsymbol{s}$. Dagegen fallen die Richtungen von $\boldsymbol{j}$ und $-\boldsymbol{\mu}_j$ im allgemeinen Falle nicht zusammen. Dies ist eine Folge des unterschiedlichen g-Faktors für Spin- und Bahnmagnetismus. Dies wird durch Abb. 13.14 sowie 13.11 verdeutlicht.

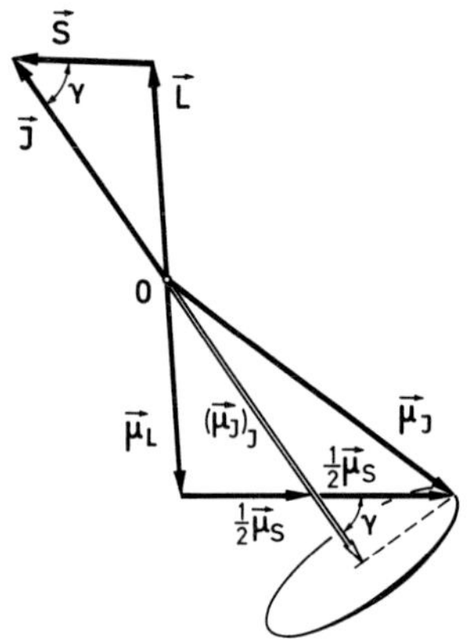

Abb. 13.14. Zur Berechnung der J-Komponente von $\boldsymbol{\mu}_J$ und zur Veranschaulichung der unterschiedlichen g-Faktoren von Bahn- und Spin-Magnetismus. Nähere Erläuterung im Text. Auch hier gelten kleine Buchstaben l, s, j für Einelektronensysteme, große S, L und J für Mehrelektronensysteme

Das aus der Vektoraddition von $\boldsymbol{\mu}_l$ und $\boldsymbol{\mu}_s$ resultierende magnetische Moment $\boldsymbol{\mu}_j$ präzediert um die raumfeste Richtung des Gesamtdrehimpuls $\boldsymbol{j}$. Dies ist wegen der starken Kopplung der Drehimpulse eine schnelle Präzession. Dabei bleibt im Zeitmittel nur seine Projektion auf die Richtung von $\boldsymbol{j}$ übrig, die anderen Komponenten werden ausgemittelt. Experimentell ist deshalb nur diese Projektion $(\boldsymbol{\mu}_j)_j$ beobachtbar, die ihrerseits im äußeren Magnetfeld $\boldsymbol{B}_0$ um die $\boldsymbol{B}_0$-Richtung präzediert. Bei der Berechnung der magnetischen Zusatzenergie V_{m_j} nach (13.15) muß deshalb die Projektion auf die $\boldsymbol{j}$-Richtung $(\boldsymbol{\mu}_j)_j$ eingesetzt werden. Ihre Größe läßt sich aus dem Vektormodell berechnen: die j-Komponente von $\boldsymbol{\mu}_j$ ergibt sich nach Abb. 13.11 und 13.14 zu

$$|(\boldsymbol{\mu}_j)_j| = |\boldsymbol{\mu}_l| \cdot \cos(\boldsymbol{l},\boldsymbol{j}) + |\boldsymbol{\mu}_s| \cos(\boldsymbol{s},\boldsymbol{j}) = \mu_B[\sqrt{l(l+1)}\cos(\boldsymbol{l},\boldsymbol{j}) + 2\sqrt{s(s+1)}\cos(\boldsymbol{s},\boldsymbol{j})] \,.$$

Die Ausdrücke für $\cos(\boldsymbol{l}, \boldsymbol{j})$ und $\cos(\boldsymbol{s}, \boldsymbol{j})$ ergeben sich mit dem Cosinussatz aus Abb. 13.14 und 13.11, wobei die Länge der Vektoren wieder mit $\sqrt{l(l+1)}\hbar$ bzw. $\sqrt{s(s+1)}\hbar$ anzusetzen ist. Eine eingehende quantentheoretische Begründung hierfür werden wir in Abschn. 14.3 geben.

Dann gilt für den Betrag

$$|(\boldsymbol{\mu}_j)_j| = \frac{3j(j+1) + s(s+1) - l(l+1)}{2\sqrt{j(j+1)}}\mu_B = g_j\sqrt{j(j+1)}\mu_B \tag{13.17}$$

und für das Moment

$$(\boldsymbol{\mu}_j)_j = -g_j\mu_B\frac{\boldsymbol{j}}{\hbar}$$

$$\text{mit } g_j = 1 + \frac{j(j+1) + s(s+1) - l(l+1)}{2j(j+1)} \tag{13.18}$$

und die Komponente in z-Richtung

$$(\boldsymbol{\mu}_j)_{j,z} = -m_j g_j \mu_B . \tag{13.19}$$

Der so definierte *Landéfaktor* g_j hat den Zahlenwert 1 für reinen Bahn-Magnetismus ($s=0$) und 2 (genauer 2,0023) für reinen Spinmagnetismus ($l=0$). Für gemischten Magnetismus erhält man Werte, die von diesen beiden Fällen abweichen. Man überzeugt sich durch Einsetzen leicht, daß die im vorigen Kapitel angegebenen g-Faktoren für Terme des Natrium-Atoms durch (13.18) richtig wiedergegeben werden. Bei Mehrelektronen-Atomen sind die Quantenzahlen s, l und j wie bereits erwähnt durch S, L und J zu ersetzen, siehe dazu jedoch Abschn. 17.3.3. Das ist in Abb. 13.11 und 13.14 bereits geschehen.

13.4 Der Paschen-Back-Effekt

Die bisherigen Betrachtungen über die Aufspaltung von Spektrallinien im Magnetfeld galten für „schwache" Magnetfelder. Schwach bedeutet dabei: die Aufspaltung der Energieniveaus im Magnetfeld ist klein gegen die Feinstruktur-Aufspaltung, oder anders ausgedrückt: die Kopplung zwischen Bahnmoment und Spinmoment, die sogenannte Spinbahn-Kopplung, ist stärker als die Kopplung von Bahn- oder Spinmoment alleine mit dem äußeren Magnetfeld. Da die Spin-Bahn-Kopplungsenergie mit wachsender Kernladungszahl Z stark zunimmt (vgl. Abschn. 12.8), ist der Fall des „starken" Feldes bei leichten Atomen schon bei sehr viel kleineren Magnetfeldern erfüllt als bei schweren Atomen. So beträgt die Spin-Bahn-Aufspaltung bei den Natrium-D-Linien 17,2 cm^{-1}, bei den entsprechenden Linien des Lithium-Atoms 0,3 cm^{-1}. Die Zeeman-Aufspaltung im äußeren Feld beträgt in beiden Fällen rund 1 cm^{-1} bei einem äußeren Feld $\boldsymbol{B}_0$ von 30 kG (3 T), vgl. Abb. 13.13. Dieses Feld ist also für Lithium ein „starkes", für Natrium noch ein „schwaches" Feld.

Wenn das Magnetfeld $\boldsymbol{B}_0$ so stark ist, daß obige Bedingung nicht mehr erfüllt ist, vereinfacht sich das Aufspaltungsbild wieder. Das Magnetfeld löst die Feinstruktur-Kopplung. $\boldsymbol{l}$ und $\boldsymbol{s}$ sind in erster Näherung voneinander entkoppelt und präzedieren einzeln um $\boldsymbol{B}_0$. Die Quantenzahl für den Gesamt-Drehimpuls $\boldsymbol{j}$ verliert damit ihre Bedeutung. Diesen Grenzfall bezeichnet man als Paschen-Back-Effekt.

Die Komponenten von Bahn- und Spinmoment $(\boldsymbol{\mu}_l)_z$ und $(\boldsymbol{\mu}_s)_z$ in Feldrichtung sind nun einzeln gequantelt. Die entsprechende magnetische Zusatzenergie beträgt

$$V_{m_s, m_l} = (m_l + 2m_s)\mu_B B_0 \tag{13.20}$$

und die Aufspaltung der Spektrallinien

$$\Delta E = (\Delta m_l + 2\Delta m_s)\mu_B B_0 . \tag{13.21}$$

Für optische Übergänge gelten wiederum Auswahlregeln, nämlich wie bereits früher $\Delta m_l = 0$ und ± 1 für π- bzw. σ-Übergänge. Da elektrische Dipolstrahlung in erster

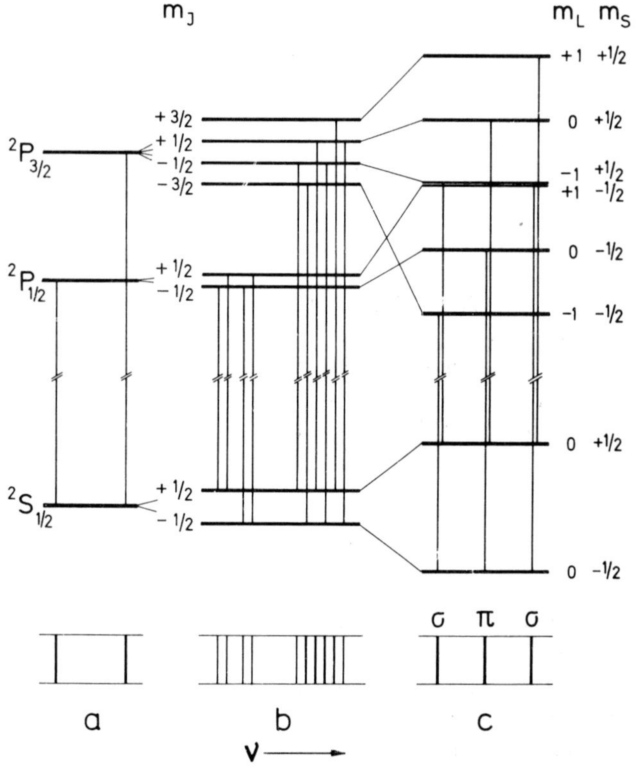

Abb. 13.15. Paschen-Back-Effekt (*c*) und Zeeman-Effekt (*b*) der Linien D_1 und D_2 des neutralen Natrium-Atoms (*a*). Im Grenzfall hoher Magnetfelder beobachtet man eine unverschobene und zwei symmetrisch aufgespaltene Linien, wie beim normalen Zeeman-Effekt

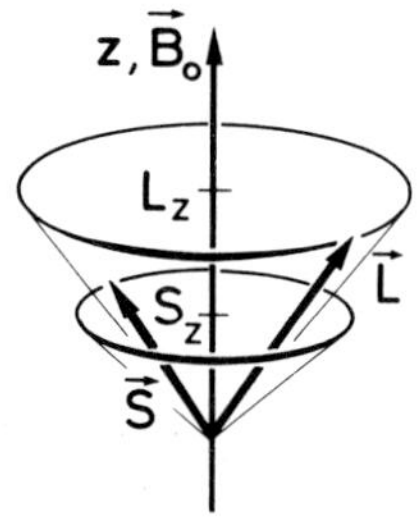

Abb. 13.16. Zum Paschen-Back-Effekt. Im Grenzfall hohen Feldes $\boldsymbol{B}_0$ stellen sich Spin $\boldsymbol{S}$ und Bahndrehimpuls $\boldsymbol{L}$ einzeln relativ zu $\boldsymbol{B}_0$ ein, ein Gesamtdrehimpuls $\boldsymbol{J}$ ist nicht definiert

Näherung keine Spinumkehr bewirken kann, gilt ferner $\Delta m_s = 0$. Damit ergibt sich aus (13.21) wieder ein Aufspaltungstriplett von Spektrallinien wie beim normalen Zeeman-Effekt.

Abbildung 13.15 zeigt das Aufspaltungsbild der Na-D-Linien. Die Darstellung im Vektormodell zeigt Abb. 13.16. Sie macht deutlich, daß ein Gesamtdrehimpuls $\boldsymbol{j}$ gar nicht mehr definiert ist. Ebenso wie der Zeeman-Effekt dient der Paschen-Back-Effekt hauptsächlich der empirischen Termanalyse. Bei Mehrelektronen-Atomen, wo die Einelektronen-Quantenzahlen j, l, s durch Mehrelektronenquantenzahlen J, L, S ersetzt werden, wird diese Untersuchungsmethodik besonders wichtig (vgl. Kap. 17).

Das Zwischengebiet zwischen den Grenzfällen schwacher Felder (Zeeman-Effekt) und starker Felder (Paschen-Back-Effekt) ist theoretisch wie experimentell schwierig zu analysieren.

13.5 Doppelresonanz und optisches Pumpen

Die unterschiedliche Polarisation der verschiedenen Zeeman-Komponenten kann man benutzen, um auch ohne die erforderliche spektrale Auflösung oder wenn die Linienbreite zu groß ist, doch selektiv einzelne Zeeman-Niveaus des angeregten Zustandes zu bevölkern. Das ist der einfachste Fall des optischen Pumpens.

Das älteste derartige Experiment ist in Abb. 13.17 dargestellt (*Brossel*, *Bitter* und *Kastler* 1949–1952). Dabei werden Quecksilber-Atome in einem äußeren Magnetfeld $\boldsymbol{B}_0$

durch Einstrahlen von linear polarisiertem Licht zu einem π-Übergang in den Zustand $m_J=0$ des Anregungszustandes $^3P_1$ angeregt. Die von diesen Atomen ausgehende Emission besteht ebenfalls aus linear polarisiertem π-Licht. Nun kann man jedoch senkrecht zur Richtung von $\boldsymbol{B}_0$ mit den in Abb. 13.17 eingezeichneten Hochfrequenzspulen Übergänge $\Delta m=\pm 1$ erzeugen und damit auch die Zeeman-Subniveaus $m=1$ und $m=-1$ bevölkern. Das aus diesen Niveaus emittierte Licht ist aber zirkular polarisiertes σ-Licht. Das Auftreten einer zirkular polarisierten Emission in einer Richtung senkrecht zu derjenigen der π-Emission kann somit zum Nachweis und zur Messung der Übergänge $\Delta m=\pm 1$ zwischen den Zeeman-Subniveaus dienen.

Man beobachtet also die gleichen Übergänge wie in der Elektronen-Spin-Resonanz, jedoch weist man sie optisch nach. Durch dieses *Doppelresonanz*-Verfahren (doppelte Anregung mit Licht und mit Hochfrequenzstrahlung) erreicht man eine sehr hohe Nachweisempfindlichkeit, weil man die Hochfrequenzquanten mit kleiner Quantenenergie durch die viel Energie-reicheren Lichtquanten nachweist. Dadurch wird erst die Messung der Spinresonanz in einem kurzlebigen Anregungszustand möglich. Derartige Doppelresonanz-Verfahren haben in den letzten 35 Jahren eine große Bedeutung in der Spektroskopie erlangt.

Das Prinzip des *optischen Pumpens* kann gut am Beispiel der Natrium-D-Linien erläutert werden, zum Beispiel am Übergang vom Grundzustand $^2S_{1/2}$ zum Anregungszustand $^2P_{1/2}$. In einem äußeren Magnetfeld sind beide Terme aufgespalten in die

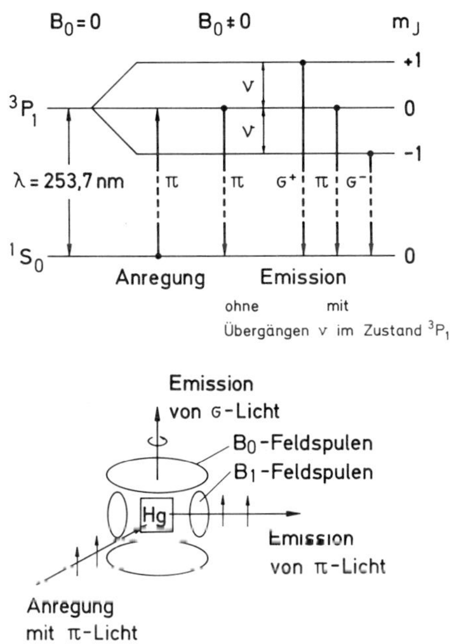

Abb. 13.17. Zur Doppelresonanz nach *Brossel, Bitter* und *Kastler*. Im oberen Teilbild sind die drei Zeeman-Subniveaus des angeregten Zustandes $^3P_1$ dargestellt. Das untere Teilbild zeigt die Versuchsanordnung. Die Quecksilberatome befinden sich in einer Küvette zwischen zwei Spulenpaaren, die das konstante Feld $\boldsymbol{B}_0$ und das Hochfrequenzfeld $\boldsymbol{B}_1$ erzeugen. Weitere Erklärung im Text. Der Übergang erfolgt zwischen dem Grundzustand des Hg-Atoms $6s^2(^1S_0)$ und dem Anregungszustand $6s6p(^3P_1)$

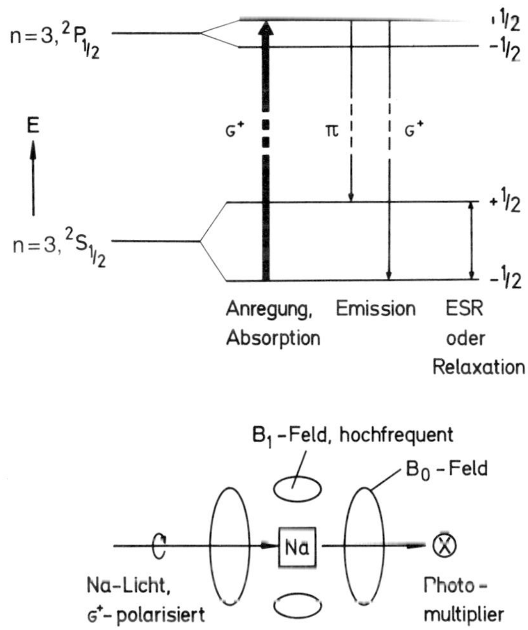

Abb. 13.18. Optisches Pumpen am Übergang $^2S_{1/2}-{}^2P_{1/2}$ des Natrium-Atoms. Im Felde $\boldsymbol{B}_0$ spalten die Terme in die Zeeman-Terme mit $m_j=\pm 1/2$ auf. Nur Atome im Grundzustand $m_j=-1/2$ absorbieren das eingestrahlte σ^+-Licht. Bei der Emission aus dem angeregten Niveau werden durch π-Übergänge Atome im Grundzustand mit $m_j=+1/2$ angereichert. Mit dem hochfrequenten B_1-Feld wird durch Übergänge von $m_j=+1/2$ nach $m_j=-1/2$ die Anzahl der absorbierfähigen Atome erhöht

Zeeman-Terme $m_j = \pm 1/2$ (Abb. 13.12 und 13.18). Wenn nun das Anregungslicht zirkular polarisiert ist, wird beispielsweise mit σ^+-Übergängen von $m_j = -1/2$ im Grundzustand der Anregungszustand mit $m_j = +1/2$ bevölkert. Emission aus diesem Zustand erfolgt entweder als σ^+-Licht in den Ausgangsterm $^2S_{1/2}$, $m_j = -1/2$, oder aber als π-Licht in den Grundzustandsterm mit $m_j = +1/2$. Insgesamt wird durch diesen *Pumpzyklus* die Besetzung der Terme mit $m_j = +1/2$ im Grundzustand auf Kosten derer mit $m_j = -1/2$ erhöht. Ein Ausgleich kann durch *Relaxationsprozesse*, zum Beispiel durch Stöße der Natrium-Atome untereinander oder mit der Wand erfolgen. Wenn diese Prozesse nicht rasch genug sind, kann man durch Einstrahlen von Mikrowellen Übergänge im Grundzustand induzieren. Diese Elektronenspin-Resonanz-Übergänge ändern die Besetzung der Zeeman-Terme. Der *Nachweis* dieser ESR kann *optisch* erfolgen, indem sich nämlich die Intensität der Absorption von $^2S_{1/2}$, $m_j = -1/2$ zu $^2P_{1/2}$, $m_j = +1/2$ ändert, wenn die Besetzung des Grundzustandes durch optisches Pumpen geändert wurde. Abbildung 13.18 zeigt schematisch die Versuchsanordnung. Dies ist dann ebenfalls eine Doppelresonanz-Methode.

Doppelresonanz-Verfahren, bei denen man magnetische Resonanz-Übergänge durch Änderung der Absorption oder Emission von Licht im sichtbaren oder ultravioletten Spektralbereich nachweist, haben auch in der Molekül- und in der Festkörperphysik große Bedeutung erlangt. Man bezeichnet sie als ODMR, optically detected magnetic resonance. Mehr dazu in H. Haken u. H. C. Wolf, Molekülphysik und Quantenchemie, Abschn. 19.7.

Aufgaben

13.1 Welche Frequenz ist nötig, um in einem Magnetfeld von 10^{-1} T Elektronen-Spin-Übergänge von der parallelen zu der antiparallelen Ausrichtung zu induzieren (oder umgekehrt)?

13.2 Warum spaltet der Term $^4D_{1/2}$ in einem Magnetfeld nicht auf? Erläutern Sie diesen Sachverhalt anhand des Vektorgerüstmodells.

13.3 Berechnen Sie den Winkel zwischen dem Gesamt- und dem Bahndrehimpuls in einem $^4D_{3/2}$-Zustand.

13.4 Die Spektrallinien, die dem Übergang $3p \leftrightarrow 3s$ entsprechen, haben bei Natrium die Wellenlängen $\lambda_2 = 5895{,}9$ Å und $\lambda_1 = 5889{,}6$ Å.

a) Bestimmen Sie die Magnetfeldstärke, bei der das unterste Zeeman-Niveau des Terms $^2P_{3/2}$ mit dem obersten Niveau des Terms $^2P_{1/2}$ zusammenfallen würde, wenn die Bedingungen für den anomalen Zeemaneffekt noch erfüllt wären.
b) Wie groß ist die Frequenzdifferenz zwischen jeweils den beiden äußeren Zeeman-Komponenten der D_1 und D_2 Linie in einem Magnetfeld der Stärke 1 Tesla?

13.5 Untersuchen Sie die Aufspaltung der Linien im $3d \leftrightarrow 2p$-Übergang bei Anwesenheit eines Magnetfeldes, wenn die Zeeman-Aufspaltung, verglichen mit der Spin-Bahn-Wechselwirkung, schwach ist.

13.6 Zeichnen Sie die Zeeman-Aufspaltungen in den Linien der Balmer-Serie des Wasserstoff-Atoms.

Berechnen Sie die magnetischen Momente der Zustände $P_{1/2}$, $P_{3/2}$, $D_{3/2}$ und $D_{5/2}$.

Zeichnen Sie weiterhin die Aufspaltung im Falle des Paschen-Back-Effektes.

Bei welchen Magnetfeldstärken erfolgt der Übergang vom Zeeman- zum Paschen-Back-Effekt?

13.7 a) Wasserstoffatome befinden sich in einem Magnetfeld $B_0 = 4{,}5\,\mathrm{T}$. Wird bei dieser Feldstärke die Aufspaltung der H_α-Linie ($n=3 \rightarrow n=2$) durch den anomalen Zeemaneffekt oder den Paschen-Back-Effekt verursacht? (Begründung.) (Die Spin-Bahn-Aufspaltung zwischen den Termen $3\,{}^2P_{1/2}$ und $3\,{}^2P_{3/2}$ des Wasserstoffatoms beträgt $0{,}108\,\mathrm{cm}^{-1}$.)

b) Skizzieren Sie die Aufspaltung der Energieniveaus in dem angegebenen Magnetfeld und tragen Sie die Übergänge ein, die bei der H_α-Linie beobachtet werden. In wieviele Komponenten spaltet die H_α-Linie auf?

c) Bestimmen Sie die spezifische Ladung e/m des Elektrons, wenn die Frequenzaufspaltung zwischen zwei benachbarten Komponenten $6{,}29 \cdot 10^{10}\,\mathrm{Hz}$ beträgt. Die Feinstruktur kann vernachlässigt werden.

d) Ist die Wellenlängenaufspaltung bei der ersten Linie der Lyman-Serie ($n=2 \rightarrow n=1$) kleiner, größer oder gleich wie bei der H_α-Linie?

13.8 a) Zeichnen sie die Energiezustände eines freien Elektrons im Magnetfeld als Funktionen des Feldes.

b) Betrachten Sie zwei Elektronen, deren Spins gekoppelt sind (der genaue Kopplungsmechanismus ist in der Aufgabe nicht wichtig, z.B. könnte man zwei magnetische Dipole wechselwirken lassen). Wie viele Einstellmöglichkeiten gibt es? Unterscheiden Sie Singulett- und Triplett-Zustände.

c) Wie viele Elektronen müssen Sie mindestens koppeln, um einen Sextett-Zustand erzeugen zu können?

Hinweis: x-tett-Zustände werden nach der Multiplizität benannt.

14. Atome im Magnetfeld, quantenmechanische Behandlung

14.1 Quantentheorie des normalen Zeeman-Effekts

Der normale Zeeman-Effekt ist ein besonders schönes Beispiel dafür, wie man bereits mit der klassischen Physik zu ähnlichen Resultaten kommt wie mit der strengen Quantentheorie.

Um die früher erzielten Ergebnisse auf eine solide Basis zu stellen, bringen wir jetzt noch die strenge quantentheoretische Behandlung.

Dieses Kapitel ist etwas anspruchsvoller, da wir auf einige Grundbegriffe des Elektromagnetismus zurückgreifen müssen. Wie in der entsprechenden Theorie gezeigt wird, läßt sich das Magnetfeld $\boldsymbol{B}$ durch Rotationsbildung aus dem sogenannten Vektorpotential $\boldsymbol{A}$ gewinnen

$$\boldsymbol{B} = \mathrm{rot}\,\boldsymbol{A}\ . \tag{14.1}$$

In entsprechender Weise läßt sich die elektrische Feldstärke $\boldsymbol{F}$ aus dem elektrischen Potential $\tilde{V}$ und dem Vektorpotential $\boldsymbol{A}$ nach der Regel

$$\boldsymbol{F} = -\mathrm{grad}\,\tilde{V} - \frac{d\boldsymbol{A}}{dt} \tag{14.2}$$

gewinnen. Ferner erinnern wir daran, daß die Bewegungsgleichung eines Teilchens mit der Ladung $-e$ (wir denken hier konkret an Elektronen) und der Masse m_0 durch

$$m_0\ddot{\boldsymbol{r}} = (-e)\boldsymbol{F} + (-e)(\boldsymbol{v} \times \boldsymbol{B}) \tag{14.3}$$

gegeben ist, wobei der 2. Summand die sogenannte Lorentzkraft darstellt. $\boldsymbol{v}$ ist hierin die Teilchengeschwindigkeit. Es läßt sich zeigen, daß diese Bewegungsgleichung mit Hilfe der Hamiltonschen Gleichungen

$$\dot{\boldsymbol{p}} = -\mathrm{grad}_{\boldsymbol{r}} H(\boldsymbol{p}, \boldsymbol{r})\ , \tag{14.4}$$

$$\dot{\boldsymbol{r}} = \mathrm{grad}_{\boldsymbol{p}} H(\boldsymbol{p}, \boldsymbol{r}) \tag{14.5}$$

aus der Hamiltonfunktion

$$H = \frac{1}{2m_0}(\boldsymbol{p} + e\boldsymbol{A})^2 + V \tag{14.6}$$

gewonnen werden kann. Die potentielle Energie V des Elektrons ist mit dem elektrischen Potential $\tilde{V}$ durch die Beziehung $V = -e\tilde{V}$ verknüpft.

Für uns ist nur wichtig, daß wir in der Quantentheorie immer von einer Hamiltonfunktion ausgehen. Die Hamiltonfunktion wurde, wie wir in Abschn. 9.3.4 gesehen haben, dadurch zum Operator, daß wir in ihr nach der Jordanschen Regel den Impuls $\boldsymbol{p}$ gemäß

$$\boldsymbol{p} \rightarrow \frac{\hbar}{\mathrm{i}} \operatorname{grad} \tag{14.7}$$

ersetzen. Indem wir dieses Verfahren auch hier anwenden, erhalten wir als Hamiltonoperator

$$H = \frac{1}{2m_0}\left(\frac{\hbar}{\mathrm{i}} \operatorname{grad} + e\boldsymbol{A}\right)^2 + V\,. \tag{14.8}$$

Multiplizieren wir in ihm das Quadrat aus, wobei wir streng auf die Reihenfolge der Faktoren achten, so ergibt sich

$$H = -\frac{\hbar^2}{2m_0}\Delta + \frac{\hbar e}{2m_0\mathrm{i}}\boldsymbol{A} \operatorname{grad} + \frac{\hbar e}{2m_0\mathrm{i}} \operatorname{grad} \boldsymbol{A} + \frac{e^2\boldsymbol{A}^2}{2m_0} + V\,. \tag{14.9}$$

Bei der Anwendung der einzelnen Differentiationsoperatoren müssen wir allerdings ein wenig aufpassen, da wir ja wissen, daß H schließlich auf die Wellenfunktion ψ wirken soll. Insofern haben wir

$$\operatorname{grad} \boldsymbol{A} \tag{14.10}$$

exakt als

$$\operatorname{grad}(\boldsymbol{A}\psi) \tag{14.11}$$

zu interpretieren. Indem wir das in (14.11) auftretende Produkt ausdifferenzieren und dann wieder (14.7) verwenden, erhalten wir für den Hamiltonoperator

$$H = -\frac{\hbar^2}{2m_0}\Delta + \frac{e}{m_0}\boldsymbol{A}\boldsymbol{p} + \frac{e\hbar}{2m_0\mathrm{i}} \operatorname{div} \boldsymbol{A} + \frac{e^2\boldsymbol{A}^2}{2m_0} + V\,. \tag{14.12}$$

Wir wählen nun, wie immer in diesem Buch, das konstante magnetische Feld $\boldsymbol{B}$ in der z-Richtung

$$\boldsymbol{B} = (0, 0, B_z)\,. \tag{14.13}$$

Wie sich genau begründen läßt, ist das Vektorpotential $\boldsymbol{A}$ in (14.1) nicht völlig eindeutig bestimmt. Eine mögliche und für die folgenden Rechnungen günstige Darstellung ist

$$A_x = -\frac{B_z}{2}y \qquad A_y = \frac{B_z}{2}x\,, \qquad A_z = 0\,. \tag{14.14}$$

Somit ergibt sich für die Schrödinger-Gleichung mit dem Hamiltonoperator (14.12)

$$\left[-\frac{\hbar^2}{2m_0}\Delta + B_z\frac{e}{2m_0}\frac{\hbar}{\mathrm{i}}\left(x\frac{\partial}{\partial y} - y\frac{\partial}{\partial x}\right) + \frac{e^2B_z^2}{8m_0}(x^2+y^2) + V(r)\right]\psi = E\psi . \tag{14.15}$$

Im folgenden nehmen wir für V ein kugelsymmetrisches Potential an.
Wir erinnern nun daran (vgl. Abschn. 10.2), daß die folgende Relation gilt:

$$\frac{\hbar}{\mathrm{i}}\left(x\frac{\partial}{\partial y} - y\frac{\partial}{\partial x}\right) = \hat{l}_z = \frac{\hbar}{\mathrm{i}}\frac{\partial}{\partial\varphi} , \tag{14.16}$$

wobei $\hat{l}_z$ der Drehimpulsoperator in z-Richtung ist. Im allgemeinen läßt sich das Glied in (14.15), das x^2+y^2 enthält, für nicht zu große Magnetfelder gegenüber dem vor ihm stehenden Glied mit $\hat{l}_z$ vernachlässigen, sofern die magnetische Quantenzahl $m \neq 0$ ist. Lassen wir das Glied mit x^2 und y^2 in (14.15) weg und verwenden den üblichen Ansatz für die Wellenfunktion

$$\psi(\boldsymbol{r}) = R_{n,l}(r)\mathrm{e}^{\mathrm{i}m\varphi}P_l^m(\cos\vartheta) , \tag{14.17}$$

so erkennen wir, daß (14.15) identisch erfüllt ist, wobei aber nun die Energie durch

$$E = E_n^0 + B_z\frac{e\hbar}{2m_0}\cdot m ; \qquad -l \leqq m \leqq l \tag{14.18}$$

gegeben ist. In Abhängigkeit von der magnetischen Quantenzahl m wird also die Energie E gegenüber der ungestörten Energie E_n^0 verschoben. Es kommt zur Aufspaltung des Niveaus. Der Faktor $\mu_B = e\hbar/(2m_0)$ ist das bereits früher eingeführte Bohrsche Magneton. Mit der bereits erwähnten Auswahlregel für optische Übergänge

$$\Delta m = 0 \quad \text{oder} \quad \pm 1$$

ergibt sich das als normaler Zeeman-Effekt bekannte Aufspaltungsbild der Spektrallinien (vgl. Abschn. 13.3).

14.2 Die quantentheoretische Behandlung des Elektronen- und Protonenspins

14.2.1 Der Spin als Drehimpuls

Wie wir in Abschn. 12.4 sahen, besitzt das Elektron neben seinen drei Freiheitsgraden der Translationsbewegung noch einen weiteren, nämlich den eigenen Drehimpuls. Dieser wird als Spin bezeichnet. Wie wir wissen, besitzt auch eine Reihe anderer „Elementarteilchen", z. B. das Proton, einen Spin. Unsere bisherigen quantenmechanischen Rechnungen, insbesondere die Herleitung der Schrödinger-Gleichung und ihre Anwendung auf das Wasserstoffatom haben den Spin nicht enthalten. Im folgenden wollen wir zeigen, in welcher Weise der Spin in die quantentheoretische Behandlung atomarer

Zustände einbezogen wird. Das wird z.B. nötig bei der Spin-Bahn-Kopplung, beim anomalen Zeeman-Effekt, bei der sogenannten Spinresonanz und bei der adäquaten Formulierung des später zu besprechenden Pauli-Prinzips. Wie jeder Drehimpuls ist auch der Spin als Eigendrehimpuls des Elektrons ein Vektor mit den drei räumlichen Komponenten s_x, s_y, s_z

$$\boldsymbol{s}=(s_x, s_y, s_z) \,. \tag{14.19}$$

Bei dem nun zu entwickelnden Spin-Formalismus müssen wir dem experimentellen Befund Rechnung tragen, daß der Spin nur zwei Einstellmöglichkeiten hat, nämlich so, daß die Spin-Komponente in einer Vorzugsrichtung, z. B. in der z-Richtung, nur die Werte $+\hbar/2$ und $-\hbar/2$ annehmen kann. In diesem Sinn haben wir es mit einem echten Zwei-Niveau-System zu tun.

14.2.2 Spinoperatoren, Spinmatrizen und Spinwellenfunktion

Da anschaulich der eine Zustand des Spins „Spin nach oben", der andere „Spin nach unten" bedeutet, führen wir zunächst rein formal zwei „Wellen"-Funktionen ein, die diesen Spinrichtungen entsprechen, d. h. $\varphi_\uparrow$ und $\varphi_\downarrow$. Nehmen wir den Formalismus der Quantentheorie ernst, so entspricht der Messung der z-Komponente des Spins die Anwendung eines Operators $\hat{s}_z$ auf eine Wellenfunktion. [Wie bereits beim Drehimpuls $\boldsymbol{l}$ unterscheiden wir Spinoperatoren von den entsprechenden klassischen Größen durch das Zeichen ^ („Dach")]. Die Wellenfunktion können wir so wählen, daß die Anwendung des „Meßoperators" den jeweiligen Meßwert der Wellenfunktion ergibt. Da wir nur zwei Meßwerte, nämlich $\hbar/2$ und $-\hbar/2$, haben, erwarten wir somit die Beziehung

$$\hat{s}_z\varphi_\uparrow = \frac{\hbar}{2}\varphi_\uparrow \,, \tag{14.20a}$$

$$\hat{s}_z\varphi_\downarrow = -\frac{\hbar}{2}\varphi_\downarrow \,. \tag{14.20b}$$

Diese lassen sich zusammenfassen zu

$$\hat{s}_z\varphi_{m_s} = \hbar m_s \varphi_{m_s} \,, \tag{14.21}$$

wobei $m_s = +1/2$ (entsprechend ↑) oder

$m_s = -1/2$ (entsprechend ↓)

sein kann. m_s ist also die Quantenzahl der z-Komponente des Spins.

Wir suchen nun nach einem Formalismus, der uns die Beziehungen (14.20a) und (14.20b) gewissermaßen automatisch liefert. Es hat sich herausgestellt, daß dies am besten mit Matrizen zu bewerkstelligen ist. Unter einer Matrix versteht man in der Mathematik bekanntlich ein quadratisches Schema, z. B.

$$M = \begin{pmatrix} a & b \\ c & d \end{pmatrix} . \tag{14.22}$$

Mit diesem Schema ist eine Multiplikationsregel verknüpft. Stellen wir uns zur Veranschaulichung einen Vektor $\boldsymbol{v}$ mit den Komponenten x und y in der Ebene vor, also $\boldsymbol{v}=\begin{pmatrix}x\\y\end{pmatrix}$, so erhalten wir einen neuen Vektor x', y' durch die Multiplikation von $\begin{pmatrix}x\\y\end{pmatrix}$ mit M. Dies geschieht nach der Vorschrift

$$\begin{pmatrix}x'\\y'\end{pmatrix}=M\begin{pmatrix}x\\y\end{pmatrix}\equiv\begin{pmatrix}a & b\\c & d\end{pmatrix}\begin{pmatrix}x\\y\end{pmatrix}=\begin{pmatrix}ax+by\\cx+dy\end{pmatrix}. \tag{14.23}$$

Wir suchen also nun einen „Vektor" φ und eine Matrix M so, daß

$M\varphi$ gerade $\frac{\hbar}{2}\varphi$ bzw. $-\frac{\hbar}{2}\varphi$ ergibt.

Wir geben gleich das Ergebnis an und verifizieren es sodann. Wir wählen $\hat{s}_z$ in der Form

$$\hat{s}_z=\frac{\hbar}{2}\begin{pmatrix}1 & 0\\0 & -1\end{pmatrix} \tag{14.24}$$

und die Spinfunktionen in der Form

$$\varphi_\uparrow=\begin{pmatrix}1\\0\end{pmatrix},\qquad \varphi_\downarrow=\begin{pmatrix}0\\1\end{pmatrix}. \tag{14.25}$$

Mit Hilfe der Beziehung (14.23) läßt sich sofort nachrechnen, daß die Verwendung von (14.24) und (14.25) in (14.20a) und (14.20b) tatsächlich die Relationen $M\varphi_\uparrow=(\hbar/2)\varphi_\uparrow$, $M\varphi_\downarrow=-(\hbar/2)\varphi_\downarrow$ erfüllt. Die allgemeinste Spinfunktion erhalten wir, indem wir eine Überlagerung aus $\varphi_\uparrow$ und $\varphi_\downarrow$ mit den Koeffizienten a und b vornehmen, wie wir das ja schon von Wellenpaketen her kennen:

$$\varphi=a\varphi_\uparrow+b\varphi_\downarrow\equiv\begin{pmatrix}a\\b\end{pmatrix}. \tag{14.26}$$

Um zu einer Normierungsbedingung zu kommen, müssen wir noch das „Skalarprodukt" für die φ's einführen. Haben wir ein allgemeines φ_1 in der Form

$$\varphi_1=\begin{pmatrix}a_1\\b_1\end{pmatrix} \tag{14.27}$$

und ein weiteres φ_2 in der Form

$$\varphi_2=\begin{pmatrix}a_2\\b_2\end{pmatrix}, \tag{14.28}$$

so definieren wir als Skalarprodukt

$$\bar{\varphi}_1\varphi_2=(a_1^*,b_1^*)\begin{pmatrix}a_2\\b_2\end{pmatrix}=(a_1^*a_2+b_1^*b_2). \tag{14.29}$$

Dies sind natürlich Rechenregeln, die dem Leser aus der Vektorrechnung wohlbekannt sind. Setzen wir in (14.29) speziell $\bar{\varphi}_1 = \bar{\varphi}_\uparrow$, $\varphi_2 = \varphi_\uparrow$, so ergibt sich

$$\bar{\varphi}_\uparrow \varphi_\uparrow = 1 \tag{14.30}$$

und entsprechend

$$\bar{\varphi}_\downarrow \varphi_\downarrow = 1 \, . \tag{14.31}$$

Die Wellenfunktionen sind also normiert. Mit $\bar{\varphi}_1 = \bar{\varphi}_\downarrow$, $\varphi_2 = \varphi_\uparrow$ ergibt sich

$$\bar{\varphi}_\downarrow \varphi_\uparrow = 0 \, , \tag{14.32}$$

d. h. die Wellenfunktionen sind aufeinander orthogonal.

Mit der Form (14.24) haben wir einen ersten Zipfel des gesamten Problems in der Hand. Offen ist natürlich noch die Darstellung der Operatoren, die zur x- und y-Richtung des Drehimpulses gehören. Da es sich um *Drehimpulse* handelt, liegt es nahe, für die Komponenten die üblichen Vertauschungsrelationen für Drehimpulse – vgl. (10.14) – zu verlangen. Wir wollen hier nicht näher auf die entsprechende Mathematik eingehen. Für die Zwecke dieses Buches genügt es, wenn wir für $\hat{s}_x$ und $\hat{s}_y$ eine entsprechende Wahl treffen. Als günstig erweist sich

$$\hat{s}_x = \frac{\hbar}{2} \begin{pmatrix} 0 & 1 \\ 1 & 0 \end{pmatrix} \tag{14.33a}$$

und

$$\hat{s}_y = \frac{\hbar}{2} \begin{pmatrix} 0 & -\mathrm{i} \\ \mathrm{i} & 0 \end{pmatrix} . \tag{14.33b}$$

Bilden wir $\hat{\boldsymbol{s}}^2 = \hat{s}_x^2 + \hat{s}_y^2 + \hat{s}_z^2$ mit den Matrizen (14.24, 33a und b), so erhalten wir nach kurzer Rechnung

$$\hat{\boldsymbol{s}}^2 = \frac{\hbar^2}{4} \begin{pmatrix} 3 & 0 \\ 0 & 3 \end{pmatrix} = \hbar^2 \, \frac{3}{4} \begin{pmatrix} 1 & 0 \\ 0 & 1 \end{pmatrix} = \hbar^2 \, \frac{3}{4} \times \text{Einheitsmatrix} \, .$$

Wenden wir daher $\hat{\boldsymbol{s}}^2$ auf irgendeine Spinfunktion φ, insbesondere auf φ_{m_s} an, so ergibt sich stets

$$\hat{\boldsymbol{s}}^2 \varphi_{m_s} = \hbar^2 \, \frac{3}{4} \, \varphi_{m_s} \, .$$

Die Analogie zwischen dieser Gleichung und der Eigenwertgleichung für den Bahndrehimpuls $\hat{\boldsymbol{l}}^2$ (10.6) mit dem Eigenwert $\hbar^2 l(l+1)$ wird besonders deutlich, wenn wir $\hbar^2 3/4$ in der Form $\hbar^2 s(s+1)$ mit $s = 1/2$ schreiben:

$$\hat{\boldsymbol{s}}^2 \varphi_{m_s} = \hbar^2 s(s+1) \varphi_{m_s} \, . \tag{14.34}$$

14.2.3 Die Schrödinger-Gleichung des Spins im Magnetfeld

Wir gehen nun dazu über, eine Schrödinger-Gleichung für den Spin im Magnetfeld zu formulieren. Mit dem Elektronenspin vom Betrage $\hbar/2$ ist ein magnetisches Moment vom Betrage

$$\mu_B = \frac{e\hbar}{2m_0} \tag{14.35}$$

verknüpft. Darin sind m_0 die Masse des Elektrons und e die positive Elementarladung. Dieses magnetische Moment, das „Bohrsche Magneton", hatten wir bereits in Abschn. 12.2 kennengelernt. Da das magnetische Moment ein Vektor ist, der antiparallel zum Elektronenspin ist, schreiben wir allgemeiner

$$\boldsymbol{\mu} = -\frac{e}{m_0}\boldsymbol{s}\,, \tag{14.36}$$

wobei der Faktor $\hbar/2$ jetzt natürlich in dem Drehimpuls $\boldsymbol{s}$ steckt. Die folgenden Rechnungen lassen sich ohne weiteres auf den Spin eines Protons übertragen, wenn man überall das Bohrsche Magneton μ_B durch $-\mu_K$ bzw. $-e/m_0$ durch e/m_p ersetzt. μ_K ist das sogenannte Kernmagneton und ist definiert als $-(m_0/m_p)\mu_B$. m_p ist die Masse des Protons; das Minuszeichen rührt von der der Elektronenladung entgegengesetzten Ladung des Protons her. Die Energie eines Spins im räumlich homogenen Magnetfeld $\boldsymbol{B}$ ist, wie in der Elektrodynamik gezeigt wird, durch

$$V_S = -\boldsymbol{\mu}\boldsymbol{B} \tag{14.37}$$

gegeben. Unsere Aufgabe ist es, eine der Schrödinger-Gleichung analoge Gleichung zu gewinnen. Aus der bisherigen Formulierung der Quantenmechanik konnten wir erkennen, daß man die Schrödinger-Gleichung mit Hilfe von Energieausdrücken herleitet (vgl. Abschn. 9.2). Früher war der Energieausdruck durch die Hamiltonfunktion gegeben, die dann zum Hamiltonoperator wurde. In ähnlicher Weise lassen wir jetzt den Energieausdruck (14.37) zu einem Operator werden und formulieren für ihn die Gleichung

$$\frac{e}{m_0}\boldsymbol{B}\hat{\boldsymbol{s}}\varphi = E\varphi\,. \tag{14.38}$$

Hat das Magnetfeld die Komponenten B_x, B_y, B_z, so lautet die linke Seite von (14.38)

$$\frac{e}{m_0}(B_x\hat{s}_x + B_y\hat{s}_y + B_z\hat{s}_z)\varphi\,. \tag{14.39}$$

Des weiteren sind aber $\hat{s}_x$, $\hat{s}_y$ und $\hat{s}_z$ die Matrizen (14.33a) bzw. (14.33b) bzw. (14.24). Daher ist auch (14.39) eine Matrix. Nach den Regeln der Addition von Matrizen lautet diese

$$\frac{e\hbar}{2m_0}\begin{pmatrix} B_z & B_x - \mathrm{i}B_y \\ B_x + \mathrm{i}B_y & -B_z \end{pmatrix}. \tag{14.40}$$

Der Operatorcharakter auf der linken Seite von (14.38) steckt also in $\hat{s}$, das zu dem oben definierten Spinoperator wurde. Wählen wir das Magnetfeld $\boldsymbol{B}$ in der bereits vorher ausgezeichneten Vorzugsrichtung z, d. h.

$$\boldsymbol{B}=(0,0,B_z)\,, \tag{14.41}$$

so ist die linke Seite von (14.38) bis auf den Zahlenfaktor eB_z/m_0 identisch mit der linken Seite von (14.20a) bzw. (14.20b), d. h. aber, daß die vorhin eingeführten Funktionen (14.25) gerade auch Eigenfunktionen zu (14.38) mit den zugehörigen Eigenwerten

$$E=\pm\mu_{\mathrm{B}}\cdot B_z \tag{14.42}$$

sind. Die Energie des Spins im konstanten Magnetfeld in der z-Richtung ist also gerade der Ausdruck, den wir in einer klassischen Theorie bei der Wechselwirkung von einem anti-parallelen Spin mit dem Magnetfeld erwarten. Natürlich können wir anstelle von (14.38) die entsprechende zeitabhängige Schrödinger-Gleichung formulieren

$$\frac{e}{m_0}\boldsymbol{B}\hat{\boldsymbol{s}}\varphi=\mathrm{i}\hbar\frac{d\varphi}{dt}\,. \tag{14.43}$$

Diese haben wir insbesondere dann zu verwenden, wenn das Magnetfeld zeitabhängig ist.

14.2.4 Beschreibung der Spinpräzession mittels Erwartungswerten

Es ist aber auch interessant, die zeitabhängige Lösung von (14.43) bei einem konstanten Magnetfeld zu bestimmen. Denken wir uns das Magnetfeld in der z-Richtung, so lautet die Schrödinger-Gleichung

$$\mu_{\mathrm{B}}B_z\begin{pmatrix}1 & 0\\ 0 & -1\end{pmatrix}\varphi=\mathrm{i}\hbar\frac{d\varphi}{dt}\,. \tag{14.44}$$

Die allgemeine Lösung finden wir durch die Überlagerung von $\varphi_\uparrow$ und $\varphi_\downarrow$, vgl. (14.26). Da die Schrödinger-Gleichung rechts die Zeitableitung enthält, müssen wir $\varphi_\uparrow$ und $\varphi_\downarrow$ noch mit den entsprechenden Zeitfaktoren

$$\mathrm{e}^{-\mathrm{i}E_\uparrow t/\hbar} \quad \text{bzw.} \quad \mathrm{e}^{-\mathrm{i}E_\downarrow t/\hbar}$$

versehen, wobei $E_\uparrow$, $E_\downarrow$ in der Form

$$E_\uparrow=\frac{\hbar}{2}\omega_0\,,\qquad E_\downarrow=-\frac{\hbar}{2}\omega_0\,,\qquad \omega_0=\frac{e}{m_0}B_z \tag{14.45}$$

geschrieben werden können. Da eine Linearkombination noch konstante Koeffizienten enthalten darf, setzen wir allgemeiner als Lösung von (14.44) an

$$\varphi(t)=a\mathrm{e}^{-\mathrm{i}\omega_0 t/2}\varphi_\uparrow+b\mathrm{e}^{\mathrm{i}\omega_0 t/2}\varphi_\downarrow\,. \tag{14.46}$$

Wir verlangen, wie immer in der Quantenmechanik, daß φ normiert ist, d. h. daß das Skalarprodukt $\bar{\varphi}\varphi$ – vgl. (14.29) – gleich Eins ist. Dies heißt

$$|a|^2+|b|^2=1 \; . \tag{14.47}$$

Der physikalische Inhalt von (14.46) wird deutlich, wenn wir Erwartungswerte des Spinoperators $\hat{s}$ mit dieser Wellenfunktion bilden. Hierzu müssen wir uns zuerst überlegen, wie die Erwartungswerte zu bilden sind und knüpfen an Abschn. 9.3 an. Das „Rezept" hierfür lautet:

1) Man nehme die Wellenfunktion ψ,
2) lasse auf sie den „Meßoperator" Ω, von dem der Erwartungswert gebildet werden soll, wirken,
3) multipliziere sodann mit ψ^* und integriere:

$$\int \psi^*(x)\Omega\psi(x)dx \; .$$

Die einzelnen Schritte 1–3 können leicht in zu 1–3 analogen Rechenregeln auf den Spinformalismus übertragen werden:

1) Man nehme die Spinfunktion φ, also z. B. (14.46),
2) lasse den Spinoperator $\hat{s}_x$, $\hat{s}_y$ oder $\hat{s}_z$ auf (14.46) wirken, d. h. wir bilden z. B. $\hat{s}_z\varphi$.
3) Multiplikation mit $\bar{\varphi}$ und Integration werden durch die Vorschrift des Skalarprodukts ersetzt:
   Wir multiplizieren $\hat{s}_z\varphi$ von links mit $\bar{\varphi}$.
   Zur Abkürzung setzen wir

$$\begin{aligned} a\mathrm{e}^{-\mathrm{i}\omega_0 t/2} &= \alpha \; , \\ b\mathrm{e}^{\mathrm{i}\omega_0 t/2} &= \beta \; . \end{aligned} \tag{14.48}$$

Im einzelnen sehen die Schritte 1–3 nun so aus:

$$1) \qquad \varphi=\alpha\varphi_\uparrow+\beta\varphi_\downarrow=\begin{pmatrix}\alpha\\ \beta\end{pmatrix} , \tag{14.49}$$

$$2) \quad \hat{s}_z\varphi=\frac{\hbar}{2}\begin{pmatrix}1 & 0\\ 0 & -1\end{pmatrix}\begin{pmatrix}\alpha\\ \beta\end{pmatrix} . \tag{14.50}$$

Nach Regel (14.23) ist dies gleich

$$\frac{\hbar}{2}\begin{pmatrix}\alpha\\ -\beta\end{pmatrix} . \tag{14.51}$$

$$3) \quad \bar{\varphi}\hat{s}_z\varphi=\bar{\varphi}\frac{\hbar}{2}\begin{pmatrix}\alpha\\ -\beta\end{pmatrix} . \tag{14.52}$$

Nach Rechenregel (14.29) ist die rechte Seite

$$=\frac{\hbar}{2}(|\alpha|^2-|\beta|^2) \; .$$

Indem wir den Erwartungswert von $\hat{s}_z$ in der Form $\langle \hat{s}_z \rangle$ schreiben, haben wir also gefunden:

$$\langle \hat{s}_z \rangle = \frac{\hbar}{2}(|\alpha|^2 - |\beta|^2) . \tag{14.53}$$

Wir überlassen es dem Leser als eine kleine Übungsaufgabe, zu zeigen, daß

$$\langle \hat{s}_x \rangle = \frac{\hbar}{2}(\alpha^*\beta + \alpha\beta^*) , \tag{14.54}$$

$$\langle \hat{s}_y \rangle = \frac{\hbar}{2} i(\alpha\beta^* - \alpha^*\beta) . \tag{14.55}$$

Da man alles Wesentliche sehen kann, wenn a und b in (14.48) reelle Zahlen sind, nehmen wir jetzt dies an und setzen (14.48) in (14.53–55) ein. Dies ergibt

$$\langle \hat{s}_z \rangle = \frac{\hbar}{2}(a^2 - b^2) \equiv \text{zeitlich konstant} . \tag{14.56}$$

Der Erwartungswert der z-Komponente des Spins bleibt also zeitlich konstant.

$$\langle \hat{s}_x \rangle = ab\hbar \cos \omega_0 t , \tag{14.57}$$

$$\langle \hat{s}_y \rangle = ab\hbar \sin \omega_0 t . \tag{14.58}$$

Die Komponente des Spins in der $x-y$-Ebene rotiert mit der Winkelgeschwindigkeit ω_0. Die Erwartungswerte (14.56–58) lassen sich so deuten, daß der Spin eine *Präzessionsbewegung* durchführt (vgl. Abb. 14.1). Damit wird das in Kapitel 13 verwendete Modell auch quantentheoretisch gerechtfertigt.

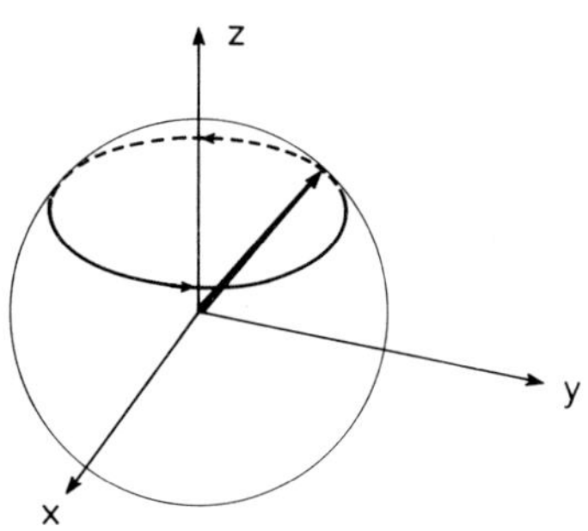

Abb. 14.1. Präzessionsbewegung des Spins

14.3 Die quantenmechanische Behandlung des anomalen Zeeman-Effekts mit der Spin-Bahn-Kopplung*

In diesem Abschnitt setzen wir die vollständig quantenmechanische Behandlung der Spin-Bahn-Kopplung fort. Ziel ist es, das schon in Kap. 12 eingeführte Vektormodell der Spin-Bahn-Kopplung exakt zu begründen. Dabei haben wir die *LS*-Kopplung im Auge und wollen insbesondere nachweisen, wie die Regel, $\boldsymbol{l}^2$, $\boldsymbol{s}^2$ und $\boldsymbol{j}^2$ durch $l(l+1)$ bzw. $s(s+1)$ bzw. $j(j+1)$ zu ersetzen, begründet wird. Sehen wir zunächst von einer Kopplung zwischen der Spin- und Bahnbewegung ab, so sind die Energie der Bahnbewegung im Magnetfeld und die des Spins (magnetisches Moment) im Magnetfeld additiv. Dies bedeutet für uns, daß auch der Gesamt-Hamiltonoperator einfach die Summe aus dem Hamiltonoperator (14.8) der Bahnbewegung und dem Hamiltonoperator – vgl. (14.38) – des Spins ist. Damit erhalten wir als Schrödinger-Gleichung

$$\left[\frac{1}{2m_0}\left(\frac{\hbar}{\mathrm{i}}\,\mathrm{grad}+e\boldsymbol{A}\right)^2+V+\frac{e}{m_0}\,\hat{\boldsymbol{s}}\boldsymbol{B}\right]\psi=\mathrm{i}\hbar\,\frac{\partial\psi}{\partial t}\,. \tag{14.59}$$

Diese ist in der Literatur auch als Pauli-Gleichung bekannt.

Da der Hamiltonoperator (14.8) und der von (14.38) additiv sind und sich auf ganz verschiedene Freiheitsgrade beziehen, kann die Wellenfunktion ψ als ein Produkt aus der Wellenfunktion, die sich auf die Bahnbewegung bezieht, und derjenigen, die sich auf die Spinbewegung bezieht, geschrieben werden. Schließlich können wir auch noch die bereits in Abschn. 12.8 besprochene Spin-Bahn-Kopplung quantenmechanisch erfassen. Dazu brauchen wir lediglich den früher hergeleiteten Ausdruck (12.27), der ja eine Wechselwirkungsenergie darstellt, in die Quantenmechanik zu übertragen[1].
Dies geschieht wie üblich dadurch, daß wir dem Drehimpuls $\boldsymbol{l}$ den Drehimpuls*operator* $\hat{\boldsymbol{l}}$ (vgl. Abschn. 9.3.4) und dem Spin $\boldsymbol{s}$ den Spinoperator [vgl. (9.61)] $\hat{\boldsymbol{s}}$ zuordnen. Indem wir das sich so ergebende Zusatzglied

$$W(\hat{\boldsymbol{l}},\hat{\boldsymbol{s}})=\frac{\mu_0 Ze^2}{8\pi m_0^2}\,\frac{1}{r^3}\,(\hat{\boldsymbol{l}}\cdot\hat{\boldsymbol{s}})=\frac{\mu_0 Z}{4\pi r^3}\,(\hat{\boldsymbol{\mu}}_{\mathrm{Bahn}}\cdot\hat{\boldsymbol{\mu}}_{\mathrm{Spin}}) \tag{14.60}$$

in die Schrödinger-Gleichung einführen, erhalten wir die Schrödinger-Gleichung eines Elektrons mit Spin im Magnetfeld unter Berücksichtigung der Spin-Bahn-Kopplung. In der zeitunabhängigen Form lautet diese Schrödinger-Gleichung

$$\left[-\frac{\hbar^2}{2m_0}\Delta+\frac{e\hbar}{m_0\mathrm{i}}\boldsymbol{A}\,\mathrm{grad}+\frac{e\hbar}{2m_0\mathrm{i}}\,\mathrm{div}\,\boldsymbol{A}+\frac{e^2\boldsymbol{A}^2}{2m_0}+V+\frac{e}{m_0}\,\hat{\boldsymbol{s}}\boldsymbol{B}+\frac{\mu_0 Ze^2}{8\pi m_0^2}\,\frac{1}{r^3}\,(\hat{\boldsymbol{l}}\cdot\hat{\boldsymbol{s}})\right]\psi=E\psi\,. \tag{14.61}$$

---

1 Die Herleitung von (12.27) konnte nicht völlig streng erfolgen, sondern erforderte, wie wir damals sahen, gewisse Plausibilitätsannahmen. Es sei daher an dieser Stelle bemerkt, daß sich die Schrödinger-Gleichung (14.61) einschließlich des Ausdrucks für die Spin-Bahn-Kopplung als wohldefinierte Näherung aus der relativistischen Dirac-Gleichung gewinnen läßt.

Wie wir bereits sahen (vgl. Abschn. 13.3), überwiegt für kleine Magnetfelder die Spin-Bahn-Kopplung. Wir untersuchen daher als erstes die Schrödinger-Gleichung ohne Magnetfeld

$$\left[-\frac{\hbar^2}{2m_0}\Delta-\frac{Ze^2}{4\pi\varepsilon_0 r}+\frac{\mu_0 Ze^2}{8\pi m_0^2}\frac{1}{r^3}(\hat{\boldsymbol{l}}\cdot\hat{\boldsymbol{s}})\right]\psi(\boldsymbol{r})=E\psi(\boldsymbol{r})\ . \tag{14.62}$$

Da in (14.62) der Spinoperator $\hat{\boldsymbol{s}}$ vorkommt, der, wie wir wissen, eine *Matrix* ist, besteht die Wellenfunktion $\psi(\boldsymbol{r})$ aus zwei Komponenten:

$$\psi(\boldsymbol{r})=\begin{pmatrix}\psi_1(\boldsymbol{r})\\ \psi_2(\boldsymbol{r})\end{pmatrix},$$

wobei ψ_1 der Spinstellung $\uparrow$ und ψ_2 der Spinstellung $\downarrow$ entsprechen.

Die Spin-Bahn-Kopplung vermischt Bahn- und Spinzustände und macht es nötig, neue Quantenzahlen einzuführen. Ohne Spin-Bahn-Kopplung hätte die Wellenfunktion die Gestalt[2]

$$\psi_{n,l,m,m_s}=\underbrace{R_{n,l}(r)F_{l,m}(\vartheta,\varphi)}_{\text{Bahn}}\ \underbrace{\varphi_{m_s}}_{\text{Spin}}\ . \tag{14.63}$$

Sie ist also gekennzeichnet durch die Hauptquantenzahl n, die Bahn-Drehimpuls-Quantenzahl l, die magnetische Quantenzahl $m(\equiv m_l)$ und die Spin-Quantenzahl m_s. Um die bei Spin-Bahn-Kopplung gültigen Quantenzahlen festzustellen, müssen wir in Erweiterung der Überlegungen zum Bahn-Drehimpuls in Abschn. 10.2 untersuchen, welche Größen gleichzeitig meßbar sind. Wie wir wissen, kann dies mit Hilfe von Vertauschungsrelationen (vgl. Abschn. 9.3) hergeleitet werden. Indem wir (wie in Abschn. 12.7) den Operator des Gesamtspins $\hat{\boldsymbol{j}}$ einführen durch $\hat{\boldsymbol{j}}=\hat{\boldsymbol{l}}+\hat{\boldsymbol{s}}$, sowie seine Komponente in z-Richtung, $\hat{j}_z$, lassen sich folgende, gleichzeitig scharf meßbare Größen auffinden:

Quadrat des Bahn-Drehimpulses $\boldsymbol{l}^2$

Quadrat des Spins $\boldsymbol{s}^2$

Quadrat des Gesamtdrehimpulses $\boldsymbol{j}^2$

Komponente j_z

sowie $\boldsymbol{l}\cdot\boldsymbol{s}$ und $\boldsymbol{j}\cdot\boldsymbol{s}$.

Da in (14.62) $\hat{\boldsymbol{l}}\cdot\hat{\boldsymbol{s}}$ vorkommt, können wir zur Kennzeichnung der Wellenfunktion diejenigen Quantenzahlen wählen, die als Eigenwerte zu den Operatoren $\hat{\boldsymbol{j}}^2$, $\hat{\boldsymbol{l}}^2$, $\hat{\boldsymbol{s}}^2$, $\hat{j}_z$ gehören. Wir bekommen daher das Schema

$$\begin{array}{ll}\hat{\boldsymbol{j}}^2 & \text{Quantenzahl } j\\ \hat{j}_z & \text{Quantenzahl } m_j\\ \hat{\boldsymbol{s}}^2 & \text{Quantenzahl } s\\ \hat{\boldsymbol{l}}^2 & \text{Quantenzahl } l\ .\end{array} \tag{14.64}$$

2 Der Buchstabe φ in (14.63) hat natürlich zwei gänzlich verschiedene Bedeutungen: in $F_{l,m}(\vartheta,\varphi)$ bezeichnet er eine Winkelkoordinate, als φ_{ms} bezeichnet er eine der Spinwellenfunktionen (14.25).

Da die Spin-Bahn-Kopplung viel kleiner als die Termabstände ist, ist die Hauptquantenzahl n weiterhin eine gute Quantenzahl, d. h. charakterisiert weiterhin in guter Näherung die Eigenfunktion. Die Wellenfunktion ist jetzt durch

$$\psi_{n,j,m_j;l,s} = R(r)\,\{\text{Funktion von Winkel und Spin}\} \tag{14.65}$$

gekennzeichnet. Die Spin-Bahn-Kopplung führt zur relativen Einstellung von Spin-Moment und Bahn-Moment, wie sie ausführlich in Abschn. 12.8 besprochen wurde.

Wir untersuchen nun die Einwirkung eines Magnetfeldes auf ein Elektron bei Berücksichtigung der Spin-Bahn-Kopplung. Wie sich zeigen läßt, ist in der Schrödinger-Gleichung (14.59) das in $\boldsymbol{A}$ quadratische Glied bei nicht zu hohen Feldern wesentlich kleiner als die übrigen Glieder, so daß wir dieses vernachlässigen können. Wählen wir wieder das Magnetfeld $\boldsymbol{B}$ in z-Richtung und

$$A_x = -\tfrac{1}{2}By\,, \qquad A_y = \tfrac{1}{2}Bx\,, \qquad A_z = 0\,,$$

so ist $\operatorname{div}\boldsymbol{A} = 0$. Die Schrödinger-Gleichung lautet dann

$$\Bigg[\underbrace{-\frac{\hbar^2}{2m_0}\Delta - \frac{Ze^2}{4\pi\varepsilon_0 r}}_{H^0} + \underbrace{\frac{e}{2m_0}B\hat{l}_z + \frac{e}{m_0}\hat{s}_z B}_{W_{\text{magn.}}} + \underbrace{\frac{Ze^2\mu_0}{8\pi m_0^2 r^3}(\hat{\boldsymbol{l}}\cdot\hat{\boldsymbol{s}})}_{W_{\text{Spin-Bahn}}}\Bigg]\psi = E\psi\,. \tag{14.66}$$

Wir behandeln den Fall eines schwachen Magnetfeldes, bei dem die Spin-Bahn-Wechselwirkung größer als die Wechselwirkung mit dem äußeren Magnetfeld ist. Wir sind nun in der Lage, das in Kap. 13 eingeführte Vektormodell quantenmechanisch zu begründen. Dazu betrachten wir den in (14.66) auftretenden Operator

$$W_{\text{magn.}} \equiv \frac{eB}{2m_0}(\hat{l}_z + 2\hat{s}_z) = \frac{eB}{2m_0}(\hat{j}_z + \hat{s}_z) \tag{14.67}$$

genauer (er führt zu einer magnetischen Zusatzenergie, die wir in den Abschn. 13.3.4–5 mit V_{m_j} bezeichnet haben). Stünde hier $\hat{l}_z + \hat{s}_z$ anstelle von $\hat{l}_z + 2\hat{s}_z$, so wäre die Lösung (14.66) ganz einfach in Analogie zu der Behandlung eines Elektrons ohne Spin im Magnetfeld (vgl. Abschn. 14.1) zu bewerkstelligen. Dann nämlich wäre die Wellenfunktion ψ, die bereits durch die Quantenzahl m_j gekennzeichnet ist, auch Eigenfunktion zum Operator $\hat{j}_z = \hat{l}_z + \hat{s}_z$. Wir müssen daher sehen, wie wir das zusätzlich auftretende $\hat{s}_z$ in (14.67) behandeln können. Dazu betrachten wir

$$\hat{s}_z\hat{\boldsymbol{j}}^2 = \hat{s}_z(\hat{j}_x^2 + \hat{j}_y^2 + \hat{j}_z^2)\,, \tag{14.68}$$

das sich wie folgt umformen läßt

$$\hat{j}_z(\hat{\boldsymbol{s}}\hat{\boldsymbol{j}}) + \underbrace{(\hat{s}_z\hat{j}_x - \hat{j}_z\hat{s}_x)\hat{j}_x + (\hat{s}_z\hat{j}_y - \hat{j}_z\hat{s}_y)\hat{j}_y}_{q}\,. \tag{14.69}$$

Wie sich zeigen läßt, verschwinden die Matrixelemente des Operators q bezüglich Wellenfunktionen mit gleicher Quantenzahl j, oder, mit anderen Worten, der Operator q

verknüpft höchstens Wellenfunktionen mit verschiedenen j. Ist das äußere angelegte Feld klein, so dürfen wir zusätzlich erwarten, daß derartige Übergänge eine nur geringe Rolle spielen und daher ebenfalls vernachlässigt werden können. Wir werden deshalb im folgenden den Operator q weglassen. Mit dieser Näherung läßt sich dann (14.68) schreiben als

$$\hat{s}_z \hat{\boldsymbol{j}}^2 = \hat{j}_z \tfrac{1}{2}(\hat{\boldsymbol{j}}^2 - \hat{\boldsymbol{l}}^2 + \hat{\boldsymbol{s}}^2) , \tag{14.70}$$

wobei wir $\hat{\boldsymbol{s}}\hat{\boldsymbol{j}}$ durch den entsprechenden Ausdruck auf der rechten Seite von (14.70) ausgedrückt haben. Wichtig ist, daß alle in (14.70) auftretenden Größen *Operatoren* sind. Wir denken uns nun beide Seiten von (14.70) auf eine Wellenfunktion ψ, die durch die *Quantenzahlen* j, m_j, l, s gekennzeichnet ist, angewendet. Damit erhalten wir

$$\begin{aligned} \underbrace{\hat{s}_z \hat{\boldsymbol{j}}^2}_{\text{Operatoren}} \cdot \psi &= \underbrace{\hat{s}_z}_{\text{Operator}} \cdot \underbrace{\hbar^2\, j(j+1)}_{\text{Zahlen}}\psi \\ &= \hbar^2 \cdot \underbrace{\hat{j}_z}_{\text{Operator}} \cdot \underbrace{\tfrac{1}{2}[j(j+1) - l(l+1) + s(s+1)]}_{\text{Zahlen}}\psi . \end{aligned} \tag{14.71}$$

Betrachten wir die rechte Hälfte der Doppelgleichung (14.71) und dividieren diese durch $\hbar^2 j(j+1)$, so erhalten wir

$$\hat{s}_z \psi = \frac{j(j+1) - l(l+1) + s(s+1)}{2j(j+1)} \cdot \hat{j}_z \psi , \qquad s = \tfrac{1}{2} . \tag{14.72}$$

Schreiben wir $W_{\text{magn.}}$ (14.67) in der Form

$$W_{\text{magn.}} = \frac{eB}{2m_0} \underbrace{(\hat{j}_z + \hat{s}_z)}_{\text{Operatoren}} , \tag{14.73}$$

so erhalten wir schließlich

$$W_{\text{magn.}} \psi = \frac{eB}{2m_0} \cdot \underbrace{\hat{j}_z}_{\text{Operator}} \cdot \left[1 + \underbrace{\frac{j(j+1) - l(l+1) + s(s+1)}{2j(j+1)}}_{\text{Zahlen}} \right] \psi . \tag{14.74}$$

Die Zusatzenergie aufgrund der Ausrichtung des Gesamtmoments $\boldsymbol{j}$ im magnetischen Feld ist durch (14.74) dargestellt.

Schreiben wir die Energieänderung eines Quantenzustandes n, j, l, m_j in der Form

$$\Delta E_{j,l,m_j} = \frac{e\hbar}{2m_0} B g \cdot m_j , \tag{14.75}$$

so können wir durch Vergleich mit (14.74) den *Landé-Faktor* zu

$$g = 1 + \frac{j(j+1) - l(l+1) + s(s+1)}{2j(j+1)} \tag{14.76}$$

entnehmen. Diesen Landé-Faktor hatten wir schon früher anschaulich mit Hilfe des Vektormodells hergeleitet, mußten aber eine ad hoc-Regel zu Hilfe nehmen, durch die wir beim Cosinussatz $\boldsymbol{j}^2$ durch $j(j+1)\hbar^2$, $\boldsymbol{l}^2$ durch $l(l+1)\hbar^2$, $\boldsymbol{s}^2$ durch $s(s+1)\hbar^2$ ersetzen. Die hier durchgeführte quantenmechanische Rechnung liefert hierzu die genaue Begründung.

14.4 Quantentheorie des Spins in einem konstanten und einem dazu transversalen zeitabhängigen Magnetfeld

Eine Reihe wichtiger Experimente an Spins wird unter den folgenden Versuchsbedingungen ausgeführt. Es werden ein zeitlich konstantes, räumlich homogenes Magnetfeld in z-Richtung und zugleich ein Wechselfeld in der xy-Ebene angelegt. Wir werden sehen, daß dies zu interessanten Umklapp-Phänomenen des Spins führt. Sie erlauben u.a. die genaue Messung magnetischer Momente und dienen zu detaillierten Strukturanalysen und der Erforschung von Relaxationsvorgängen in Flüssigkeiten und Festkörpern.

Wir werden sogleich sehen, daß wir die hier anstehenden Probleme mit Hilfe des in Abschn. 14.2 eingeführten Spinformalismus leicht lösen können. Gemäß dem zeitunabhängigen und zeitabhängigen Anteil schreiben wir das Magnetfeld in der Form

$$\boldsymbol{B} = \boldsymbol{B}_0 + \boldsymbol{B}^s(t) , \tag{14.77}$$

wobei die Vektoren der beiden Magnetfelder wie folgt definiert sind

$$\boldsymbol{B}_0 = (0, 0, B_z^0) , \tag{14.78}$$

$$\boldsymbol{B}^s(t) = (B_x^s(t), B_y^s(t), 0) . \tag{14.79}$$

Natürlich können wir nicht erwarten, daß in einem zeitabhängigen Magnetfeld der Spin immer nach oben oder nach unten zeigt. Wir müssen vielmehr mit zeitabhängigen Übergängen rechnen. Diesen tragen wir dadurch Rechnung, daß wir die Wellenfunktion, die die Schrödinger-Gleichung (14.43) lösen soll, in der allgemeinen Form

$$\varphi(t) = c_1(t)\varphi_\uparrow + c_2(t)\varphi_\downarrow = \begin{pmatrix} c_1(t) \\ c_2(t) \end{pmatrix} \tag{14.80}$$

ansetzen. Um zu Gleichungen für die noch unbekannten Koeffizienten c_1 und c_2 zu kommen, setzen wir (14.80) in (14.43) ein. Dabei beachten wir die Zerlegung (14.77–79). Multiplizieren wir entsprechend (14.39) wie ein normales Skalarprodukt aus und berücksichtigen die Matrixform von $\hat{s}_x$, $\hat{s}_y$, $\hat{s}_z$ – vgl. (14.40) –, so erhalten wir die Schrödinger-Gleichung (14.43) in der Gestalt

$$\mu_B \begin{pmatrix} B_z^0 & B_x^s - \mathrm{i}B_y^s \\ B_x^s + \mathrm{i}B_y^s & -B_z^0 \end{pmatrix} \begin{pmatrix} c_1 \\ c_2 \end{pmatrix} = \mathrm{i}\hbar \begin{pmatrix} \dot{c}_1 \\ \dot{c}_2 \end{pmatrix} . \tag{14.81}$$

Multiplizieren wir die Matrizen gemäß der Regel (14.23) aus, so ergeben sich anstelle von (14.81) die beiden Gleichungen

$$(\tfrac{1}{2}\hbar\omega_0)c_1 + \mu_B(B_x^s - \mathrm{i}B_y^s)c_2 = \mathrm{i}\hbar\dot{c}_1 \ , \tag{14.82}$$

$$\mu_B(B_x^s + \mathrm{i}B_y^s)c_1 - \tfrac{1}{2}\hbar\omega_0 c_2 = \mathrm{i}\hbar\dot{c}_2 \ . \tag{14.83}$$

Dabei haben wir noch zur Abkürzung die Frequenz ω_0 durch die Beziehung

$$\hbar\omega_0 = 2\mu_B B_z^0 \tag{14.84}$$

eingeführt. Um die nachfolgende Rechnung zu vereinfachen, denken wir uns, daß das transversale Magnetfeld mit der Frequenz ω rotiert, d. h. daß das Magnetfeld die Form

$$\begin{aligned} B_x^s &= F\cos\omega t \\ B_y^s &= F\sin\omega t \end{aligned} \tag{14.85}$$

hat. Da B_x^s und B_y^s in bestimmter Weise in (14.82, 83) kombiniert vorkommen, betrachten wir diese Ausdrücke zuerst und können sie aufgrund elementarer Regeln über Cosinus und Sinus durch die Exponentialfunktion ausdrücken

$$B_x^s \pm \mathrm{i}B_y^s = F(\cos\omega t \pm \mathrm{i}\sin\omega t) = F\exp(\pm\mathrm{i}\omega t) \ . \tag{14.86}$$

Damit vereinfachen sich (14.82, 83) zu

$$(\hbar\omega_0/2)c_1 + \mu_B F\exp(-\mathrm{i}\omega t)c_2 = \mathrm{i}\hbar\dot{c}_1 \ , \tag{14.87}$$

$$\mu_B F\exp(\mathrm{i}\omega t)c_1 - (\hbar\omega_0/2)c_2 = \mathrm{i}\hbar\dot{c}_2 \ . \tag{14.88}$$

Bei der Lösung dieser beiden Gleichungen gehen wir in zwei Schritten vor. In einem ersten setzen wir die Koeffizienten $c_j(t)$ in der Form

$$c_1(t) = d_1(t)\exp(-\mathrm{i}\omega_0 t/2) \ ; \qquad c_2(t) = d_2(t)\exp(\mathrm{i}\omega_0 t/2) \tag{14.89}$$

an. Differenzieren wir (14.89) nach der Zeit, so ergibt sich nach kurzer Umformung z. B.

$$\mathrm{i}\hbar\dot{c}_1 = (\hbar\omega_0/2)c_1 + \mathrm{i}\hbar\dot{d}_1\exp(-\mathrm{i}\omega_0 t/2) \ . \tag{14.90}$$

Setzen wir dies in (14.87) ein, so erkennen wir, daß sich der Ausdruck $(\hbar\omega_0/2)c_1$ auf beiden Seiten heraushebt. Da das entsprechend bei c_2 in (14.88) passiert, vereinfachen sich (14.87) und (14.88) zu

$$\mu_B F\exp[-\mathrm{i}(\omega-\omega_0)t]d_2 = \mathrm{i}\hbar\dot{d}_1 \ , \tag{14.91}$$

$$\mu_B F\exp[\mathrm{i}(\omega-\omega_0)t]d_1 = \mathrm{i}\hbar\dot{d}_2 \ . \tag{14.92}$$

Diese Gleichungen werden besonders einfach, wenn wir die Umlauffrequenz des Magnetfeldes ω mit der Spinfrequenz ω_0 gleichsetzen

$$\omega = \omega_0 \ . \tag{14.93}$$

Wir erhalten dann

$$\mu_{\mathrm{B}} F d_2 = \mathrm{i}\hbar \dot{d}_1 \ , \tag{14.94}$$

$$\mu_{\mathrm{B}} F d_1 = \mathrm{i}\hbar \dot{d}_2 \ . \tag{14.95}$$

Um diese Gleichungen zu lösen, differenzieren wir die erste nach der Zeit:

$$\mu_{\mathrm{B}} F \dot{d}_2 = \mathrm{i}\hbar \ddot{d}_1 \ . \tag{14.96}$$

Sodann drücken wir gemäß (14.95) $\dot{d}_2$ durch $(\mu_{\mathrm{B}} F d_1)/(\mathrm{i}\hbar)$ aus und erhalten so

$$\ddot{d}_1 + \frac{\mu_{\mathrm{B}}^2 F^2}{\hbar^2} d_1 = 0 \ . \tag{14.97}$$

Setzen wir zur Abkürzung $\mu_{\mathrm{B}} F/\hbar = \Omega$, so erkennen wir in (14.97) die übliche Schwingungsgleichung mit der allgemeinen Lösung

$$d_1 = a \sin(\Omega t + \Phi) \ , \tag{14.98}$$

wobei Amplitude a und Phase Φ noch frei wählbar sind. Mit Hilfe von (14.98) und (14.94) erhalten wir

$$d_2 = \mathrm{i} a \cos(\Omega t + \Phi) \ . \tag{14.99}$$

Wählen wir den Zeit-Nullpunkt passend, so dürfen wir $\Phi = 0$ setzen. Die Normierungsbedingung für die Spin-Wellenfunktion erfordert $a = 1$. Setzen wir (14.99) in (14.89) und dies in (14.80) ein und tun das Gleiche mit (14.98), so erhalten wir die gesuchte Spinwellenfunktion

$$\varphi(t) = \sin(\Omega t) \exp(-\mathrm{i}\omega_0 t/2)\varphi_\uparrow + \mathrm{i}\cos(\Omega t)\exp(\mathrm{i}\omega_0 t/2)\varphi_\downarrow \ . \tag{14.100}$$

Die Spinfunktionen und der Spinformalismus scheinen natürlich sehr unanschaulich zu sein. Um den anschaulichen Gehalt der vorliegenden Rechnungen zu erschließen, erinnern wir uns daran, daß die unmittelbaren Voraussagen der Quantenmechanik an den entsprechenden Erwartungswerten abzulesen sind (vgl. Abschn. 9.3). Wir bilden daher als erstes den Erwartungswert des Spinoperators in der z-Richtung. Ein Vergleich von (14.49) mit (14.100) zeigt, daß wir die dortigen α und β jetzt in der Form

$$\begin{aligned} \alpha &= \sin(\Omega t)\exp(-\mathrm{i}\omega_0 t/2) \\ \beta &= \mathrm{i}\cos(\Omega t)\exp(\mathrm{i}\omega_0 t/2) \end{aligned} \tag{14.101}$$

zu interpretieren haben. Damit können wir aber die Endresultate (14.53, 54 und 55) sofort übernehmen und erhalten

$$\langle \hat{s}_z \rangle = (\hbar/2)[\sin^2(\Omega t) - \cos^2(\Omega t)]$$
$$= -(\hbar/2)\cos(2\Omega t) . \tag{14.102}$$

Gemäß (14.102) oszilliert die z-Komponente des Spins mit der Frequenz 2Ω hin und her. Der Spin zeigt anfänglich zur Zeit $t=0$ nach unten, klappt dann nach oben, klappt dann wieder nach unten usw.
Des weiteren ergibt sich

$$\langle \hat{s}_x \rangle = -\frac{\hbar}{2}\sin(2\Omega t)\sin(\omega_0 t) , \tag{14.103}$$

$$\langle \hat{s}_y \rangle = \frac{\hbar}{2}\sin(2\Omega t)\cos(\omega_0 t) . \tag{14.104}$$

Diese Beziehungen besagen, daß die Spinbewegung in der xy-Ebene als die Überlagerung von zwei Bewegungen aufzufassen ist, nämlich einer raschen Umlaufbewegung der Spinkomponente in der xy-Ebene mit der Frequenz ω_0 und einer Modulation mit der Frequenz 2Ω. Das Gesamtresultat (14.102–104) läßt sich sehr leicht deuten, wenn wir den Erwartungswert des Spins als einen Vektor $\boldsymbol{s}$ mit den Komponenten $\langle \hat{s}_x \rangle$, $\langle \hat{s}_y \rangle$ und $\langle \hat{s}_z \rangle$ darstellen. Ersichtlich ist die Projektion dieses Vektors auf die z-Achse $-(\hbar/2)\cos(2\Omega t)$, während die Projektion in die xy-Ebene $(\hbar/2)\sin(2\Omega t)$ ist. Wie aus den Formeln ersichtlich wird, klappt im Laufe der Zeit der Spin aus der $(-z)$-Richtung immer mehr in die Horizontale und dann weiter in die $(+z)$-Richtung, während er gleichzeitig eine Präzessionsbewegung vollführt. Der Spin verhält sich somit ganz wie ein Kreisel unter der Einwirkung äußerer Kräfte, wie wir das bereits in früheren Kapiteln vorweggenommen hatten.

Wir betrachten diesen Prozeß nochmals etwas genauer. Zur Zeit $t=0$ gilt also

$$\langle \hat{s}_z \rangle = -\frac{\hbar}{2} . \tag{14.105}$$

Wir fragen nun, nach welcher Zeit der Spin, anschaulich gesprochen, in der horizontalen Richtung liegt, d. h. wenn

$$\langle \hat{s}_z \rangle = 0 \tag{14.106}$$

gilt. Dies ist offenbar der Fall, wenn der Cosinus verschwindet, d. h. wenn

$$2\Omega t = \pi/2 \tag{14.107}$$

gilt bzw. wenn die Zeit

$$t = \pi/(4\Omega) = \pi\hbar/(4\mu_B F) \tag{14.108}$$

verflossen ist. Läßt man ein transversales Magnetfeld diese Zeit auf den Spin einwirken, so wird der Spin horizontal (Abb. 14.2) gestellt. Mit anderen Worten: Er ist um einen

Winkel $\pi/2$ gedreht worden. Man spricht daher von einem $\pi/2$- oder 90°-Impuls. Natürlich kann man das Magnetfeld auch länger einwirken lassen, z. B. bis der Spin ganz nach oben zeigt, d. h.

$$\langle \hat{s}_z \rangle = \frac{\hbar}{2} \tag{14.109}$$

gilt. Dies geschieht, wenn

$$\cos(2\Omega t) = -1 \tag{14.110}$$

erfüllt ist, d. h. nach der Zeit

$$t = \pi\hbar/(2\mu_B F) . \tag{14.111}$$

In diesem Falle spricht man von einem π- bzw. 180°-Impuls (Abb. 14.2).

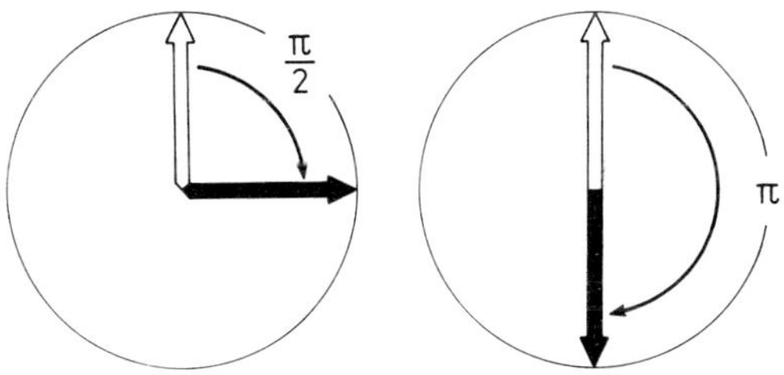

Abb. 14.2. *Links*: Umklappen des Spins um $\pi/2$, *rechts*: Umklappen des Spins um π

Mit diesen Betrachtungen sind schon die wichtigsten Grundzüge der Spinresonanztechnik umrissen. Durch Anlegen eines rotierenden Magnetfeldes können wir den Spin aus einer Richtung in eine andere Richtung klappen. In der Praxis wird man natürlich nicht ein mit der Spinfrequenz umlaufendes Magnetfeld anlegen, sondern ein Magnetfeld in konstanter Richtung. Dieses letztere können wir uns als eine Überlagerung von zwei in entgegengesetzter Richtung rotierenden Magnetfeldern vorstellen. Dabei läuft das eine Feld wie bisher mit dem Spin mit, während das andere Feld mit doppelter Frequenz, vom rotierenden Spinsystem aus gesehen, umläuft.
Die entsprechenden Gleichungen haben praktisch die gleiche Gestalt wie die obigen bis auf ein rasch oszillierendes Zusatzglied, das von dem eben erwähnten „entgegengesetzt rotierenden" Magnetfeld herrührt und das in guter Näherung vernachlässigt werden kann. Diese Näherung wird als „rotating wave approximation" bezeichnet.

14.5 Die Blochschen Gleichungen

Wie wir eben gesehen haben, läßt sich das Verhalten der Erwartungswerte des Spin-Operators sehr einfach deuten. Es liegt daher die Frage nahe, ob nicht direkt Gleichungen für diese Erwartungswerte selbst hergeleitet werden können. Das ist in der Tat der Fall. Um diese Gleichungen herzuleiten, benutzen wir die explizite Form, die wir eben für die Erwartungswerte des Spinoperators hergeleitet haben. Indem wir $\langle\hat{s}_x\rangle$ nach der Zeit differenzieren und den Ausdruck (14.103) benutzen, erhalten wir

$$\frac{d}{dt}\langle\hat{s}_x\rangle = -(\hbar/2)\cdot 2\Omega\cos(2\Omega t)\sin(\omega_0 t) - (\hbar/2)\omega_0\sin(2\Omega t)\cos(\omega_0 t)\ . \tag{14.112}$$

Das erste Glied auf der rechten Seite enthält $-(\hbar/2)\cos(2\Omega t)$, was aber nichts anderes ist als der Erwartungswert der z-Komponente des Spins. Ebenso erkennen wir, daß das zweite Glied auf der rechten Seite den Erwartungswert der y-Komponente des Spins enthält. Damit nimmt (14.112) die Gestalt

$$\frac{d}{dt}\langle\hat{s}_x\rangle = \hbar^{-1}2\mu_B F\sin(\omega_0 t)\langle\hat{s}_z\rangle - \omega_0\langle\hat{s}_y\rangle \tag{14.113}$$

an. Aber auch die Vorfaktoren der Erwartungswerte auf der rechten Seite sind uns schon früher begegnet, nämlich $F\sin(\omega_0 t)$ ist nichts weiter als B_y, während ω_0 proportional zu B_z ist. Berücksichtigen wir noch die Beziehungen (14.84) und (14.85), so geht (14.112) in die Relation

$$\frac{d}{dt}\langle\hat{s}_x\rangle = \frac{e}{m_0}\langle\hat{s}_z\rangle B_y - \frac{e}{m_0}B_z\langle\hat{s}_y\rangle \tag{14.114}$$

über. In ähnlicher Weise finden wir für die zeitliche Ableitung der y-Komponente des Spins die Beziehung

$$\frac{d}{dt}\langle\hat{s}_y\rangle = -\frac{e}{m_0}\langle\hat{s}_z\rangle B_x + \frac{e}{m_0}B_z\langle\hat{s}_x\rangle\ . \tag{14.115}$$

Verwenden wir für $\langle\hat{s}_z\rangle$ den Ausdruck (14.102), so erhalten wir unmittelbar

$$\frac{d}{dt}\langle\hat{s}_z\rangle = \frac{\hbar}{2}2\Omega\sin(2\Omega t)\ . \tag{14.116}$$

Da wir erwarten, daß die rechte Seite von (14.116) sich in analoger Weise zu (14.114 und 115) mit Hilfe der Erwartungswerte der Spinkomponenten ausdrücken läßt, schreiben wir unter Berücksichtigung der Beziehung

$$\sin^2\omega_0 t + \cos^2\omega_0 t = 1 \tag{14.117}$$

die rechte Seite von (14.116) in der Form

$$\hbar\Omega\sin(2\Omega t)\left[\sin(\omega_0 t)\sin(\omega_0 t) + \cos(\omega_0 t)\cos(\omega_0 t)\right]\ . \tag{14.118}$$

Es ist nun ein leichtes, sich davon zu überzeugen, daß (14.116) auch in der Form

$$\frac{d}{dt}\langle\hat{s}_z\rangle = -\frac{e}{m_0}\langle\hat{s}_x\rangle B_y + \frac{e}{m_0}\langle\hat{s}_y\rangle B_x \tag{14.119}$$

geschrieben werden kann. Die Gl. (14.114, 115 und 119) lassen sich in sehr übersichtlicher Weise mit Hilfe der Vektorrechnung in der Form

$$\frac{d}{dt}\langle\hat{\boldsymbol{s}}\rangle=\boldsymbol{\mu}\times\boldsymbol{B} \tag{14.120}$$

wiedergeben. Hierin haben wir die Erwartungswerte der drei Komponenten des Spinoperators zu einem Vektor

$$\langle\hat{\boldsymbol{s}}\rangle=\begin{pmatrix}\langle\hat{s}_x\rangle\\ \langle\hat{s}_y\rangle\\ \langle\hat{s}_z\rangle\end{pmatrix} \tag{14.121}$$

zusammengezogen. Diese Gleichung erinnert stark an die Bewegungsgleichungen des Kreisels, wenn wir $\boldsymbol{s}$ mit dem Drehimpuls identifizieren und berücksichtigen, daß

$$\boldsymbol{\mu}=-\frac{e}{m_0}\langle\hat{\boldsymbol{s}}\rangle \tag{14.122}$$

gilt. Zur Deutung vieler Experimente genügt (14.120) noch nicht völlig. In vielen Fällen stehen nämlich die Spins der Teilchen in Wechselwirkung mit ihrer Umgebung, z. B. werden die Spins durch Gitterschwingungen ständig in ihrer Bahnbewegung gestört. Dies führt dazu, daß die Präzession der Spins nicht gleichmäßig erfolgt, sondern es finden ständig Phasenverschiebungen statt. In diesem Falle genügt es nicht mehr, die Gleichungen eines einzelnen Spins als repräsentativ für alle Spins zu betrachten, so wie wir es bisher implizit getan haben. Wir haben vielmehr ein „Ensemble" von Spins unseren Betrachtungen zugrundezulegen. Demzufolge müssen wir die bisher benutzten rein quantenmechanischen Erwartungswerte gewissermaßen noch einmal mitteln. Dabei haben wir zu berücksichtigen, daß z. B. die x-Komponente des Spins zu einer bestimmten Zeit nicht mehr einen ganz bestimmten Wert hat, sondern eine bestimmte Werteverteilung. Man kann sich vorstellen, daß diese Werteverteilung immer stärker auseinanderfließt, so daß positive und negative Werte von $\langle\hat{s}_x\rangle$ immer gleichwahrscheinlicher werden. Dies bedeutet aber, daß der Mittelwert von s_x im Laufe der Zeit verschwindet. Um diesem Abklingen Rechnung zu tragen, führt man Zusatzglieder in (14.120) ein, die diese inkohärente Spinbewegung berücksichtigen.

Wie wir uns eben qualitativ überlegt haben, müssen wir erwarten, daß der Erwartungswert der x-Komponente zeitlich abklingt. Dies erfassen wir durch das phänomenologische Gesetz

$$\frac{d}{dt}\langle\hat{s}_x\rangle_{\text{inkoh.}}=-\frac{1}{T_2}\langle\hat{s}_x\rangle\,. \tag{14.123}$$

Da $\hat{s}_x$ und $\hat{s}_y$ eine gleichwertige Rolle spielen, müssen wir natürlich das entsprechende Gesetz für $\langle\hat{s}_y\rangle$ annehmen

$$\frac{d}{dt}\langle\hat{s}_y\rangle_{\text{inkoh.}}=-\frac{1}{T_2}\langle\hat{s}_y\rangle\,. \tag{14.124}$$

Da die Spins um die z-Achse präzedieren, geben die Gleichungen (14.123) und (14.124) an, wie schnell die zu s_z transversalen Komponenten abklingen. T_2 wird daher oft als transversale Relaxationszeit ($\equiv$Abklingzeit) bezeichnet. Sie ist ein Maß dafür, wie schnell die einzelnen Spins bei der Präzessionsbewegung außer Phase geraten.
Da die z-Komponente des Spins in einem vorgegebenen konstanten Feld ausgerichtet ist, ist diese Komponente anders als die beiden andern zu behandeln. Auch hier werden wir erwarten, daß durch die Wechselwirkung des Spins mit seiner Umgebung stets eine Relaxation erfolgt. Diese hängt natürlich davon ab, ob wir das Magnetfeld in der positiven oder negativen z-Richtung angelegt haben. Durch die Ankopplung an die Umgebung kann der Spin Energie abgeben und wird daher versuchen, in den tiefsten Zustand überzugehen, sofern die Umgebung bei der absoluten Temperatur $T=0$ gehalten wird. Ist andererseits die Umgebung bei einer endlichen Temperatur, so wird sich ein thermisches Gleichgewicht zwischen dem Spin und der Umgebung einzustellen suchen. Dies bedeutet, daß der Spin teils im oberen, teils im unteren Zustand anzutreffen ist, wenn er im thermischen Gleichgewicht ist. Wird er von diesem Gleichgewicht entfernt, so wird er natürlich versuchen, dieses Gleichgewicht wieder zu erreichen, und zwar in einer bestimmten Zeit, die wir T_1 nennen. T_1 wird oft als longitudinale Relaxationszeit bezeichnet. Das Gesagte können wir in eine mathematische Form gießen, wenn wir für die inkohärente Relaxation von $\langle \hat{s}_z \rangle$ den Ansatz

$$\frac{d}{dt}\langle \hat{s}_z \rangle_{\text{inkoh.}} = \frac{s_0 - \langle \hat{s}_z \rangle}{T_1} \tag{14.125}$$

machen. Darin ist s_0 der Wert von $\langle \hat{s}_z \rangle$, den die Spinkomponente im thermischen Gleichgewicht annehmen würde. Wir gelangen zu den Blochschen Gleichungen, indem wir der „kohärenten“ Bewegung des Spins, die durch (14.120) beschrieben wird, die „inkohärenten“ Zusatzterme (14.123–125) hinzufügen.

Die Blochschen Gleichungen haben damit die Gestalt

$$\frac{d}{dt}\langle \hat{\boldsymbol{s}} \rangle = -\frac{e}{m_0}\langle \hat{\boldsymbol{s}} \rangle \times \boldsymbol{B} + \begin{pmatrix} -\dfrac{1}{T_2}\langle \hat{s}_x \rangle \\ -\dfrac{1}{T_2}\langle \hat{s}_y \rangle \\ \dfrac{s_0 - \langle \hat{s}_z \rangle}{T_1} \end{pmatrix}. \tag{14.126}$$

Die Relaxationszeiten T_1 und T_2 sind ein Maß dafür, wie stark der Elektronenspin (oder auch entsprechend der Protonenspin) an die jeweilige Umgebung gekoppelt ist. Aus der Messung von T_1 und T_2 ergeben sich daher oft wichtige Rückschlüsse auf Vorgänge in der Umgebung der untersuchten Spins, z. B. über Bewegungsvorgänge in Flüssigkeiten und Festkörpern. Auf die Besprechung einiger besonders typischer und schöner Experimente werden wir in Abschn. 15.4 zurückkommen.

14.6 Relativistische Theorie des Elektrons. Die Dirac-Gleichung

Um insbesondere die Wechselwirkung eines Elektrons mit dem magnetischen Feld richtig wiedergeben zu können, mußten wir die Spin-Operatoren einführen, die den inneren Freiheitsgrad des Elektrons wiedergeben. Wie Dirac zeigte, folgt ein derartiger Freiheitsgrad ganz automatisch aus der relativistischen Quantentheorie. Wir wollen uns daher in diesem Abschnitt mit der Dirac-Gleichung befassen. Um zu einer relativistischen *Wellengleichung* zu gelangen, liegt es nahe, diese Gleichung in einer Weise abzuleiten, die der Ableitung der Schrödinger-Gleichung im nichtrelativistischen Falle entspricht (vgl. Abschn. 9.2).

Die dortige Herleitung kann in folgendem „Rezept" zusammengefaßt werden (vgl. auch Abschn. 9.3). Man gehe aus von der klassischen Beziehung für ein kräftefreies Teilchen

$$E=\frac{\boldsymbol{p}^2}{2m_0} \tag{14.127}$$

und ersetze die Energie E und die Komponenten des Impulses $\boldsymbol{p}$ durch Operatoren gemäß

$$E\to \mathrm{i}\hbar\frac{\partial}{\partial t} \tag{14.128}$$

und

$$p_x\to\frac{\hbar}{\mathrm{i}}\frac{\partial}{\partial x},\quad p_y\to\frac{\hbar}{\mathrm{i}}\frac{\partial}{\partial y},\quad p_z\to\frac{\hbar}{\mathrm{i}}\frac{\partial}{\partial z}. \tag{14.129}$$

(14.129) können wir auch abgekürzt als

$$\boldsymbol{p}\to\frac{\hbar}{\mathrm{i}}\nabla \tag{14.130}$$

schreiben. Nach den Vorschriften der Quantentheorie (vgl. Abschn. 9.2; 9.3) haben diese Operatoren auf eine Wellenfunktion ψ zu wirken, wobei dann also (14.127) in die uns wohlbekannte Schrödingergleichung

$$\mathrm{i}\hbar\frac{\partial}{\partial t}\psi=-\frac{\hbar^2}{2m_0}\Delta\psi \tag{14.131}$$

übergeht.

Versuchen wir nun dieses Rezept auf die relativistische Beziehung zwischen Energie und Impuls anzuwenden. Diese lautet bekanntlich

$$E=\sqrt{\boldsymbol{p}^2c^2+m_0^2c^4}\,. \tag{14.132}$$

Ersetzen wir E und $\boldsymbol{p}$ gemäß (14.128), (14.130) durch Operatoren und lassen die so entstehenden Ausdrücke auf beiden Seiten von (14.132) auf eine Wellenfunktion ψ wirken, so erhalten wir die Gleichung

$$\mathrm{i}\hbar\frac{\partial}{\partial t}\psi=\sqrt{-c^2\hbar^2\Delta+m_0^2c^4}\,\psi\,. \tag{14.133}$$

Diese enthält den Laplace-Operator Δ unter einer Wurzel: Dies ist vielleicht zunächst nur ein Schönheitsfehler. Ganz und gar versagte dieser Weg aber, als man auch noch die Einwirkung elektrischer und magnetischer Felder auf das Elektron in dieser Art von Wellengleichung einzubauen versuchte. Die Forschung war also in eine Sackgasse geraten. Um aus ihr herauszukommen, sind die Physiker zwei Wege gegangen.

Weg 1: Die Klein-Gordon-Gleichung

Da alles „Übel“ von dem Wurzelausdruck kommt, muß man sich überlegen, wie man diesen vermeidet. Dazu quadrieren wir beide Seiten von (14.132) und erhalten

$$E^2 = \boldsymbol{p}^2 c^2 + m_0^2 c^4 . \tag{14.134}$$

Dies läßt sich natürlich sofort in die Wellengleichung

$$-\hbar^2 \frac{\partial^2}{\partial t^2} \psi = (-c^2 \hbar^2 \Delta + m_0^2 c^4) \psi \tag{14.135}$$

die *Klein-Gordon-Gleichung* übersetzen.

Diese läßt sich in eine noch elegantere (und relativistisch evidente!) Form bringen, indem man sie durch $c^2\hbar^2$ auf beiden Seiten dividiert und den Operator

$$\Box = -\Delta + \frac{1}{c^2} \frac{\partial^2}{\partial t^2} \tag{14.136}$$

einführt. Die Klein-Gordon-Gleichung lautet also dann

$$\left[\Box + \left(\frac{m_0 c}{\hbar} \right)^2 \right] \psi = 0 . \tag{14.137}$$

Schauen wir nun ihre Lösungen an! Da wir im kräftefreien Fall de Broglie-Wellen erwarten, machen wir den Ansatz:

$$\psi = \exp(\mathrm{i} \boldsymbol{k} \cdot \boldsymbol{r} - \mathrm{i} \omega t) , \tag{14.138}$$

wobei wie üblich

$$\omega = \frac{E}{\hbar} , \quad \boldsymbol{p} = \hbar \boldsymbol{k} \tag{14.139}$$

gilt.

Setzen wir (14.138) in (14.135) ein, so resultiert fast unmittelbar (14.134).

Um die Energie E selbst zu bekommen, müssen wir natürlich die Wurzel ziehen. Dabei erhalten wir aber sowohl eine positive Energie

$$E = +\sqrt{\boldsymbol{p}^2 c^2 + m_0^2 c^4} \tag{14.140}$$

als auch eine negative

$$E = -\sqrt{\boldsymbol{p}^2 c^2 + m_0^2 c^4} . \tag{14.141}$$

Da freie Teilchen nur eine positive Energie haben können, erwächst uns also hier eine neue Schwierigkeit! Ferner zeigt die Analyse, daß die Teilchendichte auch negativ werden kann, ein ebenfalls unphysikalisches Resultat. Durch eine Umdeutung durch Pauli und Weisskopf, nach der man statt der Massendichte die Ladungsdichte verwendet, hat aber die Klein-Gordon-Gleichung Eingang in die Quantenfeldtheorie für Teilchen mit Spin Null gefunden. Dies weiter zu verfolgen würde aber den Rahmen dieses Buches bei weitem übersteigen.

Weg 2: Die Dirac-Gleichung

Dirac legte sich die Frage vor, ob sich nicht doch in einer einfachen Weise die Wurzel in (14.132) ziehen läßt.

Im Spezialfall $\boldsymbol{p}=0$ ergibt sich

$$\sqrt{\boldsymbol{p}^2c^2+m_0^2c^4}=m_0c^2,$$

für $m_0=0$ hingegen

$$\sqrt{\boldsymbol{p}^2c^2+m_0^2c^4}=pc. \tag{14.142}$$

Um den Versuch Diracs zu verstehen, betrachten wir zunächst den eindimensionalen Fall und setzen in Verallgemeinerung von (14.142) an:

$$\sqrt{p_x^2c^2+m_0^2c^4}=\alpha c p_x+\beta m_0c^2. \tag{14.143}$$

Diese Relation läßt sich im allgemeinen Falle $p_x \neq 0$, $m_0 \neq 0$ sicher nicht durch gewöhnliche Zahlen α und β erfüllen, wohl aber, wenn α und β Matrizen sind, wie wir gleich zeigen werden. Dazu quadrieren wir beide Seiten von (14.143). Da Matrizen im allgemeinen nicht vertauschen, müssen wir beim Ausmultiplizieren der Klammern auf die Reihenfolge von α und β achten. Wir erhalten dann

$$p_x^2c^2+m_0^2c^4=\alpha^2c^2p_x^2+(\alpha\beta+\beta\alpha)m_0c^3p_x+\beta^2m_0^2c^4. \tag{14.144}$$

Damit links der gleiche Ausdruck wie rechts entsteht, muß offenbar gelten

$$\alpha^2=1, \quad \alpha\beta+\beta\alpha=0, \quad \beta^2=1. \tag{14.145}$$

Solche Beziehungen kennen wir aber von den Spin-Matrizen! (Vgl. Aufgabe 14.2.) Leider können wir aber diese nicht direkt verwenden, da wir nicht eine *eindimensionale*, sondern eine dreidimensionale Bewegung behandeln müssen. Dann müssen wir setzen:

$$\sqrt{(p_x^2+p_y^2+p_z^2)c^2+m_0^2c^4}=\alpha_1cp_x+\alpha_2cp_y+\alpha_3cp_z+\beta m_0c^2. \tag{14.146}$$

Die Quadrierung von (14.146) führt in Analogie zum eindimensionalen Fall zu den Relationen

$$\begin{aligned}&\alpha_j^2=1, \quad \beta^2=1, \quad \alpha_j\beta+\beta\alpha_j=0,\\ &\alpha_j\alpha_k+\alpha_k\alpha_j=0 \quad \text{für} \quad j\neq k, \quad j=1,2,3, \quad k=1,2,3.\end{aligned} \tag{14.147}$$

Hinzu kommt, wie immer in der Quantentheorie, daß die Matrizen (=Operatoren!)

hermitesch sind. Die Relationen lassen sich in verschiedener (aber physikalisch äquivalenter) Weise erfüllen, z. B.

$$\alpha_j = \begin{bmatrix} 0 & \sigma_j \\ \sigma_j & 0 \end{bmatrix}, \quad \beta = \begin{bmatrix} 1 & 0 \\ 0 & -1 \end{bmatrix}. \tag{14.148}$$

Dabei sind die σ_j die Pauli-Matrizen (vgl. (14.24, 33), aber ohne $\hbar/2$). Die Einsen, die in β sind, entsprechen 2×2 Matrizen, so daß β in konventioneller Schreibweise

$$\beta = \begin{bmatrix} 1 & 0 & 0 & 0 \\ 0 & 1 & 0 & 0 \\ 0 & 0 & -1 & 0 \\ 0 & 0 & 0 & -1 \end{bmatrix} \tag{14.149}$$

lauten würde.

Nach diesen Zwischenschritten können wir aber die Dirac-Gleichung mit Hilfe der Übersetzungsvorschriften (14.128), (14.130) angeben, indem wir diese auf die Beziehung

$$E = \alpha_1 c p_x + \alpha_2 c p_y + \alpha_3 c p_z + \beta m_0 c^2 \tag{14.150}$$

anwenden:

$$\mathrm{i}\hbar \frac{\partial}{\partial t} \Psi = (\alpha_1 c p_x + \alpha_2 c p_y + \alpha_3 c p_z + \beta m_0 c^2)\Psi \tag{14.151}$$

(Dirac-Gleichung).

Da α_j und β 4×4 Matrizen sind, müssen diese auf einen *Vektor* mit 4 Komponenten wirken, d.h. Ψ muß von der Form

$$\Psi = \begin{pmatrix} \Psi_1 \\ \Psi_2 \\ \Psi_3 \\ \Psi_4 \end{pmatrix} \tag{14.152}$$

sein.

In den vorangegangenen Abschnitten über den Elektronen-Spin hatten wir Wellenfunktionen mit 2 Komponenten kennengelernt; in der Dirac-Theorie sind es deren vier! Es hängt damit zusammen, daß die Dirac-Theorie sowohl positive als auch negative Energiewerte für freie Teilchen zuläßt.

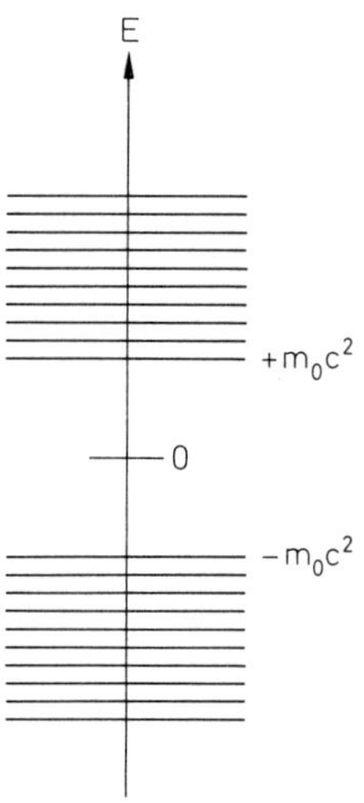

Abb. 14.3. Energiespektrum der Klein-Gordon-Gleichung

Wie sich der Leser anhand einer Übungsaufgabe überzeugen kann, liefert die Dirac-Theorie das gleiche Energiespektrum wie das der Klein-Gordon-Gleichung, das durch (14.140), (14.141) gegeben und in Abb. 14.3 dargestellt ist. Man kann sich leicht davon überzeugen, daß die Lösungen der Dirac-Gleichung kräftefreier Teilchen ebene Wellen der Form

$$\Psi(\boldsymbol{r}, t) = \begin{pmatrix} \Psi_1 \\ \Psi_2 \\ \Psi_3 \\ \Psi_4 \end{pmatrix} \exp(\mathrm{i}\boldsymbol{k} \cdot \boldsymbol{r} - \mathrm{i}\omega t) \tag{14.153}$$

sind, wobei die Konstanten $\Psi_1, \ldots, \Psi_4$ in Übungsaufgabe 14.6 berechnet werden.

Da in der Dirac-Gleichung (14.151) die Zeitableitung vor den Ortsableitungen auszeichnet, nach der Relativitätstheorie diese aber die gleiche Rolle (im Sinne der vier Komponenten eines Vektors) spielen, wird in der Literatur noch eine weitere Form der Gleichung angegeben. Diese erhält man, indem man (14.151) auf beiden Seiten von links mit $\gamma^0 \equiv \beta$ multipliziert und die neuen Matrizen

$$\gamma^j = \beta\alpha_j, \qquad j=1,2,3 \tag{14.154}$$

einführt. Wie sich nachweisen läßt, ist die so entstehende Dirac-Gleichung „Lorentz-kovariant"

$$\mathrm{i}\hbar\left(\gamma^0\frac{\partial}{\partial x^0}+\gamma^1\frac{\partial}{\partial x_1}+\gamma^2\frac{\partial}{\partial x_2}+\gamma^3\frac{\partial}{\partial x_3}\right)\Psi = m_0 c\Psi \tag{14.155}$$

$$x^0=\mathrm{c}t, \qquad x_1=x, \qquad x_2=y, \qquad x_3=z.$$

Die Matrizen γ^0 und γ^j lauten explizit

$$\gamma^0=\begin{bmatrix}1 & 0\\ 0 & -1\end{bmatrix}, \qquad \gamma^j=\begin{bmatrix}0 & \sigma^j\\ -\sigma^j & 0\end{bmatrix}, \tag{14.156}$$

wobei σ^j wieder die Pauli-Matrizen sind.

Besprechen wir noch abschließend, wie in der Dirac-Gleichung die Einwirkung elektrischer und magnetischer Felder auf das Elektron erfaßt werden kann. Dazu übernehmen wir wiederum die Vorschrift der Schrödinger-Theorie:

1) Die potentielle Energie $V(\boldsymbol{r}) = -e\tilde{V}$, die vom elektrischen Potential $\tilde{V}$ herrührt, addieren wir in Analogie zu (9.32). Dies kann auch so aufgefaßt werden, daß wir die folgende Ersetzung vornehmen

$$\mathrm{i}\hbar\frac{\partial}{\partial t} \to \mathrm{i}\hbar\frac{\partial}{\partial t}+e\tilde{V}. \tag{14.157}$$

2) Das Magnetfeld wird berücksichtigt, indem der Impulsoperator ersetzt wird (gemäß Abschn. 14.1) durch

$$\frac{\hbar}{\mathrm{i}}\nabla \to \frac{\hbar}{\mathrm{i}}\nabla + e\boldsymbol{A}, \tag{14.158}$$

wobei $\boldsymbol{A}$ das Vektorpotential ist.

Die so entstehende Dirac-Gleichung ist für einige Fälle, insbesondere das Wasserstoff-Problem gelöst worden und die Ergebnisse befinden sich in sehr guter Übereinstimmung mit den Experimenten, sofern wir von Korrekturen der Quantenelektrodynamik (Lamb-Shift!) absehen.

Trotz dieses Erfolgs der Diracschen Theorie blieb die Frage nach der Bedeutung der negativen Energiewerte für freie Teilchen offen. Ein freies Teilchen mit einem positiven Energiewert könnte ja unter Aussendung von Licht in tiefere, nämlich negative Energiewerte, übergehen, und so müßten alle Teilchen mit positiver Energie schließlich in diesen Energieschlund gefallen sein.

Dirac hatte nun die geniale Idee anzunehmen, daß alle negativen Energiezustände bereits mit Elektronen aufgefüllt sind und zwar nach dem Pauli Prinzip, wonach jeder Energiezustand höchstens mit zwei Elektronen mit antiparallelen Spins besetzt sein kann. Die unendlich hohe negative Ladung dieses sogenannten „Dirac-Sees" kann man sich kompensiert denken durch die positive Ladung der Protonen, die ebenfalls der Dirac-Gleichung genügen und einen entsprechenden Dirac-See auffüllen müssen. Das Vakuum wäre dann zu interpretieren als diese beiden aufgefüllten Dirac-Seen.

Führt man nun so viel Energie zu, daß ein Elektron aus dem Dirac-See die Energielücke von der Größe $2m_0c^2$ überspringen kann, so müßte jetzt ein Elektron mit einer positiven Energie erscheinen, zugleich aber ein Loch im Dirac-See zurücklassen. Da dieses Loch eine fehlende negative Ladung bedeutet, der Dirac-See aber vorher elektrisch neutral war, müssen wir annehmen, daß das Loch eine positive Ladung besitzt. Im übrigen hat es die gleichen Eigenschaften wie ein Teilchen, so daß es als Teilchen erscheinen müßte. Tatsächlich kann die Erzeugung von Elektronen-Lochpaaren beobachtet werden. Die positiv geladenen Teilchen sind experimentell als Positronen bekannt.

In der modernen Quantenfeldtheorie kann man durch einen formalen Trick die Erzeugung von Positronen direkt beschreiben, ohne auf den unendlich aufgefüllten Dirac-See zurückgreifen zu müssen. Andererseits gibt gerade die Idee des Dirac-Sees eine sehr anschauliche Vorstellung von dem Auftreten von positiv geladenen Elektronen, eben den Positronen.

Aufgaben

14.1 *Die Landau-Niveaus*

Bewegt sich ein sonst freies Elektron in einem Magnetfeld, so wird das Elektron in der Ebene senkrecht zum Magnetfeld auf eine Kreisbahn gezwungen. Es führt somit eine periodische Bewegung aus und würde bereits in der Sommerfeldschen Theorie einer Quantenbedingung unterliegen, die zu diskreten Niveaus führt (den Landau-Niveaus). Diese ergeben sich auch bei der exakten quantenmechanischen Berechnung.

Aufgabe: Man löse die zeitunabhängige Schrödinger-Gleichung eines Teilchens der Ladung $(-e)$, das sich in der x, y-Ebene senkrecht zu einem konstanten Magnetfeld B bewegt. Man sehe vom Elektronenspin ab.

Hinweis: Man benutze das Vektorpotential $\boldsymbol{A}$ in der Form $\boldsymbol{A}=(0, Bx, 0)$ und mache für $\psi(x, y, z)$ den Ansatz

$$\psi(x, y, z)=\mathrm{e}^{iky}\varphi(x)$$

und benutze, daß $\varphi(x)$ der Schrödinger-Gleichung eines verschobenen harmonischen Oszillators genügt.

14.2 Man zeige, daß für die Spinoperatoren $\hat{s}_x, \hat{s}_y$ (14.33a, b) gilt

$$\hat{s}_x\hat{s}_y+\hat{s}_y\hat{s}_x=0\,, \quad \left(\frac{2}{\hbar}\hat{s}_x\right)^2=1\,, \quad \left(\frac{2}{\hbar}\hat{s}_y\right)^2=1\,.$$

Hinweis: Man benutze die explizite Matrixform.

14.3 Man überzeuge sich davon, daß sich der relativistische Energie-Ausdruck (14.132) unter der Bedingung

$$\frac{\boldsymbol{p}^2}{2m_0} \ll \frac{1}{2} m_0 c^2$$

in der Form

$$E \approx m_0 c^2 + \frac{1}{2} \frac{\boldsymbol{p}^2}{m_0}$$

schreiben läßt.

Hinweis: Man entwickle die Wurzel.

14.4 Man zeige, daß sich aus der Klein-Gordon-Gleichung ein Erhaltungssatz der Form

$$\frac{d\varrho}{dt} + \operatorname{div} \boldsymbol{j} = 0$$

herleiten läßt.

Hinweis: Man multipliziere die Klein-Gordon-Gleichung (geschrieben mit $\square$) mit ψ^* und subtrahiere davon den konjugierten komplexen Ausdruck. [Antwort:

$$\varrho = \frac{\mathrm{i}\hbar}{2m_0 c^2} \left(\psi^* \frac{\partial \psi}{\partial t} - \psi \frac{\partial \psi^*}{\partial t} \right),$$

$$\boldsymbol{j} = \frac{\hbar}{2\mathrm{i} m_0} (\psi^* \operatorname{grad} \psi - \psi \operatorname{grad} \psi^*) . \Bigg]$$

14.5 Man zeige, daß jede Komponente von (14.153) der Klein-Gordon-Gleichung genügen muß.

Hinweis: Man schreibe die Dirac-Gleichung (14.151) in der Form

$$\mathrm{i}\hbar \frac{\partial \Psi}{\partial t} = H\Psi , \qquad (*)$$

bilde auf beiden Seiten $\mathrm{i}\hbar(\partial/\partial t)$, benutze nochmals (*) und forme H^2 mit Hilfe der Dirac-Matrizen um.

14.6 Man löse die Dirac-Gleichung für ein kräftefreies, in z-Richtung fliegendes Teilchen.

Hinweis: Man setze den Ansatz

$$\Psi(\boldsymbol{r}, t) = \begin{pmatrix} \Psi_1 \\ \Psi_2 \\ \Psi_3 \\ \Psi_4 \end{pmatrix} \exp(\mathrm{i}kz - \mathrm{i}\omega t)$$

in (14.151) ein und löse die sich ergebende algebraische Gleichung. Zu welcher Energie gehören die jeweiligen Lösungen?

15. Atome im elektrischen Feld

15.1 Beobachtung des Stark-Effekts

Im Jahre 1913 entdeckte *Stark* eine Aufspaltung der Linien der Balmer-Serie von Wasserstoff (vgl. Gl. 8.2) im elektrischen Feld. Er untersuchte die Lichtemission von H-Atomen im Felde des Kondensators (Abb. 15.1, 2). Allgemein bezeichnet man seitdem Frequenzverschiebungen in optischen Spektren unter dem Einfluß elektrischer Felder als Stark-Effekt.

Der Effekt ist experimentell weniger leicht beobachtbar als der Zeeman-Effekt, weil man dazu hohe elektrische Felder ohne Durchschlag erzeugen muß. In der experimentellen Atomphysik hat er bei weitem nicht die gleiche Bedeutung erlangt wie der Zeeman-Effekt.

Man beobachtet

- eine zur elektrischen Feldstärke $\boldsymbol{F}$ proportionale Aufspaltung der Terme mit $l \neq 0$ beim Wasserstoff und den wasserstoffähnlichen Atomen wie He^+, Li^{++} und der von ihnen ausgehenden Spektrallinien. Dieser sogenannte *lineare* Starkeffekt liegt vor, wenn die l-Entartung, das heißt die Entartung der Zustände mit gleicher Hauptquantenzahl n und verschiedener Bahndrehimpuls-Quantenzahl l erst durch das äußere elektrische Feld und nicht bereits durch innere atomare Felder aufgehoben wird;
- eine zu F^2 proportionale Verschiebung und Aufspaltung von Termen bei allen Atomen. – Dies ist der *quadratische* Starkeffekt.

Der quadratische Stark-Effekt läßt sich qualitativ anschaulich verstehen. Die Aufhebung der l-Entartung durch die anderen Elektronen im Atom führt immer zu Zuständen, die im

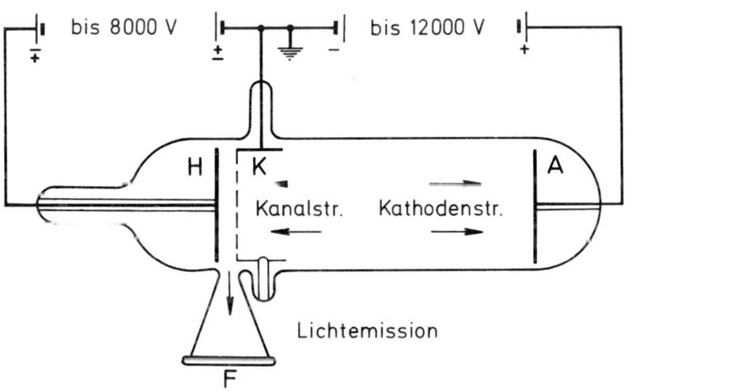

Abb. 15.1. Kanalstrahl-Röhre zur Untersuchung der Emission von Atomen im elektrischen Feld: Stark-Effekt. Zwischen der Kathode K und der Elektrode H liegt eine Spannung von bis zu 8000 Volt. Die dadurch hervorgerufene Aufspaltung von Spektrallinien wird durch das Fenster F beobachtet. Um neutrale H-Atome zu beobachten müssen die positiven Ionen des Kanalstrahls noch neutralisiert werden. Das ist in Abb. 15.1 nicht enthalten

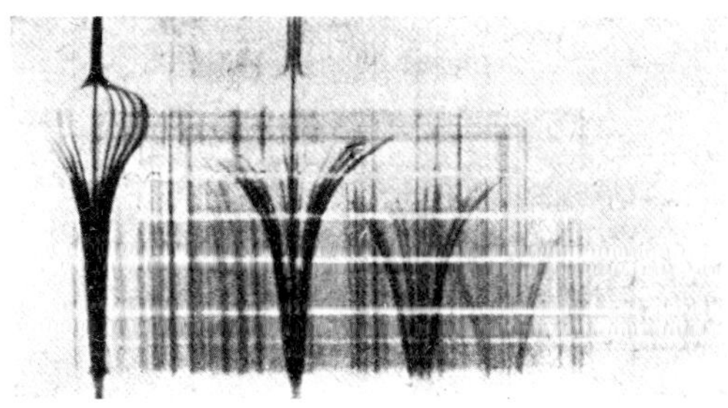

Abb. 15.2. Aufspaltung von Linien des Wasserstoff-Atoms im elektrischen Feld. Die Feldstärke variiert längs der auf den Spektrographenspalt abgebildeten Lichtquelle. Sie beträgt im Bereich kleiner Aufspaltung in der Nähe des unteren Bildrandes 10^5 V/cm und steigt an bis auf 1,14 10^6 V/cm im Bereich stärkster Aufspaltung. [Aus K. H. Hellwege: *Einführung in die Physik der Atome*, Heidelberger Taschenbücher, Bd. 2, 4. Aufl. (Springer, Berlin, Heidelberg, New York 1974) Abb. 45]

Zeitmittel kein elektrisches Dipolmoment besitzen. Dies wird in der Quantentheorie gezeigt. Das angelegte elektrische Feld $\boldsymbol{F}$ induziert im Atom ein elektrisches Dipolmoment $\boldsymbol{p}=\alpha\boldsymbol{F}$, wenn α die Polarisierbarkeit des Atoms ist. Diese ist natürlich eine Funktion aller Quantenzahlen und für jede Elektronenkonfiguration verschieden.

An diesem induzierten Dipolmoment greift das elektrische Feld an. Für die Wechselwirkungsenergie gilt

$$V_{\mathrm{el}}=\tfrac{1}{2}\boldsymbol{p}\cdot\boldsymbol{F}=\tfrac{1}{2}\alpha F^2 . \tag{15.1}$$

Damit ist die Proportionalität der Termverschiebung zum Quadrat der Feldstärke qualitativ erklärt.

Der lineare Stark-Effekt, der beim Wasserstoffatom beobachtet wird, läßt sich weniger leicht anschaulich verstehen. Es handelt sich hier um einem Effekt, der erst durch die Quantenmechanik verständlich wird. Hier wird die ohne $\boldsymbol{E}$-Feld vorhandene l-Entartung durch das elektrische Feld aufgehoben, weil das Coulomb-Potential des Kerns durch das $\boldsymbol{E}$-Feld eine Störung erfährt. Auf diesen Effekt wird im folgenden Abschnitt besonders eingegangen.

Wesentlicher Unterschied zur Aufspaltung von Spektrallinien im Magnetfeld ist die Tatsache, daß sich in einem elektrischen Feld Zustände mit gleichem Absolutwert der magnetischen Quantenzahl m_j, d. h. m_j und $-m_j$, gleich verhalten. Anschaulich ist das leicht zu verstehen: die Wirkung eines elektrischen Feldes auf ein „links herum" und ein „rechts herum" laufendes Elektron bei sonst gleicher räumlicher Verteilung des Elektrons im Zeitmittel ist dieselbe. Die Anzahl der Aufspaltungskomponenten ist deshalb beim Stark-Effekt kleiner als beim Zeeman-Effekt: die Zahl der unterschiedlichen Terme beträgt nicht $2j+1$, sondern $j+1$ bei ganzzahligem j und $j+1/2$ bei halbzahligem j.

Als Beispiel zeigt Abb. 15.3 den Stark-Effekt der Na-D-Linie. Die Größe der Stark-Verschiebung beträgt bei den Na-D-Linien ca. 0,05 Å in Feldern von 10^7 V/m. Sie steigt an mit der Hauptquantenzahl n, da Bahnen mit größerer Hauptquantenzahl auch eine größere Polarisierbarkeit besitzen. Besondere Bedeutung erlangt der Stark-Effekt deshalb bei der Untersuchung hochangeregter Atome, sogenannter Rydberg-Atome (Abschn. 8.12).

Der Stark-Effekt aufgrund von elektrischen Feldern bei der Bindung zwischen Atomen wird extrem wichtig zum Verständnis der Molekülspektren, ferner in Kristallen beim Einfluß des elektrischen Kristallfeldes auf die Atom-Terme und in Gasen höherer Dichte. Dort gibt der Stark-Effekt den wichtigsten Beitrag zur Linienverbreiterung.

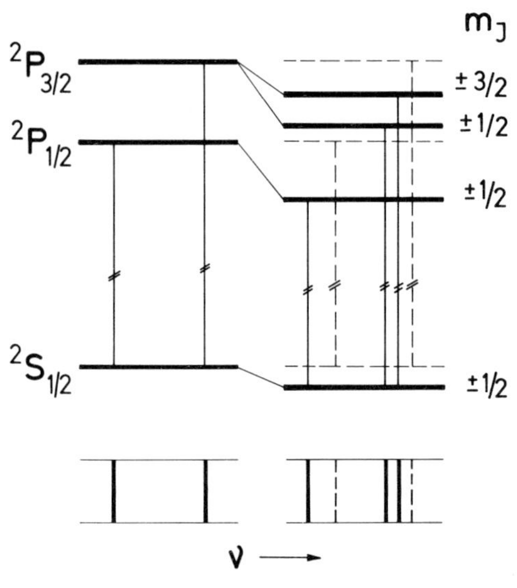

Abb. 15.3. Energieniveauschema zum Stark-Effekt des Natrium-Dubletts $3^2P_{3/2,1/2}-3^2S_{1/2}$ und Aufspaltungsbild der D-Linien

15.2 Quantentheorie des linearen und quadratischen Stark-Effekts

15.2.1 Der Hamiltonoperator

Wir wollen hier die quantentheoretische Erklärung des Stark-Effektes etwas ausführlicher behandeln, da wir hierbei gleichzeitig die allgemeine und sehr wichtige Methode der Störungstheorie kennenlernen können.

Wir untersuchen, wie sich die Wellenfunktionen und Energien eines Elektrons ändern, das neben dem Anziehungspotential des Atomkernes $V(r)$ noch einem konstanten elektrischen Feld unterworfen ist. Den Hamiltonoperator des Gesamtproblems schreiben wir in der Form

$$H = H_0 + H^{\mathrm{S}} , \tag{15.2}$$

wobei

$$H_0 = -\frac{\hbar^2}{2m_0}\Delta + V(r) \tag{15.3}$$

der ursprüngliche Hamiltonoperator ohne äußeres Feld ist. In (15.2) wie auch im folgenden soll der obere Index S auf „Störung" hinweisen.

Hat das elektrische Feld die Feldstärke F, so wirkt auf das Elektron die Kraft

$$(-e\boldsymbol{F}) . \tag{15.4}$$

Um Verwechslungen zwischen den Bezeichnungen für die Energie E und die elektrische Feldstärke auszuschließen, bezeichnen wir die letztere mit $\boldsymbol{F}$.
Die zugehörige potentielle Energie, die sich aus „minus Kraft mal Weg" ergibt, ist dann

$$V^{\mathrm{S}} = e\boldsymbol{F}\boldsymbol{r} . \tag{15.5}$$

Da der Formalismus, den wir sogleich entwickeln werden, sich auch auf Störungen beziehen kann, die allgemeiner als (15.5) sind, haben wir in (15.2) H^{S} statt V^{S} geschrieben. In vielen Fällen zeigt es sich, daß das angelegte Feld die Elektronenwellenfunktionen und Energien nur geringfügig beeinflußt, d. h. als eine sogenannte kleine Störung wirkt. Um die Kleinheit dieser Störung explizit zum Ausdruck zu bringen, schreiben wir H^{S} in der Form

$$H^{\mathrm{S}} = \lambda H^1 , \tag{15.6}$$

wobei λ ein kleiner Parameter sein soll. Für das folgende nehmen wir ferner an, daß die zeitunabhängige Schrödinger-Gleichung ohne äußeres Störpotential bereits gelöst sei:

$$H_0\varphi_\nu = E_\nu^0\varphi_\nu . \tag{15.7}$$

Die Indizes 0 bei H_0 und E_ν^0 sollen anzeigen, daß es sich hier um das ungestörte Problem handelt. Wir nehmen zunächst an, daß die Energien E_ν^0 sämtlich voneinander verschieden sind.

15.2.2 Der quadratische Stark-Effekt. Störungstheorie ohne Entartung*[1]

Um die Schrödinger-Gleichung, die auch das Störpotential enthält, nämlich

$$H\psi = E\psi \tag{15.8}$$

lösen zu können, stellen wir die gesuchte Lösung ψ als eine Überlagerung der ungestörten Lösungen φ_ν dar. Wir erwarten nämlich, daß durch das äußere Feld die Wellenfunktion verschoben und vielleicht auch deformiert werden wird. Diese veränderte Wellenfunktion läßt sich aber aus der ursprünglichen gewinnen, indem man zu ihr noch Wellenfunktionen anderer Energiestufen hinzufügt (vgl. Abb. 15.4). Aufgrund solcher Überlegungen, die sich auch streng mathematisch rechtfertigen lassen, gelangen wir zum folgenden Ansatz für die gesuchte Wellenfunktion

$$\psi(\boldsymbol{r}) = \sum_{\nu=1}^{\infty} c_\nu \varphi_\nu(\boldsymbol{r}) \, . \tag{15.9}$$

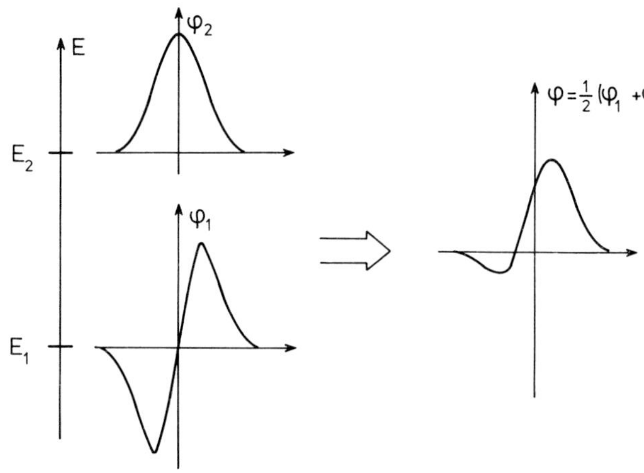

Abb. 15.4. Beispiel, wie durch die Überlagerung zweier Wellenfunktionen ψ_1 und ψ_2 (links) eine neue Wellenfunktion mit verschobenem Schwerpunkt entsteht (rechts)

Hierin ist wichtig, daß die Wellenfunktionen φ_ν von der Ortskoordinate abhängen, die Koeffizienten c_ν jedoch *nicht*. Um diese festzulegen, setzen wir (15.9) in (15.8) ein und erhalten unmittelbar

$$H_0 \sum_\nu c_\nu \varphi_\nu(\boldsymbol{r}) + H^{\mathrm{S}} \sum_\nu c_\nu \varphi_\nu(\boldsymbol{r}) = E \sum_\nu c_\nu \varphi_\nu(\boldsymbol{r}) \, . \tag{15.10}$$

Im ersten Glied auf der linken Seite benutzen wir, daß die Wellenfunktion φ_ν der Gl. (15.7) genügt und wir somit $H_0 \cdot \varphi_\nu$ durch $E_\nu^0 \varphi_\nu$ ersetzen können. Um uns in (15.10) von der $\boldsymbol{r}$-Abhängigkeit zu befreien, multiplizieren wir (15.10) von links her mit φ_ν^* und integrieren über den gesamten Raum. Wie wir im Anhang zeigen werden, sind die Wellenfunktionen aufeinander orthogonal, d. h. es gelten die Relationen

$$\int \varphi_\mu^* \varphi_\nu dV = \delta_{\mu\nu} \, . \tag{15.11}$$

[1] In diesem Buch stellen wir die *zeitunabhängige* Störungstheorie dar. Die ebenfalls sehr wichtige *zeitabhängige* Störungstheorie findet sich ausführlich in dem 2. Band, Molekülphysik und Quantenchemie.

Außerdem führen wir noch die Abkürzungen

$$H^{\mathrm{S}}_{\mu\nu} = \int \varphi^*_\mu H^{\mathrm{S}} \varphi_\nu dV \tag{15.12}$$

ein. Da die Größen $H^{\mathrm{S}}_{\mu\nu}$ die beiden Indizes μ und ν tragen, denkt man sich die $H^{\mathrm{S}}_{\mu\nu}$ oft in einem quadratischen Schema angeordnet. Da ein derartiges Schema in der Mathematik als Matrix bezeichnet wird, nennt man die $H^{\mathrm{S}}_{\mu\nu}$ auch „Matrixelemente", und zwar, genauer ausgedrückt, „Matrixelemente des Störoperators H^{S}". Mit Hilfe von (15.11) und (15.12) erhalten wir aus (15.10) folgende Gleichungen

$$(E^0_\mu - E)c_\mu + \sum_\nu H^{\mathrm{S}}_{\mu\nu} c_\nu = 0 , \tag{15.13}$$

die man sich für alle Indizes μ angeschrieben zu denken hat. Soweit ist unser Verfahren völlig allgemein gültig und macht keinerlei Gebrauch von der Kleinheit der Störung. Wir nehmen aber nun an, daß die Störung klein ist, indem wir uns gemäß (15.6) vorstellen, daß der Parameter λ von Null an wächst. Ist die Störung exakt gleich Null, so muß die gesuchte Lösung (15.9) natürlich mit einer der Ausgangslösungen φ_ν übereinstimmen. Die sich für $\lambda = 0$ ergebenden Koeffizienten bezeichnen wir mit einem oberen Index 0, der Ausgangszustand soll den Index κ tragen. Wir erhalten somit die Relation

$$c^0_\nu = \begin{cases} 1 & \text{für} \quad \nu = \kappa \\ 0 & \text{für} \quad \nu \neq \kappa \end{cases} \tag{15.14}$$

oder abgekürzt

$$c^0_\nu = \delta_{\nu\kappa} . \tag{15.15}$$

Lassen wir nun λ wachsen, so werden natürlich auch die Koeffizienten c_ν sich ändern. Wir werden erwarten, daß in einer 1. Näherung die Koeffizienten c_ν sich proportional zu λ ändern. In der nächsten Näherung müssen wir dann Änderungen von der Größenordnung λ^2 in Rechnung stellen usw. Das Entsprechende wird natürlich auch für die neuen Energiewerte E gelten. Wir werden somit zu den Ansätzen

$$c_\nu = \delta_{\nu\kappa} + \lambda c^{(1)}_\nu + \lambda^2 c^{(2)}_\nu + \ldots \tag{15.16}$$

bzw.

$$E = E^0_\kappa + \lambda \varepsilon^{(1)} + \lambda^2 \varepsilon^{(2)} + \ldots \tag{15.17}$$

geführt. Wir setzen diese Ansätze in (15.13) ein und erhalten somit

$$\begin{aligned} &(E^0_\mu - E^0_\kappa - \lambda\varepsilon^{(1)} - \lambda^2\varepsilon^{(2)} - \ldots)(\delta_{\mu\kappa} + \lambda c^{(1)}_\mu + \ldots) \\ &\quad + \sum_\nu \lambda H^1_{\mu\nu}(\delta_{\nu\kappa} + \lambda c^{(1)}_\nu + \ldots) = 0 . \end{aligned} \tag{15.18}$$

Durch die Ansätze (15.16) und (15.17) werden nun Größenordnungen definiert, was man sich leicht klar macht, wenn man z. B. $\lambda = 0{,}1$ setzen würde. In einem solchen Falle ist $\lambda^2 = 0{,}01$ d. h. nur noch 10% von λ. Cum grano salis gesprochen, machen wir nichts anderes als Gl. (15.18) bezüglich der verschiedenen Kommastellen zu lösen. Streng mathematisch gesprochen heißt dies, daß wir in (15.18) alle vorkommenden Ausdrücke ausmultiplizieren und nach Potenzen von λ ordnen müssen. Sodann haben wir zu fordern, daß die Koeffizienten der einzelnen Potenzen von λ für sich verschwinden. In der nullten Potenz erhalten wir

$$(E_\mu^0 - E_\kappa^0)\delta_{\mu\kappa} = 0 \,, \tag{15.19}$$

was identisch erfüllt ist. In der 1. Potenz von λ ergibt sich

$$-\varepsilon^{(1)}\delta_{\mu\kappa} + (E_\mu^0 - E_\kappa^0)c_\mu^{(1)} + H_{\mu\kappa}^1 = 0 \,. \tag{15.20}$$

Zur weiteren Diskussion dieser Gleichung unterscheiden wir die Fälle $\mu = \kappa$ und $\mu \neq \kappa$. Für $\mu = \kappa$ reduziert sich (15.20) auf

$$\varepsilon^{(1)} = H_{\kappa,\kappa}^1 \equiv \int \varphi_\kappa^* H^1 \varphi_\kappa dV \,. \tag{15.21}$$

Für die gestörte Energie bedeutet dies gemäß (15.17), daß in 1. störungstheoretischer Näherung gilt

$$E = E_\kappa^0 + H_{\kappa,\kappa}^{\mathrm{S}} \,. \tag{15.22}$$

Wählen wir $\mu \neq \kappa$, so lassen sich aus (15.20) die Koeffizienten in 1. störungstheoretischer Näherung bestimmen

$$c_\mu^{(1)} = \frac{H_{\mu\kappa}^1}{E_\kappa^0 - E_\mu^0} \,, \quad \mu \neq \kappa \,. \tag{15.23}$$

Bis jetzt ist der Koeffizient $c_\kappa^{(1)}$ noch nicht bestimmt. Er muß, wie sich mit Hilfe der Normierungsbedingung zeigen läßt, gleich Null gesetzt werden:

$$c_\kappa^{(1)} = 0 \,. \tag{15.24}$$

Setzen wir in (15.9) die nunmehr bestimmten Koeffizienten ein, so lautet die gestörte Wellenfunktion in 1. störungstheoretischer Näherung

$$\psi(\boldsymbol{r}) = \varphi_\kappa(\boldsymbol{r}) + \sum_{\mu \neq \kappa} \frac{H_{\mu,\kappa}^{\mathrm{S}}}{E_\kappa^0 - E_\mu^0} \varphi_\mu(\boldsymbol{r}) \,. \tag{15.25}$$

Nunmehr können wir die Glieder in 2. Ordnung, d. h. mit λ^2 berücksichtigen. Es ergibt sich dann nach kurzer Rechnung

$$\varepsilon^{(2)} = \sum_{\nu \neq \kappa} \frac{|H_{\kappa\nu}^1|^2}{E_\kappa^0 - E_\nu^0} \,. \tag{15.26}$$

Damit läßt sich die Energie in Störungstheorie 2. Ordnung in der Form

$$E = E_\kappa^0 + H_{\kappa,\kappa}^{\mathrm{S}} + \sum_{\nu \neq \kappa} \frac{|H_{\kappa\nu}^{\mathrm{S}}|^2}{E_\kappa^0 - E_\nu^0} \tag{15.27}$$

wiedergeben.

Wir untersuchen nun, was die Formeln (15.25) und (15.27) für den Fall bedeuten, daß ein elektrisches Feld F angelegt wird. Wie sich zeigen läßt (vgl. hierzu das Kap. 16.1.3 über Auswahlregeln), ist z. B. beim Wasserstoff-Atom $H_{\kappa\kappa}^{\mathrm{S}} = 0$. Die Matrixelemente, die von Null verschieden sind, sind wegen (15.5) und (15.12) proportional zur Feldstärke F. Damit wird die Energie E gegenüber der ungestörten Energie E_κ^0 gemäß (15.27) durch Beiträge verschoben, die proportional zu F^2 sind. Man spricht daher vom *quadratischen Stark-Effekt*.

15.2.3 Der lineare Stark-Effekt. Störungstheorie mit Entartung*

Neben diesem quadratischen Stark-Effekt gibt es noch den sogenannten *linearen Stark-Effekt*. Zu dessen Erläuterung gelangen wir folgendermaßen. Rein formal ersehen wir aus den Formeln (15.23)–(15.27), daß unser obiges Verfahren fehlschlägt, wenn der Nenner, d. h. $E_\kappa^0 - E_\nu^0$, verschwindet und gleichzeitig das Matrixelement im Zähler von Null verschieden ist. Das kann aber in der Tat der Fall sein, wenn wir entartete Zustände vor uns haben, wie wir sie beim Wasserstoffatom kennengelernt hatten. Dort gehört ja zu einer bestimmten Energie mit der Hauptquantenzahl n ein ganzer Satz verschiedener Wellenfunktionen mit verschiedenen l und m. Um diesen Fall bei einer Störung zu behandeln, muß man auf die sogenannte *Störungstheorie mit Entartung* zurückgreifen. Hierzu erinnern wir nochmals kurz daran, was wir im Falle der Störungstheorie ohne Entartung im 1. Schritt getan hatten. Hier hatten wir die Forderung (15.14) aufgestellt. Wie wir wissen, können bei Entartung nicht nur die miteinander entarteten Wellenfunktionen Lösung der Schrödinger-Gleichung zur Energie E_κ^0 sein, sondern auch eine beliebige Linearkombination dieser Wellenfunktionen. Wenn wir uns also die Störung ausgeschaltet denken, so kann die gestörte Lösung in eine Linearkombination ungestörter Lösungen übergehen, deren Koeffizienten wir noch gar nicht kennen. Die Grundidee der Störungstheorie mit Entartung besteht nun gerade darin, diese Koeffizienten in nullter Näherung durch ein systematisches Verfahren festzulegen. Hierzu machen wir den Ansatz

$$\psi(\boldsymbol{r}) = \sum_{\substack{\nu \\ \text{nur über} \\ \text{Entartung}}} c_\nu^{(0)} \psi_\nu(\boldsymbol{r}) + \text{Korrekturen}\,, \tag{15.28}$$

wobei die Summe *nur* über die miteinander entarteten Zustände läuft. Von den Korrekturgliedern sehen wir ab. Der Ansatz (15.28) hat formal die gleiche Gestalt wie unser früherer Ansatz (15.9), wobei wir aber jetzt nicht über alle Zustände aufsummieren. Formal lassen sich aber die Koeffizienten $c_\nu^{(0)}$ bestimmen, indem wir wieder zum Gleichungssystem der Gestalt (15.13) übergehen, wobei an die Stelle der dortigen Koeffizienten c_ν der Satz der Koeffizienten $c_\nu^{(0)}$ tritt. Haben wir N miteinander entartete Zustände, so haben wir nunmehr N Gleichungen mit N unbekannten Koeffizienten vor uns. Damit das homogene Gleichungssystem lösbar ist, muß die dazugehörige Determinante verschwinden. Dies liefert die Bedingung

$$\begin{vmatrix} (E_\kappa^0 - E + H_{1,1}^{\mathrm{S}}) & H_{1,2}^{\mathrm{S}} & \dots & H_{1,N}^{\mathrm{S}} \\ H_{2,1}^{\mathrm{S}} & (E_\kappa^0 - E + H_{2,2}^{\mathrm{S}}) & \dots & H_{2,N}^{\mathrm{S}} \\ \vdots & & & \\ H_{N,1}^{\mathrm{S}} & \dots & & (E_\kappa^0 - E + H_{NN}^{\mathrm{S}}) \end{vmatrix} = 0 . \tag{15.29}$$

Die hier auftretende Determinante heißt auch Säkular-Determinante. Rechnet man sie aus, so ergibt sich ein Polynom N-ten Grades in der Energie E. Dieses gleich Null gesetzt ist eine algebraische Gleichung für E, die N Wurzeln hat, von denen auch einige zusammenfallen können.

Als konkretes Beispiel behandeln wir den 1. angeregten Zustand des Wasserstoffatoms mit der Hauptquantenzahl $n=2$. Die Wellenfunktionen des Wasserstoffs sind, wie wir wissen, durch die Quantenzahlen n, l, m bezeichnet. Um den Zusammenhang mit der jetzigen Indizierung herzustellen, schreiben wir

$$\underbrace{\varphi_{n,l,m}}_{\nu}, \qquad \mathrm{n}=2, \tag{15.30}$$

wobei wir die Tabelle

$$\nu = \begin{cases} 1 & \text{für} \quad l=0, \quad m=0 \\ 2 & \text{für} \quad l=1, \quad m=0 \\ 3 & \text{für} \quad l=1, \quad m=1 \\ 4 & \text{für} \quad l=1, \quad m=-1 \end{cases} \tag{15.31}$$

benutzen wollen. Der Ansatz (15.28) lautet somit konkret

$$\psi(\boldsymbol{r}) = c_1\varphi_1(\boldsymbol{r}) + c_2\varphi_2(\boldsymbol{r}) + c_3\varphi_3(\boldsymbol{r}) + c_4\varphi_4(\boldsymbol{r}), \tag{15.32}$$

wobei, um es nochmals zu wiederholen, die φ's die miteinander entarteten Wellenfunktionen des Wasserstoffatoms im Zustand $n=2$ sind. Die Matrixelemente (15.12) lauten jetzt konkret

$$H_{\mu\nu}^{\mathrm{S}} = \int \underbrace{\varphi_{n,l,m}^*}_{\mu}(\boldsymbol{r}) eFz \underbrace{\varphi_{n,l',m'}}_{\nu}(\boldsymbol{r}) dV, \tag{15.33}$$

wobei angenommen wurde, daß das Feld in z-Richtung angelegt wird. Wie man mit Überlegungen, wie wir sie in Abschn. 16.1. über Auswahlregeln darlegen, zeigen kann, verschwinden alle Matrixelemente bis auf

$$H_{1,2}^{\mathrm{S}} = H_{2,1}^{\mathrm{S}} . \tag{15.34}$$

Diese können in der Form

$$H_{1,2}^{\mathrm{S}} = H_{2,1}^{\mathrm{S}} = eFd \tag{15.35}$$

geschrieben werden, da die zugehörigen Wellenfunktionen reell sind. Da im vorliegenden Fall $N=4$ ist und alle Matrixelemente bis auf (15.35) verschwinden, reduzieren sich die Gln. (15.13) auf

$$(E_2^0-E)c_1+eFdc_2=0\,, \tag{15.36}$$

$$eFdc_1+(E_2^0-E)c_2=0\,, \tag{15.37}$$

$$(E_2^0-E)c_3=0\,, \tag{15.38}$$

$$(E_2^0-E)c_4=0\,. \tag{15.39}$$

Offensichtlich zerfällt das ganze Gleichungssystem in die beiden Gln. (15.36) und (15.37) einerseits und in (15.38) sowie (15.39) andererseits. Die zu (15.36), (15.37) gehörige Determinante lautet

$$\begin{vmatrix} E_2^0-E & eFd \\ eFd & E_2^0-E \end{vmatrix}=0\,. \tag{15.40}$$

Sie wird zu Null, wenn E die Werte

$$E_\pm=E_2^0\pm eFd \tag{15.41}$$

annimmt. Wie sich zeigt, gehört zum positiven Vorzeichen $c_1=c_2$, zum negativen Vorzeichen $c_1=-c_2$. Die Energie E wird gegenüber der ungestörten Energie proportional zur Feldstärke F abgesenkt oder angehoben. Die Gln. (15.38) bzw. (15.39) erfordern, daß die gestörte Energie mit der ungestörten Energie übereinstimmt. Es zeigt sich insbesondere, daß die Wellenfunktionen $\varphi_3(r)$ und $\varphi_4(r)$ jeweils schon die „richtigen Linearkombinationen" sind. Man sieht das auch schon daran, daß bei $\varphi_3(r)$ und $\varphi_4(r)$ die Störungstheorie ohne Entartung eigentlich nicht versagt, weil bei den kritischen Termen (verschwindende Energiedifferenzen im Nenner) auch jeweils die Matrixelemente im Zähler verschwinden.

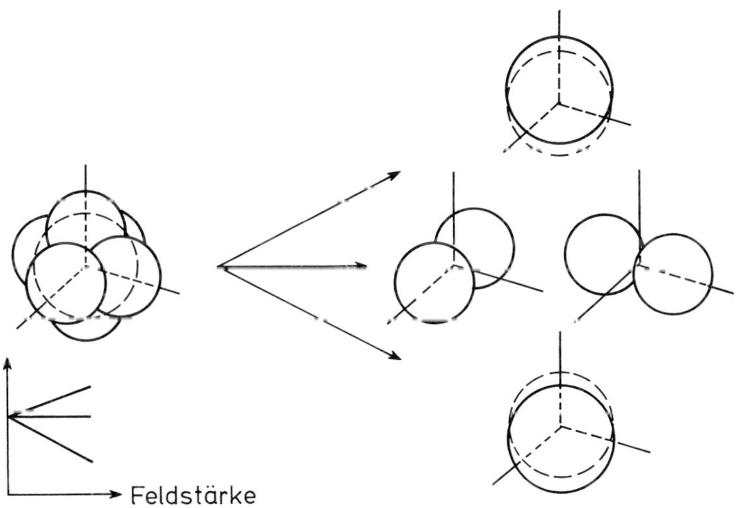

Abb. 15.5. Zum linearen Stark-Effekt. *Links unten:* Mit wachsender Feldstärke F wird das Energieniveau E_2^0 in drei Niveaus aufgespalten. *Links oben:* Diese Darstellung zeigt in einer Figur die vier miteinander entarteten Wellenfunktionen. Gestrichelt: s-Funktionen, ausgezogen: die p-Funktions-"Hanteln" in x, y, z-Richtung. *Rechts oben:* Überlagerung von s-Funktion und p-Hantel in z-Richtung führt zu Verschiebung des Ladungsschwerpunkts des Elektrons. *Rechts Mitte:* Die beiden in x und y Richtung liegenden Hanteln werden *nicht* beeinflußt. *Rechts unten:* Überlagerung von s-Funktion und p-Hantel (mit gegenüber dem vorherigen Fall entgegengesetzter Amplitude) führt zu Verschiebung des Ladungsschwerpunkts in negativer z-Richtung

Wir erhalten damit insgesamt das in Abb. 15.5 gezeigte Schema einer Energieaufspaltung. Die gleiche Abbildung gibt die Wellenfunktionen unter dem Einfluß des Feldes wieder.

Der hier besprochene lineare Stark-Effekt hat insofern eine Sonderstellung, als er nur beim Wasserstoffatom beobachtet wird. Der Grund hierfür ist leicht einzusehen. Das Matrixelement (15.33) verschwindet nur dann nicht, wenn $l \neq l'$ ist. Im Gegensatz zum Wasserstoff ist aber bei den anderen Atomen die l-Entartung aufgehoben, d. h.

$$E^0_{n,l,m} \neq E^0_{n,l',m'} \quad \text{für} \quad l \neq l',$$

wie in Kap. 11 gezeigt wurde.

15.3 Die Wechselwirkung eines Zwei-Niveau-Atoms mit einem kohärenten resonanten Lichtfeld

In den vorangegangenen Kapiteln über die Wechselwirkung eines Spins mit einem zeitveränderlichen Magnetfeld waren wir auf das interessante Phänomen des Spinumklappens gestoßen, das in der Physik und Chemie zahlreiche Anwendungen gefunden hat. In diesem Abschnitt wollen wir nun zeigen, daß ein Zwei-Niveau-Atom bei Wechselwirkung mit einem resonanten kohärenten Lichtfeld Erscheinungen zeigt, die ganz in Analogie zum Spin-Umklappen stehen. Während der Spin ein exaktes Zwei-Niveau-System ist, ist diese Annahme bei einem Atom nur eine Näherung. Wir nehmen eben an, daß ein Lichtfeld Übergänge zwischen zwei benachbarten Niveaus hervorruft und daß alle übrigen Niveaus des Atoms energetisch so weit von den betrachteten beiden Niveaus entfernt sind, daß wir den Einfluß der übrigen Zustände auf die beiden betrachteten Zustände vernachlässigen können. Dies ist gerade im Hinblick auf die oben behandelte Störungstheorie ohne Entartung verständlich, da Beimischungen der zu den weit entfernten Niveaus gehörenden Wellenfunktionen zu den Wellenfunktionen der hier betrachteten zwei Niveaus infolge der großen Energiedifferenzen im Nenner (vgl. 15.25) als klein angesehen werden können. Bei der quantenmechanischen Behandlung legen wir eine Schrödinger-Gleichung für ein Elektron zugrunde, das sich im Potentialfeld V des Kerns und im zusätzlichen Potential des Lichtfeldes V_s bewegt. Diese Gleichung hat die Gestalt

$$\left(-\frac{\hbar^2}{2m_0}\Delta + V + V_s\right)\psi(\boldsymbol{r},t) = \mathrm{i}\hbar\frac{d\psi(\boldsymbol{r},t)}{dt}. \tag{15.42}$$

Um die explizite Form von V_s zu erschließen, denken wir uns das Lichtfeld in Form einer ebenen Welle

$$\boldsymbol{F} = \boldsymbol{F}_0 \cos(kx - \omega t). \tag{15.43}$$

Um Verwechslungen zwischen der Energie und der elektrischen Feldstärke auszuschließen, bezeichnen wir die letztere wieder mit $\boldsymbol{F}$. Wir nehmen ferner an, daß sich das Atom am Orte $\boldsymbol{r}=0$ befindet. Da die Lichtwellenlänge $\lambda = 2\pi/k$ i. allg. viel größer als die Erstreckung der Elektronenwellenfunktionen eines Atoms ist, dürfen wir in recht guter Näherung in (15.43) $x=0$ setzen, so daß wir praktisch ein über das Atom räumlich konstantes Lichtfeld zugrundelegen können

$$\boldsymbol{F} = \boldsymbol{F}_0 \cos(\omega t) . \tag{15.44}$$

Wir nehmen ferner an, daß das Lichtfeld in z-Richtung polarisiert ist

$$\boldsymbol{F}_0 = (0, 0, F_0) . \tag{15.45}$$

Die Kraft eines elektrischen Feldes $\boldsymbol{F}$ auf ein Elektron ist durch $-e \cdot \boldsymbol{F}$ gegeben. Daraus ergibt sich als potentielle Energie (minus Kraft mal Weg z)

$$V_s = eF_0 z \cos \omega t . \tag{15.46}$$

Im folgenden werden wir dieses V_s in (15.42) verwenden. Wir nehmen nun an, daß wir die Schrödinger-Gleichung ohne äußeres Feld

$$\left(-\frac{\hbar^2}{2m_0} \Delta + V \right) \varphi_j = E_j \varphi_j , \qquad j = 1, 2 \tag{15.47}$$

bereits gelöst haben, d. h. daß Wellenfunktionen und Energien zumindest für die Indizes $j = 1, 2$ bekannt sind.
Da wir nur Übergänge zwischen den beiden Niveaus 1 und 2 erwarten, setzen wir die Wellenfunktion von (15.42) in Form einer Überlagerung aus den ungestörten Wellenfunktionen von (15.47) an

$$\psi(\boldsymbol{r}, t) = c_1(t) \varphi_1(\boldsymbol{r}) + c_2(t) \varphi_2(\boldsymbol{r}) . \tag{15.48}$$

Um die noch unbekannten Koeffizienten c_1 und c_2 zu bestimmen, gehen wir mit (15.48) in (15.42) ein, multiplizieren genau wie in Abschn. 15.2 von links her mit φ_1^* bzw. φ_2^* und integrieren über den gesamten Raum. Indem wir noch die Abkürzung

$$H_{ij}^{\mathrm{S}} = \int \varphi_i^*(\boldsymbol{r}) e F_0 z \varphi_j(\boldsymbol{r}) dV \cos \omega t \tag{15.49}$$

einführen, ergeben sich ganz in Analogie zu Abschn. 15.2 die Gleichungen

$$\dot{c}_1 = \frac{1}{\mathrm{i}\hbar} [(E_1 + H_{11}^{\mathrm{S}}) c_1 + H_{12}^{\mathrm{S}} c_2] \tag{15.50}$$

und

$$\dot{c}_2 = \frac{1}{\mathrm{i}\hbar} [H_{21}^{\mathrm{S}} c_1 + (E_2 + H_{22}^{\mathrm{S}}) c_2] . \tag{15.51}$$

In vielen Fällen dürfen wir annehmen, daß H_{11}^{S} sowie H_{22}^{S} verschwinden (vgl. hierzu Kap. 16 über Symmetrien und Auswahlregeln). Zur Lösung der Gln. (15.50) und (15.51) machen wir nunmehr den Ansatz

$$c_j = d_j \mathrm{e}^{-\frac{\mathrm{i}}{\hbar} E_j t} , \tag{15.52}$$

womit sich die Gln. (15.50) und (15.51) auf

$$\dot{d}_1 = \frac{1}{i\hbar} H^S_{12} d_2 \, e^{i(E_1 - E_2)t/\hbar} \tag{15.53}$$

und

$$\dot{d}_2 = \frac{1}{i\hbar} H^S_{21} d_1 \, e^{-i(E_1 - E_2)t/\hbar} \tag{15.54}$$

reduzieren. Seither haben wir gemäß (15.43) angenommen, daß das Feld monochromatisch ist. Wir führen nun die weitere Annahme ein, daß das Feld in Resonanz mit dem Elektronenübergang ist. Dies bedeutet, daß gilt

$$E_2 - E_1 = \hbar\omega . \tag{15.55}$$

Ziehen wir aus (15.49) den Faktor

$$\cos\omega t = \tfrac{1}{2}(e^{i\omega t} + e^{-i\omega t}) \tag{15.56}$$

heraus und multiplizieren ihn mit der Exponentialfunktion in (15.53) aus, so ergibt sich als Gesamtfaktor

$$\tfrac{1}{2}(1 + e^{-2i\omega t}) . \tag{15.57}$$

Wie wir im folgenden sehen werden, ändert sich bei nicht zu hohen Feldern d_1 bzw. d_2 nur sehr langsam verglichen mit der Frequenz ω. Dies erlaubt es uns, Gln. (15.53) und (15.54) über einen Zeitraum zu mitteln, der groß gegenüber $1/\omega$ ist, aber noch klein gegenüber der Zeitkonstanten, die die Veränderung von d_j bestimmt, vgl. (15.61).

Bei dieser Mittelung ergibt der rasch veränderliche Term $\exp(-2i\omega t)$ einen Betrag, der viel kleiner als 1 ist und somit gegen die 1 vernachlässigt werden kann. Diese Näherung ist in der Literatur als "rotating wave approximation" bekannt. Der Ausdruck stammt aus der Spinresonanz. [In Abschn. 14.4 trat das Glied $\exp(-2i\omega t)$ nicht auf, da wir von vornherein ein *rotierendes* Magnetfeld verwendet hatten.] In zu (15.57) entsprechender Weise tritt in (15.54) ein Glied mit $\exp(+2i\omega t)$ auf, das ebenfalls vernachlässigbar klein ist. Kürzen wir das Integral in (15.49) noch mit Hilfe des Dipolmoments-Matrixelements $(\vartheta_z)_{ij} \equiv \int \varphi_i^*(\boldsymbol{r}) e z \varphi_j(\boldsymbol{r}) dV$ ab, so reduzieren sich (15.53) und (15.54) auf

$$\dot{d}_1 = \frac{1}{i\hbar} \tfrac{1}{2} F_0 (\vartheta_z)_{12} d_2 \tag{15.58}$$

und

$$\dot{d}_2 = \frac{1}{i\hbar} \tfrac{1}{2} F_0 (\vartheta_z)_{21} d_1 . \tag{15.59}$$

Diese Gleichungen haben bereits eine frappierende Ähnlichkeit mit den Gln. (14.94) und (14.95) des Spins, die uns in Abschn. 14.4 begegnet waren. Wie sich zeigen läßt, kann $(\vartheta_z)_{12} = (\vartheta_z)^*_{21}$ reell gewählt werden. Indem wir noch die Abkürzung

$$\Omega = \frac{1}{2\hbar} F_0 (\vartheta_z)_{12} \tag{15.60}$$

einführen, wobei Ω die Bedeutung einer Frequenz hat, erhalten wir als Lösung der Gln. (15.58) und (15.59)

$$d_1 = \cos \Omega t \,, \tag{15.61}$$

$$d_2 = -\mathrm{i} \sin \Omega t \,. \tag{15.62}$$

Hierbei haben wir zugrundegelegt, daß zur Zeit $t=0$ sich das Elektron im unteren Niveau mit Sicherheit aufhält. Damit ist die Schrödinger-Gleichung (15.42) eines Zwei-Niveau-Systems in Wechselwirkung mit einem äußeren monochromatischen resonanten Lichtfeld gelöst. Die Koeffizienten c_1 und c_2 in (15.48) haben ersichtlich nunmehr die Gestalt

$$c_1 = \mathrm{e}^{-\mathrm{i} E_1 t/\hbar} \cos \Omega t \tag{15.63}$$

und

$$c_2 = -\mathrm{i}\mathrm{e}^{-\mathrm{i} E_2 t/\hbar} \sin \Omega t \,. \tag{15.64}$$

Wie wir wissen, gibt das Absolutquadrat von c_j die Wahrscheinlichkeit an, das System im Zustand j anzutreffen. $|c_j|^2$ kann auch als die Besetzungszahl N_j des Zustands j aufgefaßt werden. Wie sich aus den entsprechenden Formeln

$$N_1 \equiv |c_1|^2 = \cos^2 \Omega t \tag{15.65}$$

und

$$N_2 = |c_2|^2 = \sin^2 \Omega t \tag{15.66}$$

ergibt, oszilliert das Elektron mit der Frequenz Ω zwischen den Zuständen 1 und 2 hin und her. Aufschlußreich ist auch die Berechnung des Dipol-Matrixelements. Dieses läßt sich gemäß

$$\vartheta_z = \int \psi^* e z \psi dV = (\vartheta_z)_{12} c_1^* c_2 + (\vartheta_z)_{21} c_2^* c_1 \tag{15.67}$$

berechnen. Es ergibt sich für den ganzen Vorgang das folgende Endresultat

$$\vartheta_z = -(\vartheta_z)_{12} \sin(2\Omega t) \sin \omega t \,. \tag{15.68}$$

Es besagt, daß das Dipolmoment mit dem rasch oszillierenden Anteil $\sin\omega t$ hin- und herschwingt und sein Betrag noch mit $\sin 2\Omega t$ moduliert ist. Das Dipolmoment ist also am größten, wenn das Elektron gerade eine Besetzungszahl $N_1 = N_2 = 1/2$ erreicht hat, das heißt in beiden Niveaus gleich wahrscheinlich anzutreffen ist. Das Resultat (15.68) sowie die Formeln (15.65) und (15.66) stehen nun in engster Analogie zu den Resultaten, die wir bei der Spinresonanz in Abschn. 14.4 gefunden haben. Wir werden diese Analogie im nächsten Kapitel noch näher darlegen. Diese Analogie ergibt die Möglichkeit, eine Reihe von Spinexperimenten nunmehr an optischen Übergängen zwischen Elektronenzuständen in Atomen zu wiederholen. Derartige Experimente setzen kohärentes Licht mit einer hohen Feldstärke voraus. Die hohe Feldstärke F_0 ist notwendig, damit die Übergänge in einer Zeit $t_0 \sim 1/\Omega \sim 1/F_0$ – vgl. (15.60)! – erfolgen können, die so kurz ist, daß die Elektronenbewegung durch andere Effekte noch nicht wesentlich gestört wird. Solche Effekte können z. B. Stöße zwischen Atomen in Gasen sein oder aber auch die spontane Aussendung von Licht aus angeregten Zuständen. Typische Zeiten t_0 liegen bei 10^{-9} bis 10^{-11} s.

15.4 Spin- und Photonenecho

In diesem Abschnitt wollen wir uns mit zwei besonders interessanten Phänomenen befassen, nämlich dem Spin-Echo und dem Photonen-Echo. Vergleichen wir unsere Resultate von Abschn. 14.4 mit denen des vorangegangenen Abschnitts, so erkennen wir eine sehr enge Analogie zwischen dem Verhalten eines Spins, der sowohl einem konstanten Magnetfeld als auch einem transversalen magnetischen Wechselfeld ausgesetzt ist, und einem Elektron, das sich in einem Zwei-Niveau-Atom befindet und einem elektrischen Wechselfeld unterliegt. In beiden Fällen nehmen wir an, daß die Frequenz der angelegten Felder in Resonanz mit der Übergangsfrequenz des Spins bzw. des Elektrons vom unteren Niveau ins obere Niveau ist. Im Hinblick auf diese Analogie, die wir sogleich verwenden wollen, besprechen wir zunächst das Verhalten eines Spins.

Wie wir in Abschn. 14.4 sahen, klappt bei Einwirkung eines kohärenten, resonanten Feldes der Spin im Laufe der Zeit um. Wie weit er umklappt, hängt von der Zeitdauer der Einwirkung des äußeren Feldes ab. Läßt man das Feld solange einwirken, daß der Spin gerade um $\pi/2$ gedreht wurde, so spricht man von einem $\pi/2$- oder auch 90°-Puls. Legen wir das äußere Feld doppelt so lang an, so wird der Spin völlig umgeklappt. Wir sprechen bei diesem Phänomen von einem π- bzw. 180°-Puls. Eine wichtige Anwendung dieser Ideen gibt das sogenannte Spinecho. Bei diesem legt man zuerst einen $\pi/2$-Puls an (Abb. 15.6). In einer Reihe praktischer Fälle zeigte es sich nun aber, daß die Spins wegen örtlich verschiedener konstanter Magnetfelder nicht mit der gleichen Geschwindigkeit präzedieren, sondern etwas unterschiedlich. Sie laufen im Laufe der Zeit auseinander (vgl. Abb. 15.7). Bezeichnen wir die Frequenzbreite dieser Präzessionsbewegung mit $\Delta\omega^*$, so läßt sich damit eine mittlere Zeit T_2^*, in der die Spins auseinanderlaufen, durch $\Delta\omega^* = 2\pi/T_2^*$ definieren. $\Delta\omega^*$ wird auch als inhomogene Breite bezeichnet.

Ein einzelner präzedierender Spin kann elektromagnetische Strahlung aussenden. Da die Spins eine verschiedene Phase annehmen, wird auch deren Ausstrahlung außer Phase kommen, was zu einem Abklingen der Gesamtintensität führt. Strahlt man nun nochmals mit einem 180°-Impuls ein (Abb. 15.6), so werden die Spins umgeklappt. Was hierbei passiert, kann am besten mit Rennläufern auf einer Aschenbahn verglichen werden. Zuerst waren die Rennläufer alle am gleichen Ort, am Startplatz. Nach dem Startschuß ($\hat{=}$ 90°-Puls) haben sie

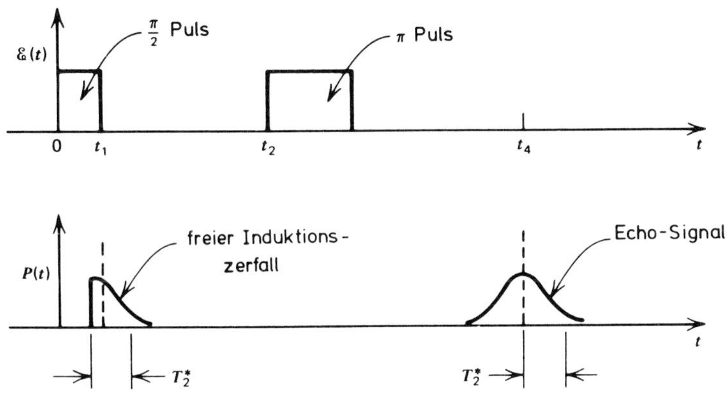

Abb. 15.6. Zum Spinecho (Photonenecho)-Experiment. *Oben*: Die pulsförmig eingestrahlte elektrische Feldstärke beim Photonenecho bzw. magnetischen Feld beim Spinecho als Funktion der Zeit. *Unten*: Verlauf des Dipolmoments des Atoms (Spins) als Funktion der Zeit (schematisch)

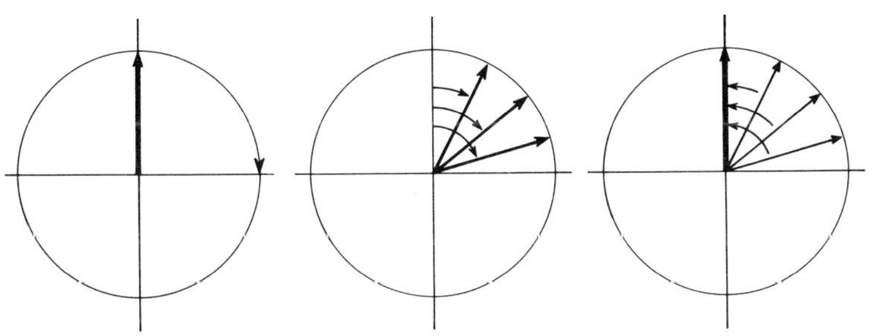

Abb. 15.7. Auseinanderlaufen und Zusammenlaufen von Spins. *Links*: Ausgangszustand, alle Spins in gleicher Richtung, *Mitte*: Auseinanderlaufen der Spins, *rechts*: nach 180°-Impuls wieder Zusammenlaufen (schematisch)

sich im Laufe der Zeit jedoch wegen ihrer verschiedenen Geschwindigkeiten verschieden weit vom Ausgangspunkt entfernt. Die Wirkung des 180°-Impulses kann dadurch veranschaulicht werden, daß auf einen zweiten Schuß hin die Läufer ihre Laufrichtung umkehren und mit ihrer früheren Geschwindigkeit an den Start zurücklaufen. Ersichtlich erreichen sie den Startplatz alle wieder zur gleichen Zeit. Für die Spins bedeutet dies, daß sie nach einer bestimmten Zeit nach dem 180°-Puls alle wieder gleichphasig geworden sind und damit wieder gleichphasig ausstrahlen. Dies hat zur Folge, daß die ursprüngliche Ausstrahlungsintensität wieder erreicht wird. Dieses Bild muß etwas modifiziert werden, da es auch irreversible Phasenschwankungen der Spins gibt, die durch die sogenannte homogene Linienbreite, die wir noch in Abschn. 16.2 besprechen werden, gekennzeichnet ist. Aufgrund dieser homogenen Linienbreite kann die ursprüngliche Ausgangsintensität nicht mehr ganz erreicht werden (s. Abb. 15.8). Wiederholt man die 180°-Impulse, so ergibt sich das in Abb. 15.9 gezeigte Bild. Aus dem Abklingen der Spitzen läßt sich die Abklingzeit T_2, die uns bereits in Abschn. 14.5 bei den Blochschen Gleichungen begegnete, entnehmen. Aus T_2 läßt sich dann die homogene Linienbreite bestimmen: $\Delta\omega = 2\pi/T_2$. Die Analogie zwischen Spin und Zwei-Niveau-Atom hat es nun ermöglicht, den ganzen Vorgang des Spinechos auf das Lichtfeld bei dem sogenannten Photonenecho zu übertragen. Wir überlassen es dem Leser, anhand des obengesagten diese Analogie auszubauen.

Hierzu betrachten wir ein System von Zwei-Niveau-Atomen. Ein Beispiel hierfür ist der Rubin, bei dem in ein Grundgitter aus Aluminiumoxid Chromionen als Störatome eingebaut sind. Diese verleihen dem Rubin die rote Farbe. Diese Störatome kann man in bestimmter Näherung als Zwei-Niveau-Atome behandeln. Wie wir in Abschn. 15.4 sahen, nimmt die Besetzungszahl des oberen Zustands infolge des angelegten elektrischen resonanten Wechselfeldes zu [vgl. (15.66)]. Das Elektron des Störatoms geht also,

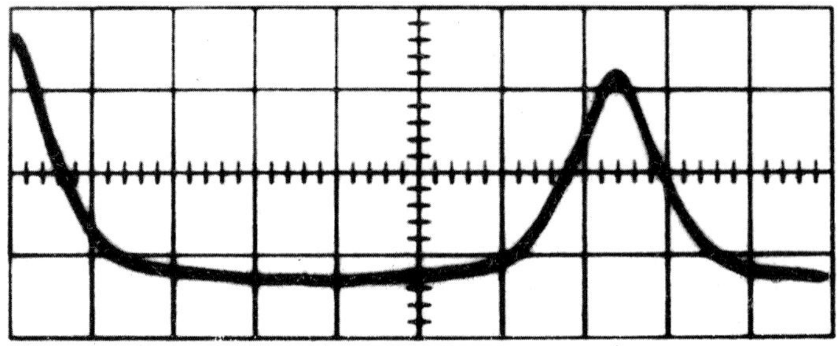

Abb. 15.8. Zerfall der Spin-Ausstrahlung und Echo-Strahlung von Protonen in Wasser. [Aus A. Abragam: *The Principles of Nuclear Magnetism* (Oxford, 1962)]

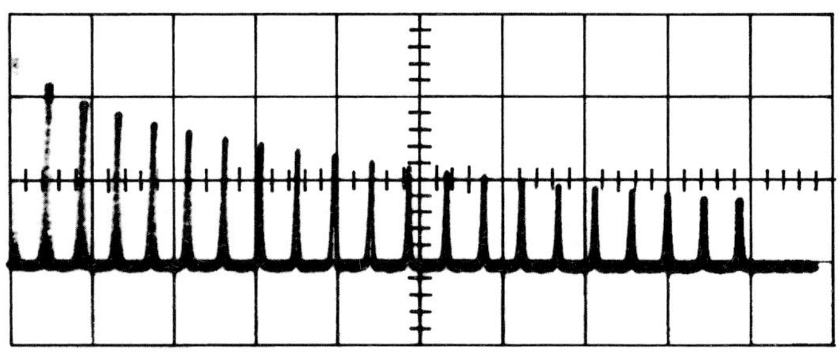

Abb. 15.9. Eine Folge von Spin-Echos, die von Protonen in gewöhnlichem Wasser erhalten wurde. Bei dieser Methode wird zur Zeit $t=0$ ein 90° Impuls eingestrahlt, dem zu den Zeiten τ, 3τ, $5\tau, \dots, (2n-1)\tau$ jeweils 180° Impulse folgen. Die Echos werden dann zu den Zeiten 2τ, $4\tau, \dots, 2n\tau$ beobachtet (n ganzzahlig). Wie gezeigt werden kann, klingt die Höhe der Spitzen nach dem Gesetz $f(n)=\exp(-2n\tau/T_2)$ ab. [Aus A. Abragam: *The Principles of Nuclear Magnetism* (Oxford, 1962)]

zumindest im statistischen Mittel, immer mehr in den oberen Zustand über, während die Besetzung des unteren Zustands entsprechend abnimmt. Hierbei wird ein Zustand erreicht, bei dem die Besetzungszahlen einander gleich geworden sind. Da dies in völliger Analogie zu einem Spin steht, der um 90° geklappt worden ist, wobei die Besetzungszahlen der Zustände „Spin nach oben" und „Spin nach unten" einander gleich geworden sind, spricht man hier ebenfalls von einem $\pi/2$- oder 90°-Impuls. Läßt man das äußere elektrische Wechselfeld doppelt solange auf das Elektron einwirken, so geht dieses schließlich in den oberen Zustand über, ganz in Analogie zum Spin, der nun um 180° gedreht wurde. Deshalb kann man auch hier wieder von einem 180°- bzw. π-Puls sprechen. Wie ein Blick auf die Formeln (15.66) und (15.60) zeigt, geschieht das „Umklappen" umso schneller, je größer die angelegte Feldstärke F_0 ist.

Wir stellen uns nun vor, daß das Elektron durch einen $\pi/2$-Puls angeregt wurde. Wie sich zeigen läßt, führt das Dipolmoment des Elektrons dann freie Schwingungen mit der optischen Übergangsfrequenz ω aus. Dies läßt sich durch eine Rechnung nachweisen, bei der der Erwartungswert des Dipols berechnet wird, in einer Weise, die ganz analog zu (15.67) und (15.68) ist, wobei aber kein äußeres Feld angelegt ist.
Nach der Maxwellschen Theorie kann ein schwingender Dipol jedoch elektromagnetische Wellen, d. h. in unserem Fall Lichtwellen, aussenden. Dies bedeutet, daß das Ensemble der Störatome nun nach Abschalten des $\pi/2$-Pulses Licht aussendet. Da aber infolge von Kristallfeldern die Übergangsfrequenzen der einzelnen Atome nicht ein-

heitlich sind, geraten die einzelnen von den schwingenden Dipolen erzeugten Lichtfelder außer Phase und die ausgestrahlte Intensität nimmt ab.

Nun können wir, genau wie bei den Spins, einen π-Puls anlegen, wodurch die zuvor auseinanderlaufenden Phasen der schwingenden Dipolmomente veranlaßt werden, wieder zusammenzulaufen. Diese Behauptung läßt sich wegen der völligen mathematischen Korrespondenz zwischen dem Verhalten eines Spins und einem Zwei-Niveau-Atom in allen Einzelheiten belegen.

Die nunmehr wieder gleichphasig schwingenden Dipolmomente strahlen nun erneut einen Lichtpuls aus, der als „Echo" des zuvor erfolgten π-Pulses angesehen werden kann. Da im optischen Bereich die Phasen der Dipole rasch auseinanderlaufen, müssen hier sehr kurze Impulse von ca. 10^{-10} s und noch kürzerer Dauer verwendet werden.

15.5 Ein Blick auf die Quantenelektrodynamik*

15.5.1 Die Quantisierung des elektromagnetischen Feldes

In diesem Abschnitt wollen wir einen Abriß der nichtrelativistischen Theorie der Lamb-Verschiebung geben. Dazu zeigen wir zuerst mit Hilfe eines Beispiels wie das Lichtfeld quantisiert werden kann. Dazu beginnen wir mit den Maxwellschen Gleichungen im Vakuum:

$$\operatorname{rot} \boldsymbol{E} = -\frac{\partial \boldsymbol{B}}{\partial t}, \tag{15.69}$$

$$\operatorname{rot} \boldsymbol{B} = \varepsilon_0 \mu_0 \frac{\partial \boldsymbol{E}}{\partial t}, \tag{15.70}$$

$$\operatorname{div} \boldsymbol{E} = 0, \tag{15.71}$$

$$\operatorname{div} \boldsymbol{B} = 0, \tag{15.72}$$

wobei

$$\mu_0 \varepsilon_0 = \frac{1}{c^2} \tag{15.73}$$

und wobei c die Lichtgeschwindigkeit im Vakuum ist. Betrachten wir eine stehende elektrische Welle mit dem Wellenzahlvektor k und mit dem elektrischen Vektor in der z-Richtung

$$\boldsymbol{E} = (0, 0, E_z), \qquad E_z = p(t) N \sin(kx). \tag{15.74}$$

Dabei ist $p(t)$ eine noch unbekannte Funktion der Zeit. Um die zugehörige magnetische Induktion abzuleiten, setzen wir (15.74) in (15.69) ein. Man kann sich rasch davon überzeugen, daß nur die y-Komponente dieser Gleichung von 0 verschieden ist.

$$-\frac{\partial E_z}{\partial x} = -\frac{\partial B_y}{\partial t}. \tag{15.75}$$

Da die linke Seite dieser Gleichung proportional zu $\cos(kx)$ ist, liegt es nahe, B_y als proportional zu $\cos(kx)$ anzusetzen. Dies führt uns zu dem Ansatz

$$B_y = q(t)\frac{N}{c}\cos(kx), \tag{15.76}$$

wobei wir den Faktor $1/c$ für späteren Gebrauch hinzugefügt haben. Dieser Faktor gibt p und q die gleiche physikalische Dimension. Indem wir (15.76) in (15.75) einsetzen, erhalten wir

$$\frac{dq}{dt} = \omega p, \tag{15.77}$$

wobei wir die Abkürzung

$$\omega = ck \tag{15.78}$$

benutzt haben. Da k eine Wellenzahl und c eine Geschwindigkeit ist, ist ω in (15.78) eine Kreisfrequenz. Indem wir $\boldsymbol{E}$ (15.74) und $\boldsymbol{B}$ (15.76) in (15.70) einsetzen, erhalten wir

$$\frac{dp}{dt} = -\omega q. \tag{15.79}$$

Differenzieren wir Gl. (15.77) nach der Zeit, und eliminieren wir p von ihr mit Hilfe von (15.79), so erhalten wir

$$\frac{d^2q}{dt^2} + \omega^2 q = 0. \tag{15.80}$$

Diese Gleichung ist die wohlbekannte Gleichung eines harmonischen Oszillators mit der Kreisfrequenz ω. Die Gl. (15.77) und (15.79) können in einer eleganten Form geschrieben werden, wenn wir die Hamilton-Funktion

$$H = \tfrac{1}{2}\omega(p^2 + q^2) \tag{15.81}$$

einführen. Mit ihrer Hilfe können wir nämlich (15.77) und (15.79) in der Form

$$\frac{dq}{dt} = \frac{\partial H}{\partial p}, \tag{15.82}$$

$$\frac{dp}{dt} = -\frac{\partial H}{\partial q} \tag{15.83}$$

schreiben. Ganz offensichtlich haben wir es hier mit den Hamiltonschen Gleichungen eines harmonischen Oszillators zu tun. Dieses erlaubt es uns dann, formal p mit dem Impuls und q mit der Koordinate eines harmonischen Oszillators zu identifizieren. Mit dieser Identifizierung haben wir den Schlüssel in unserer Hand, um das elektromagnetische Feld zu quantisieren. Dies kann mit Hilfe einer rein formalen Analogie bewerkstelligt werden. In Abschn. 9.4 sahen wir, wie man die Bewegung des harmonischen Oszillators quantisiert. Hier wollen wir nun genau das Gleiche tun. Um diese Analogie zwischen dem harmonischen Oszillator und dem elektromagnetischen Feld auf eine feste Basis zu stellen, zeigen wir, daß H (15.81) identisch mit der Energie einer elektromagnetischen Feldmode ist. Entsprechend der Elektrodynamik ist die Feldenergie in dem Volumen $\mathscr{V} \equiv L^3$ durch

$$\bar{U} = \int \frac{1}{2}\left(\varepsilon_0 \boldsymbol{E}^2 + \frac{1}{\mu_0}\boldsymbol{B}^2\right) d^3\boldsymbol{x} \tag{15.84}$$

gegeben. Indem wir (15.74) und (15.76) in den Energieausdruck (15.84) einsetzen, erhalten wir

$$\bar{U} = \frac{1}{2} N^2 \varepsilon_0 \left\{ L^2 \int_0^L [p^2 \sin^2(kx) + q^2 \cos^2(kx)] dx \right\}. \tag{15.85}$$

Die Integration über x kann (unter Annahme einer periodischen Randbedingung) leicht ausgeführt werden, so daß wir

$$\bar{U} = \tfrac{1}{4} \mathscr{V} N^2 \varepsilon_0 (p^2 + q^2) \tag{15.86}$$

erhalten. Wir finden genau die gleiche Funktion von p und q wie sie auch in (15.81) erscheint. Aber diese Identifizierung gestattet es uns nun, den noch unbekannten Normierungsfaktor N zu bestimmen. Indem wir (15.86) mit (15.81) vergleichen, erhalten wir

$$N = \sqrt{\frac{\omega}{\varepsilon_0}} \sqrt{\frac{2}{\mathscr{V}}}. \tag{15.87}$$

Kehren wir nun zum Quantisierungsproblem zurück. Wir wollen die Analogie zwischen der Hamilton-Funktion (15.81) mit der des harmonischen Oszillators benutzen. Es ist dabei bequem, die Hamilton-Funktion in der Form

$$\tfrac{1}{2}\hbar\omega(\pi^2 + \xi^2) \tag{15.88}$$

zu verwenden. Die Äquivalenz von (15.81) mit (15.88) wird erreicht, indem wir setzen

$$p = \sqrt{\hbar}\pi, \qquad q = \sqrt{\hbar}\xi, \tag{15.89}$$

so daß die Hamilton-Funktion (15.81) genau die gleiche Form wie (15.88) erlangt. Hier wissen wir indessen, wie die Quantenversion aussieht. Wir müssen π durch den Operator $\partial/i\partial\xi$ in genauer Analogie zu Abschn. 9.4 ersetzen. Indem wir diese Analogie weiter ausnutzen, führen wir Erzeugungs- und Vernichtungsoperatoren durch

$$\frac{1}{\sqrt{2}}\left(-\frac{\partial}{\partial\xi} + \xi\right) = b^+, \tag{15.90}$$

$$\frac{1}{\sqrt{2}}\left(\frac{\partial}{\partial\xi} + \xi\right) = b \tag{15.91}$$

ein, oder nachdem wir nach p und q auflösen

$$p = \mathrm{i}\sqrt{\frac{\hbar}{2}}(b^+ - b), \tag{15.92}$$

$$q = \sqrt{\frac{\hbar}{2}}(b^+ + b). \tag{15.93}$$

Die Erzeugungs- bzw. Vernichtungsoperatoren b^+ und b genügen der Vertauschungsrelation

$$bb^+ - b^+b = 1. \tag{15.94}$$

Indem wir (15.92) und (15.93) verwenden, können wir die freien Felder $\boldsymbol{E}$ und $\boldsymbol{B}$ mit Hilfe dieser Operatoren in der folgenden Form schreiben

$$E_z = \mathrm{i}(b^+ - b)\sqrt{\frac{\hbar}{2}}N\sin(kx), \tag{15.95}$$

$$B_y = (b^+ + b)\sqrt{\frac{\hbar}{2}}\frac{N}{c}\cos(kx). \tag{15.96}$$

Der Normierungsfaktor ist durch

$$N = \sqrt{\frac{\omega}{\varepsilon_0}}\sqrt{\frac{2}{\mathscr{V}}}, \qquad \varepsilon_0\mu_0 = \frac{1}{c^2} \tag{15.97}$$

gegeben. Mit den Transformationen (15.90) und (15.91) kann die Hamilton-Funktion (15.88) durch die Erzeugungs- und Vernichtungsoperatoren genauso wie in Abschn. 9.4 ausgedrückt werden.

$$H = \hbar\omega(b^+b + \tfrac{1}{2}). \tag{15.98}$$

Wir überlassen es dem Leser als eine Übungsaufgabe, sich davon zu überzeugen, daß diese Hamilton-Funktion auch abgeleitet werden könnte durch Einsetzen von (15.95) und (15.96) in (15.84). Für eine Zahl von Problemen, die sich auf die Wechselwirkung zwischen Elektronen und dem elektromagnetischen Feld beziehen, brauchen wir das Vektorpotential $\boldsymbol{A}$. $\boldsymbol{A}$ ist mit der magnetischen Induktion durch

$$\boldsymbol{B} = \operatorname{rot}\boldsymbol{A} \tag{15.99}$$

verknüpft. In unserem Buch wählen wir die sog. „Coulomb-Eichung“

$$\operatorname{div}\boldsymbol{A} = 0. \tag{15.100}$$

Für $\boldsymbol{B}$ in der Form (15.96) werden die Relationen (15.99) und (15.100) durch

$$A_x = 0, \qquad A_y = 0, \qquad A_z = -(b^+ + b)\sqrt{\frac{\hbar\omega\mu_0}{2}}\sqrt{\frac{2}{\mathscr{V}}}\frac{1}{k}\sin(kx) \tag{15.101}$$

erfüllt.

Fassen wir die obigen Resultate zusammen. Wenn wir das elektromagnetische Feld quantisieren, werden die elektrische Feldstärke, die magnetische Induktion und das Vektorpotential Operatoren, die durch die wohlbekannten Erzeugungs- und Vernichtungsoperatoren b^+, b des harmonischen Oszillators ausgedrückt werden können. Die gesamte Feldenergie wird dann ein Hamilton-Operator von der Form (15.98). Da die Normierung von Wellen im unendlich ausgedehnten Raum einige formale Schwierigkeiten bereitet, die man allerdings überwinden kann, werden wir einen wohlbekannten Trick verwenden. Wir unterwerfen die Wellenfunktionen

$$\exp(\mathrm{i}\boldsymbol{k}_\lambda \cdot \boldsymbol{r}) \tag{15.102}$$

periodischen Randbedingungen. Um den obigen Formalismus insbesondere auf die Lambverschiebung anzuwenden, müssen zwei Änderungen gemacht werden:

1) Anstelle einer einzigen (stehenden) Welle, muß das elektromagnetische Feld als Überlagerung von allen möglichen Wellen geschrieben werden.
2) Anstelle von stehenden Wellen hat die Benutzung laufender Wellen einige Vorteile.

Da die Ableitung der entsprechenden Beziehungen uns keine weitere physikalische Einsicht gibt über das hinaus, was wir schon gesehen haben, schreiben wir diese Relationen unmittelbar nieder.

$$\boldsymbol{E}(\boldsymbol{r}) = \sum_\lambda \boldsymbol{e}_\lambda \sqrt{\frac{\hbar\omega_\lambda}{2\varepsilon_0 \mathscr{V}}} [\mathrm{i} b_\lambda \exp(\mathrm{i}\boldsymbol{k}_\lambda \cdot \boldsymbol{r}) - \mathrm{i} b_\lambda^+ \exp(-\mathrm{i}\boldsymbol{k}_\lambda \cdot \boldsymbol{r})], \tag{15.103}$$

$$\boldsymbol{B}(\boldsymbol{r}) = \sum_\lambda \hat{\boldsymbol{k}}_\lambda \times \boldsymbol{e}_\lambda \sqrt{\frac{\hbar\omega_\lambda \mu_0}{2\mathscr{V}}} [\mathrm{i} b_\lambda \exp(\mathrm{i}\boldsymbol{k}_\lambda \cdot \boldsymbol{r}) - \mathrm{i} b_\lambda^+ \exp(-\mathrm{i}\boldsymbol{k}_\lambda \cdot \boldsymbol{r})]. \tag{15.104}$$

Die einzelnen Ausdrücke haben dabei die folgende Bedeutung:

λ ein Index, der die individuellen Wellen unterscheidet
$\boldsymbol{e}_\lambda$ Polarisationsvektor der Welle
ω_λ Kreisfrequenz
$\boldsymbol{k}_\lambda$ Wellenvektor

$$\hat{\boldsymbol{k}} = \boldsymbol{k}/|\boldsymbol{k}|. \tag{15.105}$$

Das Vektorpotential $\boldsymbol{A}$ erscheint in der Form

$$\boldsymbol{A} = \sum_\lambda \boldsymbol{e}_\lambda \sqrt{\frac{\hbar}{2\omega_\lambda \varepsilon_0 \mathscr{V}}} [b_\lambda \exp(\mathrm{i}\boldsymbol{k}_\lambda \cdot \boldsymbol{r}) + b_\lambda^+ \exp(-\mathrm{i}\boldsymbol{k}_\lambda \cdot \boldsymbol{r})]. \tag{15.106}$$

Die Operatoren genügen den folgenden Vertauschungsrelationen

$$b_\lambda b_{\lambda'}^+ - b_{\lambda'}^+ b_\lambda = \delta_{\lambda\lambda'}, \tag{15.107}$$

$$b_\lambda b_{\lambda'} - b_{\lambda'} b_\lambda = 0, \tag{15.108}$$

$$b_\lambda^+ b_{\lambda'}^+ - b_{\lambda'}^+ b_\lambda^+ = 0. \tag{15.109}$$

Neu hinzugekommen gegenüber dem einzelnen harmonischen Oszillator ist lediglich die Aussage, daß Operatoren, die sich auf verschiedene Oszillatoren λ, λ' beziehen, miteinander vertauscht werden dürfen. Der Hamilton-Operator nimmt die Form

$$H_{\text{Feld}} = \sum_{\lambda} \hbar\omega_{\lambda}(b_{\lambda}^{+} b_{\lambda} + \tfrac{1}{2}) \tag{15.110}$$

an. Wie üblich, erhält man die Schrödinger-Gleichung, indem man den Hamilton-Operator auf eine Wellenfunktion, die wir Φ nennen, anwendet.

$$H_{\text{Feld}}\Phi = E\Phi\,. \tag{15.111}$$

Wir werden die Wellenfunktionen und Energien in den Übungen bestimmen. Für das Folgende brauchen wir aber nur den Grundzustand, der durch $b_{\lambda}\Phi_0 = 0$ für alle λ gekennzeichnet ist und die Zustände, die mit einem einzigen Lichtquantum (Photon) besetzt sind.

$$\Phi_{\lambda} = b_{\lambda}^{+}\Phi_0 \tag{15.112}$$

mit der Quantenenergie

$$E_{\lambda} = \hbar\omega_{\lambda}(+E_0)\,. \tag{15.113}$$

E_0 ist die gesamte Nullpunkt-Energie, die durch

$$E_0 = \sum_{\lambda} \tfrac{1}{2}\hbar\omega_{\lambda} \tag{15.114}$$

dargestellt ist. Dieser Ausdruck ist zwar unendlich, aber da er unbeobachtbar ist, wird er im Folgenden weggelassen werden.

15.5.2 Massenrenormierung und Lamb-Verschiebung

Wir wollen nun die Wechselwirkung eines Wasserstoffatoms mit dem quantisierten Lichtfeld behandeln. Die Wechselwirkung wird dabei durch das Vektorpotential $\boldsymbol{A}$, das in (14.12) auftritt, beschrieben. Da $\boldsymbol{A}$ im vorliegenden Fall klein ist, brauchen wir nur die Glieder linear in $\boldsymbol{A}$ beizubehalten, wobei wir $\operatorname{div}\boldsymbol{A} = 0$ annehmen. Aber im Gegensatz zum früheren Fall, wo die Felder gegeben waren, sind jetzt die Felder selbst Variable des Systems. Daher dürfen wir nicht nur $\boldsymbol{A}$ in der Form (15.106) schreiben, sondern wir müssen auch zu dem Hamilton-Operator $H_{\text{El}} + H_{\text{El}}$ den des quantisierten Feldes H_{Feld} hinzuaddieren. Damit wird die Schrödinger-Gleichung, die wir zu lösen haben, zu

$$(H_{\text{El}} + H_{\text{Feld}} + H_{\text{WW}})\Psi = E\Psi\,. \tag{15.115}$$

Darin haben wir die folgenden Abkürzungen benutzt

$$H_{\text{El}} = -\frac{\hbar^2}{2m_0}\Delta + V(\boldsymbol{r})\,, \tag{15.116}$$

$$H_{\text{Feld}} = \sum_{\lambda} \hbar\omega_{\lambda} b_{\lambda}^{+} b_{\lambda}\,, \tag{15.117}$$

$$H_{\text{WW}} = \frac{e}{m_0}\boldsymbol{A}\cdot\hat{\boldsymbol{p}} \equiv \frac{e}{m_0}\sum_{\lambda}\boldsymbol{e}_{\lambda}\sqrt{\frac{\hbar}{2\omega_{\lambda}\varepsilon_0\mathscr{V}}}\,[b_{\lambda}\exp(\mathrm{i}\boldsymbol{k}_{\lambda}\cdot\boldsymbol{r}) + b_{\lambda}^{+}\exp(-\mathrm{i}\boldsymbol{k}_{\lambda}\cdot\boldsymbol{r})]\hat{\boldsymbol{p}}$$

$$\text{mit}\quad \hat{\boldsymbol{p}} \equiv \frac{\hbar}{\mathrm{i}}\,\mathrm{grad}\,. \tag{15.118}$$

Um die Schrödinger-Gleichung (15.115) zu lösen, werden wir die Störungstheorie anwenden, wobei

$$H_0 = H_{\mathrm{El}} + H_{\mathrm{Feld}} \tag{15.119}$$

als ungestörter Hamilton-Operator dient und H_{WW} als Störungsoperator. Die Eigenfunktionen φ_ν von H_0 sind Produkte einer Eigenfunktion von H_{El}, d.h. ψ, und einer Eigenfunktion von H_{Feld}, d.h. Φ. Wir werden den Satz der Quantenzahlen n, l, m von ψ im Folgenden mit n abkürzen. Im Folgenden brauchen wir den Vakuumzustand Φ_0 und die Ein-Photonen-Zustände $\Phi_\lambda \equiv b_\lambda^+ \Phi_0$. Indem wir den Index ν von φ_ν mit $(n, 0)$, oder (n, λ) identifizieren, können wir die ungestörte Wellenfunktion als

$$\varphi_\nu = \psi_n(\boldsymbol{r})\Phi_\kappa \tag{15.120}$$

schreiben, wobei

$$\kappa = 0 \text{ oder } \lambda. \tag{15.121}$$

Die entsprechenden Energieniveaus sind durch

$$E^0_{\nu,\,\mathrm{tot}} = E^0_n \quad (\kappa = 0) \quad \text{und} \quad E^0_{\nu,\,\mathrm{tot}} = E^0_n + \hbar\omega_\lambda \quad (\kappa = \lambda) \tag{15.122}$$

gegeben. Für die Störungstheorie brauchen wir nun die Matrix-Elemente von H_{WW}, die in der Bezeichnungsweise von bra und ket in der folgenden Weise geschrieben werden können

$$H^1_{\mu\nu} = \langle \psi_n \Phi_\kappa | \frac{e}{m_0} \sum_\lambda \boldsymbol{e}_\lambda \sqrt{\frac{\hbar}{2\omega_\lambda \varepsilon_0 \mathscr{V}}} [b_\lambda \exp(\mathrm{i}\boldsymbol{k}_\lambda \cdot \boldsymbol{r}) + b_\lambda^+ \exp(-\mathrm{i}\boldsymbol{k}_\lambda \cdot \boldsymbol{r})] \hat{\boldsymbol{p}} | \psi_{n'} \Phi_{\kappa'} \rangle \tag{15.123}$$

und die in folgender Form aufgeführt werden können

$$\begin{aligned} H^1_{\mu\nu} = \frac{e}{m_0} \sum_\lambda \sqrt{\frac{\hbar}{2\omega_\lambda \varepsilon_0 \mathscr{V}}} & [\langle n | \exp(\mathrm{i}\boldsymbol{k}_\lambda \cdot \boldsymbol{r}) \boldsymbol{e}_\lambda \hat{\boldsymbol{p}} | n' \rangle \langle \Phi_\kappa | b_\lambda | \Phi_{\kappa'} \rangle \\ & + \langle n | \exp(-\mathrm{i}\boldsymbol{k}_\lambda \cdot \boldsymbol{r}) \boldsymbol{e}_\lambda \hat{\boldsymbol{p}} | n' \rangle \langle \Phi_\kappa | b_\lambda^+ | \Phi_{\kappa'} \rangle] . \end{aligned} \tag{15.124}$$

Wie wir es vom quantisierten harmonischen Oszillator kennen, gelten die folgenden Relationen

$$\langle \Phi_\kappa | b_\lambda^+ | \Phi_\kappa \rangle = \langle \Phi_\kappa | b_\lambda | \Phi_\kappa \rangle = 0 . \tag{15.125}$$

Daher verschwindet die Störungsenergie in der ersten Ordnung, wo wir ja nur Diagonalelemente verwenden. Indem wir vom Vakuum als ungestörten Zustand anfangen, d. h. mit $\kappa' = 0$, haben wir des weiteren

$$\langle \Phi_\kappa | b_\lambda | \Phi_0 \rangle = 0 , \qquad \langle \Phi_\kappa | b_\lambda^+ | \Phi_0 \rangle = \delta_{\lambda\kappa} . \tag{15.126}$$

Das heißt, es kann ein einzelnes Photon mit dem Index λ erzeugt werden. Wir nehmen an, daß das Atom im Koordinaten-Ursprung sitzt, und daß die Ausdehnung der elektronischen Wellenfunktion klein gegenüber der Wellenlänge der Lichtwellen in $\exp(\mathrm{i}\boldsymbol{k}_\lambda \cdot \boldsymbol{r})$ ist. Dieses gestattet uns, diesen Faktor in den Matrix-Elementen zu vernachlässigen. Auf diese Weise reduziert sich $H^1_{\mu\nu}$ (mit $\kappa = \lambda$!) auf

$$H^1_{\mu\nu} \equiv H^1_{n,\lambda;\,n',0} = \frac{e}{m_0}\sqrt{\frac{\hbar}{2\omega_\lambda \varepsilon_0 \mathscr{V}}}\,\langle n|\boldsymbol{e}_\lambda \cdot \hat{\boldsymbol{p}}|n'\rangle\,. \tag{15.127}$$

Der Ausdruck für die Störungsenergie in zweiter Ordnung stellt sich daher in der folgenden Weise dar

$$\varepsilon^{(2)} = \sum_{n',\lambda} \frac{|H^1_{n',\lambda;\,n,0}|^2}{E^0_n - E^0_{n'} - \hbar\omega_\lambda}\,. \tag{15.128}$$

In der Quantenelektrodynamik kann man sich die Prozesse, die zu (15.128) führen, in der folgenden Weise vorstellen:

Ein Elektron ist in seinem Anfangszustand n und es ist kein Photon vorhanden. Dann wird ein Photon der Art λ ausgestrahlt [Erzeugungsoperator b^+_λ in (15.124) und (15.128)!], und das Elektron geht in den Zustand n' über. Schließlich wird das Photon wieder absorbiert [Vernichtungsoperator b_λ in (15.124) und (15.128)!], und das Elektron kehrt zu seinem Zustand n zurück. Dieser Prozeß wird durch das folgende „Feynman Diagramm" (Abb. 15.10) beschrieben.

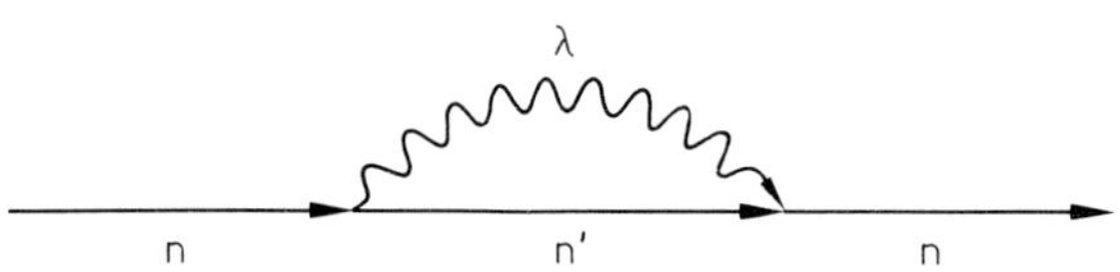

Abb. 15.10. Beispiel von einem Feynman Diagramm: Virtuelle Emission und Wiederabsorption eines Photons

Im Folgenden müssen wir die verschiedenen Feldmoden genauer unterscheiden. Dazu ersetzen wir den allgemeinen Modenindex λ durch den Wellenvektor $\boldsymbol{k}$ und einen Index j, der die zwei Polarisationsrichtungen unterscheidet. Schließlich benutzen wir noch die Beziehung zwischen Frequenz und Wellenzahl

$$\omega_\lambda \equiv \omega_k = ck\,. \tag{15.129}$$

Wir beginnen mit Wellen, die in einem Volumen $\mathscr{V}$ normiert sind, aber wir werden schließlich einen Grenzübergang zu einer Integration machen, die nach der Regel

$$\frac{1}{\mathscr{V}}\sum_\lambda \to \sum_{j=1,2}\int\frac{d^3\boldsymbol{k}}{(2\pi)^3} \tag{15.130}$$

vorgenommen werden kann. Indem wir (15.127), (15.129) und (15.130) verwenden, können wir (15.128) in die Form

$$\varepsilon^{(2)} = \frac{1}{(2\pi)^3}\frac{e^2\hbar}{2m_0^2\varepsilon_0}\int d^3\boldsymbol{k}\,\frac{1}{\omega_k}\sum_{n',j}\frac{|\langle n|\boldsymbol{e}_j\cdot\hat{\boldsymbol{p}}|n'\rangle|^2}{E^0_n - E^0_{n'} - \hbar\omega_k} \tag{15.131}$$

bringen. Für die weitere Auswertung spalten wir das Integral über den $\boldsymbol{k}$-Raum auf eine über den Raumwinkel Ω und eine über den absoluten Betrag von $\boldsymbol{k}$, d.h. k:

$$\int d^3\boldsymbol{k} = \int k^2 dk \int d\Omega\,. \tag{15.132}$$

Wir führen dann erst die Integration über den Raumwinkel aus und summmieren über die beiden Polarisationsrichtungen auf. Da die Auswertung rein formal ist, schreiben wir das Resultat unmittelbar nieder:

$$\int d\Omega \sum_j |\langle n|\boldsymbol{e}_j \cdot \hat{\boldsymbol{p}}|n'\rangle|^2 = 4\pi \tfrac{2}{3} |\langle n|\hat{\boldsymbol{p}}|n'\rangle|^2 . \tag{15.133}$$

Dies führt uns zu dem folgenden Ausdruck für die sog. Selbst-Energie, als die auch die Störungsenergie hier in zweiter Ordnung bezeichnet wird.

$$\varepsilon^{(2)} = \frac{1}{(2\pi)^2} \frac{2e^2\hbar}{3m_0^2\varepsilon_0 c^3} \int_0^\infty \omega \, d\omega \sum_{n'} \frac{|\langle n|\hat{\boldsymbol{p}}|n'\rangle|^2}{E_n^0 - E_{n'}^0 - \hbar\omega} . \tag{15.134}$$

Eine detaillierte Diskussion der Summe über n' zeigt, daß diese Summe sicher nicht stärker als $1/\omega$ verschwindet. Wir erkennen somit unmittelbar, daß das Integral über ω in (15.134) divergiert, was bedeutet, daß die Energieverschiebung unendlich groß ist. Dieses scheinbar absurde Resultat stellte eine große Schwierigkeit für die theoretischen Physiker dar. Es wurde überwunden durch Ideen von Bethe, Schwinger und Weisskopf, die wir jetzt erklären wollen.

Wenn wir ähnliche Rechnungen für freie Elektronen ausführen, finden wir wiederum ein unendliches Resultat, wie folgendermaßen gesehen werden kann. Wir wiederholen die ganze Rechnung, aber anstelle der Eigenfunktionen ψ_n des Wasserstoffatoms benutzen wir nun die Wellenfunktion freier Elektronen

$$\psi_n(\boldsymbol{r}) \rightarrow \psi_{\boldsymbol{p}} = N \exp(\mathrm{i}\boldsymbol{p} \cdot \boldsymbol{r}/\hbar) . \tag{15.135}$$

Man beachte, daß in dieser Formel $\boldsymbol{p}$ wie üblich ein Vektor ist, wo hingegen $\hat{\boldsymbol{p}}$, das zum Beispiel in (15.127) und (15.131) erscheint, der Impulsoperator $(\hbar/\mathrm{i})\,\mathrm{grad}$ ist. Anstelle der Matrix-Elemente, die wir zwischen den Eigenzuständen des Wasserstoffatoms nahmen, müssen wir nun Matrix-Elemente zwischen ebenen Wellen berechnen. Wir erhalten so unmittelbar

$$\langle \boldsymbol{p}'|\hat{\boldsymbol{p}}|\boldsymbol{p}\rangle = N^2 \int \exp(-\mathrm{i}\boldsymbol{p}' \cdot \boldsymbol{r}/\hbar) \hat{\boldsymbol{p}} \exp(\mathrm{i}\boldsymbol{p} \cdot \boldsymbol{r}/\hbar) d^3\boldsymbol{r} \tag{15.136}$$

und

$$\langle \boldsymbol{p}'|\hat{\boldsymbol{p}}|\boldsymbol{p}\rangle = \boldsymbol{p}\delta_{\boldsymbol{p},\boldsymbol{p}'} . \tag{15.137}$$

Weiterhin müssen wir die folgenden Ersetzungen vornehmen:

$$E_n^0 - E_{n'}^0 \rightarrow E_{\boldsymbol{p}} - E_{\boldsymbol{p}'} , \tag{15.138}$$

wobei wir sofort finden

$$(E_{\boldsymbol{p}} - E_{\boldsymbol{p}'})\delta_{\boldsymbol{p},\boldsymbol{p}'} = 0 \tag{15.139}$$

und zwar wegen (15.137). Indem wir alle Resultate zusammenstellen, erhalten wir die Selbst-Energie eines freien Elektrons in der Form

$$\varepsilon_{\boldsymbol{p}}^{(2)} = -\frac{1}{(2\pi)^2} \frac{2e^2}{3m_0^2\varepsilon_0 c^3} \boldsymbol{p}^2 \int_0^\infty d\omega . \tag{15.140}$$

Wir beachten, daß die Selbst-Energie eines freien Elektrons mit dem Impuls $\boldsymbol{p}$ proportional zu $\boldsymbol{p}^2$ ist. Gleichung (15.140) kann nun so interpretiert werden, als würde sie Anlaß zu einer Verschiebung der Masse des Elektrons geben, wie man folgendermaßen sieht: Die Energie des freien Elektrons ohne Wechselwirkung mit dem elektromagnetischen Feld („nacktes Elektron") ist gegeben durch

$$E_{\boldsymbol{p}}=\boldsymbol{p}^2/(2\bar{m}_0)\,. \tag{15.141}$$

In dieser Beziehung ist $\bar{m}_0$ die „nackte" Masse. Die Energieverschiebung, die wir gerade berechneten, ist

$$\Delta E_{\boldsymbol{p}}=-\frac{1}{(2\pi)^2}\frac{2e^2}{3m_0^2\varepsilon_0 c^3}\boldsymbol{p}^2\int\limits_0^\infty d\omega\,. \tag{15.142}$$

Damit läßt sich die Gesamtenergie in der Form

$$E_{\boldsymbol{p}}+\Delta E_{\boldsymbol{p}}=\frac{\boldsymbol{p}^2}{2m_0} \tag{15.143}$$

schreiben. Während die Masse des „nackten" Elektrons, d.h. unter Vernachlässigung der Wechselwirkung mit dem elektromagnetischen Feld durch $\bar{m}_0$ gegeben ist, wird die Masse nun zu m_0, wenn wir die Wechselwirkung zwischen Feld und Elektron in Rechnung stellen. Man beachte, daß man in dieser Art von Betrachtung m_0 und nicht $\bar{m}_0$ in (15.142) verwendet. Dieses folgt aus der „Renormierungs"-Prozedur, die wir nun beschreiben wollen.

Da wir immer Beobachtungen an freien Elektronen machen, wobei die elektromagnetische Wechselwirkung vorhanden ist, muß die Gl. (15.143) gerade der Ausdruck sein, den wir normalerweise benutzen, wenn wir die Energie eines freien Elektrons niederschreiben, wobei m_0 die beobachtete Masse ist. Damit können wir die Identifizierung

$$\frac{1}{m_0}=\frac{1}{\bar{m}_0}-\frac{1}{(2\pi)^2}\frac{4e^2}{3m_0^2\varepsilon_0 c^3}\int\limits_0^\infty d\omega\equiv\frac{1}{\bar{m}_0}-2\tilde{a} \tag{15.144}$$

vornehmen, wobei $2\tilde{a}$ lediglich eine Abkürzung des letzten Ausdrucks von dem mittleren Teil dieser Gleichung ist. Die elektromagnetische Selbst-Energie kann nun als die Verschiebung der Masse eines Elektrons von seinem „nackten" Wert zu seinem tatsächlich beobachteten Wert m_0 interpretiert werden. Diese Verschiebung wird als Massen-Renormierung bezeichnet.

Das Argument, das nun in der Renormierungs-Theorie benutzt wird, ist das folgende. Der Grund, daß das Resultat von Gl. (15.134) unendlich ist, beruht auf der Tatsache, daß wir die unendliche Energieänderung eingeschlossen haben, die bereits in Rechnung gestellt wurde, wenn wir die beobachtete Masse in dem Hamilton-Operator verwendet haben anstelle der nackten Masse. Mit anderen Worten sollten wir eigentlich mit dem Hamilton-Operator des Wasserstoffatoms in Gegenwart mit dem Strahlungsfeld anfangen, der durch

$$H=\frac{\boldsymbol{p}^2}{2\bar{m}_0}-\frac{e^2}{4\pi\varepsilon_0 r}+H_{\mathrm{WW}} \tag{15.145}$$

gegeben ist. Indem wir Gl. (15.144) benutzen, können wir H als

$$H=\frac{\boldsymbol{p}^2}{2m_0}-\frac{e^2}{4\pi\varepsilon_0 r}+(H_{\mathrm{WW}}+\tilde{a}\boldsymbol{p}^2) \tag{15.146}$$

schreiben. Das bedeutet aber das Folgende: Wenn wir die beobachtete Masse des freien Teilchens in dem Ausdruck für die kinetische Energie (wie üblich) benutzen, dann dürfen wir nicht jenen Teil von H_{WW} (H-Wechselwirkung), der die Massenverschiebung hervorruft, berücksichtigen. Oder noch anders ausgedrückt, wir müssen

$$H_{\mathrm{WW}}+\tilde{a}\boldsymbol{p}^2 \tag{15.147}$$

als die effektive Wechselwirkung eines Elektrons mit der renormierten Masse m_0 mit dem Strahlungsfeld betrachten.

Kehren wir aber nun zur Berechnung der Lambschen Verschiebung zurück. Wir sehen, daß in erster Ordnung in $e^2/\hbar c$ wir den Erwartungswert des zweiten Gliedes in (15.147) zu (15.134) addieren müssen, um zu vermeiden, daß wir die elektromagnetische Wechselwirkung doppelt zählen, einmal nämlich in m_0 und einmal in H_{WW}. Nach diesen Überlegungen ist also die Verschiebung des Niveaus n durch

$$\varepsilon^{(2)}=\frac{1}{(2\pi)^2}\frac{2e^2\hbar}{3m_0^2\varepsilon_0 c^3}\int\limits_0^\infty \omega\,d\omega\left[\sum_{n'}\frac{|\langle n'|\hat{\boldsymbol{p}}|n\rangle|^2}{E_n^0-E_{n'}^0-\hbar\omega}+\frac{\langle n|\hat{\boldsymbol{p}}^2|n\rangle}{\hbar\omega}\right] \tag{15.148}$$

gegeben. Der zweite Ausdruck unter dem Integral in (15.148) kann in eine Form gebracht werden, die analog zu dem ersten ist, nämlich mit Hilfe der Relation

$$\langle n|\hat{\boldsymbol{p}}^2|n\rangle=\sum_{n'}\langle n|\hat{\boldsymbol{p}}|n'\rangle\langle n'|\hat{\boldsymbol{p}}|n\rangle\,. \tag{15.149}$$

Um nicht die wesentliche Diskussion hier zu unterbrechen, verschieben wir den Beweis dieser Relation auf die Übungen. Indem wir die Gl. (15.149) und (15.148) benutzen, finden wir nach einer leichten Umformung von Gliedern den folgenden Ausdruck

$$\varepsilon^{(2)}=\frac{1}{(2\pi)^2}\frac{2e^2}{3m_0^2\varepsilon_0 c^3}\sum_{n'}|\langle n'|\hat{\boldsymbol{p}}|n\rangle|^2\int\limits_0^\infty d\omega\,\frac{E_n^0-E_{n'}^0}{E_n^0-E_{n'}^0-\hbar\omega}\,. \tag{15.150}$$

Wir bemerken, daß das Integral über ω immer noch divergiert, aber lediglich logarithmisch. Das heißt, daß diese Divergenz relativ schwach ist. Diese Divergenz kann völlig vermieden werden, wenn wir eine vollständig relativistische Rechnung durchführen. Diese Rechnung ergibt ein Resultat, das ganz ähnlich zu (15.150) ist aber mit einem Integranden, der schneller abfällt bei hohen Frequenzen $\hbar\omega\geqq m_0c^2$. Wir können dieses Resultat dadurch nachahmen, daß wir das Integral bei $\omega=m_0c^2/\hbar$ abschneiden. Das Integral kann unmittelbar ausgeführt werden und ergibt

$$\varepsilon^{(2)}=\frac{2e^2}{(2\pi)^2 3m_0^2\varepsilon_0\hbar c^3}\sum_{n'}|\langle n'|\hat{\boldsymbol{p}}|n\rangle|^2(E_{n'}^0-E_n^0)\ln\left|\frac{m_0c^2}{E_{n'}^0-E_n^0}\right|, \tag{15.151}$$

wobei wir $|E_n^0-E_{n'}^0|$ gegenüber m_0c^2 vernachlässigt haben. Die weitere Auswertung von (15.151) erfordert einige formale Tricks, die aber rein mathematisch sind. Nämlich man ersetzt

$$\ln\left|\frac{m_0c^2}{E_{n'}^0-E_n^0}\right|$$

durch einen Mittelwert

$$\ln \frac{|m_0 c^2|}{\langle |E_{n'}^0 - E_n^0| \rangle} .$$

Nunmehr können wir (15.151) in der Form

$$\varepsilon^{(2)} = \frac{1}{(2\pi)^2} \frac{2e^2}{3m_0^2 \varepsilon_0 \hbar c^3} \ln \frac{|m_0 c^2|}{\langle |E_{n'}^0 - E_n^0| \rangle} \sum_{n'} |\langle n'|\hat{\boldsymbol{p}}|n\rangle|^2 (E_{n'}^0 - E_n^0) \tag{15.152}$$

angeben. Um (15.152) weiter zu vereinfachen, benutzen wir die Beziehung

$$\sum_{n'} |\langle n'|\hat{\boldsymbol{p}}|n\rangle|^2 (E_{n'}^0 - E_n^0) = -\tfrac{1}{2} \langle n|[\hat{\boldsymbol{p}}, [\hat{\boldsymbol{p}}, H_{\mathrm{El}}]]|n\rangle , \tag{15.153}$$

die ebenfalls in den Übungen bewiesen werden wird. Der doppelte Kommutator auf der rechten Seite kann leicht ausgewertet werden. Wir nehmen H_{El} in der Form

$$H_{\mathrm{El}} = -\frac{\hbar^2}{2m_0} \Delta + V(\boldsymbol{r}) \tag{15.154}$$

an und erhalten sofort

$$[\hat{p}_x, H_{\mathrm{El}}] = \frac{\hbar}{\mathrm{i}} \frac{\partial V(\boldsymbol{r})}{\partial x} \tag{15.155}$$

und in ähnlicher Weise

$$[\hat{\boldsymbol{p}}, [\hat{\boldsymbol{p}}, H_{\mathrm{El}}]] = -\hbar^2 \Delta V(\boldsymbol{r}) . \tag{15.156}$$

Indem wir für V das Coulomb-Potential eines Elektrons im Wasserstoffatom verwenden $V = -[e^2/4\pi\varepsilon_0|\boldsymbol{r}|]$, können wir leicht die rechte Seite von (15.156) auswerten. Indem wir eine Formel benutzen, die gut aus der Elektrostatik bekannt ist (Potential einer Punktladung), finden wir

$$\Delta \frac{1}{|\boldsymbol{r}|} = -4\pi\delta(\boldsymbol{r}) , \tag{15.157}$$

wobei $\delta(\boldsymbol{r})$ die Dirac-Funktion in drei Dimensionen ist. Indem wir dieses Resultat und die Definition von bra und kets verwenden (vergleiche Übungsaufgabe 9.19), erhalten wir sofort

$$(15.153) = \frac{\hbar^2}{2} \langle n|\Delta \frac{-e^2}{4\pi\varepsilon_0 |\boldsymbol{r}|}|n\rangle = \frac{e^2\hbar^2}{2\varepsilon_0} \int |\psi_n(\boldsymbol{r})|^2 \delta(\boldsymbol{r}) d^3\boldsymbol{r} \tag{15.158}$$

und indem wir von der Eigenschaft der δ-Funktion Gebrauch machen

$$(15.158) = \frac{e^2\hbar^2}{2\varepsilon_0} |\psi_n(0)|^2 . \tag{15.159}$$

Wir sind nun in der Lage, das endgültige Resultat für die Verschiebung der renormierten Selbst-Energie niederzuschreiben, indem wir nämlich das Ergebnis (15.156) zusammen mit (15.153) und (15.159) in (15.152) einsetzen. Wir erhalten somit schließlich

$$\varepsilon^{(2)} = \frac{1}{(2\pi)^2} \frac{2e^2}{3m_0^2\varepsilon_0\hbar c^3} \ln \frac{|m_0c^2|}{\langle |E_{n'}^0 - E_n^0| \rangle} \frac{e\hbar^2}{2\varepsilon_0} |\psi_n(0)|^2 . \tag{15.160}$$

Um endgültig numerische Resultate zu bekommen, müssen wir das Mittel als auch $|\psi_n(0)|^2$ ausrechnen. Für das Wasserstoffatom ist $|\psi_n(0)|^2$wohlbekannt und ist von null nur für s-Zustände verschieden. Der Mittelwert wurde von Bethe für das $2S$ Niveau ausgerechnet. Indem wir die numerischen Werte benutzen, finden wir schließlich $\varepsilon^{(2)}/\hbar = 1040\,\mathrm{MHz}$. Aufgrund dieser Betrachtungen muß eine Verschiebung zwischen einem S und einem P Niveau erwartet werden. Solch eine Verschiebung wurde zuerst zwischen den $2S_{1/2}$ und $2P_{1/2}$ Niveaus des Wasserstoffs von Lamb und Retherford gefunden, worüber wir vorher berichteten.

Aufgaben

15.1 Ein harmonischer Oszillator mit der Masse m, der Ladung e und der Eigenfrequenz ω werde einem konstanten elektrischen Feld ausgesetzt. Man berechne die Wellenfunktionen in 1. und 2. störungstheoretischer Näherung und vergleiche das Resultat mit der exakten Lösung und den exakten Energie-Werten (vgl. Aufgabe 9.13). Als Beispiel wähle man die Störung der Niveaus $n=1$ und $n=2$.

Hinweis: Man benütze bei der Störungstheorie den b^+, b-Formalismus und die Resultate der entsprechenden Aufgabe von Kap. 9.

15.2 Die Rotationsbewegung eines zwei-atomigen Moleküls oder eines rotierenden Atomkernes läßt sich in der Quantenmechanik näherungsweise durch die Schrödinger-Gleichung.

$$-\frac{\hbar^2}{Mr_0^2} \frac{d^2}{d\vartheta^2} \varphi(\vartheta) = E\varphi(\vartheta) \tag{*}$$

wiedergeben, wobei M eine Masse und r_0 einen „effektiven" Abstand bezeichnen. Die Wellenfunktion $\varphi(\vartheta)$ sei in der Winkelkoordinate ϑ periodisch: $\varphi(\vartheta + 2\pi) = \varphi(\vartheta)$. Wie lauten die Wellenfunktionen und Energiewerte von (*). Das System wurde durch das Zusatzpotential $a\cos(2\vartheta)$ gestört. Man berechne E und φ in diesem Falle mit Hilfe der Störungstheorie mit Entartung.

15.3 Man überprüfe, daß (15.112) Gl. (15.111) genügt und bestätige (15.113).

Hinweis: Man setze (15.112) in (15.111) ein, benütze die Vertauschungsrelationen (15.107), (15.109) und berücksichtige, daß gilt: $b_\lambda \Phi_0 = 0$ für alle λ's.

15.4 Man überprüfe, daß die allgemeine Wellenfunktion

$$\Phi = \frac{1}{\sqrt{n_1!\, n_2! \dots n_N!}} (b_1^+)^{n_1} (b_2^+)^{n_2} \dots (b_N^+)^{n_N} \Phi_0 \tag{*}$$

(15.111) erfüllt und bestimme E.

Hinweis: Man setze (∗) in (15.111) ein, benütze die Vertauschungsrelationen

$$b_\lambda (b_\kappa^+)^n - (b_\kappa^+)^n b_\lambda = n b_\kappa^{n-1} \delta_{\lambda,\kappa},$$

(15.109) und berücksichtige, daß gilt: $b_\lambda \Phi_0 = 0$ für alle λ's.

15.5 Man beweise $\langle n|\hat{\boldsymbol{p}}^2|n\rangle = \sum_{n'} \langle n|\hat{\boldsymbol{p}}|n'\rangle \langle n'|\hat{\boldsymbol{p}}|n\rangle$.

Hinweis: Man schreibe die braket's als Integrale $\int \psi_n^* \hat{\boldsymbol{p}} \psi_n dx dy dz$ und benütze die Vollständigkeitsrelation

$$\sum_{n'} \psi_{n'}(\boldsymbol{r}) \psi_{n'}^*(\boldsymbol{r}') = \delta(\boldsymbol{r} - \boldsymbol{r}'), \qquad (**)$$

wobei δ die Dirac'sche Funktion ist.

15.6 Man beweise $\sum_{n'} |\langle n'|\hat{\boldsymbol{p}}|n\rangle|^2 (E_{n'}^0 - E_n^0) = -\frac{1}{2}\langle n|[\hat{\boldsymbol{p}}, [\hat{\boldsymbol{p}}, H_{\mathrm{El}}]]|n\rangle$.

Hinweis: Man beginne mit dem Ausdruck $\sum_{n'} \langle n|\hat{\boldsymbol{p}}|n'\rangle \langle n'|\hat{\boldsymbol{p}}|n\rangle E_{n'}^0$ und benütze, daß die ψ_n's Eigenfunktionen von H_{El} sind. Man benütze die Vollständigkeitsrelation (∗∗).

15.7 Man zeige, daß die Lamb-Verschiebung qualitativ durch die Annahme verstanden werden kann, daß die Nullpunkt-Schwankungen des Feldes (≡Satz harmonischer Oszillatoren) eine Verschiebung der potentiellen Energie des Elektrons verursachen.

Hinweis: Man schreibe die Elektron-Koordinate als

$$\boldsymbol{r}' = \boldsymbol{r} + \boldsymbol{s},$$

wobei $\boldsymbol{r}$ der ungestörten Bewegung und $\boldsymbol{s}$ den Feldschwankungen entspricht.
Man entwickle $\langle \psi_n(\boldsymbol{r}) V(\boldsymbol{r}') \psi_n(\boldsymbol{r})\rangle$ in die ersten zwei Potenzen von s, wobei gilt: $\langle \boldsymbol{s}\rangle = 0$.
Man überzeuge sich, daß ein Ausdruck ähnlich (15.160) sich ergibt.

16. Allgemeine Gesetzmäßigkeiten optischer Übergänge

16.1 Symmetrien und Auswahlregeln

16.1.1 Optische Matrixelemente

Auswahlregeln und Symmetriebetrachtungen spielen in der modernen Physik eine grundlegende Rolle. Dies gilt für die Atomhülle, den Atomkern, die Elementarteilchen und für viele weitere Bereiche. Hiervon wollen wir hier nur einen kleinen, aber bereits typischen Ausschnitt vorführen. Dazu knüpfen wir an die in Abschn. 15.2 durchgeführte Störungstheorie an. Hierbei gingen wir von ungestörten Wellenfunktionen φ_n aus. Der Stör-Hamiltonoperator enthielt in einem Beispiel das Dipolmoment ez. Im folgenden wollen wir zunächst statt der z-Koordinate die x-Koordinate wählen. Als wichtige Größen lernten wir die Matrixelemente von der Form

$$H_{mn}^{\mathrm{S}} = \int \varphi_m^*(\boldsymbol{r})\, ex\, \varphi_n(\boldsymbol{r})\, dV \tag{16.1}$$

kennen. Wie wir damals bemerkten, gibt es eine Reihe von realistischen Fällen, in denen Matrixelemente mit den Indizes $n=m$ exakt, und zwar aufgrund von Symmetrien allein verschwinden. Diese wollen wir nunmehr untersuchen.

16.1.2 Beispiele für das Symmetrieverhalten von Wellenfunktionen

Betrachten wir konkret als ungestörte Wellenfunktion die eines Teilchens im Kasten (vgl. Abschn. 9.1) oder die des harmonischen Oszillators, so erkennen wir (vgl. Abb. 16.1, 2), daß diese Wellenfunktionen entweder „symmetrisch“ oder „antisymmetrisch“

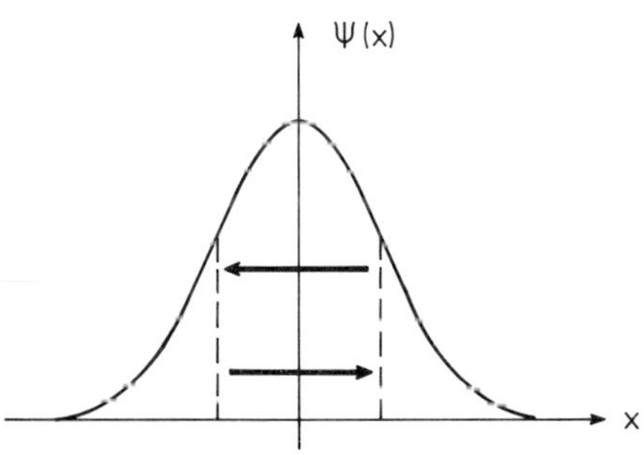

Abb. 16.1. Beispiel für eine *symmetrische* Wellenfunktion. Bei der Spiegelung an der ψ-Achse geht ψ in sich über

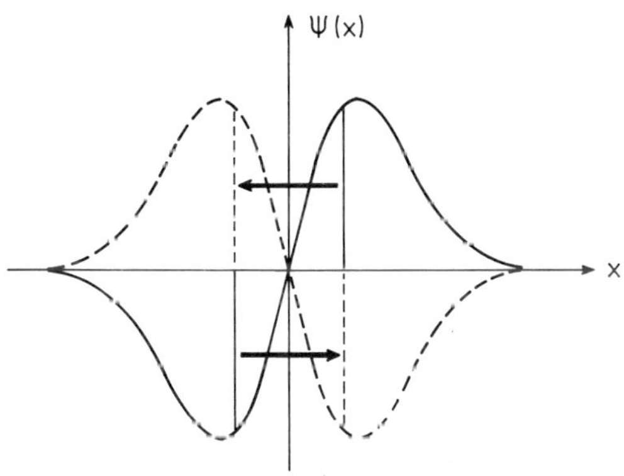

Abb. 16.2. Beispiel für eine *antisymmetrische* Wellenfunktion. Bei der Spiegelung an der ψ-Achse geht die Wellenfunktion in einen jeweils betragsmäßig gleichen, jedoch mit umgekehrtem Vorzeichen versehenen Verlauf über

sind. Eine symmetrische Wellenfunktion geht beim Ersetzen von x durch $-x$ in sich selbst über. Bei der antisymmetrischen Wellenfunktion ändert sich hierbei das Vorzeichen. Wir werden nun zweierlei zeigen:

1) Wie diese Symmetrie-Eigenschaft der Wellenfunktion direkt aus der Schrödinger-Gleichung erschlossen werden kann, ohne daß man diese explizit lösen muß und

2) wie diese Symmetrie-Eigenschaften benutzt werden können, um nachzuweisen, daß

$$H^S_{mm} = 0 \tag{16.2}$$

gilt. Wir betrachten zunächst die Symmetrie-Eigenschaften des Hamiltonoperators und greifen als Beispiel den harmonischen Oszillator heraus. Ersetzen wir in ihm x durch $-x$, so erhalten wir offensichtlich

$$x^2 \to (-x)^2 = x^2 . \tag{16.3}$$

x^2 ändert sich also nicht bei der Ersetzung von x durch $-x$, d.h. x^2 ist gegenüber der Transformation

$$x \to -x \tag{16.4}$$

„invariant". Da sich das Potential des harmonischen Oszillators nur um einen konstanten Zahlenfaktor von x^2 unterscheidet, gilt diese Invarianzeigenschaft natürlich auch für das Oszillatorpotential selbst:

$$V(-x) = V(x) . \tag{16.5}$$

Entsprechend stellt man fest, daß auch die 2. Ableitung nach x gegenüber der Transformation (16.4) invariant ist:

$$\frac{d^2}{dx^2} \to \frac{d^2}{d(-x)^2} = \frac{d^2}{dx^2} . \tag{16.6}$$

Wir nehmen nun ganz allgemein an, daß bei einem bestimmten eindimensionalen Problem der Hamiltonoperator invariant gegenüber der Transformation (16.4) ist. Gehen wir von der zugehörigen Schrödinger-Gleichung

$$H(x)\,\psi(x) = E\psi(x) \tag{16.7}$$

aus und ersetzen überall x durch $-x$, so erhalten wir natürlich

$$H(-x)\,\psi(-x) = E\psi(-x) . \tag{16.8}$$

Da aber der Hamiltonoperator invariant gegenüber der Transformation (16.4) sein sollte, können wir in (16.8) $H(-x)$ durch $H(x)$ ersetzen

$$H(x)\,\psi(-x) = E\psi(-x) . \tag{16.9}$$

Diese Gleichung sagt uns, daß, falls $\psi(x)$ Eigenfunktion zu (16.7) ist, auch $\psi(-x)$ Eigenfunktion zu dieser Gl. (16.7) ist. Wir nehmen nun vereinfachend an, daß es zu der Energie E nur eine einzige Eigenfunktion gibt. Das Wort „einzig" ist insofern cum grano salis zu nehmen, als sich die Eigenfunktionen noch durch einen konstanten Zahlenfaktor voneinander unterscheiden können. Wie aus (16.7) und (16.9) hervorgeht, gehören nun zur Energie E die Eigenfunktionen $\psi(x)$ und $\psi(-x)$. Diese können sich aufgrund unserer Annahme aber nur um einen konstanten Faktor, den wir α nennen, unterscheiden. Wir haben daher die Beziehung

$$\psi(-x)=\alpha\psi(x)\,. \tag{16.10}$$

Ersetzen wir auf beiden Seiten in (16.10) x durch $-x$, so geht (16.10) in

$$\psi(x)=\alpha\psi(-x) \tag{16.11}$$

über. Ersetzen wir auf der rechten Seite von (16.10) $\psi(x)$ gemäß (16.11) durch $\psi(-x)$, so erhalten wir insgesamt

$$\psi(-x)-\alpha\psi(x)=\alpha^2\psi(-x)\,. \tag{16.12}$$

Da ψ nicht identisch verschwindet, können wir (16.12) auf beiden Seiten durch $\psi(-x)$ dividieren. Wir erhalten

$$\alpha^2=1 \tag{16.13}$$

oder, wenn wir die Wurzel ziehen,

$$\alpha=\pm 1\,. \tag{16.14}$$

Benutzen wir dieses Resultat in (16.10), so haben wir die Aussage

$$\psi(-x)=\pm\psi(x) \tag{16.15}$$

erhalten. Dies ist aber gerade die gesuchte Beziehung. Wie man sich anhand der Abb. 16.1, 2 klarmacht, beinhaltet das Plus-Zeichen, daß die Wellenfunktion symmetrisch ist, das Minus-Zeichen, daß sie antisymmetrisch ist. Wir sehen also, daß aus der Symmetrie des Hamiltonoperators ein bestimmtes Symmetrieverhalten der Wellenfunktion automatisch folgt.

Die eben durchgeführte Argumentation läßt sich sofort von einer auf drei Dimensionen verallgemeinern, indem wir überall konsequent die Ersetzung

$$x\to\boldsymbol{r} \tag{16.16}$$

vornehmen und die Transformation (16.4) durch die Transformation

$$\boldsymbol{r}\to-\boldsymbol{r} \tag{16.17}$$

ersetzen. Ist der Hamiltonoperator invariant gegenüber der Transformation (16.17), so folgt in völliger Analogie zur Herleitung von (16.15) die Relation

$$\psi(-\boldsymbol{r}) = \pm\psi(\boldsymbol{r}) . \tag{16.18}$$

Das hier beschriebene Transformationsverhalten (16.18) wird auch als *Parität* bezeichnet. Gilt das Plus-Zeichen, so spricht man von gerader Parität, gilt das Minus-Zeichen, so spricht man von ungerader Parität. Dementsprechend haben die Oszillator-Wellenfunktionen von Abb. 9.9a, b für gerades $n=0, 2, 4, \ldots$ gerade Parität, für ungerades $n=1, 3, 5, \ldots$ ungerade Parität.

Bislang hatten wir angenommen, daß nur eine einzige Wellenfunktion (bis auf einen konstanten Faktor) zu E gehört oder, mit anderen Worten, daß die Wellenfunktionen nicht miteinander entartet sind. Wie eine eingehendere Theorie zeigt, lassen sich im Falle einer Entartung stets die miteinander entarteten Wellenfunktionen so festlegen, daß auch hier wieder die Relation (16.18) erfüllt ist, falls der Hamiltonoperator invariant gegenüber der Transformation (16.17) ist.

Bevor wir nun zeigen, wie sich aufgrund von Symmetrien nachweisen läßt, daß die Beziehung (16.2) gilt, betrachten wir noch ein weiteres Beispiel einer Symmetrie. Im Hinblick auf das Wasserstoffproblem, das ja dreidimensional ist, untersuchen wir die Symmetrie gegenüber Drehungen, und zwar greifen wir als Beispiel konkret die Drehung um einen Winkel φ um die z-Achse heraus. Wir nehmen an, was z. B. im Wasserstoffatom erfüllt ist, daß der Hamiltonoperator unverändert bleibt, wenn wir eine Drehung des Koordinatenkreuzes um den Winkel $\varphi=\varphi_1$ um die z-Achse vornehmen (vgl. Abb. 16.3)

$$H(r, \varphi+\varphi_1) = H(r, \varphi) , \tag{16.19}$$

den konstant gehaltenen Winkel ϑ führen wir nicht explizit als Argument auf.

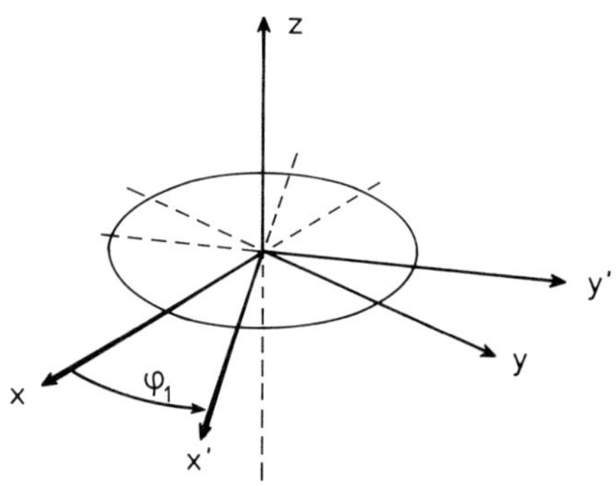

Abb. 16.3. Drehung des Koordinatensystems um die z-Achse um den Winkel φ_1

Ersetzen wir in der dazugehörigen Schrödinger-Gleichung überall φ durch $\varphi+\varphi_1$, so erhalten wir

$$H(r, \varphi+\varphi_1)\,\psi(r, \varphi+\varphi_1) = E\psi(r, \varphi+\varphi_1) \tag{16.20}$$

oder, wegen der Drehinvarianz,

$$H(r, \varphi)\,\psi(r, \varphi+\varphi_1) = E\psi(r, \varphi+\varphi_1) . \tag{16.21}$$

Da die in (16.21) auftretende Wellenfunktion wieder Eigenfunktion zur ungeänderten Schrödinger-Gleichung ist, muß im Falle, daß keine Entartung vorliegt, ganz analog wie im oben behandelten Beispiel gelten

$$\psi(r, \varphi+\varphi_1)=\alpha_{\varphi_1}\psi(r, \varphi). \tag{16.22}$$

Hierin kann die Konstante α noch, wie explizit angegeben, von dem Drehwinkel φ_1 abhängen. Wir wollen nun diese Abhängigkeit näher bestimmen. Dazu schreiben wir (16.22) nochmals für einen zweiten Drehwinkel φ_2 an

$$\psi(r, \varphi+\varphi_2)=\alpha_{\varphi_2}\psi(r, \varphi). \tag{16.23}$$

Wir denken uns nun in (16.22) φ durch $\varphi+\varphi_2$ ersetzt. Dies liefert uns

$$\psi(r, \varphi+\varphi_1+\varphi_2)=\alpha_{\varphi_1}\psi(r, \varphi+\varphi_2) \tag{16.24}$$

oder, wenn wir auf der rechten Seite die Relation (16.23) verwenden,

$$\psi(r, \varphi+\varphi_1+\varphi_2)=\alpha_{\varphi_1}\alpha_{\varphi_2}\psi(r, \varphi). \tag{16.25}$$

Andererseits können wir in der Relation (16.22) auf beiden Seiten φ_1 durch $\varphi_1+\varphi_2$ ersetzen, was unmittelbar zu

$$\psi(r, \varphi+\varphi_1+\varphi_2)=\alpha_{\varphi_1+\varphi_2}\psi(r, \varphi) \tag{16.26}$$

führt (vgl. Abb. 16.4).

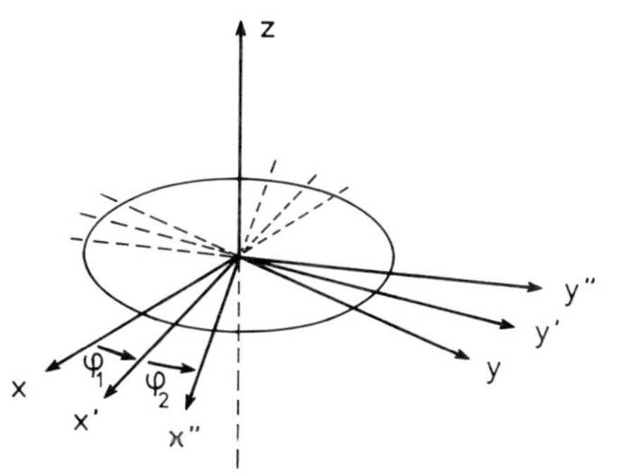

Abb. 16.4. Zusammensetzung von Drehungen: Zwei hintereinander ausgeführte Drehungen lassen sich durch eine einzige ersetzen

Wir vergleichen nun (16.26) mit (16.25). Wir erkennen sofort, daß die α's miteinander durch die Relation

$$\alpha_{\varphi_1+\varphi_2}=\alpha_{\varphi_1}\alpha_{\varphi_2} \tag{16.27}$$

verknüpft sind. Wie in der Mathematik streng gezeigt werden kann, ist die Relation (16.27) nur durch

$$\alpha_{\varphi}=e^{im\varphi} \tag{16.28}$$

zu lösen, wobei m noch ein unbekannter Parameter ist. Nun erkennen wir aber an (16.22), daß jede Wellenfunktion natürlich in sich übergehen muß, wenn wir das Koordinatensystem einmal voll herumdrehen, also um 2π drehen. Daraus ergibt sich sofort die Forderung

$$e^{im2\pi}=1. \tag{16.29}$$

Diese ist dadurch zu erfüllen, daß m eine positive oder negative ganze Zahl ist. Um dieses Resultat auszunützen, verwenden wir nochmals (16.22) und setzen hierin speziell $\varphi=0$

$$\psi(r,0+\varphi_j)=\alpha_{\varphi_j}\psi(r,0). \tag{16.30}$$

Lassen wir noch den Index j weg und verwenden das Resultat (16.28), so ergibt sich schließlich die Beziehung

$$\psi(r,\varphi)=e^{im\varphi}\psi(r,0), \qquad m \text{ ganzzahlig}. \tag{16.31}$$

Damit haben wir aber gefunden, wie die Wellenfunktion ψ vom Winkel φ abhängt, und zwar ganz in Übereinstimmung mit dem Resultat (10.82), das wir beim Wasserstoffatom gefunden hatten.

Wie dieses Beispiel erhellt, lassen sich aufgrund von Symmetriebetrachtungen sehr weitgehende Aufschlüsse über die Struktur und das Transformationsverhalten von Wellenfunktionen gewinnen. Natürlich kann man auch Drehungen um andere Achsen vornehmen und auch Drehungen um verschiedene Achsen zu neuen Drehungen zusammensetzen. Das zugehörige Transformationsverhalten der Wellenfunktionen wird dann in der sogenannten Darstellungstheorie der Drehgruppe untersucht, was jedoch weit über den Stoff dieses Buches hinausgeht. Immerhin hoffen wir, daß der Leser ein Gefühl dafür bekommen hat, wie aufgrund von Symmetrien des ursprünglichen Problems sich das Transformationsverhalten von Wellenfunktionen ergeben kann.

16.1.3 Auswahlregeln

Auswahlregeln waren uns bereits mehrfach in diesem Buch begegnet. Wie wir sahen, werden durch Kopplung der Atome an äußere Felder, insbesondere an das Lichtfeld, Übergänge zwischen den Elektronenzuständen im Atom hervorgerufen. Solche Übergänge treten allerdings nur dann auf (wenigstens in erster Näherung) wenn das zugehörige Matrixelement des äußeren Feldes H_{mn}^S nicht verschwindet. Verschwindet es, so ergeben sich Übergangsverbote oder, damit gleichbedeutend, Auswahlregeln. Wir zeigen jetzt anhand einiger einfacher Beispiele, wie aufgrund des Symmetrieverhaltens der Wellenfunktionen folgt, daß gewisse Matrixelemente identisch verschwinden. Dies gilt unabhängig davon, welche Form die Wellenfunktionen im einzelnen auch haben mögen.

Als erstes Beispiel betrachten wir ein Integral, das durch Weglassen des Faktors e aus dem Matrixelement (16.1) hervorgeht. Ersetzen wir die Funktionen φ_n, φ_m durch die jetzt betrachtete Funktion ψ, so erhalten wir

$$I=\int_{-\infty}^{+\infty}\psi^*(x)x\psi(x)dx, \tag{16.32}$$

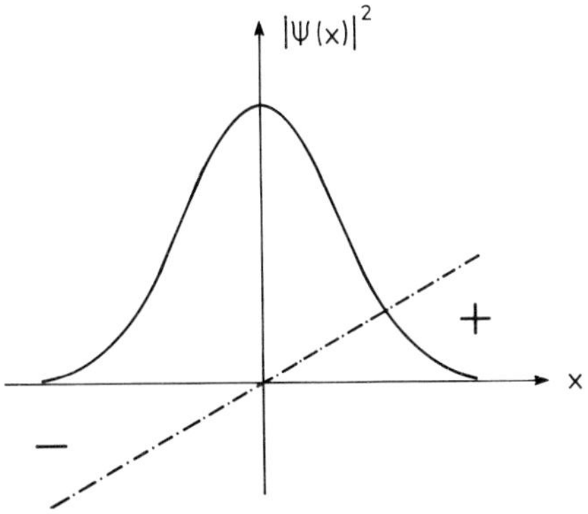

Abb. 16.5. Veranschaulichung des Integrals (16.32). Dieses entsteht, indem für jedes x der Funktionswert von x (strichpunktierte Gerade) mit dem Funktionswert von $|\psi|^2$ (ausgezogene Kurve) multipliziert und dann die jeweiligen Produkte über alle x-Werte aufintegriert werden. Wie aus dem Bild hervorgeht, können jeweils symmetrisch zur $|\psi|^2$-Achse Paare von Produkten mit jeweils entgegengesetztem Vorzeichen zusammengefaßt werden, wobei sich Null ergibt. Das gesamte Integral verschwindet also

wobei wir ein eindimensionales Beispiel herausgreifen (zur Veranschaulichung dieses Integrals vgl. Abb. 16.5). Wir benennen die Integrationsvariable x um, indem wir x durch $-x$ ersetzen

$$x \rightarrow -x \,. \tag{16.33}$$

Dabei bleibt natürlich der Wert des Integrals unverändert. Andererseits ergeben sich im einzelnen im Integral (16.32) folgende Änderungen

$$I = \int\limits_{+\infty}^{-\infty} \psi^*(-x)(-x)\psi(-x)d(-x) \,. \tag{16.34}$$

Indem wir die Grenzen vertauschen und die Änderung des Vorzeichens des Differentials dx berücksichtigen, erhalten wir

$$\int\limits_{-\infty}^{+\infty} \psi^*(-x)(-x)\psi(-x)dx \,. \tag{16.35}$$

Nunmehr verwenden wir eine Symmetrieeigenschaft der Wellenfunktion, nämlich das Transformationsverhalten (16.15). Dabei bleibt auf jeden Fall $\psi^*\psi$ invariant gegenüber der Transformation (16.4), so daß das Integral (16.35) sich von dem ursprünglichen Integral (16.32) nur noch durch das Vorzeichen unterscheidet. Wir erhalten somit die Relation

$$I = -I \,, \tag{16.36}$$

die natürlich nur durch

$$I = 0 \tag{16.37}$$

zu erfüllen ist. Das Resultat ist enorm wichtig. Es zeigt uns nämlich, daß wir für das Integral den Wert 0 herausbekommen haben, ohne daß wir im geringsten eine Integration durchgeführt haben. Wir haben lediglich Symmetriebeziehungen verwendet.

Was wäre nun erfolgt, wenn wir ein Matrixelement ausgerechnet hätten, bei dem die Indizes m und n verschieden sind? Im Fall, daß die Störung nach wie vor x ist, hätten wir dann folgendes herausbekommen: Haben φ_n und φ_m die gleiche Parität, so ergibt sich nach wie vor Null. Nur wenn die Parität von φ_n und φ_m verschieden ist, kann das Integral von Null verschieden sein. Wir haben hier das einfachste Beispiel einer *Auswahlregel* vor uns.

Als zweites Beispiel, das besonders für die Atomhülle wichtig ist, betrachten wir wiederum ein Dipol-Matrixelement, aber nun zwischen Eigenfunktionen des Wasserstoffatoms. Wir untersuchen also Matrixelemente der Gestalt

$$I_z = \int \psi^*_{n,l,m}(\boldsymbol{r}) z \psi_{n',l',m'}(\boldsymbol{r}) dV . \tag{16.38}$$

Im folgenden ist es zweckmäßig, Polarkoordinaten zu wählen. Damit geht (16.38) in

$$I_z = \int dV \psi^*_{n,l,m}(r, \vartheta, \varphi) r \cos\vartheta \psi_{n',l',m'}(r, \vartheta, \varphi) \tag{16.39}$$

über.

Um hier festzustellen, wann das Matrixelement I_z identisch verschwindet, nehmen wir wieder Symmetriebetrachtungen vor. Diesmal jedoch fassen wir Drehungen um die z-Achse ins Auge, und zwar drehen wir um den Winkel φ_0. Wie man sich mit Hilfe der Transformationseigenschaft (16.31) leicht klar macht, geht dabei (16.39) in die rechte Seite von

$$I_z = \mathrm{e}^{-\mathrm{i}(m-m')\varphi_0} I_z \tag{16.40}$$

über. Andererseits muß die linke Seite natürlich weiterhin I_z lauten. Die Relation (16.40) kann auf zweierlei Weise erfüllt werden. Entweder es ist $I_z = 0$; ist I_z jedoch $\neq 0$, so muß notwendig $m = m'$ sein. Dies ist wiederum eine Auswahlregel. Enthält der Störoperator das Dipolmoment in der z-Richtung, so kann nur ein Matrixelement von 0 verschieden sein, bei dem $m = m'$ ist. Wir leiten nun eine Auswahlregel für die x- und y-Komponente des Dipolmoments her, wobei wir die Integrale

$$I_x = \int dV \psi^*_{n,l,m}(r, \vartheta, \varphi) x \psi_{n',l',m'}(r, \vartheta, \varphi) \tag{16.41}$$

und

$$I_y = \int dV \psi^*_{n,l,m}(r, \vartheta, \varphi) y \psi_{n',l',m'}(r, \vartheta, \varphi) \tag{16.42}$$

betrachten. Es ist zweckmäßig, die 2. Zeile mit i zu multiplizieren und zur ersten zu addieren. Indem wir x und y noch in sphärischen Polarkoordinaten ausdrücken, erhalten wir

$$I_x + \mathrm{i} I_y = \int dV \psi^*_{n,l,m} r \sin\vartheta \, \mathrm{e}^{\mathrm{i}\varphi} \psi_{n',l',m'} . \tag{16.43}$$

Nehmen wir wiederum eine Drehung um die z-Achse um den Winkel φ_0 vor, so erhalten wir völlig analog wie oben die Relation

$$I_x + \mathrm{i} I_y = \mathrm{e}^{-\mathrm{i}(m-1-m')\varphi_0}(I_x + \mathrm{i} I_y) . \tag{16.44}$$

Daraus läßt sich sofort folgern

$$I_x + \mathrm{i}I_y = 0 \quad \text{für} \quad m \neq m' + 1, \tag{16.45}$$

entsprechend bei Subtraktion von (16.41) und (16.42)

$$I_x - \mathrm{i}I_y = 0 \quad \text{für} \quad m \neq m' - 1, \tag{16.46}$$

oder zusammengefaßt: falls $m \neq m' + 1$ und $m \neq m' - 1$ ist, muß auf jeden Fall gelten

$$I_x = 0, \quad I_y = 0. \tag{16.47}$$

Auch hier haben wir wieder eine Auswahlregel erschlossen. I_x bzw. I_y kann nur dann $\neq 0$ sein, wenn entweder $m = m' + 1$ oder $m = m' - 1$ ist.

Aus den Regeln (16.40, 45 und 46) läßt sich herleiten, welche Übergänge ein Lichtfeld an einem Atom hervorrufen kann. Ist das Lichtfeld in der z-Richtung polarisiert, so gibt es nur die Übergänge $m = m'$. Ist es hingegen in der x- oder y-Richtung polarisiert, so gibt es die Übergänge

$$m = m' \pm 1. \tag{16.48}$$

Das sind die in Abschn. 13.3.2 bereits eingeführten π- bzw. σ-Übergänge.

Aufgrund von Überlegungen, die im Prinzip ähnlich sind wie die eben durchgeführten, jedoch etwas weitergehende Mathematik erfordern, läßt sich für das Matrixelement (16.38) die Auswahlregel für die Drehimpulse des Elektrons

$$l = l' \pm 1 \tag{16.49}$$

gewinnen. Das zugrundeliegende Matrixelement tritt gerade bei der Absorption bzw. Emission von Licht oder, genauer gesagt, von Lichtquanten auf (vgl. hierzu auch Abschn. 16.1.4). Da der Gesamtdrehimpuls von Elektron und Lichtquant erhalten bleibt, läßt sich aus (16.49) folgern, daß ein Lichtquant den Drehimpuls (Spin) $\hbar$ besitzt.

Zusammenfassend können wir also das in diesem Kapitel Gelernte wie folgt darstellen. Aufgrund der Invarianzeigenschaften des Hamiltonoperators ergeben sich bestimmte Transformationseigenschaften der Wellenfunktionen. Aus den Transformationseigenschaften der Wellenfunktionen und des Störoperators (im vorliegenden Fall war das der Dipoloperator) läßt sich streng zeigen, welche Matrixelemente identisch verschwinden und welche prinzipiell von Null verschieden sein können. Diese Betrachtungen können jedoch keine Auskunft über die Größe der Matrixelemente geben, ja es kann sogar sein, daß zusätzlich aus anderen Gründen noch weitere Matrixelemente verschwinden. Wie sich jedoch zeigt, lassen Symmetriebetrachtungen ganz exakte Aussagen zu, und es ist daher nicht verwunderlich, daß derartige Betrachtungen, wenn sie entsprechend verallgemeinert werden, bei Elementarteilchen eine grundlegende Rolle spielen.

16.1.4 Auswahlregeln und Multipolstrahlung*

In diesem Kapitel haben wir uns vornehmlich mit dem Matrixelement

$$\int \varphi_n^*(\boldsymbol{r}) e x \varphi_m(\boldsymbol{r}) dV \tag{16.50}$$

befaßt. Es war uns schon früher in Abschn. 15.3 begegnet, als wir die Einwirkung einer Lichtwelle auf ein Atom untersuchten. Umgekehrt tritt das Matrixelement (16.50) auch auf, wenn es sich um die Erzeugung von Licht durch atomare Übergänge handelt. Wir können im Rahmen dieser Einführung zwar nicht in die Details gehen, wollen aber doch die Grundgedanken schildern. Wie wir aus der klassischen Elektrodynamik wissen, sendet ein schwingender Dipol elektromagnetische Wellen aus. Der Dipol wird dabei mathematisch durch das Dipolmoment

$$\boldsymbol{P} = -e\boldsymbol{r}(t) \tag{16.51}$$

beschrieben, wobei $\boldsymbol{r}$ der Vektor von der + Ladung zu der schwingenden − Ladung ist. Wir nehmen wie üblich an, daß die Schwingung rein harmonisch erfolgt, $\boldsymbol{r}(t) = \boldsymbol{r}_0 \sin \omega t$. Das Dipolmoment (16.51) tritt dann in den Maxwellschen Gleichungen des Elektromagnetismus als „Quellterm" auf. (Für den näher interessierten Leser formulieren wir dies etwas genauer: In der Maxwellschen Gleichung $\operatorname{rot} \boldsymbol{H} = \boldsymbol{j} + d\boldsymbol{D}/dt$ tritt in $\boldsymbol{D}$ bei Vorhandensein von Materie, d.h. im vorliegenden Falle, Atomen, die Polarisation $\boldsymbol{P}$ auf. Diese läßt sich im klassischen Falle durch (16.51) bzw. bei mehreren Atomen durch eine Summe über Ausdrücke der Form (16.51) ausdrücken.) Es entsteht die Frage, ob dieser Quellterm von der Form (16.51) in der Quantentheorie ein Analogon besitzt. Dazu erinnern wir uns an die Übersetzungstabelle von Abschn. 9.3.4. Hiernach werden wir der klassischen Observablen „Dipolmoment $-e\boldsymbol{r}(t)$" einen Operator $-e\boldsymbol{r}$ und schließlich den Erwartungswert

$$\int \psi^*(\boldsymbol{r}, t)(-e\boldsymbol{r})\psi(\boldsymbol{r}, t)dV \tag{16.52}$$

zuordnen. Was bedeutet aber hierin die Wellenfunktion $\psi(\boldsymbol{r}, t)$? Um diese zu erhalten, stellen wir uns ein Atom mit zwei Niveaus E_1, E_2 und den zugehörigen Wellenfunktionen $\varphi_1(\boldsymbol{r})$ und $\varphi_2(\boldsymbol{r})$ vor. Um einen Schwingungsvorgang zu erhalten, bilden wir eine Überlagerung in der Form eines „Wellenpakets"

$$\psi(\boldsymbol{r}, t) = \frac{1}{\sqrt{2}} e^{-iE_1 t/\hbar} \varphi_1(\boldsymbol{r}) + \frac{1}{\sqrt{2}} e^{-iE_2 t/\hbar} \varphi_2(\boldsymbol{r}), \tag{16.53}$$

wobei die Faktoren $1/\sqrt{2}$ zur Normierung von $\psi(\boldsymbol{r})$ dienen. Setzen wir (16.53) in (16.52) ein und multiplizieren wir die einzelnen Summanden miteinander! Es ergibt sich dann eine Summe über Ausdrücke der Gestalt (16.50), wobei m und n die Werte 1 und 2 annehmen können. Nehmen wir wie oben an, daß

$$\int \varphi_1^* e\boldsymbol{r} \varphi_1 dV \quad \text{und} \quad \int \varphi_2^* e\boldsymbol{r} \varphi_2 dV$$

verschwinden, so nimmt (16.52) die Form

$$\tfrac{1}{2} \int \varphi_1^*(\boldsymbol{r})(-e\boldsymbol{r})\varphi_2(\boldsymbol{r})dV \cdot e^{-i\omega t} + k.k.^1 \tag{16.54}$$

1 Mit *k.k.* bezeichnen wir hier und im folgenden die zu dem voranstehenden Ausdruck *konjugiert komplexe* Größe.

an, wobei wir noch die Abkürzung $\omega=(E_2-E_1)/\hbar$ eingeführt haben. Der Erwartungswert des Dipolmoments schwingt also tatsächlich wie ein klassischer Dipol und erzeugt somit das zugehörige klassische elektromagnetische Feld. Somit wird der Zusammenhang zwischen Dipolmatrixelement und Dipolstrahlung ersichtlich.

Nun erzeugen, wie wir aus der klassischen Physik wissen, nicht nur oszillierende Dipole Strahlungsfelder, sondern auch andere oszillierende Ladungs- oder auch Stromverteilungen. Eine stromdurchflossene Leiterschleife wirkt bekanntlich wie ein magnetischer Dipol. Variieren wir den Strom in der Leiterschleife etwa sinusförmig, so oszilliert das magnetische Dipolmoment und ruft die „magnetische Dipolstrahlung" hervor. Kann ein derartiges Strahlungsfeld auch bei einem *atomaren* Übergang entstehen? Das ist in der Tat möglich, aber zur mathematischen Beschreibung genügt das Matrixelement (16.52) oder (16.54) nicht mehr. Wir müssen vielmehr eine genauere Theorie der Wechselwirkung zwischen Licht und Elektron zugrundelegen. Bis auf konstante Faktoren lautet das entsprechende Glied in der Schrödinger-Gleichung

$$e\boldsymbol{p}\boldsymbol{A}\,, \tag{16.55}$$

wobei $\boldsymbol{p}=-\mathrm{i}\hbar\nabla$ der Impulsoperator und $\boldsymbol{A}$ das Vektorpotential des Lichtfelds sind. Das Wechselwirkungsglied (16.55) ist uns bereits in Abschn. 14.1, z.B. in (14.9) begegnet. Während damals das Vektorpotential sich auf ein konstantes Magnetfeld bezog, beschreibt es nunmehr das elektromagnetische Lichtfeld. Zerlegen wir $\boldsymbol{A}$ nach ebenen Wellen (in komplexer Schreibweise), so haben wir anstelle von (16.55) Ausdrücke der Form

$$e\boldsymbol{p}\cdot\boldsymbol{e}\mathrm{e}^{\mathrm{i}\boldsymbol{k}\boldsymbol{r}} \tag{16.56}$$

zu betrachten, wobei $\boldsymbol{e}$ der Polarisationsvektor der Lichtwelle mit dem Wellenzahlvektor $\boldsymbol{k}$ sein soll. Das jetzt bei der Störungstheorie auftretende Matrixelement

$$e\int\varphi_n^*(\boldsymbol{r})\boldsymbol{p}\cdot\boldsymbol{e}\mathrm{e}^{\mathrm{i}\boldsymbol{k}\boldsymbol{r}}\varphi_m(\boldsymbol{r})dV \tag{16.57}$$

tritt nunmehr an die Stelle von (16.50). Da i. allg. die Lichtwellenlänge λ groß gegenüber der Erstreckung a der Wellenfunktionen φ ist, dürfen wir $\boldsymbol{k}\boldsymbol{r}=2\pi r/\lambda\ll 1$ annehmen und die Exponentialfunktion entwickeln

$$\mathrm{e}^{\mathrm{i}\boldsymbol{k}\boldsymbol{r}}\approx 1+\mathrm{i}\boldsymbol{k}\boldsymbol{r}+\ \ldots\,. \tag{16.58}$$

Setzen wir dies in (16.57) ein, so ergibt sich als erstes Glied

$$\int\varphi_n^*(\boldsymbol{r})e\boldsymbol{p}\cdot\boldsymbol{e}\varphi_m(\boldsymbol{r})dV\,. \tag{16.59}$$

Speziell für $\boldsymbol{e}$ parallel zur x-Achse und $n=1$, $m=2$ ergibt sich

$$\int\varphi_1^*(\boldsymbol{r})ep_x\varphi_2(\boldsymbol{r})dV\,. \tag{16.60}$$

Wie in der Quantenmechanik exakt gezeigt wird, ist (16.60) identisch mit

$$-\mathrm{i}m\omega\int\varphi_1^*(\boldsymbol{r})ex\varphi_2(\boldsymbol{r})dV\quad(\text{wobei}\quad\omega=(E_2-E_1)/\hbar)\,, \tag{16.61}$$

also bis auf einen Zahlenfaktor gerade das uns schon geläufige Dipolmatrixelement. Es gibt aber Fälle atomarer Übergänge, wo (16.61) verschwindet (das sind „verbotene elektrische Dipolübergänge"). Dann wird dasjenige Matrixelement bedeutsam, das vom 2. Glied in (16.58) herrührt, nämlich

$$\mathrm{i}e\int \varphi_1^*(\boldsymbol{r})(\boldsymbol{p}\boldsymbol{e})(\boldsymbol{k}\boldsymbol{r})\varphi_2(\boldsymbol{r})dV\,. \tag{16.62}$$

Auch dieses läßt sich umformen (was wir hier nicht vorführen) und ergibt (bis auf den Faktor $\omega m\boldsymbol{e}$)

$$\int \varphi_1^*(\boldsymbol{r})(-e\boldsymbol{r}(\boldsymbol{k}\boldsymbol{r}))\varphi_2(\boldsymbol{r})dV\,. \tag{16.63}$$

Um die Verbindung mit der klassischen Physik herzustellen, denken wir uns das Integral über $\boldsymbol{r}$ durch eine diskrete Summe über Punkte $\boldsymbol{r}_j$ ersetzt, deren jeder mit der Ladung $(-e_j)$ belegt ist.

$$(16.63)\to\sum_j(-e_j)\boldsymbol{r}_j(\boldsymbol{k}\cdot\boldsymbol{r}_j)\,. \tag{16.64}$$

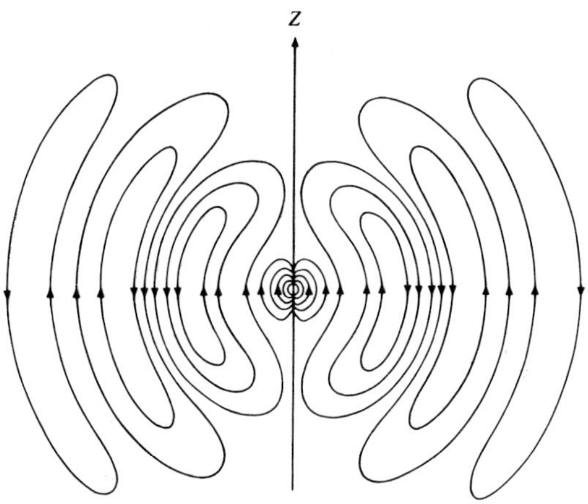

Abb. 16.6. Strahlungsfeld bei elektrischer Dipolstrahlung. Der Dipol schwingt in z-Richtung, die Linien stellen jeweils das elektrische Feld mit gleicher Phase dar. Das Ausstrahlungsbild der magnetischen Dipolstrahlung stimmt mit dem der elektrischen Dipolstrahlung formal überein, wenn wir das elektrische Dipolmoment $\boldsymbol{p}$ durch das magnetische Dipolmoment $\boldsymbol{m}$ ersetzen, sowie die Ersetzungen $\boldsymbol{E}\to\boldsymbol{B}$ und gleichzeitig $\boldsymbol{B}\to\boldsymbol{E}$ vornehmen

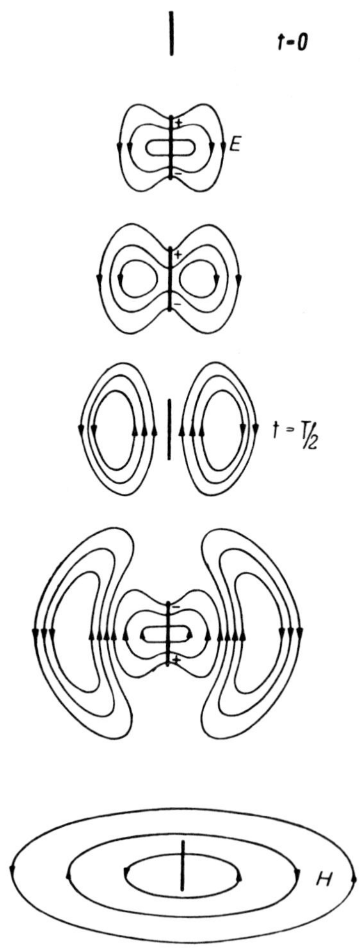

Abb. 16.7. Veranschaulichung des zeitlichen Verlaufs der Ausstrahlung eines Hertzschen Dipols

Genau diese Summe tritt aber als „Quellterm" in der klassischen Theorie elektromagnetischer Felder auf (und zwar als „Hertzscher" Vektor). Von dort her ist bekannt, daß er eine Überlagerung des elektrischen Quadrupolmoments und des magnetischen Dipolmoments darstellt, deren Schwingungen zu den entsprechenden Strahlungsfeldern führen. (Dabei wird im Falle des magnetischen Dipols verwendet, daß $\dot{\boldsymbol{r}} = \mathrm{i}\omega \boldsymbol{r}$ ist.) Wir erkennen somit, ganz im Sinne des Bohrschen Korrespondenzprinzips, eine Eins-zu-Eins Entsprechung von Quantentheorie und klassischer Physik, was die Ausstrahlungseigenschaften von Atomen und klassischen Quellen angeht.

Die Ausstrahlungsfelder des elektrischen sowie des magnetischen Dipols sind in den Abb. 16.6 und 16.7 dargestellt. Die im vorangegangenen skizzierte Theorie, in der das Lichtfeld klassisch nach den Maxwellschen Gleichungen behandelt wird, die „Quellterme" jedoch als quantenmechanische Erwartungswerte eingeführt werden, wird in der Literatur oft als „halbklassische" (oder semiklassische) Theorie bezeichnet.

16.2 Linienbreite und Linienform

Wie wir im Rahmen der Schrödingerschen Theorie zeigten, können Elektronen bestimmte Energiezustände im Atom einnehmen. Ist ein Elektron in einem angeregten Niveau, so kann es von diesem durch Ausstrahlung eines Lichtquants in einen energetisch tieferen Zustand übergehen. Dies hat zur Folge, daß die Lebensdauer des angeregten Zustands nicht mehr unendlich groß ist. In der klassischen Elektrodynamik wird gezeigt, daß die Energie eines Hertzschen Oszillators (= oszillierender Dipol) durch Abstrahlung exponentiell mit der Zeit abnimmt. Messungen an angeregten Atomen zeigen (vgl. Abb. 16.8), daß auch deren Strahlungsintensität nach einem Exponentialgesetz abnimmt. Nach dem Korrespondenzprinzip (vgl. Abschn. 8.11) ist ein derartiges Verhalten zu erwarten. In der Tat zeigt die quantenmechanische Behandlung der Lichtausstrahlung, auf die hier nicht im einzelnen eingegangen werden kann, daß hier die Zahl von N angeregten Atomen im Lauf der Zeit nach dem Gesetz

$$N = N_0 \mathrm{e}^{-2\gamma t} \tag{16.65}$$

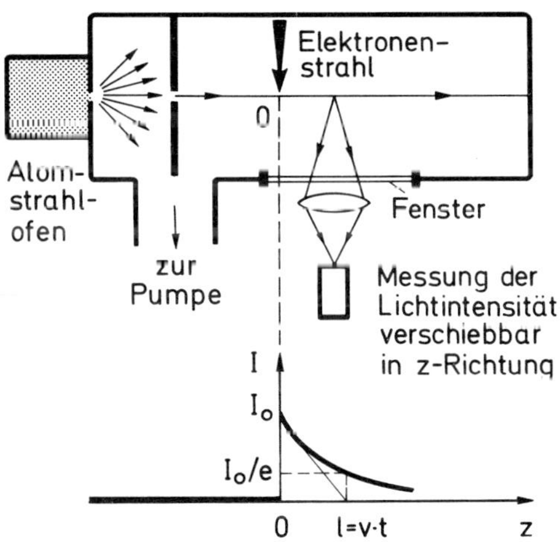

Abb. 16.8. Die Messung der Lebensdauer angeregter Atom-Zustände kann zum Beispiel mit der skizzierten Anordnung erfolgen. Atome in einem neutralen Atomstrahl werden durch Beschuß mit Elektronen passender kinetischer Energie oder mit Hilfe von Laser-Licht in definierte Anregungszustände gehoben. Längs der Flugrichtung ist eine Anordnung zur Messung der Strahlungsintensität verschiebbar angeordnet. Der strahlende Zerfall der angeregten Atome während ihres Fluges durch die Meßkammer kann bei Kenntnis der Geschwindigkeit der Atome zur Bestimmung der Zerfallszeit, also der Lebensdauer im angeregten Zustand benutzt werden

abnimmt. $1/(2\gamma)$ ist die Zeit t_0, in der die Zahl N auf den e-ten Teil abgeklungen ist. t_0 wird als Lebensdauer des Zustands bezeichnet. Im Sinne der statistischen Deutung der Quantenmechanik bezieht sich (16.65) auf den quantenmechanischen Mittelwert, der das Verhalten vieler Atome, d. h. des Ensembles, beschreibt. Für ein einzelnes Atom erfolgt der Emissionsakt völlig statistisch. Analog zu (16.65) nimmt auch die Amplitude des ausgestrahlten Lichts nach einem Exponentialgesetz ab. Die Lichtfeldamplitude F hat in komplexer Schreibweise daher die Gestalt (vgl. Abb. 16.9)

$$F(t) = F_0(\mathrm{e}^{-\gamma t}\mathrm{e}^{\mathrm{i}\omega_0 t} + \text{k.k.}), \qquad t > 0 \tag{16.66}$$

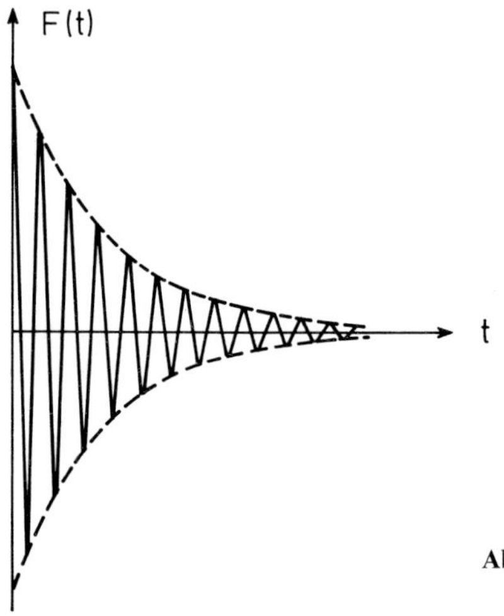

Abb. 16.9. Exponentieller Zerfall der Lichtfeldamplitude F (16.66)

Darin ist ω_0 durch $(E_a - E_e)/\hbar$ gegeben, wobei E_a, E_e die Energien des atomaren Anfangs- bzw. Endzustands sind. F_0 ist eine reelle Amplitude. Wir stellen uns vor, daß die Anregung zur Zeit $t=0$ stattfindet, so daß für $t<0$ noch keine Lichtwelle vorhanden ist. Benutzen wir zur Untersuchung des ausgestrahlten Lichts einen Spektralapparat, so zerlegt dieser das Licht nach monochromatischen Wellen, d. h. nach Wellen der Form

$$c(\omega)\mathrm{e}^{\mathrm{i}\omega t} \quad \text{(in komplexer Darstellung)},$$

wobei $\omega = 2\pi c/\lambda$, (λ: Wellenlänge) ist. Die Lichtfeldamplitude (16.66) läßt sich aber gerade als Überlagerung solcher Wellen darstellen:

$$F(t) = \frac{1}{2\pi}\int_{-\infty}^{+\infty} c(\omega)\mathrm{e}^{\mathrm{i}\omega t}d\omega\,. \tag{16.67}$$

Diese Zerlegung ist in der Mathematik als Fourier-Transformation bekannt. Wie in der Fourierschen Theorie gezeigt wird, sind die Fourier-Koeffizienten $c(\omega)$ durch

$$c(\omega) = \int_{-\infty}^{+\infty} F(t)\,\mathrm{e}^{-\mathrm{i}\omega t}dt \tag{16.68}$$

gegeben. Die Intensität des monochromatischen Lichts mit der Frequenz ω wird dann durch

$$|c(\omega)|^2 \tag{16.69}$$

dargestellt. Für ein exponentiell abklingendes Lichtfeld (16.66) ergibt sich somit als spektrale Verteilung

$$c(\omega) = -F_0\left(\frac{1}{i(\omega_0-\omega)-\gamma} + \frac{1}{i(-\omega_0-\omega)-\gamma}\right). \tag{16.70}$$

Da $\omega_0 - \omega \ll \omega_0 + \omega$ und $\gamma \ll \omega_0 + \omega$, $(\omega > 0)$, ist das 2. Glied in (16.70) viel kleiner als das erste und kann gegen dieses vernachlässigt werden. Somit ergibt sich als Intensitätsverteilung

$$|c(\omega)|^2 = F_0^2 \frac{1}{(\omega-\omega_0)^2+\gamma^2}. \tag{16.71}$$

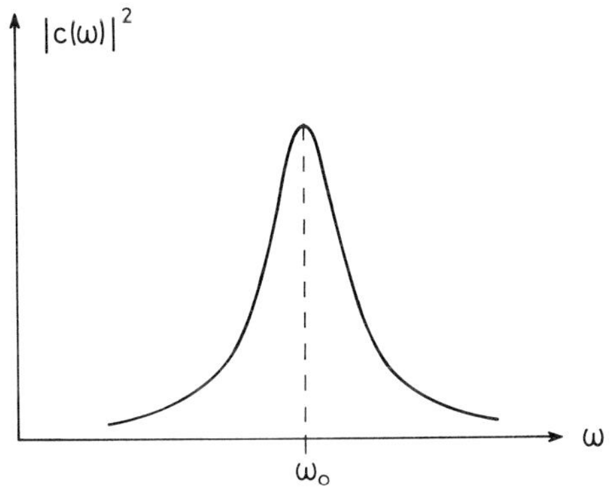

Abb. 16.10. Lorentzlinie

Eine Spektrallinie mit der in (16.71) und Abb. 16.10 dargestellten Intensitätsverteilung heißt Lorentzlinie. Ihre Halbwertsbreite ist durch die atomare Zerfallszeit t_0 gemäß $\gamma = 1/(2t_0)$ gegeben. Die hier eingeführte Linienbreite heißt auch *natürliche* Linienbreite. Typische Zahlenwerte liegen bei $t_0 \approx 10^{-8}$–10^{-9} s (10^{-8} s $\triangleq 5 \cdot 10^{-4}$ cm^{-1} $\triangleq$ 15 MHz) und damit für γ bei 10^8–10^9 s^{-1}.

Anschaulich gesprochen, können die Elektronenbahnen von Gasatomen auch durch Stöße untereinander gestört werden. Dies gibt zu ständigen Phasenänderungen des dabei ausgestrahlten Lichtfelds Anlaß, was sich in einer Linienverbreiterung äußert, die als *Stoßverbreiterung* bezeichnet wird. Baut man Atome im Festkörper ein, so stehen die Atome in ständiger Wechselwirkung mit den Gitterschwingungen, die wiederum die Elektronenbahnen stören und ebenfalls Anlaß zu einer Linienbreite geben. In all den genannten Fällen sind die Atome völlig gleichberechtigt. Die hierbei entstehende Linienbreite heißt „*homogen*“. Zur sogenannten *inhomogenen Linienbreite* kommt es, wenn die einzelnen Atome, die zunächst einander gleich sind, durch zusätzliche physikalische Bedingungen unterscheidbar werden. Z. B. können Atome im Festkörper an etwas verschiedenartigen Gitterplätzen eingebaut werden, so daß die Energien der einzelnen Elektronen verschiedenartig verschoben werden. Oft sind diese Energieverschiebungen kontinuierlich und haben in ihrer Intensitätsverteilung eine Gaußsche Form. Ein weiteres Beispiel für inhomogene Verbreiterungen bietet die *Dopplerverbreiterung* in Gasen. Nach dem Dopplerprinzip ist die Frequenz des Lichts, das von einem gegenüber dem Beobachter mit der Geschwindigkeit v bewegten Atoms ausgestrahlt wird, gegenüber derjenigen eines ruhenden Atoms nach der Formel

$$\omega = \omega_0 (1 \pm v/c), \tag{16.72}$$

(c: Lichtgeschwindigkeit) verschoben. Sie wird erhöht, wenn die Atome auf den Beobachter zufliegen, im anderen Falle erniedrigt. Stellen wir uns nun ein Gas im thermischen Gleichgewicht vor. Nach der Boltzmann-Verteilung – vgl. (2.8) – ist die Anzahl der Gasatome, deren Geschwindigkeitskomponente *v in Richtung der betrachteten Lichtwelle* im Intervall $[v, v+dv]$ liegt, gegeben durch

$$\bar{n}(v)dv = N\left(\frac{m_0}{2\pi kT}\right)^{1/2} \exp\left(-\frac{m_0 v^2}{2kT}\right) dv. \tag{16.73}$$

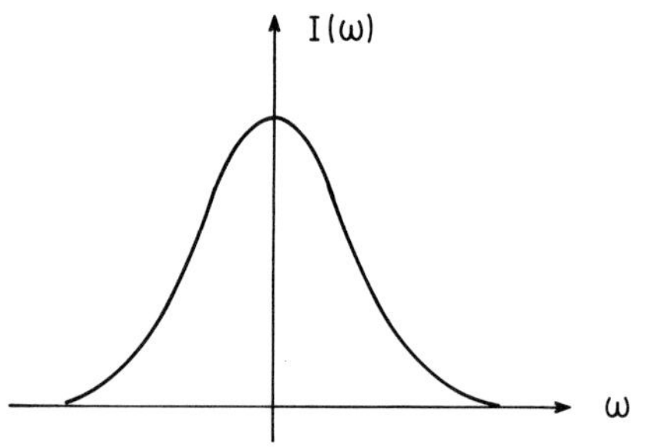

Abb. 16.11. Gaußsche Linie

(N: Gesamtzahl der Atome). Die Größe k ist die Boltzmannsche Konstante, T die absolute Temperatur, m die Atom-Masse. (Der Unterschied zwischen (2.7) und (16.73) beruht darauf, daß sich (2.7) auf die *dreidimensionale* Bewegung der Gasatome, (16.73) hingegen auf die Geschwindigkeitskomponente v bezieht). Da nach dem obigen Gesetz (16.72) mit der Geschwindigkeit v eine Frequenzverschiebung einhergeht, erhalten wir eine Intensitätsverteilung nach dem Gesetz

$$I(\omega) = \text{const} \cdot \exp\left(-\frac{m_0 c^2 (\omega_0 - \omega)^2}{2kT\omega_0^2}\right), \tag{16.74}$$

wie sie in Abb. 16.11 dargestellt ist. Die gesamte Linienbreite bei halber Höhe der Maximal-Intensität ist durch

$$\Delta\omega_D = \frac{2\omega_0}{c}\left(2\ln 2 \cdot \frac{kT}{m_0}\right)^{1/2} \tag{16.75}$$

gegeben. Nach (16.75) ist die Dopplerbreite $\Delta\omega_D = 2\pi\Delta\nu_D$ einer Spektrallinie also der Frequenz sowie der Wurzel aus der Temperatur proportional. Für die gelbe Natrium-D-Linie ergibt sich bei der Temperatur $T = 500$ K als Dopplerbreite $\Delta\nu_D = 1700$ MHz oder $\Delta(1/\lambda)_D = 0.056\,\text{cm}^{-1}$. Diese Breite ist bei optischen Spektrallinien im allgemeinen wesentlich größer als die natürliche Linienbreite γ [vgl. (16.71)].

Wenn man dagegen mit Hilfe von Doppelresonanz-Methoden Mikrowellen- oder Radiofrequenz-Übergänge an atomaren Anregungszuständen untersucht (vgl. Abschn. 13.3.7), dann ist die Dopplerverbreiterung dieser Übergänge kleiner als die natürliche Linienbreite. Bei Frequenzen $\nu < 10^{10}$ Hz wird nämlich die Dopplerbreite nach (16.75) bei der gleichen Temperatur $< 10^4$ Hz. Das spektrale Auflösungsvermögen solcher Doppelresonanz-Methoden ist also nicht mehr durch die Dopplerverbreiterung begrenzt.

Die Dopplerverbreiterung tritt auch bei Atomen auf, die im Festkörper eingebaut sind und dort bei höheren Temperaturen Schwingungen ausführen.

Wie wir in den Kap. 8, 12, usw. sahen, gibt es eine ganze Reihe von interessanten Linienverschiebungen und -aufspaltungen. Um diese genau messen zu können, muß die Linienbreite klein gegenüber diesen Aufspaltungen bzw. Linienverschiebungen sein. Wir werden daher in Kap. 22 Methoden besprechen, wie man insbesondere die Dopplerverbreiterung einer Linie vermeiden und zur Doppler-freien Spektroskopie vordringen kann.

Eine einfache Methode zur Reduzierung der Dopplerverbreiterung besteht darin, daß man die Quelle des zu untersuchenden Atomstrahls kühlt.

Um die Stoßverbreiterung zu reduzieren, muß man dafür sorgen, daß die mittlere Zeit zwischen zwei Stößen, die ein Atom mit anderen Atomen ausübt, länger ist, als die mittlere Lebensdauer des angeregten Niveaus. Dazu verringert man den Druck in der Versuchsapparatur.

17. Mehrelektronenatome

17.1 Das Spektrum des Helium-Atoms

Das einfachste Mehrelektronenatom ist das Helium-Atom. Im Grundzustand füllen seine beiden s-Elektronen gerade die innerste Schale mit der Hauptquantenzahl $n=1$. Weitere Elektronen haben in dieser Schale keinen Platz mehr, wie wir im folgenden noch sehen werden.

Im angeregten Zustand bleibt ein Elektron in der halbgefüllten ersten Schale zurück, das andere wird in eine höhere Schale angeregt. Es befindet sich also

Elektron 1 im Zustand $n=1$ $\quad l=0$
Elektron 2 im Zustand $n>1$, $\quad l=0 \ldots n-1$.

In den bisherigen Kapiteln haben wir die Spektren von Atomen behandelt, bei denen nur *ein* Elektron für die Charakterisierung der Terme durch Quantenzahlen maßgeblich war. Andere Elektronen waren entweder nicht vorhanden – wie beim H-Atom – oder sie befanden sich alle in sogenannten abgeschlossenen Schalen oder Teilschalen. Das bedeutet – wie wir ebenfalls noch sehen werden – daß sie keinen Beitrag zum gesamten Drehimpuls oder magnetischen Moment des Atoms leisten.

Das experimentell ermittelte Helium-Termschema (Abb. 17.1) hat gewisse Ähnlichkeit mit dem der Alkali-Atome. Abweichend davon findet man jedoch 2 Termsysteme, die nicht miteinander kombinieren, so als ob es zwei Sorten von Helium-Atomen gäbe: ein Singulett- und ein Triplett-System. Diese Namen rühren daher, daß im Singulett-System alle Terme einfach, im Triplett-System die Terme im allgemeinen dreifach aufgespalten sind.

Wichtig für die praktische Anwendung, z. B. in Gasentladungen und Lasern, ist dabei daß der tiefste Zustand des Triplett-Systems (2^3S in Abb. 17.1) von Helium-Atomen ebenso wie der zweittiefste Zustand des Singulett-Systems ($2\,^1S$ in Abb. 17.1) metastabil ist. Metastabil heißt, daß die Lebensdauer des Zustandes (vgl. Kap. 16) lang ist gegenüber 10^{-8} s, der üblichen Lebensdauer eines Zustandes, der durch einen erlaubten optischen Übergang entleert wird. Ein in einen dieser Zustände angeregtes Atom kann deshalb seine Anregungsenergie von rund 20 eV nur in einer Zeitdauer, die lang ist gegenüber 10^{-8} s, durch Strahlung abgeben.

Das Helium im Singulett-Zustand bezeichnet man auch als Parahelium. Beim Vergleich mit den Alkali-Atomen stellt man das Fehlen einer Feinstruktur fest. Alle Linien sind einfach. Der tiefste Term hat das Symbol $1\,^1S$. Dabei steht die vordere 1 für die Hauptquantenzahl, die hochgestellte 1 für die Multiplizität (hier Singulett) und der Buchstabe S für den gesamten Bahndrehimpuls, hier Null. Höhere Terme sind z. B. $2\,^1S$, $2\,^1P$, $3\,^1S$, $3\,^1P$, $3\,^1D$ usw. Aus dem Fehlen einer Feinstruktur schließt man, daß die Spins der beiden Elektronen antiparallel sind und sich vektoriell zu einem Gesamtspin $S=0$ zusammensetzen. Das gleiche gilt für das magnetische Moment $\mu_S=0$.

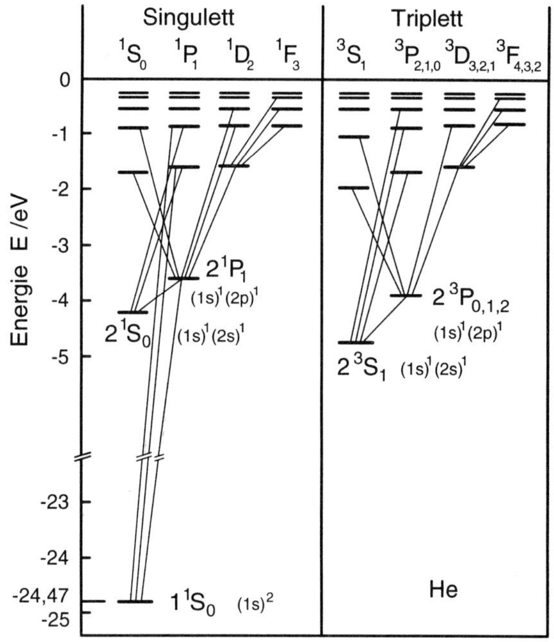

Abb. 17.1. Termschema des He-Atoms. Einige der erlaubten Übergänge sind eingezeichnet. Es gibt zwei Termsysteme, zwischen denen strahlende Übergänge verboten sind, das Singulett- und das Triplett-System. Die Übergänge im Singulett-System überspannen einen Energiebereich von 25 eV, die im Triplett-System nur 5 eV. Die 3-fache Aufspaltung der Triplett-Terme (außer ^3S) durch Spin-Bahn-Kopplung ist hier nicht eingezeichnet. Die Indizes 0, 1, 2 bei dem Termsymbol $^3P_{0,1,2}$ stehen für die möglichen Quantenzahlen $J=0, 1, 2$

Mit großen Buchstaben sind hier Quantensymbole von Zuständen bezeichnet, die aus der Kopplung von mehreren (hier 2) Elektronen hervorgehen.

Das Triplett-Helium, bei dem im Gegensatz zum Singulett-System Feinstruktur vorhanden ist, heißt Orthohelium. Tiefstes Niveau ist $2\,^3S$. Hier steht die 2 für das angeregte Elektron mit $n=2$, die hochgestellte 3 für die Multiplizität (Triplett) und der Buchstabe S für $L=0$. Leider wird sowohl die Gesamtspin-Quantenzahl wie auch ein Term mit dem Gesamtbahndrehimpuls $L=0$ mit dem gleichen Buchstaben S bezeichnet. Der Leser muß auf diesen Unterschied achten.

In diesem System stehen die Spins der beiden Elektronen parallel zueinander, die Quantenzahl des Gesamtspins ist $s_1+s_2=S=1$, das magnetische Moment $\boldsymbol{\mu}_S=\boldsymbol{\mu}_{s_1}+\boldsymbol{\mu}_{s_2}$ ist von Null verschieden. Der resultierende Gesamtspin S hat 3 Einstellmöglichkeiten zu einem inneren Magnetfeld $\boldsymbol{B}_l$, das mit dem Bahndrehimpuls der Elektronen verknüpft ist. Die so resultierende Spin-Bahn-Kopplung führt zu einer 3fachen Feinstruktur-Aufspaltung aller Terme mit nicht verschwindendem Gesamt-Bahndrehimpuls.

Das Spektrum von Parahelium liegt hauptsächlich im ultravioletten Spektralbereich, dasjenige des Orthoheliums im infraroten und sichtbaren. Interkombination wird nicht beobachtet, d.h. es gibt keine optischen Übergänge zwischen Singulett- und Triplettsystem. Vergleicht man einander entsprechende Konfigurationen in den beiden nicht kombinierenden Systemen, so stellt man besonders bei kleinen Quantenzahlen erhebliche Energieunterschiede fest. Der Zustand $2\,^1S_0$ liegt rund 0,8 eV über dem Zustand $2\,^3S_1$, der Zustand $2\,^1P_1$ rund 0,25 eV über dem Zustand $2\,^3P_2$. Die Bedeutung der Indizes 0, 1, 2 z. B. in $^1S_0$ wird erst in Abschn. 17.3.2 erläutert. – Dieser Energieunterschied zwischen Singulett- und Triplett-Konfiguration ist eine Folge der unterschiedlichen elektrostatischen Wechselwirkung der beiden Elektronen bei antiparalleler und paralleler Spin-Einstellung. Sie wird auch als Symmetrie-Energie bezeichnet, weil sie durch den unterschiedlichen mittleren Abstand der beiden Elektronen bei symmetrischer bzw. antisymmetrischer Wellenfunktion entsteht (vgl. Abschn. 17.2). Für P-Zustände wird das auch in Abb. 17.9 ersichtlich.

Mehr zum theoretischen Verständnis wird erst in Kap. 24, Quantentheorie der chemischen Bindung, behandelt, vgl. besonders Abb. 24.7.

17.2 Elektronenabstoßung und Pauli-Prinzip

Gegenüber dem Ein-Elektronen-Atom kommt beim Helium-Atom neu die abstoßende Wechselwirkung der beiden Elektronen hinzu. Man muß für die gesamte Bindungsenergie des He-Atoms deshalb schreiben:

$$E = -\underbrace{\frac{Ze^2}{4\pi\varepsilon_0 r_1}}_{\substack{\text{Anziehung}\\ \text{Kern/Elek-}\\ \text{tron 1 im}\\ \text{Abstand } r_1}} - \underbrace{\frac{Ze^2}{4\pi\varepsilon_0 r_2}}_{\substack{\text{Anziehung}\\ \text{Kern/Elek-}\\ \text{tron 2 im}\\ \text{Abstand } r_2}} + \underbrace{\frac{e^2}{4\pi\varepsilon_0 r_{12}}}_{\substack{\text{Abstoßung}\\ \text{Elektron 1/Elektron 2,}\\ \text{gegenseitiger}\\ \text{Abstand } r_{12}}} \tag{17.1}$$

Die Abstoßungsenergie der beiden Elektronen ist naturgemäß verschieden, je nachdem, in welchem Zustand n, l die beiden Elektronen sich befinden, da die räumliche Verteilung der Elektronen von den Quantenzahlen abhängt. Diese Abstoßung führt deshalb zu einer beträchtlichen Aufhebung der l-Entartung.

Die Schrödinger-Gleichung dieses relativ einfachen Zwei-Elektronen-Problems ist nicht geschlossen lösbar. Das Potential ist nicht mehr Kugel-symmetrisch und eine Separation in Radial- und in Winkel-abhängigen Teil ist nicht mehr möglich. In einer ersten Näherung, dem sogenannten Modell unabhängiger Teilchen, vernachlässigt man den dritten Term und setzt als Gesamtenergie die Summe von zwei H-Atom-Termen an. Man erhält dann als Bindungsenergie

$$E = -\left(\frac{RhcZ^2}{n^2}\right)_1 - \left(\frac{RhcZ^2}{n^2}\right)_2, \tag{17.2}$$

wobei die Indizes 1 und 2 die beiden Elektronen bezeichnen.
Als Energie des Grundzustandes würde man dann erwarten

$$E_{\text{He}} = 2 \times (-54{,}4)\,\text{eV} = -108{,}8\,\text{eV}\,.$$

Der experimentelle Wert weicht davon deutlich ab. Man mißt als gesamte Abtrennarbeit für beide Elektronen 79 eV, und zwar 24,6 eV für die Abtrennung des ersten Elektrons (das heißt Ionisation des Helium zum einfach positiven Ion He^+) und 54,4 eV für die Abtrennung des zweiten Elektrons (das heißt Ionisation des einfach positiven Ions He^+ zum zweifach positiven Ion He^{++}). Der zweite Zahlenwert entspricht dabei dem, was man beim Vergleich mit dem Wasserstoff-Atom erwartet. Dort beträgt die Ionisierungsenergie 13,6 eV, beim Helium erwartet man wegen der doppelten Kernladung den vierfachen Wert. Die Abtrennarbeit für das erste Elektron ist dagegen wesentlich kleiner. Das Modell für die Bindungsenergie muß also gegenüber (17.2) verfeinert werden durch Berücksichtigung der Wechselwirkungsenergie der beiden Elektronen miteinander. In Abschn. 19.4 werden wir dazu ein Näherungsverfahren vorstellen.

Die Beobachtung, daß es beim Helium-Atom zwar den Zustand $1\,{}^1S$, nicht aber den Zustand $1\,{}^3S$ gibt, war der Ausgangspunkt für das Pauli-Prinzip (*Pauli*, 1925). Es besagt in seiner einfachsten Formulierung:
Die Elektronenzustände eines Atoms können mit Elektronen nur so besetzt werden, daß nie zwei oder mehr Elektronen in allen Quantenzahlen übereinstimmen. Die Elektronen müssen sich also mindestens in einer Quantenzahl unterscheiden. Hierbei ist neben den

Bahnquantenzahlen n, l und m_l auch die Spinquantenzahl s bzw. m_s zu berücksichtigen. Ein atomarer Zustand mit den räumlichen Quantenzahlen (n, l, m_l) kann also höchstens mit zwei Elektronen besetzt werden. Deren Spinquantenzahlen $m_s = \pm 1/2$ müssen unterschiedlich sein. Bei der Konfiguration $1\,^3S$ wären beide Elektronen in allen Quantenzahlen identisch, wie wir unten noch ausführlich zeigen werden. Wegen einer genaueren Behandlung vergleiche Abschn. 19.4.

Dieses Prinzip ist die Verallgemeinerung der schon früher gefundenen empirischen Regel für alle Mehrelektronenatome: Es gibt immer nur einen Grundzustand mit der tiefsten Hauptquantenzahl. Dieser hat die höchste Multiplizität, die mit der Hauptquantenzahl n verträglich ist. Mehr darüber in Abschn. 19.3.

17.3 Zusammensetzung der Drehimpulse

17.3.1 Kopplungsmechanismus

Beim Einelektronsystem haben wir bereits gelernt, daß die Einzel-Drehimpulse $\boldsymbol{l}$ und $\boldsymbol{s}$ sich zu einem resultierenden Drehimpuls $\boldsymbol{j}$ zusammensetzen. Eine solche Kopplung existiert auch zwischen den Drehimpulsen verschiedener Elektronen im gleichen Atom. Als wichtiges Ergebnis der empirischen Spektrenanalyse hatten wir bereits vorweggenommen: der Gesamt-Drehimpuls abgeschlossener Schalen ist gleich 0. Das folgt direkt aus der Beobachtung, daß die Grundzustände aller Edelgasatome $^1S_0$-Zustände sind.

Zur Berechnung des gesamten Drehimpulses eines Atomes muß man also nur die Drehimpulse der Valenzelektronen bzw. der Elektronen in nicht-abgeschlossenen Schalen berücksichtigen. Diese Drehimpulse sind über die magnetische und elektrische Wechselwirkung der Elektronen im Atom miteinander gekoppelt. Sie setzen sich nach bestimmten Quantenvorschriften zum gesamten Drehimpuls $\boldsymbol{J}$ des Atoms zusammen. Diese Quantenvorschriften entsprechen den bereits früher besprochenen. Das Vektormodell ist zur Veranschaulichung der Drehimpulszusammensetzung gut geeignet. Man unterscheidet zwei Grenzfälle der Drehimpulskopplung: die *LS*- oder Russel-Saunders-Kopplung und die *jj*-Kopplung.

17.3.2 Die *LS*-Kopplung (Russel-Saunders-Kopplung)

Wenn die Wechselwirkungen $(\boldsymbol{s}_i \cdot \boldsymbol{l}_i)$, d.h. die eigenen Spin-Bahn-Wechselwirkungen der einzelnen Elektronen i kleiner sind als die gegenseitige Kopplung der Bahndrehimpulse verschiedener Elektronen [Kopplung $(\boldsymbol{l}_i \cdot \boldsymbol{l}_j)$] oder der Spinmomente untereinander [Kopplung $(\boldsymbol{s}_i \cdot \boldsymbol{s}_j)$], dann setzen sich die Bahndrehimpulse $\boldsymbol{l}_i$ vektoriell zusammen zu einem Gesamt-Bahndrehimpuls $\boldsymbol{L}$, die Spins setzen sich zusammen zu einem Gesamtspin $\boldsymbol{S}$, und $\boldsymbol{L}$ koppelt mit $\boldsymbol{S}$ zum Gesamt-Drehimpuls $\boldsymbol{J}$, vgl. Abb. 13.11.

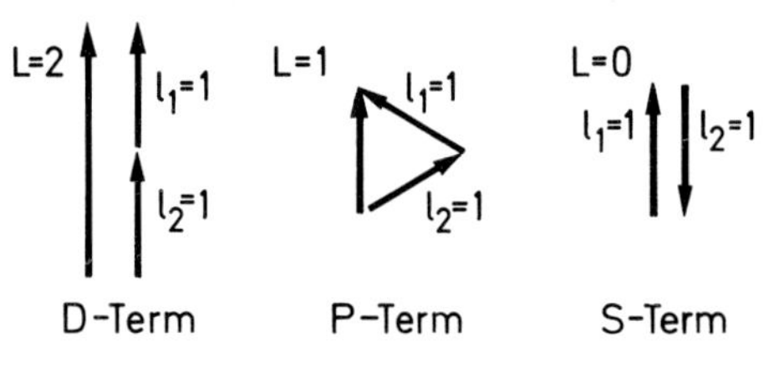

Abb. 17.2. Zusammensetzung der Bahndrehimpulse von zwei Elektronen $\boldsymbol{l}_1$ und $\boldsymbol{l}_2$ zum Gesamtdrehimpuls $\boldsymbol{L}$, Zusammensetzung zu D, P und S-Term. entsprechend $L=2$, 1 und 0. Die Darstellung ist schematisch. Die exakte Addition der Drehimpulse erfolgt wie in Abb. 12.16 gezeigt

Für ein Zweielektronensystem wie das He-Atom ergibt sich das in Abb. 17.2 dargestellte Verhalten. Der Bahndrehimpuls $\boldsymbol{L}$ des Atoms ist die Summe der beiden Elektronen-Bahndrehimpulse $\boldsymbol{l}$

$$\boldsymbol{L} = \boldsymbol{l}_1 + \boldsymbol{l}_2 \tag{17.3}$$

für den Betrag von $\boldsymbol{L}$ gilt wieder $|\boldsymbol{L}|=\sqrt{L(L+1)}\hbar$ mit der Quantenzahl L, für die folgende Werte möglich sind:

$$L=l_1+l_2,\ l_1+l_2-1,\dots,l_1-l_2, \qquad \text{wobei } l_1\geqq l_2 \text{ ist.}$$

Die Quantenzahl L bestimmt den Termcharakter:

$$L=0,1,2\dots \text{bedeutet } S,\ P,\ D\dots\text{Term}.$$

Hier ist zu beachten, daß ein Term mit $L=1$ zwar P-Term heißt. Das bedeutet jedoch nicht notwendigerweise, daß bei dieser Konfiguration ein Einzelelektron sich in einem p-Zustand befindet.

Für optische Übergänge gelten die Auswahlregeln

$$\Delta l=\pm 1 \qquad \text{für das Einzelelektron}$$

und

$$\Delta L=0,\ \pm 1 \qquad \text{für das Gesamtsystem}.$$

$\Delta L=0$ bedeutet dabei, daß sich die Quantenzustände von zwei Elektronen gleichzeitig, und zwar entgegengesetzt, ändern. So etwas ist nur bei starker Kopplung möglich. Diese ist bei schweren Atomen realisiert.

Weiterhin gilt für den Gesamtspin

$$\boldsymbol{S}=\boldsymbol{s}_1+\boldsymbol{s}_2 \quad \text{mit} \quad |\boldsymbol{S}|=\sqrt{S(S+1)}\hbar. \tag{17.4}$$

Die Gesamtspin-Quantenzahl S kann hier zwei Werte annehmen, nämlich

$$S=1/2\pm 1/2, \text{ d.h. } S=0 \text{ oder } 1.$$

Die Auswahlregel für optische Dipolstrahlung lautet $\Delta S=0$. Das bedeutet, daß Interkombinationen zwischen Zuständen mit verschiedenem Gesamtspin nicht erlaubt sind, bzw. daß mit optischer Dipolstrahlung kein Spin-Umklappen verbunden ist.

Schließlich erhält man durch Wechselwirkung von $\boldsymbol{S}$ bzw. dem dazu gehörigen magnetischen Moment $\boldsymbol{\mu}_S$ mit dem Magnetfeld $\boldsymbol{B}_L$, das zum Gesamt-Bahndrehimpuls $\boldsymbol{L}$ gehört, eine Zusammensetzung der beiden Drehimpulse $\boldsymbol{L}$ und $\boldsymbol{S}$ zum Gesamtdrehimpuls $\boldsymbol{J}$.

Hier gilt

$$\boldsymbol{J}=\boldsymbol{L}+\boldsymbol{S}, \quad |\boldsymbol{J}|=\sqrt{J(J+1)}\hbar. \tag{17.5}$$

Die Quantenzahl J kann folgende Werte annehmen:

für $S=0$ ist $J=L$

für $S=1$ ist $J=L+1, L, L-1$,

d.h. alle Terme sind dreifach.

Die quantisierte Zusammensetzung der Einzeldrehimpulse erfolgt dabei nach genau den gleichen Regeln, die wir in Kap. 13 bereits kennengelernt haben.

Im allgemeinen Fall eines Mehrelektronensystems gibt es $2S+1$ Möglichkeiten der Einstellung von S zu L, d.h. die Multiplizität der Terme ist $2S+1$ (wenn $S<L$). Als Beispiel zeigt Abb. 17.3 die möglichen Kopplungen im Falle von $S=1$, $L=2$.

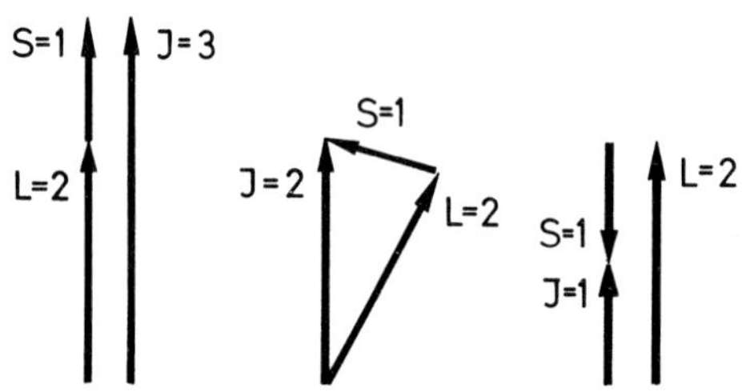

Abb. 17.3. Zusammensetzung der Drehimpulse für Spin $\boldsymbol{S}$ und Bahn $\boldsymbol{L}$ zum Gesamtdrehimpuls $\boldsymbol{J}$. Bei $L=2$ und $S=1$ ergeben sich für J die möglichen Werte $J=3$, 2, 1. Schematische Darstellung. Die exakte Addition der Drehimpulse wird in Abb. 12.16 erläutert

Am Beispiel des Helium-Atoms wollen wir nun nochmals aufzeigen, welche Atomterme sich aus vorgegebenen Elektronen-Konfigurationen ableiten lassen. Die tiefsten Zustände des Helium-Atoms haben folgende Termsymbole und Quantenzahlen:

– Wenn beide Elektronen in der tiefsten Schale sind, entspricht das der Elektronenkonfiguration $1s^2$. Sie haben dann folgende Quantenzahlen:

$$n_1=n_2=1, \quad l_1=l_2=0, \quad s_1=\tfrac{1}{2}, \quad s_2=\tfrac{1}{2}.$$

Daraus ergeben sich die Quantenzahlen für das Atom, nämlich entweder

$$L=0, \quad S=0 \quad \text{für} \quad m_{s_1}=-m_{s_2}, \quad J=0,$$

das heißt der Singulett-Grundzustand $^1S_0$. Dieser Grundzustand wird tatsächlich beobachtet. Oder aber man erhält mit

$$L=0, \quad S=1 \quad \text{für} \quad m_{s_1}=m_{s_2}, \quad J=1,$$

einen Triplett-Grundzustand $^3S_1$. Er ist nach dem Pauli-Prinzip verboten, weil hierbei beide Elektronen nicht nur in den Quantenzahlen n und l, sondern auch in der Spinorientierung m_s übereinstimmen würden. Dieser Grundzustand wird tatsächlich nicht beobachtet.

– Wenn jedoch ein Elektron als s-Elektron in der Schale mit $n=1$ bleibt, während das andere in den Zustand mit $n=2$ angehoben ist, also bei der Elektronenkonfiguration $1s2s$, finden wir die folgenden Quantenzahlen:

$$n_1=1, \quad n_2=2, \quad l_1=l_2=0.$$

Daraus folgt entweder $L=0, S=0, J=0$, das ist ein Singulett-Zustand $^1S_0$, oder $L=0$, $S=1$, $J=1$, das ist ein Triplett-Zustand $^3S_1$. Beide Zustände sind zugelassen und werden beobachtet.
In dieser Weise lassen sich für alle Elektronenkonfigurationen die Zustände und Termsymbole ableiten. Mehr dazu folgt in Abschn. 19.1.

Zum Termschema mit den erlaubten optischen Übergängen kommen wir schließlich, indem wir die Auswahlregeln berücksichtigen. Interkombinationslinien mit $\Delta S = 1$ sind verboten, da mit optischer Dipolstrahlung kein Spin-Umklappen verbunden ist. Daraus folgt dann die Existenz von nicht-miteinander kombinierenden Termsystemen wie in Abb. 17.1.

Die vollständige und von uns bereits benutzte Nomenklatur für Terme oder Energiezustände von Atomen lautet dann

$$n^{2S+1}L_J\,.$$

Man schreibt vorweg die Hauptquantenzahl n des höchsten angeregten Elektrons, des sogenannten Leuchtelektrons, hochgestellt die Multiplizität $2S+1$, dann das Buchstabensymbol S, P, D... für den gesamten Bahndrehimpuls L und als Index tiefgestellt die Quantenzahl J für den gesamten Drehimpuls des Atoms.

Für Vielektronensysteme ist alles entsprechend zu erweitern gemäß folgender Übersicht über die möglichen Multiplizitäten. Sie lauten:

Bei zwei Elektronen	$S=0$ Singulett	$S=1$ Triplett		
Bei drei Elektronen	$S=1/2$ Dublett	$S=3/2$ Quartett		
Bei vier Elektronen	$S=0$ Singulett	$S=1$ Triplett	$S=2$ Quintett	
Bei fünf Elektronen	$S=1/2$ Dublett	$S=3/2$ Quartett	$S=5/2$ Sextett	usw.

Nach den in diesem Abschnitt behandelten Regeln über die Kopplung von Drehimpulsen lassen sich nun leicht die möglichen Atomzustände bei bekannter Elektronen-Konfiguration ableiten. Wir wollen hier nur ein einfaches Beispiel erläutern. Bei der Konfiguration $ns\,n's$, das heißt bei zwei nicht aequivalenten s-Elektronen, ist notwendigerweise der Gesamt-Bahndrehimpuls $L=0$ wegen $l_1=l_2=0$. Die Spins der beiden Elektronen können entweder parallel oder antiparallel stehen. Das ergibt die Gesamtspin-Quantenzahl $S=1$ oder $S=0$. Jedenfalls ist der gesamte Drehimpuls $J=S$. Die möglichen Terme der Konfiguration $ns\,n's$ sind also der Triplett-Term $^3S_1$ und der Singulett-Term $^1S_0$.

Weitere Beispiele besprechen wir in Kap. 19, wenn wir auch etwas mehr über die energetische Reihenfolge dieser möglichen Terme wissen.

Zur weiteren Erläuterung zeigen die Abb. 17.4 und 5 noch die Grotrian-Diagramme der Atome Stickstoff und Kohlenstoff. Hierbei sind nur diejenigen Terme berücksichtigt, die dadurch entstehen, daß nur *ein* Elektron, das sogenannte Leuchtelektron, angeregt wird. Von den übrigen Elektronen sind nur diejenigen zu berücksichtigen, die sich in nichtabgeschlossenen Unterschalen befinden. Die restlichen Elektronen bilden einen kugelsymmetrischen Kern (core) der Elektronenhülle. Die aus der LS-Kopplung sich ergebenden Terme, Termsymbole und Termsysteme aus den Quantenzuständen der Einzelelektronen sind nun unmittelbar verständlich und lassen sich aus der ebenfalls angegebenen Elektronenkonfiguration ableiten. Auf diese Mehrelektronenatome werden wir in Kapitel 19 noch einmal eingehen.

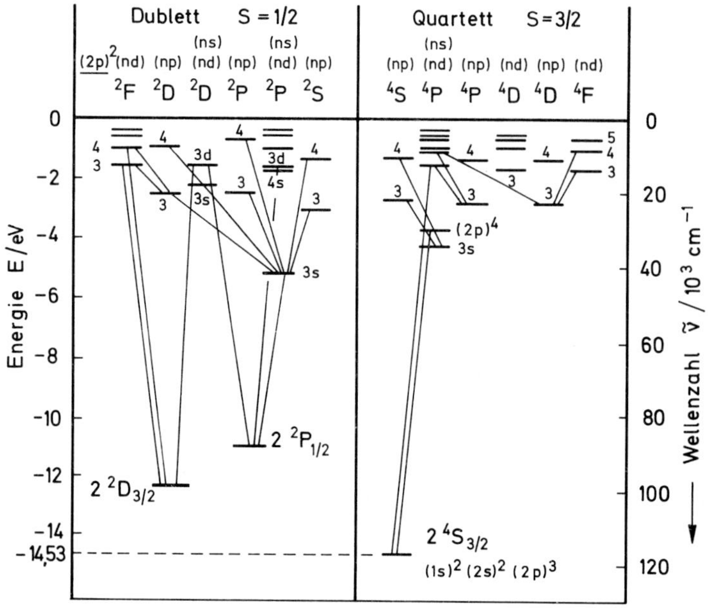

Abb. 17.4. Termschema des Stickstoff-Atoms (nur einfache Terme, keine J-Aufspaltung). Stickstoff hat ein Dublett- und ein Quartett-System. Die Elektronenkonfiguration der Leuchtelektronen ist oben angegeben

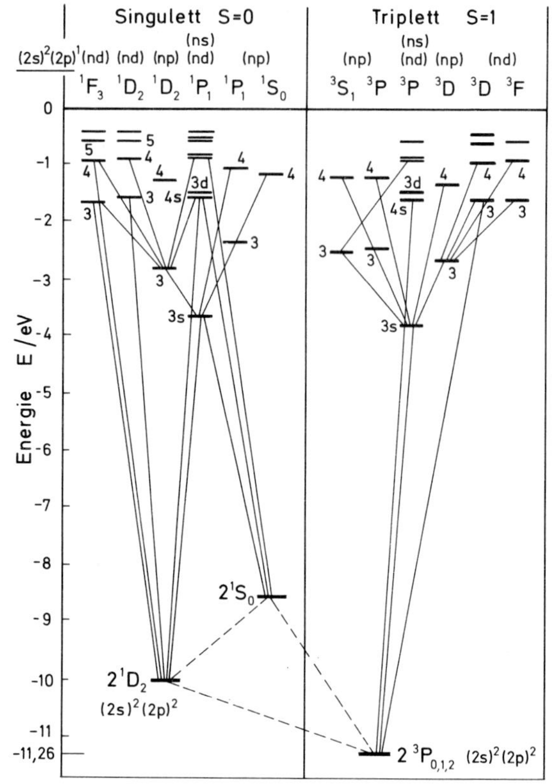

Abb. 17.5. Termschema des Kohlenstoff-Atoms (nur einfache Terme, keine J-Aufspaltung). Kohlenstoff hat ein Singulett- und ein Triplett-System. Die Konfiguration der Leuchtelektronen ist oben über den Termsymbolen angegeben

17.3.3 Die *jj*-Kopplung

Der zweite Grenzfall für die Kopplung von Spin- und Bahnmomenten der Elektronen ist die sogenannte *jj*-Kopplung; sie tritt nur bei schweren Atomen auf, da die Spin-Bahn-Kopplung für jedes einzelne Elektron mit der Kernladungszahl Z stark zunimmt.

Bei der *jj*-Kopplung ist die Spin-Bahn-Wechselwirkung für das einzelne Elektron $(\boldsymbol{l}_i \cdot \boldsymbol{s}_i)$ groß gegen die Wechselwirkungen verschiedener Elektronen $(\boldsymbol{l}_i \cdot \boldsymbol{l}_j)$ und $(\boldsymbol{s}_i \cdot \boldsymbol{s}_j)$. In Abb. 17.6b ist dieser Kopplungstyp schematisch dargestellt, zum Vergleich mit dem Kopplungstyp *LS* in Abb. 17.6a.

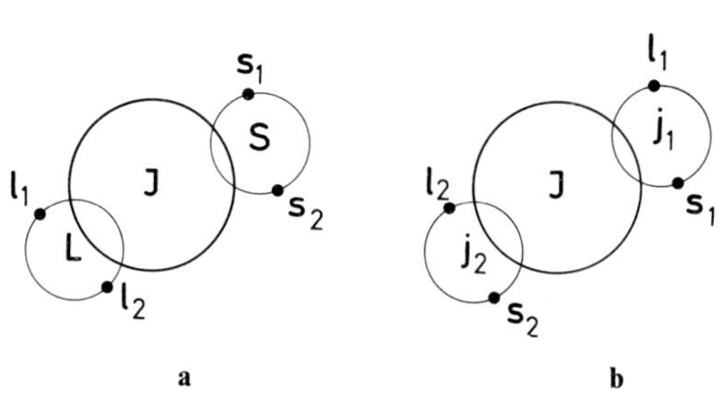

Abb. 17.6. a) LS-Kopplung von zwei Elektronen und **b)** *jj*-Kopplung von zwei Elektronen, schematisch. Bei der *jj*-Kopplung sind die Drehimpulse $\boldsymbol{L}$ und $\boldsymbol{S}$ gar nicht definiert

Die Kopplung kann hier in folgender Weise beschrieben werden:
Es koppeln die Drehimpulse der einzelnen Elektronen nach dem Schema

$$\boldsymbol{l}_1 + \boldsymbol{s}_1 \to \boldsymbol{j}_1, \boldsymbol{l}_2 + \boldsymbol{s}_2 \to \boldsymbol{j}_2$$

und so weiter zu Einzel-Gesamtdrehimpulsen $\boldsymbol{j}$.
Diese Gesamtdrehimpulse $\boldsymbol{j}$ der Elektronen setzen sich vektoriell zum Gesamtdrehimpuls $\boldsymbol{J}$ des Atoms zusammen. Dabei gilt $\boldsymbol{J} = \sum j_i$ und

$$|\boldsymbol{J}| = \sqrt{J(J+1)}\,\hbar .$$

Hierbei ergibt sich die Quantenzahl J aus einem verallgemeinerten quantenmechanischen Vektormodell. Ein resultierender Bahndrehimpuls $\boldsymbol{L}$ ist hier nicht mehr definiert. Es gibt deshalb nicht mehr die Termsymbole S, P, D usw. Man muß statt dessen die Terme nach dem Muster $(j_1, j_2)_J$ bezeichnen, wobei j_i die Gesamtdrehimpuls-Quantenzahlen der einzelnen Elektronen sind. Man kann leicht zeigen, daß die Anzahl möglicher Zustände und die J-Werte die gleichen sind wie bei LS-Kopplung.

Die jj-Kopplung in Reinkultur gibt es nur bei *sehr* schweren Atomen. Meist sind Übergänge zwischen den beiden Kopplungstypen realisiert. Sie äußern sich z. B. in der Weise, daß das Interkombinationsverbot zwischen Termen verschiedener Multiplizität abgeschwächt ist. Man spricht dann von intermediärer Kopplung. Prominentestes Beispiel hierfür ist die stärkste Linie im Spektrum von Quecksilber-Hochdruck-Lampen, $\lambda = 253{,}7$ nm, vgl. dazu das Termschema in Abb. 17.7 und das photographisch registrierte Spektrum einer Quecksilber-Niederdrucklampe in Abb. 17.8. Bei den häufig benutzten Quecksilber-Hochdrucklampen ist die Intensitätsverteilung demgegenüber geändert. Die Linie 253,7 nm ist relativ am stärksten, verbreitert und reabsorbiert. Dies ist eine Interkombinationslinie zwischen Singulett- und Triplett-System. Die Auswahlregeln für optische Übergänge lauten $\Delta J = 0, \pm 1$, wobei ein Übergang von $J = 0$ zu $J = 0$ verboten ist. Ein Beispiel für den Übergang von LS zu jj-Kopplung bei zunehmender Kernladungszahl der Atome ist in Abb. 17.9 gezeigt.

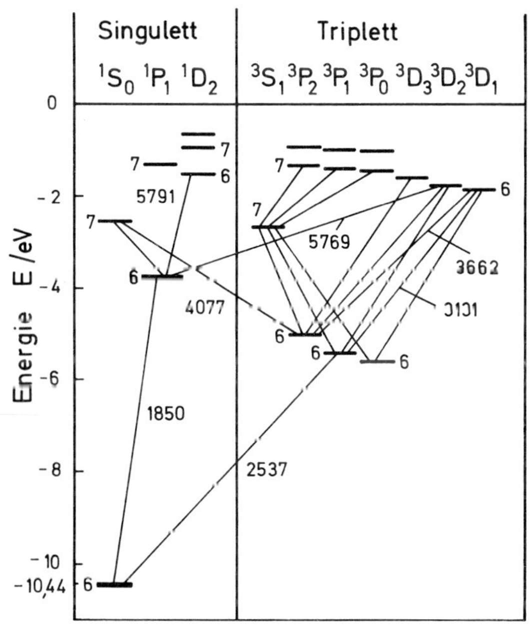

◀ **Abb. 17.7.** Vereinfachtes Termschema des Quecksilber-Atoms als Beispiel für ein schweres Atom, mit Termsymbolen nach der LS-Kopplung. Die Wellenlänge (in Å) einiger wichtiger Linien sind angegeben. Stärkste Linie im Spektrum einer Quecksilber-Lampe ist die Interkombinationslinie 2537 Å zwischen den Zuständen 6^1S_0 und 6^3P_1. Interkombination zwischen Termen verschiedener Multiplizität ist bei leichten Atomen streng verboten. Bei schweren Atomen wird sie möglich. Diese Linie entspricht dem Energieverlust von 4,9 eV im Franck-Hertz-Versuch, Abschn. 8.8

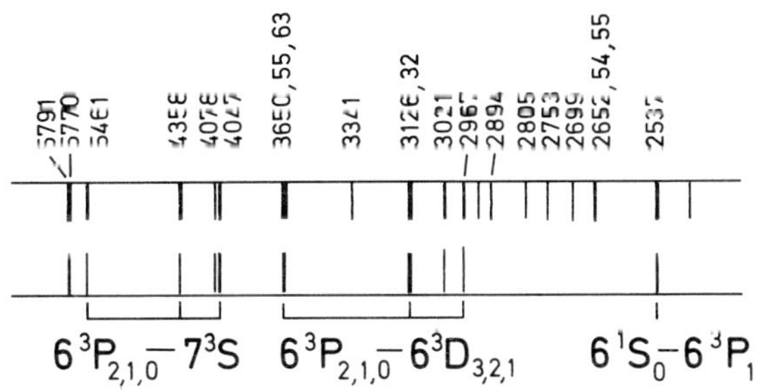

Abb. 17.8. Photographisch registriertes Spektrum einer Quecksilber-Niederdrucklampe. Ausschnitt zwischen 2500 und 5800 Å. Bei schweren Mehrelektronenatomen ist eine Serienstruktur in den Spektren nicht unmittelbar zu erkennen. Dies ergibt sich aus dem Termschema Abb. 17.7, wenn man die dort eingezeichneten Serien überlagert

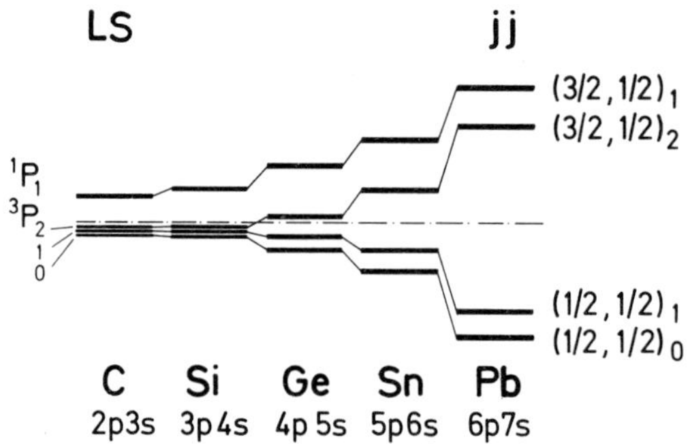

Abb. 17.9. Übergang von der *LS*-Kopplung bei leichten Atomen zur *jj*-Kopplung bei schweren Atomen in der Reihe C–Si–Ge–Sn–Pb. Bei Kohlenstoff sind die Abstände $^3P_0-{}^3P_1$ und $^3P_1-{}^3P_2$ 20 und 40 cm^{-1}, der Abstand $^1P_1-{}^3P_2$ 1589 cm^{-1}. Die Termbezeichnungen sind bei C die der *LS*-Kopplung, bei Pb die der *jj*-Kopplung. Die Quantensymbole der beiden äußersten Elektronen sind angegeben. Zum Beispiel bedeutet $(3/2, 1/2)_1$ $j_1=3/2$, $j_2=1/2$, $J=1$

17.4 Magnetisches Moment von Mehrelektronenatomen

Nach dem Gesamt-Drehimpuls soll nun auch noch das gesamte magnetische Moment von Mehrelektronenatomen berechnet werden. Die Behandlung erfolgt genau wie beim Einelektronensystem in Kap. 13. Im Falle der *LS*-Kopplung gilt für die magnetischen Momente die Zusammensetzung

$$\boldsymbol{\mu}_L+\boldsymbol{\mu}_S\rightarrow\boldsymbol{\mu}_J\,.$$

Dabei ist $\boldsymbol{\mu}_L$ antiparallel zu $\boldsymbol{L}$ und $\boldsymbol{\mu}_S$ antiparallel zu $\boldsymbol{S}$, jedoch wegen des unterschiedlichen g-Faktors von Bahn- und Spin-Magnetismus sind $\boldsymbol{\mu}_J$ und $\boldsymbol{J}$ nicht antiparallel zueinander. Ihre Richtungen fallen nicht zusammen, vielmehr präzediert das Gesamtmoment $\boldsymbol{\mu}_J$ um die Richtung von $\boldsymbol{J}$. Wie in Kap. 13 ausgeführt und in Abb. 13.9 erläutert, erhält man als magnetisches Moment, das meßbar ist, nur die zu $\boldsymbol{J}$ parallele Komponente von $\boldsymbol{\mu}_J$. Für diese Komponente $(\boldsymbol{\mu}_J)_J$ ergibt sich, wie in Abschn. 13.5 gezeigt

$$|(\boldsymbol{\mu}_J)_J|=-\frac{3J(J+1)+S(S+1)-L(L+1)}{2\sqrt{J(J+1)}}\cdot\mu_B=-\,g_J\sqrt{J(J+1)}\,\mu_B \tag{17.6}$$

mit dem Landé-Faktor

$$g_J=1+\frac{J(J+1)+S(S+1)-L(L+1)}{2J(J+1)}\,. \tag{17.7}$$

In einer Vorzugsrichtung z sind nur gequantelte Einstellungen möglich, die je nach Größe von J durch die ganz- oder halbzahlige Quantenzahl m_J beschrieben werden. Es gilt

$$[(\boldsymbol{\mu}_J)_J]_z=-m_Jg_J\mu_B \tag{17.8}$$

mit

$$m_J=J,J-1\ldots,-J\,.$$

Der Inhalt dieses Kapitels ist der Extrakt jahrelanger spektroskopischer Arbeit: des Messens von Spektren, Aufstellens von Termschemata, Bestimmung von Quantenzahlen usw. Wesentliches Hilfsmittel sind dabei auch Messungen im Magnetfeld. Überträgt man die Erkenntnisse des Kap. 13 auf Mehrelektronenatome, so kann man die magnetischen Quantenzahlen der Atom-Zustände aus Messungen der Aufspaltung von Spektrallinien bestimmen. Für Mehrelektronenatome gelten die gleichen Überlegungen, die wir bei der Behandlung des Verhaltens von Atomen im magnetischen Feld in Kap. 13 bereits besprochen haben. Wichtige Grenzfälle sind auch hier der normale und anomale Zeeman-Effekt und der Paschen-Back-Effekt. In hinreichend starken äußeren Magnetfeldern kann die *LS*-Kopplung aufgebrochen werden. Bei sehr starken Feldern kann schließlich auch die *jj*-Kopplung versagen.

Die atomaren magnetischen Momente kann man auch messen, indem man die makroskopische Stoffkonstante magnetische Permeabilität μ entsprechend der Gl. $\boldsymbol{B}=\mu\mu_0\boldsymbol{H}$ ($\boldsymbol{H}$ magnetische Feldstärke) bestimmt. Mehr dazu in H. Haken und H.C. Wolf, Molekülphysik und Quantenchemie, Abschn. 3.6.

17.5 Mehrfach-Anregungen

Nur kurz sei erwähnt, daß die beobachteten Spektren noch wesentlich komplizierter werden können durch Mehrfach-Anregung, d.h. durch Anregungsprozesse, bei denen mehrere Elektronen beteiligt sind und ihren Zustand im Atom ändern. So etwas gibt es besonders bei starker gegenseitiger Wechselwirkung der Elektronen. Bei Ionisierungsprozessen wird z.B. eventuell gleichzeitig ein zweites Elektron mitangeregt. Man erhält Anregungsenergien jenseits der Ionisierungsgrenze, wenn durch ein Lichtquant gleichzeitig ein Elektron aus dem Atomverband entfernt (ionisiert) wird und ein zweites in eine diskrete Anregungsstufe angehoben wird. Das macht die Analyse der Spektren von schweren Atomen noch wesentlich schwieriger.

Aufgaben

17.1 Die Energieniveaus heliumähnlicher Atome mit einem Elektron im Grundzustand ($n=1$) und dem anderen Elektron in einem angeregten Zustand ($n>1$) können durch

$$E=-RhcZ^2-\frac{Rhc(Z-1)^2}{n^2}$$

ausgedrückt werden. Bei diesem Ausdruck ist angenommen, daß das Elektron im Grundzustand eine Kernladung vollkommen abschirmt. Diskutieren Sie die Plausibilität dieses Ausdrucks. Berechnen Sie die Energieniveaus für Helium bei $n=2$, 3 und 4 und vergleichen Sie mit dem experimentellen Ergebnis. Warum nimmt die Genauigkeit des obigen Ausdrucks für E zu, wenn n zunimmt?

17.2 Zeigen Sie, daß die Summe $\sum(2J+1)$ über alle möglichen J-Werte bei gegebenen Quantenzahlen L und S gleich ist dem Produkt $(2L+1)(2S+1)$! Welche physikalische Bedeutung hat dieses Produkt?

17.3 Man diskutiere ein Zweielektronensystem mit einem $2p$ und einem $3d$ Elektron für den Fall der *jj*-Kopplung und zeige, daß die Zahl der möglichen Zustände und deren Gesamtdrehimpuls J die gleichen sind wie bei der *LS*-Kopplung.

17.4 a) Bestimmen Sie unter Vernachlässigung der Spin-Bahn-Kopplung die Anzahl der möglichen Terme eines angeregten Kohlenstoff-Atoms mit der Elektronenkonfiguration $1s^2 2s^2 2p3d$.

b) Berechnen Sie das effektive magnetische Moment eines Atoms im Grundzustand mit der Konfiguration $1s^2 2s^2 2p^6 3s^6 4s^2 3d^3$, wenn im Grundzustand L den größten mit der Hundschen Regel und dem Pauliprinzip verträglichen Wert hat.

c) Bestimmen Sie den Grundzustand der Atome mit der Elektronenkonfiguration $4d5s^2$ (Y) bzw. $4d^2 5s^2$ (Zr). [Die abgeschlossenen Schalen sind nicht angegeben. L bestimmt man wie unter (b).]

d) Das Manganatom ($Z = 25$) hat in seinem Grundzustand eine mit 5 Elektronen gerade zur Hälfte gefüllte Unterschale. Geben Sie die Elektronenkonfiguration und den Grundzustand des Atoms an.

17.5 a) Bestimmen Sie die maximalen Komponenten der magnetischen Momente von Vanadium- (^4F), Mangan- (^6S) und Eisenatomen (^5D) in Magnetfeldrichtung, wenn die Atomstrahlen in einem Stern-Gerlach-Experiment in 4, 6 bzw. 9 Teilstrahlen aufgespalten werden.

b) Welches Termsymbol hat der Singulettzustand, dessen Gesamtaufspaltung in einem Magnetfeld $B_0 = 0{,}5$ Tesla, $\bar{\nu} = 1{,}4\,\text{cm}^{-1}$ beträgt?

18. Röntgenspektren, innere Schalen

18.1 Vorbemerkungen

Bisher war immer die Rede von den Energiezuständen und den Spektren der am schwächsten gebundenen Elektronen. Das sind besonders bei den leichteren Atomen meistens die äußersten Elektronen oder die Valenz-Elektronen. Wenn wir uns jetzt mit den Röntgenspektren beschäftigen, dann fragen wir nach den Energiezuständen von Elektronen in inneren Schalen. Wir werden allerdings sehen, daß wir die Röntgenspektren weitgehend als Einelektron-Spektren verstehen können, obwohl sie zu Vielelektronen-Atomen gehören.

Historisch ist zu bemerken, daß es die Röntgenspektren waren, die zur Theorie des Schalenaufbaus der Atome geführt haben (*Kossel*, 1914). Heute wollen wir den Schalenaufbau bereits als weitgehend bekannt voraussetzen, wenn wir uns nun den Röntgenspektren zuwenden.

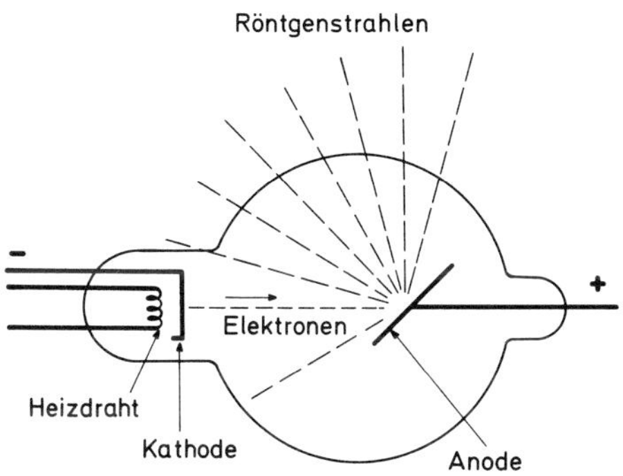

Abb. 18.1. Schema einer Röntgenröhre

Röntgenstrahlen werden im allgemeinen dadurch erzeugt, daß man die Anode, die häufig auch als Antikathode bezeichnet wird, mit schnellen Elektronen beschießt (Abb. 18.1). Es sei jedoch schon hier darauf hingewiesen, daß Röntgenstrahlung auch durch Elektronen- oder Stoss-Anregung freier Atome und damit frei von Festkörper-Einflüssen erzeugt werden kann. Der Nachweis erfolgt durch Photoplatte, Film, Zählrohr oder in neuerer Zeit durch Halbleiter-Detektoren. Bei letzteren handelt es sich um Dioden aus Silizium oder Germanium, bei denen Absorption von Röntgenstrahlung in der sogenannten Raumladungszone Ladungsträger frei setzt. Diese können wie in einer Ionisationskammer gemessen werden. Sie erlauben mit einer Impulshöhenanalyse zugleich eine Messung der Energie der Röntgenquanten und dienen dadurch als einfache Spektrometer. Zur Spektroskopie mit hoher Auflösung und zur Wellenlängenmessung benutzt man nach wie vor eines der in Abschn. 2.4.5 beschriebenen Kristall-Spektrometer. Grob kann man die Wellenlänge von Röntgenstrahlen auch aus ihrer „Härte“, d.h. aus ihrem Durchdringungsvermögen durch feste Substanzen bestimmen.

18.2 Röntgenstrahlung aus äußeren Schalen

Unter Röntgenstrahlen versteht man gewöhnlich elektromagnetische Strahlung (Licht), deren Wellenlänge kürzer als diejenige des ultravioletten Lichtes ist – wobei keine scharfe Grenze zu ziehen ist. 0,1 bis 10 Å, entsprechend Quantenenergien von 1–100 keV, sind der für Röntgenlicht typische Bereich. In das Gebiet der Röntgenstrahlen kommt man nach der Serienformel (vgl. Abschn. 8.2)

$$\bar{\nu} = RZ^2(1/n^2 - 1/n'^2)$$

für Wasserstoff-ähnliche Atome, also Atome mit nur einem Elektron, wenn die Kernladungszahl hinreichend groß wird. Bei $Z=20$ sind die Quantenenergien entsprechender Übergänge bereits 400mal größer als beim Wasserstoff-Atom mit $Z=1$. Solche „Balmer-Serien" hochionisierter Atome kann man im Labor im allgemeinen nicht erzeugen. Neuerdings gelingt dies jedoch mit Hilfe von Teilchenbeschleunigern, vgl. Abschn. 8.6. Die Balmer-Serie von U^{91+} wurde im Spektralbereich von 15 bis 35 keV beobachtet, die Lyman-Serie um 100 keV. Man beobachtet solche Spektren auch in Stern-Atmosphären.

18.3 Röntgen-Bremsspektrum

Beschießt man eine Antikathode mit Elektronen, die die Beschleunigungsspannung U_0 durchlaufen haben und zerlegt das emittierte Röntgenlicht spektral, so beobachtet man

- immer ein Kontinuum – das sogenannte *Röntgen-Bremsspektrum* (Abb. 18.2),
- und unter gewissen Versuchsbedingungen zusätzlich ein Linienspektrum – das sogenannte *charakteristische Spektrum* (Abb. 18.3).

Wenn man nicht wie in Abb. 18.2 die Abhängigkeit von der Wellenlänge, sondern wie in Abb. 18.4 von der Frequenz aufträgt, und wenn man dafür sorgt, daß die Intensitätsvertei-

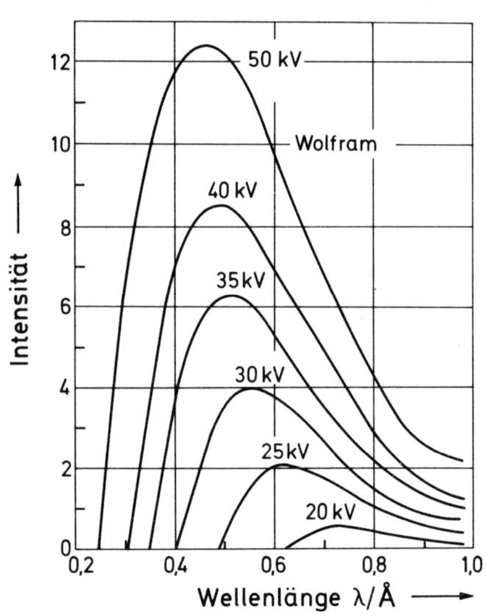

Abb. 18.2. Röntgenbremsspektrum: Spektrale Energieverteilung der Röntgenemission einer massiven Wolfram-Antikathode bei verschiedenen Beschleunigungsspannungen. Die Intensität ist in willkürlichen Einheiten über der Wellenlänge aufgetragen

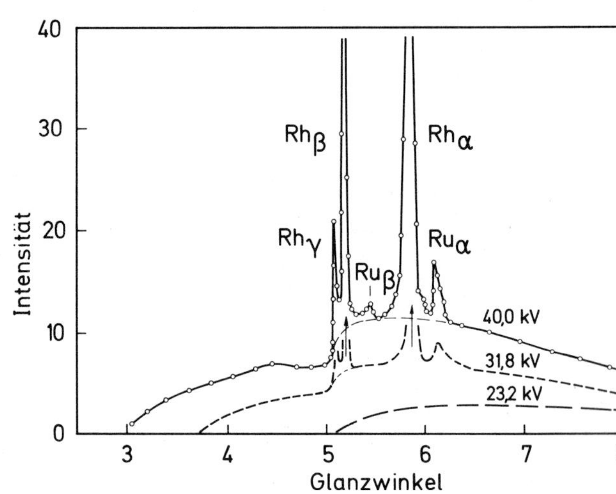

Abb. 18.3. Linienspektrum einer Rh-Antikathode, die mit Ru verunreinigt ist. Die Linien sind dem Bremsspektrum überlagert. Statt der Wellenlänge ist der Glanzwinkel des Kristallspektrometers als Abszisse aufgetragen

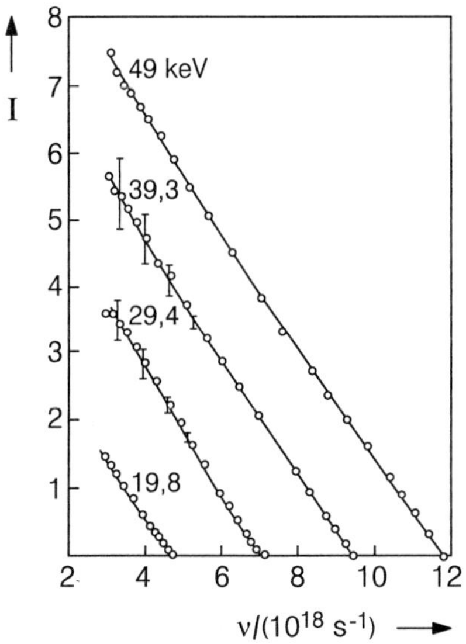

◀ **Abb. 18.4.** Intensität I im Röntgenbremsspektrum als Funktion der Frequenz für verschiedene Primärenergien der anregenden Elektronen. Messung an dicker Antikathode, nach Kulenkampf

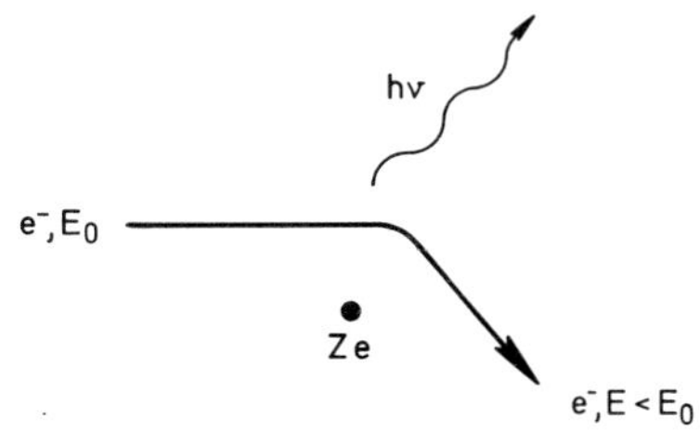

Abb. 18.5. Zur Entstehung der Röntgenbremsstrahlung. Ein Elektron der Energie E_0 wird im Feld eines Kernes abgelenkt und abgebremst. Dabei wird ein Lichtquant emittiert.

lung der Röntgenstrahlung nicht durch Reabsorption in der Antikathode modifiziert wird (vgl. Abschn. 18.6), dann wird das Bremsspektrum bei einer Beschleunigungsspannung U_0 in guter Näherung (im Bereich nicht zu kleiner Energien) beschrieben durch den Ausdruck

$$I(\nu) = \text{const} \cdot Z(\nu_{\max} - \nu)\,, \tag{18.1}$$

wobei I die Strahlungsenergie je Zeiteinheit, Frequenzintervall $d\nu$ und Raumwinkel und Z die Ordnungszahl des Antikathodenmaterials ist. Die Grenzfrequenz $\nu_{\max}$ ist gegeben durch

$$h\nu_{\max} = e \cdot U_0\,. \tag{18.2}$$

Das heißt insbesondere, daß die hochenergetische oder kurzwellige Grenze des Röntgenspektrums $\nu_{\max}$ durch das Energieäquivalent eU_0 gegeben ist. Das Bremsspektrum kommt dadurch zustande, daß Elektronen, die nahe an Atomkernen vorbeifliegen, im Felde abgelenkt und abgebremst werden (Abb. 18.5). Eine (positiv oder negativ) beschleunigte Ladung strahlt nach der klassischen Elektrodynamik elektromagnetische Strahlung ab. Dies ist die „weiße", kontinuierliche Röntgenbremsstrahlung. Quantentheoretisch hat man das so zu verstehen: bei jedem einzelnen „Bremsakt" wird ein Lichtquant $h\nu = E_0 - E$ ausgesandt. Da Anfangs- und Endzustände jedoch nicht gequantelt sind – es handelt sich ja um freie Elektronen, erhält man bei sehr vielen Prozessen ein „weißes" Spektrum.

Die Bilanzgleichung lautet:

$$\text{Atom} + e^- \text{ (schnell)} \rightarrow \text{Atom} + e^- \text{ (langsam)} + h\nu\,.$$

Im Grenzfall wird bei einem einzelnen Bremsprozeß die gesamte Energie des Elektrons in einem Quant ausgestrahlt. Man erhält dann ein Röntgenquant der Energie $h\nu_{\max} = eU_0$. Die Messung dieser kurzwelligen Grenze ist eine der Methoden zur Präzisionsmessung der Planckschen Konstanten h. Man muß jedoch bei dieser Präzisionsmessung vorsichtig sein: wegen der Austrittsarbeit und der Bänderstruktur der Festkör-

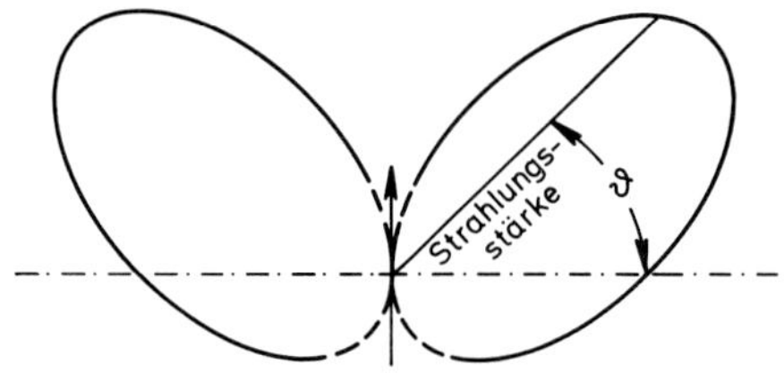

Abb. 18.6. Räumliche Strahlungscharakteristik der Bremsstrahlung, schematisch

per ergeben sich Energie-Unsicherheiten oder Korrekturen von einigen Elektron-Volt an der kurzwelligen Grenze des Bremsspektrums. Über den Atom-Aufbau liefern die Bremsspektren also wenig Information.

Übrigens läßt sich auch die räumliche Strahlungscharakteristik in Übereinstimmung mit dem klassischen Bremsstrahlungsbild erklären: verwendet man eine dünne Antikathode, so daß Vielfach-Prozesse weniger wahrscheinlich sind, so beobachtet man bei nicht zu großen Energien eU_0 eine Strahlungsverteilung, wie man sie vom klassischen Hertzschen Dipol kennt: maximale Ausstrahlung senkrecht zur Einschuß- und damit Brems-Richtung der Elektronen, minimale Strahlung in Elektronen-Richtung (Abb. 18.6). Bei größerer Beschleunigungsspannung U_0 muß man relativistisch rechnen, und die Strahlungscharakteristik klappt „nach vorne“, d.h. in die Flugrichtung.

18.4 Linienspektrum in Emission: charakteristische Strahlung

Die charakteristische Strahlung besteht aus einer relativ kleinen Anzahl von Linien. Ein Beispiel zeigt Abb. 18.3. Diese werden wieder in Serien zusammengefaßt. Die Serien konvergieren zu einer kurzwelligen Grenze, der sogenannten Kante. Bei einer Rhodium-Antikathode findet man beispielsweise folgende Linien und Serien, wenn man die Beschleunigungsspannung der Elektronen schrittweise erhöht:

Bei einer Anregungsspannung $U_0 > 0{,}5$ kV die Linien der sogenannten M-Serie, bei einer Anregungsspannung $U_0 > 3$ kV zusätzlich die Linien der sogenannten L-Serie, bei einer Anregungsspannung $U_0 > 23$ kV zusätzlich die Linien der sogenannten K-Serie, diese sind ihrerseits wieder Dublett-Linien.

Allgemein gilt für die charakteristischen Spektren: während die optischen Spektren sehr viele Linien mit einer recht komplizierten Abhängigkeit von der Kernladungszahl Z und einer starken Beeinflussung durch die chemische Bindung enthalten, beobachtet man bei Röntgenspektren eine begrenzte Zahl von Linien, die in einige Serien zusammengefaßt werden können. Ferner findet man einen klaren Gang mit der Kernladungszahl (Abb. 18.7). Entsprechende Linien und Kanten bei Atomen mit zunehmender Kernladungszahl erscheinen bei zunehmenden Quantenenergien. Die Serien bezeichnet man mit den Buchstaben K, L, M, N, die Linien innerhalb der Serien mit griechischen Buchstaben beginnend mit α. Schließlich wird die Feinstrukturaufspaltung der Linien noch durch als Index geschriebene Zahlen bezeichnet.

Die erste Linie der K-Serie, die Linie K_α, kann für Atome mit verschiedener Kernladungszahl Z mit guter Näherung beschrieben werden durch den Ausdruck

$$\bar{\nu}_{K_\alpha} = \tfrac{3}{4}R(Z-1)^2 \equiv R(Z-1)^2(1/1^2 - 1/2^2)\,. \tag{18.3}$$

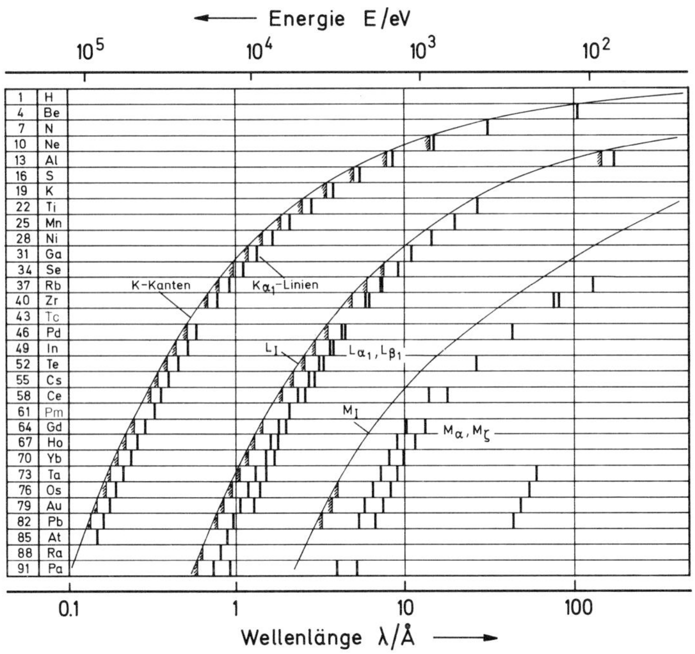

Abb. 18.8. Moseley-Diagramm der Absorptionskanten. Für die Kantenfrequenzen $\bar{\nu}$ gilt $\sqrt{\bar{\nu}/R} = (Z - s)/n$, wobei s die Abschirmungszahl ist, vgl. (18.3). n und s sind für die verschiedenen Schalen verschieden, deshalb sind die gemessenen Moseley-Geraden nicht parallel. Die Geraden der Spindubletts, z.B. $L_{\mathrm{II,III}}$, vgl. Abschn. 18.5, laufen nach oben auseinander, weil die Spin-Bahn-Kopplung mit Z zunimmt. [Aus K.H. Hellwege: *Einführung in die Physik der Atome*, Heidelberger Taschenbücher, Bd. 2, 4. Aufl. (Springer, Berlin, Heidelberg, New York 1974) Abb. 72]

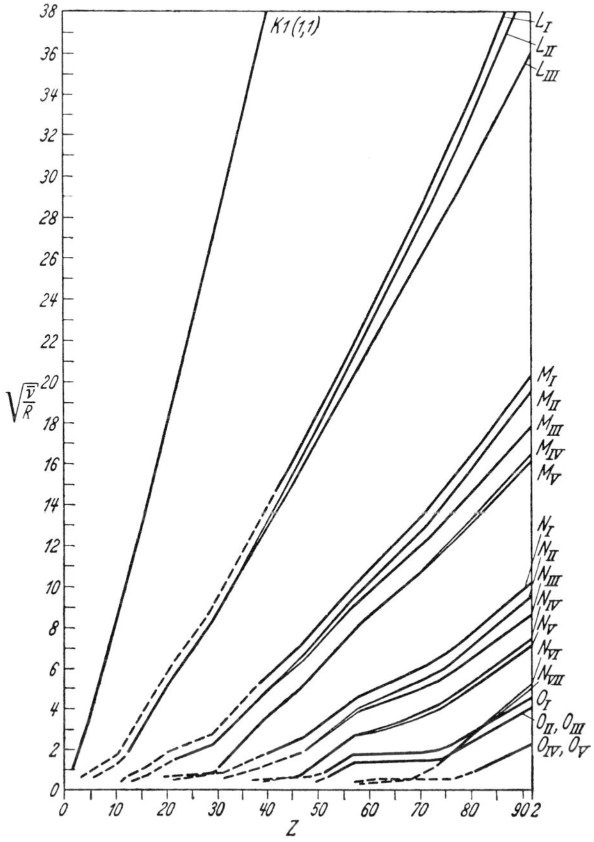

◀ **Abb. 18.7.** Spektrale Lage der charakteristischen Röntgenemissionslinien und der Absorptionskanten der Elemente. Mit zunehmender Kernladungszahl nehmen die Quantenenergien zu

Die ersten Linien der L-Serien (L_α) werden beschrieben durch

$$\bar{\nu}_{L_\alpha} = \frac{5}{36} R (Z - 7{,}4)^2 \equiv R(Z - 7{,}4)^2 (1/2^2 - 1/3^2). \tag{18.4}$$

Ein linearer Zusammenhang zwischen $\sqrt{\bar{\nu}}$ und der Kernladungszahl Z für analoge Röntgenlinien bzw. Kanten (s. Abschn. 18.6) im Spektrum verschiedener Elemente wurde bereits 1913 von *Moseley* festgestellt (Moseley-Geraden, Abb. 18.8). Ein Vergleich mit der Balmer-Formel für Wasserstoff legt die Vermutung nahe, daß für die K-Linie die Kernladung um eine Einheit, für die L Linie um fast acht Einheiten abgeschirmt ist.

Die chemische Bindung, in der sich ein Atom evtl. befindet, hat nur einen geringen Einfluß auf die Röntgenspektren. Genaue Messung dieses Einflusses ermöglicht allerdings wichtige Aufschlüsse über das Verhalten von Elektronen in chemischen Bindungen. Dies wird in der Molekül- und Festkörperphysik wichtig.

Emission von Röntgenlicht kann man außer durch Elektronenbeschuß einer Antikathode auch durch Bestrahlung von Atomen, Molekülen oder Festkörpern mit Röntgenlicht anregen. Man spricht dann von Röntgen-Fluoreszenz.

Die Wellenlänge des Röntgen-Fluoreszenzlichtes ist größer oder höchstens gleich derjenigen des Anregungslichtes, im übrigen aber in gewissen Grenzen von der Anregungs-Wellenlänge unabhängig. Die Linien einer Serie – und zwar alle gemeinsam – erscheinen im Fluoreszenzspektrum nur dann, wenn die Quantenenergie des Anregungslichtes mindestens so groß ist wie die Quantenenergie der energiereichsten, d.h. kurzwelligsten Linie im charakteristischen Spektrum. Bei Anregung der Röntgenemission durch Elektronenbeschuß ist es genau so: die kinetische Energie der Elektronen eU_0 muß mindestens gleich sein der Quantenenergie der kurzwelligsten Linie einer Serie, damit diese Serie in Emission erscheint. Es genügt also zur Anregung der K_α-Linie nicht die Quantenenergie von K_α, sondern man benötigt die Quantenenergie der sogenannten K-Kante. Das ist diejenige Energie, zu der die Linien der K-Serie konvergieren, also die Seriengrenze. Aus diesen und anderen Beobachtungen konnte man schließen, daß Röntgenlinien zu Zuständen von „inneren" Elektronen gehören, die in vollen Schalen fest gebunden sind – im Gegensatz zu den relativ locker gebundenen äußeren Elektronen, die Anlaß zu den optischen Spektren geben.

Kossel deutete 1916 die Entstehung der Röntgenlinienspektren folgendermaßen: zunächst muß das anregende Elektron ein Atomelektron aus einer inneren Schale entfernen. Das so entstandene Loch wird durch äußere Elektronen aufgefüllt. Dabei wird die Bindungsenergie in Form von charakteristischen Lichtquanten ausgesandt. Alle Übergänge, die auf der gleichen inneren Schale enden, treten gemeinsam auf. Sie bilden zusammen eine Serie (Abb. 18.9).

Damit werden die in (18.3) und (18.4) beschriebenen quantitativen Beobachtungen verständlich: Die Kernladungszahl Z wird um 1 in der K-Schale und um 7,4 in der L-Schale abgeschirmt für das für den Übergang verantwortliche Elektron.

Die Übergänge, welche auch innere Schalen betreffen, sind viel energiereicher als die Übergänge nur in der äußersten Schale, weil zur Abschirmung der Kernladung nur

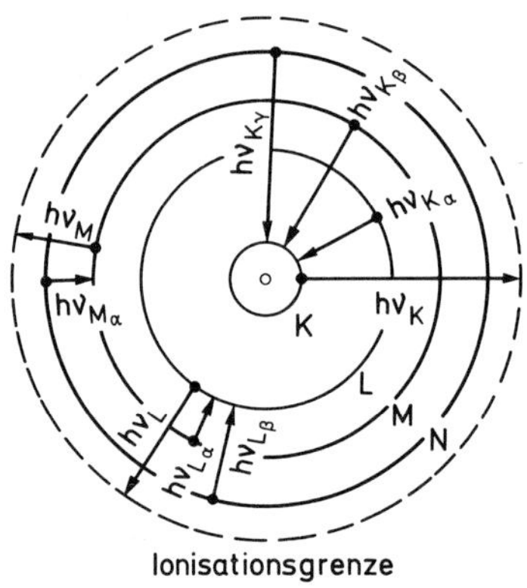

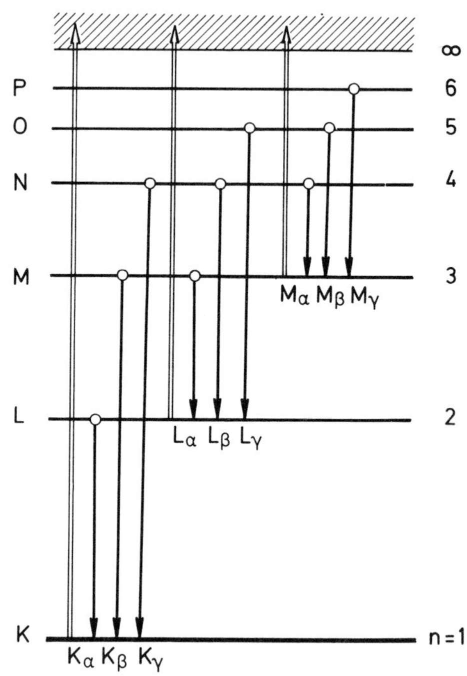

Abb. 18.9. Schema zur Erklärung der K, L, M-Serien im Röntgenspektrum. *Linkes Teilbild*: Durch Ionisation einer inneren Schale (Pfeile nach außen gerichtet) entsteht ein Elektronenloch. Dieses wird aus einer weiter außen liegenden Schale aufgefüllt. Dabei wird die Bindungsenergie als Röntgenquant emittiert (Pfeile nach innen). *Rechtes Teilbild*: Die gleiche Darstellung in Form eines Termschemas. Oben ist die Ionisierungsgrenze eingetragen. Die Verwendung der griechischen Indizes zur Kennzeichnung der Linien zu einer Schale ist weniger systematisch als hier angegeben

die Elektronen der jeweils weiter innen liegenden Schalen beitragen. Daher kommt es zur Abschirmung auf $(Z-1)$ für die Linien K_α und auf $(Z-7{,}4)$ für die Linien L_α. Die Feldstärke im Innern einer Kugel, deren Oberfläche gleichmäßig geladen ist, ist Null, die äußeren Elektronen geben deshalb keinen Beitrag zum Feld im Innern.

18.5 Feinstruktur der Röntgenspektren

Die mit griechischen Buchstaben bezeichneten Röntgenübergänge K_α, K_β, L_α, L_β usw. stellen also Übergänge zwischen Termen mit unterschiedlicher Hauptquantenzahl n dar. Um die „Feinstruktur“ in den Röntgenspektren zu verstehen, das heißt das Auftreten mehrerer Komponenten der genannten Übergänge, muß man zusätzlich Bahndrehimpuls und Spin der Elektronen berücksichtigen.

Für Elektronen in inneren Schalen ist die Bahnentartung (l-Entartung) natürlich aufgehoben. Den Grund dafür – die unterschiedliche Abschirmung für Elektronen mit verschiedenem Bahndrehimpuls und daher Abweichungen vom Coulomb-Potential – haben wir bereits früher bei der Besprechung der Spektren von Alkali-Atomen kennengelernt (s. Abschn. 11.2). Weiterhin müssen wir die eigentliche Feinstruktur durch Spin-Bahn-Wechselwirkung berücksichtigen. Die Energie dieser Wechselwirkung nimmt mit der Kernladungszahl stark zu, nämlich mit Z^4, s. Abschn. 12.8. Bei schweren Atomen wie bei Uran beträgt die Spin-Bahn-Aufspaltung bis zu 2 keV! Zum Verständnis der Struktur von Röntgenspektren kommt man schließlich, wenn man sich klar macht, daß ein fehlendes Elektron – also ein Loch – in einer ansonsten gefüllten Schale äquivalent ist einem einzelnen Elektron in einer ansonsten leeren Schale oder auch einem hinzugefügten Positron. Der Drehimpuls des Restes hat offenbar denselben Betrag, aber die entgegen-

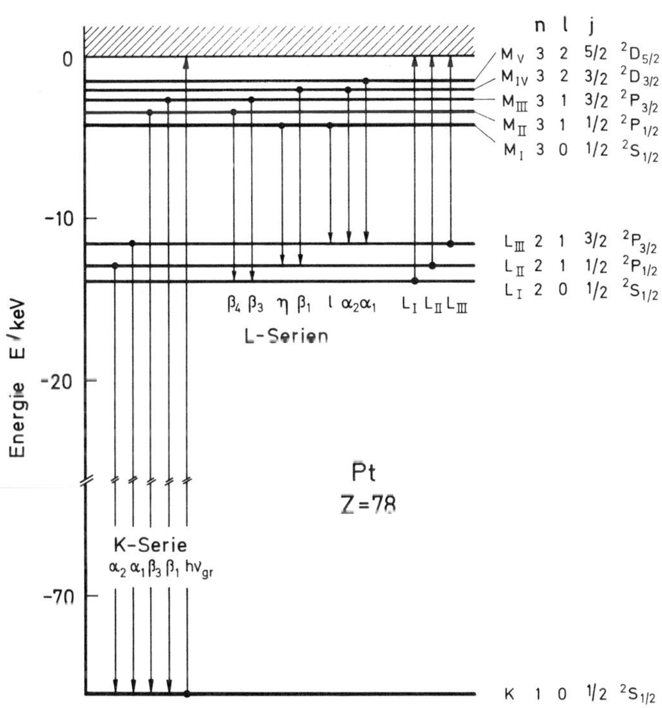

Abb. 18.10. Schema zur Feinstruktur der Röntgenspektren für eine Platin-Antikathode mit $Z=78$. Die Bezeichnungen für die Serien, Linien und Quantenzahlen sind eingetragen. Nach oben gerichtete Pfeile bedeuten Absorption, nach unten gerichtete Emission. Die Verwendung der griechischen Buchstaben zur Kennzeichnung der Einzellinien ist unsystematisch und in der Literatur nicht einheitlich. Die Abstände zwischen den L-Unterschalen L_I, L_{II}, L_{III} und den M-Unterschalen M_I–M_V sind nicht maßstäblich eingetragen. Sie beruhen bei gleichem l auf der normalen Dublett-Aufspaltung, sonst auf unterschiedlicher Abschirmung und sind deshalb unterschiedlich groß. Die Bezeichnung der Linien mit griechischen Symbolen ist historisch und nicht identisch mit der systematischen Bezeichnung in Abb. 18.9

gesetzte Richtung wie der Drehimpuls des entfernten Elektrons. Natürlich gilt diese Äquivalenz nur bis auf das Vorzeichen: wir müssen zur Entfernung eines Elektrons aus dem Atom Energie aufwenden. Wenn wir also die Bindungsenergie des Elektrons negativ rechnen, dann müssen wir die Energie zur Erzeugung eines Loches in dem Atom positiv rechnen.

Röntgenspektren können wir deshalb ähnlich wie die der Alkali-Atome als Einelektronen (bzw. Ein-Loch)-Spektren verstehen. Man kann wie bei den Alkali-Atomen die Terme durch die Quantenzahlen *eines* Elektrons charakterisieren und kommt so zu einem Termschema, wie es Abb. 18.10 zeigt.

In der K-Schale, $n=1$, gibt es für l nur den Wert 0, j beträgt 1/2, und der Zustand ist zu symbolisieren mit $^2S_{1/2}$.

Für optische Übergänge gelten die Auswahlregeln $\Delta l = \pm 1$ und $\Delta j = 0, \pm 1$. Die längstwelligen Linien der K-Serie K_{α_1} und K_{α_2} entstehen deshalb analog zu den beiden Natrium-D-Linien, Abschn. 12.9. Sie verbinden den Zustand $n=1$, $^2S_{1/2}$ mit den durch Spin-Bahn-Aufspaltung getrennten Zuständen $n=2$, $^2P_{1/2}$ und $^2P_{3/2}$.

Entsprechend läßt sich die weitere Feinstruktur in den Röntgenspektren verstehen. Die durch die Quantenzahlen n charakterisierten Schalen werden auch in Unterschalen unterteilt. Diese werden mit römischen Zahlen numeriert z. B. L_{I}, L_{II}, L_{III}, in Abb. 18.10). Eine Unterschale ist jeweils durch ein Tripel von Quantenzahlen n, l und j charakterisiert. Die Energieaufspaltung zwischen den Kanten L_{I}, L_{II} und L_{III} hat – wie Abb. 18.10 zeigt – ganz verschiedene Gründe. Der Abstand zwischen L_{II} und L_{III}, d. h. von $P_{1/2}$ zu $P_{3/2}$ ist die bekannte Dublettaufspaltung. Sie wächst mit der vierten Potenz der abgeschirmten Kernladungszahl Z (vgl. Abschn. 12.8 und 18.4). Der Abstand zwischen L_{I} und L_{II} beruht dagegen auf unterschiedlicher Abschirmung. Diese rührt nur von den inneren Elektronen her und ist von Z weniger abhängig. Im Moseley-Diagramm (Abb. 18.7 und 8) wird das deutlich.

Wenn die Atome nicht frei sind, sondern im Festkörper eingebaut sind, dann werden die obersten besetzten Elektronen-Niveaus zu Energiebänden verbreitert. Röntgenlinien, die zu Übergängen aus dem breiten obersten besetzten Energieband zu einem tieferen Elektronenniveau gehören, das durch den Gittereinbau weniger verbreitert ist, haben eine sehr charakteristische Struktur. Ihre Breite und Intensitätsverteilung können ein direktes Bild von der Breite des obersten Energiebandes und seiner Besetzung mit Elektronen geben.

18.6 Absorptionsspektren

Röntgenstrahlen werden beim Durchgang durch Materie wie jede elektromagnetische Strahlung absorbiert und gestreut. Man mißt primär den Schwächungskoeffizienten μ entsprechend der Gleichung $I = I_0 \exp(-\mu x)$, wenn x die durchstrahlte Dicke, I_0 die einfallende und I die durchgelassene Intensität ist. Als Meßwert gibt man häufig die Halbwertsdicke an, $d = \mu^{-1} \cdot \ln 2$. Die Halbwertsdicke hängt im allgemeinen vom durchstrahlten Material und von der Energie der Röntgenquanten ab.

Tabelle 18.1 gibt einige Zahlenwerte.

Tabelle 18.1. Halbwertsdicke von Aluminium und Blei für Röntgenstrahlung

U_0	Al	Pb
10 kV	$1{,}1 \cdot 10^{-2}$	$7{,}5 \cdot 10^{-4}$ cm
100 kV	1,6	$1{,}1 \cdot 10^{-2}$ cm

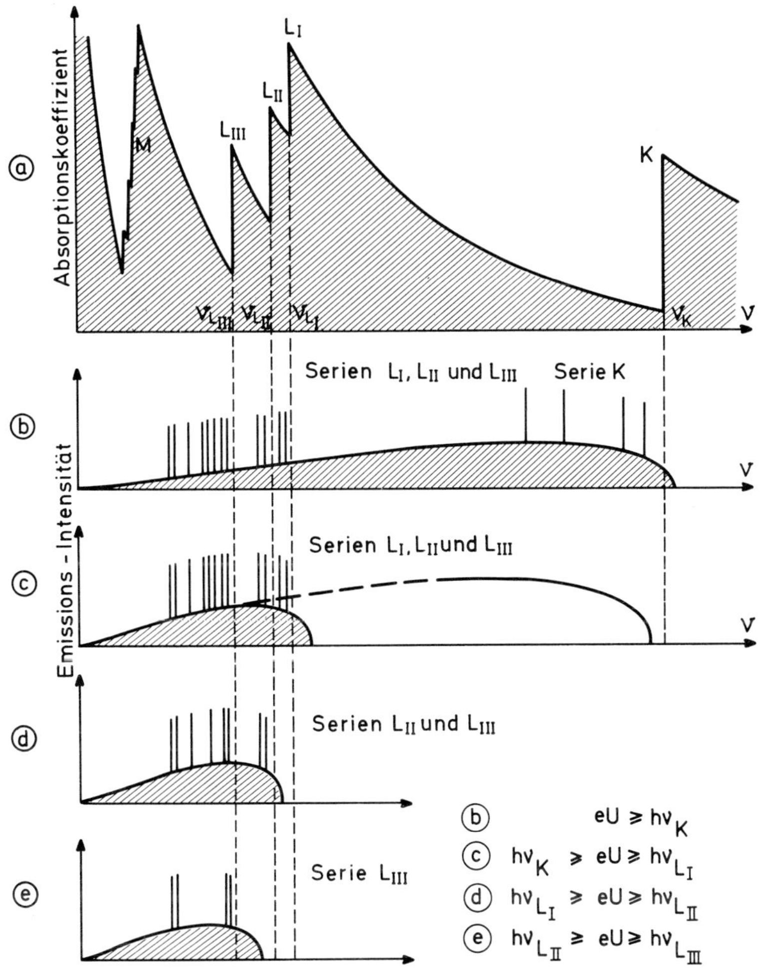

Abb. 18.11 a–e. Vergleich von Absorptions- und Emissionsspektren im Röntgengebiet.
a) Absorptionskoeffizient, z. B. von Platin, für Röntgenlicht als Funktion der Frequenz, schematisch. Das Absorptionsspektrum besteht hauptsächlich aus der Überlagerung der verschiedenen Absorptionskanten und Seriengrenzkontinua.
b–e) Emissionsspektrum von Platin bei verschiedenen Anregungen. Bei **b** werden alle Serien angeregt, bei **c** fehlt die *K*-Serie, bei **d** zusätzlich L_I, bei **e** zusätzlich L_{II}. Die Intensitätsverteilung im Kontinuum unterscheidet sich von derjenigen nach (18.1), weil die Strahlung mit zunehmender Wellenlänge zunehmend durch Reabsorption in der Antikathode geschwächt wird.
Bei Platin sind die Frequenzwerte der *K*-Kante ca. $19 \cdot 10^{18}\,s^{-1}$, die von L_I ca. $3 \cdot 10^{18}\,s^{-1}$

Die Schwächung ist die Summe aus der hier nicht interessierenden Streuung und der Absorption. Der Verlauf des Absorptions-Koeffizienten mit der Quantenenergie, d. h. die spektrale Verteilung in den Absorptionsspektren ist in Abb. 18.11 schematisch dargestellt. In Abb. 18.11 sind zur Erläuterung auch die Emissionsspektren bei verschiedenen Anregungsenergien eingezeichnet.

Typisch für Röntgenabsorptionsspektren ist ein starkes Abnehmen des Absorptions-Koeffizienten mit zunehmender Quantenenergie, und das Auftreten von sogenannten Absorptionskanten. Das sind Quantenenergien, bei denen der Absorptions-Koeffizient sprunghaft zunimmt. Diese Absorptionskanten entsprechen den Seriengrenzen der Serien *K*, *L*, *M* usw. und werden entsprechend bezeichnet. Auch die Unterschalen treten als Kanten in Erscheinung, z. B. L_I, L_{II}, L_{III} in Abb. 18.11. Die Lage der *K*-Kante von Blei bei 88 keV (Abb. 18.12) bedeutet, daß die Abtrennarbeit eines Elektrons der *K*-Schale im Felde der weitgehend unabgeschirmten Kernladung des Bleikerns so groß ist. Für Blei ($Z = 82$) kann man die Abschirmung berechnen. Die Abtrennarbeit für das innerste Elektron beträgt $Z_{eff}^2 \cdot 13{,}6\,eV$, wobei $Z_{eff} \equiv Z - s$ die effektive Kernladung und 13,6 eV die

Ionisierungsenergie des Wasserstoff-Atoms ist (Abschn. 8.4). Aus $(82\text{-}s)^2 \cdot 13{,}6\,\text{eV} = 88\,\text{keV}$ folgt $s = 1{,}61$.

Damit Röntgenlicht vom Atom absorbiert werden kann, muß ein Elektron aus einer inneren Schale in einen weniger stark gebundenen Zustand gehoben werden. Da nun die benachbarten Schalen bereits besetzt sind, sind diskrete Röntgenabsorptionslinien als Übergänge von einer in eine andere Schale kaum zu beobachten. Freie Zustände für das absorbierende Elektron sind jedoch jenseits der Seriengrenze kontinuierlich vorhanden. Meistens ist deshalb mit der Absorption eine Ionisierung verbunden, und die Absorptionsspektren sind die überlagerten Seriengrenz-Kontinua der verschiedenen Schalen bzw. Unterschalen. Das ist in Abb. 18.11 verdeutlicht.

Absorptionskanten, d.h. sprunghaftes Anwachsen der Absorptionskoeffizienten, treten bei zunehmender Frequenz da auf, wo die Quantenenergie des Röntgenquantes gerade zum Absorptionsübergang aus einer neuen (tieferen) Schale in das Grenzkontinuum ausreicht.

Bei kleiner Energie reicht die Quantenenergie $h\nu$ nur zum Ablösen von Elektronen aus äußeren Schalen. Nimmt $h\nu$ weiter zu, dann können ab einer bestimmten Energie schließlich auch die K-Elektronen befreit werden, der Absorptions-Koeffizient steigt sprunghaft an. Die Feinstruktur der Absorptionskanten ist ein weiterer Beweis für die Existenz von „Schalen“ und „Unterschalen“: es gibt eine K-Kante, $3L$-Kanten, $5M$-Kanten usw.

Bei hinreichend guter spektraler Auflösung läßt sich übrigens auch ein Einfluß der chemischen Bindung auf Energie und Struktur der Absorptionskanten feststellen.

Außerhalb dieser Kanten gilt für die Frequenz-Abhängigkeit des Absorptions-Koeffizienten im wesentlichen

$$\mu_{\text{abs}} \simeq \frac{Z^x}{(h\nu)^3} \quad \text{mit} \quad 3 \lesssim x \lesssim 4 \tag{18.5}$$

$$\text{oder} \quad \simeq \lambda^3 Z^x .$$

Die Abhängigkeit des Absorptionskoeffizienten von ν^{-3} läßt sich mit dem Hertzschen Modell des freien Elektrons als erzwungener Oszillator herleiten.

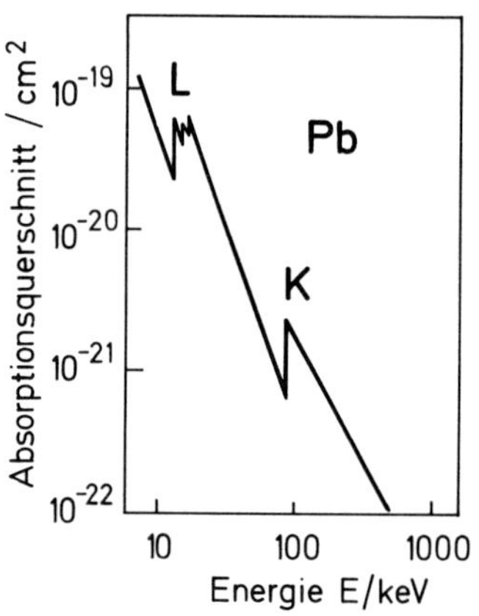

Abb. 18.12. Absorptionsquerschnitt von Blei für Röntgenstrahlen im Bereich der L- und K-Kante. Hier ist der Absorptionskoeffizient auf den Absorptionsquerschnitt eines Atoms umgerechnet

Die Härte oder Durchdringungsfähigkeit wächst also mit abnehmender Wellenlänge oder zunehmender Beschleunigungsspannung. Abbildung 18.12 zeigt im Bereich der K- und L-Kante die Frequenz-Abhängigkeit des atomaren Absorptionsquerschnittes (s. Abschn. 2.4.2) für Blei.

18.7 Der Auger-Effekt

Nicht alle Atome, bei denen Elektronen aus einer der inneren Schalen durch Elektronenbeschuß oder andere Energiezufuhr entfernt wurden, gehen unter Aussendung von Röntgenlicht in den Grundzustand zurück. Man stellt vielmehr fest, daß die Quantenausbeute für die Emission von Röntgenlicht häufig kleiner als 1 ist. Sie ist hier definiert als

$$\eta = \frac{\text{Zahl der Röntgenlicht emittierenden Atome}}{\text{Zahl der in } K, L \ldots \text{ionisierten Atome}}.$$

Es muß also für die Atome die Möglichkeit geben, strahlungslos in den Grundzustand zurückzukehren. Man stellt weiter fest, daß die Wahrscheinlichkeit für solche strahlungslosen Konkurrenzprozesse zur Röntgenemission mit steigender Kernladungszahl abnimmt. Bei leichten Atomen sind die strahlungslosen Prozesse weitaus überwiegend, s. Abb. 18.13.

Die Erklärung dieser strahlungslosen Prozesse erfolgt durch den sogenannten *Auger-Effekt*. Nach der Ionisierung einer inneren Schale kann es statt zur Emission eines Röntgenquants auch zur Emission eines Elektrons aus einer weiter außen liegenden Schale kommen; der Auger-Effekt hat also Ähnlichkeit mit einem „inneren Photoeffekt". Wenn gleichzeitig ein Elektron auf eine tiefere Schale fällt und ein anderes emittiert wird, so muß für diesen Prozess die Coulomb-Wechselwirkung zwischen den beiden Elektronen maßgebend sein.

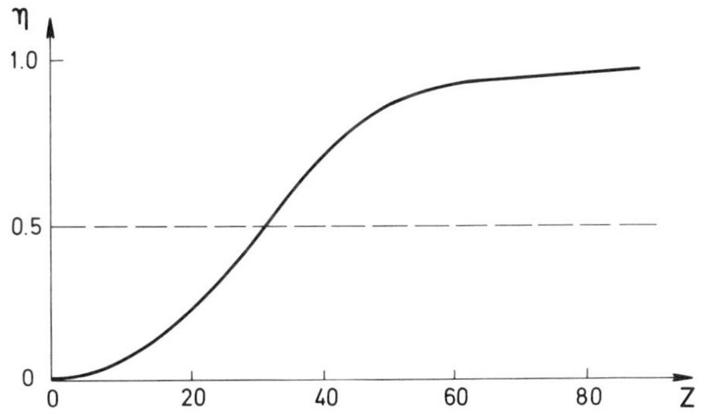

Abb. 18.13. Quantenausbeute für die Emission von Röntgenlicht als Funktion der Ordnungszahl, schematisch

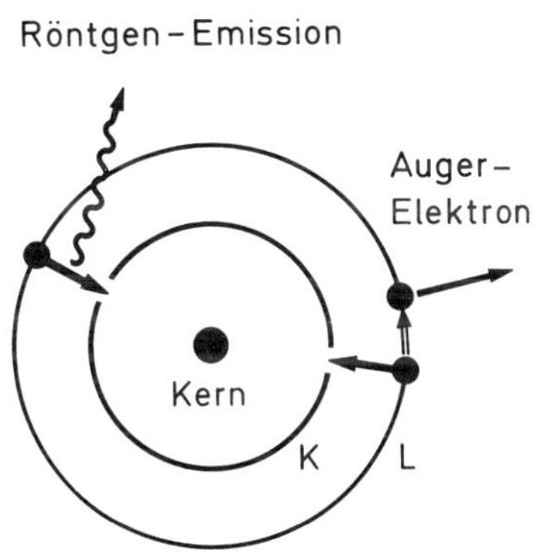

Abb. 18.14. Auger-Elektronenemission (*rechts*) als Konkurrenzprozeß zur Röntgenemission (*links*), schematisch

In Abb. 18.14 ist der Auger-Effekt schematisch dargestellt. Zunächst wird die K-Schale ionisiert. Ein L-Elektron fällt von der L- in die K-Schale und füllt die dort entstandene Lücke. Die frei werdende Energie wird benutzt, um ein zweites L Elektron aus der L-Schale zu entfernen, dieses entweicht aus dem Atom. Im Endeffekt ist die L-Schale um zwei Elektronen ärmer geworden. Diese werden von weiter außen liegenden Schalen nachgeliefert. Als Folge kann es zur Emission weiterer Auger-Elektronen kommen, nämlich aus der M-Schale usw.

Für die kinetische Energie des Auger-Elektrons gilt

$$E_{\text{kin}} = h\nu_{K_\alpha} - E_L = E_K - E_L - E_L = E_K - 2E_L\,, \tag{18.6}$$

wenn E_L und E_K die Bindungsenergie des Elektrons in der L- bzw. K-Schale bedeuten.

Auger-Elektronen kann man auch direkt in der Nebelkammer beobachten. Man mißt ihre Energie aus der Reichweite in der Nebelkammer oder mit einer Gegenfeldmethode, und kann damit die Erklärung für den Auger-Effekt verifizieren.

Zum Schluß noch ein Zahlenbeispiel: Ag wurde mit K_α-Strahlung aus einer W-Antikathode bestrahlt, das sind 59,1 keV. Beobachtet wurden Elektronen folgender Energie:

1) 55,8 keV	Deutung:	Photoelektronen aus der Ag-L-Schale
	denn:	die Ionisierungsenergie der L-Schale von Ag beträgt $E_{\text{ion},L} = 3{,}34\,\text{keV}$
	also:	$59{,}1 - 3{,}34 = 55{,}76\,\text{keV}$
2) 33,8 keV	Deutung:	Photoelektronen aus der Ag-K-Schale
	denn:	$E_{\text{ion},K}(\text{Ag}) = 25{,}4\,\text{keV}$
	also:	$59{,}1 - 25{,}4 = 33{,}7\,\text{keV}$
3) 21,3 keV	Deutung:	Auger-Elektronen
	denn:	$E_{K_\beta}(\text{Ag}) - E_{\text{ion},L}(\text{Ag}) = 24{,}9 - 3{,}34 = 21{,}56\,\text{keV}$
4) 18,6 keV	Deutung:	Auger-Elektronen
	denn:	$E_{K_\alpha}(\text{Ag}) - E_{\text{ion},L}(\text{Ag}) = 22{,}1 - 3{,}34 = 18{,}76\,\text{keV}$

18.8 Photoelektronen-Spektroskopie, ESCA

Eine neuere Untersuchungsmethode für die Energiezustände der inneren Elektronen eines Atoms ist die *Photoelektronen-Spektroskopie*. Dabei handelt es sich um eine moderne Anwendung des Photoeffektes (Abschn. 5.3).

Man befreit Elektronen aus ihrem Atomverband, indem man sie mit Lichtquanten bekannter Quantenenergie bestrahlt. Die kinetische Energie dieser Elektronen entspricht dann der Differenz zwischen der Quantenenergie des anregenden Lichtes und der Bindungsenergie des Elektrons im Atom entsprechend der Bilanzgleichung des Photoeffektes, $E_{\text{kin}} = h\nu - E_{\text{Bindung}}$. Das Prinzip ist in Abb. 18.15 dargestellt. Abb. 18.16 gibt als Beispiel die Bindungsenergien in einigen leichten Atomen. Für das Hg-Atom zeigt Abb. 18.17 ein Meßbeispiel. So kann man die Bindungsenergie von einzelnen Elektronenzuständen auf inneren Schalen direkt messen und nicht nur die Energie der Absorptionskante, wie mit der Röntgen-Absorptionsspektroskopie.

Die Messung der kinetischen Energie der Elektronen erfolgt mit hochauflösenden Analysatoren, die nach den in Abschn. 6.4 behandelten Prinzipien der e/m-Messung (Ablenkung in elektrischen und magnetischen Feldern) eine genaue Messung der Elektronengeschwindigkeit erlauben. Man kann damit Energien auf Bruchteile von meV genau messen.

Als Lichtquellen benutzt man entweder kurzwelliges UV-Licht, z. B. Linien aus dem Ne- und dem He-Spektrum im Bereich zwischen 15 und 50 eV, oder zur Untersuchung stärker gebundener Elektronen charakteristische Röntgenstrahlung, z. B. K_α-Linien von Cu (8048 eV), Al (1487 eV), Mg (1254 eV). Die Synchrotronstrahlung mit ihrer variablen

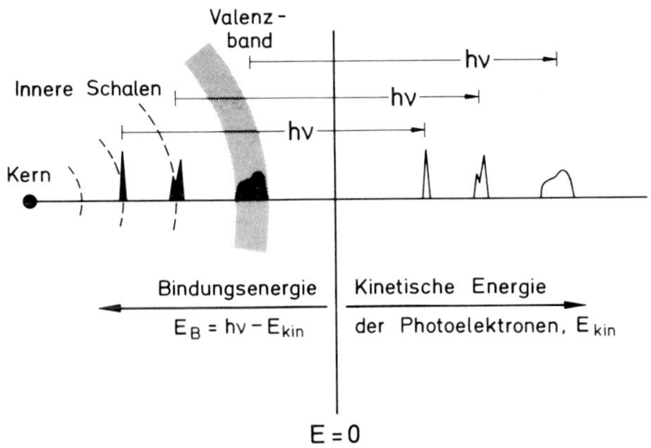

Abb. 18.15. Zur Erläuterung der Photoelektronen-Spektroskopie. Die kinetische Energie der Photoelektronen ergibt sich als Differenz von Quantenenergie $h\nu$ des anregenden Lichtquants und Bindungsenergie des Elektrons im Atom, Molekül oder Festkörper. – Die *gestrichelten Linien* symbolisieren die Elektronenbahnen. Man beachte aber, daß hier nicht die Abstände der Elektronen vom Kern, sondern ihre Bindungsenergien gezeigt werden sollen

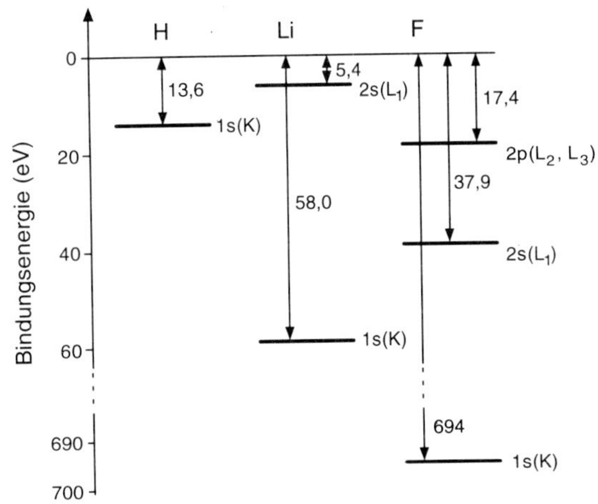

Abb. 18.16. Bindungsenergie der Elektronen in den Atomen H, Li und F mit den Schalen-Bezeichnungen K, L_1, L_2, L_3. Nullpunkt für die Bindungsenergie ist die Ionisierungsgrenze

Photonenenergie im gesamten UV- und Röntgengebiet (vgl. Abschn. 5.1) ist als Lichtquelle besonders gut geeignet. Eine Übersicht gibt Abb. 18.18.

Da die Bindungsenergie der Elektronen für die jeweiligen Atome charakteristisch ist, kann man die Methode der Photoelektronen-Spektroskopie auch zur *Analyse der chemischen Zusammensetzung* einer Probe verwenden. Weiterhin führt die chemische Bindung zwischen Atomen in Molekülen oder Festkörpern zu einer gewissen Umverteilung der Valenzelektronen. Dadurch ändert sich das gesamte Bindungspotential im Atom, und auch die inneren Elektronen werden beeinflußt. Diese als *chemische Verschiebung* bezeichneten kleinen Änderungen der Elektronenbindungsenergie in inneren Schalen durch die dafür verantwortlichen äußeren Elektronen kann man messen, z. B. bei Atomen in verschiedenem Ionisierungs-

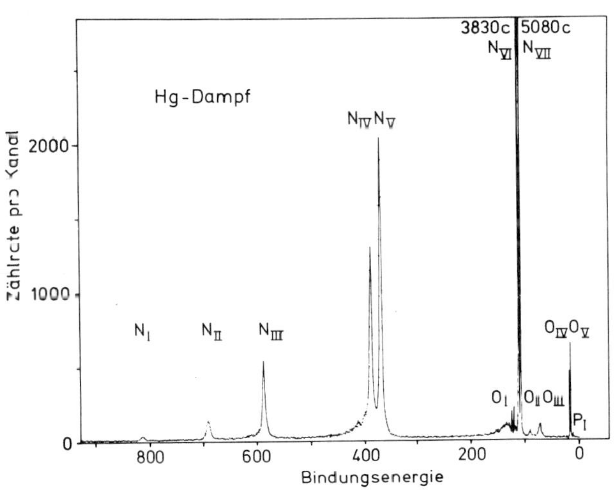

Abb. 18.17. Photoelektronen-Spektrum von Hg-Dampf nach *K. Siegbahn* (Übersichtsspektrum). Hier sind alle Niveaus zu sehen, die mit der K_α-Strahlung von Aluminium (1486 eV) angeregt werden können. Man sieht die Elektronen aus den N- und O-Schalen sowie aus P_I. Vgl. hierzu auch die Elektronenkonfiguration des Hg Atoms in Tabelle 19.3b

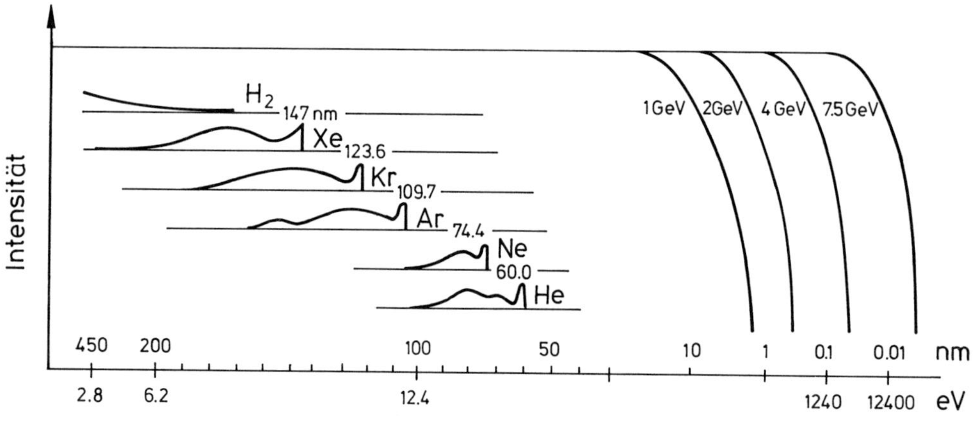

Abb. 18.18. Spektrale Verteilung verschiedener Anregungs-Lichtquellen für Photoelektronen-Spektroskopie, sowie von Synchrotronsstrahlung bei verschiedenen Energien der Elektronen. Die Ordinatenmaßstäbe sind verschieden und in willkürlichen Einheiten gemessen. Nach Bethge und Gruber

zustand. Darauf beruht die als ESCA (Electron Spectroscopy for Chemical Analysis) bezeichnete analytische Methode, die besonders von *K. Siegbahn* entwickelt wurde. Sie ist zu einer wichtigen Untersuchungsmethode in Chemie, Molekül- und Festkörperphysik geworden.

Aufgaben

18.1 Welches ist die kürzeste Wellenlänge der Bremsstrahlung, die man beobachtet, wenn ein Elektron, das durch eine Potentialdifferenz von 40 kV beschleunigt wurde, an der Antikathode einer Röntgenröhre abgebremst wird. Bestimmen Sie das Gebiet des elektromagnetischen Spektrums, in dem diese Wellenlänge liegt.

18.2 Die Wellenlänge der K_α-Linie für Kobalt ist 1,785 Å. Wie groß ist die Energiedifferenz zwischen den 1*s*- und 2*p*-Bahnen in Kobalt? Vergleichen Sie das Resultat mit der Energiedifferenz zwischen den 1*s*- und 2*p*-Bahnen in Wasserstoff (d.h. der ersten Lyman-Linie). Warum ist die Differenz für Kobalt viel größer als für Wasserstoff?

18.3 Die intensivste Röntgenlinie ergibt sich beim Übergang eines Elektrons aus der Schale mit $n=2$ in die Schale mit $n=1$. Der Übergang wird durch das Moseleysche Gesetz beschrieben (siehe Abschn. 18.4). Wie groß ist die Wellenlänge dieser Linie für Kupfer?

18.4 Die maximale Energie der charakteristischen Röntgenstrahlung, die von einer Probe unbekannter Zusammensetzung emittiert wird, entspricht der Wellenlänge 2,16 Å. Aus welchem Element besteht die Probe?

18.5 Röntgenstrahlen sind durch Aluminiumfolien gegangen, die jede eine Dicke von $4 \cdot 10^{-3}$ m haben. Die Zählrate eines Geigerzählers als Funktion der Anzahl der Folien ist $8 \cdot 10^3$; $4{,}7 \cdot 10^3$; $2{,}8 \cdot 10^3$; $1{,}65 \cdot 10^3$; $9{,}7 \cdot 10^2$ Ereignisse/Min. für 0, 1, 2, 3 und 4 Folien. Berechnen Sie den linearen Absorptionskoeffizienten von Aluminium.

18.6 Gammastrahlen mit Energien von 0,05, 0,3 und 1 MeV, aber gleichen Intensitäten fallen auf einen Bleiabsorber. Die linearen Absorptionskoeffizienten für diese Energien sind $8 \cdot 10^3\,\mathrm{m}^{-1}$, $5 \cdot 10^2\,\mathrm{m}^{-1}$ und $78\,\mathrm{m}^{-1}$.

a) Berechnen Sie die Dicke des Bleis, die erforderlich ist, um die Intensität jedes der Strahlen auf ein Zehntel seiner ursprünglichen Intensität zu reduzieren.
b) Welches ist das Verhältnis der Gesamtintensität (der drei Photonenenergien) in einer Tiefe von 5 mm zur gesamten einfallenden Intensität?

18.7 Wie viele Halbwertsdicken eines Materials sind erforderlich, um die Intensität eines Röntgenstrahles auf (a) 1/16, (b) 1/20, (c) 1/200 des einfallenden Wertes zu reduzieren?

18.8 a) Die K-Absorptionskante von Wolfram liegt bei 0,178 Å, und die Wellenlängen der Linien der K-Serie (unter Vernachlässigung der Feinstruktur) sind $K_\alpha = 0{,}210$ Å, $K_\beta = 0{,}184$ Å und $K_\gamma = 0{,}179$ Å. Skizzieren Sie die Energieniveaus von W und geben Sie die Energie der K, L, M und N-Schale an.

b) Welche Minimalenergie ist nötig, um die L-Serie in W anzuregen? Wie groß ist die Wellenlänge der L_α-Linie?

18.9 Die L_I-Absorptionskante in Wolfram liegt bei 1,02 Å. Nehmen Sie an, ein K_α-Photon werde von einem der 2s-Elektronen bei einem Auger-Prozeß „absorbiert". Bestimmen Sie die Geschwindigkeit des freigesetzten Photoelektrons.

19. Aufbau des Periodensystems, Grundzustände der Elemente

19.1 Periodensystem und Schalenstruktur

Eines der Ziele der Atomphysik ist es, die Anordnung und die Eigenschaften der chemischen Elemente im Periodensystem zu verstehen. Die empirisch festgestellten physikalischen und chemischen Eigenschaften der Atome und ihre Abhängigkeit von der Kernladungszahl Z sollen aus der Elektronenstruktur der Atome heraus erklärt werden. Nachdem wir in den vorangegangenen Kapiteln die Einelektronenspektren, die Mehrelektronenspektren und die Spektren aus inneren Schalen ausführlich besprochen haben, können wir nun wenigstens im Prinzip die Spektren aller Atome in allen Anregungszuständen verstehen. Das soll in diesem Kapitel umrissen und ergänzt werden.

Besonders bei der Besprechung der Alkali-Atome und bei den Röntgenspektren haben wir bereits einige wichtige experimentelle Daten kennengelernt, die zum Konzept

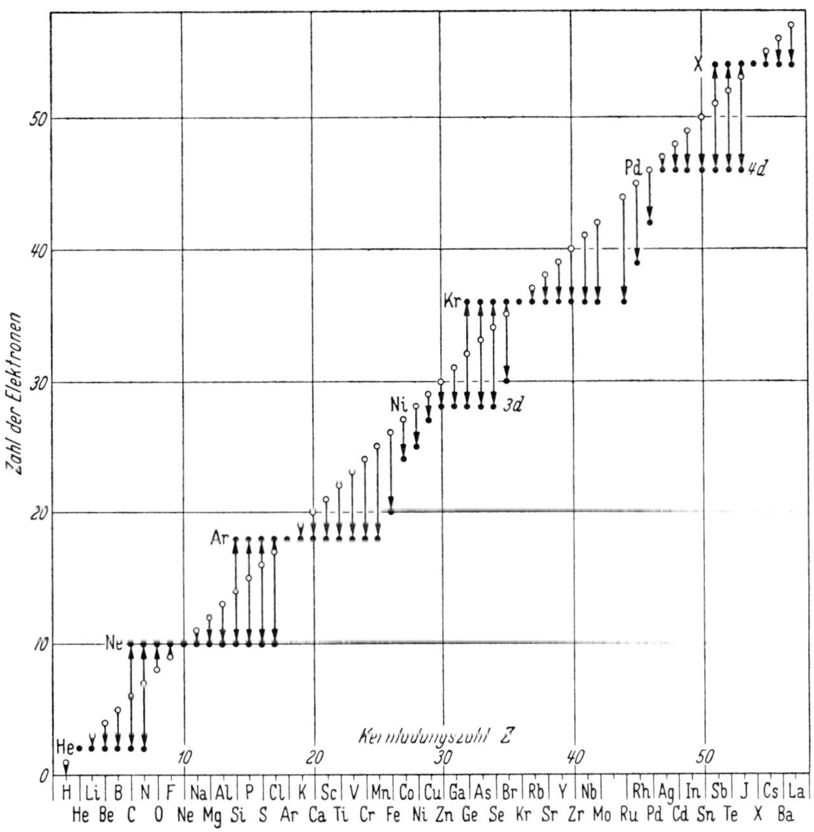

Abb. 19.1. Elektronenschalen der Ionen von Atomen, nach *Kossel*, 1916. Aufgetragen ist die Elektronenzahl als Funktion der Kernladungszahl für Atome und für die Ionen, die sich aus diesen Atomen bei der chemischen Bindung bevorzugt bilden. Die Elektronenschalen der Atome werden bei der Ionenbildung bis zu den im Diagramm mit Pfeilen eingetragenen Elektronenzahlen abgebaut oder aufgefüllt. Mit Ausnahme von Nickel und Palladium sind die bevorzugten Elektronenzahlen diejenigen der Edelgase. [Aus K. H. Hellwege: *Einführung in die Physik der Atome*, Heidelberger Taschenbücher, Bd. 2, 4. Aufl. (Springer, Berlin, Heidelberg, New York 1974) Abb. 61]

der Schalenstruktur der Atome geführt haben. Aus dem chemischen Verhalten der Atome weiß man, daß Edelgase besonders stabil sind. Vergleicht man weiterhin die elektrochemische Wertigkeit von Ionen mit dem Abstand der zugehörigen neutralen Atome vom nächsten Edelgas im Periodensystem, so findet man, daß die Atome häufig gerade so weit ionisiert werden, daß ihre Ionen die Elektronenzahl eines neutralen Edelgases annehmen. In Abb. 19.1 sind die beobachteten Ionisierungsstufen der Atome in einer Weise aufgetragen, die dieses Verhalten deutlich macht. Bei der Ionenbildung werden also diejenigen Elektronen eines Atoms, die eine Edelgaszahl übersteigen, relativ leicht abgelöst bzw. diejenigen, die an einer Edelgaszahl fehlen, werden leicht aufgefüllt. Betrachten wir z.B. die Umgebung des Edelgases Neon ($Z=10$). Das im Periodischen System folgende Natrium ($Z=11$) bildet bevorzugt einwertige positive Ionen, das nächstfolgende Magnesium ($Z=12$) zweiwertige, das vor dem Neon stehende Fluor ($Z=9$) einwertig negative Ionen (durch Aufnahme eines Elektrons) und so fort.

In Abb. 19.1 fällt auf, daß auch Nickel und Palladium bevorzugte Elektronenzahlen besitzen, indem nämlich die Elektronenzahlen dieser Atome bei der Ionisierung der benachbarten Atome bevorzugt auftreten. Derartige besonders stabile Elektronenkonfigurationen sind also nicht auf die Edelgase beschränkt. Dies wird aus der Diskussion von Tabelle 19.3 verständlich werden.

Aus bereits in früheren Kapiteln besprochenen spektroskopischen Untersuchungen von Atomen wissen wir, daß die außergewöhnlich stabilen Elektronenkonfigurationen durch eine vollständige gegenseitige Kompensation aller Drehimpulse und magnetischen Momente ausgezeichnet sind. Besonders ausgeprägt tritt ferner die Schalen- und Unterschalenstruktur der Elektronenhülle von Atomen in den Röntgenspektren als Absorptionskanten in Erscheinung.

Wir wollen uns nun der Frage zuwenden, welche Elektronenkonfigurationen in Atomen möglich sind, welche besonders stabil sind und wie die Elektronen eines Atoms auf die möglichen Quantenzustände verteilt sind.

Zum Verständnis braucht man die Quantenzahlen, mit denen jedes einzelne Atom-Elektron zu charakterisieren ist:

die Hauptquantenzahl n
die Bahndrehimpuls-Quantenzahl $l=0,1\ldots n-1$
die Magnetische Quantenzahl $m_l=0,\pm 1\ldots\pm l$
die Magnetische Spin-Quantenzahl $m_s=\pm 1/2$.

Man braucht ferner das Pauli-Prinzip. In zulässiger Weise vereinfacht besagt es, daß in der Natur nur solche Zustände von Atomen vorkommen, bei denen sich zwei beliebige Elektronen des Atoms in mindestens einer ihrer Quantenzahlen unterscheiden. Hieraus ergeben sich Einschränkungen für die möglichen Kombinationen von Quantenzahlen in einem atomaren Zustand.

Um die Quantenzahlen eines Elektrons im Atom zu definieren, müßte man streng genommen die Schrödinger-Gleichung für ein Vielteilchenproblem lösen – nämlich für alle im Atom enthaltenen Elektronen. Man löst dieses Problem näherungsweise im Modell unabhängiger Teilchen nach dem sogenannten Hartree-Fock-Verfahren (vgl. Abschn. 19.4). Der Grundgedanke ist der, daß man die Wechselwirkung der $N-1$ Elektronen im Atom mit dem hinzukommenden Elektron N dadurch ersetzt, daß man das Coulombpotential des Kerns für das Elektron N durch ein effektives Potential ersetzt. In diesem Potential errechnet man die Eigenzustände und Eigenwerte des Elektrons N.

Abbildung 19.2 zeigt als Ergebnis solcher Rechnungen die Schalenstruktur des Wasserstoff-Atoms sowie der positiven Ionen von Lithium, Natrium und Kalium. Man sieht, daß die Schalen sich überlappen. Ihnen kommt also keine scharfe geometrische Bedeutung zu. Mit wachsender Kernladung werden sie näher an den Kern herangezogen. Ein anderes Beispiel für berechnete Dichteverteilungen von Elektronen war bereits in Abb. 11.8 diskutiert worden.

Um das Pauli-Prinzip auf Atomterme im Zustand ohne äußeres Magnetfeld anwenden zu können, wo die magnetischen Quantenzahlen wegen der Entartung scheinbar ihren Sinn verlieren, braucht man den hier nicht abzuleitenden Adiabatensatz von *Ehrenfest*. Er besagt, daß sich bei stetiger Änderung eines Parameters die Zustände eines Atoms stetig und eindeutig verfolgbar verschieben. In unserem Falle heißt das: Die Zustände des Atoms im feldfreien Zustand gehen aus denen im starken Feld – wo die LS-Kopplung und die m-Entartung aufgehoben sind – bei langsamem Abschalten des Feldes eindeutig und kontinuierlich hervor.

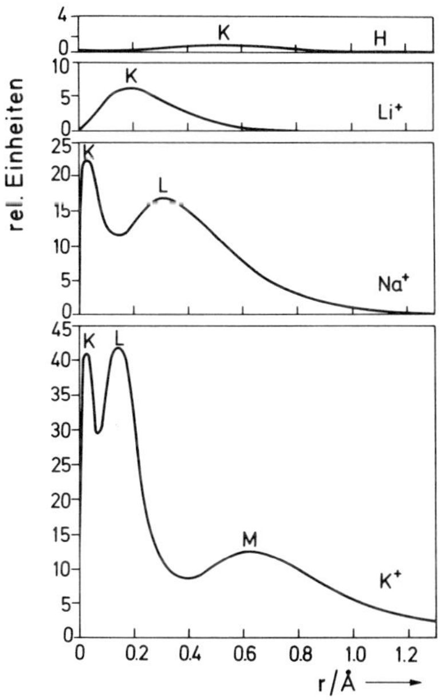

Abb. 19.2. Radiale Dichte-Verteilung der Elektronen im Wasserstoff-Atom sowie in den einfach positiven Ionen von Lithium, Natrium und Kalium. Man sieht besonders deutlich, wie die Elektronen der K-Schale mit wachsender Kernladungszahl näher zum Kern rücken

Mit dem Pauli-Prinzip läßt sich nun leicht abzählen, wie viele Elektronen mit gleicher Hauptquantenzahl n maximal in einem Atom vorkommen können:

- zu einem Wert der Hauptquantenzahl n gibt es n verschiedene Werte für die Bahndrehimpuls-Quantenzahl l

  zu jedem Wert von l gibt es $2l+1$ verschiedene Werte der magnetischen Quantenzahl m_l
- zu jedem Zahlenpaar l, m_l gibt es zwei verschiedene Werte der Spinquantenzahl m_s
- zu jedem Zahlenpaar n, l gehören also maximal $2(2l+1)$ Elektronen.

Die Maximalzahl der Elektronen in einer Schale mit festen n beträgt dann

$$\sum_{l=0}^{n-1} 2(2l+1) = 2n^2 . \qquad (19.1)$$

Tabelle 19.1. Mögliche Quantenzahlen und Anzahl von Elektronen in den Schalen $n=1, 2, 3$. Beim He-Atom ist die K-Schale voll besetzt, beim Ne zusätzlich die L-Schale, beim Ar zusätzlich die s- und p-Unterschalen von M

n	l	m_l	m_s	Elektronenzahl		Konfiguration	Name der Schale
1	0	0	$\pm 1/2$	2		$1s^2$	K-Schale
2	0	0	$\pm 1/2$	$1\cdot 2$			
	1	1	$\pm 1/2$				
		0	$\pm 1/2$		$=8$	$2s^2p^6$	L-Schale
		-1	$\pm 1/2$	$+3\cdot 2$			
3	0	0	$\pm 1/2$	$1\cdot 2$			
	1	1	$\pm 1/2$				
		0	$\pm 1/2$				
		-1	$\pm 1/2$	$+3\cdot 2$			
	2	2	$\pm 1/2$		$=18$	$3s^2p^6d^{10}$	M-Schale
		1	$\pm 1/2$				
		0	$\pm 1/2$				
		-1	$\pm 1/2$				
		-2	$\pm 1/2$	$+5\cdot 2$			

Tabelle 19.1 gibt die möglichen Kombinationen von Quantenzahlen für $n=1$, 2 und 3.

Wenn man als *Schale* die Gesamtheit aller Elektronen mit gleicher Hauptquantenzahl n definiert, dann wären Atome mit abgeschlossenen Schalen das Helium ($n=1$), Neon ($n=2$), das Nickel ($n=3$, $Z=28$) und das Neodym ($n=4$, $Z=60$). Nickel und Neodym sind weder Edelgase noch chemisch besonders inaktiv. Die Gleichsetzung von Schalenabschluß und Edelgaskonfiguration gilt bei höherer Elektronenzahl in dieser einfachen Form nicht mehr.

Es zeigt sich vielmehr, daß auch ein Abschluß von *Teilschalen*, das heißt eine Besetzung aller Zustände mit gleichem l bei gegebenem n zu besonders stabilen Elektronenkonfigurationen führt. Das wird verständlich, wenn wir uns klar machen, daß auch für abgeschlossene, d.h. maximal besetzte Teilschalen die Drehimpulse und magnetischen Momente sich zu Null addieren, das Atom nach außen also kugelsymmetrisch wirkt. In der Tat entspricht das dritte Edelgas, Argon, bereits einem solchen Fall. Argon hat die Elektronenkonfiguration $1s^2 2s^2 2p^6 3s^2 3p^6$, d.h. in der dritten Schale sind zwar alle s- und p-Elektronen, jedoch noch keine d-Elektronen vorhanden. Ähnlich liegen die Verhältnisse bei den Edelgasen Krypton und Xenon. Das wird in Tabelle 19.2 gezeigt.

Tabelle 19.2. Elektronenkonfigurationen für die höchsten besetzten Schalen bzw. Teilschalen der Edelgase. Nur beim Helium und Neon ist ein voller Schalenabschluß erreicht. Die besondere Stabilität der übrigen Edelgase ist eine Folge abgeschlossener Teilschalen

Höchste besetzte Zustände	Z	Element	1. Ionisationspotential [eV]
$(1s)^2$	2	He	24,58
$(2s)^2(2p)^6$	10	Ne	21,56
$(3s)^2(3p)^6$	18	Ar	15,76
$(4s)^2(3d)^{10}(4p)^6$	36	Kr	14,00
$(5s)^2(4d)^{10}(5p)^6$	54	Xe	12,13
$(6s)^2(4f)^{14}(5d)^{10}(6p)^6$	86	Rn	10,75

Nachdem wir nun gesehen haben, daß jede Teilschale und jede Schale nur eine bestimmte Maximalzahl von Elektronen aufnehmen kann, können wir uns den Elektronenkonfigurationen aller Atome des Periodensystems zuwenden. Tabelle 19.3a und b enthält alle Elemente mit der jeweiligen Elektronenkonfiguration. Abgeschlossene Schalen und Teilschalen sind schraffiert. Außerdem enthält diese Tabelle die ersten Ionisierungsenergien der Elemente.

Mit zunehmender Kernladungszahl Z werden die hinzu kommenden Elektronen sukzessive in die möglichen Teilschalen und Schalen eingebaut. Die Reihenfolge richtet sich nach den Bindungsenergien. Sie entspricht besonders bei schweren Atomen nicht einfach der Kernladungszahl. Die erste Abweichung ergibt sich bereits beim K-Atom. Dort ist der Einbau des letzten Elektrons in die Teilschale 4s energetisch günstiger als in 3d. Siehe dazu auch Abschn. 11.3.

Die für den Aufbau des Periodensystems, das heißt insbesondere für die energetische Lage der Teilschalen maßgebliche Wechselwirkungsenergie der Elektronen mit dem Kern und untereinander wird am Anfang des Systems durch die elektrostatische Wechselwirkung dominiert, nämlich insbesondere durch die Abschirmung der Kernladung durch weitere Elektronen. Mit zunehmender Kernladungszahl Z wird die magnetische Wechselwirkung, besonders die Spin-Bahn-Wechselwirkung der Elektronen vergleichbar und bestimmt schließlich bei den schweren Elementen die Reihenfolge der Energiezustände.

Abbildung 19.3 zeigt nochmal schematisch zusammengefaßt die energetische Reihenfolge der Unterschalen beim sukzessiven Aufbau der Atome und die Schalenstruktur. Diese ist dadurch gekennzeichnet, daß an einigen Stellen besonders große Abstände zum nächsten Niveau auftreten. Das sind die besonders stabilen Konfigurationen, z. B. die der Edelgase.

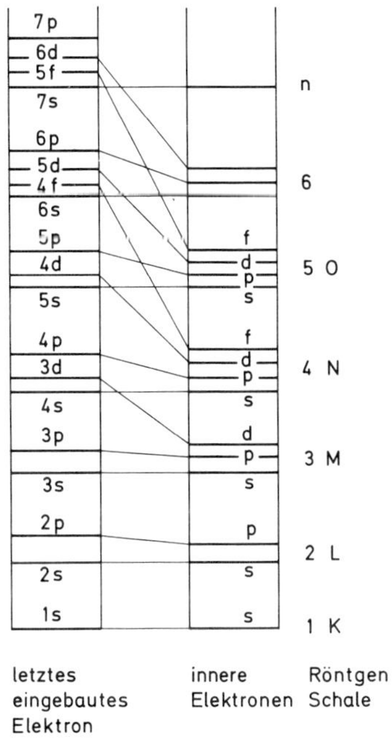

◀ **Abb. 19.3.** Schalenstruktur der atomaren Energieniveaus und Niveaufolge, für das letzte eingebaute und für die inneren Elektronen. Besonders stabile Konfigurationen sind solche, bei denen ein besonders großer energetischer Abstand zum nächsten Niveau eintritt

Die hier besprochene und für den Aufbau und das Verständnis des Periodensystems wichtige Schalenstruktur ist – das sei hier nochmals wiederholt – diejenige für das jeweils letzte eingebaute Elektron. Wenn die zunächst außen befindlichen Elektronen bei sukzessivem Aufbau der Atome mit zunehmender Ordnungszahl mehr nach innen rucken und tiefer in das effektive Potential der anderen Elektronen kommen, dann ändert sich die Niveaufolge. Das ist ebenfalls in Abb. 19.3 gezeigt. Die energetische Reihenfolge der Unterschalen richtet sich dann alleine nach der Hauptquantenzahl n. Diese Schalenstruktur, die allein durch n bestimmt ist, haben wir bei der Behandlung der Röntgenspektren kennengelernt. Man untersucht sie auch mit der neuen Methode der Photoelektronen-Spektroskopie. Wie in Abschn. 18.8 erläutert, ist das ein Verfahren zur Analyse der Bindungsenergie der inneren Elektronen eines Atoms.

Die Besetzung der Schalen und Teilschalen ist für die physikalischen und chemischen Eigenschaften der Atome verantwortlich. Die Alkali-Atome Li, Na, K, Rb, Cs, Fr haben ein

Tabelle 19.3a. Periodisches System mit Elektronenkonfiguration, Grundzustandstermen und Ionisierungsenergien. Die abgeschlossenen Schalen und Teilschalen sind schraffiert

Atom Nr. Z	Element		Schalen K $n=1$ s	L $n=2$ s	p	M $n=3$ s	p	d	N $n=4$ s	p	d	O $n=5$ s	p	$L-S$ Konfiguration des Grundzustandes	Erstes Ionisationspotential [eV]	
1	Wasserstoff	H	1											$^2S_{1/2}$	13,60	
2	Helium	He	2											$^1S_0$	24,58	
3	Lithium	Li	2	1										$^2S_{1/2}$	5,39	
4	Beryllium	Be	2	2										$^1S_0$	9,32	
5	Bor	B	2	2	1									$^2P_{1/2}$	8,30	
6	Kohlenstoff	C	2	2	2									$^3P_0$	11,26	
7	Stickstoff	N	2	2	3									$^4S_{3/2}$	14,54	
8	Sauerstoff	O	2	2	4									$^3P_2$	13,61	
9	Fluor	F	2	2	5									$^2P_{3/2}$	17,42	
10	Neon	Ne	2	2	6									$^1S_0$	21,56	
11	Natrium	Na	2	2	6	1								$^2S_{1/2}$	5,14	
12	Magnesium	Mg	2	2	6	2								$^1S_0$	7,64	
13	Aluminium	Al	2	2	6	2	1							$^2P_{1/2}$	5,98	
14	Silicium	Si	2	2	6	2	2							$^3P_0$	8,15	
15	Phosphor	P	2	2	6	2	3							$^4S_{3/2}$	10,55	
16	Schwefel	S	2	2	6	2	4							$^3P_2$	10,36	
17	Chlor	Cl	2	2	6	2	5							$^2P_{3/2}$	13,01	
18	Argon	Ar	2	2	6	2	6							$^1S_0$	15,76	
19	Kalium	K	2	2	6	2	6		1					$^2S_{1/2}$	4,34	
20	Calcium	Ca	2	2	6	2	6		2					$^1S_0$	6,11	
21	Scandium	Sc	2	2	6	2	6	1	2					$^2D_{3/2}$	6,56	Übergangselemente
22	Titan	Ti	2	2	6	2	6	2	2					$^3F_2$	6,83	
23	Vanadium	V	2	2	6	2	6	3	2					$^4F_{3/2}$	6,74	
24	Chrom	Cr	2	2	6	2	6	5	1					$^7S_3$	6,76	
25	Mangan	Mn	2	2	6	2	6	5	2					$^6S_{5/2}$	7,43	
26	Eisen	Fe	2	2	6	2	6	6	2					$^5D_4$	7,90	
27	Kobalt	Co	2	2	6	2	6	7	2					$^4F_{9/2}$	7,86	
28	Nickel	Ni	2	2	6	2	6	8	2					$^3F_4$	7,63	
29	Kupfer	Cu	2	2	6	2	6	10	1					$^2S_{1/2}$	7,72	
30	Zink	Zn	2	2	6	2	6	10	2					$^1S_0$	9,39	
31	Gallium	Ga	2	2	6	2	6	10	2	1				$^2P_{1/2}$	6,00	
32	Germanium	Ge	2	2	6	2	6	10	2	2				$^3P_0$	7,88	
33	Arsen	As	2	2	6	2	6	10	2	3				$^4S_{3/2}$	9,81	
34	Selen	Se	2	2	6	2	6	10	2	4				$^3P_2$	9,75	
35	Brom	Br	2	2	6	2	6	10	2	5				$^2P_{3/2}$	11,84	
36	Krypton	Kr	2	2	6	2	6	10	2	6				$^1S_0$	14,00	
37	Rubidium	Rb	2	2	6	2	6	10	2	6		1		$^2S_{1/2}$	4,18	
38	Strontium	Sr	2	2	6	2	6	10	2	6		2		$^1S_0$	5,69	
39	Yttrium	Y	2	2	6	2	6	10	2	6	1	2		$^2D_{3/2}$	6,38	Übergangselemente
40	Zirkon	Zr	2	2	6	2	6	10	2	6	2	2		$^3F_2$	6,84	
41	Niob	Nb	2	2	6	2	6	10	2	6	4	1		$^6D_{1/2}$	6,88	
42	Molybdän	Mo	2	2	6	2	6	10	2	6	5	1		$^7S_3$	7,13	
43	Technetium	Tc	2	2	6	2	6	10	2	6	6	1		$^6D_{9/2}$	7,23	
44	Ruthenium	Ru	2	2	6	2	6	10	2	6	7	1		$^5F_5$	7,37	
45	Rhodium	Rh	2	2	6	2	6	10	2	6	8	1		$^4F_{9/2}$	7,46	
46	Palladium	Pd	2	2	6	2	6	10	2	6	10			$^1S_0$	8,33	
47	Silber	Ag	2	2	6	2	6	10	2	6	10	1		$^2S_{1/2}$	7,57	
48	Cadmium	Cd	2	2	6	2	6	10	2	6	10	2		$^1S_0$	8,99	
49	Indium	In	2	2	6	2	6	10	2	6	10	2	1	$^2P_{1/2}$	5,79	
50	Zinn	Sn	2	2	6	2	6	10	2	6	10	2	2	$^3P_0$	7,33	
51	Antimon	Sb	2	2	6	2	6	10	2	6	10	2	3	$^4S_{3/2}$	8,64	
52	Tellur	Te	2	2	6	2	6	10	2	6	10	2	4	$^3P_2$	9,01	
53	Jod	J	2	2	6	2	6	10	2	6	10	2	5	$^2P_{3/2}$	10,44	
54	Xenon	Xe	2	2	6	2	6	10	2	6	10	2	6	$^1S_0$	12,13	

Tabelle 19.3b. Periodisches System mit Elektronenkonfiguration, Grundzustandstermen und Ionisierungsenergien. Die abgeschlossenen Schalen und Teilschalen sind schraffiert. (Die Unterschalen $5g$ und $6f$, $6g$, $6h$ sind nicht berücksichtigt, da es keine Atome gibt, bei denen sich im Grundzustand Elektronen in diesen Schalen befinden). Die inzwischen künstlich hergestellten Transurane mit Ordnungszahlen Z bis 118 sind hier nicht berücksichtigt

Atom Nr. Z	Element		Schalen												$L-S$ Konfiguration des Grundzustandes	Erstes Ionisationspotential [eV]	
			N $n=4$				O $n=5$				P $n=6$			Q $n=7$			
			s	p	d	f	s	p	d	f	s	p	d	s			
55	Cäsium	Cs	2	6	10		2	6			1				$^2S_{1/2}$	3,89	
56	Barium	Ba	2	6	10		2	6			2				$^1S_0$	5,21	
57	Lanthan	La	2	6	10		2	6	1		2				$^2D_{3/2}$	5,61	
58	Cer	Ce	2	6	10	2	2	6			2				$^3H_4$	5,6	
59	Praseodym	Pr	2	6	10	3	2	6			2				$^4I_{9/2}$	5,46	
60	Neodym	Nd	2	6	10	4	2	6			2				$^5I_4$	5,51	
61	Promethium	Pm	2	6	10	5	2	6			2				$^6H_{5/2}$		
62	Samarium	Sm	2	6	10	6	2	6			2				$^7F_0$	5,6	
63	Europium	Eu	2	6	10	7	2	6			2				$^8S_{7/2}$	5,67	
64	Gadolinium	Gd	2	6	10	7	2	6	1		2				$^9D_2$	6,16	Seltene Erden
65	Terbium	Tb	2	6	10	9	2	6			2				—	5,98	
66	Dysprosium	Dy	2	6	10	10	2	6			2				$^5I_8$	6,8	
67	Holmium	Ho	2	6	10	11	2	6			2				$^4I_{15/2}$		
68	Erbium	Er	2	6	10	12	2	6			2				$^3H_6$	6,08	
69	Thulium	Tm	2	6	10	13	2	6			2				$^2F_{7/2}$	5,81	
70	Ytterbium	Yb	2	6	10	14	2	6			2				$^1S_0$	6,22	
71	Lutetium	Lu	2	6	10	14	2	6	1		2				$^2D_{3/2}$	6,15	
72	Hafnium	Hf	2	6	10	14	2	6	2		2				$^3F_2$	5,5	
73	Tantal	Ta	2	6	10	14	2	6	3		2				$^4F_{3/2}$	7,7	
74	Wolfram	W	2	6	10	14	2	6	4		2				$^5D_0$	7,98	
75	Rhenium	Re	2	6	10	14	2	6	5		2				$^6S_{5/2}$	7,87	Übergangselemente
76	Osmium	Os	2	6	10	14	2	6	6		2				$^5D_4$	8,7	
77	Iridium	Ir	2	6	10	14	2	6	9						$^2D_{5/2}$	9,2	
78	Platin	Pt	2	6	10	14	2	6	9		1				$^3D_3$	9,0	
79	Gold	Au	2	6	10	14	2	6	10		1				$^2S_{1/2}$	9,22	
80	Quecksilber	Hg	2	6	10	14	2	6	10		2				$^1S_0$	10,43	
81	Thallium	Tl	2	6	10	14	2	6	10		2	1			$^2P_{1/2}$	6,11	
82	Blei	Pb	2	6	10	14	2	6	10		2	2			$^3P_0$	7,42	
83	Wismuth	Bi	2	6	10	14	2	6	10		2	3			$^4S_{3/2}$	7,29	
84	Polonium	Po	2	6	10	14	2	6	10		2	4			$^3P_2$	8,43	
85	Astatium	At	2	6	10	14	2	6	10		2	5				9,5	
86	Radon	Rn	2	6	10	14	2	6	10		2	6			$^1S_0$	10,75	
87	Francium	Fr	2	6	10	14	2	6	10		2	6		1		4	
88	Radium	Ra	2	6	10	14	2	6	10		2	6		2		5,28	
89	Actinium	Ac	2	6	10	14	2	6	10		2	6	1	2			
90	Thorium	Th	2	6	10	14	2	6	10		2	6	2	2			
91	Protactinium	Pa	2	6	10	14	2	6	10	2	2	6	1	2			
92	Uran	U	2	6	10	14	2	6	10	3	2	6	1	2			
93	Neptunium	Np	2	6	10	14	2	6	10	4	2	6	1	2			
94	Plutonium	Pu	2	6	10	14	2	6	10	6	2	6		2			
95	Americium	Am	2	6	10	14	2	6	10	7	2	6		2			
96	Curium	Cm	2	6	10	14	2	6	10	7	2	6	1	2			
97	Berkelium	Bk	2	6	10	14	2	6	10	8	2	6	1	2			Actiniden
98	Californium	Cf	2	6	10	14	2	6	10	10	2	6		2			
99	Einsteinium	Es	2	6	10	14	2	6	10	11	2	6		2			
100	Fermium	Fm	2	6	10	14	2	6	10	12	2	6		2			
101	Mendelevium	Mv	2	6	10	14	2	6	10	13	2	6		2			
102	Nobelium	No	2	6	10	14	2	6	10	14	2	6		2			
103	Lawrencium	Lw	2	6	10	14	2	6	10	14	2	6	1	2			
104	Rutherfordium	Rf	2	6	10	14	2	6	10	14	2	6	2	2			
105	Dubnium	Db	2	6	10	14	2	6	10	14	2	6	3	2			

einzelnes Elektron in einer jeweils neu begonnenen Schale, nämlich in den Schalen *L*, *M*, bzw. Teilschale 4*s* in *N* usw. Sie sind deshalb leicht zu ionisieren – sie haben ein kleines Ionisationspotential – und sind chemisch einwertig. Chemisch einwertig sind auch die Halogenatome F, Cl, Br, I. Hier fehlt jedoch gerade ein Elektron zur Auffüllung der äußersten *p*-Teilschale in *L*, *M*, *N*, *O*. Sie haben deshalb eine große Elektronenaffinität. Das bedeutet, daß das „Elektronenloch" bei einer chemischen Reaktion leicht aufgefüllt werden kann.

Besonders auffällig wird die energetische Reihenfolge der Teilschalen bei den sogenannten Übergangselementen und bei den Seltenen Erden. – Die Übergangselemente von Scandium bis Nickel verdanken der nicht aufgefüllten inneren 3*d*-Schale ihre besonderen Eigenschaften wie Farbe und Paramagnetismus. Die chemische Wertigkeit wird durch die äußeren Valenzelektronen bestimmt. Da sie energetisch den inneren 3*d*-Elektronen sehr eng benachbart sind, wechseln die 3*d*-Elektronen der Übergangselemente zwischen den Schalen und man findet unterschiedliche Wertigkeiten.

Ähnliches wiederholt sich bei den sogenannten 4*d*-Übergangselementen $_{39}$Y bis $_{46}$Pd, bei den 4*f*-Übergangselementen $_{57}$La bis $_{70}$Yb, den sogenannten Seltenen Erden, wo die 4*f*-Unterschale aufgefüllt wird, während die 6*s*-Unterschale bereits besetzt ist, sowie bei den 5*d*-Elementen $_{71}$Lu bis $_{78}$Pt und den 5*f*-Elementen $_{91}$Pa bis $_{103}$Lw.

Die Seltenen Erden sind das eindruckvollste Beispiel für die besonderen Eigenschaften von Atomen, bei denen energetisch höhere, aber weiter innen liegende Schalen aufgefüllt werden. Chemisch sind sie einander sehr ähnlich, weil sie nach außen hin in der 6*s*-Teilschale gleiche oder ähnliche Konfigurationen haben. Farbe und Paramagnetismus rühren von den inneren 4*f*-Elektronen her. Deren Abschirmung nach außen hin durch die 6*s*-Elektronen ist auch dafür verantwortlich, daß die optischen Spektren Seltener Erden selbst im Festkörper sehr scharfe Linien aufweisen. Seltene Erd-Atome oder deren Ionen in Festkörpern eignen sich deshalb gut für Laser-Materialien (s. Kap. 21). Bisher wurde das Neodym am meisten verwendet.

Besonders interessant ist auch das Palladium mit $Z=46$. Es hat eine voll abgeschlossene Unterschalenkonfiguration. Daß es trotzdem kein Edelgas ist, wird beim Vergleich mit dem davorstehenden Atom Rhodium verständlich. Das dort noch vorhandene 5*s*-Elektron ist beim Pd in die 4*d*-Schale gewechselt. Es bedarf nur einer geringen Energie, um es wieder in die 5*s*-Schale anzuheben. Deshalb ist Pd chemisch nicht inaktiv und kein Edelgas.

19.2 Von der Elektronenkonfiguration zum Atomterm. Grundzustände der Atome

Wir kennen nun die Elektronenkonfigurationen der Atome hinsichtlich der Quantenzahlen *n* und *l*. Die energetische Reihenfolge der Zustände mit unterschiedlichen Werten von m_l und m_s und die Zusammensetzung der Drehimpulse der Einzelelektronen zum Gesamtdrehimpuls des Atoms ist noch zu besprechen.

Abbildung 19.4 zeigt die Grundzustände und die Elektronenkonfigurationen der ersten 11 Elemente. Für das Kohlenstoff-Atom ist auch der niederste Anregungszustand angegeben. Wasserstoff und Helium mit den Grundzuständen $^2S_{1/2}$ und $^1S_0$ sind bereits ausführlich diskutiert. Beim Lithium wird mit einem 2*s*-Elektron die zweite Schale begonnen. Beryllium hat mit einer abgeschlossenen 2*s*-Unterschale den Grundzustand $^1S_0$. Die Anregung in die energetisch nur wenig verschiedene 2*p*-Konfiguration erfolgt leicht. Beim Bor wird mit der Besetzung der 2*p*-Unterschale im Grundzustand begonnen. Aus den Spektren kann man entnehmen, daß der Grundzustand ein $^2P_{1/2}$-Zustand ist, daß also Bahn- und Spindrehimpuls entgegengesetzt gerichtet sind. – Beim Kohlenstoff folgt aus dem spektroskopischen Befund, daß die Spins der beiden $2p$-Elektronen parallel gerichtet sind. Der Grundzustand ist $^3P_0$. Der in Abb. 19.4 angegebene Anregungszustand C*, bei dem es ein $2s$- und drei $2p$-Elektronen gibt, ist für die Vier-Wertigkeit des Kohlenstoffs in der organischen Chemie verantwortlich. Die vier Elektronen in der zweiten Schale sind dabei nämlich so miteinander gekoppelt, daß sie energetisch äquivalent werden. Dies führt zu der sogenannten sp^3-Hybridisierung (Abschn. 23.7), die den Charakter der chemischen Bindung wesentlich beeinflußt.

Weiter fällt auf, daß beim Stickstoff die drei p-Elektronen mit parallelen Spins angeordnet sind. Sie bilden einen $^4S_{3/2}$-Grundzustand. Erst bei dem dann folgenden Sauerstoff beginnt Spin-Absättigung der p-Elektronen. Fluor hat ein fehlendes Elektron in der p-Unterschale. Beim Neon ist wieder ein Edelgas-Grundzustand $^1S_0$ erreicht. Mit dem Alkali-Atom Natrium beginnt dann die Besetzung der M-Schale, $n=3$.

Für die energetische Anordnung der Elektronen innerhalb der Unterschalen gibt es einige Regeln, die zusätzlich zum Pauli-Prinzip gelten. Bei LS-Kopplung, das heißt bei allen leichten Atomen, gelten für die Drehimpulse im Grundzustand die *Hundschen Regeln*. Sie lauten:

1) Volle Schalen und Unterschalen tragen zum gesamten Drehimpuls $\boldsymbol{L}$ und $\boldsymbol{S}$ nichts bei. Das haben wir bereits früher gezeigt.

2) Diejenigen Elektronen, die mit gleichem l auf die zugehörigen Unterzustände m_l verteilt werden – sogenannte äquivalente Elektronen –, werden im Grundzustand so eingebaut, daß der resultierende Gesamtspin $\boldsymbol{S}$ maximal wird. Zustände mit der höchsten Multiplizität liegen also energetisch am tiefsten, z.B. Triplett-Zustände tiefer als Singulett-Zustände. Dies ist eine Folge des Pauli-Prinzips. Die Gesamtwellenfunktion muß antisymmetrisch sein (vgl. Abschn. 19.4, wo wir diese „Antisymmetrie" genauer besprechen werden). Je höher die Multiplizität ist, um so mehr Spins stehen parallel

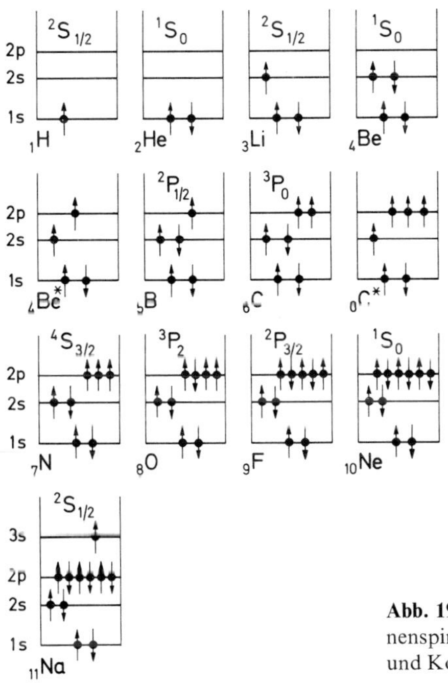

Abb. 19.4. Elektronenkonfigurationen und Anordnung der Elektronenspins der Grundzustände der Atome H bis Na. Für Beryllium und Kohlenstoff ist auch der niederste Anregungszustand angegeben

zueinander, sind also in ihrem Symmetrieverhalten völlig symmetrisch. Dann muß die zugehörige Ortsfunktion antisymmetrisch sein. Als Folge davon ist die Bindungsenergie dafür am größten, weil die Coulomb-Abstoßung der Elektronen bei einer antisymmetrischen Ortsfunktion am kleinsten ist.

Wir wollen das noch am Stickstoff-Grundzustand erläutern. Beim Stickstoff sind drei Elektronen in der äußersten Teilschale. Es gibt deshalb ein Dublett- und ein Quartett-system, d.h. $S=1/2$ und $S=3/2$, siehe dazu auch Abb. 17.4. Für die Elektronenkonfiguration $1s^2 2s^2 2p^3$ ergeben sich bei Berücksichtigung der möglichen Kombinationen der Quantenzahlen m_l für die drei p-Elektronen die möglichen Konfigurationen ^2P, ^2D und ^4S. Der davon energetisch tiefste Zustand ist ^4S, der Zustand mit der höchsten Multiplizität. Die anderen beiden Zustände kommen mit etwas höherer Energie im Dublett-Teil des Stickstoff-Termschemas tatsächlich vor, vgl. Abb. 17.4.

3) Bei der Realisierung des größten Wertes der Quantenzahl S werden unter Beachtung des Pauli-Prinzips die Elektronen so auf die Unterzustände m_l verteilt, daß $|\boldsymbol{L}_z| = \sum m_l \hbar = m_L \hbar$ ein Maximum wird. Die resultierende Drehimpuls-Quantenzahl L ist dann gleich $|m_L|$. Bei gleicher Multiplizität $S(S+1)$ liegen deshalb die Zustände energetisch um so tiefer, je größer L ist.

4) Wird schließlich noch die Spin-Bahn-Wechselwirkung berücksichtigt, so gilt: In „normalen" Multipletts liegen die Terme mit der kleinsten Quantenzahl J energetisch am tiefsten, sonst ist es umgekehrt. „Normal" heißt hier, daß die Teilschale weniger als zur Hälfte besetzt ist.

Diese Regel folgt aus der bereits beim Einelektronenatom (vgl. Abschn. 12.8) durchgeführten Berechnung der Feinstruktur. Beim Umlauf von negativer Ladung um den positiven Kern ist das Magnetfeld der Bahnbewegung am Ort des Elektrons so gerichtet, daß Antiparallelstellung von $\boldsymbol{L}$ und $\boldsymbol{S}$ einer minimalen Energie entspricht. – Ist die Schale jedoch mehr als halb besetzt, dann muß man berücksichtigen, daß ein aus einer vollen Schale weggenommenes Elektron – ein Loch – einem Elektron mit positiver Ladung äquivalent ist. Das Vorzeichen des Magnetfeldes $\boldsymbol{B}_L$ ändert sich, und der Zustand mit größtem J liegt energetisch am tiefsten. In Abb. 19.4 wird das beim Vergleich des Ein-Elektronen-Atoms Lithium (Grundzustand $^2S_{1/2}$) mit dem „Ein-Loch-Atom" Fluor (Grundzustand $^2P_{3/2}$) deutlich.

Als Beispiel kann hier das Kohlenstoff-Atom dienen. Sein Termschema hatten wir bereits in Abb. 17.5 gezeigt. Das Kohlenstoff-Atom im Grundzustand (Abb. 19.4) hat zwei Elektronen in der äußersten Teilschale. Deshalb gibt es ein Singulett- und ein Triplett-System mit $S=0$ und $S=1$. Die Elektronenkonfiguration $1s^2 2s^2 2p^2$ ergibt die möglichen Grundzustände ^1S, ^1D, ^3P. Dann liegt ^3P wegen der größten Multiplizität energetisch am tiefsten. Das geht auch aus Abb. 17.5 hervor. Bei Berücksichtigung der Drehimpuls-Quantenzahl J gibt es noch die Möglichkeiten $^3P_0$, $^3P_1$ und $^3P_2$, d.h. $J=0$, 1, 2. Von diesen liegt bei „normaler" Termfolge der Zustand $^3P_0$ nach Regel 4 energetisch am tiefsten. – Die Singulett-Terme werden mit etwas höherer Energie auch beobachtet, vergleiche dazu das Termschema in Abb. 17.5 und Abb. 19.5.

Beim Sauerstoff-Atom dagegen ergeben sich aus der Konfiguration $1s^2 2s^2 2p^4$ die möglichen Grundzustände ^1S, ^1D und ^3P. Nach Regel 2 liegt davon ^3P energetisch am tiefsten. Jetzt liegt bei umgekehrter Termfolge jedoch der Zustand mit größtem J (Regel 4) ganz unten. Der Grundzustand heißt deshalb $^3P_2$. Mehr dazu in Abschn. 19.3.

Tabelle 19.3 enthält die tatsächlich beobachteten LS-Grundzustands-Terme für alle Atome. Bei größerer Ordnungszahl Z lassen sie sich oft nicht so einfach aus den Elektronenkonfigurationen ableiten, wie am Anfang des Periodischen Systems.

19.3 Atom-Anregungszustände und mögliche Elektronenkonfigurationen. Vollständiges Termschema

Wir haben in den Abbildungen bereits mehrere komplette Termschemata von Atomen gesehen. Jeder dort eingezeichnete Energieterm entspricht einer bestimmten Elektronenkonfiguration des Atoms und einem bestimmten Kopplungsfall der Elektronen in nicht abgeschlossenen Schalen. Die energetische Lage dieser Terme wird eindeutig durch die elektrischen und magnetischen Wechselwirkungsenergien zwischen Kern und Elektron und zwischen den Elektronen untereinander bestimmt. Eine quantitative Berechnung ist im allgemeinen schwierig, da es sich ja bei Atomen mit mehreren Elektronen um komplizierte Mehrteilchensysteme handelt.

Wir wollen aber doch noch anhand von einigen Beispielen zeigen, wie viele verschiedene Terme bei einer bestimmten Elektronenkonfiguration möglich sind und wie diese energetisch angeordnet werden.

Unser erstes Beispiel ist ein Atom mit zwei p-Elektronen in nicht abgeschlossenen Schalen, also die Konfiguration $(np)^1$ $(n'p)^1$. Wenn $n=n'$ ist, sind beide Elektronen äquivalent und bilden die Konfiguration np^2. Unser Beispiel ist etwa beim Kohlenstoff-Atom realisiert.

Abbildung 19.5 zeigt die in Abschn. 19.2 bereits besprochenen, bei der Kopplung von zwei p-Elektronen möglichen Terme. Zunächst einmal können die beiden Spins parallel oder antiparallel stehen. Die zugehörigen Ortsfunktionen unterscheiden sich hinsichtlich der Coulomb-Abstoßung, so daß nach der Hundschen Regel der Zustand mit der Spinquantenzahl $S=1$ energetisch tiefer liegt. Man erhält also ein $S=1$(Triplett)- und ein $S=0$(Singulett)-Termschema, wobei das Triplett-Schema energetisch tiefer liegt. Weiter können die Bahndrehimpulse $l_1=1$ und $l_2=1$ zu $L=2$, 1 und 0 koppeln. Dabei ergibt sich ein D, ein P und ein S-Zustand. Der Zustand mit größtem L liegt dabei energetisch am tiefsten. Das ist wie auch die anderen Hundschen Regeln anschaulich nur unzureichend verständlich.

Die Spin-Bahn-Wechselwirkung führt bei den Triplett-Termen ^3P und ^3D zu einer weiteren Aufspaltung in je drei Zustände. Die Singulett-Terme sowie der Term ^3S haben, wie wir bereits früher gesehen haben, keine Feinstruktur-Aufspaltung. Insgesamt erhalten wir damit 10 Spektralterme. In einem äußeren Magnetfeld erfolgt eine weitere Aufspaltung aller Terme mit von 0 verschiedenem Gesamtdrehimpuls J in die m_J-Zustände. – In Abb. 19.5 sind diejenigen Terme gestrichelt eingezeichnet, die im Falle äquivalenter Elektronen nach dem Pauli-Prinzip nicht möglich sind, das heißt bei der Konfiguration np^2. Da bei dieser Konfiguration die Quantenzahlen n und l für beide Elektronen übereinstimmen, müssen diese sich in m_l oder in m_s unterscheiden. Die Terme

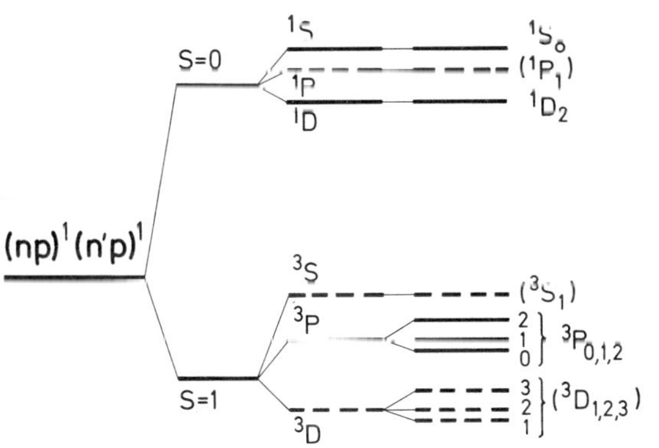

Abb. 19.5. Kopplung von zwei p-Elektronen. Wenn beide Elektronen äquivalent sind (Konfiguration np^2), dann sind die gestrichelt eingezeichneten Terme wegen des Pauli-Prinzips verboten. Durch ein äußeres Magnetfeld erfolgt Aufhebung der J-Entartung und eine weitere Aufspaltung der Terme, die hier nicht eingezeichnet ist

^1P, ^3S und ^3D können dann nur unter Verletzung des Pauli-Prinzips realisiert werden, sind also bei äquivalenten Elektronen verboten. Man kann keine antisymmetrische Wellenfunktion für diese Terme aus zwei p-Elektronen mit gleicher Hauptquantenzahl n konstruieren.

Für zwei nichtäquivalente s-Elektronen, das heißt die Konfiguration $(ns)^1(n's)^1$ sind die möglichen Spektralterme nur $^3S_1$ und $^1S_0$, für die Konfiguration $(nd)^1(n'p)^1$ gibt es die Möglichkeiten $^1P_1$, $^1D_2$, $^1F_3$, $^3P_{0,1,2}$, $^3D_{1,2,3}$, und $^3F_{2,3,4}$. Es sei dem Leser überlassen, dies zu bestätigen. Bei schweren Atomen tritt anstelle der LS-Kopplung die jj-Kopplung.

Im allgemeinen Falle erhält man die möglichen Atomterme für eine gegebene Konfiguration äquivalenter oder nichtäquivalenter Elektronen in folgender Weise: Es sind nur die Elektronen in nicht-abgeschlossenen Schalen (n, l) zu berücksichtigen. Jedes Elektron i wird durch die vier Quantenzahlen n_i, l_i, m_{li} und m_{si} charakterisiert. Diese lassen sich bestimmen, indem man in Gedanken ein so hohes Magnetfeld anlegt, daß alle magnetischen Kopplungen aufgehoben sind. Nach *Ehrenfest* ändern sich bei einer virtuellen, unendlich langsamen (adiabatischen) Änderung der Kopplungsbedingungen die Quantenzahlen eines Systems nicht, und insbesondere bleibt auch die Anzahl der Terme dabei ungeändert.

Um alle möglichen Terme herzuleiten, muß man jede mögliche Variation der Kopplungen betrachten. Hierbei gilt:

- Zu jedem Wert L gibt es für $M_L = \sum m_{li}$ die Möglichkeiten $L, L-1 \ldots -L$ als Komponenten des gesamten Bahn-Drehimpulses in Feldrichtung.
- Ebenso gehören zu jedem S die Möglichkeiten $M_S = S, S-1 \ldots -S = \sum m_{si}$.
- Bei völliger Entkopplung der Elektronen voneinander durch ein starkes Magnetfeld sind die einzelnen Elektronen quantisiert entsprechend $m_l = l, l-1 \ldots -l$, $m_s = \pm 1/2$.

Tabelle 19.4. Mögliche Russell-Saunders-Terme für die Elektronenkonfiguration $(np)^4$. Die Tabelle dient nur zum Abzählen der möglichen Einstellungen von M_L und M_S aus den möglichen Kombinationen der Einzelelektronen-Quantenzahlen m_l und m_s (durch Pfeile gekennzeichnet). Will man die Wellenfunktionen zu den jeweiligen Quantenzahlen konstruieren, muß man für zwei ungepaarte Spins aus den vier möglichen Anordnungen (↑↑, ↑↓, ↓↑, ↓↓) eine Singulett- und drei Triplettfunktionen bilden. Mehr dazu in Abschn. 19.4.2

$m_l = 1$	$m_l = 0$	$m_l = -1$	M_L	M_S	Termsymbol
↑↓	↑↓		2	0	
↑↓	↑	↓	1	0	
↑	↑↓	↓	0	0	^1D
↑	↓	↑↓	−1	0	
	↑↓	↑↓	−2	0	
↑↓	↑	↑	1	1	
↑↓	↓	↑	1	0	
↑↓	↓	↓	1	−1	
↑	↑↓	↑	0	1	
↓	↑↓	↑	0	0	^3P
↓	↑↓	↓	0	−1	
↑	↑	↑↓	−1	1	
↓	↑	↑↓	−1	0	
↓	↓	↑↓	−1	−1	
↑↓		↑↓	0	0	^1S

Damit kann man alle möglichen Elektronenkonfigurationen (unter Berücksichtigung des Pauli-Prinzips) aufschreiben. In Tabelle 19.4 ist das für den Fall einer np^4-Konfiguration geschehen. Man beginnt nun mit dem höchsten Wert von M_L, daraus erhält man den höchsten möglichen L-Wert. Hier ist das $M_L=2$, dazu gehört $M_S=0$. Es handelt sich also um einen ^1D-Term. – Zu ihm gehören vier weitere Konfigurationen. – Nun bleibt als höchster M_L-Wert $M_L=1$ mit dem größten M_S-Wert $M_S=1$. Der zugehörige ^3P-Term umfaßt insgesamt 9 Konfigurationen. Es bleibt dann nur noch eine Konfiguration übrig, nämlich ^1S. Aus vier äquivalenten p-Elektronen erhält man also die Terme ^1D, ^3P, ^1S und keine weiteren, da nur so eine eindeutige Zuordnung von Termen und Konfigurationen möglich ist.

Alle Terme, die sich aus den zulässigen Elektronen-Konfigurationen des Atoms ergeben, findet man in den Termschemata wieder, wie sie z. B. die Abb. 17.4 und 5 zeigen. Zusammen mit den Auswahlregeln für optische Übergänge

$$\begin{array}{ll}
\Delta J=0,\ \pm 1 & [\text{ohne } (J=0)\rightarrow(J=0)] \\
\Delta m_J=0,\ \pm 1 & [\text{ohne } (m_J=0)\rightarrow(m_J=0) \text{ bei } \Delta J=0]
\end{array}$$

$$\left.\begin{array}{l}
\left.\begin{array}{l}\Delta S=0 \\ \Delta L=0,\ \pm 1\end{array}\right\}\ \text{für das Atom} \\
\Delta l=\pm 1 \text{ für das seine Konfiguration ändernde Elektron}
\end{array}\right\}\ \text{bei } LS\text{-Kopplung}$$

$$\Delta j=0,\ \pm 1 \text{ für eines der Elektronen bei } jj\text{-Kopplung}$$

sind damit die Termschemata und die Spektren aller Atome verständlich.

19.4 Das Mehrelektronenproblem. Hartree-Fock-Verfahren*

19.4.1 Das Zwei-Elektronenproblem

Das Wasserstoffproblem, bei dem nur ein Elektron um den Kern kreist, hatten wir in Kap. 10 exakt lösen können. Leider stehen uns bei allen anderen Atomen mit mehr als einem Elektron keine exakten Lösungen zur Verfügung. Trotzdem ist es möglich, in einer im allgemeinen recht guten Näherung die Wellenfunktionen und Energien zu bestimmen. Um die hier auftretende Problematik aufzuzeigen, betrachten wir ein Atom mit 2 Elektronen, also z.B. das Helium-Atom oder ein mehrfach ionisiertes Atom, bei dem nur noch zwei Elektronen den Kern umkreisen (vgl. Abb. 19.6). Die Koordinaten der beiden Elektronen unterscheiden wir durch den Index $j=1$ bzw. $j=2$. Wäre nur ein Elektron vorhanden, so wäre der zugehörige Hamiltonoperator durch

$$H_j=-\frac{h^2}{2m_0}\Delta_j-\frac{Ze^2}{4\pi\varepsilon_0 r_j} \tag{19.2}$$

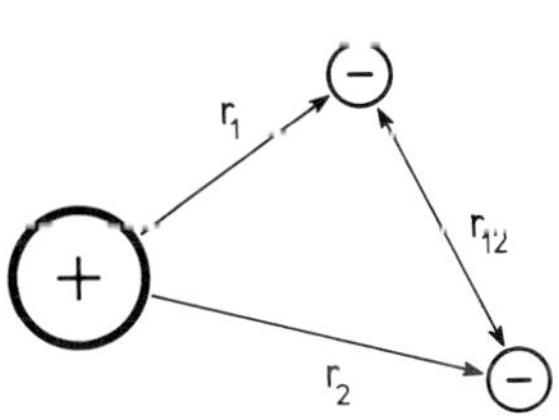

Abb. 19.6. Atom mit zwei Elektronen

gegeben, wobei der Laplace-Operator durch

$$\Delta_j = \frac{\partial^2}{\partial x_j^2} + \frac{\partial^2}{\partial y_j^2} + \frac{\partial^2}{\partial z_j^2} \tag{19.3}$$

definiert ist.

Sehen wir von der Wechselwirkung zwischen den Elektronen ab, so ist bei einer *klassischen* Behandlung die Energie des Gesamtsystems der beiden Elektronen einfach gleich der Energie der einzelnen Elektronen. Die Hamiltonfunktion des Gesamtsystems ist damit gleich der Summe der Hamiltonfunktionen der beiden Elektronen. Machen wir uns nun die Übersetzungsvorschrift der Quantentheorie zu eigen, nach der man überall die kinetische Energie durch die Laplace-Operatoren (19.3), multipliziert mit $-\hbar^2/2m_0$, zu ersetzen hat, so erhalten wir als Hamiltonoperator des Zwei-Elektronen-Systems

$$H^0 = H_1 + H_2 , \tag{19.4}$$

wobei der Hamiltonoperator (19.2) benutzt werden soll. Tatsächlich besteht aber noch eine direkte Wechselwirkung zwischen den Elektronen. Der wichtigste Anteil dabei ist die Coulombsche Wechselwirkungsenergie, so daß wir (19.4) durch

$$H = H_1 + H_2 + \frac{e^2}{4\pi\varepsilon_0 r_{12}} \tag{19.5}$$

zu ersetzen haben. r_{12} ist der Abstand zwischen den beiden Elektronen. Unsere Aufgabe ist es, die zu (19.5) gehörige Schrödinger-Gleichung exakt zu lösen. Dies ist, wie bereits bemerkt, nicht in geschlossener Form möglich. Wir betrachten daher zunächst das einfachere Problem, bei dem die Coulombsche Wechselwirkung zwischen den beiden Elektronen weggelassen ist und in der Schrödinger-Gleichung der Hamiltonoperator (19.4) benutzt wird. Wir benutzen nun die Tatsache, daß die Einteilchen-Schrödinger-Gleichung mit dem Hamiltonoperator (19.2) bereits gelöst ist. Um der Realität Rechnung zu tragen, berücksichtigen wir auch den Spin des Elektrons und führen daher neben dem Ortsvektor des Elektrons $\boldsymbol{r}_k$ noch seine Spinvariable ein. Zur Abkürzung benutzen wir die Variable $\boldsymbol{R}_k$, die durch

$$\boldsymbol{R}_k = (\boldsymbol{r}_k, \text{Spin-Variable}) \equiv (\boldsymbol{r}_k, k) \tag{19.6}$$

definiert ist. Die Wellenfunktion des Einelektronenproblems ist, wie wir bereits in Kap. 10 sahen, durch die Quantenzahlen n, l, m_l, m_s gekennzeichnet: Ψ_{n,l,m_l,m_s}. Die zugehörige Einteilchenenergie lautet E_{n,l,m_l,m_s}. Wir betrachten nun die zum Gesamt-Hamiltonoperator (19.4) gehörige Schrödinger-Gleichung

$$H^0 \Psi = E_g \Psi , \tag{19.7}$$

wobei E_g eine Abkürzung für E_{gesamt} darstellt. Da der Hamiltonoperator H^0 (19.4) sich auf die beiden Variablen $\boldsymbol{R}_1$ und $\boldsymbol{R}_2$ bezieht, muß natürlich die Wellenfunktion von diesen beiden Variablen abhängen: $\Psi(\boldsymbol{R}_1, \boldsymbol{R}_2)$. Um im folgenden nicht zu viele Quantenzahlen explizit mitschleppen zu müssen, führen wir für die Gesamtheit der Quantenzahlen noch die Abkürzung

$$Q = (n, l, m_l, m_s) \equiv (q, m_s) \tag{19.8}$$

ein. Wie man durch Einsetzen in die Schrödinger-Gleichung (19.7) sofort nachprüft, wird diese durch die Wellenfunktion

$$\Psi(\boldsymbol{R}_1, \boldsymbol{R}_2) = \psi_{Q_1}(\boldsymbol{R}_1)\, \psi_{Q_2}(\boldsymbol{R}_2) \tag{19.9}$$

gelöst, wobei die ψ's auf der rechten Seite Lösungen der Einteilchen-Schrödinger-Gleichungen sind. Die Gesamtenergie ergibt sich, wie man ebenfalls sofort nachprüft, zu

$$E_{\mathrm{g}} = E_{Q_1} + E_{Q_2}, \tag{19.10}$$

wobei die Energien E auf der rechten Seite die Einteilchen-Energien mit den zugehörigen Quantenzahlen Q_1 bzw. Q_2 sind. Scheinbar haben wir das oben erwähnte klassische Ergebnis ohne Einschränkung reproduziert, nämlich daß sich die Einteilchen-Energien einfach addieren, wenn wir von der Elektronen-Wechselwirkung absehen. Die Lösung (19.9) läßt jedoch offenbar auch den Fall $Q_1 = Q_2$ zu, was bedeutet, daß die beiden Elektronen in ihren vier Quantenzahlen vollständig übereinstimmen. Nach dem Pauli-Prinzip ist dieser Fall aber auszuschließen. Die theoretischen Physiker haben sich nun überlegt, wie eine Wellenfunktion gefunden werden kann, die diesen Fall automatisch verhindert. Dazu benutzen wir die Tatsache, daß nicht nur (19.9), sondern auch die Wellenfunktion

$$\psi_{Q_2}(\boldsymbol{R}_1)\psi_{Q_1}(\boldsymbol{R}_2) \tag{19.11}$$

die Schrödinger-Gleichung (19.7) erfüllt, und zwar zu genau der gleichen Energie (19.10), die bereits zu (19.9) gehörte. Wie wir wissen, können wir aus Wellenfunktionen, die zur gleichen Energie gehören, auch beliebige Linearkombinationen aufbauen, die wiederum Lösung der Schrödinger-Gleichung zur gleichen Energie sind. Diejenige Linearkombination, die das Pauli-Prinzip nun automatisch gewährleistet, ist eine Differenz aus (19.9) und (19.11), nämlich

$$\Psi(\boldsymbol{R}_1, \boldsymbol{R}_2) = \frac{1}{\sqrt{2}} [\psi_{Q_1}(\boldsymbol{R}_1)\, \psi_{Q_2}(\boldsymbol{R}_2) - \psi_{Q_2}(\boldsymbol{R}_1)\, \psi_{Q_1}(\boldsymbol{R}_2)]\,. \tag{19.12}$$

Diese Wellenfunktion verschwindet identisch, sofern $Q_1 = Q_2$ ist. Der Faktor $1/\sqrt{2}$ dient dazu, daß die Gesamtwellenfunktion normiert ist. Vertauschen wir in (19.12) die Koordinaten $\boldsymbol{R}_1$ und $\boldsymbol{R}_2$, so geht die Wellenfunktion offensichtlich in ihr Negatives über oder, mit anderen Worten, die Wellenfunktion ist *antisymmetrisch*. Dies ist nun eine Formulierung, die es gestattet, das Pauli-Prinzip auch dann zu formulieren, wenn eine Wechselwirkung zwischen den Elektronen vorhanden ist. *Die Wellenfunktion muß in den Koordinaten $\boldsymbol{R}_1$ und $\boldsymbol{R}_2$ antisymmetrisch sein.* Man beachte dabei, daß die Variablen $\boldsymbol{R}_j$ auch die Spinvariablen beinhalten.

Untersuchen wir nun die Rolle der Spinvariablen und der zugehörigen Spinwellenfunktionen.

Dazu trennen wir in der Wellenfunktion des Elektrons mit dem Index k die Gesamtheit der Quantenzahlen Q_k gemäß (19.8) in

$$Q_k = (q_k, m_{s,k}) \tag{19.13}$$

auf und ebenso $\boldsymbol{R}_k$ gemäß (19.6).

Wir schreiben nun die Wellenfunktion $\psi_{Q_k}(\boldsymbol{R}_k)$ als Produkt aus einer Wellenfunktion für die Bahnbewegung $\psi_{q_k}(\boldsymbol{r}_k)$ und einer Spinwellenfunktion $\varphi_{m_s}(k)$.

Damit erhalten wir anstelle von (19.12)

$$\Psi(\boldsymbol{R}_1, \boldsymbol{R}_2) = \frac{1}{\sqrt{2}} [\psi_{q_1}(\boldsymbol{r}_1)\psi_{q_2}(\boldsymbol{r}_2)\varphi_{m_{s,1}}(1)\varphi_{m_{s,2}}(2) - \psi_{q_1}(\boldsymbol{r}_2)\psi_{q_2}(\boldsymbol{r}_1)\varphi_{m_{s,1}}(2)\varphi_{m_{s,2}}(1)]. \tag{19.14}$$

Charakterisieren wir Spinquantenzahlen $m_s = \pm 1/2$ der Anschaulichkeit zuliebe durch $\uparrow$ oder $\downarrow$.

Dann gibt es die folgenden Möglichkeiten:

$$1)\ m_{s,1} = \uparrow, \quad m_{s,2} = \uparrow, \tag{19.15}$$

$$2)\ m_{s,1} = \downarrow, \quad m_{s,2} = \downarrow, \tag{19.16}$$

$$3)\ m_{s,1} = \uparrow, \quad m_{s,2} = \downarrow, \tag{19.17}$$

$$4)\ m_{s,1} = \downarrow, \quad m_{s,2} = \uparrow. \tag{19.18}$$

Bei den zu (1) und (2) gehörigen Wellenfunktionen lassen sich die Spinfunktionen ausklammern und wir erhalten

$$1)\ \Psi_{\uparrow\uparrow}(\boldsymbol{R}_1, \boldsymbol{R}_2) = \frac{1}{\sqrt{2}} [\psi_{q_1}(\boldsymbol{r}_1)\psi_{q_2}(\boldsymbol{r}_2) - \psi_{q_1}(\boldsymbol{r}_2)\psi_{q_2}(\boldsymbol{r}_1)]\varphi_\uparrow(1)\varphi_\uparrow(2) \tag{19.19}$$

und

$$2)\ \Psi_{\downarrow\downarrow}(\boldsymbol{R}_1, \boldsymbol{R}_2) = \frac{1}{\sqrt{2}} [\psi_{q_1}(\boldsymbol{r}_1)\psi_{q_2}(\boldsymbol{r}_2) - \psi_{q_1}(\boldsymbol{r}_2)\psi_{q_2}(\boldsymbol{r}_1)]\varphi_\downarrow(1)\varphi_\downarrow(2). \tag{19.20}$$

Die Wellenfunktion für die beiden Elektronen läßt sich als ein Produkt aus einer Bahnwellenfunktion und einer Spinwellenfunktion schreiben:

$$\Psi(\boldsymbol{R}_1, \boldsymbol{R}_2) = \psi(\boldsymbol{r}_1, \boldsymbol{r}_2)\Phi(1,2), \quad \text{wobei} \tag{19.21}$$

$$\Phi_{\uparrow\uparrow}(1,2) = \varphi_\uparrow(1)\varphi_\uparrow(2), \tag{19.22}$$

$$\Phi_{\downarrow\downarrow}(1,2) = \varphi_\downarrow(1)\varphi_\downarrow(2). \tag{19.23}$$

Untersuchen wir die Bedeutung der Spinwellenfunktion Φ genauer. Da sich diese auf zwei Elektronen bezieht, liegt es nahe, den Gesamtspin der beiden Elektronen zu untersuchen. Seiner z-Komponente entspricht der Operator

$$\Sigma_z \equiv \sigma_{z,1} + \sigma_{z,2}, \tag{19.24}$$

wobei $\sigma_{z,k}$ der Operator der z-Komponente des Spins des Elektrons k ist. Wie man sich sofort überzeugt, gilt:

$$\Sigma_z \varphi_\uparrow(1)\varphi_\uparrow(2) = \hbar\varphi_\uparrow(1)\varphi_\uparrow(2), \tag{19.25}$$

$$\Sigma_z \varphi_\downarrow(1)\varphi_\downarrow(2) = -\hbar\varphi_\downarrow(1)\varphi_\downarrow(2), \tag{19.26}$$

d. h. die Spinwellenfunktionen (19.22, 23) sind Eigenfunktionen zu (19.24)! Ebenso überzeugt man sich (vgl. Übungsaufgabe), daß sie auch Eigenfunktionen zu

$$\boldsymbol{\Sigma}^2 \equiv (\boldsymbol{\sigma}_1 + \boldsymbol{\sigma}_2)^2 \tag{19.27}$$

mit dem Eigenwert $2\hbar^2$ sind.

Kehren wir nun zu dem Schema (19.15–18) zurück und schreiben wir die restlichen, zu (19.17) und (19.18) gehörenden Wellenfunktionen nieder:

$$3)\ \Psi_{\uparrow\downarrow}(\boldsymbol{R}_1, \boldsymbol{R}_2) = \frac{1}{\sqrt{2}}[\psi_{q_1}(\boldsymbol{r}_1)\psi_{q_2}(\boldsymbol{r}_2)\varphi_\uparrow(1)\varphi_\downarrow(2) - \psi_{q_1}(\boldsymbol{r}_2)\psi_{q_2}(\boldsymbol{r}_1)\varphi_\uparrow(2)\varphi_\downarrow(1)], \tag{19.28}$$

$$4)\ \Psi_{\downarrow\uparrow}(\boldsymbol{R}_1, \boldsymbol{R}_2) = \frac{1}{\sqrt{2}}[\psi_{q_1}(\boldsymbol{r}_1)\psi_{q_2}(\boldsymbol{r}_2)\varphi_\downarrow(1)\varphi_\uparrow(2) - \psi_{q_1}(\boldsymbol{r}_2)\psi_{q_2}(\boldsymbol{r}_1)\varphi_\downarrow(2)\varphi_\uparrow(1)]. \tag{19.29}$$

Diese lassen sich ersichtlich nicht in der Produktform (19.21) schreiben. Wie wir aber wissen, können wir aus Wellenfunktionen, die zur gleichen Energie gehören, Linearkombinationen bilden, oder müssen dies bei der Störungstheorie mit Entartung sogar tun. Wir bilden daher die Summe bzw. Differenz aus (3) und (4) und erhalten nach kurzer Umformung:

$$\begin{aligned} 5) = 3) + 4) &= \frac{1}{2}[\psi_{q_1}(\boldsymbol{r}_1)\psi_{q_2}(\boldsymbol{r}_2) - \psi_{q_1}(\boldsymbol{r}_2)\psi_{q_2}(\boldsymbol{r}_1)][\varphi_\uparrow(1)\varphi_\downarrow(2) + \varphi_\uparrow(2)\varphi_\downarrow(1)] \\ &= \Psi_{\uparrow\downarrow+\downarrow\uparrow}(\boldsymbol{R}_1, \boldsymbol{R}_2), \end{aligned} \tag{19.30}$$

$$\begin{aligned} 6) = 3) - 4) &= \frac{1}{2}[\psi_{q_1}(\boldsymbol{r}_1)\psi_{q_2}(\boldsymbol{r}_2) + \psi_{q_1}(\boldsymbol{r}_2)\psi_{q_2}(\boldsymbol{r}_1)][\varphi_\uparrow(1)\varphi_\downarrow(2) - \varphi_\uparrow(2)\varphi_\downarrow(1)] \\ &= \Psi_{\uparrow\downarrow-\downarrow\uparrow}(\boldsymbol{R}_1, \boldsymbol{R}_2). \end{aligned} \tag{19.31}$$

Diese neuen Wellenfunktionen sind also tatsächlich von der gewünschten Form (19.21) und sind überdies Eigenfunktionen zu Σ und $\boldsymbol{\Sigma}^2$:

$$\Sigma_z[\varphi_\uparrow(1)\varphi_\downarrow(2) \pm \varphi_\uparrow(2)\varphi_\downarrow(1)] = 0, \tag{19.32}$$

$$\boldsymbol{\Sigma}^2[\varphi_\uparrow(1)\varphi_\downarrow(2) + \varphi_\uparrow(2)\varphi_\downarrow(1)] = 2\hbar^2[\varphi_\uparrow(1)\varphi_\downarrow(2) + \varphi_\uparrow(2)\varphi_\downarrow(1)], \tag{19.33}$$

$$\boldsymbol{\Sigma}^2[\varphi_\uparrow(1)\varphi_\downarrow(2) - \varphi_\uparrow(2)\varphi_\downarrow(1)] = 0. \tag{19.34}$$

Ersichtlich gehört die Spinwellenfunktion

$$\Phi = \varphi_\uparrow(1)\varphi_\downarrow(2) - \varphi_\uparrow(2)\varphi_\downarrow(1) \tag{19.35}$$

zum Singulett ($S=0$) Zustand (vgl. Abschn. 17.3), während die Spinwellenfunktionen

$$\Phi = \begin{cases} \varphi_\uparrow(1)\varphi_\uparrow(2) & (19.36) \\ \varphi_\uparrow(1)\varphi_\downarrow(2) + \varphi_\uparrow(2)\varphi_\downarrow(1) & (19.37) \\ \varphi_\downarrow(1)\varphi_\downarrow(2) & (19.38) \end{cases}$$

zum Triplett-Zustand ($S=1$) mit $M_{s,z} = 1, 0, -1$ gehören.

sacht. Ihr magnetisches Moment tritt dort in Wechselwirkung mit dem Kernmoment, das im endlichen Kernvolumen verteilt ist. Diese Wechselwirkung bezeichnet man auch als Kontakt-Wechselwirkung. Sie ist isotrop. Nach *Fermi* läßt sie sich für ein s-Elektron ($^2S_{1/2}$, $J=1/2$) exakt berechnen, also z. B. für die Grundzustände der Alkali-Atome. Man erhält für die Hyperfeinkonstante a den Ausdruck

$$a=\tfrac{2}{3}\mu_0 g_e \mu_B g_I \mu_K |\psi(0)|^2\,, \tag{20.11}$$

wenn für den elektronischen g-Faktor das Symbol g_e verwendet wird.
Dabei ist $\psi(0)$ die Wellenfunktion des Elektrons am Kernort. Für das s-Elektron im Wasserstoff-Atom gilt (vgl. Kap. 10) $|\psi(0)|^2=1/\pi r_H^3$, wenn r_H der Radius der ersten Bohrschen Bahn ist. Das ergibt ausgerechnet $a=1420\,\text{MHz}\mathrel{\hat{=}}0{,}0475\,\text{cm}^{-1}\mathrel{\hat{=}}5{,}9\cdot10^{-6}\,\text{eV}$, s. dazu auch Abb. 20.7. Allgemein gilt in guter Näherung für s-Elektronen in Wasserstoff-ähnlichen Atomen

$$|\psi(0)|^2=Z^3/(\pi n^3 r_H^3)\,.$$

Für Elektronen mit $l>0$, also für $p, d, f\ldots$ Elektronen, verschwindet die Aufenthaltswahrscheinlichkeit am Kernort. Hier berechnet man das Feld B_J aus der Dipol-Dipol-Wechselwirkung zwischen dem Elektronen-Moment und dem Kernmoment. Die Hyperfeinkonstante a wird anisotrop.

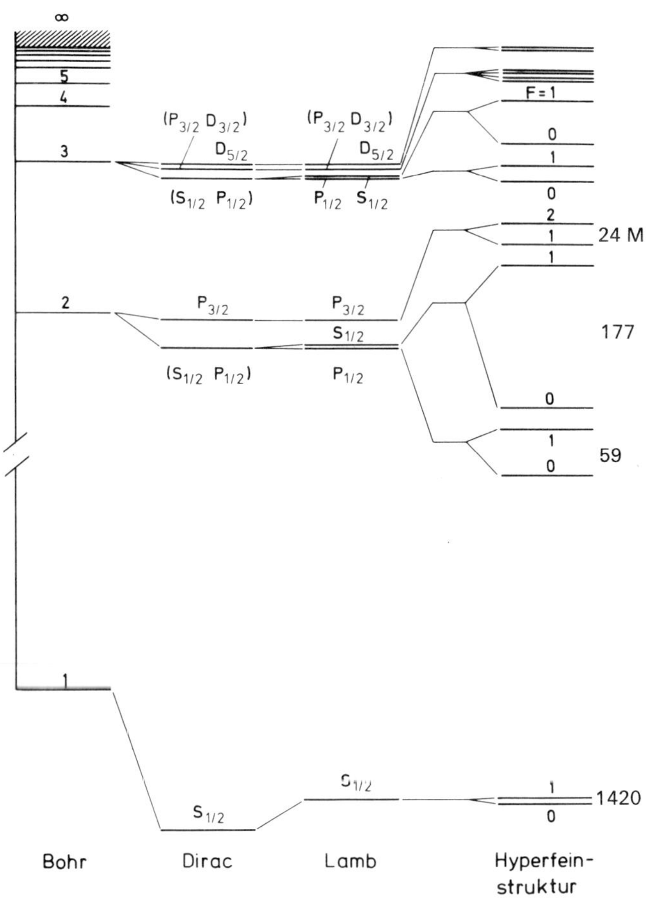

Abb. 20.6. Termschema des H-Atoms mit Einschluß der Hyperfein-Aufspaltung. Alle Feinstrukturterme (s. Abb. 12.20) sind durch die Wechselwirkung mit dem Protonenspin zweifach aufgespalten. Die Größe der Aufspaltung ist hier nicht maßstäblich aufgetragen. Insbesondere wurde der Maßstab beim Übergang von den Bohrschen Energieniveaus zur Feinstruktur und weiter zur Hyperfeinstruktur vergrößert, um die von links nach rechts immer kleiner werdenden Energieunterschiede darstellen zu können. Bei der Hyperfeinaufspaltung nimmt der Maßstab von unten nach oben zu. Die Hyperfeinaufspaltung im Grundzustand, $n=1$, ist am größten. Zahlenangaben für die Hyperfeinaufspaltung in MHz

Die zugehörigen Wellenfunktionen, die auch die Ortskoordinaten enthalten, unterscheiden sich für die Singulett- und Triplettzustände durch ihre Symmetrie in den Ortsfunktionen.

Da die Triplettzustände eine antisymmetrische Ortsfunktion besitzen, verschwindet die Aufenthaltswahrscheinlichkeit für die Elektronen am gleichen Ort und sie ist klein, falls die Elektronen sich nahekommen. Die positive Coulombsche Wechselwirkungsenergie zwischen diesen Elektronen ist also für Triplettzustände niedriger als für Singulettzustände mit ihrer in den Ortskoordinaten symmetrischen Wellenfunktion. Dies ist die theoretische Begründung der Hundschen Regel, vgl. Abschn. 19.2.

19.4.2 Viele Elektronen ohne gegenseitige Wechselwirkung

Die Überlegungen, die zu der Wellenfunktion (19.12) führten, lassen sich allgemein formulieren. Wir geben die Resultate hier ohne Beweis an. Im allgemeinen Fall haben wir es mit den Variablen $\boldsymbol{R}_1 \dots \boldsymbol{R}_N$ von N Elektronen zu tun. Ohne Wechselwirkung der Elektronen untereinander ist der Hamiltonoperator eine Summe aus Ein-Elektron-Hamiltonoperatoren

$$H^0 = \sum_{j=1}^{N} H_j . \tag{19.39}$$

Die Lösung der zu (19.39) gehörigen Schrödinger-Gleichung

$$H^0 \Psi = E_g \Psi \tag{19.40}$$

hängt natürlich von den Koordinaten $\boldsymbol{R}_1, \dots, \boldsymbol{R}_N$ ab:

$$\Psi(\boldsymbol{R}_1, \boldsymbol{R}_2, \dots, \boldsymbol{R}_N) . \tag{19.41}$$

Unter Beibehaltung der oben eingeführten Bezeichnungsweise läßt sich sofort zeigen, daß die Schrödinger-Gleichung (19.40) durch das Produkt

$$\Psi(\boldsymbol{R}_1, \boldsymbol{R}_2, \dots, \boldsymbol{R}_N) = \psi_{Q_1}(\boldsymbol{R}_1) \psi_{Q_2}(\boldsymbol{R}_2) \dots \psi_{Q_N}(\boldsymbol{R}_N) \tag{19.42}$$

gelöst wird. Diesen Ansatz bezeichnen wir als Hartree-Ansatz. Die zugehörige Energie ist durch

$$E_g = E_{Q_1} + E_{Q_2} + \dots + E_{Q_N} \tag{19.43}$$

gegeben, wobei die Energiewerte auf der rechten Seite wiederum die Energien der Einzelelektronen sind. Die Lösung (19.42) trägt dem Pauli-Prinzip noch nicht Rechnung, da sie auch Lösungen $Q_i = Q_k$ für ein Paar i, k zuläßt. Derjenige Ansatz, der dem Pauli-Prinzip Rechnung trägt, ist vielmehr durch eine Determinante in der Form

$$\Psi(\boldsymbol{R}_1, \boldsymbol{R}_2, \dots, \boldsymbol{R}_N) = \frac{1}{\sqrt{N!}} \begin{vmatrix} \psi_{Q_1}(\boldsymbol{R}_1)\, \psi_{Q_1}(\boldsymbol{R}_2) \dots \psi_{Q_1}(\boldsymbol{R}_N) \\ \psi_{Q_2}(\boldsymbol{R}_1)\, \psi_{Q_2}(\boldsymbol{R}_2) \dots \\ \vdots \qquad \vdots \\ \psi_{Q_N}(\boldsymbol{R}_1) \dots \qquad \psi_{Q_N}(\boldsymbol{R}_N) \end{vmatrix} \tag{19.44}$$

gegeben. Bekanntlich ändert eine Determinante ihr Vorzeichen, wenn man zwei Zeilen oder zwei Spalten miteinander vertauscht. Vertauschen wir zwei Variable $\boldsymbol{R}_i$ und $\boldsymbol{R}_k$, so ist dies gleichbedeutend mit der Vertauschung von zwei Spalten in (19.44). Somit gewährleistet (19.44) die Antisymmetrie der Wellenfunktion. Da eine Determinante verschwindet, wenn sie in zwei Spalten oder zwei Zeilen übereinstimmt, ergibt sich sofort, daß (19.44) verschwindet, falls $Q_i = Q_k$ für ein beliebiges Paar i, k. Wir behandeln jetzt einen Spezialfall von (19.44), nämlich den, daß alle Spins der Elektronen parallel sind. In diesem Fall ist die Spin-Quantenzahl m_s z. B. $=1/2$ für alle j. Vernachlässigen wir ferner die Spin-Bahn-Kopplung, so läßt sich die Wellenfunktion eines einzelnen Elektrons als Produkt schreiben (für die Quantenzahl m_l schreiben wir hier der Übersichtlichkeit halber m_k)

$$\psi_{Q_k}(\boldsymbol{R}_j) = \psi_{n_k, l_k, m_k}(\boldsymbol{r}_j) \cdot \varphi_\uparrow(j)\,, \tag{19.45}$$

wobei ψ_{n_k, l_k, m_k} sich auf die Bahnbewegung und $\varphi_\uparrow$ sich auf den Spin beziehen. Wie sich auf Grund elementarer Sätze der Determinanten sofort zeigen läßt, geht die Determinante (19.44) bei dem Ansatz (19.45) in die Endformel

$$\Psi(\boldsymbol{R}_1, \ldots, \boldsymbol{R}_N) = \frac{1}{\sqrt{N!}} \begin{vmatrix} \psi_{n_1, l_1, m_1}(\boldsymbol{r}_1) \ldots \psi_{n_1, l_1, m_1}(\boldsymbol{r}_N) \\ \vdots \\ \psi_{n_N, l_N, m_N}(\boldsymbol{r}_1) \ldots \end{vmatrix} \cdot \varphi_\uparrow(1) \ldots \varphi_\uparrow(N) \tag{19.46}$$

über, d. h. die Gesamtwellenfunktion ist jetzt ein Produkt aus einer Spinfunktion, die symmetrisch ist (da die Spinquantenzahlen der Elektronen identisch sind) und einer antisymmetrischen Wellenfunktion, die durch eine Determinante wie in (19.46) dargestellt wird und die nur von den Ortsvariablen $\boldsymbol{r}_j$ abhängt.

Setzen wir in der Determinante für ein Paar i, k die zugehörigen Koordinaten einander gleich, $\boldsymbol{r}_i = \boldsymbol{r}_k$, so verschwindet natürlich die Determinante, d. h. die Gesamtwellenfunktion. Dies bedeutet, daß zwei Elektronen mit parallelen Spins sich nicht am gleichen Ort aufhalten können. Da die Wellenfunktionen ψ stetig sind, ist auch Ψ stetig. Dies bedeutet, daß die Aufenthaltswahrscheinlichkeit von zwei Elektronen stetig gegen Null geht, wenn die Elektronenkoordinaten eines Paares einander gleich werden. Das Pauli-Prinzip sorgt also dafür, daß Elektronen mit parallelem Spin einen gewissen Abstand voneinander automatisch einhalten.

19.4.3 Coulombsche Wechselwirkung der Elektronen. Das Hartree- und das Hartree-Fock-Verfahren

Wir wenden uns nun dem eigentlichen Problem zu, bei dem die Coulombsche Wechselwirkung der Elektronen untereinander berücksichtigt wird. Da die Coulombsche Wechselwirkungsenergie zwischen einem Elektronenpaar j, k durch $e^2/(4\pi\varepsilon_0 r_{jk})$ gegeben ist (r_{jk}: Abstand der beiden Elektronen), lautet der Hamiltonoperator

$$H = \sum_{j=1}^{N} H_j + \sum_{j<k} \frac{e^2}{4\pi\varepsilon_0 r_{jk}}\,. \tag{19.47}$$

Die Summationsvorschrift $j<k$ sorgt dafür, daß die Wechselwirkungsenergie zwischen Elektronenpaaren nicht doppelt gezählt wird. Summiert man statt dessen über alle Indizes j

und k mit der Einschränkung $j \neq k$, so muß ein Faktor 1/2 vor die Wechselwirkungssumme gesetzt werden

$$H = \sum_{j=1}^{N} H_j + \frac{1}{2} \sum_{j \neq k} \frac{e^2}{4\pi\varepsilon_0 r_{jk}} . \tag{19.48}$$

Wir stehen nunmehr vor der Aufgabe, die zum Hamiltonoperator (19.48) gehörige Schrödinger-Gleichung

$$H\Psi = E_g \Psi \tag{19.49}$$

zu lösen. Da dies, wie bereits mehrfach bemerkt, nicht exakt möglich ist, lassen wir uns von folgendem Gedankengang leiten. Wir nehmen einmal an, daß wir das Einelektronenproblem bereits gelöst haben, so daß uns die Wellenfunktionen der einzelnen Elektronen in der Form

$$\psi_{Q_j}(\boldsymbol{R}_j) \tag{19.50}$$

bekannt sind. Zu der Wellenfunktion (19.50) gehört eine Ladungsdichteverteilung, die durch

$$\varrho(\boldsymbol{r}_j) = e|\psi_{Q_j}(\boldsymbol{R}_j)|^2 \tag{19.51}$$

gegeben ist. Wie wir aus der Elektrostatik wissen, besteht zwischen einer Ladung am Ort $\boldsymbol{r}$ und der durch (19.51) gegebenen Ladungsverteilung eine Wechselwirkungsenergie, die durch das Produkt aus Ladung und elektrostatischem Potential gegeben ist. Das elektrostatische Potential ist dabei mit Hilfe der Ladungsverteilung ϱ zu berechnen. Insgesamt ergibt sich für die Coulombsche Wechselwirkungsenergie der Ausdruck

$$V(\boldsymbol{r}) = \frac{1}{4\pi\varepsilon_0} \int \frac{e\varrho(\boldsymbol{r}_j)}{|\boldsymbol{r} - \boldsymbol{r}_j|} d\tau_j , \tag{19.52}$$

wobei über das gesamte Volumen zu integrieren ist (das Volumenelement bezeichnen wir hier mit $d\tau$, um von der Wechselwirkungsenergie V zu unterscheiden). Setzen wir (19.51) in (19.52) ein, so ergibt sich

$$V(\boldsymbol{r}) = \frac{1}{4\pi\varepsilon_0} \int \frac{e^2|\psi_{Q_j}(\boldsymbol{R}_j)|^2}{|\boldsymbol{r} - \boldsymbol{r}_j|} d\tau_j . \tag{19.53}$$

Die grundlegende Idee des im folgenden zu erläuternden Hartree- bzw. Hartree-Fock-Verfahrens besteht nun darin, das Mehrelektronenproblem auf ein Einelektronenproblem zurückzuführen. Dazu denken wir uns ein Elektron herausgegriffen. Dieses Elektron bewegt sich nun nicht nur im Feld des Atomkerns, sondern auch im Feld aller übrigen Elektronen. Die Näherungsannahme besteht darin, daß wir die Elektronendichteverteilung aller übrigen Elektronen in einem ersten Näherungsschritt konkret vorgeben, und zwar durch Einteilchen-Wellenfunktionen (19.50). Um die Wellenfunktion des herausgegriffenen Elektrons zu bestimmen, haben wir nun eine Schrödinger-Gleichung zu lösen, in der neben dem Coulomb-Potential des Atomkerns noch die Coulombsche Wechselwirkungsenergie mit allen übrigen Elektronen auftritt. Hat das herausgegriffene Elektron den Index k und damit die Koordinate $\boldsymbol{R}_k$, so lautet die Schrödinger-Gleichung

$$\left[-\frac{\hbar^2}{2m_0} \Delta_k - \frac{Ze^2}{4\pi\varepsilon_0 r_k} + V_k^{(0)}(\boldsymbol{r}_k) \right] \psi_k^{(1)}(\boldsymbol{R}_k) = E\psi_k^{(1)}(\boldsymbol{R}_k) . \tag{19.54}$$

$V_k^{(0)}$ ist dabei die Coulombsche Wechselwirkungsenergie mit allen übrigen Elektronen, die wir aus

$$V_k(\boldsymbol{r}) = \sum_{j=1}^{N}{}' \int \frac{e^2 |\psi_{Q_j}(\boldsymbol{R}_j)|^2}{4\pi\varepsilon_0 |\boldsymbol{r} - \boldsymbol{r}_j|} d\tau_j \tag{19.55}$$

erhalten, indem wir in einem ersten Näherungsschritt in (19.55) für ψ_{Q_j} die Wellenfunktionen $\psi_{Q_j}^{(0)}$ verwenden[1]. Entsprechend soll der obere Index (1) darauf hinweisen, daß die Wellenfunktion des Elektrons k in einem ersten Näherungsschritt aus der Schrödinger-Gleichung (19.54) bestimmt wird. In einem zweiten Näherungsschritt benutzen wir nunmehr die Wellenfunktionen $\psi^{(1)}$ für die Wellenfunktionen ψ in (19.55). Damit ergeben sich in einer zu (19.54) analogen Schrödinger-Gleichung die neuen Wellenfunktionen $\psi^{(2)}$. Dieses Verfahren ist solange fortzusetzen, bis sich bei den Wellenfunktionen $\psi^{(j)}$ keine merklichen Änderungen mehr ergeben, das ganze Verfahren also konvergiert. Wir erhalten damit das Schema

$$\psi^{(0)} \to V^{(0)} \to \psi^{(1)} \to V^{(1)} \to \psi^{(2)} \to V^{(2)} \ldots \psi^{(j)} \to \psi\,. \tag{19.56}$$

Das hier beschriebene Verfahren hat natürlich einen etwas heuristischen Charakter. Es ist daher wünschenswert, es auf eine strenge mathematische Basis zu stellen. Dies ist tatsächlich möglich, doch können wir auf die Details aus Raumgründen nicht näher eingehen. Es läßt sich zeigen, daß die Schrödinger-Gleichung (19.49) äquivalent zu einem Extremalprinzip ist, nach dem der Ausdruck

$$\int \ldots \int \psi^* H \psi d\tau_1 \ldots d\tau_N = \text{Extr!} \tag{19.57}$$

zu einem Extremum gemacht wird mit der Nebenbedingung der Normierung

$$\int \Psi^* \Psi d\tau_1 \ldots d\tau_N = 1\,. \tag{19.58}$$

Verwendet man in einem solchen Variationsprinzip für Ψ einen Produktansatz in der Form (19.42), so ergibt sich ein Satz von Schrödinger-Gleichungen für die einzelnen Wellenfunktionen

$$\left[-\frac{\hbar^2}{2m_0} \Delta_k - \frac{Ze^2}{4\pi\varepsilon_0 r_k} + V_k(\boldsymbol{r}_k) \right] \psi_{Q_k}(\boldsymbol{R}_k) = E \psi_{Q_k}(\boldsymbol{R}_k)\,, \tag{19.59}$$

wobei V_k durch (19.55) definiert ist. Das Hartree-Verfahren besteht nun gerade darin, die Schrödinger-Gleichungen (19.59) iterativ in der oben angegebenen Weise zu lösen. Der Nachteil des Hartree-Verfahrens ist offensichtlich, daß für Ψ ein Produktansatz gemacht wird, der das Pauli-Prinzip, wie wir wissen, verletzt. Der Schlüssel zur Erweiterung des Hartree-Verfahrens unter Einschluß des Pauli-Prinzips besteht darin, in dem Variationsproblem (19.57) und (19.58) für Ψ den Determinantenansatz (19.44) zu verwenden. Die zugehörigen Rechnungen sind ziemlich lang. Wir geben daher nur das Resultat an. Es ergibt

1 Der Strich an der Summe in (19.55) bedeutet, daß $j \neq k$.

sich für die Einzelwellenfunktionen ψ_{Q_k} ein Satz von Schrödinger-Gleichungen der Gestalt

$$\begin{aligned}&\left[-\frac{\hbar^2}{2m_0}\Delta_k - \frac{Ze^2}{4\pi\varepsilon_0 r_k} + V_k(\boldsymbol{r}_k)\right]\psi_{Q_k}(\boldsymbol{R}_k)\\ &-\sum_j{}' \frac{1}{4\pi\varepsilon_0}\int \psi^*_{Q_j}(\boldsymbol{R}_j)\frac{e^2}{|\boldsymbol{r}_k-\boldsymbol{r}_j|}\psi_{Q_k}(\boldsymbol{R}_j)d\tau_j\cdot\psi_{Q_j}(\boldsymbol{R}_k) = E\psi_{Q_k}(\boldsymbol{R}_k).\end{aligned} \tag{19.60}$$

Die erste Zeile auf der linken Seite und die rechte Seite von (19.60) stimmen mit der Hartree-Gleichung (19.59) überein. Neu hingegen ist das Zusatzglied, das auch als Austauschglied bezeichnet wird. Der Grund hierfür ist folgender. Vergleicht man $V_k \cdot \psi_{Q_k}$ von (19.60) mit diesem Austauschglied, so erkennt man, daß die Wellenfunktion ψ_{Q_k} mit der Wellenfunktion ψ_{Q_j} die Rolle vertauscht hat, nämlich dadurch, daß jetzt die beiden Elektronen-Koordinaten $\boldsymbol{R}_j$ und $\boldsymbol{R}_k$ ausgetauscht wurden. Dieses Austauschglied ist eine direkte Folge des Determinantenansatzes, d. h. der Antisymmetrie der Wellenfunktion. Es bedeutet anschaulich, daß die Coulombsche Wechselwirkungsenergie zwischen Elektronen mit parallelem Spin verkleinert wird gegenüber derjenigen von Elektronen mit antiparallelem Spin. Da die Wechselwirkungspotentiale V selbst wieder von den Wellenfunktionen ψ abhängen, ist eine Lösung von (19.60) schwierig. Zur Lösung greift man daher wieder auf das Hartree-Fock-Verfahren zurück, nach dem (19.60) iterativ nach dem Schema (19.56) gelöst wird.

Aufgaben

19.1 Wie viele Elektronen besitzen die Atome, bei denen im Grundzustand folgende Schalen gefüllt sind:

a) die K- und L-Schale, die 3s-Unterschale und die Hälfte der 3p-Unterschale;
b) die K-, L- und M-Schale und die 4s-, 4p- und 4d-Unterschale?

Um welche Atome handelt es sich hierbei?

19.2 Zeigen Sie, daß eine abgeschlossene nl-Schale notwendigerweise $L=S=0$ aufweisen muß.

19.3 a) 2 äquivalente p-Elektronen haben starke Spin-Bahn-Kopplung. Bestimmen Sie unter Beachtung des Pauli-Prinzips die möglichen Werte der Gesamtdrehimpuls-Quantenzahl, wenn reine jj-Kopplung vorliegt.

b) Betrachten Sie dasselbe Problem im Fall schwacher Spin-Bahn-Kopplung, so daß $L-S$-Kopplung der beiden p-Elektronen angenommen werden kann. Kommen die gleichen Werte von J in beiden Fällen gleich oft vor?

Hinweis: Man bestimme unter Vernachlässigung der Wechselwirkung der beiden Elektronen die mit dem Pauli-Prinzip verträglichen Zustände. Anschließend versuche man, diese Zustände bei den verschiedenen Drehimpulskopplungen den neuen Quantenzahlen zuzuordnen, um dann auf die möglichen Gesamtdrehimpulsquantenzahlen J zu schließen.

19.4 Bestimmen Sie die Terme der folgenden Konfigurationen und geben Sie jeweils an, welcher Term die niedrigste Energie besitzt: (a) ns, (b) np^3, (c) $(np^2)(n's)$, (d) np^5, (e) $(nd^2)(n'p)$, (f) $(nd)(n'd)$.

19.5 Zeigen Sie in einem Diagramm die besetzten Zustände der Si-, Cl- und As-Atome, wenn sie sich in ihrer Grundzustandkonfiguration befinden. Geben Sie jeweils die Elektronenkonfiguration und die Grundzustandsterme an.

19.6 Bestimmen Sie die Grundzustandkonfiguration und die Anzahl ungepaarter Elektronen in den folgenden Atomen: (a) S, (b) Ca, (c) Fe, (d) Br.

19.7 Bestimme die Terme der Konfiguration nd^2. Welcher Term stellt den Grundzustand des Titan dar? Wie groß sind die Quantenzahlen S, L, J dieses Zustands?

19.8 Man zeige die Richtigkeit der Relationen (19.25), (19.26), (19.32). Ferner zeige man, daß (19.35–38) Eigenfunktionen zu $\boldsymbol{\Sigma}^2$ sind und bestätige die angegebenen Eigenwerte.

Hinweise: Man schreibe $\boldsymbol{\Sigma}^2 = (\boldsymbol{\sigma}_1 + \boldsymbol{\sigma}_2)^2 = \boldsymbol{\sigma}_1^2 + \boldsymbol{\sigma}_2^2 + 2\boldsymbol{\sigma}_1\boldsymbol{\sigma}_2$.

19.9 Gibt es einen Triplettzustand, wenn die Quantenzahlen für beide Elektronen übereinstimmen? Begründung?

Hinweis: Man betrachte die Symmetrie der Ortswellenfunktion.

20. Kernspin, Hyperfeinstruktur

20.1 Einflüsse des Atomkerns auf die Spektren der Atome

Der Atomkern erzeugt das Zentralfeld, in dem sich die Atomelektronen bewegen. Die Kernladungszahl Z erscheint deshalb in allen Gleichungen für spektrale Energieterme von Atomen. Darüber hinaus gibt es weitere Einflüsse des Kerns auf die Elektronenspektren, zu deren Messung im allgemeinen eine besonders hohe spektrale Auflösung erforderlich ist. Man spricht deshalb von *Hyperfeinstruktur* der Spektrallinien. Zum Unterschied davon bezeichnet man als Feinstruktur die in den vorigen Kapiteln behandelten Wechselwirkungseffekte der Elektronen untereinander sowie der Elektronenspins mit den Elektronen-Bahnmomenten.

Zur Messung der Hyperfeinstruktur benötigt man Spektralapparate mit höchstem Auflösungsvermögen. Bis vor wenigen Jahren waren das Interferenz-Spektrometer mit Auflösungsvermögen von der Größenordnung 10^6. In den letzten Jahren wurden Laserspektroskopische Methoden entwickelt, die noch höhere Auflösung ermöglichen. Näheres darüber wird in Kap. 22 behandelt.

Die drei wichtigsten Einflüsse des Kerns auf die Elektronenspektren sind – außer der Wirkung durch das Coulombfeld der Kernladung $+Z \cdot e$ – die folgenden:

- Die *Mitbewegung des Kerns* bei der Bewegung der Elektronen um den Kern (im Modell von *Bohr* und *Sommerfeld*) führt zu einer Abhängigkeit der Rydberg-Konstanten von der Kernmasse. Als Folge davon haben Isotope, das heißt Atome mit gleicher Kernladungszahl Z, aber unterschiedlicher Masse, etwas verschiedene Energieterme. Ihre Spektrallinien unterscheiden sich deshalb etwas voneinander. Dieser bereits früher (Abschn. 8.5) behandelte Isotopeneffekt kann bei schweren Atomen nur mit hohem spektralen Auflösungsvermögen gemessen werden, da dort die relativen Massenunterschiede und damit die Unterschiede der Energieterme verschiedener Isotope am kleinsten sind.
- Das unterschiedliche *Volumen* von isotopen Kernen mit gleicher Kernladungszahl Z, aber unterschiedlicher Neutronenzahl und damit unterschiedlicher Masse führt ebenfalls zu einem Isotopeneffekt in den Spektren, dem sogenannten Volumeneffekt. Da die Dichte der Kernmaterie konstant und damit das Volumen einfach der Zahl der Nukleonen im Kern proportional ist, haben verschiedene Isotope des gleichen chemischen Elements etwas unterschiedliche Kerngröße. Daraus folgt eine etwas

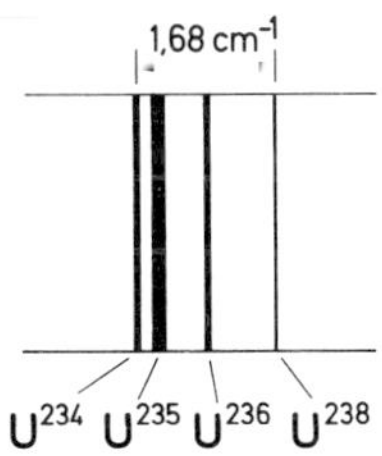

Abb. 20.1. Meßbeispiel zum Isotopeneffekt: Die Isotopie-Aufspaltung der Linie bei 4244 Å im Spektrum des Uran-Atoms, beobachtet in 6. Ordnung mit einem 9 m-Gitterspektrographen. [Nach M. G. Kuhn: *Atomic Spectra* (Longmans, London, 1962)]

unterschiedliche Wechselwirkung zwischen Kern und Elektronen. Diese beiden Isotopeneffekte ermöglichen auch eine Bestimmung von Anzahl, Masse und Häufigkeit von Isotopen. Ein Meßbeispiel zeigt Abb. 20.1.

- Als *Hyperfeinstruktur* im engeren Sinne bezeichnet man schließlich eine weitere Struktur in den Atomspektren, die auf der Existenz eines Spins und eines magnetischen Momentes von Atomkernen beruht. Die Existenz dieser Kerneigenschaften hat zum ersten Male *Pauli* im Jahre 1924 zur Erklärung spektroskopischer Beobachtungen postuliert. Im Jahre 1934 hat *Schüler* darüber hinaus die Existenz von elektrischen Quadrupolmomenten von Kernen postuliert. Die Wechselwirkung dieser Momente mit den Elektronen führt zu einer weiteren Aufspaltung von Spektrallinien – eben der Hyperfeinstruktur. Damit wollen wir uns in diesem Kapitel befassen.

20.2 Spin und magnetisches Moment von Atomkernen

Atomkerne besitzen einen mechanischen Drehimpuls

$$|\boldsymbol{I}| = \sqrt{I(I+1)}\,\hbar\,. \tag{20.1}$$

Dabei ist die so definierte Quantenzahl I ganz- oder halbzahlig. Man kennt Atomkerne mit I-Werten zwischen 0 und 15/2. Man sagt kurz „der Kern hat den Spin I". Man meint damit, daß die größte beobachtbare Komponente des Kerndrehimpulses $\boldsymbol{I}$ den Wert $I \cdot \hbar$ hat. Wie wir es bereits bei den Drehimpulsen von Elektronen kennengelernt haben, ist auch beim Kernspin nur die Komponente in einer Vorzugsrichtung z – z. B. in der Richtung eines angelegten Magnetfeldes $\boldsymbol{B}$ – beobachtbar. Die x- und y-Komponenten verschwinden im Zeitmittel. Für die z-Komponente gilt

$$(\boldsymbol{I})_z = m_I \hbar \quad \text{mit} \quad m_I = I, I-1 \ldots -I\,. \tag{20.2}$$

Es gibt für die magnetische Kernquantenzahl m_I und damit für die Einstellung des Kerndrehimpulses zu einer Vorzugsrichtung also $2I+1$ Möglichkeiten, z. B. gilt für den Wasserstoffkern, das Proton $I = 1/2$, $|\boldsymbol{I}| = (\sqrt{3}/2)\hbar$, $I_z = \pm 1/2\hbar$. Siehe dazu auch Abb. 20.2.

Mit dem Drehimpuls des Kerns ist ein magnetisches Dipolmoment $\boldsymbol{\mu}_I$ verbunden, das dem Drehimpuls proportional ist

$$\boldsymbol{\mu}_I = \gamma \boldsymbol{I}\,. \tag{20.3}$$

Die Proportionalitätskonstante γ bezeichnet man als das gyromagnetische Verhältnis. Als Einheit für dieses magnetische Kernmoment verwendet man das sogenannte *Kernmagneton* $\mu_K = \frac{e}{2m_p}\hbar$, wobei m_p die Masse des Protons ist. Das Kernmagneton ist damit um das Massenverhältnis von Elektron und Proton kleiner als das Bohrsche Magneton μ_B. Es gilt

$$\mu_K = \mu_B/1836 = 5{,}050824 \cdot 10^{-27}\,\mathrm{Am}^2 \text{ oder } \mathrm{JT}^{-1}\,.$$

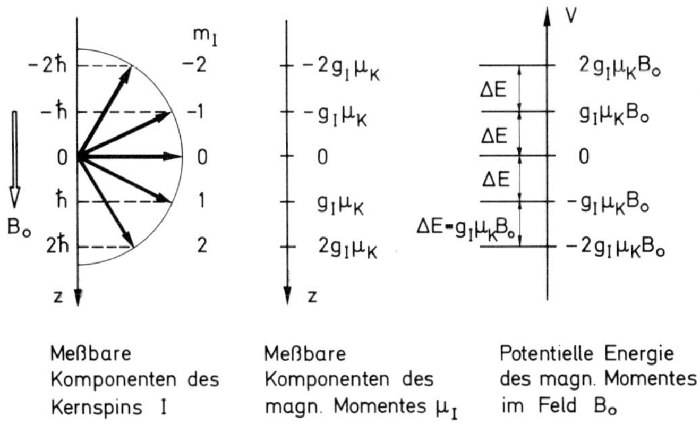

Abb. 20.2. Der Kernspin $\boldsymbol{I}$ (hier mit der Quantenzahl $I=2$) hat diskrete Einstellmöglichkeiten relativ zu einer Vorzugsrichtung, hier zu einem äußeren Magnetfeld B_0 (*links*). Dem entsprechen diskrete Werte der meßbaren Komponente des magnetischen Momentes (*Mitte*) und der potentiellen Energie (*rechts*)

Für das magnetische Kernmoment schreibt man damit

$$\boldsymbol{\mu}_I = \frac{g_I \mu_K}{\hbar} \boldsymbol{I} . \tag{20.3a}$$

Der so definierte Kern-g-Faktor $g_I = \frac{\gamma\hbar}{\mu_K}$ ist eine dimensionslose Zahl. Er kann im Gegensatz zum g_J-Faktor der Hülle (vgl. Abschn. 12.2) bisher nicht aus anderen Quantenzahlen berechnet werden. Im übrigen sind jedoch die Beziehungen zwischen Spin und magnetischem Moment bei Kernen und Elektronen ganz analog.

Entsprechend den Quantisierungsvorschriften für den Drehimpuls kann man auch vom magnetischem Kernmoment nur die Komponente längs einer Vorzugsrichtung z beobachten. Für diese gilt wegen (20.2)

$$\begin{aligned}(\boldsymbol{\mu}_I)_z &= \gamma(\boldsymbol{I})_z = \gamma\hbar m_I \\ &= g_I \mu_K m_I .\end{aligned} \tag{20.4}$$

Der maximal mögliche Wert für m_I ist I, vgl. dazu Abb. 20.2. Der maximal beobachtbare Wert von $\boldsymbol{\mu}_I$ ist nach (20.2)

$$|\boldsymbol{\mu}_I|_{\max} = g_I \mu_K I . \tag{20.4a}$$

Man sagt deshalb auch vereinfachend, der Kern hat das magnetische Moment $\mu_I = g_I I \mu_K$. Dies ist die Meßgröße, die in Tabellen erscheint.

Zur Erklärung noch einige Beispiele:
Für den Wasserstoffkern, das Proton, gilt

$$\mu_I(^1\mathrm{H}) = +2{,}79\,\mu_K ;\ I = 1/2 ;\ g_I = +5{,}58 ,$$

für den Kalium-Kern mit der Massenzahl 40

$$\mu_I(^{40}\mathrm{K}) = -1{,}29\,\mu_K ;\ I = 4 ;\ g_I = -0{,}32 .$$

Das Vorzeichen von μ_I steckt auch im g_I-Faktor: $g_I > 0$ bedeutet auch $\boldsymbol{\mu}_I > 0$, oder die Parallelität der Richtungen von Spin $\boldsymbol{I}$ und Moment $\boldsymbol{\mu}_I$.

Ein Beispiel für positives Vorzeichen von $\boldsymbol{\mu}_I$ ist das Proton. Es hat eine positive Ladung. Deshalb ist auch anschaulich verständlich, warum beim Proton der Faktor, der Drehimpuls und magnetisches Moment miteinander verbindet, das umgekehrte Vorzeichen wie beim Elektron besitzt (Abschn. 12.4).

Es gibt auch zahlreiche Kerne mit verschwindendem Kernspin, $I = 0$. Diese Kerne liefern kein Beitrag zur Hyperfeinstruktur. Solche Kerne sind z.B.

$$^{4}_{2}\mathrm{He},\ ^{12}_{6}\mathrm{C},\ ^{16}_{8}\mathrm{O},\ ^{40}_{20}\mathrm{Ca},\ ^{56}_{26}\mathrm{Fe},\ ^{88}_{38}\mathrm{Sr},\ ^{114}_{48}\mathrm{Cd},\ ^{180}_{72}\mathrm{Hf},\ ^{208}_{82}\mathrm{Pb},\ ^{238}_{92}\mathrm{U}\,.$$

Eine eingehende theoretische Beschreibung von Momenten, Spins und g-Faktoren der Kerne ist Gegenstand der Kernphysik und soll hier nicht weiter verfolgt werden.

Die Meßgrößen $\boldsymbol{I}$ bzw. I kann man experimentell z. B. aus der Anzahl der sogenannten Hyperfein-Komponenten von Spektrallinien erhalten. Das gyromagnetische Verhältnis γ bzw. den g_I-Faktor erhält man experimentell mit Hilfe der magnetischen Kernresonanz. Das wird Gegenstand der folgenden Abschnitte sein.

Da das magnetische Moment der Kerne um drei Größenordnungen kleiner ist als dasjenige von Elektronen, sind die zu erwartenden Wechselwirkungsenergien mit äußeren oder inneren Feldern ebenfalls um drei Größenordnungen kleiner. Daher kommt der Name Hyperfeinstruktur.

20.3 Die Hyperfein-Wechselwirkung

Wir wollen nun die Wechselwirkungsenergie eines magnetischen Kernmomentes mit dem Magnetfeld berechnen, das die Atomelektronen am Kernort erzeugen.

Beim analogen Problem der Feinstruktur-Wechselwirkung zwischen Spin- und Bahnmoment des Elektrons waren wir folgendermaßen vorgegangen:

Das durch die Bahnbewegung des Elektrons erzeugte Magnetfeld $\boldsymbol{B}_l$ tritt mit dem magnetischen Moment des Elektrons in Wechselwirkung und orientiert dessen Spin $\boldsymbol{s}$. Spin und Bahndrehimpuls setzen sich nach den in Abschn. 12.7, 8 behandelten Regeln zu einem Gesamtdrehimpuls $\boldsymbol{j}$ zusammen. Bei mehreren Elektronen im Atom und LS-Kopplung sind entsprechend die Vektoren $\boldsymbol{L}$, $\boldsymbol{S}$ und $\boldsymbol{J}$ zu verwenden. Im Vektormodell präzedieren die Drehimpulse $\boldsymbol{L}$ und $\boldsymbol{S}$ um den raumfesten Vektor $\boldsymbol{J}$, s. Abb. 20.3a. Aus der Wechselwirkung zwischen magnetischem Moment $\boldsymbol{\mu}_S$ und Hüllenfeld $\boldsymbol{B}_L$ ergibt sich eine magnetische Zusatzenergie (Abb. 20.4a)

$$V_{\mathrm{FS}} = -\boldsymbol{\mu}_S \cdot \boldsymbol{B}_L\,, \tag{20.5}$$

wobei die Indizes FS für Feinstruktur stehen.

Die Hyperfein-Wechselwirkungsenergie wird ganz analog berechnet. Sie ist etwa tausendmal kleiner als die Feinstrukturenergie, weil die magnetischen Momente von Kernen um einen solchen Faktor kleiner sind als das Moment des Elektrons. Deshalb wird die magnetische Kopplung der Elektronen eines Atoms untereinander von der Hyperfein-Wechselwirkung nicht beeinflußt. Am Ort des Kerns herrscht ein von den Elektronen

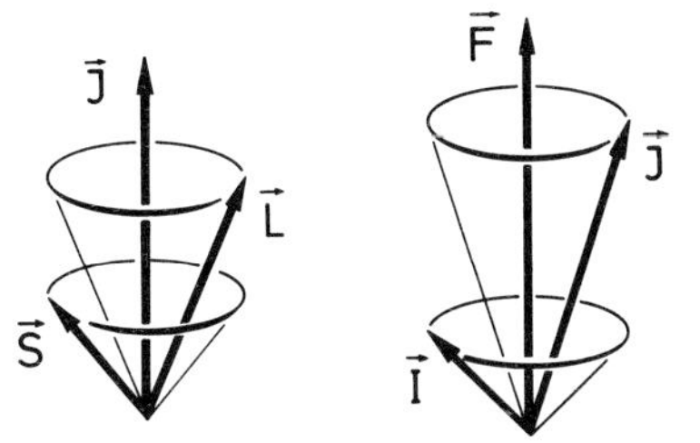

a b

Abb. 20.3. a) Kopplung der Vektoren $\boldsymbol{S}$ (Spin) und $\boldsymbol{L}$ (Bahndrehimpuls) zum Gesamt-Elektronendrehimpuls $\boldsymbol{J}$ der Elektronenhülle. **b**) Kopplung der Vektoren $\boldsymbol{J}$ (Elektronen-Drehimpuls) und $\boldsymbol{I}$ (Kerndrehimpuls) zum Gesamtdrehimpuls $\boldsymbol{F}$ des Atoms

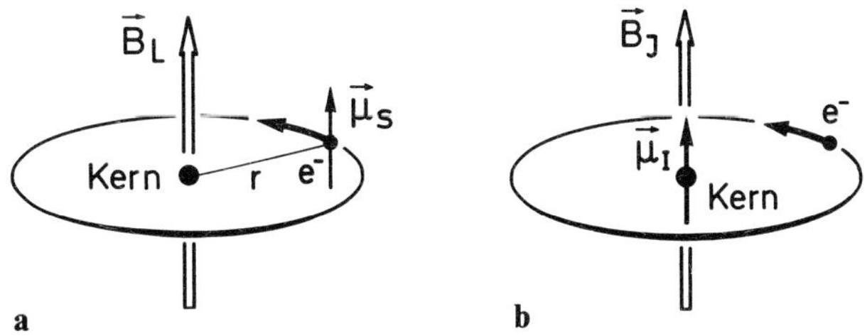

a b

Abb. 20.4. a) Zur Berechnung der Spin-Bahn-Wechselwirkung: Das magnetische Eigenmoment $\boldsymbol{\mu}_S$ der Elektronen tritt mit dem magnetischen Feld der Bahnbewegung $\boldsymbol{B}_L$ in Wechselwirkung. **b**) Zur Berechnung der Hyperfein-Wechselwirkung: Das magnetische Moment $\boldsymbol{\mu}_I$ des Kerns tritt mit dem magnetischen Feld der Elektronenhülle $\boldsymbol{B}_J$ in Wechselwirkung

herrührendes Magnetfeld $\boldsymbol{B}_J$ (Abb. 20.4b). Dieses wirkt auf das magnetische Moment des Kerns und orientiert den Kernspin. Das Ergebnis dieser Wechselwirkung ist eine Kopplung der Drehimpulse der Elektronen $\boldsymbol{J}$ und des Kerns $\boldsymbol{I}$ zu einem neuen Gesamtdrehimpuls $\boldsymbol{F}$. Dabei gilt (Abb. 20.3b) analog wie bei der LS-Kopplung der Elektronen

$$\boldsymbol{F} = \boldsymbol{J} + \boldsymbol{I} \tag{20.6}$$

mit dem Betrag für den Gesamtdrehimpuls $|\boldsymbol{F}| = \sqrt{F(F+1)}\hbar$. Die Quantenzahl F des Gesamtdrehimpulses $\boldsymbol{F}$ kann dabei die Werte

$$F = J+I, J+I-1 \dots J-I$$

annehmen. Das sind $(2I+1)$ oder $(2J+1)$ Möglichkeiten, je nachdem ob I kleiner oder größer als J ist.

Im Vektormodell präzedieren die Vektoren $\boldsymbol{I}$ und $\boldsymbol{J}$ in gequantelter Einstellung um den raumfesten Vektor $\boldsymbol{F}$, Abb. 20.3b. Die Anzahl der Hyperfein-Niveaus ist also durch die Quantenzahlen J und I eindeutig bestimmt. Bei bekanntem J kann man damit I messen, falls I kleiner als J ist.

Die magnetische Zusatzenergie infolge der Hyperfein-Wechselwirkung beträgt

$$V_{\mathrm{HFS}} = -\boldsymbol{\mu}_I \cdot \boldsymbol{B}_J\,, \tag{20.7}$$

wenn $\boldsymbol{B}_J$ das von der Elektronenhülle am Kernort erzeugte Magnetfeld ist (Abb. 20.4b). HFS ist die Abkürzung für Hyperfeinstruktur.

Die weitere Berechnung der Hyperfein-Wechselwirkung erfolgt ganz analog wie diejenige der Feinstruktur-Wechselwirkung. Jeder der möglichen Einstellungen des Kernspins im Felde $\boldsymbol{B}_J$ entspricht eine bestimmte potentielle Energie. Sie beträgt nach Gl. (20.7)

$$\begin{aligned} V_{\mathrm{HFS}} &= -|\boldsymbol{\mu}_I| \cdot B_J \cdot \cos(\boldsymbol{\mu}_I, \boldsymbol{B}_J) \\ &= g_I \mu_{\mathrm{K}} \sqrt{I(I+1)}\, B_J \cos(\boldsymbol{I}, \boldsymbol{J})\,, \end{aligned} \tag{20.8}$$

wenn wir für $|\boldsymbol{\mu}_I|$ nach (20.3a) $g_I\mu_K\sqrt{I(I+1)}$ einsetzen. Das in der zweiten Zeile von (20.8) umgekehrte Vorzeichen folgt daraus, daß die Vektoren $\boldsymbol{B}_J$ und $\boldsymbol{J}$ zueinander antiparallel sind.

Ferner gilt in quantenmechanischer Fassung nach dem Cosinussatz, wie in Abschn. 13.3.5 gezeigt

$$\cos(\boldsymbol{I},\boldsymbol{J}) = \frac{F(F+1)-I(I+1)-J(J+1)}{2\sqrt{J(J+1)}\sqrt{I(I+1)}} \tag{20.9}$$

oder umgeformt

$$F(F+1) = J(J+1) + I(I+1) + 2\sqrt{J(J+1)}\sqrt{I(I+1)}\cdot\cos(\boldsymbol{I},\boldsymbol{J}) .$$

Damit erhält man schließlich für die Energie der Hyperfein-Wechselwirkung

$$\Delta E_{\mathrm{HFS}} = \frac{a}{2}[F(F+1)-I(I+1)-J(J+1)] \tag{20.10}$$

mit

$$a = \frac{g_I\mu_K B_J}{\sqrt{J(J+1)}} .$$

Wir haben hier wieder eine Meßgröße a definiert, die Hyperfeinkonstante oder Intervallkonstante genannt wird. Sie darf nicht mit der ebenfalls mit a bezeichneten Feinstrukturkonstanten (12.28) verwechselt werden. Abbildung 20.5 zeigt als Beispiel für (20.10) die Hyperfein-Aufspaltung eines Terms mit $J=3/2$ und $I=3/2$.

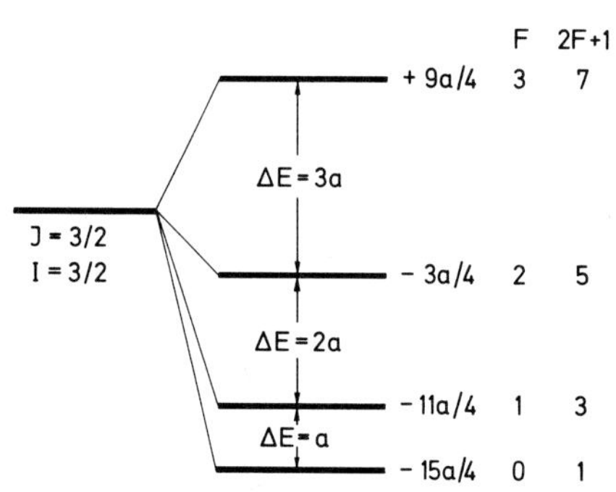

Abb. 20.5. Zur Erläuterung der Hyperfein-Aufspaltung und der Intervallregel: Hyperfein-Aufspaltung eines Zustandes mit $J=3/2$ und $I=3/2$. Rechts sind die Zahlenwerte der Quantenzahl F sowie der Entartungsgrad $2F+1$ (nach m_F) angegeben

Die Feldstärke B_J der Elektronen am Kernort kann man im allgemeinen nicht unabhängig von den magnetischen Eigenschaften des Kernes messen. Um B_J aus der Hyperfein-Aufspaltung von Spektrallinien zu berechnen, muß man nach (20.10) das Kernmoment bzw. g_I kennen. Eine Berechnung von B_J ist nur in einfachen Sonderfällen, nämlich beim Wasserstoffatom, exakt möglich, weil hier die Wellenfunktionen genau bekannt sind (s. dazu Kap. 10 und Abschn. 12.10).

Das Magnetfeld B_J der Elektronen am Kernort wird bei s-Elektronen überwiegend durch die nichtverschwindende Aufenthaltswahrscheinlichkeit der s-Elektronen am Kernort verur-

Schon für p-Elektronen erhält man Werte von B_J, die um eine Größenordnung kleiner sind. Ein Termdiagramm des H-Atoms mit Einschluß der Hyperfein-Wechselwirkung zeigt Abb. 20.6.

Bei anderen Atomen ist man auf Näherungsverfahren angewiesen. Man findet jedoch allgemein:

- B_J und damit V_{HFS} sind groß, wenn die Elektronen nahe am Kern sind – d.h. für großes Z, kleines n, kleines l. In Abschn. 8.6 wurde bereits erwähnt, daß man mit Hilfe von Hochenergie-Beschleunigern auch schwere Atome so stark ionisieren kann, daß sie nur noch ein $1s$-Elektron enthalten. So konnte man zum Beispiel das Ion $^{209}_{83}\mathrm{Bi}^{82+}$ erzeugen. Hier ist $I=9/2$, für den $1s$-Zustand gibt es daher die beiden Möglichkeiten $F=5$ und $F=4$. Die „Hyperfein"-Aufspaltung ist so groß, daß der optische Übergang zwischen den beiden F-Termen im Ultravioletten bei 245 nm liegt. Siehe auch Abschn. 20.4.
- Die Anzahl der aufgespaltenen Hyperfeinkomponenten ist für eine Atomsorte (d.h. bei fester Kernspin-Quantenzahl I) gleich groß in allen Anregungszuständen, sofern nur $J>I$ ist.
- Für verschwindenden Kernspin ($I=0$) oder verschwindenden Elektronendrehimpuls ($J=0$) ist $V_{\mathrm{HFS}}=0$ und damit keine Hyperfein-Aufspaltung vorhanden.

Tabelle 20.1 enthält einige Zahlenwerte für B_J.

Tabelle 20.1. Magnetfeld B_J [T] am Kernort, vom äußersten Elektron erzeugt, für verschiedene Terme (nach Segré)

	n	$^2S_{1/2}$	$^2P_{1/2}$	$^2P_{3/2}$
Na	3	45	4,2	2,5
K	4	63	7,9	4,6
Rb	5	130	16	8,6
Cs	6	210	28	13

Man kann solche Felder B_J am Kernort aus der Messung der Hyperfein-Aufspaltung von Spektrallinien ermitteln, wenn die Kernmomente bekannt sind. Bei vielen Atomen kann man diese durch Messung in von außen angelegten Feldern gut bestimmen (s. dazu Kap. 13). Die Größe der Hyperfein-Aufspaltungen von Spektrallinien beträgt z. B. $0{,}027\,\mathrm{cm}^{-1}$ für den niedrigsten $^2S_{1/2}$-Term von Lithium und $0{,}3\,\mathrm{cm}^{-1}$ für den niedrigsten $^2S_{1/2}$-Term von Caesium.

Die Messung der Hyperfein-Aufspaltung V_{HFS} von Spektraltermen ist also eine Methode, mit der man ein Produkt aus Kerneigenschaft (g_I) und Hülleneigenschaft (B_J) bestimmen kann. Man muß noch berücksichtigen, daß die beobachteten Spektrallinien Übergänge zwischen zwei Termen sind, die im allgemeinen beide Hyperfein-Aufspaltung aufweisen. Die Auswahlregel für optische Übergänge lautet $\Delta F=0, \pm 1$. Dies soll hier nicht abgeleitet werden.

Die Auswertung von Hyperfein-Spektren wird erleichert durch die Intervallregel. Aus (20.10) folgt nämlich für den relativen Abstand der Hyperfeinterme zu den Quantenzahlen F und $F+1$

$$\Delta E_{F+1} - \Delta E_F = a(F+1)\,. \tag{20.12}$$

Der Abstand zweier Terme in einem Hyperfeinstrukturmultiplett ist also dem größeren der beiden F-Werte proportional, und die Abstände im Multiplett verhalten sich wie $F:F-1:F-2$ usw. Das ist in Abb. 20.5 erläutert.

Wichtig ist ferner noch die Niveaufolge. Bei positivem Kernmoment ist auch die Hyperfeinkonstante a positiv, d.h. ΔE_{HFS} ist um so größer, je größer F ist. Daraus folgt experimentell das Vorzeichen des Kernmomentes $\boldsymbol{\mu}_I$.

Schließlich sind auch die Intensitäten der Spektrallinien, die zu einem Hyperfeinmultiplett gehören, charakteristisch. Die Terme sind ohne äußeres Magnetfeld noch $(2F+1)$-fach nach m_F entartet. Der Entartungsgrad ist in Abb. 20.5 eingetragen. Terme mit verschiedenem F haben deshalb unterschiedliches statistisches Gewicht, und die Intensitäten sind proportional zu $(2F+1)$. Allerdings haben im allgemeinen beide Niveaus, zwischen denen der Übergang erfolgt, eine Hyperfeinstruktur. Das zu erwartende Muster wird deshalb weniger einfach.

Insgesamt erhält man so in Hyperfein-Spektren sehr typische und charakteristische Abstands- und Intensitäts-Verhältnisse der Hyperfein-Komponenten.

20.4 Hyperfeinstruktur im Grundzustand des Wasserstoff-Atoms, des Natrium-Atoms und des Wasserstoff-ähnlichen Ions $_{83}\mathrm{Bi}^{82+}$

Wir wollen die im vorhergehenden Abschnitt behandelte Hyperfein-Aufspaltung von atomaren Termen hier noch etwas näher erläutern. Im Grundzustand des Wasserstoff-Atoms können Proton und Elektron ihre Spins nur parallel oder antiparallel zueinander einstellen. Das ergibt die beiden möglichen Werte für die Quantenzahl $F=1$ oder $F=0$. Die Energiedifferenz zwischen diesen beiden Konfigurationen beträgt

$$\Delta\bar{\nu}=0{,}0475\,\mathrm{cm}^{-1}$$

oder $\Delta\nu=1{,}420\,\mathrm{GHz}$

oder $\lambda=21\,\mathrm{cm}$

(s. dazu Abb. 20.7).

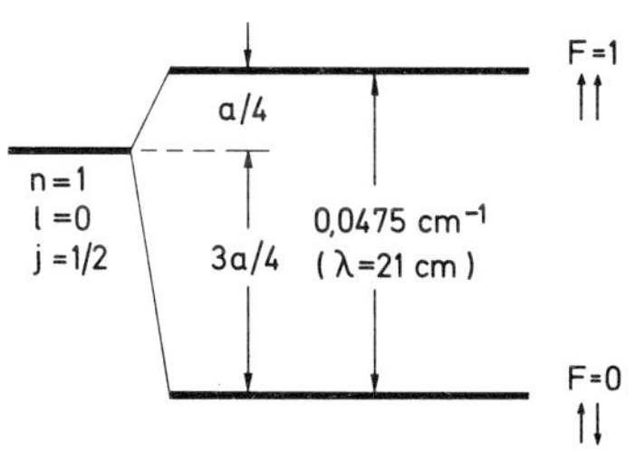

Abb. 20.7. Hyperfeinstruktur des Wasserstoff-Grundzustandes. Die Spins von Elektron und Proton können parallel oder antiparallel zueinander sein. Vergleiche dazu auch Abschn. 12.11

Man kann diese Energiedifferenz entweder durch direkte Absorption von Hochfrequenzstrahlung der passenden Frequenz bestimmen, oder aber aus der Aufspaltung der auf dem Niveau $n=1$, $l=0$ endenden Spektrallinien, falls das Auflösungsvermögen ausreicht.

Da die Energiedifferenz $\Delta\bar{\nu}$ exakt berechnet werden kann, wenn die magnetischen Momente von Proton und Elektron bekannt sind, vgl. (20.11), und da das Moment des Protons aus Kernresonanz-Messungen (s. Abschn. 20.6) sehr genau bekannt ist, konnte aus einer exakten Messung von $\Delta\bar{\nu}$ beim Wasserstoff-Atom zum ersten Male die Abweichung des g-Faktors des Elektrons vom Werte $g=2$ bestimmt werden. Das gemessene $\Delta\bar{\nu}$ war etwas verschieden von dem mit $g=2$ gerechneten. Daraus ergab sich eine Präzisionsmessung des Elektronen-g-Faktors zu $g=2{,}0023$. Dies und die Messung der Lamb-Verschiebung gaben wesentliche Anstöße zur Entwicklung der Quantenelektrodynamik.

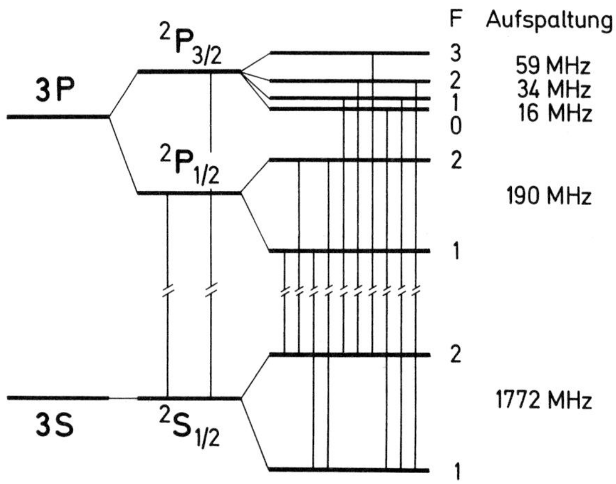

Abb. 20.8. Hyperfeinaufspaltung der niedersten Terme des Natrium-Atoms mit den erlaubten Übergängen. Die Zahlenwerte für die Hyperfeinaufspaltung sind hier in MHz angegeben

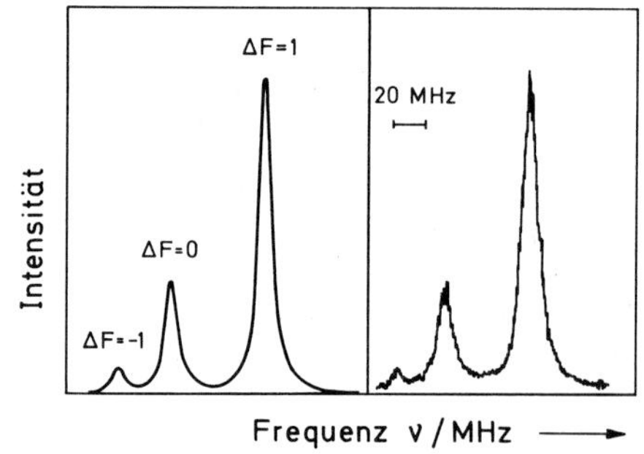

Abb. 20.9. 3 Komponenten der Hyperfein-aufgespaltenen D_2-Linie des Natriums (Abb. 20.8), gemessen durch Aufzeichnung der Resonanzstrahlung bei Anregung von Natrium-Atomen im Atomstrahl mit einem schmalbandigen frequenzvariablen Farbstofflaser. Die ΔF-Werte für Grund- und Anregungszustand sind angegeben. Links ist die mit der natürlichen Linienbreite berechnete, rechts die gemessene Kurve aufgetragen. Gemessene (15 MHz) und aus der Lebensdauer berechnete natürliche Linienbreite liegen nahe beieinander. [Aus Lange et al.: Opt. Commun. **8**, 157 (1973)]

Im interstellaren Raum kommt Wasserstoff zwar in ungeheuer kleiner Konzentration, aber wegen des riesigen Volumens in ungeheuer großer Menge vor. Die Radiofrequenzstrahlung mit der Wellenlänge $\lambda = 21$ cm sollte deshalb dort meßbar emittiert und absorbiert werden. Im Jahre 1951 hat man mit großen Radioteleskopen diese Strahlung tatsächlich entdeckt. Seither hat die 21 cm-Linie des Wasserstoffs in der Radioastronomie eine große Rolle gespielt. So weiß man z. B., daß es besonders viel von dieser Strahlung im Bereich der Milchstraße gibt. Aus der beobachteten Dopplerverschiebung dieser Linie kann man die Bewegung von Teilen der Milchstraße relativ zur Erde und damit den Spiralnebel-Charakter der Milchstraße analysieren. Dies ist wohl die spektakulärste Anwendung der Untersuchung der Hyperfeinstruktur in der Astrophysik.

In Abb. 20.8 ist die Hyperfein-Aufspaltung der drei Niveaus $^2S_{1/2}$, $^2P_{1/2}$ und $^2P_{3/2}$ für das Natrium-Atom mit dem Kernspin $I = 3/2$ gezeigt. Für die Quantenzahl F gibt es bei $P_{3/2}$ die Werte 3, 2, 1 und 0, bei $J = 1/2$ die Werte 2 und 1. Zusammen mit der Auswahlregel für optische Übergänge $\Delta F = 0, \pm 1$ ergeben sich die in Abb. 20.8 eingezeichneten Spektrallinien. Wegen der endlichen Linienbreite beobachtet man im allgemeinen nur zwei Komponenten der Linie D_1 mit $\Delta = 0{,}023$ Å und zwei Komponenten der Linie D_2 mit $\Delta = 0{,}021$ Å. Ein modernes Meßbeispiel mit höchster Auflösung zeigt Abb. 20.9. Diese Messung erfolgte durch Anregung der Resonanzfluoreszenz in einem Natrium-Atomstrahl mittels eines sehr schmalbandigen, frequenzvariablen Farbstofflasers. Mehr über die Meßtechnik folgt in Kap. 22.

Wir haben bereits in Abschn. 8.6 erwähnt, daß man mit Hilfe von Schwerionenbeschleunigern auch Ionen von sehr schweren Atomen herstellen kann. Wenn man schwere Ionen auf eine kinetische Energie von einigen GeV beschleunigt, dann lassen sich beim Durchgang dieser Ionen durch Folien auch die stark gebundenen Elektronen abstreifen. So gelang es zum Beispiel, 82fach positiv geladene Ionen des Atoms $_{83}$Bi herzustellen.

Bei solchen schweren Ionen sind die Hyperfein-Aufspaltungen, wie nach Abschn. 20.3 zu erwarten, um ein Vielfaches größer als beim H-Atom. So beträgt die Wellenlänge für den Übergang zwischen den Hyperfein-Termen $F = 5$ und $F = 4$ (Kernspin I für $_{83}\mathrm{Bi} = 9/2$) des 1s-Zustandes von Bi^{82+} rund 245 nm. Dies entspricht rund 40000 cm^{-1}, gegenüber dem in Abb. 20.7 gezeigten Wert von 0,0475 cm^{-1} beim $F = 1/F = 0$ Übergang im H-Atom. Siehe dazu I. Klaft et al., Phys. Rev. Lett. *73*, 2425 (1994).

20.5 Hyperfeinstruktur im äußeren Magnetfeld, Elektronenspin-Resonanz

Ein wichtiges Hilfsmittel zur Untersuchung der Hyperfeinstruktur-Wechselwirkung ist die Messung der Aufspaltung der optischen Spektrallinien in einem äußeren Felde $\boldsymbol{B}_0$. Das äußere Feld $\boldsymbol{B}_0$ kommt zu dem inneren Feld $\boldsymbol{B}_J$ hinzu. Die resultierende Termaufspaltung hängt von der relativen Größe dieser beiden Felder ab. Wenn das äußere Feld $\boldsymbol{B}_0$ so klein ist, daß die potentielle magnetische Energie des Atoms im Felde $\boldsymbol{B}_0$ klein ist gegen den energetischen Abstand der Hyperfein-Terme, dann spricht man vom Zeeman-Effekt der Hyperfeinstruktur.

In diesem Falle bleibt die Kopplung der Drehimpulsvektoren $\boldsymbol{I}$ und $\boldsymbol{J}$ zu $\boldsymbol{F}$ erhalten. Wenn das äußere Feld $\boldsymbol{B}_0$ stark genug ist, wird diese Kopplung aufgehoben und man spricht vom Paschen-Back-Effekt der Hyperfeinstruktur. Der Übergang vom Zeeman- zum Paschen-Back-Effekt erfolgt wegen der Kleinheit der Hyperfeinaufspaltung meistens bei erheblich kleineren Feldern als bei der Feinstruktur. 0,1 T bedeutet bei der Hyperfeinstruktur im allgemeinen schon „starkes Feld".

Der Fall des Zeeman-Effektes der Hyperfeinstruktur ist in Abb. 20.10 dargestellt. Die Drehimpulsvektoren $\boldsymbol{I}$ und $\boldsymbol{J}$ bleiben gekoppelt. Der resultierende Gesamtdrehimpuls-Vektor $\boldsymbol{F}$ präzediert um $\boldsymbol{B}_0$. Die Präzessionsfrequenz von $\boldsymbol{I}$ und $\boldsymbol{J}$ um $\boldsymbol{F}$ ist dabei rasch gegen diejenige von $\boldsymbol{F}$ um $\boldsymbol{B}_0$. Für die möglichen Orientierungen des Vektors $\boldsymbol{F}$ relativ zu $\boldsymbol{B}_0$ gibt es $2F+1$ Möglichkeiten, die durch die Quantenzahl m_F gegeben sind. Es muß gelten $|\boldsymbol{F}|_z = m_F\hbar$ mit $m_F = F, F-1 \ldots -F$. Für optische Übergänge gilt die Auswahlregel $\Delta F = 0, \pm 1$ und $\Delta m_F = 0, \pm 1$.

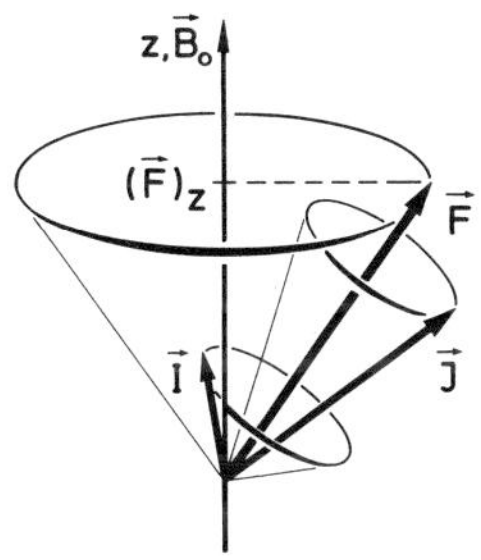

Abb. 20.10. Hyperfeinstruktur im Magnetfeld, Vektordiagramm zum Zeeman-Effekt: Der aus $\boldsymbol{J}$ und $\boldsymbol{I}$ zusammengesetzte Gesamtdrehimpuls $\boldsymbol{F}$ hat gequantelte Einstellmöglichkeiten zu einem äußeren Magnetfeld $\boldsymbol{B}_0$. Meßbar ist nur die z-Komponente von $\boldsymbol{F}$

Die Größe der Zeeman-Aufspaltung mit Hyperfein-Wechselwirkung ergibt sich aus $V_{\mathrm{HFS}} = -\boldsymbol{\mu}_F \cdot \boldsymbol{B}_0$ ganz analog wie bei der Berechnung des Zeeman-Effektes der Feinstruktur in Abschn. 13.3. $\boldsymbol{\mu}_F$ ist dabei gleich $\boldsymbol{\mu}_J + \boldsymbol{\mu}_I$. Wir beschränken uns deshalb auf die Angabe des Ergebnisses. Die Verschiebung der Atomterme durch Hyperfein-Aufspaltung im Magnetfeld beträgt im schwachen Feld

$$\Delta E_{\mathrm{HFS}} = g_F \mu_B B_0 m_F \tag{20.13}$$

$$\text{mit } g_F = g_J \frac{F(F+1)+J(J+1)-I(I+1)}{2F(F+1)} - g_I \frac{\mu_K}{\mu_B} \frac{F(F+1)+I(I+1)-J(J+1)}{2F(F+1)} .$$

Der zweite Term kann wegen des Faktors $\mu_K/\mu_B = 1/1836$ gegen den ersten vernachlässigt werden. Die Aufspaltung der Terme im schwachen Feld erfolgt dann in $2F+1$ äquidistante Komponenten. Siehe dazu Abb. 20.11.

Wird das äußere Feld $\boldsymbol{B}_0$ vergrößert, so kommt es zunächst zu einer Entkoppelung der Drehimpulse $\boldsymbol{I}$ und $\boldsymbol{J}$. Die LS-Kopplung ist stärker und bleibt zunächst noch erhalten, weil dafür die magnetischen Momente der Elektronen, für die IJ-Kopplung

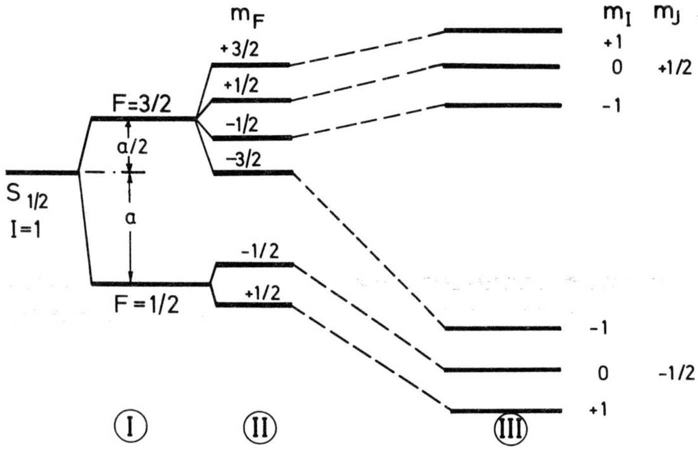

◀ **Abb. 20.11.** Hyperfeinstruktur eines Zustandes $S_{1/2}$ und $I=1$ ohne Feld (I), im schwachen Feld (II) – das ist der Zeeman-Effekt der Hyperfeinstruktur – und im starken Feld (III), das ist der Paschen-Back-Effekt der Hyperfeinstruktur. Beim Übergang vom schwachen zum starken Feld geht der Zeeman-Effekt der Hyperfeinstruktur also in die Hyperfeinstruktur des Zeeman-Effektes über

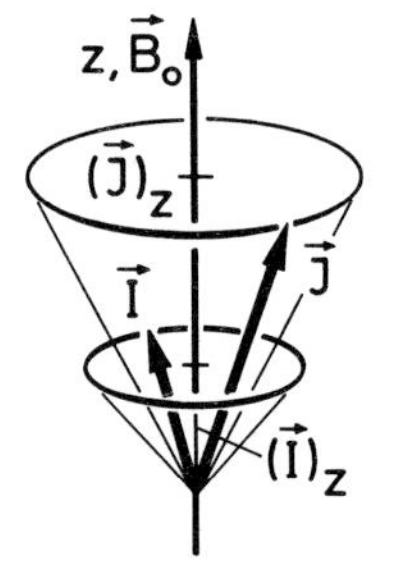

Abb. 20.12. Hyperfeinstruktur im Magnetfeld. Vektordiagramm des Paschen-Back-Effekts. Ein Gesamtdrehimpuls $\boldsymbol{F}$ ist nicht mehr definiert

jedoch ein Elektronenmoment und ein viel kleineres Kernmoment maßgebend sind. Schon durch ein relativ geringes äußeres Feld kann deshalb die IJ-Kopplung gelöst werden. Der Zeeman-Effekt geht dann über in den Paschen-Back-Effekt der Hyperfeinstruktur. Jetzt präzediert der Drehimpulsvektor $\boldsymbol{J}$ der Hülle um die Richtung z von $\boldsymbol{B}_0$. Auf das magnetische Kernmoment $\boldsymbol{\mu}_I$ wirkt hauptsächlich das Hüllenfeld $\boldsymbol{B}_J$, da es am Kernort im allgemeinen viel stärker als das äußere Feld ist. Die Größenordnung von $\boldsymbol{B}_J$ beträgt 10 bis 100 T. Der Vektor $\boldsymbol{I}$ präzediert deshalb um die Richtung von $\boldsymbol{J}$. Da jedoch die Präzessionsbewegung von $\boldsymbol{J}$ um $\boldsymbol{B}_0$ viel rascher ist, sieht das Kernmoment $\boldsymbol{\mu}_I$ eine konstante Komponente von $\boldsymbol{B}_J$ in Richtung von $\boldsymbol{B}_0$. Die rasch oszillierenden Komponenten in x- und y-Richtung verschwinden im Zeitmittel. Im Endeffekt ist auch der Drehimpulsvektor des Kernes $\boldsymbol{I}$ in Richtung von $\boldsymbol{B}_0$ orientiert. Die Präzessionsfrequenzen von $\boldsymbol{I}$ und $\boldsymbol{J}$ um die z-Richtung sind jedoch verschieden. Das entsprechende Vektordiagramm zeigt Abb. 20.12.

Die Quantenzahl F ist nicht mehr definiert. Für die Vektoren $\boldsymbol{I}$ und $\boldsymbol{J}$ gelten die Orientierungsquantenzahlen m_I und m_J. Die Aufspaltungsenergie der Atomterme ist die Summe von drei Beiträgen. Das Hüllenmoment gibt den Beitrag $g_J\mu_B B_0 m_J$, wie bereits beim Zeeman-Effekt ohne Hyperfeinstruktur abgehandelt (Abschn. 13.3). Jedes dieser Niveaus spaltet in $(2I+1)$ Hyperfein-Niveaus entsprechend den möglichen Werten von m_I auf: $m=I, I-1 \ldots -I$. Die Quantenzahl I läßt sich also durch Abzählen unmittelbar erhalten. Die Auswahlregeln für optische Übergänge lauten $\Delta m_J=0$, ± 1, $\Delta m_I=0$. Das wird aus dem rechten Teil der Abb. 20.11 deutlich. Die Größe dieser zweiten Aufspaltung läßt sich aus dem Vektorenmodell (Abb. 20.12) leicht ausrechnen. Sie beträgt in erster Näherung $am_I m_J$, wobei

$$a=\frac{g_I\mu_K B_J}{\sqrt{J(J+1)}} \tag{20.14}$$

die in (20.10) definierte Hyperfeinkonstante ist. Wenn das Feld hinreichend stark ist, kann man die Wirkung des äußeren Feldes auf den Kern neben der des Hüllenfeldes nicht mehr vernachlässigen. Als dritter Summand kommt deshalb noch die Zeeman-Energie des Kernes $-g_I\mu_K m_I B_0$ hinzu.

Insgesamt beträgt die Aufspaltungsenergie im starken Feld

$$\Delta E_{HFS}=g_J\mu_B m_J B_0+am_I m_J-g_I\mu_K B_0 m_I\,. \tag{20.15}$$

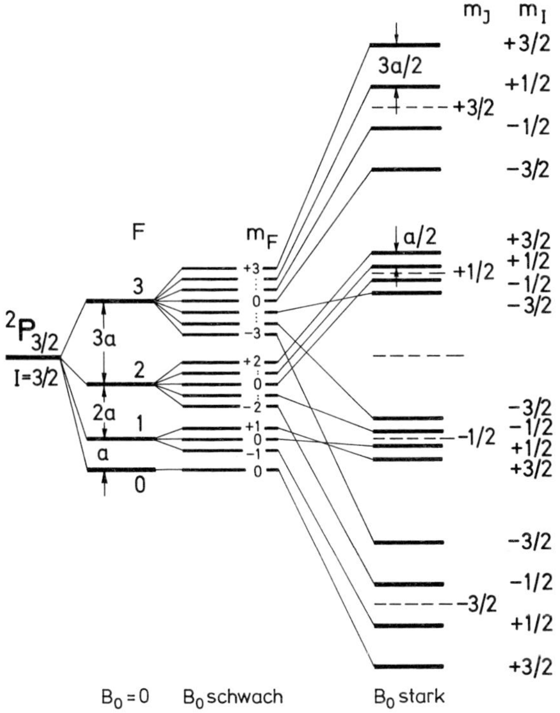

Abb. 20.13. Hyperfeinstruktur-Aufspaltung (schematisch) für $J=3/2$, $I=3/2$ im schwachen, mittleren und starken Feld. Für die magnetischen Quantenzahlen muß gelten m_F (im schwachen Feld) $=m_I+m_J$ (im starken Feld). Dies folgt aus der Erhaltung des Drehimpulses

Das Übergangsgebiet zwischen den Grenzfällen des starken und des schwachen Feldes ist meistens nur schwer und nur näherungsweise zu berechnen. Abbildung 20.13 zeigt schematisch den komplizierten Verlauf der Terme im mittleren Feldbereich für einen Zustand mit den Quantenzahlen $J=3/2$ und $I=3/2$. Noch eine Anmerkung zu (20.15): Konsequent wäre es, den Hüllen-g-Faktor g_J (natürlich auch g_S und g_L, Abschn. 12.4, 12.2 und 13.3.5) negativ zu zählen, weil für den Elektronenspin ja gilt, daß seine Richtung derjenigen des zugehörigen magnetischen Momentes entgegengesetzt ist. Dann steht in (20.15) vor g_J ein Minuszeichen.

Bei der energetischen Reihenfolge der Niveaus mit den verschiedenen möglichen Werten von m_I muß man aufpassen. Wenn das Hüllenfeld $\boldsymbol{B}_J$ am Kernort größer ist als das äußere Feld $\boldsymbol{B}_0$, dann richtet sich die energetische Reihenfolge der Niveaus des Kernes nach der Einstellung des Kerns zum Elektron. Die Quantenzahlen beziehen sich aber auf die Richtung des äußeren Feldes $\boldsymbol{B}_0$, die nicht bei allen Niveaus mit der des Hüllenfeldes übereinstimmt.

Zur Erläuterung dazu und zu (20.15) zeigt Abb. 20.14 die Magnetfeld-Aufspaltung für den Grundzustand des Wasserstoff-Atoms (vgl. Abb. 20.7). Von links nach rechts sind die Zeeman-Energie des Elektrons im Felde B_0, die Hyperfein-Wechselwirkungsenergie zwischen Elektron und Proton und die Zeeman-Energie des Protons als Energiebeiträge der Größe nach geordnet aufgetragen. Die Pfeile bedeuten die jeweilige Spin-Einstellung. Zu beachten ist wieder, daß beim Elektron Spin und magnetisches Moment einander entgegengesetzt gerichtet sind, beim Proton parallel.

Während wir bisher meist nur die Beobachtung der Hyperfein-Aufspaltung im *optischen* Spektralbereich, also mit elektrischen Dipolübergängen und den Auswahlregeln $\Delta F=0, \pm 1$ und $\Delta m_F=0, \pm 1$ behandelt haben, sind in Abb. 20.14 die mit der Methode der *Elektronenspin-Resonanz* beobachtbaren magnetischen Dipolübergänge eingezeichnet. Für diese gelten die Auswahlregeln $\Delta m_I = \pm 1$ oder $\Delta m_J = \pm 1$, weil das magnetische Feld direkt mit den

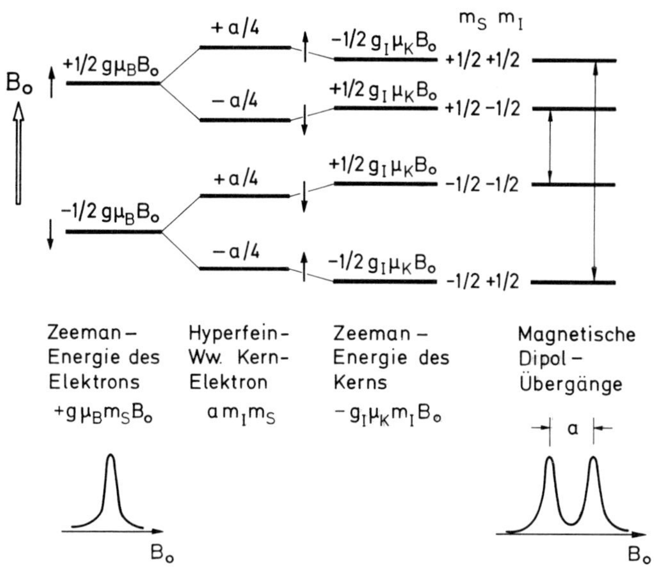

Abb. 20.14. Hyperfeinstruktur des Wasserstoff-Atoms im starken Magnetfeld B_0 und Hyperfeinstruktur der Elektronenspin-Resonanz (ESR). Von links nach rechts sind die drei Beiträge zur Aufspaltung nach (20.15) eingezeichnet, ferner die magnetischen Quantenzahlen und die erlaubten (magnetischen) Dipolübergänge. Unten links ist das ESR-Spektrum des freien Elektrons, rechts dasjenige des an ein Proton gebundenen Elektrons (H-Atom) schematisch eingezeichnet. Aus der Aufspaltung im ESR-Spektrum erhält man die Hyperfein-Wechselwirkungskonstante a (im Grenzfall des starken Feldes B_0). Als Auswahlregel für die magnetischen Dipolübergänge gilt Δm_s (bzw. Δm_J) $= \pm 1$, $\Delta m_I = 0$ für die Elektronenspin-Resonanz und $\Delta m_I = \pm 1$, Δm_J (bzw. Δm_s) $= 0$ für die Kernspin-Resonanz

magnetischen Momenten wechselwirkt. Aus *einer* Resonanzfrequenz für das freie Elektron (links in Abb. 20.14) werden im Wasserstoff-Atom durch Hyperfein- und Zeeman-Wechselwirkung mit dem Proton *zwei* Übergänge. Ihr Abstand beträgt rund 0,05 T (500 G). Das Elektron sieht vom Proton also ein Feld von 500 G. Demgegenüber sieht nach (12.26) der Kern ein Feld der Größenordnung

$$0{,}05 \cdot \frac{\mu_{\text{Elektron}}}{\mu_{\text{Proton}}} \cong 30\,\text{T}\,.$$

Der Übergangsbereich zwischen schwachem und starkem äußeren Feld ist nur im Falle $F = I \pm 1/2$ durch die sog. Breit-Rabi-Formel in geschlossener Form zu berechnen. Das soll hier nicht weiter ausgeführt werden.

Die Elektronenspin-Resonanz des freien Wasserstoff-Atoms kann man wegen der thermischen Bewegung der Atome im Gaszustand und wegen der geringen Dichte schwer messen. Man kann jedoch Wasserstoff-Atome in Alkalihalogenidkristallen auf einem Zwischengitter-Platz fixieren. Dann erhält man tatsächlich das nach Abb. 20.14 erwartete

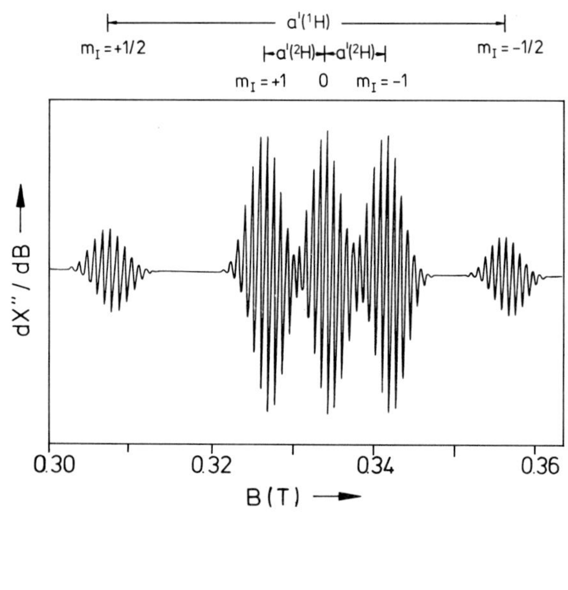

Abb. 20.15. ESR-Spektrum von Wasserstoff-Atomen, die in einen KCl-Kristall auf Zwischengitter-Plätzen eingebaut sind. Die beiden äußeren Liniengruppen gehören zu den Übergängen $\Delta m_s = 1$, $m_I = +1/2$ und $m_I = -1/2$ des Wasserstoff-Isotops mit der Massenzahl 1, ^{1}H mit einer Aufspaltung von $a(^1\text{H})$ von 500 Gauss, vgl. Abb. 20.14. Jeder dieser Übergänge ist in 13 aequidistante Linien aufgespalten. Das ist die auch als Superhyperfeinstruktur bezeichnete Wechselwirkung mit den Kernmomenten der vier nächst benachbarten Cl-Anionen ($I = 3/2$). – Die drei inneren Liniengruppen gehören zu den Übergängen $\Delta m_s = 1$, $m_I = 1, 0, -1$ des schweren Wasserstoffs, ^2H ($I = 1, g_I = 0{,}857$). Die Aufspaltungskonstante $a(^2\text{H})$ ist um das Verhältnis der g_I-Faktoren kleiner als diejenige von ^{1}H. [Nach J. M. Spaeth, Phys. stat. sol. **34**, 71 (1969).] Im Grenzfall des starken äußeren Feldes B_0 ist die hier gemessene Hyperfein-Wechselwirkungskonstante a' identisch mit der isotropen Hyperfein-Konstante a nach (20.11)

ESR-Spektrum. Ein solches Spektrum zeigt Abb. 20.15. Sie enthält gleichzeitig das ESR-Spektrum von schweren Wasserstoff-Atomen, ${}^2_1$H. Wegen des Spins $I=1$ gibt es hier drei ESR-Übergänge, wegen des kleineren g_I-Faktors ($g_I=0{,}857$) ist a und damit die Aufspaltung kleiner. Abbildung 20.15 zeigt darüber hinaus eine weitere Aufspaltung, die sogenannte Superhyperfeinstruktur. Das ist die Wechselwirkung des Elektronenspins mit den Kernen der Chlor-Ionen auf den Gitterplätzen. Mehr dazu in der Abbildungsunterschrift.

20.6 Direkte Messung von Spin und magnetischem Moment von Kernen, Kernspin-Resonanz

Wir haben in den vorangehenden Abschnitten gesehen, daß die Untersuchung der Hyperfeinstruktur von Spektrallinien der optischen Spektren die Messung des Kernspins ermöglicht. Das magnetische Moment wird dabei jedoch nur in Verbindung mit dem Hüllenfeld am Kernort gemessen. Da letzteres nicht unabhängig vom Kernspin gemessen werden kann, sind andere Methoden zur Messung des magnetischen Moments erforderlich.

Die Methode von *Stern* und *Gerlach* (s. Abschn. 12.6) zur Messung von magnetischen Momenten durch Ablenkung im inhomogenen Magnetfeld kann zur Messung von Kernmomenten verwendet werden, wenn die Atomhülle diamagnetisch ist. Andernfalls wird die Ablenkung des Kernmomentes im inhomogenen äußeren Feld durch die Ablenkung aufgrund des rund tausendfach größeren Hüllenmomentes der Atomelektronen ganz überdeckt. *Stern*, *Frisch* und *Estermann* haben mit dieser Methode im Jahre 1933 an Wasserstoff-Molekülen die richtige Größenordnung für das magnetische Moment des Protons gemessen. Eine Präzisionsbestimmung war so jedoch nicht möglich. In ihrer Versuchsanordnung betrug die Ablenkung der Moleküle bei 150 cm Flugweg 10^{-2} mm. Die Feld-Inhomogenität betrug dabei 80000 G/cm oder 800 T/m.

Eine wesentlich genauere Methode ist die Atom- bzw. Molekülstrahl-Resonanz nach *Rabi* (1937). Hier mißt man ähnlich wie bei der Elektronenspin-Resonanz (Abschn. 13.2) die Larmorfrequenz des Kernspins in einem äußeren Magnetfeld, also das Verhältnis μ_I/I. Auch bei dieser Methode muß im allgemeinen das Feld der Elektronenhülle am Kernort verschwinden. Diese Bedingung ist für manche Atome wie Hg, Cu, C, S, erfüllt, ferner für Moleküle wie H_2O, CaO, LiCl, CO_2, H_2, NH_3, weil sich bei diesen Atomen und Molekülen die magnetischen Momente der Hüllenelektronen zu Null addieren.

Für die potentielle Energie des Kernmomentes im Felde $\boldsymbol{B}_0$ gilt

$$\begin{aligned} V &= -\boldsymbol{\mu}_I \cdot \boldsymbol{B}_0 \\ &= -g_I \sqrt{I(I+1)}\, \mu_K B_0 \cos(\boldsymbol{I}, \boldsymbol{B}_0) \\ &= -g_I \mu_K B_0 m_I \end{aligned} \qquad (20.16)$$

Die Energiedifferenz zwischen zwei benachbarten Einstellmöglichkeiten im Felde $\boldsymbol{B}_0$, d.h. für $\Delta m_I = \pm 1$, beträgt dann

$$|\Delta E| = g_I \mu_K B_0 \,. \qquad (20.17)$$

Siehe dazu auch Abb. 20.2.

Strahlt man die dieser Energiedifferenz entsprechende Frequenz

$$\nu = \frac{g_I \mu_K}{h} B_0$$

oder

$$\omega_L = \frac{g_I \mu_K}{\hbar} B_0 = \gamma B_0 , \tag{20.18}$$

also die Larmorfrequenz des Kerns im Felde $\boldsymbol{B}_0$ ein, dann induziert man Übergänge mit $\Delta m_I = \pm 1$, d. h. der Kernspin ändert seine Orientierung.

Setzt man Zahlenwerte ein, so erhält man die Resonanzbedingung

$$\nu\,[\mathrm{Hz}] = 762{,}3 \frac{\mu_I}{I} \cdot B_0\,[\mathrm{Gauss}] . \tag{20.19}$$

Der Nachweis der Resonanz erfolgt bei der Molekülstrahl-Resonanzmethode durch die Ablenkung der Atome oder Moleküle in inhomogenen Magnetfeldern. Die Versuchsanordnung ist in Abb. 20.16 schematisch dargestellt. Die Anordnung wird so justiert, daß der Teilchenstrahl ohne Einschalten des Resonanzfeldes $\boldsymbol{B}_1$ die drei Magneten A, B und C durchläuft und am Empfänger D nachgewiesen wird. Die Ablenkung im inhomogenen Magneten A wird also durch die Ablenkung im inhomogenen Magneten B gerade kompensiert. Klappt jedoch das zu $\boldsymbol{B}_0$ senkrechte Resonanzfeld $\boldsymbol{B}_1$ im homogenen Magneten C Kerne aus einer Orientierung in eine andere um, so ist die Ablenkung im Magneten B nicht mehr symmetrisch zu der im Magneten A. Die betroffenen Teilchen gelangen nicht mehr zum Auffänger D. Man mißt also den Strom am Auffänger D als Funktion der Frequenz des Feldes $\boldsymbol{B}_1$ oder bei fester Frequenz des Feldes $\boldsymbol{B}_1$ als Funktion der Feldstärke des Magneten C. Wenn die Resonanzbedingung erfüllt ist, erreicht der Strom am Auffänger ein Minimum, Abb. 20.17. Man hat damit das gyromagnetische Verhältnis $\mu_I/I\hbar$ der Kerne bzw. den g_I-Faktor bestimmt. Um das Kernmoment μ_I selbst zu bestimmen, muß man den Kernspin I aus anderen Messungen ermitteln. Dazu kann in erster Linie die Hyperfeinstruktur von Spektrallinien herangezogen werden (Abschn. 20.3–5).

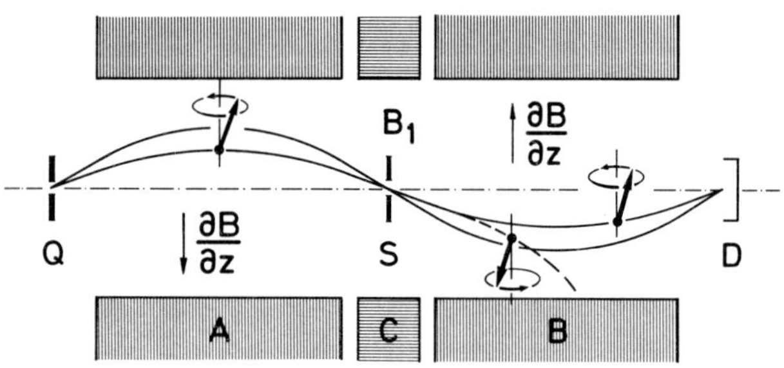

Abb. 20.16. Atomstrahl-Resonanz nach *Rabi*, Versuchsanordnung. Die Magnetfelder *A* und *B* sind inhomogen, der Magnet C erzeugt das homogene Feld $\boldsymbol{B}_0$, in dem durch ein hochfrequentes und zu $\boldsymbol{B}_0$ senkrechtes $\boldsymbol{B}_1$-Feld Übergänge des Spins zwischen seinen gequantelten Einstellmöglichkeiten im Felde $\boldsymbol{B}_0$ erzeugt werden. (Q Quelle, D Detektor)

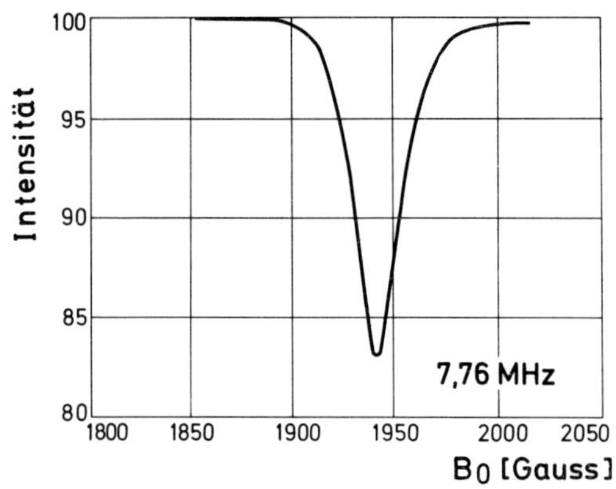

Abb. 20.17. Atomstrahl-Resonanz nach *Rabi*, Meßkurve. Die Intensität am Empfänger hat bei fester Frequenz des Feldes $\boldsymbol{B}_1$ ein Minimum, wennn das homogene Feld $\boldsymbol{B}_0$ des Magneten B die Resonanzbedingung erfüllt. Hier handelt es sich um eine Messung an Fluor-Kernen

Die Atom- bzw. Molekülstrahl-Resonanz nach *Rabi* läßt sich mit besonderer Genauigkeit zur Messung von Verhältnissen von Resonanzfrequenzen verwenden. Der genaue Wert des Feldes $\boldsymbol{B}_0$ braucht dann nicht bekannt zu sein. So wurde z.B. aus dem Verhältnis der Resonanzfrequenzen von Elektron und Proton das Verhältnis der Momente

$$\frac{\mu_{\text{el}}}{\mu_{\text{P}}}=g_{\text{Elektron}}\,\mu_{\text{B}}/g_{\text{Proton}}\,\mu_{\text{K}}$$

sehr genau bestimmt, indem man Teilchen mit reinem Elektronenspin-Magnetismus durch die gleiche Apparatur wie Wasserstoff-Moleküle fliegen ließ. Da man den g-Faktor des Elektrons aus anderen Messungen sehr genau kennt, kann man so den des Protons und daraus dessen magnetisches Moment sehr präzise messen. *Rabi* erhielt so für Protonen das Moment $\mu_I=(2{,}875\pm0{,}02)\,\mu_{\text{K}}$. Dieser Wert kann nun als sekundärer Standard für andere Kerne oder zur exakten Messung von Magnetfeldern $\boldsymbol{B}_0$ dienen.

1946 zeigten *Purcell* und *Bloch* experimentell und theoretisch, daß die Präzessionsbewegung des Kernspins weitgehend unabhängig ist von translatorischer und rotatorischer Bewegung des Kernes, und daß deshalb die Methode der Kernspin-Resonanz nicht nur auf freie Atome, sondern auch auf Atomkerne in Flüssigkeiten und Festkörpern anwendbar ist.

Das Prinzip der *Kernspin-Resonanz* in kondensierter Phase wird mit Abb. 20.18 erläutert. Bei festem Magnetfeld B_0 variiert man die Frequenz des Hochfrequenz-Generators, der das Feld B_1 erzeugt. Wenn die Resonanzbedingung (20.19) erfüllt ist, d. h., wenn die Frequenz des Senders mit der Larmorfrequenz der Kerne übereinstimmt, dann wird Energie absorbiert. Der die Probe enthaltenden Induktionsspule wird Energie entzogen *(Purcell)*. Dies zeigt ein Leistungsmesser als Empfänger an. Man kann die Resonanz auch dadurch nachweisen, daß in einer zweiten Spule, die senkrecht zur Induktionsspule angeordnet wird, ein Resonanzsignal induziert wird *(Bloch)*. Häufig arbeitet man auch bei fester Frequenz, und man variiert das Magnetfeld, um Resonanz zu erzeugen.

Für Protonen mit $g_I=5{,}58$ (Abschn. 20.2) ergibt sich nach (20.18) oder (20.19) als Resonanzfrequenz im Felde $B_0=1\,\text{T}$, $\nu=42.576\,\text{MHz}$. Dies entspricht einem Energiequant $\Delta E=h\nu=1{,}8\cdot10^{-7}\,\text{eV}$. Wegen dieser geringen Energieaufspaltung sind jedoch alle Zeeman-

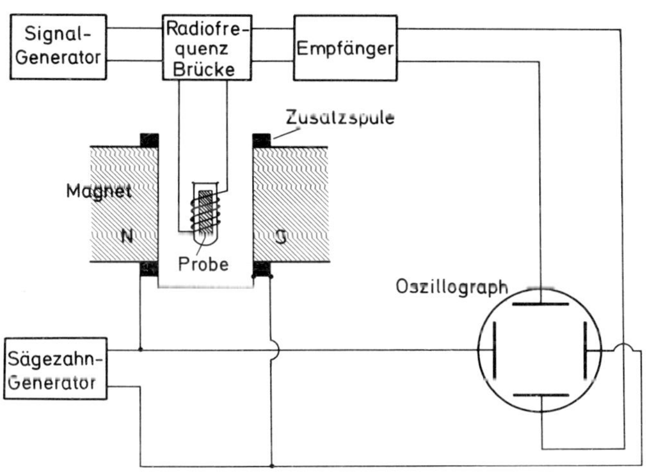

Abb. 20.18. Schema einer einfachen Kernspin-Resonanz-Apparatur. Die Probe befindet sich im Reagenzglas zwischen den Polschuhen eines homogenen Magneten. Das hochfrequente $\boldsymbol{B}_1$-Feld wird über eine Brücke und eine Induktionsspule eingestrahlt. Zum besseren Nachweis der Resonanz kann das $\boldsymbol{B}_0$-Feld durch eine Zusatzspule moduliert werden

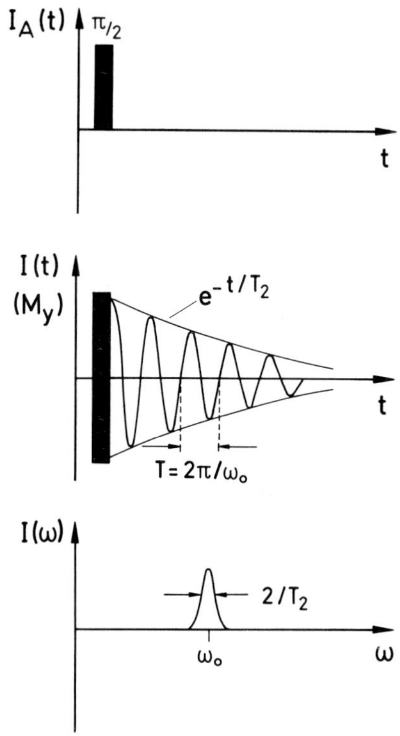

Abb. 20.19. Zur gepulsten Kernspin-Resonanz. (Oben) Zur Anregung der Resonanz werden Hochfrequenz-Impulse der Frequenz ω_0 verwendet, z. B. 90°-Impulse. Die Messung wird häufig wiederholt und aufsummiert. (Mitte) Beobachtet wird der zeitliche Verlauf $I(t)$ der Magnetisierung in y-Richtung, M_y. Die Einhüllende klingt mit der Zeitkonstante T_2 ab, wenn – wie hier angenommen – nur eine Sorte von äquivalenten Kernspins (z. B. Protonen) gemessen werden. Die hier vereinfachend T_2 genannte Zeit wird genauer mit T_2^* bezeichnet, weil sie außer der in Abschn. 14.5 definierten transversalen Relaxationszeit T_2 auch noch T_1 enthalten kann. (Unten) Durch Fouriertransformation erhält man aus dem beobachteten Verlauf $I(t)$ das Kernresonanzspektrum $I(\omega)$, bei einer Sorte äquivalenter Kerne eine Linie

Niveaus der Kerne im thermischen Gleichgewicht bei Zimmertemperatur nach Boltzmann fast gleich stark besetzt. In Resonanz induziert man deshalb nahezu gleich viele Absorptions- wie Emissionsübergänge. Nur ein kleiner Nettoeffekt bleibt übrig. Bei Zimmertemperatur beträgt der Besetzungsunterschied zwischen zwei Kern-Zeeman-Niveaus im Feld von 1 T etwa das 10^{-6} fache der Besetzungszahl. Dieser kleine Besetzungsunterschied ist jedoch dafür verantwortlich, daß ein Kernresonanz-Signal beobachtet wird. Zur Erreichung hoher Empfindlichkeit verwendet man heute möglichst hohe Magnetfelder unter Verwendung supraleitender Spulen, z. B. 12 T $\triangleq$ 500 MHz im Falle von Protonen-Spins.

Relaxationsvorgänge (vgl. Abschn. 13.5) müssen für die Wiederherstellung des Besetzungsunterschieds sorgen, sonst erfolgt durch Einstrahlung mit der Resonanzfrequenz Sättigung, das heißt Gleichbesetzung der Kern-Zeeman-Niveaus.

In modernen Kernresonanz-Spektrometern verwendet man im allgemeinen nicht mehr die oben beschriebene stationäre oder kontinuierliche Meßmethode. Man arbeitet vielmehr mit *Pulsmethoden*, wie sie bereits in Abschn. 14.4 u. 15.4 besprochen wurden. Dabei beobachtet man den zeitlichen Verlauf der Magnetisierung $I(t)$ nach einem kurzen, starken Hochfrequenz-Puls, und man errechnet aus dem zeitlichen Verlauf die Frequenzabhängigkeit der Magnetisierung $I(\omega)$.

Dies ist in Abb. 20.19 an einem einfachen Beispiel erläutert. Nach einem 90°-Puls (vgl. Abschn. 14.4), der die Magnetisierung aus der z-Richtung in die xy-Ebene klappt, mißt man als y-Komponente der Magnetisierung einen exponentiellen Zerfall mit der Zeitkonstanten T_2. Die Fourier-Transformierte hiervon ergibt nach

$$I(t) = \frac{1}{2\pi} \int_{-\infty}^{+\infty} I(\omega)\, e^{-i\omega t}\, d\omega$$

das Kernresonanzspektrum $I(\omega)$. Wenn mehrere nicht-äquivalente Sorten von Kernen vorliegen, wird der zeitliche Verlauf $I(t)$ komplizierter.

20.7 Anwendungen der Kernspin-Resonanz

Die Meßgenauigkeit, mit der man die Kernresonanz messen kann, wird häufig durch die Genauigkeit begrenzt, mit der man das Magnetfeld B_0 kennt. Da das magnetische Moment des Protons inzwischen jedoch mit sehr großer Genauigkeit bekannt ist, benutzt man jetzt umgekehrt die magnetische Kernresonanz zur *Präzisionsmessung von Magnetfeldern*. Man erreicht dabei relative Genauigkeiten von besser als 10^{-8}.

Die Anwendungen der Kernspinresonanz sind zahlreich. In der *Kernphysik* benutzt man sie zur Messung von gyromagnetischen Verhältnissen und damit bei bekanntem Kernspin I zur Messung der magnetischen Momente μ_I. Die wichtigste Anwendung hat die Kernspinresonanz jedoch in der *Chemie* gefunden. Mehr zu dazu auch in H. Haken und H.C. Wolf, Molekülphysik und Quantenchemie, Kap. 18.

Wenn Atome chemisch gebunden sind, werden durch den Einfluß von B_0 auf die Elektronenhüllen der Bindungspartner die Resonanzfrequenzen der Atomkerne in für die jeweilige Bindung charakteristischer Weise verschoben. Die benachbarten Elektronen schirmen das angelegte Feld B_0 je nach Bindung etwas unterschiedlich ab. Die durch diese diamagnetische Abschirmung erzeugte Änderung der Resonanzfrequenz wird als *Chemische Verschiebung* bezeichnet. Sie wird in ppm (parts per million) gemessen. Zwei Linien sind also in einem Spektrometer mit $B_0 = 1$ T und $\nu = 42{,}5$ MHz um 1 ppm voneinander entfernt, wenn ihre Resonanzfrequenzen sich um 42,5 Hz unterscheiden.

Abbildung 20.20 zeigt als Beispiel das Kernresonanz-Signal von Protonen in Äthylalkohol. Bereits bei geringer Auflösung (oberes Teilbild) erhält man drei Resonanzmaxima, weil es wegen der Bindung der Protonen in CH_3-, CH_2- und OH-Gruppen in C_2H_5OH drei unterschiedliche chemische Verschiebungen gibt. Die Flächen der Resonanzkurven sind der

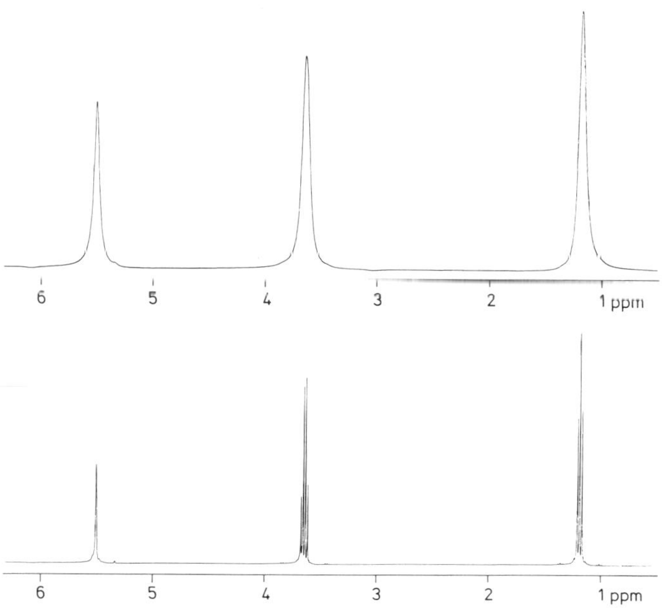

Abb. 20.20. Kernspinresonanz von Aethylalkohol, C_2H_5OH. Aufgetragen ist die Signalintensität am Empfänger als Funktion der Übergangsfrequenz. Diese ist in ppm (parts per million) relativ zu einem geeigneten Standard gemessen. Man sieht im oberen Teilbild 3 Signale mit dem Flächenverhältnis 1:2:3. Sie gehören zu den Protonenspins in der OH-, der CH_2- und der CH_3-Gruppe mit 1, 2 und 3 Protonen. Durch die unterschiedliche chemische Bindung unterscheiden sich die Resonanzfrequenzen der Protonen in den verschiedenen Bindungen um einige ppm. – Im unteren Teilbild ist dasselbe Spektrum mit höherer Auflösung gemessen. Das CH_2-Signal ist jetzt durch indirekte Kernspin-Wechselwirkung mit den Protonen der CH_3-Gruppe in ein Quartett aufgespalten, das CH_3-Signal durch indirekte Wechselwirkung mit den CH_2-Protonen in ein Triplett. – Die Protonen der OH-Gruppe werden rasch zwischen verschiedenen Molekülen ausgetauscht. Dadurch wird indirekte Wechselwirkung ausgemittelt und die Linie bleibt einfach

Anzahl der beteiligten Kerne proportional. Man kann mit Feldern höchster Homogenität und scharf definierter Einstrahlfrequenz wesentlich höhere Auflösung erzielen (Abb. 20.20 unten). Dabei erkennt man, daß die drei Resonanzmaxima in mehrere Linien aufgelöst werden. Die hier aufgelöste Struktur ist eine Folge von indirekter (nämlich durch Elektronen vermittelter) Kern-Kern-Wechselwirkung zwischen allen Protonen im Molekül (sogenannte J-Kopplung). Eine weitere Analyse dieser Spektren soll hier nicht erfolgen. Sie gibt Auskunft über Struktur und chemische Bindung im untersuchten Molekül.

Die Kernspin-Resonanz ist deshalb zur Strukturaufklärung in Chemie und Festkörperphysik von großer Bedeutung. Weitere Anwendungen finden sich z. B. beim Studium von Bewegungsvorgängen in Flüssigkeiten und Festkörpern, in der Reaktionskinetik, in der chemischen Analytik.

In den letzten Jahren ist es gelungen, mit Hilfe der Kernspin-Resonanz „Bilder" aus dem Inneren eines (nichtmetallischen) Körpers zu erzeugen. Man erhält damit Informationen über die räumliche Dichteverteilung bestimmter Atomkerne, z. B. Protonen. Man kann darüber hinaus auch eventuell vorhandene räumliche Inhomogenitäten von Kernspin-Relaxationszeiten messen. Damit eröffnet sich ein zukunftsreiches Feld für die medizinische Diagnostik und für die in-vivo-Kernspin-Resonanz in biologischen Objekten. Unter dem Namen *Kernspin-Tomographie* wird diese Methode neuerdings in die praktische Medizin eingeführt, zur Ergänzung und Erweiterung der Röntgen-Diagnostik.

Diese Orts-aufgelöste Kernspin-Resonanz geht aus von Gl. (20.18) und (20.19), wonach die Resonanzfrequenz ω eines bestimmten Kernes eine eindeutige Funktion des äußeren Magnetfeldes B_0 ist. Für eine Abbildung von räumlichen Strukturen braucht man Kernresonanz-Signale, die eine räumliche Information verschlüsselt enthalten. Dafür benutzt man magnetische Feldgradienten. Wir erläutern dies im folgenden am Beispiel von Protonen.

In einem homogenen Magnetfeld B_0 ist die Resonanzbedingung $\omega = \gamma B_0$ für jedes Proton bei der gleichen Frequenz ω erfüllt unabhängig vom Ort, an dem sich das Proton befindet. Das Kernresonanz-Signal enthält deshalb keine räumliche Information. Wenn man jedoch dem homogenen Magnetfeld B_0 einen Feldgradienten überlagert, so daß die Feldstärke und damit die Resonanzfrequenz von Ort zu Ort verschieden ist (Abb. 20.21 oben), dann werden Protonen an verschiedenen Orten unterschiedliche Resonanzfrequenzen haben (Abb. 20.21) Mitte). So wird eine räumliche Information in einen Frequenz-Maßstab umgesetzt. Das Protonen-Signal enthält dann zugleich eine Information über den Ort, an dem sich die Protonen befinden (Abb. 20.21 unten). Eine Abbildung von räumlichen Strukturen wird möglich, wenn man die Zuordnung zwischen Feldstärke B und Ort innerhalb der Probe kennt und die Signalamplitude als Funktion der Frequenz mißt.

Wenn man z. B. einen mit Wasser gefüllten Zylinder in einen Feldgradienten dB/dx bringt (Abb. 20.22 oben), dann nimmt die Frequenz der Resonanzsignale von Protonen aus zu x senkrechten Schichten mit x von links nach rechts zu. Es hat sich in der Praxis als zweckmäßig erwiesen, nicht die Resonanz der Kerne als Funktion der Frequenz, $f(\omega)$, zu messen, sondern das zeitliche Verhalten der Kerne nach einem 90°-Impuls, den freien Induktionszerfall (vgl. Abschn. 15.4). Die gemessene Funktion $I(t)$ (Abb. 20.22 Mitte) läßt sich mit Hilfe der Fouriertransformation

$$I(\omega) = \int_{-\infty}^{+\infty} I(t) \exp(+\mathrm{i}\omega t)\, dt$$

in die gesuchte Funktion $I(\omega)$ umrechnen. Das Ergebnis zeigt Abb. 20.22 unten. Der beobachtete freie Induktionszerfall nach einem 90°-Impuls enthält also für alle Protonen, für die innerhalb der Frequenzbreite $\Delta\omega$ des Hochfrequenzfeldes ω die Resonanzbedingung

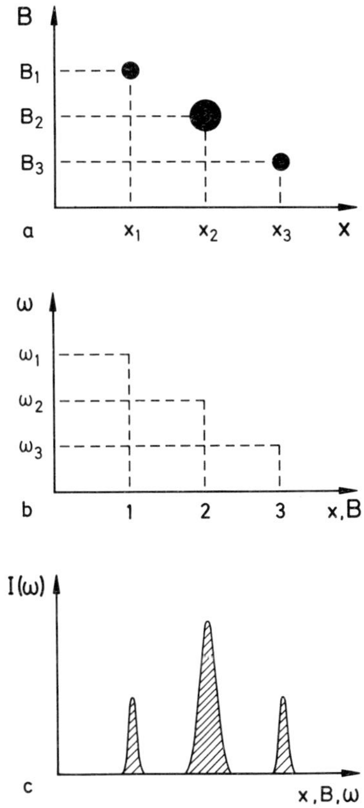

Abb. 20.21a–c

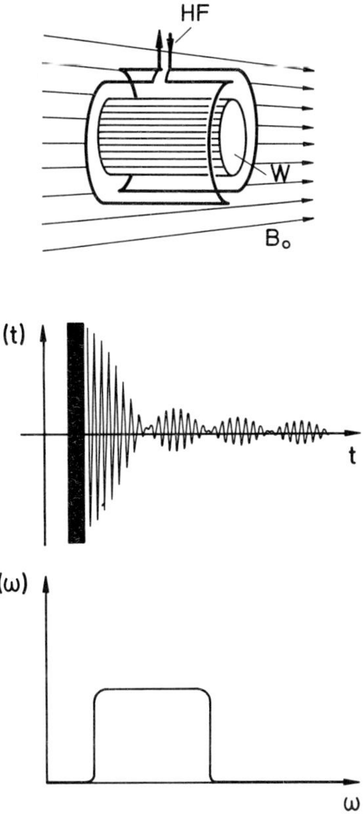

Abb. 20.22

Abb. 20.21 a–c. Kern-Resonanz von 3 Proben mit gleichen Kernen, z. B. Protonen, in einem Feldgradienten. Zur Erklärung der Orts-aufgelösten magnetischen Resonanz. **a**) In einem Feldgradienten dB/dx gehört zu jedem Ort x_1, x_2, x_3 eine andere Feldstärke, B_1, B_2, B_3. Die Proben *1*, *2*, *3* (*2* sei größer als *1* und *3*) befinden sich also in Gebieten verschiedener Feldstärke. **b**) Durch die Resonanzbedingung $\omega = \gamma B_0$ wird dann jedem Ort x_1, x_2, x_3 auch eine spezifische Resonanzfrequenz ω_1, ω_2, ω_3 zugeordnet. **c**) Ein Kernresonanzsignal $I(\omega)$ mißt die Zahl der Kerne mit der Resonanzfrequenz ω_1, ω_2, ω_3. Es herrscht eine eindeutige Zuordnung zwischen dem gemessenen Spektrum und der räumlichen Anordnung der Kernspins

Abb. 20.22. Zum Prinzip der ortsaufgelösten Kernspin-Resonanz. (Oben) Ein mit Wasser gefüllter Zylinder W in einem inhomogenen Magnetfeld B_0 umgeben von einer Sende- und Empfangsspule HF. (Mitte) Freier Induktionszerfall (FID) der Protonen im Wasserzylinder nach einem Hochfrequenzimpuls. (Unten) Fouriertransformation des Induktionszerfalls $I(t)$ ergibt das Spektrum $I(\omega)$. Bei konstanter Protonendichte im Zylinder erhält man so schon Information über die Probengeometrie, hier als Längsschnitt

(20.18) erfüllt ist, die Information über zeitliches Verhalten der Kernspins mit verschiedenen Resonanzfrequenzen $\omega \pm \Delta\omega$. Die jeweilige Amplitude ist der Protonendichte proportional. Wenn wie in Abb. 20.22 die Protonendichte im Zylinder konstant ist, ist so die Form des Zylinders als Projektion in die Ebene senkrecht zur Richtung x bereits abgebildet.

Um den räumlichen Aufbau von Objekten mit komplizierter Form und inhomogener Protonendichte zu untersuchen, benötigt man viele Projektionen aus verschiedenen Richtungen. Daraus kann man mit Hilfe des Rechners das gesuchte Bild herstellen. So kann man das Meßprinzip einfach verstehen. In der Praxis haben sich etwas andere Meßverfahren durchgesetzt. Auf diese soll hier nicht eingegangen werden.

In biologischen Objekten unterscheiden sich im allgemeinen nicht nur die räumliche Dichte der einzelnen Kerne von Ort zu Ort, sondern auch ihre Relaxationszeiten T_1 und T_2

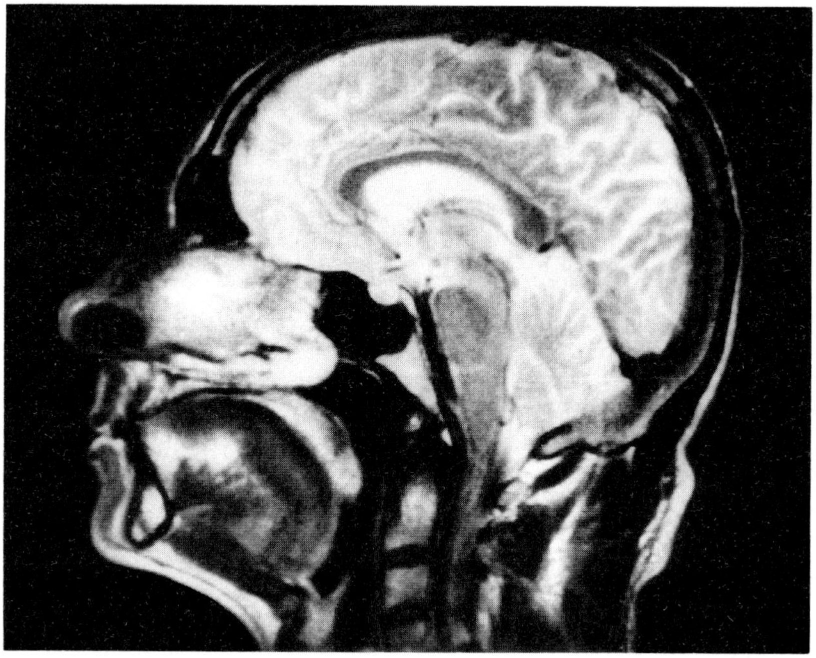

Abb. 20.23. Kernspin-Tomogramm, Schnittbild durch einen menschlichen Kopf. Von K. H. Hausser, Heidelberg, zur Verfügung gestellt

(siehe Abschn. 14.5). Sie hängen z.B. von der lokalen Temperatur und vom lokalen Bewegungszustand der zu unterscheidenden Strukturen ab. Dadurch, daß man auch die Relaxationszeiten als unterscheidendes Merkmal in die Orts-aufgelöste Kernspin-Resonanz einführt und mit den erwähnten Impulsmethoden mißt, kann man äußerst kontrastreiche Aufnahmen auch von Organbereichen erhalten, in denen der Röntgenkontrast gering ist – z.B. in der Weichteil- und Gewebediagnostik.

Ein Beispiel aus der medizinischen Diagnostik zeigt Abb. 20.23.

Eine weitere moderne Anwendung der Atomstrahl-Resonanz ist die als Frequenz- und Zeitnormal dienende *Caesium-Atomuhr*. ^{133}Cs ist das einzige stabile Isotop von Caesium. Es hat die Kernspin-Quantenzahl $I=7/2$ und daher im Grundzustand mit $J=1/2$ die Gesamtdrehimpuls-Quantenzahlen $F=4$ und $F=3$.

Man mißt mit einer Atomstrahl-Resonanzapparatur (siehe Abb. 20.16) Übergänge zwischen den Hyperfein-Komponenten $F=4$, $m_F=0$ und $F=3$, $m_F=0$ in einem schwachen äußeren Feld B_0, Abb. 20.24. Diese Übergangsfrequenz ist von B_0 weitgehend unabhängig.

Die wesentlichen Bauteile einer Cs-Atomuhr sind ähnlich wie bei der Atomstrahl-Resonanz nach *Rabi* (vgl. Abschn. 20.6) ein Ofen, der einen Cs-Atomstrahl erzeugt, ein Polarisationsmagnet, der die Atome im Zustand $F=3$ von denen im Zustand $F=4$ abtrennt, ein Resonator, in dem durch Einstrahlen der Resonanzfrequenz $\nu=9{,}192631770$ GHz Atome durch induzierte Emission aus dem Zustand $F=4$, $m_F=0$ in den Zustand $F=3$, $m_F=0$ überführt werden, ein zweiter Magnet, der als Analysator dient und nur Atome im Zustand $F=4$, $m_F=0$ durchläßt, und ein Auffänger. Bei Resonanz beobachtet man also ein Minimum am Detektor.

Die in den Resonator eingespeiste Frequenz ν wird auf das Minimum am Detektor stabilisiert. Diese Frequenz läßt sich mit einer Genauigkeit von ca. 10^{-13} reproduzieren. –

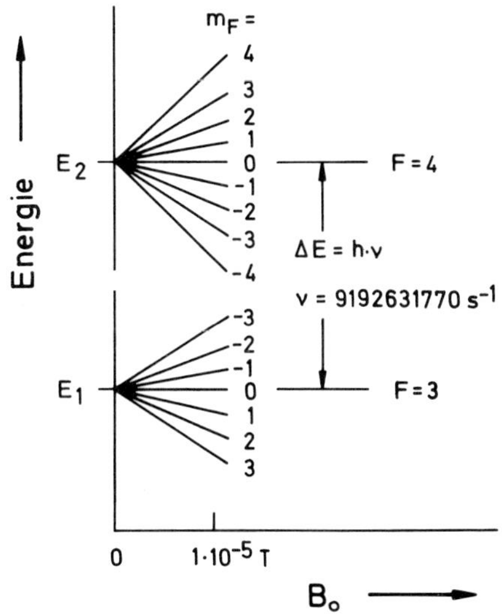

Abb. 20.24. Ausschnitt aus dem Termschema für das Cs-Atom im Grundzustand als Funktion eines schwachen Magnetfeldes B_0. Die für die Cs-Atomuhr verwendete Übergangsfrequenz entspricht dem Übergang zwischen den Zuständen $F=3$, $m_F=0$ und $F=4$, $m_F=0$

Die genauesten Atomuhren, die als primäres Frequenz- und Zeitnormal dienen, stehen in den Laboratorien der Physikalisch-Technischen Bundesanstalt in Braunschweig, des National Bureau of Standards in USA und des National Research Council in Canada.

20.8 Das elektrische Kern-Quadrupolmoment

Im Jahre 1935 stellten *Schüler* und *Schmidt* beim Studium der Hyperfeinstruktur optischer Spektrallinien der Isotope ^{151}Eu und ^{153}Eu fest, daß diese Hyperfeinstruktur nicht allein durch die magnetische Wechselwirkung zwischen Kern-Dipolmoment und inneren oder äußeren magnetischen Feldern erklärt werden kann. Es ergaben sich Abweichungen von der Intervallregel (20.12), die auf einer *elektrostatischen* Wechselwirkung zwischen dem nicht-kugelsymmetrischen Atomkern und inneren elektrischen Feldern beruhen, genau gesagt auf der Wechselwirkung zwischen seinem *elektrischen Quadrupolmoment* und dem elektrischen Feld der Hüllenelektronen.

Wir haben bisher stillschweigend den Kern als kugelförmig angesehen. Er ist dann von einem kugelsymmetrischen elektrischen Feld umgeben. Die nächst weniger einfache denkbare Ladungsverteilung ist diejenige eines elektrischen Dipols. Ein statisches elektrisches Dipolmoment hat man bei Kernen nicht gefunden.

Dagegen gibt es viele Kerne – insbesondere alle Kerne mit dem Spin $I \geqq 1$ – deren Gestalt offenbar nicht eine Kugel, sondern ein Rotationsellipsoid ist (s. dazu Abb. 20.25). Das elektrische Potential eines homogen mit Ladung erfüllten Rotationsellipsoides ist nicht mehr kugelsymmetrisch. Es wird in erster Näherung durch ein elektrisches Quadrupolmoment beschrieben.

Das elektrische Quadrupolmoment Q_0 einer beliebigen, axialsymmetrischen Ladungsdichte-Verteilung $\varrho(r)$ ist definiert als Integral über das Volumen τ

$$eQ_0 = \int_\tau (3\zeta^2 - r^2)\,\varrho(r)\,d\tau, \tag{20.20}$$

wobei r der Abstand vom Zentrum der Ladungsverteilung und ζ die Koordinate in Richtung der Rotationsachse ist. Bringt man eine solche Ladungsverteilung in ein inhomogenes elektrisches Feld, das durch das Potential V beschrieben wird ($\boldsymbol{E} = -\operatorname{grad} V$), so verschieben sich die Energieniveaus infolge der elektrostatischen Wechselwirkung um

$$\Delta E_Q = \frac{1}{4} e Q_0 \frac{\partial^2 V}{\partial z^2} \left(\tfrac{3}{2}\cos^2\vartheta - \tfrac{1}{2}\right), \tag{20.21}$$

wenn ϑ der Winkel zwischen der z-Achse des ebenfalls axial symmetrisch angenommenen Potentials und der Rotationsachse der Ladungsverteilung ist.

Das Quadrupolmoment Q hat nach (20.20) die Dimension einer Fläche. Es wird offensichtlich zu Null für eine kugelsymmetrische Ladungsverteilung. $Q > 0$ entspricht einem verlängerten und $Q < 0$ einem abgeflachten Rotationsellipsoid, s. Abb. 20.25. Im Kern wird die Ladungsdichte als homogen angenommen.

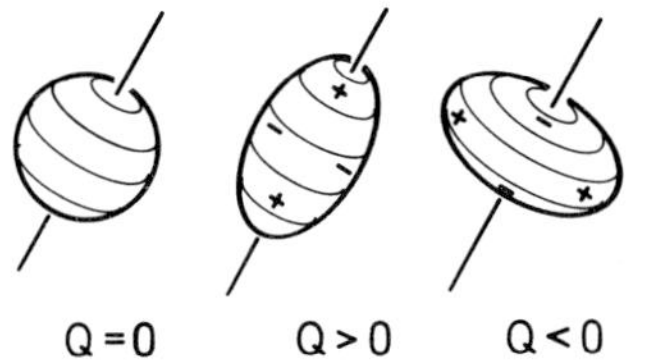

Abb. 20.25. Ladungsverteilung in Kernen. Bei Kugelsymmetrie ist $Q = 0$, bei zigarrenförmiger Ladungsverteilung ist Q positiv, bei diskusförmiger negativ. In der Regel sind große Kernquadrupolmomente positiv. Die Symmetrieachse ist die Richtung des Kernspins I

Um (20.21) auf die Quadrupolwechselwirkung beim freien Atom anwenden zu können, müssen wir noch beachten, daß dort die Rotationsachsen von Quadrupolmoment und Potential mit $\boldsymbol{I}$ bzw. $\boldsymbol{J}$ zusammenfallen. Das spektroskopisch beobachtete Quadrupolmoment Q ist deshalb nicht gleich dem Wert Q_0 nach (20.20), der die Abweichung der Ladungsverteilung im Kern von der Kugelform charakterisiert. Wegen der Präzession des Kerns wird vielmehr ein zeitlich gemitteltes effektives Quadrupolmoment Q wirksam, das sich zu

$$Q = Q_0 \frac{I(2I+1)}{(J+1)(2J+1)} \tag{20.22}$$

berechnen läßt. Es gilt $Q = 0$ für $I = 0$ oder $I = 1/2$. Zahlenwerte für Q_0 liegen zwischen $1000 \cdot 10^{-26}\,\mathrm{cm}^2$ bei dem Kern ^{238}U, $0{,}28 \cdot 10^{-26}\,\mathrm{cm}^2$ bei ^{2}H, 0 bei ^{1}H und ^{16}O sowie $-19{,}5 \cdot 10^{-26}\,\mathrm{cm}^2$ bei ^{65}Cu. Damit kann man den Winkel ϑ wiederum im Vektormodell mit Hilfe des Cosinussatzes ausdrücken, analog zu den Überlegungen zu Feinstruktur und Hyperfeinstruktur, und erhält schließlich, ohne daß wir hier auf eine nähere Ableitung eingehen,

$$\Delta E_Q = e Q \frac{\partial^2 V}{\partial z^2} \frac{\tfrac{3}{4} C(C+1) - I(I+1)\,J(J+1)}{2I(2I-1)\,J(2J-1)} \tag{20.23}$$

mit der Abkürzung $C = F(F+1) - I(I+1) - J(J+1)$. Die Hyperfein-Terme werden weiter um ΔE_Q verschoben (s. Abb. 20.26), und damit ist die Intervallregel gestört.

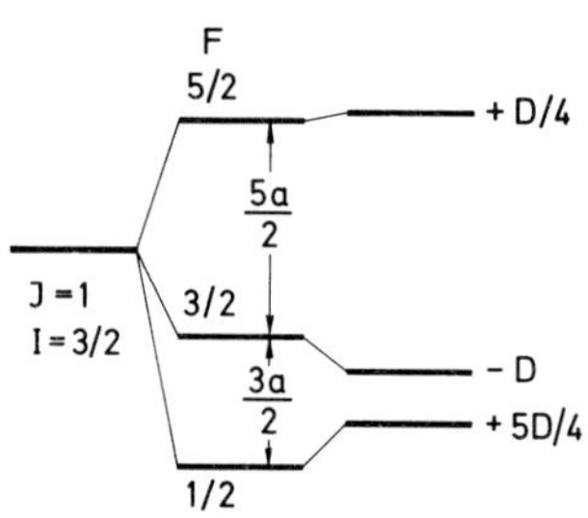

Abb. 20.26. Quadrupol-Verschiebung der Hyperfein-Niveaus für einen Zustand mit $J = 1$ und $I = 3/2$. Die angegebene Verschiebung entspricht einem positiven Quadrupolmoment. Die Konstante D ist gleich dem Faktor $eQ \cdot \frac{\partial^2 V}{\partial z^2}$ in (20.23). Durch die Quadrupol-Wechselwirkung wird das nach der Intervallregel erwartete Aufspaltungsbild geändert.

Eine quantitative Analyse von Quadrupolverschiebungen ist meistens schwierig. Um Quadrupolmomente von Kernen zu bestimmen, benötigt man die Kenntnis der Feldgradienten d^2V/dz^2. Nur sehr große Feldgradienten, wie man sie zwar in chemischen Bindungen oder in Festkörpern findet, wie man sie aber kaum im Labor erzeugen kann, ergeben Termverschiebungen, die für eine exakte Messung groß genug sind. Genauere Messungen von Kernquadrupolmomenten erhält man aus der direkten Messung der Quadrupolresonanz in der Hochfrequenz-Spektroskopie.

Allerdings ist es schwierig, die Feldgradienten zu berechnen die dadurch entstehen, daß im Atom die von äußeren, in nicht abgeschlossenen Schalen befindlichen, Elektronen hervorgerufenen Felder die inneren Schalen polarisieren. Die dadurch bedingten Korrekturen an den elektrischen Feldgradienten (sogenannte Sternheimer-Korrektur) lassen sich nur ungenau berechnen.

Die Berücksichtigung der Quadrupolverschiebung wird bei der Analyse der Hyperfeinstruktur von hochaufgelösten Atomspektren in Kristallen wichtig: Dort erhält man insbesondere Auskunft über innere elektrische Feldgradienten und damit über die Verteilung der Elektronen zwischen den Atomen oder Molekülen.

Aufgaben

20.1 ^{209}Bi hat einen angeregten Zustand der elektronischen Konfiguration $^2D_{5/2}$, der eine Aufspaltung in 6 Hyperfein-Niveaus zeigt. Die Abstände zwischen diesen Niveaus betragen 0,236 cm^{-1}, 0,312 cm^{-1}, 0,391 cm^{-1}, 0,471 cm^{-1} und 0,551 cm^{-1}. Wie groß ist die Kernspinquantenzahl I und die Hyperfeinstrukturkonstante a? Skizzieren Sie die Lage der Hyperfein-Niveaus relativ zum hypothetischen unaufgespaltenen Niveau in Einheiten von a.

20.2 Berechnen Sie das Magnetfeld, das das 1s, 2s, 3s-Elektron des Wasserstoff-Atoms am Kernort hervorruft. Wie groß ist die Energiedifferenz für parallele und antiparallele Einstellung der Spins von Proton und Elektron in diesen Zuständen?

20.3 Berechnen Sie aus den Meßwerten der Hyperfein-Aufspaltung der D_2-Linie im Natrium-Spektrum, Abb. 20.9, die Hyperfeinkonstante a und das Feld am Kernort B_J für den Zustand $^2P_{3/2}$.

20.4 Wasserstoff im Grundzustand befinde sich in einem Magnetfeld von 0,3 Tesla. Berechnen Sie nach Abschn. 20.5 und Abb. 20.14 die Zeeman-Energie des Elektrons, die Hyperfeinwechselwirkungsenergie und die Zeeman-Energie des Kerns!

20.5 ^{25}Mg-Atome im Grundzustand ($^1S_0$) werden mit Hilfe der Rabi-Methode untersucht. In einem Feld $B_0 = 0{,}332$ T wird eine Resonanzfrequenz $\nu = 3{,}5$ MHz gemessen. ^{25}Mg-Kerne haben den Spin $I = 5/2$. Bestimmen Sie das gyromagnetische Verhältnis γ, den g-Faktor und die größte Komponente des magnetischen Momentes der Kerne in Feldrichtung (in Kernmagnetonen).

20.6 In einem Atomstrahlexperiment ähnlich dem Stern-Gerlach-Experiment wird ein Strahl von ^{23}Na($^2S_{1/2}$)-Atomen durch ein starkes inhomogenes Feld B_1 ($\mu_B B_1 \gg E_{HFS}$) geschossen. Der Strahl spaltet in acht Teilstrahlen auf. Wie groß ist die Kernspinquantenzahl I von ^{23}Na? In wieviele Teilstrahlen würde der Strahl in einem schwachen inhomogenen Feld aufspalten?

21. Der Laser

21.1 Einige Grundbegriffe des Lasers

Der Laser ist eine für die moderne Spektroskopie unentbehrliche Lichtquelle (vgl. auch Kap. 22). Überdies sind die Vorgänge in ihm, die zur Emission von Laserlicht führen, ein schönes Beispiel für die Anwendung grundsätzlicher Erkenntnisse über die Wechselwirkung zwischen Licht und Atomen. Aus beiden Gründen gehen wir auf den Laser hier näher ein.

Das Wort Laser ist ein Kunstwort, das aus den Anfangsbuchstaben von *l*ight *a*mplification by *s*timulated *e*mission of *r*adiation [= Licht-Verstärkung durch stimulierte (≡ induzierte) Emission von Strahlung] besteht. Wie wir sogleich sehen werden, verstärkt allerdings ein Laser nicht nur Licht, sondern er wirkt in den meisten Fällen wie eine Lampe ganz besonderer Art, die Licht mit den typischen Lasereigenschaften erzeugt. Die hervorstechendsten Eigenschaften des Laserlichts sind:

1) eine besonders hohe Monochromasie (zeitliche Kohärenz). Es lassen sich Linienbreiten $\Delta\nu$ von der Größenordnung eines Hertz erzeugen. Das bedeutet im sichtbaren Spektralbereich eine relative Linienbreite von $\Delta\nu/\nu \lesssim 10^{-15}$. Der damit verknüpfte kohärente Lichtwellenzug hat eine Länge l von 300000 km (die Kohärenzlänge berechnet sich aus $l = c \cdot \Delta t = c/\Delta\nu$) – im Gegensatz zum Licht gewöhnlicher Lampen, das aus „Spaghetti" von Lichtwellenzügen von ca. 1 m Länge besteht.

2) Eine sehr starke Bündelung des Lichts, die praktisch nur durch Beugungseffekte am Austrittsfenster des Lasers begrenzt ist (räumliche Kohärenz).

3) Seine hohe Strahlungsintensität, die bei Pulsbetrieb bis zu 10^{12}–10^{13} Watt betragen kann. Im Zusammenhang mit 1) und 2) ergibt sich eine sehr hohe Photonenflußdichte in einem sehr engen Spektralbereich.

4) Die Möglichkeit, ultrakurze Lichtimpulse (bis herunter zu 10^{-13} s Dauer) von zugleich hoher Intensität zu erzeugen.

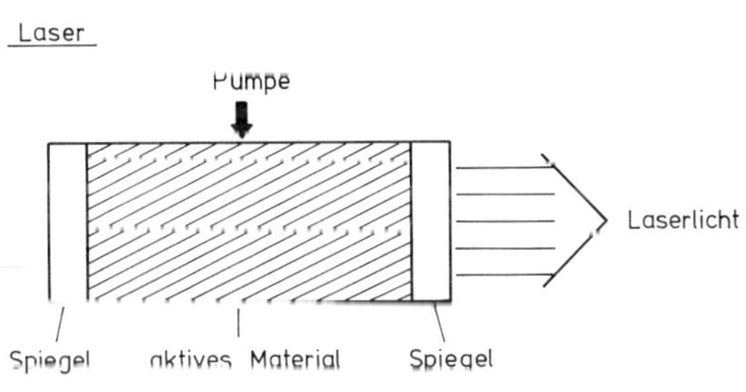

Abb. 21.1. Schematischer Aufbau eines Lasers

Die Wirkungsweise des Lasers verstehen wir am besten, wenn wir den experimentellen Aufbau im Schema betrachten (vgl. Abb. 21.1). Der Laser besteht im Prinzip aus einem Stück sog. laseraktiven Materials. Dieses Material kann ein Festkörper sein, z. B.

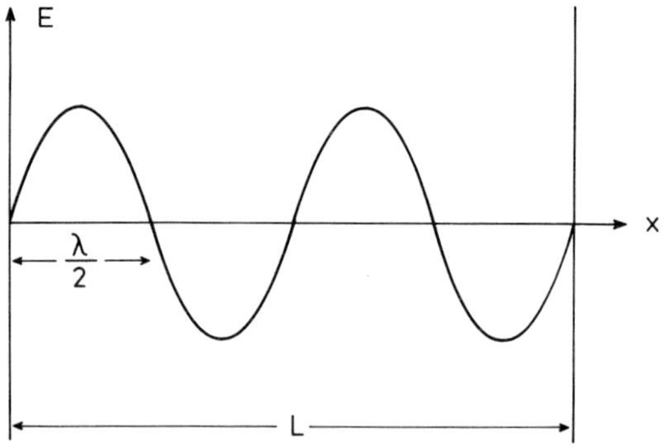

Abb. 21.2. Stehende Welle zwischen den Spiegeln des Lasers

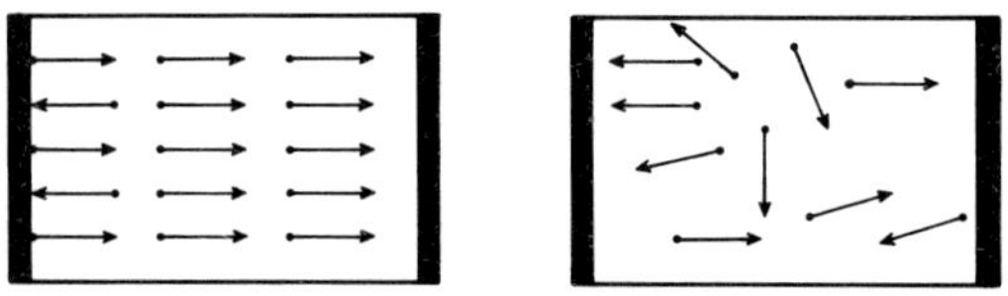

Abb. 21.3. Photonen im Laser, vgl. Text

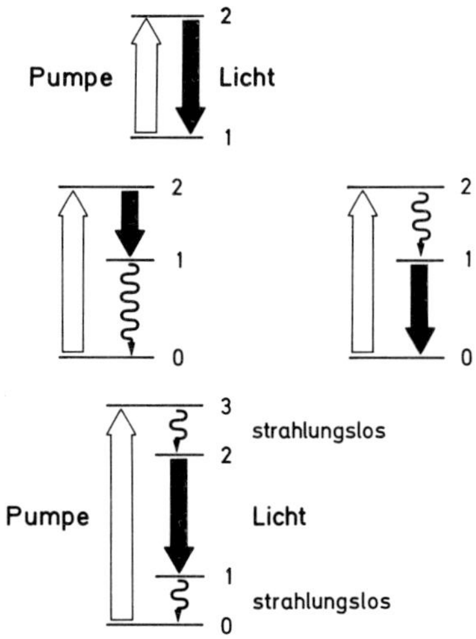

Abb. 21.4. Typische Pump-Schemata. *Oben*: Atom mit 2 Niveaus. *Mitte*: Atom mit 3 Niveaus, *links*: der obere (optische) Übergang ist laseraktiv; *rechts*: der untere (optische) Übergang ist laseraktiv. *Unten*: Atom mit 4 Niveaus. Der mittlere (optische) Übergang ist laseraktiv

ein Rubin (d.h. ein Al_2O_3-Kristall, der mit Cr-Ionen dotiert ist). Die Chromatome, die ihm übrigens die rote Farbe verleihen, führen die optischen Übergänge aus, die den Laserprozeß ermöglichen. Ein weiteres Beispiel sind Gläser oder Granate, die als aktive Laseratome Neodym-Atome enthalten. Laserprozesse können aber auch in Gasen oder in gewissen Farbstofflösungen vor sich gehen. Farbstofflaser sind deshalb für Anwendungen besonders wichtig, weil sie abstimmbar sind. Der Laser wird an den Endflächen von zwei Spiegeln begrenzt. Stellen wir uns das Licht als *Welle* vor, so erkennen wir, daß zwischen zwei Spiegeln sich stehende Wellen nur so ausbilden können, daß ein halbzahliges Vielfaches der Wellenlänge in den Abstand zwischen den Spiegeln hineinpaßt (vgl. Abb. 21.2). Deuten wir das Licht hingegen im *Photonenbild*, so haben die Spiegel folgende Eigenschaft (Abb. 21.3): Photonen, die in axialer Richtung fliegen, werden sehr oft reflektiert und bleiben lange im Laser. Photonen, die quer zur Achse fliegen, verlassen den Laser sehr schnell. Schließlich muß der Laser durch Energiezufuhr von außen her angeregt werden, indem man z.B. durch Lichteinstrahlung die Laseratome anregt. Hierbei können je nach Atomen verschiedene Pump-Schemata verwirklicht sein. Bei dem 3-Niveau-Schema von Abb. 21.4 wird der Laser durch optisches Pumpen in den Zustand 2 gebracht. Er kann dann von dort optisch rekombinieren, d.h. das Atom fällt in den Zustand 1 und sendet dabei ein Lichtquant aus. Andere leicht ersichtliche Pumpanordnungen ergeben sich aus der gleichen Abbildung. Ein besonders interessantes Beispiel für die Besetzung angeregter Niveaus bietet der Helium-Neon-Laser. Der Pumpvorgang ist in den Unterschriften zu den Abb. 21.5 und 6 eingehend erläutert. Die Abb. 21.7 zeigt ein Beispiel einer experimentellen Anordnung eines Helium-Neon-Lasers.

Die grundlegende Idee beim Laser ist nun folgende: Wir stellen uns vor, daß eine beträchtliche Zahl von Atomen durch optisches Pumpen in den angeregten Zustand

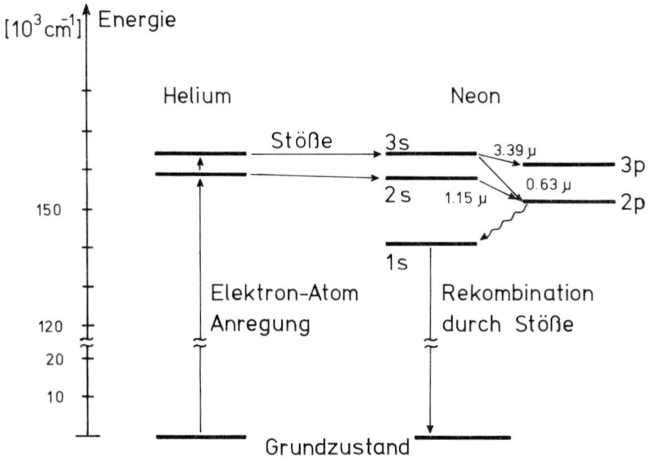

Abb. 21.5. Anregungs- und Rekombinationsprozesse beim Helium-Neon-Laser (schematisch). Die im Neon-Spektrum (rechts) verwendeten Symbole $1s$, $2s$, ... sind technische ad-hoc-Bezeichnungen (Paschen-Symbole), die in der Legende zu Abb. 21.6 erklärt werden. Durch Zusammenstöße zwischen Elektronen mit den Helium-Atomen in einer Gasentladungsröhre werden die Helium-Atome im ^1S- bzw. ^3S-Zustand angeregt. Da die entsprechenden Anregungsenergien denen der sog. $2s$- bzw. $3s$-Zustände beim Neon entsprechen, kann diese Energie durch Stöße von Helium auf das Neon übertragen werden. Das Elektron im $3s$- bzw. $2s$-Zustand des Neons geht dann in den $3p$- bzw. $2p$-Zustand über, wobei die Lichtausstrahlung mit Lasertätigkeit verknüpft sein kann (ausgezogene Pfeile). Daraufhin rekombiniert das Elektron in den $1s$-Zustand durch Ausstrahlung eines weiteren Quants. Schließlich gibt das Neon-Atom seine Energie durch Zusammenstöße mit anderen Atomen in Form von kinetischer Energie ab und geht dabei in den Grundzustand über. In Wirklichkeit ist das Termschema des Neons noch viel komplizierter (vgl. hierzu Abb. 21.6). Man beachte, daß die Energie des Grundzustandes als Energie-Nullpunkt gewählt wurde. Die Wellenlängen sind wie in der Laserphysik vielfach üblich in μ angegeben ($1\mu = 10^3$ nm)

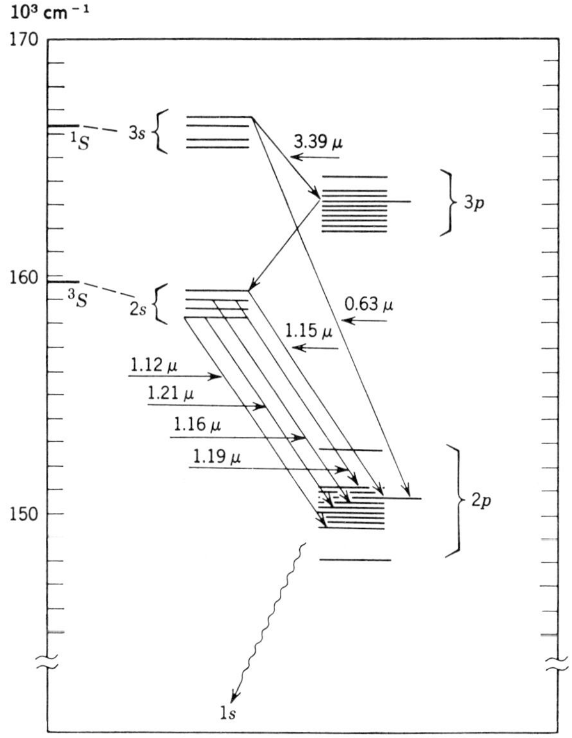

Abb. 21.6. Aufspaltungs- und Übergangsschema der Niveaus von Helium (linke Ordinate) und Neon (Bildmitte). Der (nicht eingezeichnete) Grundzustand des Neons hat die Elektronen-Konfiguration $1s^2 2s^2 2p^6$. Bei den eingezeichneten Zuständen wird eines der sechs $2p$-Elektronen angeregt. Geben wir jeweils nur die Konfigurationen der sechs äußersten Elektronen an, so stehen die Abkürzungen $1s$, $2s$, $3s$ für $2p^5 3s$, $2p^5 4s$, $2p^5 5s$ (je 4fach entartet), die Kürzel $2p$, $3p$ für $2p^5 3p$, $2p^5 4p$ (je 10fach entartet)

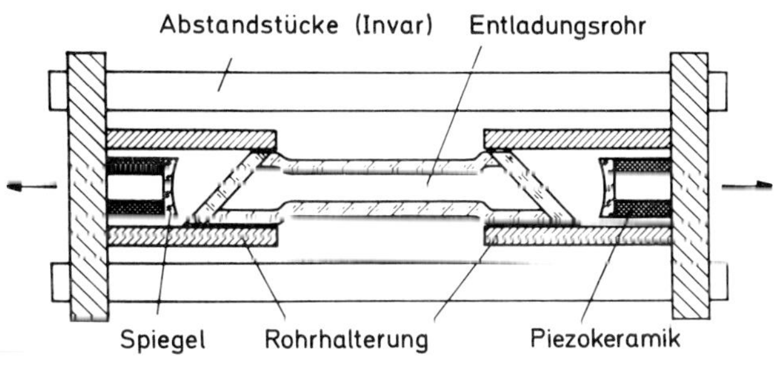

Abb. 21.7. Beispiel für eine experimentelle Anordnung beim Gaslaser. Der wichtigste Teil ist das Entladungsrohr, in dem sich das He-Ne-Gemisch befindet. Die Endflächen sind unter dem Brewster-Winkel angebracht. Außerhalb befinden sich die Spiegel, die gekrümmt sind, um eine bessere Stabilität der Moden des Laserlichts zu gewährleisten. Die übrigen Teile dienen der Halterung

gebracht worden ist. Dann können zunächst Photonen spontan emittiert werden. Trifft aber ein solches Photon auf ein weiteres angeregtes Atom, so kann es dieses zur induzierten Emission veranlassen, d.h. das zweite angeregte Atom sendet ein zusätzliches Photon aus. Durch Fortsetzung dieses Prozesses kommt es zu einer Photonenlawine. Allerdings kann dieser Prozeß nicht unbegrenzt weiterwachsen, da ja immer mehr

Atome in den Grundzustand übergehen. Pumpt man Energie ständig nach, so bildet sich ein Gleichgewicht aus. Wir untersuchen nun quantitativ, was nötig ist, um Lasertätigkeit zu erzielen. Wir müssen dazu untersuchen, welche Anforderungen an die Anregungsbedingungen und die Strahlungseigenschaften der Atome zu stellen sind, damit die als Fluoreszenz bezeichnete spontane Emission der Atome übergeht in eine durch induzierte Emission hervorgerufene kollektive Ausstrahlung. Diese führt zu den oben aufgeführten typischen Eigenschaften des Laserlichts.

Im folgenden betrachten wir den besonders interessanten und wichtigen Fall, daß bei dem Laserprozeß nur eine einzige Sorte von Photonen erzeugt wird. Bei diesen handelt es sich um solche, die in axialer Richtung laufen und deren zugehörige Welle gerade als stehende Welle zwischen die Spiegel paßt. Ferner wird dabei angenommen, daß die Grundfrequenz der Lichtschwingung mit der Übergangsfrequenz der Atome in Resonanz ist. Einen Laser, der diese Eigenschaften hat, nennen wir *Einmodenlaser*. Im nächsten Abschnitt entwickeln wir die Theorie dieses Lasers im *Photonenbild*, um dann in Abschn. 21.3 die entsprechende Theorie im *Wellenbild* darzulegen.

21.2 Bilanzgleichungen und Laserbedingung

Dazu betrachten wir die sogenannten Bilanzgleichungen des Lasers. Übrigens heißen diese Bilanzgleichungen im Englischen "rate equations", was oft zur deutschen Übersetzung Ratengleichungen führt. Es ist am günstigsten, wenn wir das Licht wieder im Photonenbild betrachten. Wir haben vorher schon bemerkt, daß es verschiedene Photonensorten gibt, z. B. solche, die axial oder schräg zur Achse laufen. Wir werden erwarten, daß diejenigen Photonen als erste zum Laserprozeß führen, die axial laufen. Diese verweilen nämlich am längsten zwischen den beiden Spiegeln und haben somit die größte Chance, induzierte Emission auszulösen. Wir bezeichnen die Photonenzahl, die wir betrachten wollen, mit n und untersuchen, wie diese Zahl sich zeitlich ändert. Die Zahl der Photonen nimmt infolge der *induzierten Emission* zu. Nach *Einstein* ist diese Multiplikationsrate proportional zur Zahl der Atome im angeregten Zustand N_2 und zur Zahl der Photonen n selbst (vgl. Abschn. 5.2.3). Schließlich ist sie noch proportional zu einer Übergangswahrscheinlichkeit W pro Sekunde. Natürlich können Atome, die im unteren Niveau des optischen Übergangs sitzen, durch Absorption Photonen wieder verschlucken. Die Photonenzahl verringert sich daher um den Betrag $-WN_1n$. Die Rate der *spontanen Emission* ist zwar unabhängig von der Zahl der vorhandenen Photonen, aber doch proportional zur Zahl der angeregten Atome: WN_2. Schließlich können die betrachteten Photonen noch durch die Spiegel entweichen oder durch Streuprozesse verlorengehen. Die Verlustrate ist proportional zur Zahl n der Photonen. Nehmen wir eine Lebensdauer t_0 eines Photons im Laser an, so lautet die Verlustrate $-n/t_0$. Wir erhalten so das Schema

Prozeß	Rate
induzierte Emission:	WN_2n
Absorption:	$-WN_1n$
spontane Emission:	$W'N_2$
Verluste	$-\frac{n}{t_0}$.

(21.1)

Fassen wir alle Ausdrücke zusammen, so erhalten wir die Bilanzgleichung für die Photonenzahl

$$\frac{dn}{dt} = W(N_2 - N_1)n + W'N_2 - \frac{n}{t_0}. \tag{21.2}$$

Wie *Einstein* bereits bei der Herleitung der Planckschen Strahlungsformel mit Hilfe seiner Photonenvorstellung zeigte, ist W durch

$$W = \frac{1}{VD(\nu)\Delta\nu \cdot \tau} \tag{21.3}$$

gegeben. Darin ist V jetzt als Volumen des Lasermaterials zu interpretieren, $\Delta\nu$ ist die Linienbreite des Elektronenübergangs im Atom zwischen den Niveaus 2 und 1, τ ist die Lebensdauer im Niveau 2. $D(\nu)d\nu$ ist die Zahl der möglichen stehenden Wellen im Einheitsvolumen im Frequenzbereich $\nu \ldots \nu + d\nu$. $D(\nu)$ ist explizit durch

$$D(\nu) = 8\pi \frac{\nu^2}{c^3} \tag{21.4}$$

gegeben, wobei ν die Frequenz des atomaren Übergangs ist. Gleichung (21.3) gestattet es bereits, die Laserbedingung herzuleiten. Wie wir schon bemerkt haben, soll es zu einer Photonenlawine kommen. Dies beinhaltet, daß nur solche Glieder in (21.2) für uns von Interesse sind, die proportional zu n sind. Ferner zeigt die genauere mathematische Begründung, daß die spontane Emission, die durch das Glied WN_2 verkörpert wird, nur zu einer unkorrelierten Lichtemission, dem sogenannten Rauschen Anlaß gibt und nichts zum eigentlichen Laserlicht beiträgt.

Um die Laserbedingung herzuleiten, lassen wir daher das in Rede stehende Glied auf der rechten Seite von (21.2) weg. Die Laserbedingung erhalten wir nun, wenn wir fordern, daß die Erzeugungsrate der Photonen insgesamt >0 wird

$$\frac{dn}{dt} = W(N_2 - N_1)n - \frac{n}{t_0} > 0. \tag{21.5}$$

Da die Photonenzahl als $\neq 0$ angenommen wird, führt (21.5) unmittelbar zu einer Beziehung für die notwendige „Inversion" pro Volumen, die durch

$$\frac{N_2 - N_1}{V} > \frac{8\pi\nu^2 \Delta\nu \cdot \tau}{c^3 \cdot t_0} \tag{21.6}$$

gegeben ist. (21.6) ist die genannte Laserbedingung. Um Lasertätigkeit zu erzeugen, müssen wir also durch optisches Pumpen eine so große Zahl von Atomen in den angeregten Zustand bringen, daß die Besetzungszahldichte-Differenz $(N_2 - N_1)/V$ der Bedingung (21.6) genügt. Lasertätigkeit wird um so leichter zu erreichen sein, je kleiner die rechte Seite von (21.6) ist. Die rechte Seite stellt Bedingungen an die zu verwendenden Atome. Um mit möglichst kleinen Pumpleistungen auszukommen, müssen die Atome eine möglichst kleine Linienbreite haben. Ferner sehen wir, daß die Laserbedingung mit anwachsender Laserfrequenz ν immer schwieriger zu erfüllen ist. Ferner müssen wir durch möglichst gute Spiegel dafür sorgen, daß die Lebensdauer t_0 der Photonen im Laser möglichst groß wird. Eine Abschätzung für t_0 erhalten wir folgendermaßen. $1/t_0$ kann als die Rate aufgefaßt werden, mit der pro Sekunde ein Photon den Laser durch die

Spiegel verläßt. Diese Rate ist natürlich um so größer, je größer die Geschwindigkeit der Photonen ist, d.h. sie ist proportional zur Lichtgeschwindigkeit. Da mit größerem Spiegelabstand die Flugzeit zwischen den Spiegeln größer wird, ist die Austrittswahrscheinlichkeit umgekehrt proportional zur Länge L. Schließlich ist die Austrittswahrscheinlichkeit um so größer, je kleiner das Reflexionsvermögen R der Endspiegel ist. Dies ergibt den Faktor $1-R$. Wir werden somit zu der Formel

$$\frac{1}{t_0}=\frac{c}{L}(1-R) \tag{21.7}$$

für die Lebensdauer der Photonen geführt.

Die gesamte Dynamik der Laserausstrahlung kann man allerdings erst wiedergeben, wenn wir neben (21.2) noch solche Gleichungen für die Besetzungszahlen der Atome angeben. Wir legen hierzu das Pumpschema der Abb. 21.4 (Bildmitte) zugrunde. Für die zeitliche Änderung der Besetzungszahl N_2 ergibt sich die folgende Gleichung, die wir sogleich anschaulich deuten wollen

$$\frac{dN_2}{dt}=-\underbrace{WN_2n+WN_1n}_{\text{kohärente WW}}+\underbrace{w_{20}N_0-w_{12}N_2}_{\text{Pumpen und Rekombination}}. \tag{21.8}$$

Die ersten beiden Glieder auf der rechten Seite beschreiben, wie sich die Besetzungszahl N_2 aufgrund der stimulierten Emission und der Absorption ändert.

Das 3. Glied auf der rechten Seite gibt an, wie diese Besetzungszahl durch den Pumpprozeß vom Niveau 0 ausgehend anwächst. Das letzte Glied gibt schließlich noch an, wie sich diese Zahl dadurch ändert, daß Konkurrenzprozesse, die nicht zum Laserprozeß führen, stattfinden, z. B. strahlungslose Rekombination vom Zustand 2 zum Zustand 1. (Übrigens liest man z. B. w_{20} wie $w_{\text{zwei null}}$ und nicht w_{zwanzig}!)

Der Leser kann sich nunmehr leicht überlegen, daß die Bilanzgleichungen für die beiden anderen Niveaus die Gestalt

$$\frac{dN_1}{dt}=WN_2n-WN_1n+w_{12}N_2-w_{01}N_1\,, \tag{21.9}$$

$$\frac{dN_0}{dt}=-w_{20}N_0+w_{01}N_1 \tag{21.10}$$

haben, sofern wir direkte Rekombinationsprozesse vom Zustand 2 in den Zustand 0 vernachlässigen. Wesentlichen Aufschluß über die Lösungen dieser Gleichungen erhalten wir schon, wenn wir einen Spezialfall betrachten. Wir nehmen an, daß der Übergang von 1 nach 0 außerordentlich rasch erfolgt, so daß das Niveau 1 praktisch stets unbesetzt bleibt, wir also $N_1=0$ setzen dürfen. Von den gesamten Gln. (21.8–10) interessiert uns dann nur noch die Gl. (21.8), die wir in der Form

$$\frac{dN_2}{dt}=-WN_2n+w_{12}(\overline{N_2}-N_2) \quad \text{mit} \quad \overline{N_2}=\frac{w_{20}}{w_{12}}N_0 \tag{21.11}$$

anschreiben. Darin ist $\overline{N_2}$ derjenige Wert von N_2, der durch die Pump- und Relaxationsprozesse, d.h. mit $n\equiv 0$, allein erreicht würde. Die Gleichung für die Photonen selbst vereinfacht sich ebenfalls:

$$\frac{dn}{dt} = WN_2 n - \frac{n}{t_0}. \tag{21.12}$$

Wir überzeugen uns davon, daß es beim Laser zu einem stationären Zustand kommen kann, d.h. daß der Laser kontinuierlich Laserlicht ausstrahlen kann. Dazu setzen wir

$$\frac{dN_2}{dt} = 0, \quad \frac{dn}{dt} = 0. \tag{21.13}$$

Aus (21.12) ergibt sich unmittelbar die Beziehung

$$N_2 = \frac{1}{Wt_0} \equiv N_{2,s}. \tag{21.14}$$

Diese besagt, daß eine bestimmte Besetzungszahl $N_{2,s}$ sich beim Laserprozeß einstellt, die konstant bleibt, auch wenn wir immer mehr Pumpenergie zuführen. Die zugeführte Pumpenergie muß also hauptsächlich in Photonenenergie verwandelt werden. Dies ergibt sich in der Tat, wenn wir nunmehr (21.11) nach n auflösen

$$n = \frac{w_{12}}{W}\left(\frac{\overline{N_2}}{N_{2,s}} - 1\right). \tag{21.15}$$

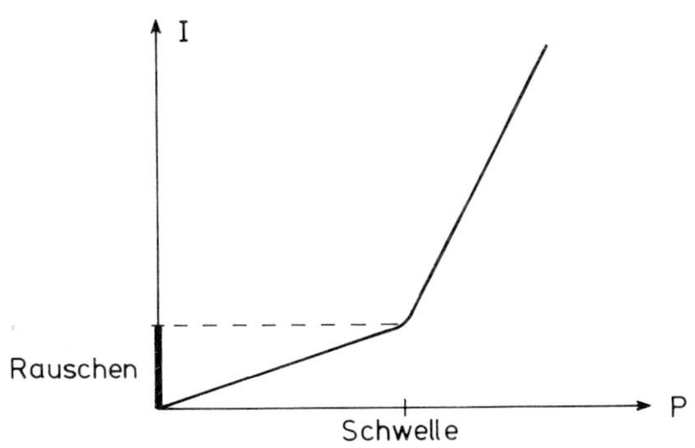

Abb. 21.8. Das Ausstrahlungsverhalten eines Einmodenlasers. Abszisse: Zugeführte Pumpleistung. Ordinate: Ausgestrahlte Leistung (in einer Mode). Unterhalb der Schwelle, d.h. der kritischen Pumpleistung, besteht das Licht aus spontan erzeugten Wellenzügen („Rauschen"). Vernachlässigt man diese, so ist die ausgestrahlte Leistung gleich Null. Lasertätigkeit setzt erst ab der Schwelle ein

Wenn wir durch eine Erhöhung der Pumprate w_{20} die mittlere Zahl $\overline{N_2}$ erhöhen, so nimmt nach (21.15) die Photonenzahl immer mehr zu. Da natürlich die Photonenzahl nicht negativ sein darf, beginnt der Laserprozeß erst von einem bestimmten kritischen Wert der Inversion bzw. Besetzungszahl $N_{2,s}$ an. Wir erhalten somit die in Abb. 21.8 angegebene Kurve. Unterhalb einer bestimmten Pumpleistung bzw. Inversion wird kein Laserlicht ausgestrahlt, während oberhalb dieser Leistung die ausgestrahlte Photonenzahl linear anwächst. Bei tatsächlichen Meßkurven ergibt sich auch unterhalb der Schwelle eine Ausstrahlung. Diese rührt daher, daß ja auch die Atome spontan Licht emittieren können, was vom Sinn des Lasers her jedoch nur noch einen Rauscheffekt bedeutet.

21.3 Amplitude und Phase des Laserlichts

Im vorangegangenen Abschnitt hatten wir den Einmodenlaser mit Hilfe des Photonenbildes behandelt. Dies gestattete es, die Laserbedingung herzuleiten und die im Laser vorhandene Photonenzahl zu bestimmen. Nun wissen wir aber, daß Licht nicht nur durch seine Intensität beschrieben wird, sondern wir brauchen auch Phasenbeziehungen, um z.B. Interferenzexperimente erklären zu können. Wie wir aus der Experimentalphysik wissen, sind der Interferenzfähigkeit von Wellenzügen Grenzen gesetzt. Dazu denken wir uns einen endlichen Wellenzug, den wir durch einen halbdurchlässigen Spiegel in zwei auftrennen. Wir bauen dann einen Gangunterschied ein und lassen die beiden Wellenzüge interferieren. Dies ist ersichtlich nur dann möglich, wenn der Gangunterschied kleiner als die Länge des Wellenzugs ist. Betrachten wir nun das Licht einer gewöhnlichen Lampe, so sendet jedes angeregte Atom unabhängig von den anderen einen Wellenzug aus. Da die Ausstrahlungszeit (= Lebensdauer des angeregten Zustands) endlich ist, hat der Wellenzug nur eine endliche Länge. Das von der Lampe erzeugte Lichtfeld besteht daher aus einzelnen, unkorrelierten Wellenzügen.

Die sogenannte Kohärenzlänge ist dabei durch die mittlere Länge eines Wellenzugs gegeben. Im folgenden wollen wir untersuchen, ob das Laserlicht im Prinzip auch diesem Bild entspricht, wobei die einzelnen Lichtwellenzüge nur viel länger geworden sind, oder ob es grundsätzlich andere Eigenschaften hat. Die Entscheidung hierüber ermöglicht das folgende Lasermodell, das übrigens auch streng begründet werden kann.

Wir betrachten eine Lichtwelle zwischen den beiden Spiegeln, die die Form einer stehenden Welle hat und schreiben die Lichtfeldstärke F in der Form

$$F = E_{\text{tot}}(t)\sin kx \tag{21.16}$$

mit

$$k = \frac{\pi m}{L}, \tag{21.17}$$

wobei L der Abstand zwischen den Spiegeln und m eine ganze Zahl sind. Bei einer rein harmonischen Schwingung hätte E_{tot} die Form

$$E_{\text{tot}}(t) = 2E_0 \cos \omega t\,, \tag{21.18}$$

wobei ω der atomaren Übergangsfrequenz entspricht. Tatsächlich aber werden wir erwarten müssen, daß im Lauf der Zeit Phasenverschiebungen auftreten und auch die Amplitude E_0 nicht konstant ist. Zum Beispiel wissen wir von der spontanen Emission eines einzelnen Atoms, daß in diesem Fall E_0 exponentiell abklingt. Aus diesem Grunde schreiben wir statt (21.18)

$$E_{\text{tot}} = \underbrace{E_0 e^{i\varphi(t)}}_{E(t)} e^{-i\omega t} + \text{k.k.} \tag{21.19}$$

und erhalten damit für (21.16) den allgemeinen Ansatz

$$F = [E(t)e^{-i\omega t} + \text{k.k.}]\sin kx\,. \tag{21.20}$$

Im Rahmen der Lasertheorie wird eine Gleichung für die komplexe Amplitude $E(t)$ hergeleitet. Die sich dabei ergebende Gleichung können wir in folgender Weise anschaulich gewinnen. Die Lichtfeldamplitude E wird durch den Prozeß der induzierten Emission verstärkt, wobei die Verstärkung proportional zur Lichtfeldamplitude E und zur Zahl der angeregten Atome N_2 ist. Den Proportionalitätsfaktor bezeichnen wir mit g. In symmetrischer Weise wird die Lichtfeldamplitude durch die Absorption geschwächt mit einer Rate, die durch $-gN_1E$ gegeben ist.

Ferner kann das Licht den Laser durch die Spiegel verlassen oder sonstwie gestreut werden. Damit entsteht eine Verlustrate für die Lichtfeldamplitude von der Größe $-\kappa E$. Schließlich wird die Lichtfeldstärke durch spontane Emissionsakte immer wieder verändert. Dies läßt sich durch sogenannte fluktuierende Kräfte $f(t)$ erfassen, die die statistisch erfolgenden Emissionsakte wiedergeben. Wir gelangen somit zur Gleichung

$$\frac{dE}{dt}=g(N_2-N_1)E-\kappa E+f(t)\,. \tag{21.21}$$

Wie wir bereits im vorangegangenen Abschnitt sahen, wird die Inversion N_2-N_1 infolge des Laserprozesses verändert. Einerseits wird nämlich N_2-N_1 durch den Pumpvorgang und Relaxationsprozesse auf einen Wert $(N_2-N_1)_{\text{Pumpen}}$ gebracht. Dieser Wert wird als *ungesättigte Inversion* bezeichnet. Durch den Laserprozeß werden ständig Atome aus dem oberen Niveau abgerufen, so daß sich die tatsächliche Inversion N_2-N_1 gegenüber der ungesättigten Inversion verringert. Für nicht zu hohe Laserintensitäten kann man annehmen, daß diese Verringerung proportional zur Intensität $|E|^2$ des Lichts ist, wir damit also

$$N_2-N_1=(N_2-N_1)_{\text{Pumpen}}-\text{const}\,|E|^2 \tag{21.22}$$

erhalten. (21.22) heißt *gesättigte Inversion.* Setzen wir (21.22) in (21.21) ein, so ergibt sich die fundamentale Lasergleichung

$$\frac{dE}{dt}=(G-\kappa)E-C|E|^2E+f(t)\,. \tag{21.23}$$

Hierin hat $G=g(N_2-N_1)_{\text{Pumpen}}$ die Bedeutung eines Gewinnfaktors und $C=g\cdot\text{const}$.

Um den Inhalt von (21.23) anschaulich zu deuten, nehmen wir Zuflucht zur Mechanik und fassen E als Koordinate q eines Teilchens auf. Führen wir auf der linken Seite von (21.23) noch ein Beschleunigungsglied $m_0\ddot{q}$ ein, so erhalten wir

$$m_0\ddot{q}+\dot{q}=K(q)+f\,, \tag{21.24}$$

wobei wir uns m_0 so klein denken, daß wir es de facto vernachlässigen können. (21.24) ist aber die Gleichung für die gedämpfte Bewegung eines Teilchens unter Wirkung der Kräfte K und f. K können wir aus einem Potential V gewinnen, $K=-dV/dq$. Das Potentialfeld ist in Abb. 21.9 dargestellt. Für $G<\kappa$, d.h. für schwache Pumpstärken, gilt die gestrichelte Kurve. Unser fiktives Teilchen wird durch die fluktuierenden Kräfte f immer wieder die Potentialkurve hinaufgestoßen und fällt dann unter dem Einfluß der Kraft K zur Gleichgewichtslage $q=0$ zurück. Identifizieren wir q mit E, so bedeutet dies,

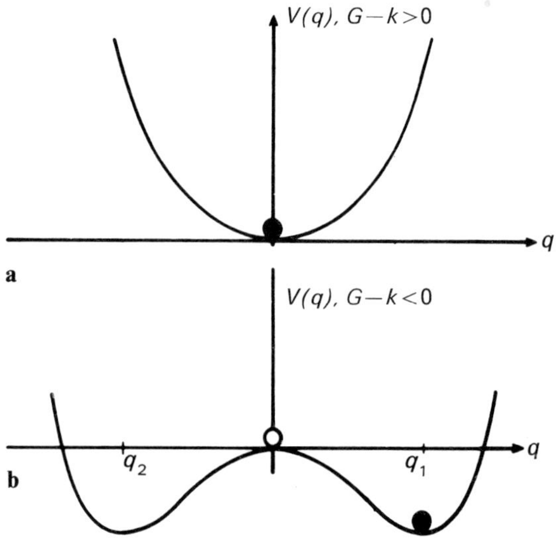

Abb. 21.9a,b. Das „effektive Potential" für die Laseramplitude $q \equiv E$. **a**) Potentialverlauf für Pump-Leistungen unterhalb der Schwelle, **b**) das Gleiche oberhalb der Schwelle

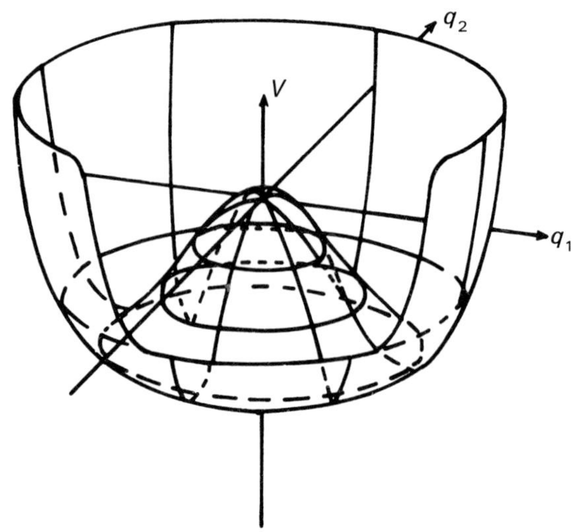

Abb. 21.10. Das „effektive Potential" für die komplexe Laseramplitude $E = q_1 + iq_2$ oberhalb der Schwelle

daß jeder Stoß den Beginn eines Emissionsakts eines Atoms markiert, nach dem die Feldstärke wieder nach Null abklingt. Da die Stöße gleich häufig nach links und rechts erfolgen, ist die mittlere Lage des Teilchens gleich Null oder, mit anderen Worten, die mittlere Feldstärke E ist gleich Null.

Fassen wir nun den Fall $G > \kappa$ ins Auge. Hier gilt die untere Kurve von Abb. 21.9. Ersichtlich ist die ursprüngliche Lage $q = 0$ instabil geworden und durch ein von Null verschiedenes q zu ersetzen. Andererseits treiben aber die Stöße unser fiktives Teilchen um diese neue Gleichgewichtslage herum, so daß q die Form $q = r_0 + \varrho(t)$ hat. Nun kommt ein wichtiger Punkt. Wir hatten bisher von einer reellen Teilchenkoordinate gesprochen. In Wirklichkeit ist aber die in (21.23) auftretende Feldamplitude komplex. Dies bedeutet, daß wir, um das Bild zu vervollständigen, uns das Potentialfeld um die V-Achse rotiert denken müssen (vgl. Abb. 21.10). Das fiktive Teilchen läuft somit in einem Tal, in dem es durch die fluktuierenden Kräfte entweder in radialer Weise oder in tangentialer Richtung gestoßen wird. Da es in tangentialer Richtung keine rücktreibenden Kräfte gibt, unterliegt das Teilchen einer Art Diffusionsbewegung. Übertragen wir dieses auf das Laserlicht, so ergibt sich folgendes Bild:

Die komplexe Amplitude läßt sich zerlegen nach dem Gesetz

$$E = [r_0 + \varrho(t)]\,\mathrm{e}^{\mathrm{i}\varphi(t)}\,, \tag{21.25}$$

wobei r_0 die neue stabile Amplitude ist, ϱ die Amplitudenfluktuationen wiedergibt und der Faktor $\exp[\mathrm{i}\varphi(t)]$, der die oben beschriebene tangentiale Diffusionsbewegung erfaßt, die Phasendiffusion beschreibt. Wie die Lasertheorie zeigt, nimmt der über die Fluktuationen gemittelte Wert von ϱ^2 mit der Laserlichtintensität I nach dem Gesetz $\langle \varrho^2 \rangle \propto 1/I$ ab. Das Gesetz (21.25) stellt einen unendlich langen Wellenzug dar, dessen Amplitude und Phase lediglich kleinen Schwankungen unterworfen sind. Die Phasendiffusion führt zu einer endlichen Linienbreite, die aber auch mit $1/I$ abnimmt. Wir erkennen hiermit, daß die Eigenschaften des Laserlichts sich grundsätzlich von dem Licht normaler Lampen unterscheiden. Laserlicht ist *amplitudenstabil* und seine *Linienbreite* wird sehr *scharf*. Die theoretischen Werte hängen natürlich von den einzelnen Lasermaterialien ab, liegen aber für typische Materialien bei ca. 1 Hz. Gemessene Linienbreiten liegen bei Präzisionslasern bei ca. 10 Hz.

Aufgaben

21.1 Man berechne W für folgende Laserdaten (Rubin)

$$V = 62{,}8\,\mathrm{cm}^3\,,$$

$$\nu = 4{,}32 \cdot 10^{14}\,\mathrm{Hz}\,,$$

$$\Delta\nu = 2{,}49 \cdot 10^{11}\,\mathrm{Hz}\,,$$

$$c = 2{,}9979 \cdot 10^{10}\,\mathrm{cm/s}\,,$$

$$\tau = 3{,}0\,\mathrm{ms}\,.$$

21.2 Man berechne t_0 für folgende Fälle:

Resonatorlänge $L = 1\,\mathrm{cm},\ 10\,\mathrm{cm},\ 100\,\mathrm{cm}\,,$

Reflexionsvermögen $R = 99\%,\ 90\%,\ 10\%\,.$

21.3 Unter Benutzung der Ratengleichung (21.2) berechne man die exponentielle Anstiegszeit für die unter Aufgaben 21.1 und 21.2 berechneten Daten. Dabei werde $N_2 - N_1 = 10^{14}$ als zeitlich konstant angesehen.

21.4 Man berechne mit Hilfe der Laserbedingung die kritische Inversionsdichte für Rubin, wobei man folgende Daten verwende:

$$L = 10\,\mathrm{cm}\,,$$

$$\nu = 4{,}32 \cdot 10^{14}\,\mathrm{Hz}\,,$$

$$\Delta\nu = 2{,}49 \cdot 10^{13}\,\mathrm{Hz}\,,$$

$$\tau = 3{,}0\,\mathrm{ms}\,,$$

$$c' = 1{,}70 \cdot 10^{10}\,\mathrm{cm/s} \quad \text{(Lichtgeschwindigkeit im Medium)}\,,$$

$$R = 99\%\,.$$

22. Moderne Methoden der optischen Spektroskopie

22.1 Klassische Methoden

Als wichtigstes Hilfsmittel zur Untersuchung der Elektronenhülle des Atoms und zum Verständnis des Aufbaus der Atome haben wir in den vorangehenden Kapiteln die optische Spektroskopie kennengelernt. Wir haben gesehen, daß in vielen Fällen äußerst geringe Aufspaltungen oder Verschiebungen von Spektrallinien mit hoher Auflösung gemessen werden müssen. Fortschritte in der Erkenntnis vom Aufbau der Atome und von Grundprinzipien der Quantentheorie waren deshalb nur möglich durch eine dauernde Verbesserung der Versuchstechnik.

Wir wollen hier zunächst auf die Frage eingehen, wie man ein hohes spektrales Auflösungsvermögen erreichen kann. Wenn $\Delta\lambda$ diejenige Wellenlängendifferenz ist, die zwei eng benachbarte Spektrallinien haben dürfen, damit sie gerade noch als zwei getrennte Linien beobachtet – also aufgelöst – werden können, dann bezeichnet man den Quotienten $\lambda/\Delta\lambda$ als das spektrale Auflösungsvermögen eines Spektralapparates. Ein großer Zahlenwert dieses Quotienten bedeutet also ein hohes Auflösungsvermögen.

Bei den im ersten Viertel dieses Jahrhunderts zu großer Perfektion entwickelten Prismen- und Gitterspektrographen ist es schwer, ein Auflösungsvermögen zu erreichen, das wesentlich größer als einige 10^5 ist. Die Beugung beschränkt das Auflösungsvermögen eines Gitterspektrographen auf das Produkt Nm, wo N die Gesamtzahl der Gitterstriche und m die Ordnung ist. Beide Zahlen kann man nicht beliebig erhöhen, wenn man zudem noch eine meßbare Strahlungsintensität erfassen will. Immerhin läßt sich durch Beobachtung in höherer Ordnung mit entsprechend profilierten Gitterstrichen ein sehr hohes Auflösungsvermögen erzielen, allerdings nur in einem kleinen nutzbaren Wellenlängenbereich. Will man Auflösungsvermögen von 10^6 und darüber erreichen, dann benötigt man Interferometer. Das wichtigste ist das Platteninterferometer nach *Fabry* und *Pérot* (Abb. 22.1).

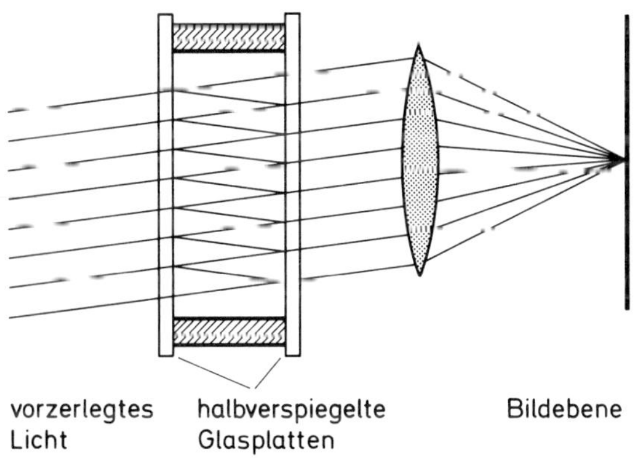

Abb. 22.1. Interferometer nach Fabry und Pérot. Die zwischen den beiden planparallelen Glasplatten entstehenden Interferenzen gleicher Neigung ergeben ein konzentrisches Ringsystem in der Bildebene. Der nutzbare Wellenlängenbereich ist sehr klein. Deshalb muß das Licht mit einem Gitter- oder Prismenspektrographen vorzerlegt werden

Dieses Interferometer besteht aus zwei halbdurchlässig verspiegelten Glasplatten, die parallel zueinander im Abstand einiger cm angeordnet sind. Durch Mehrfachreflexion entstehen Interferenzen hoher Ordnung m. Wenn der Abstand 2,5 cm ist, dann ist der Gangunterschied zweier benachbarter Strahlen 5 cm. Bei Licht mit einer Wellenlänge von 500 nm entspricht das der Ordnung $m=10^5$, nämlich $(5\cdot 10^{-2}\,\mathrm{m})/(5\cdot 10^{-7}\,\mathrm{m})$. Die Zahl der interferierenden Bündel N ist durch das Reflexionsvermögen bestimmt und von der Größenordnung 10. So ergibt sich als Auflösungsvermögen nach der für das Beugungsgitter bekannten Gleichung $\lambda/\Delta\lambda = m\cdot N$ hier der Wert 10^6.

Man untersucht mit solchen Interferometern die Linienstruktur oder das Aufspaltungsverhalten von einzelnen Spektrallinien im Magnetfeld. Einem Fabry-Pérot-Interferometer ist deshalb im allgemeinen noch ein einfacher Spektralapparat zur Vorzerlegung des Lichtes vorgeschaltet. In der Beobachtungsebene des Interferometers erscheint ein System konzentrischer Ringe. Bei monochromatischem Licht sind das die benachbarten Interferenz-Ordnungen, also z.B. $m=1000000$, 1000001, 1000002 usw. Die Intensitätsverteilung in dem Interferenzbild kann photographisch oder photoelektrisch ausgewertet werden. Man kann einen etwas größeren Spektralbereich durchfahren, indem man den Abstand der Platten oder den Gasdruck zwischen den Platten ändert.

In den letzten 10 Jahren sind durch die Entwicklungen auf dem Gebiet des Laser ganz neue Methoden zur höchstauflösenden optischen Spektroskopie möglich geworden. Darauf wollen wir in den folgenden Abschnitten eingehen.

22.2 Quanten-Schwebungen: Quantum beats

In diesem Kapitel besprechen wir eine unter dem Namen „quantum beats" bekanntgewordene moderne spektroskopische Methode. Man könnte das Wort quantum beats vielleicht mit Quanten-Schwebungen übersetzen. Diese Methode gestattet es, eng beieinander liegende Niveaus aufzulösen. Um das Prinzip zu verstehen, stellen wir uns ein Atom mit drei Niveaus vor, die wir mit den Indizes 0, 1, 2 bezeichnen (vgl. Abb. 22.2). Die Energieniveaus 1 und 2 sollen dabei die eng zusammenliegenden sein, den zugehörigen Frequenzabstand bezeichnen wir mit $\omega_{21}\,[=(E_2-E_1)/\hbar.]$ Das Atom sei zunächst im Grundzustand 0 und werde durch einen kurzen Lichtimpuls angeregt. Die Zeitdauer τ des Impulses soll dabei so sein, daß für sie gilt: $\tau \leqq 1/\omega_{21}$. Die Zentralfrequenz (oder „Trägerfrequenz") ω_0 des Impulses soll dabei der Übergangsfrequenz vom Niveau 0 zu einem der Niveaus 1 oder 2 entsprechen. Denken wir uns den Impuls nach reinen Sinuswellen zerlegt, so besitzen sie Frequenzen mindestens im Bereich von

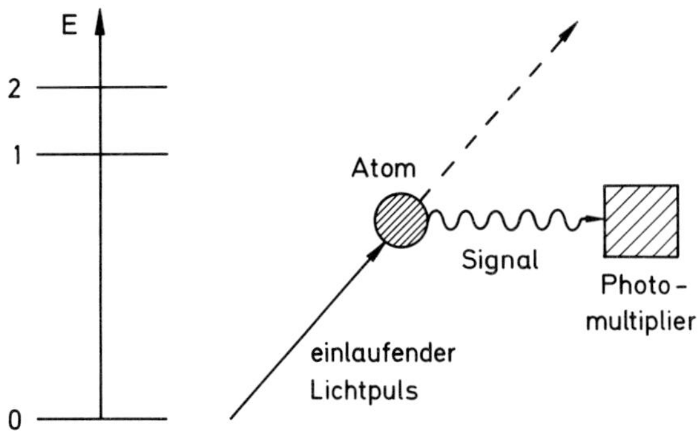

Abb. 22.2. Quantenschwebungen. *Links*: Schematische Darstellung der Energie-Niveaus. *Rechts*: Schematischer Aufbau der experimentellen Anordnung. Das Atom wird durch den einlaufenden Impuls angeregt. In einer anderen Richtung wird die Ausstrahlung mit Hilfe eines Photomultipliers gemessen. Bezüglich der Meßergebnisse vgl. Abb. 22.3

$-\omega_{21}+\omega_0$ bis $+\omega_{21}+\omega_0$. Durch diesen Lichtimpuls kann das Elektron aus dem Grundzustand in einen der beiden Zustände 1 oder 2 oder, allgemeiner, in eine Überlagerung aus diesen übergehen. Eine Überlagerung aus zwei Wellenfunktionen läßt sich, wie wir in Abschn. 16.1.4 sahen, als ein Schwingungsvorgang z.B. eines Dipols mit der Frequenz ω_{21} auffassen. Strahlt das Elektron nun Licht ab, so ist dem exponentiellen Abfall der Lichtintensität bei der spontanen Emission noch eine Modulation mit der obigen Schwingungsfrequenz ω_{21} überlagert. Im Sinne der statistischen Deutung der Quantenmechanik wird dieser Vorgang oft wie folgt dargestellt: Das angeregte Elektron kann, wenn es gerade im Zustand 1 ist, ein Photon mit der Frequenz $\omega_{10} \equiv (E_1-E_0)/\hbar$ aussenden, im Zustand 2 hingegen ein Photon mit der Frequenz ω_{20}. Diesen beiden Licht*quanten* läßt sich eine Schwebungsfrequenz $\omega_{21} \equiv \omega_{20}-\omega_{10}$ zuordnen. So erklärt sich der Ausdruck „quantum beats".

Wir gehen nun zu einer genaueren quantenmechanischen Beschreibung über. Im Sinne der Quantentheorie setzen wir für die Wellenfunktion des angeregten Elektrons zur Zeit $t=0$

$$\psi(\boldsymbol{r},0)=\alpha_1\varphi_1(\boldsymbol{r})+\alpha_2\varphi_2(\boldsymbol{r}) \tag{22.1}$$

an, wobei φ_i die Wellenfunktion des Elektrons zu den Niveaus 1 bzw. 2 ist. Die α's sind Koeffizienten, die durch den Anfangsimpuls festgelegt sind. In der Folge wird das Elektron unter Aussendung eines Photons in den Grundzustand übergehen. Dabei nimmt die Aufenthaltswahrscheinlichkeit in den Niveaus 1 und 2 exponentiell mit einer Zerfallskonstanten 2Γ ab, wobei das Grundniveau 0 bevölkert wird. Die zugehörige Wellenfunktion bezeichnen wir mit ϕ_0. Dies soll den Zustand wiedergeben, bei dem das Elektron im Grundzustand und zusätzlich ein Photon vorhanden ist. Der Ansatz für die Wellenfunktion nimmt daher die Gestalt

$$\psi(\boldsymbol{r},t)=\alpha_1\,\mathrm{e}^{-\mathrm{i}E_1t/\hbar-\Gamma t}\varphi_1(\boldsymbol{r})+\alpha_2\,\mathrm{e}^{-\mathrm{i}E_2t/\hbar-\Gamma t}\varphi_2(\boldsymbol{r})+\alpha_0(t)\phi_0(\boldsymbol{r}) \tag{22.2}$$

an. Der für uns besonders interessante Koeffizient $\alpha_0(t)$ kann im Rahmen der Quantentheorie bestimmt werden. Leider können wir aus Platzgründen auf die hier anzuwendende *Weißkopf-Wigner-Theorie* nicht näher eingehen. Wir stellen daher nur das Resultat dar. Nach ihm besteht der Koeffizient α_0 aus den beiden Teilen

$$\alpha_0(t)=c_1(t)+c_2(t), \tag{22.3}$$

wobei die Koeffizienten c_j im Prinzip die folgende Gestalt haben

$$c_j(t)=\alpha_j\boldsymbol{e}\boldsymbol{\vartheta}_{0j}a\,\mathrm{e}^{-\mathrm{i}E_jt/\hbar}\left[\mathrm{e}^{-\Gamma t}-\mathrm{e}^{\mathrm{i}(\omega_{j0}-\omega)t}\right]. \tag{22.4}$$

Danach hängt der Koeffizient c_j von dem Anfangskoeffizienten α_j ab, ferner von der Polarisationsrichtung $\boldsymbol{e}$ des ausgestrahlten Photons und vom Dipolmoment $\boldsymbol{\vartheta}_{0j}$, das den Grundzustand mit dem angeregten Zustand j verknüpft. a ist ein hier nicht weiter interessierender Proportionalitätsfaktor. Wie man sofort sieht, verschwindet der Koeffizient c_j für $t=0$, um dann einem Maximalwert zuzustreben. Die Wahrscheinlichkeit, das Elektron schließlich im Grundzustand zu finden, wächst immer mehr (bis auf 1) an. Die Wahrscheinlichkeit, ein Photon vorzufinden, ist durch $|\alpha_0|^2$ bestimmt.

Benutzen wir hierzu die Summe (22.3) und die explizite Form (22.4), so erkennen wir, daß $|\alpha_0|^2$ die Gestalt

$$|\alpha_0|^2 = e^{-\Gamma t}[A + B\cos\omega_{21}(t+\varphi)] \tag{22.5}$$

annimmt. Hierin sind A und B zeitunabhängige Konstanten. Durch die Überlagerung der Emission aus den Zuständen 1 und 2 wird also ein oszillierender Beitrag mit der Frequenz $\omega_{21} = (E_2 - E_1)/\hbar$ erzeugt. Trägt man (22.5) als Funktion der Zeit auf, so ergibt sich die in Abb. 22.3 dargestellte modulierte abklingende Kurve. Aus dem Experiment kann man die Frequenz ω_{21} und damit die Energiedifferenz der angeregten Niveaus bestimmen, was zu Präzisionsmessungen dieser Energiedifferenz verwendet wird.

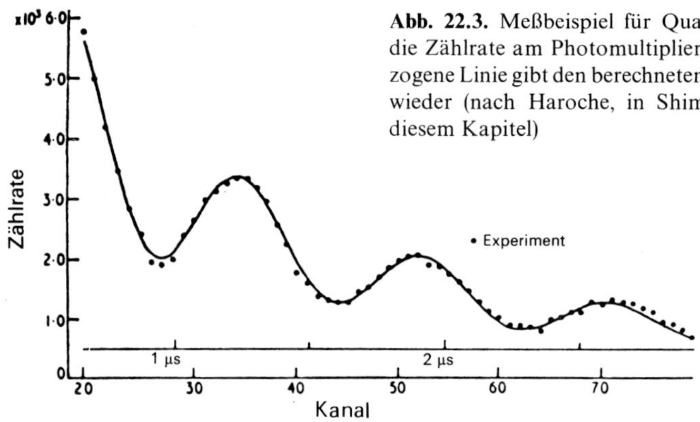

Abb. 22.3. Meßbeispiel für Quantenschwebungen. Aufgetragen ist die Zählrate am Photomultiplier als Funktion der Zeit. Die ausgezogene Linie gibt den berechneten Verlauf der Quantenschwebungen wieder (nach Haroche, in Shimoda, vgl. Literaturverzeichnis zu diesem Kapitel)

22.3 Doppler-freie Sättigungsspektroskopie

Wie wir bereits in Abschn. 16.2 sahen, sind die Spektrallinien von Gasatomen aufgrund des Doppler-Effektes verbreitert. Da die Dopplerverbreiterung im allgemeinen weit größer als etwa die natürliche Linienbreite ist (s. Abschn. 16.2), stellt die Dopplerverbreiterung ein wesentliches Hindernis bei der Messung scharfer Spektrallinien von Atomen dar. Mit Hilfe des Lasers ist es gelungen, die Dopplerverbreiterung auszuschalten. Dazu erinnern wir uns zunächst an das Kapitel über Lasertheorie, wobei wir jetzt den Gaslaser etwas genauer betrachten. Dort hatten wir gesehen, daß aufgrund der Lasertätigkeit die Zahl der ursprünglich invertierten Atome (d.h. $N_2 - N_1 > 0$) erniedrigt wird. Wir stellen uns nun vor, daß wir die einzelnen Atome in einem Gaslaser nach ihren Geschwindigkeiten in axialer Flugrichtung unterscheiden. Die einzelnen Atomsorten mit der Geschwindigkeit v haben dann jede für sich eine bestimmte Besetzungszahl $N_{1,v}$ bzw. $N_{2,v}$ im unteren bzw. oberen Zustand. Multiplizieren wir die Besetzungszahl $N_{2,v}$, die für alle Atomsorten v gleich groß sein soll, mit der Maxwellschen Geschwindigkeitsverteilung (16.73), so erhalten wir ein Profil, wie es in Abb. 22.4 dargestellt ist. Stellen wir uns nun vor, daß das Laserlicht mit einer bestimmten Frequenz ω erzeugt wird, so wird das Laserlicht nur mit derjenigen Atomsorte v wechselwirken können, für die gemäß der Dopplerverschiebung

$$|\omega - \omega_0 + \omega_0 v/c| < \gamma \tag{22.6}$$

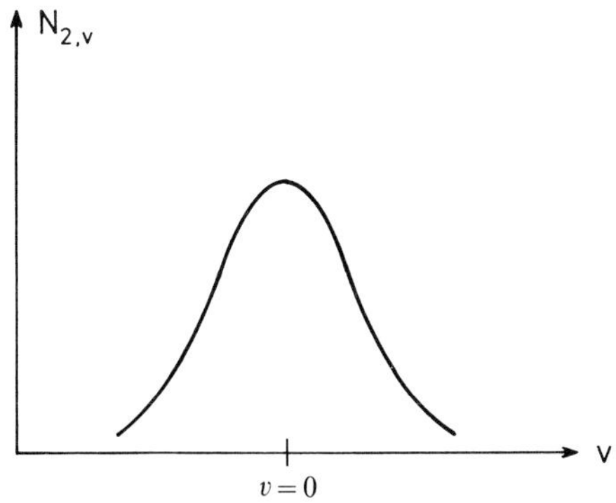

Abb. 22.4. Die Anzahl N_2 angeregter Atome mit der Geschwindigkeit v als Funktion von v stellt sich nach der Maxwell-Verteilung als eine Gauß-Funktion dar

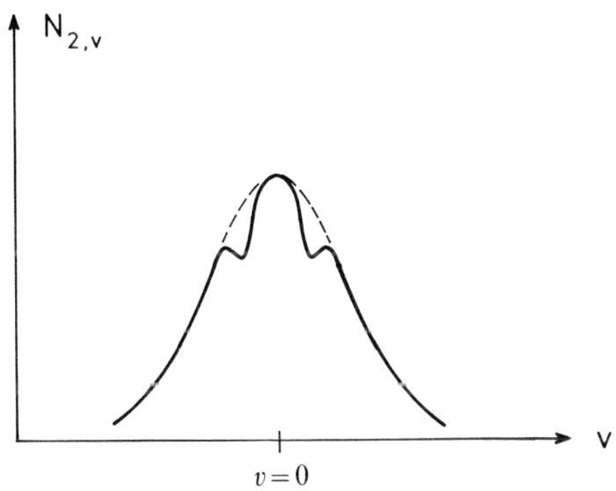

Abb. 22.5. Diese Abbildung stellt den Effekt einer stehenden Laserwelle auf die Verteilung der angeregten Atome dar. Denken wir uns die stehende Welle in zwei laufende Wellen zerlegt, so tritt jeder dieser beiden Anteile in Wechselwirkung mit der Atomsorte, deren Dopplerfrequenz gerade mit der Frequenz der Laserwelle übereinstimmt. Dadurch werden im allgemeinen zwei Löcher in die Verteilungsfunktion gebrannt. Fallen diese beiden Löcher zusammen, so wird der Einschnitt besonders tief

gilt, wobei γ der Größenordnung nach die natürliche Linienbreite der Atome ist. ω_0 ist die Übergangsfrequenz des ruhenden Atoms. Aufgrund dieser Wechselwirkung wird die Inversion dieser speziellen Atomsorte v erniedrigt, d.h. die Zahl der Atome im oberen Niveau wird abgebaut. Auf diese Weise wird in die ursprünglich ungestörte Besetzungsdichte (vgl. Abb. 22.5) ein sogenanntes Loch gebrannt. Wegen des Laserresonators haben wir es mit einer stehenden Welle zu tun. Diese denken wir uns in zwei laufende Wellen zerlegt. Die in der einen Richtung laufende Welle ist dann mit Atomen der Geschwindigkeit $v = c(1 - \omega/\omega_0)$, die andere mit Atomen der Geschwindigkeit $v = -c(1 - \omega/\omega_0)$ in Resonanz, wobei v die Geschwindigkeit längs der Laserachse ist. Es werden also zwei Löcher in die Inversionsverteilung gebrannt. Stimmt die Laserfrequenz ω genau mit der Frequenz ω_0 des atomaren Übergangs überein, so fallen die beiden Löcher zusammen und es entsteht ein besonders tiefer Einschnitt. Dies gilt offensichtlich für diejenigen Atome, deren Geschwindigkeitskomponente v in der Laserrichtung verschwindet, oder, genauer gesagt, für die $|\omega_0 v/c| < \gamma$ ist. Die ausgestrahlte Intensität des Laserlichts hängt natürlich von der Inversion ab. Die Intensität erfährt somit ein Minimum, wenn das Laserlicht sich genau in Resonanz mit der Übergangsfrequenz des einzelnen Atoms mit $v \approx 0$ befindet. Dieser Effekt wird als „Lamb dip" bezeichnet. Er wurde übrigens unabhängig und gleichzeitig von *Haken* und *Sauermann* theoretisch vorausgesagt. Mit Hilfe des Lamb dips kann ersichtlich die Lage einer Spektrallinie viel genauer festgelegt werden, nämlich in der Größenordnung der natürlichen Linienbreite. Allerdings ist diese Methodik auf Medien beschränkt, die selbst laseraktiv sind. Zudem ist bei dem Lamb dip noch eine zusätzliche Verbreiterung, die sogenannte Leistungsverbreiterung ("power broadening") im Spiel, die wir hier jedoch nicht näher diskutieren wollen. Ein entscheidender Fortschritt wurde von *Lethokov*

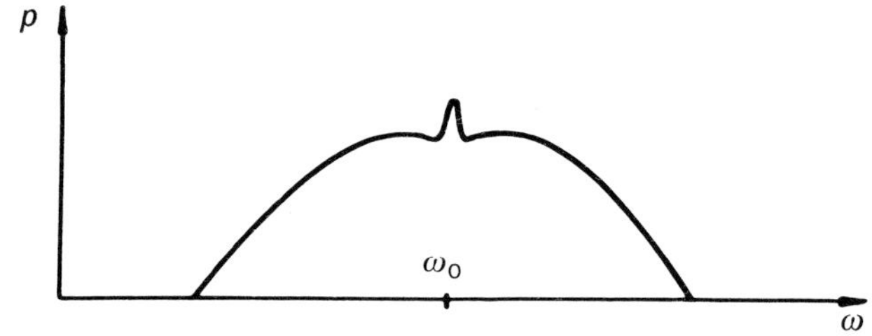

Abb. 22.6. Durch Brennen eines Loches in die Absorptionslinie erhält die ausgestrahlte Leistung, die in dieser Abbildung in ihrer Abhängigkeit von der Frequenz des Laserfeldes dargestellt ist, eine Spitze mit einer Breite, die der natürlichen Linienbreite entspricht

vorgeschlagen. Hierbei bringt man zwischen einen der Spiegel und das laseraktive Material die eigentlich zu untersuchende Substanz in Gasform. Werden die Gasatome, die sich wieder nach der Maxwellverteilung bewegen, von einem intensiven Laserlichtstrahl getroffen, so absorbieren die Atome, die gerade die richtige Geschwindigkeit haben, so daß die Bedingung (22.6) erfüllt ist, das Laserlicht sehr stark. Dadurch geht eine erhebliche Anzahl der Atome in den angeregten Zustand über, wobei der Grundzustand entleert und damit die Absorption erniedrigt wird. Wir haben somit ein Loch in die Absorptionslinie gebrannt. Stellen wir uns nun vor, daß das Laserlicht und die Zentralfrequenz für den atomaren Übergang in Resonanz sind, so ergibt sich das in Abb. 22.6 dargestellte und erläuterte Bild. Es entsteht also über der Doppler-verbreiterten Linie eine sehr schmale Linie, deren Breite von der Größenordnung der natürlichen Linienbreite des zu untersuchenden Materials ist. Im allgemeinen werden die Frequenzen von Laserlicht und absorbierendem Material nicht exakt übereinstimmen. Aber auch hier ist dann oberhalb der Doppler-verbreiterten Linie eine scharfe Linie verstärkter Gesamtemission zu beobachten.

Das Schema einer experimentellen Anordnung zeigt Abb. 22.7. Mit Hilfe derartiger Methoden ist es gelungen, z. B. die in Abschn. 12.11 erwähnte Lamb-Verschiebung optisch nachzuweisen. Wir verweisen diesbezüglich auf das in Abb. 12.24 wiedergegebene Spektrum. Von der besprochenen Methode gibt es noch eine Reihe von Varianten. Wir müssen jedoch den Leser diesbezüglich auf die Spezialliteratur verweisen (vgl. Literaturverzeichnis zu diesem Kapitel am Ende des Buches).

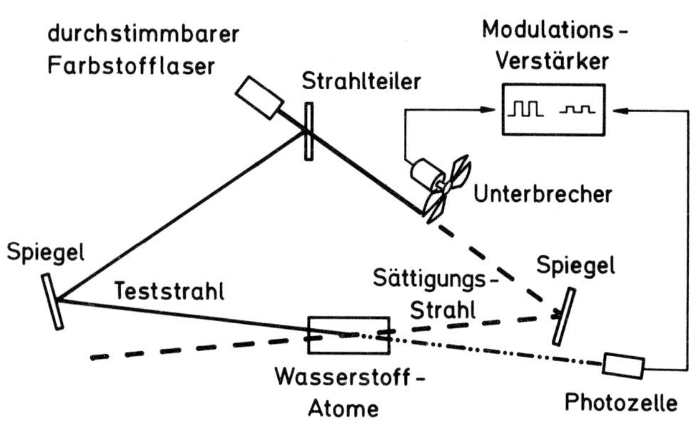

Abb. 22.7. Schematischer Aufbau einer Apparatur zur Sättigungsspektroskopie. Das von einem durchstimmbaren Farbstofflaser erzeugte Licht wird im Strahlaufspalter in einen intensiven Sättigungsstrahl und einen schwächeren Teststrahl aufgespalten, die ein Gefäß mit Wasserstoffatomen in entgegengesetzten Richtungen durchlaufen (nach Hänsch, Schawlow und Series)

22.4 Doppler-freie Zwei-Photonen-Absorption

In intensiven Laserlichtfeldern ist es möglich, daß ein Atom zwei Photonen absorbiert. Dabei entspricht der Energiedifferenz ΔE zweier Niveaus gerade die doppelte Photonenenergie, d.h.

$$\Delta E = 2h\nu \equiv 2\hbar\omega . \tag{22.7}$$

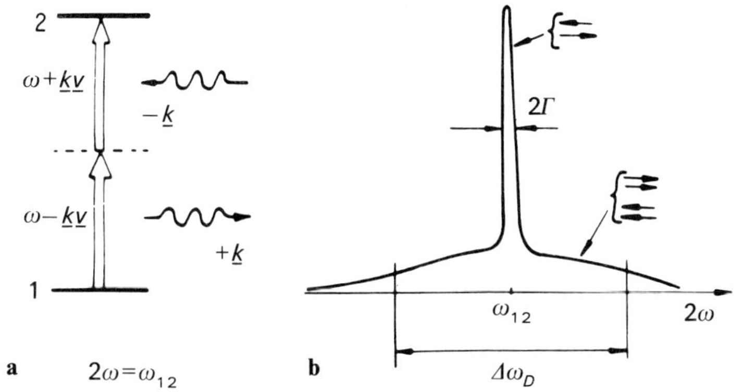

Abb. 22.8. a) Schema der Zwei-Photonen-Absorption. Die stehende Laserwelle denken wir uns wieder in einen nach rechts und einen nach links laufenden Anteil zerlegt. Der nach rechts laufende Anteil tritt in Wechselwirkung mit Laseratomen bei einer Doppler-verschobenen Übergangsfrequenz $\omega-kv$, wobei k die Wellenzahl ist. Die nach links laufende Welle tritt hingegen in Wechselwirkung mit dem gleichen Atom mit einer Dopplerfrequenz $\omega+kv$. Bei der Summenbildung der Übergangsfrequenzen hebt sich die Geschwindigkeit heraus. **b)** Die Form der Resonanzlinie bei Zwei-Photonen-Absorption. $\Delta\omega_D$ ist die Dopplerbreite, 2Γ die gesamte Breite der Resonanzlinien

Ein Atom kann auch Photonen verschiedener Frequenz ω_1 und ω_2 absorbieren, wobei nach dem Energiesatz zu gelten hat

$$\Delta E=\hbar\omega_1+\hbar\omega_2\,. \tag{22.8}$$

Daneben haben wir zu beachten, daß für die Zwei-Photonen-Absorption andere Auswahlregeln gelten als für die Ein-Photonen-Absorption. Z. B. sind nunmehr Übergänge von einem s-Zustand zu einem anderen s-Zustand erlaubt. Auf eine nähere Begründung, die im Rahmen der Störungstheorie erfolgen kann, müssen wir hier allerdings verzichten.

Wir stellen uns nun vor, daß wir mit intensivem Laserlicht, das in einem Resonator eine stehende Welle bildet, ein Gas der zu untersuchenden Atome durchstrahlen. Greifen wir ein Atom mit der Geschwindigkeit v in axialer Richtung heraus, so erscheint ihm das in der einen Richtung fliegende Photon (ω) mit der scheinbaren Frequenz $\omega_1=\omega(1+v/c)$, das in der entgegengesetzten Richtung fliegende Photon hingegen mit der scheinbaren Frequenz $\omega_2=\omega(1-v/c)$. Ersichtlich kann das Atom die beiden Photonen unter Einhaltung des Energiesatzes

$$\Delta E=\hbar\omega_1+\hbar\omega_2=\hbar\omega(1+v/c)+\hbar\omega(1-v/c)=2\hbar\omega \tag{22.9}$$

absorbieren. Da aus dieser Formel die Geschwindigkeit v des herausgegriffenen Atoms herausfällt, können alle Atome diesen Zwei-Photonen-Prozeß durchführen, so daß sich eine sehr intensive Absorptionslinie, deren Breite wieder von der Breite der natürlichen

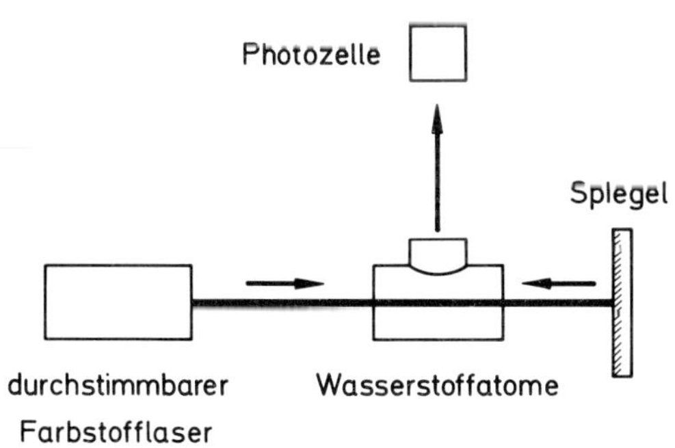

Abb. 22.9. Schema einer experimentellen Anordnung zur Zwei-Photonen-Spektroskopie. Durch das zu untersuchende Gas laufen zwei einander in der optischen Achse entgegenlaufende Laserstrahlen. Durch die Absorption von 2 Photonen (je einem aus den gegeneinander laufenden Laserstrahlen) wird ein Atom in den angeregten Zustand gebracht. Dessen Rekombinationsstrahlung wird von der Photozelle gemessen, woraus sich ein Maß für die Absorption ableiten läßt

Linienbreite ist, bildet (vgl. Abb. 22.8). Damit ist es also gelungen, die Dopplerverbreiterung auszuschalten. Das Schema einer experimentellen Anordnung zeigt Abb. 22.9.

Gerade unser letztes Kapitel hat gezeigt, daß die Atomphysik nach wie vor Gegenstand intensiver Forschung ist. Die neuartigen Methoden höchstauflösender Spektroskopie sind einerseits erst durch den Laser möglich geworden, andererseits bieten sie uns die Möglichkeit, noch genauer den Atombau zu erforschen und ganz neuartige Experimente durchzuführen. Ganz zweifellos ist die Entwicklung hier noch keineswegs am Ende.

22.5 Niveau-Kreuzungsspektroskopie (Level crossing) und Hanle-Effekt

Die kohärente Anregung von zwei verschiedenen Anregungszuständen eines Atoms, die wir in der Quantenschwebungs-Spektroskopie kennengelernt haben, ist auch die Grundlage eines anderen spektroskopischen Verfahrens, das jedoch zur Anregung mit einer konventionellen Lichtquelle oder mit Elektronenstoß auskommt und erstmals 1959 von *Franken* verwendet wurde: der *Niveau-Kreuzungsspektroskopie.*

Wenn atomare Terme in einem äußeren Magnetfeld $\boldsymbol{B}_0$ aufgespalten werden (vgl. Kap. 13), dann kann es besonders im Bereich schwacher oder mittlerer Felder $\boldsymbol{B}_0$ zu Kreuzungen von Niveaus kommen. Bei bestimmten Feldstärken $\boldsymbol{B}_c$ können also zwei verschiedene Zeeman-Terme energetisch zusammenfallen. Solche Kreuzungen kommen dann vor, wenn ohne äußeres Feld $\boldsymbol{B}_0$ bereits eine Feinstruktur-Aufspaltung vorliegt, oder bei Hyperfeinstruktur-Multipletts mit gleichem J-Wert, vgl. Abb. 22.10. Wir betrachten zwei Resonanz-Übergänge aus der Term-Aufspaltung in Abb. 22.10 zu dem gemeinsamen Grundzustand, die beide gemeinsam durch die Doppler-verbreiterte Linie der Lichtquelle angeregt werden. Jeder der beiden Anregungszustände geht unter Aussenden des Resonanzlichtes in den Grundzustand über. Intensität und Polarisation des emittierten Lichtes ergeben sich aus den Auswahlregeln, die wir in Kap. 12 und 13 kennengelernt haben. Am Photodetektor beobachtet man die Summe der Einzelintensitäten. Wenn wir zum Beispiel annehmen, daß jeder der beiden Zustände einzeln eine linear polarisierte Welle mit der Amplitude $a_1 \cos\omega_1 t$ bzw. $a_2 \cos\omega_2 t$ emittiert, dann ist die Gesamtintensität des gemessenen Resonanz-Lichtes außerhalb einer Niveau-Kreuzungsstelle im zeitlichen Mittel proportional zu $a_1^2 + a_2^2$.

Wenn die beiden Niveaus sich jedoch kreuzen, dann werden die Übergangsfrequenzen gleich. Beide Niveaus werden mit gleicher Phase kohärent angeregt, und die aus den beiden Niveaus emittierten Lichtwellen interferieren miteinander. Die gemessene Intensität wird proportional zu $(a_1 + a_2)^2$. So ergibt sich eine Änderung der räumlichen Verteilung der emittierten Strahlung und in der durch die Anordnung des Photodetektors festgelegten Beobachtungsrichtung im allgemeinen eine Änderung der gemessenen Gesamtintensität, wenn bei Variation der äußeren Feldstärke $\boldsymbol{B}_0$ solche Feldstärken $\boldsymbol{B}_c$ erreicht werden, bei denen sich zwei Niveaus eines Atoms kreuzen. Ein Meßbeispiel zeigt Abb. 22.10 im unteren Teil.

Aus der Beobachtung solcher Intensitätsänderungen kann man die Kreuzungs-Feldstärken $\boldsymbol{B}_c$ und damit die Abhängigkeit der Terme von der Feldstärke $\boldsymbol{B}_0$ (vgl. Abb. 22.10 oben) bestimmen. Die Messung solcher Termverläufe im Magnetfeld ist ein wichtiges experimentelles Hilfsmittel bei der Messung von Feinstruktur- und Hyperfeinstruktur-Konstanten.

Bei Anregung mit linear polarisiertem Licht kann man beispielsweise zwei Terme mit gleicher Übergangsfrequenz kohärent anregen, wenn für einen die Auswahlregel

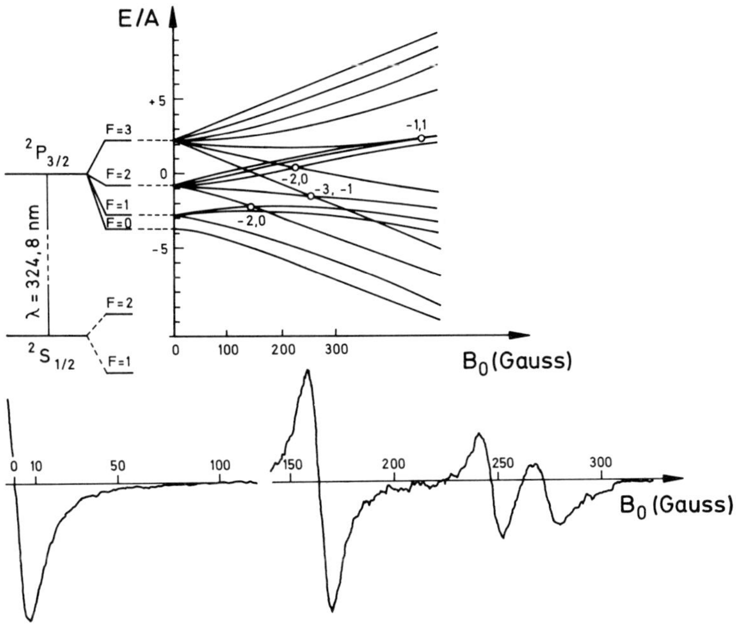

Abb. 22.10. Niveau-Kreuzungsspektroskopie und Hanle-Effekt am Übergang $^2S_{1/2}$–$^2P_{3/2}$ von Cu, $I=3/2$, (nach *Bucka* u. Mitarb.). Im oberen Teil ist das Niveauschema aufgetragen, wobei die Aufspaltungsenergie E des Anregungszustandes $^2P_{3/2}$ in Einheiten der Hyperfeinstrukturkonstante A gemessen wird. Die durch Niveau-Kreuzungsspektroskopie zugänglichen Kreuzungspunkte sind mit ihren m_F Werten bezeichnet. Auf der Abszisse ist die äußere Feldstärke B_0 in Vorzugsrichtung z aufgetragen. Im unteren Teil sind Meßkurven des Hanle-Effektes (*links*) und der Niveau-Kreuzungen (*rechts*) aufgetragen. Aus experimentellen Gründen wird nicht die Emissions-Intensität, sondern deren Ableitung nach dem Magnetfeld dI/dB_0 aufgetragen. Die Meßkurven sind deshalb Dispersionskurven, die Niveau-Kreuzungsmaxima B_c sind die Nulldurchgänge der Meßkurve, d. h. ihre Schnittpunkte mit der Abszisse. Man erkennt links bei $B_0=0$ den Hanle-Effekt und rechts die 3 Niveau-Kreuzungssignale, die zu den Kreuzungspunkten $(-2,0)$, $(-2,0)$ und $(-3,-1)$ im Termschema gehören. Zur Umrechnung der Linienbreite von Gauss in MHz verwendet man Gl. (13.7)

$\delta m=+1$, für den anderen $\delta m=-1$ erfüllt ist. Das linear polarisierte Licht kann ja in eine σ^+- und in eine σ^--Komponente zerlegt werden. In Abb. 22.10 sind die m-Werte der Kreuzungsstellen eingezeichnet.

Die Bedeutung der Methode für die spektroskopische Analyse atomarer Anregungszustände ergibt sich vor allem aus dem erreichbaren hohen spektralen Auflösungsvermögen. Die Schärfe, mit der die B_c-Werte gemessen werden können, d. h. die „Linienbreite“ der Niveau-Kreuzungsspektroskopie, ist nicht durch die Dopplerbreite der Spektrallinien begrenzt, da ja hier die Kohärenz der Anregung innerhalb eines Atoms gemessen wird. Die Linienbreite ist vielmehr im wesentlichen durch die Lebensdauer der angeregten Zustände bestimmt und beträgt in der Praxis im allgemeinen mindestens einige MHz. Man erreicht die gleiche hohe spektrale Auflösung wie mit der Hochfrequenz-Spektroskopie. So konnte z. B. die Feinstrukturaufspaltung $2^2P_{3/2}-2^2P_{1/2}$ im Atom ^{6}Li zu 10052,76 MHz bestimmt werden.

Ähnlich ist der bereits 1924 entdeckte *Hanle-Effekt* als Nullfeld-Niveaukreuzung zu verstehen. Terme, die ohne äußeres Magnetfeld nicht aufgespalten sind, „kreuzen“ sich im Nullfeld, wenn man das angelegte Feld B_0 von negativen Werten durch 0 zu positiven Werten variiert. Im Nullfeld können deshalb aus den gleichen Gründen wie bei der

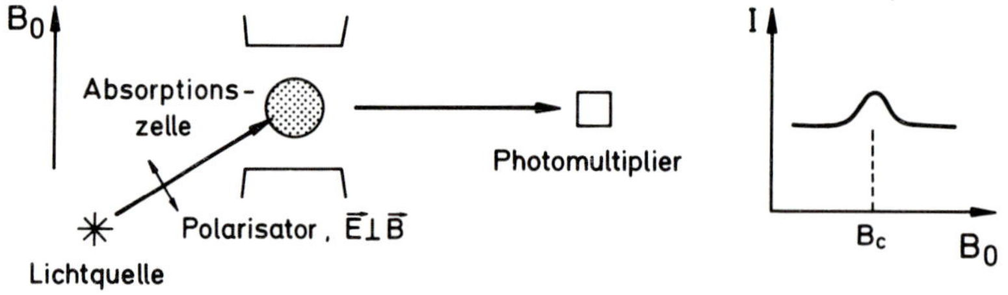

Abb. 22.11. Niveau-Kreuzungsspektroskopie und Hanle-Effekt. Links schematischer Versuchsaufbau. Die Atome in der Absorptionszelle werden mit polarisiertem Licht einer konventionellen Lichtquelle angeregt, das Resonanzlicht (mit oder ohne Analysator) als Funktion des Magnetfeldes B_0 beobachtet. Bei Niveau-Kreuzungsfeldstärken B_c ändern sich im allgemeinen Intensität I und Polarisation des mit dem Photomultiplier gemessenen Resonanzlichtes. Das ist rechts schematisch dargestellt

Niveau-Kreuzungsspektroskopie und bei Gültigkeit der gleichen Auswahlregeln entartete Atomterme kohärent angeregt werden. Die Kohärenz der Anregung und Interferenz im emittierten Resonanzlicht wird aufgehoben, wenn durch Anlegen eines äußeren Feldes $\boldsymbol{B}_0$ die Entartung der Terme aufgehoben wird. Ein Meßbeispiel zeigt ebenfalls Abb. 22.10. Der Hanle-Effekt ist eine wichtige experimentelle Methode zur Messung der Lebensdauer atomarer Anregungszustände. Eine schematische Versuchsanordnung zur Messung von Hanle-Effekt und Niveau-Kreuzungen zeigt Abb. 22.11.

22.6 Laserkühlung von Atomen

Photonen können an Atomen gestreut werden und hierbei auf diese einen Impuls übertragen. Bei diesem Streuprozeß wird zuerst das Lichtquant absorbiert und hinterher ein Lichtquant in einer im allgemeinen anderen Richtung wieder ausgesendet. Stimmt die Lichtquantenenergie mit der Übergangsfrequenz des Atoms überein, so findet ein reeller Absorptionsprozeß statt, im anderen Falle handelt es sich um einen sogenannten virtuellen Übergang. Trifft ein Strahl von Atomen auf einen Strahl von Lichtquanten, so werden die Atome abgebremst, da die Lichtquanten einerseits eine Vorzugsrichtung haben, andererseits aber die wieder ausgestrahlten Lichtquanten in alle möglichen Richtungen ausgesandt werden können. Allerdings ist der Abbremseffekt mit einem einzigen Lichtquant sehr klein, die Geschwindigkeit des Atoms ändert sich in der Größenordnung von einem Zentimeter pro Sekunde, während die Atome in einem Gas bei Zimmertemperatur mit ca. 1000 Meter pro Sekunde fliegen. Immerhin wurde eine solche Streukraft bereits 1933 von *Otto R. Frisch* entdeckt, der sie benutzte, um einen Strahl von Natriumatomen abzulenken. Dazu verdampfte er zunächst Atome in einem Behälter und ließ die Atome dann durch eine Reihe von Schlitzen treten, um den Atomstrahl zu bilden. Der Atomstrahl wurde mit Licht aus einer Natriumdampflampe beleuchtet, und *Frisch* fand in der Tat eine, wenn auch geringe, Ablenkung des Strahls.

1975 schlugen *Theodor Hänsch* und *Arthur Schawlow* vor, Laserlicht zur Abbremsung und damit zur Kühlung von Atomen zu verwenden (Doppler-Kühlung). Im gleichen Jahr wurde ein ähnliches Schema von *David J. Wineland* und *Hans G. Dehmelt* vorgeschlagen, um eingefangene Ionen mit Lasern zu kühlen. Die grundlegende Idee hierzu ist die folgende: Betrachten wir zunächst ein Atom, das von rechts nach links fliegt und auf einen von links kommenden Laserstrahl trifft. Die Frequenz des Laserstrahls wird nun so eingestellt, daß sie etwas unter der Absorptionslinie des Atoms liegt. Wegen des Doppler-Effekts wird für das Atom die scheinbare Frequenz des Laserlichts erhöht, so daß das Atom nun ein ankommendes Lichtquant absorbieren kann und dann anschließend in eine beliebige Richtung ein anderes Lichtquant aussenden kann. Fliegt das Atom hingegen in der entgegengesetzten Richtung, so ist wegen des Dopplereffekts die scheinbare Frequenz des Laserlichts noch weiter ins Langwellige verschoben und die Absorption des Lichtquants wesentlich schwächer. Aus der daraus resultierenden Asymmetrie zwischen nach links und nach rechts fliegenden Atomen ergibt sich, daß die nach links fliegenden Atome abgebremst werden, während der Einfluß auf die nach rechts fliegenden Atome gering ist. Um in beliebige Richtungen fliegende Atome abzukühlen, schlugen *Hänsch* und *Schawlow* vor, in den drei Raumrichtungen jeweils entgegengesetzt strahlende Laser aufzustellen. Ein sich in derartigen gekreuzten Feldern bewegendes Atom kann man sich wie ein Brownsches Teilchen vorstellen, das den Stößen der Lichtquanten ausgesetzt ist. Nach der Theorie der Brownschen Bewegung wird dadurch das Teilchen abgebremst, bekommt aber durch die Wechselwirkung mit den Lichtteilchen eine mittlere kinetische Energie, d. h. eine mittlere Temperatur. Nach ersten Abschätzungen sollte diese $kT = \hbar\Gamma/2$ betragen, wobei k die Boltzmann-Konstante und Γ die Linienbreite des atomaren Übergangs ist.

Wegen der bremsenden Eigenschaften des Lichtteilchenmediums wurde dieses „optischer Sirup" ("optical molasses" im englischen) genannt. Erste Experimente schienen die theoretischen Erwartungen zu bestätigen. Man kann so durch Laserkühlung Atomen ihre kinetische Energie bis auf einen Restbetrag nehmen, der einer sehr geringen Temperatur entspricht.

Für Natrium wurden 240 μK erwartet, stattdessen wurden aber Temperaturen von 40 μK, d. h. wesentlich niedrigere Werte gefunden. Dies läßt sich aus der spektralen Verteilung des Streulichts entnehmen, vgl.auch Abb. (22.14). Um dies zu verstehen, müssen wir die Diskussion der Wechselwirkung von Atomen mit Licht wesentlich vertiefen. Weiterhin stellte sich heraus, daß die niedrigen Temperaturen nicht eine Folge einer hohen Laserintensität waren, die Temperatur nahm stattdessen mit der Intensität ab. Offensichtlich sind hier noch eine Reihe weiterer Effekte an der Laserkühlung beteiligt.

Wir beschreiben hier einen Mechanismus, der auf *Cohen-Tannoudji* zurückgeht, wobei das Wirken anderer Effekte nicht auszuschließen ist. Dieser theoretische Ansatz geht davon aus, daß Alkaliatome nicht einfache 2-Niveau-Systeme sind, die bei der Theorie der Doppler-Kühlung zugrundegelegt wurden. Diese Atome haben mehrere Zeeman Unterniveaus des Grundzustands g, die in Abwesenheit äußerer Felder miteinander entartet sind. Strahlt man Licht mit spezieller Polarisation ein, so kann dieses ein Elektron aus einem bestimmten Unterniveau zu einem angeregten Niveau anheben, von wo aus dann das Elektron durch Aussendung eines Lichtquants auf ein anderes Niveau herunterfallen kann. Durch diesen Prozeß, der zur Klasse der Prozesse des optischen Pumpens (vgl. Abschn. 13.5) gehört, kann die Population der Unterniveaus verändert werden. Der Übergang von einem Subniveau zu einem anderen passiert mit einer bestimmten Übergangsrate pro Sekunde, die proportional zur Intensität des eingestrahlten Laserlichts ist. Diese Übergangsrate, d. h. die Zahl der Übergänge pro Sekunde, kann auch als Inverses einer mittleren Übergangszeit τ_p von dem einen Unterniveau zu einem anderen geschrieben werden. Diese Zeit τ_p werden wir weiter unten noch brauchen.

Ein weiterer wichtiger Bestandteil der Theorie von *Cohen-Tannoudji* ist die Tatsache, daß die optische Wechselwirkung eines Atoms mit dem Lichtfeld Energieverschiebungen hervorrufen kann. Hierzu ist es nötig, das Atom und das Laserlichtfeld, in dem es sich befindet, als ein Gesamtsystem zu betrachten, wobei ein "dressed state" eines Atoms, d.h. ein mit Lichtquanten „angezogener" Atomzustand entsteht. Aufgrund der Wechselwirkung des Elektrons in einem bestimmten Zustand mit dem Laserlichtfeld kommt es zu einer Verschiebung der Energie δ zwischen dem atomaren Grundzustand mit einer gegebenen Zahl von Photonen und dem angeregten Zustand, wobei jetzt ein Photon weniger vorhanden ist. Hinzu kommt eine weitere Atom-Lichtfeld-Wechselwirkung, wobei ein Wellenpaket aus dem Grundzustand und dem angeregten Zustand entsteht, wobei ähnlich wie bei Spinsystemen die Rabi-Frequenz Ω ins Spiel kommt. Die Rabi-Frequenz hat eine ganz anschauliche Bedeutung, die wir zunächst bei Spins erläutern. Befindet sich ein Spin in einem zeitlich konstanten Magnetfeld, so kann er bekanntlich zwei Energiezustände in oder entgegen der Feldrichtung einnehmen. Strahlt man mit einem zum ersten Magnetfeld senkrechten, oszillierenden und mit der Energieaufspaltung resonanten Magnetfeld der Stärke B ein, so wird der Spin mit der Frequenz $\mu B/\hbar$ umgeklappt (μ: Bohrsches Magneton). Eine analoge Rabi-Frequenz tritt auf, wenn ein kohärentes, mit einem Elektronenübergang resonantes elektrisches Wechselfeld auf ein Atom trifft: Das Elektron geht mit der Rabi-Frequenz $\boldsymbol{\Theta E}/\hbar$ zwischen den beiden hier betroffenen Elektronenzuständen hin und her. $\boldsymbol{\Theta}$ ist das Dipolmatrixelement, $\boldsymbol{E}$ die zeitunabhängige Amplitude des Wechselfeldes am Atomort. Ersichtlich mißt die Rabi-Frequenz, multipliziert mit $\hbar$, eine bestimmte Wechselwirkungsenergie zwischen Elektron und Feld. Nimmt man die oben genannten Effekte zusammen, so ergibt sich, wie die Theorie zeigt, eine Abstoßung zwischen den Energien der "dressed states", die für großes δ mit dem Abstand zwischen ihnen abnimmt, gemäß der Formel $\Omega^2/2\delta$. Die Größe der Linienverschiebung des atomaren Grundzustandes ist die Hälfte dieser Größe. Die Rabi-Frequenz ist proportional zur Feldamplitude, so daß die Linienverschiebungen wie die Pumprate $1/\tau_b$ proportional zur Laserintensität I_L sind. Sie hängen auch von der Laserpolarisation ab und ändern sich im allgemeinen von einem Zeeman-Unterniveau zu einem anderen. Schließlich geht in diesen neuen Kühlmechanismus die Existenz von Polarisationsgradienten ein, die in dreidimensionalen Lasersirups unvermeidbar sind. Betrachten wir hierzu als Beispiel des neuen Kühlmechanismus einen eindimensionalen Sirup, in dem die zwei entgegenlaufenden Wellen gleiche Amplituden und zueinander orthogonale Linearpolarisationen besitzen. In einer solchen Laserkonfiguration treten starke Gradienten der Polarisation auf, da die Polarisation des gesamten Feldes stetig über einem 1/8 der Wellenlänge λ von linear zu σ^+ wechselt (zirkular polarisiertes Licht in einer entgegen dem Uhrzeigersinn laufenden Richtung im Hinblick auf die $+z$-Achse vgl. Abschn. 13.3.3), von σ^+ nach linear in dem nächsten $\lambda/8$, von linear zu σ^- in dem nächsten $\lambda/8$, usw., wenn sich das Atom längs der z-Achse in der stationären Welle bewegt. Als Beispiel diene der Fall eines atomaren Übergangs von dem Grundzustand g mit Gesamtdrehimpuls $J=1/2$ zu dem angeregten Zustand e mit $J_e=3/2$. Wegen der Polarisationsgradienten hängen die Populationen und die Energien der beiden Grundunterzustände stark von der Lage der Atome längs der z-Achse ab. Betrachten wir z. B. ein Atom, das bei $z=\lambda/8$ in Ruhe ist, wo die Polarisation σ^- ist. Die Absorption eines σ^- Photons kann das Atom von $g_{+1/2}$ nach $e_{-1/2}$ bringen, von welchem Zustand aus es nach $g_{-1/2}$ zerfallen kann. Wenn das Atom in den früheren Zustand $g_{+1/2}$ zurückfällt, kann es ein anderes σ^- Photon absorbieren und eine neue Chance haben, um schließlich nach $g_{-1/2}$ zu gelangen. Wird hingegen ein σ^- Photon von $g_{-1/2}$ absorbiert, so wird es das Atom nach $e_{-3/2}$ bringen, von dem es nur nach $g_{-1/2}$ zerfallen kann. Es folgt also, daß in stationärem Zustand die gesamte atomare Population optisch in $g_{-1/2}$ gepumpt wird. Wie sich zeigen läßt, ist der σ^- Übergang, der bei $g_{-1/2}$ beginnt, dreimal stärker als der σ^{-1} Übergang, der von $g_{+1/2}$ beginnt. Entsprechend ist die Linienverschiebung Δ'_- von $g_{-1/2}$ dreimal größer als die Linienverschiebung Δ'_+ von $g_{+1/2}$. Hierbei nehmen wir an, daß der Laser ins Rot hinein verstimmt ist, so daß beide Linienverschiebungen negativ sind. Falls das Atom bei $z=3\lambda/8$

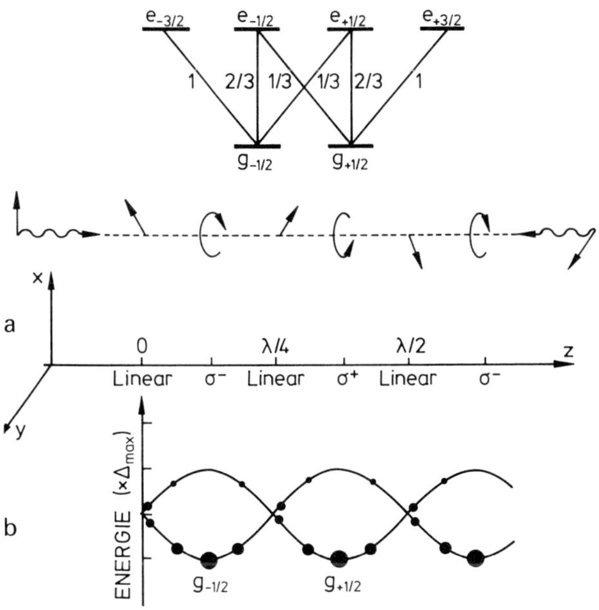

Abb. 22.12 a, b. Linienverschiebungen in einem Polarisationsgradienten. **a**) Gegenläufige Laserstrahlen mit zueinander orthogonalen linearen Polarisationsrichtungen rufen ein Gesamtfeld hervor, das in Polarisationsrichtung auf jedem Achtel einer Wellenlänge von linear polarisiert zu zirkular polarisiert wechselt. Der obere Teil der Abbildung zeigt die Energieniveaus des hier betrachteten Atoms. Die Zahlen an den Linien, die die verschiedenen Grund (g)- und angeregten (e) Unterzustände verbinden, geben die relativen Übergangswahrscheinlichkeiten an. **b**) Die gemäß dem Text verschobenen Energien und die Populationen der beiden Grundzustandunterniveaus dieses Atoms. Die Energien und Populationen ändern sich mit der Polarisation und damit mit der Lage des Atoms. Die Größe der Population ist durch die Größe der Kreise angedeutet. (nach Claude N. Cohen-Tannoudji und William D. Phillips, Physics Today *43*, 33–40, 1990)

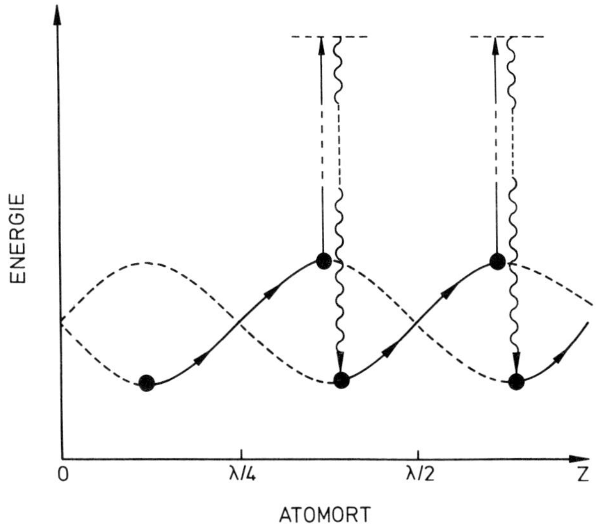

Abb. 22.13. Ein Atom, das sich gemäß der Laserkonfiguration von Abb. 22.12 bewegt, steigt von einem Potentialtal den Berg hinauf und erreicht den Gipfel, bevor es optisch zum Grunde eines anderen Tals gepumpt wird. Im Mittel sieht das Atom mehr Auf- als Abstiege und der hiermit verbundene Nettoenergieverlust kühlt das Atom. Der Effekt ist nahe seinem Maximum in dem hier gezeigten Fall, da das Atom ein Viertel einer Wellenlänge in der mittleren Zeit τ_p fliegt; während dieser Zeit hat das Atom im Mittel zu warten, bevor es einen optischen Pumpzyklus erleidet. (nach Claude N. Cohen-Tannoudji und William D. Phillips, Physics Today, *43*, 33–40, 1990)

ist, wo die Polarisation σ^+ ist, sind die obigen Schlußfolgerungen gerade umgekehrt. Die gesamte Population ist in $g_{+1/2}$, und wir haben jetzt $\Delta'_+ = 3\Delta'_-$. Falls schließlich das Atom an einem Ort ist, wo die Polarisation linear ist, z. B. bei $z = 0$, $\lambda/4$, $\lambda/2, \ldots$, zeigen Symmetriebetrachtungen, daß die beiden Unterniveaus gleich bevölkert sind und die gleiche Linienverschiebung erleiden.

Alle diese Resultate sind in Abb. 22.12 zusammengestellt, die darstellt, wie die verschobenen Energien und Populationen der beiden Grundzustandsunterniveaus als Funktion von z für ein Atom abhängen, das bei z in Ruhe ist. Natürlich wirkt im räumlichen Mittel keine Kraft auf ein Atom, das in Ruhe ist, weil die Population symmetrisch auf die Hügel und Täler verteilt ist. Wenn das Atom hingegen sich bewegt, wird die Symmetrie gestört und eine mittlere Reibungskraft erscheint. Hierbei ist wesentlich, daß das optische Pumpen, das die Populationsverteilung herstellt, eine endliche Zeit τ_p braucht. Betrachten wir z. B. ein Atom, das sich nach rechts bewegt und bei $z = \lambda/8$ beginnt, wo die Population auf den Grund des Tales gepumpt wird (Abb. 22.13). Wenn die Geschwindigkeit v gerade so ist, daß das Atom sich über einen Abstand von der Größenordnung von $\lambda/4$ während der Zeit τ_p bewegt, wird das Atom im Mittel im gleichen Unterniveau bleiben und den Potentialberg hinaufklettern. Auf dem Gipfel des Berges hat es die höchste Wahrscheinlichkeit, daß es optisch zu dem Grund des Potentialtals gepumpt wird. Von dort aus kann die gleiche Folge wiederholt werden, wie durch die ausgezogenen Kurven in Abb. 22.12 gezeigt wird. Wegen der Zeitverzögerung τ_p scheint das Atom wie Sisyphus in der griechischen Mythologie immer den Berg hinaufklettern zu müssen, wobei es einen Teil seiner kinetischen Energie in potentielle Energie verwandelt.

Das vorangegangene physikalische Bild zeigt uns, daß dieser neue Kühlmechanismus am effizientesten ist, wenn das Atom während der optischen Pumpzeit τ_p eine Distanz von der Größenordnung von λ zurücklegt. Damit wird ein Geschwindigkeitsbereich von der Größenordnung $v_p \approx \lambda/\tau_p$ oder aequivalent $kv_p \approx 1/\tau_p$ festgelegt. Da die optische Pumprate proportional zur Laserintensität I_L ist, ist der Bereich v_p ebenfalls proportional zu I_L und geht nach Null, wenn I_L gegen Null geht. Im Gegensatz zur Doppler-Kühlung ist der Geschwindigkeitsbereich, in dem ein Einfangen möglich wird, unabhängig von I_L. Andererseits bleibt der Reibungskoeffizient des neuen Kühlmechanismus groß und unabhängig von I_L, wohingegen er proportional zu I_L in der Doppler-Kühlung ist. Diese wichtige Eigenschaft rührt daher, daß, wenn I_L nach Null tendiert, die langen optischen Pumpzeiten die Kleinheit der Linienverschiebungen ausgleichen.

Außer dem oben beschriebenen Sisyphus-Effekt gibt es auch noch andere Laserkühlmechanismen aufgrund von Polarisationsgradienten, worauf wir aber nicht näher eingehen können. Obgleich der neue Kühlungsmechanismus zuerst bei Natrium gefunden wurde, ist dieses Atom nicht ideal hierfür geeignet. Die Theorie ist wesentlich besser bei Cäsium erfüllt, was eine viel größere Hyperfeinstruktur hat.

Da das Lichtquant einen Rückstoß auf das Atom überträgt, wobei das Atom einer Art Brownschen Bewegung ausgesetzt wird, könnte man vermuten, daß die Rückstoßenergie eine prinzipielle Grenze für die Kühlung setzt, die von der Größenordnung $E = \hbar^2 k^2/2M$ ist, wo M die Masse des Atoms ist. Aber auch hier kann dieser Grenzwert durch einen neuen Mechanismus, der geschwindigkeitsabhängiger kohärenter Bevölkerungseinfang genannt wurde (auf englisch: "velocity-selective coherent population trapping") unterschritten werden. In diesem Falle werden die Atome in einer kohärenten Überlagerung von zwei Grundzustandsunterniveaus präpariert, die Licht nicht absorbieren können. Die zwei Absorptionsamplituden, die von diesen beiden Subniveaus ausgehen, besitzen eine vollständig destruktive Interferenz. Sobald die Atome optisch in einen solchen eingefangenen Zustand gepumpt werden, hört die Fluoreszenz auf. Dieses von früheren Experimenten her wohlbekannte Phänomen läßt sich für die Laserkühlung benutzen. Hierzu verwendet man einen „eindimensionalen Sirup", wo die zwei entgegenlaufenden Laserstrahlen entgegengesetzt zirkulare Polarisation besitzen. Wie man leicht zeigen kann (es existiert ja immer eine Doppler-Verschiebung), existiert der Einfangszustand nur für Atome mit verschwindender Geschwindigkeit. Falls die Geschwindigkeit ungleich Null ist, ist die Interferenz zwischen den beiden Übergangsamplituden, die von den beiden Grundzustandsunterniveaus ausgingen, nicht mehr vollständig destruktiv, und das Atom kann Licht absorbieren. Je größer die Geschwindigkeit ist, um so größer ist die Absorptionsrate. Um den nichtabsorbierenden einfangenden Zustand zu besetzen, macht man Gebrauch von der Neuverteilung der atomaren Geschwindigkeiten, die jeden spontanen Emissionszyklus begleiten. Für ein Atom, das ursprünglich in einem absorbierenden Zustand mit von Null verschiedener Geschwindigkeit ist, gibt es eine gewisse Wahrscheinlichkeit, daß es optisch in den nichtabsorbierenden Zustand mit $v = 0$ gepumpt wird. Wenn dies geschieht, sind die Atome vor dem Licht „verborgen" und so vor den zufälligen Rückstößen geschützt. Auf diese Weise

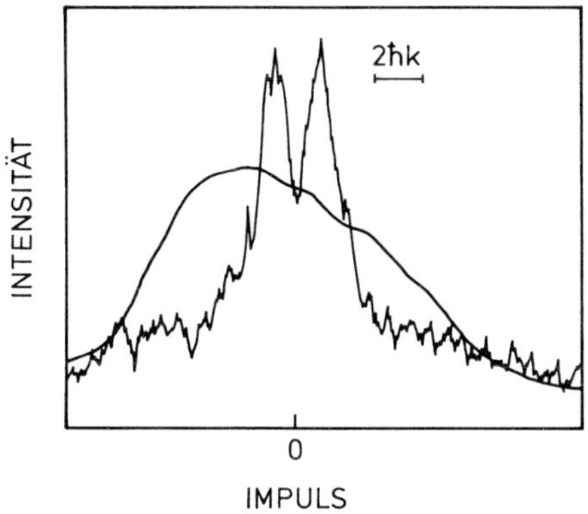

Abb. 22.14. Verteilung der Atomimpulse in der Richtung des Laserstrahls für Helium-4 Atome, die durch die geschwindigkeitsselektive kohärente Populationseinfangmethode gekühlt wurden. Die Breite jedes Gipfels ist geringer als der Impuls $\hbar k$ eines einzelnen Photons, was ein Hinweis auf die Kühlung unter den Rückstoßgrenzwert ist. Die Impulsverteilung ungekühlter Atome ist durch die starke ausgezogene Linie angegeben. (Umgezeichnet nach A. Aspect, E. Arimondo, R. Kaiser, N. Vansteenkiste, C. Cohen-Tannoudji, Phys. Rev. Lett. *61*, 826, 1988)

bleiben sie bei $v=0$, und wir erwarten, daß die Atome in einem kleinen Geschwindigkeitsintervall um $v=0$ sich ansammeln.

Bei diesen Betrachtungen hatten wir angenommen, daß das Atom sich bezüglich seiner Schwerpunktbewegung wie ein klassisches Teilchen verhält. Tatsächlich ist aber bei derartig tiefen Temperaturen (μK) und den geringen örtlichen Abständen eine quantenmechanische Beschreibung der atomaren Translationsbewegung nötig. Es zeigt sich dann, daß der Anfangszustand eine Linearkombination aus zwei atomaren Zuständen ist, die nicht nur durch die interne Zeeman-Quantenzahl sich unterscheiden, sondern auch in der Impulsquantenzahl p längs der z-Achse. Als Resultat ergibt sich ein Anfangszustand, der ein doppelter Impulszustand ist. Dies wird auch von experimentellen Resultaten bestätigt (Abb. 22.14). Interessanterweise ist die Breite jedes einzelnen Gipfels kleiner als der Photonenimpuls $\hbar k$, wodurch wieder verifiziert wird, daß die Geschwindigkeitsbreiten unter den Rückstoßgrenzwert gegangen sind. Die eindimensionale kinetische Energie entspricht einer Temperatur von 2 μK.

22.7 Zerstörungsfreier Nachweis eines Photons – ein Beispiel aus der Atomphysik im Hohlraumresonator

Die Manipulation atomarer Zustände in Hohlraum-Resonatoren ist zu einem wichtigen Gebiet der Atomphysik geworden. Wir besprechen hier als besonders schönes Beispiel den zerstörungsfreien Nachweis eines Photons, wie er der Gruppe von Serge Haroche gelang. Dabei wird auch deutlich, wie fruchtbar z. B. die formale Analogie zwischen einem Spin 1/2 und einem Zwei-Niveau Atom sein kann. Beim Nachweis von Photonen werden diese normalerweise durch den Detektor vernichtet, so dass es unmöglich ist, ein Photon zweimal zu „sehen“. Um ein einzelnes Photon zerstörungsfrei messen zu können, bedarf es einer äußerst starken Wechselwirkung zwischen Materie und Strahlung. Diese kann mit Hilfe der Hohlraum-Quantenelektrodynamik verwirklicht werden, wo die Wechselwirkungsstärke zwischen einem Photon und einem Atom alle dissipativen Kopplungen mit der Umgebung überwiegen kann. Das im Folgenden zu besprechende Experiment bezieht sich auf Zustände mit keinem oder einem Photon und könnte zu einem logischen Element in einem Quantencomputer führen (vgl. Abschn. 23.9).

In einem Hohlraumresonator können nur ganz bestimmte elektro-magnetische, stehende Wellen („Moden") mit diskreten Energien existieren. Eine solche Mode kann mit n Photonen, $n = 0, 1, 2...$ besetzt sein. Wir betrachten hier eine solche, mit C bezeichnete Mode, und $n = 0$ oder $n = 1$. Das hier untersuchte Atom besitze drei Niveaus, e, g, i, die bei diesem Experiment eine Rolle spielen (Abb. 22.15). Der Übergang zwischen e und g sei resonant mit der Mode C, derjenige zwischen g und i hingegen nicht. Im Anfangszustand, d.h. beim Eintritt des Atoms in den Resonator, sei *ein* Photon in der Mode und das Atom im Zustand g. Das kombinierte Atom-Feld System erleidet dann – in Analogie zum Hin- und Herklappen von Spins in bestimmten Magnetfeldern – eine Rabi-Oszillation mit der Frequenz Ω zwischen den Zuständen $\mid g, 1\rangle$ und $\mid e, 0\rangle$, wobei wir die bra- und ket-Schreibweise benutzen. Bzgl. dieser Oszillationen vgl. Abschn. 15.5.1, 15.3, sowie die Übungsaufgabe 1. Zur Zeit t befindet sich das System im kohärenten Überlagerungszustand

$$\psi = \cos(\Omega t/2) \mid g, 1\rangle + \sin(\Omega t/2) \mid e, 0\rangle. \tag{22.10}$$

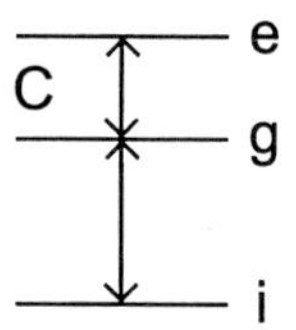

Abb. 22.15. Niveau-Schema des Atoms zum zerstörungsfreien Nachweis eines Photons

Falls die Wechselwirkungsdauer $t = 2\pi/\Omega$ ist, so ist das Atom wieder im Zustand g und das Photon ist unverändert wieder da. Jedoch hat die Wellenfunktion (22.10) ihr Vorzeichen von $+ \mid g, 1\rangle$ nach $- \mid g, 1\rangle \equiv \mathrm{e}^{\mathrm{i}\pi} \mid g, 1\rangle$ geändert, in völliger Analogie zum Verhalten eines Spins 1/2 (vgl. wiederum Abschn. 15.3). Ist andererseits anfänglich kein Photon vorhanden, oder falls das Atom im Zustand i ist, so bleibt der Systemzustand ungeändert. Beziehen wir in den Anfangszustand des Atoms auch noch den Zustand $\mid i, 1\rangle$ bzw. $\mid i, 0\rangle$ als zusätzliche Überlagerung zu (22.10) mit ein, so ergibt sich:

Der Überlagerungszustand mit *einem* Photon

$$c_g \mid g, 1\rangle + c_i \mid i, 1\rangle \tag{22.11}$$

geht über in

$$c_g \mathrm{e}^{\mathrm{i}\pi} \mid g, 1\rangle + c_i \mid i, 1\rangle, \tag{22.12}$$

der Zustand mit *keinem* Photon

$$c_g \mid g, 0\rangle + c_i \mid i, 0\rangle \tag{22.13}$$

bleibt hingegen erhalten. Ist $c_i = 0$ in (22.11), so bedeutet der Übergang zu (22.12) nur einen Vorzeichen- (Phasen-)Wechsel der Wellenfunktion, der, wie wir wissen, nicht experimentell entdeckt werden kann. Um die Existenz des Photons nachzuweisen, ist daher die kohärente Überlagerung (22.11) mit $c_g \neq 0$ *und* $c_i \neq 0$ unabdingbar. Das Atom, das ursprünglich in g ist, wird daher vor und nach Durchquerung des Resonators dem Puls eines klassischen Hilfsfeldes ausgesetzt. Seine Frequenz ν wird annähernd resonant mit dem Übergang $g \rightarrow i$ gewählt. Der erste Puls präpariert die kohärente Überlagerung (vgl. Abb. 22.16)

$$\frac{1}{\sqrt{2}}(\mid g\rangle + \mid i\,\rangle). \tag{22.14}$$

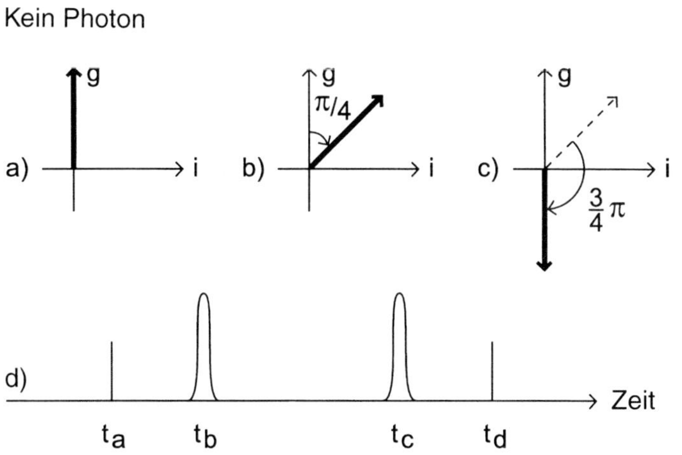

Abb. 22.16 a–d. Veranschaulichung des Verhaltens der Koeffizienten c der Wellenfunktion $c_g \mid g, 0\rangle + c_i \mid i, 0\rangle$ in einem Vektor-Diagramm. (**a**) Im Anfangszustand ist das Atom im Zustand g. (**b**) Der erste Puls dreht den Vektor (c_g, c_i) um $\pi/4$. (**c**) Der zweite Puls dreht in unserem Bild den Vektor um 3/4 π, so dass (bis auf das Vorzeichen) der ursprüngliche Zustand g gewonnen wird. Schliesslich wird der atomare Zustand gemessen. Wichtiger Hinweis: Bei der Interpretation als Spin sind die Drehwinkel doppelt so groß. (**d**) Zeitliche Pulsfolge

Durch den zweiten Puls wird in Analogie zum Spin die Überlagerung „weiter gedreht" (Abb. 22.16). Bei exakter Resonanz zwischen ν und der Übergangsfrequenz ν_{gi} ist die Drehung vollständig und der ursprüngliche Zustand $\mid g, 0\rangle$ ist wieder erreicht. Wird hingegen $\delta = \nu - \nu_{ig}$ variiert, so ändert sich die Wahrscheinlichkeit P_g, das Atom im Zustand g nach seinem Durchgang anzutreffen, sinusförmig mit $\delta \cdot t$. Dies ergibt die sog. Ramsey-Fringes. Die endgültigen atomaren Besetzungszustände werden dazu mit einem geeigneten Detektor gemessen. Enthält die Mode *ein* Photon, so erleidet die Amplitude c_g (Atom in g) einen Vorzeichenwechsel (s. o.). Dadurch wird der Vektor, der (22.14) repräsentiert, an der i-Achse gespiegelt (Abb. 22.17). Wird der zweite Puls angewendet, so findet wie-

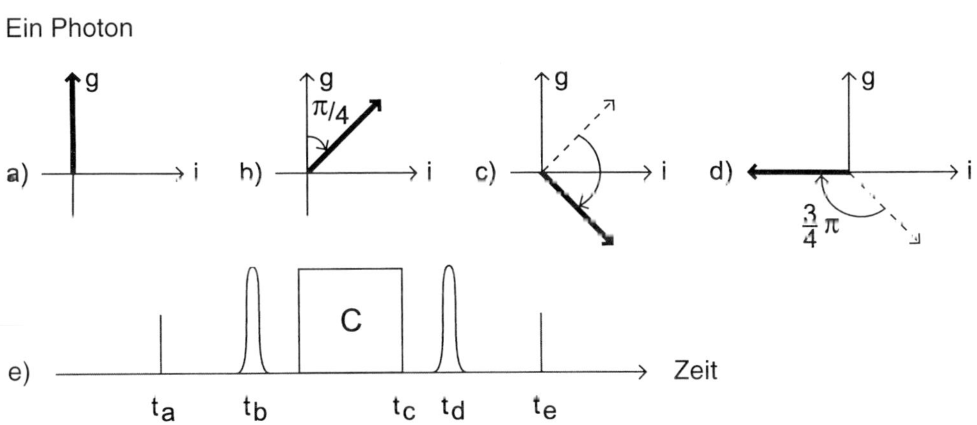

Abb. 22.17 a–e. Analog zu Abb. 22.16, aber mit einem Photon. (**a**) Im Anfangszustand ist das Atom im Zustand g. (**b**) Der erste Puls dreht den Vektor (c_g, c_i) um $\pi/4$. (**c**) Die Wechselwirkung mit dem Photon spiegelt den Vektor an der i-Achse. (**d**) Der zweite Puls dreht den Vektor um 3/4 π, so dass (bis auf das Vorzeichen) der Zustand i entsteht. Schließlich wird der atomare Zustand – hier i – gemessen. (**e**) Zeitliche Pulsfolge

der eine Drehung um $\frac{3}{4}\pi$ statt, aber der Vektor (c_g, c_i) kommt auf die i-Achse zu liegen. Das Atom befindet sich also im Zustand i – im Gegensatz zum Fall ohne Photon. Mit Hilfe derartiger Modelle lässt sich auch das Verhalten bei Verstimmung $\delta = \nu - \nu_{ig} \neq 0$ verstehen. Bei vollständiger Resonanz $\nu = \nu_{ig}$ ergibt sich eine perfekte Korrelation zwischen dem atomaren Zustand (i oder g) und der Photonenzahl (0 oder 1).

Eine alternative Methode zum Nachweis der atomaren Zustände war schon früher von V.B. Braginsky und F.Y. Khalili vorgeschlagen worden. Diese beruht auf einer Ablenkung der Atombahn und nicht auf Interferenz. In dem Experiment von Haroche et al. wurden Rubidium Atome mit der Hauptquantenzahl $n = 50$ (Niveau g) und $n = 51$ (Niveau e) benutzt. Die Einphoton Rabifrequenz war im Resonatorzentrum $\Omega/2\pi$ = 47 kHz.

Aufgabe

22.1 Behandeln Sie die Wechselwirkung zwischen einem Photon und einem Zwei-Niveau Atom mit dem Hamiltonoperator

$$H = E_1 a_1^+ a_1 + E_2 a_2^+ a_2 + \hbar\omega b^+ b + G a_2^+ a_1 b + G a_1^+ a_2 b^+, \qquad (*)$$

wobei $E_2 - E_1 = \hbar\omega$. a_j^+, a_j sind Elektronenerzeugungs- bzw. Vernichtungsoperatoren, b^+, b solche für das Photon. Im vorliegenden Kontext genügt es, a^+ und a analog zu den Operatoren b^+, b zu behandeln.

Hinweis: Machen Sie den Ansatz für die Wellenfunktion

$$\psi = c_1(t) a_1^+ b^+ \Phi_0 + c_2(t) a_2^+ \Phi_0, \qquad (**)$$

wobei Φ_0 der gemeinsame Vakuumzustand ist.

Verifizieren Sie die folgenden Regeln

$$\begin{aligned}
&a_1^+ a_1 \cdot a_1^+ b^+ \Phi_0 = a_1^+ b^+ \Phi_0, && a_1^+ a_1 a_2^+ \Phi_0 = 0 \\
&a_2^+ a_2 \cdot a_1^+ b^+ \Phi_0 = 0, && a_2^+ a_2 a_2^+ \Phi_0 = a_2^+ \Phi_0 \\
&a_2^+ a_1 b \cdot a_1^+ b^+ \Phi_0 = a_2^+ \Phi_0, && a_2^+ a_1 a_2^+ \Phi_0 = 0 \\
&a_1^+ a_2 b^+ \cdot a_1^+ b^+ \Phi_0 = 0, && a_1^+ a_2 b^+ a_2^+ \Phi_0 = a_1^+ b^+ \Phi_0.
\end{aligned}$$

Was bedeuten diese Regeln? Benutzen Sie Abschn. 15.5.1 sowie Abschn. 15.3. Identifizieren Sie $a_1^+ b^+ \Phi_0$ mit $\mid g, 1\rangle$ und $a_2^+ \Phi_0$ mit $\mid e, 0\rangle$.

23. Fortschritte der Quantenphysik: Tieferes Verständnis und neue Anwendungen

23.1 Vorbemerkungen

Obwohl sich die Quantentheorie als geeignetes Werkzeug zur Erklärung einer schier unüberschaubaren Fülle von physikalischen Phänomenen erwiesen hat, sind ihre Grundlagen, auch von Genies wie Einstein, immer wieder in Frage gestellt worden. Die hier angefachten Diskussionen haben zu einem tieferen Verständnis, zu neuen Begriffsbildungen und zu überraschenden neuen Anwendungen geführt. In diesem Kapitel wollen wir einige dieser Entwicklungen an Beispielen darstellen. Dabei erinnern wir zunächst an die in den Kap. 7 und 9 bereits dargestellte Deutung, die wir in eine etwas abstraktere Form bringen.

23.2 Superpositionsprinzip, Interferenz, Wahrscheinlichkeit und Wahrscheinlichkeitsamplituden

Betrachten wir als Beispiel ein Teilchen mit der Ortskoordinate $\boldsymbol{r}$, dessen Wellenfunktionen $\psi(\boldsymbol{r}, t)$ einer Zeit-abhängigen Schrödinger-Gleichung genügen. Dann lässt sich diese Wellenfunktion als Überlagerung (oder Linearkombination) von einem vollständigen Satz orthonormierter Wellenfunktionen $\varphi_j(\boldsymbol{r}), j = 1, 2 \dots$ darstellen:

$$\psi(\boldsymbol{r}, t) = \sum_j c_j(t)\varphi_j(\boldsymbol{r}), \tag{23.1}$$

wobei die (Zeit-abhängigen) Koeffizienten $c_j(t)$ als *Wahrscheinlichkeitsamplituden* bezeichnet werden. Nach der Wahrscheinlichkeitsdeutung der Quantentheorie ist $\mid c_j(t) \mid^2$ die Wahrscheinlichkeit, das Teilchen zur Zeit t im (Quanten-)Zustand j anzutreffen, wenn wir die entsprechenden Quantenzustände messen. Ein Spezialfall von (23.1) ergibt sich, wenn jeder einzelne Summand aus (23.1) ebenfalls Lösung der Zeit-abhängigen Schrödinger-Gleichung ist.

Um den Unterschied zwischen den Rechenregeln (und entsprechenden Deutungen) der Quantenphysik und denen der klassischen Physik herauszuarbeiten, betrachten wir den Spezialfall von nur zwei Wellenfunktionen ψ_1, ψ_2, wo sich (23.1) auf

$$\psi(\boldsymbol{r}, t) = c_1\varphi_1(\boldsymbol{r}) + c_2\varphi_2(\boldsymbol{r}) \tag{23.2}$$

reduziert. Um die Wahrscheinlichkeit zu berechnen, das Teilchen am Ort $\boldsymbol{r}$ anzutreffen, bilden wir mit Hilfe von (23.2)

$$\begin{aligned} \mid \psi(\boldsymbol{r} \mid^2 = &\mid c_1 \mid^2 \mid \varphi_1(\boldsymbol{r}) \mid^2 + \mid c_2 \mid^2 \mid \varphi_2(\boldsymbol{r}) \mid^2 \\ &+ c_1^* c_2 \varphi_1^*(\boldsymbol{r})\varphi_2(\boldsymbol{r}) + c_2^* c_1 \varphi_2^*(\boldsymbol{r})\varphi_1(\boldsymbol{r}) . \end{aligned} \tag{23.3}$$

Illustrieren wir diese Beziehung mit Hilfe des Doppelspalt-Experiments, bei dem ein Elektronenstrahl durch zwei Spalte geschickt wird. $\varphi_1(\boldsymbol{r})$ sei die Wellenfunktion, die dem Durchgang des Elektrons durch Spalt 1 entspricht, $\varphi_2(\boldsymbol{r})$ die Spalt 2 entspricht. In Analogie zur Wellenoptik sind die in der zweiten Zeile von (23.3) stehenden Glieder für die Interferenz am Doppelspalt verantwortlich. Schließen wir z. B. den Spalt 1, also auch den „Weg", so verschwindet das Interferenzmuster. Um in der Quantenphysik dieses Interferenzmuster zu zerstören, braucht man aber keineswegs eine der Spalten zu schließen. Wie z. T. höchst raffiniert angelegte Experimente belegen, genügt es, wenn das Elektron kundtut, durch welchen Spalt es gegangen ist. Bei solchen Experimenten wird z. B. der Elektronendurchgang mit Hilfe von Hohlraumresonatoren gemessen. Um das Interferenzmuster nachzuweisen, bedarf es natürlich der statistischen Ausweitung vieler Experimente.

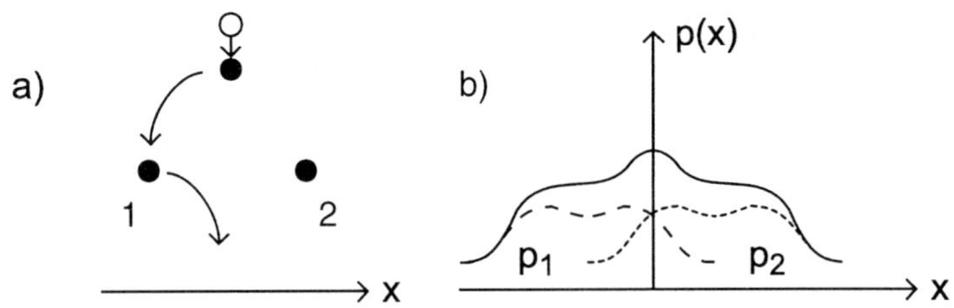

Abb. 23.1. (**a**) Galton-Brett mit drei Nägeln, (**b**) Wahrscheinlichkeiten addieren sich

Stellen wir nun der Quantenphysik die klassische Physik gegenüber, wo sich ein Analogon zum Doppelspaltexperiment durchführen lässt. Betrachten wir ein Galton-Brett (dem Vorläufer der Flipper-Spielautomaten) mit drei Nägeln (Abb. 23.1). Lassen wir von oben Kugeln auf den oberen Nagel fallen, so spaltet sich der Teilchenstrom nach links und rechts auf, wobei wir nach der Chaos-Theorie die Trajektorien nicht exakt voraussagen können. Treffen die Teilchen auf den Nagel 1, so werden sie hiervon gestreut, was zu einer Auftreffwahrscheinlichkeit $p_1(x)$ auf der x-Achse führt. Entsprechendes gilt natürlich für den Nagel 2 mit $p_2(x)$. Dürfen beide Nägel, 1 und 2, streuen, so ist die Auftreffwahrscheinlichkeit auf der x-Achse

$$p(x) = p_1(x) + p_2(x). \tag{23.4}$$

Vergleichen wir dieses Resultat mit (23.3), so erkennen wir den grundlegenden Unterschied zwischen der klassischen und der Quanten-Physik. Bei der letzteren treten Interferenzterme auf, bei der ersteren nicht. Dies zeigt aber auch auf, wie man von der Quantenphysik zur klassischen Physik gelangen kann, indem man nämlich die Interferenzglieder beseitigt. Ein wichtiges Beispiel ist das der Phasenschwankungen, worauf wir weiter unten im Abschnitt über Dekohärenz zurückkommen werden.

Mit Hilfe der bra- und ket-Schreibweise lässt sich (23.2) in einer abstrakteren Form schreiben:

$$\mid \psi\rangle = c_1 \mid 1\rangle + c_2 \mid 2\rangle. \tag{23.5}$$

Hierin können sich $\mid 1\rangle$ und $\mid 2\rangle$ auf ortsabhängige Wellenfunktionen, wie in (23.2), beziehen, aber auch in der Form $|\uparrow\rangle, |\downarrow\rangle$ auf Spinwellenfunktionen mit Spin nach oben $|\uparrow\rangle$ bzw. unten $|\downarrow\rangle$ oder auch auf einen Ein-Photonenzustand mit horizontaler ($|\leftrightarrow\rangle$) oder vertikaler ($|\updownarrow\rangle$) Polarisierung. Daraus mag schon die Tragweite des quantentheoretischen Formalismus erkennbar sein. Um die Deutung des Doppelspaltexperiments auf diese allgemeinen Fälle zu übertragen, bedarf es eines formalen Tricks, da in (23.5) eine Kenngröße, die z. B. dem Ort $\boldsymbol{r}$ entspricht, gar nicht auftritt. Statt von einer Messung des Teilchenorts $\boldsymbol{r}$ zu reden, sprechen wir daher abstrakter von der Messung eines Quantenzustandes ψ_k, den wir in bra- und ket-Schreibweise als $| \psi_k\rangle$ darstellen. Die Wahrscheinlichkeit (beim Vorliegen einer Wellenfunktion $| \psi\rangle$ und einer dann erfolgenden Messung der Quantenzustände $| \psi_k\rangle$) einen bestimmten Quantenzustand $| \psi_{k_0}\rangle$ vorzufinden, ist nach den Grundregeln der Quantentheorie (vgl. Kap. 9), durch $| \langle\psi_k | \psi\rangle |^2$, gegeben. Mit Hilfe von (23.5) bilden wir

$$\langle\psi_k | \psi\rangle = c_1\langle\psi_k | 1\rangle + c_2\langle\psi_k | 2\rangle \tag{23.6}$$

und erhalten

$$\begin{aligned} | \langle\psi_k | \psi\rangle |^2 = & | c_1 |^2 | \langle\psi_k | 1\rangle |^2 + | c_2 |^2 \langle\psi_k | 2\rangle |^2 \\ & + c_1^* c_2\langle 1 | \psi_k\rangle\langle\psi_k | 2\rangle + c_2^* c_1\langle 2 | \psi_k\rangle\langle\psi_k | 1\rangle . \end{aligned} \tag{23.7}$$

Die Glieder in der 2. Zeile stellen offenbar die Interferenz-Terme dar. Wegen konkreter Beispiele sei auf die Übungen, Aufgabe 23.1, verwiesen.

23.3 Schrödingers Katze

Schrödinger, dem wir ja die so grundlegende Schrödinger-Gleichung verdanken, hatte seine Schwierigkeiten mit der Deutung der Quantentheorie, insbesondere mit dem Messprozess. Um diese zu illustrieren, erfand er folgendes Gedankenexperiment. Wir sperren eine Katze in einen Kasten, den wir aber vorläufig nicht einsehen können, so dass wir also den *Quanten*zustand der Katze nicht messen können. Im Kasten befindet sich ferner ein radioaktives Atom, bei dessen Zerfall ein giftiges Gas freigesetzt wird, das die Katze tötet. Nach der Quantentheorie ist der Zeitpunkt des radio-aktiven Zerfalls nicht vorhersagbar (lediglich im Sinne einer Zerfallswahrscheinlichkeit). Wir wissen also nicht, ob die Katze lebendig oder tot ist, und wir müssen ihr nach der Quantentheorie eine Wellenfunktion

$$| \psi\rangle = c_1 | \text{lebendig}\rangle + c_2 | \text{tot}\rangle \tag{23.8}$$

zuschreiben. Die Wellenfunktion ist also eine kohärente Überlagerung der beiden Zustände $| \text{lebendig}\rangle$ und $| \text{tot}\rangle$. Erst wenn wir den Kasten öffnen, hinsehen und so in der Sprechweise der Quantentheorie „den Quantenzustand der Katze“ messen, wird das Wellenpaket (23.8) auf den Zustand $| \text{lebendig}\rangle$ oder $| \text{tot}\rangle$ reduziert. Man hat hier natürlich den berechtigten Eindruck, dass der „Quantenzustand“ der Katze nicht von unserem Hinsehen abhängen kann, also ein ernster Widerspruch zur Deutung der quantenmechanischen Messung vorzuliegen scheint. Wie sich dieser Widerspruch auflöst, werden wir im nächsten Abschnitt sehen.

23.4 Dekohärenz

Obwohl Insidern der Quantenphysik, die sich z. B. mit der Spinrelaxation oder der Quantentheorie des Lasers befassten, die Auflösung des Schrödingerschen Rätsels schon lange deutlich war, ist diese erst allmählich einer breiteren Physikergemeinde bewusst gewor-

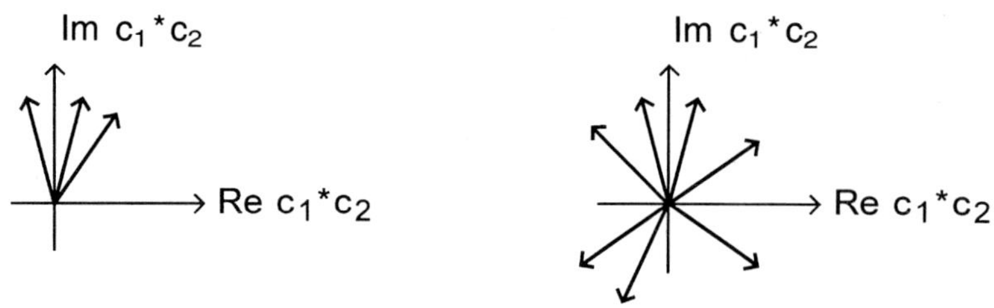

Abb. 23.2. Auseinanderlaufen der Phasen. Die Vektoren heben sich schließlich gegenseitig weg

den. Betrachten wir z. B. einen in einem konstanten Magnetfeld B_z präzedierenden Spin 1/2 (vgl. hierzu Abschn. 14.2). Wir können dann verfolgen, wir sich z. B. der Erwartungswert des Spinoperators in der x-Richtung im Laufe der Zeit ändert. Dazu bilden wir mit dem Wellenpaket (23.5), d. h.

$$\mid \psi\rangle = c_1 \,|\uparrow\rangle + c_2 \,|\downarrow\rangle, \tag{23.9}$$

den Erwartungswert

$$\begin{aligned}\langle\psi \mid s_x \mid \psi\rangle = & \mid c_1 \mid^2 \langle\uparrow\mid s_x \mid\uparrow\rangle + \mid c_2 \mid^2 \langle\downarrow\mid s_x \mid\downarrow\rangle \\ & + c_1^* c_2 \langle\uparrow\mid s_x \mid\downarrow\rangle + c_2^* c_1 \langle\downarrow\mid s_x \mid\uparrow\rangle .\end{aligned} \tag{23.10}$$

Das explizite Resultat haben wir in Abschn. 14.2.4 kennengelernt. Jetzt interessiert uns aber ein anderer Aspekt, nämlich das Verhalten der Interferenzterme $c_1^* c_2, c_2^* c_1$. In der Realität ist der Spin ständig Einflüssen seiner Umgebung, in der Fachterminologie „Wärmebäder", ausgesetzt. Wie eine eingehende Theorie zeigt, führt die Ankopplung des Spins an Wärmebäder insbesondere zu Schwankungen der Phasen χ_1, χ_2 der Koeffizienten c_1, c_2, die wir deshalb in der Form

$$c_1 = a_1 \mathrm{e}^{\mathrm{i}\chi_1}, c_2 = a_2 \mathrm{e}^{\mathrm{i}\chi_2}$$

schreiben. Im Laufe der Zeit nehmen diese Schwankungen immer mehr zu. Bilden wir etwa $\mid c_j \mid^2$, so heben sich die Schwankungen heraus. Bilden wir jedoch $c_1^* c_2$ und mitteln wir über die *Phasen*, so geht der Phasenmittelwert $c_1^* c_2$ im Laufe der Zeit gegen Null (vgl. Abb. 23.2). Mit anderen Worten: die Interferenzglieder verschwinden also und die quantentheoretische Beschreibung geht in die der klassischen Physik über. Hat man nun ein makroskopisches Objekt, wie etwa eine Katze, vor sich, so ist dieses nicht nur wie der Spin der Einwirkung der Umgebung ausgesetzt, sondern die einzelnen, wiederum makroskopischen Teile wirken wie Wärmebäder aufeinander, zerstören also die festen, quantenmechanischen Phasenbeziehungen. Auch ohne Zutun eines Beobachters, also ohne Messvorgang, zerfällt die kohärente Wellenfunktion der Katze. Geht man bei nicht-lebenden Objekten zu sehr tiefen Temperaturen (auch der Umgebung), so können unter Umständen die Wärmebäder nicht stark genug sein, um die Quantenkohärenz zu zerstören, und es kann zu makroskopischen Quantenphänomenen kommen, wie z. B. Supraleitung, Suprafluidität oder Bose-Einstein-Kondensation (vgl. Abschn. 23.11).

23.5 Verschränkung (entanglement)

Diese Bezeichnung geht auf Schrödinger (1935) zurück. Betrachten wir zwei Quantensysteme, z. B. zwei Teilchen, oder zwei Spins, oder zwei Photonen. Sind die beiden Systeme ungekoppelt, so ist deren Gesamt-Wellenfunktion das Produkt der Wellenfunktionen der Teilsysteme, also etwa im Falle von Spins

$$|\uparrow_1\rangle \cdot |\downarrow_2\rangle \equiv |\uparrow_1\downarrow_2\rangle, \tag{23.11}$$

oder auch

$$|\downarrow_1\rangle \cdot |\uparrow_2\rangle \equiv |\downarrow_1\uparrow_2\rangle. \tag{23.12}$$

Die tiefergestellten Ziffern weisen auf die Numerierung der Spins hin, die rechten Seiten in (23.11,12) können als Abkürzung für die jeweiligen linken Seiten verstanden werden. Im Folgenden lassen wir die Ziffern weg. Wie wir an mehreren Beispielen in diesem Buch sahen, werden durch Kopplungen zwischen den Teilsystemen Linearkombinationen aus (23.11,12) bewirkt, also Wellenfunktionen der Gestalt

$$|\,\psi\rangle = \frac{1}{\sqrt{2}}(|\uparrow\downarrow\rangle \pm |\downarrow\uparrow\rangle). \tag{23.13}$$

Derartige Kombinationen aus Produktwellenfunktionen (auch mit allgemeinen Koeffizienten von $|\uparrow\downarrow\rangle, |\downarrow\uparrow\rangle$) bezeichnet man als Verschränkung (auf englisch „entanglement"). Da sich die Spins an bestimmten Orten $\boldsymbol{r}_1, \boldsymbol{r}_2$ befinden, drückt man dies auch explizit aus, indem man die Ortsfunktion $\chi(\boldsymbol{r}_1, \boldsymbol{r}_2)$ hinzufügt und so statt (23.13)

$$|\,\psi\rangle = \frac{1}{\sqrt{2}}(|\uparrow\downarrow\rangle \pm |\downarrow\uparrow\rangle)\chi(\boldsymbol{r}_1, \boldsymbol{r}_2) \tag{23.14}$$

schreibt. Die „Herstellung" solcher Verschränkungen auch mit mehreren Teilsystemen, z. B. Spins, stellt i.a. eine besondere experimentelle Kunst dar.

Warum sind diese verschränkten Wellenfunktionen so interessant? Das besprechen wir in den nächsten Abschnitten.

23.6 Das Einstein-Podolsky-Rosen (EPR) Paradoxon

Sehen wir uns die Wellenfunktion (23.14) genauer an und stellen uns vor, dass wir die z-Komponente des ersten Spins messen. Finden wir, dass der Spin nach oben zeigt, so haben wir die Wellenfunktion $|\uparrow\downarrow\rangle$ verifiziert. Diese besagt aber nicht nur, dass Spin 1 nach oben zeigt, sondern auch, dass Spin 2 nach unten zeigt – ohne dass wir diesen messen. Oder wenn wir ihn auch messen, dann *muss* die Messung Spin $\downarrow$ ergeben, obwohl die beiden Spins *beliebig weit voneinander entfernt sein* können. Das Resultat ist noch weitreichender, da man den Spin in einer beliebigen Richtung messen kann. Eine kleine Rechnung zeigt dann (vgl. Übungsaufgabe 23.2), dass, weist der eine Spin in die eine Richtung, der andere in die entgegengesetzte Richtung weisen muss – wiederum unabhängig vom Abstand. Es scheint so, als würden sich hier Wirkungen mit Überlichtgeschwindigkeit ausbreiten, was Einstein als dem Begründer der Relativitätstheorie höchst suspekt erscheinen musste und ihm ein weiterer Grund (neben seinem Wort „Gott würfelt nicht") für die Ablehnung der Quantentheorie war. Wie er meinte, sei diese unvollständig, und es müsste verborgene Parameter geben. Jedoch ist das Ganze viel subtiler und das EPR-„Paradoxon" ist zentral für die Quantentheorie und den Quantencomputer. Um dem EPR-Effekt näher auf den Grund zu gehen, wurden intensive theoretische und insbesondere experimentelle Anstrengungen unternommen, von denen wir im Folgenden einige besprechen wollen. Dabei wurden insbesondere auch Photonen herangezogen.

23.7 Bellsche Ungleichungen und die Hypothese verborgener Parameter

Im Hinblick auf die Schlussfolgerung von Einstein, Podolsky und Rosen, dass die Quantentheorie unvollständig sei, versuchte John Bell 1964, diese durch noch unbekannte, „verborgene" Parameter λ im Rahmen einer lokalen und kausalen Theorie zu ergänzen. Dabei leitete er Ungleichungen ab, die es gestatten, zwischen der Gültigkeit der Quantentheorie und der lokalen, kausalen Theorie *experimentell* zu unterscheiden. Im Folgenden leiten wir eine Variante der Bellschen Ungleichungen her, die auf Clauser, Horne, Shimony und Holt zurückgeht.

Der grundsätzliche experimentelle Aufbau ist in Abb. 23.3 dargestellt. Ein (korreliertes) Photonenpaar werde bei einer atomaren Zwei-Photonenemission oder in einem nichtlinearen optischen Prozess (s.w.u.) erzeugt. Die Polarisation von jedem einzelnen dieser Photonen werde von räumlich getrennten Beobachtern A und B gemessen. Dabei schalten A und B ihre Polarisatoren zufällig zwischen zwei Richtungen mit aufeinander orthogonalen Einheitsvektoren $\boldsymbol{\alpha}_1, \boldsymbol{\alpha}_2$ bzw. $\boldsymbol{\beta}_1, \boldsymbol{\beta}_2$ hin und her. Für jede Orientierung der Polarisatoren sind nur zwei Ergebnisse möglich: horizontal zum jeweils gewählten Einheitsvektor polarisiert (kodiert durch +1) oder vertikal (kodiert durch –1). Untersuchen wir nun Konsequenzen, die sich aus der sog. lokalen realistischen Theorie (LRT) verborgener Parameter für bestimmte Messergebnisse ergeben. Gemäss einer solchen Theorie wird der physikalische Zustand der beiden von der Quelle gelieferten Photonen (allgemeiner: Teilchen) vollständig durch den „verborgenen" Parametersatz beschrieben. Unterliegt die Quelle Schwankungen, wird sie Teilchen mit unterschiedlichen λ liefern. Dies wird in einer solchen Theorie durch eine Wahrscheinlichkeitsverteilung $P(\lambda)$ berücksichtigt. Wie üblich wird diese so normiert, dass

$$\int P(\lambda) d\lambda = 1. \tag{23.15}$$

Abb. 23.3. Schematischer Aufbau des Photonen-Korrelationsexperiments

In dieser Theorie sollen die Werte, die von den einzelnen Beobachtern gemessen werden, *nur* von ihren jeweils eigenen Messeinstellungen (z. B. Polarisator-Richtung) abhängen (Lokalität). Die Messwerte, die ein Beobachter abliest, sind hier a priori festgelegt, sobald das zugehörige λ fixiert ist (Realität). Die Messergebnisse der Beobachter A und B hängen also nur von den verborgenen Parametern λ und ihrer eigenen Messapparatur ab. Insbesondere sind die Messergebnisse des einen Beobachters unabhängig von der Wahl der Polarisatorrichtung des anderen Beobachters, im Gegensatz zu den Vorhersagen der Quantenmechanik für verschränkte Zustände. Das experimentum crucis besteht nun in der Messung von Korrelationen zwischen den Ereignissen beobachtet von A und B. Bei einer *Folge* von Emissionen von Photonenpaaren messen A und B jeweils *gleichzeitig* die Polarisationsrichtungen der einzelnen Photonen. Dazu definieren wir für A eine Messgröße a_1 für den Fall, dass der Polarisator die Richtung $\boldsymbol{\alpha}_1$ besitzt. Im Sinne der lokalen Theorie verborgener Parameter λ ist a_1 durch λ bestimmt und soll, je nach horizontaler bzw. vertikaler Polarisation des Photons die Werte +1 bzw. –1 annehmen, sodass also $a_1(\lambda) = \pm 1$. Analoges gilt für die Polarisatorrichtung $\boldsymbol{\alpha}_2$ mit den zugehörigen Messwerten $a_2(\lambda) = \pm 1$. Entsprechend führen wir für den Beobachter B die Messgrößen $b_1(\lambda) = \pm 1$ (zugehörig zur Polarisatorrichtung $\boldsymbol{\beta}_1$) und analog $b_2(\lambda) = \pm 1$ ein. Aus der gesamten Messreihe über alle Emissionsakte greifen wir nun solche heraus, wo die Richtungen $\boldsymbol{\alpha}_1$ und $\boldsymbol{\beta}_1$ gewählt worden sind. Wir multiplizieren dann die beiden Messwerte $a_1(\lambda)$ und $b_1(\lambda)$ bei gleichem λ miteinander, d. h. wir bilden $a_1(\lambda)b_1(\lambda)$ und bilden den Mittelwert über diese ausgewählte Messreihe. Im Grenzfall vieler Messungen ergibt dies nach der lokalen realistischen Theorie mit Hilfe der Wahrscheinlichkeitsverteilung $P(\lambda)$ verborgener Parameter

$$\langle a_1 b_1 \rangle = \int P(\lambda) a_1(\lambda) b_1(\lambda) d\lambda. \tag{23.16}$$

Ein solcher Ausdruck wird als Korrelationsfunktion bezeichnet. Aus der gesamten Messreihe können wir natürlich auch die anderen Polarisatorkombinationen mit den zugehörigen Korrelationsfunktionen bilden:

$$\langle a_1 b_2 \rangle, \langle a_2 b_1 \rangle, \langle a_2 b_2 \rangle.$$

Der Trick der Bellschen Ungleichungen besteht darin, aus diesen Korrelationsfunktionen eine solche Linearkombination zu wählen, die so abgeschätzt werden kann, dass sie eine experimentelle Unterscheidung zwischen lokaler Theorie verborgener Parameter und der Quantentheorie ermöglicht. Dazu bilden wir den folgenden Betrag

$$\kappa = | \langle a_1 b_1 \rangle + \langle a_2 b_2 \rangle + \langle a_2 b_1 \rangle - \langle a_1 b_2 \rangle | . \tag{23.17}$$

Da alle Korrelationsfunktionen die Gestalt (23.16) haben, lässt sich (23.17) schreiben als

$$\kappa = | \int P(\lambda)(a_1(\lambda)b_1(\lambda) + a_2(\lambda)b_2(\lambda) + a_2(\lambda)b_1(\lambda) - a_1(\lambda)b_2(\lambda)) d\lambda | . \tag{23.18}$$

Da der Wert in der Klammer positiv oder negativ sein kann, gilt

$$\kappa < \int P(\lambda) \, | \, (a_1 b_1 + a_2 b_2 + a_2 b_1 - a_1 b_2) \, | \, d\lambda. \tag{23.19}$$

Schreiben wir den Klammerausdruck in (23.19) in etwas anderer Form, so erkennen wir sofort

$$| \, (a_1 + a_2) b_1 + (a_2 - a_1) b_2 \, | = 2. \tag{23.20}$$

Aus (23.15)–(23.20) ergibt sich aber sofort die Clauser-Horne-Shimony-Holt Bellsche Ungleichung, die wir explizit angeben:

$$|\langle a_1 b_1\rangle + \langle a_2 b_2\rangle + \langle a_2 b_1\rangle - \langle a_1 b_2\rangle| \leq 2. \tag{23.21}$$

Wichtig ist, dass alle Ausdrücke in (23.21) experimentell bestimmt werden können, wobei die λ-Abhängigkeit nur eine fiktive ist und lediglich in (23.21) über die tatsächlich gemessenen Werte von $a_i b_j$ zu mitteln ist.

Wenden wir uns nun der quantentheoretischen Auswertung der in (23.21) stehenden Ausdrücke zu. Wie wir wissen (vgl. Kap. 9) werden in der Quantentheorie den klassischen Messgrößen *Operatoren* zugeordnet. Da jedes Photon nur zwei Messwerte ± 1 je nach Polarisationsrichtung annehmen kann, und es ein quantenmechanisches System darstellt, benutzen wir zur Formulierung der Operatoren Spinmatrizen. Die Messung des Polarisationszustands mit den Messwerten ± 1 entspricht also der Messung eines Spinzustands in den entsprechenden Richtungen der Polarisatoren. Dazu benutzen wir die Paulischen Spinmatrizen

$$\boldsymbol{\sigma}^A = \left(\sigma_x^A, \sigma_y^A, \sigma_z^A\right), \boldsymbol{\sigma}^B = \left(\sigma_x^B, \sigma_y^B, \sigma_z^B\right)$$

und bilden mit Hilfe der Polarisationsvektoren $\boldsymbol{\alpha}_1, \boldsymbol{\alpha}_2$ bzw. $\boldsymbol{\beta}_1, \boldsymbol{\beta}_2$:

$$\hat{a}_j = \boldsymbol{\alpha}_j \boldsymbol{\sigma}^A, \quad \hat{b}_j = \boldsymbol{\beta}_j \boldsymbol{\sigma}^B, \quad j = 1, 2. \tag{23.22}$$

Es ist nun leicht, die *quantenmechanischen* Mittelwerte, die $\langle a_j, b_j\rangle$ entsprechen, zu definieren und auszurechnen. Dazu haben wir die klassischen Messgrößen a_j, b_j durch die Operatoren (23.22) zu ersetzen und den quantenmechanischen Erwartungswert

$$\langle \psi \mid \hat{a}_i \hat{b}_j \mid \psi\rangle \tag{23.23}$$

zu bilden. Dies ist dann für einen verschränkten quantenmechanischen Zustand z. B. der Form

$$|\,\psi\rangle = \frac{1}{\sqrt{2}}(|\updownarrow\rangle_A\, |\leftrightarrow\rangle_B - |\leftrightarrow\rangle_A\, |\updownarrow\rangle_B) \tag{23.24}$$

auszurechnen. Dabei identifizieren wir den vertikalen Polarisationszustand des Photons $|\updownarrow\rangle$ mit dem Spinzustand $|\uparrow\rangle$, und entsprechend $|\leftrightarrow\rangle$ mit dem Spinzustand $|\downarrow\rangle$. Wir überlassen die Berechnung von (23.23) und (23.24) dem Leser als Übungsaufgabe 23.3 und geben hier nur das Resultat an:

$$\langle \psi \mid \hat{a}_i \hat{b}_j \mid \psi\rangle = -\boldsymbol{\alpha}_i \boldsymbol{\beta}_j. \tag{23.25}$$

Wählt man die Polarisationsrichtungen so, dass

$$(\boldsymbol{\alpha}_1, \boldsymbol{\beta}_1), \quad (\boldsymbol{\alpha}_2, \boldsymbol{\beta}_1), \quad (\boldsymbol{\alpha}_2, \boldsymbol{\beta}_2) \tag{23.26}$$

jeweils den Winkel $\pi/4$ einschließen, so erhalten wir

$$|\langle \hat{a}_1 \hat{b}_1\rangle_{qm} + \langle \hat{a}_2 \hat{b}_1\rangle_{qm} + \langle \hat{a}_2 \hat{b}_2\rangle_{qm} - \langle \hat{a}_1 \hat{b}_2\rangle_{qm}| = 2\sqrt{2} > 2. \tag{23.27}$$

Die Ersetzung der Quantentheorie durch eine lokale Theorie wäre nur möglich, wenn Ungleichung (23.21) erfüllt wäre. Dies ist jetzt experimentell nachprüfbar.

23.8 Experimente vom Bellschen Typ

Experimente dieser Art wurden von einer Reihe von Autoren durchgeführt (vgl. Literaturverzeichnis). Die Ingredenzien, aus denen ein solches Experiment besteht, lassen sich wie folgt zusammenfassen:

1) Eine Quelle, die Paare korrelierter Teilchen aussendet, die in verschiedenen Richtungen laufen.
2) Jedes Teilchen tritt in eine Apparatur ein, die die korrelierten Eigenschaften analysisert und dem Ergebnis einen binären Wert (z.B. $\pm$ 1) zuordnet.
3) Die Operation von jedem Apparat wird von einem Knopf kontrolliert, der die Parameter δ_1 (bzw. δ_2), z.B. die Phasenverschiebungen von Interferometern (bei Energie-Zeit-Korrelationen) oder die Orientierung von Polarisatoren (bei Polarisationskorrelationen) festlegt.
4) Die klassische Information über den Nachweis eines Teilchens, d.h. wann und wo es detektiert wurde, wird dann zum elektronischen Koinzidenzmesser geschickt, der die Zahl der zeitlich korrelierten Ereignisse $R_{ij}(\delta_1,\delta_2), i,j=\pm 1$, misst. R_{+-} bezeichnet z.B. die Koinzidenz-Zählrate zwischen + am Apparat 1 und – am Apparat 2. Damit lässt sich der Korrelationskoeffizient

$$E(\delta_1,\delta_2)=\frac{R_{++}+R_{--}-R_{+-}-R_{-+}}{R_{++}+R_{--}+R_{+-}+R_{-+}} \tag{23.28}$$

bestimmen, wobei $R_{ij}=R_{ij}(\delta_1,\delta_2)$. Werden vier Analysatoren benutzt – je zwei auf einer Seite der Quelle – so müsste eine Bellsche Ungleichung in Form der Clauser-Horne-Shimony-Holt-Bell-Ungleichung

$$S=E(d_1,d_2)+E\big(d_1,d_2'\big)+\mid E\big(d_1',d_2\big)-E\big(d_1',d_2'\big)\mid\leq 2 \tag{23.29}$$

(die eine Verallgemeinerung von (23.21) darstellt) gelten, falls „local hidden variables theory“ gültig ist. Hierin sind $d_i, d_i' (i=1,2)$ die Werte der Parameter (z.B. Phasen).

Ein derartiges Experiment wurde im Labor u.a. von W. Tittel et al. (vgl. Literaturverzeichnis) durchgeführt, wobei die Ungleichung (23.29), also die Annahme lokaler verborgener Variabler, widerlegt werden konnte. Diese Autoren führten auch spektakuläre Experimente mit *drei* weit voneinander entfernten Analysatoren aus, wobei ebenfalls die Theorie lokaler verborgener Variabler widerlegt werden konnte. Hierbei wurde eine Quelle, die Paare von Energie-Zeit-verschränkten Photonen (s.w.u.) erzeugt, in einer Fernmeldestation in Genf installiert. Eines der korrelierten Photonen wandert durch 8,1 km installierter Fernmelde-Faser zu einem Analysator in Bellevue, 4,5 km nördlich von Genf. Unter Benutzung eines zweiten installierten Faserkanals von 9,3 km Länge wird das andere Photon zu einem zweiten Analysator in Bernex, 7,3 km südwestlich von Genf und 10,9 km von Bellevue entfernt, geleitet. Die Absorption in den Faserkabeln ist 5,6 dB bzw. 4,9 dB, was zu einem Gesamtverlust an Koinzidenz um einen Faktor von ca. 10 führt. Die Analysatoren bestehen aus faser-optischen Interferometern mit gleicher Weglängen-Differenz. Hinter den Interferometern werden die Photonen mit Photonenzählern nachgewiesen und die nunmehr klassischen Signale zurück zur Quelle gesandt, wo die Koinzidenz-Elektronik installiert ist. Schließlich werden die Resultate der Messungen, die an den verschiedenen Analysatoren gemacht wurden, verglichen, um die nichtlokalen Korrelationen nachzuweisen.

Schließlich noch ein Wort zur benutzten Quelle: Diese besteht aus einem Pumplaser (einer kommerziell erhältlichen Laser-Diode) und einem nichtlinearen Kristall ($KNbO_3$), in dem das „signal“ Photon und „idler“ Photon paarweise erzeugt werden.

Alle bisherigen Experimente bestätigen (23.27) und damit die Vorhersage der Quantentheorie, dass Korrelationen verschränkter Zustände nicht durch lokale Theorien mit verborgenen Parametern beschreibbar sind. Das gegenwärtige Ringen der Experimentatoren geht um die Beseitigung von zwei „Hintertürchen“ (loop-holes):

1) Nach der Lokalitätsannahme dürfen die Messergebnisse der Beobachter A und B *nur* von den verborgenen Parametern des Photonenpaares und der Wahl der jeweils eigenen Polarisationsrichtung abhängen. Es muss also ausgeschlossen sein, dass Information zwischen A und B ausgetauscht wird. Im Jahre 1998 von Zeilinger und seiner Gruppe durchgeführten Experiment waren A und B 400 m voneinander entfernt und die Polarisationsrichtungen von Zufallsgeneratoren gesteuert. Jedes einzelne Experiment dauerte weniger als 1,3 μs. Eine Signalübertragung zwischen A und B, selbst mit Lichtgeschwindigkeit, konnte somit ausgeschlossen werden. Daher wurde die CHSH-Ungleichung überzeugend verletzt. Allerdings lag die Detektoreffizienz nur bei 5 Prozent.
2) Damit kommen wir zum zweiten Schwachpunkt. Es lässt sich ein – allerdings sehr gekünstelt wirkendes – Modell einer lokalen Theorie mit verborgenen Parametern konstruieren, bei der die CHSH-Ungleichung maximal verletzt wird. Um die entsprechende Argumentation experimentell zu widerlegen, wäre eine Detektoreffizienz von 82,8 Prozent hinreichend. Dazu wollen verschiedene Gruppen verschränkte Atomzustände verwenden.

   Schließlich sei noch darauf hingewiesen, dass mit Hilfe von drei verschränkten Teilchen die Annahme einer lokalen Theorie verborgener Parameter widerlegt werden soll. Dies soll mit einem sogenannten Greenberger-Horne-Zeilinger-Zustand

$$|\,\psi\rangle = \frac{1}{\sqrt{2}}(|\uparrow\rangle_A\,|\uparrow\rangle_B\,|\uparrow\rangle_C - |\downarrow\rangle_A\,|\downarrow\rangle_B\,|\downarrow\rangle_C)$$

   geschehen, der durch Kernspins in einem Molekül oder durch Photonen realisiert wird. Die Hintertürchen werden also zunehmend geschlossen. Der Trend hat sich nun umgedreht. Auf der Annahme der Nichtlokalität wird ein neuer Computertyp entwikkelt: der Quantencomputer.

Beschliessen wir unseren kurzen Ausflug in diese Art von Grundlagenforschung mit einer kurzen philosophischen Diskussion, warum zwei ursprünglich, sozusagen am gleichen Ort korrelierte Quantensysteme so korreliert bleiben, auch wenn sie weit voneinander entfernt sind. Enthüllt das eine Teilchen seinen – keineswegs voraussagbaren – Quantenzustand, z. B. seine Polarisationsrichtung, so ist auch der des evtl. weit entfernten Teilchens instantan festgelegt. Wie es scheint, beruht die Korrelation auf Erhaltungssätzen, z. B. Gesamtspin gleich Null. Die Natur würfelt zwar, aber so dass Erhaltungssätze respektiert werden.

23.9 Quantencomputer *

23.9.1 Einige geschichtliche Vorbemerkungen

Die Ehe zwischen Quantenphysik und Computerwissenschaft ist noch nicht sehr alt. Richard Feynman formulierte 1982 einen ersten Quantencomputer. Er erkannte zugleich, dass die Simulation eines Quantencomputers mit Hilfe eines klassischen Computers eine nicht beherrschbar lange Zeit erfordert. Dies führte ihn zu der Annahme, dass Quantencomputer den Rechenvorgang so stark beschleunigen können, dass bestimmte, als „hart" bezeichnete Computerprobleme gelöst werden können. David Deutsch führte 1985 diese Idee weiter aus, indem er fand, dass ein Quantencomputer massiv parallel arbeiten kann, indem er auf einer kohärenten Überlagerung einer riesigen Menge klassischer Zustände operiert. So kann eine einzige Rechnung, die aus 300 Qubits (s.w.u.) wirkt, so viel erreichen wie 2^{300} gleichzeitige Rechnungen, die auf klassische Bits (s.w.u.) wirken, d. h. mehr als die Zahl der Atome im sichtbaren Universum.

Schließlich fand Peter Shor 1994, wie sich der Quantencomputer zur Lösung des mathematisch „harten" Problems verwenden lässt, die Primzahl-Faktoren einer großen Zahl zu berechnen. Um eine Zahl mit 400 Stellen nach herkömmlichem Verfahren zu faktorisieren, bräuchte ein Netzwerk aus hunderten von leistungsfähigen Workstations ca. 10 Milliarden Jahre (d. h. das Alter des Universums), ein Quantencomputer hingegen nur Minuten. Bei den hier genannten Vorschlägen handelt es sich um theoretische Konzepte. Mit der Weiterentwicklung und Neu-Entwicklung solcher Konzepte geht die materielle Implementierung einher – wir werden darauf weiter unten zurückkommen.

23.9.2 Eine Erinnerung an digitale Computer

Um das allgemeine Konzept eines Quantencomputers besser verstehen zu können, erinnern wir an das Konzept des herkömmlichen Computers, das den meisten Lesern bekannt sein dürfte. Zwei Ingredenzien machen den Computer aus: Ein Datensatz und das Programm.

a) Die Daten werden digital in Form einer Sequenz von Nullen und Einsen verwendet („Binäres System"), also z. B. 10010. Jede Stelle in einer solchen Sequenz bedeutet eine Auswahlmöglichkeit zwischen 0 und 1. *Einer* solchen Auswahlmöglichkeit entspricht *1 bit*. Einer Sequenz mit n Stellen entsprechen n bits. Listen wir alle Realisierungen einer Sequenz mit n Stellen auf, so ergeben sich

$$\underbrace{2 \times 2 \times \ldots \times 2}_{n} = 2^n$$

Möglichkeiten.

b) *Programm und Implementierung.* Das Programm muss die gespeicherten Daten miteinander in einer vorgeschriebenen Weise verarbeiten, z. B. bestimmte Daten miteinander addieren, multiplizieren, usw., im Speicher ablagern oder weitere Rechenschritte vornehmen. Dabei gibt es Entsprechungen zwischen Rechenschritten wie Addition und Multiplikation einerseits und logischen Verknüpfungen, wie „oder", „und" andererseits. Die Verknüpfungen folgen den Regeln der Booleschen Algebra. Das Programm läuft auf einem materiellen Substrat ab, d. h. die einzelnen Rechenschritte werden materiell durch bestimmte Schaltelemente, die z.Z. fast ausschließlich elektronisch sind, verwirklicht. Z.B. entspricht der Null der Ruhezustand, der Eins der aktive Zustand eines Schaltelements, auch Tor genannt. Multiplikation zweier bits läuft dann nach Tabelle 23.1 ab.

Tabelle 23.1. Multiplikationsschema von 2 bits (linke erste Spalte bzw. oberste Zeile) und Resultat (umrahmter Kasten)

	0	1
0	0	0
1	0	1

Jeder digitale Computer lässt sich aus primitiven Schaltelementen mit ein oder zwei Eingängen aufbauen, die durch Leitungen miteinander verknüpft sind. Ein besonders wichtiges Schaltelement ist das „exklusive oder“ (XOR), dessen Tabelle durch das folgende Schema gegeben ist.

Tabelle 23.2. Die XOR-Operation

	0	1
0	0	1
1	1	0

Eine andere Operation ist die Negation, die aus einer Null eine Eins und aus einer Eins eine Null werden lässt:

$$
\begin{aligned}
&0 \to 1 \\
&1 \to 0.
\end{aligned}
\tag{23.30}
$$

Insgesamt kann das Wirken eines digitalen Computers so zusammengefasst werden: Ein Satz von Eingangsdaten wird in einen Satz von Ausgangsdaten verwandelt.

23.9.3 Grundkonzepte des Quantencomputers

Auch hier ist es zweckmäßig, zwischen Datensatz und Programm zu unterscheiden, wobei die materielle Implementierung besonders im Hinblick auf die Quantenphysik zu beachten ist.

a) *Datensatz.* An die Stelle des bits, d. h. der Auswahlmöglichkeit zwischen 0 und 1, tritt das qubit (Quantenbit). Dessen Bedeutung kann man sich am besten anhand eines Spins 1/2 veranschaulichen. Dessen Wellenfunktion ψ lässt sich als

$$
|\, \psi\rangle = \alpha\, |\!\uparrow\rangle + \beta\, |\!\downarrow\rangle \tag{23.31}
$$

mit $|\, \alpha\, |^2 + |\, \beta\, |^2 = 1$ darstellen. Die Auswahlmöglichkeiten aus (23.31) bilden ein qubit. Abstrakt gesprochen entspricht ein qubit einem 2-dimensionalen Hilbertraum. (Zur Erinnerung: Ein Hilbertraum wird von einem Satz orthonormierter Vektoren $\boldsymbol{e}_j, j = 1, ..., n$ aufgespannt und aus allen möglichen Linearkombinationen dieser Vektoren mit komplexen Koeffizienten gebildet, wobei die Linearkombinationen auf 1 normiert sind, vgl. Übungsaufgabe 23.4.) Dies ermöglicht vielerlei Realisierungen, z. B. durch Atome mit 2 Niveaus, durch Photonen, durch Kernspins, etc. Einer Sequenz von bits entspricht nun eine Sequenz – oder besser gesagt – ein Kollektiv von qubits, die z. B. durch Spins verwirklicht werden.

Im Hinblick auf das Folgende müssen wir uns ein wenig mit der mathematischen Darstellung eines solchen Kollektivs, das ja einem materiellen Zustand mit einer Wellenfunktion entspricht, befassen. Wir illustrieren dies mit Hilfe von Spins – aber jedes andere quantenmechanische 2-Niveau-System leistet dies auch. Bei einem qubit können Zustände durch Wellenfunktionen der Gestalt $|\uparrow\rangle, |\downarrow\rangle$, aber auch $\alpha\,|\uparrow\rangle + \beta\,|\downarrow\rangle$ mit $|\,\alpha\,|^2 + |\,\beta\,|^2 = 1$ beschrieben werden. Interessanter wird es bei zwei qubits. Im einfachsten Falle multiplizieren wir einfach die Wellenfunktionen der beiden Spins 1 und 2 miteinander, also z. B. $\varphi(1)\cdot\varphi(2)$. In der bra- und ket-Schreibweise sieht das dann z. B. so aus: $|\uparrow\rangle\cdot|\uparrow\rangle$, was wir kürzer als $|\uparrow\uparrow\rangle$ bezeichnen. Allgemeiner haben wir etwa

$$(\alpha_1\,|\uparrow\rangle + \beta_1\,|\downarrow\rangle)\cdot|\uparrow\rangle, \tag{23.32}$$

was ausmultipliziert

$$\alpha_1\,|\uparrow\uparrow\rangle + \beta_1\,|\downarrow\uparrow\rangle \tag{23.33}$$

ergibt. Ersichtlich bilden die vier Zustände

$$|\uparrow\uparrow\rangle, |\uparrow\downarrow\rangle, |\downarrow\uparrow\rangle, |\downarrow\downarrow\rangle \tag{23.34}$$

eine Basis, aus der sich durch Linearkombinationen der Form

$$c_1\,|\uparrow\uparrow\rangle + c_2\,|\uparrow\downarrow\rangle + c_3\,|\downarrow\uparrow\rangle + c_4\,|\downarrow\downarrow\rangle \tag{23.35}$$

alle möglichen Anfangszustände mit 2 qubits konstruieren lassen. Insbesondere gehören hierzu verschränkte Zustände (vgl. Abschn. 23.5). Dieses Schema lässt sich natürlich auf beliebig viele qubits ausdehnen. Bei drei q-bits kommen die Linearkombinationen aus $|\uparrow\uparrow\uparrow\rangle, |\uparrow\uparrow\downarrow\rangle, |\uparrow\downarrow\uparrow\rangle$, etc. ins Spiel. Hier wird schon die erste Herausforderung an die Quantenphysik deutlich: Die Präparation geeigneter Anfangszustände als Dateneingabe.

b) *Programm und Implementierung.* Ähnlich wie beim digitalen Computer kann auch hier gezeigt werden, dass sich das Programm in elementare Schritte aufteilen lässt. Es genügt, wenn sich ein solcher Schritt auf einen Eingang, d. h. ein qubit, oder zwei Eingänge, d. h. zwei qubits, bezieht. Entscheidend für das gesamte Konzept des Quantencomputers ist, dass alle Schritte *quantenmechanisch kohärent* erfolgen. Was bedeutet dies? Ein quantenmechanischer Anfangszustand, dargestellt durch eine Wellenfunktion $\psi(0)$ soll sich als Lösung einer Schrödinger-Gleichung nach einer bestimmten Zeit t_1 in eine neue Wellenfunktion $\psi(t_1)$ verwandeln. Ein konkretes Beispiel wäre das Umklappen eines Spins, der nach oben zeigt (entsprechend der 1) in eine Richtung, die nach unten zeigt (entsprechend der 0) und umgekehrt. Dieses Schaltelement würde also die Negation verwirklichen. Haben wir es mit 2 Eingängen, d. h. 2 qubits, zu tun, so können wir uns vorstellen, dass zwei Spins in bestimmten Zuständen (als Eingang) miteinander wechselwirken, worauf sich nach einer bestimmten Zeit neue Spinzustände als Ausgang ergeben. Nachdem aber alle möglichen Eingangszustände (nicht nur wie früher 0 und 1) auftreten dürfen, ergibt sich eine riesige Zahl von jeweiligen Möglichkeiten. Abstrakt gesprochen werden alle Schaltoperationen durch *unitäre Transformationen* bewirkt. (Zur Erinnerung: eine unitäre Transformation bewirkt die Drehung oder/und Spiegelung von Vektoren im Hilbertraum.) Die Transformationsmatrizen $U = (u_{jk})$ und die zugehörige Matrix $U^+ = (u^*_{kj})$ haben die Eigenschaft

$$\sum_j u^*_{jk} u_{jk'} = \delta_{kk'} .$$

Zusammenfassend können wir also feststellen: Ein Quantencomputer ist zusammensetzbar aus 1 und 2 qubit unitären Transformationen mit „Drähten“ zwischen den Schaltern (Toren). Bei diesen Drähten darf die quantenmechanische Kohärenz nicht verloren gehen.

Betrachten wir einige Beispiele: Die *Negation* wird durch eine unitäre Transformation

$$U = \begin{pmatrix} 0 & 1 \\ 1 & 0 \end{pmatrix} \tag{23.36}$$

bewirkt. In der Tat:

$$\begin{aligned} U\,|\uparrow\rangle &\equiv U \cdot \begin{pmatrix} 1 \\ 0 \end{pmatrix} = \begin{pmatrix} 0 \\ 1 \end{pmatrix} \equiv |\downarrow\rangle \\ U\,|\downarrow\rangle &\equiv U \cdot \begin{pmatrix} 0 \\ 1 \end{pmatrix} = \begin{pmatrix} 1 \\ 0 \end{pmatrix} \equiv |\uparrow\rangle \end{aligned} \tag{23.37}$$

Ein 2-qubit-Tor ist das sog. quanten-kontrollierte NOT-Tor, das das quanten-„exklusive oder“ verwirklicht. Was heisst dies?

Dieses Tor (Schalter) dreht das zweite von zwei qubits um, falls das erste gleich 1 ist, sonst lässt es das zweite ungeändert (vgl. Übungsaufgabe 23.5). Die zugehörige unitäre Transformation hat also die Eigenschaft:

$$\begin{aligned} U\,|\,0\,1\rangle &= |\,0\,1\rangle \\ U\,|\,0\,0\rangle &= |\,0\,0\rangle \\ U\,|\,1\,0\rangle &= |\,1\,1\rangle \\ U\,|\,1\,1\rangle &= |\,1\,0\rangle . \end{aligned} \tag{23.38}$$

Der Leser kann dieses als kleine Übung auch in Spinfunktionen $|\uparrow\uparrow\rangle$ etc. ausdrücken. Die offensichtliche Aufgabe der Quantenphysik ist es als erstes, Quantensysteme zu finden, die die Funktionen der Schaltelemente (Tore) erfüllen. Wir können aus der Fülle von Vorschlägen und Realisierungen nur kurz Beispiele anführen. In der *Quantenoptik* lassen sich einzelne Atome in Fallen speichern und kühlen. Mit geeigneten Laserpulsen lassen sich die internen Zustände dieser Atome gezielt manipulieren. Mit den Methoden der *Hohlraumelektrodynamik* lässt sich die Wechselwirkung einzelner Photonen mit Atomen kohärent steuern. Damit lassen sich 1-qubit-Tore realisieren, ebenso 2-qubit-Tore, vgl. Abschn. 22.7 und Aufgabe 23.5. Weitere 2-qubit-Tore werden durch Ankopplung an Hilfsfreiheitsgrade, z. B. kollektive Schwingungsmoden von Atomen oder Ionen in einem Resonator möglich. In der *Kernspin-Resonanz* werden Tore durch Einstrahlen von Radiofrequenzpulsen realisiert (vgl. hierzu auch Kap. 14 und 20 dieses Buches sowie unser Buch: Molekülphysik und Quantenchemie). Hierbei konnten erstmals einfache Quantenalgorithmen im Labor demonstriert werden.

Ein weiteres Potential wird in der *Festkörperphysik* erwartet, z. B. Cooper-Paare in Josephson-Kontakten oder Spin-Zustände von Elektronen in Quantenpunkten als Träger von qubits. Insgesamt haben wir es hier mit einem faszinierenden neuen Gebiet der Quantenphysik zu tun.

23.9.4 Dekohärenz und Fehlerkorrektur

Wie wir in Abschn. 23.4 bemerkten, ist jedes physikalische System den Einflüssen der Umgebung ausgesetzt, was, wie dort besprochen, bei Quantensystemen zur Dekohärenz führt. Dies gilt auch für Quantencomputer. Mit dem Verlust der quantenmechanischen Kohärenz geht natürlich die große Überlegenheit des Quantencomputers gegenüber dem digitalen Computer verloren. Die Lage erschien zunächst ziemlich hoffnungslos. Jedoch entdeckten Peter Shor und Andrew Steane 1995, dass eine Quantenfehlerkorrektur wirklich möglich ist. Wir können hier nur ein Beispiel besprechen, bei dem der Fehler darin besteht, dass nur 1 bit umgedreht wird. Wir müssen also die kohärente Überlagerung

$$\alpha\,|\downarrow\rangle + \beta\,|\uparrow\rangle \tag{23.39}$$

schützen. Bei Eintreten des Fehlers würde aus (23.39)

$$\alpha\,|\uparrow\rangle + \beta\,|\downarrow\rangle \tag{23.40}$$

werden. Unsere Aufgabe ist es, die Spinumkehr zu erkennen und diese rückgängig zu machen, ohne den delikaten Überlagerungszustand zu stören, d. h. ohne α und β zu ändern. In Analogie zur klassischen Fehlerkorrektur wird Redundanz eingeführt, indem nun $|\downarrow\rangle$ durch drei qubits $|\downarrow\downarrow\downarrow\rangle$ und $|\uparrow\rangle$ durch $|\uparrow\uparrow\uparrow\rangle$ kodiert wird. Damit wird aus (23.39)

$$\alpha\,|\downarrow\downarrow\downarrow\rangle + \beta\,|\uparrow\uparrow\uparrow\rangle. \tag{23.41}$$

Falls nun ein 1 bit-Fehler geschieht, wird aus (23.41)

$$\alpha\,|\uparrow\downarrow\downarrow\rangle + \beta\,|\downarrow\uparrow\uparrow\rangle. \tag{23.42}$$

Wir als Beobachter dürfen die beiden in (23.42) stehenden Zustände nicht direkt messen, da sonst die kohärente Überlagerung zerstört wird. Wir müssen statt dessen eine *kollektive Messung* (s.w.u.) an zwei qubits gleichzeitig machen: Zeigen die ersten beiden Spins in die gleiche Richtung (ohne dass wir die Spins einzeln messen)? Wir finden in unserem Beispiel, dass die Spins in entgegengesetzte Richtung zeigen. Dann messen wir, ob das zweite und dritte qubit die gleiche oder entgegengesetzte Richtung haben. Aus den beiden Messungen können wir schliessen, dass das erste qubit relativ zu den anderen beiden umgedreht wurde und nun zurück gedreht werden muss, um den Fehler zu beheben.

Um unser Beispiel vollständig darzustellen, müssen wir noch die „kollektive Messung“ genauer besprechen: Wir wollen also herausfinden, ob die Spins in die gleiche oder entgegengesetzte Richtung zeigen, ohne die Spins einzeln zu messen. Dazu benutzen wir sukzessive zwei kontrollierte NOT-Tore (siehe oben (23.38)). Wir präparieren als erstes ein Hilfsqubit (englisch: ancilla = Magd) im Zustande $|\downarrow\rangle$. Dann wirken die beiden Tore, wobei die „Magd“ das Ziel und die beiden qubits nacheinander die Kontrolleure sind. Wenn die qubits die gleiche Richtung haben, wird das „Magd“-qubit nicht oder zweimal umgedreht, behält also letztlich seine Richtung; sind hingegen die Richtungen der beiden qubits verschieden, so wird nur eine Umkehr der Richtung des „Magd“-qubits bewirkt. Indem wir also die „Magd“ messen, können wir die kollektive Eigenschaft (parallel oder antiparallel) bestimmen, ohne die Spins einzeln zu messen. Die „Magd“ ist ein wesentlicher Teil der Quantenfehlerkorrektur, da sie als Senke für die Entropie dient, die in den Code-Block durch die Fehler eingeführt wird: Die „Magd“ wird erwärmt, während das geschützte Quantensystem abgekühlt wird. Um Quanteninformation über längere Zeit zu schützen, bedarf es ständiger Zufuhr frischer Hilfsqubits (ancillas). Damit der Leser ein Gefühl für physikalische Realisierungen erhält, empfehlen wir Aufgabe 23.6.

23.9.5 Ein Vergleich zwischen Quantencomputer und digitalem Computer

Wir erwähnten zu Anfang dieses Abschn. 23.9 die unvergleichlich höhere Rechengeschwindigkeit des Quantencomputers. Allerdings hängt diese wesentlich von der Art der Aufgabe ab. Einige können exponentiell schneller gelöst werden, allgemeine Suchprobleme nur quadratisch schneller und sog. black-box function iteration nur linear schneller.

Zusammenfassend bemerken wir, dass die Beschleunigung der Rechengeschwindigkeit des Quantencomputers daher rührt, dass er während des Rechenvorgangs verschränkte Zustände benutzt.

23.10 Quanteninformationstheorie

Im vorigen Abschnitt befassten wir uns mit dem Quantencomputer als *einer* wichtigen Entwicklung auf dem Gebiet der Quanteninformations-Theorie und Technik. Andere wichtige Teilgebiete sind u.a. die Quanten-Kryptographie zur Übermittlung verschlüsselter Botschaften und die Teleportation, bei der der Quantenzustand eines Teilchens auf ein anderes, davon entferntes Teilchen übertragen wird, wobei wesentlich das Einstein-Podolsky-Rosen-„Paradoxon" eingeht. Dieses „Paradoxon" wird aber nicht als Einwand gegen die Quantentheorie verwendet, sondern dieser Effekt ist entscheidende Grundlage neuer Techniken der Informationsübermittlung.

23.11 Die Bose-Einstein-Kondensation

23.11.1 Eine Erinnerung an die statistische Physik

Befindet sich ein System wechselwirkungsfreier oder schwach wechselwirkender Teilchen im thermischen Gleichgewicht bei einer Temperatur T, so verteilen sich die Teilchen auf die verschiedenen Energien. Dies wird durch Verteilungsfunktionen $f(E)$ beschrieben. Sind die Teilchen unterscheidbar, so gilt die Boltzmann-Verteilung (vgl. auch (2.8)). Die Wahrscheinlichkeit, ein Teilchen in einem bestimmten Zustand mit der Energie E zu finden, ist durch

$$f(E) = Z(E)^{-1} \mathrm{e}^{-E/kT}, \tag{23.43}$$

gegeben. Z ist die Zustandssumme, k der Boltzman-Faktor. In der Quantenphysik können Teilchen, wie z. B. Elektronen oder Lichtquanten, *ununterscheidbar* sein. Dann gelten andere Verteilungsfunktionen.

a) Besitzen die Teilchen einen *halbzahligen* Spin, wie z. B. Elektronen, so gilt die *Fermi-Dirac-Statistik* mit der Verteilungsfunktion

$$f(E) = \frac{1}{\mathrm{e}^{\beta(E-\zeta)} + 1}, \tag{23.44}$$

wobei $\beta = 1/kT$ und ζ das chemische Potential sind. Für $T \to 0$, d. h. $\beta \to \infty$ zeigt $f(E)$ das folgende Verhalten: Für $E < \zeta$ geht die Exponentialfunktion in (23.43) gegen Null und

$$f(E) = 1. \tag{23.45}$$

Für $E > \zeta$ geht die Exponentialfunktion gegen unendlich und

$$f(E) = 0. \tag{23.46}$$

Bei beliebiger Temperatur T ist ζ durch die vorgegebene Teilchenzahl N mit Hilfe der Beziehung

$$\int_{E_0}^{\infty} g(E)f(E)dE = N \tag{23.47}$$

festgelegt, wobei $g(E)$ die Zustandsdichte (vgl. (2.8)) und E_0 die tiefste Teilchenenergie sind.

b) Besitzen die Teilchen einen *ganzzahligen* Spin (z. B. Photonen, bestimmte Atome und Kerne), so gilt die *Bose-Einstein-Statistik* mit der Verteilungsfunktion

$$f(E) = \frac{1}{e^{\beta(E-\zeta)} - 1}. \tag{23.48}$$

Betrachten wir wieder den Grenzfall tiefer Temperaturen, bei dem $\beta \to \infty$. Für $E < \zeta$ geht die Exponentialfunktion gegen Null und

$$f(E) \to -1, \tag{23.49}$$

was einen Widerspruch zur Definition einer Verteilungsfunktion darstellt, die nicht negativ sein darf. Der Widerspruch löst sich, wenn mit T auch ζ gegen Null geht. Damit für $\beta \to \infty f(E)$ nicht verschwindet, muss $E < \zeta$ bleiben. Wir erhalten so mit Einstein das Resultat, dass bei sehr tiefer Temperatur sich alle Teilchen im gleichen Zustand mit tiefster Energie, dem Bose-Einstein-Kondensat, befinden müssen. Allerdings sagt diese Überlegung nichts über die Kondensationstemperatur aus, noch berücksichtigt sie die Einwirkung von Wechselwirkungen zwischen den Teilchen oder die Heisenbergsche Unschärferelation. Aber: das Rennen um die Entdeckung dieses Effekts war eröffnet.

23.11.2 Die experimentelle Entdeckung

Im Jahre 1995 kühlte die Gruppe um E.A. Cornell und C.E. Wiemann ca. 2000 Rubidiumatome auf weniger als 100 Nanokelvin, die daraufhin zehn Sekunden lang ein Bose-Einstein-Kondensat bildeten. Besprechen wir die einzelnen Schritte im einzelnen:

In eine Glaszelle, in der Ultrahochvakuum herrscht, wird eine winzige Spur Rubidiumgas eingeleitet. Sechs Laserstrahlen aus Diodenlasern kreuzen sich im Mittelpunkt der Zelle, wobei die Laserfrequenz so eingestellt wird, dass durch den Strahlungsdruck eine Falle entsteht und gleichzeitig Laserkühlung wirkt (vgl. Abschn. 22.6). Zugleich wird mit einem schwachen Magnetfeld die Resonanz der Atome so abgestimmt, dass sie vorwiegend diejenigen Photonen absorbieren, die von außen zum Zentrum unterwegs sind. Auf diese Weise lassen sich binnen einer Minute aus dem Laserdampf zehn Millionen Atome in der Laserfalle sammeln. Zugleich werden sie auf 40 Mikrokelvin abgekühlt. Selbst dieser Wert ist, wie sich zeigte, für die Bose-Einstein-Kondensation noch hundertfach zu hoch, denn die Zusammenstöße mit den Laserphotonen verhindern eine weitere Abkühlung. Daher werden die Laser jetzt abgeschaltet. Nun werden die Atome

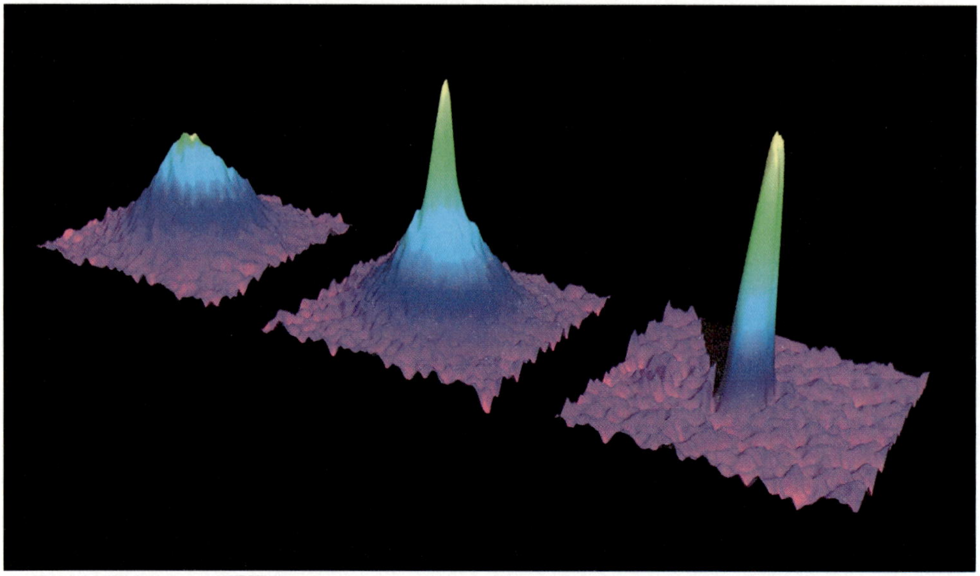

Abb. 23.4. Bose-Einstein-Kondensation: Gemessene Dichteverteilung der kalten Atome am Phasenübergang zum Bose-Einstein-Kondensat. Die *linke* Aufnahme wurde knapp oberhalb der kritischen Temperatur T_c, die *mittlere* bei T_c und die *rechte* weit unterhalb von T_c aufgenommen. Jeder Bildbereich ist 600×600 µm groß. Das Bild der Dichteverteilung wurde nach 17 ms ballistischer Expansion der Atome nach dem Ausschalten der magnetischen Falle aufgenommen. (Nach Hänsch u. Mitarbeitern (1999))

durch ein passend geformtes und relativ starkes Magnetfeld eingesperrt – die Atome bewegen sich in einer Magnetmulde. Gleichzeitig setzt Verdunstungskühlung ein, weil die energiereichsten Atome der Mulde entkommen und dabei überdurchschnittlich viel Energie mitnehmen. Wichtig war der Bau einer engen und tiefen Mulde.

Um zu überprüfen, ob tatsächlich ein Bose-Einstein-Kondensat entstanden ist, wurde eine Schatten-Momentaufnahme gemacht. Die winzige Atomwolke ist mit bloßem Auge wegen ihrer geringen Ausdehnung kaum auszumachen. Damit sie sich wieder ausdehnt, werden die begrenzenden Felder abgeschaltet. Die Zelle wird nach einer Zehntelsekunde abgeschaltet. Weil die in alle Richtungen strebenden Atome einen Teil des Lichts streuen, werfen sie einen Schatten, der mit einer Videokamera aufgenommen wird. Daraus lassen sich die Geschwindigkeitsverteilung der Atome und damit die Temperatur der Wolke bestimmen. Die Geschwindigkeitsverteilung ist in Abb. 23.4 dargestellt, wobei der höchste Punkt der geringsten Geschwindigkeit entspricht. Die kondensierten Atome haben die kleinstmögliche Energie und bleiben daher auch kurz nach der Expansion der Wolke als dichter Cluster im Zentrum. Die Momentaufnahme zeigt zugleich die durch die Heisenbergsche Unbestimmtheitsrelation gegebene Verbreiterung (vgl. hierzu auch Abschn. 7.3 und 7.5). Bei der Bose-Einstein-Kondensation tritt diese Relation makroskopisch zu Tage. Im Gegensatz zum ursprünglichen Einsteinschen Konzept, wo das Kondensat aus *Teilchen* besteht, ist der Wellencharakter dieser Strukturform wesentlich. So zeigten Ketterle et al., dass bei Überlagerung zweier Wolken Interferenzmuster entstehen.

23.11.3 Quantentheorie des Bose-Einstein-Kondensats

Eine eingehende Darlegung der Quantentheorie des Bose-Einstein-Kondensats würde den Rahmen dieses Buches sprengen; überdies ist die Entwicklung vieler Teilaspekte noch im Fluss. Einige Bemerkungen mögen daher genügen. Die Bose-Einstein-Partikel sind nicht unterscheidbar. Da sie überdies den gleichen Zustand besetzen, verlieren sie vollends ihre Individualität und gehen in einem gemeinsamen kohärenten Zustand auf. In der Tat drängt sich hier die Analogie zum Laserlicht auf. Graham und Haken hatten schon 1969 die Entstehung des Laserlichts mit der (Bose-Einstein) Kondensation verglichen, und Scully arbeitete 1999 die Analogie zwischen Bose-Einstein-Kondensation und dem Nichtgleichgewichts-Phasenübergang des Laserlichts weiter heraus.

Nachdem im Kondensat die Teilchen ihre Individualität aufgeben, ist es nicht verwunderlich, dass sich das Kondensat durch eine Wellenfunktion beschreiben lässt, die nur noch von einer einzigen Variablen abhängt. Sie genügt der Gross-Pitaewskii-Gleichung, die im Zeit-unabhängigen Fall lautet:

$$\left(-\frac{\hbar^2}{2m}\Delta + V(\boldsymbol{r}) + gn(\boldsymbol{r}) - \mu\right)\psi(\boldsymbol{r}) = 0. \tag{23.50}$$

Hierin ist m die Teilchenmasse, $V(\boldsymbol{r})$ das äußere Potential, in dem sich das Kondensat bewegt, und $g = 4\pi\hbar^2 a/m$, wobei a die s-Wellen-Streulänge ist, die die Zusammenstöße beschreibt. (Zur näheren Erläuterung: In der quantenmechanischen Streutheorie wird die einlaufende Welle als ebene Welle dargestellt, die auslaufende, gestreute Welle hingegen als Überlagerung von s-,p-,d-usw.-Wellenfunktionen. Bei geringer Energie genügt es, nur die s-Wellenfunktionen mit dem zugehörigen Radialanteil, der die Wellenlänge a besitzt, zu berücksichtigen.) $n(\boldsymbol{r}) = |\ \psi(\boldsymbol{r})\ |^2$ ist die Dichte und μ das chemische Potential. Gleichung (23.50) hat die Gestalt einer Schrödinger-Gleichung, die allerdings wegen des Dichteterms $n(\boldsymbol{r})$ nicht-linear ist. Insofern erinnert (23.50) noch stärker an die Hartree-Gleichung (19.59), und es lohnt sich, diese Analogie näher zu verfolgen, da sie Licht auf die physikalische Bedeutung von (23.50) wirft. Das äußere Potential $V(\boldsymbol{r})$ in (23.50) entspricht dem Coulomb-Potential des Atomkerns in (19.59), während $gn(\boldsymbol{r})$ in (23.50) in Parallele zu (19.55) zu setzen ist. Dabei ist das Coulombpotential zwischen den Elektronen,

$$\frac{e^2}{4\pi\varepsilon_0\ |\ \boldsymbol{r} - \boldsymbol{r}_j\ |},$$

durch ein effektives Wechselwirkungspotential zwischen den Atomen, z. B. den Rubidium-Atomen, zu ersetzen, von denen wir annehmen dürfen, dass sie im Grundzustand sind. Auf diese Weise kommt schließlich die Streuwellenlänge a in die Betrachtung herein. Unter weiteren Näherungsannahmen lassen sich die Dichten $|\ \psi_{Q_j}(R_j)\ |^2$, die hier alle einander gleich, d. h. unabhängig von Q_j, sind (Bose-Einstein-Kondensation!), vor das Integral in (19.55) ziehen, womit sich der Faktor $n(\boldsymbol{r})$ in (23.50) ergibt. Natürlich ist unsere „Herleitung“ von (23.50) weder exakt noch detailliert, macht aber den physikalischen Gehalt im Sinne eines Hartree-Verfahrens plausibel.

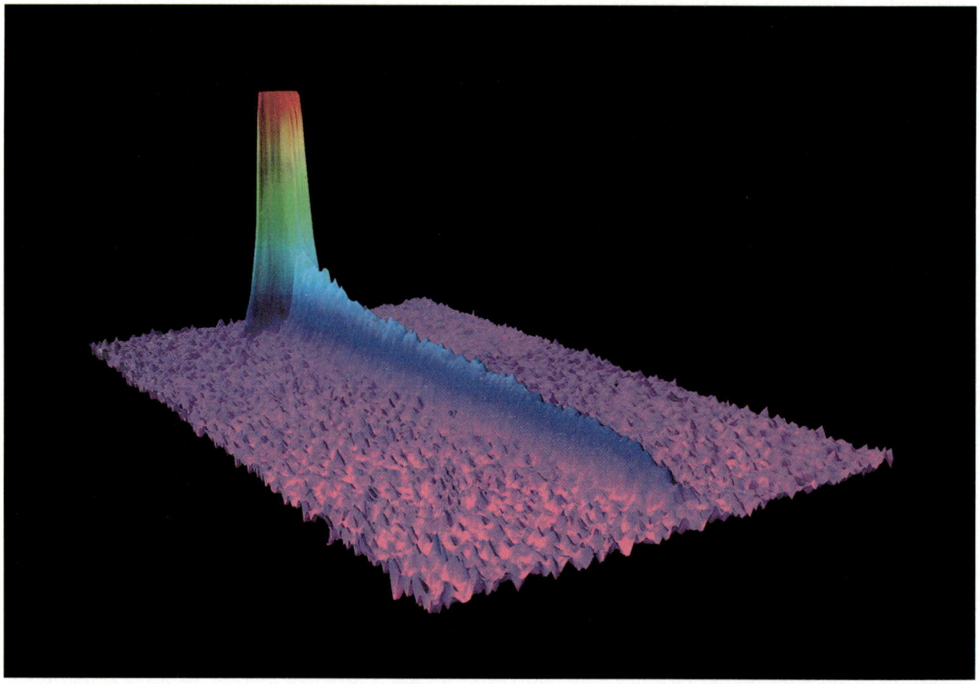

Abb. 23.5. Atomlaser: Gemessene Dichteverteilung eines Materiewellenstrahls, der von einem Atomlaser erzeugt wird. Der kohärente Atomstrahl, der im Bild als ausgedehnter Strahl zu sehen ist, wird mit Hilfe eines Bose-Einstein-Kondensats aus Rubidium Atomen erzeugt. Ein schwaches Radiofrequenzfeld dient als kontinuierlicher und kohärenter Auskoppelmechanismus. Dabei werden Atome des magnetisch gefangenen Kondensats in nicht gefangene Zustände überführt. Diese Atome entkommen der Falle und werden durch die Schwerkraft beschleunigt, so dass sich ein kollimierter Strahl von bisher unerreichter Brillanz ergibt. Der dargestellte Bildbereich hat eine Ausdehnung von $1{,}2 \times 2$ mm. Aufgrund der hohen optischen Dichte ist die abgebildete Verteilung des Kondensats (hohe Spitze) gesättigt. (Nach Hänsch und Mitarbeitern (1999))

23.12 Der Atom-Laser

In Abschn. 23.11 hatten wir auf die Analogie zwischen Bose-Einstein-Kondensat und Laserlicht hingewiesen. Das Verhalten des Kondensats als kohärente Welle wurde durch das oben erwähnte Interferenzexperiment von Ketterle et al. deutlich. 1999 gelang es Hänsch, Bloch und Esslinger den ersten Atom-Laser zu bauen, der kontinuierlich arbeitete – 100 ms lang, bis das Kondensat erschöpft ist (Abb. 23.5). Das Hauptproblem besteht in einem Nachfüllen des Kondensats, um längere Betriebszeiten zu ermöglichen. Die Autoren benutzen eine neuartige magnetische Falle, die ein äußerst stabiles Fallenpotential erzeugt, das unterhalb des Milligauss-Niveaus fluktuiert. Die Magnetfalle, die als „Quadrupol-Ioffe-Konfiguration" bezeichnet wird, benutzt nur drei Spulen. Die Forscher verwendeten magneto-optisch gefangene ^{87}Rb-Atome, luden sie in einen magnetischen Quadrupol und änderten das Feld kontinuierlich in die parabolische Geometrie der Ioffe-Falle. Während dieses Vorgangs bewegt sich die gefangene atomare Wolke zu einer der Magnetspulen, wobei sich eine enge Einschließung ergibt. Die Falle wird nach außen abgeschirmt, sodass Magnetfelder der Umgebung und deren Schwankungen unter 0,1 mG gedrückt werden. Der kontinuierliche „output" kann nur erreicht werden, wenn die Feldschwankungen minimal sind. Insbesondere müssen sie viel geringer sein als die Variation des magnetischen Fallenfeldes über die räumliche Ausdehnung des Kondensats. Um das Kondensat herzustellen, werden die Atome schließlich durch eine Radiofrequenz-(RF-) induzierte Verdampfung abgekühlt. Um die Atome aus dem Kondensat entweichen zu lassen (Herstellung des Laserstrahls), wird für 15 ms ein schwaches Radiofrequenz-Feld angeschaltet. Für eine kontinuierliche output-Kopplung muss das Feld der Falle genügend stabil bleiben, damit die Resonanz nicht vom angelegten RF-Feld wegdriftet.

Ebenso wie das Laserlicht enorm viel intensiver als Licht normaler inkohärenter Lampen ist, ist auch der Atom-Laser-Strahl viel intensiver als der Atomstrahl herkömmlicher Quellen und zugleich viel stärker gerichtet. Nach Hänsch ist die Atom-Laser-„Helligkeit" mindestens 2×10^{24} Atome $s^2 m^{-5}$. Die hohe Intensität und starke zeitliche und räumliche Kohärenz lassen wichtige neue Anwendungen erwarten. Hierzu gehören beugungsbegrenzte Atomstrahlen mit einem Durchmesser von weniger als 1 nm. Es sind neue Atom-Interferometer zu erwarten, die Messungen höchster Präzision erlauben.

Aufgaben

23.1 Man identifiziere $|1\rangle, |2\rangle$ mit den Spinfunktionen $|\uparrow\rangle, |\downarrow\rangle$ und ψ_k mit $\alpha|\uparrow\rangle + \beta|\downarrow\rangle$. Welche Formeln ergeben sich, wenn $|1\rangle, |2\rangle$ sich auf linear polarisiertes Licht $|\updownarrow\rangle, |\leftrightarrow\rangle$ und $|\psi_k\rangle$ auf zirkular polarisiertes Licht beziehen?

23.2 Man zeige, dass sich die Wellenfunktion

$$\psi(1,2) = \frac{1}{\sqrt{2}}(|\downarrow\rangle\,|\downarrow\rangle + |\uparrow\rangle\,|\uparrow\rangle) \tag{$*$}$$

auch als Verschränkung der Wellenfunktionen

$$\varphi_1(1) = d_1\,|\downarrow\rangle_1 + d_2\,|\uparrow\rangle_1, |\,d_1\,|^2 + |\,d_2\,|^2 = 1, \varphi_2(2) = d_2^*\,|\downarrow\rangle_2 - d_1^*\,|\uparrow\rangle_2$$

schreiben lässt. Entsprechende Resultate gelten auch für die im Text behandelten Wellenfunktion (23.14).

Hinweis: Bilden Sie $\varphi_1(1)\varphi_1(2) + \varphi_2(1)\varphi_2(2)$ mit den angegebenen Ausdrücken und leiten daraus (*) her.

23.3 Man beweise die Relation (23.25).

23.4 Zeigen Sie, dass die Spinwellenfunktionen einen Hilbertraum bilden.

Hinweis: Benutzen Sie $\boldsymbol{e}_1 = |\uparrow\rangle$ und $\boldsymbol{e}_1 = |\downarrow\rangle$ als Basisvektoren.

23.5 Überzeugen Sie sich davon, dass das Experiment von Abschn. 22.7 als ein solches Tor verwendet werden kann. Welche Rolle spielen Photon bzw. Atom?

23.6 Diskutieren Sie die Anwendung des Experiments von Abschn. 22.7 auf die Fehlerkorrektur.

Hinweis: Identifizieren Sie das Atom mit der Magd und $|\uparrow\rangle$ mit Photon vorhanden und $|\downarrow\rangle$ mit Photon nicht vorhanden.

24. Grundlagen der Quantentheorie der chemischen Bindung

24.1 Vorbemerkungen

Wie wir von der Chemie her wissen, können viele Atome sich zu ganz bestimmten Molekülen zusammenfügen, z. B. Atome des Chlors und Natriums zu Molekülen NaCl. Aber auch gleichartige Atome können eine Bindung eingehen, wie etwa im Fall des Wasserstoffs H_2. Vor der Entstehung der Quantentheorie gab die Erklärung der chemischen Bindung den Chemikern und ebenso den Physikern Rätsel auf. Zwar war es noch bei der Bindung zwischen Ionen, etwa dem negativ geladenen Chlor-Ion und dem positiv geladenen Natrium-Ion, einsichtig, daß sich infolge der Anziehung der beiden geladenen Körper ein gebundener Zustand ergibt. Völlig rätselhaft hingegen blieb es, warum auch zwei gleiche Atome, die neutral sind (wie etwa das Wasserstoff-Atom), einen gebundenen Zustand eingehen können (homöopolare Bindung). Hier hat erst die Quantentheorie ein grundsätzliches Verständnis dieser Bindung ermöglicht. Aber auch im Falle der Ionen-Bindung (auch heteropolare Bindung genannt), haben sich durch die Quantentheorie grundsätzlich neue Einblicke ergeben. Zum Beispiel muß man ja verstehen, warum überhaupt die Ionen sich erst einmal bilden und warum etwa das Elektron, das vom Natrium zum Chlor übergegangen ist, dort einen energetisch günstigeren Zustand vorfindet. Im folgenden wollen wir einige wichtige Grundideen zur Quantentheorie der chemischen Bindung entwickeln. Es sei aber schon hier darauf hingewiesen, daß Physik und Chemie von einer vollständigen Lösung dieses Problems noch weit entfernt sind. Dies beruht darauf, daß hier stets die Wechselwirkung mehrerer Teilchen zu berücksichtigen ist.

Gegeben sind n Atomkerne und m Elektronen. Gefragt ist dann nach der Gesamtwellenfunktion und den zugehörigen Energien des gesamten Systems. Um hier geeignete Lösungsansätze zu finden, muß man sich zu einem erheblichen Teil auf Intuition verlassen, um dann daran mehr systematische Verfahren zu entwickeln. Bei der Bewältigung dieser Aufgabe ist es nützlich, davon Gebrauch zu machen, daß die Massen der Kerne viel größer als die der Elektronen sind. Dies legt es nahe, in einem ersten Schritt die Kernmassen als unendlich groß zu betrachten. Dann dürfen wir von der Bewegung der Atomkerne absehen und können deren Lage als fest annehmen. Während wir uns bei den Atomen stark von den beobachteten Spektren leiten ließen und neben dem Grundzustand auch die angeregten Zustände untersuchten, steht bei der Frage der chemischen Bindung die Bestimmung der Wellenfunktion des Grundzustandes des jeweiligen Moleküls im Vordergrund. Wir werden daher im folgenden unser Augenmerk auf diese für die Chemie grundsätzliche Frage richten. Befassen wir uns nun mit konkreten Problemen.

24.2 Das Wasserstoff-Molekülion H_2^+

Der wohl einfachste Fall einer chemischen Bindung liegt beim Wasserstoff-Molekülion H_2^+ vor. Dieses wird als gebundener Zustand in Gasentladungen in einer Wasserstoff-

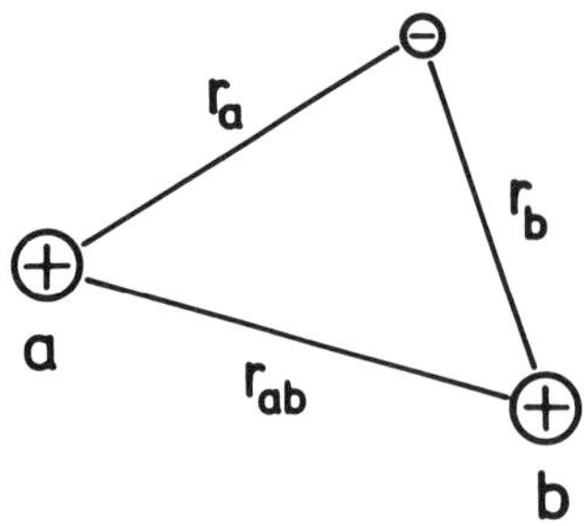

Abb. 24.1. Übersichts-Skizze zum Wasserstoff-Molekülion. Die beiden Kerne sind mit a und b bezeichnet, ihr Abstand mit r_{ab}. r_a bzw. r_b geben den Abstand des Elektrons zum Kern a bzw. zum Kern b an

Atmosphäre beobachtet. In einer solchen Gasentladung wird dem Wasserstoff-Molekül ein Elektron entrissen. Die mit der Dissoziationsenergie identische Bindungsenergie von H_2^+ wurde zu 2,65 eV bestimmt. Hier haben wir es also mit zwei Wasserstoffkernen, d. h. Protonen, aber nur einem Elektron zu tun. Die beiden Kerne unterscheiden wir durch die Indizes a und b (vgl. Abb. 24.1). Sind die Kerne sehr weit voneinander entfernt, so können wir uns vorstellen, daß das Elektron entweder um den einen oder um den anderen Kern herum lokalisiert ist. Die Wellenfunktionen sind dann die des Wasserstoffgrundzustandes. Im folgenden bezeichnen wir den Abstand des Elektrons vom Kern a bzw. b mit r_a bzw. r_b. Bezeichnen wir die Wellenfunktion des Wasserstoffgrundzustandes, die zum Kern a gehört, mit φ_a, so genügt diese der Schrödinger-Gleichung

$$\underbrace{\left(-\frac{\hbar^2}{2m_0}\Delta-\frac{e^2}{4\pi\varepsilon_0 r_a}\right)}_{H_a}\varphi_a(r_a)=E_a^0\varphi_a(r_a)\,, \tag{24.1}$$

und das Entsprechende gilt für die Wellenfunktion φ_b, wobei die Energien E_a^0 und E_b^0 einander gleich sind:

$$E_a^0=E_b^0=E^0\,. \tag{24.2}$$

Nähern wir nun die Kerne einander, so wird das Elektron, das z. B. zunächst am Kern a saß, die Coulombsche Anziehungskraft des Kerns b spüren. Entsprechend wird ein Elektron, das am Kern b saß, die Coulombsche Anziehungskraft des Kerns a spüren. Wir müssen daher eine Schrödinger-Gleichung aufstellen, die das Coulomb-Potential *beider* Kerne enthält (Abb. 24.2). Außerdem müssen wir, um die Gesamtenergie zu berechnen, die Coulombsche Abstoßung zwischen beiden Kernen berücksichtigen. Bezeichnen wir den Abstand zwischen den beiden Kernen mit r_{ab}, so lautet diese Zusatzenergie $e^2/(4\pi\varepsilon_0 r_{ab})$.

Da sich diese Zusatzenergie nicht auf die Energie der Elektronen bezieht, bedeutet sie lediglich eine Verschiebung des Energieeigenwerts E um einen konstanten Betrag. Wir werden daher diese Konstante zunächst weglassen, um sie dann erst am Schluß zu berücksichtigen.

Dies führt uns auf die Schrödinger-Gleichung

$$\left(-\frac{\hbar^2}{2m_0}\Delta-\frac{e^2}{4\pi\varepsilon_0 r_a}-\frac{e^2}{4\pi\varepsilon_0 r_b}\right)\psi=E\psi\,, \tag{24.3}$$

in der die Wellenfunktion ψ und die zugehörige Energie noch zu berechnen sind.

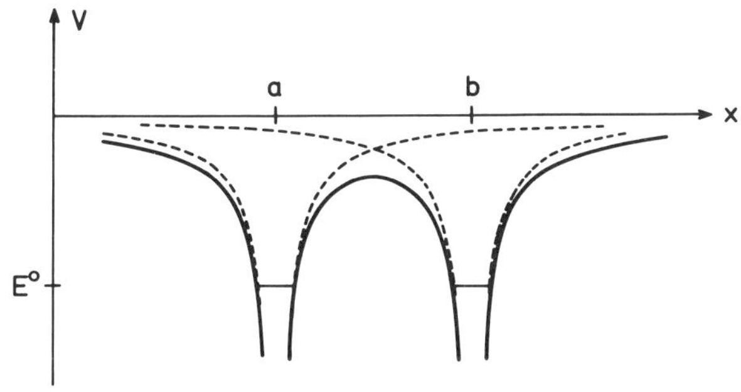

Abb. 24.2. Zum Wasserstoff-Molekülion. Aufgetragen ist die potentielle Energie V, die das Elektron aufgrund der Anziehungskraft der Kerne a und b vorfindet. Die gestrichelten Kurven geben die potentielle Energie des Elektrons wieder, die von einem Kern a bzw. b herrührt. Die ausgezogene Kurve ist die gesamte potentielle Energie. Nach rechts ist die Ortskoordinate x aufgetragen. Ferner ist die Bindungsenergie E^0 des Elektrons im Feld eines einzelnen Kerns eingezeichnet

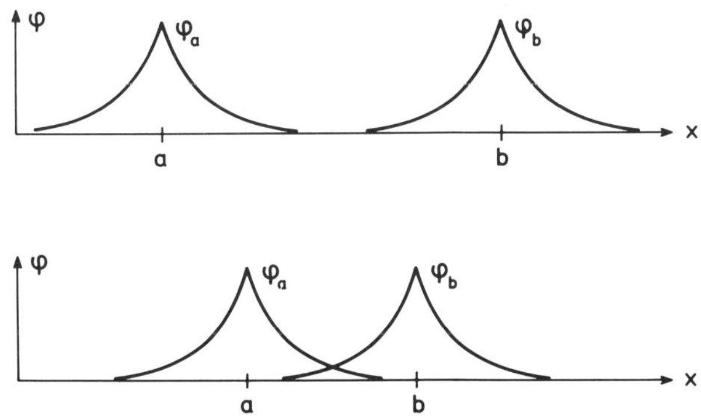

Abb. 24.3. (*Oben*) Die Wellenfunktion φ_a des Elektrons, das sich im Feld des Kerns a bewegt, sowie die entsprechende Wellenfunktion φ_b des Elektrons in der Nähe des Kerns b. (*Unten*) Wird der Abstand zwischen den Kernen a und b verkleinert, so überschneiden sich, oder in der Fachsprache, überlappen die beiden Wellenfunktionen φ_a und φ_b

Wir wollen nun die Wellenfunktion ψ genähert bestimmen. Dabei lassen wir uns von einer Idee leiten, die der Störungstheorie mit Entartung entlehnt ist (vgl. Abschn. 15.2.3). Im Prinzip könnte ja das Elektron in der Nähe des Kerns a oder des Kerns b sitzen (vgl. Abb. 24.3), wobei jeweils die Energie die gleiche wäre, vgl. (24.1) und (24.2). Diese beiden den Zustände φ_a und φ_b sind also miteinander entartet. Nun wirkt aber jeweils der andere Kern, an dem das Elektron gerade nicht sitzt, mit einer Störung auf das Elektron ein. Wir werden also erwarten, daß durch diesen Effekt die Entartung aufgehoben wird. Genau wie bei der Störungstheorie mit Entartung bilden wir zur Lösung von (24.3) eine Linearkombination in der Form

$$\psi = c_1\varphi_a + c_2\varphi_b, \tag{24.4}$$

wobei die beiden Koeffizienten c_1 und c_2 noch zu bestimmen sind. Zu deren Festlegung verfahren wir in der üblichen Weise. Wir setzen als erstes den Ansatz (24.4) in die Gl. (24.3) ein und erhalten

$$\begin{aligned} &\Bigg(\underbrace{-\frac{\hbar^2}{2m_0}\Delta - \frac{e^2}{4\pi\varepsilon_0 r_a}}_{H_a} - \frac{e^2}{4\pi\varepsilon_0 r_b}\Bigg) c_1\varphi_a \\ &+ \Bigg(\underbrace{-\frac{\hbar^2}{2m_0}\Delta - \frac{e^2}{4\pi\varepsilon_0 r_b}}_{H_b} - \frac{e^2}{4\pi\varepsilon_0 r_a}\Bigg) c_2\varphi_b = E(c_1\varphi_a + c_2\varphi_b)\,. \end{aligned} \tag{24.5}$$

In den einzelnen Klammern in (24.5) haben wir die Glieder so zusammengefaßt, daß jeweils der Operator H_a auf φ_a und der Operator H_b auf φ_b wirken. Wir können dann sofort mit Hilfe von (24.1) und der entsprechenden Gleichung mit H_b die entsprechenden Ausdrücke vereinfachen, indem wir z.B. an Stelle von $H_a\varphi_a$ den Ausdruck $E_a^0\varphi_a$ benutzen.

Wenn wir noch die rechte Seite von (24.5) auf die linke hinüberbringen, erhalten wir

$$\Bigl(\underbrace{E^0-E}_{\Delta E}-\frac{e^2}{4\pi\varepsilon_0 r_b}\Bigr)c_1\varphi_a+\Bigl(\underbrace{E^0-E}_{\Delta E}-\frac{e^2}{4\pi\varepsilon_0 r_a}\Bigr)c_2\varphi_b=0\,. \tag{24.6}$$

Während φ_a und φ_b Funktionen des Ortes sind, sollen die Koeffizienten c_1 und c_2 ortsunabhängig sein. Um eine ortsunabhängige Gleichung für die c's zu finden, multiplizieren wir, wie wir es ja von der Störungstheorie her kennen, Gl. (24.5) mit φ_a^* bzw. φ_b^* und integrieren über die Elektronenkoordinate. Wir nehmen dazu im folgenden an, daß die Funktionen φ_a und φ_b reell sind, wie das bei der Funktion des Wasserstoffgrundzustandes der Fall ist. Im folgenden müssen wir berücksichtigen, daß die Funktionen φ_a und φ_b nicht aufeinander orthogonal sind, d. h. daß das Integral

$$\int \varphi_a\varphi_b dV=S \tag{24.7}$$

nicht verschwindet. Wenn wir (24.6) mit φ_a multiplizieren und dann über die Elektronenkoordinate integrieren, so erhalten wir Ausdrücke, die die Gestalt von Matrixelementen haben, nämlich die Integrale

$$\int \varphi_a(r_a)\Bigl(-\frac{e^2}{4\pi\varepsilon_0 r_b}\Bigr)\varphi_a(r_a)dV=C\,, \tag{24.8}$$

$$\int \varphi_a(r_a)\Bigl(-\frac{e^2}{4\pi\varepsilon_0 r_a}\Bigr)\varphi_b(r_b)dV=D\,, \tag{24.9}$$

die wir mit den Buchstaben C und D abgekürzt haben. Die Bedeutung des ersten Integrals erhellt sich sofort, wenn wir uns daran erinnern, daß $-e|\varphi_a|^2$ die Bedeutung einer Ladungsdichte des Elektrons hat. Gleichung (24.8) ist dann nichts anderes als die Coulombsche Wechselwirkungsenergie zwischen der Elektronenladungsdichte und der Kernladung e (vgl. Abb. 24.4). Im Integral (24.9) hingegen tritt statt der Elektronenladungsdichte der Ausdruck $-e\varphi_a\varphi_b$ auf. Dies bedeutet, daß das Elektron sich gewissermaßen teilweise im Zustand φ_a, teilweise aber im Zustand φ_b aufhält oder, mit anderen Worten, ein Austausch zwischen diesen beiden Zuständen vorkommt. Man bezeichnet daher $\varphi_a\varphi_b$ auch als Austauschdichte und Integrale, in denen solche Austauschdichten $\varphi_a\varphi_b$ auftreten, als Austauschintegrale (vgl. Abb. 24.5). Diese stellen einen ganz spezifisch quantentheoretischen Effekt dar. Multiplizieren wir (24.6) mit φ_b statt mit φ_a und integrieren, so werden wir auf ganz ähnliche Ausdrücke wie (24.8) und (24.9) geführt, wobei lediglich die Indizes a und b vertauscht sind. Da das Problem aber völlig symmetrisch bezüglich der Indizes a und b ist, haben die neuen Integrale die gleichen Werte wie die alten. Fassen wir alle Glieder, die wir bei der Multiplikation und Integration mit φ_a erhalten, zusammen und bringen alle Ausdrücke auf die linke Seite, so geht (24.6) in die Gleichung

$$(\Delta E+C)c_1+(\Delta E\cdot S+D)c_2=0 \tag{24.10}$$

über, und entsprechend erhalten wir nach Multiplikation von (24.6) mit φ_b und Integration die Gleichung

$$(\Delta E\cdot S+D)c_1+(\Delta E+C)c_2=0\,. \tag{24.11}$$

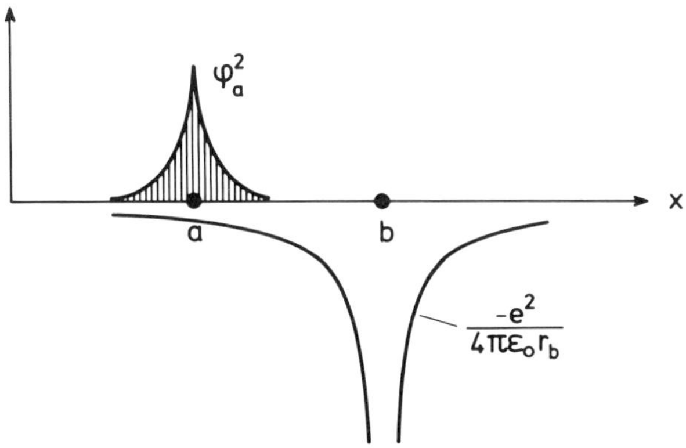

Abb. 24.4. Zur Veranschaulichung des Integrals (24.8). Dieses stellt die Coulombsche Wechselwirkungsenergie einer Elektronenwolke mit der Wahrscheinlichkeitsverteilung φ_a^2 im Coulomb-Feld des Kerns dar. Aufgetragen ist die Dichteverteilung φ_a^2 (schraffierter Bereich) und dazu als ausgezogene Kurve der Verlauf der potentiellen Energie einer Punktladung im Coulombfeld des Kerns b. Zur Berechnung des Integrals ist bei jedem Raumpunkt der Wert von φ_a^2 mit dem zugehörigen Wert von $-e^2/(4\pi\varepsilon_0 r_b)$ zu multiplizieren und dann über den gesamten Raum aufzuintegrieren

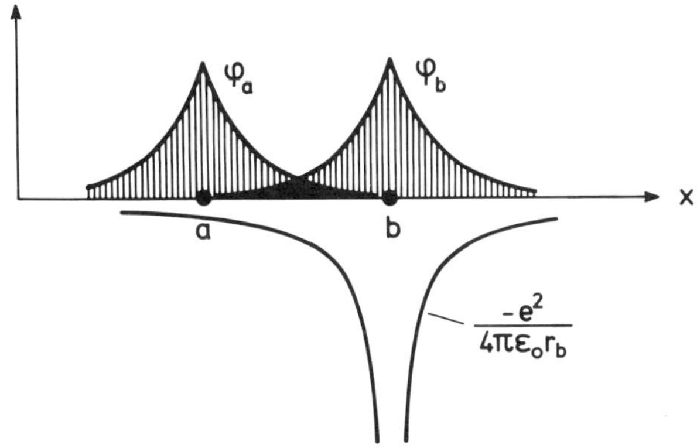

Abb. 24.5. Zur Veranschaulichung des Integrals (24.9). Aufgetragen sind die drei darin auftretenden Funktionen φ_a, φ_b und $-e^2/(4\pi\varepsilon_0 r_b)$. Da das Produkt dieser drei Funktionen auftritt, sind nur dann nicht verschwindende Beiträge möglich, wenn die Wellenfunktionen φ_a und φ_b überlappen, wie das durch den stark schraffierten Bereich dargestellt wird. Das Integral wird erhalten, indem an jeder Stelle des Raums die Funktionswerte von φ_a, φ_b und $-e^2/(4\pi\varepsilon_0 r_b)$ miteinander multipliziert werden und dann über den ganzen Raum aufintegriert wird

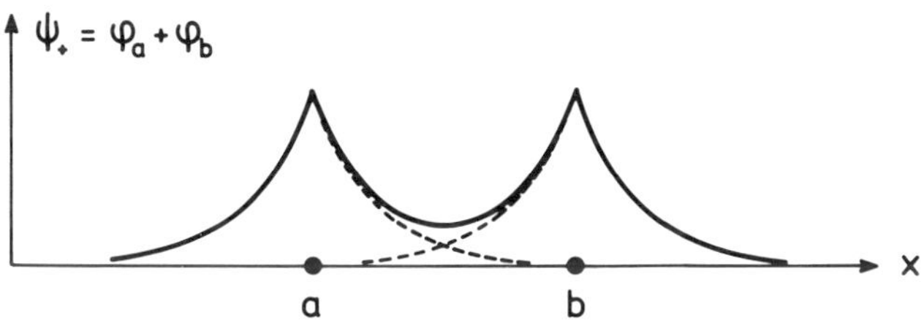

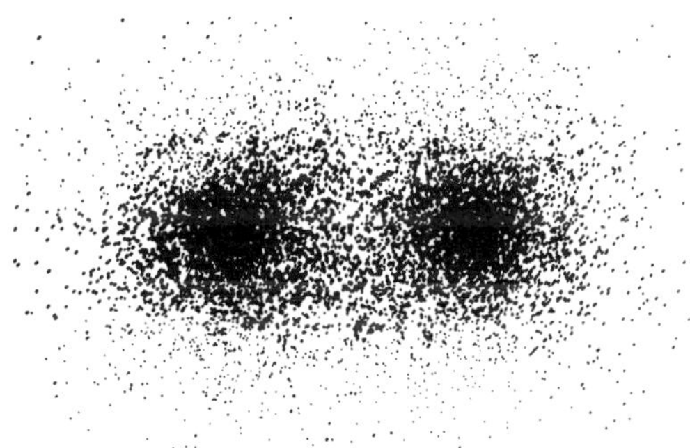

Abb. 24.6. (*Links*) Die symmetrische Wellenfunktion ψ_+ entsteht durch eine Superposition der Wellenfunktionen φ_a und φ_b. Aufgrund der Überlappung von φ_a und φ_b wird die Aufenthaltswahrscheinlichkeit von ψ_+ zwischen den beiden Kernen erhöht. (*Rechts*) Veranschaulichung der Dichteverteilung des Elektrons mit Hilfe einer Punktdichte

Dies sind zwei ganz einfache algebraische Gleichungen für die unbekannten Koeffizienten c_1 und c_2. Damit die Gleichungen eine nichttriviale Lösung ergeben, müssen die Determinanten verschwinden, d.h.

$$(\Delta E + C)^2 - (\Delta E \cdot S + D)^2 = 0\,. \tag{24.12}$$

Dies ist eine quadratische Gleichung für die Energieverschiebung ΔE, die wir sofort auflösen können

$$E = E_0 + \frac{1}{1 \pm S}(C \pm D)\,, \tag{24.13}$$

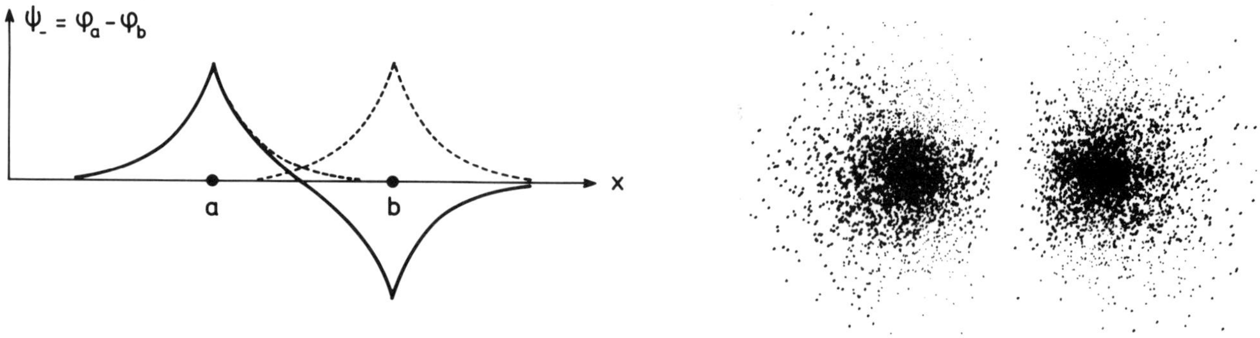

Abb. 24.7. (*Links*) Die antisymmetrische Wellenfunktion ψ_- entsteht aus der Differenz von φ_a und φ_b. Ersichtlich ist die Aufenthaltswahrscheinlichkeit in der Symmetrieebene zwischen den beiden Kernen gleich Null. (*Rechts*) Veranschaulichung der Dichteverteilung des Elektrons im Wasserstoff-Molekülion für den Fall der antisymmetrischen Wellenfunktion ψ_-

wobei sich durch das Wurzelziehen zwei verschiedene Vorzeichen, $\pm$, ergeben. Setzen wir ΔE z. B. in (24.10) ein, so erkennen wir, daß bei Gelten des oberen Vorzeichens die Koeffizienten von c_1 und c_2 einander gleich werden, so daß die Lösung von (24.10) lautet:

$$c_2 = -c_1 \equiv -c\,. \tag{24.14}$$

In diesem Falle erhält man also die Gesamtwellenfunktion

$$\psi = c(\varphi_a - \varphi_b)\,. \tag{24.15}$$

Die Konstante c ist noch durch die Normierung der Gesamtwellenfunktion ψ festzulegen. Die zugehörige Wellenfunktion ist in Abb. 24.7 dargestellt. Gilt in (24.13) das untere Vorzeichen, so erhalten wir für die Koeffizienten: $c_2 = c_1 = c$ und somit als Gesamtwellenfunktion

$$\psi = c(\varphi_a + \varphi_b) \tag{24.16}$$

(vgl. Abb. 24.6). Wie man sich anhand der Abb. 24.4 und 24.5 veranschaulichen kann, hängen die Größen S, C und D vom Abstand der beiden Kerne ab. Nähert man die beiden Kerne einander, so spaltet die Elektronenenergie E auf und zwar je nachdem, ob es sich um einen symmetrischen Zustand (24.16) oder einen antisymmetrischen Zustand (24.15) handelt. Im symmetrischen Fall wird die Energie verringert. Man spricht hier von einem bindenden Zustand, im anderen Fall der ungeraden Wellenfunktion wird die Energie erhöht. Man spricht hier von einem lockernden Zustand (Abb. 24.8).

Um zu unterscheiden, ob beim Wasserstoff-Molekülion insgesamt eine Bindung zustandekommt, muß man noch zur Elektronenenergie die Coulombsche Abstoßungsenergie zwischen den beiden Atomkernen addieren. Es ergibt sich dann für den bindenden Zustand ein Verlauf der Gesamtenergie, wie er in Abb. 24.8 dargestellt ist. Man erkennt hieraus, daß es einen bestimmten Abstand zwischen den beiden Atomkernen gibt, bei dem die Gesamtenergie des Systems ein Minimum hat, also ein gebundener Zustand existiert.

Wie aus der Abb. 24.6 ersichtlich, ist bei dem gebundenen Zustand die Aufenthaltswahrscheinlichkeit des Elektrons zwischen den beiden Kernen relativ groß. Es kann also, energetisch gesehen, von der Coulombschen Anziehungsenergie beider Kerne profitieren, wodurch die potentielle Energie des Gesamtsystems abgesenkt wird. Im lockernden

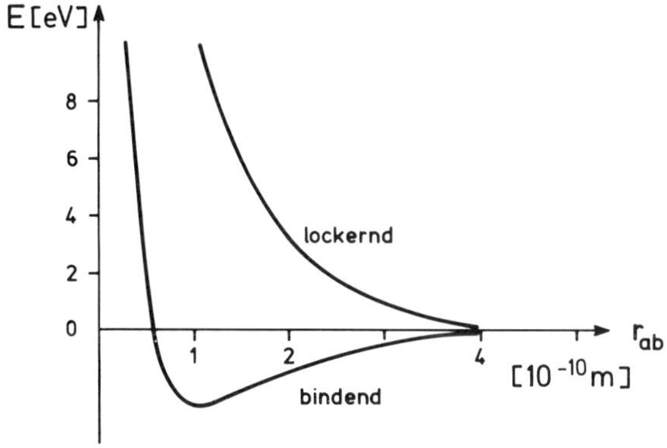

Abb. 24.8. Die Energie E des Wasserstoff-Molekülions unter Berücksichtigung der Coulombschen Abstoßung zwischen den beiden Kernen. Aufgetragen sind die Energiekurven E in Abhängigkeit vom Kernabstand r_{ab} für den bindenden bzw. lockernden Zustand

Zustand (Abb. 24.7) ist die Aufenthaltswahrscheinlichkeit des Elektrons zwischen den beiden Kernen klein, in der Mitte sogar 0, was bedeutet, daß das Elektron fast nur die Anziehungskraft jeweils eines Kerns spürt.

24.3 Der Tunneleffekt[1]

Am Beispiel des Wasserstoff-Moleküls läßt sich sehr schön ein Effekt beschreiben, der als „Tunneleffekt" bezeichnet wird und ein typisch quantenmechanisches Phänomen darstellt. Betrachten wir zunächst das Verhalten eines klassischen Teilchens in einem Potentialfeld, das durch die Abb. 24.2 dargestellt wird.

Ist anfänglich das Teilchen z. B. im Bereich des linken Potentialfelds mit einer Gesamtenergie, wie sie durch den waagerechten Strich in der Abb. 24.2 angedeutet ist, so kann es den zwischen der linken und rechten Seite liegenden Potentialberg nicht überschreiten. Es bleibt ständig in dem linken Teil des Potentials gefangen. Wir wollen nun zeigen, daß dies in der Quantentheorie nicht so ist. Ein Teilchen, das sich ursprünglich im Bereich des linken Potentialfelds befindet, kann nach einiger Zeit in den rechten Teil hinübergelangen.

Um die Darstellung ein wenig zu vereinfachen, nehmen wir an, daß das Überlappungsintegral $S \ll 1$ ist und vernachlässigt werden kann. Die Energie des Elektrons läßt sich dann in der Gestalt

$$E = E_0 + C \pm D \tag{24.17}$$

wiedergeben. Wir betrachten im folgenden die Lösungen der zeitabhängigen Schrödinger-Gleichung, die allgemein von der Gestalt

$$\psi(\mathbf{r}, t) = \psi(\mathbf{r}) \, e^{-iEt/\hbar} \tag{24.18}$$

sind. Für $\psi(\mathbf{r})$ verwenden wir dabei die genäherten Wellenfunktionen (24.16) bzw. (24.15) und die E die zugehörigen Energien (24.17). Zur Vereinfachung der Schreibweise

1 Der nur an der chemischen Bindung interessierte Leser kann diesen Abschnitt auslassen.

führen wir statt der Energien noch entsprechende Frequenzen ein

$$(E_0+C)/\hbar=\omega_0\,, \tag{24.19}$$

$$D/\hbar=\tfrac{1}{2}\omega_T\,. \tag{24.20}$$

In (24.20) sind der Faktor $\frac{1}{2}$ und der Index T, wie wir noch sehen werden, mit Bedacht gewählt. Gemäß den beiden verschiedenen Lösungen (24.15) und (24.16) erhalten wir so die Lösungen der zeitabhängigen Schrödinger-Gleichung in der Form

$$\psi_+=(\varphi_a+\varphi_b)\frac{1}{\sqrt{2}}\exp[-\mathrm{i}(\omega_0-\omega_T/2)t]\,, \tag{24.21}$$

$$\psi_-=(\varphi_a-\varphi_b)\frac{1}{\sqrt{2}}\exp[-\mathrm{i}(\omega_0+\omega_T/2)t]\,. \tag{24.22}$$

Aus derartigen zeitabhängigen Lösungen lassen sich sog. Wellenpakete durch Überlagerung der Funktionen (24.21) und (24.22) gewinnen:

$$\psi(\boldsymbol{r},t)=d_1\psi_+ +d_2\psi_-\,, \tag{24.23}$$

wobei die Koeffizienten d_1 und d_2 zeitunabhängige Konstanten sind. Wie man sich durch Einsetzen von (24.23) in die zeitabhängige Schrödinger-Gleichung

$$H\psi=\mathrm{i}\hbar\dot{\psi}\,, \tag{24.24}$$

bei der der Hamiltonoperator der gleiche wie der von der Schrödinger-Gleichung (24.3) ist, überzeugt, erfüllt der Ansatz (24.23) auch die Schrödinger-Gleichung (24.24) näherungsweise. Wir wählen nun d_1 und d_2 so, daß zur Anfangszeit $t=0$ das Elektron gerade am Atom a im Zustand φ_a sitzt. Dies wird erreicht, indem wir $d_1=d_2$ setzen und aus Normierungsgründen diese Konstanten gleich $2^{-1/2}$ wählen. Damit lautet die Wellenfunktion

$$\psi(\boldsymbol{r},t)=\tfrac{1}{2}[\underbrace{(\varphi_a+\varphi_b)}_{\propto\psi_+}+\underbrace{(\varphi_a-\varphi_b)}_{\propto\psi_-}\exp(-\mathrm{i}\omega_T t)]\exp(-\mathrm{i}\omega_0 t+\mathrm{i}\omega_T t/2)\,. \tag{24.25}$$

Lassen wir die Zeit t laufen, so ändert sich offensichtlich die relative Phase zwischen den Zuständen ψ_+ und ψ_-.

Wir erinnern uns nun an eine Beziehung der Mathematik, nämlich

$$\exp(\mathrm{i}\omega_T t)=\cos\omega_T t+\mathrm{i}\sin\omega_T t\,.$$

Wählen wir die Zeit $t=t_0$ so, daß $\omega_T t_0=\pi$ ist, so wird der Cosinus gleich -1, der Sinus hingegen Null. Für dieses t_0 erhalten wir dann anstelle von (24.25)

$$\begin{aligned}\psi(\boldsymbol{r},t_0)&=\tfrac{1}{2}[(\varphi_a+\varphi_b)-(\varphi_a-\varphi_b)]\exp(-\mathrm{i}\omega_0 t_0+\mathrm{i}\omega_T t_0/2)\\&\equiv\varphi_b\exp(-\mathrm{i}\omega_0 t_0+\mathrm{i}\omega_T t_0/2)\,.\end{aligned}$$

Das Elektron befindet sich nun im Zustand φ_b des Kerns b! Es ist also durch den Potentialberg hindurchgetunnelt. Nach der doppelten Zeit $2t_0$ ist es an den Kern a zurückgetunnelt. Die Kreisfrequenz für den Tunnelvorgang ist also durch $2\pi/2t_0$, also gerade durch das in (24.20) eingeführte ω_T gegeben. Gemäß (24.20) ist ω_T bis auf konstante Faktoren durch das Überlappungsintegral (24.9) gegeben. Je größer die Überlappung der Wellenfunktionen φ_a und φ_b ist, um so häufiger tunnelt das Elektron hin und her (vgl. Abb. 24.5).

Der Tunneleffekt spielt in vielen Bereichen der modernen Physik eine wichtige Rolle. Ein besonders bekanntes Beispiel hierfür ist der α-Zerfall von Atomkernen, wo die α-Teilchen das anziehende Kernpotential mit Hilfe des Tunneleffektes überwinden können.

24.4 Das Wasserstoff-Molekül H_2

Wir wenden uns nunmehr dem Problem der chemischen Bindung zu, wenn mehrere Elektronen beteiligt sind. Bevor wir uns aber konkret mit dem einfachsten Beispiel, nämlich dem H_2-Molekül, befassen, machen wir noch eine allgemeine Vorbemerkung, die von grundsätzlicher Bedeutung auch für andere Probleme der Quantentheorie ist.

Unsere Aufgabe ist es immer wieder, eine Schrödinger-Gleichung der allgemeinen Gestalt

$$H\psi = E\psi \tag{24.26}$$

zu lösen, was aber oft gar nicht in geschlossener Form möglich ist. Neben den bisher besprochenen Lösungsmethoden, etwa der Störungstheorie, gibt es nun noch eine grundsätzlich andere, sehr wichtige, die sich auf ein Variationsprinzip stützt. Um diese zu erläutern, denken wir uns die Schrödinger-Gleichung (24.26) mit ψ^* multipliziert und über alle Koordinaten, von denen ψ abhängt, integriert. Wir erhalten dann

$$E = \frac{\int \psi^* H \psi dV_1 \dots dV_n}{\int \psi^* \psi dV_1 \dots dV_n}. \tag{24.27}$$

Da der Hamiltonoperator H der Operator ist, der zur Gesamtenergie gehört, steht hier nichts anderes als der Erwartungswert der Energie, der im vorliegenden Fall mit dem Energie-Eigenwert der Schrödinger-Gleichung identisch ist. Was passiert aber nun, wenn wir für ψ nicht die Lösung der Schrödinger-Gleichung verwenden, sondern eine andere Funktion? Dann hat der Ausdruck (24.27) wieder die Dimension einer Energie, muß aber nicht mit dem richtigen Eigenwert der Schrödinger-Gleichung, den wir ja eigentlich suchen, übereinstimmen. In der Mathematik wird nun eine äußerst wichtige Beziehung bewiesen. Wenn wir nämlich nicht die richtige Eigenfunktion ψ für den Grundzustand verwenden, sondern eine andere, so liegt deren zugehöriger Energie-Erwartungswert stets höher als der Energiewert der Lösung von (24.26). In diesem Sinn können wir also ein Kriterium angeben, wie gut genähert Wellenfunktionen sind. Sie sind um so besser, je tiefer der zugehörige Energiewert liegt.

Wir werden an späterer Stelle dieses Kriterium mehrmals heranziehen. Jetzt wollen wir uns aber auf den Weg machen, die Wellenfunktion und die Energie des Wasserstoff-Moleküls im Grundzustand wenigstens näherungsweise zu bestimmen.

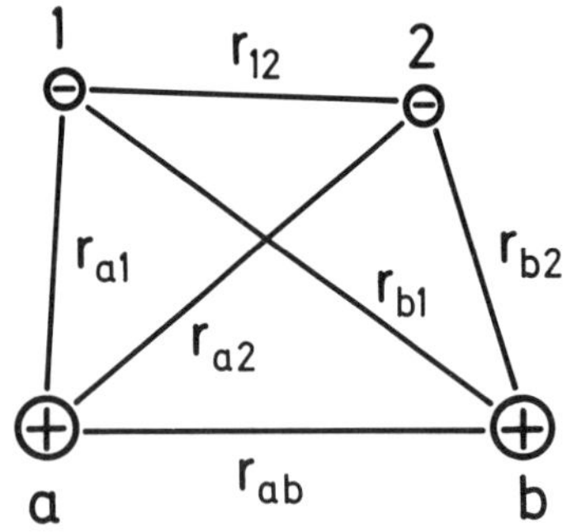

Abb. 24.9. Übersichtsskizze zum Wasserstoff-Molekül. Die beiden Kerne sind mit den Indizes *a* bzw. *b*, die beiden Elektronen mit den Indizes 1 bzw. 2 gekennzeichnet. Die Abstände zwischen den Kernen, zwischen den Elektronen und zwischen Kernen und Elektronen sind aus der Abbildung mit ihrer Bezeichnungsweise leicht ersichtlich

Die beiden Atomkerne (Protonen) unterscheiden wir durch die Indizes *a* und *b*, die beiden Elektronen durch Indizes 1 und 2. Da zwischen all den verschiedenen Teilchen die Coulombsche Wechselwirkungskraft wirkt, müssen wir die entsprechenden Abstände einführen, die aus Abb. 24.9 ersichtlich werden. Um den Hamiltonoperator aufzustellen, müssen wir uns wieder an die Energiebilanz der klassischen Physik erinnern. Wir haben es hier mit der kinetischen Energie von Elektron 1 und Elektron 2 zu tun, sowie mit den verschiedenen Beiträgen der Coulombschen Wechselwirkungsenergie. Übersetzen wir wieder die kinetische Energie in den Operator der Quantentheorie, so erhalten wir als Hamiltonoperator den Ausdruck

$$H = \underbrace{-\frac{\hbar^2}{2m_0}\Delta_1 - \frac{e^2}{4\pi\varepsilon_0 r_{a1}}}_{H_1} \underbrace{-\frac{\hbar^2}{2m_0}\Delta_2 - \frac{e^2}{4\pi\varepsilon_0 r_{b2}}}_{H_2} - \frac{e^2}{4\pi\varepsilon_0 r_{b1}} - \frac{e^2}{4\pi\varepsilon_0 r_{a2}} + \frac{e^2}{4\pi\varepsilon_0 r_{ab}} + \frac{e^2}{4\pi\varepsilon_0 r_{12}}. \tag{24.28}$$

Δ_1 bzw. Δ_2 sind dabei Laplace-Operatoren – vgl. (19.3) –, die sich auf die Koordinaten des Elektrons 1 bzw. 2 beziehen. Wiederum nehmen wir an, daß die Kerne selbst unendlich schwer sind. Unsere Aufgabe ist es, die Schrödinger-Gleichung

$$H\psi(\boldsymbol{r}_1, \boldsymbol{r}_2) = E\psi(\boldsymbol{r}_1, \boldsymbol{r}_2) \tag{24.29}$$

mit dem Hamiltonoperator (24.28) zu lösen. Wären die Kerne unendlich weit entfernt, so würde es genügen, diese für sich zu betrachten, d. h. die Gleichungen

$$\left(-\frac{\hbar^2}{2m_0}\Delta_1 - \frac{e^2}{4\pi\varepsilon_0 r_{a1}}\right)\varphi_a(\boldsymbol{r}_1) = E_0\varphi_a(\boldsymbol{r}_1), \tag{24.30}$$

$$\left(-\frac{\hbar^2}{2m_0}\Delta_2 - \frac{e^2}{4\pi\varepsilon_0 r_{b2}}\right)\varphi_b(\boldsymbol{r}_2) = E_0\varphi_b(\boldsymbol{r}_2) \tag{24.31}$$

zu lösen. Da wir es hier mit einem Zwei-Elektronen-Problem zu tun haben, müssen wir das *Pauli-Prinzip* berücksichtigen (vgl. Abschn. 17.2), d. h. wir müssen insbesondere der Tatsache Rechnung tragen, daß die Elektronen einen Spin besitzen. Würden sich die beiden Wasserstoff-Atome nicht gegenseitig beeinflussen, so ließe sich mit Hilfe der in

(24.30) und (24.31) auftretenden Wellenfunktionen φ_a und φ_b sofort die gesamte Wellenfunktion niederschreiben. Wie man sich durch Einsetzen in eine Schrödinger-Gleichung mit $H=H_1+H_2$ überzeugt, wäre

$$\varphi_a(\boldsymbol{r}_1)\varphi_b(\boldsymbol{r}_2) \tag{24.32}$$

eine Lösung.

Um die Existenz des Spins zu berücksichtigen, müssen wir diese Lösung noch mit Spinfunktionen multiplizieren. Der Leser, der nicht mit dem Spinformalismus vertraut ist, braucht sich hieran nicht zu stoßen, da wir nur einige ganz wenige Eigenschaften dieser Spinfunktionen brauchen und dann im weiteren Verlauf unserer Rechnung auf sie völlig verzichten können.

Wir bezeichnen die Funktion, die ein Elektron mit dem Spin nach oben darstellt, mit α. Eine solche Spinwellenfunktion wurde in Abschn. 14.2.2 mit $\varphi_\uparrow$ bezeichnet. Handelt es sich um das Elektron 1, so nennen wir diese Funktion $\alpha(1)$. Zeigen beide Spins in die gleiche Richtung nach oben, so lautet jetzt unsere Wellenfunktion

$$\varphi_a(\boldsymbol{r}_1)\varphi_b(\boldsymbol{r}_2)\alpha(1)\alpha(2)\,. \tag{24.33}$$

Diese genügt aber nicht dem Pauli-Prinzip. Dieses besagt nämlich in seiner mathematischen Fassung, daß eine Wellenfunktion in allen Koordinaten der Elektronen antisymmetrisch sein muß, d.h. mit anderen Worten, daß die Wellenfunktion ihr Vorzeichen umkehrt, wenn wir überall die Indizes 1 mit den Indizes 2 vertauschen. Das tut aber die Wellenfunktion (24.33) nicht. Dies wird hingegen von der Wellenfunktion

$$\psi=\varphi_a(\boldsymbol{r}_1)\alpha(1)\varphi_b(\boldsymbol{r}_2)\alpha(2)-\varphi_a(\boldsymbol{r}_2)\alpha(2)\varphi_b(\boldsymbol{r}_1)\alpha(1) \tag{24.34}$$

erreicht. Indem wir $\alpha(1)$ und $\alpha(2)$ ausklammern, reduziert sich die Wellenfunktion auf die einfache Gestalt

$$\psi=\alpha(1)\alpha(2)\underbrace{[\varphi_a(\boldsymbol{r}_1)\varphi_b(\boldsymbol{r}_2)-\varphi_a(\boldsymbol{r}_2)\varphi_b(\boldsymbol{r}_1)]}_{\psi_\mathrm{u}}\,, \tag{24.35}$$

also einem Produkt aus einer Spinfunktion und einer Wellenfunktion, die sich nur auf den Ortsanteil bezieht. [In der Quantentheorie bezeichnet man Wellenfunktionen, die gegenüber der Vertauschung der Elektronen-Ortskoordinaten symmetrisch sind, als gerade („g"), solche, die antisymmetrisch sind, als ungerade („u").]

Wie wir von den Atomen her wissen, werden dort zumindest bei den leichteren Atomen die energetisch tiefsten Zustände eines Mehrelektronenatoms dadurch erreicht, daß wir die Zustände von unten her mit Elektronen mit antiparallelem Spin auffullen. Wir werden daher erwarten, was auch durch die Rechnung bestätigt wird, daß die Wellenfunktion ψ nicht den energetisch tiefsten Zustand darstellt, da hier die Spins parallel stehen. Wir müssen uns vielmehr eine Wellenfunktion überlegen, bei der die Spins antiparallel sind, in dem also ein Elektron durch eine „Spin nach oben"-Funktion α und das andere Elektron durch eine „Spin nach unten"-Funktion β beschrieben wird. Hier gibt es nun ganz verschiedene Möglichkeiten in Erweiterung von (24.33). Eine solche wäre

$$\varphi_a(\boldsymbol{r}_1)\varphi_b(\boldsymbol{r}_2)\alpha(1)\beta(2)\,. \tag{24.36}$$

Andere Ansätze gehen aus (24.36) hervor, indem wir die Koordinaten $\boldsymbol{r}_1$ und $\boldsymbol{r}_2$ oder die Argumente von α, β, nämlich $1, 2$ miteinander vertauschen oder alles miteinander vertauschen. Keine dieser Kombinationen für sich ist selbst antisymmetrisch. Wir versuchen nun, eine Kombination aus (24.36) und ähnlichen eben besprochenen Funktionsansätzen zu finden, die antisymmetrisch ist und die es gestattet, die Wellenfunktion wieder in einen Spinanteil und einen reinen Ortsanteil [ähnlich wie (24.35)] aufzuspalten. Dies ist in der Tat, wie man nach einigem Probieren findet, möglich, und es ergibt sich als Wellenfunktion der Ansatz

$$\psi = \underbrace{[\varphi_a(\boldsymbol{r}_1)\varphi_b(\boldsymbol{r}_2) + \varphi_a(\boldsymbol{r}_2)\varphi_b(\boldsymbol{r}_1)]}_{\psi_g} [\alpha(1)\beta(2) - \alpha(2)\beta(1)] . \tag{24.37}$$

Die Spinfunktion ist hier ersichtlich antisymmetrisch, während der Ortsanteil symmetrisch ist. Wenn wir alle Orts- und Spinkoordinaten der beiden Elektronen gleichzeitig vertauschen, kommt im Einklang mit dem Pauli-Prinzip wieder eine antisymmetrische Wellenfunktion zustande. Die Spinfunktionen waren uns eben nur ein Hilfsmittel, um die Symmetrie der Gesamtwellenfunktion zu berücksichtigen. Nachdem aber in dem Hamiltonoperator der Schrödinger-Gleichung (24.28) keine Operatoren vorkommen, die in irgendeiner Weise auf den Spin wirken, können wir bei unseren folgenden Berechnungen der Energie auf diese Spinfunktionen ganz verzichten. Dies bedeutet, daß in der hier gerechneten Näherung die Wechselwirkung der Spins untereinander (Spin-Spin-Wechselwirkung) und der Spins mit der Ortsfunktion (Spin-Bahn-Wechselwirkung) nicht berücksichtigt werden. Wir befassen uns daher von nun an nur noch mit den Wellenfunktionen ψ_u und ψ_g.

Nach der grundlegenden Idee von *Heitler* und *London* denken wir uns nun diese Wellenfunktionen ψ_g bzw. ψ_u als genäherte Lösungen der Schrödinger-Gleichung mit dem Hamiltonoperator (24.28), der *alle* Coulombschen Wechselwirkungen zwischen Elektronen und Protonen enthält, und stellen uns vor, daß durch sie im Sinne des Variationsprinzips die exakte Energie mit Hilfe von (24.27) angenähert wird. Wir stehen daher vor der Aufgabe, den Energie-Erwartungswert für diese Wellenfunktion zu berechnen.

Als Vorübung zur Ausrechnung dieses Erwartungswerts betrachten wir das im Nenner von (24.27) auftretende Normierungsintegral. Dieses hat die Gestalt

$$\begin{aligned} &\int\int |\psi(\boldsymbol{r}_1, \boldsymbol{r}_2)|^2 dV_1 dV_2 \\ &\quad = \int\int [\varphi_a(\boldsymbol{r}_1)\varphi_b(\boldsymbol{r}_2) \pm \varphi_a(\boldsymbol{r}_2)\varphi_b(\boldsymbol{r}_1)] \\ &\qquad \cdot [\varphi_a(\boldsymbol{r}_1)\varphi_b(\boldsymbol{r}_2) \pm \varphi_a(\boldsymbol{r}_2)\varphi_b(\boldsymbol{r}_1)] dV_1 dV_2 . \end{aligned} \tag{24.38}$$

Nach Ausmultiplikation erhalten wir (wobei wir annehmen, daß φ_a und φ_b reell sind)

$$\begin{aligned} &\int |\varphi_a|^2 dV_1 \int |\varphi_b|^2 dV_2 + \int |\varphi_a|^2 dV_2 \int |\varphi_b|^2 dV_1 \\ &\quad \pm \int \varphi_a(\boldsymbol{r}_1)\varphi_b(\boldsymbol{r}_1) dV_1 \int \varphi_a(\boldsymbol{r}_2)\varphi_b(\boldsymbol{r}_2) dV_2 \\ &\quad \pm \int \varphi_a(\boldsymbol{r}_2)\varphi_b(\boldsymbol{r}_2) dV_2 \int \varphi_b(\boldsymbol{r}_1)\varphi_a(\boldsymbol{r}_1) dV_1 . \end{aligned} \tag{24.39}$$

Die ersten beiden Ausdrücke reduzieren sich wegen der Normierung der Wellenfunktionen φ_a und φ_b auf

$$\int |\varphi_a|^2 dV_1 = \int |\varphi_b|^2 dV_2 = 1 , \tag{24.40}$$

während die übrigen beiden Ausdrücke Quadrate des Überlappungsintegrals

$$\int \varphi_a(\boldsymbol{r}_1)\varphi_b(\boldsymbol{r}_1)dV = S \tag{24.41}$$

sind. Damit läßt sich das Normierungsintegral (24.38) in der einfachen Form

$$2(1 \pm S^2) \tag{24.42}$$

schreiben.

Bei der Auswertung des Zählers des Energie-Erwartungswertes (24.27) stoßen wir auf ganz ähnliche Ausdrücke, von denen wir wieder die zwei typischen herausgreifen.

Wir beginnen mit dem Ausdruck

$$\int\int \varphi_a(\boldsymbol{r}_1)\varphi_b(\boldsymbol{r}_2)\left\{H_1 + H_2 - \frac{e^2}{4\pi\varepsilon_0 r_{b1}} - \frac{e^2}{4\pi\varepsilon_0 r_{a2}} + \frac{e^2}{4\pi\varepsilon_0 r_{ab}} + \frac{e^2}{4\pi\varepsilon_0 r_{12}}\right\} \cdot \varphi_a(\boldsymbol{r}_1)\varphi_b(\boldsymbol{r}_2)dV_1 dV_2 . \tag{24.43}$$

Da der Hamiltonoperator H_1 in (24.43) nur auf φ_a wirkt, können wir zur weiteren Auswertung die Tatsache benutzen, daß φ_a der Schrödinger-Gleichung (24.30) genügt. Verfahren wir entsprechend mit H_2, so können wir (24.43) zu dem Ausdruck

$$\int\int |\varphi_a(\boldsymbol{r}_1)|^2 |\varphi_b(\boldsymbol{r}_2)|^2 \cdot \left\{\underbrace{2E_0}_{1)} - \underbrace{\frac{e^2}{4\pi\varepsilon_0 r_{b1}}}_{2)} - \underbrace{\frac{e^2}{4\pi\varepsilon_0 r_{a2}}}_{3)} + \underbrace{\frac{e^2}{4\pi\varepsilon_0 r_{ab}}}_{4)} + \underbrace{\frac{e^2}{4\pi\varepsilon_0 r_{12}}}_{5)}\right\} dV_1 dV_2 \tag{24.44}$$

vereinfachen. Für das Folgende ist es zweckmäßig, die Bedeutung der einzelnen Glieder gesondert zu untersuchen.

1) $2E_0$ ist die Energie der unendlich weit getrennten Wasserstoff-Atome. (24.45)

$$2) \quad \int |\varphi_a(\boldsymbol{r}_1)|^2 \left(-\frac{e^2}{4\pi\varepsilon_0 r_{b1}}\right) dV_1 = A < 0 . \tag{24.46}$$

Dieser Ausdruck stellt die Coulombsche Wechselwirkungsenergie des Elektrons 1 im Zustand a mit dem Kern b dar.

$$3) \quad \int |\varphi_b(\boldsymbol{r}_2)|^2 \left(-\frac{e^2}{4\pi\varepsilon_0 r_{a2}}\right) dV_2 = A < 0 . \tag{24.47}$$

Dieses Integral stellt die Coulombsche Wechselwirkungsenergie des Elektrons 2 im Zustand b im Feld des Kerns a dar. Aus der Symmetrie des Problems folgt, daß die beiden Integrale 2) und 3) einander gleich sind.

4) Wegen der Normierung der Wellenfunktion φ_a und φ_b erhalten wir hier

$$\frac{e^2}{4\pi\varepsilon_0 r_{ab}} . \tag{24.48}$$

Dies ist die Coulombsche Abstoßungsenergie zwischen den beiden Kernen.

$$5)\ \iint |\varphi_a(\boldsymbol{r}_1)|^2 |\varphi_b(\boldsymbol{r}_2)|^2 \frac{e^2}{4\pi\varepsilon_0 r_{12}} dV_1 dV_2 = E_{WW}. \tag{24.49}$$

Dieses Integral stellt die abstoßende Coulombsche Wechselwirkungsenergie zwischen den beiden Elektronenwolken dar.

Fassen wir die Beiträge (24.45) bis (24.49) zusammen, so erhalten wir als Beitrag zum Energie-Erwartungswert von (24.43)

$$\frac{\hat{E}}{2} = 2E_0 + 2A + E_{WW} + \frac{e^2}{4\pi\sigma_0 r_{ab}}. \tag{24.50}$$

Dies ist allerdings noch nicht das Gesamtergebnis, da ja beim Einsetzen von ψ_g bzw. ψ_u in den Energie-Erwartungswert (24.27) auch Austauschglieder der Gestalt

$$\iint \varphi_b(\boldsymbol{r}_1)\varphi_a(\boldsymbol{r}_2)\{\dots\}\varphi_a(\boldsymbol{r}_1)\varphi_b(\boldsymbol{r}_2)dV_1 dV_2 \tag{24.51}$$

vorkommen, wobei der Klammerausdruck $\{\dots\}$ der gleiche wie in (24.43) ist. Explizit lautet also (24.51)

$$\pm \iint \varphi_b(\boldsymbol{r}_1)\varphi_a(\boldsymbol{r}_2)\varphi_a(\boldsymbol{r}_1)\varphi_b(\boldsymbol{r}_2) \cdot \Bigg\{ \underbrace{2E_0}_{1)} - \underbrace{\frac{e^2}{4\pi\varepsilon_0 r_{b1}}}_{2)} - \underbrace{\frac{e^2}{4\pi\varepsilon_0 r_{a2}}}_{3)} + \underbrace{\frac{e^2}{4\pi\varepsilon_0 r_{ab}}}_{4)} + \underbrace{\frac{e^2}{4\pi\varepsilon_0 r_{12}}}_{5)} \Bigg\} dV_1 dV_2. \tag{24.52}$$

Die Beiträge haben folgende Gestalt und Bedeutung:

$$1)\ \pm 2E_0 S^2. \tag{24.53}$$

Die Energie der beiden getrennten Wasserstoff-Atome multipliziert mit dem Quadrat des Überlappungsintegrals S, das uns bereits in (24.7) begegnet ist.

$$2)\ \pm \int \varphi_a(\boldsymbol{r}_2)\varphi_b(\boldsymbol{r}_2)dV_2 \underbrace{\int \varphi_b(\boldsymbol{r}_1)\left(-\frac{e^2}{4\pi\varepsilon_0 r_{b1}}\right)\varphi_a(\boldsymbol{r}_1)dV_1}_{D}. \tag{24.54}$$

Dieses Austauschintegral ist ein Produkt aus dem Überlappungsintegral S und dem Einelektronenaustauschintegral D – vgl. (24.9).

$$3)\ \pm SD. \tag{24.55}$$

Das Resultat ist das gleiche wie bei (24.54), nur sind die Indizes von Elektronen und Atomen vertauscht.

$$4)\ \pm S^2 \frac{e^2}{4\pi\varepsilon_0 r_{ab}}. \tag{24.56}$$

Das Überlappungsintegral im Quadrat ist multipliziert mit der Coulombschen Wechselwirkungsenergie zwischen beiden Atomkernen.

$$5)\quad \pm\iint \varphi_b(\boldsymbol{r}_1)\varphi_a(\boldsymbol{r}_2)\frac{e^2}{4\pi\varepsilon_0 r_{12}}\varphi_a(\boldsymbol{r}_1)\varphi_b(\boldsymbol{r}_2)dV_1dV_2 = \pm E_{AW}\,. \tag{24.57}$$

Dieses Integral stellt die Coulombsche Wechselwirkung zwischen den beiden Elektronen dar, wobei aber nicht die normale Ladungsdichte auftritt, sondern die Austauschdichte. Man spricht daher bei diesem Integral auch von der Coulombschen Austausch-Wechselwirkung.

Der von (24.53)–(24.57) herrührende Gesamtbeitrag lautet somit

$$\frac{\tilde{E}}{2} = \pm 2E_0S^2 \pm 2DS \pm E_{AW} \pm \frac{e^2}{4\pi\varepsilon_0 r_{ab}}S^2\,. \tag{24.58}$$

Wir erinnern uns nun an unsere eigentliche Aufgabe, nämlich den Zähler von (24.27) zu berechnen, und zwar mit Hilfe der Wellenfunktionen ψ_g bzw. ψ_u. Multiplizieren wir alle Funktionen, die in ψ_g bzw. ψ_u stehen, miteinander aus, so erhalten wir zweimal Beiträge der Gestalt (24.43) und zweimal Beiträge der Gestalt (24.51). Schließlich müssen wir noch das Ergebnis durch das Normierungsintegral dividieren. Somit erhalten wir für die Gesamtenergie des Wasserstoff-Moleküls

$$E_{g,u} = \frac{\hat{E}+\tilde{E}}{\iint|\psi|^2dV_1dV_2}\,, \tag{24.59}$$

wobei je nach Wellenfunktion ψ_g bzw. ψ_u das obere bzw. untere Vorzeichen zu wählen ist:

$$E_g = 2E_0 + \frac{2A+E_{WW}}{1+S^2} + \frac{2DS+E_{AW}}{1+S^2} + \frac{e^2}{4\pi\varepsilon_0 r_{ab}}\,, \tag{24.60}$$

$$E_u = 2E_0 - \frac{2A+E_{WW}}{1-S^2} - \frac{2DS+E_{AW}}{1-S^2} + \frac{e^2}{4\pi\varepsilon_0 r_{ab}}\,. \tag{24.61}$$

Um festzustellen, ob es zu einer chemischen Bindung kommt, müssen die Integrale zahlenmäßig ausgewertet werden, da verschiedene Effekte hier im Widerstreit stehen und es nicht von vornherein klar ist, welche Beiträge überwiegen. Wir haben ja hier in den einzelnen Ausdrücken teils positive, teils negative Beiträge von der Coulombschen Wechselwirkung zwischen Elektronen unter sich, zwischen den Kernen unter sich und zwischen den Elektronen und Kernen. Daneben treten aber als typische quantenmechanische Effekte auch noch die Austauschwechselwirkungen, die in

$$K = 2DS + E_{AW} < 0 \tag{24.62}$$

zusammengefaßt sind, auf. Es soll hier nicht unsere Aufgabe sein, die numerische Auswertung der Integrale vorzunehmen. Wie sich zeigt, geben die hier vorliegenden Austauschintegrale (24.62) einen negativen Beitrag. Das führt dazu, daß die gerade Wellenfunktion energetisch tiefer liegt als die ungerade. Ferner zeigt sich, daß als Netto-Effekt der verschiedenen Coulombschen Wechselwirkungen die Energie insgesamt

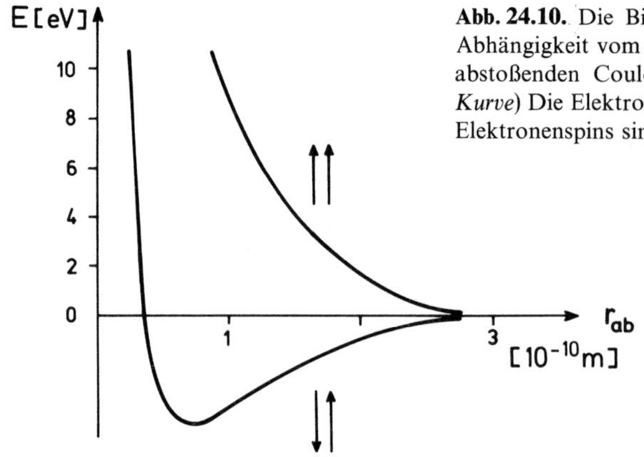

Abb. 24.10. Die Bindungsenergie des Wasserstoff-Moleküls in Abhängigkeit vom Kernabstand r_{ab} unter Berücksichtigung der abstoßenden Coulombenergie zwischen den Kernen. (*Untere Kurve*) Die Elektronenspins sind antiparallel. (*Obere Kurve*) Die Elektronenspins sind parallel

gegenüber der Energie freier Wasserstoff-Atome abgesenkt wird. Diese Absenkung kommt neben den Austauscheffekten (24.62) dadurch zustande, daß die Elektronen sich gleichzeitig zwischen den beiden Kernen aufhalten können und so von dem Coulombschen Anziehungspotential beider Kerne profitieren, und zwar in einer Weise, die die Coulombsche Abstoßung der Elektronen untereinander und der Kerne untereinander noch kompensiert. Diese Energie-Absenkung hängt vom Abstand zwischen den beiden Kernen ab.

Bei sehr kleinen Abständen r_{ab} überwiegt schließlich dann doch die positive Abstoßungsenergie der beiden Kerne. Dadurch kommt ein Energie-Minimum bei einem ganz bestimmten Kernabstand zustande (Abb. 24.10).

Die Ionisierungsenergie, die sich als Differenz zwischen der minimalen Energie beim Gleichgewichtsabstand und der Energie beim Abstand $r_{ab} = \infty$ ergibt, beträgt nach der Rechnung 3,14 eV. Die beobachtete Bindungsenergie, die gleich der Dissoziations-Energie ist, ist hingegen 4,48 eV, wobei aber noch zu berücksichtigen ist, daß die Kerne selbst auch noch einen Beitrag durch ihre kinetische Energie liefern. Zieht man diesen Beitrag, den wir hier nicht berechnen, ab, so wäre die Bindungsenergie sogar 4,75 eV. Wie wir sehen, ist also noch eine erhebliche Diskrepanz zwischen der berechneten und der tatsächlichen Bindungsenergie vorhanden. Dies bedeutet, daß die Wellenfunktionen des Heitler-London-Modells noch relativ grob sind. Während sie uns zeigen, daß eine Bindung des Wasserstoff-Moleküls tatsächlich möglich ist, können sie den exakten Verlauf der Wellenfunktion nur genähert wiedergeben. Zur Verbesserung der Wellenfunktion sind noch einige weitere Effekte genauer zu berücksichtigen, von denen wir hier einen besonders typischen besprechen, der als kovalent-ionische Resonanz bezeichnet wird.

24.5 Kovalent-ionische Resonanz

Im vorigen Abschnitt hatten wir eine Wellenfunktion für die beiden Elektronen herangezogen, in der das eine Elektron jeweils gerade am anderen Kernort ist als das andere. In diesem als „kovalent" bezeichneten Fall lautete also die Wellenfunktion

$$\psi_{\text{cov}} = N[\varphi_a(\boldsymbol{r}_1)\varphi_b(\boldsymbol{r}_2) + \varphi_a(\boldsymbol{r}_2)\varphi_b(\boldsymbol{r}_1)] , \tag{24.63}$$

wobei N noch ein Normierungsfaktor ist.

Es ist natürlich möglich, daß zumindest mit einer bestimmten Wahrscheinlichkeit ein Elektron gleichzeitig mit dem anderen am gleichen Atom sitzt, die Wellenfunktion dann also durch

$$\varphi_a(\boldsymbol{r}_1)\varphi_a(\boldsymbol{r}_2) \tag{24.64}$$

gegeben wäre. Da die beiden Atomkerne gleichberechtigt sind, können beide Elektronen genausogut auch am Kernort b sitzen, was durch die Wellenfunktion

$$\varphi_b(\boldsymbol{r}_1)\varphi_b(\boldsymbol{r}_2) \tag{24.65}$$

beschrieben wird. Durch (24.64) und (24.65) werden Zustände beschrieben, bei denen ein negativ geladenes Wasserstoff-Ion vorliegt. Daher bezeichnet man derartige Zustände als „ionisch". Da die Zustände (24.64) und (24.65) energetisch miteinander entartet sind, müssen wir eine Linearkombination aus ihnen bilden, die wir in der symmetrischen Form

$$\psi_{\text{ion}} = N'[\varphi_a(\boldsymbol{r}_1)\varphi_a(\boldsymbol{r}_2) + \varphi_b(\boldsymbol{r}_1)\varphi_b(\boldsymbol{r}_2)] \tag{24.66}$$

vornehmen, so daß (24.66) die gleiche Symmetrie wie (24.63) erhält. Nun werden wir erwarten müssen, daß in der Natur weder die Wellenfunktionen (24.63) noch die Wellenfunktionen (24.66) für sich allein realisiert werden, da ja die Elektronen teilweise einander ausweichen, teilweise aber doch auch am gleichen Kern sitzen können. Da wir beide Möglichkeiten antreffen, müssen wir nach den Grundregeln der Quantenmechanik die der Wirklichkeit am besten angepaßten Wellenfunktionen als eine Linearkombination aus (24.63) und (24.66) aufbauen

$$\psi = \psi_{\text{cov}} + c\psi_{\text{ion}}, \tag{24.67}$$

wobei die Konstante c in (24.67) noch ein Parameter ist, der so zu bestimmen ist, daß der zu (24.67) gehörige Erwartungswert der Energie minimal wird.

24.6 Die Wasserstoffbindung nach Hund-Mulliken-Bloch

Neben der Heitler-London-Methode, die wir oben besprochen haben, wird in der Molekülphysik oft noch ein zweites Verfahren verwendet, das zwar i. allg. bezüglich der Gesamtbindungsenergie nicht so gute Resultate wie das Heitler-London-Verfahren bietet, bei dem sich aber besser der Aufenthalt der einzelnen Elektronen verfolgen läßt. Dies ist insbesondere für spektroskopische Untersuchungen von Molekülen von Interesse, da sich hier i. allg. jeweils nur ein einziger Elektronenzustand ändert und man gerade diese Änderung theoretisch behandeln will.

Bei diesem Verfahren sieht man zunächst davon ab, daß gleichzeitig zwei Elektronen vorhanden sind. Wir betrachten vielmehr die Bewegung eines einzelnen Elektrons im Feld der Atomkerne oder, mit anderen Worten, wir gehen von der Lösung des Problems des Wasserstoff-Molekülions aus. Die Lösung hatten wir in Abschn. 24.2 hergeleitet. Sie hatte die Gestalt

$$\psi_g(\boldsymbol{r}) = N[\varphi_a(\boldsymbol{r}) + \varphi_b(\boldsymbol{r})]. \tag{24.68}$$

Die Idee besteht nun darin, nacheinander die *beiden* Elektronen des Wasserstoff-Moleküls in diesen Zustand (24.68) hineinzusetzen. Zur Lösung der Schrödinger-Gleichung mit dem Hamiltonoperator (24.28) für die beiden Elektronen machen wir daher den Ansatz

$$\psi(\boldsymbol{R}_1, \boldsymbol{R}_2) = \psi_a(\boldsymbol{r}_1)\psi_a(\boldsymbol{r}_2) \cdot \text{Spinfunktion}\,, \tag{24.69}$$

wobei wir uns hier auf den Fall konzentrieren, daß die Spins antiparallel sind, die Spinfunktion also antisymmetrisch ist und somit die Form

$$\text{Spinfunktion} = \frac{1}{\sqrt{2}}[\alpha(1)\beta(2) - \alpha(2)\beta(1)] \tag{24.70}$$

hat. Die Gesamtwellenfunktion (24.69) ist ersichtlich antisymmetrisch bezüglich der Elektronen und Spinvariablen. Mit dem Ansatz (24.69) läßt sich wieder der Erwartungswert der Gesamtenergie ausrechnen. Er ergibt sich als energetisch nicht ganz so günstig wie bei der Heitler–London-Methode. Das hier geschilderte Verfahren wird als das der *Linearkombination von atomaren Wellenfunktionen* oder auf Englisch "*Linear combination of atomic orbitals*" bezeichnet und mit LCAO abgekürzt. Eine solche Linearkombination, wie z. B. (24.68), stellt die Wellenfunktion eines einzelnen Elektrons im Molekül dar und wird daher auch als Molekülorbital bezeichnet.

Dieses Verfahren läßt sich auch auf andere kompliziertere Moleküle ausdehnen, wobei die Wellenfunktionen zu jeweils zwei Zentren konstruiert und dann mit je zwei Elektronen besetzt werden. Dieses Verfahren bedarf allerdings bei einer Reihe von Molekülen noch Änderungen, von denen wir einige der wichtigsten und markantesten aufführen.

24.7 Die Hybridisierung

Ein besonders wichtiger Fall, der von besonderem Interesse für die organische Chemie ist, ist die Hybridisierung. Hierbei kommen wir zugleich zu Atomen mit mehreren Elektronen. Bei der Bindung zu Molekülen werden die Elektronen der abgeschlossenen inneren Schalen wenig beeinflußt. Die chemische Bindung kommt durch die äußeren Elektronen, die schwächer an den Kern gebunden sind (Valenzelektronen), zustande. Beim Kohlenstoff-Atom sind von dessen sechs Elektronen zwei im 1s-Zustand, zwei im 2s-Zustand und die zwei letzten auf zwei der drei Zustände $2p_x$, $2p_y$, $2p_z$ verteilt (vgl. Abschn. 19.2). Die uns vom Wasserstoff-*Atom* her geläufige Entartung des Zustands mit der Hauptquantenzahl $n=2$ ist hier aufgehoben. Allerdings ist die Aufspaltungsenergie zwischen dem 2s- und dem 2p-Zustand mit 4 Elektronenvolt nicht allzu groß, und es gibt tatsächlich beim Kohlenstoff-Atom einen angeregten Zustand, bei dem ein Elektron aus dem 2s-Zustand in einen 2p-Zustand übergegangen ist (vgl. Abschn. 19.2). Damit sind also die Zustände $2s$, $2p_x$, $2p_y$, $2p_z$ besetzt. Betrachten wir nun diese Zustände, die einem einzelnen Elektron zur Verfügung stehen, genauer, wenn wir äußere Kräfte auf ein Elektron einwirken lassen, etwa indem wir Wasserstoff-Atome in die Nähe bringen. Dann kann die zwischen den 2s- und 2p-Zuständen noch bestehende Energieaufspaltung durch die von außen wirkenden Kräfte gewissermaßen kompensiert werden, so daß der 2s- und die 2p-Zustände praktisch wieder miteinander entartet sind.

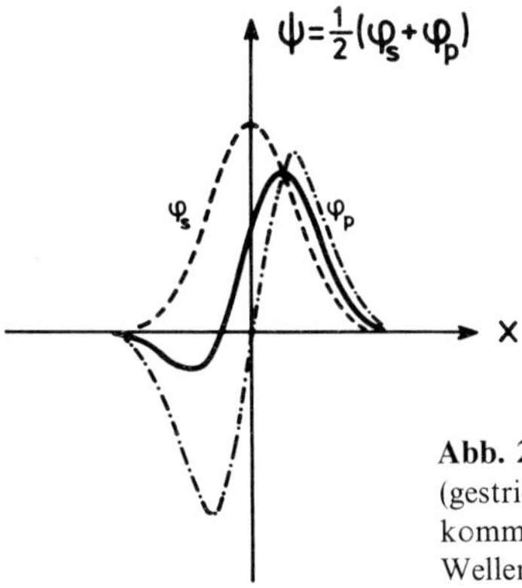

Abb. 24.12. (*Links*) Die Dichteverteilung der vier Elektronen bei der tetragonalen Hybridisierung des Kohlenstoffs. (*Rechts*) Explosionsdarstellung

Abb. 24.11. Verlauf der Wellenfunktion bei der digonalen Hybridisierung. Aufgetragen sind die s-Funktion φ_s (gestrichelte Linie), die p-Funktion φ_p (strichpunktierte Linie), sowie die durch deren Überlagerung zustandekommende Kurve, die ausgezogen ist. Die Abbildung macht deutlich, wie durch Überlagerung der beiden Wellenfunktionen φ_s und φ_p der Schwerpunkt nach rechts verschoben wird

Wie man vom Beispiel der Störungstheorie mit Entartung her weiß, müssen in einem solchen Fall bestimmte Linearkombinationen aus den alten miteinander entarteten Funktionen gebildet werden. Zum Beispiel lassen sich anstelle der $2s$- und $2p_x$-Funktionen zwei neue Wellenfunktionen der Gestalt

$$\begin{aligned} \psi_+ &= \varphi_s + \varphi_{p_x} \\ \psi_- &= \varphi_s - \varphi_{p_x} \end{aligned} \tag{24.71}$$

aufbauen. Wie wir schon früher gezeigt haben, bedeuten derartige Linearkombinationen, daß der Ladungsschwerpunkt in einer solchen Linearkombination gegenüber der s-Funktion verschoben ist (Abb. 24.11). Genau ein solches Phänomen tritt nun aber bei der sog. Hybridisierung auf. Besprechen wir einige Arten solcher Hybridisierungen und beginnen mit dem wohl bekanntesten Fall, dem Methan, CH_4, bei dem das Kohlenstoff-Atom von vier Wasserstoff-Atomen umgeben ist. Vom Experiment her weiß man, daß das Kohlenstoff-Atom im Zentrum eines Tetraeders sitzt, an dessen Ecken die vier Wasserstoff-Atome sitzen. Interessanterweise lassen sich aus den vier miteinander entarteten Wellenfunktionen der Hauptquantenzahl $n=2$ des Kohlenstoff-Atoms vier neue Linearkombinationen bilden, deren Schwerpunkte in Richtung dieser vier Ecken verschoben sind. Erinnert man sich daran, daß die Wellenfunktionen des p-Zustands die Gestalt $f(r)x$, $f(r)y$, $f(r)z$ haben, so kann man sich in elementarer Weise klarmachen, daß die folgenden Linearkombinationen die besprochene Schwerpunktsverschiebung bewirken

$$\begin{aligned} \psi_1 &= \tfrac{1}{2}(\varphi_s + \varphi_{p_x} + \varphi_{p_y} + \varphi_{p_z}) \\ \psi_2 &= \tfrac{1}{2}(\varphi_s + \varphi_{p_x} - \varphi_{p_y} - \varphi_{p_z}) \\ \psi_3 &= \tfrac{1}{2}(\varphi_s - \varphi_{p_x} + \varphi_{p_y} - \varphi_{p_z}) \\ \psi_4 &= \tfrac{1}{2}(\varphi_s - \varphi_{p_x} - \varphi_{p_y} + \varphi_{p_z}) . \end{aligned} \tag{24.72}$$

Mit diesen neuen Linearkombinationen werden die Elektronen des Kohlenstoffs auf die tetragonale Umgebung „eingestimmt". Jede einzelne der vier Wellenfunktionen (24.72) kann nun zur Bindung mit dem entsprechenden Wasserstoff-Atom Anlaß geben (Abb. 24.12). Greifen wir als Beispiel die Richtung bzw. Ecke 1 heraus und bezeichnen die

Wellenfunktion ψ_1 von (24.72) des Kohlenstoffs genauer mit ψ_{C1} und die des Wasserstoff-Atoms in dieser Ecke mit φ_{H1}. Ähnlich wie beim Wasserstoff-Molekül ist nun nach der LCAO-Methode eine Wellenfunktion für jedes der beiden an der Bindung teilnehmenden Elektronen in folgender Form anzusetzen:

$$\psi(\boldsymbol{r}) = \psi_{C1}(\boldsymbol{r}) + \alpha\varphi_{H1}(\boldsymbol{r}). \tag{24.73}$$

Da das Kohlenstoff-Atom und das Wasserstoff-Atom verschieden sind, wird der Koeffizient $\alpha \neq 1$ sein (im Gegensatz zum Wasserstoff-Molekül) und muß durch ein Variationsverfahren bestimmt werden.

Im vorliegenden Fall haben wir uns bei unseren Überlegungen an dem experimentellen Befund orientiert, nach dem die vier Wasserstoff-Atome an den Spitzen des Tetraeders sitzen. Man könnte nun versucht sein, bei einer theoretischen Behandlung dieses Problems die Frage zu stellen, ob zunächst die Wellenfunktionen (24.72) primär vorgegeben sind und sich dann die Wasserstoff-Atome gerade an die Spitzen des Tetraeders setzen oder ob umgekehrt die Wasserstoff-Atome erst an den Spitzen eines Tetraeders sitzen und sich dann die Kohlenstoff-Wellenfunktionen entsprechend anordnen. Vom Standpunkt der Quantentheorie aus sind derartige Überlegungen müßig. Die Lage der Wasserstoff-Atome und die Orientierung der Wellenfunktionen bedingen sich gegenseitig. Die Gesamtkonfiguration wählt das einzelne Molekül CH_4 so, daß die Gesamtenergie minimal wird.

Die eben besprochene tetragonale Hybridisierung, d. h. Anordnung der Wellenfunktionen in der Symmetrie des Tetraeders, ist nicht die einzige Art der Hybridisierung, die beim Kohlenstoff möglich ist. Eine weitere haben wir eigentlich schon vorweggenommen, nämlich die digonale Hybridisierung, die in den Wellenfunktionen (24.71) zum Ausdruck kommt (Abb. 24.11).

Beim Kohlenstoff ist noch eine andere Hybridisierung möglich, nämlich die trigonale, bei der die Wellenfunktionen vom s- und p_x- und p_y-Typ drei Vorzugsrichtungen in einer Ebene durch geeignete Linearkombinationen bilden können. Damit der Leser einen Eindruck bekommt, wie solche Linearkombinationen aussehen, geben wir diese explizit an (Abb. 24.13):

$$\begin{aligned}
\psi_1 &= \sqrt{\tfrac{1}{3}}(\varphi_s + \sqrt{2}\varphi_{p_x}) \\
\psi_2 &= \sqrt{\tfrac{1}{3}}(\varphi_s + \sqrt{\tfrac{3}{2}}\varphi_{p_y} - \sqrt{\tfrac{1}{2}}\varphi_{p_x}) \\
\psi_3 &= \sqrt{\tfrac{1}{3}}(\varphi_s - \sqrt{\tfrac{3}{2}}\varphi_{p_y} - \sqrt{\tfrac{1}{2}}\varphi_{p_x}).
\end{aligned} \tag{24.74}$$

Offensichtlich wird bei diesen drei Wellenfunktionen nicht von der ursprünglichen vierten Wellenfunktion, nämlich p_z, Gebrauch gemacht. Diese spielt dann noch eine zusätzliche Rolle bei der Bindung, wie wir sogleich sehen werden. Dazu betrachten wir den Fall des Äthylens, C_2H_4. Hier befinden sich die beiden Kohlenstoff-Atome

Abb. 24.13. (*Links*) Die Dichteverteilung der drei Elektronen bei der trigonalen Hybridisierung des Kohlenstoffs. (*Rechts*) Explosionsdarstellung

Abb. 24.14. Dichteverteilung der hybridisierten Elektronen des Kohlenstoffs beim Aethylen C_2H_4. (*Links*) Die beiden Kohlenstoff-Atome sitzen an den beiden eingezeichneten Knotenpunkten und bilden gemeinsam mit den jeweils zugehörigen Wasserstoff-Atomen eine trigonale Konfiguration. (*Rechts*) Durch die senkrecht orientierten p_z-Funktionen der beiden Kohlenstoff-Atome kommt eine weitere Kohlenstoffbrücke zustande

gemeinsam mit den jeweils zugehörigen Wasserstoff-Atomen in einer trigonalen Konfiguration. Die Wasserstoff–Kohlenstoff-Brücken werden wieder durch die Wellenfunktion der Gestalt (24.73) wiedergegeben, wobei für ψ_{C1} z. B. jetzt ψ_2 von (24.74) zu wählen ist. Eine Kohlenstoff–Kohlenstoff-Brücke wird durch die erste der Wellenfunktionen wiedergegeben, wobei jedes der Kohlenstoff-Atome ein Elektron beisteuert. Dabei bleiben aber die Elektronen, die in dem p_z-Zustand sitzen, noch übrig. Hier lassen sich nun, ganz in Analogie zum Wasserstoff-Molekül, nach der Hund-Mulliken-Bloch-Methode Linearkombinationen bilden, die zu einem zusätzlichen Bindungseffekt zwischen den beiden Kohlenstoff-Atomen Anlaß geben. Wir haben es also im Endeffekt mit einer Doppelbindung zu tun (Abb. 24.14).

24.8 Die π-Elektronen des Benzols C_6H_6

Zum Abschluß unseres kleinen Exkurses in die Quantentheorie der chemischen Bindung führen wir noch einen weiteren typischen Fall an, nämlich den des Benzols C_6H_6. Wie vom Experiment bekannt ist, ist dieses Molekül eben. Die H–Atome liegen in der gleichen Ebene wie die im Sechser-Ring vereinigten C-Atome (vgl. Abb. 24.15). Greifen wir ein einzelnes Kohlenstoff-Atom heraus, so ergibt sich wieder eine trigonale Anordnung des einen herausragenden Wasserstoff-Atoms und der beiden Kohlenstoff-Nachbaratome. Ganz ähnlich wie beim Äthylen stellen wir fest, daß jeweils pro Kohlenstoff-Atom ein p_z-Zustand mit einem Elektron übrig bleibt. Alle derartigen p_z-Zustände in den 6 verschiedenen Kohlenstoff-Atomen sind energetisch gleichberechtigt. Ein Elektron kann also im Prinzip in jedem dieser Zustände sitzen.

Machen wir uns nun den Grundgedanken der LCAO-Methode, d. h. der Methode der Linearkombinationen atomarer Orbitale zu eigen. Hiernach suchen wir zunächst für ein einzelnes Elektron die Wellenfunktion im Feld aller Atomkerne, hier also insbesondere im Feld aller 6 Kohlenstoffkerne. Im Prinzip haben wir es dann mit einer Verallgemeinerung unseres Wasserstoff-Moleküls zu tun, wobei aber das Elektron jetzt nicht auf zwei, sondern auf sechs Plätze verteilt sein kann.

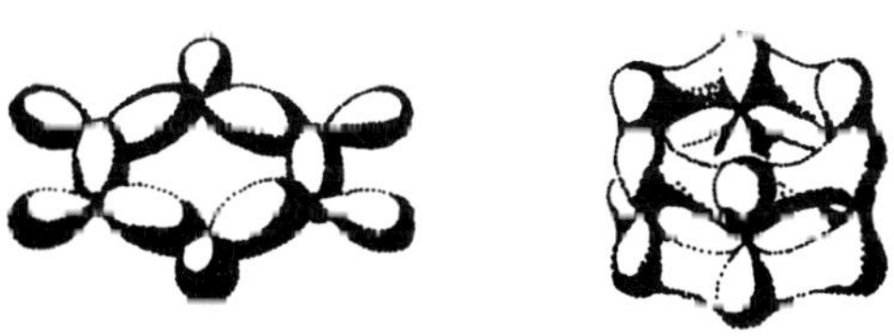

Abb. 24.15. Elektronen-Dichteverteilung beim Benzol C_6H_6. (*Links*) Eine Folge trigonaler Anordnungen im 6er-Ring des Benzols (σ-Bindungen). (*Rechts*) Die Dichteverteilung der sich aus den p_z-Zuständen der einzelnen Kohlenstoff-Atome zusammensetzenden π-Zustände

Bezeichnen wir die p_z-Zustände an den sechs Kohlenstoff-Plätzen mit $\pi_1, \pi_2, \pi_3, \ldots, \pi_6$, so haben wir also eine Wellenfunktion der Form

$$\psi = c_1\pi_1 + c_2\pi_2 + \ldots + c_6\pi_6 \tag{24.75}$$

anzusetzen.

Zur Festlegung der Koeffizienten c_j läßt sich die Symmetrie des Problems heranziehen. Rücken wir nämlich alle C-Atome in der Kette einen Schritt weiter, so bleibt das Gesamtpotentialfeld, in dem sich das betrachtete Elektron befindet, unverändert. Wir haben es hier mit einer Dreh-Symmetrie zu tun, bei der das Potentialfeld unverändert bleibt, wenn wir um einen Winkel von 60° oder einem Vielfachen davon das Molekül weiterdrehen, und zwar um eine Achse, die senkrecht zur Molekülebene ist. An dieser Stelle können wir die Ergebnisse des früheren Abschn. 16.1.2 verwenden. Hier ergab sich bei Atomen, daß die Wellenfunktionen eine bestimmte Gestalt haben müssen, wenn der Hamiltonoperator eine Dreh-Symmetrie hat. Wir wollen hier den Leser nicht mit Einzelheiten ermüden. Es zeigt sich, wie man anhand der dortigen Ausführungen nachvollziehen kann, daß die Wellenfunktion (24.75) mit einem Faktor der Gestalt

$$e^{2im\pi/6} \tag{24.76}$$

multipliziert werden muß, wenn wir das Molekül um 60° weiterdrehen. Hierbei kann $m = 0, 1, \ldots, 5$ sein. Die Beziehung

$$\psi_{\text{gedreht}} = e^{2im\pi/6}\psi_{\text{nicht gedreht}} \tag{24.77}$$

hat aber Relationen zwischen den Koeffizienten c_j in (24.75) zur Folge: Bei einer Drehung des Moleküls um 60° gehen nämlich die π-Wellenfunktionen ineinander über:

$$\pi_2 \to \pi_1,\ \pi_3 \to \pi_2, \ldots, \pi_1 \to \pi_6 .$$

Wir erhalten dann aus (24.77)

$$c_1\pi_6 + c_2\pi_1 + c_3\pi_2 + \ldots + c_6\pi_5 = e^{2im\pi/6}(c_1\pi_1 + c_2\pi_2 + \ldots + c_6\pi_6) . \tag{24.78}$$

Da die Wellenfunktionen π_j voneinander linear unabhängig sind, kann (24.78) nur erfüllt werden, falls

$$c_2 = e^{2\pi im/6}c_1, \qquad c_3 = e^{2\pi im/6}c_2, \ldots \tag{24.79}$$

gilt. Die Lösungen dieser Gleichungen lauten

$$c_j = e^{2\pi imj/6} , \tag{24.80}$$

womit also die Koeffizienten in (24.75) bis auf einen Normierungsfaktor bestimmt sind. Halten wir das Ergebnis dieser Betrachtungen fest, so sehen wir, daß es beim Benzol nicht nur Elektronen gibt, die lokal in den einzelnen Brücken zwischen C und H und C und C sitzen, sondern darüber hinaus auch solche, die sich über das ganze Benzol-

Molekül erstrecken. Da die Phasenfaktoren in (24.78) eine Welle repräsentieren, läuft jedes der hier betrachteten π-Elektronen wie eine Welle in dem Benzol-Molekül herum.

Die hier vorgeführten Methoden der Quantentheorie finden nicht nur bei noch komplizierteren Molekülen ihre Anwendung. Sie bilden vielmehr auch die Grundlage für die Quantentheorie der Elektronenzustände in Festkörpern. Insbesondere können die Wellenfunktionen für Elektronen im Leitungsband eines Kristalles als direkte Verallgemeinerung der Wellenfunktion des Benzols (24.75) und (24.80) angesehen werden.

Aufgaben

24.1 Das Problem des Wasserstoff-Molekülions werde dadurch idealisiert, daß die Bewegung des Elektrons nur in einer Dimension erfolgt und das Anziehungspotential der Kerne durch $-\beta\delta(x-x_a)-\beta\delta(x-x_b)$ dargestellt wird. Man berechne die Wellenfunktionen für die (beiden) Bindungszustände und diskutiere deren Symmetrieeigenschaften. Wie hängt die Bindungsenergie vom Abstand ab?

Hinweis: Man gehe wie bei Aufgabe 9.3 vor.

24.2 Man führe die Rechnungen von Aufgabe 24.1 für den Fall durch, daß die Anziehungsstärke β der beiden Kerne voneinander verschieden sind und diskutiere, wie sich die Aufenthaltswahrscheinlichkeit des Elektrons ändert.

24.3 Ein Modell für die π-Elektronen des Benzols. Man denke sich sechs δ-Potentiale der Stärke $-\beta$ periodisch angeordnet. Um den Ring zu imitieren, werde bei der eindimensionalen Rechnung verlangt, daß die Wellenfunktion $\psi(x)$ sich nach sechs Abständen a zwischen den Potentialen wiederholt:

$$\psi(x+6a)=\psi(x)\,.$$

Man berechne $\psi(x)$ und E für die Zustände mit $E<0$.

Hinweis: Man benutze Aufgabe 24.1 sowie (24.77).

Mathematischer Anhang

A. Die Diracsche Deltafunktion und die Normierung der Wellenfunktion eines kräftefreien Teilchens im unbegrenzten Raum

Der englische Physiker Dirac hat eine Funktion eingeführt, die für viele Zwecke der theoretischen Physik und der Mathematik sehr nützlich ist. Genauer gesagt, handelt es sich hier um eine verallgemeinerte Funktion, die nur unter einem Integral definiert ist. Wir geben zunächst deren Definition an, um sie dann zu motivieren. Die δ-Funktion ist durch die folgenden Eigenschaften definiert (x ist eine reelle Variable, $-\infty \leqq x \leqq \infty$)

$$1) \quad \delta(x)=0 \quad \text{für} \quad x \neq 0 \tag{A.1}$$

$$2) \quad \int_a^b \delta(x)dx=1 \quad \text{für} \quad a<0<b\,. \tag{A.2}$$

Die δ-Funktion soll also für alle Werte von $x \neq 0$ verschwinden, ihr Integral über jedes Intervall, das $x=0$ enthält, jedoch den Wert 1 ergeben. Letzteres bedeutet, anschaulich gesprochen, daß die δ-Funktion bei $x=0$ unendlich hoch werden muß. Die ungewöhnlichen Eigenschaften der δ-Funktion werden verständlich, wenn wir diese als Grenzfall uns geläufiger Funktionen auffassen. Ein solches Beispiel ist durch die Funktion

$$\frac{1}{\sqrt{\pi}u}\mathrm{e}^{-x^2/u^2} \tag{A.3}$$

gegeben, die in Abb. A.1 dargestellt ist.

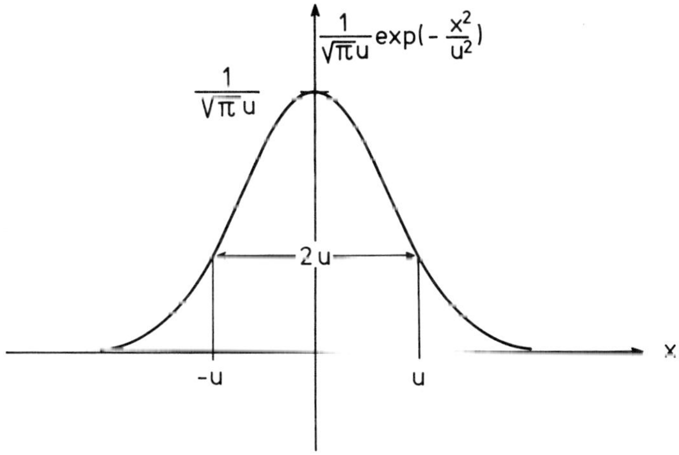

Abb. A.1. Die Funktion $\frac{1}{\sqrt{\pi}u}\exp\left(-\frac{x^2}{u^2}\right)$ in Abhängigkeit von der Variablen x. Läßt man den Parameter u kleiner werden, so wird der Funktionswert bei $x=0$ immer größer und der Abfall immer steiler, bis sich die Funktion schließlich auf die δ-Funktion zusammengezogen hat

Lassen wir $u \to 0$ gehen, so wird die Funktion immer schmäler und höher, bis sie schließlich nur noch ein „Strich" ist. Es gilt also

$$\text{für } x \neq 0: \lim_{u\to 0} \frac{1}{\sqrt{\pi}u} e^{-x^2/u^2} = 0 . \tag{A.4}$$

Andererseits schlägt man in jeder Integraltafel nach, daß

$$\int_{-\infty}^{+\infty} \frac{1}{\sqrt{\pi}u} e^{-x^2/u^2} dx = 1 \tag{A.5}$$

unabhängig von u. Vollzieht man nun den Grenzübergang $u \to 0$, so wird deutlich, daß wir wegen (A.4) auch irgendwelche endlichen Grenzen a, b mit $a<0<b$ an das Integral (A.5) schreiben dürfen, ohne daß sich dessen Wert ändert. Das ist aber die Relation (A.2).

In vielen praktischen Anwendungen der Quantentheorie tritt die δ-Funktion als folgender Grenzwert in Erscheinung:

$$\delta(x) = \lim_{u\to\infty} \frac{1}{\pi} \frac{\sin(ux)}{x} . \tag{A.6}$$

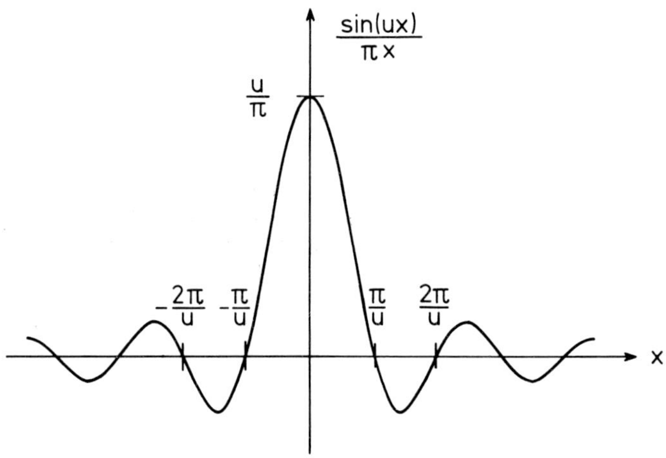

Abb. A.2. Die Funktion $\frac{\sin(ux)}{\pi x}$ in Abhängigkeit von x. Lassen wir u gegen Unendlich gehen, so wird der Funktionswert bei $x=0$ immer größer. Dagegen rutscht die Lage der Null-Stellen gegen Null

Die Eigenschaft (A.2) ergibt sich, wenn wir berücksichtigen, daß

$$\int_{-\infty}^{+\infty} \frac{1}{\pi} \frac{\sin(ux)}{x} dx = 1 \tag{A.7}$$

ist. Die Eigenschaft (A.1) ist nicht ganz so offenkundig. Man muß sich dazu überlegen, daß für $u \to \infty$, $x \neq 0$, $\sin(ux)/x$ beliebig rasch hin- und heroszilliert, so daß sich, wenn wir diese Funktion auch nur über einen ganz kleinen Bereich mitteln, sich die Funktionswerte wegheben. (Vgl. hierzu auch Abb. A.2). Die δ-Funktion hat insbesondere die folgenden Eigenschaften:
Für eine stetige Funktion $f(x)$ gilt

$$\int_a^b f(x)\delta(x-x_0)dx = f(x_0), \qquad a<x_0<b . \tag{A.8}$$

Für eine n-mal stetig differenzierbare Funktion $f(x)$ gilt:

$$\int_a^b f(x)\delta^{(n)}(x-x_0)dx=(-1)^n f^{(n)}(x_0), \quad a<x_0<b. \tag{A.9}$$

Darin bedeutet $f^{(n)}$, $\delta^{(n)}$ die n-malige Ableitung nach x. Der Beweis von (A.8) folgt unmittelbar aus (A.1), (A.2), der von (A.9) ergibt sich durch n-malige partielle Integration. Ferner gilt

$$\delta(cx)=\frac{1}{|c|}\delta(x), \quad c\neq 0, \quad \text{reell}. \tag{A.10}$$

Die Beziehung (A.1) ist ersichtlich auf beiden Seiten erfüllt. Setzen wir (A.10) in (A.2) ein, so ergibt sich

$$\int_a^b \delta(cx)dx,$$

was durch die Variablentransformation $cx=x'$ übergeht in

$$\int_{a'}^{b'} \frac{1}{c}\,\delta(x')dx', \quad a' \lessgtr b' \quad \text{für} \quad c \gtrless 0,$$

also gemäß (A.2) $=\dfrac{1}{|c|}$ ist.

Wir wenden uns nun der Frage der Normierung von Wellenfunktionen im unendlichen Raum zu, wobei wir alles Wesentliche bereits aus dem eindimenionalen Fall sehen können. Wir gehen aus von Wellenfunktionen, die auf dem Intervall L normiert sind

$$\psi_k(x)=\frac{1}{\sqrt{L}}\,e^{ikx}, \tag{A.11}$$

für die also gilt

$$\int_{-L/2}^{L/2} |\psi(x)|^2 dx=1. \tag{A.12}$$

Setzen wir ferner voraus, daß $\psi(x)$ periodisch ist: $\psi(x+L)=\psi(x)$, so müssen die k die Gestalt haben:

$$k=\frac{2\pi n}{L}, \quad n=0, \pm 1, \pm 2, \dots. \tag{A.13}$$

Man überzeugt sich dann sofort, daß gilt:

$$\int_{-L/2}^{L/2} \psi_k^*(x)\psi_{k'}(x)dx=\delta_{k,k'}, \tag{A.14}$$

d.h.
$$=\begin{cases} 1 & \text{für} \quad k=k' \\ 0 & \text{für} \quad k\neq k'. \end{cases} \tag{A.15}$$

Zum Beweis hat man das Integral auszurechnen und (A.13) zu beachten.
Das Integral ergibt

$$\frac{1}{L}\int\limits_{-L/2}^{L/2} e^{-ikx+ik'x}dx = \frac{1}{iL(k'-k)}\left(e^{i(k'-k)L/2} - e^{-i(k'-k)L/2}\right). \tag{A.16}$$

Setzen wir nun zur Abkürzung $k'-k=\xi$ und $L/2=u$, so läßt sich (A.16) in der Form

$$\frac{\sin(\xi u)}{\xi u} \tag{A.17}$$

schreiben. Ersichtlich ist dies aber bis auf den Faktor $2\pi/L$ gerade die in (A.6) rechts unten dem limes auftretende Funktion, wenn wir ξ mit x identifizieren. Dividieren wir daher (A.16) durch $2\pi/L$ und bilden $\lim\limits_{L\to\infty}$, so erhalten wir auf der linken Seite von (A.16)

$$\frac{1}{2\pi}\lim_{L\to\infty}\int\limits_{-L/2}^{L/2} e^{-ikx+ik'x}dx\,, \tag{A.18}$$

das wir auch etwas anders schreiben können:

$$\int\limits_{-\infty}^{+\infty}\left(\frac{1}{\sqrt{2\pi}}e^{ikx}\right)^*\left(\frac{1}{\sqrt{2\pi}}e^{ik'x}\right)dx\,. \tag{A.19}$$

Wegen (A.16), (A.17) und (A.6) geht die rechte Seite aber über in $\delta(k'-k)$.
Damit erhalten wir schließlich

$$\int\limits_{-\infty}^{+\infty} \psi_k^*(x)\psi_{k'}(x) = \delta(k'-k)\,, \tag{A.20}$$

wobei

$$\psi_k = \frac{1}{\sqrt{2\pi}}e^{ikx}. \tag{A.21}$$

(A.20) mit (A.21) verallgemeinert die Relation (A.14) mit (A.11) auf den Fall von Wellenfunktionen ohne Randbedingungen im Endlichen und dem damit verbundenen Kontinuum von k-Werten. Wie sich bei allen praktischen Anwendungen zeigt, tritt die δ-Funktion in (A.20) immer unter weiteren Integralen über k oder k' (oder beiden) auf, so daß wir einen in sich konsistenten Formalismus gefunden haben.

Lassen wir die Wellenfunktionen in (A.21) nicht von k, sondern von $p=\hbar k$ abhängen, so müssen wir (A.10) beachten. Um die neue Wellenfunktion

$$\psi_p(x) = Ne^{ipx/\hbar}$$

richtig zu normieren, müssen wir $N=\frac{1}{\sqrt{\hbar}}\frac{1}{\sqrt{2\pi}}=\frac{1}{\sqrt{h}}$ setzen.

Nun lautet die normierte Wellenfunktion

$$\psi_p(x) = \frac{1}{\sqrt{h}} e^{ipx/\hbar}.$$

B. Einige Eigenschaften des Hamiltonoperators, seiner Eigenfunktionen und Eigenwerte

Wir schreiben die zeitunabhängige Schrödinger-Gleichung in der Form

$$H\psi_n = E_n \psi_n \tag{B.1}$$

mit dem Hamiltonoperator

$$H = -\frac{\hbar^2}{2m}\Delta + V(\mathbf{r}), \qquad V(\mathbf{r}) \text{ reell},$$

die $\psi_n(r)$ sind quadratintegrierbare Eigenfunktionen zu den Eigenwerten E_n. Hierbei wird $\psi_n \equiv 0$ ausgeschlossen. Die Eigenwerte E_n können diskret sein oder auch kontinuierlich dicht liegen.

Mit ψ_μ, ψ_ν bezeichnen wir im folgenden Wellenfunktionen, auf die der Operator H anwendbar ist. Wir können nun untenstehende Eigenschaften leicht ablesen.

a) H ist ein linearer Operator

D. h. es gilt

$$H(c_\mu \psi_\mu + c_\nu \psi_\nu) = c_\mu H\psi_\mu + c_\nu H\psi_\nu,$$

wobei c_μ, c_ν beliebige komplexe Zahlen sind.

Insbesondere folgt daraus, daß jede Linearkombination von Eigenfunktionen von H zum gleichen Energie-Eigenwert E wieder eine Eigenfunktion von H mit dem Eigenwert E ist.

b) H ist hermitesch

D. h. es gilt die Gleichheit

$$\int \psi_\mu^*(r)[H\psi_\nu(\mathbf{r})]\,dV = \int [H\psi_\mu(\mathbf{r})]^* \psi_\nu(\mathbf{r})\,dV. \tag{B.2}$$

Für den Operator der potentiellen Energie folgt (B.2) aus $V^*(r) = V(r)$. Für den Operator der kinetischen Energie zeigt man (B.2) durch zweifache partielle Integration, wobei man berücksichtigt, daß die Wellenfunktionen im Unendlichen verschwinden.

c) Die Eigenwerte E_n sind reell

Dies ist eine Konsequenz von (B.2), wenn man für ψ_μ und ψ_ν die gleiche *Eigenfunktion* ψ_n einsetzt und (B.1) verwendet.

d) Eigenfunktionen zu verschiedenen Eigenwerten sind orthogonal

Wir bilden die folgenden Skalarprodukte (zu ψ_m, ψ_n mögen verschiedene Eigenwerte gehören)

$$\int \psi_m^*(\boldsymbol{r})[H\psi_n(\boldsymbol{r})]\,dV = E_n \int \psi_m^*(\boldsymbol{r})\psi_n(\boldsymbol{r})\,dV, \tag{B.3}$$

$$\int [H\psi_m(\boldsymbol{r})]^*\,\psi_n(\boldsymbol{r})\,dV = E_m^* \int \psi_m^*(\boldsymbol{r})\psi_n(\boldsymbol{r})\,dV. \tag{B.4}$$

Wir ziehen (B.3) und (B.4) voneinander ab, verwenden (B.2) und die Eigenschaft, daß die Eigenwerte reell sind

$$0 = \underbrace{(E_n - E_m)}_{\neq 0} \underbrace{\int \psi_m^*(\boldsymbol{r})\psi_n(\boldsymbol{r})\,dV}_{0}.$$

Der letzte Klammerausdruck beinhaltet die Orthogonalität.

Man kann darüber hinaus zeigen, daß Eigenfunktionen zum gleichen Eigenwert stets orthogonal *gewählt* werden können, indem man zu geeigneten Linearkombinationen übergeht.

C. Herleitung der Heisenbergschen Unschärferelation

Bei unserer Herleitung ist es wichtig, die in Formel (7.24) auftretenden Unschärfen Δx und Δp mathematisch befriedigend zu fassen. Dazu führen wir die Varianzen

$$\overline{(\Delta x)^2} = \overline{(x - \bar{x})^2} \tag{C.1}$$

und

$$\overline{(\Delta p)^2} = \overline{(p - \bar{p})^2} \tag{C.2}$$

ein, wobei der Querstrich den quantenmechanischen Erwartungswert bezeichnet. Wir können die Koordinaten stets so transformieren, daß wir

$$\bar{x} = \bar{p} = 0 \tag{C.3}$$

erhalten. Wir dürfen dann

$$\overline{(\Delta x)^2} = \overline{x^2} \tag{C.4}$$

und

$$\overline{(\Delta p)^2} = \overline{p^2} \tag{C.5}$$

annehmen. Mit den Definitionen

$$\overline{(\Delta x)^2} = \int \psi^* x^2 \psi\,dx \tag{C.6}$$

und

$$\overline{(\Delta p)^2} = -\hbar^2 \int \psi^* \frac{d^2\psi}{dx^2}\,dx \tag{C.7}$$

wollen wir also die Größe des Ausdrucks

$$\overline{(\Delta x)^2}\,\overline{(\Delta p)^2} \tag{C.8}$$

untersuchen. Dazu führen wir ein Hilfsintegral

$$J(\zeta)=\int\left|\zeta x\psi+\frac{d\psi}{dx}\right|^2 dx \geqq 0 \tag{C.9}$$

ein, wobei ζ eine noch unbestimmte reelle Zahl ist. Da der absolute Betrag größer als 0 ist, ist auch das Gesamtintegral wie in (C.9) angegeben, größer 0. Wir multiplizieren die einzelnen Bestandteile im Integranden aus und erhalten auf diese Weise

$$J(\zeta)=\zeta^2\underbrace{\int x^2|\psi|^2\,dx}_{\overline{(\Delta x)^2}}+\underbrace{\int\left|\frac{d\psi}{dx}\right|^2 dx}_{\overline{(\Delta p)^2}/\hbar^2}+\zeta\int x\left(\frac{d\psi^*}{dx}\psi+\psi^*\frac{d\psi}{dx}\right)dx \tag{C.10}$$

wobei die Bedeutung der ersten beiden Integrale darunter jeweils angegeben ist. Der Integrand im letzten Integral in (C.10) kann als ein vollständiges Differential geschrieben werden, so daß wir an Stelle des letzten Integrals in (C.10)

$$\int x\frac{d}{dx}(\psi^*\psi)\,dx \tag{C.11}$$

erhalten. Hier führen wir eine partielle Integration aus, was uns auf

$$x|\psi|^2\Big|_{-\infty}^{+\infty}-\int\psi^*\psi\,dx \tag{C.12}$$

führt. Da die Wellenfunktion im Unendlichen verschwindet, verschwindet der erste Summand in (C.12) während der zweite wegen der Normierungsbedingung sich zu -1 ergibt. Mit diesen Resultaten läßt sich (C.10) zu

$$J(\zeta)=\zeta^2\overline{(\Delta x)^2}-\zeta+\frac{1}{\hbar^2}\overline{(\Delta p)^2} \tag{C.13}$$

vereinfachen, wobei dieser Ausdruck für alle reellen ζ größer als 0 ist. Wir bestimmen nun dasjenige ζ, für das I minimal wird:

$$J(\zeta_{\min})\geqq 0 \tag{C.14}$$

Differenzieren wir (C.13) nach ζ, so erhalten wir die Bedingung für das Minimum

$$2\zeta_{\min}\overline{(\Delta x)^2}-1=0 \tag{C.15}$$

woraus sich sofort

$$\zeta_{\min}=\frac{1}{2\overline{(\Delta x)^2}} \tag{C.16}$$

ergibt. Wie sich sofort zeigen läßt, wird mit (C.16) tatsächlich das Minimum von (C.13) angenommen. Setzen wir nun (C.16) in (C.13) ein und berücksichtigen (C.14), so erhalten wir

$$-\frac{1}{4}\frac{1}{\overline{(\Delta x)^2}}+\frac{1}{\hbar^2}\overline{(\Delta p)^2}\geqq 0\,, \tag{C.17}$$

und daraus sofort die Relation

$$\overline{(\Delta x)^2}\,\overline{(\Delta p)^2} \geqq \frac{\hbar^2}{4}. \tag{C.18}$$

Die rechte Seite gibt den kleinsten Wert an, den die linke Seite annehmen darf. Bei dem Niederschreiben der Heisenbergschen Unschärferelation geht man in einer etwas laxeren Weise vor, indem man formal aus (C.18) auf beiden Seiten die Wurzeln zieht und dabei

$$(\overline{(\Delta x)^2})^{1/2} = \Delta x \tag{C.19}$$

und

$$(\overline{(\Delta p)^2})^{1/2} = \Delta p \tag{C.20}$$

setzt und so

$$\Delta x\,\Delta p \geqq \frac{\hbar}{2}$$

erhält.

Lösungen zu den Aufgaben

2.1 b) $N_L = 6{,}25 \cdot 10^{23}\,\text{Mol}^{-1}$

2.2 $r_{He} = 2{,}08 \cdot 10^{-10}\,\text{m} = 2{,}08\,\text{Å}$

2.3

Druck p [mbar]	1	10^{-2}	10^{-4}
Anzahl der Stöße	1706	17	0,17

2.4 Helium: $r_{He} = 1{,}33\,\text{Å}$;
Quecksilber: $r_{Hg} = 1{,}19\,\text{Å}$

2.5 Die Bragg-Bedingung ergibt einen Netzebenenabstand $d = 2{,}78\,\text{Å}$.

2.6 Debye-Scherrer-Anordnung; Bragg-Bedingung liefert für die 1. Ordnung ($n=1$) $r = 16{,}1$ cm und für die 2. Ordnung ($n=2$) $r = 33{,}1$ cm.

2.7 Braggreflexion in 1. Ordnung: $\vartheta = 3{,}63°$
Neutronen-Wellenlänge $\lambda = 2{,}023 \cdot 10^{-11}$ m

2.8 $r_x = 0{,}35$ nm

3.1 Bahnradius eines geladenen Teilchens:

$r = p/(qB) \rightarrow$ Impulsfilter für $q, B = \text{const}$

Mit $p = \sqrt{2mE}$ (klassische Energie-Impuls-Beziehung) folgt

$r = \sqrt{2mE}/(qB) \rightarrow$ Massenfilter für q, B, $E = \text{const}$

3.2

	$^1H^+$	$^2H^+$	$^3H^+$
Masse m [kg]	$1{,}67 \cdot 10^{-27}$	$3{,}35 \cdot 10^{-27}$	$5{,}02 \cdot 10^{-27}$
Radius r der Kreisbahn [cm]	9,14	12,9	15,8
Ablenkung auf dem Schirm [cm]	14,6	9,39	7,46

3.3 Parabelmethode: $Y = AX^2$ (1)

	H^+	H_2^+
Masse m [kg]	$1{,}673 \cdot 10^{-27}$	$3{,}347 \cdot 10^{-27}$
A aus Gl. (1) [1/m]	65,27	130,58
v (1000 V) [m/s]	$4{,}376 \cdot 10^5$	$3{,}094 \cdot 10^5$
X (1000 V) [m]	$1{,}751 \cdot 10^{-2}$	$1{,}238 \cdot 10^{-2}$
Y (1000 V) [m]	$2{,}000 \cdot 10^{-2}$	$2{,}000 \cdot 10^{-2}$
v (4000 V) [m/s]	$8{,}752 \cdot 10^5$	$6{,}188 \cdot 10^5$
X (4000 V) [m]	$8{,}753 \cdot 10^{-3}$	$6{,}188 \cdot 10^{-3}$
Y (4000 V) [m]	$5{,}000 \cdot 10^{-3}$	$5{,}000 \cdot 10^{-3}$

Wenn positive und negative Teilchen eingeschlossen werden, erhält man Parabeln in den Quadranten $(+x, +y)$ und $(-x, -y)$.

3.4 Häufigkeitsverhältnis P_n zwischen ^{235}U und ^{238}U nach der $n$ten Trennung:

$$P_n = P_0 q^n \quad \text{mit} \quad q = \frac{P_1}{P_0} = \frac{0{,}754/99{,}246}{0{,}72/99{,}28} \tag{1}$$

Anteil ^{235}U	50%	99%
P_n	1	99
n aus Gl. (1)	106	205

4.1 Beim Austausch der Aluminium- gegen die Goldfolie gleicher Dicke ändern sich in der Rutherfordschen Streuformel (4.20) Z und N, d.h.

$$\frac{\left(\frac{dn}{dt}\right)_{Al}}{Z_{Al}^2 N_{Al}} = \frac{\left(\frac{dn}{dt}\right)_{Au}}{Z_{Au}^2 N_{Au}}.$$

Man erhält $\left(\frac{dn}{dt}\right)_{Au} = 36{,}11 \cdot \left(\frac{dn}{dt}\right)_{Al}$,

d.h. man mißt 36110 Teilchen pro Sekunde.

4.2 Aus der Rutherfordschen Streuformel (4.20) folgt

$$\left(\frac{dn}{dt}\right)(\vartheta) = \frac{\sin^4\left(\frac{10°}{2}\right)}{\sin^4\left(\frac{\vartheta}{2}\right)} \left(\frac{dn}{dt}\right)(10°) = \frac{57{,}7\left[\frac{1}{s}\right]}{\sin^4\left(\frac{\vartheta}{2}\right)}$$

ϑ [°]	10	45	90	135	180
$\left(\frac{dn}{dt}\right)\left[\frac{1}{s}\right]$	10^6	2690,5	230,8	79,2	57,7

4.3 Die kinetische Energie des Protons wandelt sich infolge der Coulomb-Wechselwirkung vollständig in potentielle Energie um. Für den Abstand a der größten Annäherung folgt

$$a = \frac{e^2 Z}{4\pi\varepsilon_0 E_0} = \frac{1{,}138 \cdot 10^{-7}\,\text{eVm}}{E_0}$$

$E_0 = 1\,\text{MeV} \rightarrow a = 1{,}14 \cdot 10^{-13}\,\text{m}$

$E_0 = 10\,\text{MeV} \rightarrow a = 1{,}14 \cdot 10^{-14}\,\text{m}$

Radius eines Goldkerns (vgl. Abschn. 4.2.5)

$R = (1{,}3 \pm 0{,}1) A^{1/3} \cdot 10^{-15}\,\text{m} \approx 7{,}6 \cdot 10^{-15}\,\text{m}$

→ Das Proton „berührt" den Kern für $E_0 \approx 15\,\text{MeV}$.

4.4 Aus (4.12) folgt $\vartheta = 2\,\text{arccot}\,(pmv_0^2)/k = 12{,}49°$.

4.5 Aus (4.12) folgt $p = 2{,}16 \cdot 10^{-13}\,\text{m}$.

4.6 Skizze: *(vgl. auch Abb. 4.7)*.

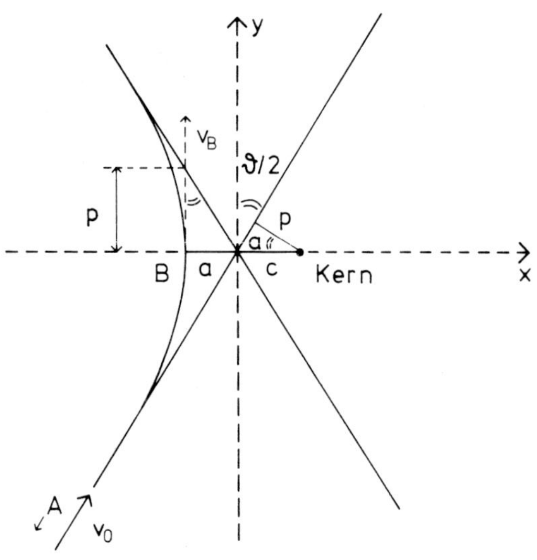

a) Integration der Gl. (4.8) vom Unendlichen (Punkt A) bis zum Punkt B des kleinsten Abstands liefert mit

$$\varphi_B = \frac{180° - \vartheta}{2}; \qquad v_{\perp B} = \frac{v_0 p}{r_B} \cos\varphi_B$$

den Abstand

$$r_B = \frac{mv_0^2 \cos\varphi_B}{k(1-\cos\varphi_B)} p^2; \qquad k = \frac{2Ze^2}{4\pi\varepsilon_0}.$$

Gleichung (4.12) $\rightarrow r_B = \dfrac{k}{2E_0}\left(1 + \dfrac{1}{\sin\vartheta/2}\right) = r_{Al} + r_\alpha$

→ Radius des Al-Kerns $r_{Al} = 2{,}7 \cdot 10^{-15}\,\text{m}$.

b) Energieerhaltungssatz

$$E_0 = \frac{1}{2} mv_B^2 + \frac{k}{r_B} \tag{1}$$

Impulserhaltungssatz

$$v_0 p = r_B v_B \tag{2}$$

Gleichung (4.12)

$$p = \frac{k}{2E_0} \cot\vartheta/2. \tag{3}$$

Elimination von v_B und p aus (1–3) liefert

$$r_B = \frac{k}{2E_0}\left(1 + \frac{1}{\sin\vartheta/2}\right).$$

c) Hyperbelbahn $\dfrac{x^2}{a^2} - \dfrac{y^2}{p^2} = 1$.

Aus der Skizze folgt $r_B = a + c = a + \sqrt{a^2 + p^2}$. Mit $p = 2Ze^2/(4\pi\varepsilon_0 mv_0^2) \cot\vartheta/2$ (4.12) und $a = p \tan\vartheta/2$ folgt

$$r_B = \frac{k}{2E_0}\left(1 + \frac{1}{\sin\vartheta/2}\right).$$

4.7 a) Rutherfordsche Streuformel für Protonen; vgl. (4.20):

$$\left(\frac{dn}{n\,d\Omega}\right) = \frac{Z^2 e^4 DN}{(16\pi\varepsilon_0)^2 E_0^2 \sin^4(\vartheta/2)}. \tag{1}$$

Integration über den Winkel φ ($d\Omega = \sin\vartheta\, d\vartheta\, d\varphi$):

$$\frac{dn}{n\,d\vartheta} = \frac{Z^2 e^4 DN \cos(\vartheta/2)}{64\pi\varepsilon_0^2 E_0^2 \sin^3(\vartheta/2)} \tag{2}$$

$\rightarrow E_0 = 5{,}62 \cdot 10^{-13}\,\text{J} = 3{,}51\,\text{MeV}$.

b) Setzt man $dn/(nd\Omega) = ND\dfrac{da(\vartheta)}{d\Omega}$ in Gl. (1) ein, folgt der differentielle Wirkungsquerschnitt

$$\frac{da}{d\Omega} = 1{,}052 \cdot 10^{-27}\,\mathrm{m}^2 = 10{,}52\,\mathrm{barn}\,.$$

c) Aus (4.12) folgt mit $k = k_p = Ze^2/4\pi\varepsilon_0$

$$p = 2{,}81 \cdot 10^{-14}\,\mathrm{m}\,.$$

4.8 Elektronen unterliegen nicht der starken Wechselwirkung, deshalb keine anomale Rutherford-Streuung. Neutronen besitzen keine Ladung.

5.1 $E_{\mathrm{Photon}} = hc/\lambda = m_{\mathrm{Ph}}c^2 \rightarrow m_{\mathrm{Ph}} = h/\lambda c$

5.2 $p_{\mathrm{Photon}} = mc = h/\lambda = E_{\mathrm{Photon}}/c$

$E_{\mathrm{Photon}} = 1\,\mathrm{eV} \rightarrow p_{\mathrm{Photon}} = 5{,}34 \cdot 10^{-28}\,\mathrm{kg\,m/s}$

$\lambda = 12400\,\mathrm{Å} = 1{,}24 \cdot 10^{-6}\,\mathrm{m}$

5.3 Masseverlust: $m = E/c^2 = Pt/c^2 = 3{,}504 \cdot 10^{-8}\,\mathrm{kg}$

5.4 1) $E_{\mathrm{kin\,e^-}} = E_{\mathrm{kin\,e^+}} = \frac{1}{2}E_\gamma - m_{e^-}c^2 = 0{,}489\,\mathrm{MeV} = 7{,}83 \cdot 10^{-14}\,\mathrm{J}$

2) $E = mc^2 = \dfrac{m_0c^2}{\sqrt{1 - v^2/c^2}} \rightarrow \dfrac{v}{c} = \sqrt{1 - \left(\dfrac{m_0c^2}{E}\right)^2} = 0{,}86$

5.5 $E_\gamma = hc/\lambda = 1{,}136 \cdot 10^{-18}\,\mathrm{J} = 7{,}09\,\mathrm{eV}$.

Das entspricht der Bindungsenergie des O_2-Moleküls.

5.6 Photonenenergie $E_\gamma = hc/\lambda = 3{,}31 \cdot 10^{-19}\,\mathrm{J} = 2{,}07\,\mathrm{eV}$.
Photonenstrom bei einer Lichtleistung $P = 1{,}8 \cdot 10^{-18}\,\mathrm{W}$:

$$\frac{dN}{dt} = \frac{P}{E_\gamma} = 5{,}4\,\mathrm{s}^{-1}$$

5.7

Frequenz ν [Hz]	10^3	$2{,}42 \cdot 10^{21}$
Photonenenergie $h\nu$ [eV]	$4{,}14 \cdot 10^{-12}$	10^7
Anzahl N der Photonen pro m^2 und s	$1{,}51 \cdot 10^{30}$	$6{,}2 \cdot 10^{11}$

5.8 Photonenimpuls $p_\gamma = m_\gamma c = E_\gamma/c$.

Strahlungsdruck bei senkrechtem Einfall und vollständiger Absorption:

$$p_{\mathrm{Dr.}}^{\mathrm{Str.}} = \frac{\Delta p_\gamma}{\Delta t\,\Delta A} = \frac{\Delta E_\gamma}{c\,\Delta t\,\Delta A} = 4{,}67 \cdot 10^{-6}\,\frac{\mathrm{kg}}{\mathrm{ms}^2}$$

$$\rightarrow \frac{p_{\mathrm{Dr.}}^{\mathrm{Str.}}}{p_{\mathrm{Dr.}}^{\mathrm{Atm.}}} = 4{,}61 \cdot 10^{-11}\,.$$

Kraft auf eine Fläche $A = 1\,\mathrm{m}^2$:

$$F = p_{\mathrm{Dr.}}^{\mathrm{Str.}} \cdot A = 4{,}67 \cdot 10^{-6}\,\mathrm{N}\,.$$

Bei vollständiger Reflexion ist der Impulsübertrag doppelt so groß $\rightarrow p_{\mathrm{Dr.}}^{\mathrm{Str.}}$ und F werden verdoppelt.

5.9 a) Impulserhaltungssatz:

$$\frac{E_\gamma}{c} = \frac{h\nu}{c} = \sqrt{2M_{\mathrm{Atom}}E_{\mathrm{Atom}}} \rightarrow E_{\mathrm{Atom}} = \frac{h^2}{2M\lambda^2}\,.$$

b) Quecksilber: $E_{\mathrm{Atom}} = 1{,}02 \cdot 10^{-29}\,\mathrm{J} = 6{,}4 \cdot 10^{-11}\,\mathrm{eV}$.

Energie-Zeit-Unschärfe nach (7.29): $\Delta E \cdot \Delta t \approx h$.

Mit $\tau = \Delta t = 10^{-8}\,\mathrm{s}$ folgt $\Delta E \approx 6{,}6 \cdot 10^{-26}\,\mathrm{J} \gg E_{\mathrm{Atom}}$.
$\rightarrow$ Keine Auswirkung auf die Linienlage, Reabsorption des Photons durch ein anderes Hg-Atom möglich.

c) Nickel: $E_{\mathrm{Atom}} = 2{,}59 \cdot 10^{-18}\,\mathrm{J} = 16{,}2\,\mathrm{eV}$.

Mit $\tau = \Delta t = 10^{-14}\,\mathrm{s}$ folgt $\Delta E \approx 6{,}6 \cdot 10^{-20}\,\mathrm{J} \ll E_{\mathrm{Atom}}$.

$\rightarrow$ Merkliche Linienverschiebung, Reabsorption des γ-Quants durch anderes (ruhendes) Ni-Atom nicht möglich.

5.10 Das Stefan-Boltzmannsche Gesetz liefert die von der Kugel abgestrahlte Leistung

$$P = \pi d^2 \sigma T^4 \rightarrow T = 487\,\mathrm{K} = 214\,°\mathrm{C}\,.$$

Jährlicher Masseverlust

$$\Delta m = \frac{\Delta E}{c^2} = \frac{Pt}{c^2} = 3{,}5 \cdot 10^{-8}\,\mathrm{kg}\,.$$

5.11 Strahlungsintensität S_s an der Sonnenoberfläche

$$P = S_E 4\pi r^2 = S_s 4\pi R^2 \rightarrow S_s = 6{,}4 \cdot 10^7\,\mathrm{W/m}^2\,.$$

Aus dem Stefan-Boltzmannschen Strahlungsgesetz (5.3) folgt die Temperatur

$$T=\sqrt[4]{\frac{S_s}{\sigma}}=5800\ \text{K}\,.$$

Durch Integration der spektralen Energiedichte $u(\nu,T)d\nu$ aus (5.6) folgt die Gesamtenergiedichte im Innern eines schwarzen Körpers:

$$U=\int_0^\infty u(\nu)d\nu=\frac{8\pi^5k^4}{15c^3h^3}\,T^4=0{,}854\,\frac{\text{J}}{\text{m}^3}.$$

Die von der Sonne abgestrahlte Energie wird im Sonnenkern erzeugt und wandert nach außen. Deshalb wird S_s im Sonneninnern immer größer; damit steigen aber auch T und U stark an.

5.12 Wiensches Verschiebungsgesetz (5.4)

$$\lambda_{\max}T=0{,}29\ \text{cm K}\rightarrow\lambda_{\max}=9{,}67\ \mu\text{m}\,.$$

Monochromatische Energiedichte (5.6)

$$u(\nu,T)=\frac{8\pi h\nu^3}{c^3}\cdot\frac{1}{e^{h\nu/kT}-1}$$
$$=1{,}3\cdot10^{-19}\ \text{Js/m}^3\approx0{,}8\ \text{eV s/m}^3\,.$$

5.13 $h\nu=mv^2/2+eU_A=4\ \text{eV}\,,\quad\lambda=c/\nu=310\ \text{nm}$

5.14 a) Bremspotential nach (5.28)

$$U_{\max}=\frac{h\nu}{e}-U_A=\frac{hc}{\lambda e}-U_A=1{,}2\ \text{V}\,.$$

b) $E_{\text{kin}}^{\max}=eU_{\max}=1{,}2\ \text{eV}=1{,}92\cdot10^{-19}\ \text{J}$

$$v^{\max}=\sqrt{\frac{2E_{\text{kin}}}{m}}=6{,}5\cdot10^5\ \frac{\text{m}}{\text{s}}.$$

5.15 a) Die Elektronenstromdichte j_s beträgt unter der Annahme, daß jedes Photon ein e^- freischlägt

$$j_s=\frac{\Delta N}{\Delta t\,A}=\frac{I\lambda}{hc}=6{,}04\cdot10^9\ \frac{1}{\text{sm}^2}.$$

b) Die pro Flächen- und Zeiteinheit absorbierte Energie beträgt

$$\frac{\Delta W}{\Delta t\,A}=\frac{\Delta N\cdot eU_A}{\Delta t\cdot A}=j_seU_A=1{,}208\cdot10^{10}\ \frac{\text{eV}}{\text{m}^2\text{s}}.$$

c) $E_{\text{kin}}=h\nu-eU_A=1{,}77\cdot10^{-19}\ \text{J}\mathrel{\hat{=}}1{,}1\ \text{eV}.$

5.16 Wertetabelle:

λ[nm]	ν[Hz]	U[V]
366	$8{,}20\cdot10^{14}$	1,48
405	$7{,}41\cdot10^{14}$	1,15
436	$6{,}88\cdot10^{14}$	0,93
492	$6{,}10\cdot10^{14}$	0,62
546	$5{,}50\cdot10^{14}$	0,36
579	$5{,}18\cdot10^{14}$	0,24

Gleichung (5.27): $U=\frac{h}{e}\nu-U_A.$

Anpassung nach der Methode der kleinsten Fehlerquadrate liefert

$$\frac{h}{e}=(4{,}111\pm0{,}012)\cdot10^{-15}\,\frac{\text{Js}}{\text{C}}$$

$$U_A=(1{,}8939\pm0{,}0076)\ \text{V}\,.$$

a) $U=0$: $\nu_{\text{Grenz}}=\frac{U_A}{h/e}=(4{,}607\pm0{,}032)\cdot10^{14}\ \text{Hz}$

b) $W_A=eU_A=(3{,}034\pm0{,}012)\cdot10^{-19}\ \text{J}$

c) $\frac{h}{e}=(4{,}111\pm0{,}012)\cdot10^{-15}\,\frac{\text{Js}}{\text{C}}.$

5.17 Na-D-Linien: $\lambda_D\approx589\ \text{nm}$

$$\rightarrow h\nu=\frac{hc}{\lambda}=eU\quad\text{mit}\quad U=2{,}11\ \text{eV}$$

$$\rightarrow\frac{h}{e}=\frac{U\lambda}{c}=4{,}14\cdot10^{-15}\,\frac{\text{Js}}{\text{C}}.$$

5.18 Berechnung der kinetischen Energie des Elektrons aus den Bahndaten:

$$evB=m_0\frac{v^2}{R}\rightarrow E_e=\frac{1}{2}m_0v^2$$

$$=\frac{e^2B^2R^2}{2m_0}\approx7{,}9\ \text{keV}\,.\qquad(1)$$

Nach Aufgabe 5.19 gilt

$$E_{e^-}=\Delta E_\gamma=E\,\frac{\xi(1-\cos\vartheta)}{1+\xi(1-\cos\vartheta)};\quad \xi=\frac{E}{m_0c^2}. \tag{2}$$

Aus (1) und (2) folgt

$$\xi=\frac{A+\sqrt{A^2+8A}}{2}\approx 0{,}184;\quad A=\frac{e^2B^2R^2}{2m_0^2c^2}$$

→ Energie und Wellenlänge des einfallenden Photons

$$E=m_0c^2\xi=94\,\text{keV},\qquad \lambda=hc/E=0{,}132\,\text{Å}.$$

5.19

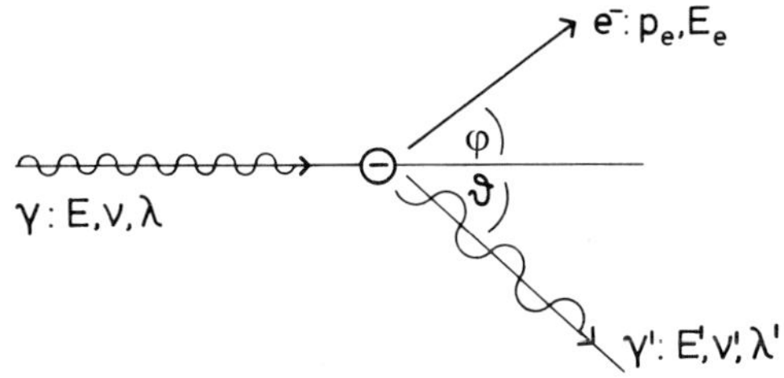

Energie- und Impulserhaltungssatz:

$$E-E'=E_e \tag{1}$$

$$\frac{E}{c}-\frac{E'}{c}\cos\vartheta=p_e\cos\Theta \tag{2}$$

$$\frac{E'}{c}\sin\vartheta=p_e\sin\Theta. \tag{3}$$

Relativistische Energie-Impulsbeziehung:

$$p_e^2=\frac{1}{c^2}(E_e^2+2m_0c^2E_e) \tag{4}$$

a) $(1)^2+(2)^2-(1)^2/c^2$ und (4) ergeben

$$E'=\frac{E}{1+\xi(1-\cos\vartheta)};\quad \xi=\frac{E}{m_0c^2} \tag{5}$$

→ Energieverlust des Photons

$$\Delta E_\gamma=E-E'=E\,\frac{\xi(1-\cos\vartheta)}{1+\xi(1-\cos\vartheta)}=96{,}8\,\text{eV}$$

→ Frequenzänderung

$$\Delta\nu=\frac{\Delta E_\gamma}{h}=2{,}34\cdot 10^{16}\,\frac{1}{\text{s}}$$

→ Wellenlängenänderung

$$\Delta\lambda=\frac{h}{m_0c}(1-\cos\vartheta)=1{,}21\cdot 10^{-12}\,\text{m}.$$

b) $(2)^2+(3)^2$ und (5) ergeben

$$p_e^2=m_0^2c^2\,\frac{\xi^2(1-\cos\vartheta)[2+\xi(2+\xi)(1-\cos\vartheta)]}{[1+\xi(1-\cos\vartheta)]^2}$$

→ Impuls des Elektrons: $p_e=5{,}31\cdot 10^{-24}$ kgm/s

→ kinetische Energie des Elektrons:

$$E_e=\Delta E_\gamma=96{,}8\,\text{eV}.$$

(2)/(3) und (5) ergeben

$$\cot\Theta=(\xi+1)\sqrt{\frac{1-\cos\vartheta}{1+\cos\vartheta}}$$

→ $\theta=59{,}5°$.

5.20 (Vergleiche Aufgabe 5.19)

a) $\Delta\lambda=\dfrac{h}{m_0c}(1-\cos\vartheta)=0{,}0243\,\text{Å}.$

b) $E_{\text{kin}}=\Delta E_\gamma=E\,\dfrac{E/m_0c^2(1-\cos\vartheta)}{1+E/m_0c^2(1-\cos\vartheta)};$

$$E=\frac{hc}{\lambda}\to E_{\text{kin}}=293{,}7\,\text{eV}.$$

c) $\dfrac{\Delta E_\gamma}{E}(1\,\text{Å},90°)=\dfrac{293{,}7\,\text{eV}}{12409\,\text{eV}}=2{,}37\%.$

d) $\dfrac{\Delta E_\gamma}{E}(0{,}1\,\text{Å},90°)=19{,}5\%.$

5.21 $\lambda=355$ nm, $n=1{,}8\cdot 10^{15}$,
$P=3{,}3\cdot 10^7$ Watt,
$I=200$ Watt.

6.1 a) Schwebezustand

$$F\uparrow=F_{\text{el.st.}}=e\frac{U}{d}=\frac{4}{3}\pi r^3\varrho g-G-F\downarrow \tag{1}$$

$$\to r=\sqrt[3]{\frac{3eU}{4\pi d\varrho g}}=2{,}79\cdot 10^{-7}\,\text{m}.$$

Bewegung nach der Feldumkehr

$$F\uparrow = F_R = 6\pi\eta r v = e\frac{U}{d} + \frac{4}{3}\pi r^3 \varrho g$$

$$= F_{\text{el. st.}} + G = F\downarrow \qquad (2)$$

$$\rightarrow v = \frac{1}{6\pi\eta r}\left(e\frac{U}{d} + \frac{4}{3}\pi r^3 \varrho g\right) = 1{,}67 \cdot 10^{-5}\ \text{m/s}.$$

b) Korrektur bringt Zusatzterm $1/(1 + A\lambda/r)$ auf der linken Seite von (2). Elimination von r aus (1) und (2) liefert

$$q = \frac{\pi d \varrho g}{6U}\left(-A\lambda + \sqrt{A^2\lambda^2 + \frac{9\eta v}{\varrho g}}\right)^3.$$

6.2 Radius der Flugbahn $r = 1{,}668$ m

Masse des Teilchens

$$m = \frac{q^2 B^2 r^2}{2E} = 1{,}86 \cdot 10^{-28}\ \text{kg}$$

Ruheenergie $E = mc^2 = 104{,}5$ MeV.

Es handelt sich vermutlich um ein Myon.

6.3 b) Die Elektronen verlassen die Anordnung unabgelenkt, wenn die Mittelpunkte beider Kondensatoren jeweils im Moment gegenläufiger Nulldurchgänge der Hochfrequenz passiert werden.

Mögliche Frequenzen: $\nu_n = \sqrt{\frac{e}{m}}\left(n + \frac{1}{2}\right)\frac{\sqrt{2U}}{l}$ $n = 0, 1, 2 \ldots$

c) $\nu_{\min} = \nu_0 = \sqrt{2U\left(\frac{e}{m}\right)}\frac{1}{2l} = 66{,}31$ MHz.

6.4 $$E_{\text{ges}} = E_0 + E_{\text{kin}} = \frac{m_0 c^2}{\sqrt{1 - (v^2/c^2)}};$$

$$E_{\text{kin}} = E_0 = m_0 c^2$$

$$\Rightarrow v = \frac{\sqrt{3}}{2}c \approx 0{,}866\,c.$$

6.5 $$\frac{m}{m_0} = \frac{E_0 + E_{\text{kin}}}{E_0} = 1 + \frac{E_{\text{kin}}}{m_0 c^2} = 2{,}96$$

6.6 $$\lambda = \frac{h}{p} = \frac{h}{m_0 c}\frac{\sqrt{1 - (v^2/c^2)}}{(v/c)} = 1{,}818 \cdot 10^{-12}\ \text{m}$$

6.7 Relativistischer Zusammenhang $\lambda(E_k)$:

$$\lambda = \frac{hc}{E_0\sqrt{K^2 + 2K}}; \qquad K = \frac{E_{\text{kin}}}{E_0}$$

Streuwinkel α in 1. Ordnung aus der Braggbedingung:

$\lambda = 2d\sin(\alpha/2)$.

E_{kin}[eV]	1	10^2	10^3	10^5
λ[m]	$1{,}227 \cdot 10^{-9}$	$1{,}227 \cdot 10^{-10}$	$3{,}877 \cdot 10^{-11}$	$3{,}702 \cdot 10^{-12}$
α[°]	–	33,15	10,35	0,99

Streuwinkel $\alpha = 30°$: $E = 121{,}4$ eV.

6.8 $\bar{E}_{\text{kin}}(298\ \text{K}) = \frac{3}{2}kT = 6{,}17 \cdot 10^{-21}\ \text{J} = 38{,}5$ meV

$$\lambda = \frac{h}{\sqrt{2m\bar{E}_{\text{kin}}}} = 1{,}458 \cdot 10^{-10}\ \text{m}$$

Braggreflexion 1. Ordnung bei $\vartheta = 15{,}0°$.

6.9 $\lambda = h/p = h/\sqrt{2mE_{\text{kin}}}$ (nichtrelativistisch)

$\lambda(a = 1\ \text{m}) = 3{,}232 \cdot 10^{-5}$ m

$\lambda(a = 0{,}5 \cdot 10^{-10}\ \text{m}) = 2{,}287 \cdot 10^{-10}$ m.

7.1 Die Normierungskonstante N lautet:

$$N = (2\Delta k)^{-1/2}\pi^{-3/4}.$$

Nach Ausführen der Fouriertransformation erhält man die Ortswellenfunktion des freien Teilchens für $t > 0$:

$$\psi(x,t) = \sqrt{\frac{m_0 \Delta k}{\sqrt{\pi}(m_0 + i\hbar t\,\Delta k^2)}} \cdot \exp\left(-\frac{x^2 m_0 \Delta k^2}{2(m_0 + i\hbar t\,\Delta k^2)}\right).$$

Daraus berechnet man die Aufenthaltswahrscheinlichkeitsdichte zu:

$$|\psi(x,t)|^2 = \frac{m_0 \Delta k}{\sqrt{\pi(m_0^2 + \hbar^2 t^2\,\Delta k^4)}} \cdot \exp\left(-\frac{x^2 m_0^2 \Delta k^2}{(m_0^2 + \hbar^2 t^2\,\Delta k^4)}\right).$$

Die Normierung bleibt für alle Zeiten erhalten, da jede Lösung einer zeitabhängigen Schrödingergleichung normiert bleibt. Dies zeigt man allgemein dadurch, daß man die zeitliche Änderung des Normierungsintegrals ausrechnet und dabei ausnutzt, daß die Wellenfunktion der Schrödingergleichung gehorchen soll. Kennt man die Wellenfunktion explizit als Funktion von x und t, kann man natürlich das Normierungsintegral für jeden Zeitpunkt berechnen; dieser Lösungsweg ist aber viel rechenaufwendiger als der erste.
Die Wahrscheinlichkeitsdichte ist zu jedem Zeitpunkt eine Gaußfunktion mit der Breite:

$$\Delta x(t)=\frac{1}{m_0\Delta k}\sqrt{m_0^2+\hbar^2t^2\Delta k^4}\,,$$

das Wellenpaket zerfließt also.
Der Faktor $N^2\exp[-(k/\Delta k)^2]$ ist die Wahrscheinlichkeitsdichte im k-Raum, d.h. er gibt an, mit welcher Wahrscheinlichkeit bei einer Impulsmessung das Teilchen mit dem Impuls $\hbar k$ angetroffen wird.

7.2 $$\Delta x=\sqrt{\frac{1}{(\Delta k)^2}+\frac{\hbar^2t^2(\Delta k)^2}{m_0^2}}$$

für $t=0$ gilt: $\Delta k=10^8\,\mathrm{cm}^{-1}$

$$t=\frac{m_0}{\hbar\,\Delta k}\sqrt{(\Delta x)^2-\frac{1}{(\Delta k)^2}}$$

$t\approx m_0\cdot 1{,}5\cdot 10^{32}\,\mathrm{s}$

$\Rightarrow\ t\approx 1{,}3\cdot 10^4\,\mathrm{s}$ für ein Elektron.

7.3 In drei Dimensionen setzen wir die Wellenfunktionen des Teilchens als Produkt aus drei eindimensionalen Wellenfunktionen der Aufgabe 7.1 an:

$$\Psi(\boldsymbol{r},t)=\psi(x,t)\psi(y,t)\psi(z,t)\,.$$

Dies ist für alle Zeiten richtig, weil sich der Hamiltonoperator additiv aus drei eindimensionalen Operatoren zusammensetzt, wobei jeder mit jedem vertauscht:

$$H=-\frac{\hbar^2}{2m_0}\left(\frac{d^2}{dx^2}+\frac{d^2}{dy^2}+\frac{d^2}{dz^2}\right).$$

Die dreidimensionale Schrödingergleichung zerfällt dadurch in drei voneinander unabhängige, eindimensionale Schrödingergleichungen, deren Lösung bereits in Aufgabe 7.1 gefunden wurde.

Das Wellenpaket zerläuft damit in alle drei Raumrichtungen:

$$\Delta x(t)=\frac{1}{m_0\Delta k_x}\sqrt{m_0^2+\hbar^2t^2\Delta k_x^4}\,,$$

$$\Delta y(t)=\frac{1}{m_0\Delta k_y}\sqrt{m_0^2+\hbar^2t^2\Delta k_y^4}\,,$$

$$\Delta z(t)=\frac{1}{m_0\Delta k_z}\sqrt{m_0^2+\hbar^2t^2\Delta k_z^4}\,.$$

8.1 $E_{\mathrm{kin}}=1{,}387\cdot 10^{-26}\,\mathrm{J}=8{,}657\cdot 10^{-8}\,\mathrm{eV}$

$v=4{,}07\,\mathrm{m/s}$

8.2

λ[Å]	$\tilde{\nu}[\mathrm{cm}^{-1}]$	$\tilde{\nu}/R_{\mathrm{H}}$	n
3669,42	27252,3	0,24848	>20
3770,06	26524,8	0,24184	>10
3835,40	26072,9	0,23772	9
3970,07	25188,5	0,22966	7
4340,47	23039,0	0,21006	5

8.3 Praktisch alle Atome befinden sich vor der Absorption im Grundzustand, man erhält die Linien der Lyman-Serie.

$$E_\gamma=hc\tilde{\nu}=hcR_{\mathrm{H}}\left(1-\frac{1}{n^2}\right)$$

$$\lambda=\frac{1}{\tilde{\nu}}=\frac{1}{R_{\mathrm{H}}\left(1-\frac{1}{n^2}\right)};\qquad n=2,3,\ldots.$$

8.4 a) Beugung in $m$ter Ordnung am Gitter: $\lambda=(d/m)\sin\vartheta$

$\Rightarrow$ Wellenlänge der Balmerlinie $\lambda=486{,}08\,\mathrm{nm}$

$\Rightarrow$ Ausgangsniveau $n=4$.

b) Es müssen die Balmerlinien aus den Zuständen $n=32$ und $n=31$ noch getrennt werden können $\rightarrow$ notwendige Auflösung A:

$$A=\frac{\tilde{\nu}(n=32)}{\tilde{\nu}(n=32)-\tilde{\nu}(n=31)}=3890=m\cdot p$$

m ... Beugungsordnung, p ... Strichzahl

$\Rightarrow$ Gitter sollte mindestens 3890 Striche haben.

8.5 Nach Abschn. 8.4 gilt

$$E_{\text{kin}}=\frac{a}{2r_n};\quad E_{\text{pot}}=-\frac{a}{r_n};\quad a=\frac{Ze^2}{4\pi\varepsilon_0}$$

$$\Rightarrow E_{\text{kin}} \neq |E_{\text{pot}}|.$$

Gesamtenergie $E_n=E_{\text{pot}}+E_{\text{kin}}=-a/2r_n$.

Dieser Energiebetrag wird bei der Bildung des Bohrschen Atoms z. B. durch die Abgabe von Photonen frei.

$$\frac{E_{\text{pot}}}{E_{\text{kin}}}=\frac{-a/r_n}{a/2r_n}=-2 \quad \text{unabhängig von } n.$$

8.6 a) $F_z=m\frac{v^2}{r}=G\frac{Mm}{r^2}$ (1)

b) $E_{\text{kin}}=\frac{1}{2}mv^2=\frac{1}{2}G\frac{Mm}{r}$

c) $E_{\text{pot}}=-\frac{GMm}{r}$

d) $E_{\text{ges}}=E_{\text{pot}}+E_{\text{kin}}=-G\frac{Mm}{2r}$

e) Quantelung des Bahndrehimpulses

$L=mvr=n\hbar$ (2)

f) (1) $\Rightarrow v^2r=GM$ (3)

$$(2),(3) \Rightarrow v_n=\frac{GMm}{\hbar}\cdot\frac{1}{n}=9{,}654\cdot 10^{-34}\frac{1}{n}\,\text{m/s}$$

$$r_n=\frac{\hbar^2}{GMm^2}\cdot n^2=1{,}199\cdot 10^{29}\,n^2\cdot\text{m}.$$

8.7 Kreisstrom:

$$I=-\frac{e\omega}{2\pi}=-1{,}055\cdot 10^{-3}\,\frac{1}{n^3}\,\text{A}$$

magnetisches Moment

$$|\boldsymbol{\mu}|=\frac{1}{2}e\omega r^2=\frac{e}{2m_0}|\boldsymbol{l}|=\frac{e\hbar}{2m_0}n=\mu_B n$$

(vgl. Abschn. 12.2)

n	I[A]	$\lvert\boldsymbol{\mu}\rvert$ [Am^2]
1	$1{,}055\cdot 10^{-3}$	$9{,}274\cdot 10^{-24}$
2	$1{,}318\cdot 10^{-4}$	$1{,}855\cdot 10^{-23}$
3	$3{,}905\cdot 10^{-5}$	$2{,}782\cdot 10^{-23}$

8.8 $$\frac{\omega}{2\pi}=\frac{me^4}{64\pi^3\varepsilon_0^2\hbar^3}\cdot\frac{1}{n^3}=3{,}288\cdot 10^{15}\,\frac{1}{n^3}\,\frac{1}{\text{s}}$$

$$r=\frac{8\pi\varepsilon_0\hbar^2}{me^2}\,n^2=1{,}059\cdot 10^{-10}\,n^2\cdot\text{m}$$

$$E_n=-\frac{me^4}{64\pi^2\varepsilon_0^2\hbar^2}\cdot\frac{1}{n^2}=-6{,}80\,\frac{1}{n^2}\,\text{eV}$$

r sei der Abstand von e^- und e^+. (Zur Rechnung vergleiche Abschn. 8.4.)

8.9 a) $E_n(\mu)=-\frac{Z^2e^4m_\mu}{32\pi^2\varepsilon_0^2\hbar^2}\cdot\frac{1}{n^2}=-2813\,\frac{Z^2}{n^2}\,\text{eV}$

b) $r_n=\frac{4\pi\varepsilon_0\hbar^2}{Ze^2m_\mu}\,n^2=2{,}56\cdot 10^{-3}\,\frac{n^2}{Z}\,\text{Å}$

c) $h\nu=E_2(\mu)-E_1(\mu)=2110\,Z^2\,\text{eV}.$

8.10 Mit ω_n aus (8.9) und $\Delta t=10^{-8}$ s folgt

$$N=\frac{\Delta t}{2\pi}\,\omega=6{,}583\cdot 10^7\,\frac{1}{n^3}$$

a) $n=2\rightarrow N=8{,}228\cdot 10^6$;

$K=4{,}5\cdot 10^9/N=547$

b) $n=15\rightarrow N=1{,}950\cdot 10^4$;

$K=230\,800$.

8.11 Pickering-Serie:

$$\tilde{\nu}_p=4R_{\text{He}}\left(\frac{1}{4^2}-\frac{1}{n^2}\right)$$

Rydbergkonstante

$$R_{\text{He}}=\frac{R_\infty}{1+\frac{m_0}{M_{\text{He}}}}.$$

1. Linie: $n=5$; $\Delta\tilde{\nu}=0{,}443\,\text{cm}^{-1}$;

$\Delta E=5{,}5\cdot 10^{-5}\,\text{eV}$

3. Linie: $n=7$; $\Delta\tilde{\nu}=0{,}828\,\text{cm}^{-1}$;

$\Delta E=1{,}03\cdot 10^{-4}\,\text{eV}.$

8.12 Wasserstoffähnliche Atome:

$$\tilde{\nu} = R\left(\frac{1}{n'^2} - \frac{1}{n^2}\right); \quad n' < n$$

$R_H = 109677{,}581\ \text{cm}^{-1}$; $\quad R_{He} = 109722{,}398\ \text{cm}^{-1}$.

Es gilt $400\ \text{nm} < \lambda < 700\ \text{nm}$ bei

Wasserstoff für	$n = 3, 4, 5, 6$	$\rightarrow n' = 2$
Helium⁺ für	$n = 4$	$\rightarrow n' = 3$
	$n = 6 \ldots 13$	$\rightarrow n' = 4$
	$n = 12 \ldots \infty$	$\rightarrow n' = 5$.

8.13 Relative Abweichung γ zwischen Sommerfeldscher Energieformel $E_{n,k}$ (8.29) und Bohrscher Energieformel E_n beim Wasserstoffatom für $n = 2$:

$$\gamma = \frac{E_{2,k} - E_2}{E_2} = \frac{\alpha^2}{4}\left(\frac{2}{k} - \frac{3}{4}\right)$$

k	1	2
γ	$1{,}67 \cdot 10^{-5}$	$3{,}33 \cdot 10^{-6}$

8.14 Wellenlänge λ_2 des zweiten Lasers

$$\lambda_2 = \frac{hc}{E_1(\text{H})\left(\frac{1}{n^2} - 1\right) - 11{,}5\ \text{eV}}$$

n_2	E_{n_2}[eV]	r_{n_2}[Å]	λ_2[nm]
20	$-3{,}40 \cdot 10^{-2}$	212	603,5
30	$-1{,}51 \cdot 10^{-2}$	477	598,0
40	$-0.85 \cdot 10^{-2}$	848	596,1
50	$-0{,}54 \cdot 10^{-2}$	1325	595,3

Erforderliche Linienbreite

$$\Delta E \approx E_{51} - E_{50} \approx 2 \cdot 10^{-4}\ \text{eV}.$$

8.15 a) $\nu_n = \frac{\omega_n}{2\pi} = \frac{e^4 m_0}{32\pi^3 \varepsilon_0^2 \hbar^3 n^3} = \frac{6{,}58 \cdot 10^{15}}{n^3} \frac{1}{\text{s}}$

b) $\nu_{n \to n-1} = \frac{e^4 m_0}{32\pi^3 \varepsilon_0^2 \hbar^3 n^3} \left(\frac{1 - \frac{1}{2n}}{1 - \frac{2}{n} + \frac{1}{n^2}}\right)$

c) $\lim\limits_{n \to \infty} \nu_{n \to n-1} = \nu_n$

(vgl. Abschn. 8.11: Korrespondenzprinzip).

8.16 Die Kernbewegung kann berücksichtigt werden durch Ersetzen der Elektronenmasse m_0 durch die reduzierte Masse $\mu = m_0 M/(m_0 + M)$ (M: Kernmasse).

$$E_n(A, Z) = \frac{E_1(\text{H})}{n^2} \frac{1}{1 + \frac{1}{A}\frac{m_0}{m_p}} Z^2; \quad (A\text{: Massenzahl})$$

$$\frac{m_0}{m_p} = \frac{1}{1836{,}15}.$$

Atom	$\frac{\Delta E(Z, n)}{E(Z, n)}$
^{1}H	$5{,}45 \cdot 10^{-4}$
^{2}H	$2{,}75 \cdot 10^{-4}$
^{3}H	$1{,}82 \cdot 10^{-4}$
$^4He^+$	$1{,}36 \cdot 10^{-4}$
$^7Li^{2+}$	$0{,}78 \cdot 10^{-4}$

8.17 $n = 1 \rightarrow n = 2$; $\quad n = 1 \rightarrow n = 3$

8.18 $n = 3$, 4, 5, 6. Auftragung gegen n^{-2}.

8.19 $E_n = E_n(\text{Bohr}) \cdot \mu/(m_e \cdot \varepsilon_r^2)$.
Spektrum: ähnlich Balmer-Serie.

9.1 Die Schrödingergleichung des kräftefreien Teilchens lautet:

$$i\hbar \frac{\partial}{\partial t} \psi(x, t) = -\frac{\hbar^2}{2m_0} \frac{\partial^2}{\partial x^2} \psi(x, t).$$

Man rechnet beide Seiten der Gleichung aus, indem man die Differentiationen mit der Integration im k-Raum vertauscht. Einsetzen der angegebenen Dispersionsrelation des freien Teilchens ergibt dann die Übereinstimmung von rechter und linker Seite.

9.2 a) Durch Einsetzen von $\psi(r, t)$ in (9.32).

b) Es soll gelten $\int \psi^* \psi \, dV = 1$.

Da $\int \varphi_j^* \varphi_k \, dV = \delta_{jk}$

muß $|C_1|^2 + |C_2|^2 = 1$ gelten,

oder allgemein $\sum\limits_j |C_j|^2 = 1$.

9.3 Aus der Forderung, daß die Wellenfunktion normierbar sein soll, ergibt sich aus der stationären Schrödingergleichung:

$$\psi(x) = \begin{cases} N \exp(kx), & x \leqq 0 \\ N \exp(-kx), & x \geqq 0, \end{cases} \quad \text{mit} \quad k = \sqrt{-\frac{2m_0 E}{\hbar^2}}.$$

Der Normierungsfaktor der Exponentialfunktion muß auf beiden Seiten derselbe sein, damit die Wellenfunktion bei $x=0$ stetig ist.

Die Sprungbedingung lautet:

$$\psi'(\varepsilon)-\psi'(-\varepsilon)=-\frac{2m_0\beta}{\hbar^2}\,\psi(0).$$

Daraus erhält man schließlich: $k=m_0\beta/\hbar^2$ und den Energie-Eigenwert: $E=-m_0\beta^2/2\hbar^2$. Die Normierungskonstante ist: $N=\sqrt{k}$.

9.4 $\psi_{\mathrm{I}}=A_1\,e^{\kappa x} \qquad x<-L$

$\psi_{\mathrm{II}}=A_2\cos(kx)+B_2\sin(kx) \qquad -L\leqq x\leqq L$

$\psi_{\mathrm{III}}=B_3\,e^{-\kappa x} \qquad x>L$

$$\kappa=\sqrt{\frac{-2m_0E}{\hbar^2}},\qquad k=\sqrt{\frac{2m_0(E+V_0)}{\hbar^2}}.$$

Stetigkeit und Differenzierbarkeit für $x=\pm L$ ergibt:

$\kappa=k\tan(kL)\Rightarrow E(L,V_0)$ (graphisch oder numerisch)

und die beiden Lösungstypen:

$A_1=B_3,\quad B_2=0$ symmetrische Lösung

$A_1=-B_3,\quad B_2\neq 0$ antisymmetrische Lösung.

9.5
$$a=\frac{1}{1-\dfrac{m_0\beta}{\mathrm{i}\hbar^2k}}-1$$

$$b=\frac{1}{1-\dfrac{m_0\beta}{\mathrm{i}\hbar^2k}}\quad\text{mit}\quad k=\sqrt{\frac{2m_0E}{\hbar^2}}.$$

Bedeutung von a und b:

$|a|^2=$ Reflexionskoeffizient

$|b|^2=$ Transmissionskoeffizient.

$$|a|^2=\frac{1}{\dfrac{\hbar^4k^2}{m_0^2\beta^2}+1}$$

$$|b|^2=\frac{1}{\dfrac{m_0^2\beta^2}{\hbar^4k^2}+1}$$

$|a|^2$ und $|b|^2$ unabhängig vom Vorzeichen von β!

9.6 Die Wand befinde sich an der Stelle $x=0$.

Da $\psi(x)$ bei $x=0$ stetig sein muß, folgt: $\psi(0)=0$.

Für die Wellenfunktionen ergibt sich daraus:

$$\psi(x)=\begin{cases}A\sin(kx), & x\leqq 0\\ 0, & x\geqq 0\end{cases},$$

$$\text{mit}\quad k=\sqrt{\frac{2m_0E}{\hbar^2}},$$

wobei E die Energie des Teilchens ist.

9.7
$$\langle x\rangle=\int\psi^*(x,t)x\psi(x,t)dx=0$$

$$\langle p\rangle=\int\psi^*(x,t)\left(-\mathrm{i}\hbar\frac{d}{dx}\right)\psi(x,t)dx=0$$

$$\langle E_{\mathrm{kin}}\rangle=\frac{\langle p^2\rangle}{2m_0}=\int\psi^*(x,t)\left(-\mathrm{i}\hbar\frac{d}{dx}\right)^2\psi(x,t)dx=\frac{\hbar^2(\Delta k)^2}{4m_0}$$

$$\langle x^2\rangle=\int\psi^*(x,t)x^2\psi(x,t)dx=\frac{1}{2(\Delta k)^2}+\frac{\hbar(\Delta k)^2}{2m_0^2}t^2$$

$\langle x^2\rangle$ zeigt direkt das „Zerfließen“ des Wellenpakets an.

9.8
$$\bar{E}=\frac{1}{\sqrt{\pi}\,\Delta k}\int_{-\infty}^{+\infty}dk\,\frac{\hbar^2k^2}{2m_0}\exp[-k^2/(\Delta k)^2]$$

9.9
$$[\hat{l}_x,\hat{l}_y]=-\hbar^2\left[\left(y\frac{\partial}{\partial z}-z\frac{\partial}{\partial y}\right)\left(z\frac{\partial}{\partial x}-x\frac{\partial}{\partial z}\right)-\left(z\frac{\partial}{\partial x}-x\frac{\partial}{\partial z}\right)\left(y\frac{\partial}{\partial z}-z\frac{\partial}{\partial y}\right)\right]$$
$$=-\hbar^2\left(y\frac{\partial}{\partial x}-x\frac{\partial}{\partial y}\right)=\mathrm{i}\hbar\hat{l}_z$$

$[\hat{l}_y,\hat{l}_z],[\hat{l}_z,\hat{l}_x]$ analog.

$$\begin{aligned}[\hat{l}^2,\hat{l}_x]&=[\hat{l}_x^2,\hat{l}_x]+[\hat{l}_y^2,\hat{l}_x]+[\hat{l}_z^2,\hat{l}_x]\\&=\hat{l}_y[\hat{l}_y,\hat{l}_x]+[\hat{l}_y,\hat{l}_x]\hat{l}_y\\&\quad+\hat{l}_z[\hat{l}_z,\hat{l}_x]+[\hat{l}_z,\hat{l}_x]\hat{l}_z\\&=-\mathrm{i}\hbar\hat{l}_y\hat{l}_z-\mathrm{i}\hbar\hat{l}_z\hat{l}_y+\mathrm{i}\hbar\hat{l}_z\hat{l}_y\\&\quad+\mathrm{i}\hbar\hat{l}_y\hat{l}_z=0\end{aligned}$$

$[\hat{l}^2,\hat{l}_y],[\hat{l}^2,\hat{l}_z]$ analog.

9.10 $[\hat{l}_x, \Delta]=0$

$[\hat{l}_x, V(r)]=0$

9.11 a) $(ab)^*=a^*b^*$ $\quad x, dx$ reell.

b) $$\int_{-\infty}^{\infty} \psi_1^* \frac{\hbar}{\mathrm{i}} \frac{\partial}{\partial x} \psi_2 dx = \left[\frac{\hbar}{\mathrm{i}} \psi_1^* \psi_2\right]_{-\infty}^{\infty} - \int_{-\infty}^{\infty} \psi_2 \frac{\hbar}{\mathrm{i}} \frac{\partial}{\partial x} \psi_1^* dx = \left(\int_{-\infty}^{\infty} \psi_2^* \frac{\hbar}{\mathrm{i}} \frac{\partial}{\partial x} \psi_1 dx\right)^* .$$

c) $$\int_{-\infty}^{\infty} \psi_1^* \frac{\partial^2}{\partial x^2} \psi_2 dx = \left[\psi_1^* \frac{\partial}{\partial x} \psi_2\right]_{-\infty}^{\infty} - \int_{-\infty}^{\infty} \left(\frac{\partial}{\partial x} \psi_1^*\right)\left(\frac{\partial}{\partial x} \psi_2\right) dx$$
$$= \left[-\frac{\partial}{\partial x}(\psi_1^*)\psi_2\right]_{-\infty}^{\infty} + \int_{-\infty}^{\infty} \psi_2 \frac{\partial^2}{\partial x^2} \psi_1^* dx = \left(\int_{-\infty}^{\infty} \psi_2^* \frac{\partial^2}{\partial x^2} \psi_1 dx\right)^* .$$

9.12 $(d/dt)\langle x\rangle = \int \dot{\psi}^* x \psi \, dx + \int \psi^* x \dot{\psi} \, dx$

mit $\dot{\psi} = \frac{1}{\mathrm{i}\hbar}\left(-\frac{\hbar^2}{2m_0}\frac{d^2}{dx^2} + V\right)\psi$

einsetzen:

$$\frac{\mathrm{i}\hbar}{2m_0} \int dx \left[\psi^* x \frac{d^2}{dx^2}\psi - \left(\frac{d^2}{dx^2}\psi^*\right) x\psi\right]$$

partiell integrieren:

$$\frac{\mathrm{i}\hbar}{2m_0} \int dx \left[\psi \frac{d}{dx}\psi^* - \left(\frac{d}{dx}\psi\right)\psi^*\right]$$

partiell integrieren:

$$\frac{1}{m_0}\int dx\, \psi^* p \psi = \frac{1}{m_0}\langle p\rangle$$

$$\frac{d}{dt}\langle p\rangle = -\mathrm{i}\hbar \int \dot{\psi}^* \frac{d}{dx}\psi \, dx - \mathrm{i}\hbar \int \psi^* \frac{d}{dx}\dot{\psi}\, dx$$

Schrödingergleichung einsetzen und zweimal partiell integrieren:

$$\frac{d}{dt}\langle p\rangle = \int dx\, \psi^*\left(-\frac{d}{dx}V\right)\psi = -\left\langle\frac{dV}{dx}\right\rangle.$$

In drei Dimensionen gilt für jede Komponente i:

$$m_0 \frac{d}{dt}\langle x_i\rangle = \langle p_i\rangle, \quad \frac{d}{dt}\langle p_i\rangle = -\left\langle\frac{dV}{dx_i}\right\rangle.$$

9.13 Das Potential lautet:

$V(x) = \frac{1}{2}m_0\omega^2(x-x_0)^2 - \varepsilon_0$,

mit $x_0 = \frac{k_0}{k}$ und $\varepsilon_0 = \frac{1}{2}\frac{k_0^2}{k}$.

Die stationäre Schrödingergleichung ist damit:

$$\left[-\frac{\hbar^2}{2m_0}\frac{d^2}{dx^2} + \frac{1}{2}m_0\omega^2(x-x_0)^2 - \varepsilon_0\right]\psi(x) = E\psi(x).$$

Durch die Transformation $y = x - x_0$, $\hat{E} = E + \varepsilon_0$ erhalten wir die bekannte Form:

$$\left(-\frac{\hbar^2}{2m_0}\frac{d^2}{dy^2} + \frac{1}{2}m_0\omega^2 y^2\right)\psi(y) = \hat{E}\psi(y).$$

Die Lösungen dieser Gleichung werden zurücktransformiert, und es ergibt sich für die Eigenfunktionen:

$$\psi_n(x) = \left(\frac{m_0\omega}{\hbar}\right)^{1/4} \exp\left[-\frac{m_0\omega}{2\hbar}(x-x_0)^2\right] \times H_n\left[\sqrt{\frac{m_0\omega}{\hbar}}(x-x_0)\right],$$

mit den Eigenwerten:

$$E_n = \left(n + \frac{1}{2}\right)\hbar\omega - \frac{1}{2}\frac{k_0^2}{k}.$$

9.14 $b = \frac{1}{\sqrt{2}}\left(\frac{\partial}{\partial\xi} + \xi\right)$; $\quad b^+ = \frac{1}{\sqrt{2}}\left(-\frac{\partial}{\partial\xi} + \xi\right)$;

$\xi = \sqrt{\frac{m_0\omega}{\hbar}}\, x$

$$[b, b^+] = \frac{1}{2}\left[\left(\frac{\partial}{\partial\xi} + \xi\right)\left(-\frac{\partial}{\partial\xi} + \xi\right) - \left(-\frac{\partial}{\partial\xi} + \xi\right)\left(\frac{\partial}{\partial\xi} + \xi\right)\right]$$
$$= \frac{1}{2}\left(-\frac{\partial^2}{\partial\xi^2} - \xi\frac{\partial}{\partial\xi} + \frac{\partial}{\partial\xi}\xi + \frac{\partial^2}{\partial\xi^2} - \xi\frac{\partial}{\partial\xi} + \frac{\partial}{\partial\xi}\xi + \xi^2 - \xi^2\right)$$
$$= -\xi\frac{\partial}{\partial\xi} + \frac{\partial}{\partial\xi}\xi = -\xi\frac{\partial}{\partial\xi} + \xi\frac{\partial}{\partial\xi} + 1 = 1$$

9.15 $\psi(t)=\exp[-\mathrm{i}(\omega/2)t][\psi_0+\psi_1\exp(-\mathrm{i}\omega t)]$.

Da ψ_0 und ψ_1 reell sind, erhalten wir daraus:

$|\psi(t)|^2=\psi_0^2+\psi_1^2+2\psi_0\psi_1\cos(\omega t)$.

Wählt man z.B. $t_n=\dfrac{2\pi n}{\omega}$, mit $n=0,1,2,\ldots$ erhält man:

$|\psi(t_n)|^2=(\psi_0+\psi_1)^2$ und

$|\psi[t_n+(\pi/\omega)]|^2=(\psi_0-\psi_1)^2$.

Die Wellenfunktion oszilliert also periodisch zwischen den beiden Formen hin und her.

9.16 a) $$\int_{-\infty}^{\infty}\left(\frac{\partial u}{\partial\xi}\right)v(\xi)d\xi=[u(\xi)v(\xi)]_{-\infty}^{\infty}-\int_{-\infty}^{\infty}u(\xi)\left(\frac{\partial v}{\partial\xi}\right)d\xi.$$

Für Funktionen, die im Unendlichen verschwinden, also

$$\int_{-\infty}^{\infty}\left(\frac{\partial u}{\partial\xi}\right)v(\xi)d\xi=\int_{-\infty}^{\infty}u(\xi)\left(-\frac{\partial v}{\partial\xi}\right)d\xi.$$

b) $$\int(b^+\varphi_n)^*(b^+\varphi_n)d\xi=\int\varphi_n^*bb^+\varphi_nd\xi =\int\varphi_n^*(1+b^+b)\varphi_nd\xi =(1+n)\int\varphi_n^*\varphi_nd\xi.$$

c) $$\int\varphi_{n+1}^*\varphi_{n+1}d\xi=\frac{1}{n+1}\int(b^+\varphi_n)^*(b^+\varphi_n)d\xi$$

mit (b)

$$=\int\varphi_n^*\varphi_nd\xi.$$

d) $\varphi_n=\dfrac{1}{\sqrt{n!}}(b^+)^n\varphi_0$ folgt sofort aus (c).

e) Mit $\varphi_{n+1}=\dfrac{1}{\sqrt{n+1}}b^+\varphi_n$

folgt $b^+\varphi_n=\sqrt{n+1}\,\varphi_{n+1}$.

Aus $\varphi_n=\dfrac{1}{\sqrt{n}}b^+\varphi_{n-1}$

folgt $$b\varphi_n=\frac{1}{\sqrt{n}}bb^+\varphi_{n-1}=\frac{1}{\sqrt{n}}(1+b^+b)\varphi_{n-1} =\frac{1+n-1}{\sqrt{n}}\varphi_{n-1}$$

und damit: $b\varphi_n=\sqrt{n}\,\varphi_{n-1}$.

f) Angenommen:

$K_n=[b,(b^+)^n]=n(b^+)^{n-1}$

gelte für ein bestimmtes n.

Dann folgt:

$$\begin{aligned}K_{n+1}&=[b,(b^+)^{n+1}]=b(b^+)^nb^+-(b^+)^{n+1}b\\&=[(b^+)^nb+K_n]b^+-(b^+)^{n+1}b\\&=(b^+)^nbb^++n(b^+)^{n-1}b^+-(b^+)^{n+1}b\\&=(b^+)^n(b^+b+1)+n(b^+)^n\\&\quad-(b^+)^{n+1}b=(n+1)(b^+)^n\end{aligned}$$

somit gilt die Behauptung auch für $n+1$. Da sie für $n=1$ gilt, gilt sie also für alle n!

Analog:

$Q_n=[b^+,b^n]=-nb^{n-1}$

soll für ein bestimmtes n gelten.
Dann gilt auch:

$$\begin{aligned}Q_{n+1}&=b^+b^{n+1}-b^{n+1}b^+\\&=(b^nb^++Q_n)b-b^{n+1}b^+\\&=b^nb^+b-nb^n-b^{n+1}b^+\\&=b^n(bb^+-1)-nb^n-b^{n+1}b^+\\&=-(n+1)b^n.\end{aligned}$$

Somit gilt die Behauptung auch für $n+1$. Da sie für $n=1$ gilt, gilt sie also für alle n!

9.17 Impuls: $p\sim 1(b-b^+)/\mathrm{i}$, Ort: $x\sim(b+b^+)$ mit

$\int\varphi_n^*b\varphi_nd\xi=\sqrt{n}\int\varphi_n^*\varphi_{n-1}d\xi=0$ und

$\int\varphi_n^*b^+\varphi_nd\xi=(\sqrt{n+1})^{-1}\int\varphi_n^*\varphi_{n+1}d\xi=0$ folgt:

$\int\varphi_n^*p\varphi_nd\xi=\int\varphi_n^*x\varphi_nd\xi=0$.

Kinetische Energie:

$$\begin{aligned}\tfrac{1}{2}p^2&\sim-\tfrac{1}{4}(b-b^+)^2=-\tfrac{1}{4}(bb+b^+b^+-bb^+-b^+b)\\&=-\tfrac{1}{4}(b^+b^++bb-2b^+b-1).\end{aligned}$$

$$\int\varphi_n^*\frac{p^2}{2}\varphi_nd\xi$$

ist dann

$\int \varphi_n^*(\frac{1}{2}b^+b+\frac{1}{4})\varphi_n d\xi=\frac{1}{2}(n+\frac{1}{2})$.

Analog potentielle Energie:

$\frac{1}{2}x^2 \sim \frac{1}{4}(b+b^+)^2=\frac{1}{4}(b^+b^+ + bb + 2b^+b+1)$

$$\int \varphi_n^* \frac{x^2}{2}\varphi_n d\xi \to \frac{1}{2}\left(n+\frac{1}{2}\right).$$

9.18 Man zeige $\int \varphi_n^*\varphi_m d\xi=\delta_{n,m}$

φ_n, φ_m sind Lösungen der Schrödingergleichung:

$b^+b\varphi_n=n\varphi_n$

$b^+b\varphi_m=m\varphi_m$.

Daraus folgt nach Multiplikation mit φ_m^* bzw. φ_n:

$$\int \varphi_m^* b^+b\varphi_n d\xi = n\int \varphi_m^*\varphi_n d\xi \quad \text{und} \qquad (*)$$

$$\int (b^+b\varphi_m)^*\varphi_m d\xi = m\int \varphi_m^*\varphi_n d\xi$$
$$= \int \varphi_m^* b^+b\varphi_n d\xi = m\int \varphi_m^*\varphi_n d\xi\,. \qquad (**)$$

Bildet man die Differenz zwischen (*) und (**), so folgt:

$0=(n-m)\int \varphi_m^*\varphi_n d\xi$,

d.h. die Eigenfunktionen sind orthogonal und – mit Aufgabe 9.16c – normiert.

9.19 a) wie Aufgabe 9.16e
b) wie Aufgabe 9.18
c), d) wie Aufgabe 9.17.

10.1 a) $\bar{E}_{\text{kin}}=\frac{1}{2}\frac{m_0e^4}{(4\pi\varepsilon_0)^2\hbar^2}$

$\bar{E}_{\text{pot}}=-\frac{m_0e^4}{(4\pi\varepsilon_0)^2\hbar^2}$

b) $\bar{E}_{\text{kin}}=\frac{1}{8}\frac{m_0e^4}{(4\pi\varepsilon_0)^2\hbar^2}$

$\bar{E}_{\text{pot}}=-\frac{1}{4}\frac{m_0e^4}{(4\pi\varepsilon_0)^2\hbar^2}$

10.2 a) $\boldsymbol{D}=(0,0,0)$

b) 1. $\boldsymbol{D}=(0,0,0)$

2. $\boldsymbol{D}=d/\sqrt{3}(0,0,1)$

3. $\boldsymbol{D}=\frac{1}{3}\sqrt{(3/2)}\,d(-1,\pm\mathrm{i},0)$

$$d=\frac{256}{81}\frac{1}{\sqrt{6}}\frac{\hbar^2}{m_0e^2}4\pi\varepsilon_0$$

10.3 $\kappa_1=[0{,}529\cdot 10^{-8}\,\text{cm}]^{-1}$ $\quad E_1=-13{,}55\,\text{eV}$

$\kappa_2=[1{,}058\cdot 10^{-8}\,\text{cm}]^{-1}$ $\quad E_2=-3{,}39\,\text{eV}$

$\kappa_3=[1{,}587\cdot 10^{-8}\,\text{cm}]^{-1}$ $\quad E_3=-1{,}51\,\text{eV}$

10.4 a) $N=(2/\pi)^{3/4}(r_0)^{-3/2}$

$r_{0\,\text{min}}=6\pi^{3/2}\varepsilon_0\hbar^2/(\sqrt{2}\,e^2m_0)$

$\bar{E}_{\text{min}}=-e^4m_0/(12\hbar^2\pi^3\varepsilon_0^2)=\frac{8}{3\pi}E_0$

b) $N=(\pi r_0^3)^{-1/2}$

$r_{0\,\text{min}}=4\pi\varepsilon_0\hbar^2/(m_0e^2)$

$\bar{E}_{\text{min}}=-e^4m_0/(32\hbar^2\pi^2\varepsilon_0^2)=E_0$

E_0: exakte Grundzustandsenergie.

10.5 Differentialgleichung für $g(x)$:

$$\frac{d^2}{dx^2}g(x)+2\left(\frac{\sigma}{x}-\sqrt{\varepsilon}\right)\frac{d}{dx}g(x)+\frac{g(x)}{x}(\tilde{c}_1-2\sigma\sqrt{\varepsilon})=0$$

Potenzreihenansatz für $g(x)$:

$$g(x)=\sum_{n=0}^{\infty}a_nx^n$$

Rekursionsformel für die Entwicklungskoeffizienten a_n:

$$a_{n+1}-a_n(2n\sqrt{\varepsilon}\quad\tilde{c}_1+2\sigma\sqrt{\varepsilon})/[(n+1)(n+2\sigma)]$$

Energieeigenwerte:

$$E_n=-\frac{m_0c_1^2}{2\hbar^2}(n+\tfrac{1}{2}+\tfrac{1}{2}\sqrt{1+8m_0c_2/\hbar^2})^{-2}.$$

11.1

		$E_{n,l}$[eV]	$l=0$	$l=1$	$l=2$
Li:		$n=2$	$-5{,}31$	$-3{,}54$	–
		$n=3$	$-2{,}01$	$-1{,}55$	$-1{,}51$
		$n=4$	$-1{,}05$	$-0{,}87$	$-0{,}85$
Na:		$n=3$	$-5{,}12$	$-3{,}03$	$-1{,}52$
		$n=4$	$-1{,}97$	$-1{,}40$	$-0{,}85$
		$n=5$	$-1{,}03$	$-0{,}80$	$-0{,}55$

11.2 $E_{n,l}=-\dfrac{R_{\text{Alkali}}hc}{[n-\Delta(l)]^2}$;

$\Delta(0)=0{,}41$; $\Delta(1)=0{,}04$

Übergang	$\tilde{\nu}$[cm^{-1}]	λ[nm]	Bereich
$3p\to 2s$	31000	323	UV
$3p\to 3s$	3800	2619	fernes IR
$3s\to 2p$	12200	820	IR
$2p\to 2s$	14900	671	sichtbar

11.3

		3^2D	3^2P
Hauptquantenzahl	n	3	3
Spinquantenzahl	s	1/2	1/2
Nebenquantenzahl	l	2	1

Zu dem Übergang gehören 3 Linien:

$3^2D_{5/2}\to 3^2P_{3/2}$

$3^2D_{3/2}\to 3^2P_{3/2}$

$3^2D_{3/2}\to 3^2P_{1/2}$.

Der neue Index stellt die Gesamtdrehimpulsquantenzahl $J=L\pm 1/2$ dar.

12.1 Elektron:

$$\omega_{\text{L}}=2\pi\nu_{\text{L}}=\frac{2\mu_{\text{B}}B}{\hbar}=3{,}52\cdot 10^6\,\frac{1}{\text{s}}$$

Proton:

$$\omega_{\text{L}}=2\pi\nu_{\text{L}}=\frac{5{,}585\mu_{\text{K}}B}{\hbar}=5345\,\frac{1}{\text{s}}$$

mit $\mu_{\text{K}}=\mu_{\text{B}}/1836$.

12.2 Ergebnis:

$$\mu_z=\frac{m v^2 d}{2\partial B_z/\partial z\, l_1\left(l_2+\dfrac{l_1}{2}\right)}=9{,}32\cdot 10^{-24}\,\text{Am}^2.$$

Der Kernspin gibt einen etwa um 3 Größenordnungen kleineren Beitrag zur Ablenkung und kann deshalb vernachlässigt werden.

12.3 Mit $l=n\hbar$ (Bohrsches Atommodell) folgt (vgl. Abschn. 12.8):

$$B_l=\frac{Ze\mu_0}{4\pi r^3 m}\,l=12{,}52\,\text{T}.$$

12.4 Allgemein (vgl. Abschn. 12.2):

$$\boldsymbol{\mu}_l=g_l\cdot\mu_{\text{B}}\cdot\frac{\boldsymbol{l}}{\hbar}\sqrt{l(l+1)};\qquad \mu_{l,z}=\mu_{\text{B}}m_l$$

Elektron: $\mu_{\text{B}}=\dfrac{e\hbar}{2m_0}=9{,}274\cdot 10^{-24}\,\text{Am}^2$

Myon: $\mu_{\text{B}}(\text{Myon})=\mu_{\text{B}}/207=4{,}480\cdot 10^{-26}\,\text{Am}^2$.

Beim Positronium fließt im Schwerpunktsystem aufgrund der gegensätzlichen Ladungen kein Strom, d.h. auch das magnetische Moment verschwindet.

12.5 $V_{l,s}=\dfrac{V_0}{n^3 l(l+\frac{1}{2})(l+1)}$

$\cdot\,[j(j+1)-l(l+1)-s(s+1)]$ mit

$$V_0=\frac{Z^4e^2\mu_0\hbar^2}{16\pi m_0^2 a_0^3}$$

$=5{,}81\cdot 10^{-23}\,\text{J}=3{,}63\cdot 10^{-4}\,\text{eV}$

n	l	j	$\dfrac{V_{l,s}(n,l,j)}{V_0}$	$V_{l,s}(n,l,j)$[eV]
2	1	1/2	$-1/12$	$-3{,}03\cdot 10^{-5}$
		3/2	1/24	$1{,}51\cdot 10^{-5}$
3	1	1/2	$-2/81$	$-8{,}96\cdot 10^{-6}$
		3/2	1/81	$4{,}48\cdot 10^{-6}$
	2	3/2	$-1/135$	$-2{,}69\cdot 10^{-6}$
		5/2	2/405	$1{,}79\cdot 10^{-6}$
⋮				
30	1	1/2	$-1/40500$	$-8{,}96\cdot 10^{-9}$
		3/2	1/81000	$4{,}48\cdot 10^{-9}$
	⋮			
	29	28,5	$-4{,}33\cdot 10^{-8}$	$-1{,}57\cdot 10^{-11}$
		29,5	$4{,}19\cdot 10^{-8}$	$1{,}52\cdot 10^{-11}$

12.6 Energiedifferenz ΔE zwischen den Zuständen:

$$\Delta E = hc\left(\frac{1}{\lambda_0} - \frac{1}{\lambda_0 + \Delta\lambda}\right)$$

$$= 1{,}101 \cdot 10^{-20}\,\mathrm{J} = 0{,}0687\,\mathrm{eV}$$

mit $\lambda_0 = 852{,}1$ nm, $\quad \Delta\lambda = 422$ nm.

Feinstrukturwechselwirkungsenergie (vgl. Abschn. 12.8):

$$V_{l,s} = -\boldsymbol{\mu}_s \cdot \boldsymbol{B}_l = g_s \mu_B \sqrt{s(s+1)}\, B_l \cos[\sphericalangle(\boldsymbol{s}, \boldsymbol{B}_l)]$$

$$= \frac{a}{2}[j(j+1) - l(l+1) - s(s+1)]$$

{zur Berechnung von $\cos[\sphericalangle(\boldsymbol{s}, \boldsymbol{B}_l)]$ vgl. Abschn. 12.8}

$$\rightarrow \Delta E = V_{l,s}(j=3/2) - V_{l,s}(j=1/2)$$

$$\rightarrow B_l 1119\,\mathrm{T};\ a = 7{,}339 \cdot 10^{-21}\,\mathrm{J} = 0{,}0458\,\mathrm{eV}.$$

12.7 1) Energiezustände des Wasserstoffatoms im Rahmen der Dirac-Theorie (vgl. Abschn. 12.10)

$$E_{n,j} = E_n + \Delta E_{n,j} = E_n + \frac{E_n \alpha^2}{n}\left(\frac{1}{j+1/2} - \frac{3}{4n}\right)$$

mit $E_n = -hcR_H/n^2$.

2) Die Lamb-Verschiebung hebt die l-Entartung der Zustände mit gleichem n auf, so daß Zustände mit kleinerem l geringfügig höhere Energien besitzen.

3) Auswahlregeln für mögliche Übergänge: $\Delta l = \pm 1$; $\Delta j = 0, \pm 1$.

Insgesamt treten 18 Linien auf, siehe Abb. 12.20, wenn man die Aufhebung der J-Entartung berücksichtigt.

12.8 a) $$-\frac{E_{FS} n^3}{hcRZ^4\alpha^2} = \left(\frac{1}{j+1/2} - \frac{3}{4n}\right)$$

$$> \frac{1}{j_{max}+1/2} - \frac{3}{4n} = \frac{1}{4n} > 0$$

mit $j_{max} = n - 1/2$. Damit gilt für alle n, j: $E_{FS} < 0$.

b) Bei wasserstoffähnlichen Atomen hängt die Energie der elektronischen Zustände nur von n und j ab. Bei gegebenem n gibt es gerade n verschiedene j Werte: $1/2, 3/2, \ldots, n-1/2$.

→ Die Terme zu $n=3$ und $n=4$ spalten demnach in 3 bzw. 4 Energieniveaus auf.

c) $$\Delta\tilde{\nu} = \frac{\Delta E_{FS}}{hc} = -\frac{\alpha^2 R Z^4}{n^3}\left(\frac{1}{j+1/2} - \frac{3}{4n}\right)$$

n	3	3	3	4	4	4	4
j	1/2	3/2	5/2	1/2	3/2	5/2	7/2
$-\Delta\tilde{\nu}[\mathrm{cm}^{-1}]$	0,162	0,054	0,018	0,074	0,029	0,013	0,006

(für $Z=1$)

d) Auswahlregeln $\Delta l = \pm 1$; $\quad \Delta j = 0, \pm 1$.

Folgende Tabelle zeigt die möglichen Übergänge und die Abweichungen in den Linienlagen infolge der Feinstrukturwechselwirkung.

$n=3$ \ $n=4$	$^2f_{7/2}$	$^2f_{5/2}$	$^2d_{5/2}$	$^2d_{3/2}$	$^2p_{3/2}$	$^2p_{1/2}$	$^2s_{1/2}$
$^2d_{5/2}$	0,20	0,08			−0,17		
$^2d_{3/2}$		0,66			0,41	−0,32	
$^2p_{3/2}$			0,66	0,41			−0,32
$^2p_{1/2}$				2,14			1,41
$^2s_{1/2}$					2,14	1,41	

12.9 Feinstrukturwechselwirkung:

$$V_{L,S} = \frac{A}{2}[J(J+1) - L(L+1) - S(S+1)].$$

Die Feinstrukturkonstante A ist konstant für ein Multiplett ($L, S = \mathrm{konst}$).

Übergangsauswahlregeln:

$\Delta l = (0), \pm 1 \quad \Delta J = 0, \pm 1$

(Zum Fall $\Delta l = 0$ siehe Abschn. 17.3.2)

a) Übergang $^3F \longrightarrow {}^3D$

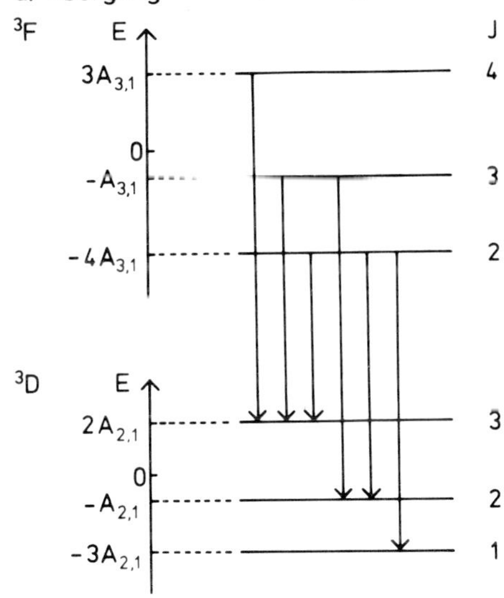

b) Übergang $^4D \rightarrow {}^4P$

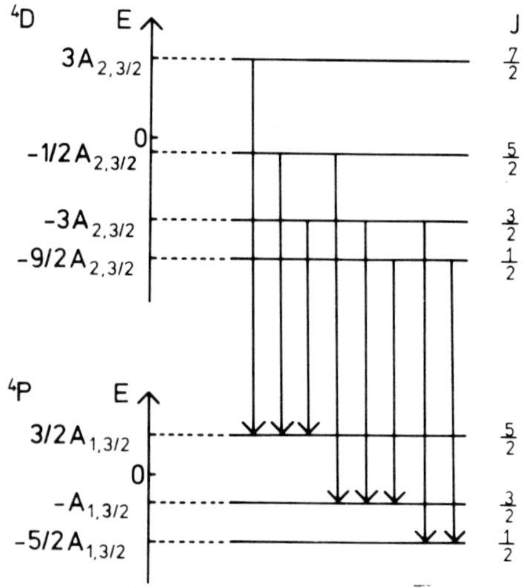

c) Übergang $^4P \rightarrow {}^4S$

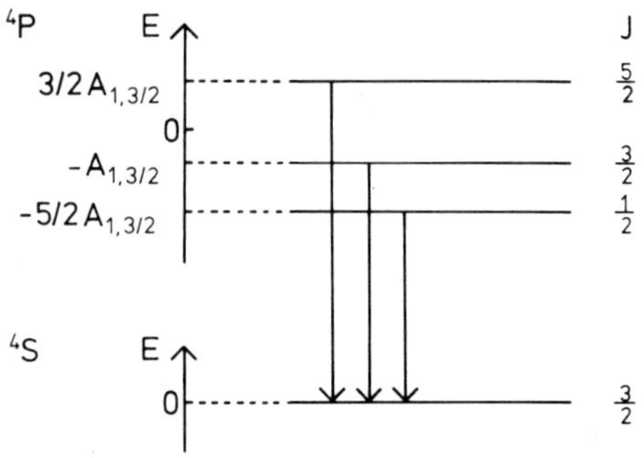

12.10 a) Ein magnetischer Dipol hat immer ein Magnetfeld $\boldsymbol{B}(\boldsymbol{r})$ um sich:

$$\boldsymbol{B}(\boldsymbol{r}) = \frac{-\mu_0}{4\pi} \operatorname{grad}\left(\frac{\boldsymbol{\mu}\cdot\boldsymbol{r}}{r^3}\right) = \frac{\mu_0}{4\pi}\left(\frac{3(\boldsymbol{\mu}\cdot\boldsymbol{r})\boldsymbol{r} - \boldsymbol{\mu}r^2}{r^5}\right).$$

Damit gilt für die Wechselwirkung zweier magnetischer Dipole

$$E = -\boldsymbol{\mu}_2 \cdot \boldsymbol{B}_1(\boldsymbol{r})$$

$$= \frac{\mu_0}{4\pi}\left(\frac{\boldsymbol{\mu}_1\cdot\boldsymbol{\mu}_2}{r^3} - 3\,\frac{(\boldsymbol{\mu}_1\cdot\boldsymbol{r})(\boldsymbol{\mu}_2\cdot\boldsymbol{r})}{r^5}\right)$$

$E=0$ ergibt sich immer dann, wenn $\boldsymbol{\mu}_2 \perp \boldsymbol{B}_1(\boldsymbol{r})$.

b) Ist $\boldsymbol{\mu}_1 \parallel \boldsymbol{\mu}_2$ und ist ϑ der Winkel zwischen $\boldsymbol{\mu}_1 \parallel \boldsymbol{\mu}_2$ und $\boldsymbol{r}$, so gilt

$$E = \frac{\mu_0}{4\pi}\cdot\frac{\mu_1\mu_2}{r^3}(1-3\cos^2\vartheta)$$

Extremale Werte bei festem $|\boldsymbol{r}| = r$:

$$\vartheta = 0, \pi \rightarrow E = -\frac{\mu_0}{2\pi}\cdot\frac{\mu_1\mu_2}{r^3}$$

$$\vartheta = \pi/2 \rightarrow E = \frac{\mu_0}{4\pi}\cdot\frac{\mu_1\mu_2}{r^3}.$$

c) Elektron-Elektron:

$$|\boldsymbol{\mu}_s| = g_s\mu_B\sqrt{s(s+1)}; \qquad s=1/2;$$

$$\mu_B = \frac{e\hbar}{2m_0}; \qquad g_s = 2$$

Winkel ϑ	Energie E	Magnetfeld $\lvert\boldsymbol{B}_1(\boldsymbol{r})\rvert$
$0, \pi$	$-6{,}451\cdot 10^{-24}$ J	0,402 T
$\pi/2$	$3{,}226\cdot 10^{-24}$ J	0,201 T

Proton-Proton:

$$|\boldsymbol{\mu}_p| = g_p\mu_k\sqrt{I(I+1)}; \qquad I=1/2;$$

$$\mu_k = \frac{\mu_B}{1836{,}15}; \qquad g_p = 5{,}585$$

Winkel ϑ	Energie E	Magnetfeld $\lvert\boldsymbol{B}_1(\boldsymbol{r})\rvert$
$0, \pi$	$-1{,}492\cdot 10^{-29}$ J	$6{,}11\cdot 10^{-4}$ T
$\pi/2$	$7{,}46\cdot 10^{-30}$ J	$3{,}05\cdot 10^{-4}$ T

13.1 $\nu = \dfrac{2\mu_B B_z}{h} = 2{,}8\cdot 10^9\ \text{Hz} = 2{,}8\ \text{GHz}$

13.2 $^4D_{1/2}$: $\quad L=2; \quad S=3/2; \quad J=1/2$

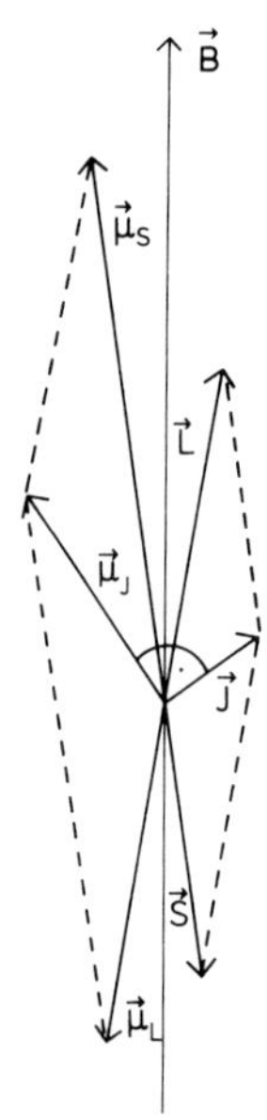

Der resultierende Vektor $\boldsymbol{\mu}_J$ für das magnetische Moment steht senkrecht auf $\boldsymbol{p}_J$ und präzediert um diesen. Meßbar wäre aber nur eine Komponente $(\boldsymbol{\mu}_J)_J$ parallel zu $\boldsymbol{p}_J$, die hier aber nicht auftritt (vgl. Abb. 13.9).

Damit spaltet der Term $^4D_{1/2}$ in einem Magnetfeld nicht auf.

13.3 $\varphi = \sphericalangle(\boldsymbol{L}, \boldsymbol{J}) = 50{,}77°$

13.4 a) Energiedifferenz ΔE zwischen den Zuständen $^2P_{3/2}$ und $^2P_{1/2}$ ohne Magnetfeld:

$$\Delta E = \frac{hc}{\lambda_1} - \frac{hc}{\lambda_2}.$$

Zusatzenergie V_{m_j} im Magnetfeld:

$$^2P_{1/2}: l=1;\ j=1/2 \rightarrow g_j=2/3$$

$$\rightarrow V_{m_j}(\tfrac{1}{2}, 1) = \tfrac{2}{3}\mu_B B_0 m_j \qquad (1)$$

$$^2P_{3/2}: l=1;\ j=3/2 \rightarrow g_j=4/3$$

$$\rightarrow V_{m_j}(\tfrac{3}{2}, 1) = \tfrac{4}{3}\mu_B B_0 m_j \qquad (2)$$

(vgl. Abschn. 13.3.4 und 5).

Bedingung: $V_{1/2}(\tfrac{1}{2}, 1) - V_{-3/2}(\tfrac{3}{2}, 1) = \Delta E$ liefert

$$B_0 = \frac{3}{7}\frac{hc}{\mu_B}\left(\frac{1}{\lambda_1} - \frac{1}{\lambda_2}\right) = 15{,}77\ \mathrm{T}.$$

b) D_1-Linie: $\Delta\nu = \frac{8}{3}\frac{\mu_B B}{h} - 3{,}73 \cdot 10^{10}\ \mathrm{Hz}$

D_2-Linie: $\Delta\nu = \frac{10}{3}\frac{\mu_B B}{h} = 4{,}67 \cdot 10^{10}\ \mathrm{Hz}.$

13.5 Zusatzterm zur Energie beim anomalen Zeeman-Effekt:

$$\Delta E_B = g_j \mu_B B m_j;$$

$$g_j = 1 + \frac{j(j+1) + s(s+1) - l(l+1)}{2j(j+1)}$$

Landé-Faktoren:

$g_j(^2D_{5/2}) = \frac{6}{5}$; $g_j(^2D_{3/2}) = \frac{4}{5}$;

$g_j(^2P_{3/2}) = \frac{4}{3}$; $g_j(^2P_{1/2}) = \frac{2}{3}$.

Übergangsauswahlregeln:

$\Delta l = \pm 1$; $\Delta j = 0, \pm 1$; $\Delta m_j = 0, \pm 1$.

1) $^2D_{5/2} \leftrightarrow {}^2P_{3/2}$-Übergang:

$$\frac{\Delta(h\nu)}{\mu_B B} = g_j(^2D_{5/2}) m_j(^2D_{5/2}) - g_j(^2P_{3/2}) m_j(^2P_{3/2})$$

$^2D_{5/2}$ \ $^2P_{3/2}$	$m_j=$ 5/2	$m_j=$ 3/2	$m_j=$ 1/2	$m_j=$ −1/2	$m_j=$ −3/2	$m_j=$ −5/2
$m_j=3/2$	1	−1/5	−7/5			
$m_j=1/2$		17/15	1/15	19/15		
$m_j=-1/2$			19/15	1/15	−17/15	
$m_j=-3/2$				7/5	1/5	−1

2) $^2D_{3/2} \leftrightarrow {}^2P_{3/2}$-Übergang:

$$\frac{\Delta(h\nu)}{\mu_B B} = g_j(^2D_{3/2}) m_j(^2D_{3/2}) - g_j(^2P_{3/2}) m_j(^2P_{3/2})$$

$^2D_{3/2}$ \ $^2P_{3/2}$	$m_j=$ 3/2	$m_j=$ 1/2	$m_j=$ −1/2	$m_j=$ −3/2
$m_j=3/2$	−4/5	−8/5		
$m_j=1/2$	8/15	−4/15	−16/15	
$m_j=-1/2$		16/15	4/15	−8/15
$m_j=-3/2$			8/5	4/5

3) $^2D_{3/2} \leftrightarrow {}^2P_{1/2}$-Übergang:

$$\frac{\Delta(h\nu)}{\mu_B B} = g_j(^2D_{3/2}) m_j(^2D_{3/2}) - g_j(^2P_{1/2}) m_j(^2P_{1/2})$$

$^2D_{3/2}$ \ $^2P_{1/2}$	$m_j=$ 3/2	$m_j=$ 1/2	$m_j=$ −1/2	$m_j=$ −3/2
$m_j=1/2$	13/15	1/15	−11/15	
$m_j=-1/2$		11/15	−1/15	−13/15

13.6 a) kein Magnetfeld: Jede Linie der Balmerserie besteht unter Vernachlässigung der Lamb-Verschiebung aus fünf Einzellinien.

b) schwaches Magnetfeld $\rightarrow$ anomaler Zeeman-Effekt.

Übergang	FS-Energie $-\frac{\Delta(h\nu)_{FS}}{E\alpha^2}$	Anzahl Zeeman-Linien	Gesamte Zeeman-Aufspaltung $[\mu_B B]$
$n^2D_{5/2}\rightarrow 2^2P_{3/2}$	0,01254	12	2,8
$n^2D_{3/2}\rightarrow 2^2P_{3/2}$	0,006366	10	3,2
$n^2D_{3/2}\rightarrow 2^2P_{1/2}$	0,06887	6	1,73
$n^2P_{3/2}\rightarrow 2^2S_{1/2}$	0,06887	6	3,33
$n^2P_{1/2}\rightarrow 2^2S_{1/2}$	0,05035	4	2,67
$n^2S_{1/2}\rightarrow 2^2P_{1/2}$	0,05035	4	2,67
$n^2S_{1/2}\rightarrow 2^2P_{3/2}$	$-0,01215$	6	3,33

(vgl. auch Aufgabe 13.5).

c) Starkes Magnetfeld: Beim Paschen-Back-Effekt ergeben sich im Spektrum 3 Linien mit Abstand $\mu_B B$. Die mittlere Linie entspricht der Übergangsenergie ohne Spin-Bahn-Kopplung.

Abschätzung zum Übergang Zeeman- $\rightarrow$ Paschen-Back-Effekt:

$$\Delta E_{FS} \approx hc \cdot 0{,}1\ \mathrm{cm}^{-1} \approx \mu_B B_{Grenz}$$

$$\rightarrow B_{Grenz} \approx 0{,}2\ \mathrm{T}\,.$$

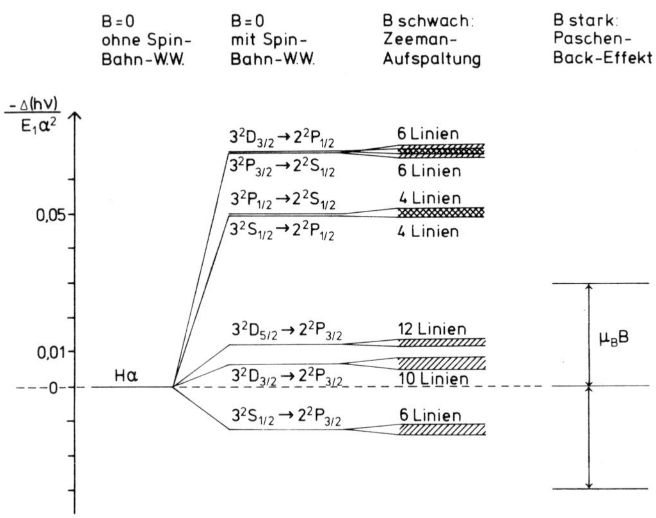

Magnetische Momente [nach (13.17)]

Zustand	$\lvert(\mu_j)_j\rvert/\mu_B$	$\lvert(\mu_j)_j\rvert$ [Am²]
${}^2S_{1/2}$	$\sqrt{3}$	$1{,}61\cdot10^{-23}$
${}^2P_{1/2}$	$\frac{1}{\sqrt{3}}$	$5{,}35\cdot10^{-24}$
${}^2P_{3/2}$	$2\sqrt{\frac{5}{3}}$	$2{,}40\cdot10^{-23}$
${}^2D_{3/2}$	$2\sqrt{\frac{3}{5}}$	$1{,}44\cdot10^{-23}$
${}^2D_{5/2}$	$3\sqrt{\frac{7}{5}}$	$3{,}29\cdot10^{-23}$

13.7 a) Nach Aufgabe 13.6 findet der Übergang von Zeeman- zu Paschen-Back-Effekt etwa bei $B=0{,}2$ T statt, d.h. in diesem Fall tritt der Paschen-Back-Effekt auf.

b) $\Delta E_{m_l,m_s} = -\mu_{l,z}B_0 - \mu_{s,z}B_0 = \mu_B B_0(m_l + 2m_s)\,.$

Man beachte, daß $\Delta E_{m_l,m_s}$ die Abweichung der Energie gegenüber dem Zustand ohne Berücksichtigung der Feinstrukturaufspaltung angibt.

Übergangsauswahlregeln: $\Delta m_l = 0,\ \pm 1$; $\Delta m_s = 0$

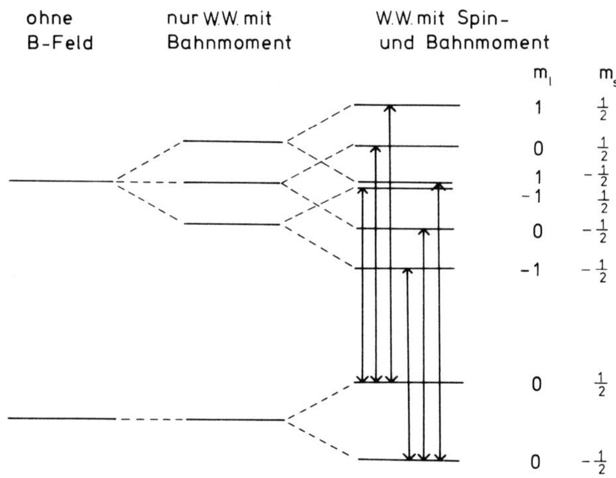

Im Spektrum werden 3 Linien mit einem Abstand von $\Delta\tilde{\nu} = 2{,}098\ \mathrm{cm}^{-1}$ beobachtet.

c) ΔE sei der energetische Abstand zwischen den Niveaus beim Paschen-Back-Effekt:

$$\Delta E = \mu_B B_0 = \frac{e\hbar}{2m_0} B_0 = h\nu$$

$$\rightarrow \left(\frac{e}{m_0}\right) = \frac{4\pi\nu}{B_0} = 1{,}76\cdot10^{11}\ \frac{\mathrm{C}}{\mathrm{kg}}$$

(Literaturwert: $e/m_0 = 1{,}7588\cdot10^{11}$ C/kg).

d) Da die Niveauaufspaltung infolge des Paschen-Back-Effekts unabhängig von n ist, ergibt sich für die erste Linie der Lyman-Serie im Wellenzahlenmaßstab dieselbe Aufspaltung $\Delta\tilde{\nu}$ wie bei der H_α-Linie

$$\rightarrow \Delta\lambda(\text{Lyman}) < \Delta\lambda(H_\alpha).$$

13.8 a), b) s. Kap. 19,
c) $n \geq 5$.

14.1 Der Hamiltonoperator lautet:

$$H = \frac{1}{2m_0}(\boldsymbol{p}+e\boldsymbol{A})^2$$
$$= \frac{1}{2m_0}\left[-\hbar^2\left(\frac{\partial^2}{\partial x^2}+\frac{\partial^2}{\partial y^2}\right) + 2eBx\frac{\hbar}{\mathrm{i}}\frac{\partial}{\partial y} + e^2B^2x^2\right].$$

Ergebnis:

$$E_n = \hbar\omega_L(n+\tfrac{1}{2})$$
$$\omega_L = \frac{|e|\,|B|}{2m_0}.$$

14.2 Durch Einsetzen der entsprechenden Matrizen lassen sich die angegebenen Relationen sofort nachprüfen.

14.3 $\sqrt{c^2\boldsymbol{p}^2+m_0^2c^4} = m_0c^2\sqrt{1+(\boldsymbol{p}^2/m_0^2c^2)}$
$\approx m_0c^2[1+(\boldsymbol{p}^2/2m_0^2c^2)]$.

Die Reihenentwicklung der Wurzel wurde dabei nach dem 2. Glied abgebrochen.

14.4 $(\Box + (m_0c/\hbar)^2)\psi = 0$ (Klein-Gordon-Gleichung).

Daraus:

$$\psi^*(\Box + (m_0c/\hbar)^2)\psi = 0.$$

Der dazu konjugiert komplexe Ausdruck lautet:

$$\psi(\Box + (m_0c/\hbar)^2)\psi^* = 0.$$

Daraus bildet man:

$$\psi^*(\Box + (m_0c/\hbar)^2)\psi - \psi(\Box + (m_0c/\hbar)^2)\psi^*$$
$$= \psi^*\Box\psi - \psi\Box\psi^* = 0.$$

Mit $\Box = -\Delta + \partial^2/c^2\partial t^2$ folgt:

$$-\psi^*\Delta\psi + \psi\Delta\psi^* + \frac{1}{c^2}\left(\psi^*\frac{\partial^2\psi}{\partial t^2} - \psi\frac{\partial^2\psi^*}{\partial t^2}\right) = 0.$$

Daraus läßt sich bilden:

$$\frac{\partial}{\partial t}\left[\psi^*\frac{\partial\psi}{\partial t} - \psi\frac{\partial\psi^*}{\partial t}\right]\frac{1}{c^2}$$
$$+\operatorname{div}[-(\psi^*\nabla\psi - \psi\nabla\psi^*)] = 0.$$

Multiplizieren wir diesen Ausdruck mit $\mathrm{i}\hbar/2m_0$, so ergibt sich:

$$\frac{\partial}{\partial t}\left[\frac{\mathrm{i}\hbar}{2m_0c^2}\left(\psi^*\frac{\partial\psi}{\partial t} - \psi\frac{\partial\psi^*}{\partial t}\right)\right]$$
$$+\operatorname{div}\left[\frac{\hbar}{2\mathrm{i}m_0}(\psi^*\nabla\psi - \psi\nabla\psi^*)\right] = 0,$$

oder

$$\frac{\partial}{\partial t}\varrho + \operatorname{div}\boldsymbol{j} = 0.$$

14.5 $(\mathrm{i}\hbar)^2\dfrac{\partial^2}{\partial t^2}\psi = \mathrm{i}\hbar\dfrac{\partial}{\partial t}H\psi = H\mathrm{i}\hbar\dfrac{\partial}{\partial t}\psi$
$= H^2\psi = (-c^2\hbar^2\Delta + m_0^2c^4)\psi$.

14.6 Einsetzen des Ansatzes in die Dirac-Gleichung liefert:

$$\begin{pmatrix} -E+m_0c^2 & 0 & c\hbar k & 0 \\ 0 & -E+m_0c^2 & 0 & -c\hbar k \\ c\hbar k & 0 & -E-m_0c^2 & 0 \\ 0 & -c\hbar k & 0 & -E-m_0c^2 \end{pmatrix} \cdot \begin{pmatrix} \Psi_1 \\ \Psi_2 \\ \Psi_3 \\ \Psi_4 \end{pmatrix} = 0.$$

Durch die Ansätze $(\Psi_1, 0, \Psi_3, 0)$ und $(0, \Psi_2, 0, \Psi_4)$ zerfällt das Gleichungssystem.

Die dazugehörigen Energien lauten:

$$E = \pm\sqrt{c^2\hbar^2k^2 + m_0^2c^4}.$$

15.1 Stärke des elektrischen Feldes: F

Niveau $n=1$:

$$\psi = \varphi_1 - \tilde{F}\varphi_0 + \sqrt{2}\tilde{F}\varphi_2$$
$$E^{(1)} = 0, \quad E^{(2)} = -\frac{e^2F^2}{2m_0\omega^2}.$$

Niveau $n=2$:

$$\psi=\varphi_2-\sqrt{2}\tilde{F}\varphi_1+\sqrt{3}\tilde{F}\varphi_3$$

$$E^{(1)}=0\,,\qquad E^{(2)}=-\frac{e^2F^2}{2m_0\omega^2}$$

$$\tilde{F}=-eF/\sqrt{2m_0\omega^3\hbar}\,.$$

15.2 Eigenfunktionen und Eigenwerte:

$$\varphi_n(\vartheta)=\frac{1}{\sqrt{2\pi}}\,\mathrm{e}^{\mathrm{i}n\vartheta}\qquad n=0,\pm 1,\pm 2,\pm 3\dots$$

$$E_n^0=\frac{\hbar^2n^2}{M_0r_0^2}\,.$$

Störungstheorie erster Ordnung:

$$E_n^1=0\quad\text{für}\quad n\neq\pm 1$$

$$\text{für } n=\pm 1: E_+^1=\frac{1}{2}a\,,\quad \varphi_+=\frac{1}{\sqrt{4\pi}}(\mathrm{e}^{\mathrm{i}\vartheta}+\mathrm{e}^{-\mathrm{i}\vartheta})$$

$$E_+^1=-\frac{1}{2}a\,,\quad \varphi_-=\frac{\mathrm{i}}{\sqrt{4\pi}}(\mathrm{e}^{\mathrm{i}\vartheta}-\mathrm{e}^{-\mathrm{i}\vartheta})\,.$$

15.3 $$H_{\text{Feld}}\Phi=\sum_\lambda \hbar\omega_\lambda(b_\lambda^+b_\lambda+(\tfrac{1}{2}))\Phi=E\Phi\,. \qquad (*)$$

Mit $\Phi_{\lambda'}=b_{\lambda'}^+\Phi_0$ ergibt sich:

$$\sum_\lambda \hbar\omega_\lambda[b_\lambda^+b_\lambda b_{\lambda'}^+\Phi_0+(\tfrac{1}{2})b_{\lambda'}^+\Phi_0]=Eb_{\lambda'}^+\Phi_0\,.$$

Berücksichtigt man $b_\lambda b_{\lambda'}^+-b_{\lambda'}^+b_\lambda=\delta_{\lambda\lambda'}$ folgt:

$$\hbar\omega_{\lambda'}b_{\lambda'}^+\Phi_0+\sum_\lambda \hbar\omega_\lambda b_\lambda^+b_{\lambda'}^+b_\lambda\Phi_0 + \sum_\lambda \hbar\omega_\lambda(\tfrac{1}{2})b_{\lambda'}^+\Phi_0=Eb_{\lambda'}^+\Phi_0\,.$$

Da $b_\lambda\Phi_0=0$ gilt, folgt:

$$\hbar\omega_{\lambda'}b_{\lambda'}^+\Phi_0+\sum_\lambda \hbar\omega_\lambda(\tfrac{1}{2})b_{\lambda'}^+\Phi_0=Eb_{\lambda'}^+\Phi_0\,.$$

Damit erfüllt $\Phi_{\lambda'}$ den Ausdruck (*), wenn gilt:

$$E=\hbar\omega_{\lambda'}+\tfrac{1}{2}\sum_\lambda \hbar\omega_\lambda\,.$$

15.4 $$N\sum_\lambda \hbar\omega_\lambda b_\lambda^+b_\lambda(b_1^+)^{n_1}(b_2^+)^{n_2}\dots(b_N^+)^{n_N}\Phi_0 + N(\tfrac{1}{2})\sum_\lambda \hbar\omega_\lambda(b_1^+)^{n_1}(b_2^+)^{n_2}\dots(b_N^+)^{n_N}\Phi_0 = EN(b_1^+)^{n_1}(b_2^+)^{n_2}\dots(b_N^+)^{n_N}\Phi_0,\quad\text{mit}$$

$$N=1/(n_1!\,n_2!\dots n_N!)^{1/2}\,.$$

Berücksichtigt man die angegebene Vertauschungsrelation, ergibt sich:

$$\begin{aligned}&N\hbar\omega_1b_1^+n_1(b_1^+)^{n_1-1}(b_2^+)^{n_2}\dots(b_N^+)^{n_N}\Phi_\emptyset\\ &\quad+N\hbar\omega_2b_2^+n_2(b_1^+)^{n_1}(b_2^+)^{n_2-1}\dots(b_N^+)^{n_N}\Phi_0\\ &\quad+\dots+N\hbar\omega_Nb_N^+n_N(b_1^+)^{n_1}(b_2^+)^{n_2}\dots(b_N^+)^{n_N-1}\Phi_0\\ &\quad+N\sum_\lambda\hbar\omega_\lambda b_\lambda^+(b_1^+)^{n_1}(b_2^+)^{n_2}\dots(b_N^+)^{n_N}b_\lambda\Phi_0\\ &\quad+N(\tfrac{1}{2})\sum_\lambda\hbar\omega_\lambda(b_1^+)^{n_1}(b_2^+)^{n_2}\dots(b_N^+)^{n_N}\Phi_0\\ &=EN(b_1^+)^{n_1}(b_2^+)^{n_2}\dots(b_N^+)^{n_N}\Phi_0\,.\end{aligned}$$

Mit $b_\lambda\Phi_0=0$ und $b_\lambda^+(b_\kappa^+)^n-(b_\kappa^+)^nb_\lambda^+=0$ folgt:

$$\begin{aligned}&N\sum_\lambda\hbar\omega_\lambda n_\lambda(b_1^+)^{n_1}(b_2^+)^{n_2}\dots(b_N^+)^{n_N}\Phi_0\\ &\quad+N(\tfrac{1}{2})\sum_\lambda\hbar\omega_\lambda(b_1^+)^{n_1}(b_2^+)^{n_2}\dots(b_N^+)^{n_N}\Phi_0\\ &=EN(b_1^+)^{n_1}(b_2^+)^{n_2}\dots(b_N^+)^{n_N}\Phi_0\,.\end{aligned}$$

Damit erfüllt Φ den Ausdruck (*) (siehe Lösung 15.3), wenn gilt:

$$E=\sum_\lambda\hbar\omega_\lambda n_\lambda+\tfrac{1}{2}\sum_\lambda\hbar\omega_\lambda\,.$$

15.5 $$\begin{aligned}&\int\psi_n^*(\boldsymbol{r})\hat{\boldsymbol{p}}^2\psi_n(\boldsymbol{r})d\boldsymbol{r}\\ &=\sum_{n'}\int\psi_n^*(\boldsymbol{r})\hat{\boldsymbol{p}}_r\psi_{n'}(\boldsymbol{r})d\boldsymbol{r}\int\psi_{n'}^*(\boldsymbol{r}')\hat{\boldsymbol{p}}_{r'}\psi_n(\boldsymbol{r}')d\boldsymbol{r}'\\ &=\int\left[\psi_n^*(\boldsymbol{r})\hat{\boldsymbol{p}}_r\left\{\int[\hat{\boldsymbol{p}}_{r'}\psi_n(\boldsymbol{r}')]\sum_{n'}\psi_{n'}(\boldsymbol{r})\psi_{n'}^*(\boldsymbol{r}')\right\}\right]d\boldsymbol{r}'\,d\boldsymbol{r}\\ &=\int\{\psi_n^*(\boldsymbol{r})\hat{\boldsymbol{p}}_r\{\int[\hat{\boldsymbol{p}}_{r'}\psi_n(\boldsymbol{r}')]\delta(\boldsymbol{r}-\boldsymbol{r}')d\boldsymbol{r}'\}\}d\boldsymbol{r}\\ &=\int\psi_n^*(\boldsymbol{r})\hat{\boldsymbol{p}}_r\hat{\boldsymbol{p}}_r\psi_n(\boldsymbol{r})d\boldsymbol{r}\\ &=\int\psi_n^*(\boldsymbol{r})\hat{\boldsymbol{p}}^2\psi_n(\boldsymbol{r})d\boldsymbol{r}\,.\end{aligned}$$

15.6 Umformungen:

$$
\begin{aligned}
&\sum_{n'} \langle n'|\hat{\boldsymbol{p}}|n\rangle^2 (E^0_{n'} - E^0_n) \\
&\quad = \sum_n \langle n|\hat{\boldsymbol{p}}|n'\rangle \langle n'|\hat{\boldsymbol{p}}|n\rangle (E^0_{n'} - E^0_n) \\
&\quad = \tfrac{1}{2} \sum_{n'} (\langle n|\hat{\boldsymbol{p}}|H_{\mathrm{el}} n'\rangle \langle n'|\hat{\boldsymbol{p}}|n\rangle \\
&\qquad + \langle n|\hat{\boldsymbol{p}}|n'\rangle \langle H_{\mathrm{el}} n'|\hat{\boldsymbol{p}}|n\rangle \\
&\qquad - \langle H_{\mathrm{el}} n|\hat{\boldsymbol{p}}|n'\rangle \langle n'|\hat{\boldsymbol{p}}|n\rangle \\
&\qquad - \langle n|\hat{\boldsymbol{p}}|n'\rangle \langle n'|\hat{\boldsymbol{p}}|H_{\mathrm{el}} n\rangle) \\
&\quad = \tfrac{1}{2} \sum_{n'} (\langle n|[\hat{\boldsymbol{p}}, H_{\mathrm{el}}]|n'\rangle \langle n'|\hat{\boldsymbol{p}}|n\rangle \\
&\qquad - \langle n|\hat{\boldsymbol{p}}|n'\rangle \langle n'|[\hat{\boldsymbol{p}}, H_{\mathrm{el}}]|n\rangle) \\
&\quad = -\tfrac{1}{2} \langle n|[\hat{\boldsymbol{p}}, [\hat{\boldsymbol{p}}, H_{\mathrm{el}}]]|n\rangle
\end{aligned}
$$

15.7 Taylorentwicklung:

$$
\begin{aligned}
&\langle \psi_n(\boldsymbol{r}) V(\boldsymbol{r}+\boldsymbol{s}) \psi_n(\boldsymbol{r})\rangle = \langle \psi_n(\boldsymbol{r}) V(\boldsymbol{r}) \psi_n(\boldsymbol{r})\rangle \\
&\quad + \tfrac{1}{2} \sum_{i,j} \left(\frac{e}{4\pi\varepsilon_0}\right) \\
&\quad \cdot \left\langle \psi_n(\boldsymbol{r}) s_i s_j \left(\frac{\partial}{\partial x_i} \frac{\partial}{\partial x_j} \frac{1}{|\boldsymbol{r}|}\right) \psi_n(\boldsymbol{r}) \right\rangle + \dots .
\end{aligned}
$$

Es gilt weiter:

$$
\langle s_i s_j\rangle = \delta_{ij} \langle s_i s_i\rangle = \tfrac{1}{3} \delta_{ij} \langle \boldsymbol{s}\cdot\boldsymbol{s}\rangle .
$$

Damit erhält man für den Term zweiter Ordnung:

$$
\begin{aligned}
\varepsilon^{(2)} &= \frac{e}{24\pi\varepsilon_0} \langle \psi_n(\boldsymbol{r}) \boldsymbol{s}\cdot\boldsymbol{s} (\Delta/|\boldsymbol{r}|) \psi_n(\boldsymbol{r})\rangle \\
&= \tfrac{1}{6}\varepsilon_0 \langle \boldsymbol{s}\cdot\boldsymbol{s}\rangle \int \psi_n(\boldsymbol{r})^2 \delta(\boldsymbol{r}) d^3\boldsymbol{r} \\
&= \tfrac{1}{6}\varepsilon_0 \langle \boldsymbol{s}\cdot\boldsymbol{s}\rangle \psi_n(0)^2 .
\end{aligned}
$$

17.1

n	2	3	4
$-E/hcR$	17/4	37/9	65/16
E[eV]	−57,76	−55,87	−55,21
E_{exp}[eV]	−58,31	−56,01	−55,25

Mit zunehmendem n entfernen sich die Aufenthaltsbereiche der beiden Elektronen voneinander, so daß sich das innere Elektron wie das eines He^+-Atoms ($Z=2$) und das äußere Elektron wie das eines Wasserstoffatoms ($Z=1$) verhalten. Damit stimmen theoretischer und experimenteller Wert besser überein.

17.2 $N=(2L+1)(2S+1)$ ist die Anzahl der verschiedenen quantenmechanischen Zustände eines Atoms mit der Bahndrehimpulsquantenzahl L und der Gesamtspinquantenzahl S.

Nach einer LS-Kopplung mit $S \leqq L$ gilt

$$
\begin{aligned}
\sum_J (2J+1) &= \sum_{k=-S}^{S} [2(L+k)+1] \\
&= (2S+1)(2L+1) = N
\end{aligned}
$$

$$
J = |L-S| \dots L+S ,
$$

d.h. die Anzahl der Zustände blieb bei der LS-Kopplung erhalten. (Der Fall $L<S$ läßt sich durch Vertauschen von L und S erhalten.)

17.3 a) LS-Kopplung:

$$
l_1 = 1;\ l_2 = 2 \rightarrow L = 1, 2, 3
$$

$$
s_1 = \tfrac{1}{2};\ s_2 = \tfrac{1}{2} \rightarrow S = 0, 1
$$

Mögliche Zustände:

S \ L	1	2	3
0	$^1P_1$	$^1D_2$	$^1F_3$
1	$^3P_0\,^3P_1\,^3P_2$	$^3D_1\,^3D_2\,^3D_3$	$^3F_2\,^3F_3\,^3F_4$

Jeder Term umfaßt $(2J+1)$ Zustände, also gibt es insgesamt 60 Zustände.

b) jj-Kopplung:

$$
l_1 = 1;\ s_1 = 1/2 \rightarrow j_1 = 1/2;\ 3/2
$$

$$
l_2 = 2;\ s_2 = 1/2 \rightarrow j_2 = 3/2;\ 5/2
$$

Mögliche Zustände:

$$
\binom{1/2}{3/2} \rightarrow J = 1;\ 2 \qquad \binom{3/2}{3/2} \rightarrow J = 0, 1, 2, 3
$$

$$
\binom{1/2}{5/2} \rightarrow J = 2, 3 \qquad \binom{3/2}{5/2} \rightarrow J = 1;\ 2;\ 3;\ 4
$$

Es ergeben sich dieselben Häufigkeiten der verschiedenen J-Werte, also auch dieselbe Gesamtzahl von Zuständen.

17.4 a) Elektronenkonfiguration des angeregten C-Atoms:

$$\mathrm{C}:\underbrace{1s^2 \quad 2s^2}\quad 2p \quad 3d$$

- $3d \rightarrow l_2=2; \quad s_2=1/2$
- $2p \rightarrow l_1=1; \quad s_1=1/2$
- $1s^2\,2s^2 \rightarrow L_{\mathrm{Rumpf}}=S_{\mathrm{Rumpf}}=0$

Mögliche L- und S-Werte:

$L=1,\ 2,3;\ S=0,1$

Mögliche J-Werte:

$J=0,1,2,3,4$

Mögliche Terme:

$^1P_1\,^1D_2\,^1F_3$ Singulett $S=0$

$^3P_{\substack{0\\1\\2}}\,^3D_{\substack{1\\2\\3}}\,^3F_{\substack{2\\3\\4}}$ Triplett $S=1$

b) Besetzung der $3d$-Unterschale aufgrund der Hund'schen Regeln (vgl. Abschn. 19.2)

$3d$	↑	↑	↑		
$m_l=$	-2	-1	0	1	2

$\rightarrow L=3;\quad S=3/2;\quad J=3/2 \rightarrow {}^4F_{3/2}$

magnetisches Moment [vgl. (13.17)]:

$$(\mu_J)_J=\sqrt{\frac{3}{5}}\,\mu_{\mathrm{B}}\,.$$

c) Besetzung aufgrund der Hundschen Regeln (vgl. Abschn. 19.2) ergibt für den Grundzustand bei

$\mathrm{Y}: L=2;\quad S=1/2;\quad J=3/2 \rightarrow {}^2D_{3/2}$

$\mathrm{Zr}: L=3;\quad S=1;\quad J=2 \rightarrow {}^3F_2\,.$

d) Elektronenkonfiguration des Mn:

$\mathrm{Mn}: 1s^2 2s^2 2p^6 3s^2 3p^6 4s^2 3d^5$

$3d$:	↑	↑	↑	↑	↑
$m_l=$	-2	-1	0	1	2

Grundzustand:

$L=0;\quad S=5/2;\quad J=5/2 \rightarrow {}^6S_{5/2}\,.$

17.5 a) allgemeines Vorgehen:

1) Bestimmung von L und S aus dem Termsymbol
2) Bestimmung von J aus der Anzahl m der Teilstrahlen beim Stern-Gerlach-Versuch: $m=2J+1$.
3) Maximales magnetisches Moment in Magnetfeldrichtung

$\mu_{z\,\max}=g_J J \mu_{\mathrm{B}}$;

$$g_J=1+\frac{J(J+1)+S(S+1)-L(L+1)}{2J(J+1)}$$

Atom	Termsymbol	L	S	J	g_J	$\frac{\mu_{z\,\max}}{\mu_{\mathrm{B}}}$
Vanadium	^4F	3	$\frac{3}{2}$	$\frac{3}{2}$	$\frac{2}{5}$	$\frac{3}{5}$
Mangan	^6S	0	$\frac{5}{2}$	$\frac{5}{2}$	2	5
Eisen	^5D	2	2	4	$\frac{3}{2}$	6

b) Bei $S=0$ folgt für die Energieaufspaltung im Magnetfeld:

$$\Delta E=E(m_L=L)-E(m_L=-L)=2L\mu_{\mathrm{B}}B$$

$$\rightarrow L=\frac{\Delta E}{2\mu_{\mathrm{B}}B}=\frac{hc\tilde{\nu}}{2\mu_{\mathrm{B}}B}=3\rightarrow {}^1F_3\,.$$

18.1 $\lambda_{\min}=3{,}09\cdot 10^{-11}\,\mathrm{m}=0{,}309\,\text{Å}$

18.2 $\Delta E_{\mathrm{Co}}=hc/\lambda=1{,}114\cdot 10^{-15}\,\mathrm{J}=6952\,\mathrm{eV}$

Im Vergleich zum Wasserstoffatom gilt

$$\Delta E_{\mathrm{H}}=hcR_{\mathrm{H}}\left(\frac{1}{1^2}-\frac{1}{2^2}\right)=10{,}21\,\mathrm{eV}\approx\frac{\Delta E_{\mathrm{Co}}}{(Z_{\mathrm{Co}}-1)^2}$$

(vgl. Moseleysches Gesetz in Abschn. 18.4).

18.3 $\lambda_{K_\alpha}(\mathrm{Cu})=1{,}55\cdot 10^{-10}\,\mathrm{m}=1{,}55\,\text{Å}$

18.4 Mangan ($Z=25$)

18.5 Linearer Absorptionskoeffizient μ:

$$I(x)=I_0\,\mathrm{e}^{-\mu x}\Rightarrow \mu=\frac{\ln[I_0/I(x)]}{x}\,.$$

I_0 und $I(x)$ sind dabei die Intensitäten am Anfang und nach der Strecke x. Aus den experimentellen Daten folgt:

$\bar{\mu}=(131{,}7\pm 0{,}3)\,\mathrm{m}^{-1}\,.$

18.6 $I = I_0 e^{-\mu x} \Rightarrow x = \frac{\ln I_0/I}{\mu}$

a) $h\nu$[MeV]	0,05	0,3	1
μ[1/m]	8000	500	78
x[m]	$2{,}88 \cdot 10^{-4}$	$4{,}61 \cdot 10^{-3}$	$2{,}95 \cdot 10^{-2}$

b) $h\nu$[MeV]	0,05	0,3	1
I/I_0	$4{,}25 \cdot 10^{-18}$	$8{,}21 \cdot 10^{-2}$	0,677

18.7 Halbwertsdicke $d_{1/2}$ eines Materials:

$$I = I_0 e^{-\mu d_{1/2}} = \tfrac{1}{2} I_0 \Rightarrow d_{1/2} = \frac{\ln 2}{\mu}.$$

Bei gegebenem $I_0/I(x)$ folgt für die Materialdicke x:

$$\frac{x}{d_{1/2}} = \frac{\ln(I_0/I)}{\ln 2}.$$

I_0/I	16	20	200
$x/d_{1/2}$	4,00	4,32	7,64

18.8 a) Photonenenergien der K-Serie:

$$\varepsilon_n = h\nu_n = hcR(Z-1)^2 \left(\frac{1}{1^2} - \frac{1}{n^2}\right).$$

Energieniveaus:

Schale	K	L	M	N
Energie [eV]	−69660	−10620	2280	−390

b) Um die L-Serie anzuregen, muß ein Elektron aus der L-Schale entfernt werden, d.h. man benötigt mindestens die Energie

$$-E_L = -10{,}62\ \text{keV}.$$

Die Wellenlänge der L_α-Linie beträgt $\lambda_{L_\alpha} = 1{,}49$ Å.

18.9 $E_{\text{kin}} = E_1 - 2E_2 = 5{,}57 \cdot 10^{-15}\ \text{J} = 34{,}8\ \text{keV}$.

Die Geschwindigkeit des Elektrons ergibt sich nach relativistischer Rechnung zu

$$v = c\sqrt{1 - \left(\frac{m_0 c^2}{E_{\text{ges}}}\right)^2} = 1{,}05 \cdot 10^8\ \frac{\text{m}}{\text{s}}.$$

19.1 a) 15 Elektronen → Phosphor

b) 46 Elektronen → Palladium

19.2 Betrachtet man ein Atom mit mehreren Valenzelektronen gleicher Quantenzahlen n, l und vernachlässigt dabei Spin-Bahn-Kopplung und Wechselwirkung der Elektronen untereinander, so kann man den Zustand aller Valenzelektronen als Produkt von Einelektronenzuständen darstellen. Ein Einelektronenzustand wird dabei durch den Quantenzahlensatz n, l, m_l, m_s charakterisiert.

$$\psi_{\text{ges}} = \psi_{m_{l_1}, m_{s_1}}(1) \cdot \psi_{m_{l_2}, m_{s_2}}(2) \cdot \ldots \,. \tag{1}$$

Die Operatoren $\hat{L}_Z$ und $\hat{S}_Z$ für die Z-Komponente des Gesamtbahndrehimpulses und des Gesamtspins sind

$$\hat{L}_Z = \hat{l}_{Z1} + \hat{l}_{Z2} + \ldots; \qquad \hat{S}_Z = \hat{s}_{Z1} + \hat{s}_{Z2} + \ldots \,. \tag{2}$$

Ist eine nl-Schale voll besetzt, so werden wegen des Pauli-Prinzips alle möglichen Einelektronenzustände (m_l, m_s) genau einmal eingenommen. Man erhält nach (1) folgende Wellenfunktion:

$$\psi_{\text{ges}} = \psi_{l,+1/2}(1) \cdot \psi_{l,-1/2}(2) \cdot \ldots$$
$$\cdot\, \psi_{-l,1/2}(4l+1) \cdot \psi_{-l,-1/2}(4l+2).$$

ψ_{ges} ist sowohl Eigenfunktion zu $\hat{L}_Z$ als auch zu $\hat{S}_Z$. Die Eigenwerte sind $m_l\hbar = 0$ und $m_s\hbar = 0$.

Damit müssen aber auch der Gesamtbahndrehimpuls und der Gesamtspin verschwinden, d.h. $L = S = 0$.

Anmerkung: Die Funktion ψ_{ges} nach (1) erfüllt das Pauli-Prinzip noch nicht, da sie nicht antisymmetrisch bezüglich des Austauschs zweier Elektronen ist. Strenggenommen müßte man eine Determinante nach HW. (19.18) ansetzen, was aber keine Auswirkung auf die oben gezogenen Schlüsse hätte.

19.3 Pauli-Prinzip:

Der Zustand eines Elektrons in einem Atom kann durch vier Quantenzahlen festgelegt werden. Vernachlässigt man die Spin-Bahn-Kopplung und die Wechselwirkung zu evtl. vorhandenen anderen Elektronen, kann man den Quantenzahlensatz n, l, m_l, m_s benutzen. Das Pauli-Prinzip fordert nun, daß in einem Mehrelektronensystem niemals zwei Elektronen in allen vier Quantenzahlen übereinstimmen. Diesem Prinzip liegt die Ununterscheidbarkeit gleicher Teilchen zugrunde.

Geht man von den Quantenzahlen n, l, m_l, m_s aus, dann gibt es unter Berücksichtigung des Pauli-Prinzips bei einer np^2-Konfiguration folgende Zweiteilchenzustände:

Tabelle 1

$(m_l, m_s)_2$ \ $(m_l, m_s)_1$	(1, +)	(1, −)	(0, +)	(0, −)	(−1, +)	(−1, −)
(1, +)		×	×	×	×	×
(1, −)			×	×	×	×
(0, +)				×	×	×
(0, −)					×	×
(−1, +)						×
(−1, −)						

Im folgenden soll ein solcher Zweiteilchenzustand durch den Ausdruck $[(m_{l_1}, m_{s_1})(m_{l_2}, m_{s_2})]$ mit $m_l = +1$, 0, −1 und $m_s = \pm(1/2)$ gekennzeichnet werden.

Kopplung zweier Drehimpulse:

Werden zwei beliebige Drehimpulse $\boldsymbol{J}_1$ und $\boldsymbol{J}_2$ zum Gesamtdrehimpuls $\boldsymbol{J} = \boldsymbol{J}_1 + \boldsymbol{J}_2$ zusammengefügt, so kann die Gesamtdrehimpulsquantenzahl J die Werte $J = J_1 + J_2, \ldots, |J_1 - J_2|$ annehmen.

Zu jedem J-Wert gibt es die m_J-Werte $m_J = -J, \ldots, +J$. Der zugehörige Zustandsvektor (J, m_J) läßt sich darstellen als Linearkombination aus den Produktzuständen $(J_1, m_{J1}) \cdot (J_2, m_{J2})$, wobei stets $m_J = m_{J1} + m_{J2}$ gelten muß.

$$(J, m_J) = \sum_{\substack{m_{J1}, m_{J2} \\ m_{J1} + m_{J2} = m_J}} C_{m_{J1}, m_{J2}} (J_1, m_{J1}) \cdot (J_2, m_{J2}). \quad (1)$$

Nach der Kopplung sind m_{J1} und m_{J2} keine brauchbaren Quantenzahlen mehr. Ein Drehimpulszustand wird eindeutig durch die vier Quantenzahlen J_1, J_2, J, m_J festgelegt. Sowohl bei der *jj*- als auch bei der *LS*-Kopplung gelangt man, ausgehend vom Modell der nichtwechselwirkenden Teilchen, über eine zweistufige Drehimpulskopplung der oben beschriebenen Art zum Gesamtdrehimpuls J des Systems.

a) *jj-Kopplung:*

Bei der *jj*-Kopplung koppeln in einer ersten Stufe zunächst Bahndrehimpuls l und Spin s jedes Teilchens zu einem Einteilchendrehimpuls j. Tabelle 2 zeigt eine Einordnung der nach Tabelle 1 mit dem Pauli-Prinzip verträglichen Zustände nach den neuen Einteilchenquantenzahlen m_j.

Tabelle 2

m_{j2} \ m_{j1}	3/2	1/2	−1/2	−3/2
3/2		$m_J = 2$	$m_J = 1$	$m_J = 0$
1/2	[(1, +)(1, −)] [(1, +)(0, +)]	[(1, −)(0, +)]		$m_J = -1$
−1/2	[(1, +)(0, −)] [(1, +)(−1, +)]	[(1, −)(0, −)] [(0, +)(0, −)] [(1, −)(−1, +)] [(0, +)(−1, +)]	[(0, −)(−1, +)]	$m_J = -2$
−3/2	[(1, +)(−1, −)]	[(1, −)(−1, −)] [(0, +)(−1, −)]	[(0, −)(−1, −)] [(−1, +)(−1, −)]	

In einer zweiten Stufe koppeln nun die Einteilchendrehimpulse zum Gesamtdrehimpuls J (*jj*-Kopplung). Nach (1) tragen zu einem Zustand mit der Quantenzahl m_J (zu J gehörig) nur Zustände bei mit $m_{j1} + m_{j2} = m_J$. Da die Anzahl der Zustände erhalten bleiben muß, läßt sich aus Tabelle 2 die Häufigkeit verschiedener m_J-Werte ermitteln.

m_J	2	1	0	−1	−2
Häufigkeit	2	3	5	3	2

Damit kommen folgende Quantenzahlen J vor:

J	2	1	0
Häufigkeit	2	1	2

b) *LS-Kopplung:*

In der ersten Stufe koppeln die Bahndrehimpulse l_1 und l_2 zum Gesamtbahndrehimpuls L und die Spins s_1 und s_2 zum Gesamtspin S. Tabelle 3 zeigt eine Einordnung der nach Tabelle 1 mit dem Pauli-Prinzip verträglichen Zustände nach den neuen Quantenzahlen m_S, m_L.

Tabelle 3

m_L \ m_S	1	0	−1
2		[(1, +)(1, −)]	
1	[(1, +)(0, +)]	[(1, +)(0, −)] [(1, −)(0, +)]	[(1, −)(0, −)]
0	[(1, +)(−1, +)]	[(1, +)(−1, −)] [(0, +)(0, −)] [(1, −)(−1, +)]	[(1, −)(−1, −)]
−1	[(0, +)(−1, +)]	[(0, +)(−1, −)] [(0, −)(−1, +)]	[(0, −)(−1, −)]
−2		[(−1, +)(−1, −)]	

$m_J=2$, $m_J=1$, $m_J=0$, $m_J=-1$, $m_J=-2$

Für die *LS*-Kopplung zum Gesamtspin J ergibt sich analog zu (a):

m_J	2	1	0	−1	−2
Häufigkeit	2	3	5	3	2

und daraus:

J	2	1	0
Häufigkeit	2	1	2

Es kommen also dieselben J-Werte mit denselben Häufigkeiten vor

19.4 Die angegebenen Elektronenkonfigurationen werden unter *LS*-Kopplung betrachtet. Besitzen mehrere Elektronen dieselben n- und l-Werte, so ist das Pauli-Prinzip zu beachten (vgl. Aufgabe 19.3).

a) Elektronenkonfiguration ns:
Möglicher Term $^2S_{1/2}\rightarrow 2$ Zustände

b) Elektronenkonfiguration np^3:
Man erhält folgende Häufigkeitsverteilung für die verschiedenen (m_L, m_S)-Paare:

m_L \ m_S	3/2	1/2	−1/2	−3/2
2	0	1	1	0
1	0	2	2	0
0	1	3	3	1
−1	0	2	2	0
−2	0	1	1	0

→ mögliche Terme:

L	S	Terme	Anzahl der Zustände
2	1/2	$^2D_{3/2}\,^2D_{5/2}$	10
1	1/2	$^2P_{1/2}\,^2P_{3/2}$	6
0	3/2	$^4S_{3/2}$	4

c) Elektronenkonfiguration $np^2n's$:
mögliche Terme:

L	S	Terme	Anzahl der Zustände
2	1/2	$^2D_{3/2}\,^2D_{5/2}$	10
1	3/2	$^4P_{1/2}\,^4P_{3/2}\,^4P_{5/2}$	12
1	1/2	$^2P_{1/2}\,^2P_{3/2}$	6
0	1/2	$^2S_{1/2}$	2

d) Elektronenkonfiguration np^5:
mögliche Terme:

$L=1;\quad S=1/2: {}^2P_{1/2}\,^2P_{3/2}\rightarrow 6$ Zustände

e) Elektronenkonfiguration $nd^2n'p$:
mögliche Terme:

L	S	Terme	Anzahl der Zustände
5	1/2	$^2H_{9/2}\,^2H_{11/2}$	22
4	1/2	$2x(^2G_{7/2}\,^2G_{9/2})$	36
	3/2	$^4G_{5/2}\,^4G_{7/2}\,^4G_{9/2}\,^4G_{11/2}$	36
3	1/2	$3x(^2F_{5/2}\,^2F_{7/2})$	42
	3/2	$^4F_{3/2}\,^4F_{5/2}\,^4F_{7/2}\,^4F_{9/2}$	28
2	1/2	$3x(^2D_{3/2}\,^2D_{5/2})$	30
	3/2	$2x(^4D_{1/2}\,^4D_{3/2}\,^4D_{5/2}\,^4D_{7/2})$	40
1	1/2	$3x(^2P_{1/2}\,^2P_{3/2})$	18
	3/2	$^4P_{1/2}\,^4P_{3/2}\,^4P_{5/2}$	12
0	1/2	$^2S_{1/2}$	2
	3/2	$^4S_{3/2}$	4

f) Elektronenkonfiguration $ndn'd$:
mögliche Terme:

L	S	Terme	Anzahl der Zustände
4	0	$^1G_4$	9
	1	$^3G_3\,^3G_4\,^3G_5$	27
3	0	$^1F_3$	7
	1	$^3F_2\,^3F_3\,^3F_4$	21
2	0	$^1D_2$	5
	1	$^3D_1\,^3D_2\,^3D_3$	15
1	0	$^1P_1$	3
	1	$^3P_0\,^3P_1\,^3P_2$	9
0	0	$^1S_0$	1
	1	$^3S_1$	3

19.5

Element	Elektronenkonfiguration	Grundzustand			
		L	S	J	Term
Silizium	$1s^2\,2s^2\,2p^6\,3s^2\,3p^2$	1	1	0	$^3P_0$
Chlor	$1s^2\,2s^2\,2p^6\,3s^2\,3p^5$	1	$\frac{1}{2}$	$\frac{3}{2}$	$^2P_{3/2}$
Arsen	$1s^2\,2s^2\,2p^6\,3s^2$ $3p^6\,3d^{10}\,4s^2\,4p^3$	0	$\frac{3}{2}$	$\frac{3}{2}$	$^4S_{3/2}$

19.6

Element	Elektronenkonfiguration	Anzahl ungepaarter e^-	Grund-zustand
Schwefel	$1s^2\,2s^2\,2p^6\,3s^2\,3p^4$	2	$^3P_2$
Calcium	$1s^2\,2s^2\,2p^6\,3s^2\,3p^6\,4s^2$	0	$^1S_0$
Eisen	$1s^2\,2s^2\,2p^6\,3s^2$ $3p^6\,3d^6\,4s^2$	4	$^5D_4$
Brom	$1s^2\,2s^2\,2p^6\,3s^2$ $3p^6\,3d^{10}\,4s^2\,4p^5$	1	$^2P_{3/2}$

19.7 Elektronenkonfiguration nd^2:
mögliche Terme (vgl. Aufgabe 19.3 und 4)

L	S	Terme	Anzahl der Zustände
4	0	$^1G_4$	9
3	1	$^3F_2\,^3F_3\,^3F_4$	21
2	0	$^1D_2$	5
1	1	$^3P_0\,^3P_1\,^3P_2$	9
0	0	$^1S_0$	1

Nach den Hund'schen Regeln gilt für den Grundzustandsterm

$$L=3;\quad S=1;\quad J=2 \rightarrow {}^3F_2 .$$

19.8 Beweis von Relation (19.25):

$$\begin{aligned}\boldsymbol{\Sigma}_z\varphi_\uparrow(1)\varphi_\uparrow(2)&=(\boldsymbol{\sigma}_{z,1}+\boldsymbol{\sigma}_{z,2})\varphi_\uparrow(1)\varphi_\uparrow(2)\\&=[\tfrac{1}{2}\hbar+\tfrac{1}{2}\hbar]\varphi_\uparrow(1)\varphi_\uparrow(2).\end{aligned}$$

Beweis der Relationen (19.26), (19.32) analog.

Zum Beweis der Relationen (19.35)–(19.38) benötigt man folgende Umformungen:

$$\boldsymbol{\Sigma}^2=\boldsymbol{\sigma}_1^2+2\boldsymbol{\sigma}_1\boldsymbol{\sigma}_2+\boldsymbol{\sigma}_2^2$$

$$\boldsymbol{\sigma}_1\cdot\boldsymbol{\sigma}_2=\boldsymbol{\sigma}_{z,1}\boldsymbol{\sigma}_{z,2}+\boldsymbol{\sigma}_{x,1}\boldsymbol{\sigma}_{x,2}+\boldsymbol{\sigma}_{y,1}\boldsymbol{\sigma}_{y,2}$$

$$\boldsymbol{\sigma}_{x,1}\boldsymbol{\sigma}_{x,2}+\boldsymbol{\sigma}_{y,1}\boldsymbol{\sigma}_{y,2}=\tfrac{1}{2}(\boldsymbol{\sigma}_{+,1}\boldsymbol{\sigma}_{-,2}+\boldsymbol{\sigma}_{-,1}\boldsymbol{\sigma}_{+,2}).$$

Damit folgt:

$$\boldsymbol{\Sigma}^2=\boldsymbol{\sigma}_1^2+\boldsymbol{\sigma}_2^2+2\boldsymbol{\sigma}_{z,1}\boldsymbol{\sigma}_{z,2}+\boldsymbol{\sigma}_{+,1}\boldsymbol{\sigma}_{-,2}+\boldsymbol{\sigma}_{-,1}\boldsymbol{\sigma}_{+,2}.$$

Dabei gilt:

$$\boldsymbol{\sigma}_1^2\varphi_\uparrow(1)=\tfrac{3}{4}\hbar^2\varphi_\uparrow(1),\ \boldsymbol{\sigma}_1^2\varphi_\downarrow(1)=\tfrac{3}{4}\hbar^2\varphi_\downarrow(1),$$

$$\boldsymbol{\sigma}_{+,1}\varphi_\uparrow(1)=0,\ \boldsymbol{\sigma}_{+,1}\varphi_\downarrow(1)=\hbar\varphi_\uparrow(1),$$

$$\boldsymbol{\sigma}_{-,1}\varphi_\downarrow(1)=0,\ \boldsymbol{\sigma}_{-,1}\varphi_\uparrow(1)=\hbar\varphi_\downarrow(1),$$

$$\boldsymbol{\sigma}_{z,1}\varphi_\uparrow(1)=\tfrac{1}{2}\hbar\varphi_\uparrow(1),\ \boldsymbol{\sigma}_{z,1}\varphi_\downarrow(1)=-\tfrac{1}{2}\hbar\varphi_\downarrow(1).$$

Entsprechendes gilt für das zweite Elektron.

Damit beweist man die Relationen (19.35)–(19.38)!

19.9 Falls die Quantenzahlen $\boldsymbol{q}_1, \boldsymbol{q}_2$ übereinstimmen, kann kein Triplett-Zustand existieren.

[Siehe (19.19, 20) und (30)]

20.1 Hyperfeinstrukturformel (20.10)

$$\Delta E_\mathrm{F}=\frac{a}{2}[F(F+1)-I(I+1)-J(J+1)].$$

Intervallregel (20.12)

$$\Delta E_{\mathrm{F}+1}-\Delta E_\mathrm{F}=a(F+1).$$

Daraus lassen sich $F_{\max}$ und a bestimmen zu

$$F_{\max}=7 \qquad a=(0{,}0789\pm0{,}0006)\,\mathrm{cm}^{-1}$$

$$\rightarrow F=2,\ldots,7\rightarrow I=9/2.$$

F	2	3	4	5	6	7
$\Delta E_F/a$	−13,75	−10,75	−6,75	−1,75	4,25	11,25

20.2 Hyperfeinstrukturformel (20.10)

$$\Delta E_F = \frac{a}{2}[F(F+1) - I(I+1) - J(J+1)];$$

$$a = \frac{g_I \mu_K B_J}{\sqrt{J(J+1)}}.$$

Beim Wasserstoffatom gilt (20.11)

$$a = \tfrac{2}{3}\mu_0 g_e \mu_B g_I \mu_K |\psi(0)|^2; \quad |\psi(0)|^2 = \frac{1}{\pi r_H^3 n^3}$$

(r_H ist der Radius der ersten Bohrschen Bahn)

$$\rightarrow B_J = \tfrac{2}{3}\mu_0 g_e \mu_B |\psi(0)|^2 \sqrt{J(J+1)}\,.$$

Nach der Intervallregel ist die Energiedifferenz zwischen paralleler ($F=1$) und antiparalleler ($F=0$) Ausrichtung von Elektronen- und Protonenspin gerade a.

n	$\lvert\psi(0)\rvert^2\,[1/m^3]$	B_J[T]	a[cm^{-1}]
1	$2{,}15 \cdot 10^{30}$	29,0	0,0475
2	$2{,}69 \cdot 10^{29}$	3,63	0,00594
3	$7{,}96 \cdot 10^{28}$	1,07	0,00176

20.3 $a/hc = (5{,}85 \pm 0{,}52) \cdot 10^{-4}\,\text{cm}^{-1}$

$B_J = (3{,}03 \pm 0{,}27)\,\text{T}$

20.4 Zeeman-Energie des Elektrons:

$$E_{e^-} = g_e \mu_B B_0 m_s = 5{,}57 \cdot 10^{-24}\, m_s\,\text{J}$$
$$= 3{,}48 \cdot 10^{-5}\, m_s\,\text{eV} = hc \cdot 0{,}281\, m_s\,\text{cm}^{-1}.$$

Hyperfeinwechselwirkungsenergie mit $a = 0{,}0475\,\text{cm}^{-1}$:

$$E_{HFS} = a\, m_I m_s = hc \cdot 0{,}0475\, m_I m_s\,\text{cm}^{-1}$$
$$= 5{,}89 \cdot 10^{-6}\, m_I m_s\,\text{eV}$$
$$= 9{,}44 \cdot 10^{-25}\, m_I m_s\,\text{J}.$$

Zeeman-Energie des Kerns ($g_I = 5{,}585$)

$$E_p = -g_I \mu_K B_0 m_I = -8{,}46 \cdot 10^{-27}\, m_I\,\text{J}$$
$$= -5{,}28 \cdot 10^{-8}\, m_I\,\text{eV}$$
$$= hc \cdot 4{,}26 \cdot 10^{-4}\, m_I\,\text{cm}^{-1}.$$

20.5 $\gamma = 6{,}624 \cdot 10^7\,\text{m}^2/\text{Vs}^2$

$g_I = 1{,}38$

$$\frac{\mu_{z\,max}}{\mu_K} = 3{,}45$$

20.6 Nach (20.15) gilt im Fall eines „starken“ äußeren Magnetfelds:

$$\Delta E_{HFS} = g_J \mu_B m_J B_1 + a\, m_I m_J\,.$$

Im Stern-Gerlach-Versuch spaltet der Strahl in $(2J+1)(2I+1)$ Teilstrahlen auf $\rightarrow I(^{23}\text{Na}) = 3/2$.

Auch im Falle des „schwachen“ Magnetfelds erfolgt eine Aufspaltung in 8 Teilstrahlen, die jedoch räumlich anders angeordnet sind.

21.1 $W = 1{,}224 \cdot 10^{-12}\,\text{s}^{-1}$

21.2

$L\rightarrow$	1 cm	10 cm
$R=99\%$	$t_0 = 3{,}336 \cdot 10^{-9}$ s	$t_0 = 3{,}336 \cdot 10^{-8}$ s
$R=90\%$	$t_0 = 3{,}336 \cdot 10^{-10}$ s	$t_0 = 3{,}336 \cdot 10^{-9}$ s
$R=10\%$	$t_0 = 3{,}706 \cdot 10^{-11}$ s	$t_0 = 3{,}706 \cdot 10^{-10}$ s

$L\rightarrow$	100 cm
$R=99\%$	$t_0 = 3{,}336 \cdot 10^{-7}$ s
$R=90\%$	$t_0 = 3{,}336 \cdot 10^{-8}$ s
$R=10\%$	$t_0 = 3{,}706 \cdot 10^{-9}$ s

21.3 $R = 90\%$, $L = 100$ cm.

Die Photonenzahl fällt in $T = 3{,}336 \cdot 10^{-8}$ s auf den e-ten Teil ihres Anfangswertes ab.

21.4 Die Laserbedingung lautet:

$$\frac{N_2 - N_1}{V} > \frac{8\pi\nu^2 \Delta\nu\tau}{c^3 t_0}.$$

Für die Photonenlebensdauer im Resonator verwendet man die Formel:

$$\frac{1}{t_0} = \frac{c}{L}(1 - R).$$

Als Resonatorlänge nehmen wir z.B. 10 cm und erhalten für die kritische Inversionsdichte den Wert $1{,}2 \cdot 10^{18}\ \mathrm{cm}^{-3}$.

22.1 Einsetzen von (**) in (*) liefert unter Berücksichtigung der angegebenen Regeln Gleichungen der Form (14.87, 14.88), die dann wie dort weiter behandelt werden können.

23.1 Man braucht lediglich die Orthogonalität der Wellenfunktionen.

23.2
$$\begin{aligned}\psi(1,2) &= \frac{1}{\sqrt{2}}\{(d_1\,|\downarrow\rangle_1 + d_2\,|\uparrow\rangle_1)(d_1^*\,|\downarrow\rangle_2 \\ &\quad + d_2^*\,|\uparrow\rangle_2) + (d_2^*\,|\downarrow\rangle_1 - d_1^*\,|\uparrow\rangle_1)(d_2\,|\downarrow\rangle_2 \\ &\quad - d_1\,|\uparrow\rangle_2)\} \\ &= \frac{1}{\sqrt{2}}\{|\,d_1\,|^2|\downarrow\downarrow\rangle + |\,d_2\,|^2|\uparrow\uparrow\rangle + d_2\,|^2|\downarrow\downarrow\rangle \\ &\quad + d_1\,|^2|\uparrow\uparrow\rangle\} \\ &= \frac{1}{\sqrt{2}}\{|\downarrow\downarrow\rangle + |\uparrow\uparrow\rangle\}\end{aligned}$$

23.3 Wir benutzen den Spin-Formalismus und bilden

$$\begin{aligned}&\tfrac{1}{2}(\langle\uparrow|_A\,\langle\downarrow|_B - \langle\downarrow|_A\,\langle\downarrow|_B)\hat{a}_i\hat{b}_j(|\uparrow\rangle_A\,|\downarrow\rangle_B - |\downarrow\rangle_A\,|\uparrow\rangle_B) \\ &= \tfrac{1}{2}(\langle\uparrow|_A\,\hat{a}_i\,|\uparrow\rangle_A\langle\downarrow_B\,\hat{b}_j\,|\downarrow\rangle_B) \\ &- \langle\uparrow|_A\,\hat{a}_i\,|\downarrow\rangle_A\langle\downarrow|_B\,\hat{b}_j\,|\uparrow\rangle_B \\ &- \langle\downarrow|_A\,\hat{a}_i\,|\uparrow\rangle_A\langle\uparrow|_B\,\hat{b}_j\,|\downarrow\rangle_B \\ &+ \langle\downarrow|_A\,\hat{a}_i\,|\downarrow\rangle_A\langle\uparrow|_B\,\hat{b}_j\,|\uparrow\rangle_B.\end{aligned}$$

Wegen der gleichen Struktur der A- und B-Ausdrücke genügt es, die A-Ausdrücke zu behandeln. Wir erhalten

$$\begin{aligned}&\langle\uparrow|_A\,\hat{a}_i\,|\uparrow_A\rangle \\ &= a_{ix}\langle\uparrow|\,\sigma_x\,|\uparrow\rangle + a_{iy}\langle\uparrow|\,\sigma_y\,|\uparrow\rangle + a_{iz}\langle\uparrow|\,\sigma_z\,|\uparrow\rangle \\ &= a_{iz}\end{aligned}$$

wegen der Eigenschaften der Spin-Matrizen, und ähnlich:

$$\begin{aligned}\langle\downarrow|_A\,\hat{a}_i\,|\downarrow\rangle_A &= -a_{iz} \\ \langle\uparrow|_A\,\hat{a}_i\,|\downarrow\rangle_A &= a_{ix} + ia_{iy} \\ \langle\downarrow|_A\,\hat{a}_i\,|\uparrow\rangle_A &= a_{ix} - ia_{iy}.\end{aligned}$$

Einsetzen dieser Resultate und der entsprechenden für die Matrixelemente von $\hat{b}_j$ ergibt unmittelbar (23.25).

23.4 1) $\boldsymbol{e}_1 = |\uparrow\rangle, \boldsymbol{e}_2 = |\downarrow\rangle$ sind orthonormiert
2) alle Vektoren $\boldsymbol{v}$ des Hilbertraums lassen sich als $\boldsymbol{v} = \alpha\boldsymbol{e}_1 + \beta\boldsymbol{e}_2$ mit $|\,\alpha\,|^2 + \beta\,|^2 = 1$. Wegen (1) sind dann diese Vektoren normiert.

23.5 Das Photon spielt die Rolle des Kontrolleurs.

24.1 Koordinatentransformation, sodaß $x_b = -x_a$, $x_a > 0$

$$\begin{aligned}&\psi(x) = A\,\mathrm{e}^{\kappa x} && x \leqq -x_a \\ &\psi(x) = B\,\mathrm{e}^{\kappa x} + C\,\mathrm{e}^{-\kappa x} && -x_a \leqq x \leqq -x_a \\ &\psi(x) = D\,\mathrm{e}^{-\kappa x} && x \geqq x_a \\ &\kappa = \sqrt{2m_0|E|/\hbar^2}\,.\end{aligned}$$

Symmetrischer Zustand: $\psi(x) = \psi(-x)$

$$\kappa - m_0\beta/\hbar^2 = \mathrm{e}^{-2\kappa x_a}m_0\beta/\hbar^2$$

$$B = C,\ A = D\,.$$

Antisymmetrischer Zustand: $\psi(x) = -\psi(-x)$

$$\kappa - m_0\beta/\hbar^2 = -\mathrm{e}^{-2\kappa x_a}m_0\beta/\hbar^2$$

$$B = -C,\ A = -D\,.$$

24.2 Koordinatentransformation, sodaß $x_b = -x_a$, $x_a > 0$

$$\begin{aligned}&\psi(x) = A\,\mathrm{e}^{\kappa x} && x \leqq -x_a \\ &\psi(x) = B\,\mathrm{e}^{\kappa x} + C\,\mathrm{e}^{-\kappa x} && -x_a \leqq x \leqq -x_a \\ &\psi(x) = D\,\mathrm{e}^{-\kappa x} && x \geqq x_a \\ &\kappa = \sqrt{2m_0|E|/\hbar^2}\end{aligned}$$

$$(\kappa - m_0\beta_a/\hbar^2)(\kappa - m_0\beta_b/\hbar^2) = \mathrm{e}^{-4\kappa x_a}\beta_a\beta_b m_0^2/\hbar^4$$

$$(C/B)^2 = \beta_a(\kappa - m_0\beta_b/\hbar^2)/[\beta_b(\kappa - m_0\beta_a/\hbar^2)]\,.$$

24.3 Wellenfunktion:

$$\psi_k(x) = \mathrm{e}^{\mathrm{i}nka}[A_k\,\mathrm{e}^{\kappa(x-na)} + B_k\,\mathrm{e}^{-\kappa(x-na)}]$$

für $na \leqq x \leqq (n+1)a$

$$A_k = B_k(\mathrm{e}^{\mathrm{i}ka} - \mathrm{e}^{-\kappa a})/(\mathrm{e}^{\kappa a} - \mathrm{e}^{\mathrm{i}ka})$$

$$\kappa = \sqrt{2m_0|E|/\hbar^2}$$

$$ka = \frac{2\pi}{6},\ 2\,\frac{2\pi}{6},\ \ldots,\ 6\,\frac{2\pi}{6}$$

Bestimmungsgleichung für κ:

$$\cos ka = \cosh \kappa a - \frac{\sinh \kappa a}{\kappa}\, m_0\beta/\hbar^2\,.$$

Literaturverzeichnis zur Ergänzung und Vertiefung

1. Lehrbücher der Physik

Alonso, M., Finn, E.J.: *Physics* (Addison-Wesley, Wokingham 1992)
Deutsche Ausgabe: Physik, 2. überarb. Aufl., 3. unveränd. Nachdr. (Addison-Wesley, Bonn 1994)

Alonso, M., Finn, E.J.: *Fundamental University Physics* (Addison-Wesley, Reading 1979)
Deutsche Ausgabe: Inter European Editions, Amsterdam 1988, 3. Aufl.

Bergmann, L., Schäfer, C.: *Lehrbuch der Experimentalphysik.* Bd. 1: *Mechanik, Relativität, Wärme*, 11. vollst. neubearb. Aufl. (1998); Bd. 2: *Elektromagnetismus*, 8. vollst. neubearb. Aufl. (1999); Bd. 3: *Optik*, 9. Aufl. (1993), Bd. 4: *Teilchen* (1992); Bd. 5: *Vielteilchen-Systeme* (1992); Bd. 6: *Festkörper* (1992); Bd. 7: *Erde und Planeten* (1997); Bd. 8: *Sterne und Weltraum* (1997) (de Gruyter, Berlin)

Demtröder, W.: *Experimentalphysik.* Bd. 1: *Mechanik und Wärme*, 2. überarb. u. erw. Aufl. (1998); Bd. 2: *Elektrizität und Optik*, 2. überarb. u. erw. Aufl. (1999); Bd. 3: *Atome, Moleküle und Festkörper*, 2. überarb. u. erw. Aufl. (2000); Bd. 4: *Kern-, Teilchen- und Astrophysik* (1998) (Springer, Berlin, Heidelberg)

Gerthsen, C., Vogel, H.: *Physik*, 20. aktualis. Aufl. (Springer, Berlin, Heidelberg 1999)

Otten, E.W.: *Repetitorium Experimentalphysik* (Springer, Berlin, Heidelberg 1998)

Wachter, A., Noeber, H.: *Repetitorium Theoretische Physik* (Springer, Berlin, Heidelberg 1998)

2. Lehrbücher der Atomphysik

Cagnac, B., Pebay-Peyroula, J.C.: *Physique Atomique*, 2 Bände (Dunod, Paris 1971)
Englische Ausgabe: *Modern atomic physics*, 2 Bände.
Bd. 1: *Fundamental Principles* (1975); Bd. 2: *Quantum Theory and its Applications* (1975) (Macmillan, London)

Edlén, B.: *Atomic Spectra* in Handbuch der Physik, Hrsg. S. Flügge, Bd. 27 (Springer, Berlin, Heidelberg 1964)

Eisberg, R.M., Resnick, R.: *Quantum Physics of Atoms, Molecules, Solids, Nuclei, and Particles*, 2nd ed. (Wiley, New York 1985)

Mayer-Kuckuk, T.: *Atomphysik*, 5. durchges. und erw. Aufl. (Teubner, Stuttgart 1995)

Schpolski, E.W.: *Atomphysik*, 2 Bände. Bd. 1: 19. durchges. Aufl. (Barth, Leipzig 1993); Bd. 2: 13. Aufl. (Dt. Verl. d. Wiss., Berlin)

Svanberg, S.: *Atomic and Molecular Spectroscopy.* Springer Series on Atoms and Plasmas, Vol. 6, 2. Aufl. corr. pr. (Springer, Berlin, Heidelberg 1997)

3. Lehrbücher der Quantenphysik

Blochinzew, D.I.: *Grundlagen der Quantenmechanik*, 9. Aufl. (H. Deutsch, Frankfurt/Main 1988)

Braginsky, V.B., Khalili, F.Y.: *Quantum Measurement*, ed. by K.S. Thorne (Cambridge University Press, Cambridge, 1995)

Cohen-Tannoudji, C., Dupont-Roc, J., Grynberg, G.: *Atom-Photon Interactions.* Reprint edition (Wiley, New York 1998)

Cohen-Tannoudji, C., Dupont-Roc, J., Grynberg, G.: *Photons and Atoms* (Wiley, New York 1997)

Cohen-Tannoudji, C., Diu, B., Lalöe, F.: *Quantum Mechanics*, 2 Bände. Bd. 1: 7. Aufl. Nachdruck (1997); Bd. 2: 6. Aufl. Nachdruck (1997) (Wiley, New York)

Fick, E.: *Einführung in die Grundlagen der Quantentheorie*, 6. durchges. Aufl. (Aula-Verlag, Wiesbaden 1988)

Grawert, G.: *Quantenmechanik*, 5. Aufl. (Aula-Verlag, Wiesbaden 1989)

Greiner, W.: *Theoretische Physik*, 11 Bände. Bd. 4: *Quantenmechanik, Teil 1: Einführung*, 5. überarb. u. erw. Aufl. (1992); Bd. 4a: *Quantentheorie: Spezielle Kapitel*, 4. unveränd. Aufl. (1993); Bd. 5: *Quantenmechanik, Teil 2: Symmetrien*, 3. überarb. u. erw. Aufl. (1990) (H. Deutsch, Frankfurt/Main)

Landau, L., Lifschitz, E.: *Lehrbuch der theoretischen Physik*, 10 Bände. Bd. 3: *Quantenmechanik*, 9. ber. Aufl. (1992) (H. Deutsch, Frankfurt/Main)

Messiah, A.: *Quantenmechanik*, Bd. 1: 2. verb. Aufl. (1991); Bd. 2: 3. verb. Aufl. (1990) (de Gruyter, Berlin)

Mitter, H.: *Quantentheorie*, BI-Hochschultaschenbücher Bd. 701, 3. vollständig überarb. Aufl. (Spektrum Akad. Verlag, Heidelberg 1994)

Schwabl, F.: *Quantenmechanik*, 5. erw. Aufl. (Springer, Berlin, Heidelberg 1998)

Schwabl, F.: *Quantenmechanik für Fortgeschrittene* (Springer, Berlin, Heidelberg 1997)

4. Speziellere Literatur

Kapitel 1

Fraunberger, F., Teichmann, J.: *Das Experiment in der Physik* (Vieweg, Braunschweig 1984)

Hund, F.: *Geschichte der physikalischen Begriffe* (Spektrum, Akad. Verlag, Heidelberg, Berlin, Oxford 1996)

Kapitel 2

Becker, R.: *Theorie der Wärme*, Heidelberger Taschenbücher, Bd. 10, 3. erg. Aufl. (Springer, Berlin, Heidelberg, New York 1985)

Haken, H., Wolf, H.C.: *Molekülphysik und Quantenchemie*, 3. verb. und erw. Aufl. (Springer, Berlin, Heidelberg 1998)

Kapitel 3

Holleman, A.F., Wiberg, E.: *Lehrbuch der anorganischen Chemie*, 101. verb. und stark erw. Aufl. (de Gruyter, Berlin 1995)

Kapitel 4

Bethge: *Kernphysik* (Springer, Berlin, Heidelberg 1996)
Bodenstedt, E.: *Experimente der Kernphysik und ihre Deutung*, Bd. 1: 2. durchges. Aufl. (Bibliographisches Institut 1979)
Mayer-Kuckuk, T.: *Kernphysik*, 6. durchges. Aufl. (Teubner, Stuttgart 1994)
Williams, W.S.C.: *Nuclear and Particle Physics*, Repr. (Clarendon Press, Oxford 1992)

Kapitel 5

Haken, H.: *Licht und Materie I*, 2. erw. Aufl. (Spektrum Akad. Verlag, Heidelberg 1989)

Kapitel 6 Lehrbücher der Atomphysik

Kapitel 7 Lehrbücher der Quantentheorie

Kapitel 8

Hindmarsh, W.R.: *Atomspektren* (Akademie-Verlag, Berlin 1972)
Kuhn, H.G.: *Atomic Spectra*, 2. ed. new impr. (Longman, London 1971)
Sommerfeld, A.: *Atombau und Spektrallinien*, 2 Bände. Bd. 1.: Nachdr. der 8. Aufl.; Bd. 2: Nachdr. der 4. Aufl. (H. Deutsch, Frankfurt/Main 1978)
Svanberg, S.: *Atomic and Molecular Spectroscopy.* Springer Series on Atoms and Plasmas, Vol. 6, 2. Aufl. corr. pr. (Springer, Berlin, Heidelberg 1997)
White, H.E.: *Introduction to Atomic Spectra*, student edition (MacGraw-Hill, New York 1963)

Kapitel 9 und 10 Lehrbücher der Quantentheorie

Kapitel 11 und 12

Kuhn, H.G.: *Atomic Spectra*, 2. ed. new impr. (Longman, London 1971)
White, H.E.: *Introduction to Atomic Spectra*, student edition (MacGraw-Hill, New York 1963)

Kapitel 13 und 14

Abragam, A.: *Principles of Nuclear Magnetism.* International Series of Monographs on Physics, Vol. 32, Repr. (Clarendon Press, Oxford 1994)
Bjorken, J.D., Drell, S.D.: *Relativistic Quantum Mechanics.* International Series in pure and applied Physics (McGraw-Hill, New York 1964)
Deutsche Ausgabe: *Relativistische Quantenmechanik* BI-Hochschultaschenbücher, Vol. 98, Unveränd. Nachdr. (BI-Wiss.-Verlag, Mannheim 1992)
Greiner, W.: *Theoretische Physik*, 11 Bände. Bd. 6: *Relativistische Quantenmechanik, Wellengleichungen*, 2. überarb. u. erw. Aufl. (H. Deutsch, Frankfurt/Main 1987)
Slichter, C.P.: *Principles of Magnetic Resonance*, Springer Series in Solid State Sciences, Vol. 1, 3. enlarged and updated ed. reprint (Springer, Berlin, Heidelberg 1996)

Kapitel 15 und 16

Condon, E.U., Shortley, G.H.: *The Theory of Atomic Spectra*, Reprint d. Ausg. 1935 (University Press, Cambridge 1991)

Feynman, R.P.: *Quantum Electrodynamics*, 2. print. corr. (Perseus Books 1998)
Deutsche Ausgabe: *Quantenelektrodynamik*, 4. durchges. Aufl. (Oldenbourg, München, Wien 1997)

Heitler, W.: *The Quantum Theory of Radiation*, 3. Aufl. (Dover Pubns., New York 1984)

Pike, E.R., Sarkar, S.: *The Quantum Theory of Radiation*, International Series of Monographs on Physics, Vol. 86 (Clarendon Press, New York 1995)

Sobelman, I.I.: *Atomic Spectra and Radiative Transitions*, Springer Series on Atoms and Plasmas, Vol. 12, 2. corr. ed. (1997) und Springer Series in Chemical Physics, Vol. 1 (1979) (Springer, Berlin, Heidelberg)

Kapitel 17

Kuhn, H.G.: *Atomic Spectra*, 2. ed. new impr. (Longman, London 1971)

White, H.E.: *Introduction to Atomic Spectra*, student edition (MacGraw-Hill, New York 1963)

Kapitel 18

Agarwal, B.K.: *X-Ray Spectroscopy*, Springer Series in Optical Sciences, Vol. 15, 2. Aufl. (Springer, Berlin, Heidelberg 1991)

Brundle, C.R., Baker, A.D. (eds.): *Electron Spectroscopy*: Theory, Techniques and Applications, Vols. 1–5 (Academic Press, London 1977–1984)

Koch, E.E. (ed.): *Handbook on Synchrotron Radiation*, Vols. 1–4 (North-Holland Publ., Amsterdam 1983–1991)

Kunz, C.: *Synchrotron Radiation*, Topics in Current Physics, Vol. 10 (Springer, Berlin, Heidelberg, New York 1979)

Kapitel 20

Abragam, A.: *Principles of Nuclear Magnetism.* International Series of Monographs on Physics, Vol. 32, Repr. (Clarendon Press, Oxford 1994)

Haken, H., Wolf, H.C.: *Molekülphysik und Quantenchemie*, 3. verb. und erw. Aufl. (Springer, Berlin, Heidelberg 1998)

Kopfermann, H.: *Kernmomente*, 2. neubearb. Aufl. (Akademische Verlagsges., Frankfurt/Main 1956)

Slichter, C.P.: *Principles of Magnetic Resonance*, Springer Series in Solid State Sciences, Vol. 1, corr. 3rd pr. (Springer, Berlin, Heidelberg 1996)

Kapitel 21

Haken, H.: *Laser Theory*, Handbuch der Physik, Bd. XXV/2c (Springer, Berlin, Heidelberg, New York 1970, 2nd printing 1984)

Kapitel 22

Allen, L., Eberly, J.H.: *Optical Resonance and Two-Level Atoms* (Dover Pubns., New York 1987)

Demtröder, W.: *Laser Spectroscopy*, 2. enlarged ed. (Springer, Berlin, Heidelberg 1996)
Demtröder, W.: *Laserspektroskopie*, 4. Aufl. (Springer, Berlin, Heidelberg 2000)
Meschede, D.: *Optik, Licht und Laser* (Teubner, Stuttgart, Leipzig 1999)
Svanberg, S.: *Atomic and Molecular Spectroscopy*, Springer Series on Atoms and Plasmas, Vol. 6, 2. Aufl. corr. pr. (Springer, Berlin, Heidelberg 1997)

Abschnitt 22.7

Braginsky, V.B., Khalili, F.Y.: *Quantum Measurement*, ed. by K.S. Thorne (Cambridge Univ. Press 1992)
Nogues, G., Rauschenbeutel, A., Osnaghi, S., Brune, M., Raimond, J.M., Haroche, S.: Seeing a single photon without destroying it. Nature *400*, 239–241 (1999)
Ramsay, N.F.: *Molecular Beams* (Oxford Univ. Press, New York 1985)

Abschnitt 23.5

Schrödinger, E.: Die Naturwissenschaften *48*, 807 (1935) (Begriff der Verschränkung)

Abschnitt 23.6

Einstein, A., Podolsky, B., Rosen, N.: Phys. Rev. *47*, 777 (1935)

Abschnitt 23.7

Bell, J.S.: *Physics* (Long Island City, N.Y.) *1*, 195 (1964)
Clauser, J.F., Horne, M.A., Shimony, A., Holt, R.A.: Phys. Rev. Lett. *23*, 880 (1969)

Übersichtsartikel:
Alber, G., Freyberger, M.: Physik. Blätter *55*, 23 (1999)

Abschnitt 23.8

Freeman, J., Clauser, J.F.: Phys. Rev. Lett. *28*, 938 (1972)
Kwiat, P.G., Mattle, K., Weinfenster, H., Zeilinger, A., Sergienko, A.V., Shik, Y.H.: Phys. Rev. Lett. *75*, 4337 (1995)
Tittel, W., Brendel, J., Gisin, N., Zbinden, H.: Long-distance Bell-type tests using energy-time entangled photons. Phys. Rev. A *59*, 4150–4163 (1999)
Weihs, G., Jennewein, T., Simon, C., Weinfurter, H., Zeilinger, A.: Phys. Rev. Lett. *81*, 5039 (1998) u. andere

Abschnitt 23.9

Deutsch, D.: Proc. Roy. Soc. London, Ser. A *400*, 96 (1985)
Feynman, R.P.: Int. J. Theor. Phys. *21*, 467 (1982)
Shor, P.: in Proc. of the 35th Annual Symposium on Foundations of Computer Science, Los Alamitos, Calif. IEEE Press, 124 (1994)

Fehler-toleranter Algorithmus:
Shor, P.: Phys. Rev. A *52*, 2493 (1995)
Steane, A.M.: Phys. Rev. Lett. *77*, 793 (1996)

Übersichtsartikel:

Preskill, J.: Battling Decoherence: The Fault-Tolerant Quantum Computer. Physics Today *52*, 6, 24–32 (1999)

Eine gute Einführung in Quantencomputer geben:

Williams, C.P., Clearwater, S.H.: *Explorations Quantum Computing* (Springer, New York 1998)

Abschnitt 23.11

Bose-Einstein Kondensation, exp. Beobachtung:

Anderson, M.H., Ensher, J.R., Matthews, M.R., Wiemann, C.E., Cornell, E.A.: Observation of Bose-Einstein Condensation in a Dilute Atomic Vapor. Science *269*, 198–201 (1995)

Cornell, E.A., Wiemann, C.E.: Die Bose-Einstein Kondensation. Spektrum d. Wissenschaft, 44-48, Mai (1998)

Hänsch, T.W., Bloch, I., Esslinger, T.: Phys. Rev. Lett. *82*, 3008 (1999)

Interferenz:

Andrews, M.R., Townsend, C.G., Miesner, H.-J., Durfee, D.S., Kurn, D.M., Ketterle, W.: Observation of Interference between Two Bose Condensates. Science *275*, 637–641 (1997)

Theorie:

Dalvoso, F., Giorgini, S., Pitaevskii, L., Stringari, S.: Rev. Mod. Phys. *71*, 463 (1999)

Graham, R., Haken, H.: Phys. Lett. *29*A, 530 (1969)

Gross, E.P.: Nuovo Cimento *20*, 454 (1961)

Parkins, A.S., Walls, D.F.: Phys. Rep. *303*, 1 (1998)

Pitaevskii, L.P.: Zh. Ehsp. Teor. Fiz. *40* (1961) [Sov. Phys. JETP *13*, 451 (1961)]

Scully, M.O.: Condensation of N Bosons and the Laser Phase Transition Analogy. Phys. Rev. Lett. *82*, 3927–3930 (1999)

Kapitel 24

Haken, H., Wolf, H.C.: *Molekülphysik und Quantenchemie*, 3. verb. und erw. Aufl. (Springer, Berlin, Heidelberg 1998)

Pauling, L.C.: *The Nature of the Chemical Bond and the Structure of Molecules and Crystals*, 3. ed. 12. print (Cornell University Press, Ithaca 1993)

Sachverzeichnis

Wilhelm Röck GmbH, Graphische Betriebe
74189 Weinsberg